新型墙体材料装备实用技术手册

穆惠民　张　泽　庄　严　主编

化学工业出版社
·北京·

本手册系统介绍了新型墙体材料生产中各种先进技术装备的制造、安装、调试、运转、维护与修理的技术工艺和先进经验，包括装备运转安全、故障诊断与排除、装备维护与保养等新方法、新技巧、新技术的实用知识和操作技能。本书还详细论述了新型墙体材料生产装备［主要包括烧结空心砖、陶瓷墙地砖、蒸压加气混凝土制品、石膏砌块（板）、混凝土砌块等绿色环保产品的生产技术装备］的主要零部件要求、运转要求、装配及安装调试要求、维护与修理及工艺技术。

本手册可供从事建材工业科研、设计、制造、安装、调试、维护修理、运转保养、经营管理等部门人员使用，也可作为该专业的普通高等院校教育、职业培训、职业技能教育培训、技能考核鉴定等方面人员的教学用书。

图书在版编目（CIP）数据

新型墙体材料装备实用技术手册/穆惠民，张泽，庄严主编．—北京：化学工业出版社，2019.1
ISBN 978-7-122-33354-4

Ⅰ.①新…　Ⅱ.①穆…　②张…　③庄…　Ⅲ.①墙体材料-技术手册　Ⅳ.①TU5-62

中国版本图书馆CIP数据核字（2018）第273059号

责任编辑：李仙华　吕佳丽　　　装帧设计：张　辉
责任校对：宋　夏

出版发行：化学工业出版社（北京市东城区青年湖南街13号　邮政编码100011）
印　　装：三河市航远印刷有限公司
787mm×1092mm　1/16　印张41¼　字数1056千字　2019年6月北京第1版第1次印刷

购书咨询：010-64518888　　售后服务：010-64518899
网　　址：http://www.cip.com.cn
凡购买本书，如有缺损质量问题，本社销售中心负责调换。

定　　价：198.00元

编审委员会名单

编写人员名单

主　　编　穆惠民　张　泽　庄　严

副 主 编　（排名不分先后）　李永铭　周向前　胡志忠　成智文　何幼根　林永泽

参　　编　（排名不分先后）　成智文　陶晓文　肖恒东　刘永强　师晓明　刘　虎　刘　昕　马宪军　陈逸华　王胜利　鄢戍西　张军仓　梁其丰　尹邦华　邹胜利　贾书雄　周　然　涂骏鸣　杨期坚　周月红　王汉庆　刘大立　邢艳梅　张万仓　王同言　陈旭江　高　林　薛小平　康智勇　姚荣明　左云龙　穆泽鹏　王　勇

审　　核　李永铭　周向前　胡志忠　徐建华　邢有志　董建峰　肖恒东　张启初　林永泽　吴玉忠　成智文　黄新南

参加单位　（排名不分先后）

中国砖瓦工业协会

中国建材集团有限公司

中国建材西安墙体材料研究设计院

中国咸阳陶瓷研究设计院

全国墙材及道路用材标准化技术委员会

国家建材工业墙体屋面质量监督检验中心

中国建材检验认证集团陕西分公司

陕西省墙材工业协会

北京建都设计院

山东建能硬塑制砖机械有限公司

北京瑞图科技有限公司

陕西宝深机械（集团）有限公司

山东矿机迈科建材机械有限公司
常州天元工程机械有限公司
北京力博特尔科技有限公司
黄冈市华窑中扬窑业有限公司
秦皇岛市海兰建材冶金机械制造有限公司
山东艺丰砖瓦机械有限公司
重庆信奇建材机械制造有限公司
安徽兴林机械有限公司
江苏海安县征程砖瓦设备制造有限公司
淄博功力机器有限公司
北京科实五金有限责任公司
四川夹江商贸有限公司
《砖瓦》杂志社
北京东窑科技集团有限公司
南通市恒达机械制造有限公司
合肥建华陶瓷设备有限公司
山东柳杭减速机有限公司
潍坊科达电气自动化有限公司
杭州萧山协和砖瓦机械有限公司
杭州伟兴建材机械有限公司
济南金牛砖瓦机械有限公司
江西墙材科技信息网
无锡市第五机械制造有限公司
南通诺特机器人制造有限公司
武汉大通窑炉机械设备有限公司
陕西省墙材工业协会
淄博捷达机械有限公司
山东金茂机械有限公司
淮北市新生粉煤灰建材有限责任公司

作者简介

穆惠民，教授级高级工程师、国家注册设备监理师。曾主持我国国防尖端技术领域玻璃钢机械加工工艺技术工作，曾任国家建材机械标准化技术委员会常务副主任兼秘书长，主持制订修订多项国家（部级）建材行业机械标准，国家批准发布实施后，标准水平有显著提高。现任国家建材行业职业技能鉴定041站站长，负责职业技能鉴定工作，培训了批量建材及建材机械考评员、高级考评员和职业技能人才鉴定，并取得了国家资格证书。编著了《玻璃钢机械加工》丛书、《中国建材技术装备制造安装维护与修理》《中国水泥技术装备制造安装维护与修理》、《新型水泥装备技术手册》《国内外建材机械标准选编》《水泥工业用最新标准选编》等10余部典籍，发表了论文和文章数十篇，系统地介绍了中国建材多品种、多专业，各种先进技术装备内容（包括新产品、新技术、新工艺以及绿色环保），充分体现了科学性、先进性、可靠性及职业技能性；其内容通俗易懂、实用性强，具有较高的理论水平和充分的实践经验，可供从事科研设计、制造、安装、调试等方面的技术以及职业技能培训、教育、鉴定等人员使用，突出了技术装备先进职业技能核心水平和能力，开辟了中国建材技术装备以职业技能标准为导向，以职业技能为核心，为我国建材技术装备的发展，创造了条件，满足了建材技术装备一条龙服务能力的需要和一系列职业技能培训鉴定能力的要求，对指导我国建材工业的发展发挥了重要作用。

张泽，大学毕业后多年从事国家建材机械标准化和职业技能鉴定工作，并在职攻读研究生，取得机械工程硕士学位。在国家建材机械标准化委员会工作期间，参与组织30多项建材机械标准制订修订工作，标准化工作水平有很大提高，基本掌握了各种建材机械技术指标和性能参数；同时参与《墙材机械标准选编》、《水泥工业用最新标准选编》等多部标准汇编的编纂、发布工作。长期从事职业技能鉴定工作，是国家职业技能鉴定考评员和职业技能人才，经考试合格取得由人力资源和社会保障部统一印制的相应等级资格证书，掌握相应的专业知识和较高技能水平。全面系统地参与了建材机械系列典籍的编纂、校核、审改工作，为《新型水泥装备技术手册》《新型墙体材料装备实用技术手册》等多部典籍做出了巨大贡献。

庄严，材料学硕士研究生毕业，多年来从事非金属材料的研究与加工工作，在材料的加工和应用方面有较深的造诣，特别是建材机械行业方面非金属材料的选择应用上有较丰富的产品开发经验，如：建材技术装备新型提升机配件、非金属输送机高温胶带、工程塑料与玻璃钢复合材料用于新型建材等领域，均达到了较高的技术水平。曾参与了《玻璃钢机械加工》等多部书刊的编著工作，取得了很好的效果，同时在国内专业期刊上发表了20余篇的论文，并为本书的编辑工作，做出了突出贡献。

序 1

根据中共中央办公厅、国务院办公厅以及人力资源和社会保障部有关加强职业技能教育人才培养的要求，把科学技术引向新型工业体系，推动职业技能鉴定工作不断发展和职业技能人才队伍的成长壮大，促进职业技能教育、考核、培训鉴定工作向广度深度进军，更好更快地在我国新型工业战线上形成强势和规模，必须使广大从业者积极参与实施职业培训和职业技能鉴定工作，让更多的职业技术人才成为技能骨干，掌握先进的技术和技能核心能力，是长期目标。而在建材生产领域，提高解决新型墙体材料技术装备制造、安装、维护与修理等技能的水平，使先进技术装备的优势突现出来，从而保证产品质量，取得更好的效益，这就显得更加重要。

为此，国家建材行业职业技能鉴定机构组织有关专家、工程技术专业人员及实际操作人员，编著了这本《新型墙体材料装备实用技术手册》(以下简称《手册》)。本书系统地并尽可能精准地介绍了新型墙体材料装备制造、安装、维护与修理的特点和操作方法，同时按照模块化、层次化、专业化和国际化的要求，尽快地出版发行，尽力为职业技能培训和鉴定工作做好服务，并进一步完善原有的鉴定教材，力求让更多的新型墙体材料装备得到广泛的应用，以满足初级、中级、高级、技师、高级技师培训鉴定需要。

本手册具有先进性、科学性、可靠性、实用性，并能推动新型墙体材料实现高起步、高定位、高发展，实现与国际接轨，占领国内外市场，促进新型材料，更上新台阶、质量上档次、技术上水平，为我国新型墙体材料工业现代化发展作更大贡献。

孙向远

2018 年 8 月

序 2

根据人力资源和社会保障部的有关加强职业教育和技能鉴定的有关要求，依据国家职业技能标准，为了进一步完善职业技能鉴定条件，提供先进的职业技能鉴定教材，以建材装备先进技术水平为内容，为职业教育、培训、鉴定提供科学、规范的依据，建材行业职业技能鉴定机构组织有关专家和工程技术人员，编纂了《新型墙体材料装备实用技术手册》，作为建材行业职业技术及技能鉴定教学用书。

本书以新型墙体材料装备制造、安装、调试与维修先进技术与科学操作方法（包括故障诊断与排除、运转保养与安全要求）为内容，以客观反映本专业的先进技术水平为准则，以职业技能为核心，确定从业人员要求目标，在建材行业现有技术水平的基础上，促进企业高起步、高定位、高发展，提高从业人员的技能水平、素质水平、知识水平。同时，根据产业结构调整的变化，让从业人员了解工作任务，掌握职业技能，尤其是核心技能，操作方法，包括模块化、层次化、专业化、国际化知识水平等要求。

本书遵循了装备制造技术工艺、科学安装新方法、调试维修新经验，确保工人达到职业技能教育、培训、鉴定要求，既保证了装备的先进性、可靠性及应用性，又体现出以职业活动为导向，理论与实践相结合，以职业技能为核心，满足装备发展变化和行业结构调整、实现技能人才培训鉴定和高质量就业的需要。

本书依据职业标准的要求，按照国家职业资格等级分类，共有五级，满足初级、中级、高级、技师、高级技师要求，阐明职业分类，以及职业概况、基本要求、工作要求等内容。

本书认真总结了墙体材料优化生产线上的先进装备制造新技术、安装新方法、调试维修新技能新经验，因而具有指导和控制墙体材料装备产品质量，反映我国墙材先进技术水平，以及较高的理论水平和实用价值。本书既是建材行业职业技能鉴定的教学用书，也是我国第一部大型墙材装备工具书。本书的出版发行，必将为墙材技术装备自主创新，营造著名品牌发展氛围，赢得竞争优势打下基础，为培养高技能人才做出贡献。

张海

2018 年 8 月

前 言

随着我国市场经济的繁荣，新型建材工业得到了巨大的发展，其专业技术特别是高新技术、职业技能特别是核心技能都得到了广泛应用，其特点是新产品、新工艺、新方法不断涌现，各项专业的新材料的技术装备都在不断更新，促进了一大批引人注目的新技术的不断发展。同时，各专业新技术的攻关、开发和新技术产品的引进和消化吸收实现了国产化，对广大科学工作者、技能专家的水平、能力提出了更高的要求。因此，学习新理论，掌握新技术，不断提高专业技术水平和技能是建材行业广大专业人才面临的共同任务，也是优化我国建材行业人员职业技能整体素质的紧迫需要。因此，我们组织本行业专家、学者和技能人才编写本书。

本书是根据人力资源和社会保障部关于加强职业教育、培养高技能人才的要求，组织建材行业的专家、工程技术人员和高技能人才编写而成。其内容主要包括烧结空心砖、陶瓷墙地砖、蒸压加气混凝土、石膏砌块（板）、混凝土砌块制品等新型材料先进技术装备的制造、安装、调试与维修、运转保养、故障诊断与排除等方面知识和操作技能技术要点。这部手册旨在推动全国墙体材料先进技术装备和职业技能不断发展，是该专业从业人员必备的工具书，也是该专业进行职业技能培训教育的教学用书。

本手册全面系统地论述了专业装备的最新技术，既有先进的科学专业技术又有职业技能知识，更有先进的操作方法，充分体现出先进性、可靠性、应用性与权威性。这部手册的出版，为建材行业不断向模块化、层次化、专业化、国际化发展提供了依据，对建材行业发展和技术进步，特别是促进职业技能水平与国际接轨、占领国际市场等将发挥重要作用。

本手册介绍的技术十分实用，针对性强，文字通俗易懂。作者是在充分实践的基础上，认真总结出墙体材料优化生产线上的先进装备制造工艺新技术、安装新方法、调试新技术、运行保养新经验、维护修理新技巧，充分反映出我国墙体材料生产线上装备的先进技术水平。本手册将为墙体材料技术装备自主创新打下坚实的基础。

本手册的编写出版得到了建材行业领导及相关企业领导的大力支持，在此，对为手册的出版做出贡献的所有领导、专家、学者以及出版工作人员表示衷心的感谢。由于水平有限，难免存在不足之处，恳请读者不吝指正。

编者

2018 年 8 月

目 录

第三章 陶瓷墙地砖技术装备

第四章　蒸压加气混凝土制品技术装备

第五章 石膏墙板（砌块）技术装备

第一章 绪 论

目前，我国墙体材料技术装备得到了空前发展，以大型化为导向的改革开放不断深化，设备创新有了突飞猛进的发展，我国墙体材料生产企业已发展到20多万家。产品主要包括砖类产品、砌块类产品、板类产品、石材制品等，优化生产线主要包括烧结空心砖、混凝土砌块、陶瓷墙地砖、蒸压加气混凝土制品、石膏砌块和石材制品等，这些新型墙体材料产品都具有很好的建筑环保功能和技术性能。同时，生产规模大、生产能力强，满足了国内发展新型墙体材料的需求，许多产品达到或接近达到国际同类产品先进水平，具有明显的社会效益和经济效益，能满足节能、节土、利废及装饰等性能要求。先进生产技术装备的有效运行，使小时产量生产能力都已达双优以上。实践出真知。

为掌握新技术、新工艺、新方法等先进技能，建材行业引进了国外墙体材料装备先进制造技术，并在引进的基础上，深入开展国内攻关研发，加大了消化吸收力度，实现了国产化、大型化，提高了职业技能水平。目前我国墙体材料装备已向六个方面转化：①高耗能向低耗能转化；②重型向轻型转化；③低强度向高强度转化；④体积由小块向大块转化；⑤原料由毁田向造田、利废、保护环境、低碳转化；⑥装备由小型向大型方向转化。为广泛实现节能、节土，提高建筑功能，必须大力发展各种新材料，如黏土空心砖、工业废渣空心砖、煤矸石空心砖、页岩空心砖等新型材料，还要为绿色石膏砌块、混凝砌块、陶瓷墙地砖、蒸压加气混凝土制品、石材制品等重点绿色产品增砖添瓦。这将是今后发展的方向。因此，墙体材料技术装备的技术更新改造，自主创新，加强职业技能教育培训鉴定，提高技能水平等诸方面将是墙体材料装备革新的保证，先进的生产装备和高水平的技能是满足墙体材料生产需要的关键。其中有的是经过高温焙烧、蒸压加气、机械加工和特殊成型工艺完成的，其产品高温烧结强度高、蒸压加气隔热保温性能好、绿色效果好，机械加工精度高，是目前我国建筑业主要的墙体材料，其形成的规模大，生产能力强、产量高、质量好、饰面效果好、低碳，既环保又节能，大大满足了我国基础建设和城乡建设各方面的需要。相应地，完成这些墙体材料的主要技术装备都已具备了先进性、可靠性和应用性，已向国际先进水平迈进，下面将其装备分别加以论述。

第二章　烧结空心砖技术装备

第一节　概　　述

我国生产和应用烧结砖瓦的历史悠久，距今已有三千多年的历史。我国砖瓦生产过程，应先有砖后有瓦。到了秦汉时期，我国的砖瓦业已发展成为一种独立的手工业，技术更加成熟，使用更加广泛，“秦砖汉瓦”由此而来。

长期以来，我国一直用“秦砖汉瓦”这一美称表述砖瓦的光辉历史，其实空心砖的历史更早，比“秦砖汉瓦”早了好几个世纪，在战国晚期的墓室中就发现有空心砖。在出土的文物中，有战国后期刻着文字的墓砖，尤其是在春秋、秦汉时期，已有砖面画像。

五代北宋时期，随着砖石建筑和拱结构的发展，砖瓦烧制使用技术达到新的高峰。用砖砌筑城墙、铺砌道路，各地建造了许多高大的砖塔。砖的制作开始了标准化，制作的方法也取得了更大的进步。宋代修建的楼堂、园林、阁寺等建筑雄伟壮观、气势高昂，显示了其高超的技艺。

清代砖瓦业发展时期，普遍使用方窑、圆窑、马蹄窑等土窑烧制砖瓦，青砖、青瓦已在民间大量使用。

新中国成立后三十余年来，砖瓦业发展很快，普通黏土砖占绝对优势，非黏土砖和空心砖已占一定比例，多数砖场都采用了先进的生产工艺和设备，用机械处理原料、机械化生产，人工干燥室，采用轮窑或隧道窑焙烧砖瓦，无煤烧窑技术正在推广使用，砖瓦工业向节土、节能、利废、增效方面发展。

我国空心砖生产和应用虽然起步晚，但一直发展很快。在发展烧结黏土砖的基础上，经过多年的努力，我国发展了以页岩、粉煤灰、煤矸石等工业废渣为原料的内燃砖、承重和非承重空心砖等，同世界先进国家制砖技术相比，还有一些差距，但是品种齐全。

随着社会发展与进步，黏土烧结实心砖已被市场淘汰，取而代之的是节能环保墙体材料，原料为工业废渣、页岩、煤矸石、粉煤灰等。

随着全世界的能源问题日渐突出，节能和环保、保护耕地已成为建设和谐社会的首要问题。建筑节能不仅可节省能源、节约开支、改善室内热环境，而且可以减少环境污染和室内温度差，保护生态平衡和可持续发展。建筑节能已成为全世界共同关心和重视的课题。

随着我国节能墙体材料的研发，煤矸石砖、粉煤灰砖、页岩砖等工业废渣砖全开始进入市场。近些年来，墙体工业的科技创新成效显著，新型的墙体工业发展的技术难题已取得重大突破，一大批具有自主知识产权的技术、产品和设备已投入市场，促进了我国墙体工业发展。

砖瓦机械设备的技术更新改造，是墙体材料革新的保证。真空挤出机是满足空心砖生产需要的关键设备。由于真空挤出机能将制砖泥料进行真空抽气处理，使存在于泥料中的气体得以排除，使泥料的可塑性与黏着力提高，使泥料的密实度增加，改变了泥料的物理性能，因而显著提高了烧砖的产品成型率与质量。

目前，我国已开发出多种类别、规格、型号的真空挤出机，最具特色的是双级真空挤出机，深受用户青睐。随着新型墙体材料改革步伐的不断加快，国家对于发展新型墙体材料颁布了相关政策，促进了真空挤出机的开发研制和推广应用。国内很多机械生产企业先后研制并批量生产了多规格的双级真空挤出机，并在应用中取得了明显的效果。

为保证各种制砖物料的性能，一般制砖物料塑性指数应满足以下要求，详见表 2-1-1。高于或低于都要进行调整。

表 2-1-1　真空挤出机基本参数

基本性能		要求程度	要求范围			
名称	项目		黏土空心砖	煤矸石砖	粉煤灰砖	页岩砖
颗粒组成/%	0.05 以下	适宜 允许	35～50 50～80	35～50 50～80	35～50 50～90	35～50 50～80
	0.05～1.2	适宜 允许	20～65 15～50	20～65 15～60	20～65 15～60	20～65 15～60
	1.2～2	适宜 允许	5～15 10～20	5～15 10～20	5～15 10～20	5～15 10～20
可塑性	塑性指数	适宜 允许	7～16 6～18	7～16 6～18	7～16 6～17	7～16 6～17
干燥敏感性	敏感性系数	适宜 允许	<1 <2	<1 <2	<1 <2	<1 <2
收缩率/%	干燥线收缩	允许	3～8	1～2	1～2	2～4
	烧成线收缩	允许	2～5	2～5	2～3	2～3
硬度	普氏硬度系数	允许	≥4	≥4	≥4	3～4
烧结性/℃	烧成温度	适宜	950～1050	1000～1100	950～1050	950～1050
成型水分/%	含水率	适宜	14～17	13～16	13～16	13～16
化学成分/%	SiO_2	适宜 允许	55～70 50～80	55～60 45～70	38～50 30～55	50～65 45～75
	Fe_2O_3	适宜 允许	2～10 3～15	2.5～2.8 2～3	5～6 10～13	2～8 3～10
	Al_2O_3	适宜 允许	10～20 5～25	16～18 10～20	19～25 15～30	14～17 10～20
	CaO	允许	0～15	0～7	0～6	0～8
	MgO	允许	0～5	0～5	0～3	0～5
	SO_3	允许	0～3	0～2	0～1	0～2

第二节　锤式粉碎机

一、概述

锤式粉碎机是 1895 年由 M. F. Bedmson 发明的，距今已有 100 多年的历史了。在这 100 多年的时间里，它的应用范围不断扩大。目前，锤式粉碎机的使用已遍及冶金、建材、化工、电力、交通等各个部门，应用非常广泛，主要用于中细碎石灰石、煤、煤矸石、焦炭、页岩、白垩、石膏、炉渣、原矿石、水泥熟料等中低硬度的物料。随着科学技术的不断发展，锤式破碎机的种类也越来越多。反击式粉碎机就是在锤式粉碎机的基础上发展起来的一种新型高效粉碎机。反击式破碎机为锤式粉碎机的一种，目前它已成为锤式粉碎机中的主流产品。近几年来，粉碎机行业发展很快，国际上的一些前沿技术在粉碎机行业得到了充分的利用。同时，随着工业自动化程度的快速发展，对粉碎机的使用性能提出了更高的要求。从国际上整体的发展趋势看，锤式粉碎机正朝着高产量、大破碎比、高耐磨性发展。我国冀东水泥厂引进德国 O&K 公司制造的反击式锤式粉碎机，它的规格为 2300mm×3570mm，能将 2000mm 物料一次性破碎至 25mm 以下，其生产能力可达 2000t/d，国内生产的锤式粉碎机很难达到这一水平，即使在某些方面达到国际水平，但整体技术水平不高，与国际先进水平还有一段距离，还有很大的提升空间。市场需求量的不断扩大，是推动这一行业发展的巨大动力。未来几年，粉碎机行业将会保持一个稳定、持续、较快的发展速度。

二、结构及工作原理

（一）锤式粉碎机型号的表示方法

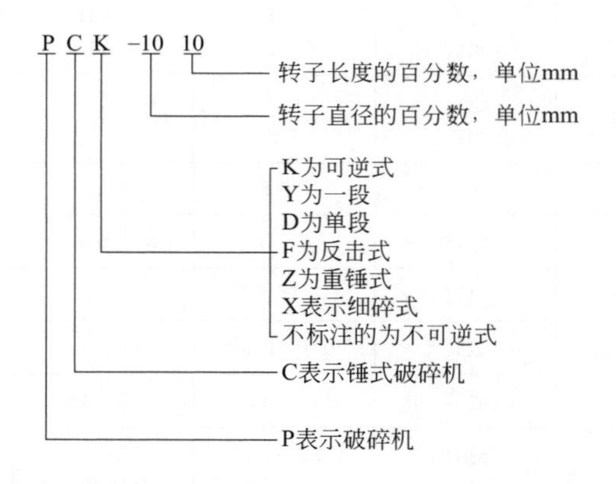

PCK-1010 也可以表示为 PCK-1000×1000。

随着破碎机应用范围的不断扩大，生产厂家不断增多，一些生产厂家根据自己产品的不同特点，自己命名本公司产品。如山东矿机迈科公司生产的 YKP 系列和 MB 系列细碎粉碎机都充分体现了自己公司的特点和与众不同的使用性能。

（二）锤式粉碎机的分类

（1）按转子数目可分为单转子和双转子（见图 2-2-1、图 2-2-2）。

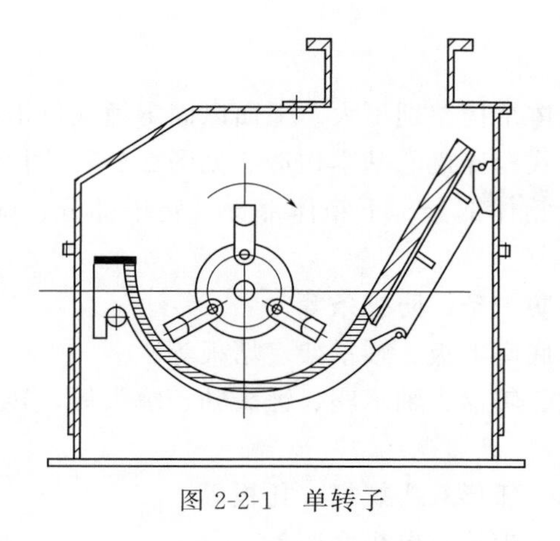

图 2-2-1　单转子

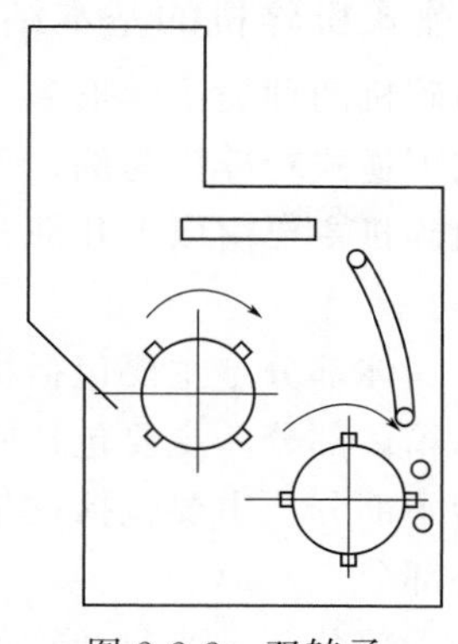

图 2-2-2　双转子

（2）按转子的回转方向可分为可逆式和不可逆式（见图 2-2-3、图 2-2-4）。

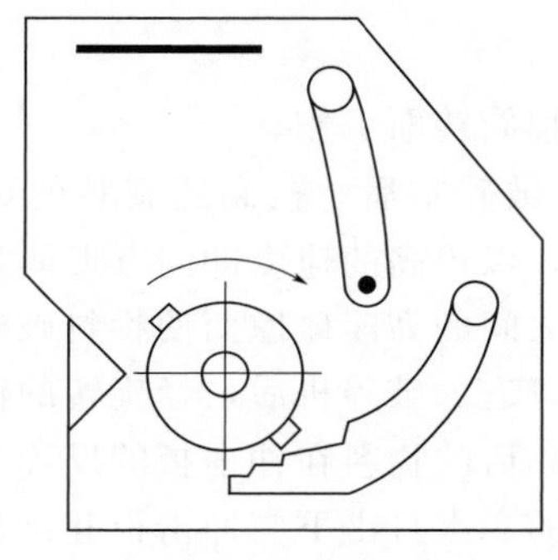

图 2-2-3　可逆式

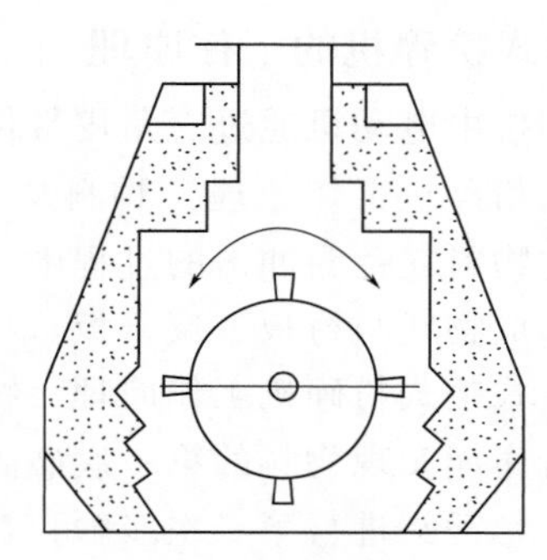

图 2-2-4　不可逆式

（3）按锤头的排列方式可分为单排式和双排式。锤头安装在同一回转平面上，和锤头安装在几个不同的平面上。

（4）按锤头在转子上的连接方式可分为固定锤式和活动锤式（见图 2-2-5、图 2-2-6）。

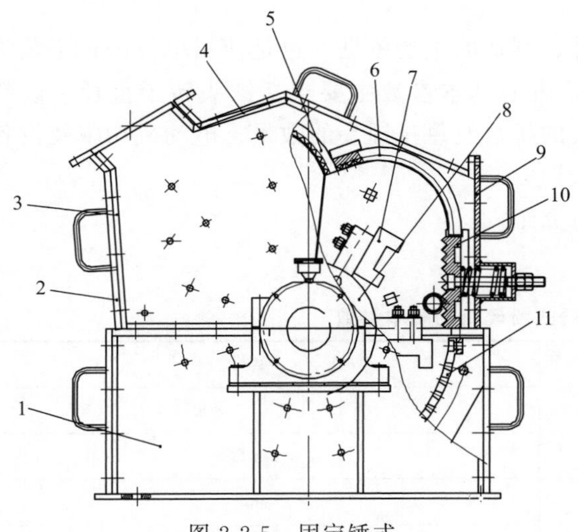

图 2-2-5　固定锤式

1—机架；2—前盖板；3—上侧架；4—上盖板；5—冲击板Ⅰ；6—冲击板Ⅱ；7—锤头；8—转子；9—后板；10—可调衬板；11—篦板

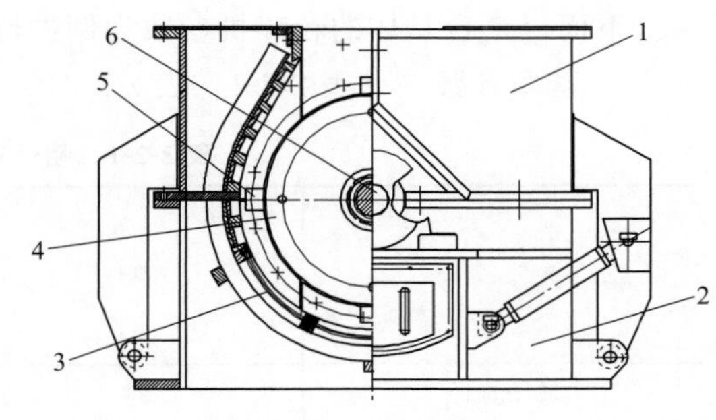

图 2-2-6　活动锤式

1—上机体；2—下机体；3—筛板；4—衬板；5—锤头；6—转子

(三) 锤式粉碎机的基本结构

锤式粉碎机的种类虽然很多，但它的整体结构差别不大。下面以固定锤式反击式粉碎机和活动锤式可逆式粉碎机为例，具体介绍锤式粉碎机的基本构造（见图 2-2-5、图 2-2-6）。

锤式粉碎机主要由以下几部分组成：上箱体部分、下箱体部分、转子部分、筛子部分、传动部分等。

(1) 上箱体部分　主要包括机体、方形防护条、防护条等。

(2) 下箱体部分　主要包括底座箱体、底座上板、轴承架、堵板等。

(3) 转子部分　主要包括皮带轮、主轴、转盘、轴承座、锤头轴、锤头等。转子部分是设备的核心部分。

(4) 筛子部分　主要包括筛条、筛条座、弧形双头螺杆、托板等。

(5) 传动部分　主要包括电动机、电机皮带轮、电机底座等。

反击式粉碎机又增加了可调衬板部分，它主要包括衬板、方头螺栓、弹簧等。

(四) 锤式粉碎机的工作原理

锤式粉碎机由电动机通过三角皮带传动带动主轴旋转而工作。

(1) 锤式粉碎机工作原理　物料从上料口落入破碎室后，被高速旋转的锤头打击而破碎，破碎后的物料在锤头冲击的过程中又获得动能，以很高的速度冲向方形防护条、衬板和其他物料，形成物料与衬板、反击板，物料和物料之间的高速碰撞而使物料破碎。

(2) 反击式锤式粉碎机工作原理　物料从上料口进入破碎机后，经旋转的锤头打击后与冲击板Ⅰ进行碰撞实现物料的第一次破碎；一次破碎后的物料在冲击板的反弹与物料自重的作用下下落，与锤头进行第二次接触，在旋转锤头的二次打击下与冲击板Ⅱ进行碰撞，实现物料的第二次破碎；破碎后的物料在冲击板的反弹与自重的作用下下落进入由高速旋转的锤头与可调衬板（可实现与锤头的距离的调节）组成的研磨区进行挤压研磨，使大部分物料满足粒度要求从篦板孔落下；极少数物料在篦板与锤头形成的空腔内打击碰撞，最终满足粒度要求从篦板孔落下。

(五) 锤式粉碎机的基本参数

锤式粉碎机的基本参数是生产厂家设计、制造的主要依据，也是使用单位进行工艺流程设计能力配套选择的重要的依据。锤式粉碎机的基本参数主要包括锤头转子直径、进料粒度、出料粒度、生产能力、主轴转速、锤头的排数及每排锤头的数量、电动机功率及设备重量等。

下面以三台具体的粉碎机参数为例进行介绍。

1. **基本参数**（见表 2-2-1～表 2-2-3）

表 2-2-1　粗碎锤式粉碎机的基本参数

参数名称	单位	型号
		CP900×800
		参数
转子直径	mm	900
进料粒度		≤500
出料粒度		≤50

续表

参数名称		单位	型号 CP900×800 参数
生产能力		t/h	40～60
锤头	排数	排	4
	每排数量	个	2
电机功率		kW	55
设备重量		t	4.5

表 2-2-2 细碎锤式粉碎机的基本参数

参数名称		单位	型号		
			MB800×600	MB800×900	MB800×1200
			参数		
转子直径		mm	800	800	800
进料粒度		mm	<50	<50	<50
出料粒度		mm	<0.1 占 30%；0.1～0.5 占 35%；0.5～2 占 30%；2～3 占 5%		
生产能力		t/h	>10	>15	>18
锤头	排数	排	4		
	每排数量	个	4	6	7
电机功率		kW	55	90	110

表 2-2-3 反击式细粉碎机的基本参数

参数名称		单位	型号	
			YKP80	YKP100
			参数	
转子直径		mm	800	1000
进料粒度		mm	<60	<200
出料粒度		mm	<3	3
生产能力		t/h	35～60	50～80
锤头	排数	排	6	6
	每排数量	个	4	4
电机功率		kW	90	132
设备重量		t	5.5	8.5

2. 锤式粉碎机主要参数的确定原则

锤式粉碎机的主要参数项目与一般粉碎机的参数项目基本相同，这些参数的确定都必须遵循一定的原则，现分别说明如下。

(1) 锤式粉碎机的规格　锤式粉碎机的规格是以转子直径的大小尺寸表示的，转子直径尺寸是锤式粉碎机的主要参数。转子直径尺寸越大，锤式粉碎机机体横截面积也越大，在单位时间内可以通过的物料则越多，产量也越高。一般是要求锤式粉碎机的生产能力愈大时，转子直径尺寸也愈大。

(2) 进料粒度　锤式粉碎机的进料粒度是根据物料中碎时采用粗碎锤式粉碎机不同产量时粒度不同的原则进行配用的。如 MB800 型细碎锤式粉碎机与 CP900×800 粗碎锤式粉碎机的配用。

(3) 出料粒度　出料粒度是锤式粉碎机的一项重要性能参数。出料粒度的大小将直接影响到空心砖的质量好坏。国内各种类型的锤式粉碎机都日益趋向细碎化，以期达到大幅度提高产量和节省电耗的目的。

锤式粉碎机的出料粒度是根据进料粒度、生产能力和破碎比来确定的。实践表明，在维持一定的生产能力下，进料粒度越大时则出料粒度也越大。出料粒度的大小，又与锤头排数的多少和每排锤头的数量有着密切的关系。一般情况是锤头排数和每排锤头数量越多时，物料被打击的次数将越多，则出料粒度将越细。

(4) 主轴转速　锤式粉碎机的主轴转速是一个重要的工艺参数，它对产品的粒度和破碎比起着决定性作用，同时，对锤式粉碎机的生产能力也有很大的影响。确定主轴转速时，往往是先假定锤头的圆周速度，以锤头旋转时所产生的动能和冲击能能够击碎所确定的物料进行选择。因此，主轴转速选择的原则是：既要使锤头旋转时的冲击动能满足破碎中硬物时所需要的能量，又要使物料的出料粒度达到设计要求的条件下，选择较低的转速。

锤式破碎机是以锤间的冲击作用进行工作的。其动能和冲击能首先要满足物料的破碎要求，因为每一种物料都需要合适的圆周速度以获得在最优粒度下的最大产量。

当锤间的圆周速度过低时，冲击动能就小，则不能破碎物料，或能破碎物料但出料粒度过粗；反之，圆周速度高时，锤头的冲击动能就大，则容易击碎物料，出料粒度也较细。破碎比也增大，生产能力也相应提高。主轴转速是不是可以无限制地提高呢？不是的，因为，转速达到一定的速度时，会严重影响物料的下料速度，反而降低生产效率，且功率消耗也显著增加。同时还将引起锤头和衬板的剧烈磨损、寿命缩短，造成更换锤头、衬板而停机的次数大大增加和生产时间的缩短，成本反而增高，生产效率下降。

多年的实践证明，锤式粉碎机破碎中等硬度物料时，在综合平衡各种因素后，锤头的线速度一般在 20～30m/s 的范围内选择为宜。

(5) 电机功率　锤式粉碎机的功率和很多因素有关，但主要取决于物料的性质、破碎比、生产能力和锤头的圆周速度。

锤式粉碎机电机功率的选择的原则是：一方面要保证机器正常运转时所需的额定负荷，另一方面也要考虑工作时误入大块或铁件等特殊情况下，电流突然增大时不至于烧毁电机的一定安全值。

(6) 生产能力　影响锤式粉碎机实际生产能力的因素有很多，比如主轴转速、转子直径、进料粒度、破碎比及进料均匀程度等。目前，我国还没有一套完整的计算锤式破碎机生产能力的理论公式，仅可以根据制造厂家多年实践归纳出来的经验公式进行估算。

生产能力＝(1.8～2.2)转子直径×主轴转速的平方×进料粒度/出料粒度×锤头与衬板间隙的平方

(7) 锤头排数及个数　物料自进料口自由下落时，将依次受到机内高速旋转的各排锤头的连续打击而破碎成小颗粒。锤头的排数与物料的排数粒度有密切的关系。排数越多物料被打击的次数将越多，排料粒度则越细，但所需的电机功率也就越大，且机体也将升高，重心随之提高，则机械的稳定性就越差。而且，锤头排数过多时，也越容易产生过粉碎现象。

三、主要零部件要求

① 主轴材料的力学性能应不低于 JB/T 6379—2007 中第 2 章 45 或 50 号钢的规定。

② 耐磨件材料的力学性能应不低于 JC/T 401.1—2011 中第 4 章 ZGMn13 的规定。

③ 主轴应经超声波探伤检验，并应符合 JB/T 5000.15—2007 中Ⅳ级的规定。

④ 转子体（不含锤类件）应进行平衡试验，其平衡品质等级值应符合 GB/T 9239.1—2006 中 G16 的规定。

⑤ 外购件应不低于相关国家标准、行业标准，并具有合格证。

⑥ 切削加工件未注尺寸和角度公差、形位公差均应符合 JB/T 5000.9 的规定。

⑦ 焊接件应符合 JC/T 532—2007 的规定。

⑧ 主要零件材料的力学性能，应不低于表 2-2-4 所列材料的规定。

表 2-2-4 主要零件材料的力学性能

名称	材料
锤轴	38CrMoAl(JB/T 6396—2006)
锤盘	ZG270—500(GB/T 11352—2009)

四、制造过程及技术工艺

技术要求是设计、制造锤式粉碎的依据，是为了满足机械设备的使用要求而必须具备的技术性能指标。

(一) 主要零件的技术要求

1. 锤式粉碎机主轴

(1) 主轴材料 主轴是承受扭、弯、压应力的主要零件，处在各种负荷下工作，受力情况比较复杂，要求其应具有良好的综合机械性能，保证有足够的抗扭、抗弯、抗疲劳、耐冲击等能力。因此，要求主轴必须用 45＃钢，综合机械性能比较好，材料来源广，成本较低廉，又具有良好的热处理性能，所以是制造锤式粉碎机主轴的主要材料。

为保证主轴能长期安全运行，主轴在精加工后应进行探伤检查，不允许有夹渣、裂纹等影响质量的缺陷。

(2) 主轴的热处理要求 为进一步提高主轴的韧性和机械强度，延长使用寿命，要求主轴必须经过调制处理，表面硬度不能低于 HB217～HB255。

(3) 主轴精度 在主轴上安装有数排锤头，两端装轴承，顶端装皮带轮，它们都随主轴高速旋转。因此，严格规定主轴各段轴径的精度具有头等重要的意义，是保证机器运行平稳的首要条件。

主轴各配合轴径应符合以下要求。

① 各段轴径的同轴度公差为 8 级，这是根据在不影响产品使用性能的条件下，选择较低精度的原则确定的。由于主轴较长，如果同轴度要求过低，又会影响机械的使用性能，使主轴运行不平稳，机器振动过大等。长期的实际使用证明，主轴同轴度公差规定为 8 级是最合适的，能满足实际使用的要求。

② 与轴承配合处的表面粗糙度的最大允许值为 1.6μm，与密封件配合处的表面粗糙度的最大允许值为 3.2μm，这两处的表面粗糙度规定，是与主轴相应轴径的公差等级相适应的。

③ 与轴承配合处的轴径圆柱度公差为 8 级。要保证轴径与轴承配合良好，接触可靠，同时考虑易于加工、降低成本，且从实际使用来看，规定轴径的圆柱度公差为 8 级较为合理和经济。

2. 锤式粉碎机锤头和衬板

锤头和衬板是锤式粉碎机的主要易损件，要求具有良好的耐磨性能，一般用高锰钢或高铬铸铁来制造。考虑到成本等方面的原因，目前许多中小型企业仍采用高锰钢锤头和衬板。而新型的耐磨材料高铬铸铁，耐磨性能比高锰钢要优越得多，现已在砖瓦行业中逐步得到应用。

衬板是紧贴在筒体内壁上的。为贴合紧密，利于装配，保证衬板与锤头之间的间隙符合设计要求，一般都是衬板装配面不允许有倾斜，并要求应光洁规整。

（二）装配技术要求

锤式粉碎机的结构虽然较为简单，但由于零件是做高速旋转，在装配时必须严格遵守下列技术要求。

主轴轴承装配后，上轴承的轴向间隙应保证在 0.15～0.25mm 之间，下轴承的轴向间隙应该在 0.1～0.2mm 之间。

规定一定的轴向间隙，主要是为了避免工作时因温度升高，主轴轴向伸长而引起不必要的附加应力，造成机器的损坏。

① 衬板不允许用火焰切割，这是为了避免零件产生不应有的变形。

② 锤头应称重，同一排锤头的重量差值不得大于 0.2kg。且在装配时，应将重量差值最小的一对，成对对称装入同一排中，锤头装配后应转动灵活。

上述规定主要是为确保主轴运转平稳，努力减小机器运转时的振动。实践证明，当同一排锤头差值不大于 0.2kg 时，能达到机器振动小和运转平稳的要求。

③ 电机皮带轮上端面应与主轴皮带轮上端面在同一平面内，其偏移误差不得大于两皮带轮中心距的 2‰。

要求保证了主轴和电机轴中心线的平行，使皮带受力均匀，减轻对主轴的附加应力。

④ 在外观质量方面，所有零件结合部分边缘应整齐匀称，不应有明显的错位，机器外表面要求光滑、美观。

（三）运转技术要求

锤式粉碎机所有零件加工、组装完毕后，应对整机进行空负荷试车和负荷试车，以检验机器的设计、零件的加工和装配质量。

1. 空运转技术要求

① 电气控制准确可靠；

② 润滑正常，无漏油现象；

③ 运转中无金属碰击声及其他异常声响；

④ 轴承温差应小于 30℃；

⑤ 噪声应不大于 80dB（A）；

⑥ 上盖处的径向振幅不大于 0.5mm。

2. 负荷运转要求

① 运转中轴承温差不大于50℃；

② 噪声应不大于85dB（A）；

③ 上盖处的径向振幅不大于0.5mm；

④ 进料粒度、出料粒度和生产能力应符合相应机型的性能参数。

五、装配及安装要求

① 空负荷运行时，在主轴承座上测量的水平和垂直振幅不得大于0.12mm。

② 转子轴的水平度不大于0.2mm/1000mm。

③ 锤头外缘运动轨迹与冲击板和篦板之间的间隙应不小于10mm。在烘干锤式破碎机中，该间隙应不小于20mm。

④ 对称位置的两排锤头，其总重量差不得大于总重量的0.25%。

六、安装及调试工艺

全面掌握锤式粉碎机的正确安装和使用方法，是保证机器正常运转和优质高产的前提条件。有了制造质量精良、合理配套的机器后，如果安装不好，或者使用不当，也不能保证安全高效地运行，甚至会损坏机器或者降低机器的使用寿命，造成不应有的经济损失。本章仅对锤式粉碎机的安装与使用做简单介绍。

（一）锤式粉碎机的安装

1. 基础

不论何种锤式粉碎机，对基础的要求总的来说是：能承受机器的重量而不沉陷；在运转时，各部分间的相互位置保持不变；并能承受机器高速运转时的震动。

锤式粉碎机的基础，一般都是用混凝土浇注而成。根据经验，混凝土基础的重量应是机组重量的1.5～2.5倍。基础的大小与厚度一般要求比机组高度大500～700mm，其面积应比机组底座每边大出100～150mm。

浇注混凝土的方法，多采用二次浇注法。

浇注基础前，要先挖好基坑，基础底部用灰土夯实，然后浇注碎石混凝土。在浇注时，应按照锤式粉碎机底座螺孔位置留出200mm×200mm的长方形孔。等基础凝固后，再按照机器底座螺孔位置，将地脚螺栓浇注到长方形中去，与基础固定在一起。

基础平面应仔细校平，以免锤式粉碎机安装后发生倾斜或在紧固时地脚螺栓引起底座变形，影响机器正常工作和使用年限。

2. 安装与调整

① 锤式粉碎机安装前，应清洗机器外部的一切污物。

② 测量地脚螺栓尺寸是否符合机器地脚螺栓尺寸的要求，如不符合时，应及时校正。

③ 将主机吊装在基础上，以主轴皮带断面为基准，加垫调整机器与基础平面垂直。

④ 将电机组件吊装在基础上，加垫调整电机皮带轮上断面与主轴皮带轮上端面同水平面；调整电机底座调节螺栓，使两轮中心距在规定范围内。

⑤ 调整进料斗的位置，使其满足工艺安排的需求。

⑥ 进行二次灌浆，待水泥凝固后，精调两皮带轮的上端面同水平；调整中心距，使三角皮带张紧，但用手能转动其皮带轮。

（二）锤式粉碎机的使用

锤式粉碎机是一种高速运转的破碎机械，为确保其正常运转，操作人员必须预先熟读产品使用说明书，掌握正确的使用方法，严格按照规程操作。在使用过程中，应着重强调以下几点。

开机前，应与有关岗位取得联系，未经取得联系，不得随便开车或停车，以防堵塞或其他意外事故的发生。

机器启动后，待电机及粉碎机运转平稳后，方可加料。

要严格遵守空车启动、卸空停车的原则，严禁带负荷启动。

生产过程中，出料口不得有阻塞现象，以免影响排料。

喂料要均匀，防止喂入过硬的物料或铁件，以免损坏机器。

当发现主轴转速降低，破碎声异常时，应立即停止加料并停车，待查出原因并排除故障后方可开车。

经常检查、紧固地脚螺栓，防止松动。

停机时，应开门检查锤头、衬板等易损件的磨损情况，发现问题应及时处理。

用高压黄油枪经常对轴承加注润滑脂，以保证轴承具有良好的润滑。

经常检查轴承温度，一般应保持在70℃以下，最高不得超过90℃。如发现超过温度时，应立即停车检查，待排除故障后，方可重新开车。

经常检查卸料粒度，如发现不符合要求时，应停车检查锤头与衬板的磨损情况和皮带的张紧情况。如发现锤头、衬板磨损严重，则应调整锤头与衬板间的间隙，或者更换锤头、衬板。

七、维护与修理

锤式粉碎机的使用性和可靠性，取决于许多因素，如结构、材料、制造质量及保养使用状况等，即使这些条件基本上都得到满足，锤式粉碎机在使用中偶尔还是要发生一些故障的。当故障出现后，能及时发现并找出原因，采取有效措施加以排除，对充分发挥锤式粉碎机的效能并长期可靠地工作是十分重要的。否则，会由于小毛病得不到及时处理而造成重大事故。

（一）锤式粉碎机常见的故障及处理方法（见表2-2-5）

表2-2-5　锤式粉碎机常见的故障及处理方法

故障	原因	排除方法
启动困难、电流大	电网电压低，机器内物料未清理，电机缺相，其他机械阻力	检查排除
机器振动大，有异常声响	锤头形状不规则，偏心严重，进入了铁等难破碎物	检查排除
运转中电流大转速低或有周期性沉闷声音	上料太快，负荷太重，电网电压低。出料不畅，锤头与筛网间塞料	检查排除
出料变粗	筛条磨损	更换筛条
产量下降	进料粒度过大，锤头、反击条磨损严重，转子转速不够	检查排除
轴承过热	润滑不足，润滑脂太满，两轴承不同心	检查排除

（二）锤式粉碎机故障产生的原因分析

分析产生故障的原因，无论对用户还是对生产商来说都非常重要，它可避免类似错误的重复发生。

1. 故障的分析方法

① 观察——查看仪表读数，机器运转状况，进、排料情况及润滑油泄漏情况等。

② 触摸——用手检查机体与轴承部位的温度、零件的固定和机器的振动情况等。

③ 听诊——倾听机器运动声音的变化，有无敲击声或其他异常声音。

2. 锤式粉碎机故障产生的原因

违章操作、使用不当，常犯的操作错误如下。

新锤式粉碎机或刚更换过轴承等的锤式破碎机，不经过充分地磨合而直接带高负荷使用，造成零件严重磨损。

直接带负荷启动，造成零件严重磨损，而引起一系列故障。

润滑油量不足，使润滑条件恶化，造成轴承发热、烧损。

长期超负荷运行，造成零件严重磨损或损坏。

带负荷停车，受热零件因冷却过快而引起骤冷裂纹。

3. 维护保养不良出现的错误

① 不及时地添加润滑油和定期更换润滑油，造成润滑油量不足，或润滑油污染、变质而丧失润滑性能，造成轴承发热而磨损。

② 不经常检查和疏通加油管道，造成堵塞，使润滑油条件恶化，引起轴承发热磨损。

③ 不按期检查和调整主轴轴承的轴向间隙，造成因间隙过小，主轴受热伸长而轴承座磨损加剧或轴承盖顶裂。

④ 不经常检查衬板紧固螺栓和销轴的磨损情况，造成因衬板松动，锤头与衬板碰撞的严重事故。

4. 装配和调整错误

① 主轴承轴向间隙不符合规定，间隙过小或无间隙，引起轴承座严重磨损。

② 锤头与衬板间隙过小，或因衬板受火焰切割而变形，引起锤头与衬板撞击事故。

③ 装配锤头不按重量进行级配，引起机器剧烈振动。

5. 零件不合格出现的错误

由于零件的材质、加工精度不符合设计要求，使用时没有进行严格的检查而装配。或由于零件内部缺陷，检查时难于发现，而在使用过程中暴露出来，造成故障。常见问题如下。

① 主要铸件（如锤头、衬板、轴承座、上盖及底座等）存在着缩松、砂眼、细小裂纹等铸造缺陷，这些问题往往在检查时不易发现，装在锤式粉碎机上初期也不容易暴露，而经过一个长期的使用，上述缺陷逐渐扩大，造成零件损坏。

② 零件在加工制造时，没有很好地消除内应力，引起零件变形，丧失原来的加工精度和配合关系，如衬板、上盖翘曲变形。

③ 零件加工精度不合格，如主轴各段轴径的同轴度公差不符合标准规定，工作时产生剧烈跳动，造成机器振动过大等。

第三节 辊式细碎机

一、概述

辊式细碎机是 1806 年出现的，距今约有 200 年的历史，在破碎机大家族中是最古老的机型之一。由于其机构简单，易于制造，特别是过粉碎现象少，能破碎黏湿物料，故被广泛应用于中低硬度物料的破碎作业中。它的缺点是：生产能力低，要求将物料均匀连续地喂到辊子全部长度上，否则辊子磨损不均匀，得到的产品的粒度也不均匀。对于光面辊式细碎机来说，喂入料块的尺寸要比辊子的直径小得多，故不能破碎大块物料，也不宜破碎坚硬的物料，通常用于中硬或松软物料的中、细碎。例如，在化工、焦化等行业，对破碎后产品的粒度、粒形和过粉碎现象要求很严，而实践证明，其最佳选择就是辊式细碎机。

辊式细碎机最常用的机型是光辊破碎机。它的作用是压碎功能，并附带有研磨的作用。它主要用于中低硬度物料的中碎和细碎。在传统的实心砖生产过程中，它是主要的破碎设备。齿辊式细碎机的破碎机理是对物料进行劈碎，并附带研磨作用，它一般用于脆性及软质物料的粗碎和中碎。对于生产空心砖来说，它一般用于粗碎。槽辊式细碎机除具有以上的破碎作用外，还有除石作用，一般又称除石对辊机。

在建材行业，要想生产质量较高的空心砖，原料处理是关键。一般来说，原料要经过粗碎、中碎、细碎三道工序，使原料细化，易于成型，并能提高产品的强度。因此辊子的间隙就显得十分重要。几种不同的砖型对辊机间隙的要求分别是：实心砖≤3mm；多孔砖 2～3mm；空心砖 1.5～2mm；楼板砖、劈离砖、屋面瓦≤1mm。随着生产空心砖以及其他行业对辊式破碎机需求量的不断增加特别是高速细碎对辊机在国外已得到普遍应用，近几年还在不断地改进，新产品不断涌现，最小的辊子间隙可控制在 0.2mm 以内，而且间隙的调整完全自动化，受到业内人士的一致称赞，也为企业带来了很好的经济效益。

国内外破碎机专家分析，辊式细碎机在多个领域具有不可替代性，有很好的发展空间，前景很好，应认真对待积极开发。下面将着重介绍对辊间隙在 3mm 以内的细碎对辊机。

二、结构特点及工作原理

（一）辊式细碎机型号表示方法

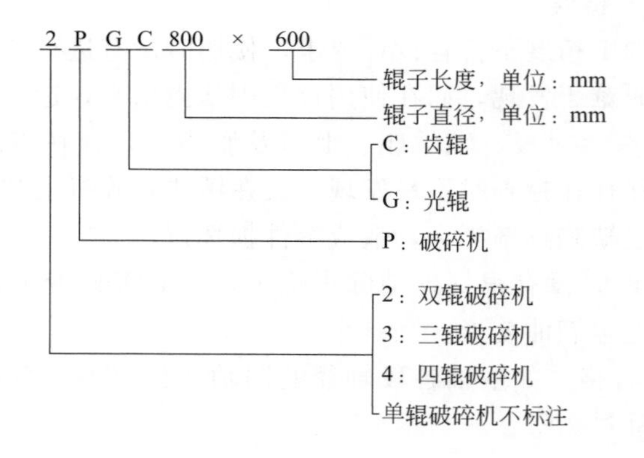

（二）辊式细碎机的分类

辊式细碎机按辊子数量分有单辊、双辊、三辊和四辊细碎机；按辊面形状可分为光辊、槽型辊细碎机，还有异型辊细碎机。如图 2-3-1～图 2-3-5 所示。

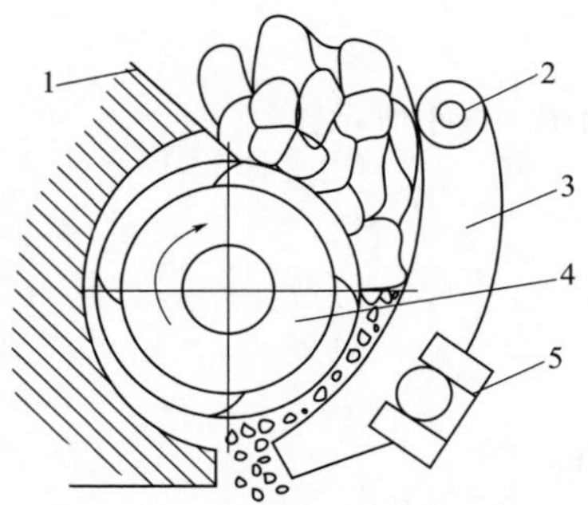

图 2-3-1 单辊细碎机示意图
1—进料斗；2—心轴；3—颚板；
4—齿辊；5—支承座

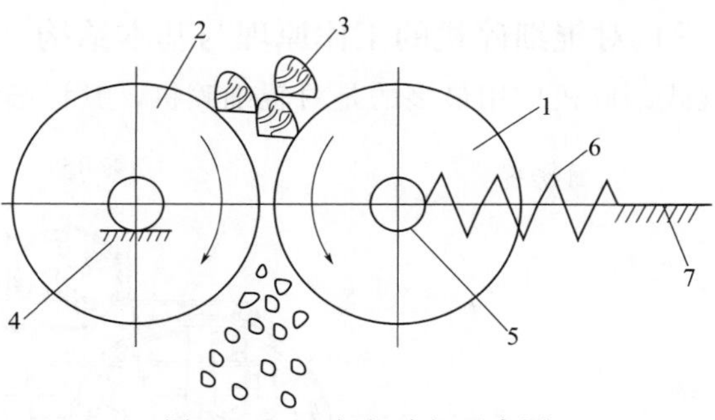

图 2-3-2 双辊细碎机示意图
1，2—辊子；3—物料；4—固定轴承；
5—活动轴承；6—弹簧；7—机架

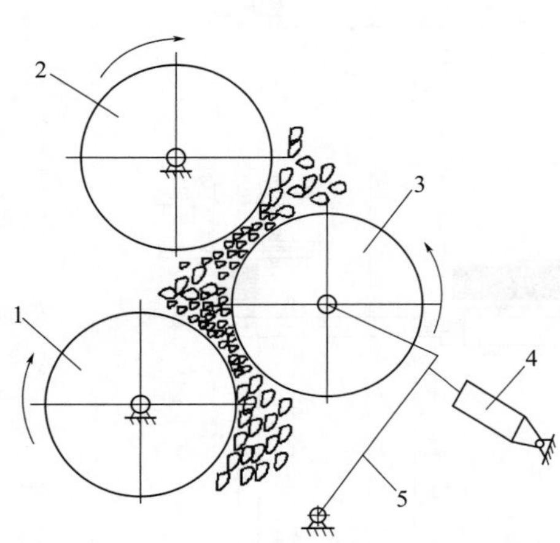

图 2-3-3 三辊细碎机示意图
1，2—轴承固定的辊子；3—摆动辊；4—油缸；5—杠杆

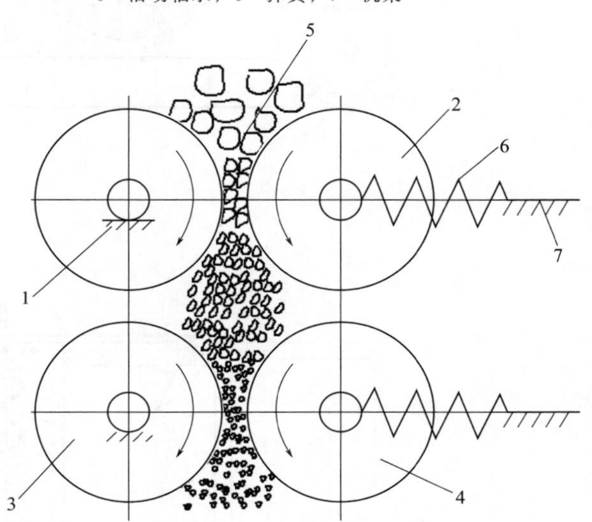

图 2-3-4 四辊细碎机示意图
1～4—辊子；5—物料；6—弹簧；7—机架

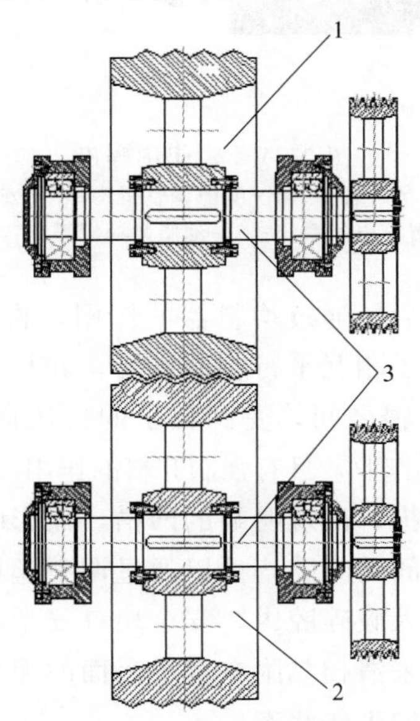

图 2-3-5 槽式对辊细碎机
1，2—齿辊；3—心轴

（三）对辊细碎机的工作原理与基本结构

辊式细碎机应用最多的是对辊细碎机，其详细结构如图 2-3-6 所示。

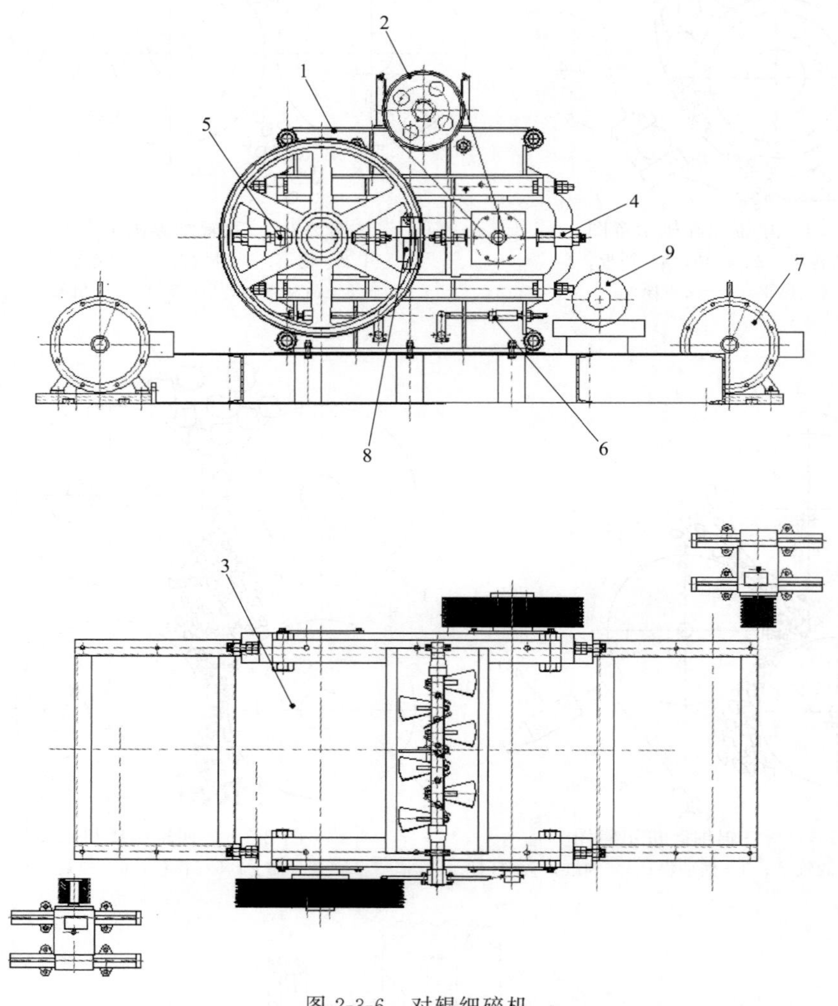

图 2-3-6　对辊细碎机

1—机架；2—均料器；3—辊子；4—间隙调整机构；5—安全装置；6—清扫器；7—传动装置、电控系统；8—油脂泵润滑系统；9—磨削器

当物料被加入到均料器部位后，通过均料器的作用，将物料均匀地分布到两辊子之间。辊子是主要的破碎机构，两个辊子相互平行相向旋转，并且水平安装在机架上。物块在辊子表面摩擦力的作用下，被带进转辊之间，受到辊子的挤压而粉碎，粉碎后的物料被转辊推出，向下卸落。因此对辊机是连续作业，且有强制卸料的作用，粉碎黏湿的物料也不致堵塞。

工作一段时间后，辊子被磨损，出现明显的凹槽，而影响破碎粒度，可用磨削器对辊子进行修复。如果需要调整两辊之间的间隙，可以通过调整丝杆和螺母来完成。如果遇到特殊情况，如铁块等硬质金属物料进入破碎腔内，安全块（安全销）被损坏，主轴等主要零件受到保护。位于底部的清扫器是用来清扫黏附在辊子表面的泥块，使辊子不被泥块等黏湿物料所覆盖。使对辊机始终处于良好的工作状态。

各个组成部分介绍如下。

1. 机架

机架是辊子、辊子轴承座以及其他所有附件的主要支承构件，多数对辊机的机架包括边支座、底板、堵头、套管、螺杆及拉杆。对辊机的效能主要取决于机架的稳定性，在对辊机运转过程中，机架必须承受各种压力，使辊子不至出现任何明显的偏移，并且要有较好的刚性和抗震动性能。

国内设计的机架由两侧支架（边支座）与底架组成。侧机架设计成铸铁箱形结构，犹如两墙板，4 个长螺栓将其连接起来，与普通对辊机分开轴承座形式相比，有较好的抗震性和稳定性。两辊子破碎力通过长拉杆相互平衡，侧机架不受拉力。底架由型钢焊接而成的坚固框架，用地脚螺栓安装固定在基础上。

2. 均料器

均料器的结构如图 2-3-7 所示，均料器的作用是使物料均匀地分布到两辊之间。当物料接触到旋转着的均料器叶片时，能将物料同时向两侧分开，起到分散物料的作用。

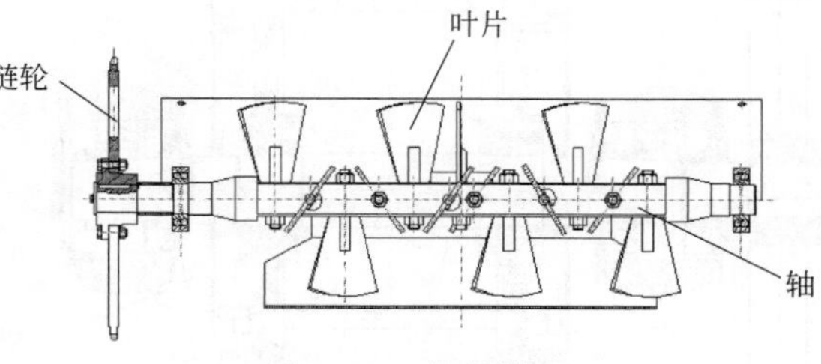

图 2-3-7　均料器

在同类产品中，有的使用电磁振动给料机布料，不用均料器。有的既无均料器也无电磁振动给料机，使下料漏斗直接与破碎机相连，这样就会造成偏料，使辊子表面不能均匀磨损，中间料多，辊子表面磨损快，而出现较深的沟槽，并使主轴偏载受力，影响轴的使用寿命，同时也导致物料破碎粒度不均匀，使破碎状况恶化。

3. 辊子和轴承

对辊机的实际破碎作用是发生在两个相互运转的辊子之间，当物料落入两个辊子之间时，靠摩擦力把物料拉入辊子之间，受到挤压破碎后卸出，当两个辊子做相对差速运转时，物料除了受到辊子的挤压作用，还同时受到撕裂碾揉和研磨作用，从而提高了对物料的破碎效果。

辊子是直接承受破碎负荷的零部件，又处在高速回转状态下，受负荷极高，辊线压力通常在 500～1000N/mm，所以辊子的结构形式和辊圈材质是确保对辊机质量的关键所在。

辊圈的结构形式主要有以下几种。

(1) 如图 2-3-8 所示。这种结构形式是通过弹性圈的胀紧作用使辊圈、弹性圈、端盖三者牢固地连接在一起，安装和拆卸都非常方便。这种结构形式适合于中、大型辊圈的结构，它要求辊圈、弹性圈、端盖等有较高的加工精度。

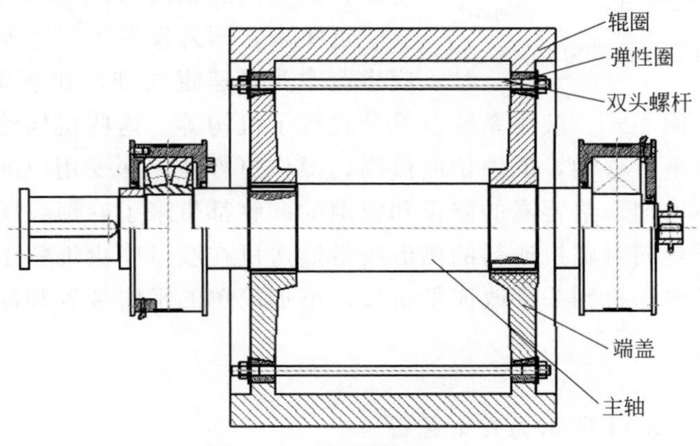

图 2-3-8　辊圈结构（一）

（2）如图 2-3-9 所示。这种结构与上一种相比省去弹性圈和双头螺杆，用主轴上的锁紧螺母固定端盖，端盖与辊圈之间的摩擦力靠斜面紧固。这种结构更为简单，但同样要求辊圈和端盖有较高的加工精度。

（3）如图 2-3-10 所示。这种结构最为简单，对工件加工精度的要求不高，它适合于辊圈宽度较小的机型。

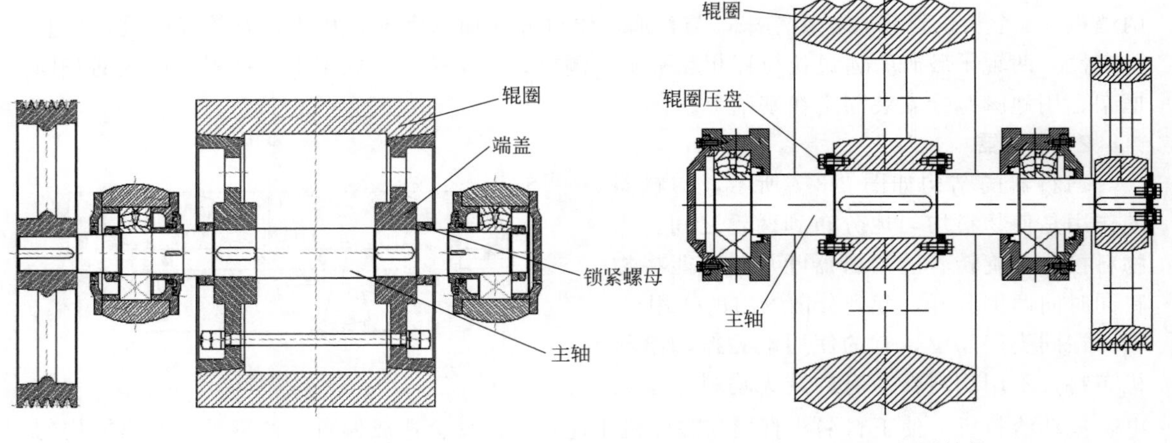

图 2-3-9　辊圈结构（二）　　图 2-3-10　辊圈结构（三）

辊圈的结构还有其他不同的形式，但基本原理相差不大，只是局部结构有所差异。在此不再赘述。辊式细碎机最常用的轴承是调心滚子轴承，它允许辊轴出现一定的倾斜，因而能够起到一种过载保护的作用。

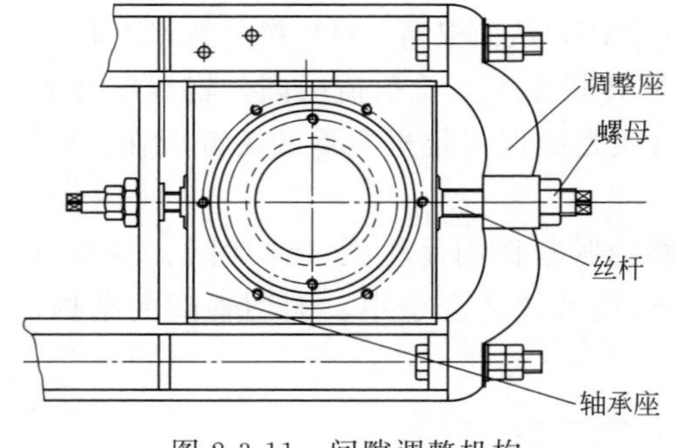

图 2-3-11　间隙调整机构

4. 间隙调整机构

如图 2-3-11 所示。

对辊机使用一段时间后，辊圈磨损，辊隙加大，需要调整。普通对辊机，作为粗、中碎设备，间隙调整结构都较简单，调整精度也低，高速细碎对辊机就不同了。辊隙控制越小，要求调整精度越高。设备辊隙的调整采用螺杆机构，机构设置了刻度盘，调整间隙精度为 0.2mm。

近年来，国外发展了辊隙调整控制机构，以适应生产中对高速辊式细碎机辊隙越来越小的要求。新的形式有斜块式、偏心式、液压系统及悬挂式辊子机构等。这些机构使支承辊子的轴承座在调整时能微量同步平行移动，调整精度极高，操作更方便，深受用户的欢迎。

由于辊圈磨损不均匀，给辊圈的修正和辊隙的调整都带来了麻烦。国内对辊机辊圈常磨成中间凹形，这主要是向对辊机送料的槽形胶带输送机在胶带中央堆料多造成的。最简单的解决办法是槽形胶带输送机到头部改成平带段，增加简单的平料装置和侧挡板，就可改变这种状况。

5. 安全装置

如图 2-3-12～图 2-3-14 所示为安全装置。

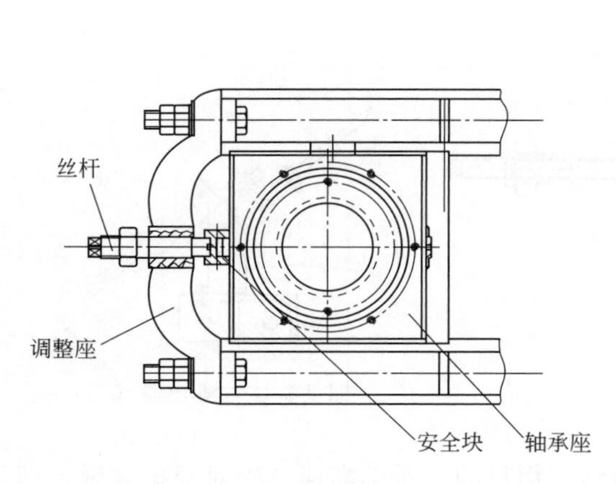

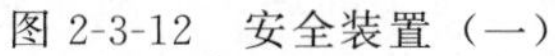
图 2-3-12　安全装置（一）

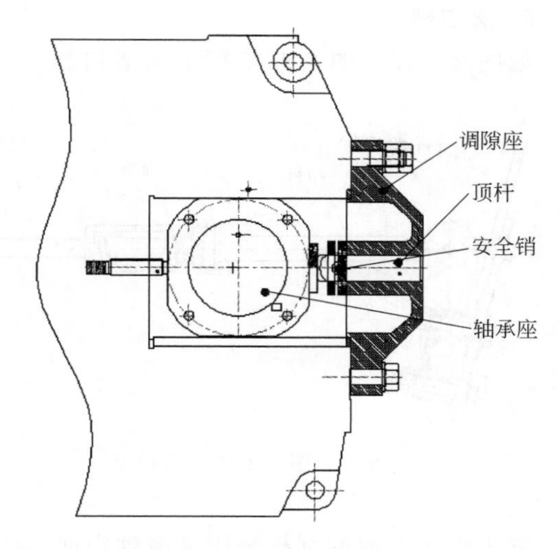

图 2-3-13　安全装置（二）

为防止破碎物料中夹有硬质杂物或其他外来物进入破碎区后引起设备的损坏，大部分对辊机（包括高速对辊）均采用安全块形式的安全装置，安全块是一种非弹性的保护装置，安全块呈“凹”字形，中间有一槽，硬杂物进入破碎区时，辊子受载荷增大，当通过轴承座传给安全块载荷超过安全许用应力时，安全块断裂，安全块处装有报警装置，安全块破坏后即自动报警，同时切断驱动电机和上下料输送机的电源，以便人工清理杂质。这种装置的缺点是更换安全块时需要停机，但结构简单，维修方便。

图 2-3-14 所示为弹簧过载保护机构。这种机构是基于达到预定的辊压力时，借助弹簧可使辊子出现位移。弹簧的弹力和压缩程度可以通过多层弹簧予以精确地控制，以获得最适宜的弹力特性。对弹簧应施加一定的预加载荷力，这样当对辊机超载时，就可根据辊子尺寸和辊子出现的压力大小来确定辊子间隙的增大程度。如采用准确尺寸的柱形弹簧过载保护系统，则能保持辊子间隙的相对稳定。采用这种机构还能使设备不出现停机，而且当设备过载时，只有少量未被处理的物料通过辊子间隙，如采用特殊的信号系统，便能把这部分物料排除，使其不再进入下道工序。

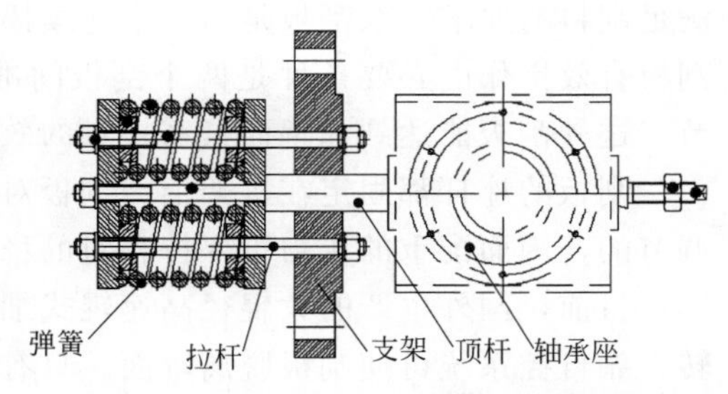

图 2-3-14　安全装置——弹簧过载保护机构

对于大辊径的高速辊式细碎机，为了保证其辊轴的相互平行和克服因过载而引起的较高的冲击力，可以采用液压式过载保护系统。在气缸的一端装有高压氮气，另一端与油缸连通，中间以带帘子线的橡胶板相隔。对辊机正常工作时，作用在活塞上的压力小于引起活塞压缩的额定压力（此压力可根据辊子的额定压力确定）。当坚硬物料通过辊子间隙时，必引起辊子的移动。通过活塞的移动造成橡胶板的变形，此变形会使气缸内的氮气压力增高。当坚硬物料通过后，靠气体的压力又可使辊子恢复原位。若与弹簧过载保护机构相比较，可以明显看出，这种系统的优点是有较大的应急偏移量和对偏移辊子的阻尼作用。但这种系统结构复杂，成本和维修费用较高。

6. 清扫器

如图 2-3-15、图 2-3-16 所示为清扫器。

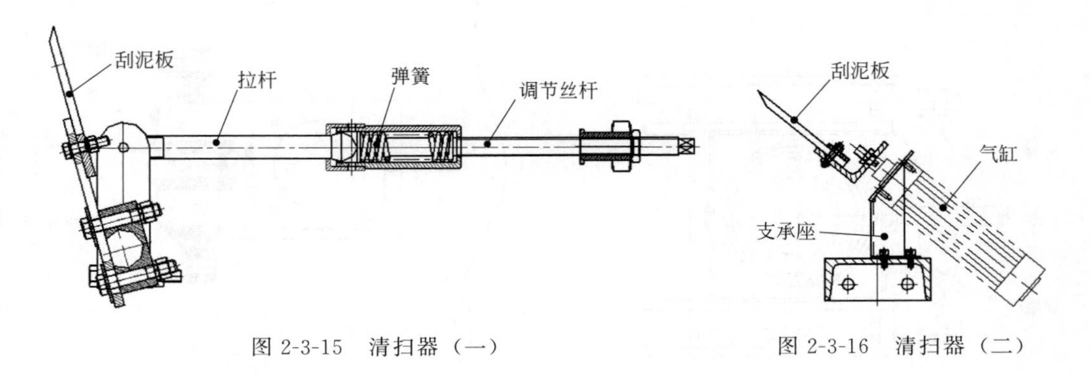

图 2-3-15 清扫器（一）

图 2-3-16 清扫器（二）

置于辊子下面的刮板是用来清理辊面上的黏性物料的。对于高速细碎对辊机来说，即使薄薄的一层黏性物料在辊面上，也会导致辊子的堵塞。被破碎物料本身的性质、含水量、体积流量、辊子间隙、辊子表面条件以及辊子的圆周速度都是影响物料黏结于辊子表面的因素。

一般来讲，每个辊子用一个刮板已经够了，叫单刮板。确定刮板工作是否正常的标准是刮板与辊套接触的准确程度、所刮下物料的情况、刮板对辊子的压力及刮板与辊套的夹角。刮板一般采用优质的耐磨钢，它被紧固在一块金属板上，以便更换。

对于较窄的辊子间隙，每个辊子需要两块刮板，叫双刮板。通过双刮板的连续作用就能满足刮料的要求。双刮板是由一个连续摇杆支撑的，每个刮板都有一个有限的运动轨迹。双刮板有效操作的必要条件是两个刮板间准确的间隔，摇杆的轴销能使每个刮板进行单独调节。这种刮板能达到和辊面紧密接触的效果。

刮板的连杆都固定在机架上。刮板对辊面的压力可用配重块调整，由于配重刮板是自身调节的，因而配重的压力可保持相对的稳定。

目前，国外生产的大辊径高速辊式细碎机的刮板多采用气动调节系统控制，当对辊机空转，靠自控系统可使刮板脱离辊面。只有当对辊机进行破碎作业时，刮板才与辊面接触。因此，这种结构具有减少对辊机的启动阻力，降低辊套和刮板的不必要的磨损，以及减少对辊机空转噪声等优点。

刮板材质常用耐磨钢，一般可用锰钢板制成，其硬度不得大于或等于辊面硬度，通常比辊面低 HRC5～8。

7. 传动装置、电控系统

传动装置一般采用两台普通电机或变频电机驱动，由于两个辊子的转速不同，两台电机选用不同的功率，快辊选用的功率略大一些。

较为先进的电控系统采用 PLC 控制，它可以实现破碎机启动、停车、辊速检测、给料控制、电气连锁、运行情况检测和报警，便于在控制室远距离控制。

8. 油脂泵润滑系统

对破碎主轴承的润滑是一项经常性的工作。采用油脂泵润滑之后，使这项工作变得轻松快捷，而且能保证润滑质量。但是必须制定一个合理的润滑制度。对油脂泵的工作时间要有一个明确的规定，大家不要忽视这项工作，因为它对破碎机的正常运行至关重要。

9. 磨削器

磨削器是可以加在设备运行前安装磨削器，亦可在维修时安装磨削器，是一个专用装置，可以不作解释。

三、主要零部件要求

（1）辊圈轴的材料应不低于 GB/T 699—2015 中有关 45 号钢的规定，并调质处理。

（2）辊圈表面硬度应不低于 HRC45，在整个辊面范围内硬度应均匀，硬度差不大于 5HRC，硬层深度不少于 20mm。

（3）辊圈表面探伤质量应符合 GB/T 9444—2007 中的Ⅰ级的要求。

（4）辊圈内面探伤质量应符合 JC/T 334.1—2006 中附录 A 的Ⅰ级的要求。

（5）刮泥板由刀口向内不少于 50mm 范围的硬度不低于 HRC45。

（6）辊圈和大皮带轮的径向圆跳动应不低于 GB/T 1184 中的 10 级要求。

（7）大皮带轮应做单面（静）平衡试验，平衡品质等级及其对应的最大许用不平衡度的确定应符合 GB/T 9239.1—2006 表 2、图 2 关于 G16 的要求。

四、制造过程及技术工艺

（一）主要工作参数的确定

辊子的转速

提高辊子的转速，可提高生产能力。但是在实际生产中，转速的提高有一定的限度，超过此限度，落在转辊上的物料在较大的离心惯性力的作用下，就不易钳进转辊之间。这时，生产能力不但没有提高，反而引起电耗增加，辊子表面的磨损及机械振动增大。根据物料在辊子上的离心惯性力与各作用力的平衡条件，可得出当破碎比 $i \approx 4$ 时，光面辊式破碎机的极限转速 $n_{\max}$ 为：

$$n_{\max} = 616\sqrt{\frac{f}{\rho d \phi}}$$

式中 ρ——物料的密度，kg/cm³；

d——喂入破碎机的物料直径，cm；

ϕ——辊子直径，cm。

实际上，为了减小破碎机的振动与辊子表面的磨损，辊子转速取为：

$$n = (0.4 \sim 0.7) n_{\max}$$

光面辊子取上限值，槽面与齿面辊子则取下限值，辊子的合理转速一般通过试验确定。目前使用的辊式破碎机，辊子的圆周速度在 0.5～3m/s 之间，对于硬质物料，取 1～2m/s；对于软质物料可达 6～7m/s。

（二）辊式破碎机的计算

1. 生产能力 Q 的计算

$$Q = 188 K_S L_1 e' \phi n \rho$$

式中 L_1——辊子有效长度，m；对光面辊子 $L_1 = L$（L 为辊长）；对齿面或槽面辊，当 e' 值取破碎产品的最大粒度时，$L_1 = L$；

e'——工作时排料口宽度 m；对坚硬物料，e' 值为空载时两辊间距的 1.5～2 倍，一般情况，e' 值可近似取产品的最大粒度（$e' = d_{\max}$）；

K_S——松散系数，对中硬物料，破碎比 $i=4$，进料粒度为破碎机最大进料粒度的 80%～100%时，K_S 取 0.25～0.4；i 小时，K_S 最大可取 0.8；对于煤、焦炭或潮湿黏性物料，K_S 取 0.4～0.75。

光面四辊破碎机，可根据最下面一对辊子按上式计算。

2. 轴功率计算

当破碎硬矿石时，需用功率 P_0 为

$$P_0=0.0415KL\phi n(\text{kW})$$

式中　K——系数，$K=0.6i+0.15$；

i——破碎比。

当破碎煤时，可按下列计算：

$$P_0=0.1iQ(\text{kW})$$

可按下式计算：

$$P_0=0.85L\phi n(\text{kW})$$

也可以按每吨产品的功耗进行计算：

$$P_0=K_NQ(\text{kW})$$

式中　K_N——每吨产品的功耗，kW/t，见表 2-3-1。

表 2-3-1　辊式破碎机的 K_N 值

物料分类	辊子间距/mm	每吨产品功耗/(kW/t)
石灰石、炉渣、熟料	5～6	1.5～2.2
齿面辊粗碎黏土	8～10	0.55～0.66
白垩、石膏、沥青、焦炭	5～6	0.88～1.03
坚硬岩石	30～100	0.9～1.1
齿面粗细碎黏土	2～3	0.66～0.92

辊式破碎机的单位消耗与辊子直径、辊子间距有关，其关系见表 2-3-2。

表 2-3-2　辊式破碎机的单位消耗与辊子直径及辊子间距的关系

辊子间隙/mm	辊子直径/mm			
	400	600	750	1000
	单位功耗/(kW/t)			
6	2.23～1.76	1.63～1.47	1.63～1.57	2.54～1.84
8	0.81～0.66	0.52～0.29	0.46～0.27	0.74～0.33

（三）主要零部件的技术要求

辊式细碎机最主要的零部件是辊圈和主轴，下面对这两个主要零件进行较为详细地说明。

1. 主轴零件的技术要求

（1）主轴材料　主轴是承受扭、弯、压应力的主要零件，处在各种负荷下工作，受力情况比较复杂，要求其应具有良好的综合机械性能，保证有足够的抗扭、抗弯、抗疲劳、耐冲击等能力。因此，要求主轴必须用 45＃钢，综合机械性能比较好，材料来源广，成本较低廉，又具有良好的热处理性能，所以是制造辊式细碎机主轴的主要材料。

为保证主轴能长期安全运行，主轴在精加工后应进行探伤检查，不允许有夹渣、裂纹等影响质量的缺陷。

（2）主轴的热处理要求　为进一步提高主轴的韧性和机械强度，延长使用寿命，要求主轴必须经过调制处理，表面硬度不能低于 HB217～HB255。

（3）主轴精度　在主轴上安装有辊圈，两端装轴承，顶端装皮带轮，它们都随主轴高速旋转。因此，严格规定主轴各段轴径的精度具有头等重要意义，是保证机器运行平稳的首要条件。

主轴各配合轴径应符合以下要求。

① 各段轴径的同轴度公差为 8 级，这是根据在不影响产品使用性能的条件下，选择较低精度的原则确定的。由于主轴较长，如果同轴度要求过低，又会影响机械的使用性能，使主轴运行不平稳，机器振动过大等。长期的实际使用证明，主轴同轴度公差规定为 8 级是最合适的，能满足实际使用的要求。

② 与轴承配合处的表面粗糙度的最大允许值为 1.6μm，与密封件配合处的表面粗糙度的最大允许值为 3.2μm，这两处的表面粗糙度规定，是与主轴相应轴径的公差等级相适应的。

③ 与轴承配合处的轴径圆柱度公差为 8 级。要保证轴径与轴承配合良好，接触可靠，同时考虑易于加工、降低成本，且从实际使用来看，规定轴径的圆柱度公差为 8 级较为合理和经济。

2. 辊圈的技术要求

（1）辊圈的材质　对辊机的辊圈是在高速回转状态下对物料进行挤压和剪切，因此辊圈磨损极快。辊圈的材质一直是大家感兴趣的问题。普通对辊机辊圈材料有用灰口铸铁 HT200 或铸钢 ZG310-570，辊圈表面硬度通常在 HB220 左右，辊圈很容易磨损，辊隙得不到保证。

根据磨损原理，当金属材料硬度比物料硬度低得多时，金属被急剧磨损，当金属材料硬度接近或超过物料硬度 0.8 时，金属的耐磨性能迅速提高。砖瓦厂的原料情况复杂，通常辊圈的表面硬度在 HRC50 左右，就能表现出良好的耐磨性能。国外辊圈的材料常用有以下几种，见表 2-3-3。

表 2-3-3　国外辊圈的常用材料

名称代号	普通冷模铸铁 GH530	合金冷模铸铁 GH580	合金冷模铸铁 GHC480	贝氏体合金铸铁 GX300	镍硬铸铁 Xi Hardiv	耐磨钢 Chrome steel800
表面硬度 HV	480～580	530～630	420～540	350～450	630～730	610～750
表面硬度 HRC	49～54	51～56	46～52	36～45	56～60	55～62
主要合金元素		15%～32% Ni		Ni、Mo、Mg	5%～6%Ni 8%～9%Cr Mo	Cr、Mo、V
辊隙 f_{mn}	≥1.2	≥1	≥0.5	>0.4	≥1	≥0.8
最大线度/(m/s)	12.5	15	20	25	20	20
抗冲击	一般	较好	好	好	较好	好
耐磨比较系数	1.1	1.1～1.5	1.1	1	2～3	2.5

从表中看出，合金冷模铸铁具有较高的表面硬度和较好的耐磨性能。在冷模铸造中，冷模圈一般为辊圈厚度的 3 倍能得到较深的冷硬层。国内有的辊圈使用年限可与国外媲美，具体概括有以下几种。

① 低合金耐磨球墨铸铁：通过对球铁适当热处理，获得很高的硬度及耐磨性，接近高铬铸铁，硬度 HRC47～HRC53，冲击值 α_k 为 8～10J/cm^2。

② 马氏体耐磨球墨铸铁：利用冲天炉熔炼及箱式电炉热处理，严格遵守工艺操作规程，即可批量生产马氏体耐磨球墨铸铁件，其机械性能可达到：HRC51～HRC58，δ_b 为 500～600MPa，$\alpha_k \geqslant$8J/cm^2。

③ 低碳耐磨白口铸铁：低碳耐磨白口铸铁需工频感应电炉一台或冲天炉一台，另外工频感应圈炉衬应为石英砂打结的酸性炉衬，本材质不需要经过任何热处理，即获得耐磨性（HRC35～HRC42，δ 为 350～420MPa,）国外在积极研究白口铸铁和合金耐磨钢，并且在某些领域已取代了高锰钢。

④ 中锰奥氏体钢：中锰奥氏体钢是中锰钢，成本低，工艺简单，但必须使用电弧炉或碱性工频炉和箱式电阻炉各一台，用独特的变质处理方法，获得良好的综合机械性能，$\delta_b \geqslant$ 600MPa，$\alpha_k \geqslant$50J/cm^2，在强烈冲击条件下表面加工硬化，并生产马氏体组织 HRC45～HRC55。

⑤ 新型贝氏体耐磨球铁材质：本材质具有成本低、工艺简单，可用冲天炉熔炼的特点；其耐磨系数、冲击韧性、冲击疲劳性能均高于中锰球铁，可用于冲击载荷较大的对辊机辊圈，与一般奥氏体-贝氏体球铁相比，不用等温淬火工艺。

充分利用余热、特种介质进行热处理，节约能源，为中锰球铁的 6%，平均硬度 HRC55，冲击值为 11.1J/cm^2，为中锰球铁材质的 8 倍，优于高铬铸铁材质。

前两种和最后一种的铸造均在冲天炉内进行，现简单介绍前两种铸造生产情况。熔炼是在 3t 冲天炉内进行。铁水出炉温度在 1380～1400℃（光学高温计测量），每包铁水处理量 200kg，球化处理采用堤坝式包底冲入法，球化剂采用，粒度 15～30mm，加入量 1.5%～1.8%；ϕ750mm 对辊，18kg×2＝36kg；ϕ660 对辊，9kg×2＝18kg；孕育剂采用 75 硅铁，粒度 3～6mm，孕育剂加入量为 0.8%～1.2%，以保证充分孕育，浇注温度不低于 1300℃。具体加料见表 2-3-4、表 2-3-5。

表 2-3-4　ϕ750mm 对辊

孕育剂	加入量	重量
Si、Fe	0.11%	1.1kg×2＝2.2kg
电解铜	0.67%	6.7kg×2＝13.4kg
球化剂	1.8%	18kg×2＝36kg
Cr、Fe	0.9%	1.8kg
Mn、Fe	0.5%	1.12kg

注：炉膛最大生铁量 200kg/批。

表 2-3-5　ϕ660mm 对辊

孕育剂	加入量	重量
Si、Fe	0.06%	0.6kg×2＝1.2kg
电解铜	0.34%	3.4kg×2＝6.8kg

续表

孕育剂	加入量	重量
球化剂	0.9%	9kg×2=18kg
Cr、Fe	0.9%	9kg×2=18kg
Mn、Fe	0.5%	1.12kg

注：炉膛最大生铁量200kg/批。

热处理工艺的关键在于淬火细热温度与回火温度的确定，热处理的目的是使珠光体基体变成马氏体基体，其方法是把耐磨球铁加热到完全奥氏体化温度再淬火，由于再结晶过程可以得到细针状马氏体组织，同时碳化物的尖角因溶解而变钝，使形状改善，性能得到提高，本材质是通过淬火温度、保温时间以及回火温度使耐磨球铁组织和性能发生影响。

淬火介质可以用水，考虑到避免由于水淬而形成的微裂纹，故采用油淬火或水玻璃水溶液淬火。

淬火后应及时进行回火，以消除淬火应力，使淬火马氏体转变为回火马氏体。由于马氏体耐磨球铁含少量合金元素，抗回火稳定性比较差，回火温度宜选择在250℃左右。

热处理工艺：保温—淬火—回火。

ϕ350mm对辊：900℃保温1.5h，油淬3～4min，250℃回火，缓冷4h。

ϕ750～800mm对辊：900℃保温2h，油淬8～10min，250℃回火，缓冷4h。

(2) 加工制造　由于辊筒直径大，内外圆都需要加工，而且有锥度加工，因此加工比较复杂，一般选择C650车床或立车加工。

为保证辊筒的静平衡和动平衡，内外圆必须同心，即内外圆（包括锥度）必须在一次装夹中完成，如确需调头，必须要有专用胎具保证内外圆的同轴度。

由于辊筒外表面较硬，应选用细硬性较好的硬质合金切削工具，如YG8或YW，硬度在HRC55以上的应考虑采用陶瓷车刀。

(3) 辊式细碎机的装配　装配的一般要求如下。

装配之前要检查大皮带轮、辊筒的静平衡。方法是将皮带轮套在固定心轴上，拨动大皮带轮、辊筒看其是否平衡。辊筒的平衡则需要在加工中予以保证，加工完后不下车床进行检查。如大皮带轮有不平衡的现象，必须进行配平衡，有以下两种方法。

在重量较大处钻孔。减轻重量，钻孔前需进行计算，确定需要减轻多少重量。在重量较小处加配重。也可两种方法综合使用。直至大皮带轮达到平衡为止。在辊筒轴上依次装配辊芯、辊筒、轴承、大皮带轮，调整辊筒锥套及皮带轮锥套，使辊筒位置适中。在静平衡架上将组件做静平衡试验，如仍有不平衡现象，需再在大皮带轮上做平衡处理。

将组件装在机架上的轴承座上，再装上固定架总成。调整安全座总成，使轴承座滑轨滑动自如，根据用户泥料性质，调节弹簧松紧适中，安全销能起过载保护作用。调整刮板，使刮板刃部与辊轴心线平行，调整间隙适中（根据用户要求及生产需要），且全长上间隙均匀。

五、装配及安装要求

① 所有零部件必须经检验合格，外购件应符合相关国家与行业标准，必须有合格证方可进行装配。

② 辊圈与轴装配后应做单面（静）平衡试验，平衡品质等级及其对应的最大许用不平

衡度的确定应符合 GB/T 9239.1—2006 的要求。

③ 辊式细碎机两辊端面相对位移应不大于 1mm。

④ 辊端挡料板与辊子端面间隙应不大于 2mm。

⑤ 刮泥板刀口沿辊长应均匀接触，调整灵活。

⑥ 大、小带轮安装后，轮宽对称平面的相对位移不大于中心距的 2/1000，轴线平行度允差不大于 6/1000。

⑦ 外观要求如下。

辊式细碎机表面应平整、光洁，不得有碰伤、划伤和锈蚀等缺陷。

外露连接部分安装相对误差，机械加工时不大于 0.5mm，非机械加工时不大于 2mm。

涂漆防锈应符合 JC/T 402—2006 的要求。

六、安装及调试工艺

（一）注意事项

高速辊式细碎机的安装必须在熟悉该设备的人员指导下进行，安装过程中应注意以下事项。

① 按照设备的出厂清单检查设备附件（电动机、滑轨等）是否齐全，运输过程中有无损坏，发现缺件和损坏件，应立即向制造厂或运输部门提出。

② 根据厂房条件或工厂施工图设计，确定该机安装位置划线、挖土、浇灌混凝土基础。注意基础的标高及地脚螺栓预留孔的位置，养护期一般为 10～15d，基础达到规定强度后，必须通过检验合格后方可进行设备安装。

③ 设备安装前要准备好标准垫铁，合理放置在基础上，将设备吊放在垫铁上，装好地脚螺栓，进行找正找平，检查合格后进行三次浇灌。

④ 二次浇灌达到规定强度后，对机器进行校正，校正设备各部位的关系尺寸，调整电机位置，检查整个设备的不平度及垂直度。

⑤ 在皮带机上装置磁铁，清除泥料中的铁物质，以免铁件落入机内拉坏辊圈，甚至发生重大事故。

⑥ 皮带轮的头轮轴线应与对辊机辊筒轴线平行，使泥料能较理想地分布于辊套整个长度上，避免集中磨损，从而延长辊套的寿命、方便修理、省工省时。

⑦ 将皮带调紧，增大初张力，因为包角较小，张力过小皮带要打滑。

⑧ 全部校正工作完成后，紧固地脚螺栓，然后对基础进行抹面修饰。

（二）高速辊式细碎机安装后的试车顺序

（1）打开机壳，用手盘动皮带轮，检查辊子的转动、辊套表面的清洁。

（2）各润滑部位加上油或油脂，并检查油路是否畅通。

（3）通过调整调节机构，将辊间隙调至所需宽度。

（4）开动电机运转半小时后检查。

① 检查电动机转动的方向是否正确。

② 设备有无震动。并检查其原因，特别要防止共振的产生。

③ 检查安全机构是否良好，而且是否运行良好。

④ 检查刮板与辊套的接触是否严密，采用气动刮板时，还要检查空气压力是否符合要求。

⑤ 检查轴承是否发热，如发热，应检查油路是否畅通，轴承是否对中。

⑥ 检查转动皮带的张紧程度是否处于正常状态。

⑦ 加料进行重载试车，检查破碎是否正常，如出料粒度不合要求，仍需调整辊筒间隙。

（三）空载试车要求

运转时应无异常声响和振动。

润滑部位应不漏油。

轴承温升应不大于 35℃，最高温度应不超过 70℃。

噪声应符合 JC/T 450—2012 中的要求。

（四）负载试车要求

负载试车应符合相关标准的要求。

两辊工作间隙、生产能力应符合 JC/T 450—2012 中的要求。

轴承温升应不大于 45℃，最高温度应不超过 80℃。

（五）高速辊式细碎机的使用

在对辊机启动之前，为了排除由上一班组遗留在物料漏斗中的待破物料块，首先应检查一下装料漏斗，为了不在对辊机中遗留下没有破碎的物料块，必须在下班前 2～3min 停止对辊机的给料。

检查对辊机时，必须注意工作轴的轴承及侧盖的固定情况，检查固定辊的拉紧装置及将活动辊保持在所需位置上的弹簧的紧度。当弹簧松弛时，活动辊子将不断地在导轨之间前后移动，这不仅会引起导轨和轴承体过早地磨损，而且还会使比较大的物料块排出。

在机器运转时，需要注意连续而均匀地喂料，不允许料斗装得太满，均匀喂料可以使辊圈在整个工作长度上达到比较均匀的磨损，并可以保证稳定的产量。辊圈磨损后，可在表面电焊或堆焊耐磨金属。如磨损值较小，堆焊层不如焊接层牢固，需要更换辊圈的平均磨损值在 10mm（小型辊子）到 25mm（大型辊子）内变动。当辊圈的磨损超过上述值时，应及时更换。

严格控制进料粒径，这是直接关系到质量和产量的问题。入料粒度过大时，机器容易出现卡死现象，因此每一种规格的对辊机，都有一定的入料粒度的限制，以防止钳角过大，料块浮在辊面上。钳角 α 的大小，是由辊筒直径 D 和进料粒径 d 决定的，因此对一定直径的辊筒而言，其处理的物料最大粒径 d 也是有限的。

应该特别指出的是，用于中碎，尤其是细碎的对辊机，要特别注意控制进料粒径，否则将会经常出现机器卡住所导致的停机现象，使产量下降。要解决这一问题，辊式细碎机前需要有粗碎、中碎和搅拌设备。

七、维护与修理

（一）日常维护

① 辊子轴承处应每周注润滑脂一次，每次磨削辊面之前用油润滑导轨，以保证磨削作业顺利进行。

② 调整辊子间隙。使用一定时期的对辊机，辊筒间隙可能增大，或者不均匀，调整辊子间隙要在辊子的两侧同时进行，辊子间隙沿辊面长度方向应不变，根据产品的要求随时注意调整。

③ 注意各部螺栓由于震动是否松动，应及时加以紧固。

④ 三角带应始终保持正常的张紧程度，当三角带使用到一定期限后应进行更换，如是窄三角带则必须全组进行更换。

（二）维修的内容

① 更换刮板。当对辊机工作了一定时间之后（这取决于辊子工作间隙和原料性质），刮板就因磨损而必须更换，一般来说，当刮板磨损其高度的三分之一就要更换。

② 更换剪切板、剪切销。当物料中夹杂的外来物，如坚硬的石块或铁件，通过对辊而造成剪切板破碎时，就必须更换剪切板，以避免辊套、轴承和轴等的破损和弯曲。

③ 调整或更换锥套。对辊机使用一个阶段后，辊筒内锥套及大皮带轮锥套会不断磨损，磨损过大，锥套和轴、锥套与辊筒及皮带轮之间会打滑，因此必须定期调整。磨损过大需要更换。

④ 辊面磨削。尽管辊面很硬，由于物料长期接触以及与刮板的摩擦，其磨损还是明显的，一般辊面的磨损是不规则的，辊子中部的磨损要比两端严重些，因而辊子中部的间隙比两端要大。

辊圈究竟多长时间修磨一次合适，这要根据各单位的实际情况而定，根据辊圈磨损深度决定修磨。但一般认为辊圈磨损的最大深度达到 1.5mm 就应进行修磨。其理由是外圆磨削的进给深度一般为 0.002～0.05mm，粗磨一般也不超过 1.5mm，否则不但费工费时，且最深处的磨损势必加剧，最后导致不能修理而报废。辊式细碎机的维修是一个很重要的工作，必须作为一项制度固定下来，认真执行。

故障产生原因及排除方法见表 2-3-6。

表 2-3-6　辊式细碎机的故障产生原因及排除方法

序号	故障的表现	产生的原因	排除方法
1	设备在运转中产生的剧烈的震动	① 转子不平衡 ② 辊筒轴不同心或弯曲 ③ 机架地脚螺栓或轴承座连接螺栓松动 ④ 滚动轴承外圈与轴承座配合太松	① 重新配平辊筒及大皮带轮 ② 更换或校直辊筒轴 ③ 拧紧松动螺栓 ④ 更换轴承座
2	设备启动不起来	① 电机或降压启动器有问题 ② 转子有摩擦、卡阻碰撞等现象 ③ 三角带过松、打滑 ④ 锥套未调整	① 检验可更换电机、降压启动器 ② 检查处理转子中有摩擦、卡阻、碰撞的部位 ③ 调整电机位置，加大与主轴的中心距离、拉紧三角带 ④ 调整锥套
3	轴承温度超过 70℃	① 轴颈内圈与轴颈配合太松，有相对运动，摩擦生热 ② 轴承外圈与轴承座配合太紧，使轴承外圈变形，增加阻力，轴承滚动不灵活，造成轴承发热 ③ 润滑油脂不足或不干净 ④ 主轴弯曲，使轴承承受力不均匀	① 修理轴颈达到图纸要求的尺寸公差和粗糙度 ② 修理轴承座孔，达到图纸要求的尺寸公差和光洁度，轴承盖上的紧固螺母不要拧得过紧 ③ 清洗轴承，更换新油 ④ 更换或调直主轴
4	喂不进料	① 辊筒间隙过小 ② 泥料过于集中 ③ 入料粒度过大	① 调整间隙 ② 铲动泥料，使分布均匀 ③ 检查中粗碎设备，控制粒度

续表

序号	故障的表现	产生的原因	排除方法
5	电流不稳定，忽高忽低，电流逐渐升高	喂料量不均匀，时多时少，时断时续	调整喂料设备，使其均匀连续
6	隔一段时间要停一会喂料	喂料量稍多	适当减少喂料量，使其电流稳定
7	机壳内有异常声响	有铁块或不可碎物质进入机壳内	立即停车，打开检查门，取出铁块或不可碎物质，并检查除铁装置是否灵敏可靠
8	产量低，电流大	① 物料含水率太高 ② 刮板与辊筒间隙过大	① 降低含水率 ② 调整刮板，使其能起刮泥作用
9	电机突然跳闸	① 轴承损坏 ② 喂料量突然增加太多	① 更换新轴承 ② 检查慢料设备是否失调，并调整好喂料量
10	电机轴承发热	① 三角带过紧，轴承受力过大 ② 轴承内润滑油脂不足或轴承磨损严重	① 调整电机顶丝，使三角带松紧合适 ② 打开轴承端盖，加足润滑油脂或更换新轴承
11	三角皮带断裂	① 各条三角带受力不均 ② 三角带疲劳、老化 ③ 两个带轮轴线不平行	① 选配三角带内圈周长一样 ② 更换新三角带 ③ 将带轮轴线调整平行
12	窜动过大	① 弹簧过于松弛 ② 有硬块进入机壳 ③ 入料粒度较大的过多	① 调整弹簧 ② 消除硬块 ③ 控制入料粒度

第四节 液压多斗取料机

一、概述

(一) 取料机在砖瓦生产中的地位和作用

经陈化后出料一般用取料机，该设备可做到先进库的料先出，后进库的料后出，并对原料有进一步的搅拌、掺混作用，适用于对煤矸石、粉煤灰、页岩、黏土等陈化后物料的挖掘。

陈化就是将粉磨至所需细度的原料加水浸润，使其进一步疏解，促使水分分布均匀。陈化是保证成型质量的关键，经陈化的原料表面和内部的性能更加均匀，混合料的塑性指数提高 1.2～3，陈化利用黏土颗粒充分水化和进行离子交换，使一些硅酸盐矿物与水接触水解成为胶结物质，从而提高原料的塑性。它可以发生一些氧化还原反应，导致微生物繁殖，使原料松软均匀，进而达到增加塑性，提高流动性和粘接性，使坯体表面光滑平整。它通过加水的混合料在堆积过程中借助毛细管和蒸汽压力作用，使水分更加均匀。它可以增加腐殖酸类物质含量，改善原料成型性能与干燥性能，提高制品质量。

陈化一般在陈化库中进行。陈化库应力求密封，不要搞敞开式，因为这样做会使原料堆表皮水分蒸发，造成内外水分不均匀。陈化参数包括以下几点。

(1) 陈化时间　一般陈化 72h 的混合料塑性就可得到较大提高，再延长陈化时间，性能改善不明显并导致成本增加。硬塑成型的物料含水率较小，陈化时间可以稍长些；冬季陈化库温度低，可适当延长陈化时间。采用全封闭的陈化库进行陈化，效果最好。

(2) 陈化水分　物料含水率应适当，一般陈化水分应稍小于成型水分或与成型水分相同，使后续生产中水分既容易调节，又能达到陈化效果。

（3）陈化温度　提高陈化温度能加快水分浸润物料的速度，使混合料均化程度提高，但夏季陈化库内温度太高，不利于工人操作，并加快了水分蒸发；冬季陈化库内最低温度应在10℃以上，并要采取保温措施。

（4）陈化湿度　陈化的室内相对湿度应满足陈化的需求，陈化库的设计应满足陈化时间决定的库容以及室内湿度的要求。

（二）取料机在我国的技术发展概况

随着制砖行业的机械化、自动化程度的提高，对砖瓦机械的要求越来越高，取料机的使用可极大地提高生产率，使工人从繁重的体力劳动中解放出来。

经过几十年的发展，已经从当初结构比较简单、性能比较落后的挖掘设备，发展到今天这样结构较为完善、性能良好的原料混合陈化设备，这是和砖瓦行业的发展密不可分的，与传统的卷扬多斗挖土机相比，其技术进步主要表现在下列几方面。

① 采用液压升降装置代替卷扬升降装置，具备快速升举、慢速下落等功能。平缓可靠地控制挖料深度。

② 采用硬齿面减速器，取代原软齿面减速器，使整机结构更加紧凑。传动精度高，刚性好，运转平稳，寿命长，能够长期无故障运行。

③ 用双轨侧驱动方式，运行平稳。

④ 具有结构紧凑、动作平稳、性能稳定、维修方便等特性。

⑤ 高可靠性。由于在设计和制造方面都做了重大改进，零件的可靠性有了较大的提高。

⑥ 操作简单。

二、结构特点及工作原理

（一）取料机的型式与主要技术参数

型号表示方法如下：

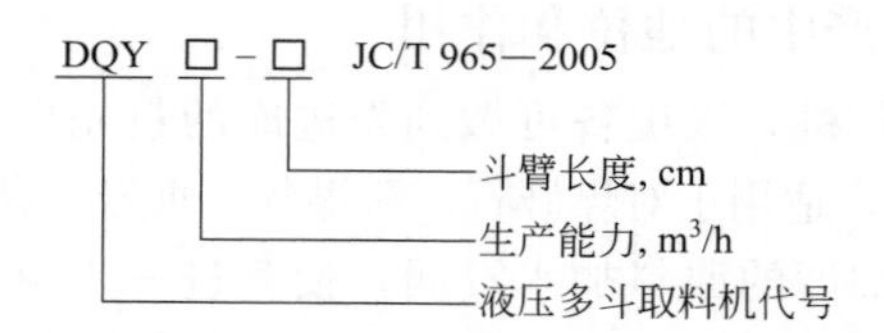

生产能力为50m³/h、斗臂长度为9500mm的墙体材料工业用液压多斗取料机，标记为：墙体材料工业用液压多斗取料机 DQY50-950（JC/T 965—2005）。取料机基本参数见表2-4-1。

表 2-4-1　取料机基本参数

型号(DQY)	40-890	40-920	40-950	40-990	40-1010	40-1060	50-800	50-950	55-1060
生产能力/(m^3/h)≥	40	40	40	40	40	40	50	50	55
斗臂长度/cm	890	920	950	990	1010	1060	800	950	1060
最大仰角/(°)	30	30	30	30	30	30	45	35	30
最大俯角/(°)	30	20	20	30	20	20	30	20	20
运行速度/(m/min)	4.9								

(二) 取料机的主要结构特点

取料机的主要结构如图 2-4-1 所示，本设备主要由底盘行走装置、液压缸、斗臂、支座、链斗运行装置、落料斗、液压系统、链轮张紧装置、配重等组成（图 2-4-1）。

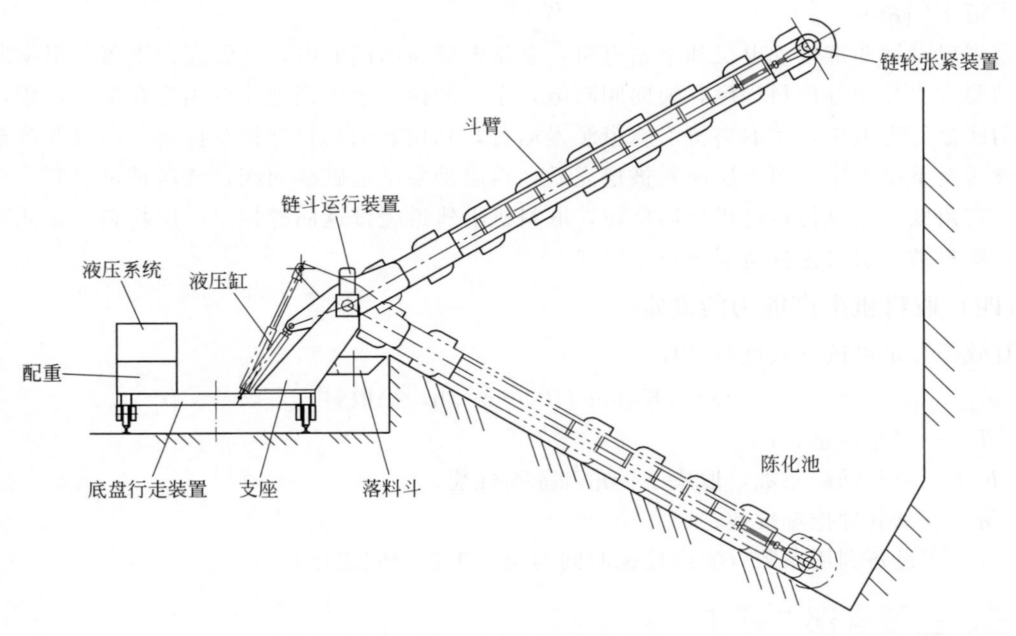

图 2-4-1　取料机的主要结构

(1) 底盘行走装置　底盘由型钢焊接而成，承载了取料机全部的机构。驱动装置可分别驱动两侧轮对，也可通过一根传动轴驱动两侧轮对，能够实现正、反向运转。驱动装置的设置应便于检修维护。

(2) 液压缸　采用双作用单杆液压缸，以拉引力为主。有采用单液压缸的，也有采用双液压缸的。

(3) 斗臂　斗臂为了减轻自身重量采用桁架结构，铲斗及板链运行的轨道也被固定在斗臂的上、下两面。

(4) 斗臂支座　支座的作用是作为斗臂的支撑，斗臂围绕支座做上下摆动。

(5) 链斗运行装置　驱动部分为电机减速器驱动和液压驱动。液压驱动易于实现无级调速和过载保护。

牵引部分采用板链连接，滚轮与轨道之间是滚动摩擦，磨损较轻，加工制造较复杂，维修不便。也有采用圆环链牵引，制造工艺简单，维修也方便，可是链条与轨道之间是滑动摩擦，磨损较严重。

(6) 落料斗　铲斗翻转后，物料靠自重下落，通过落料斗均匀分布在输送皮带机上，并能防止物料溢出。

(7) 液压系统　由油箱、电机、液压泵、过滤器、溢流阀、换向阀、液压锁组成。液压系统控制液压缸的伸缩，拉动斗臂摆动。液压锁的作用是防止斗臂因自重下落。

(8) 链轮张紧装置　链斗运行一段时间后，链条磨损，间隙加大，通过张紧装置拉紧，使链条保持一定的张紧力。

（9）配重　配重保持整机的平衡，有采用金属配重，也有采用配重砂箱或混凝土。

（三）取料机的工作原理

取料机是一种新型原料挖掘设备，通过取料机的铲斗，将已陈化好的原料均匀地挖掘并送至下道工序。

首先启动铲斗链传动电机和泵站电机，泵站电磁换向阀通电，斗臂缓慢下落，根据所需产量的要求去控制好挖料深度，换向阀断电，泵站卸荷，液压锁把斗臂固定在某一位置，然后启动底盘行走电机，使取料机沿轨道缓慢运行，陈化好的物料被铲斗挖起从落料斗落至传送带被送至下道工序。当下层原料被挖完后，再启动泵站电磁换向阀，液压锁被打开，斗臂下落一定角度，底盘行走电机反向旋转，取料机沿轨道缓慢返回挖掘下一层物料。如此不断往返，物料被一层层挖掘送至下道工序。

（四）取料机生产能力的确定

有效挖掘量可按下式进行计算

$$Q = IKn60a/1000(\text{m}^3/\text{h}，松散料)$$

式中　I——铲斗容量，L；

K——铲斗满载系数，取决于铲角和原料性能；

n——每分钟挖掘次数；

a——设备利用系数（实际挖掘时间与整个工作时间之比）。

三、主要零部件要求

① 轴类件的材质不应低于 GB/T 699—1999 中 45 号钢的规定，并进行调质处理。

② 主要灰铸铁件，其材料不应低于 GB/T 9439—2010 中有关 HT200 的规定。

③ 焊接件应符合 JC/T 532—2007 建材机械钢焊接的有关规定，焊接表面质量应不低于Ⅰ级，尺寸公差和角度公差不低于 B 级。

④ 减速机应符合国家或行业标准的有关规定。

四、制造过程与技术工艺

要使取料机成为符合 JC/T 965——2005 标准要求的达标产品，必须认真执行零件制造、装配工艺规程，并进行严格的检验。

（1）所有轴类零件的材料，其性能必须不低于 GB/T 699 中 45 号钢的规定，并调质处理。

（2）减速器严格按标准制造和检验。

（3）轴承座等铸铁件，应不低于 HT200 的规定，并做时效处理。

（4）斗臂的制造。

① 制作斗臂的型钢要求校正平直。

② 斗臂在平台上组装、焊接，并使用工装来保证尺寸正确、平整。

③ 焊接后进行校正。要求如下：

a. 上、下轨道间距的极限偏差为＋4mm。

b. 在水平和垂直方向的直线误差为全长的 1/1000。

c. 在搬运过程中要采取措施防止发生变形。

（5）铲斗链的制造

① 铲斗（图 2-4-2）

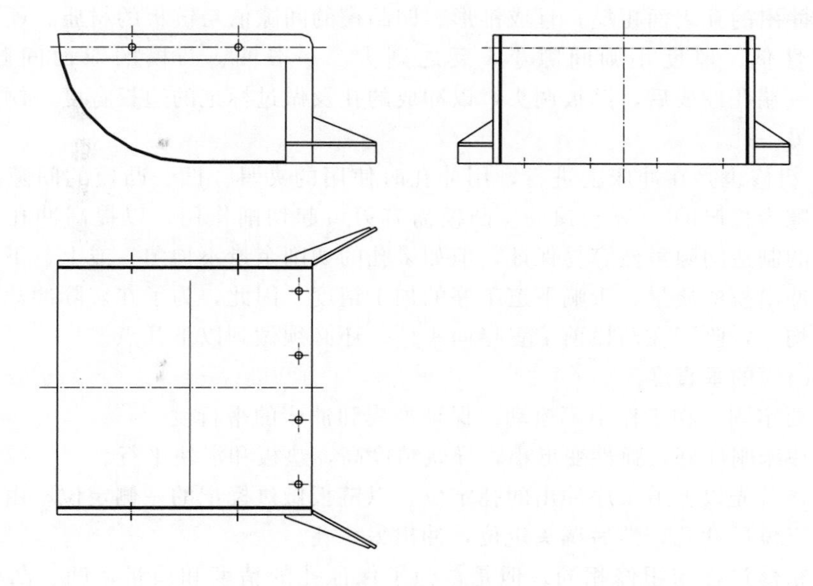

图 2-4-2　铲斗

a. 为保证铲斗的截面形状正确，应由冲模下料。

b. 侧板经靠模剪切后，冲压成型。

c. 弧板与侧板组装时，应用胎具定位焊接。

d. 焊接后要校正焊接变形，使之达到图纸要求。

② 内、外链板（图 2-4-3）

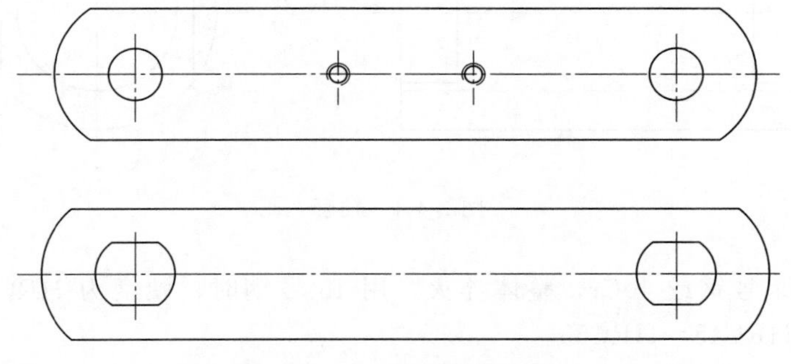

图 2-4-3　内、外链板

a. 热处理　钢材按图纸要求进行热处理。

b. 剪切　对板材或扁钢进行剪切，宽度和长度留加工余量。

c. 校正　对剪切后的钢板进行校正平整。

d. 刨加工　刨链板宽度。

e. 冲圆头　以链板宽度一侧定位，冲切链板的一端圆头，然后链板调头，以链板宽度一侧及已冲成的圆头定位，冲切另一端圆头。

f. 校正　对已切出圆头的链板进行校正，平整度应符合图纸要求。

g. 冲孔　冲孔须在专用模具上进行。首先以链板宽度一侧（做出标记）和一端圆头做定位基准。为减小冲压力，降低冲模的比压、提高冲模的使用寿命，凹、凸模之间留有大的间隙。但此时冲出的孔表面粗糙，且成锥形。凹凸模的间隙值与链板的材质、硬度、厚度有关。硬度与韧性低、厚度小则间隙小，反之则大。一般凹、凸模的双面间隙为板厚的16%～18%。一端孔冲成后，链板调头，以冲成的孔及做过标记的边板宽度一侧定位，用同一副冲模冲出另一孔。

h. 粗修　粗修也是在冲床上进行，用冲孔时使用的夹具。凹、凸模的间隙减小，一般冲模的双面间隙为板厚的12%～14%。凸模需有刃口起切削作用，以提高冲孔质量。此道工序中，模具的制造间隙虽然容易保证，但如果孔的切削余量不均匀，或上、下模间隙不均匀，都会影响冲出模的质量，影响下道工序的加工精度。因此，为了在实际冲裁中保持合理的间隙和切削均匀，除了在凸模前配置导向头外，还必须做到以下几点。

(a) 保证凸模的垂直度。

(b) 安装要牢固，在工作中不松动。保证冲模和冲床的平行度。

(c) 要求冲床刚性好，弹性变形小，导轨精度高，垫板和滑块平行。

冲加工时，首先以上道工序冲出的孔定位，以链板做过标记的一侧定位。由带导向头的凸模最后精确定位后冲孔，然后调头定位，冲出另一孔。

i. 精修　精修过程与粗修相同。但是，为了保证孔的精度和质量，凹、凸模的间隙很小。双面间隙仅为板厚的1%左右。精修是孔加工的最后一道工序。因此，精修后孔的尺寸误差、粗糙度及孔距偏差均应符合图纸要求。

③ 轴套（图 2-4-4）

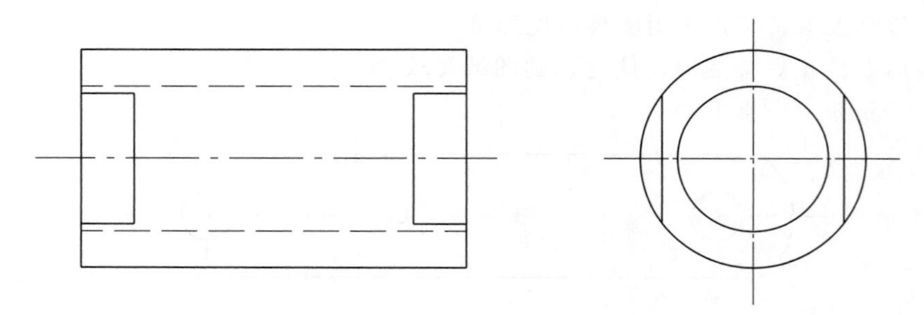

图 2-4-4　轴套

轴套材料用45号钢或40Cr，整体淬火。用45号钢时，硬度为HRC42～HRC48；用40Cr时，硬度为HRC48～HRC55。

为防止淬火时因两端扁口而在与圆相接处产生过大变形，在淬火前应留有一定的加工余量。具体工艺如下。

a. 用无缝钢管粗车内外圆，留磨削余量，根据淬火后的变形情况，一般外圆直径留0.5mm余量，内圆直径留0.4mm余量。

b. 在铣床上，利用专用夹具铣两端扁口，留余量0.5mm。

c. 热处理整体淬火。

d. 磨内外圆至要求尺寸。

e. 利用专用夹具磨两端扁口。

④ 销轴（图 2-4-5）

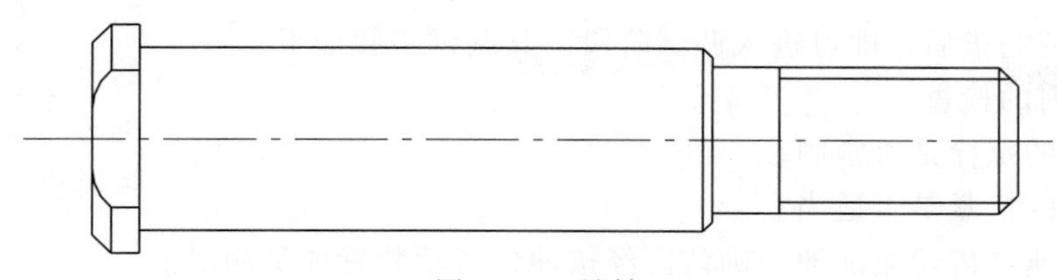

图 2-4-5　销轴

a. 圆钢下料及粗车削加工。

b. 调质处理。

c. 精车外圆。

d. 销轴钻孔。

⑤ 滚轮（图 2-4-6）

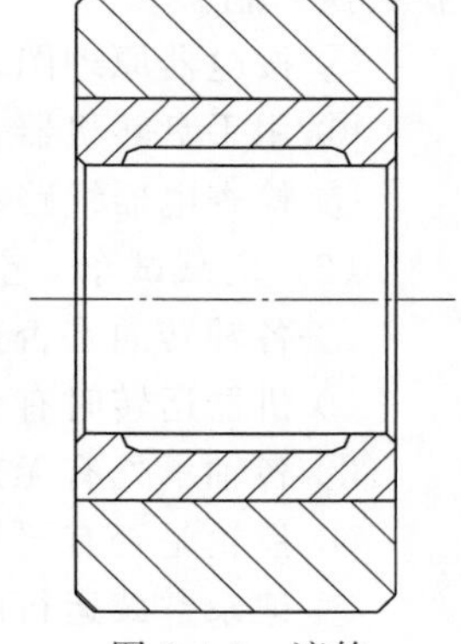

图 2-4-6　滚轮

a. 进行内外圆及端面粗车削。

b. 热处理整体淬火。

c. 磨内外圆至要求尺寸。

d. 镶套后重新车削内孔、开油槽。

五、装配及安装要求

（1）所有零部件必须经检验合格（外购、外协件须有合格证或检验报告单）方可进行装配。

（2）取料斗应安装位置正确、并牢固可靠。

（3）多斗取料机安装时未注的形状和位置公差值，不得低于相关标准的要求。

（4）外观要求

① 多斗取料机表面应平整、光洁、不得有明显的碰伤、划痕、锈蚀等缺陷。

② 多斗取料机的外露连接部位主要零件结合面外缘安装时，相对尺寸误差机械加工时不得大于 1.0mm，非机械加工时不得大于 1.5mm。

③ 多斗取料机的涂漆防锈应符合 JC/T 402—2006 的规定。

六、安装及调试工艺

（一）吊运

吊运时不宜整体搬运，斗臂应拆下，液压站、配重在搬运过程中要固定牢固，起落时不允许发生冲击和猛烈震动。

（二）安装

① 安装前检查：装箱单零部件是否齐全；检查各零部件是否因包装、运输不妥而致损坏；各零部件连接是否牢固。

② 设备安装时，钢轨一定要铺设好，两钢轨平行度误差为 0.5/1000，平面度误差 0.5/1000。

③ 安装好底盘后，先检查固定液压站和配重块，后安装斗臂，以免取料机倾斜。

④ 本设备内部线路出厂时已连接好（在制造厂装配时已调整好，由于运输、起吊以后可能发生变化，必要时在安装后仍要做一些调整），外接电源线路现场敷设。

（三）调试

取料机安装完毕后，即可进入调试阶段，其调试步骤如下。

（1）试车前的检查。

① 各部位的螺栓是否紧固。

② 三角带的松紧是否适当。

③ 检查减速器齿轮箱油池，确认已经按油位指示装置加足润滑油。

④ 所有轴承座内，是否加足润滑脂。如机器存放时间过久，润滑脂干涸老化，还应重新更换新脂。

⑤ 按电器原理图复核接线是否有误，并对所有电器进行全面安全检查。

⑥ 用手盘转机器，检查有无金属撞击声或碰撞现象。

⑦ 检查电器线路和液压管路连接是否正确。

（2）空载试车　空载试车时间应不少于2h，试车时要检查下列项目。

① 各轴转向是否正确，转速是否符合要求。

② 机器运转时有无扭摆和振动。

③ 各轴承处有无杂音。

④ 齿轮是否有严重噪声、发热等异常现象，油箱是否漏油。

⑤ 记录空载运行的电流值。

（3）负载试车　空载试车正常后，可进行负载试车。负载试车不应少于4h，试车时要检查下列项目。

① 检听轴承处有无杂音，轴承温度是否正常，最高温升不得超过45℃。

② 减速箱中油温不得超过45℃。

③ 检查离合器有无打滑或过热现象。

④ 检查齿轮箱有无噪声、运转是否平稳。

⑤ 记录电机电流值，是否超过额定值。

⑥ 检测单位时间内挖掘的物料体积，是否达到JC/T 965标准规定的生产能力。

（4）空载试车要求。

① 运转时应无异常声响和振动。

② 连续运转不得少于30min。

③ 轴承温升不大于35℃，最高温度不得大于70℃。

（5）负载试车要求。

① 空载试车合格的取料机应进行负载试车。

② 进行负载试车取料机的基本参数和技术要求应符合标准的规定。

③ 轴承温升不大于45℃，最高温度不得大于80℃。

④ 自动码坯机进行提取和码放工作时，坯体的极限抗压强度应不小于0.2MPa。

⑤ 负载试车可在用户中进行。

七、维护与修理

（一）多斗机操作注意事项

1. 操作安全

① 不能在转动的部位放置东西，尤其是工具等钢构件。

② 机器在运行过程中严禁加润滑油。

③ 调整更换机件时必须关掉电动机，停运后方可进行操作。

④ 操作工衣着整齐。

⑤ 保持挖掘机尤其钢轨周围清洁，无杂物。

⑥ 挖掘机运行时钢轨之间严禁站人。

2. 运行准备工作

① 检查各连接部位，要牢固，无松动现象。

② 各轴承润滑点要注入润滑脂，减速器内注入齿轮油，液压站油箱注入液压油至油位计中间偏上刻度位置。

③ 检查电动机的转向是否正确。

④ 调整链条的张紧程度。

⑤ 点动电动机无异常卡阻现象。

3. 运行

观测取料机的电流表，可以判断设备是否超负荷工作，由此可以找出原因，如是否供土太多，或有杂质阻滞等，及时发现，及早排除。操作人员要随时观测电机电流变化。

① 取料机工作过程无振动，铲斗链运行平稳。

② 整机行走无冲击现象。

③ 液压缸伸缩自如，无爬行，液压锁工作可靠，定位牢固。

④ 检查电机，减速器是否异常发热。

⑤ 定期检查前架滑板、链条、铲斗的磨损情况，及时更换。

⑥ 整机行走时，请勿直接打返车，应按停止按钮，停稳后方可反向运行。

⑦ 最大挖料深度应控制在物料不超过前架底平面，否则易使前架变形损坏。

⑧ 挖土机长时间停机或检修泵站时，应落下前架并支撑好。

⑨ 取料机在下班前要排净铲斗内的泥料，定期清理铲斗内积料，以免增加负荷。

⑩ 挖掘高处物料时，由于原料堆积的角度原因，产量一时无法满足使用要求，把高处物料挖平后才可达到额定产量。

⑪ 运行一段时间后，应调节张紧链轮，否则链条太松易发生卡死、掉链。

（二）取料机日常的维护和保养

（1）取料机的润滑工作，应根据说明书中的规定，结合实际运转情况，进行必要的日常和定期润滑。

（2）由于给料机的工作场地粉尘较大，因此，每年必须彻底更换润滑脂。更换时一定要清洗干净，然后再换上新的润滑脂。在运转过程中，应定期补充运转中的消耗，保证密封作用，使灰尘不致乘隙而入。

（3）减速器每 6 个月换油一次。但在第一次开始使用后 200h，应进行第一次换油。

（4）在板链的张紧丝杆上应经常涂抹润滑脂。

（5）板链在开始使用时会产生初期拉长，以后正常磨损也会增加延伸，要经常检查，开始一周内，每天检查一次；运转一个月内，每周检查一次；运转一个月后，每月检查两次。延伸后必须及时调整张紧装置，当接近调整范围极限时，及时更换。

（6）链轮的轮齿是易磨损件，应进行经常的检查。一旦轮齿的淬硬层被磨穿以后，必须立即将两个链轮同时更换，否则会引起链条颤动，加快链条的磨损。

(7) 当滚轮的运行表面磨损严重，或轴承损坏，则必须更换滚轮。板链是易损件，要经常检查链板是否有裂纹，是否与销轴或轴套有脱开现象。通过检查销轴与轴套的间隙，发现轴套是否过度磨损，过度磨损后链条必须更换。更换时，两条板链对应节距内的四块内、外链板应同时更换，保证铲斗不致因新旧链条磨损不同而歪斜。

(8) 斗臂属于细长悬臂桁架结构，操作不当，易发生弯曲或扭曲变形。

① 在使用中要控制好挖料深度，防止阻力太大，纵向行走时斗臂产生扭曲。

② 停机不用时，斗臂要支撑好，防止因自重产生的弯曲。

③ 斗臂变形严重时必须更换，否则易发生卡链、掉链，甚至损坏铲斗，造成严重设备损坏。

(9) 铲斗的斗体如有裂纹、破损、变形等影响运行安全的损坏应及时进行修补或更换。

(10) 链条的张紧程度是否合适，是给料机运转性能好坏以及影响链条寿命的重要因素。在调节时，一定要注意务必使张紧轮轴处于与斗臂中心线垂直状态。

(11) 电动机、减速器的检修按有关说明书的规定进行。

(三) 取料机的常见故障与修理

取料机的故障，主要发生在液压系统和铲斗传动部分。下面将对常见的故障及处理方法，做简略的介绍。

1. 液压系统的常见故障及解决办法

(1) 漏油

① 从活塞与缸筒密封处漏油，原因可能是密封圈磨损，可以更换密封圈。

② 活塞与缸筒的加工精度不够，可以研磨活塞或更换缸头处的端盖。

③ 液压油杂质多，过滤器精度低，应更换液压油，换高精度过滤器。

④ 接头处漏油，可能是接头松动或密封圈损坏，应更换组合密封圈，重新拧紧接头。

(2) 液压传动装置温升过高

1) 液压油温升过高

① 工作频率高，液压站无冷却装置，可以在油箱或回油管路上安装冷却装置。

② 油箱设计不合理，体积过小或油箱周围有遮挡，造成散热不好。一般来说，油箱的有效容积应为液压泵额定流量的4～7倍，系统工作压力越高，油箱的有效容积应该越大。油箱周围应有足够的空间散热。

③ 管道连接弯路太多或者弯角过小，导致液压油流动不畅。

④ 液压油黏度过高或使用时间长油质变脏，此时必须更换适合的液压油。

⑤ 液压油在循环过程中阻力大，如管道的内径过小或者阀的通流能力低。

2) 控制阀的温度高

① 液压油温升高，原因及防治方法如上所述。

② 阀磨损或损坏，需修理或更换。

③ 溢流阀压力调整过高，造成液压油在高压下工作，应根据系统工作情况选定合适的工作压力。

(3) 系统压力过高

设备启动后，压力表的读数迅速上升，电机的电流也升高。

① 首先检查负载情况，是否负载过大造成超载；

② 控制阀故障或管路堵塞，容易堵塞的地方是接头和弯角处。

（4）系统无压力或压力低

① 油箱中的油液位低，导致油泵无法吸油，应及时添加液压油至油标位置。

② 滤油器堵塞，油液不通，应清洗或更换滤油器。

③ 油泵故障。

④ 溢流阀调定压力过低，导致油液很容易打开溢流阀流回油箱。此时应根据系统具体工作情况设定溢流阀的压力。

⑤ 由于设计或加工原因，致使进油的油路与回油的油路相通，使液压油直接返回油箱。

（5）噪声大

① 液压油黏度不对或液压油混入空气，应检查排除。

② 油泵距液位太高，泵转速过快，泵与电机的同轴度不好，应根据具体情况采用不同的解决方法。

③ 管道的直径小、管道过长、管道无固定。为保证设备的正常运转，应以预防为主，防止故障的出现，加强设备的日常维护，应注意以下几点。

a. 经常检查油泵运转情况，正常工作时声音均匀、平稳，没有混入空气的“嘶嘶”声，也没有过度的震动和噪声。

b. 每班检查油泵的运行温度，正常情况下不应超过60℃。

c. 每班检查油箱内的液面高度。

d. 工作压力是否稳定在规定范围内。

e. 工作油温不得大于60℃。

f. 每月检查紧固件及管接头，保证无漏油。

g. 每月检查过滤器、空滤器，及时清洗更换。

h. 每年清洗一次油箱。

i. 定期检查油液内的水分、机械杂质，若超过规定值时，应更换新油，绝对禁止使用废油，换油时应将旧油全部放完，并冲洗干净。

j. 根据使用工况，规定液压软管的更换时间。

2. 铲斗传动部分的常见故障及解决办法（见表2-4-2）

表2-4-2　铲斗传动部分的常见故障及解决办法

序号	故障	原因分析	排除方法
1	声音异常	① 链和链轮啮合不良 ② 链和导轨的接触 ③ 链板和箱体发生剐蹭	① 重新找正 ② 拧紧螺栓 ③ 调整间隙
2	减速器轴承齿轮有异响	① 轴承间隙太大 ② 轴承磨损严重或已损坏 ③ 新机或更换齿轮时出现，原因是齿圈径向跳动超差	① 调节调整螺钉，使轴承间隙正常 ② 更换轴承 ③ 严重时需要更换不合格齿轮
3	减速器过热	① 轴承过紧 ② 轴承缺润滑脂 ③ 油池油面过低或过高	① 调整轴承间隙 ② 注入润滑脂 ③ 使油池油面高低合适
4	铲斗碰擦	① 铲斗变形 ② 牵引链磨损后伸长 ③ 铲斗与链板连接螺栓松动	① 修理铲斗 ② 更换相应部分已磨损的链条 ③ 紧固连接螺栓

续表

序号	故障	原因分析	排除方法
5	铲斗变形	① 混入异物 ② 挖料深度太大 ③ 张紧装置调整不良 ④ 安装螺栓松动	① 除去异物，采取措施防止异物进入 ② 调整挖料深度 ③ 调整张紧装置 ④ 拧紧螺栓
6	链条的损坏	① 驱动链轮齿形不符合图纸要求 ② 混入异物 ③ 拉紧装置的预紧力过大 ④ 满载启动 ⑤ 挖料深度太大 ⑥ 链条局部磨损过多	① 更换合格链轮 ② 除去异物，采取措施防止异物进入 ③ 调整链的张力 ④ 防止满载启动 ⑤ 调整挖料深度 ⑥ 更换过度磨损的链条
7	运行部分跑偏	① 两边链条长度相差过大 ② 两驱动链轮磨损不一致 ③ 张紧装置未调整正确，张紧轴与斗臂中心线不垂直 ④ 给料机同水平面上两根轨道高低差超过安装要求 ⑤ 挖料深度太大，纵行走时原料的阻力造成	① 左、右板链部分链节对调，或更换 ② 修理或更换头部链轮轮齿 ③ 调整张紧装置，使张紧轴与斗臂中心线垂直 ④ 通过在轨道加调整垫片，使同一水平面上的两根轨道高度一致 ⑤ 调整挖料深度
8	滚轮不转动	① 滚轮内润滑不好，润滑脂干结或灰尘进入 ② 滚轮轴承损坏 ③ 滚轮与板链之间被杂物卡住 ④ 滚轮踏面磨出平台	① 彻底清洗，加润滑脂 ② 更换轴承 ③ 清除滚轮与板链之间的杂物 ④ 更换滚轮

第五节　轮碾机

一、概述

轮碾机是砖瓦产品生产中用作原料细碎或粗磨，由于其对物料的碾、柔、拌和作用，特别是对物料的粉碎和混合较好，目前建材行业称为轮碾机。

(一) 轮碾机的分类

轮碾机按碾轮旋转方式，分为轮转式轮碾机和盘转式轮碾机（图 2-5-1）。轮转式轮碾机碾盘固定而两个碾轮在碾盘上绕主轴公转，同时碾轮在物料摩擦力的作用下，绕各自水平轴作自转。这种轮碾机在工作时产生很大的离心力，振动较大。特别是当两个碾轮不平衡时更为严重，因此应用受到限制。盘转式轮碾机通过物料的摩擦作用，使碾轮绕自己水平轴只自

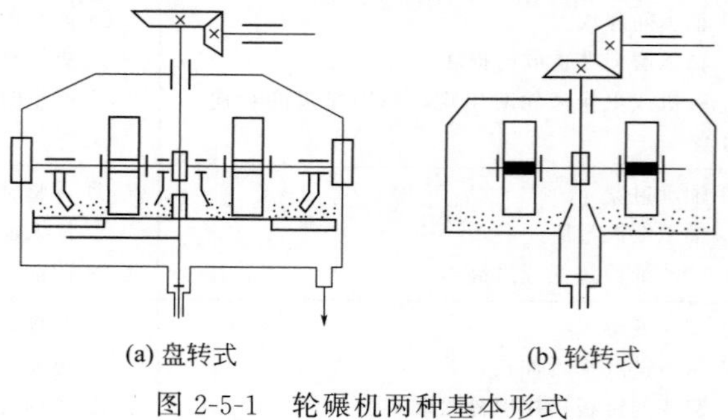

(a) 盘转式　　(b) 轮转式

图 2-5-1　轮碾机两种基本形式

转而不公转。这种类型工作平稳、动力消耗低、无冲击振动，故应用较广。

轮碾机按工艺用途，分为湿磨轮碾机（图 2-5-2，可处理含水量超过 15%～16%的原料），干磨轮碾机（图 2-5-3）和半干磨轮碾机（在物料含水量为 10%～11%以下时使用），破碎与拌和轮碾机（对不同组分的物料破碎和拌和同时进行）。

轮碾机按操作方法，分为连续式轮碾机（加料、卸料连续进行）和间歇式轮碾机（加料、卸料间歇进行）。轮碾机按碾轮材质，分为铁质轮碾机和石质轮碾机，轮碾机的规格以碾轮的直径 x 表示。

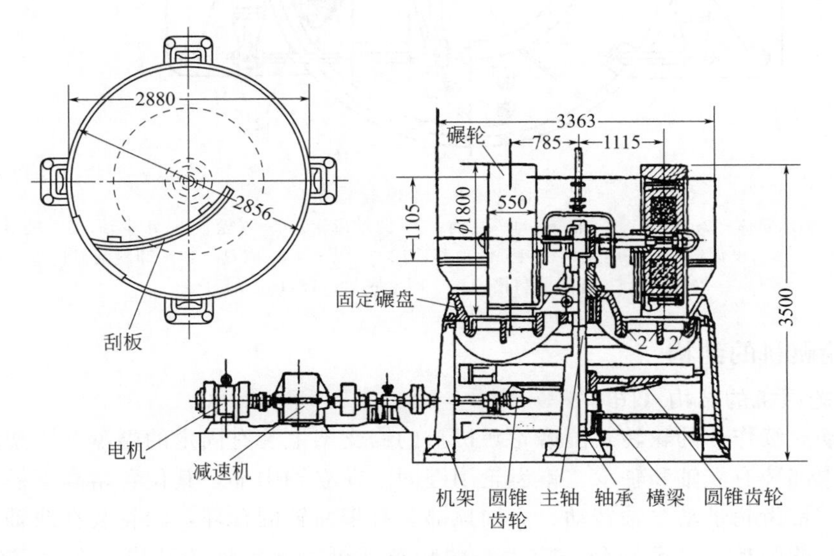

图 2-5-2　湿磨轮碾机

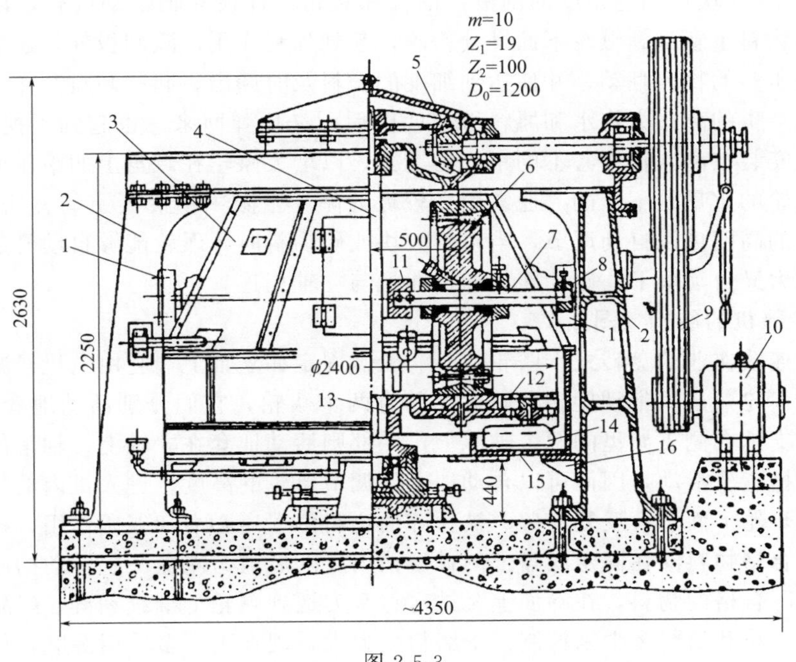

图 2-5-3

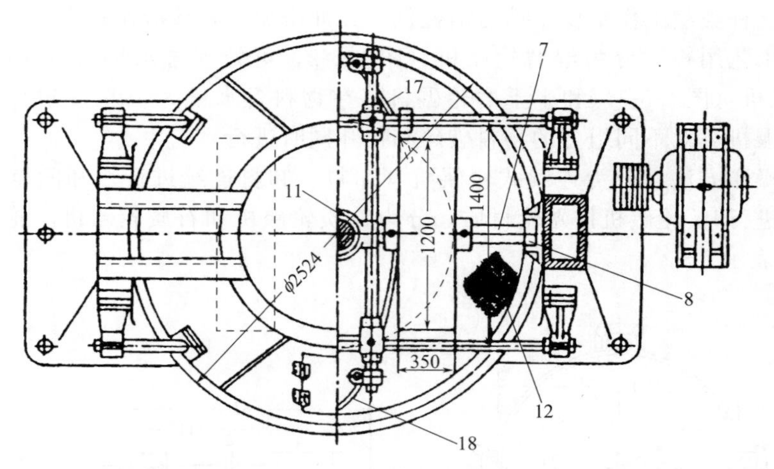

图 2-5-3　干磨轮碾机

1—轴承箱体；2—机架；3—机罩；4—主轴；5—圆锥齿轮；6—碾轮；7—水平轴；8—轴承；9—皮带轮；10—电动机；11—活动套；12—筛板；13—碾盘；14—卸料刮刀；15—环形受料槽；16—固定底盘；17,18—刮刀

（二）轮碾机的结构

1. 湿磨轮碾机的结构（图 2-5-4）

底部驱动连续作业的轮转式湿磨轮碾机上的铁支架上装有固定的碾盘，支架底部有横梁连接，横梁中部装有立轴和轴承。锥齿轮用键固定在立轴中部，其位置略高于横梁。电动机通过减速器，锥齿轮带动立轴转动。立轴顶部装有带曲轴的套环，碾轮装在曲轴上。碾盘的底部镶有带孔的筛板，已破碎到一定大小的物料即可由孔中连续卸出。在紧靠锥齿轮的上面，有一个带刮板的回转盘，由筛孔中落下的物料，在此盘中被刮板刮到卸料溜槽中卸出。碾盘上还装有 2～3 块可调整角度的刮板，刮板和碾轮一样被立轴带动旋转，以便将碾盘上被碾轮压开的物料重新刮到碾轮下面继续粉碎，起到加料作用。除刮板外，还装有一、两只耙子，将碾轮压实的物料翻动，并使达到细度的物料及时卸出，起“卸料”作用。另外，当碾轮转动时所产生的离心力将水和原料甩向四壁后，又反弹回来，也起到了搅拌料的作用。两只碾轮可以安装在离立轴中心不同距离的地方，以增大碾轮在碾盘上的滚压面积。为了平衡离心力，两轮的重量是不等的。通常用在较近的碾轮空隙中填混凝土的方法来调整重量。碾轮在碾盘上的高度可以自动调节，当碰到大块或硬物料时，碾轮能够自动升起，越过硬物后由于自身重力又自动落下。碾轮转轴通过曲柄与立轴相连。

2. 干磨轮碾机的结构（图 2-5-5）

顶部传动连续作业的盘转式干磨轮碾机。碾盘固定在立轴上，它由电机经减速器、皮带轮和一对圆锥齿轮减速后带动旋转。碾盘上装有两个碾轮，它们分别活动地套在水平轴上。水平轴的两端支承在侧支架里的两个轴承上，中部则活动地套在立轴上。轴承的箱体可以沿侧支架里的导槽上下滑动，因而可以自动地上下调节碾轮的高度。进入机内的物料被装在梁上的刮刀送到碾轮下面进行反复粉碎。被粉碎的物料由于离心力和碾压作用，被甩到碾盘的外圈筛板上，合格物料漏在固定底盘上的弧形槽内，随后被与碾盘一起转动的卸料刮刀刮到出料口卸走。不合格的物料，在筛面上又被送料刮刀送到碾轮下继续粉碎。产品的粒度可以通过调节筛孔大小和给料多少来控制。干磨粉尘太大，现在工厂多采用湿磨，但湿磨不及干磨产量高。

图 2-5-4　湿磨轮碾机的结构

图 2-5-5　干磨轮碾机的结构

（三）工作原理

轮碾机作为破碎（粉碎）的设备称为干碾机。例如碾盘回转式轮碾机有一对碾砣和一个碾盘，物料在转动的碾盘上被碾砣碾碎。碾盘外圈有筛孔，碾碎的物料从筛孔中卸出。在耐火材料工业中主要用于破（粉）碎中等硬度的黏土、熟料、硅石等。一般用来对物料进行中碎和细碎。用这种干碾机破碎的产品颗粒近似球形，棱角不尖锐。干碾机构造较简单、制造和维修比较容易、进料尺寸要求不太严格，但能量消耗大、生产效率较低。轮碾机的几种形式如图 2-5-6 所示。

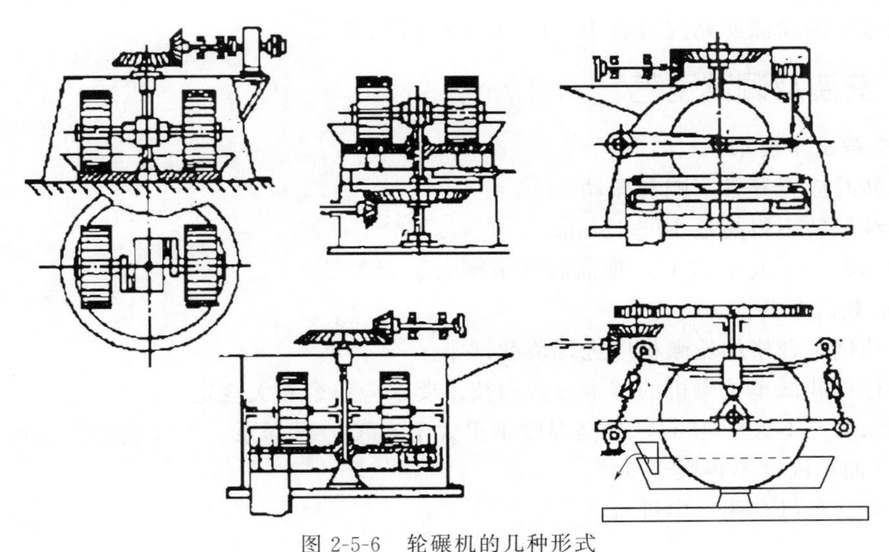

图 2-5-6　轮碾机的几种形式

轮碾机作为混合的设备称为湿碾机，它的构造与干碾机相似，只是碾盘上无筛孔，碾砣较轻，有卸料机构等。将配合料和水加入碾内，经混练均匀后，用卸料机构将料卸出。在混合过程中既有搅拌也有挤压作用，能较好地排除物料颗粒间的空气，使所混合的泥料水分均匀，颗粒表面润湿充分，混炼效果好，但对物料的粒度有一定的破坏作用。在砖瓦行业主要用于多种原料的混合，效果较好。湿碾机较笨重，产量较低，能量消耗较大，但混炼泥料的质量好。

二、主要零部件要求

① 轴类件的材质不应低于 GB/T 699—1999 中 45 号钢的规定，并进行调质处理。

② 主要灰铸铁件，其材料不应低于 GB/T 9439—2010 中有关 HT200 的规定。

③ 碾盘工作表面硬度不应低于 35HRC，硬度应均匀，硬度差不应大于 5HRC，热处理深度不应小于 8mm。

④ 碾轮工作表面硬度不应低于 45HRC，硬度应均匀，硬度差不应大于 5HRC，热处理深度不应小于 8mm。

三、装配及安装要求

（1）所有零部件必须经检验合格（外购、外协件须有合格证或检验报告单）方可进行装配。

（2）圆柱齿轮减速器应符合 JB/T 8853—2001 的规定。

（3）减速器输出轴或液压马达输出轴与主轴的同轴度不得大于 0.05mm。

（4）在碾盘公称直径范围内，碾盘工作表面平面度不得大于碾盘有效直径的 1/1000。

（5）大小 V 带轮安装完毕后，相对应的 V 形槽的对称平面应重合，误差不得超过 20′，轴线平行度允差不大于 6/1000。

（6）外观要求

① 轮碾机表面应平整、光洁，不得有明显的碰伤、划痕、锈蚀等缺陷；主要零部件结合面边缘的错边量不得大于 1.5mm。

② 轮碾机的涂漆防锈应符合 JC/T 402—2006 的规定。

四、安装及调试工艺

（1）空载试车要求

① 运转时应无异常声响和振动。

② 连续运转不得超过 10～15min。

③ 轴承温升不大于 35℃，最高温度不得大于 70℃。

（2）负载试车要求

① 负载试车合格的轮碾机应进行负载试车。

② 进行负载试车轮碾机的基本参数和技术要求应符合相关规定。

③ 轴承温升不大于 45℃，最高温度不得大于 80℃，液压泵、发动机壳体温度不得大于 80℃，泵站油箱温度不得大于 60℃。

④ 负载试车可在用户中进行。

五、维护与修理

（一）操作与维护

轮碾机在安装时，一定要使立轴垂直碾盘。找正时可先将立轴吊起，移动碾盘，使碾盘中心孔对准立轴，然后将立轴垂直落入孔中。两个碾轮一定要重量相等，旋转半径相等。如果为了增大滚压面积而使两个碾轮旋转半径不等，则要调整两轮重量以平衡离心力。但这样做很麻烦，为了安装方便，一般不采用。轮碾机周围应砌上水泥围墙，围墙内有石条排列，以防碾轮甩出，确保运转安全。待安装完毕，检查各部位螺丝紧固后，即可试车。如运转正常，无异常声响，即可投入生产。如有异常声响，应立即停车检查。轮碾机在工作时，除了对物料进行压碎之外，还伴有碾磨。碾轮越宽，相对滑动现象就越大，因而碾磨作用也就越大。因此用轮碾机粉碎不同料性的物料时，轮宽的选择应具体分析。轮宽约 300mm，若要有较大碾磨作用（如对硅石）进行粉碎时，碾轮可选宽一些；若主要靠压碎时，轮宽可选小些，以不致消耗过多的能量，石轮磨损很快，一般两个月就需更换，必须一对石轮同时更换。安装时要注意石轮的位置，石轮太靠近碾盘中心时，水料不宜冲出去，出料慢，因而受到反复碾压，料过细，易造成悬浮料；石轮若远离碾盘中心，水料直冲出去，料粒粗，达不到粉碎要求。由于受到设备安装高度的限制，石轮和碾盘不能同时更换。操作时要空车启动，运转正常后再送料；停车时，需提前 15min 关闭送料设备，待碾底料卸空后再停车。

每班检查减速箱是否有漏油现象；定期检查、调整碾轮位置，紧固螺钉，对各部清理。每 3 个月检查润滑系统并清洗换油；检查电气系统，更换磨损元件。检查轴承并清洗换油。

（二）轮碾机的故障及排除方法

1. 主电机电流过载

（1）混合料及水加入过量的解决办法：调整及修理定量系统并按说明书加料。

（2）碾轮与底板间距过小，碾轮压力过大的解决办法：调整调节螺栓，使碾轮与底板间距为 10～30mm。

（3）与支柱衬圈结块，刮板刮力过大的解决办法：清除沉积的型煤，调整或更换刮板。

2. 主电机停转或不能启动

（1）加料量过大的解决办法：减少加料量。

（2）电机出现故障的解决办法：检修电器。

（3）负载启动的解决办法：不允许负载启动。

3. 碾轮旋转不良

故障原因：碾轮轴承密封不好进砂。

解决方法：拆卸清洗，按照润滑规定注油。

4. 卸料门动作不良

（1）气压不足或漏气的解决方法：设置储气缸及检修气路。

（2）气缸机气阀动作失调的解决方法：检修气缸和气阀。

5. 卸料门漏料

（1）卸料门板与底板不在同一水平面上的解决办法：调整气缸及左右撑杆的位置。

（2）卸料门关闭后，四周间隙过大的解决方法：拆卸门板，减小间隙。

6. 轴承温度过高

（1）润滑脂不足的解决方法：加入适量的润滑脂。

（2）润滑脂脏污的解决方法：清洗轴承后更换润滑脂。

（3）轴承损坏的解决方法：更换轴承。

第六节 双轴搅拌机

一、概述

（一）搅拌机在砖瓦生产中的地位和作用

用于砖瓦生产的原料，有黏土、页岩、淤泥、煤矸石和粉煤灰，还有其他各种工业废渣。各砖瓦厂一般都以一种原料为主，再掺兑一些其他原料，以满足砖瓦生产的需要。例如，现在很多砖瓦厂都是以黏土为主要原料，有的掺入一定量的煤矸石和粉煤灰，有的掺入一些碎煤粉作为内燃料。为了使原料中的各种成分在配料后分布均匀，以保证制成品能达到质量要求，就必须使原料混合、均化良好。搅拌机就是对砖瓦生产的原料进行混合、均化和改善泥料成型性能的设备。在对原料进行混合、均化的过程中，通常还要添加一定量的水分，以调整原料的含水率，使其达到砖瓦生产工艺要求的湿度。对原料补充水分，并使原料的含水率均匀一致，也是由搅拌机来完成的。另外，在某些地区，搅拌机还是对原料进行蒸汽处理的热制备机械。在搅拌机中通入蒸汽，使原料的均化、湿化程度更好，原料的可塑性也得到改善和提高，从而使制品的质量得到显著的提高。蒸汽处理还能极大地改善黏土的成型性能，减弱产生螺旋纹的现象，也能使黏土颗粒中水分的分布更加均衡，能提高挤出机的生产能力，因而相对降低了挤出机的能耗。还有一种能从黏土中过滤，分离出草根、石块等杂物，兼有搅拌、匀化和净化作用的设备，就是带有过滤网的搅拌机。其结构特点是在泥料的出口方向，装有一套可沿特制的导轨左右移动的筛网，筛网架由油缸推动。泥料在搅拌刀叶片的搅拌、推进下，穿过筛网下料，而泥料中的杂质和异物阻留在筛网内。泥料被搅拌和推进以及杂物的分离是连续进行的。

（二）搅拌机在我国的技术发展概况

我国自从生产制砖机以来，就有搅拌机。搅拌机经过本行业几十年的实践和努力探索、研究，已经从当初结构比较简单、性能比较落后的搅拌设备，发展到今天这样结构较为完善、性能良好的原料混合均化设备，是和砖瓦行业的发展密不可分的，其技术进步主要表现在下列几方面。

1. 合理的工艺参数

老式搅拌机的有效搅拌长度一般都较短。2m 或 2m 以下的数量较多，较长的也只 2.4m。现在，很多搅拌机的有效搅拌长度达到 3m 以上。这种长搅拌机，对于高掺量粉煤灰、页岩或煤矸石原料，起到特别重要的作用。老式搅拌机，有些为了满足产量要求，把转速定得很高，使进入搅拌机的原料，没有得到很好搅拌和混合就被推进到出料口了。现在的新型搅拌机，都选定了合理的转速（一般在 30～38r/min），使原料在搅拌机中得到充分混合和均化，达到各种组分的均匀一致。

2. 完善合理的结构

以离合器为例，老式搅拌机，都是采用手动机械离合器。这种机械离合器结构复杂、重量重、占地面积大、操作不便、故障多、维修工作量大。现在的新型搅拌机，选用了先进的气动离合器，可以实现远距离操纵，结构紧凑、重量轻、操作方便，分离迅速、彻底，可以长期无故障工作。以减速器为例，老式搅拌机都是采用 ZQ 型软齿面圆柱齿轮减速器，这种减速器的故障多、寿命短，1988 年就被机械行业列为淘汰产品。现在的新型搅拌机，已经采用了专用整体硬齿面齿轮减速器，这种减速器寿命长，能长期无故障运行。从搅拌槽和搅拌刀的结构来看，也都有较大的改进。老式搅拌机的搅拌槽都是平底形的。这种平底结构，使搅拌槽内部分泥料堆积，形成死泥区，阻碍泥料的混合，也得不到搅拌。现在的新型搅拌机的搅拌槽为双轴形或单轴形（图 2-6-1），在原料的搅拌过程中，不会形成死角，使原料能得到充分的混合和搅拌。搅拌刀的结构也有了较大的改进。老式搅拌机的搅拌刀，或是用一块钢板和一根圆钢焊接而成，或是用一根圆钢和铸铁一起组成搅拌刀，这两种结构的搅拌刀都是不耐磨，又容易折断而发生事故，安装角度又不好调整。新型搅拌刀采用组合结构，搅拌刀既耐磨，又不会折断，还能方便准确地调整搅拌刀在搅拌轴上的安装角度，具有良好的工作性能。

3. 高可靠性和良好的耐磨性

和其他砖瓦机械相比，搅拌机是零件磨损快，故障较多的设备。新型搅拌机由于在设计和制造方面都做了重大改进，在零件的可靠性和耐磨性方面都有了较大的提高。以减速器和对齿轮传动系统为例，新型搅拌机由于采用了整体式硬齿面齿轮传动，使整机结构更加紧凑。传动精度高，刚性好，运转十分平稳，寿命长，能够长期无故障运行。从轴类零件看，新型搅拌机所有传动轴的材质都不低于GB/T 699标准中的45号钢，且经过适当的热处理。其综合机械性能，尤其是疲劳强度比一般碳素钢要高得多。再加上设计了完善的保护结构，重要部位有护瓦保护轴不受磨损（图2-6-2），也就不会发生断轴之类的故障。从数量很多的易损件——搅拌刀来看，新型搅拌机由于采用了搅拌刀柄和搅拌刀叶片分离的组合结构，使搅拌刀柄增大了根部强度，由于采用了优质钢材和经过调制处理，提高了强度，不会发生弯曲和折断。搅拌刀叶片也由于提高了材质和改进了制造工艺，使工作表面硬度大于HRC50，既保证了强度，又增强了耐磨性。

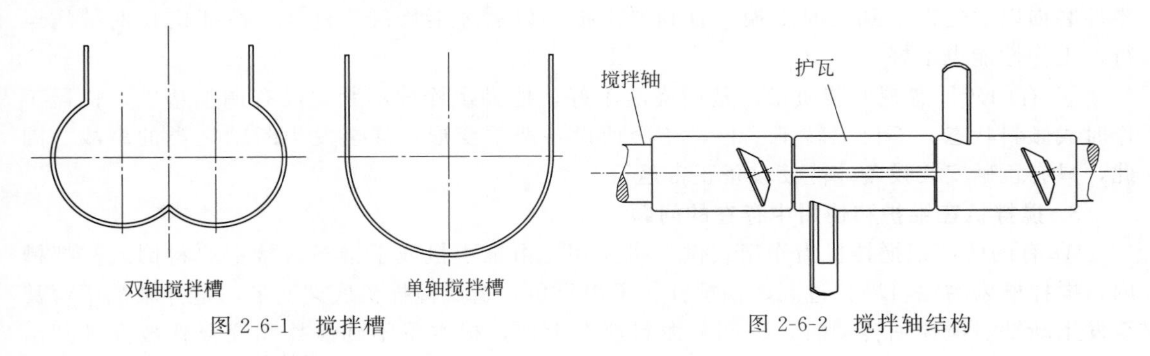

图2-6-1　搅拌槽　　图2-6-2　搅拌轴结构

总之，和老式搅拌机相比，新型搅拌机的技术性能和制造水平有很大的提高，已经接近进口设备的水平，而价格却要比进口设备低得多。

(三) 搅拌机在制造安装维护和使用中存在的问题

1. 搅拌机在制造方面存在的问题

和其他行业相比，国内砖瓦机械制造行业的水平是不高的。砖瓦机械制造的骨干企业数量较少。这些骨干企业，有一定的设计能力，其制造装备较为齐全，基本上能满足砖瓦机械的制造要求，其产品质量也是比较好的。而大多数制造砖瓦机械的厂家，其制造水平都较低。有的制造装备十分简陋，基本不具备制造搅拌机的条件。

搅拌机的制造质量问题，主要表现在以下几方面。

（1）材质差，没有经过热处理强化　以搅拌轴为例，有的制造厂采用普通碳素结构钢，有的甚至到废品收购站拉回没有牌号的钢材来生产，这样的材质和国家建材行业标准JC/T 346中的规定就相差太大了。搅拌机的搅拌轴，只有采用JC/T 346标准规定的45号钢，并经热处理强化，才能保证其使用强度。同样，搅拌刀叶片的材质，JC/T 346标准也规定了其工作表面硬度必须大于HRC50。而很多搅拌机的搅拌刀叶片都是采用普通钢板制作，耐磨性能较差。不少制造厂的搅拌机上用的都是根本没有牌号的铸造齿轮，一般寿命只有几个月。还有箱体、轴承座等灰铸铁件，有的搅拌机也达不到标准规定的HT200牌号，有的甚至是根本没有牌号的铸铁，含有大量杂质，工作中极易产生开裂。因此，材质差是制造质量中较为普遍存在的问题。

(2) 加工精度低　由于一些制造厂不具备生产搅拌机的基本条件，也就无法保证加工条件。有的搅拌机的搅拌轴加工误差大，使用中经常轴承过热，甚至发生断轴。

(3) 配套件性能差　JC/T 346标准规定操作机构应便于实现自动控制。因此，只有配备气动离合器才能实现操作方便、灵活，可以远距离操纵，分离彻底，故障极少。但是，大多数制造厂为了降低费用，仍然配备落后的手动机械离合器。这不仅操作不便，而且维修量大、故障多，影响搅拌机的性能。只有严格按标准来制造搅拌机，才能使搅拌机的制造质量有可靠的保证。

2. 搅拌机在安装方面存在的问题

① 有的砖瓦厂把搅拌机安装在对辊机的上道工序。这样，原料不是先经过对辊机破碎以后再进入搅拌工序，而是使大块的泥料直接进入搅拌机内，加重了搅拌机的工作负荷，也使泥料的混合、均化和湿化的效果不好。搅拌机实际只起到一定的破碎作用。

② 有的砖瓦厂为了省一台胶带输送机，把辊式破碎机直接装在搅拌机的上面。这样安装以后，搅拌机的日常维护和检修都十分困难，往往使搅拌机得不到日常必要的维护保养，零件磨损以后也得不到及时更换，直到严重损坏以后才能修理。这样，搅拌机长期带病运行，工作性能也不好。

③ 有的砖厂忽视安装质量，基础浇灌不好，地脚螺栓拧不紧，没有调整垫铁，机器工作时成倾斜状态。不仅运转不平稳，还会使设备严重变形，甚至发生断轴之类的事故。因此，只有正确安装设备才能使设备正常运行。

3. 搅拌机在维护和使用中存在的问题

① 有的砖厂把搅拌机当作箱式供料机使用。由推土机或手推车直接把原料倒入搅拌槽内，搅拌槽内的泥料堆积过高，使搅拌机不堪重负，造成搅拌机底架变形，搅拌轴被压弯甚至发生断轴。搅拌轴转动时，一部分泥料浮在上面，根本得不到搅拌和混合就被推进到出料口。

② 有的砖厂，泥料供给不匀，有时供料很多，搅拌槽内堆积如山；有时又供料过少，搅拌机产量很低，负荷忽高忽低，泥料搅拌效果差。

③ 有的砖厂在搅拌槽中加水控制不严，时多时少，造成泥料含水率很不均匀，影响砖机负荷和制品质量。在搅拌槽内补充加水，必须有喷洒装置，而有的砖厂却是用水龙头实行大水漫灌，使部分泥料形成饱和泥浆，不能在搅拌箱内得到混合，使泥料干湿不均。塑性较高的饱和泥浆被搅拌刀翻搅时形成很大阻力，使搅拌机的负荷加重，工作效率很低。有的砖厂不是在原料开采后就加水“闷土”，使水分充分渗透到泥料中，做到湿化均匀，而是将干土进入搅拌槽后一次性加水，大量的水分不可能在短短的几分钟内与泥料融为一体，造成泥料干湿不均。

④ 有的砖厂忽视搅拌机的日常保养，不及时清理搅拌槽内的草根、钢丝、石块等杂质。这些杂质和泥料黏结成大块泥团，时间长了以后就会变得非常坚硬，给搅拌机增加很大的负荷，严重时甚至发生断轴等事故。由于缺乏日常的检查、保养，有的砖厂搅拌刀片磨损以后也不更换或修复，泥料根本得不到有效的搅拌，使搅拌机的产量低、工作质量差。

⑤ 有的砖厂不调整搅拌刀与搅拌轴的安装角度。搅拌刀与搅拌轴的安装角度，根据工艺要求，大约在18°～25°的范围内调整，在出厂时一般是调整好的。但是，有的砖厂的原料或工艺不一定完全适合，就必须根据实际需要予以调整。还有在工作中，由于螺栓松动，搅拌刀的角度会变动，也需要及时予以调整并加以紧固。如果搅拌刀的角度过大，不仅负荷增

大，而且泥料推进过快，得不到必要的搅拌混合就被送到出料口；如果搅拌刀的角度过小，虽然搅拌效果增强，但泥料的推进速度减慢，产量降低。

⑥ 有的砖厂没有正确的操作规程，容易使搅拌机产生故障。正确的操作规程是停机前必须将搅拌槽内的泥料排空，开机前必须清理好搅拌槽和搅拌轴上的杂质。有的砖厂在停机前不注意把搅拌槽内的泥料排净，开机前也不清理搅拌槽。开机时，搅拌轴和搅拌刀包裹在干泥料中，形成很大的阻力，极容易扭坏搅拌轴和搅拌刀。

总之，搅拌机在制造和使用方面，都存在不少值得注意的问题。这些问题严重影响搅拌机的性能和工作效果，需要制造厂和砖瓦企业共同努力解决好，这样才能使搅拌机在砖瓦生产中发挥重要的作用。

二、结构特点及工作原理

(一) 搅拌机的型号与主要技术参数

1. 型号

搅拌机分为单轴、双轴两种形式。

型号表示方法如下。

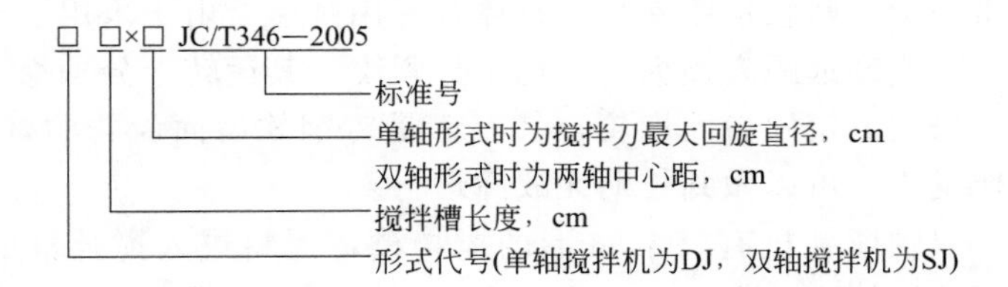

标记示例如下。

搅拌槽长度 3000mm、两轴中心距 420mm 的墙体材料工业用双轴搅拌机标记为：

墙体材料工业用搅拌机　SJ300×42　(JC/T 346—2005)

搅拌槽长度 3000mm、搅拌刀回旋直径 750mm 的墙体材料工业用单轴搅拌机标记为：

墙体材料工业用搅拌机　DJ300×75　(JC/T 346—2005)

2. 基本参数

搅拌机的基本参数见表 2-6-1。

表 2-6-1　搅拌机的基本参数

型号		搅拌槽长度/mm	搅拌刀回旋直径/mm	两轴中心距/mm	生产能力/(m^3/h)
双轴	SJ□×32	≥3000		320	15～20
	SJ□×35	≥3000		350	20～25
	SJ□×40	≥3000		400	25～35
	SJ□×42	≥3000		420	30～60
	SJ□×46	≥3000		460	35～90
	SJ□×50	≥3000		500	40～110
单轴	DJ□×75	≥3000	750		25～35
	DJ□×90	≥3000	900		35～60

注：搅拌槽长度应不小于 3000mm，制造时可按用户需要加长。

（二）搅拌机的主要结构特点

1. 双轴搅拌机的主要结构（图 2-6-3）

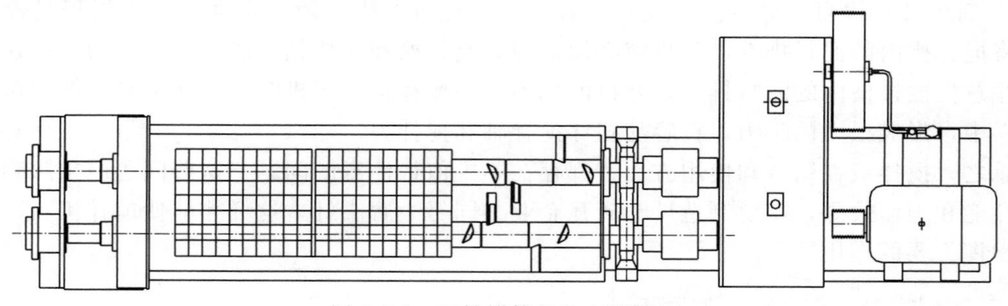

图 2-6-3　双轴搅拌机的主要结构

这是一种全部传动齿轮都在一个专用减速器内的双轴搅拌机，现较多采用。双轴搅拌机的机构可分为传动部分和搅拌部分。

（1）传动部分　电动机经窄 V 带，带动气动离合器，由气动离合器将动力传递到减速器。在减速器内经过齿轮减速以后，驱动搅拌轴 1、轴 2 转动。两根搅拌轴一端的支承在减速器内，另一端则由一个双联轴承座支承。整体式专用减速器由于采用了气动离合器，使设备操作方便、灵活，可实现远距离操纵，结构十分紧凑。其运转十分平稳，传动效率高。整体式专用减速器全部采用锻钢硬齿面齿轮，其寿命是铸钢软齿面齿轮的好几倍。它强度高，可靠性好，维修工作量小，可以做到长期无故障运行。

（2）搅拌部分　双轴搅拌机有一个 ω 形的搅拌槽，泥料进入搅拌槽的进料口，经过在搅拌槽内搅拌以后再从搅拌槽的出料口卸出。有的双轴搅拌机的泥料从端部卸料，有的从底部卸料。为了防止泥料外溢，在搅拌槽的入料口处装有一个加料斗，搅拌槽的上部有护栏和钢板焊接的顶盖。双轴搅拌机有两根搅拌轴，搅拌轴的一端安装在齿轮箱内，并由齿轮驱动搅拌轴旋转。搅拌轴的另一端由双联轴承座支承。有的双轴搅拌机没有齿轮箱，搅拌轴的两端分别由两个双联轴承座支承，齿轮则悬臂安装在搅拌轴的外端。搅拌轴上相隔一段距离，加工有安装搅拌刀的内孔，这数十把搅拌刀穿过搅拌轴的横截面中心，与搅拌轴横截面成 18°～25°的夹角，用螺母紧固在搅拌轴上。安装角度可以根据不同的原料和工艺要求适当调整。两根搅拌轴上的全部搅拌刀，按旋向不同的螺旋线排列，从而使泥料在搅拌时向前推进。搅拌槽的长度按有效搅拌长度确定。JC/T 346 标准规定了有效搅拌长度不低于 3000mm。

搅拌轴的旋转方向，是从搅拌槽的内壁向中心旋转。两根搅拌轴做相对旋转。为了调整好泥料的含水率，一般在搅拌槽内要加少量的水。在搅拌槽的进料口处安装有喷水装置。国外的搅拌设备中，有自动检测泥料含水率的装置，保证泥料的含水率在工艺要求的数值。国产的双轴搅拌机，其加水量要凭操作者的经验控制。为了改善黏土的成型性能和提高坯体的质量，有些原料在搅拌过程中采用蒸汽处理。这种双轴搅拌机在搅拌槽内设置若干蒸汽进口。蒸汽管道的位置必须使蒸汽能够直接进入泥料中，应避免蒸汽很快地穿过泥料逸出。

2. 单轴搅拌机的主要结构（图 2-6-4）

（1）传动部分　电动机经窄 V 带，带动气动离合器，由气动离合器将动力传递到减速器。在减速器内经过齿轮减速以后，驱动搅拌轴转动。搅拌轴一端的支承通过夹壳联轴器和减速器输出轴连接，另一端则由轴承座支承。减速器可选用标准型号。由于采用了气动离合器，使设备操作方便、灵活，可实现远距离操纵，结构也十分紧凑。其运转十分平稳，传动效率高。

（2）搅拌部分的结构　单轴搅拌机和双轴搅拌机不同的是有一个 U 形的搅拌槽，搅拌刀的结构形式也有所不同。

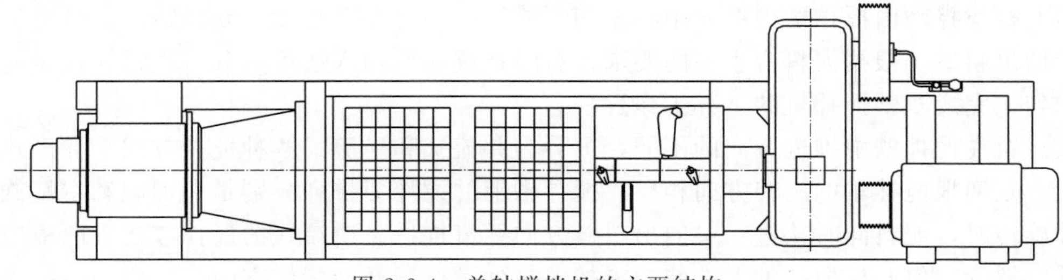

图 2-6-4　单轴搅拌机的主要结构

3. 搅拌刀的结构形式

图 2-6-5 是搅拌机组合式搅拌刀，搅拌刀杆和搅拌刀叶片是可分开的，磨损严重时只要更换一个搅拌刀叶片就可以，不会整体报废。搅拌刀杆有一段圆锥形表面，这段圆锥形表面与搅拌轴上的圆锥孔相配合，作为安装定位的基准面。尾部的螺母拧紧以后，搅拌刀就被牢牢地紧固在搅拌轴上，因而可以任意调整搅拌刀在搅拌轴上的安装角度，并能在工作中得到可靠的紧固。这种叶片外形较为合理，叶片顶部呈弧形，叶片的边缘呈圆角，可以减小叶片切入泥料中的摩擦阻力，也使叶片磨损比较均匀。

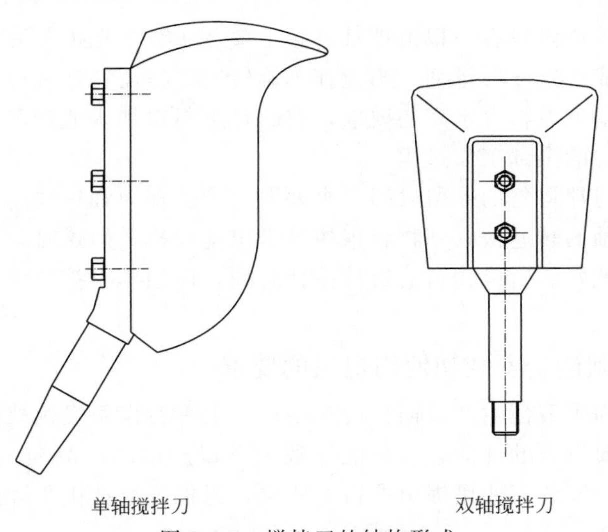

图 2-6-5　搅拌刀的结构形式

搅拌刀的回转直径是指搅拌刀的回转中心（即搅拌轴的横截面中心）至搅拌刀外端的距离。搅拌刀的回转直径随双轴搅拌机两根搅拌轴的中心距的增大而增大。如 JC/T 346 标准中规定，两轴中心距是 360mm 时，搅拌刀回转直径是 420mm；当两轴中心距是 420mm 的双轴搅拌机，其搅拌刀的回转直径就增大到 560mm。搅拌刀的回转直径越大，对泥料的搅拌作用越强，产量也更高。

（三）搅拌机的工作原理

1. 双轴形式

该机设有进料仓和两个水平轴，它可使泥料连续输送和搅拌，轴上按螺旋形状安装的搅拌刀是可调的。

双轴搅拌机的主要工作部件是搅拌槽内分别有减速器输出轴和齿轮驱动的两根搅拌轴。这两根搅拌轴上安装了数十把搅拌刀，这些搅拌刀彼此相互交错，在搅拌轴上成螺旋形排列。当两根搅拌轴由搅拌槽内壁向中心做相对旋转时，将泥料连续搅动翻转，同时将泥料推向搅拌槽出料口。根据泥料含水率的要求，有时在进料口加入适量水分，经过搅拌后使泥料湿化均匀，完成双轴搅拌机的全部工作过程。

按泥料在搅拌槽中推进方向的不同，可分为并流式和逆流式两种搅拌方式。并流式的搅拌方式，是两根搅拌轴的旋转方向相反，搅拌轴上的搅拌刀排列分别是左螺旋和右螺旋。当搅拌轴旋转时，泥料同时从进料口向出料口方向并流推进。逆流式的搅拌方式，两根搅拌轴也是反向螺旋，但两根搅拌轴上安装的搅拌刀排列是按同样的螺旋方向。这样，当搅拌轴旋转时，一根搅拌轴的泥料从进料口向出料口推进；另一根搅拌轴的泥料是从出料口向进料口推回。泥料的运动是一去一回，泥料受到较长时间的搅拌。当然，在结构上必须使向出料口方向推进的速度要大于反方向推回的速度。否则，就没有产量了。逆流式的产量总是要低一些。在砖瓦生产中，一般都是采用并流式搅拌。为了得到更好的搅拌效果，在搅拌轴的全部长度上，搅拌刀的安装角度是不一样的。在搅拌轴的进料端和出料端，搅拌刀的安装角度稍大一些，这样可以使泥料推进快。而在搅拌轴的中部，其角度要小一些，这样可以使泥料搅拌的时间长一些。由于同样的原因，在搅拌轴的中部，搅拌刀的数量也多一些。

2. 单轴形式

单轴搅拌机的搅拌槽内只有一根搅拌轴。轴上安装了数十把搅拌刀，这些搅拌刀彼此相互交错，在搅拌轴上成双螺旋形排列。当搅拌轴旋转时，将泥料连续搅动翻转，同时将泥料推向搅拌槽出料口。根据泥料含水率的要求，有时在进料口加入适量水分，经过搅拌后使泥料湿化均匀，完成搅拌的全部工作过程。

物料在搅拌槽内搅拌均匀的停留时间，主要取决于搅拌刀和轴线的角度及轴的转速。如果搅拌刀的角度大，轴的转速快，则物料很快被送出搅拌机，但这时物料的搅拌均匀程度就差，反之，均匀程度就好。所以物料的最佳搅拌时间，应根据搅拌后物料的均匀性及工艺平衡，予以确定。

（四）对搅拌机制造、安装和使用提出的要求

由于砖瓦生产多为季节性生产，而且砖瓦生产线上一台设备发生故障，将导致整条生产线不能运转；一台主要设备的性能差，可能导致生产线产出的产品质量大幅度下降。因此，必须对搅拌机的制造、安装和使用提出严格的要求，以保证搅拌机坚固耐用、维修方便，在工作中发挥最佳的效益。

1. 制造搅拌机的要求

① 因为砖瓦生产的原料复杂，有的块度大，塑性指数高，还有各种杂质，这就使搅拌机的工作条件十分严酷、负荷较大。因此，对制造搅拌机的零件，必须有较好的材质。以搅拌轴为例，断轴造成的经济损失较大，也是较为常见的故障。而发生断轴的原因大部分是轴的材质和热处理都未达到JC/T 346标准。直径、尺寸完全相同的搅拌轴，采用40Cr钢材并经调质处理，其抗拉强度要比普通的碳素结构钢高一倍以上。断齿也是搅拌机常见的故障。凡是断齿的，都是采用铸造齿轮，或是没有牌号的铸钢齿轮，甚至是灰铸铁齿轮。如果采用锻造的45号钢，并经热处理强化，其可靠性就很高。还有搅拌刀杆折断，搅拌刀叶片开裂，也是经常见到的故障。折断的搅拌刀，随泥料进入挤泥机内，还能造成铰刀轴扭坏、泥缸挤裂的严重事故。这些搅拌刀，一般是用普通低碳钢刀杆，叶片则是用土炉浇铸的白口铁。由

于低碳钢刀杆强度低，而搅拌刀叶片大多有严重的铸造缺陷，工作中遇到冲击就会开裂或折断。如果采用性能高于45号钢的搅拌刀杆，并经调质处理，质量才有可靠的保证。

② 因为砖瓦生产的原料硬度高，如果搅拌机零件的硬度低于原料硬度，将使零件处于过度磨损状态，零件将很快磨损。例如，低碳钢焊接的搅拌刀叶片，不到一个月就要报废。用低碳铸钢制造并未经热处理的对齿轮，一年就要更换几次齿轮。而采用高铬材料的搅拌刀，寿命至少在半年以上。采用硬齿面齿轮，寿命可长达10年。因此，对于原料硬度高、工作负荷重的搅拌机，保证零件的高耐磨性是非常必要的。

③ 搅拌机的搅拌槽的横截面必须适应搅拌刀的回转轨迹。这样的构造对其工作性能有重要作用，使泥料在搅拌过程得到很好的混合和推进。而平底形的搅拌槽，在搅拌过程中会形成一个较大的死泥区，阻碍泥料的翻转和混合。由于搅拌轴长期在泥料中旋转，磨损较快，应有护瓦的保护性结构，才能保护搅拌轴不会因磨损过度而折断。气动离合器因为操作灵活方便、离合迅速、维修量小，又能实现远距离操纵，因而必然取代原来的手动离合器，这样，搅拌机才会有较好的使用性能和运转效率。合理的结构是搅拌机性能好坏的重要因素。

④ JC/T 346标准中，对搅拌机的主要零部件的制造精度提出了明确的要求。只有达到标准要求的精度，搅拌机才能满足使用要求。如果搅拌轴的轴承位置不同芯，或者轴承座中心与底面中心不平行，就会使搅拌轴增加很大的额外负荷，这样容易造成轴承损坏或搅拌轴扭坏。

齿轮或齿轮箱孔加工误差大，容易使齿轮早期失效。

2. 搅拌机安装使用的要求

搅拌部分的安装与使用直接影响到搅拌机的搅拌效果和生产能力。由于搅拌轴都较为细长，两端轴承座距离较远，安装使用不当极易造成轴在运行中挠动，产生变形，甚至折断。因此安装搅拌轴时轴承座要对正、找平，联轴器要对正，使两轴同心，调整间隙适当，同时各紧固螺栓应紧固，避免轴在运行中抖动。

① 地脚或轴承座的固定螺栓松动以及轴承损坏或齿轮严重磨损有可能造成轴的振动，搅拌机必须安装在混凝土基础上，也可安装在坚固的金属平台上，并应有操作、维修都十分方便的工作位置。设备安装时，应校正水平，使搅拌机能够长期平稳运转。

② 搅拌机一般是经过胶带输送机送入泥料。供料应该是均匀的，泥料必须是经过破碎的。不能把双轴搅拌机当作箱式供料机使用，不能用推土机或手推车将泥料堆积在搅拌箱上。供料数量是以搅拌箱内的泥料能露出搅拌刀尖为宜。供料过多会造成搅拌机负荷过重，甚至设备变形；过少会使产量降低。

③ 在搅拌槽内加水，必须在进料口处用喷头喷洒，最好能实现雾化，使泥料湿化均匀，不能直接用水龙头放水，也不能用水管实行满槽漫灌。加水不当会使泥料成为饱和泥浆，使搅拌混合效果差，也使泥料湿化不均。

④ 按泥料性质和工艺要求，调整好搅拌刀的安装角度。调好后应可靠地紧固，防止工作中搅拌刀转动。要经常检查搅拌刀的角度是否发生变化，防止搅拌刀松动后负荷加大，甚至造成搅拌刀折断的事故。

⑤ 在下班停机以前，要将搅拌槽内的泥料排净，防止干泥料包紧搅拌轴而损坏零件。要经常清理搅拌槽内的草根、石块、废钢丝等杂质，以免增大负荷甚至发生断轴。

⑥ 搅拌刀是易损件，当与搅拌槽的间隙达到20mm以上时，搅拌质量将显著下降。当间隙过大时，基本上只起到输送泥料的作用。因此，要及时修复或更换已经磨损的搅拌刀叶片，使搅拌刀与搅拌槽的间隙小于10mm。

三、主要零部件要求

① 搅拌刀片头部，向内不少于长度1/3的表面硬度应不低于HRC55。

② 搅拌轴的材料应不低于GB/T 699中有关45号钢的规定，并调质处理。

③ V带轮的径向圆跳动应不低于GB/T 10095—2008中规定的9级。

④ 离合器应做静平衡试验，许用静不平衡力矩的确定，应符合JC/T 343—2012中的规定。

⑤ 圆柱齿轮减速器应符合JB/T 8853—2001的规定。

⑥ 非减速器的齿轮精度按GB/T 10095—2008中的8级执行。

四、制造工艺与技术

要使搅拌机成为符合JC/T 346标准要求的达标产品，必须认真执行零件制造、装配工艺规程，并进行严格的检验。

所有轴类零件的材料，其性能必须不低于GB/T 699中45号钢的规定。

使用的钢材必须有冶金部门的出厂合格证和质保单。经过热处理工序，也必须有热处理厂的合格证。对于45号钢，一般直径大于ϕ120mm的，如搅拌轴，可以用正火代替调质。因为45号钢的淬透性低，ϕ 120mm以上的45号钢，调质与正火的强度相差无几。最好采用40Cr等合金钢材，进行调质处理以后，其强度比45号钢高得多。加工时，除尺寸精度要保证外，形位公差也很重要。形位公差超差，将使轴产生偏摆、振动，增加很大的附加载荷，甚至引起断轴。按下列工艺制造的搅拌轴，其抗拉强度要比Q235钢高2/3左右，疲劳强度就更高，而且精度也完全满足使用要求。

40Cr锻钢→校直→车端面打中心孔→粗车→调质处理→校直→精车→划线→钻孔→铣键槽→磨外圆。

（1）整体减速器按JC/T 346标准的规定，必须符合GB/T 8853圆柱齿轮减速器标准。

（2）轴承座等铸铁件，应不低于HT200的规定，并做时效处理。

轴承座的抗拉强度要达到200MPa，并消除铸件的内应力。为了检验铸件是否达到这一牌号，可用与灰铸铁冷却条件相似的附铸试棒（块）的机械性能作为评定的依据。对铸件的人工时效处理，必须按热处理规范进行，不能省略。有的铸铁零件，在使用中变形或发生开裂，多数是因为铸件强度不高或没有时效处理所致。

（3）搅拌刀的制造。

以图2-6-5所示的搅拌刀为例，搅拌刀螺杆的紧固，必须有较大的扭转力矩。所以，对于ϕ130mm以上的搅拌轴，搅拌刀螺杆应为M24，边拧紧边敲击。

搅拌刀杆的制造工艺如下：45号钢模锻→划线→打中心孔→粗车→调质→钻孔→精车。

搅拌刀叶片采用耐磨材料（如高铬铸铁），这样制造的搅拌刀工作可靠、寿命长、维修方便。

（4）分体式减速器齿轮的制造和检验。

① 齿轮的制造工艺如下：45号锻钢（或ZG310-570铸钢）→粗车→调质→精车→滚齿→插键槽。齿加工应不低于8级精度。

② 装配后用手盘转动应轻快、灵活、无阻滞现象。空载运转2h，轴承温升不超过35℃，噪声小于85dB。

③ 将装配好的对齿轮，在轻微的制动下运转后，检测齿面上分布的接触痕迹。痕迹的大小在齿面展开图上用百分数计算，沿齿长方向，接触痕迹的长度b，减去不超过模数值内的断开部分c，与工作长度b'之比的百分数，即$\frac{b-c}{b'}\times 100\%$。沿齿高方向，接触痕迹的平

均高度 h 与工作高度 h' 之比的百分数。即 $\frac{h}{h'}\times100\%$，JC/T 346 标准规定，齿轮副的接触斑点，齿高不小于 40%，沿齿长不小于 50%。

④ 对齿轮箱装好以后，可以在齿轮工作表面涂色来检查齿轮箱的装配质量。必要时还要检查两轴承孔的平行度和搅拌轴的同轴度，或者调整底座或双联轴承座，提高齿轮的装配质量。只有相关的零件都合格，齿轮的接触精度才能达到标准要求。

（5）搅拌轴安装后，检查搅拌刀与搅拌槽的间隙必须小于 10mm。

五、装配及安装要求

① 所有零部件需检验合格，外购件须有合格证方可进行装配。

② 非减速器的齿轮副的接触斑点沿齿高不小于 40%，沿齿长不小于 50%。

③ 搅拌刀与搅拌槽板内壁的间隙不大于 10mm。

④ 大小 V 带轮安装后，轮宽对称平面的相对位移不大于中心距的 2/1000，轴线平行度允差不大于 6/1000。

六、安装及调试工艺

搅拌机的安装质量好坏，将影响到它的使用寿命和运行效果，以及砖瓦制品的产量和质量。因此，如何安装和调试好双轴搅拌机，也是一项十分重要的工作。

（一）必须按砖瓦生产工艺平面图和设备基础图做好设备基础

基础要承受设备重量和设备运转所产生的动力载荷。基础不好，会造成设备倾斜、下沉，甚至不能运转。

搅拌机进厂以后，首先必须设计它的安装位置。设备的安装位置是根据原料的处理工艺来决定的。同时还要考虑厂房结构以及与工艺线上其他设备的相互关系。工艺平面图确定后，再进行设计设备基础图。一般制造厂的使用说明书中，都附有它的基础图。但设备进厂以后，还要进行校核或者根据实际情况做适当变动。开挖基础前，要按设备在厂房内的位置以及与工艺线上连接设备的距离做出基础中心，做出中心线以后，用石灰粉画出基础的轮廓线，按此轮廓线来开挖基础。基础的深度，一般总是认为深一些好，其实这样会造成浪费，因为混凝土对地脚螺栓的握裹力，只有距混凝土表面约 15 倍地脚螺栓直径（即 $15d$）的范围内有作用。为了安全起见，一般按 $30d$～$40d$ 也就足够了。对于含水量较高的淤泥地基，就要采取特殊措施。

开挖基础时，一般只要挖到基础深度即可。对于软地基，要进行夯实处理。对于淤泥层，可以深挖换土，分层夯实。一般分两次浇灌基础，浇灌前要准备好模板，并要在混凝土凝固前及时脱模。一次浇灌以后，要检查基础尺寸，尺寸允差见表 2-6-2。

表 2-6-2 基础尺寸允差表

项目	允差值/mm	项目	允差值/mm
基础坐标位置	±20	上平面的水平度，全长	10
各不同平面的标高	−20	垂直面的垂直度，每米	5
上平面外形尺寸	±20	垂直面的垂直度，全长	10
地坑外形尺寸	+20	预留地脚螺栓孔、中心位置	±10
上平面的水平度，每米	5	预留地脚螺栓孔深度	>150

基础检查合格以后，用钢钎在表面凿出许多小坑，以便二次浇灌时结合牢固。然后将设备就位，在下面垫上调整垫铁，对正轴线，带上地脚螺栓，就可以进行二次浇灌了。二次浇灌的混凝土强度等级要高些，垫层厚度要大于60mm。

有的搅拌机布置在挤泥机的上部，这就需要设置局部的平台，平台下方安装真空挤出机。平台的高度一般为2.2～3m，平台的面积应能满足操作和检修的需要。平台应预留下料孔以及水和蒸汽管道孔。搅拌机在平台上的位置，应使其纵向中心线垂直于胶带输送机的中心线，且胶带输送机的位置不能影响搅拌机的操作与维修。

如搅拌机的泥料由胶带输送机输出时，应与胶带输送机保持适当距离，以免影响胶带输送机的运转和维修。因此，有的搅拌机的基础，有在地平面的部分（即标高为±0.00m），也有高于地平面部分或低于地平面部分。

（二）搅拌机的安装和调试

1. 安装

当二次浇灌的基础干硬以后，可精确调整设备水平，最后紧固地脚螺栓。由于搅拌机底架较长、刚性差，吊装时要按说明书的要求进行，以防止机器变形。对于分体式减速器，安装后要检查对齿轮齿面的接触精度。虽然，该项精度在制造厂装配时已调整好，由于运输、起吊以后可能发生变化，必要时在安装后仍要做一些调整。还有电机皮带轮和减速器上的大皮带轮（有的大皮带轮和气动离合器在一起），按JC/T 346标准规定，两皮带轮轮宽对称平面的相对位移不大于中心距的2/1000，轴线平行度不大于6/1000。对于采用5V三角带来说，这项要求尤为重要。三角带还要有适当的预紧力，一般是在中部用大拇指能按下一个皮带厚度即可。负载试车时，如果皮带打滑（可闻到橡胶气味，或有橡胶碎末落下）就再调紧一些；如果皮带发热，拉力过大，就要调松一些。检查大、小三角带轮的端面相对位移可用直尺或者拉线检查。必要时可以移动电机，使两皮带轮的端面保持在同一平面内。皮带轮和三角带如果调整不当，将会影响三角带寿命，降低传动效率。

2. 调试

搅拌机安装完毕后，即可进入调试阶段，其调试步骤如下。

（1）试车前的检查

① 各部位的螺栓是否紧固。

② 三角带的松紧是否适当。

③ 检查减速器齿轮箱油池，确认已经按油位指示装置加足润滑油。

④ 所有轴承座内，是否加足润滑脂。如机器存放时间过久，润滑脂干涸老化，还应重新更换新脂。

⑤ 按电器原理图复核接线是否有误，并对所有电器进行全面安全检查。

⑥ 用手盘转机器，检查有无金属撞击声或碰撞现象。

⑦ 检查气动离合器的操纵气压是否达到0.5MPa以上。

⑧ 检查搅拌刀的安装角度是否正确。

（2）空载试车　空载试车时间应不少于2h，试车时要检查下列项目。

① 各轴转向是否正确，搅拌轴的转速是否符合要求。

② 机器运转时有无扭摆和振动。

③ 各轴承处有无杂音。

④ 齿轮是否有严重噪声、发热等异常现象，油箱是否漏油。

⑤ 气动离合器离合是否灵活可靠。

⑥ 记录空载运行的电流值。

(3) 负载试车 空载试车正常后，可进行负载试车。负载试车不应少于4h，试车时要检查下列项目。

① 检听轴承处有无杂音，轴承温度是否正常，最高温升不得超过45℃。

② 减速箱中油温不得超过45℃。

③ 检查离合器有无打滑或过热现象。

④ 检查齿轮箱有无噪声、运转是否平稳。

⑤ 记录电机电流值，是否超过额定值。

⑥ 检测单位时间内搅拌的物料体积，是否达到JC/T 346标准规定的生产能力。必要时进行调整。如产量过大、搅拌效果差，可调小搅拌刀角度，减小供土量；产量过小时，可调大搅拌刀角度，并保持适当供土量。

七、维护与修理

(一) 搅拌机操作注意事项

(1) 要注意观测仪表，监控设备的工作状态 观测搅拌机的电流表，可以判断设备是否超负荷工作，由此可以找出原因，如是否供土太多，或有杂质阻滞等，及时发现，及早排除。因为搅拌机没有自动检测含水率的装置，一般是通过挤出机的电机负荷来判断泥料的含水率是否恰当。因为在其他参数不变的条件下，泥料的含水率高，电机负荷就小；泥料含水率低，电机负荷就大。所以，有的砖厂把挤出机电机的电流表装到搅拌机上，就是为了掌握好泥料的含水率。操作人员要随时观测挤泥机电流变化，来掌握泥料的加水量。还要注意气动离合器气源的压力表，如果低于0.5MPa，就要予以调整，否则设备是很容易损坏的。

(2) 要把好原料的进料关 一是要控制原料的质量，按工艺要求配好料。不要把干的废坯和含有杂质的大块土倒入搅拌槽内，造成设备超载甚至断轴停机。二是要采用正确的进料方式。不能用推土机直接向搅拌槽推料，这样进料不但搅拌效果差，还可能使设备变形或损坏，正确的应该是通过箱式供料机和胶带输送机进料。三是要做到均匀供料。原料过多时要停止进料，以搅拌槽内的泥料正好能露出搅拌刀尖为好。

(3) 要使全部搅拌刀经常处于最佳工作角度 有的操作者以为只要搅拌轴在转动，搅拌机的工作就是正常的。实际上只有搅拌刀的安装角度适当，才能发挥最佳的效益。由于搅拌刀的角度在工作时可能转动，所以，操作人员要经常检查。另外，搅拌刀又是易损件，操作人员要随时更换或修复已经磨损的搅拌刀，保持搅拌刀的合理的工作间隙。

(4) 要合理加水 合理加水就是给泥料均匀补充水分，使泥料的含水率始终均匀一致，不能有时干、有时湿，影响坯体质量。另外，加水一定要均匀喷洒，最好能在泥料落入搅拌槽的过程中喷水，要做到细化雾化，才能湿化均匀。经常检测出料口的泥料含水率，才能控制泥料含水率的波动范围。

(5) 要有严格的规范 搅拌机在下班前要排净搅拌槽的泥料，以免下次开机时搅拌轴被干泥料裹紧而扭坏。停机时间长了，一定要清理搅拌槽内壁，要经常清除搅拌槽内的杂质，以免增加负荷。这些都要当成操作规范认真执行，才能用好搅拌机。

(二) 日常维护和保养

① 每班要检查所有螺栓的紧固情况，发现松动及时拧紧。

② 搅拌机工作环境差，如果润滑不好，会使搅拌机故障频繁、零件寿命短。制造厂家的说明书中对搅拌机的润滑都做了明确的说明。

③ 搅拌刀的工作表面磨损较快，安装角度也会变化。要经常检查，保持搅拌刀的良好工况。要特别注意搅拌刀的断裂，断裂应及时停机取出断裂部分，以免进入下道工序引起连锁反应，造成更大的损坏。

④ 经常检查搅拌轴进料端的密封，发现密封处漏料应及时修理。

⑤ 有的搅拌机的底座没有经过加工，在生产中会引起变化。如安装螺栓松动，将使搅拌轴运转不正常，要定期检查搅拌轴的运转状况，发现异常及时排除。有的搅拌轴是带护瓦的，当护瓦磨损以后，要及时更换，以免搅拌轴因磨损而导致强度降低造成断轴。

⑥ 减速器的维护。搅拌机减速器属于连续重载设备，使用维护不当会使减速器齿轮很快磨损甚至报废。要减少齿轮磨损，延长其使用寿命，除定时、定量进行润滑、换油外，还必须对其联轴器进行维修，对轴承座进行调整。减速器轴承使用一段时间后由于磨损引起间隙加大，由于产生振动造成齿轮磨损加快，因此，应注意调整减速器轴承间隙，保证齿轮的正常运行，以延长减速器的使用寿命。

（三）常见故障与修理

搅拌机的故障，主要发生在搅拌部分和减速部分。由于整体式减速器几乎不发生故障，而普通减速器在挤出机中已有论述，故不再赘述。搅拌轴的故障对生产影响较大，也较为常见。因此，下面将对搅拌轴的故障及处理方法，做简略的介绍。

（1）搅拌轴的常见故障及解决办法　搅拌轴的故障表现为运转不正常，产生扭摆、振动，最后将导致断轴。常见故障原因及解决办法见表 2-6-3。

表 2-6-3　搅拌轴的故障原因及解决办法

故障原因	解决办法	故障原因	解决办法
供土不匀，负荷波动大	做到均匀供土	轴承损坏或缺油	检查、更换并加油
加水不当，负荷变化大	均匀合理加水	齿轮啮合不正常	检查修复对齿轮或相关件
轴两端支承不等高	调整支承并紧固	轴的护瓦损坏，轴磨损	及时更换护瓦，保护轴
轴的强度、刚度不足	增大轴的强度、刚度	石块等异物进入或被干泥裹紧	及时清除杂质，清理干泥料
搅拌刀转动，负荷加重	调整好安装角度并紧固		

（2）搅拌轴断轴的修理方法　由于更换一根搅拌轴的代价太大，而且要求修复时间短，所以，最好能在现场修复，做到既省钱又省时。现在介绍一种在生产现场修复断轴的方法（图 2-6-6、图 2-6-7）。

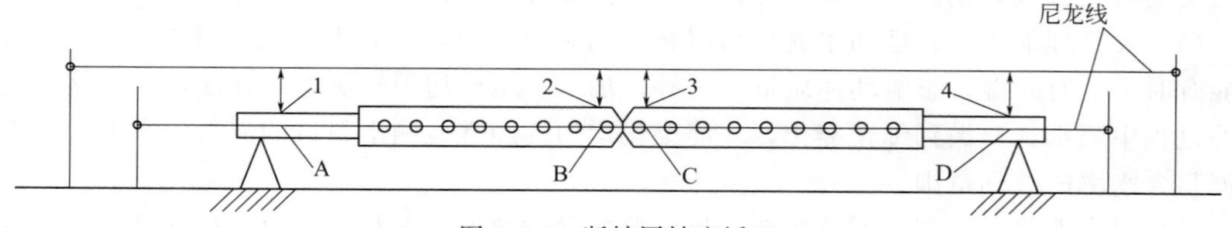

图 2-6-6　断轴同轴度矫正

1～4—垂直基准点；A～D—水平基准点

将断轴放在活动支架上，在断轴两端用尼龙线或细钢丝拉紧成一直线，并相对垂直于轴心线，以便校正断轴的同轴度。在轴上选 4 个基准点，两端轴承位为两个基准点，中间以搅拌刀安装孔的端面为两个基准点（因搅拌刀孔端面很少磨损），校正好以后再将断口处割成

150°的大坡口，对接后用电焊堆焊。堆焊时要注意不要造成过热和过大变形，焊后做退火处理，以消除焊接应力。最后用一根长500mm、内径与搅拌轴外径相同的厚壁无缝钢管（厚约12mm）套在轴上，并在钢管上钻出10～15个28mm的孔，采用多孔焊接，对搅拌轴进行加固。经过这种方法修复的搅拌轴，再装在搅拌机上用手盘转，必要时再进行一些调整，使其运转灵活。

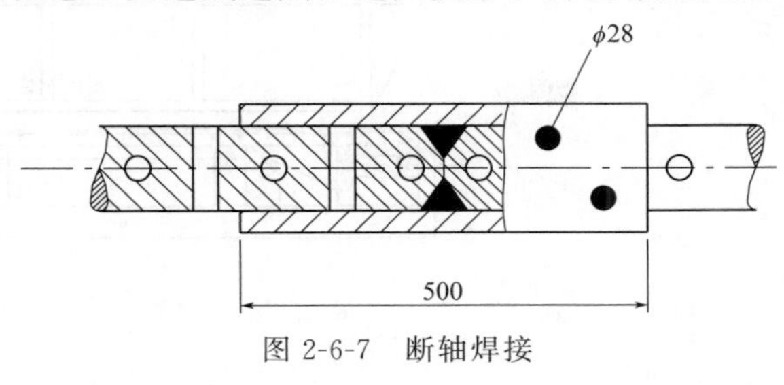

图 2-6-7　断轴焊接

第七节　箱式给料机

一、概述

（一）在砖瓦生产中的地位和作用

在砖瓦生产线中，箱式给料机是有关生产环节中必不可少的进行连续定量给料和配料的关键设备，是保证优质、高效、大批量生产砖瓦的重要技术装备。随着砖瓦工业生产的大型化和工艺技术及管理的现代化，高可靠性箱式给料机的作用越来越重要。

黏土、粉煤灰（湿）和经过破碎的原料比较松软，采用体积配料时，按体积单位进行测量，可以选择箱式给料机进行定量给料，箱式给料机属喂料和配料机械，由一矩形箱（有时分成几个部分）和箱底的输送机组成。

箱式给料机分为胶带、链板两种形式，有连续和间歇两种给料方式，使用上无明显差异。黏土等软质原料的输送可使用胶带式箱式给料机。原料中呈块状或片状的煤矸石、页岩通常比较坚硬，破碎前不宜采用胶带式给料机，而应选择链板式给料机，通过较耐磨的金属链板实现定量给料。

（二）箱式给料机在我国的技术发展概况

早期给料机比较简单，技术含量低，可靠性差，故障率高。经过几十年的实践和努力探索、研究，已经从当初结构比较简单、性能比较落后的设备，发展到交流变频电机、轴装式硬齿面减速器传动，其技术进步主要表现在下列几方面。

（1）合理的工艺参数　现在的箱式给料机已经可以给年产3000万、5000万、6000万、8000万、1.2亿标准砖的各种生产线配套，近年来还有做大的趋势。

（2）完善合理的结构　图2-7-1是老式的一种给料机，图2-7-2是现在新型的给料机。

以减速器为例，老式给料机都是采用ZQ型软齿面圆柱齿轮减速器，这种减速器的故障多、寿命短，1988年就被机械行业列为淘汰产品。现在的新型给料机，已经采用了硬齿面齿轮减速器，这种减速器寿命长，能长期无故障运行。采用变频调速，节能效果好，便于实现整个生产线的自动控制。

（3）高可靠性　新型给料机由于在设计和制造方面都做了重大改进，在零件的可靠性方面有了较大的提高。以减速器和对齿轮传动系统为例，新型给料机由于采用了整体式硬齿面齿轮传动，使整机结构更加紧凑。传动精度高，刚性好，运转十分平稳，寿命长，能够长期无故障运行。从轴类零件看，新型给料机所有传动轴的材质都不低于GB/T 699标准中的45号钢，且经过适当的热处理。其综合机械性能，尤其是疲劳强度比一般碳素钢要高得多。

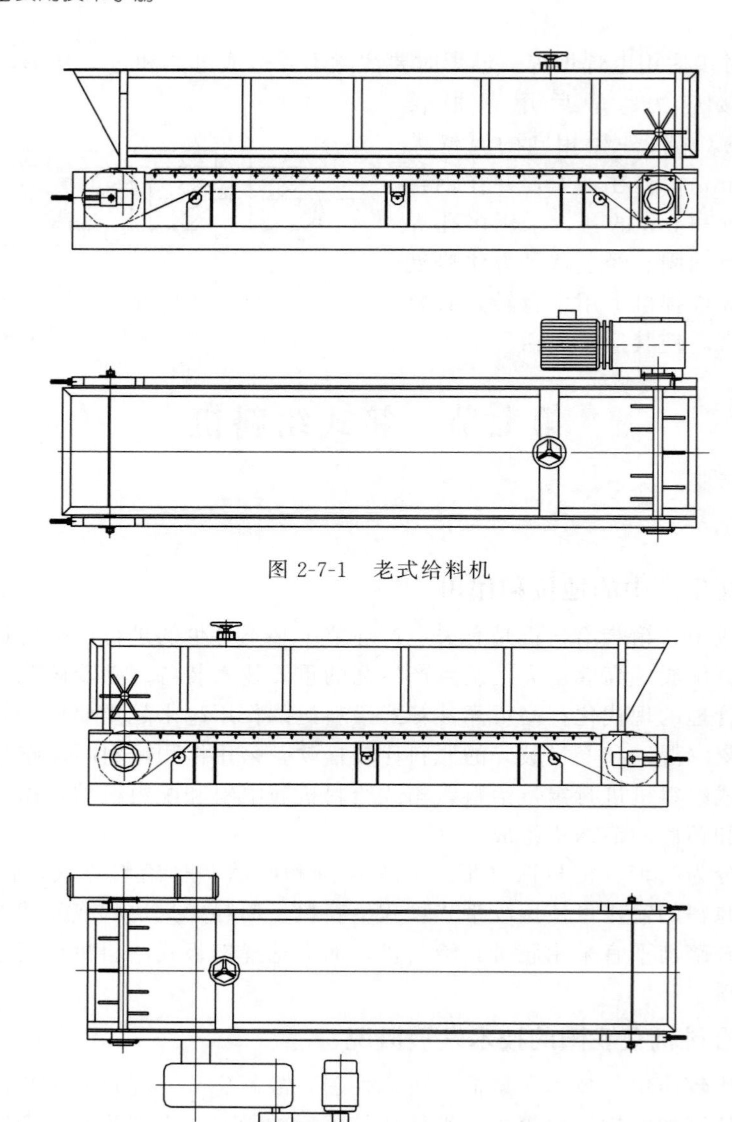

图 2-7-1　老式给料机

图 2-7-2　新型给料机

总之，和老式给料机相比，新型给料机的技术性能和制造水平有很大的提高，已经接近进口设备的水平，而价格却要比进口设备低得多。

二、工作原理与结构特点

（一）给料机的型号与主要技术参数

给料机分为胶带式（代号为 D）和链板式（代号为 L）两种形式。

型号表示方法如下：

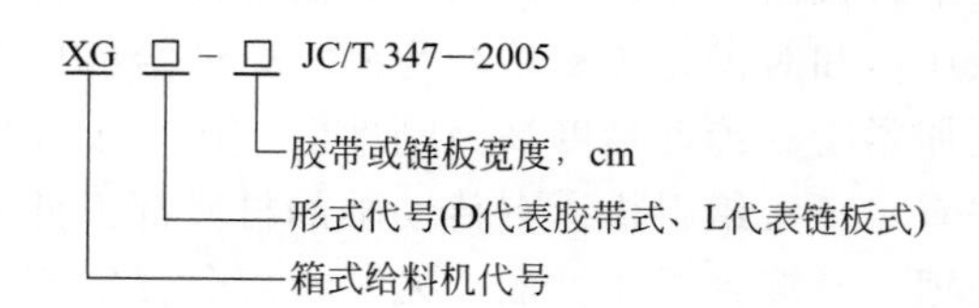

标记示例如下。

链板宽度 800mm 的箱式给料机标记为：

墙体材料工业用箱式给料机 XGL-80 （JC/T 347—2005）

基本参数见表 2-7-1。

表 2-7-1 给料机的基本参数

型号	胶带或链板宽度/mm	生产能力/(m^3/h)
XG□-60	600	25
XG□-80	800	33
XG□-100	1000	40
XG□-132	1320	50

注：其他规格型号可由供需双方协商解决。

（二）主要结构特点和工作原理

给料机的输送机构分为胶带式和链板式。

（1）胶带式 胶带式给料机主要由驱动装置、输送胶带、机头、箱体和清扫器等组成。

驱动装置由电动机通过离心式联轴器与减速器连接而传递动力。

带式输送机由驱动滚筒和机尾滚筒、托辊、皮带等组成，是载料和输送料的主体，由棘轮机构传递动力间歇式运行，可以获得两种不同的带速。

机头主要由机头架、拨料轴、摆轮和连杆等组成，既有传递动力的作用，又有拨料和破碎大块松软物料的作用。

箱体用来储料，配有可升降闸板调节送料量。

胶带内表面与滚筒之间有犁形清扫器，胶带外表有刮料板，并带有橡胶刀口，可随机清除胶带面上黏附的物料，保证胶带运行平稳，延长胶带使用寿命。

（2）链板式 给料机两条板链上装有一连串的链板，组成链板运行装置。链板与链板之间是互相搭接，这样就能够保证链板在输送时不会撒料。电动机通过传动装置驱动头部链轮，使其转动。头部链轮的转动带动板链运动，装在两条板链之间的链板就随着板链一起移动。这样，由板链和链板组成的物料输送环线就围绕头部驱动链轮和尾部张紧链轮，沿轨道做循环运动。物料从装料点连续不断地加入箱体中，由于链板的运动而被送至头部链轮处，并随着链板的翻转而自动卸出，完成物料的输送。

（三）生产能力的确定

$$Q=60BHVK\gamma$$

式中 Q——出料量，t/h；

B——料流宽度，m；

H——料流厚度，m；

V——输送带（板）速度，m/min；

K——喂料系数（块料 0.5～0.7；细料 0.8～1.0）；

γ——松散物料的密度，t/m^3。

三、主要零部件要求

① 轴类件的材质不应低于 GB/T 699—1999 中 45 号钢的规定，并进行调质处理。

② 主要灰铸铁件，其材料不应低于 GB/T 9439—2010 中有关 HT200 的规定。

③ 焊接件应符合 JC/T 532—2007 建材机械钢焊接的有关规定，焊接表面质量应不低于Ⅰ级，尺寸公差和角度公差不低于 B 级。

④ 棘爪尖端淬火硬度为 HRC40～HRC45。

⑤ 链板销轴的表面硬度为 HRC40～HRC45。

⑥ 链板平面应符合 GB/T 1184—1996 中规定的 10 级。

⑦ 圆柱齿轮减速器应符合 JB/T 8853—2001 的规定。

四、制造工艺及技术

要使给料机成为符合 JC/T 346 标准要求的达标产品，必须认真执行零件制造、装配工艺规程，并进行严格的检验。

（一）性能要求

所有轴类零件的材料，其性能必须不低于 GB/T 699 中 45 号钢的规定。使用的钢材必须有冶金部门的出厂合格证和质保单。经过热处理工序，也必须有热处理厂的合格证。对于传动轴，可以用 45 号钢调质，最好采用 40Cr 等合金钢材，进行调质处理以后，其强度比 45 号钢高得多。加工时，除尺寸精度要保证外，形位公差也很重要。形位公差超差，将使轴产生偏摆、振动，增加很大的附加载荷，甚至引起断轴。按下列工艺制造的传动轴，其抗拉强度要比 Q235 钢高 2/3 左右，疲劳强度就更高，而且精度也完全满足使用要求。

40Cr 锻钢→校直→车端面打中心孔→粗车→调质处理→校直→精车→划线→钻孔→铣键槽→磨外圆。

（二）链轮的加工

链轮有整体式和嵌齿式，有铸钢式和焊接式等几种形式。由于链轮的轮齿易磨损，因此，为了方便检修更换，以嵌齿式结构为好，即链轮分为轮体和齿块两部分，齿块嵌在轮体的凹槽内，并用高强度螺栓与轮体紧固，要求齿块的互换性要好。所以齿块的加工必须有专用的夹具，夹具必须具备能提供齿块正确定位及齿形测量基准的性能。

对于头部链轮，要求两链轮安装在头轮轴上时，链轮齿保持同步。因此，要求两只头部链轮在加工键槽时，必须同时进行加工。在加工机床台面上，链轮轴孔中心线对准，齿位对准，并做出配对标记，紧固后插出键槽。

（三）板链的制作

1. 板链的结构（图 2-7-3）

板链由轴套、滚轮、内、外链板和销轴组成。

2. 内、外链板的制作（图 2-7-4）

（1）热处理　钢材按图纸要求进行热处理。

（2）剪切　对板材或扁钢进行剪切，宽度和长度留加工余量。

（3）校正　对剪切后的钢板进行校正平整。

（4）刨加工　刨链板宽度。

（5）冲圆头　以链板宽度一侧定位，冲切链板的一端圆头。然后链板调头，以链板宽度一侧及已冲成的圆头定位，冲切另一端圆头。

（6）校正　对已切出圆头的链板进行校正，平整度应符合图纸要求。

（7）冲孔　冲孔须在专用模具上进行。首先以链板宽度一侧（做出标记）和一端圆头做

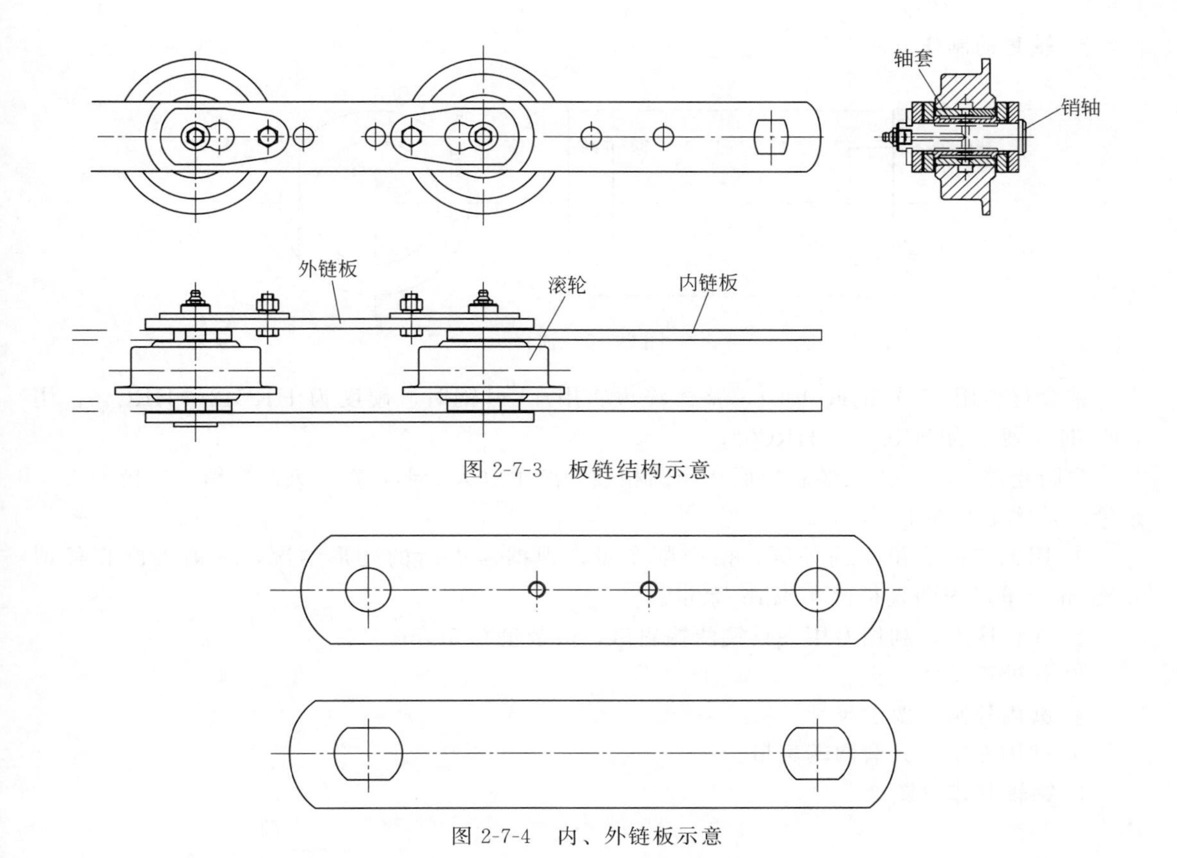

图 2-7-3　板链结构示意

图 2-7-4　内、外链板示意

定位基准。为减小冲压力，降低冲模的比压，提高冲模的使用寿命，凹、凸模之间留有大的间隙。但此时冲出的孔表面粗糙，且成锥形。凹凸模的间隙值与链板的材质、硬度、厚度有关。硬度与韧性低、厚度小则间隙小，反之则大。一般凹、凸模的双面间隙为板厚的16%～18%。一端孔冲成后，链板调头，以冲成的孔及做过标记的边板宽度一侧定位，用同一副冲模冲出另一孔。

（8）粗修　粗修也是在冲床上进行，用冲孔时使用的夹具。凹、凸模的间隙减小，一般冲模的双面间隙为板厚的12%～14%。凸模需有刃口起切削作用，以提高冲孔质量。此道工序中，模具的制造间隙虽然容易保证，但如果孔的切削余量不均匀，或上、下模间隙不均匀，都会影响冲出模的质量，影响下道工序的加工精度。因此，为了在实际冲裁中保持合理的间隙和切削均匀，除了在凸模前配置导向头外，还必须做到以下几点。

① 保证凸模的垂直度。

② 安装要牢固，在工作中不松动，保证冲模和冲床的平行度。

③ 要求冲床刚性好，弹性变形小，导轨精度高，垫板和滑块平行。

冲加工时，首先以上道工序冲出的孔定位，以链板做过标记的一侧定位。由带导向头的凸模最后待加工孔精确定位后冲孔，然后调头定位，冲出另一孔。

（9）精修　精修过程与粗修相同。但是为了保证孔的精度和质量，凹、凸模的间隙很小。双面间隙仅为板厚的1%左右。精修是孔加工的最后一道工序。因此，精修后孔的尺寸误差、粗糙度及孔距偏差均应符合图纸要求。

3. **轴套的制作**（图 2-7-5）

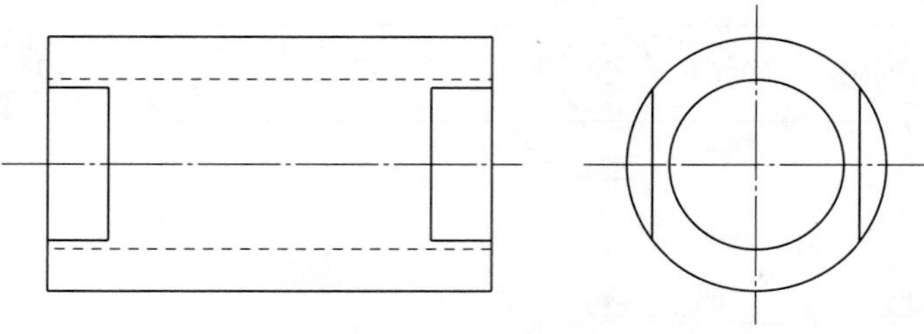

图 2-7-5　轴套

轴套材料用 45 号钢或 40Cr，整体淬火。用 45 号钢时，硬度为 HRC42～HRC48；用 40Cr 时，硬度为 HRC48～HRC55。

为防止淬火时，因两端扁口而在与圆相接处产生过大变形，在淬火前应留有一定的加工余量。具体工艺如下。

① 用无缝钢管粗车内外圆，留磨削余量，根据淬火后的变形情况，一般外圆直径留 0.5mm 余量，内圆直径留 0.4mm 余量。

② 在铣床上，利用专用夹具铣两端扁口，留余量 0.5mm。

③ 热处理整体淬火。

④ 磨内外圆至要求尺寸。

⑤ 利用专用夹具磨两端扁口。

4. **销轴制作**（图 2-7-6）

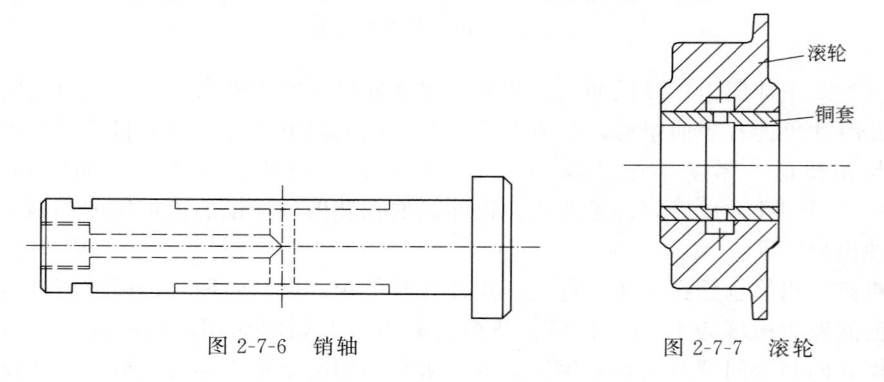

图 2-7-6　销轴　　图 2-7-7　滚轮

① 圆钢下料及粗车削加工。

② 调质处理。

③ 精车外圆。

④ 铣油槽及扁口。

⑤ 销轴钻孔。

5. **滚轮制作**（图 2-7-7）

① 进行内外圆及端面车削。

② 镶铜套后重新车削内孔、开油槽。

(四) 弧形链板的制作（图 2-7-8）

给料机上的一连串弧形链板是互相搭接的，分为内、外两种，在运行中不能相碰，因此弧形链板的外形尺寸以及与板链安装的相关尺寸就要求准确。为此，可以采取如下措施。

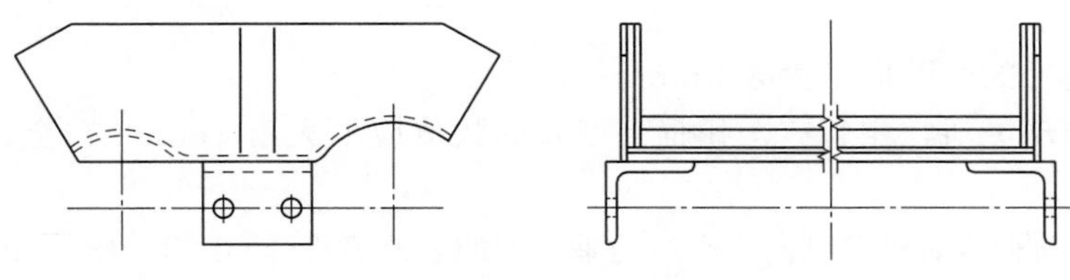

图 2-7-8　弧形链板

① 为保证弧形链板的截面形状准确，弧板应由冲模下料。

② 侧板经靠模剪切后，冲压成形。

③ 弧板与侧板组装时，应用胎具定位焊接。

④ 耳板焊接后要校正焊接变形，使之达到图纸要求。

（五）箱体的制作

① 制作箱体的型钢要求校正平直。

② 箱体在平台上组装、焊接，并使用工装来保证箱体尺寸正确、底面平整。

③ 焊接后进行校正。

整体减速器按 JC/T 346 标准的规定，必须符合 GB/T 8853 圆柱齿轮减速器标准。轴承座等铸铁件，应不低于 HT200 的规定，并做时效处理。

轴承座的抗拉强度要达到 200MPa，并消除铸件的内应力。为了检验铸件是否达到这一牌号，可用与灰铸铁冷却条件相似的附铸试棒（块）的机械性能作为评定的依据。对铸件的人工时效处理，必须按热处理规范进行，不能省略。有的铸铁零件，在使用中变形或发生开裂，多数是因为铸件强度不高或没有时效处理所致。

（六）齿轮传动减速器的制造和检验

① 齿轮的制造工艺如下：45 号锻钢（或 ZG310-570 铸钢）→粗车→调质→精车→滚齿→插键槽。齿加工应不低于 8 级精度。

② 装配后用手盘转动应轻快、灵活、无阻滞现象。空载运转 2h，轴承温升不超过 35℃，噪声小于 85dB。

③ 将装配好的对齿轮，在轻微的制动下运转后，检测齿面上分布的接触痕迹。痕迹的大小在齿面展开图上用百分数计算，沿齿长方向，接触痕迹的长度 b，减去不超过模数值内的断开部分 c，与工作长度 b'之比的百分数，即$\frac{b-c}{b'}\times100\%$。沿齿高方向，接触痕迹的平均高度 h 与工作高度 h'之比的百分数。即$\frac{h}{h'}\times100\%$，JC/T 346 标准规定，齿轮副的接触斑点，齿高不小于 40%，沿齿长不小于 50%。

④ 齿轮箱装好以后，可以在齿轮工作表面涂色来检查齿轮箱的装配质量。必要时还要检查两轴承孔的平行度和搅拌轴的同轴度，或者调整底座或双联轴承座，提高齿轮的装配质量。只有相关的零件都合格，齿轮的接触精度才能达到标准要求。

给料机装配后，空运转进行出厂前检测。

五、装配及安装要求

① 所有零部件必须经检验合格（外购、外协件须有合格证或检验报告单）方可进行装配。

② 弧形板与链板工作平面间的间隙应为 2～2.5mm，双弧面板连接形式的间隙应不大

于 5mm。

③ 链板接缝处的间隙应不大于 3mm。

④ 托辊应转动灵活，相邻三个托辊高度差的数值应不大于 1mm，在全长范围内的高度差应不大于 5mm。

⑤ 托辊和滚筒轴线对机架纵向中心线的垂直度的公差值符合 GB/T 1184—1996 中的规定。

⑥ 箱式给料机安装完毕后，托辊应水平、两端高度差的数值应不大于托辊长度的 2/1000。

⑦ 箱式给料机安装时，图样上未注的形状和位置公差值，不得低于 GB/T 1184—1996 中的规定。

⑧ 胶带接头处的强度应不低于胶带本身的强度，且不得漏料。

六、安装及调试工艺

(一) 必须按生产工艺平面图和设备基础图做好设备基础

基础要承受设备重量和设备运转所产生的动力载荷。基础不好，会造成设备倾斜、下沉，甚至不能运转。给料机进厂以后，首先必须设计它的安装位置。设备的安装位置是根据原料的处理工艺来决定的。同时还要考虑厂房结构以及与工艺线上其他设备的相互关系。工艺平面图确定后，再进行设备基础图设计。一般制造厂的使用说明书中，都附有它的基础图。但设备进厂以后，还要进行校核或者根据实际情况做适当变动。

(二) 给料机的安装和调试

1. 安装

当二次浇灌的基础干硬以后，可精确调整设备水平，最后紧固地脚螺栓。由于给料机底架较长、刚性差，吊装时要按说明书的要求进行，以防止机器变形。对于分体式减速器，安装后要检查对齿轮齿面的接触精度。虽然，该项精度在制造厂装配时已调整好，由于运输、起吊以后可能发生变化，必要时在安装后仍要做一些调整。

① 所有零部件必须经检验合格（外购、外协件需有合格证或检验报告单）方可进行装配。

② 地脚或轴承座的固定螺栓松动以及轴承损坏或齿轮严重磨损有可能造成轴的振动，给料机必须安装在混凝土基础上，也可安装在坚固的金属平台上，并应有操作、维修都十分方便的工作位置。设备安装时，应校正水平，使给料机能够长期平稳运转。

③ 弧形链板安装后不得歪斜。弧形板与链板工作平面间的间隙应为 2～2.5mm，双弧面板连接形式的间隙应不大于 5mm。

④ 链板接缝处的间隙应不大于 3mm。

⑤ 板链装配时，每组板链的总长度差值不大于 8mm。

⑥ 所有滚轮与轨道应均匀接触。

⑦ 尾轮轴必须与给料机中心线垂直。

⑧ 托辊应转动灵活，相邻三个托辊高度差的数值应不大于 1mm，在全长范围内的高度差应不大于 5mm。

⑨ 两相邻轨道支承平面的高度差不超过其间距的 1/1000，在全长范围内不超过 5mm。

⑩ 托辊和滚筒轴线对机架纵向中心线的垂直度的公差值应符合要求。

⑪ 给料机安装完毕后，托辊应水平，两端高度差的数值应不大于托辊长度的 2/1000。

⑫ 胶带接头处的强度应不低于胶带本身的强度，且不得漏料。

2. 调试

① 按照安装技术要求，再次检查安装质量。检查所有紧固件是否拧紧。做好测量数据的记录。

② 检查是否已适当张紧。如果链条张紧适当，则滚轮应与轨道接触。但在接近头、尾链轮处的轨道末端，滚轮应稍离轨道。

③ 按使用说明书，向各润滑点加入适量润滑剂。

④ 确定电源线相位，在电动机接线盒内按制造厂标注的相位接线，防止电动机反向旋转。

⑤ 人工盘动减速器高速轴，使运行部分回转一周，检查有无相碰或其他影响运行的故障。检查符合要求后，才能进行电动机通电，连续试运转。

⑥ 空载试车 2～3h。运行时检查各部分运转是否正常。检查链条是否在链轮上平稳运行，滚轮的轮缘不应始终与轨道侧面接触，否则会过度磨损，降低使用寿命。检查轴承和减速器的温升是否正常。有故障必须进行消除。空载试车正常后，方可投入负荷试运转。

⑦ 试运转结束后，检查所有螺母是否松动。尤其应注意链轮上固定齿块的螺母是否松动，以及不设键的一只尾部链轮挡圈安装是否牢固。

⑧ 负载试运转时，物料的加入量应逐渐加大，至满负荷为止。负载试运转 2～3h 后，检查轴承的温升应不大于 45℃；减速器的温升不应超过 30℃。

3. 试车前的检查

① 各部位的螺栓。

② 三角带的松紧是否适当。

③ 检查减速器齿轮箱油池，确认已经按油位指示装置加足润滑油。

④ 所有轴承座内，是否加足润滑脂。如机器存放时间过久，润滑脂干涸老化，还应重新更换新脂。

⑤ 按电器原理图复核接线是否有误，并对所有电器进行全面安全检查。

⑥ 用手盘转机器，检查有无金属撞击声或碰撞现象。

⑦ 检查电机的旋向是否正确。

4. 空载试车

空载试车时间应不少于 2h，试车时要检查下列项目。

① 各轴转向是否正确，转速是否符合要求。

② 机器运转时有无扭摆和振动。

③ 胶带不得跑偏，链板不得跳动。

④ 各轴承处有无杂音，轴承温升不得超过 35℃，最高温度不得超过 70℃。

⑤ 齿轮是否有严重噪声、发热等异常现象，油箱是否漏油。

⑥ 记录空载运行的电流值。

5. 负载试车

空载试车正常后，可进行负载试车。负载试车不应少于 4h，试车时要检查下列项目。

① 轴承处有无杂音，轴承温度是否正常，温升不得超过 45K，最高温度不得超过 80℃。

② 减速箱中油温不得超过 45℃。

③ 检查齿轮箱有无噪声、运转是否平稳。

④ 记录电机电流值，是否超过额定值。

⑤ 检测单位时间内输送的物料体积，是否达到 JC/T 347 标准规定的生产能力。必要时

进行调整，如产量过大，可调低闸板，减小供土量，产量过小时，可调高闸板，并保持适当供土量，或采用变频器进行调整。

6. 空载试车要求

① 运转时应无异常声响和振动。

② 连续运转不得少于 20min。

③ 胶带不得跑偏，链板不得跳动。

④ 轴承温升不大于 35℃，最高温度不得大于 70℃。

7. 负载试车要求

① 空载试车合格后的箱式给料机应进行负载试车。

② 负载试车时箱式给料机的基本参数和技术要求应符合相关规定。

七、维护与修理

（一）操作注意事项

（1）要注意观测仪表，监控设备的工作状态。观测给料机的电流表，可以判断设备是否超负荷工作，由此可以找出原因，如是否供土太多，或有杂质阻滞等，及时发现，及早排除。

（2）要把好原料的进料关。通过胶带输送机均匀供料，原料过多时要停止进料。

（3）操作人员要随时观察输送带或链板的磨损情况，发现后及时修复或更换。

（4）每天清扫胶带或链板内外的残留物。

（5）给料机一般是经过胶带输送机送入泥料。供料应该是均匀的，泥料必须是经过破碎的，符合设备对原料粒径的要求。供料不能超过箱体高度，过多会造成给料机负荷过重，甚至设备变形；过少会使产量降低。

（6）要严格按规范进行操作。

（二）日常的维护和保养

（1）给料机的润滑工作，应根据说明书中的规定，结合实际运转情况，进行必要的日常和定期润滑。

（2）头、尾装置中的轴承，每过一年必须彻底更换润滑脂。更换时一定要清洗干净，然后再换上新的润滑脂。在运转过程中，应定期补充运转中的消耗，保证密封作用，使灰尘不致乘隙而入。

（3）由于给料机的工作场地粉尘较大，因此，在运行部分的滚轮轴承，每隔 12 个月彻底清洗，加满新的润滑脂。

（4）减速器每 6 个月换油一次。但在第一次开始使用后 200h，应进行第一次换油。

（5）在尾部装置的张紧丝杆及滑轨上应经常涂抹润滑脂。

（6）要经常检查磨损情况，调整好胶带或链板的张紧程度，防止跑偏。以免造成胶带或链板的损坏。

（7）在下班停机以前，要将箱内的泥料排净，防止下次开机时的启动困难，避免增大负荷造成损坏。

（8）胶带或链板是易损件，链板发生变形时要及时拆下修整，以免造成更大的故障。

（9）胶带（链板）的维护。在开始使用时会产生初期拉长，以后正常磨损也会增加延伸，要经常检查，开始一周内，每天检查一次；运转一个月内，每周检查一次；运转一个月后，每月检查两次。延伸后必须及时调整张紧装置，当接近调整范围极限时，及时更换。

(10) 板链和链轮的使用极限。

① 滚轮、轴套、链板的厚度磨损了30%(即剩余70%)后报废。

② 销轴和轴套相互摩擦,可使链全长伸长,当链的伸长大于公称节距的2%时,即报废。

③ 由于长期使用或超过设计载荷,使链板孔不断加大,节距急速伸长,这时就应报废。

④ 链板或销轴达到疲劳极限,开始产生裂纹,甚至损坏,应更换。

⑤ 链轮的轮齿磨损了3~4mm时,可以堆焊。堆焊时需要齿形样板控制,用角磨机磨削。

(11) 电控柜的维护。电控柜在粉尘较大的环境下,要注意清理电器元件和线路上的粉尘。维护和故障处理要由专业人员进行。

(三) 常见故障与修理

常见故障与修理见表2-7-2。

表2-7-2 常见故障与修理

序号	故障	原因分析	排除方法
1	声音异常	① 链和链轮啮合不良 ② 链和导轨的接触 ③ 链板和箱体发生剐蹭	① 重新找正 ② 拧紧螺栓 ③ 调整间隙
2	减速器轴承齿轮有异响	① 轴承间隙太大 ② 轴承磨损严重或已损坏	① 调节调整螺钉,使轴承间隙正常 ② 更换轴承
3	减速器齿轮有周期性的响声	新机或更换齿轮时出现,原因是齿圈径向跳动超差	严重时需要更换不合格齿轮
4	减速器过热	① 轴承过紧 ② 轴承缺润滑脂 ③ 油池油面过低或过高	① 调整轴承间隙 ② 注入润滑脂 ③ 使油池油面高低合适
5	链板搭接处碰擦	① 链板变形 ② 牵引链磨损后伸长 ③ 链板连接螺栓松动	① 修理链板 ② 更换相应部分已磨损的链条 ③ 紧固连接螺栓
6	输送链板变形	① 混入异物 ② 满载启动 ③ 超量投入 ④ 张紧装置调整不良 ⑤ 安装螺栓松动	① 除去异物,采取措施防止异物进入 ② 除去箱体内的物料 ③ 定量投入 ④ 调整 ⑤ 拧紧螺栓
7	链条的损坏	① 驱动链轮齿形不符合图纸要求 ② 混入异物或超过标准的大块 ③ 拉紧装置的预紧力过大 ④ 满载启动 ⑤ 超量投入 ⑥ 链条局部磨损过多	① 更换合格链轮 ② 除去异物,采取措施防止异物进入 ③ 调整链的张力 ④ 不要经常发生 ⑤ 定量投入 ⑥ 更换过度磨损的链条
8	运行部分跑偏	① 两边链条长度相差过大 ② 胶带连接不符合要求 ③ 两头部链轮磨损不一致 ④ 尾部张紧装置未调整正确,尾轴与给料机中心线不垂直 ⑤ 向料斗中加料不均匀,偏向给料机纵向中心线一侧 ⑥ 给料机同水平面上两根轨道高低差超过安装要求	① 左、右板链部分链节对调,或更换 ② 重新按要求做胶带接头 ③ 修理或更换头部链轮轮齿 ④ 调整尾部张紧装置,使尾轴与给料机中心线垂直 ⑤ 调整入料位置,使加料均匀 ⑥ 通过在轨道加调整垫片,使同一水平面上的两根轨道高度一致

续表

序号	故障	原因分析	排除方法
9	滚轮不转动	① 滚轮内润滑不好，润滑脂干结或灰尘进入 ② 滚轮轴承损坏 ③ 滚轮与板链之间被杂物卡住 ④ 滚轮踏面磨出平台	① 彻底清洗，加润滑脂 ② 更换轴承 ③ 清除滚轮与板链之间的杂物 ④ 更换滚轮

第八节 双轴搅拌挤出机

一、概述

双轴搅拌挤出机由电动机、气动离合器、减速器、十字滑块联轴器、对齿箱、搅拌轴、搅拌刀、泥缸体、铰刀、倒锥套及切泥刀等组成。其传动由电机带动离合器经减速器传至对齿箱，从而带动两搅拌轴向内互为相向转动，泥料受搅拌刀作用，被均匀搅拌并送至泥缸箱体内，再受铰刀及倒锥套挤压经出口挤出，最后由切泥刀分割切碎，从而起到使原料匀化的作用。

双轴搅拌挤出机适用于砖瓦行业原料制备工艺过程中，具有搅拌和挤压的双重作用，将已经破碎过的黏土、页岩、煤矸石、粉煤灰等原料进行进一步搅拌和挤压，使原料得到进一步匀化，以提高原料的塑性指数、提高制品成型的可塑性。设备安装与操作十分方便（图 2-8-1）。

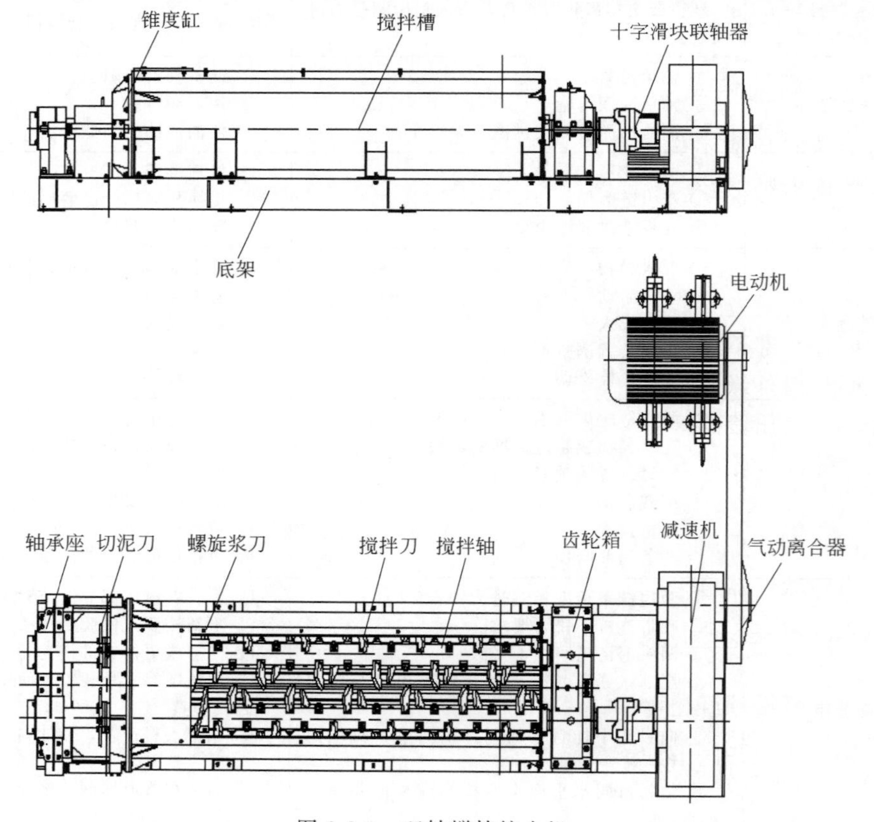

图 2-8-1 双轴搅拌挤出机

1. 双轴搅拌挤出机的型号、规格

双轴搅拌挤出代号为SJJ：其型号以有效搅拌挤出长度（cm）与两轴中心距（cm）来描述。如：有效搅拌长度3000mm，两轴中心距420mm的墙体工业用双轴搅拌挤出机标记为：双轴搅拌机SJJ300×42 JC/T 662-2011。

2. 特点

双轴搅拌挤出机主要由机壳、两套螺旋轴总成、驱动装置、配管、盖板、链罩等部件组成，具体结构性能特点如下。

（1）壳体主要由板材及型钢构成，在制造厂内焊接成形，并与其他部件组装在一起，是双轴搅拌机的支撑。壳体密封严密。不会有飞灰外扬、漏灰的现象。

（2）螺旋轴总成是双轴搅拌机的主要组成部分，其组成部分主要有：在出料端有左右旋向螺旋叶片套在轴上、在进料端有搅拌刀嵌入轴孔中，并有轴承座、轴承套、轴承盖、锥套、油杯等零部件。搅拌刀头部及铰刀叶片头部不少于全长1/3的工作表面硬度应不低于HRC55。有的还采用耐磨且不易粘灰的复合陶瓷作叶片。

（3）驱动装置由圆柱齿轮减速器、联轴器、电机、离合器等组成，减速机应符合JB/T 8853的规定，非减速器的齿轮精度应按GB/T 10095.1和GB/T 10095.2的规定。

（4）加水调湿配管主要由接管、接头及喷嘴组成。喷嘴采用不锈钢雾化锥喷嘴，布置在搅拌机机壳内部上方，沿螺旋轴方向轴向排列，形成水帘以利于物料的加湿搅拌。喷嘴结构简单，易于更换，不锈钢材质，防腐。通过操作供水管道上的手动调节阀可以调节湿灰的含水率。

（5）盖板主要包括左盖板、中间盖、右盖板、孔盖及检修孔盖等。双轴搅拌机两侧设置有六个检修孔，以方便操作人员平时的检修及保养。

二、主要零部件要求

① 三角带轮材质应不低于GB/T 9439—2010中HT200的规定，并进行时效处理，大三角皮带轮径向圆跳动应不低于GB/T 1184中的9级。

② 轴承座和挤出泥缸等主要铸件材质应不低于GB/T 9439中HT200的规定，并进行时效处理。

③ 轴类件的材质应不低于GB/T 699中45号钢的规定，并调整处理。

④ 搅拌刀片头部不少于全长1/3的工作表面，硬度应不低于HRC50。

⑤ 铰刀叶片由外缘向内不少于宽度1/3的工作表面，硬度不低于HRC50。

⑥ 搅拌轴上挤出段的锥套面、切泥刀工作硬度不低于HRC50。

⑦ 非减速器的齿轮材料应不低于JC/T 401.2中ZG310-570的规定，齿轮精度不低于GB/T 10095中的8级，齿面硬度不低于HB200～HB230。

⑧ 离合器须做静平衡试验，许用静不平衡力矩应符合JC/T 343—2012中的规定。

⑨ 圆柱齿轮减速器应符合JB/T 8853的规定。

三、装配及安装要求

① 所有零部件必须经检验合格，外购件须有合格证方可进行装配。

② 非减速器的齿轮副的接触斑点沿齿高不小于40%，沿齿长不小于50%，侧隙按GB/T 10095中的8级规定执行。

③ 铰刀外缘与挤出泥缸衬套内壁的最大间隙应不大于铰刀直径的1.5%。

④ 铰刀叶片接合处缝隙应不大于 2mm，相互错位应不大于 2mm。

⑤ 搅拌刀与搅拌槽衬板内壁的间隙应不大于 10mm。并无碰擦现象。

⑥ 大、小三角带轮安装后，轮宽对称平面的相对位移不大于中心距的 2/1000，轴线平行度不大于 6/1000。

⑦ 外观要求。双轴搅拌挤出机机体表面应平整、光洁，不得有明显碰伤、划伤和锈蚀等缺陷。

⑧ 涂漆防锈要求。涂漆防锈应符合 JC/T 402—2006 的规定。

四、安装及调试工艺

（一）空载试车要求

① 运转时应无异常声响和振动。

② 离合器应结合平稳，分离彻底，灵活可靠。

③ 噪声应不大于 85dB（A）。

④ 润滑部位应不漏油。

⑤ 轴承温升不大于 35℃，最高温度不得大于 70℃。

（二）负载试车要求

① 负载试车应符合相关规定的要求。

② 电气控制装置应安全可靠。

③ 生产能力应符合标准的规定。

④ 轴承温升不大于 45℃，最高温度不得大于 80℃。

五、使用与维护

（一）双轴搅拌挤出机的使用与维护

（1）设备在使用前必须安装在 250 标号的混凝土基础上。采用二次浇注，一次设备基础浇注，待达到 70%混凝土强度后，吊装设备放置时可用垫铁找平后二次浇注地脚螺栓。待混凝土二次凝固后拧紧地脚螺栓应在混凝土达到规定强度的 75%后进行。应保证机身的水平，其纵、横向的不水平度不大于 0.5/1000。

（2）十字滑块联轴器安装后，两轴的同轴度公差 3mm，倾斜度允差 30′。

（3）试车与使用。

① 安装妥善后，开机前对机器的各部分进行检查，如所有紧固件是否拧紧，减速器、齿轮箱内和各个润滑点是否有足够的润滑油。

② 将空气压缩机气压打至 0.4～0.7MPa，先不启动搅拌机电机，合上离合器电磁阀，人工盘动三角胶带，使搅拌轴运转数周，确认无障碍后，分开离合器电磁阀，方可开动机。

③ 试车运转时间要求：空车试验，连续运转时间不少 2h；负荷试验，连续时间不少于 4h。

（4）试车时必须注意和检查的事项。

① 运转时应平稳，无碰擦，无异常声响和振动现象。

② 所有紧固件不得有松动现象。

③ 滚动轴承的温升不超过 40℃，最高温度不超过 80℃。

④ 减速器油池的温度不得超过 55～60℃。

⑤ 各润滑部位不得有漏油现象。

⑥ 电动机电流无异常波动。

⑦ 停止运转时应检查各啮合面，摩擦面是否有不正常磨损现象。

⑧ 当机器有故障不能继续运转时，应立即停机，并及时通知前后有关工序。

⑨ 检查搅拌刀的角度是否在18°～22°之间，角度方向是否正确，螺母是否拧紧。本机必须经常进行维护，特别是对各啮合、运动、摩擦部位及各润滑点要经常检查清理，加入润滑油（脂），以保证其良好地工作。

⑩ 经常检查各运转部位工作是否正常。

⑪ 经常检查各紧固件有无松动现象，并及时拧紧。

⑫ 建立大、中、小修制度。

⑬ 每班检查易损件的磨损情况，并及时给予修复或更换。

（二）注意事项

① 本机不可直接启动，需待电动机达到正常转速时方可合上离合器。

② 本机采用气动离合器驱动，启动前应将空气压缩机的工作压力打至0.4～0.7MPa之间。

③ 机器运转正常后方可供料。

④ 停车时须先停止供料，再分开离合器，最后关闭电机。

⑤ 本机在较长的时间停止不用时，必须先将槽内所有泥料全部挖出。

⑥ 搅拌刀如有折断要及时更换，并经常保持搅拌刀、螺旋铰刀与搅拌槽体的许用间隙（6～15mm）。

⑦ 使用时本机如有异常声响或故障时不能继续运转，应立即停车，进行检查、修理，排除故障后方可开机。

（三）润滑

润滑基本参数见表2-8-1。

表2-8-1　润滑基本参数

润滑部分	润滑油名称	标准号	润滑方式
离合器轴承	2号钙基润滑脂	GB/T 491—2008	油杯
轴承座轴承	2号钙基润滑脂	GB/T 491—2008	油杯
减速器	L-CKC齿轮油	GB/T 5903—2011	油池
齿轮箱	L-CKC齿轮油	GB/T 5903—2011	油池
其他润滑点	1号普通开式齿轮油	SH/T 0363—1992	手工

① 加油时应注意油的清洁，不得把污物带入润滑部位。

② 减速器、齿轮箱内润滑油更换时间，第一次为两个月，以后每六个月更换一次，并应经常检查油池内油面的位置。

③ 滚动轴承及各润滑部位所有的润滑油（脂），应注意每班定期加油，以保证良好的润滑。

（四）常见故障及排除方法

（1）电动机过载　停机检查搅拌刀螺旋角是否过大；刀杆螺母是否有松动；螺旋铰刀处是否有硬物堵塞。调整搅拌刀角度在18°～23°；紧固螺母；清除异物。

（2）离合器打滑　停机检查空气压缩机气压是否过低；电磁阀消声器是否堵塞；离合器气膜是否漏气；离合器摩擦片是否磨损过大。调整空气压缩气压至0.4～0.7MPa；清洗消声器；紧固或更换气膜；更换摩擦片。

第九节 皮带式配料机

一、概述

在生产砖瓦中，物料的供应和掺配工作直接影响着产品的质量和产量。因此，供料和掺配方式选择以及生产的组织、管理和配比具有十分重要的意义。砖瓦生产企业，将生产砖的泥料均匀地送入加工机械中，通常采用箱式配料机。对配料机的要求是能够均衡地供料，给料量要能够调节，以适应生产的需要。箱式配料机作为配料设备，它是按生产量进行掺配的，在实际生产中并不十分标准，所以，当前物料的掺配，一般不在箱式配料机中进行，而是在配料机与对辊机中间皮带机上应用另一套掺配装置。这套装置就是皮带式配料机。

目前，不少企业选用的是皮带式配料机，皮带式配料机与箱式链板配料机的给料原理相同，技术性能相似，但是箱式链板配料机结构复杂，事故率高、易漏土，制造维修难。而皮带配料机则具有独特之处，其供料量可调范围大，产量高，结构简单，易于制造、维修和操作。

目前，有的企业设计制造的皮带式配料机，主要是在拨棒轴上边安装了旋耕犁旋刀，破碎泥料独特，具有高效节能效果，成为砖瓦生产企业比较理想的配料设备。主要技术性能与参数如下。

①生产能力：35～50m^3；②传送带线速度：0.044m/s；③输送带规格：800～1000mm；④链子规格：节距25.4（16A）；⑤电动机功率：7.5～6kW；⑥减速机JZQ500-48.57。

二、结构与工作原理

皮带式配料机由电动机、减速机、输送带、机体和传动装置组成。它通过三角带驱动减速机转动，通过减速机两根输出轴分别驱动拨棒轴和皮带传动，从而达到均匀供料的目的。拨棒上安装了旋耕式旋刀，破碎泥料高效率。皮带式配料机，可以连续输送物料，动作稳定，声响较小，动力消耗低，摩擦阻力小。

三、制造过程

（1）皮带　由于皮带与一般传动皮带不同，它需要较高的强度，而且还需要有足够的耐磨性，所以皮带的内层是由6层帆布组成，两层之间用硫化法浇上一层橡胶，带的上下面及左右两侧都浇上橡胶保护层。帆布是承受拉力的主要部分。

（2）托辊　托辊是输送原料的主要部件，由于输送带自重及运载物料的重量，迫使皮带下垂，为避免皮带下垂体或拉断，所以装设一排托辊来限制输送带下垂，以保证皮带正常运行。

（3）滚筒　输送机两端的轮称为主滚筒和后滚筒。由于摩擦力的作用传动，带动上面的输送带转动，这个滚筒称为主滚筒，另一后滚筒仅做从动转动，作为输送带拉紧之用。所以，滚筒应选用调质材料，以使增加耐磨性并通过机械加工确保精度。

（4）调紧装置　由于皮带式配料机依靠前、后滚筒与输送带之间的摩擦力来完成，所以，为使主动滚筒不打滑，确保滚筒不空转，应给后滚筒装置一部拉紧调试装置，以保证输送带正常工作。

(5) 拨棒轴装置 制造加工该装置，并安装在出料口（有10处）带犁刀的拨棒轴，将物料大块拨落至皮带机上，进行破碎。

机箱的全长，可根据规格型号来确定，一般3～4m。根据生产量的大小，可用闸板控制，闸板能升能降，因而该设备能满足广大砖瓦生产企业的要求。

四、安装调试

(1) 安装前应对机器进行全面检查，应检查零部件的完整性。

(2) 应安装在预制好的混凝土地基上，安装时用垫铁找平，然后二次浇注地脚螺栓，当第二次浇注混凝土的强度达到要求后，方可拧紧地脚螺栓。

(3) 电动机槽轮与传动槽轮端面应在同一平面上，三角带松紧应适宜。

(4) 安装妥善后，开车前应对各部位进行检查，各部位螺丝是否拧紧，各润滑点是否有足够的油。

(5) 人工盘动皮带轮转动1～3r，应转动灵活，确定无障碍时方可开车。

(6) 试车前应检查电动机的旋转方向是否正确。

(7) 试车时间要求：空载试车连续运转不少于2h；重载试车连续运转不少于2h。

(8) 在使用过程中应注意以下事项。

① 设备运转应平稳，无不正常的冲击振动和响声，若发现后立即停车，检查排除。

② 各紧固件无松动现象。

③ 轴承温升不得大于45℃，最高温度不得超过80℃。

④ 电动机电流不得有异常波动。

⑤ 当输送带跑偏时，应及时调整。

(9) 停车前应先停止给料，压在皮带上的泥料尽量用净，以免损坏皮带。

(10) 较长时间停车，必须将配料箱内的泥料清除干净。

(11) 按生产需要，调整好供料闸板。

五、维护与修理

本机应每天都要进行维护保养，提高工作效率，保证正常运转，延长其寿命，根据生产实际情况建立必要的设备维护和修理制度。坚持维护与修理并重，以平时维护为主的原则。最大限度地减少发生故障，提高设备使用率。设备维护修理内容包括以下内容。

(1) 日常维护修理 主要包括设备检查，做好设备的清洁、润滑、紧固件调整、设备使用记录。随时准备好零部件，尤其是易损件要备齐。经常擦干净，保持各润滑机构良好，随时检查设备运转情况，消除可能引起的异常现象。及时修补或更换易损件，根据生产工艺要求，调整好配料机闸板高度，做好运行记录。

(2) 定期维护检查修理 定期的目的是观察运转中不能直接观察的磨损零件、部件、传动装置等。

(3) 大修 大修是为了全面恢复设备的技术性，大修时应按编制计划，准备好零部件，仔细检查零部件，对其进行修复或更换。

第十节　真空挤出机

一、概述

（一）真空挤出机的发展概况

2013 年 6 月新的《真空挤出机》（JC/T 343—2012）国家行业标准开始实施。真空挤出机过去又被称为真空挤砖机，近十几年来，我国引进的不同国家不同规格的该类设备都称为“真空挤出机”，该设备从用途上分析，其为砖坯的泥条挤出成型设备，泥条经切条、切坯机加工后才成为砖坯，称“真空挤砖机”不够贴切，为了便于与国际的交流，以及从该设备用途分析，设备名称及标准名称修订为“真空挤出机”。

真空挤出机的工作对象是具有可塑性的以黏土矿物为主的混合泥料，混合泥料的组成为：原料—水—空气三相系，混合泥料的性质已不属固态，也不属液态，而属胶体矿物，混合泥料粒子之间是因黏着力而相互靠紧，黏着力则以粒子之间接触数量而定，如果混合泥料内由于存在空气而减少粒子之间接触数量，也就减弱了混合泥料的结合力。在成型过程中通过真空挤出机的真空系统将泥料进行真空抽气处理，使存在于泥料内部的气体予以排除，使泥料的可塑性与黏着力提高，泥条的密实度增加，成品的物理力学性能显著改善，烧结制品的质量提高。

真空挤出机不仅广泛应用在建材行业，而且被大量应用于煤炭、冶金、电力等工业废渣的综合利用，成为提高环境质量，保护生态环境，提供生态环保建材制品及装饰板材的主力设备。新型节能烧结空心砖制品、轻板及装饰板等产品已被列为国家重点推广产品，其产品生产的主机装备真空挤出机在技术参数优化、产品质量提高、降低能耗、增加经济效益等方面就显得尤为重要。近年来，真空挤出机无论是在国际上还是在国内都有了很大的发展，特别是随着国内技术创新和技术进步，以前品种单一、性能指标偏低、整机性能不够稳定的情况得到了很大的改观，通过设备引进工作和消化吸收、创新设计，具有了适应煤矸石、粉煤灰等原料生产所需的高挤出压力、高真空度和产量较大的真空挤出机，并具有硬塑挤出成型特点，使坯体质量有了很大程度的提高。

由于真空挤出机具有上述的功能，与普通非真空挤出机相比，不仅能使普通泥料生产出孔洞效率高、薄壁、高强的空心制品，而且扩大了使用范围，使一些按常规不能制砖的劣质原料，也能得到充分利用。随着国家对发展新型墙体材料的优惠税收政策的实施，真空挤出机必将逐步取代非真空挤出机，成为今后我国墙体材料设备发展的主流。

（二）制砖工艺过程

选择工艺流程，在满足产品质量的前提下，流程应选得越简单越好。

1. 影响制砖工艺流程的因素

（1）原料的硬度和粒度　原料的硬度和粒度是影响工艺流程的重要因素。原料块度较大，需多级破碎，有些原料含有草根和石块时，在加工过程中就要考虑除石及净化。

（2）原料的塑性和水分　原料的塑性过低，不能满足工艺要求时，应采取风化，或加强粉碎、炼泥、搅拌、湿化等措施，可增加可塑性；塑性过高时添加瘠性物料，可以降低塑性。

原料自然含水率的高低，也影响工艺流程选择，有时较小的含水率变化（1%～5%，根据泥料矿物含量）足以促使成型泥料的屈服点增大2倍。因此，过去曾研究过各种不同的方法，例如在挤出机上安装一个水分调节器以控制成型含水率。若挤出泥坯特别硬时，可在上级搅拌中，将水喷洒在松散的泥料上。均化实验表明，在泥料中加入的水分不超过2%时，铰刀有限的捏合能力还能使泥料均匀拌和。由于加水对屈服点、成型压力以及泥坯硬度的影响较大，水分控制可根据机头处挤出压力来调节。但是，从搅拌机到测量点泥料需要运行大约2min。因此，泥料短时间水分的波动（3s以内）无法调节，但泥料长时间的水分波动（30min以上），用此法是可以调节的。另一种方法是采用电机电流表来测定挤出机的转矩。转矩取决于瞬间产量和泥料的屈服点。如果借助合适的配量装置可使产量保持稳定，水分波动在10min以内还是可以用此法来调节的。

原料自然含水率过低时，就要考虑多次加水，多次混合搅拌。反之，水分过高时，有的（如黏土）可掺些干料以降低水分，有的（如冻土）就要增加烘干设备。一般认为水分必须在泥料制备阶段的某一点调节，在挤出机上级搅拌中加入粉碎的原料或水已经有些晚了。

（3）真空度　抽真空可改善泥料的黏聚力，特别是在瘠性泥料的抗拉应力方面，它的黏聚力常不足以防止各种因素所引起的成型裂纹，抽真空改善了应力情况，因此，可减少生产中所产生的问题。通过抽真空，大大减少了挤压段泥料颗粒所含的气泡，若泥料中含有空气且在最后一圈螺旋铰刀内分布不匀，泥条中残留的气泡对制瓦特别有害。根据观察结果表明，如果泥料抽真空，瓦的抗冻性能有所降低，其原因可能是，在泥料碎片抽真空不完全时，抽与未抽真空的泥料相互交错并促使泥料产生分层。因此，必须均匀地抽取真空室内泥料碎片的空气，这就需要较大的比表面积，或者必要的停留时间。泥片切碎对抽真空是有利的，并加速了螺旋铰刀内尚未完全抽真空的碎片的均化。如果真空泵抽送能力太大或者真空室和主轴密封处漏气，那么，泥料碎片不仅表面的空气被抽走，而且会出现过分干燥。如果在上级搅拌中用蒸汽对泥料进行预加热，从而提高水分的蒸发速度，这种干燥影响则更加严重。

（4）单一原料与混合原料　工艺流程机械化水平高低，要从实际出发，需做技术经济的详尽分析。

2. 砖瓦原料基本性能的要求

砖瓦原料基本性能的要求见表2-10-1。

表2-10-1　砖瓦原料基本性能的要求

基本性能		要求程度	要求参数		
名称	项目		普通砖	承重空心砖	平瓦
颗粒组成	＜5μm颗粒/%	适宜 允许	15～30 10～50	15～30 10～50	＞30 ＞20
	5～50μm颗粒/%	适宜 允许	45～60 40～80	45～60 40～80	30～70 30～70
	＞5～50μm砂粒/%	适宜 允许	5～26 2～28	5～25 2～28	＜10 ＜20
可塑性	塑性指数	适宜 允许	9～13 7～17	9～13 7～17	15～17 13～27

续表

基本性能		要求程度	要求参数		
名称	项目		普通砖	承重空心砖	平瓦
收缩性	干燥收缩率/% 烧成收缩率/%	允许 允许	3～8 2～5	3～8 2～5	5～12 4～8
干燥敏感性	敏感性收缩	适宜 允许	＜1 ＜2	＜1 ＜2	＜1.5 ＜2
烧结性	烧成温度/℃ 烧结温度范围/℃	适宜 适宜	950～1050 ＞50	950～1050 ＞50	950～1050 ＞50
硬度	普氏硬度系数	适宜	≯4	≯4	≯4
化学成分	SiO_2/%	允许 允许	55～70 50～80	55～70 50～80	55～70 50～80
	Fe_2O_3/%	适宜 允许	2～10 3～15	2～10 3～15	2～10 3～15
	Al_2O_3/%	适宜 允许	10～20 5～25	10～20 5～25	10～20 5～25
	CaO/% MgO/% SO_3/%	允许 允许 允许	0～15 0～5 0～3	0～15 0～5 0～3	0～10 0～5 0～3
含水量	含水率/%	适宜 允许	17～23 15～25	17～23 15～25	17～23 15～25

3. **基本工艺流程**

挤出成型分为：软塑成型、半硬塑成型和硬塑成型。本书以讨论硬塑成型为主。

采用硬塑成型要进行自然干燥或人工干燥。

以现有煤矸石空心砖生产工艺为例：煤矸石原料→装载机→箱式给料机→颚式破碎机→皮带输送机→给料机→锤式破碎机→皮带输送机→筛分设备→皮带输送机→搅拌机→皮带输送机→布料皮带机→陈化库→多斗取料机（装载机）→箱式给料机→搅拌挤出机→真空挤出机→切条机→切坯机→码坯→干燥→焙烧→成品堆场。

根据影响工艺流程因素的不同，在生产实践中还会有更好更经济的工艺流程方案，应从实际出发，选择经济合理的工艺流程。

（三）挤出机的分类及基本参数

挤出机分为软塑、半硬塑和硬塑真空挤出成型三种形式。

软塑真空挤出成型，型式代号 R，许用挤出机压力 2.0MPa。适宜于含水率（干基）＞19%的制砖原料。

半硬真空塑挤出成型，型式代号 B，许用挤出机压力 3.0MPa。适宜于含水率（干基）16%～19%的制砖原料。

硬塑真空挤出成型，型式代号 Y，许用挤出机压力 4.0MPa。适宜于含水率（干基）＜16%的制砖原料。

型号表示方法规定如下：

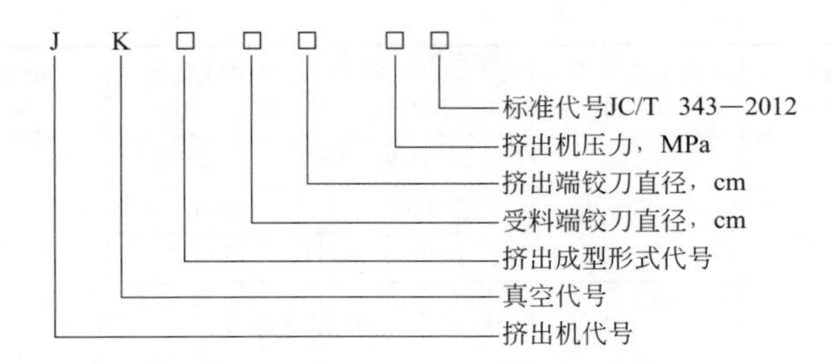

挤出机压力为2.0MPa，受料端铰刀直径500mm，挤出端铰刀直径450mm的软塑挤出成型真空挤出机，标记示例如下：

真空挤出机 JKR 50/45-2.0 JC/T 343—2012

按照真空挤出机的级数分：

① 单级真空挤出机；

② 双级真空挤出机；

③ 多级真空挤出机。

单级和多级真空挤出机较少使用，双级真空挤出机应用较广泛。

双级真空挤出机的下一级和非真空挤出机基本相同，都是螺旋（铰刀）挤出，根据上一级结构形式的不同，双级真空挤出机又分为：

① 上一级也是螺旋挤出的双级真空挤出机；

② 上一级为单轴搅拌和螺旋密封的双级真空挤出机；

③ 上一级为双轴搅拌和螺旋密封的双级真空挤出机。

目前，国内外普通使用的是第②、③种形式。

真空挤出机上、下级驱动方式又可分联合机组和紧凑机组。

联合机组，也叫通用机组，其上一级为单独动力驱动的搅拌加螺旋密封，下一级则为单独动力驱动的螺旋挤出，这种机型的主要好处是工艺比较灵活，上下级可平行布置，也可垂直布置（丁字形），检修机器也比较方便，其缺点是外形尺寸大，占地面积大。

紧凑机组，其上下级只有一个电机驱动，采用集中的减速机传动。这种机型虽然工艺布置上没有灵活性，但结构紧凑、外形尺寸小、重量轻。

根据JC/T 343—2012的规定，国内真空挤出机常用的基本参数参见表2-10-2。

表2-10-2 真空挤出机常用的基本参数

型号	受料端铰刀直径/mm	挤出端铰刀直径/mm	生产能力/(块/h)(折普通砖)	许用挤出机压力/MPa	真空度/MPa	噪声/dB(A)
JKR□/40	≥400	400	≥8000	2.0	≤−0.092	≤80
JKB□/40			≥6000	3.0		
JKY□/40			≥4500	4.0		
JKR□/45	≥450	450	≥9000	2.0		
JKB□/45			≥7000	3.0		
JKY□/45			≥5500	4.0		
JKR□/50	≥500	500	≥10000	2.0		
JKB□/50			≥8500	3.0		
JKY□/50			≥6500	4.0		

续表

型号	受料端铰刀直径/mm	挤出端铰刀直径/mm	生产能力/(块/h)(折普通砖)	许用挤出机压力/MPa	真空度/MPa	噪声/dB(A)
JKR□/55	≥550	550	≥11000	2.0	≤−0.092	≤80
JKB□/55			≥9500	3.0		
JKY□/55			≥7500	4.0		
JKR□/60	≥600	600	≥12000	2.0		
JKB□/60			≥11000	3.0		
JKY□/60			≥8000	4.0		
JKR□/65	≥650	650	≥13500	2.0		
JKB□/65			≥12000	3.0		
JKY□/65			≥9000	4.0		
JKR□/70	≥700	700	≥15000	2.0		
JKB□/70			≥13500	3.0		
JKY□/70			≥10000	4.0		

注：1. 受料端铰刀直径可以在本参数基础上以50mm的整倍数递增。
2. 标准大气压下真空表显示值。

二、工作原理及结构特点

（一）工作原理及构造（图2-10-1）

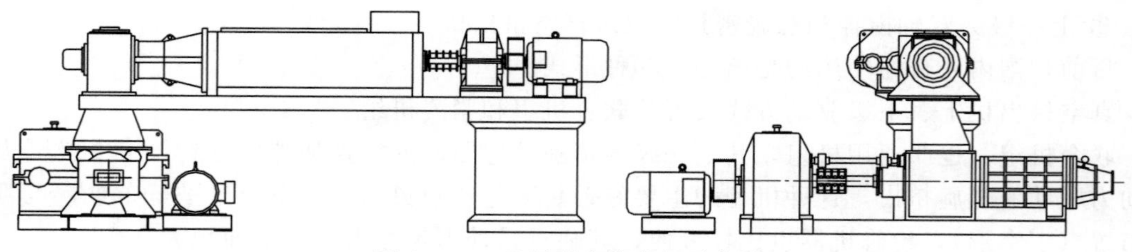

图2-10-1 双级真空挤出机示意图

1. 上级

上级动力由电动机经三角皮带、离合器、减速箱、联轴器，使搅拌轴获得所需的转速，铰刀轴上安装着搅拌刀、密封铰刀、锥套、切泥刀等零件。

搅拌轴的轴承安装在真空箱前壁的轴承杯里，此轴承杯里还设有推力轴承，以承担搅拌轴的轴向力。

真空箱上装有过滤器和真空表，离合器一般为轴向气动离合器，泥料由进料箱进入搅拌槽，经搅拌刀搅拌并向前推进，当进入泥缸时，由密封铰刀不断推进，由于密封铰刀是不等距铰刀，故泥料在此得以初步挤实，进一步匀化，泥料通过锥套与泥缸所形成的空间时，被挤成密实的环形，再加上切泥刀片的作用，形成了有效的泥料密封，切泥刀随着搅拌轴旋转，起着密封作用，同时将环形泥料切成碎片，从而扩大了泥料的表面积，以利于抽真空。单独的真空泵，通过管道与过滤器相连，不断地将泥料中的空气抽出，通过真空处理的泥料其内部结构更加密实，从而大大提高了制品的质量。

有的搅拌槽内还配备供蒸气的系统（北方为多），以便按照工艺要求提高泥料的温度。

真空箱中还装有料位监控装置，以便监视和控制泥料的储量。

真空箱中经真空处理过的泥料碎片靠自重落入下级的受料箱，由下级的铰刀推进，通过机头机口成为所要求的泥坯。

2. 下级

下级动力由电动机经三角皮带传送到离合器上，经过减速器减速，使铰刀轴获得所需要的转速，压泥轴传动有采用减速器集中传动，也有采用单独传动，还有采用铰刀轴上的齿轮带动压泥轴装置上的齿轮，使压泥装置获得所需要的转速。受料箱坐落在机座上，铰刀轴上装有铰刀，铰刀轴由调心滚子轴承和调心推力滚子轴承支承，控制气动离合器，即可使挤出机启动或停车。

经过处理的泥料经皮带输送机送入受料箱，铰刀轴上的铰刀将泥料连续向前推进，使泥料经过泥缸和机头，将泥料压实，机口润滑系统出油（水）槽设在机头和机口后部，其作用是减少泥料对机头机口的摩擦阻力，降低生产中的电耗，并使泥条表面光洁，棱角整齐，泥条断面挤出速度均匀一致。机头安装各种成型装置（机口），泥料通过机口即可成为所需要求的断面形状和尺寸的坯条。压泥装置一方面是将泥料强制压入铰刀空间内，另一方面阻止铰刀空间内的泥料再返上来，从而提高挤出机的效率。

（二）主要参数的确定

1. 挤出压力的确定

挤出压力的高低，要看应用什么样的原料，以及整条生产线的工艺如何选择。有的原料挤出压力高才能成型，有的原料不需太高的挤出压力就能成型。对于劣质土、塑性不高的页岩、煤矸石和粉煤灰等原料，在用软塑挤出成型很难生产高合格率产品的情况下，采用挤出压力高的硬塑挤出机就能取得好的效果。因此，对于这些原料在采用软塑挤出根本无法挤出时，就应考虑使用硬塑挤出成型；当采用软塑挤出的泥条质量不好或合格率低时，采用硬塑挤出成型能大大提高产品质量和合格率。

2. 挤出主轴转速的确定

主轴转速与挤出机的效率有着密切的关系。挤出机的效率是指螺旋铰刀每转实际挤出量与理论挤出量之比值。对于不等螺距或不等径螺旋铰刀，则是以尾节螺旋铰刀为计算依据。当螺旋铰刀的导角、泥料的性质、泥缸、机头及机口的长度以及螺旋铰刀与泥缸之间的间隙确定后，影响挤出机效率的主要因素是挤出主轴转速与泥料含水率。泥料含水率固定不变后，不同的螺旋铰刀转速有不同的挤出效率。

对于各种不同含水率的泥料，采用固定的一种转速是不能获得最佳的挤出速率。含水率越低，要取得最高挤出速率的转速也越低。

设计一台新的挤出机时，首先应确定该挤出机所生产的制品的含水率范围。根据含水率，找出最大挤出速率时的最佳转速。在确定这个最佳转速的基础上，再考虑其他因素。如泥缸较长时，则螺旋铰刀的转速可低些，反之转速可高些，螺旋铰刀螺距偏小的转速可高些，螺距偏大的可低些；泥料塑性好的螺旋铰刀的转速可高些，塑性差的可低些；成型压缩比偏大的螺旋铰刀转速可低些，压缩比小的转速可高些等。

对含水率一定的泥料，不能单纯用提高螺旋铰刀转速的办法获得挤出机产量的提高。尽管有时从表面现象来看，似乎转速增加产量也有所增加，但实际上从提高效率的观点，产量的增加是以更多动力消耗换来的，所以是不经济的，也是应该尽量避免的。实践证明，有些挤出机当降低转速后，产量反而稍有提高，而动力消耗却有明显的降低，这足以说明挤出机原来确定的转速偏高。

真空挤出机在设计时，往往配备2～3种转速，即配备2～3种小皮带轮，供不同原料、不同成品的生产厂家选择。近年来我国引进国外的制砖设备多采用变频调速技术，使得上、下级之间匹配更加合理，获得更佳的挤出效率。

3. **挤出机的挤出压力**

$$P=\frac{F}{S}=\frac{4F}{\pi(D^2-d^2)} \tag{2-10-1}$$

式中 P——挤出压力，N/cm^2；

F——螺旋铰刀对泥料的总作用力，N；

S——末端螺旋铰刀外径的截面积减去轮毂的截面积，cm^2；

D——末端螺旋铰刀的直径，cm；

d——末端螺旋铰刀轮毂的直径，cm。

通常用以下三种方法确定式（2-10-1）中的值。

（1）经验法

$$P=K_1K_2(0.215W^2-10.62W+130.5+10.8D^2) \tag{2-10-2}$$

式中 P——平均压力，kg/cm^2；

K_1——机头长度改变系数；

K_2——机口长度改变系数；

W——泥料含水率，%；

D——铰刀前端直径，m。

系数 K_1、K_2 的数值可从表2-10-3中查出。

表 2-10-3 K_1、K_2 数值与机口长度的关系

K_1	机头长度/mm	K_2	机口长度/mm
0.878	150	0.82	150
0.989	200	0.91	200
1.0	250	1.0	250

由表2-10-3可知，机头长度改变对平均压力的影响较机口为大。

公式（2-10-2）用于泥料中等塑性时的平均压力，对非真空挤出机比较接近实际，而用于计算挤出空心制品的真空挤出机时，就会有较大的出入。

（2）功率消耗法　对工作中的挤出机，根据功率消耗量，算出平均压力，计算公式如下：

$$P=\frac{153\times10^4(N\eta-0.0037Q\gamma Lh)}{[45f(R^3-r^3)+3.4FS]n} \tag{2-10-3}$$

式中 P——平均压力，kg/cm^2；

N——实测功率，马力（1马力=735.49875W）；

η——传动效率；

Q——实测的生产能力，m^3/h；

γ——泥料密度，黏土用 $1.6t/m^3$；

L——铰刀长度，m；

h——泥料对铰刀叶片阻力系数；

n——铰刀转速，r/min，对黏土取4；

f——泥料对铰刀叶片的摩擦系数，对黏土取 0.4；

R，r——铰刀叶片的内外、直径，cm；

F——末端铰刀叶片的净面积，cm^2；

S——铰刀叶片每转挤出量，cm^3。

该方法存在的缺点与经验法相同，而且对挤出机功率的计算还没有一个比较接近实际的计算方法，所以建立在此法基础上的反推法其结果也是不理想的。

（3）普氏法

① 泥料在机头内产生的总压缩变形阻力公式：

$$\Delta P_{iges} = C\ln\frac{F_s}{F_{Ma}} \tag{2-10-4}$$

式中　ΔP_{iges}——泥料的总变形阻力，kg/cm^2；

F_s——泥缸末端截面积，cm^2；

F_{Ma}——机口出口截面积，cm^2；

C——变形强度，kg/cm^2；

$$C = c\frac{H}{H_0 - H} \tag{2-10-5}$$

式中　c——普式仪测定常数，其值取 $1kg/m^2$；

H——压缩后的泥料高度，cm；

H_0——压缩前的泥料高度，cm。

表 2-10-4 是按公式（2-10-5）计算出来的泥料变形度 α 与变形强度 C 值的对照表。

表 2-10-4　变形度与变形强度关系对照表

变形度 $\alpha=\frac{H_0}{H}$	1.4	1.6	1.8	2	2.2	2.4	2.6	2.8	3	3.4	3.6
变形强度 $C/(kg/cm^2)$	2.5	1.67	1.25	1	0.83	0.71	0.62	0.56	0.5	0.45	0.42

② 泥料在机头内移动产生的摩擦阻力：

$$\Delta P_{RK} \approx \tau_{RK}\sqrt{W_K D_K} \tag{2-10-6}$$

式中　ΔP_{RK}——摩擦阻力，kg/cm^2；

τ_{RK}——剪切强度，kg/cm^2，$\tau_{RK} \approx 0.43C$；

D_K——机头出口厚度，cm；如出口为矩形则指两长边间高度，如出口为圆形则指直径；

W_K——机头内的阻力系数。

阻力系数与机头长度和出口厚度的比及锥度有关，可由图 2-10-2 求得。

③ 泥料在机口内移动产生的摩擦阻力：

$$\Delta P_{RM} = \tau_{RK}\sqrt{W_m D_m} \tag{2-10-7}$$

式中，$\tau_{RK}=(0.3\sim0.4)C$；W_m 仍查图 2-10-2，其余同上。

④ 如机头出口与机头入口尺寸不一时，将产生附加阻力，此时计算如下：

$$\Delta P_i = C\ln\frac{F_{ka}}{F_{ml}} \tag{2-10-8}$$

式中　ΔP_i——附加变形阻力，kg/cm^2；

F_{ka}——机头出口截面积，cm^2；

F_{ml}——机口入口截面积，cm^2。

⑤ 总压力 P：

$$P=\Delta P_{\mathrm{iges}}+\Delta P_{\mathrm{RK}}+\Delta P_{\mathrm{RM}}+\Delta P_{\mathrm{i}} \tag{2-10-9}$$

式（2-10-4）～式（2-10-9）适用于矩形、圆形实心断面的泥条及泥料不抽真空挤出机，如抽真空，则在原计算结果上再加 1～0.4kg/cm^2。

用普氏冲压塑性仪来测定变形度方法如下。

先将泥料弄碎，拌和一定的水量后闷放一昼夜，取样时将泥料摔炼均匀后取一直径为 33mm，高度为 40mm 的圆柱体，将其放在仪器的台座中间，让一块重 1192g 的平板，从 18.6cm 的高度（从台座面算起）落到泥柱上，泥柱被压缩变形，设泥柱变形前高度为 H_0，变形后为 H，则 $H_0/H=\alpha$，即为变形度。泥柱有不同的含水率，可测得不同的变形度。

4. 挤出机功率的确定

功率主要包括三部分：①克服螺旋铰刀与泥料间的摩擦所需要的功率 N；②泥料由机头、机口挤出所消耗的功率 N_2；③泥料从料斗输送到机头入口处所消耗的功率 N_3。

由图 2-10-3 可知，作用于螺旋铰刀的表面的分压力 $P_{垂}$，另一部分是与螺旋铰刀表面相切的分压力 $P_{切}$，若该点螺旋铰刀的平均螺旋升角为 α，则：

$$P_{垂}=P\cos\alpha \tag{2-10-10}$$

$$P_{切}=P\sin\alpha \tag{2-10-11}$$

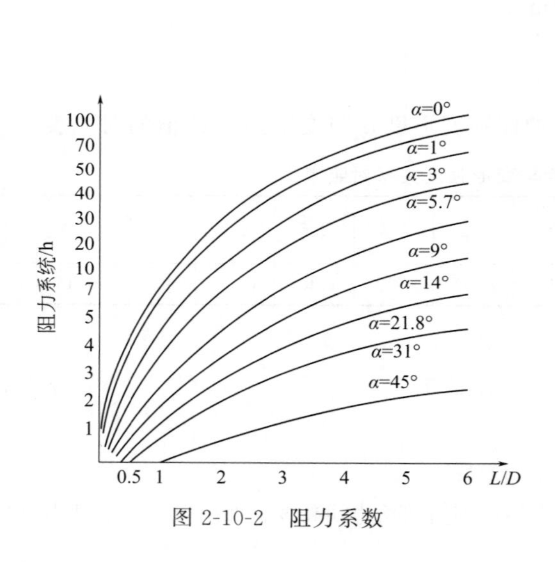

图 2-10-2　阻力系数

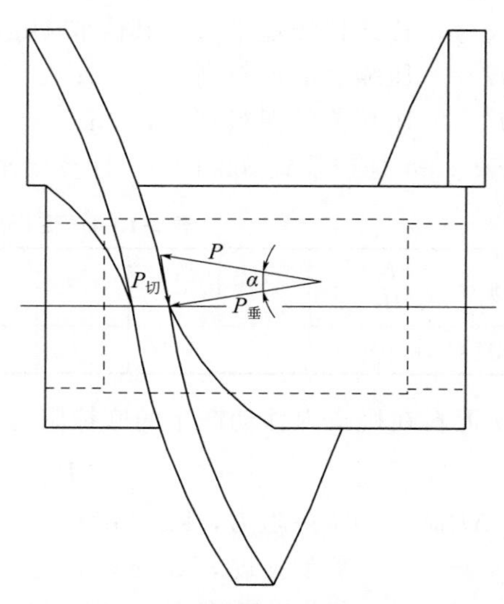

图 2-10-3　螺旋铰刀的受力分析

螺旋铰刀上所承受的总压力：

$$F=P_{总}=P_{垂}S_{总} \tag{2-10-12}$$

$$S_{总}=\frac{S}{\cos\alpha} \tag{2-10-13}$$

式中，S 为 $S_{总}$ 在垂直面上的投影面积，将式（2-10-10）、式（2-10-13）代入式（2-10-12）得：

$$F=P_{总}=P_{垂}S_{总}=P\cos\alpha\frac{S}{\cos\alpha}=PS \tag{2-10-14}$$

总力和螺旋铰刀与泥料之间的摩擦引起摩擦力偶为：

$$M_{摩}=2\pi fF\frac{R^3-r^3}{3} \tag{2-10-15}$$

式中 $M_{摩}$——摩擦力偶，N·cm；

f——泥料与螺旋铰刀表面的摩擦系数，一般可取0.4；

R——螺旋铰刀的半径，cm；

r——螺旋铰刀轮廓的半径，cm。

克服螺旋铰刀与泥料间的摩擦所做的功率为：

$$N_1=\frac{M_{摩}\ n}{974000}=\frac{fFn(R^3-r^3)}{465000} \tag{2-10-16}$$

式中 N_1——功率，kW；

n——螺旋铰刀的转速，r/min。

螺旋铰刀每转一圈将单位体积的泥料由机头、机口挤出所需要做的功为：

$$A=PFS' \tag{2-10-17}$$

式中 S'——螺旋铰刀每转一圈使泥料前进的长度，cm。

机头、机口一般为锥形，故S'应为螺旋铰刀每转一圈时，实际的泥料挤出量在通过机头、机口平均直径处的长度。

$$N_2=\frac{SFS'n}{60\times1020\times100} \tag{2-10-18}$$

式中 N_2——功率，kW；

S——螺旋铰刀的垂直横截面积减去螺旋铰刀轮廓的截面积，cm^2。

泥料从料斗输送到机头入口处所需要的功率，可按螺旋输送机的计算方法进行计算，即：

$$N_3=\frac{QrL\mu}{367000} \tag{2-10-19}$$

式中 N_3——功率，kW；

Q——挤出机的生产能力，m^3/h；

r——泥料的容积密度，kg/m^3；

L——泥料输送长度，m；

μ——泥料与螺旋铰刀表面的摩擦系数，一般取0.4。

挤出机所需的理论功率为：

$$N_{理}=N_1+N_2+N_3 \tag{2-10-20}$$

考虑挤出机本身的传动效率η，则挤出机所需的实际功率为：

$$N_{实}=\frac{N_1+N_2+N_3}{\eta} \tag{2-10-21}$$

上级搅拌挤出功率的计算如下。

泥料从料斗输送到密封铰刀出口所需的功率：

$$N_1=\frac{Q\delta Lf}{367} \tag{2-10-22}$$

式中 Q——产量，m^3/h；

δ——容量，$1.6t/m^3$；

L——有效搅拌长度，m；

f——阻力系数，$f=4.5$。

泥料由锥缸挤出所需的功率：

$$N_2=\frac{\pi nt}{6120}(R^2-r^2)ZB\sin\alpha \tag{2-10-23}$$

式中 n——搅拌轴转速，r/min；

t——抗剪强度，1.0×10^4kg/cm；

Z——有效叶片数；

R——搅拌回转半径，m；

r——轮毂半径，m；

α——搅拌叶升角，(°)；

B——叶片宽度，m。

克服密封铰刀与泥料间的摩擦所需的功率：

$$N_3=K\frac{\pi f_1P(R^3-r^3)}{146250} \tag{2-10-24}$$

式中 K——系数，$K=1.1$；

f_1——摩擦系数，$f_1=0.4$；

P——平均压力。

其余同上。

$$N=1.8(N_1+N_2)+N_3 \quad \text{（按双轴搅拌对待）} \tag{2-10-25}$$

考虑搅拌挤出的效率 η，则实际功率为：

$$N_{实}=\frac{N}{\eta} \tag{2-10-26}$$

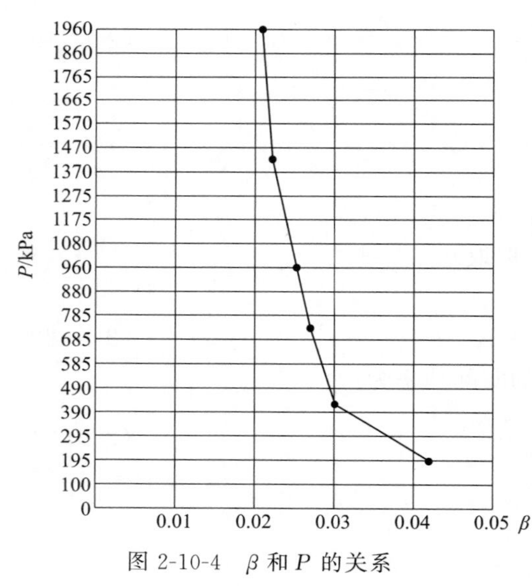

图 2-10-4 β和P的关系

5. 生产能力

挤出机的生产能力可按下式计算：

$$Q=\frac{\pi(D^2-d^2)(S-\delta)(1-P\beta)60nK}{4} \tag{2-10-27}$$

或 $Q=4.71(D^2-d^2)(S-\delta)(1-P\beta)60nK$

式中 Q——挤出机生产能力，m^3/h；

D——螺旋铰刀外径，m；

d——轮毂直径，m；

S——铰刀螺距，m；

δ——铰刀叶片厚度，m；

P——平均压力，kg/cm^2；

n——主轴转速，r/min；

K——系数，0.5～0.6；

β——泥料性质与挤压力有关，可由图2-10-4查找。

三、主要零部件要求

① 非减速器的齿轮材料应不低于 JC/T 401.2—2011 中有关 ZG310-570 的规定，并调质处理。齿轮精度不低于 GB/T 10095—2008 中的 8 级。

② 铰刀轴、搅拌轴、压泥板轴的材料应不低于 GB/T 699—1999 中 45 号钢的规定，并调质处理。

③ 轴承安装部位加工精度不低于 GB/T 1800.2—2009 中 I T7 的要求，表面粗糙度的不

大于 1.6μm。

④ 真空箱、受料箱和泥缸采用灰铸铁件时，其材料应不低于 GB/T 9439—2010 中有关 HT200 的规定；采用铸钢件时应符合 JC/T 401.2—2011 中有关 ZG230-450 的规定。采用焊接结构时，焊接应符合 JC/T 532—2007 的有关规定。

⑤ 铰刀片由外缘向内不少于宽度 1/3 的工作表面硬度应不低于 HRC50。

⑥ 搅拌刀片头部不少于全长 1/3 的表面硬度不低于 HRC50。

⑦ 搅拌轴上挤出段的锥套硬度应不低于 HRC50。

⑧ 机头两端内壁对圆端止口轴线应对称，其偏差应不大于 2mm。

⑨ 皮带轮径向圆跳动应不低于 GB/T 1184—1996 中的 9 级。

⑩ 离合器应做单面（静）平衡试验，平衡品质等级与许用静不平衡度应符合 GB/T 9239—2006 中平衡品质等级 G16 的要求。

⑪ 硬齿面减速器应符合 JC/T 878.1—2010 中技术要求的规定，用其他类型减速机时应符合相应的标准。

四、制造工艺及技术

（一）泥缸

泥缸的直径大小是决定挤出机生产能力的因素之一，在其他条件相同的情况下，泥缸直径越大，生产能力越高。按泥缸的几何形状可分为以下几类。

1. 圆锥形泥缸（图 2-10-5）

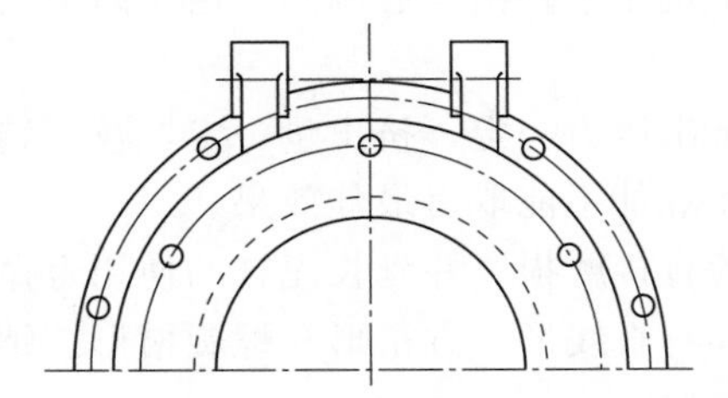
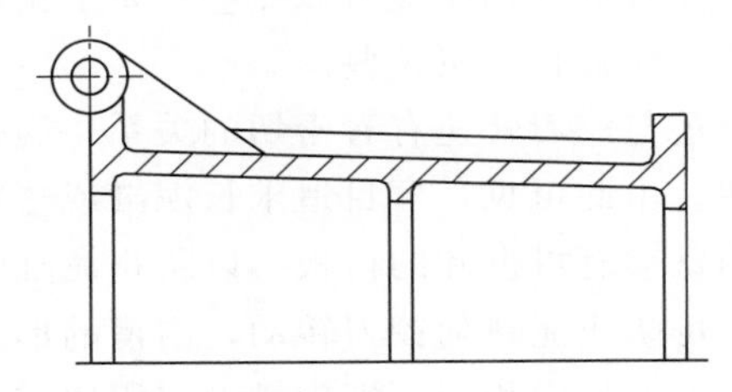

图 2-10-5 圆锥形泥缸示意

2. 圆柱形泥缸（图 2-10-6）

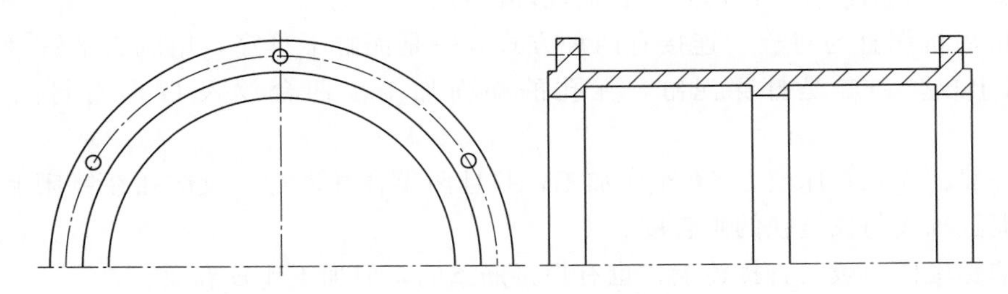

图 2-10-6 圆柱形泥缸示意

3. 圆柱、圆锥组合式泥缸（图 2-10-7）

圆锥形泥缸的截面积由后向前逐渐缩小，泥料在其内部得到较好的预先挤压，但对泥料的阻力较大，机器的动力消耗也大，因此用得较少。

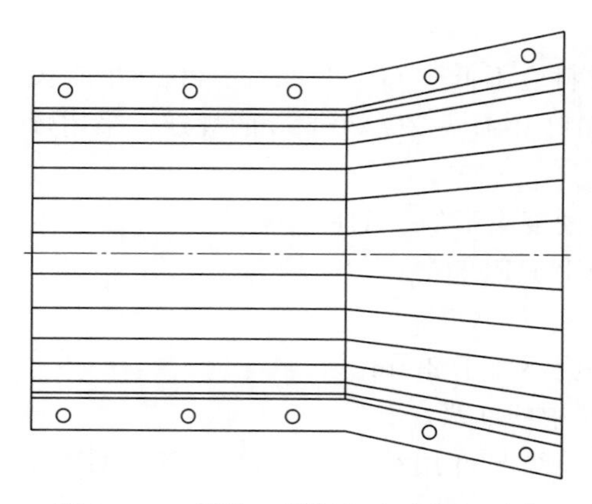

图 2-10-7　圆柱、圆锥组合式泥缸示意

圆柱形泥缸形状简单，制造容易，而且和不等螺距铰刀配合使用时，有较好的效果，因此，应用较广泛，目前，多数非真空挤出机和受料段与挤出段同缸径的真空挤出机（如 40/40、45/45、50/50 等）均采用这种泥缸。

圆柱、圆锥组合式泥缸应用也较广泛，受料段与挤出段铰刀不同直径的泥缸均采用这种形式：如 45/40、50/40、55/50 等均采用此种泥缸。

真空挤出机泥缸多数采用垂直剖分形式，它的后端除设有法兰外，还设有铰链，有利于安装和检修，泥缸与受料箱及机头之间利用凸肩定位法兰盘连接。

从受料箱前壁到泥缸前端面的长度，叫封闭缸长度，封闭缸长度和铰刀直径的比值叫长径比，长径比是挤出机的重要参数之一，挤出机的压力是由于泥缸在泥缸中被螺旋铰刀推进，通过机头、机口受阻而形成的，由于泥料属于塑性物料，铰刀转动时，泥缸中同时存在两股泥流，一股由铰刀向前推进的泥流，另一股是由于泥流受阻（在反作用力作用下）而生产的向后移动的泥流，通常叫回流，如果封闭缸过短，回流的路程短，则容易与进料口相通，这样影响挤出机的挤压力，挤出量随之下降。

对于大机型，压缩比较大，挤出压力高，要求泥缸长些；对于小机型，压缩比较小，挤出压力相对比较低，则泥缸可以短些；真空挤出机用于挤出空心制品，由于阻力大，挤出压力高，则要求泥缸长度更长些。

长径比还与铰刀转速有着密切的关系，当挤出压力一定，挤出量一定，铰刀转速高，泥缸可以短些。由此可见，盲目追求长泥缸或短泥缸都不能取得最佳效果。

泥缸内壁镶有可拆卸的衬板，以防止泥缸的直接磨损，并延长泥缸的使用寿命，衬套上带有沟槽，可防止泥料随铰刀转动，内槽的形式有直线形、方格形和螺旋槽形。螺旋槽的旋向与螺旋铰刀的旋向相同，螺旋槽形应用比较普遍。

泥缸的材料多为铸钢，也有用钢板焊接成型。衬板的材料多为耐磨材料，衬板磨损严重，属于易损件。有的真空挤出机泥缸在距前端 100～150mm 处（双线铰刀与单线铰刀接处）对称安装一对阻泥棒，以防止空档的泥环回转。

真空挤出机泥缸与衬板的连接有两种方式，一是泥缸不打穿，用沉头螺钉（衬套钻通孔），泥缸上攻丝；二是打穿泥缸，在孔的端面加工出凹台放入 O 形密封圈，以保持密封。

泥缸一般在立式车床或 C650 车床加工，并且两半合并进行。铰链孔在镗床上加工，用划线保证泥缸轴线与铰链孔的垂直度。

衬板的螺旋槽一般是直接铸上，也有焊接筋条的，但加工比较麻烦。

（二）机头

机头是螺旋铰刀送料段与机口之间的连接部分，也有称为机脖子（如图 2-10-8 所示）。

机头的作用如下。

① 将铰刀中大多数为旋转的泥流转换成轴向前进泥条。

② 缓和铰刀末端流出泥料的残余脉动，减少铰刀周围和轴套之间的泥料流量差，调整

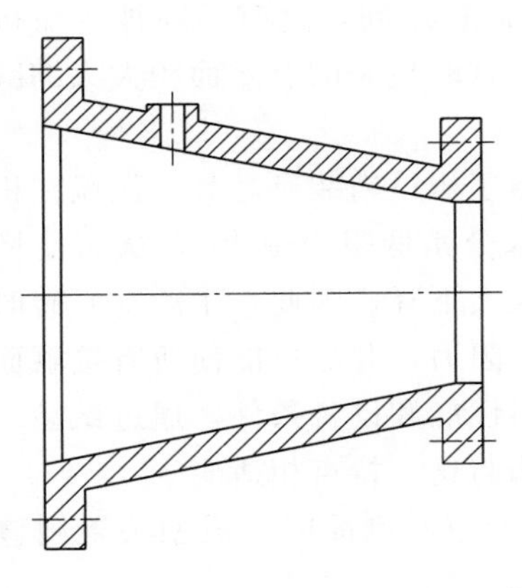
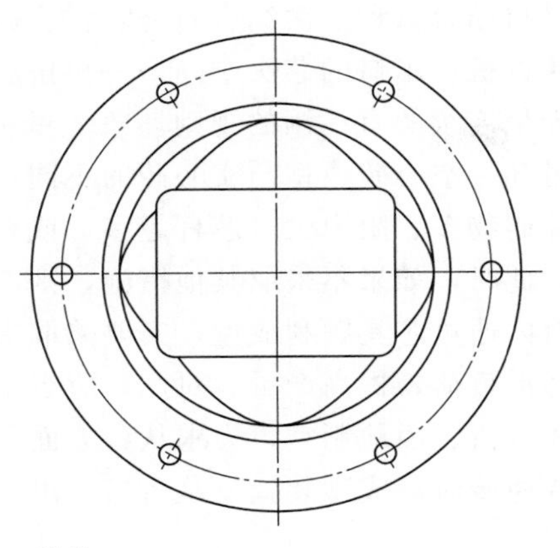

图 2-10-8　机头

泥料的速度，使其均匀地进入机口。

③ 提供泥料均匀流入机口各部位的条件。当生产空心制品时，机头有容纳芯架的作用，并使泥料均匀分布在芯具中，以防止机头中的芯具由于泥流的压力而产生弹性变形。

④ 对泥料进行进一步挤压。由于机口的锥度不大，机头的锥度较大，经过泥缸不等距铰刀或锥度缸的挤压的泥料在机头内进行进一步挤压，消除了其脱离铰刀时由于铰刀轮毂所产生的空心；泥料在经过铰刀叶片时，所形成的光滑表面也遭到相当程度的破坏，减少制品出现 S 形裂纹的趋势；泥料的几何形状得到改变，由圆柱形断面变成与制品相似。

机头的长度可根据泥料的性质来确定，塑性指数高，含水率大，处理均匀的泥料挤出时机头可以短些，反之则要长些，真空挤出机要求挤压力高，相对要长些。机头的长度一般为 120～250mm，真空挤出机机头一般长度不小于 200mm。

为了灵活掌握和调节机头长度，可以在挤出机的泥缸与机头或机头与机口之间安装定位块（真空挤出机往往两处都有）。

为了使挤出机能量消耗低，生产效率高，泥条质量好，除了选择适当的机头长度外，还要正确选择机头断面积缩小的比值（即泥缸和机头有效断面积之比），即缩小系数，这个数值最好介于 1.2～2 之间，生产实心制品取大值，生产空心制品取小值。

在机头大端 100mm 处外表要钻有装压力表的孔，以测定设备工作时的挤出压力。机头的材料一般为铸钢，也有钢板焊接。机头的加工精度应予以保证，两端内壁对轴心线的对称度其差值不得大于 2mm。

（三）成型装置

承重空心砖是通过一种特制的成型模具——机口和芯架挤出成型的。而芯架又是装在机口内的。芯架由芯头、芯杆和刀架三个部分构成。芯架固定芯杆，芯杆前端固定芯头，整个芯架固定在机口的后端。如图 2-10-9 所示。

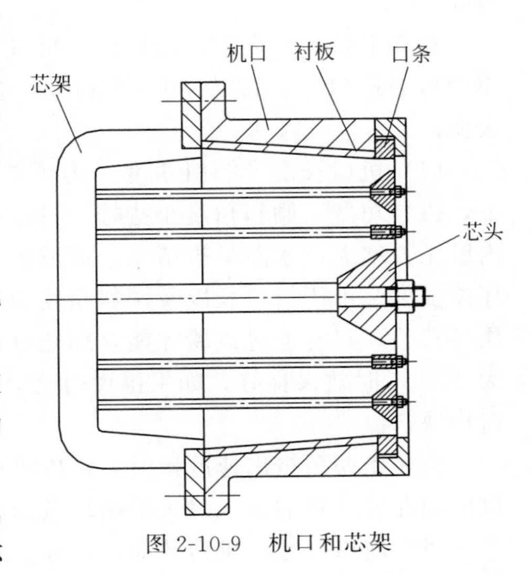

图 2-10-9　机口和芯架

成型时，原料被螺旋铰刀推向机头形成泥流后，前进一段距离使遇到芯架大刀片被割开。当通过芯架以后，又再结合（称二次结合），然后继续前进至芯杆中间，这时不断被压缩挤实。当泥流运动至接近机口出口的芯头中间——再挤压阶段，这时坯条的有效面积大大缩减，直至离开机口，即呈连续的有孔洞的规则坯条。

由此可知，空心砖成型与实心砖的不同点是：由于机口内装有芯具，泥流在机头、机口部分遇到障碍物多、阻力大（芯杆越多，或者成型水分稍低阻力更大），从而使挤出机所需功率增大，此时，如果不采取其他措施，则产量会大大下降。因此，生产空心砖时，既要使泥流在机口内通过芯具顺利成型，又要采取措施减少阻力，并尽可能使所有接触面上的阻力均匀，以降低负荷，提高产量。对此，应当根据原料性能和设备条件，通过试验，对具体问题进行具体分析、因地制宜，力求从各方面采取措施与这一特点相适应。

生产普通砖时，成型装置就是机口（出口）；生产空心制品时，成型装置则包括机口和芯具。

1. 机口

机口的作用在于使从机头中挤出的坯料再挤压密实，具有制品所需的横断面形状和尺寸，并使坯条形成光滑平整的表面。

机口尺寸的选择（长度及内表面锥度），随泥料的性质、含水率、加工均匀程度及成型挤压力而异。

机口前端的尺寸，应根据成品尺寸及湿坯在干燥、焙烧过程中的总收缩率确定，其计算公式为：

$$A'=\frac{A}{1-\delta} \tag{2-10-28}$$

式中 A'——湿坯（即机口前端）尺寸；

A——成品尺寸；

δ——总收缩率，$\delta=\frac{\text{湿坯尺寸}-\text{成品尺寸}}{\text{湿坯尺寸}}$。

普通砖的成型装置可用铸钢制成，也可用钢板焊接；机口上部留两个孔，通过管子向孔内引水进行润滑，机口内壁有顺的和横的沟槽，槽上覆盖铅皮或铁板做成的金属鳞片，机口的四周用镀锌铁皮或马口铁镶上，保证泥条各角光滑，各鳞片的搭接处留有1～2mm的缝隙。

在真空挤出机上生产空心砖，机口内壁可以没有锥度，且泥条表面不需要润滑，但要采用较短的机口，长度为80～95mm。还可采用内壁有锥度的机口，而且用水润滑泥条的表面。

（1）机口长度及倾斜角度　为了减少坯料在机口内的摩擦阻力，保证坯条紧密的前提下，机口短些，倾斜角度小些好。机口过长，倾斜角度过大，不仅成型负荷增高，而且机口内壁压力增大，水路易被堵塞，造成坯条周边开裂不能成型。但也不能过短过小，否则影响坯体强度。由于机口长度及倾斜角度的选择，与泥缸、机头、螺旋的结构及原料、掺料的性质等有关，只有通过试验才能合理地进行选定。当机口长度在110～250mm，内壁倾斜角度为3°～6°时效果良好，如果锥度过大，泥条在挤出时受到很大的摩擦力而形成棱角上的锯齿形缺口。

当坯条四角挤出速度慢时，可以将机口的四角做成弧形，又称“后耳朵”或“腰子形”，以增加此处坯料的进入量来平衡坯条速度。

（2）前口尺寸　机口的前口尺寸，直接关系着成品的尺寸，它根据成品的规格加坯体干燥和焙烧的总收缩值而定。

软塑挤出时，为消除坯体滑行，切坯及运输振动产生的大底现象，前口底边长度应比上边长度短1～3mm。

(3) 水槽　水槽就是位于机口内壁的走水凹槽。每条水槽横断面一般做成10mm×10mm，可做成3～5条（随机口长度不同而异）与机口断面平行的等距环形水槽，并在机口上方环形水槽之间开槽相通，使之构成水路网。机口上方有孔，以接水管，用阀门控制成型时需要的润滑水。

第一条水槽与前口的距离不超过芯头长，可位于芯头挤压区的中心处，使坯条进入芯头挤压区后保证有水润滑。例如，有的砖厂生产KP2型空心砖芯头长60mm，第一条水槽与前口的距离则定为45mm。每条水槽之间的距离一般为25～27mm。

(4) 铁皮的镶钉　机口内部钉有分层（又称分段）的白铁皮或黑铁皮，这种铁皮又称“鳞片”。

它以水槽来分层，顺着泥流方向层层相压。第一层是连接前口的无水槽一段，其余按水槽分的层次，顺第一条水槽朝后方向往下数，分别为第二层、第三层……直到最后一层。

“鳞片”可采用0.5～0.75mm的白铁皮制作（也有用锯片制成的，较耐磨）。每层的宽度各有不同，第一层为前口到第一条水槽边沿（不包括第一条水槽）的距离（即无水槽段），从第二层起为水槽宽度加水槽间距，再盖过水槽15～17mm外，另加适当宽度，使之能卷入机口后，进行固定。

“鳞片”下面装有梳齿皮（又称“水梳”），它起着扩散润滑水的作用。为使坯料成型减少阻力，增加润滑水量，梳齿皮可采用0.3～1mm几种厚度不同的白铁皮或黑铁皮制作，从前口往后口逐层增大，以确保润滑水前小后大。梳齿皮的宽度比“鳞片”稍窄，齿的长度比梳齿皮的宽度稍短，齿宽和两齿的间距一般均为6～8mm。

梳齿皮与“鳞片”相重叠的四角放有用白铁皮做成的“小角铁”。小角铁呈等边直角。第一层小角铁两边宽10mm，长15mm；第二层到最后的小角铁两边宽17.5mm，长35mm。小角铁的尾端剪成45°的箭尾形。

2. 芯具

芯具包括芯架、芯杆、芯头等。

芯具是成型的关键装置。它起着穿孔成洞，调节坯料速度的作用，对空心砖能否成型，有直接影响。因此，对芯具的设计和制造的要求是很严格的，由于各地原料性能、挤出设备、产品规格及孔型选择不同，芯具的设计和制造会有一些差异，只有因地制宜，通过实验才能确定。

(1) 芯架　芯架又称“刀架”“横担”，它由大、小刀片组合而成。如图2-10-10、图2-10-11所示。通过刀片座和钢垫板固定在机口后端，用以安设芯杆。大刀片通常做法是将一块条形钢板做成桥形，钢板断面做成流线形和梯形，然后按孔洞的排列需要，在其两侧拼焊若干小刀片（有的厂制作芯架已取消小刀片，用芯杆直接弯成45°角后与大刀片焊接，两椭圆芯杆之间用相同直径的圆钢焊接成三角形，加工方便，省工、省时，使用情况良好）。大小刀片可用20号或45号钢板或弹簧钢板制作，在具有足够刚度以确保芯杆稳定的前提下，尽量做得窄而薄。刀片与芯杆是焊接起来的。较细的芯杆可在刀片孔穿过，端头焊牢，也可直接焊在刀片上。在保证焊牢的前提下，焊缝应尽量小而光滑，芯杆要焊正。为了使尺寸准确，间距均匀，一般都应加夹具固定后制造。设计芯架时，应注意以下几个问题。

① 保证坯料二次结合良好，避免坯料通过大刀片被分割后，重新愈合不佳，在坯体体

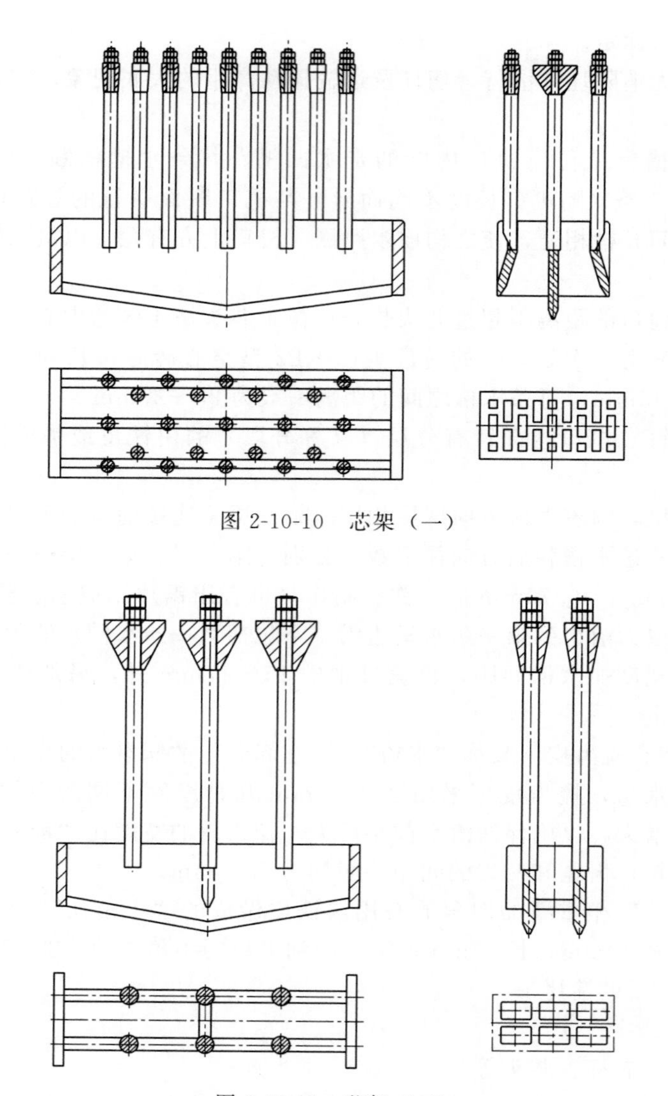

图 2-10-10 芯架（一）

图 2-10-11 芯架（二）

内留下刀片伤痕，即所谓“芯架裂纹”。这种裂纹十分有害，严重时将刚成型的砖坯，在芯架位置处轻轻用力掰开，即可发现有一种光滑的痕迹；轻微的到干燥过程中才显现；特别轻微的只有当砖坯“回潮”或“受冻”后才可发现，或在烧成后显现。由于“芯架裂纹”难以观察，而又对成品强度影响甚大，如有发生则数量很多，因而是一个需要警惕的问题。

避免“芯架裂纹”的措施，最重要的是保持大刀片的末端到机口前口有一个合理长度，称为“愈合长度”。这一长度的选择应综合考虑以下因素。小孔、多孔砖芯杆芯头较多，通过芯架而来的坯料，在此又被许多芯杆、芯头劈乱，对伤痕“愈合”有利，这一长度可稍短；大孔、少孔则应稍长；刀片越厚则应适当加长；黏性差的原料比黏性强的原料需要更大的长度。总之，这一长度应通过实验来确定，一般为 230～270mm 或更长。

其次，可将芯架两端的支座伸进机头后，嵌入其两侧内壁，从而使坯料不通过或很少通过芯架两端的刀片座，对解决二次结合来说，亦有较好作用。目前有的砖厂采用一种四角芯架（图 2-10-12），对减少芯架裂纹获得了良好效果。这种四角芯架是将原来支撑在机口后口顶面的两个刀片座，改为支撑在机口后口四角的四个刀片座。这样改了以后，大刀片的长度缩短，四个支座厚度减薄，从而使通过机头送入机口的坯料，不再在砖坯两顶面处被大刀片和刀片座分割，芯架裂纹得以大大减少。

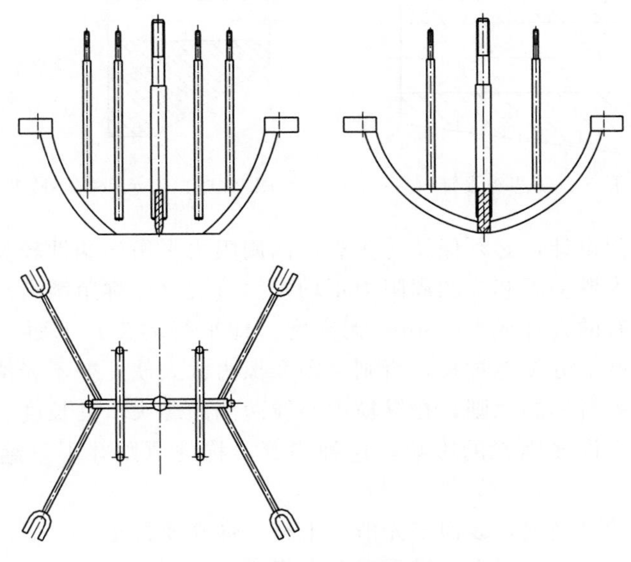

图 2-10-12　四角芯架

② 生产小孔、多孔、大孔或少孔空心砖其小刀片的排列，应在整个芯架之间分布平衡对称排列，形成一个比较均匀的出泥通道。这不仅对出泥均匀有很大作用，同时又可以分散坯料在芯架上的阻力。如果芯架阻力过于集中，则坯料难以通过，甚至有损坏机器或挤坏芯架的可能。

③ 在机口后部分，大小刀片最后一端横截面积的总和，不应超过机口前部芯头大头一端截面积之和，否则将影响坯体强度。

（2）芯杆　芯杆应具有一定的刚性和弹性，挤出时泥料通过后才不至于使芯杆受泥料的挤压而产生变形或移位。如果芯杆偏斜，就要产生并芯，而使孔洞错位，孔壁距离不均，这将使制品报废或严重影响其强度。因而芯杆多采用冷拔碳素圆钢等材料制作，其直径随孔洞的大小和多少而定，小孔多孔直径小些，大孔少孔直径大些，一般为 4～12mm，并做成根部粗些，端头细些。端头具有螺纹，以便用螺母与芯杆连接。为调节泥速度平衡，走泥快的部位用较粗较长的芯杆，走泥慢的部位用较细较短的芯杆。据此，为克服坯条在机口内四周走泥慢，中心走泥快的问题，芯杆的布置应从四周向中心逐渐加粗加长。

（3）芯头　制作芯头的材料有钢和陶瓷等，以陶瓷芯头经济性为好。有一种硬质合金芯头耐磨性较好，但价格较贵。

芯头有锥度，中心穿芯杆，大头向外，用螺母牢固。芯头的大小、数量决定与砖的孔型设计。芯头的长短和锥度，按机口内的阻力大小和挤出机的机械性能来考虑。一般中间走泥快，中心芯头可适当长些，或小头端面大些；四周摩擦阻力大，走泥速度缓慢，周围芯头可短些，或小头端面小些，以便使出料速度达到平衡。所以一套模具的芯头往往是长短、大小不一。图 2-10-13、图 2-10-14 为承重空心砖芯头设计。

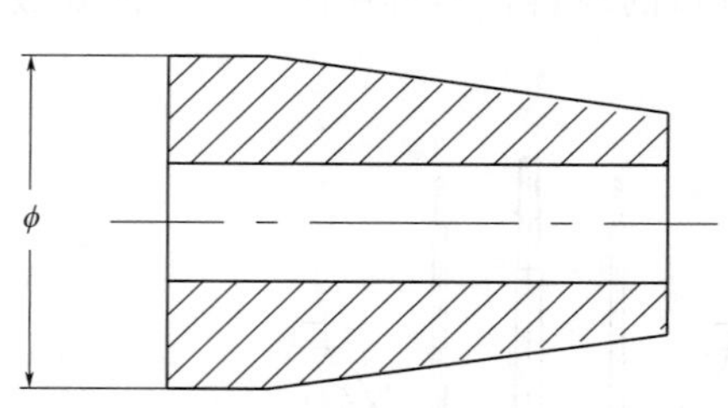

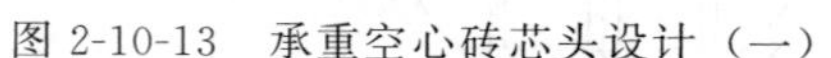

图 2-10-13　承重空心砖芯头设计（一）

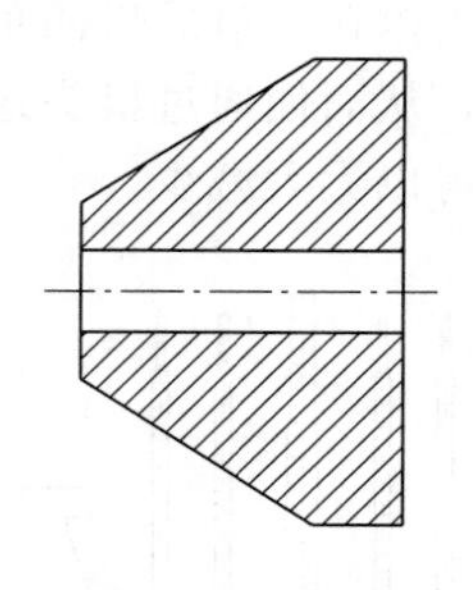
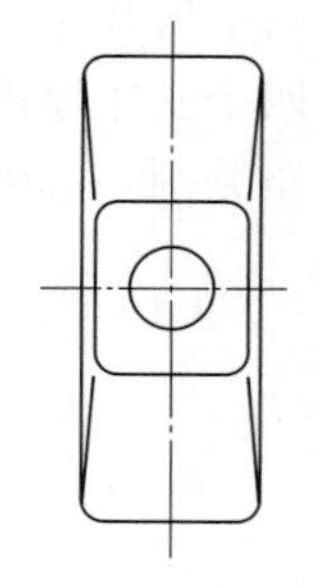

图 2-10-14　承重空心砖芯头设计（二）

芯头的外形和端面设计，必须保持芯头表面四周阻力平衡，塑性较高、黏滞性大的原料更应注意，否则孔洞内壁会因芯头四周阻力不均发生节裂（亦称鱼鳞裂）弊病，对此应通过试验确定。芯头末端有的设计成 3～5mm 无锥度（即平行端头）平面，目的是使形成的孔洞不易变形，但无锥度部分不能过长，否则会因摩擦力太大使孔壁不光滑。

芯头的排列按均等对称的原则，在纵横中心线两侧的芯头，其长度、锥度都应是均等对称的。当然，有的受到许多因素的影响，这种均等对称的原则并不是绝对的，可通过试验确定。

制作芯头时，尺寸要确定，表面要光滑、平整、穿孔要打正。

此外，芯头是易损件，消耗大，需要经常更换，应有备件。

3. 设计和制造空心砖成型设备

设计应注意以下事项。

① 机口的形状应有利于空心砖的成型，特别是四角的成型，如有的砖瓦厂将机口后端面四角扩大，从后面向前面逐步过渡到和制品相同的形状。

② 合理布置空心砖的孔洞，以便形成均匀的泥流。

③ 尽量采用小尺寸的芯架，一般情况下芯架在泥流截面的总面积，应小于制品孔洞的总面积，芯架几何形状要合理，以减少阻力。

④ 芯架要有一定的斜度，以减少对泥料的阻力和有利于孔洞的成型，芯头的长度要根据其所在位置确定，位于中心部位的芯头要长一些，远离中心部位的芯头，长度要依次减短，而其表面锥度要依次递增，以便各部位泥料的挤出速度一致。

⑤ 芯架到机口前端面的长度通常叫愈合长度，其值不宜太小，否则，泥料通过弧形柄不能很好愈合，制品在干燥和焙烧时就会出现裂纹。

（四）受料箱

挤出机的受料箱是接受已处理好的泥料的装置，在受料箱安装一对平行于铰刀轴线的压泥装置，当压泥装置和螺旋铰刀相对旋转时，落下的泥料被夹在中间，随即被推进泥缸。如图 2-10-15 所示。

进料口长度通常为铰刀直径的 1.2～1.4 倍。进料口一般为正方形，这样上下级既可以平行布置，又可以 T 字形布置。如果为长方形，则需增加一个过渡连接箱。

为了延长受料箱的寿命，其内腔下部的半圆形部分，带镶有半边衬套，衬套的结构及安装形式与泥缸衬套相同，属于易损件。

真空挤出机的受料箱，除了担负接受泥料的任务外，还和真空箱一道组成了一个密闭空间，泥料的真空处理就是在这个空间进行的，因此，受料箱的结构和质量，必须满足“真

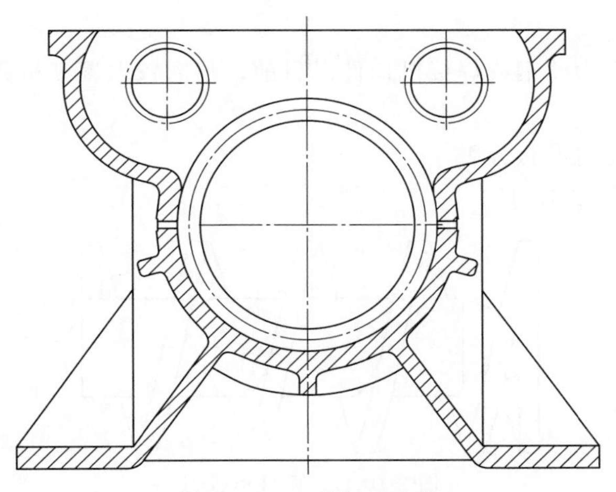

图 2-10-15　受料箱示意

空”需要。因此除安装其他零件部位及进料口外，其余为完全密闭的。

铰刀轴的轴承以及压泥板轴轴承都坐落在受料箱上，为了安装检修方便，受料箱上安装轴承杯，轴承杯安装在受料箱上，压泥板轴承及主轴轴承则分别安装在各自的轴承杯内。

受料箱的后部设有齿轮箱，这样设计改善了从铰刀轴到压泥轴装置之间的齿轮传动的工作条件，受料箱一般为铸件，也有钢板焊接的。

受料箱由于体积大、重量重、内壁不能有渗漏、裂纹、渣孔等缺陷，其结构又是壁厚悬殊，孔眼多、型腔复杂，因此给设计、造型、造芯增加了困难。

一般双级真空挤出机受料箱毛坯采取如下工艺措施。

① 采用侧立式，三箱造型和浇注。

② 以浇注位置为准，不同方向采取不同的收缩率，高度方向 0.7%，长度方向 5%。

③ 端面及侧面加工余量按相关标准中的 8 级精度选取，为保证轴孔加工，轴孔加工余量略大，按 9 级精度选用。

④ 型砂配比严格控制造型，造型时，砂型硬度符合相关规定。

⑤ 重要、关键砂型，根据其特点，分别采取切实可行的办法制作和固定。

受料箱的机械加工必须具备以下金属切削设备。

① B2010A 龙门刨，或 B1016A 龙门刨。

② 612 镗床或类似规格的卧镗及落地镗床（图 2-10-16）。

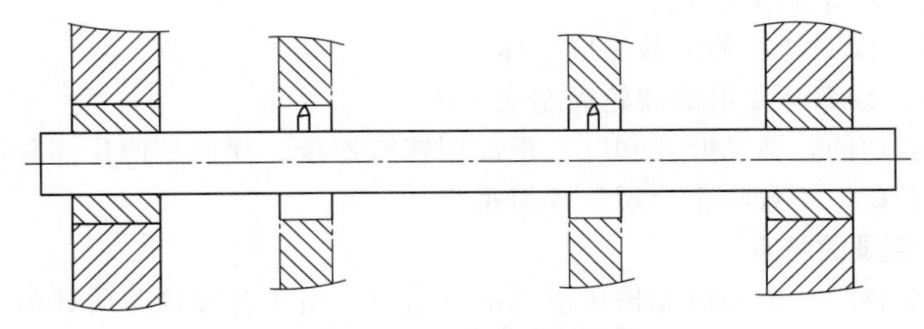

图 2-10-16　镗床多刀镗杆

机械厂可自己设计专用镗床，两个压泥板轴承套孔及过渡齿轮轴承孔一次性加工（三根镗杆同时加工），主轴轴承杯孔及泥缸孔采用多刃同时切削，可大大提高劳动效率。

（五）铰刀

铰刀材料以前通常为铸钢或焊接机构件。目前，耐磨铰刀逐渐得到了广泛的应用。

1. 铰刀的分类

（1）按照铰刀的几何形状分类

① 圆柱形铰刀（图 2-10-17）。

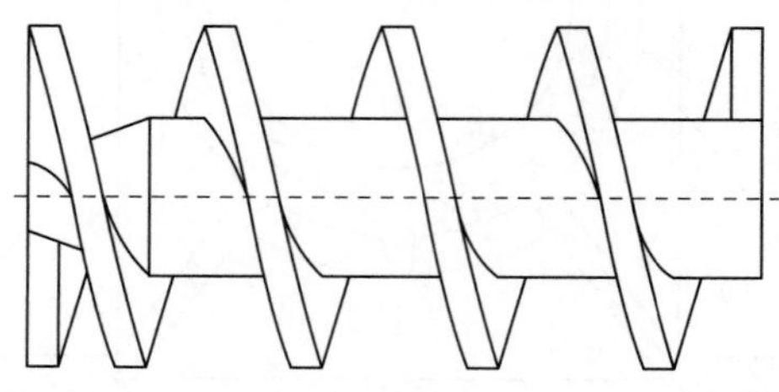

图 2-10-17　圆柱形铰刀

② 圆柱圆锥组合形铰刀（图 2-10-18）。

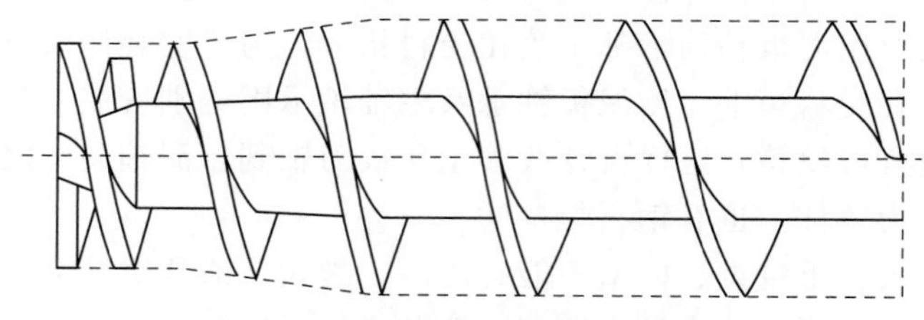

图 2-10-18　圆柱圆锥组合形铰刀

③ 全长为圆锥形铰刀。

（2）按照螺距分类

① 等螺距铰刀，各节铰刀的螺距相等。

② 不等螺距铰刀，沿着泥料前进方向，铰刀螺距减少或增加。

全长为圆锥形铰刀，由于叶片间容积逐渐减少，泥料不断压缩，容易得到致密的制品，但由于泥缸必然也为圆锥形，对泥料阻力大，功率消耗大，铰刀及泥缸制造也有麻烦，故很少使用。

圆柱形和圆柱、圆锥组合形铰刀应用较为广泛，特别是不等螺距的圆柱形铰刀，也具有容积逐渐减小的特点，且容易制造，所以越来越被人们所重视。

（3）按照铰刀的结构形式分类

① 整体铰刀，铰刀叶片和轮毂制成一体。

② 组合铰刀，铰刀叶片根部和轮廓制成一体。

叶片外圈是活动的，活动叶片和叶片根部用螺钉连接。优点是镶片部分可以采用耐磨材料，磨损后可以更新，不致将整个螺旋铰刀报废。

2. 一组铰刀各段的特点

一组铰刀由受料段、中间段和挤压段三部分组成。由于各段铰刀所处的位置和担负的任务不同，它们的结构也有所不同。

（1）受料段　位于进料口长度范围内的铰刀称为受料段铰刀，其任务是接受泥料并快速把松散泥料输送给中间段铰刀。

当采用不等螺距铰刀时，在整组铰刀中，受料段螺距最大，而在全长为圆锥形的一组铰刀中，受料段的直径最大，因此，它们的受料和输送效果较好。

受料段最后一节铰刀的前端，考虑到与相邻铰刀的连接，制成轮毂端面与叶片厚度中心线平齐的形式，叫做“连接形”；而后端不再有相邻铰刀，即不需要“连接形”，通常轮毂端面也与叶片厚度中心线平齐，但将叶片超出轮毂端面的部分去掉。如图 2-10-19 所示。

（2）中间段　位于受料段和挤压段之间，其主要作用是输送泥料，还有对泥料进行搅炼、匀化和一定程度的挤压作用。

中间段铰刀两端都有相邻铰刀，因此，都为连接形。

（3）挤压段　位于整组铰刀的最前端，其结构如图 2-10-20 所示。它的作用是对泥料进行最后的挤压，使泥料通过机头、机口而成型。挤压段铰刀的特点如下。

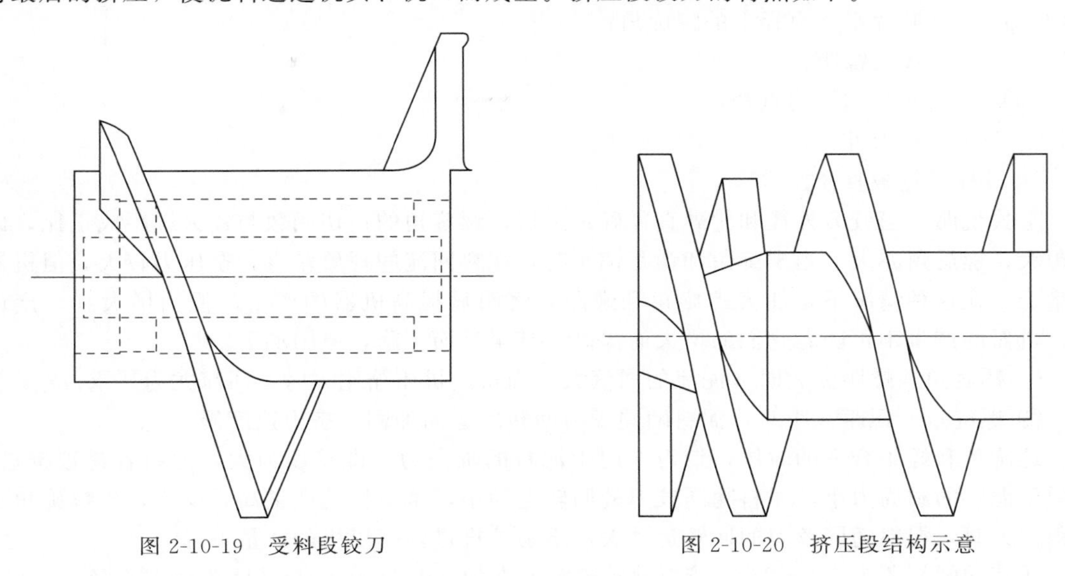

图 2-10-19　受料段铰刀　　图 2-10-20　挤压段结构示意

1）挤压段铰刀为双线或多线螺旋，它可以起到下列作用。

① 均匀地压缩泥料，减小坯条中的内应力，进而减少制品在干燥、焙烧中的变形和裂纹。

② 使铰刀轴上的轴向载荷均匀，进而增强机器的稳定性。

老式挤出机双线螺旋为半个螺距，阻力大，机器产量低。实践证明：当双线螺旋为铰刀螺距的六分之一到三分之一（即在圆周上占 60°～120°）时，制品的质量能够保证，挤出机产量高，动力消耗小。

2）为了适应机头内壁的倾斜，减少动力消耗，更有效地压实泥料，挤压段铰刀叶片向前倾斜为好，倾斜角度一般在 5°左右。

3）为了使泥料脱离铰刀时的空心直径减少，挤压段铰刀的轮毂通常制成圆锥形，最前端制成半球形封口。

3. 铰刀技术参数的选择

（1）铰刀总圈数　在铰刀轴转速和铰刀螺距一定的情况下，总圈数少，机器产量高，但总圈数太少，泥料容易产生回流，进而降低挤出压力和挤出机的产量，对于真空机出机，由于泥料搅炼、匀化过程短，制品质量也不能保证，总圈数太多，铰刀轴过长，动力消耗也大。

① 铰刀总圈数一般应不少于 3 圈，大致为 3～6.5 圈，非真空挤出机压力要求较低，总

圈数大致为3～4.5圈，真空挤出机要求搅炼时间长，挤压力较高，总圈数大致为4～5.5圈。

② 泥料塑性较高时，总圈数可少些，反之总圈数可多些。

（2）螺旋角和螺距　如同螺纹一样，铰刀叶片各个圆角上的螺旋角是不相等的，外径上的螺旋角最小，轮毂处的螺旋角最大。通常所说的铰刀螺旋角，是指其叶片平均直径上的螺旋角。

螺旋角的计算公式：

$$\tan\alpha_{平}=\frac{S}{\pi D_{平}}=\frac{2S}{\pi(D+d)} \tag{2-10-29}$$

式中　$\alpha_{平}$——叶片平均直径上的螺旋角；

S——铰刀螺距；

$D_{平}$——叶片的平均直径；

D——铰刀外径；

d——轮毂直径。

上式说明：当铰刀外径和轮毂直径确定之后，螺旋角的正切函数与铰刀螺距成正比，即螺距大，螺旋角亦大。当螺旋角和螺距偏小时，泥料回流的现象较少，挤压力较大，但机器产量低。在这种情况下，加大螺旋角和螺距，将明显提高机器的产量，但当增大到一定值后，机器的产量不再随着它们的增大而提高，甚至反而下降，原因如下。

① 螺旋角、螺距太大时，泥流的回流大，当挤出机压缩比大时，回流尤为严重。

② 螺旋角、螺距太小时，泥料随同铰刀回转的运动加剧，挤出速度慢。

螺旋角和螺距合适的时候，铰刀作用于泥料的轴向力，即挤压力大，泥料容易被推进，作用于泥料的圆周力小，泥料随同铰刀的回转运动小，挤出机的产量高，反之，当螺旋角和螺距太大时，泥料随同铰刀的回转运动大，不易被推进，挤出机的产量下降。

适宜的螺旋角为15°～23°。铰刀前端螺距通常为（0.6～0.8）D（D为铰刀直径）。

4. 铰刀轮毂的选择

铰刀轮毂也是影响挤出机产量和制品质量的因素。轮毂大，铰刀的有效挤压面积小，机器产量低；轮毂大，泥料的空心大，使制品的密度差。所以，应当尽量选择小的轮毂直径。铸钢、焊接结构铰刀的轮毂直径一般为所在铰刀轴径的1.3～1.5倍。

5. 延长铰刀使用寿命的措施

（1）铰刀的失效形式　分析铰刀的失效形式，首先应该分析铰刀和它的工作对象——泥料之间的相互运动情况。即处于叶片周边的泥料质点与铰刀叶片的相对速度大于叶片根部的泥料质点与叶片的相对速度。铰刀叶片圆周与泥料相对运动的速度，可由下式求得。

$$V_{x}=\frac{\pi D_{z}N}{60\cos\alpha} \tag{2-10-30}$$

式中　V_{x}——铰刀叶片与泥料的相对速度，m/s；

D_{z}——泥料质点所在的铰刀圆周直径，m；

N——铰刀转速，r/min；

α——泥料质点所在圆周的螺旋角，(°)。

铰刀叶片与泥料相对速度大的部位，磨损亦大，因此，铰刀的失效形式是：叶片外圈磨损严重。

铰刀的磨损是很快的，其磨损速度除了和铰刀轴转速有关外，还和挤压力及土质有关。

挤压力大，土质差（如含砂量高、杂质多等），铰刀磨损速度快。一般情况下，一副普通非耐磨材料的铰刀生产 50 万～100 万标准砖，就要修复。

（2）延长铰刀使用寿命的措施

① 采用组合铰刀，即前面所叙的镶片式铰刀，叶片外圈选用耐磨材料并进行热处理。

② 叶片表面喷焊合金粉末。

③ 铰刀外圈工作面堆焊耐磨材料，其堆焊宽度约为 $1/4(R-r)$，厚度 3mm 左右，硬度可达 HRC60 以上。工作面如磨损到一定程度，可继续堆焊，可延长铰刀的使用寿命。

④ 采用整体耐磨材料，精密铸造。

6. 铰刀的制作

1）以焊接式铰刀为例，ϕ400mm 直径铰刀制作的工艺流程如下。

① 放样及下料。

已知螺旋面的外径 D(400mm)、内径 d（120mm）和导程（螺距）S（350mm），可用计算法计算展开尺寸，如图 2-10-21 所示。

$$l=\sqrt{S^2+(\pi d)^2}=514.3(\text{mm})$$

$$L=\sqrt{S^2+(\pi D)^2}=1303.9(\text{mm})$$

$$d_0=\frac{2cl}{L-l}=182(\text{mm})$$

$$D_0=d_0+2c=462(\text{mm})$$

$$\alpha=\frac{\pi D_0-L}{\pi D_0}\times 360°=36.6°$$

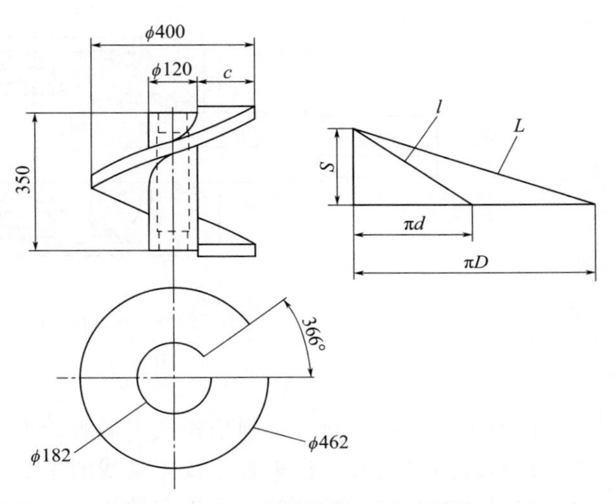

图 2-10-21 螺旋面展开尺寸计算

② 按上述尺寸在钢板（δ=14mm）上画线，并留加工余量，割出 D_1=472mm、d_1=172mm 的同心圆画环。

③ 在车床上加工出 D_0=462mm、d_0=182mm 的圆环，表面粗糙度为 Ra12.5μm。

④ 气割（或剪床剪切）。在 D_0=462mm、d_0=182mm 的圆环上划出 α= 36.6°的缺口线并割（剪）出缺口。

⑤ 变形。变形有许多方法，在一般中型厂采用油压机或压力机在模具上压制，这种工艺通用性强，不同参数的铰刀，只用更换模具即可。在设备条件差的小厂，如无压力机，可采用把叶片拼焊在一起套在锻造轴上，在外力作用下将其冷拉成螺旋状。

⑥ 组焊。将加工好的钢管及已变形好的叶片组装在工艺轴上进行组焊，待冷却后取出即为加工好的铰刀。

2）耐磨铰刀采用消失模真空实型铸造，热处理淬火后，表面修磨光滑。

（六）铰刀轴

1. 铰刀轴的分类

按照铰刀轴和铰刀连接形式可以分为以下几类：

① 圆柱形平键连接的铰刀轴，如图 2-10-22（a）所示。

② 圆柱形切向键的铰刀轴，如图 2-10-22（b）所示。

③ 方形铰刀轴，如图 2-10-22（c）所示。

④ 多边形铰刀轴，如图 2-10-22（d）所示。

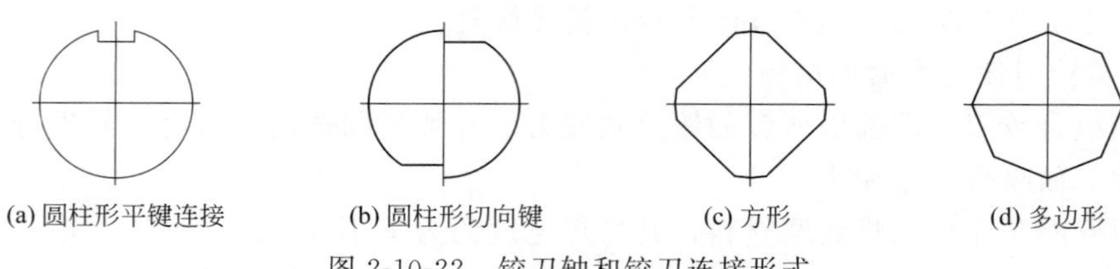

图 2-10-22 铰刀轴和铰刀连接形式

受料箱后壁装配轴承座，装有双列调心滚子轴承和推力调心滚子轴承，此处的密封尤为重要，它还起防止外界空气经轴承室进入受料箱内腔的作用，如图 2-10-23 所示。

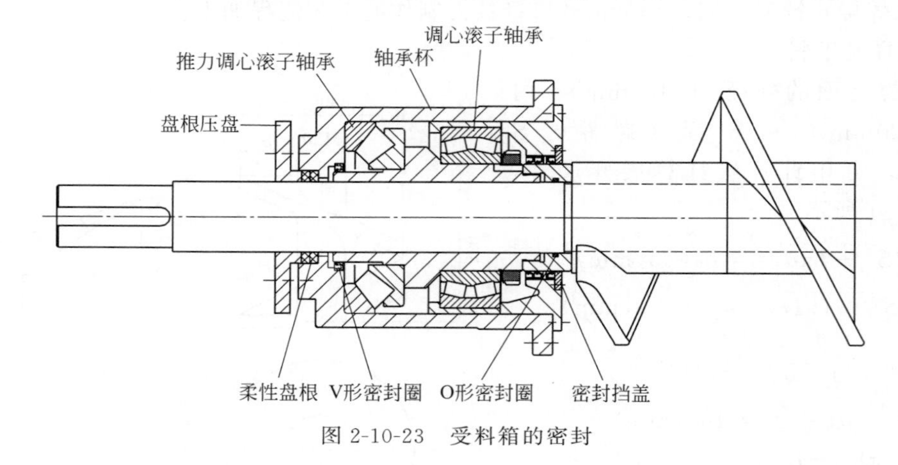

图 2-10-23 受料箱的密封

铰刀轴的回转方向，必须根据铰刀的螺旋方向来确定。确定铰刀的螺旋方向的方法是沿着泥料前进的方向看，在垂直于铰刀轴线的平面内，右旋铰刀的回转方向应为逆时针，左旋铰刀的回转方向应为顺时针，可以归纳为一个法则，即“右旋左转，左旋右转”。现大多数厂家生产的铰刀为右旋铰刀。如图 2-10-24 所示。

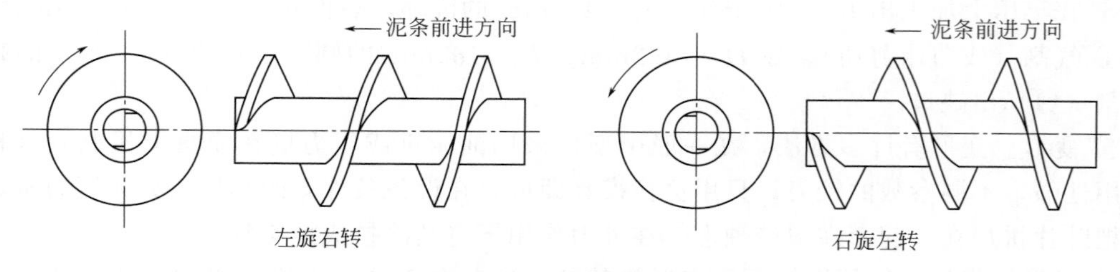

图 2-10-24 铰刀的回转方向

2. 铰刀轴尺寸的确定

从保证铰刀轴运转平稳的角度来说，铰刀轴轴承至夹壳联轴器的中心距离越大越好，但该距离太大，机器的外形尺寸和重量随之增加，很不经济。两轴承中心距太小，则悬臂段长，挠度大，会使铰刀轴运转不平稳，挤出机产生摇头现象，如果“摇头”过大或超过一定界限，必然会影响整机性能，损坏零部件，以致造成停工停产。

实践证明：若铰刀轴轴承中心至铰刀前端的距离为 L_1、至夹壳中心距离为 L_2，则当 $L_2/L_1 \geqslant 0.7$ 时，铰刀轴能保持平稳运转。如图 2-10-25 所示。

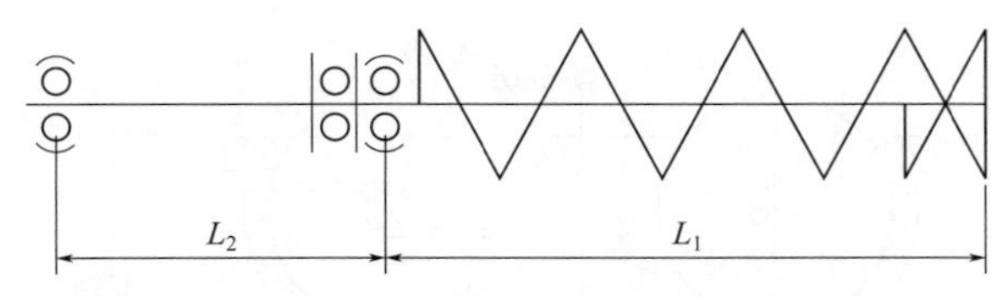

图 2-10-25　铰刀轴支承部分示意

铰刀轴是挤出机的主要零件，其材质不能低于 45 号锻钢并调质处理，轴承安装部位加工精度不低于 GB/T 1800.2—2009 中 IT7 要求，表面粗糙度不大于 1.6μm。不得有任何加工缺陷与材料自然缺陷，最小轴径应按机械设计一般规律选择，适当加大安全系数。

(七) 压泥装置

1. 压泥装置的作用

在没有压泥装置时，泥料在受料箱进料口内的运动情况如下。泥料靠自重落下，进入受料铰刀的叶片之间，由受料端铰刀输送给中间段铰刀，即进入泥缸。但由于受料端铰刀上半边是敞开的，在铰刀的回转作用下，一部分泥料沿着上边铰刀各点的切线方向被抛开，黏附在受料箱的右壁上。泥料的塑性越大，黏附现象越严重，黏附的泥料越积越多，直至发展到在受料铰刀上方搭起泥棚，使泥料无法进入受料铰刀的叶片之间。对双级真空挤出机来说，上一级的泥料不停地进入真空箱，致使真空箱堵塞，即“蓬料”现象。

压泥装置正是为了消除上述现象而设置的。压泥装置的另一个作用是在它的回转范围内把泥料强制压下，以加快泥料进入受料铰刀的速度。

2. 压泥装置的分类

(1) 按照压泥装置的几何形状分类

① 压泥板；

② 压泥辊；

③ 压泥爪。

(2) 按压泥轴的数量

压泥装置可分为单压泥装置和双压泥装置。

因为压泥辊是圆柱形的实体零件，占据了进料箱进泥口宽度尺寸的相当部分，减小了进料口和受料铰刀之间的通道，给泥料的下落带来了困难；另一方面压泥辊只能靠其光滑圆柱面与泥料之间的摩擦力将泥料带下，其强制压泥作用甚微，即使有的压泥辊开了许多轴向沟槽，增大了压泥面积，但轴向沟槽磨损很快。压泥板则相反，它占用位置小，强制压泥作用大，因此得到广泛应用。压泥爪优点也很多，但制造成本比压泥板高。

双压泥板比单压泥板好，因为在受料箱进料口两侧都实行强制压泥。

3. 压泥板的构造

压泥板的构造如图 2-10-26 所示。它是由压泥板、压泥板轴、轴承等零件组成。压泥板用螺栓固定在压泥板轴上，压泥板轴的两个轴承装在受料箱前后壁的轴承室里（有的后轴承装在受料箱后盖板上），受料箱前后壁的轴承孔内侧都设有密封装置，压泥板轴的后端装有齿轮或单独驱动装置，也有的装在主传动的减速器里。

最简单的压泥板是把规格合适的钢板，铣出若干个长圆形螺钉孔，即可装配使用。长圆孔用来调整压泥板的回转半径，即调整压泥板与铰刀的间隙。这种压泥板容易制作，但由于它是整体的，不易变形，当它和叶片之间，或与其外壳之间有硬物卡住时，如果压泥板因刚

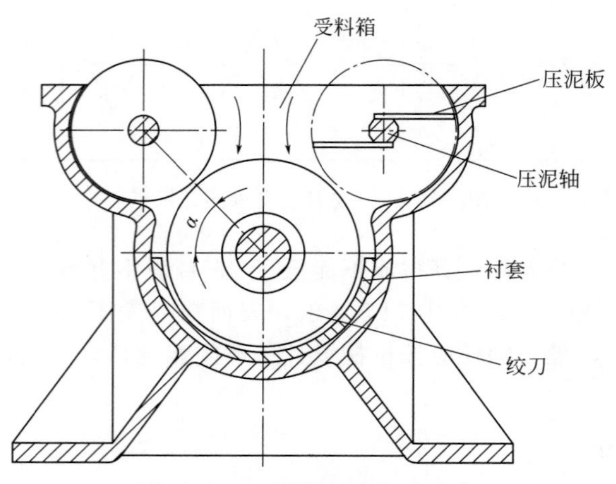

图 2-10-26　压泥板的构造示意

性好不变形，就导致压泥板轴弯曲或打坏压泥板齿轮。所以，为了减少或避免这种情况，常将压泥板制成带槽的，遇硬物卡住时，压泥板能变形，如图 2-10-27 所示。

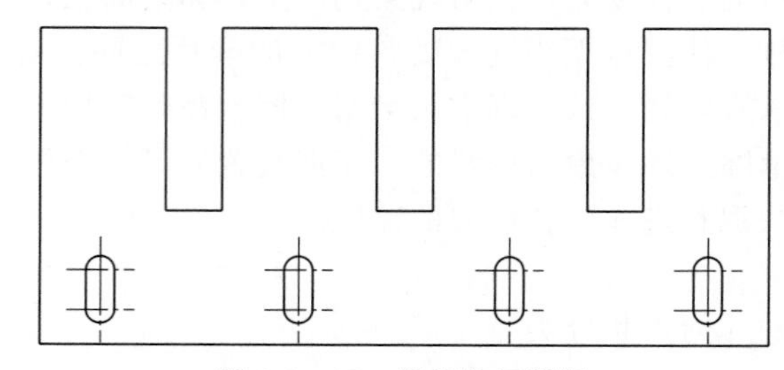

图 2-10-27　带槽的压泥板

还有一种分散布置的压泥板，其构造如图 2-10-28 所示，即它把整体压泥板分成四块，块与块之间在圆周方向错 90°，用螺栓固定在轴上。这种压泥板的优点是容易制作，阻力小，并且安全。真空挤出机大部分采用这种结构。将压泥板安装于轴上时，要注意方向，因为它的工作面大而且是平的，没有兜泥现象，阻力小。

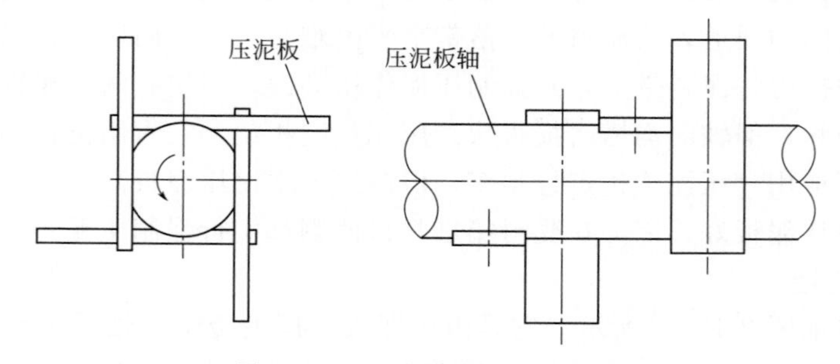

图 2-10-28　分散布置的压泥板

4. 压泥板技术参数的选择

（1）转径　同轴上的两压泥板外侧边缘的距离叫转径。通常取铰刀直径的 0.5～0.7 倍。

（2）转速　压泥板轴的转速，通常为铰刀轴转速的 1.5 倍左右。

（3）α 角　压泥板轴心、铰刀轴心连线与铰刀轴水平中心线的夹角（图 2-10-26 中的

α 角），在 40°～50°范围内效果较好。

(4) 长度　压泥板的长度略小于受料箱进料口的长度，两端与受料箱内壁的间隙应不超过 5mm。

（八）搅拌轴

双级真空挤出机上级主轴称为搅拌轴，搅拌轴的构造如图 2-10-29 所示。

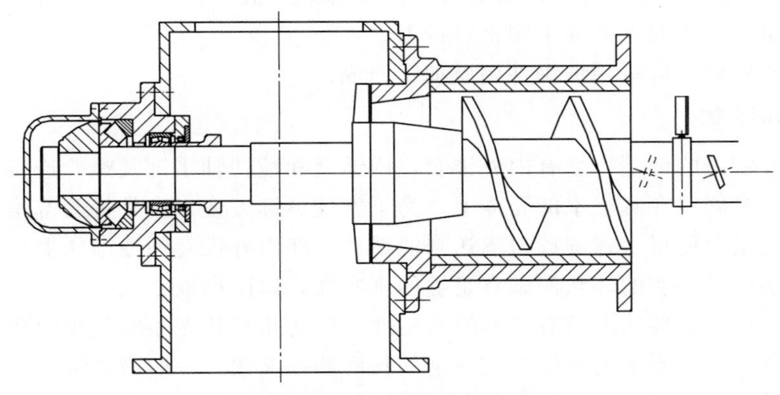

图 2-10-29　搅拌轴的构造

搅拌轴的前端通过真空箱的内腔，其前轴承（调心滚子轴承）装在真空箱前壁的轴承室内，此轴承室里还装有调心推力滚子轴承，搅拌轴的后轴承装在齿轮箱后端轴承室内，为了装配、拆卸和维修方便，碎泥装置（切泥刀）、锥套、锥度缸、泥缸及密封铰刀都制成对开的，密封铰刀用键或螺栓固定在搅拌轴上。

搅拌刀实际上是非连续铰刀，其组合螺旋的旋向必须和密封铰刀的螺旋方向一致，所有搅拌刀与轴线的倾斜方向应一致，角度大小应适当，才能实现对泥料均匀而有规律地搅拌和输送。

搅拌轴各轴承的受力情况及其回转方向的判断方法都与铰刀轴相同。必须注意，双轴搅拌的两根搅拌轴必须按照一定的条件进行组合，才能正常运转，这些条件如下。

① 两根搅拌轴上的密封铰刀的螺距相等，螺距方向相反。往轴上装配时，必须保证让两螺旋的起点（如图 2-10-30 中 A、B 点）位置相同。

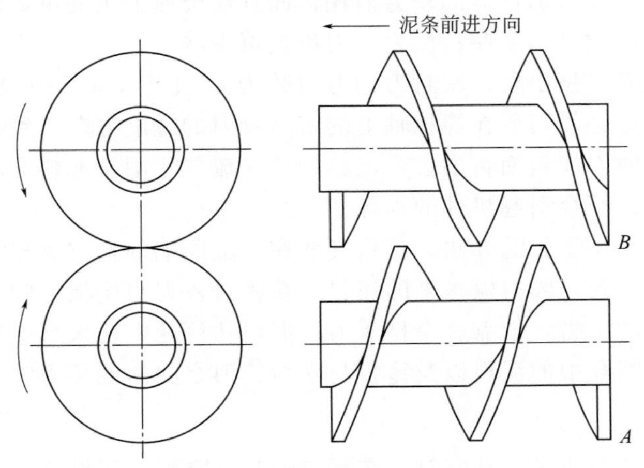

图 2-10-30　旋转方向示意

② 两轴的转速相等，转向相反，且两密封铰刀的可见螺旋线均向两轴的对称中心转动。如图 2-10-30 所示。这说明：在双轴搅拌中，每根搅拌轴的回转方向是根据它在搅拌缸内的位置确定的，是不能改变的。密封铰刀的螺旋方向是根据搅拌轴的回转方向决定的。沿着泥料的前进方向看，右边的搅拌轴应逆时针转动，即采用右旋铰刀；左边的搅拌轴应顺时针转动，即采用左旋铰刀。

③ 搅拌刀的组合螺旋方向所在轴上的密封铰刀的螺旋方向一致。两轴的搅拌刀组合螺距相等，对两组合螺旋起点的要求同密封铰刀。

搅拌轴属于长轴，应采用锻钢件调质加工而成。

（九）内外锥套

在密封对开铰刀的前端，装有内外锥套，内锥套和搅拌轴用键及螺栓连接，并随搅拌轴一起旋转，外锥套固定在真空室的壳体上，为了安装拆卸方便，内外锥套都是对开式的。

内外锥套的组合使得从螺旋铰刀输送来的泥料，在内外锥套间逐渐压缩成环状，随着泥料不断向前输送而被挤实的环状泥条有足够的密实性，以防抽取空气时，空气进入真空室。

为了保证被挤实的环状泥条有足够的密实性，以防止环状泥条漏气和因两端的压力差将泥条自动吸入真空室，要求内外锥度有一定的长度和压缩比，一般内外锥套的长度不应小于 230mm，压缩比不应低于 3.5，但不能太长和太大，否则将使动力消耗增加。

外锥套的内圈及内锥套的外圈应有一定的硬度。JC/T 343—2012 规定，其硬度数值应不小于 HRC50。

（十）切泥装置

从内外锥套挤出的环状泥条在进入真空室时，被安装在前面的切泥刀切成碎片，然后自由下落至受料箱中。切成碎片的目的是增大泥料的表面积有利于泥料中的空气抽出。

切泥刀又叫密封刀，也为对开式，其对开方向与内锥套相错 90°，固定在铰刀轴上并和搅拌轴一同旋转。

图 2-10-31 是真空挤出机的双密封刀，当两根搅拌轴分别带动左右密封刀按前头方向回转时，密封刀刀齿的切削刃不断地将泥料切成碎片，被切碎的泥料沿着刀齿斜面从刀齿件的空隙挤出。

刀齿的数量越多，泥料被切得越细，越有利于泥料的真空，但刀齿数太多，对泥料进入真空箱的阻力太大，不仅增加机器的动力消耗，而且还会使上级的供泥速度减慢，当上级的供泥速度偏高时，刀齿数可多一些；反之，刀齿数可少些。

现在主要型号的真空挤出机，密封刀的刀齿数为 4～8 片，设计和装配密封刀时保证密封刀刀齿的倾斜方向，必须与所在搅拌轴上的密封铰刀的螺旋方向一致；否则，密封刀的刀削刃将失去作用，同时刀齿斜面将失去对泥料的“导流”作用，泥料会向相反方向运动，使机器不能正常工作，甚至会引起机件的损坏。

有的真空挤出机采用篦板的办法，篦板安装在泥缸前端的真空室箱壁上，并与密封铰刀保持一段距离。由（密封）铰刀输送来的泥料，在密封铰刀与篦板之间的空间进行挤压，使泥料密实并形成一定的压力，依靠这个挤压力将泥料从篦孔中挤入真空室，真空室的密封则是由篦板和被密实在篦孔中的泥料以及篦板与密封铰刀之间的泥环来实现。

（十一）过滤器

为了防止空气中的杂质进入真空泵，在真空箱与真空泵之间设置过滤器。

目前，常用的过滤器如图 2-10-32 所示。

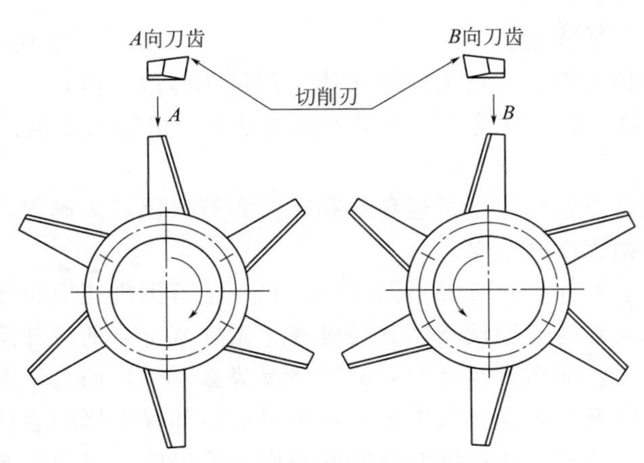

图 2-10-31　真空挤出机的双密封刀

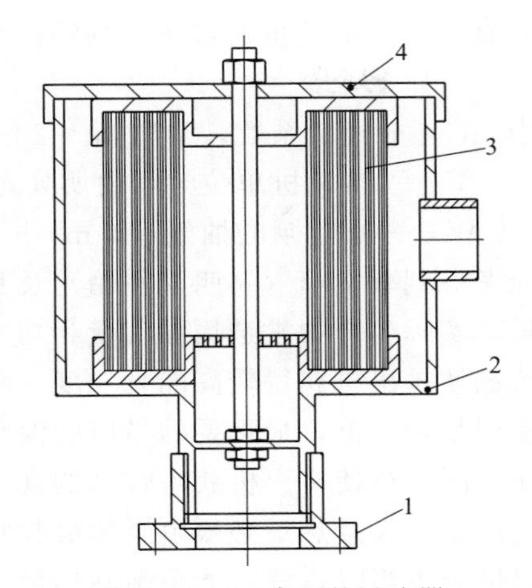

图 2-10-32　常用的过滤器

1—法兰；2—过滤体；3—滤网；4—盖板

真空箱内泥料中的空气，由于真空泵的作用，经法兰进入过滤器体内，由滤网过滤后，经过滤器体下侧的管进入真空泵而被排出。

过滤器主体为圆管车制而成，嵌入件槽内，接触处加 O 形密封圈密封，法兰与真空箱接触处也需加 O 形密封圈密封。

空气由丝网过滤后排出，掺杂在空气中的泥屑，被过滤网所阻止，沉降于过滤器体内。

（十二）料位监控装置

目前生产的许多真空挤出机均设计安装了料位控制器，它由一件插入变料箱的触杆及传感系统组成。

当受料箱中泥料超过一定量，调定的触杆发出信号，通过传感系统使上级离合器控制开关断电，上级停止供料，下级继续工作，当下级泥料减少到一定程度，上级离合器启动，上级搅拌系统继续供料，从而使受料箱中的泥料容积保持在一定范围。

（十三）压力表

挤出机泥缸内工作压力是重要参数之一，它能直接反映制坯质量。

现在采用的一种薄膜电极式压力表，直接装在挤出机头的正上方，当挤出机工作时，操作者就能从压力表直接读出该挤出机的工作压力。又因为泥缸内的泥料压力，除了与泥料本身的物理特性有关外，还取决于泥料含水率，对于某一种泥料，当挤出机各项设计参数固定后，挤出机压力便与泥料含水率有关，因此，挤出机机头装有压力表后，还能间接地测出机内泥料含水率与机头内泥料压力值的关系。

（十四）真空挤出机的主要配套部件

1. 真空泵及其真空管路

真空泵及其真空管路是挤出机的重要组成部分，主要包括真空泵、安装于真空泵进气管路的空气滤清器（如气、油、水分离器）、真空表。真空表装在真空箱上方，直接反映挤出机在工作时真空度的大小，它的示值一般是－0.1～0MPa。数值越接近－0.1MPa，则真空度越好，制造出的坯体密实度越高，因此，提高真空度是提高空心制品质量的关键所在。实践经验表明，选用适宜的真空泵及其真空管路有利于挤出机的正常工作，易于获得高质量的坯体。

真空泵的抽气量通常按下列经验公式计算：

$$W = CV \qquad (2\text{-}10\text{-}31)$$

式中　C——经验系数，常取 10～20（挤出机的产量大时取小值，产量小时取大值）；

V——挤出机单位时间内所处理的松散泥料量，可近似地认为是其产量的 1.2 倍；

W——真空泵的抽气量，m^3/h。

考虑到真空箱（又叫受料箱）及其真空管路等不可避免地存在泄露等原因，为确保产品质量，实际生产中常选用抽气量和功率稍大的真空泵。

欲使挤出机获得较高的真空度，除了确保密封良好不漏气外，在一定范围内还取决于操作使用是否规范，最重要的是应确保真空泵能连续运转，其关键在于做好真空泵的冷却降温工作。因为欲使挤出机获得较高的真空度，那么流经真空泵的气体量势必减少，而真空泵泵腔内产生的大量热量必须由泵体吸收和散发到外界大气中去，若不采取冷却降温措施或冷却降温措施不当时，就不能平衡其热量，会造成泵体温度的急剧升高而被迫停转。对水环泵等以水为工作介质的真空泵，高温使水产生的气体将大幅降低真空度，并使结垢现象加剧。

真空泵的选择是真空系统设计的重要一环，目前，我国生产的真空泵很多，各有其优缺点，选择哪一种真空泵要根据厂的环境、气候、工艺条件、经济性等综合考虑。

2. 离合器

20 世纪 90 年代以前，国内生产的砖机的离合器几乎都是片式摩擦离合器，这种离合器使用比较可靠，制造也不困难，缺点是轴尺寸比较大，与减速箱配合使用时需要增加离合器轴的支承和联轴节，这种离合器不能实现自动控制，需增加一套操纵机构。

气动离合器由于结构简单，能实现自动化操作和远距离控制，近几年在砖瓦行业得到了广泛应用，气动离合器又有两种结构形式：①轴向气动离合器；②径向气动离合器。在真空挤出机中使用较多的是轴向气动离合器。

轴向气动离合器结构合理、重量轻，能自动调整磨损间隙，减小对电网的影响，并对机件有过载保护作用，对于大负荷带载启动的设备，可减小电机瞬间启动的电流，并且可在电器控制台上集中操纵，实现遥控，也便于自动控制。轴向气动离合器的结构形式如图 2-10-33所示。

轴向气动离合器由三个部分组成，即主动部分、被动部分和气室。主动部分由带轮、内齿圈等零件组成。主动部分通过电动机带动带轮传动而旋转。

气室是由密封盖、气膜、气膜外压盖、气膜内压盖等零件组成，气室是使摩擦片获得轴向力的机构，气室的密封性能、气膜的耐用度直接影响到整个离合器的使用情况和寿命。

被动部分在离合器的内部，它由摩擦片、毂盘等零件组成，毂盘通过键与减速器高速轴连接，当气室内获得压缩空气时，被动部分才能工作。

在负荷情况下，将气阀旋至进气位置，压缩空气进入气动离合器内气膜一侧，使气膜产生膨胀，推动内齿进退盘，克服弹簧阻力，推压摩擦片、中间盘、毂盘，形成足以能带动工作负荷的摩擦副，带动减速机高速轴，从而实现工作机的运转。

在空载情况下，将气阀旋至放气位置，离合器气膜一侧与大气相通，压缩空气排出，由于弹簧的反作用力，使摩擦副分离，此时三角带轮空转，从而停止了工作机运转。

轴向气动离合器无论从技术性能的可靠程度，还是从经济效益的明显提高来看，都远远优于径向气动离合器。常用的有 ZQL-2700、ZQL-5900、ZQL-8500。

3. 减速器

多年前，在砖瓦工业使用普遍的减速器是 ZQ 型圆柱齿轮减速器（即原来的 PM、JZQ

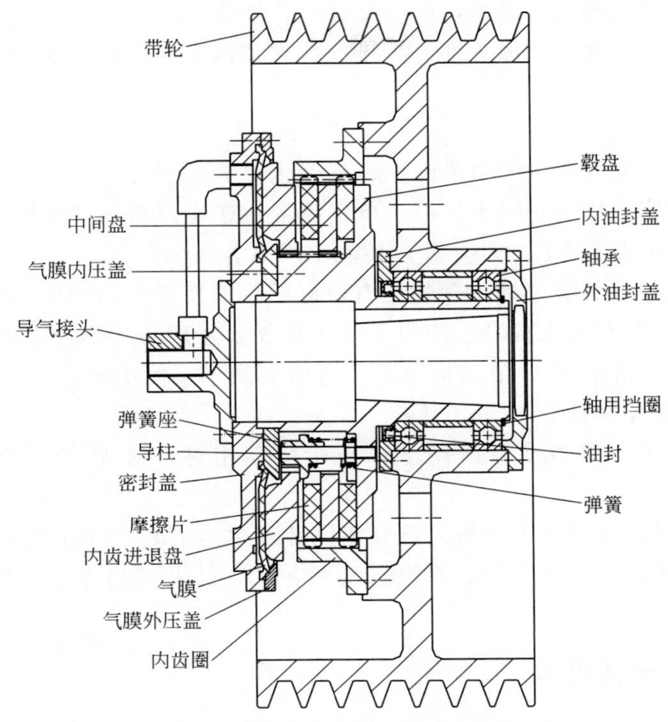

图 2-10-33　轴向气动离合器的结构形式

型减速器）。

1991 年，国家提前淘汰 13 种减速器老产品，其中包括 ZQ 型减速器，目前推荐使用硬齿面减速器，有的行业使用效果很好，已逐渐代替了 ZQ 型减速器。

硬齿面减速器与原 ZQ 型减速器相比有如下特点。

① 减速比范围宽；

② 机械传动效率高，双级大于 94%；

③ 运转平稳，噪声低；

④ 体积相对小，重量轻，使用寿命长，承载能力高；

⑤ 易于拆检，易于安装。

随着减速器工业的发展，硬齿面减速器必将代替 ZQ 型减速器。

现挤出机大多采用非标减速器（也叫集中传动减速器），即电机输入的动力，经减速器减速分上下两部分输出，上部双轴输出驱动压泥板装置，下部驱动挤出系统，集中传动结构简单紧凑。

4. 电机皮带

窄形三角胶带（简称窄 V 带）传动是近年来国际上普遍采用的一种传动形式，由于它的传动性能大大优于普通 V 带，是三角带传动中最有前途的形式之一。

（1）结构特点

① 窄 V 带的相对高度比普通 V 带大；

② 顶面呈弓形，可使带心在受力后仍保持整齐；

③ 侧面为内凹曲线，当胶带在带轮上弯曲时，侧面变直，完全填满带轮槽，并均匀地楔紧在带轮槽内；

④ 胶带底面有较大的圆角过渡，可避免胶带前期磨损；

⑤ 强力层材料为高强度的涤纶绳心，排放位置稍高于标准件，使中性层上移，压缩层高度也相应地加大。

（2）性能特点

① 传递功率大，它所传递的功率比普通 V 带大 0.2～1.8 倍。

② 设备结构紧凑，传动空间小。由于单根胶带传递能力增加，可以大大减少所需胶带的根数，再加上窄 V 带本身尺寸小，所以传动空间显著减小。

③ 使用寿命长，由于窄 V 带在运转中有较好的挠曲性能，两侧面的内凹形结构，减少了两侧的摩擦损失，从而大大提高了使用寿命（寿命可达 10000～20000h）。

④ 经济效果好，由于窄 V 带结构紧凑、占用空间小、使用寿命长、使用和维护简单，能使传动机构的总费用降低 20%～40%。

⑤ 提高传动效率，节约能源消耗。窄 V 带传动相对普通 V 带而言可提高传动效率 3%～5%。

其尺寸及型号的选择见有关手册。近几年设计及生产的真空挤出机均普遍采用窄 V 带传动，老的非真空挤出机大多数仍沿着普通 V 带传动，从发展趋势看，窄 V 带传动必将在砖瓦行业占主导地位。

五、装配及安装要求

（1）所有零部件必须经检验合格，外购件应符合相关国家与行业标准并须有合格证方可进行装配。

（2）非减速器的齿轮副的接触斑点沿齿高不小于 40%，沿齿长不小于 50%。

（3）装配后铰刀轴端径向圆跳动应不大于 1mm，浮动轴结构不做要求。

（4）整体式铰刀结构外圆与泥缸衬套内壁的最大间隙，挤出端铰刀直径小于 500mm 的应不大于 4mm，大于或等于 500mm 的应不大于铰刀直径的 0.8%。

（5）浮动轴结构铰刀下缘与泥缸衬套内壁不碰擦，上缘与衬套内壁最大间隙，铰刀直径小于或等于 500mm 的应不大于 8mm；大于 500mm 的应不大于铰刀直径的 1.6%。

（6）搅拌刀与搅拌槽衬板内壁的间隙不大于 10mm。

（7）压力表装在机头正上方距铰刀端部 100mm 处，插入深度应不超过机头内表面。

（8）大小带轮安装后，轮宽对称平面的相对位移不大于中心距的 2/1000，轴线平行度允差不大于 6/1000。

（9）外观要求如下。

① 挤出机表面应平整、光洁，不得有碰伤、划伤和锈蚀等缺陷。

② 外露连接部位部件安装相对尺寸误差机械加工时不大于 0.5mm，非机械加工时不大于 2mm。

③ 涂漆防锈应符合 JC/T 402—2006 的规定。

六、安装及调试工艺

（一）真空挤出机的密封系统

挤出机的真空度高低是衡量该设备的关键技术性能指示之一，它直接影响各种原料的适应性和坯体内部与外观的质量好坏，见表 2-10-5。

表 2-10-5　真空度对砖坯质量的影响

真空度/MPa	砖坯质量情况
−0.040	砖坯有“锯齿”裂纹，缺棱、掉角、表面粗糙
−0.050	折角现象减少，砖坯柔软
−0.060	无折角现象，砖坯变硬，表面粗糙程度减轻
−0.07～−0.080	砖坯表面光滑，砖坯密室
<−0.090～−0.095	砖坯表面光滑，棱角整齐，砖坯坚固，砖坯站人不变形

国内大多数砖瓦厂使用的真空挤出机，刚开始使用时设备的真空度往往能达到设计指标，但使用一段时间，真空度只能维持在−0.07～−0.05MPa之间，其主要原因如下。

① 真空挤出机设备系统的密封性能不好。

② 搅拌部分的泥料密封的影响。

③ 真空泵冷却条件对真空度的影响。

④ 气体进真空泵前的净化处理及其对真空度的影响。

1. 静止件配合面之间的密封

挤出机设备系统对真空度有影响的部位是：真空箱、上下主机与真空箱的连接处、主轴轴承座、空气过滤器、管道和阀门处，这些部位密封状况的好坏对真空度的提高影响极大，因为在运转中，整个系统处于负压状态，真空度越高，负压越大，极易产生漏气现象。

解决的措施是：对于真空箱与密封缸，真空箱与受料箱，受料箱与泥料之间及相关的零部件均提出足够的热处理及加工精度要求，配合面之间加工O形槽，采用橡胶O形密封圈代替过去的纸垫、橡胶板等简易的密封方法，螺栓孔采取盲孔，如结构上确需螺孔打穿时，在孔的端面加工凹台，放入O形密封圈（O形密封圈的材料最好采用耐油橡胶）。

各管道、阀门、真空箱等零件连接，除加O形密封圈，还需涂密封胶。

2. 相对运动件之间的密封

相对运动件之间的密封部位主要有：搅拌轴两端、压泥板轴两端和下级铰刀轴的中部。前两者只要设置：盘根、V形、O形橡胶密封圈三种结合一体的方式，就完全可以解决密封问题。但主要的关键是如何处理后者的密封问题，因为从铰刀轴的中部轴承支点中心到轴前端的轴向长度约为1400～1750mm的悬臂段。从受力角度分析来讲，铰刀中部轴承处将产生一个周期性变化的径向力，即产生了弯曲挠动的趋势，使包裹在主轴中部轴承处附近轴颈上的石棉盘根（石棉盘根自身弹性极小）与轴颈表面形成了间隙，真空度越高，负压越大，此处漏气越严重，如长时间漏气极容易把轴承杯内的润滑油抽干，使轴承烧坏，齿轮寿命减短。国内大多数真空挤出机在使用中真空度不能长期处于良好的状态，关键原因就是此部位密封结构处理不妥。怎样提高这个部位的密封性能，是当前我国真空挤出机设计制造中的一个突出问题。

采取迷宫槽、O形、V形橡胶密封圈和性能高于石棉盘根材料的柔性盘根四者组合式密封形式，如图2-10-23在结构布置上使V形橡胶密封圈的开口背向负压，使橡胶圈的开口圆周面始终紧紧地包着轴径，不会产生间隙，真空度越高，压力差越大。橡胶圈开口与轴径也就贴得愈紧，密封效果越好，实践证明这种装置是可靠的。

3. 搅拌部分的密封

所谓搅拌部分“放炮”，就是指搅拌部分压缩段泥料在较高真空度时被击穿，使真空度突然下降到零位的现象。由于“放炮”现象的产生，突然失去真空抽气的作用，造成真空箱内泥料严重返泥而无法成型。

在运转中，可以发现真空度在600mmHg以上时，经常出现放炮现象。“放炮”以后，真空表指针很快跌落到零位，不仅要出几板烂泥条，无法成型，而且造成真空箱内泥料严重堵塞，影响主机的正常运转。因此，如何消除成型过程中的“放炮”现象，是稳定真空、保证连续生产的重要条件。

关于“放炮”现象的发生，主要有以下三方面的原因。

① 原料进料不均匀，造成搅拌部分压缩段密封泥料变短而被击穿。

② 泥料在搅拌混合时加水过多，泥料含水率过高，被压缩的密封泥料强度较差，较易被真空抽力击穿。

③ 搅拌部分锥形空腔压缩比比较小，造成密封泥料被压缩的密度较小，在较高的真空度时被击穿。

针对这三方面的问题，要求运转中随时保证泥料进料的均匀性，水分波动不能太大。规定在整个成型过程中，成型含水率不得高于18%（湿基）。搅拌部分锥形空腔比λ做了相应增大，在$2\leqslant\lambda\leqslant2.6$的范围内优选。

制定行之有效的操作制度，调整搅拌部分锥形空腔的压缩比，即可基本上消除成型过程中的“放炮”现象。

（二）挤出机的装配

挤出机的加工零件检验合格，各种配套件，外协件已齐备，即可进入装备阶段。

1. 零件装配的一般要求

① 为保证装配质量，零件在装配前不论是新件还是拆卸时已经清洗过的旧件，都应进一步加以清洗，加工时所留下的毛刺应用细锉修光。

② 在装配前，应对所有零件按技术要求进行检查，以免在装配过程中出现返工现象。

③ 对于不能互换的零件，应按拆卸、修理或制造时所做记号装配，不要混乱。

④ 对运动零件的摩擦面，均应涂润滑油脂。

⑤ 对经过修理或更换而可能改变平衡性能的重要旋转零件，如离合器的大皮带轮等，应进行静平衡试验，具体方法及要求见下面有关章节。

⑥ 所有附设的锁紧制动装置，如开口销、弹簧垫圈、止退垫片等必须按机械原理配齐，不得遗漏，垫圈安装的数量不得超过规定，开口销不得重复使用。

⑦ 严格注意轴承的密封处理，有油封槽的轴承盖均须设置毡圈，迷宫式密封装置要注意控制配合间隙不宜太大。

⑧ 装定位销时，不准用铁器强行打入；装轴承及齿轮等零件时，不准用铁器直接打击。

2. 受料箱内零件的装配

① 主轴轴承内圈必须热套装入。热套法是把轴承放入机油或水中（轴承保持架若是塑料的，只宜用水），如加热到90～100℃，趁轴承受热膨胀时，把它套在轴上，但是在装配中，随着轴承的冷却，内圈端面可能靠不到轴肩，应再用辅具加以锤击，使内圈紧贴轴肩。

② 轴承套及轴承外圈许多厂是用卧式压力机或立式压力机，压入受料箱及轴承壳内，也有用铜锤慢慢打入，但效率较低，且安装效果不好。

③ 主轴上及迷宫套上各种密封零件必须安装到位，如有连接处需用密封胶粘好，密封零件不得漏装。

④ 安装两个啮合齿轮时，两个齿轮在轴向的位置应该平齐，否则局部磨损严重，压泥

板两平行轴必须平行。如因轴承孔磨损而造成不平行时，就需要用修理轴承孔的办法和镗孔镶套、刮削等加以纠正。

在实际装配中，两齿轮轴的中心距往往装得与理论尺寸稍有出入，对两啮合齿轮的齿侧隙大小有影响，侧隙过大，传动不平稳，侧隙太小，则会使齿轮在工作时“咬住”，两种情况都会产生很大噪声，加剧齿轮磨损，都是不允许的。

齿轮的中心距由轴承孔的中心距所保证，所以受料箱的各孔加工尺寸公差、形位公差都是很重要的。

⑤ 铰刀装入前有可能发生擦缸或间隙过大现象，应事先进行检查。

⑥ 在受料箱中部的盘根处，安装盘根时，注意各圈盘根之间要互相错位，防止在接头处漏气。并在各圈盘根之间均匀地涂上一层黄油，主要作用是此处轴承套表面能得到充分地润滑，防止缺油工作，以免过早磨损轴承表面（或轴表面）几何尺寸出现漏气，盘根压盖的压紧程度应达到该处无漏气现象就可以了，不必压得太紧，以免增加盘根与轴套（轴）表面不必要的磨损，而且会增加电机的载荷。

⑦ 铰刀轴的轴承前端内、外迷宫槽内应加入少许黄油，以减少内、外迷宫槽之间的摩擦。

3. 上下级供料量的调整

在生产标准砖、承重与非承重空心砖时，其上一级对下一级的供料量是不同的，可以通过改变上级搅拌刀角度和增减上级工作转速来解决。

上下级电机皮带轮应根据生产的不同产品装配不同大小的小皮带轮，以达到合适的对应转速。

4. 气动离合器的静平衡

具有一定转速的转动件（或称转子），由于材料组织不均匀，零件外形的误差（尤其具有非加工部分），装配误差以及结构形状局部不对称（如键槽）等原因，使通过转子重心的主惯性轴与旋转轴线不相重合，因而旋转时，转子产生不平衡离心力，其值由下式计算：

$$C=\frac{G}{g}e\omega^2=\frac{Ge}{g}\left(\frac{\pi n}{30}\right)^2 \tag{2-10-32}$$

式中 G——转子的重量，kg；

e——转子重心对旋转轴线的偏移，即偏心距，mm；

n——转子的转速，r/min；

ω——转子的角速度，弧度/s；

g——重力加速度，9800mm/s^2。

由上式可知，当转速高的转子，即使具有很小的偏心距，也会引起非常大的不平衡的离心力，成为轴或轴承的磨损、机器或基础振动的主要原因之一。

气动离合器由于转速高、直径大，所以，在装配时，必须进行单面（静）平衡试验，平衡品质等级与许用静不平衡应符合 GB/T 9239—2006 中平衡品质等级 G16 的要求。

（三）挤出机的安装

挤出机的安装必须在熟悉该设备的人员指导下进行，安装过程中应注意以下事项。

（1）按照设备说明书，了解所安装的挤出机的构造组成部分及其互相关系。

（2）按照设备出厂清单，检查设备及附件是否齐全，运输过程中有无碰伤和损坏现象，发现缺件和损坏应立即向制造厂或运输部门提出。

（3）根据厂房条件或工厂施工设计确定挤出机及整个机组的安装位置，真空挤出机还要确定真空泵、空压机、水箱的合理布置。

（4）按照设备基础图，浇注混凝土基础，施工中要特别注意基础的标高及地脚螺栓预留孔的位置，养护期一般为15～20d，基础达到规定强度后，必须经过检验合格，方可进行设备安装。

（5）设备安装前要准备好标准垫铁，放置在基础上应合理，将设备吊放在垫铁上，装好地脚螺栓，进行找正找平，检查合格进行二次浇灌。

（6）二次浇灌达到规定强度后，对机器进行校正。

① 校正设备的水平及各部位的关系尺寸，使其纵横方向的水平度，达到说明书要求。

② 由于真空挤出机是非整体出厂的，须将上一级按预定的布置（一字形或丁字形）安装在下一级上，真空箱与受料箱之间的密封圈要装上，然后，分别对上下级的减速器输出轴与铰刀轴（或搅拌轴）的联轴器进行校正，使两轴的位移度和倾斜度达到要求。

③ 校正窄V带传动，使大、小三角带轮的中心面在同一垂直平面内，三角带松紧程度一致。

④ 校正真空泵的位置，并连接真空泵至过滤器、真空泵至水箱（水环式真空泵）的各管道和阀门。

（7）全部校正工作完成后，紧固地脚螺栓，然后对基础进行抹面修饰。

（四）挤出机的调试

1. 调试前检查

未使用过的新挤出机安装完毕后调试之前首先应进行检查，具体如下。

① 检查所有的紧固件是否已经紧固。

② 检查所有的润滑点是否已装有足够的润滑油或润滑脂。

③ 对油池式减速箱首先应进行清洗，并检查有无杂物、金属屑等落入池中或箱中，然后按规定的润滑油牌号及数量注入池中或箱中。

④ 挤出机的传动系统采用油泵进行强制润滑时，应检查油泵的旋转方向是否符合规定要求，油的压力及循环是否良好。

⑤ 检查主电机和真空泵电动机的旋转方向正确与否。

⑥ 检查受料箱、泥缸及真空挤出机的搅拌槽内有无杂物，如有则清除之。

⑦ 检查各三角皮带的紧张程度是否一致。

⑧ 检查离合器系统开闭及操纵是否灵活。

⑨ 检查水管、气管及真空室的密封情况是否良好，阀门启闭是否灵活可靠。

⑩ 检查整个设备电气接地是否良好。

⑪ 合上离合器，人工拖动三角带，分别使铰刀轴和搅拌轴转动1～2r，如发现不灵活或时紧时松现象，须查明原因，予以消除。

在完成上述检查，确认无问题后，方可进行空车试运转。

2. 空车试运转

启动电动机达到正常转速后，合上离合器，使设备进行空转，空车试运转应达到说明书规定的时间，空车试运转过程中，应做的检查如下。

① 检查铰刀轴、搅拌轴的回转方向，是否说明书规定相符（或按前述方法检查），如发现实际转向不对，则必须停机，改变电动机的接线。

② 检查设备运转是否正常，如有异常响声或剧烈振动，应找出原因，予以消除。

③ 检查设备各润滑部位是否正常，发现过热或漏油现象，应采取相应的措施处理。

④ 检查各紧固件，消除其松动现象。

⑤ 检查离合器是否接合平稳、分离彻底、灵活可靠。

⑥ 检查轴承温升，轴承温升应不大于 35℃，最高温度不大于 70℃。

3. 重载试运转

重载试运转必须在空载试运转的基础上进行，并应注意以下几点。

① 首先开动电动机，合上离合器，设备运转正常后加料，切忌先加料后启动电动机。

② 原料应符合制砖的工艺要求，即必须经过处理含水率适当，加料应均匀适宜。

③ 为便于新挤出机的出泥，在加入泥料前，可在加料处倒入适量的水。对于真空挤出机，此时可将真空室的检查门打开，在不启动真空泵的情况下，开始加入泥料。

④ 泥料到达机头，并开始向外挤出时，打开离合器，停止喂料，然后装上机口，关上真空室检查门。

⑤ 启动真空泵，当真空泵为水环式时，启动真空泵前应现将真空泵的供水打开至规定的流量。

⑥ 合上离合器，同时从加料处均匀加入泥料，挤出开始。

⑦ 重载试运转的时间应达到设备说明的规定。

重载试运转过程中，应对机器进行检查和调整的内容如下。

a. 检查三角带传动的运转情况，必要时，进行适当的调整。

b. 检查离合器是否有打滑或脱不开和过热现象。

c. 检查设备是否运转正常，减速器、受料箱等各个轴承部位的温升应不大于 45℃，最高温升应不大于 80℃。

d. 检查真空度是否在规定范围，如真空度低于规定必须查明漏气部位，消除漏气现象。

e. 上级供料量是否适宜，如不适宜，可通过调整搅拌刀的倾斜角度的方法，加以解决。

f. 在重载试车的过程中，测量主电机的压力、电流值，检测电机功率是否有超负荷现象。如超负荷，必须分析原因，采取措施予以消除。

g. 检查挤出泥条的质量是否合乎要求，根据存在的问题认真分析原因，采取必要措施，直至符合要求为止。

重载试运转结束必须注意以下几点。

① 挤出机需要停机时，首先应停止喂料，关闭真空挤出机搅拌部分的供水、供气阀门，待挤出机的机口不再继续出泥条时方可打开离合器，关闭真空泵供水阀门，继而关闭主电机及润滑油泵电机。

② 挤出机需要较长时间停机时，应于停机后立即将泥缸、机头、机口内的泥料清理干净。

③ 调试运转中发现下级主轴向后部窜动在 2mm 以上，请检查双线铰刀前内孔端面是否与主轴前端面接触以及铰刀内孔与轴配合是否太紧，如发现应立即检修。

④ 新机器调试时，铰刀、泥缸衬板、机头等零件表面都较粗糙，摩擦阻力大，此时机器功率增大，泥条挤出速度也不能反映机器的真正能力，因此开始时供料量不宜太多（在 100 小时内应不超过规定产量的 60%），泥料含水率也同样应该适当加大一些，以保证机器有足够的磨合时间，随着零件表面的磨损，逐步增加供料量与减少含水率到工艺要求。

⑤ 上级密封铰刀需要拆装时，必须把该铰刀结合面垂直向上，把无键槽的半部密封铰

刀位于中位，待位于中位的半部密封铰刀卸下后，人工转动搅拌轴180°后卸下另半部有键槽的密封铰刀。

4. 空载试车要求

① 运转时应无异常声响和振动。

② 离合器应结合平稳，分离彻底，灵活可靠。

③ 噪声应符合JC/T 343—2012中的规定。

④ 润滑部位应不漏油。

⑤ 轴承温升不大于35℃，最高温度不得大于70℃。

⑥ 浮动轴结构空载试车时应将浮动部分卸掉。

⑦ 连续运转不得少于2h。

5. 负载试车要求

① 负载试车应符合相关要求。

② 电气控制装置应安全可靠。

③ 挤出压力、真空度和生产能力应符合JC/T 343—2012中的规定。

④ 轴承温升不大于45℃，最高温度不得大于80℃。

七、维护与修理

（一）操作程序

① 启动主电机前，应对需要添加润滑油的部位添加润滑油，并检查紧固件的紧固情况是否良好，离合器是否脱开。

② 将原存于机口前端已经趋于干涸的泥料清理干净。

③ 首先启动主电机，当主电机转速达到正常时，方可合上离合器。对采用油泵强制润滑的挤出机，启动主电机前，应首先启动油泵电机，然后才可启动主电机。喂料速度以不使真空室堵泥为限，严禁带载启动。

④ 挤出机机口尚未挤出泥条前，应将挤出机以后的设备分别启动待命。

⑤ 挤出机的机口开始挤出泥条时，打开水环式真空泵的供水阀门，启动真空泵，挤出开始，根据需要开启和调节真空挤出机搅拌部分的供水、供气（汽）阀门。

⑥ 泥料的含水率应均匀一致，不宜过高或过低，并且加泥速度应均匀，不应忽多忽少，并时刻注意观察真空表的数值。

⑦ 停机前，首先应停止加泥，待挤出机口不再继续向外挤出泥条时（挤出机主轴继续旋转时，而泥条无轴向移动），方可打开离合器，关闭真空泵、真空泵供水阀门、主电机及润滑油泵电机。用洁净的塑料布密封好加料口及机口出料口，避免泥料水分过分散发变硬，影响挤出机的再次启动。挤出机需要较长时间停机时，应于停机后将泥缸、机头、机口内的泥料清理干净，否则泥料干涸后，挤出机不能启动。

操作过程中的注意事项如下。

① 严禁在离合器未脱离的情况下启动主电机。

② 严禁在未打开减速器润滑油泵电机时启动主电机。

③ 离合器的闭合应平稳、无冲击，严禁离合器在打滑状态下做较长时间的运转。

④ 给料应均匀，严禁设备长期超负荷运转。

⑤ 严禁让金属块、卵石等硬物随泥料进入设备。

⑥ 严禁人体接触任何运转中的零件，严禁在机器运转时用手、脚或其他工具在泥料入口处捣弄泥料。

⑦ 对水环式真空泵，在运转过程中应保证水有一定的流量通过真空泵，并使水温不超过 15℃。

挤出机的定期维修，是保证挤出机能长期正常运转，并延长其使用寿命的关键，因此应根据挤出机的使用情况，如设备质量、原料性质及班次等定期进行大、中、小修，另外还要进行日常维护。

(二) 日常维护

① 按照说明书的规定，按时向各润滑点加润滑油（脂）。

② 铰刀和泥缸衬板、搅拌刀和搅拌槽的间隙大于 10mm 时，就应进行补焊，根据挤出机的工作条件，摸清铰刀、搅拌刀的磨损规律，定期补焊，使铰刀与泥缸衬套之间、搅拌刀与搅拌槽之间保证正常的间隙。

③ 经常检查紧固件，及时消除其松动现象。

④ 定期清洗真空挤出机的过滤器，使抽气系统保持畅通。

⑤ 对于机械离合器由于结合过程中摩擦片的磨损，应及时进行调整，以保证摩擦离合器结合力的要求。

⑥ 定期调整压泥板和铰刀的间隙。

⑦ 三角带应始终保持正常的张紧程度，当三角带使用到一定期限后，应进行更换，且必须全组进行更换。

⑧ 由意外事故造成零件损坏或损件已经磨损，应予以更换。

(三) 减速器润滑油的更换

① 润滑油注入要适量，油位保持在齿轮箱油标上下两条刻度线之间最适宜，使齿轮进入油池的深度为 2～3 个齿。油位过高时由于运转搅动增加阻力，产生热量，使油温升高加速变质。油位过低则带不上油，两者均影响机械寿命。

② 不同类型的齿轮油不应互相调和，同一类型调和时也可能降低油的极压性。

③ 油品只能暂时代用，代用时黏度应就高不就低，但相差不得超过 25%。

(四) 中修的内容

① 检查铰刀轴轴承的磨损情况，磨损严重时予以更换。

② 检查搅拌轴轴承的磨损情况，磨损严重时予以更换。

③ 检查压泥板轴承磨损情况，磨损严重时予以更换。

④ 如主轴、压泥板轴采用盘根密封，则应在中修时予以更换。

⑤ 采用双压泥板时，更换中间齿轮滑动轴承。

⑥ 清除摩擦离合器内的石棉屑及灰尘。

⑦ 更换齿轮箱、减速器的润滑油。

⑧ 更换铰刀、搅拌刀、压泥轴。

(五) 大修的内容

设备全部解体，对所有的零件进行检查，清洗、鉴定、更换不能继续使用的零件，重新组装和试运转。

一般情况下，大修时应更换下列零件：铰刀、离合器摩擦片、压泥板、受料箱衬套、泥缸衬板、密封盘根及各密封圈，采用双压泥板时的中间齿轮衬套、搅拌刀、搅拌轴护套、密封铰刀、锥套、密封刀。其他磨损零件则视其磨损程度而定。有些零件，大修时虽然还能坚持使用一段时间，但由于拆卸装配困难，大修时也应更换，如铰刀轴、轴承等。大修中更换下来的零件，能够修复再用的应进行修复。

大修装配时，应注意以下事项。

① 装铰刀轴及搅拌轴时，应注意各轴承的作用，必须保证轴的载荷由推力轴承承受。

② 装搅拌刀时，应保证其组合螺旋方向和所在轴的密封铰刀的螺旋方向一致。上级为双轴搅拌时，首先应根据搅拌轴的回转方向，选择并装好密封铰刀，然后根据密封铰刀的螺旋方向装配搅拌刀和选择密封铰刀。

③ 正确装配压泥板。

④ 保证铰刀和泥缸圆周方向的间隙一致。

铰刀、搅拌刀、离合器的外摩擦盘组件等磨损后可修复再用。修复的方法主要为：铰刀磨损后，通常在其叶片外圆上焊一适当规格（等于或稍大于叶片厚度）的圆钢，焊好后，将铰刀外径车至所要求的尺寸。搅拌刀的端部磨损严重，修理方法一是补焊端部；二是将端部割掉一部分，然后焊上一块新的，对接处一定要焊牢，避免重新使用时脱焊而造成机械事故。钢或铸钢密封铰刀磨损后，可将原刀片割掉，再焊上新的刀片。离合器处摩擦盘组件的修理包括更换摩擦片和修理键槽。

（六）真空挤出机常见的故障及排除方法

真空挤出机常见的故障及排除方法见表 2-10-6。

表 2-10-6　真空挤出机常见的故障及排除方法

序号	故障	原因分析	排除方法
1	离合器发热	① 气压不够，摩擦片打滑，产生高温，严重时会烧坏摩擦片 ② 过载	① 调节气压，使离合器有足够压力 ② 停机检查，一般是加水不均匀所致
2	离合器脱不开	① 外摩擦盘与大三角皮带轮内孔、内摩擦盘与内压盘配合间隙小，且有污物 ② 上述间隙较大及分离弹簧压力不一致 ③ 导向键和键槽位置不合适	① 加大配合间隙，清除污物 ② 更换内外摩擦盘，选配弹簧 ③ 修锉键槽，使导向键无阻碍
3	离合器自动脱开	气膜破损	更换气膜
4	离合器部分振动大	离合器转动部分不平衡	进行平衡
5	减速器轴承齿轮有异响	① 轴承间隙太大 ② 轴承磨损严重或已损坏	① 调节调整螺钉，使轴承间隙正常 ② 更换轴承
6	减速器齿轮有周期性的响声	新机或更换齿轮时出现，原因是齿圈径向跳动超差	严重时需要更换不合格齿轮
7	减速器过热	① 轴承过紧 ② 轴承缺润滑脂 ③ 油池油面过低或过高	① 调整轴承间隙 ② 注入润滑脂 ③ 使油池油面高低合适
8	减速器	输出与铰刀轴不同心	调整减速器高度使其同心
9	主轴承杯过热	① 减速器输出轴与铰刀轴不同心 ② 缺润滑油 ③ 轴承损坏 ④ 柔性密封润滑不良	① 拆下夹壳联轴器重新找正 ② 注入润滑油 ③ 更换轴承 ④ 检查疏通油路

续表

序号	故障	原因分析	排除方法
10	铰刀轴突然转不动	① 铰刀与泥缸衬套之间有金属等硬物卡住 ② 推力轴承松紧圈装反，轴承紧圈和轴颈烧死	① 清除硬物，并对铰刀轴、减速器齿轮进行检查 ② 更换平面止推轴承，修理损坏轴颈或更换铰刀轴
11	真空箱、受料箱蓬料	① 喂料量太大 ② 泥料水分不均匀 ③ 操作失误	① 控制喂料量 ② 采取措施使水分均匀 ③ 按操作程序工作
12	泥缸内腔有异响	① 铰刀轴弯曲或轴承磨损严重，使铰刀与泥缸衬套摩擦 ② 泥缸衬套沟槽卡住异物	① 校正铰刀轴或更换轴承，消除摩擦现象 ② 消除异物
13	泥缸过热	① 机头太长阻力大，铰刀螺距大，转速高，泥料含水率低，铰刀与泥缸衬套间隙大，返泥严重 ② 铰刀与泥缸衬套摩擦严重	① 调整机头铰刀螺距转速、泥料含水率等参数，修补铰刀或更换泥缸衬套，减少返泥 ② 消除摩擦现象
14	泥缸、机头摇动	① 铰刀轴弯曲或轴承磨损 ② 铰刀与泥缸衬套不同心 ③ 双线铰刀叶片不对称 ④ 机头与泥缸不同心 ⑤ 泥缸刚度较差	① 校正铰刀轴或更换其轴承 ② 调整铰刀使其与泥缸衬套同心 ③ 校正或重焊叶片 ④ 校正机头与泥缸同心 ⑤ 增强泥缸刚度
15	产量低负荷大	机头长，泥缸螺距大，转速高，成型含水率低	调整参数
16	机器负荷急剧增加，电动机过载	① 进料太多 ② 含水率太低 ③ 铰刀与泥缸衬板摩擦 ④ 泥缸内有硬物卡铰刀 ⑤ 真空度太高	① 调整进料箱 ② 控制含水率合适程度 ③ 消除摩擦 ④ 消除硬物 ⑤ 适当掌握真空度
17	泥条出现孔隙	铰刀轴端直径大，压缩比太小	铰刀轴毂做成锥形，减小轴套直径
18	真空度低	① 过滤器堵塞 ② 真空泵抽气量小 ③ 密封铰刀磨损 ④ 密封泥段短 ⑤ 密封盘根或其他密封部位漏气	① 清洗过滤器 ② 检修真空泵 ③ 修补或更换密封铰刀 ④ 较长锥套 ⑤ 调整或更换密封盘根，消除漏气
19	上级密封泥缸发热	密封铰刀螺距大，挤出面积小 泥料密封段太长，密封刀刀齿多	调整各参数
20	泥缸返泥	铰刀与泥缸衬套间隙大，机头机口过长，成型含水率低，铰刀螺距大，转速高	修复铰刀和泥缸衬套，调整机头机口长度，调整成型含水率及各参数
21	搅拌轴突然不转，轴端盖发热	新机试重车时，则有可能是平面止推轴承松、紧钢圈装反，使轴承紧钢圈和轴颈烧死	更换轴承，修正损坏的轴颈
22	上一级供料不足	① 密封铰刀和密封缸衬板磨损 ② 搅拌刀磨损 ③ 转速低	① 修补，更换密封铰刀和衬板 ② 更换搅拌刀 ③ 适当增加转速

（七）空心砖成型常见问题的处理方法（表 2-10-7）

表 2-10-7　空心砖成型常见问题的处理方法

序号	常见问题	产生原因	处理方法
1	坯条中间开花，像喇叭口一样向四周翻卷	中间走泥快，四周走泥慢，坯条挤出时成凸字形	中部芯头加长，小头端面加大；机头出口做成“腰子形”，以加大四角

续表

序号	常见问题	产生原因	处理方法
2	大面中间凹下	中间走泥慢，四周走泥快，坯条挤出时成凹字形	中间芯头改短，小头端面减小；调整芯杆布置减小中部阻力；缩小机头出口“腰子形”的四角
3	坯条四角开裂分两半向外翻	机口水路不通，机口锥度不够；成型水分过高，中间出泥过快	疏通水路，加大四角锥度，调节成型水分
4	泥条弯曲	辊台安装不平，铰刀末端不齐，压缩长度不够，铰刀结构不合理	调平辊台，修正铰刀末端，适当加长压缩长度，改进铰刀结构
5	湿坯强度低	① 成型含水率太高 ② 机头太短	① 适当降低含水率 ② 加长机头
6	坯条烂角 （1）裂口尖端向后卷（即齿间卷向机嘴） （2）突然烂角，或者局部坯条不完整或松散	邻近烂角处的芯头可能缩进，或者前伸，与其他角的芯头不一致，该部位芯架或芯杆间有硬块或杂物卡塞	调整芯头，使其四角一致，拆下机嘴，清除杂物
7	泥条四角不密实，有冲水现象	① 机头形状不对 ② 机头四角不光滑，鱼鳞板间隙大	① 改变机头形状 ② 减小鱼鳞板四角间隙
8	泥条四角充水	① 泥条四角不密实 ② 机口四角鱼鳞板间隙大	① 改变机头形状 ② 减小鱼鳞板四角间隙
9	孔洞内壁节裂（鱼鳞裂） （1）内壁全部节裂 （2）内壁个别节裂（鱼鳞裂）	① 芯头设计不当，四周表面阻力不平衡 ② 芯架被杂物严重堵塞，原料土过硬 ③ 该部位的芯头缩进或前伸，坯条走速与其他芯头不平衡；芯杆位移，轴线偏心 ④ 芯头有杂物卡塞	① 改进芯头设计，使四周表面阻力平衡 ② 清除堵塞杂物，软化原料土 ③ 将该部位的芯头调出或调进，检查和纠正芯杆及芯头 ④ 清除杂物
10	坯条弯曲 （1）坯条刚离机口就向一侧弯曲，外壁一边厚一边薄 （2）坯条向一侧弯曲，外壁厚度未变 （3）坯条呈波浪形弯曲，凹下处有时被拉烂	① 机口和芯具偏离中心线，与铰刀轴中心未对正 ② 输坯床一边高，一边低 ③ 铰刀主叶和副叶顶端不齐，出料不均匀	① 校正机口和芯具中心线，与铰刀轴中心对正 ② 校平输坯床 ③ 保持铰刀副叶和主叶顶端成直线，使出料均匀
11	砖坯产生纵向劈裂 （即“芯架裂纹”）	① 大刀片形状不佳，坯料通过后二次结合不良 ② 大刀片离机口太近，愈合长度不够，二次结合时间短 ③ 坯料干湿不均匀	① 改变刀片形状，减小刀片和刀片座的厚度和宽度 ② 加长芯杆，改进芯架形状，使其伸入机头，增加泥料二次结合时间 ③ 调整成型水分及泥料供给速度
12	“S”形裂纹和螺旋纹	泥料塑性和成型含水率高，铰刀与泥缸衬套间隙大，挤压段铰刀叶片过于光滑，铰刀转速过高	在泥料中掺入粗颗粒瘠化料，降低其塑性，降低成型水分和铰刀转速，缩小铰刀与泥缸衬套间隙，增加铰刀叶面的粗糙度；在泥缸和机头间安装中间环或插棒
13	孔洞变形 （1）孔洞缩小 （2）孔洞偏斜 （3）孔洞下降	芯头磨损过大，或者芯头缩进过多； 芯头挤偏位移； 坯料成型水分过大	更换芯头，或者调出芯头纠正芯头； 调整成型水分
14	坯体变形	① 坯料成型水分过大 ② 坯料挤出不密实 ③ 接坯架托辊高低不平 ④ 切坯、码坯操作不当	① 调整成型水分 ② 加长机口或机头，或者改进铰刀结构 ③ 调平托辊 ④ 改进操作

续表

序号	常见问题	产生原因	处理方法
15	坯体表面粗糙	① 机口工作面粗糙不平、磨损 ② 泥料的含水率偏低 ③ 真空度偏低	① 提高机口工作面的平面度、光洁度 ② 调整泥料的含水率 ③ 提高系统的真空度
16	坯体不密实	① 真空室漏气导致真空度的降低 ② 真空泵的吸气管路堵塞，导致真空度的降低 ③ 上级落入真空室的泥料切割不够细，使混杂的气体难于抽取	① 修复各处漏气，更换密封 ② 滤清器被堵塞，需清洗更换 ③ 削泥装置磨损需修复或更换
17	泥缸、坯条发烧	① 坯料成型水分过小 ② 机口、机头过长 ③ 铰刀结构不适应 ④ 泥缸与螺旋间隙过大	① 调整成型水分 ② 改短机口、机头长度 ③ 改进铰刀结构 ④ 调整泥缸与铰刀间隙
18	坯条横向折断	接坯架上个别托辊高出其他泥辊，或者坯料干，成型水分太低	检查所有托辊是否在同一水平线上，降低高出的托辊或者增加成型水分

第十一节　全自动切码运系统

一、概述

烧结砖、瓦等墙体材料作为量大面广的基本建筑材料，其生产及应用有着悠久的历史。随着时代的发展，烧结砖、瓦等墙体材料生产源头的砖瓦装备产品的类别及水平也在不断地得以扩充和发展。在一定程度上讲，某一时期的装备水平也就决定着这一阶段墙材产品的水平。

全自动切码运系统主要应用于利用煤矸石、页岩、粉煤灰等固体废弃物作为原料生产烧结砖、瓦等新型墙体材料的建筑材料厂，系统是从原材料挤出成型后的切割、运输、编组以及码放等工序实现全机械化、全自动化生产的一种现代化的大型成套设备。其以优质、高效、节能、环保为目标，以先进的制造技术和产业化生产为手段，是先进性、实用性、稳定性和可靠性并存的新型自动化成套系统。

（一）国内砖瓦机械应用现状

我国砖瓦机械设备的制造始于20世纪20年代后期的上海市。最初是建立在一些国有砖瓦厂自身机械检修的基础上，小规模生产砖瓦机械配件和设备。研发之初，主要以普通型挤砖机为主，配有小型对辊机、单轴和双轴搅拌机、箱式给料机、手工切条机和切坯机等，基本满足了当时简单的砖瓦生产工艺的需要。期间，国家有关部门也先后扶持起了几家国营的砖瓦机械制造厂。

20世纪90年代，我国开始了墙材革新与建筑节能工作，砖瓦机械开始了新一轮的技术创新。在引进消化的基础上，多种复杂原料的加工制备、真空挤出机、自动码坯机组等，为生产节能、节地、利废、环保新型墙材产品提供了先进设备，推动了砖瓦生产向机械化、自动化方向发展。

目前我国在行业内影响较大的骨干企业有30多家，砖瓦机械产品有：各类型号的真空挤砖机、原料处理设备、干燥焙烧及配套设备，达到了国内最先进的水平。随着市场的变化，产品种类和技术含量不断增加。

原料处理设备方面有不同规格的供料机、搅拌机、对辊机、破碎机、粉碎机、炼泥机、轮碾机、布料机、液压多斗挖料机等。

成型主机部分则主要以真空挤出成型设备为代表，目前国内在成型主机上已具备了软塑成型、半硬塑成型及硬塑成型不同要求的设备。

在切码运系统方面，为适应我国主要生产和销售标砖、多孔砖的现状以及满足客户多样化的需求，生产出的设备有垂直切条机、卧（立）式切坯机、坯体转向机、翻坯机、自动编组系统、自动码坯机及所配套的步进机、压花机、喷砂机和削边机等。

（二）国外砖瓦机械应用现状

目前国际上流行的高保温、高强度、高附加值的新型烧结制品，主要包括高孔洞率大尺寸的保温砌块（墙体材料）、保温装饰陶板（幕墙材料）、清水砖、地砖及各种建筑功能性构件。

在国际市场上非常活跃的砖瓦机械设备制造厂商约有20家，砖瓦机械在发达国家的需求趋缓，所以他们的研发重点以迎合海外市场为主，特别是中国市场一直被国际砖瓦机械大集团公司看好，目前已进入中国市场的国外公司主要有美国的斯蒂尔公司、德国的凯乐公司、意大利的COSMEC公司、法国的赛力克公司、西班牙的维德斯公司等。

近年来，随着我国砖瓦工业逐渐朝着节土、节能、利废、环保方向发展，国外的大型砖瓦机械设备制造厂也正积极地研发以固体废弃物为原料，高度自动化的、能够生产具有保温隔热性能好、热导率低、强度高、多孔薄壁、大块承重的空心砖的砖瓦设备。

二、结构特点及工作原理

（一）系统简介

全自动切码运系统：将双泥条垂直切条机、切条后有动力运坯机、带倒角切坯机、接坯运坯机、集坯运坯机、编组运坯机、码坯下运坯机、自动码坯机有机地结合在一起，通过PLC自动控制技术，实现从切条到码坯整个生产线的全自动化、一体化、流水线化生产。

该系统可以实现对国内现有所有砖型的各种形式的码放，使新型建筑材料厂砖型的生产具有更大的灵活性，不仅满足各种畅销砖型的生产，又可着眼于未来，实现各类薄壁件、异型砖、复合保温墙材的生产。

（二）系统结构及原理

1. 结构组成

全自动切码运系统主要由：双泥条垂直切条机、切条后有动力运坯机、带倒角切坯机、接坯运坯机、集坯运坯机、编组运坯机、码坯下运坯机、自动码坯机八部分组成。它与窑车牵引机共同划分为五个区域，第一区域：双泥条垂直切条机、切条后有动力运坯机、带倒角切坯机的输送皮带；第二区域：带倒角切坯机、接坯运坯机、集坯运坯机、编组运坯机的接坯托辊；第三区域：编组运坯机、码坯下运坯机；第四区域：自动码坯机；第五区域：窑车牵引机。

2. 结构示意及工作原理（图2-11-1）

（1）SQT500×300双泥条垂直切条机。主要用于垂直切割真空挤出机挤出的泥条，并将切割好的等长度泥条加速输送到切条后有动力皮带。

（2）B600切条后有动力运坯机。主要作用是将双泥条垂直切条机切割后的泥条输送到带倒角切坯机的输送皮带上。

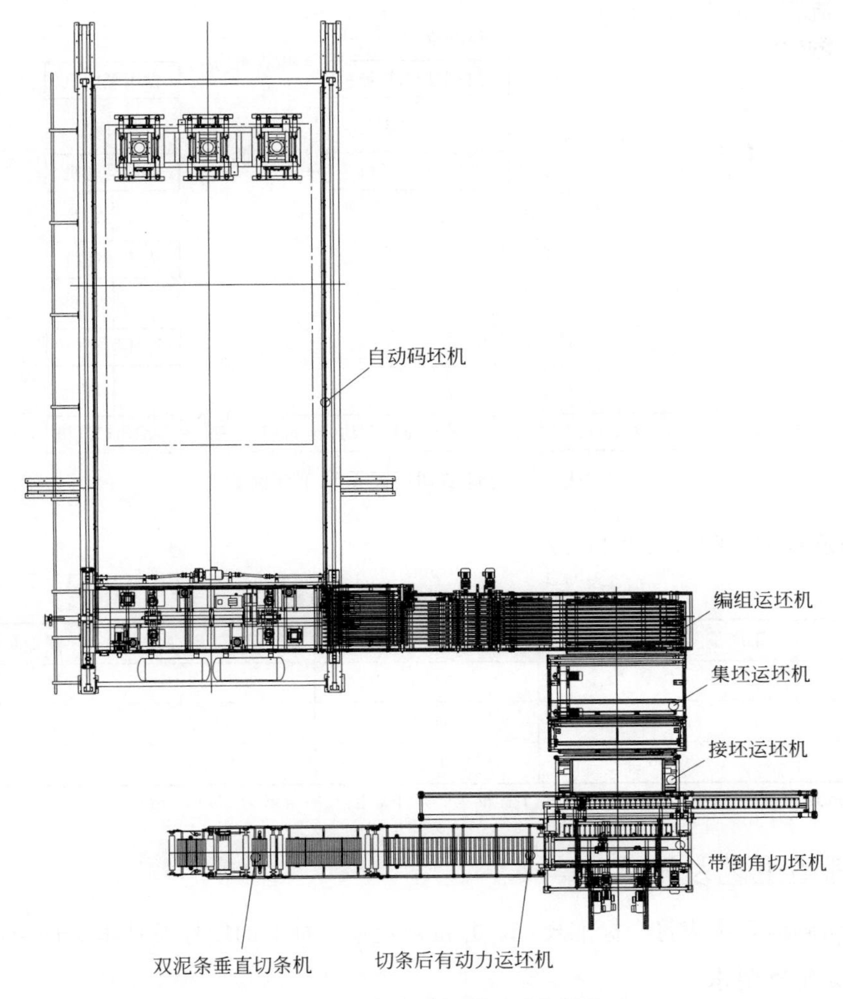

图 2-11-1　全自动切码运系统结构

(3) DQP765×2100 型带倒角切坯机。用于将切条机后有动力运坯带输送来的泥条切割成规定尺寸的砖坯。当输送来的为单泥条时，泥条经过倒角装置倒角后切割成砖坯；当输送来的为双泥条时，泥条不经过倒角直接切割成砖坯。

(4) B1980 接坯运坯机。主要作用是将切割后的砖坯平稳地输送到集坯运坯带上。

(5) B2400 集坯运坯机。主要用于暂存接坯运坯带输送来的砖坯。当存满设定组数时，将砖坯输送到编组运坯带；当有不合格砖坯时，集坯运坯带的翻转部分抬起，不合格砖坯落到回坯皮带上。

(6) BZY-IZ 编组运坯机。主要用于将集坯运坯带输送来的砖坯进行输送、翻转、编组、横向分缝、纵向分缝。

(7) B1300 码坯下运坯机。用于暂存编组运坯系统编好的砖坯，等待自动码坯机进行码坯。

(8) MPJ-3T/6T 自动码坯机。主要用于将码坯下运坯带上暂存的砖坯码放到窑车上，码坯形式可按用户要求确定。

3. **工作流程**（图 2-11-2）

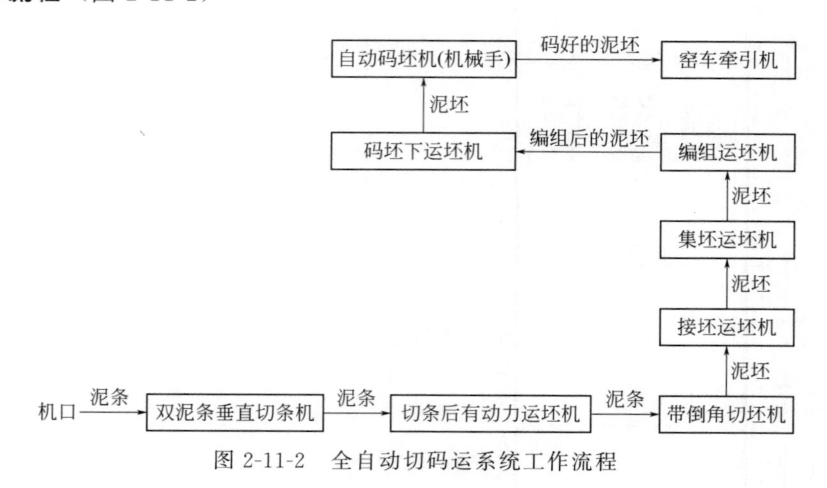

图 2-11-2　全自动切码运系统工作流程

4. **型号及基本参数**（表 2-11-1）

表 2-11-1　型号及基本参数

产品型号	年产量/万块(折标砖)	总功率/kW	工作气压/MPa	气流量/(NL/min)
AHS-6.5	6500	51.92	0.8	2500
AHS-13	13000	64.84	0.8	5000
RHS-6.5	6500	47.9	0.8	2500

注：NL/min 即标准升/分钟，表示 20℃时，1 标准大气压下，空气的流量为 2500L/min。

三、制造工艺及技术

全自动切码运系统应符合标准规定，并按规定程序批准的图样及技术文件制造。

（一）检查及要求

1. 原材料、外协件、外购件、标准件的检查

原材料到厂后，物资供应人员须向质量检查员提交所购物资清单和质保单，据此由质量检查员先进行外观检查，并按物资申购单就所购物资的规格、型号、尺寸、数量、重量及有关要求进行检查，合格品由质量检查员签字后入库。

外协加工件到厂后，由质量检查员先进行外观检查并按图纸要求 100%进行检验，合格品由质量检查员签字后入库。

外购零（部）件到厂后，由质量检查员先进行外观检查。然后再按外购零（部）件申购单中所标定的规格、型号、数量及有关技术要求进行检查，确认无误后由质量检查员签字入库。

标准件到厂后，由质量检查员先进行外观检查。然后再按标准件申购单中所标定的规格、型号、数量及有关要求进行检查，确认无误后由质量检查员签字入库。

2. 自制零（部）件的检查

产品自制零（部）件的检查实行自检和互检相结合、工序间检查和总检相结合的原则。严格执行首件必检制度。

产品自制零（部）件的终检，由质量检查员按图纸要求进行全检，合格品由质量检查员签字后入库。

3. 部件检验

各部装的检验在自检和互检的基础上由质量检查员按图纸要求进行100%全检，合格品由质量检查员签字后方可进入下一道工序。

4. 整机检验

整机组装结束后，整机装配精度的检查在操作者自检合格的基础上，由质量检查员检验合格后方可转入空运转试验。

整机空运转试验应按操作（检验）规程进行，在操作者自检合格的基础上，由质量检查员检验合格后方可转入出厂检验。

5. 产品出厂检验

产品的出厂检验，由质量检查员按产品标准进行。检验合格，由质量检查员填写合格证后方可准予出厂。

（二）制作要求

1. 基本要求

（1）图纸上未标注公差的线性尺寸、倒圆半径、倒角高度、角度尺寸极限偏差值、切削加工部位应符合GB/T 1804—2000表1中的中等m级的规定；非切削加工部位应符合GB/T 1804—2000表1中最粗v级的规定。

（2）全自动切码运系统应有安全防护、过载保护、定位和限位装置。

（3）全自动切码运系统的传动系统、气动系统、输送系统应运行平稳、灵活可靠。

（4）全自动切码运系统的气动系统及气动元件应符合GB/T 7932—2003和GB/T 2346—2003的规定。

2. 主要零部件要求

（1）严格按照图纸的标准规定。

（2）轴类型的材质不应低于GB/T 699—1999中45号钢的规定，并进行调质处理。

（3）主要灰铸铁件，其材料不应低于GB/T 9439中有关HT200的规定。

（4）焊接件应符合JC 532建材机械钢焊接的有关规定，焊接表面质量应不低于Ⅰ级，尺寸公差和角度公差不低于B级。

（5）减速机应符合国家或行业标准的有关规定。

3. 整机性能要求

（1）全自动切码运系统应设置良好的润滑和密封装置。

（2）全自动切码运系统的机械系统和气控系统应性能可靠、动作准确、工作稳定。气控系统各部分的动作均应设置安全保护装置。

（3）全自动切码运系统各气压、润滑系统不得出现影响机械性能的泄漏和渗透现象。

（4）全自动切码运系统运转时噪声值不应大于83dB（A）。

（5）设备表面洁净，油漆无缺漆、漏漆、气泡及爆漆等缺陷；穿线管焊缝均匀、等长；所有镀锌件不得有生锈现象；所有焊缝修磨光滑，不得有缺焊、漏焊等焊接缺陷；吊装钩粘贴位置准确、规整。

4. 装配要求

（1）所有零部件必须经检验合格（外购、外协件需有合格证或检验报告单）方可进行装配。

(2) 全自动切码运系统安装时，图样上未标注的形状和位置公差值，不得低于 GB/T 1184 中 K 级的规定。

(3) 防护门与护罩的间隙均匀，不得大于 2mm。

5. 空载试车要求

(1) 按切码运系统平面布置图要求，将各分台设备就位并连接到一起。

(2) 检查各安全防护装置及报警系统是否安全可靠。

(3) 检验各线路是否连接正确，线头有无松动；检验各光电开关、接近开关位置是否正确，是否有信号，固定是否牢固。

(4) 检查各气控件连接是否正确，主气路压力表及各分三联体压力表是否调节到合适的压力。

(5) 检验各轴承座、三联体、电机减速机是否加油。

(6) 单台设备手动试车，检查各机械动作是否到位、控制系统是否稳定。

(7) 各项检验正常后，方可自动空载试车。

(8) 运转时应无异常声响和震动。

(9) 连续运转不得少于 30min。

(10) 各运动部分运行自如、动作准确。

6. 负载试车要求

(1) 切码运系统经过空载试车，各项指标达到空运转技术要求后，可以进行负载试车。

(2) 先用砖坯单排试车，将各光电开关、接近开关的位置确定好；各动作连贯到位后，再满载整体试车。

(3) 满载试车 2h 后停车，检验各连接部件是否有松动，运动部件是否有相互干涉、有无异常噪声；检查无异常后连续试车 8h。

7. 外观要求

(1) 全自动切码运系统表面应平整、光洁，不得有明显的碰伤、划伤、锈蚀等缺陷。

(2) 自动切码运系统的外露联结部位主要零部件结合面外缘安装时，相对尺寸误差机械加工时不得大于 1.0mm，非机械加工时不得大于 1.5mm。

(3) 全自动切码运系统的涂漆防锈应符合 JC/T 402 的规定。

(三) 制作工艺要求

技术文件齐备。在生产、检验过程中产品的质量有据可查，是保证产品质量的技术基础。

加强计量器具的管理工作，保证量值传递的正确性，确保计量器具的使用精度。减少在生产过程中专用工装、计量器具的投入量，为设备以后的使用维修带来方便，并且有利于提高产品的制作效率。

严格工艺规程，充实、完善生产工艺和检测手段，使产品质量不断提高。产品的高通用化水平会给组织生产加工、质量控制与保证带来极大的方便。

实行定期专业技术培训制度，提高职工质量意识和基本技术技能水平。

四、安装及调试工艺

(一) 机械部分安装及要求

(1) 该项工作需由专业人员完成，操作人员必须穿戴：劳保鞋、安全帽、合身的工作服(不松弛且无饰物)，高空操作的必须佩戴安全带。

（2）设备安装区域要有足够的空间，以便进行安装和其他操作。

（3）在生产区附近保留足够的空间，供维修和保养工作的开展。

（4）设备安装前应按照基础图检查预埋钢板的位置、大小及平面的标高是否符合要求，混凝土强度等级是否达到要求。

（5）设备的就位应按照自动码坯机、带倒角切坯机、接坯运坯带、集坯运坯带、编组运坯带、码坯下运坯带、切条机后有动力皮带、双泥条垂直切条机的顺序依次安装就位。

（6）将设备吊装就位，水平及标高的准确位置按照设计图纸确定。核对水平及标高的准确位置，确定无误后将地脚固定到预埋 H 钢上。

（7）用水平仪调节每台设备的水平。

（8）各设备吊装就位后，用连接板将设备与设备之间连接牢固。

（9）安装防护罩、防护网等安全防护装置。

（10）调节皮带无跑偏现象。

（二）电气部分安装及要求

（1）所有电缆的标志必须明确，接线应排列整齐、清晰、美观，导线绝缘良好、无损伤；引入盘柜的电缆除排列整齐、编号清晰、避免交叉外，还应固定牢固，不得使所接的端子排受到机械力。

（2）电缆分控制缆与动力缆，两者相隔不低于 20cm。

（3）控制线路的接线线端处理必须使用专用铜接头和与其匹配的标准压接工具，导线与电器元件间采用螺栓连接、插接、焊接或压接等，均应牢固可靠，接地装置的接触面均须光洁平贴，保证良好接触，并应有防止松动和生锈的措施。

（4）熔焊连接的焊缝，不应有凹陷、夹渣、断股及根部未焊合的缺陷。焊缝的外形尺寸应符合焊接工艺评定文件的规定，焊接后应及时清除残余焊药和焊渣；锡焊连接的焊缝应饱满、表面光滑，焊剂应无腐蚀性，焊接后应及时清除残余焊剂。

（5）套管连接器和压模等应与导线线芯规格相匹配。压接时，压接深度、压口数量和压接长度应符合产品技术文件的有关规定，接头在压接前应除去铜芯线上的橡皮膜、残渣及油污，不得有伤痕、锈斑、裂纹、裂口等妨碍使用的缺陷。

（6）检查电路时，应检查一路断开一路，以防止假回路的产生，当用万用表电阻挡检查线路时，要断开变压器端子的一端；电源回路检查时，应同时填写电源回路检查表。

（7）通电时必须至少有两人在场，初次通电检查时，不要同时合上两个回路。

（8）具有主触头的低压电器，触头的接触应紧密，采用 0.05mm×10mm 的塞尺检查，接触两侧的压力应均匀。

（9）电磁启动器热元件的规格应与电机减速机的保护特性相匹配，热继电器的电流调节指示位置应调整在电机减速机的额定电流值上，并应按设计要求进行定值校验。

（三）气控部分安装及要求

（1）各气缸、电磁阀必须固定牢固。

（2）气路安装前首先检查各气动元件完好无损，三联体各分体之间的连接紧凑，无漏气现象。

（3）安装管接头前必须缠生料带。

（4）气路管端面切割平整，杜绝切割成斜面。

（5）空气胶管必须用管夹固定牢固。

（6）所有气路管、空气胶管必须走规定的穿线管，拐角处不得有小于 90°的折弯。

（7）三联体油雾杯内必须盛 2/3 的 1 号透平油。

（8）首次通气前，首先将空压机气压范围调节到低压 0.5MPa、高压 0.85MPa，并必须将气缸上的调速接头调到最小，以免气流量过快造成危险。

（9）空压机气流量≥2500（5000）NL/min（按系统规格型号选择）。

注：NL/min 即标准升/分钟，表示 20℃时，1 标准大气压下，空气的流量为 2500L/min。

（四）安全保护系统安装及要求

1. 危险及保护

在所交付设备的一些区域，为使工作人员操作更加安全，设备安装有必要的安全保护措施。分别是：

（1）电器面板的输入端均带有屏蔽。

（2）电机风扇带有护罩。

（3）电机或其他带有皮带或链条传动的装置均带有护罩。

（4）风扇轮在不导电的情况下都装有防护网。

输入端的屏蔽，任何情况下都不可以取消；如果因为维修、保养的需要，须临时拆除部分安全防护措施时，在维修、保养完毕后应立即重新安装。

（5）未经制造商授权，对设备进行更改而造成的风险，由更改人承担责任。同时，制造商相应的质保声明也将失效。

2. 设备的安保系统

（1）固定式保护（防护网）

1）目的：固定式保护（防护网）用于物理隔离设备的危险部分。

2）要求：固定式保护（防护网）要结实，尺寸适当，使人体各部分均远离危险区域。该保护应永久安装（焊接或螺钉固定）。

（2）可敞开式保护（门式防护网）

1）目的：该保护用于物理隔离设备的危险部分。与固定式不同的是，在需要工作人员进入时可打开，但必须保证以下几方面。

① 当打开此门时，设备停止运转。

② 当打开此门时，设备不设定在工作状态。

③ 此门关闭后，只有通过控制系统，设备才能运行。

2）要求：除了与固定的保护（防护网）相同的要求外，可敞开式保护（门式防护网）还要有锁紧装置及限位开关。

（3）光电开关

1）目的：在特定区域光线被遮挡后设备自动停止。用于有经常出入危险区域的情况，且设备停止后只有手动操作控制系统才可以重新开启。

2）要求：此开关应置于合理的距离和位置，以达到相应的效果。

（4）高处操作的保护

1）目的：当工作人员在高处操作时，必须将安全带固定于栏杆上，以防止跌落出现事故。

2）要求：坚固，适合安全带的固定。

（5）设备上的固定保护

1）目的：保护设备的运动部分。

2）要求：一般用防护网覆盖。

（6）设备周边的固定保护

1）目的：用于隔离设备的危险部分。安装于机器的周边，以防操作人员的身体接触到危险区域。

2）要求：坚固且永久安装。该保护的长度要达到要求，以保证设备上的部件不被人为移动。

（五）运输和吊装

1. 运输

在设备运输前，需要根据各部分的不同尺寸和重量，来确定不同的包装结构及运输设备。

2. 吊装

（1）机械部分吊装　在吊装前必须在吊装部位垫棉纱，以防止将设备划伤。具体吊装位置见设备吊装图纸。

（2）电气部分吊装　电气的移动需要格外注意，吊装设备及吊装钩必须安全可靠（图 2-11-3）。

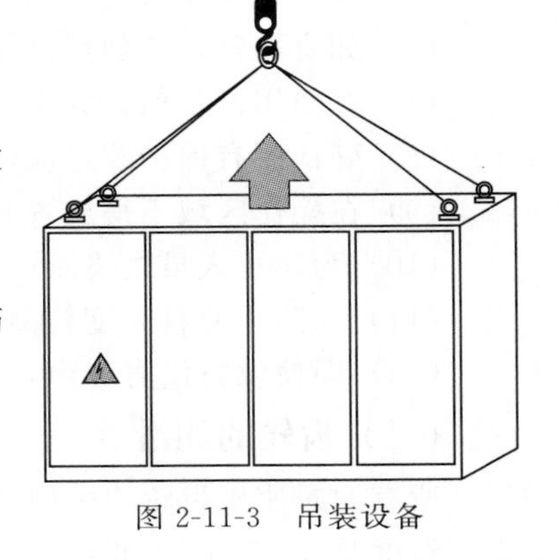

图 2-11-3　吊装设备

注意：

① 吊装和运输要严格按照操作规程来进行，否则有砸伤操作人员和损坏机器的危险。

② 设备的吊装和运输要由专业人员来完成。

（六）护具和警示标志

1. 护具（图 2-11-4）

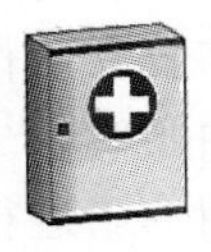

图 2-11-4　护具

2. 警示标志（图 2-11-5）

图 2-11-5　警示标志

五、维护与修理

（一）维护及要求

为使设备获得最大的工作效率，延长使用寿命，保证机器处于良好的运转状态，必须定期对设备进行检修及调整，应做到如下几点。

（1）如果设备上使用了某些安全锁系统，维修和保养人员应负责保存钥匙或将其放置在只有他们或其他允许使用钥匙的人员可以拿到的地方。

（2）所有的保养、检查和润滑工作，都应在设备的完全停止（未通电）状态下进行。

（3）换润滑油时，要佩戴防油手套，操作完后要用水和肥皂洗手。

（4）如有油脂滴落到地面，应立即清理，以防止打滑。

（5）非合格操作人员严禁操作设备。

（6）如有异常，切勿启动设备。

（7）在使用设备前，务必确认无任何安全隐患。

（8）确认所有保护装置就位且工作正常；无特殊情况不可移动。

（9）在操作区域不得放置其他与设备无关的物品。

（10）为防止人员被飞溅或掉落的东西击中，如有必要，可佩戴头盔、手套及护目镜。

（11）为防止原料温度较高或手动操作造成烫伤，有必要佩戴手套和其他护具。

（12）即使设备没有噪声，也有必要准备一些相应护具。

（二）齿轮的润滑

所有的减速机齿轮均采用油浸润滑。部分减速机齿轮可能是免润滑的，这些齿轮的一般工作温度是 0～50℃。如果是需要客户自行润滑的，设备上会带有注油孔。电机减速机内润滑油在出现浑浊的情况下必须按规定型号更换润滑油，具体操作参照电机减速机使用说明。

（三）轴承座的润滑（图 2-11-6）

部分操作规程如下：

（1）第一次安装时无需油脂润滑。

（2）如果需要在工作状态润滑，要缓缓进行。

（3）涂抹油脂时，少量多次地进行操作。

（4）要使用油脂进行润滑，润滑脂牌号为 2 号通用锂基脂（GB 7324）（表 2-11-2）。

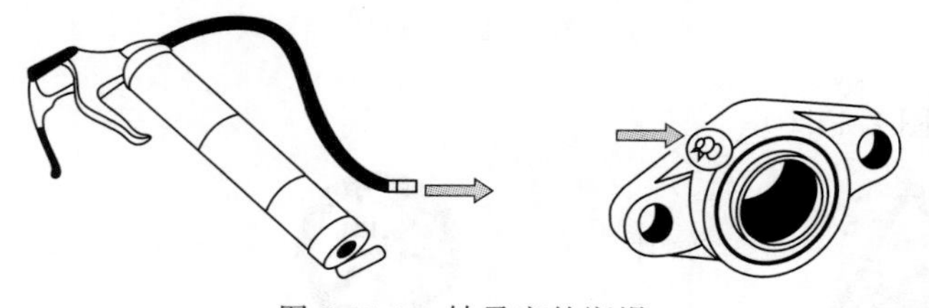

图 2-11-6　轴承座的润滑

表 2-11-2　润滑周期

转速/(r/min)	温度/℃	工作环境	润滑周期
100	50	干净	15～18 个月
500	70	干净	3～8 个月

续表

转速/(r/min)	温度/℃	工作环境	润滑周期
1000	100	干净	20～90d
1500	>100	干净	7～15d
≤5000	70	脏	7～30d
	>70		1～15d
	≤100		1～15d

（四）链条的润滑

用油刷进行润滑。至少每 100 个工作时一次。要保持链条总是湿润的，以便充分渗入到关节处（图 2-11-7）。

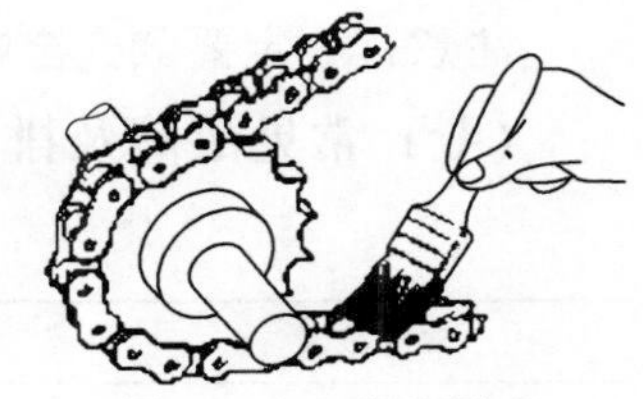

图 2-11-7　湿润链条

根据室温，润滑黏度见表 2-11-3。

表 2-11-3　润滑黏度

室温/℃		黏度/Pa·s
－5	＋5	20
＋6	＋38	30
＋39	＋49	40
＋50	＋60	50

链条是会磨损的，因此必须在它因轴套表面磨损而变长时更换（一般超出原长度 3%），以免出现跳齿现象。但无论怎样，超过 15000 个工作时的链条必须更换。

链条的松紧度需定期检查，及时调整。

调整当量（mm）＝两齿轮圆心水平距离（mm）。

（五）拆卸及要求

1. 拆卸前必须做到

（1）断电。

（2）放掉气路中的气体，使气压为零。

2. 拆卸以下三部分应区别对待

（1）金属件。

（2）传送皮带。

（3）电、气元件。

3. 电气部分

（1）变频器可能会存有一部分电量。

（2）电池切勿投入火中，以免引起爆炸。

（六）设备清洁

（1）当每次停机后都要清洁设备（表 2-11-4）。

表 2-11-4 清洁设备

保持机器和生产现场清洁	每天
清理地面	每天
清理光电传感器和反射板	每天

(2) 清理设备表面、电控柜和操作面板时，要使用柔软干燥的布片。防护罩可用蘸肥皂水（或异丙醇、异丁醇）的布片擦拭。

(3) 如果因清洁需要而拆除保护装置，则在重新开机前，必须将保护装置安装到原先的位置。

注意：一定要戴安全帽清洁。

(七) 常见故障及排除方法（表 2-11-5）

表 2-11-5 常见故障及排除方法

常见故障	产生原因	排除方法
离合器不吸合	离合器中间进泥	将离合器中间的泥清理干净
	离合器损坏	更换离合器
切割架返回速度慢	气缸气压小	调节气缸气压
切坯下推头在推坯时将皮带翻起	推头下表面距皮带上表面距离过小	调节推头下表面距皮带上表面距离 7mm
	皮带老化，出现卷边	更换皮带
切坯下推头在推坯时行走不平稳	齿轮、齿条啮合不均匀	调节齿轮、齿条使啮合均匀
	V 型轮松动	调节 V 型轮使 V 型导轨平行、水平
倒角推板上下频率不一致	曲臂胀紧套松动	调节曲臂胀紧套
	电机减速机频率不一致	调节电机减速机频率
砖坯底面有划痕	聚四氟乙烯板磨损过度	更换聚四氟乙烯板
	舌板高度大于倒角推板高度	调节舌板的高度
砖坯运输过程中出现错位	三角带的传送速度不一致	通过调节三角带下面的张紧轮来调节三角带的传送速度
砖坯在翻转时出现错乱	砖坯靠近翻转架不紧凑	调节抬坯架与上压坯辊的相对位置，使抬坯架抬起时，停止砖坯的端面始终平直
标砖顺码分缝时出现倾斜现象	编组上耐磨板与码坯下运坯机上表面落差过大或过小	调节码坯下运坯机高度，使皮带上表面与编组上耐磨板落差 5mm
夹头上升时左右晃动	升降导轨约束轮松动	调节约束轮与升降导轨的间隙
夹头码砖时有掉砖现象	夹头气缸的压力过小	调节夹头气缸的气压
	挂胶板磨损过度	更换挂胶板
夹头码好的砖有变形现象	夹头气缸的压力过大	调节夹头气缸的气压
	砖坯硬度过软	控制原料的含水率
夹头空载时能旋转，负载时不能旋转	扭矩限制器摩擦力过小	加大扭矩限制器的摩擦力

续表

常见故障	产生原因	排除方法
皮带、辊子和链条停止	手动状态	查看是由于电气还是机械原因
	断线	更换
	光电传感器损坏	更换
	限位开关损坏	更换
夹头停止	电、气原因卡住	查看线路和更换气路管、气阀
气缸漏气、漏油	活塞磨损	更换

第十二节　工业机器人

一、概述

工业机器人是集机械、电子、控制、计算机、传感器、人工智能等多学科先进技术于一体的现代制造业重要的自动化装备。自从1962年美国研制出世界上第一台工业机器人以来，机器人技术及其产品发展很快，已成为柔性制造系统（FMS）、自动化工厂（FA）、计算机集成制造系统（CIMS）的自动化工具。

广泛采用工业机器人，不仅可提高产品的质量与数量，而且对保障人身安全、改善劳动环境、减轻劳动强度、提高劳动生产率、节约原材料消耗以及降低生产成本有着十分重要的意义。和计算机、网络技术一样，工业机器人的广泛应用正在日益改变着人类的生产和生活方式。

（一）机器人的由来

1920年捷克作家卡雷尔·查培克在其剧本《罗萨姆的万能机器人》中最早使用机器人一词，剧中机器人“Robot”这个词，是剧作家笔下的一个具有人的外表、特征和功能的机器，是一种人造的劳力。它是最早的工业机器人设想。

20世纪40年代中后期，机器人的研究与发明得到了人们的关心与关注。20世纪50年代以后，美国橡树岭国家实验室开始研究能搬运核原料的遥控操纵机械手。这是一种主从型控制系统，系统中加入力反馈，可使操作者获知施加力的大小，主从机械手之间有防护墙隔开，操作者可通过观察窗或闭路电视对从机械手操作机进行有效的监视。主从机械手系统的出现，为机器人的产生和近代机器人的设计与制造做了铺垫。

1954年美国戴沃尔最早提出了工业机器人的概念，并申请了专利。该专利的要点是借助伺服技术控制机器人的关节，利用人手对机器人进行动作示教，机器人能实现动作的记录和再现。这就是所谓的示教再现机器人，现有的机器人差不多都采用这种控制方式。1959年第一台工业机器人在美国诞生，开创了机器人发展的新纪元。

戴沃尔提出的工业机器人有以下特点：将数控机床的伺服轴与遥控操纵器的连杆机构连接在一起，预先设定的机械手动作经编程输入后，系统就可以离开人的辅助而独立运行。这种机器人还可以接受示教而完成各种简单的重复动作，示教过程中，机械手可依次通过工作任务的各个位置，这些位置序列全部记录在存储器内，任务的执行过程中，机器人的各个关节在伺服驱动下依次再现上述位置，故这种机器人的主要技术功能被称为“可编程”和“示教再现”。

1962年美国推出的一些工业机器人的控制方式与数控机床大致相似，但外形主要由类似人的手和臂组成。后来，出现了具有视觉传感器的、能识别与定位的工业机器人系统。

当今工业机器人技术正逐渐向着具有行走能力、具有多种感知能力、具有较强的对作业环境的自适应能力的方向发展。目前，对全球机器人技术的发展最有影响的国家是美国和日本。美国在工业机器人技术的综合研究水平上仍处于领先地位，而日本生产的工业机器人在数量、种类方面则居世界首位。

（二）机器人分类

我国的机器人专家从应用环境出发，将机器人分为两大类，即工业机器人和特种机器人。所谓工业机器人，就是面向工业领域的多关节机械手或多自由度机器人。而特种机器人则是除工业机器人之外的、用于非制造业并服务于人类的各种先进机器人。目前，国际上的机器人学者从应用环境出发，也将机器人分为两类：制造环境下的工业机器人和非制造环境下的服务与仿人型机器人，这和我国的分类是一致的。

工业用机器人依用途而言可以分为搬运机器人、焊接机器人、组装机器人、一般加工机器人及其他（半导体及FPD无尘室清洁机器人）。

特种型机器人的种类繁多，包括服务机器人、水下机器人、娱乐机器人、军用机器人、农业机器人、机器人化机器等。在特种机器人中，有些分支发展很快，有独立成体系的趋势，如服务机器人、水下机器人、军用机器人、微操作机器人等。他们有军事侦查、消防救灾、教育娱乐、医疗照护、水底操作系统等截然不同的应用领域，可说是上天下海无所不包。也由于使用需求差异性大，产品呈现多种少量、单价高昂与需要售后服务配套等特色。而个人与家用服务型机器人正逐渐由日常生活的清洁、娱乐、保全等各个方面进入人们生活与人互动，从累积销售量观察，虽仍处于萌芽期，但欧美日等先进国家均认为，未来个人或是家用机器人十分有潜力发展成为家家一部机器人的庞大市场。

二、国外工业机器人的发展及应用

目前，国际上的工业机器人公司主要分为日系和欧系。日系中主要有安川、OTC、松下、FANUC、不二越、川崎等公司。欧系中主要有德国的KUKA、CLOOS，瑞典的ABB，意大利的COMAU及奥地利的IGM公司。

发达国家的使用经验表明：使用工业机器人可以降低废品率和产品成本，提高机床的利用率，降低工人误操作带来的残次零件风险等，其带来的一系列效益也是十分明显的，例如减少人工用量、减少机床损耗、加快技术创新速度、提高企业竞争力等。机器人具有执行各种任务特别是高危任务的能力，平均故障间隔期达60000h以上，比传统的自动化工艺更加先进。

在发达国家中，工业机器人自动化生产线成套装备已成为自动化装备的主流及未来的发展方向。国外汽车行业、电子电器行业、工程机械等行业已大量使用工业机器人自动化生产线，以保证产品质量和生产高效率。目前，典型的成套装备有：大型轿车壳体冲压自动化系统技术和成套装备、大型机器人车体焊装自动化系统技术和成套装备、电子电器等机器人柔性自动化装配及检测成套技术和装备、机器人发动机、变速箱装配自动化系统技术成套装备以及板材激光拼焊成套装备等。这些机器人自动化成套装备的使用，大大推动了其行业的快速发展，提升了其行业的制造技术水平。

与此同时，随着工业机器人向更深更广的方向发展以及智能化水平的提高，工业机器人的应用已从传统制造业推广到其他制造业，进而推广到诸如采矿、建筑、农业、灾难救援等各种非制造行业。此外，在国防军事、医疗卫生、生活服务等领域，机器人的应用也越来越多，如无人侦察机（飞行器）、警备机器人、医疗机器人、家用服务机器人等均有应用实例。机器人正在为提高人类的生活质量发挥着越来越重要的作用，已经成为世界各国抢占的高科技制高点。

当前，国外将机器人自动化生产线成套装备的共性技术作为重点开发内容。

(1) 大型自动化生产线的设计开发技术。利用CAX及仿真系统等多种高新技术和设计手段，快速设计和开发机器人大型自动化生产线，并进行数字化验证。

(2) 自动化生产线“数字化制造”技术。虚拟制造技术发展很快，国外几家早期从事仿真软件的开发公司已经推出可进入实用的所谓“数字化工厂”(DMF) 商品化软件。国外企业已利用这类软件建立起自己的产品制造工艺过程信息化平台，再与本企业的资源管理信息化平台和车身产品设计信息平台结合，构成支持本企业产品完整制造过程生命周期的信息化平台。自动化生产线的设计、制造、整定及维护也必须要基于上述信息化平台进行，开展并行工程，实现信息共享，这是最大限度地压缩自动化生产线投产周期所必需的，另外也有利于实现生产线的柔性和质量控制的功能。

(3) 大型自动化生产线的控制协调和管理技术。利用计算机和信息技术，实现整条生产线的控制、协调和管理，快速响应市场需求，提高产品竞争力。

(4) 自动化生产线的在线检测及监控技术。利用传感器和机器人技术，实现大型生产线的在线检测，确保产品质量，并且实现产品的主动质量控制。利用网络技术，实现生产线的在线监控，确保生产线安全运行。

(5) 自动化生产线模块化及可重构技术。利用设计的模块化和标准化，能够实现生产线的快速调整及重构。

(6) 生产线快速整定技术。如建立完整的制造过程信息技术，发展机器人等自动化设备的离线编程技术、生产线上的机电设备实现网络控制管理技术、关键工位在线100%产品检测技术、先进的生产线现场安装精度测试技术。

三、国内工业机器人的发展及应用

我国的工业机器人从20世纪80年代“七五”科技攻关开始起步，在国家科技攻关项目的支持下，特别是在“863”计划的支持下，经过十几年的研制、生产和应用，使中国的机器人产业从无到有，跨出了一大步。通过“八五”“九五”科技攻关，我国基本掌握了工业机器人的设计制造技术、控制系统硬件和软件设计技术、运动学和轨迹规划技术，生产了部分机器人关键元器件，并进入实用化阶段，开发出弧焊、点焊、装配、搬运、注塑、冲压、喷漆等工业机器人。

目前，国内相关科研机构和企业已掌握了工业机器人操作机的优化设计制造技术，解决了工业机器人控制、驱动系统的设计技术，机器人软件的设计和编程等关键技术，还掌握了弧焊、点焊及大型机器人自动生产线（工作站）与周边配套设备的开发和制备技术。从技术方面来看，中国的工业机器人技术在世界工业机器人领域已占有一席之地，从而奠定了独立自主发展中国工业机器人事业的基础。从社会经济角度来看，中国工业机器人技术的发展，为中外工业机器人产品打开中国市场准备了物质和人员条件。

我国工业机器人的市场主要集中在汽车、汽车零部件、摩托车、电器、工程机械、石油化工等行业。中国作为工业机器人需求国，市场发展稳定，汽车及其零部件制造仍然是工业机器人的主要应用领域。

随着高新技术改造传统产业的战略向广度和深度发展，工业机器人的应用不断深化，应用领域也从机械制造业向整个制造业延伸。例如，大负载、高精度、窄空间和野外作业机器人的市场需求越来越多，特殊行业应用的机器人呈上升趋势。中国巨大的市场潜力吸引了世界工业机器人生产厂家的目光。来自美国、日本、德国、意大利、瑞典等国际知名的工业机器人企业纷纷登陆中国，有的成立了办事处，有的已经在国内建立了分公司，正加紧在中国进行产业化经营的步伐。

四、工业机器人的构造与分类

工业机器人是面向工业领域的多关节机械手或多自由度的机器人，是自动执行工作的机器装置，是靠自身动力和控制能力来实现各种功能的一种机器。它可以接受人类指挥，也可以按照预先编排的程序运行，现代的工业机器人还可以根据人工智能技术制定的原则纲领行动。

工业机器人采用多关节机械手的优点是：动作灵活、运动惯性小、通用性强、能抓取靠近机座的工件，并能绕过机体和工作机械之间的障碍物进行工作。机械手能模仿人手和臂的某些动作功能，用以按固定程序抓取、搬运物件或操作工具的自动操作装置。随着生产的需要，对多关节手臂的灵活性、定位精度及作业空间等提出越来越高的要求。多关节手臂也突破了传统的概念，其关节数量可以从三个到十几个甚至更多，其外形也不局限于像人的手臂，而根据不同的场合有所变化。

工业机器人由主体、驱动系统和控制系统三个基本部分组成。主体即机座和执行机构，包括臂部、腕部和手部，有的机器人还有行走机构。主体是用来抓持工件（或工具）的部件，根据被抓持物件的形状、尺寸、重量、材料和作业要求而有多种结构形式，如夹持型、托持型和吸附型等。驱动系统使主体完成各种转动（摆动）、移动或复合运动来实现规定的动作，改变被抓持物件的位置和姿势。主体的升降、伸缩、旋转等独立运动方式，称为工业机器人的自由度。为了抓取空间中任意位置和方位的物体，需有 6 个自由度。自由度是工业机器人设计的关键参数。自由度越多，其灵活性就越大，通用性也越广，其结构也越复杂。一般专用工业机器人有 2～3 个自由度。控制系统是通过对其每个自由度的电机的控制，来完成特定动作。同时接收传感器反馈的信息，形成稳定的闭环控制。控制系统的核心通常是由单片机或微机（dsp）等微控制芯片构成，通过对其编程实现所要功能。

工业机器人的种类，按驱动方式可分为液压式、气动式、电动式、机械式机器人；按适用范围可分为专用机器人和通用机器人两种。

工业机器人按臂部的运动形式分为四种。直角坐标型的臂部可沿三个直角坐标移动；圆柱坐标型的臂部可做升降、回转和伸缩动作；球坐标型的臂部能回转、俯仰和伸缩；关节型的臂部有多个转动关节。

工业机器人按执行机构运动的控制机能，又可分点位型和连续轨迹型。点位型只控制执行机构由一点到另一点的准确定位，适用于机床上下料、点焊和一般搬运、装卸等作业；连续轨迹型可控制执行机构按给定轨迹运动，适用于连续焊接和涂装等作业。

工业机器人按程序输入方式区分有编程输入型和示教输入型两类。编程输入型是将计算机上已编好的作业程序文件，通过 RS232 串口或者以太网等通信方式传送到机器人控制柜。示教输入型的示教方法有两种：一种是由操作者用手动控制器（示教操纵盒）将指令信号传给驱动系统，使执行机构按要求的动作顺序和运动轨迹操演一遍；另一种是由操作者直接手动执行机构，按要求的动作顺序和运动轨迹操演一遍。在示教过程的同时，工作程序的信息即自动存入程序存储器中，在机器人自动工作时，控制系统从程序存储器中检出相应信息，将指令信号传给驱动机构，使执行机构再现示教的各种动作。示教输入程序的工业机器人称为示教再现型工业机器人。

具有触觉、力觉或简单的视觉的工业机器人，能在较为复杂的环境下工作；如具有识别功能或更进一步增加自适应、自学习功能，即成为智能型工业机器人。它能按照人给的“宏指令”自选或自编程序去适应环境，并自动完成更为复杂的工作。

五、工业机器人的控制技术

机器人控制系统是机器人的大脑，是决定机器人功能和性能的主要因素。

工业机器人控制技术的主要任务就是控制工业机器人在工作空间中的运动位置、姿态和轨迹、操作顺序及动作的时间等，具有编程简单、软件菜单操作、友好的人机交互界面、在线操作提示和使用方便等特点。

关键技术包括以下几点。

(1) 开放性模块化的控制系统体系结构：采用分布式CPU计算机结构，分为机器人控制器（RC)、运动控制器（MC)、光电隔离I/O控制板、传感器处理板和编程示教盒等。机器人控制器（RC）和编程示教盒通过串口/CAN总线进行通讯。机器人控制器（RC）的主计算机完成机器人的运动规划、插补和位置伺服以及主控逻辑、数字I/O、传感器处理等功能，而编程示教盒完成信息的显示和按键的输入。

(2) 模块化层次化的控制器软件系统：软件系统建立在基于开源的实时多任务操作系统Linux上，采用分层和模块化结构设计，以实现软件系统的开放性。整个控制器软件系统分为三个层次：硬件驱动层、核心层和应用层。三个层次分别面对不同的功能需求，对应不同层次的开发，系统中各个层次内部由若干个功能相对对立的模块组成，这些功能模块相互协作共同实现该层次所提供的功能。

(3) 机器人的故障诊断与安全维护技术：通过各种信息，对机器人故障进行诊断，并进行相应维护，是保证机器人安全性的关键技术。

(4) 网络化机器人控制器技术：目前机器人的应用工程由单台机器人工作站向机器人生产线发展，机器人控制器的联网技术变得越来越重要。控制器上具有串口、现场总线及以太网的联网功能。可用于机器人控制器之间和机器人控制器同上位机的通讯，便于对机器人生产线进行监控、诊断和管理。

六、工业机器人未来发展趋势和前景

机器人是先进制造技术和自动化装备的典型代表，是人造机器的“终极”形式。它涉及机械、电子、自动控制、计算机、人工智能、传感器、通讯与网络等多个学科和领域，是多种高新技术发展成果的综合集成，因此它的发展与众多学科发展密切相关。一方面，机器人在制造业应用的范围越来越广阔，其标准化、模块化、网络化和智能化的程度也越来越高，功能越来越强，并向着成套技术和装备的方向发展；另一方面，机器人向着非制造业应用以及微小型方向发展，并将服务于人类活动的各个领域。总体趋势是，从狭义的机器人概念向广义的机器人技术（RT）概念转移，从工业机器人产业向解决方案业务的机器人技术产业发展。机器人技术（RT）的内涵已变为“灵活应用机器人技术的、具有实际动作功能的智能化系统”。

目前，国外机器人技术正在向智能机器和智能系统的方向发展，其现状及发展趋势主要体现在以下几个方面。

（1）机器人机构技术　目前已经开发出了多种类型机器人机构，运动自由度从 3 自由度到 7 或 8 自由度不等，其结构有串联、并联及垂直关节和平面关节多种。目前研究重点是机器人新的结构、功能及可实现性，其目的是使机器功能更强、柔性更大，满足不同目的的需求。另外研究机器人一些新的设计方法，探索新的高强度轻质材料，进一步提高负载/自重比。同时，机器人机构向着模块化、可重构方向发展。

（2）机器人控制技术　现已实现了机器人的全数字化控制，控制能力可达 21 轴的协调运动控制，基于传感器的控制技术已取得了重大进展。目前重点研究开放式、模块化控制系统，人机界面更加友好，具有良好的语言及图形编辑界面。同时机器人的控制器的标准化和网络化以及基于 PC 机网络式控制器已成为研究热点。编程技术除进一步提高在线编程的可操作性之外，离线编程的实用化将成为重点研究内容。

（3）数字伺服驱动技术　机器人已经实现了全数字交流伺服驱动控制，绝对位置反馈。目前正研究利用计算机技术探索高效的控制驱动算法，提高系统的响应速度和控制精度；同时利用现场总线（FILDBUS）技术，实现分布式控制。

（4）多传感系统技术　为进一步提高机器人的智能和适应性，多种传感器的应用是其问题解决的关键。目前视觉传感器、激光传感器等已在机器人中成功应用。下一步的研究热点集中在有效可行的（特别是在非线性及非平稳非正态分布的情形下）多传感器融合算法，以及解决传感系统的实用化问题。

（5）机器人应用技术　机器人应用技术主要包括机器人工作环境的优化设计和智能作业。优化设计主要利用各种先进的计算机手段，实现设计的动态分析和仿真，提高设计效率和优化。智能作业则是利用传感器技术和控制方法，实现机器人作业的高度柔性和对环境的适应性，同时降低操作人员参与的复杂性。目前，机器人的作业主要靠人的参与实现示教，缺乏自我学习和自我完善的能力。这方面的研究工作刚刚开始。

（6）机器人网络化技术　网络化使机器人由独立的系统向群体系统发展，使远距离操作监控、维护及遥控脑型工厂成为可能，这是机器人技术发展的一个里程碑。目前，机器人仅仅实现了简单的网络通信和控制，网络化机器人是目前机器人研究中的热点之一。

（7）机器人灵巧化和智能化发展　机器人结构越来越灵巧，控制系统越来越小，其智能也越来越高，并正朝着一体化方向发展。

机械结构向模块化、可重构化发展，例如关节模块中的伺服电机、减速机、检测系统三位一体化，由关节模块、连杆模块用重组方式构造机器人整机，国外已有模块化装配机器人产品上市。工业机器人控制系统向基于 PC 机的开放型控制器方向发展，便于标准化、智能化、网络化。器件集成度提高，控制柜日见小巧，且采用模块化结构，大大提高了系统的可靠性、易操作性和可维修性。

机器人中的传感器作用日益重要，除采用传统的位置、速度、加速度等传感器外，装配、焊接、切割、点胶机器人还应用了视觉、力觉等传感器，而遥控机器人则采用视觉、声觉、力觉、触觉等多传感器的融合技术来进行环境建模及决策控制，多传感器融合配置技术在产品化系统中已有成熟应用。

虚拟现实技术在机器人中的作用已从仿真、预演发展到用于过程控制，如使遥控机器人操作者产生置身于远端作业环境中的感觉来操纵机器人。当代遥控机器人系统的发展特点不是追求全自主系统，而是致力于操作者与机器人的人机交互控制，即遥控加局部自主系统构成完整的监控遥控操作系统，使智能机器人走出实验室进入实用化阶段。美国发射到火星上的“索杰纳”机器人就是这种系统成功应用的最著名实例。

我国未来工业机器人技术发展的重点有：第一，危险、恶劣环境作业机器人，主要有防暴、高压带电清扫、星球检测、油气管道等机器人；第二，医用机器人，主要有脑外科手术辅助机器人、遥控操作辅助正骨等；第三，仿生机器人，主要有移动机器人、网络遥控操作机器人等。其发展趋势是智能化、低成本、高可靠性和易于集成。

工业机器人的市场竞争越来越激烈，中国制造业面临着与国际接轨、参与国际分工的巨大挑战，加快工业机器人技术的研究开发与生产是我们抓住这个历史机遇的主要途径。

国家“863”机器人技术主题自成立以来一直重视机器人技术在产业中的推广和应用，长期以来推进机器人技术以提升传统产业，利用机器人技术发展高新产业。

目前，政府正在使用各种办法加大中国装备制造业在市场中占据的份额，并提供优惠政策鼓励更多企业使用机器人及技术以提升技术水平。国内越来越多的企业在生产中采用了工业机器人，各种机器人生产厂家的销售量都有大幅度的提高。可以预见，中国的工业机器人产业不久后将会作为一种在国民经济中占据重要地位的产业而存在。

七、工业机器人在建材行业的应用

随着经济的增长、建材产品的需求增加、人工成本的增长，我国建材产品的生产方式，由最初的手工生产方式，走向现在的机械化、自动化。

工业机器人发展到现在，已经具备代替人做一些单调、频繁重复或者周围环境恶劣、危险的作业。我国的建材行业以前一直采用手工生产方式，劳动强度大、工作环境恶劣、生产效率低、用工人数多，近年来用工成本增加，同时建材行业招工出现困难，工业机器人在建材行业的应用势在必行。

工业机器人在国外建材行业的应用较多，而且技术早已成熟，提高了建材行业自动化车间物流系统的自动化程度及生产效率。通过安装不同的夹具（或吸盘）来完成各种不同产品的生产工作，主要体现在搬运、码垛、卸垛、整理、打包捆扎等工序中（图 2-12-1、图 2-12-2）。

图 2-12-1　机器人搬运

图 2-12-2 机器人码垛

近年来，随着国外技术的引进、消化、吸收，国内建材行业的自动化发展突飞猛进，越来越多的建材机械制造厂商把目光放在工业机器人上，以机器人为中心，配以相应的夹具或吸盘，借助机器人制造厂商的技术力量来实现建材行业的车间物流自动化。现在砖瓦行业技术较为成熟的有山东矿机迈科建材机械有限公司等几家公司，其中技术最为成熟、设备性能最为稳定的当属迈科公司，它以意大利 COSMEC 公司技术为依托，自主研发适合中国砖瓦市场的车间物流自动化生产线，配合国际先进的 FANUC 公司机器人，在国内砖瓦企业占据半壁江山。

由于我国建材产品的特殊性，与国外产品有较大的区别，工业机器人不能最大限度地服务于每个工序，目前在国内的应用主要集中在搬运、码垛两个作业环节，在解决劳动力不足、提高生产率、改进产品质量和降低生产成本方面发挥着显著的作用。

（一）工业机器人在建材行业的优势

（1）相比手工生产方式，机器人的生产效率高很多。以码坯（标砖）为例，一个人一次可码 4 块砖，而在同样的时间内一个 450kg 机器人可码 44 块，也就是相当于 11 个人，而且工人每天工作 8h，机器人可以工作 24h，一台机器人一天相当于 33 个工人在工作。同时随着社会的发展，工人对工作条件的追求提高，人工成本也不断增长，建材行业由于工作环境较为恶劣，已经淡出人们的视线。

（2）相比桁架式码坯机，机器人作业精度高、柔性好，占地面积小，安装放置方便，同时夹具容易更换，当产品规格更换或者以后因生产工艺方式改变升级而出现码放方式改变时，能够及时调整夹具来适应新的生产方式。

（3）机器人定位精度高，能够 360°旋转，多轴联动性强。在复杂多变的搬运环境中，机器人能够适应各种角度、不同高度，可以实现一个方向对应多个方向或多个方向对应一个方向，以及多个方向对多个方向的搬运。

（4）机器人的高效性、专业性、标准化是建材行业必不可少的。如今的建材行业如同其他自动化行业一样，需要的是高质量、高性能、高稳定，整个生产线最大可能的机械化，减少劳动力，提高生产效率。

部分发达国家已制定出人工搬运的最大限度，超过限度的搬运必须由搬运机器人来完成。目前建材行业最常用的搬运机器人负载为450kg，可根据客户产品的不同，最大负载可以达到 800 kg。

(二) 机器人在未来建材行业中的发展趋势

目前，国内建材产品基本采用内燃烧结方式，为了烧结，砖的行与行、列与列之间都分开较大的缝隙，烧成后砖与砖之间存在粘连，而且由于各种原因，烧成后砖垛容易变形。现在采用的是利用卸垛机进行整垛卸，但是难以消除缝隙，同时不能打包，不方便运输，只能算作砖垛的转移。随着窑炉自动化的实现、烧窑工艺的改变，砖垛的变形以及砖与砖之间的粘连有所改善，就可以利用机器人单层将产品从窑车上卸下，重新进行整理消缝、码垛、捆扎打包，方便远距离运输，这样砖的卸车打包也就真正地实现了自动化。

以上介绍的机器人在建材行业中的应用，主要是对静态物体的抓取或搬运，随着建材行业车间物流系统自动化程度的不断提升及整厂工艺的改进，机器人在建材行业中执行的抓取或搬运环节，也将由静态向动态发展。

国外各大机器人生产商推出的带有视觉定位系统的机器人产品，可自动识别被抓取物体的形状和位置，主要应用于食品、药品行业，而这一系统的推出及其成熟运用，正符合了建材行业机器人对动态物体抓取的要求，带视觉系统机器人技术在建材行业的推广及普及运用，必将推动建材行业自动化车间物流系统实现一次大的跨越。

第十三节　焙烧窑炉

一、概述

我国新型墙体材料工业近年发展很快，目前已形成了规模，生产企业已达 10 万多家，无论是产品质量，还是生产能力，都已上了等级、上了水平、上了档次，并有了很大提高，新型耐烧结砖等生产线已基本形成，主机大型设备已开发出来，并已成定局，如 JKY75/75-4.0 双级硬塑真空挤出机得到广泛应用，并正向更大的规格发展。尤其是砖瓦焙烧窑炉大型化脱颖而出，西安墙体材料研究设计院在 2005 年就制订了强制性焙烧窑炉国家行业标准，达到了国际水平，国家发展和改革委员会批准发布，实施后发挥了重要作用，促进了窑炉的技术进步和墙体材料工业的发展，使窑炉生产线水平有新突破。现依据窑炉强制性标准所规定的内容要求，举出不同规格型号的窑炉示例，包括窑炉的发展前景、结构特点、工作原理、制造工艺、维护修理等技术技能，供大家参考、选择和学习，常见的砖瓦窑炉，这里以隧道窑为主进行介绍。

二、隧道窑炉

目前，我国墙体材料优化生产线已经得到广泛应用，其中新型砖瓦焙烧窑炉层出不穷，而纳入国家行业强制性标准的就是隧道窑这种窑炉，它又分为平顶窑和拱形窑，由于比其他窑型技术先进，所以本次以隧道窑炉为主示例予以介绍。

(一) 整体性能要求

(1) 窑炉必须按批准的设计图纸和相关技术文件施工。

（2）窑炉应满足使用要求，第一次大修不低于运转5年。

（3）窑炉主体部位不容许出现影响热工性能的破坏性裂纹、位移、塌落、漏气、蹿火现象。

（4）窑炉能耗指标应符合JC/T 713—2007的规定。

（二）窑炉基础要求

（1）窑炉地基基础开挖的基槽地耐力应达到设计要求。设计未明确时，隧道窑地耐力应大于15MPa，轮窑大于12MPa。地耐力达不到要求时，必须进行局部处理。地基基础施工应符合GB 50202—2002的要求，窑炉地基采用的烧结普通砖应符合GB 5101—2003中一等品的规定。

（2）窑炉地基基础、地下风道、设备基础若需防水及处理时，应符合GB 50208的要求。

（3）窑炉附属设备基础应符合GB 50204、GB 50205的要求。

（4）隧道窑轨道安装应符合设计要求。

① 铺设前，轨道应校直。

② 轨道安装时，混凝土浇灌强度未达到70%以前，不应在轨道范围内进行任何施工和通行。

③ 允许偏差：钢轨中心与隧道窑中心线偏差±1.0mm。
钢轨水平偏差±1.0mm。
钢轨接头间隙偏差0mm，+2mm。
钢轨接头高差0mm，+0.5mm（进窑、出窑方向）。

（三）窑墙体

（1）窑墙应于窑炉基础、附属设备基础完成并验收合格以及签订工序交换证明书后，方可进行施工，工序交换证明书应符合GB 50211—2014中1.0.4的要求。

（2）窑墙砌筑前应预先找平基础，必要时进行预砌，基础标高误差−10mm、+5mm。

（3）耐火材料和隔热材料

① 耐火材料质量应符合GB/T 2992.1—2011、YB/T 5106—2009、GB/T 2998—2001、GB/T 2608—2012的技术要求。

② 隔热材料质量应符合GB/T 3994—2013、GB/T 3995—2014、GB/T 16400—2003、GB/T 11835—2007的技术要求。

③ 材料的验收、保管和运输应符合GB 50211—2014中2.1.1～2.1.4、2.1.6的规定。

④ 烧结普通砖、多孔砖应符合GB 5101—2003、GB 13544—2011中一等品的规定。

（4）砌筑耐火制品的泥浆应符合GB 50211中2.1.7～2.1.14的规定，泥浆的稠度应符合GB 50211中表2.1.9中Ⅲ类砌体的规定。泥浆饱满度不得低于90%。

（5）耐火砌体砖缝允许厚度应符合GB 50211中表13.1.1中Ⅲ类砌体的规定。隧道窑窑墙砌筑测量定位，应以窑车轨面标高和轨道中心线为准，烧结普通砖外墙砖缝为8～10mm。外表面用原浆勾缝。

（6）隧道窑窑墙砌筑要平直，砌筑允许误差应符合GB 50211—2014中表13.1.3中耐火窑的规定，砌筑完毕后应进行检查。

（7）窑墙采用复合墙体时，可由内向外或由外向内逐次退后砌筑，不得采用先砌内外两层后砌中间各层的砌筑方法。耐火砖和隔热砖砌筑时，高度方向每隔2～5皮，长度方向每隔一定距离（按设计）与外层咬砌，咬砌所用砖应切割后使用，不得砍砖。砂封槽、曲封砖和拱脚砖下的三段窑墙质量，应分别进行检查后，才可砌筑上部砌体。

（8）砌筑墙体时应同时安装好预埋件，横梁、预埋件、预留洞口应符合 GB 50211—2014 中 2.2.23 的规定。金属管件外裹隔热材料。

（9）砌体膨胀缝的数值、构造及分布位置均应由设计规定。当设计无规定时，每米长砌体膨胀缝的平均数据可采用：黏土砖砌体为 5～6mm，高铝砖砌体为 7～8mm。

（10）膨胀缝的施工，应符合 GB 50211—2014 中 2.2.17～2.2.20、2.2.24、13.1.17 的规定。

（11）轮窑窑墙内的回填土应用干细土和（或）具有保温性能的工业炉渣，每层厚不得超过 200mm，分层夯实、回填应随窑墙砌筑同时进行。回填土中不应含有垃圾、树根等杂物。

（12）轮窑窑墙的撑墙应符合设计要求，砌体施工应与烧结普通砖墙施工相同，砌筑时应与内外墙咬砌。

（13）轮窑内墙采用普通砖时，灰缝不大于 5mm，拱角以上及拱灰缝不大于 3mm。轮窑内墙体泥浆砖缝允许厚度误差±1mm。

（14）轮窑墙体中设有风道时，风道应满浆砌筑且内侧采用泥浆抹面进行密封。

（四）窑顶

（1）窑体顶部根据设计可将其分为平吊顶和拱形顶两种形式。

（2）拱形顶的拱形胎及支柱材料应符合 GB 50211—2014 中 2.2.42 的规定。砌筑拱顶前，应预先检查拱角表面，表面应平整，角度应正确，长度方向表面误差不大于±5mm。拱顶支撑的沉降量最大为 30mm，拱模经检查合格后方可砌筑。

（3）拱顶的砌筑方法应符合 GB 50211—2014 中 2.2.49～2.2.54、2.2.60、2.2.63、2.2.64 的要求及 13.1.11、13.1.12 的规定。轮窑拱形顶砌筑时，宜与两侧的压拱墙同时进行。压拱墙未完成施工，不宜拆除拱模。

（4）轮窑拱顶的投煤孔宜采用耐火混凝土代替普通砖加工，耐火混凝土可采用现浇方式施工，与拱顶砌筑同时进行。

（5）轮窑顶部应设有保温隔热层。露天的轮窑顶应设防水层并有排水设施。

（6）平吊顶结构采用的材料应符合设计，采用轻质耐火混凝土板吊顶时应现场预制，轻质耐火混凝土应符合设计配合比，并与吊挂材料配合施工。耐火葫芦与吊板宜留膨胀间隙，预制后进行试验，达到设计指标后方可施工。预制吊挂件位置应准确，误差不大于±2.5mm。

（7）吊挂材料采用的耐热钢应符合相关规范的要求。耐热钢钩的加工尺寸应符合设计要求。

（8）吊挂砖或吊挂板应预砌筑，并进行选分和编号，必要时应加工。吊挂砖或吊挂板不允许有裂纹、缺损、扭曲和毛刺等缺陷。

（9）吊顶砌筑应符合 GB 50211—2014 中 2.2.56、2.2.59 的要求，吊顶板之间、吊顶板与预留孔之间的孔隙应采用耐高温的硅酸铝纤维制品填塞、封闭。砌筑时应调整耐火吊挂砖或吊挂板底面高度一致，底平面平整度误差不大于±5mm。

（10）窑顶的保温隔热材料应符合 GB/T 16400—2003 的规定。隔热材料宜根据窑体结构采用不同材料和不同厚度。铺设保温隔热层时应分层铺设，错缝施工，不允许产生通缝。铺设时宜采用高温黏结剂，分层黏结。

（11）窑顶钢结构应符合 GB 50205—2001、JGJ 82—2001 的要求。

（五）窑炉附属设施

（1）窑炉附属设施包含窑门、窑车、窑炉运转设施、风机、通风管道、燃烧系统及控制系统，应按设计进行制作、安装。

（2）窑车

① 窑车钢结构应符合相关国家机械制造标准和GBJ 82—2001的规定，应有制作模具方可批量加工，钢架高度尺寸误差±2mm，长、宽误差±2mm，对角线误差±3.5mm。窑车应运转灵活、形状平整、焊接牢固，不得扭曲。

② 窑车异型耐火材料应按设计加工，耐火、保温材料应符合标准和YB/T 5083—2014、JC/T 209—2012的规定。砌筑耐火材料时应留设膨胀缝。砌筑后窑车高度误差为±3mm，长、宽方向误差0mm，对角线误差－5mm、6mm。

（3）窑门

① 窑门制造应符合JGJ 82—2001和相关国家机械制造标准的规定。安装后，门与门框单边间隙为5mm，窑门升降速度100～160mm/s。

② 窑门安装后应尺寸准确，开启灵活，不允许有碰擦、卡壳等现象。窑门应涂刷耐热漆。

（4）附属热风管道和燃烧系统管道应符合GB 50264—2013、GB 50236—2011、GB 50251—2003的要求，热风管道应做保温隔热处理，隔热材料应符合GB/T 16400—2003、GB/T 11835—2007的规定。热风管道应设膨胀节，并符合设计要求。

（5）附属设备基础宜与窑炉基础同时施工，同时砌筑各孔道、通风口、构件、预埋件，确定砌体冷态尺寸和膨胀间隙，并预留膨胀尺寸。

（六）窑炉烘烤

（1）窑炉烘烤应在工程竣工验收后方可进行。

（2）烘烤前应检查的内容包括以下几点。

① 检查窑门、管道阀门开启的灵活性。

② 附属设备应全部空载和载荷调试完成。

（3）窑炉烘烤应按制定的烘烤方案进行。

（七）检验方法

（1）窑炉施工完毕后，必须完成下列工作以备检查。

① 按照设计图纸，对窑体全面检查，修正不合格项。

② 应将窑通道内、窑体膨胀缝内、轨道接头、砂封槽内及接头、风道管道及接头、测量孔及观察孔内的杂物清理干净，轨道面用钢刷刷净。

③ 砂封槽内填充细度7～12目、深度不低于100 ～130mm的石英砂。

④ 隧道窑应全部空车试车。检查窑体砌筑质量、轨道安装误差。检查每辆窑车的加工质量、耐火材料的砌筑质量，对不合格的部位予以修复。

（2）窑墙体

① 烧结砖的检验依据GB 5101—2003、GB 13544—2011的规定执行。

② 耐火材料和制品依据本节相关内容和GB 50309—2017中13.1.2的规定检验。

③ 砌体砖缝的泥（砂）浆饱满度依据GB 50309—2017中13.1.2的规定检验。

④ 窑体砌筑标高、中心线及窑顶拱角砖依据GB 50309—2017中13.1.4、13.1.5的规定检验。

⑤ 窑墙体保温隔热材料的品种、牌号必须符合现行国家标准和设计要求。

⑥ 窑墙体中的钢结构混凝土工程质量应按 GB 50300—2013 的规定进行。其中钢材品种、牌号必须符合现行国家标准和设计要求。

⑦ 隧道窑砌体砖缝的允许厚度依据 GB 50309—2017 中 13.1.6 第Ⅲ类砌体的规定检验。

⑧ 曲封砖砌体检查：

检查数量：间距和表面平整度误差每 5m 长检查一处，顶面标高为全数检查，每 3m 测一点。

检查方法：尺量检查和水准仪检查或 2m 靠尺检查。

⑨ 隧道窑的断面尺寸误差应符合 GB 50211—2014 中 13.1.3 耐火窑的规定值。检查数量、方法应符合 GB 50309—2017 中 13.1.8 耐火窑的规定。

⑩ 轮窑内墙体泥浆砖缝厚度用塞尺检查。

⑪ 隧道窑墙体膨胀缝的留设和窑体外部烧结普通砖应符合 GB 50309—2017 中 13.1.9 的规定。

（3）窑顶

① 轮窑拱顶使用的烧结普通砖的检验依据 GB 5101—2003 的规定执行。

② 耐火材料、耐火制品、隔热材料及相应的检验方法应符合本节相关内容的规定。砌体砖缝的泥（砂）浆饱满度应符合本节相关内容的规定。

③ 拱角砖必须紧靠拱角梁或金属箍。

④ 平吊顶耐热钢吊钩材料应符合设计和标准要求。

⑤ 耐热混凝土吊板采用的浇注料应符合 GB 50309—2017 中 4.2.1～4.2.3 的规定，吊板与葫芦间应有膨胀层。

⑥ 吊挂耐火材料、耐热混凝土吊板、耐热葫芦不允许有裂纹、缺棱掉角、扭曲、变形等缺陷。吊板隔热材料铺设不允许有通缝。

⑦ 拱顶砌体灰缝应符合 GB 50309—2017 中 13.1.6 第Ⅲ类砌体的规定。

⑧ 拱顶砌体应符合 GB 50309—2017 中 3.3.5、3.3.6 的规定。

⑨ 吊挂平顶砌体：

检查数量：错牙按拱顶查 2～4 处，每处 $5m^2$ 吊挂砖（吊板）。

⑩ 耐火浇注料应符合 GB 50309—2017 中 4.2.5 的规定。

⑪ 窑炉拱顶砌体允许误差和检验方法应符合 GB 50309—2017 中 3.3.9 的规定。

⑫ 拱顶内高误差 0mm、＋8mm，平吊顶内高误差 0mm、＋8mm。

（4）窑车、窑门和附属管道及设备

① 窑车、窑门钢结构材料和零配件应符合现行国家标准和设计要求，窑车采用的耐火、隔热材料应符合 JC 982—2005 中 6.2.2、6.2.5 的规定。

② 窑车、窑门钢结构及附属管道设备焊接应按 GB 50236—2011《现场设备、工业管道焊接工程施工规范》的规定验收。窑门安装应符合 JC 982—2005 中 5.6.3 的规定。

③ 窑车的尺寸允许误差应符合 JC 982—2005 中 5.6.2、6.2.12 的规定。

④ 窑车砌筑灰缝允许厚度应符合 JC 982—2005 中 6.2.7 的规定。

⑤ 热风管道的隔热保温材料必须符合相应国家标准和设计要求。

（八）检验规则

（1）窑炉的质量检验分为窑炉基本参数检验和出厂检验（即窑炉砌筑工程质量检验）。

窑炉竣工后，正式交付使用时必须进行窑炉基本参数检验。窑炉砌筑工程质量，应按分项、分部和单位工程划分进行检验和评定，每一座轮窑或一条隧道窑应为一个分部工程。分部工程宜划分为基础、窑墙、窑顶、窑车和附属管道及设备等分项工程。窑墙和窑顶部分的钢结构可设一个钢结构分项工程，应按 GB 50205《钢结构工程施工质量验收规范》的规定进行。当一个单位工程仅有一个分部工程时，该分部工程即为单位工程。

（2）窑炉基础部分的分项工程质量检验和质量评定应按 GB 50202《建筑地基基础工程施工质量验收规范》、GB 50204《混凝土结构工程施工质量验收规范》、GB 50203《砌体结构工程施工质量验收规范》、GB 50300—2013《建筑工程施工质量验收统一标准》的规定进行。其中作为合格标准，主控项目应全部合格，一般项目合格数目应不低于 80%。

（九）质量评定

（1）窑炉的分项、分部、单位工程质量，均分为“合格”、“优等”两个等级。分项工程质量等级应按 GB 50309—2017 中 2.2.2 的规定进行，分部工程、单位工程的质量等级应按 GB 50309—2017 中 2.2.3～2.2.5 的规定进行。分项工程质量等级应符合 JC 982—2005 中 6.2～6.4 的规定。

（2）质量检验评定程序及组织按 JC 982—2005 中 7.1、7.2 和 GB 50309—2017 中 2.3.1～2.3.3 的规定进行。

（3）窑炉基本参数检验应在试生产开始 2 个月内进行。

（4）砖瓦焙烧窑炉质量等级评定应符合 JC 982—2005 相关的要求。

三、标准型窑炉

（一）基本情况

（1）能力：该生产线生产能力为年产 6000 万标块，采用一次码烧工艺。

（2）窑型：153.05m×6.9m×1 条隧道窑、79.1m×6.9m 单通道隧道干燥室。

（3）方案（表 2-13-1）

表 2-13-1 产品方案

产品名称	产品规格/mm	孔洞率/%	抗折强度/MPa	与标准砖体积比	占总产量的比例/%
烧结多孔砖	240×115×90	>25	>15.0	1.7	75
烧结空心砖	240×115×115	>40	>7.5	2.17	35
烧结标砖	240×115×53	>45	>7.5	4.0	60

（4）质量标准 产品规格符合国家标准 GB 13544《烧结多孔砖和多孔砌块》及 GB 13545《烧结空心砖和空心砌块》，产品质量达到国家一级品的质量标准，外观尺寸和尺寸偏差除达到国标外，成品砖的内部不允许有严重的黑心。

（5）生产线发展状况及前景 随着国家墙改工作的不断深化，住宅产业作为国家新的经济增长点，多孔砖、空心砖必将取代实心黏土砖。该生产线年产的 6000 万标块烧结多孔砖、空心砖，在国家墙改政策的推动下，其销售市场和前景十分乐观，远远不能满足建筑市场的要求，6000 万产量的生产线对于各企业来讲属于中型投资，通过该项目的实施可获得良好的经济效益。该生产线采用废渣综合利用，是属于大断面的烧结砖生产线。多条生产线先后在全国各地投入生产，极大地推动了新型墙体材料和国家“禁实”政策的实施。生产线建成后，年产烧结砖 6000 万标块，可取代近五六个小断面实心黏土砖厂的生产规模，年利用废渣 21 万多吨，另外，由于采用先进的挤出成型技术和消烟除尘设施，对于治理污染，改善当地的生活环境，提高人民健康水平有着重要的意义。该生产线生产率高，机械化程度高，装备完备，技术先进，产品达到高孔洞率（承重多孔砖达到 30%以上孔洞率）、高强度，规格尺寸符合国家标准和建筑设计模数，保温隔热性能达到较高节能效果。它是一个综合利用工业废渣、保护土地、消除污染、墙体革新和建筑节能的一个优质生产线，其意义和影响是巨大的。

（二）生产线窑炉结构与工作原理

1. 工艺流程（图 2-13-1）

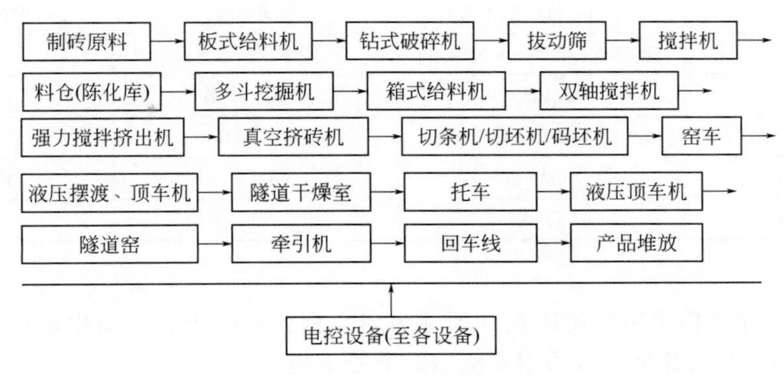

图 2-13-1　工艺流程图

生产线采用国内成熟的工艺技术，用国内消化吸收的具有国际先进水平的设备，如具有国际 20 世纪 90 年代先进水平的双级真空挤出机等。原料经过粗式破碎机进行粗破碎；再经过细锤式破碎机细破碎进入筛分；然后加水搅拌，送入陈化库陈化；陈化好的原料由人工取料，经皮带机、箱式给料机均匀输送到强力搅拌挤出机并加水搅拌；再喂入双级真空挤砖机挤出成型；挤出的泥条经表面加工、切条、切坯、运坯，由人工或自动码坯机码到窑车上，经隧道式干燥窑干燥后送入隧道式烧成窑焙烧，烧成后的制品再经检选后出厂。

2. 窑炉结构及技术参数

（1）153.05m×6.9m×1 条隧道窑

① 隧道窑基础。基础底为 670mm 厚毛石砌体，其上为 100mm 厚素混凝土垫层。250mm 厚钢筋混凝土（配筋为双层双向布局，上下层为 ϕ12@150），在窑炉车底风道局部需加深，在窑炉进出车端设备基础和车底风道处可按此处施工。

② 轨道安装。采用 22kg/m 轻轨预埋螺栓固定式安装，按常规设计。

③ 隧道窑窑体砌筑。要求窑炉的底全部采用红砖进行砌筑；隧道窑的进出车端各 4 车位，设计为内墙泥砌 370mm 厚红砖砌体，其后为 30mm 厚硅酸铝保温层和 370mm 厚红砖承重墙；隧道窑的烧成带为 230mm 耐火砖、230mm 保温砖、70mm 硅酸铝保温和 370mm 红砖承重墙。窑炉设计顶部底高为 2360mm（轨面为±0.000），设计窑车规格可为 4350mm×6960mm×840mm（车架）；窑外侧墙设计通长圈梁两道 370mm×250mm，支撑吊顶大梁。

④ 隧道窑窑顶。设计窑顶为平吊顶结构。吊梁采用 H 型钢或 I 字钢，梁间采用不等边角钢∟100mm×63mm 作支撑次梁。梁的规格按 H500、H200；窑炉顶板设计为轻质耐火混凝土顶板，规格为 725mm×725mm×100mm，顶部保温采用 100mm 厚毯和 40mm 厚毡进行保温，若具备条件可采用耐火泥或纤维浇注料抹顶部板缝施工，顶面采用高温喷涂料

封面。

⑤ 焙烧隧道窑。风道和烟道系统整条生产线设计有排烟系统、窑尾抽热系统、车底冷却系统及窑尾鼓冷风，对窑炉进行控制，操作灵活，便于生产的调节，可以消除上下的温差，使烧成更加均匀，达到产品的质量要求。焙烧隧道窑主要技术参数见表 2-13-2。

表 2-13-2　焙烧隧道窑主要技术参数

窑长	153.05m	烧成周期	36h
窑内宽	6.9m	燃烧方式	外燃
窑内高	2.36m(轨面至顶高)	烧成温度	950～1050℃
窑车尺寸	4.35m×6.96m×0.84m	坯体入窑水分	≤6%
产品种类	烧结砖	烧成合格率	≥95%
产品规格	烧结空心砖	年工作日	330d
每车码坯数	11924 块(折标)	年产量	6000 万块
窑内容车数	35 辆		

（2） 干燥窑

① 干燥窑主体结构采用红砖砌筑，顶部为现浇钢筋混凝土板，采用珍珠岩混凝土做保温施工，在排潮室及顶部进风口采用现浇钢筋混凝土施工。

② 干燥室原理主要是依靠烧成窑烟气和余热来干燥坯体，达到降低坯体水分、满足快速烧成的目的。干燥采用顶送风形式，使窑内温度更加均匀，同时在干燥窑顶部设置排潮口，将窑内潮气及坯体排出的水分抽出窑外，保证干燥窑内气流平衡。干燥窑的主体结构为钢筋混凝土的框架结构。

砖坯成型后，将成型好的砖坯经人工码至窑车上，通过窑车运转系统进入干燥窑进行干燥。根据坯体干燥要求分为升温段、等速干燥段、降温干燥段。在升温段坯体主要是接受外界提供热量，升高自身温度，同时有一小部分水分排出。此段主要依靠窑炉排烟段热量加热制品。在等速干燥段坯体温度达到一定程度，水分开始大量排出，此时需要提供大量的热量供水分排出。此段主要依靠烧成窑余热提供热量来满足坯体水分排出所需要的热量。在降温段坯体内部水分与外界水分浓度相差不大，只是由于气流作用排出小部分水分，制品开始降温出窑。干燥窑温度控制通过调节送、抽风管的闸板来调节进、抽风量，达到调节各段温度的目的。

干燥窑的技术参数见表 2-13-3。

表 2-13-3　干燥窑技术参数

窑长	79.1m	干燥周期	19h
窑通道内宽	6.9m	坯体入窑水分	16%～18%
窑内高	2.36m(轨面至顶高)	干燥后残余水分	6%
窑车尺寸	4.35m×6.96m×0.84m	排风温度	45℃
窑车数量	19 辆	送风温度	80～120℃
每车码坯数	11924 块	进车间隔	1h

（3） 窑门。窑门采用钢结构，自动上下架系统，上下应用行程开关准确定位。

3. 年产 6000 万生产线窑炉断面图（图 2-13-2、图 2-13-3）

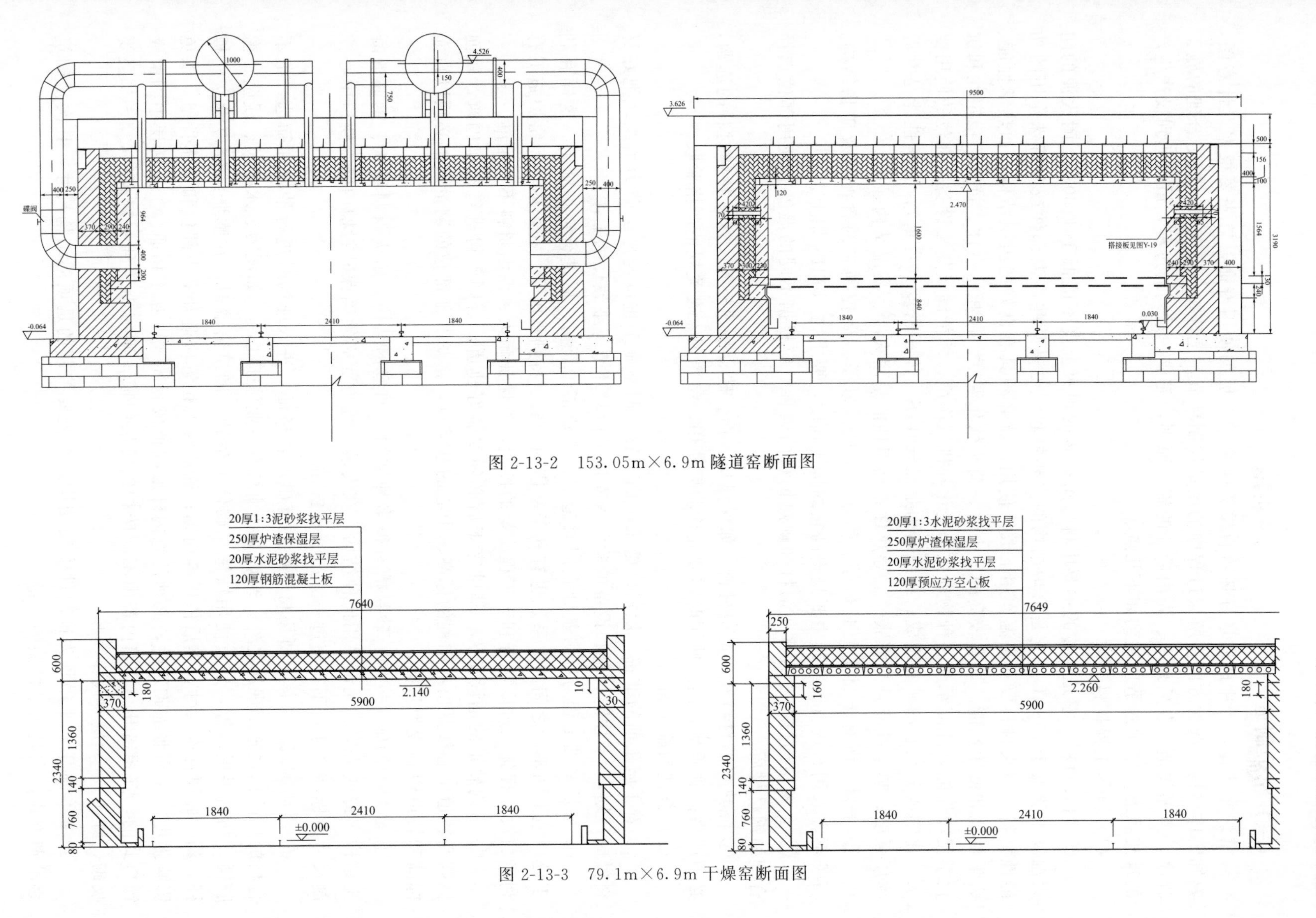

图 2-13-2　153.05m×6.9m 隧道窑断面图

图 2-13-3　79.1m×6.9m 干燥窑断面图

（三）窑炉制造

窑炉在建造过程中的质量好坏将直接影响窑炉今后的使用寿命，首先要根据设计意图，熟知窑体结构、选材方向。所属过程中的质量控制环节，把好每一道关口，制定合理的施工程序，遵循先地下、后地上、先内后外的施工原则，完成一系列的过程，最终达到投产生产的理想状态。窑炉建造应达到如下几点。

（1）窑体工程材料选购

① 耐火材料　它是窑体的主要用材，耐火砖的耐火温度不能低于1730℃，耐火泥的耐火温度不能低于1580℃。它是窑炉结构的主要材料，也是某些高温部件或起特殊作用的功能性材料。耐火材料要在高温作用下成功使用，就必须具有良好的组织结构，如热学性能、力学性能和使用性能。即有较高的耐火度、荷重软化温度、体积稳定性、抗热震稳定性和抗化学侵蚀性能，才能承受各种物理化学变化和机械作用，才能满足热工设备及部位的使用要求。化学成分是它的矿物组成；组织结构是显气孔率、体积密度（容重）；力学性能是常温耐压强度；热学性能是热膨胀性、导热性；高温性能是耐火度、高温结构强度。

② 土材　所有土材主要是砂子、石子、红砖。砂子主要控制它的含泥量及矿物结构。石子不宜采用石灰石。红砖主要是提高它的抗压强度，要求在10MPa以上。

③ 金属结构材料　有普通钢材和耐热钢材两大种，应根据不同的温度和使用部位选择合理的钢材材质。

④ 隔热保温材料及不定型材料　如保温毡、棉、砖、吊顶板等。这些特殊材料的选购，必须严格控制质量，出厂使用时需要先检验后使用，参照国家有关规范严格验收。

（2）合理的施工布局

① 着手施工前的准备，规划好施工平面布置，调整施工进度与施工劳力组织，把好材料供应计划，“卡住”材料和设备的验收入库质量检验环节等细致性的工作。

② 窑炉基础工程与厂房基础宜同时施工，先建窑炉厂房，后进行窑炉施工。这样有利于处理地下两基础之间的关系，也有利于基槽的开挖。特别是雨季，在窑内进行窑炉施工有利于加快工程施工进度，有利于工程质量的控制，可保证耐火、保温材料不被雨淋。

③ 窑内轨道的铺设安装。基础完工后必须安装好轨道，否则不得进行窑墙砌筑，轨面标高和轨道中心线是所有工程的标高、中心的基准点，窑炉其他部位的测量定位必须以轨面标高和轨道中心线为基准。

④ 砂封槽的施工安装。砂封槽有很多种结构，如型钢结构、耐火材料结构、钢筋混凝土结构、铸铁结构。无论采用何种结构，在安装尺寸方面必须确保砂封槽内壁与轨道中心控制尺寸及标高尺寸，不得超过－3mm、＋2mm。

⑤ 窑墙砌筑。窑体上所用材料必须有出厂合格证，进入现场时进行抽检和筛选，把不合格的产品拒之施工现场之外。筑炉工必须具有专业施工工具，如泥刀、水平尺、线坠、橡胶锤、切磨手提机等，禁止使用铁锤在砌体上凿砖；砌筑窑墙时，在膨胀缝处应设立样板杆，刻上砖厚标准尺寸，然后依标准而砌；膨胀缝的位置应避开受力部位和窑体骨架，以免影响强度。在膨胀缝砌筑时，必须注意内外层间留成封闭式，互不相通。上下砖层中则留成锁口式的，互相错开。窑墙内若由不同砖种的砖层组成，则应砌筑到一定高度，4～5层要咬砌，红砖6～9层要咬砌一层。

⑥ 窑顶施工。平吊顶为预制件安装结构，首先要控制的是顶部结构尺寸，其次是砌筑与吊砌方式，它是质量控制的关键。

在安装窑顶预制吊挂件时应注意：一是吊钩要垂直，不准吊钩斜挂；二是板缝内填塞的高温耐火纤维毯，应在吊板安装同时填充，毯的厚度宜为板缝的3倍，以保证压紧密封，毯的下部与吊板下部平齐，上部应超出上板面50～100mm；三是安放在窑墙顶面的吊板部分，其空间应垫耐火纤维毯，毯厚应为间隙厚度的2倍。

吊板主梁次梁均属金属结构，有的设计部门也采纳一些混凝土梁结构，无论何种吊梁结构，最关键要注意所选用的材质性能是否能达到常温下使用的必备条件。安装时尺寸要准确。吊壶与吊钩应在安装前做好破坏性试验，检验材料的材质与结构是否满足窑顶热状态下的工作要求和条件。

(3) 在焙烧隧道窑内，制品烧成温度均在1000℃左右，在窑体结构选材上，需要在焙烧带选用较好的耐火材料砌筑窑墙和窑顶，预热带和冷却带则可用较普通的耐火砖，或黏土、页岩烧结砖。平吊顶隧道窑则采用耐火混凝土吊板或吊梁，吊梁有混凝土和钢结构吊梁。

(4) 为了窑炉密封保温性能好，避免漏风对窑内焙烧过程的影响和高温气体对窑车下部金属结构的影响，窑内两侧墙设砂封槽，槽内填充砂子，窑车两侧则有砂封板插入砂封槽内，隔断上下气流的互相流动。在窑墙和窑顶均设有保温隔热耐火材料，使窑内的热导率变小，热量不致流失，从而有效地进行热源循环使用，达到节能降耗的功能。在隧道窑结构上设有余热利用系统，将抽取的热空气供干燥室烘干砖坯使用或作为北方地区冬季供暖使用。一般在窑炉的进出端设有窑门，使窑内操作稳定，不受外界影响。

(5) 隧道窑配套的设备有：进出口窑门、推车机、电动拖车、窑车、回车卷扬机以及排烟风机（烟囱）、冷却鼓风机、抽热风机、换热器等。

(6) 隧道窑的工作系统主要由以下几方面来确定。一是窑的主要尺寸。由焙烧产品品种、规格、产量、进窑坯体的水分、焙烧曲线、废品率及采用燃料的性能（成分、发热量）等决定。二是窑的长度和横断面尺寸。由焙烧产品品种、产量和采用燃料的性能来确定。当横断面大小、码窑密度和焙烧时间一定时，窑越长产量就越高，焙烧过程就比较稳定，对提高产品质量有帮助，所以在进行焙烧原料敏感性比较大的烧结制品时宜将窑炉长度适当加长一些。但窑体越长，气体流程长，阻力增大，预热带气压大，窑内过量空气增加，会增加排烟设备的功率消耗。三是窑炉工作系统。它是由产品烧成曲线、产品特点、燃料性能和建窑的条件来决定的。隧道窑的预热带一般只设排烟风机，以排出烟气和调节温度使用。焙烧带一般设置投煤孔，每孔距离一般在0.8～1.2m之间，冷却带有冷空气送入和热空气排出，冷却空气通过窑两侧或窑顶的送风口，用轴流风机或离心风机鼓入。也可在窑两侧开设冷风进口，依靠气压，由窑尾和冷风进口吸入冷空气。四是焙烧窑的温控及压力监控。烧成温度是焙烧过程中最重要的参数，它对产品的质量、产量及窑炉的使用寿命均有影响。所以，对温度的控制是十分重要的。对窑炉温度的监控，主要部位是预热带、焙烧带、冷却带的顶部温度。窑内压力是标志窑炉正常与否的最重要参数，窑内压力制度确定之后，基本就可确定窑内的通风量，因此也决定了产品的生产率及制品质量。通风量的变化将会影响窑炉温度的升降。窑炉的温度变化需要一个较长过程，但压力变化却是瞬间而已，压力监测必须在同一个部位上下设置。隧道窑砌体允许误差和检查方法见表2-13-4。

表2-13-4　隧道窑砌体允许误差和检查方法

项次	项目		允许误差/mm	检查方法
1	线尺寸	窑墙内所有各种气道的纵向中心线	±5	尺量检查，每5m检查1处
		窑车砌体的宽度	+0，−5	尺量检查，抽查窑车数的20%

续表

项次	项目		允许误差/mm	检查方法
2	垂直度	内墙	5	吊线检查。每5m检查1处，每处上、中、下各检查1点
		外墙	10	
3	标高	砂封槽下墙面	±3	水准仪检查，每5m检查1外
		窑墙顶面	±5	
4	表面平整度	内墙	5	2m靠尺检查，每5m检查1处
		窑墙顶面		
5	膨胀缝宽度		+2，−1	尺量检查，全面检查
6	总长度	窑长度	±10	尺量检查
		窑宽度	±10	

（四）窑炉维护与调试

（1）窑炉的维护

① 有一批懂技术、懂管理、懂操作，能维修处理一般事故，出现问题能及时排除的技术管理人员和操作工人，确保窑炉能够正常运行。

② 焙烧热工制度与操作。根据不同烧结砖的原料制定出合理的焙烧制度，如温度制度、焙烧温度和保温制度、冷却控温防止冷裂制度、压力制度、气氛性质的掌控、窑车的码窑密度、进车出车的速度等。

③ 窑的配套设备运行。如风机、抽热风机、排烟风机、冷却风机、窑车、顶车机、摆渡车、拉车机等的保养与检修。这些设备在运行时必须做好记录台账，随时掌控运行状况，有利于突发事故的处理。

④ 焙烧窑的总控室。如仪表、电路系统所反映的数据要如实记录，不得随意改写，有利于窑炉的工作系统，给操作工人提供生产控制操作指导。

⑤ 制定窑炉生产操作手册。将窑炉的技术性能、技术参数、注意事项、操作步骤、安全规程等发放给生产工人，让他们熟知窑炉这项热工设备的使用功能，以避免人为事故，随时掌控窑炉生产特性。

⑥ 做好窑炉整体的检修和保养工作。这关系到窑炉的使用寿命，窑炉生产能力的大小，能否使窑炉达到设计产量，以及生产出的产品是否符合要求，它对生产具有重要的作用。一是窑内通道是否畅通，有没有影响车底冷却系统的障碍，车底冷却风机运转是否良好。二是窑内轨道的运行实际情况，是否有变形的部位，会不会影响窑车运行。三是窑内的砂封槽，看其是否有变形的情况，会不会影响密封。四是窑车与窑车之间的密封情况。五是窑车底运行系统工作是否正常，能不能将车运送至所需位置。六是冷却风系统运行是否良好。七是通风管道是否有阻塞的地方，全窑通风是否通畅。八是抽余热及排烟系统是否正常工作，是否影响窑炉正常工作。九是窑体上是否有裂纹产生，会不会使窑炉产生漏气现象，能否修复。十是窑体所有的保温性能是否破坏，会不会经过使用后散热量加大。窑炉的保养，不但能保证窑炉的产量和产品质量，而且能延长窑炉的使用寿命。注重做好窑炉周边的积水排水处理，地下水与表面积水过多容易产生地基软化、地耐力减小、窑炉结构发生变化，使窑体产生裂纹。保持窑内具有较好的通风条件，如在冬季或不生产的时候，应将窑内坯体全部烧

完，并拖出窑外，将窑内腾空。有较好的通风条件，窑体就不会吸收过多的空气水分，再次点火时不会使窑炉产生伤害。窑上的金属管道，在高温和高湿生产情况下，很容易被氧化腐蚀，在平时保养时，应详细检查，对各部位要进行防腐处理，以免其损坏不能使用，影响窑炉正常生产。窑体内在生产过程中，全接触高温侵蚀，内墙面会产生剥落脱皮现象，应当涂抹一层防护层，由保护层直接与火焰接触。这样可使窑炉的使用寿命延长。

（2）窑炉的烘窑及调试　冷车试运行后，必须制定合理的烘窑调试方案。一是制定烘烧曲线，烘烧曲线要根据窑炉的烧成制度具体落实方法。烘窑的目的是排除窑体内的水分，调试是达到窑炉在正常生产过程能适应生产产品的焙烧性能。在烘烧过程中，随时掌握动态与静态的关系。窑炉的关键一点就是要在烘调过程中处理把握动态时的反应，随时注意处理方式，如果烘窑制度与温度方案不合理，将会产生诸多不利的连锁反应，如窑体开裂、热工紊乱、窑体漏气，造成窑体密封性能差，窑炉使用寿命缩短，窑体结构变形，有时造成局部倒塌，压力、温度无法控制，调节性差等，容易导致整条生产线瘫痪。为了使窑炉达到正常工作状态，必须做好以下几方面的工作。

1）烘窑前的全面检查　在检查过程中分步骤进行，首先检查静止部分，然后检查动态及动力控制部分，窑体内的隐蔽工程检查施工记录是否达到设计图纸及有关国家规定的窑炉施工规范所达到的各项标准。

① 检查窑体内外各部位的几何尺寸，运动部分与静态部分的配合位置是否吻合。

② 各膨胀缝和结构缝是否有残留物，全面清扫风道与烟道内的施工杂物。

③ 砂封槽是否有变形现象，接头是否严实，加砂管是否畅通，砂封槽内应装填不大于3mm的耐温细砂，装填高度一般以低于砂封板顶面25mm为佳。

④ 窑内轨道与窑车运载时的吻合检查，轨道接头膨胀缝是否有堵物，固定螺栓与压紧板、定位栓要进行紧固检查，窑车与轨道吻合面的检查。

⑤ 该窑操作时，窑顶与窑道内是工作面，因此，在窑顶和窑墙上标好运载车位号，有利于观察和检测。

⑥ 温控与压力检测点是否到位，检查线路是否有断路现象，安全防护措施是否到位。

⑦ 各操作面点的安全防护措施是否到位，消防措施是否达到规范标准。

⑧ 窑门密封及升降定位。要求密封好，运行灵活、平稳，定位要准确，摆渡车、拉引机要准确到位，液压顶车机的液压部分密封是否严密，顶车的行程是否到位和平稳。

⑨ 窑车装载物品时，要检查窑车接头是否均匀、严密、平稳，挡砂板与砂封槽的吻合尺寸是否一致，窑车要在窑内来回行走两圈。

⑩ 风机是窑上的关键设备，对风机必须严格检查。风机运转时，一定要按照说明书的运作要求实施润滑，水冷系统要畅通，要标明调节阀开闭方向，在试运风机时，空转必须达到4h以上，如无异常现象则转为满负荷运转12h以上，检查是否有噪声和漏油等现象出现。窑体上的紧固件立柱、拉杆、拱脚梁等是否安装到位，焊接点是否达到标准规范，这些需全面检查。

2）烘窑前的准备工作

① 组织机构。成立烘调领导小组，全面指挥烘调工作。

② 配备。机械、电气、热工、勤杂等专业人员各负其责，对所负责的工作范围内的设施进行全方位的检查和维护。

③ 做好工作日志的记录。

④ 坯体生产，砖机每班生产量不能小于5万块普通砖。烘窑期间应严格控制原料内的

发热值。

⑤ 点火时需要的材料和用具。烧结好的普通红砖 3 万块；火灶车 2 台（包括二次烘窑用）；劈柴约 $6m^3$；焦炭 5t：块煤 25～30t；柴油 40kg 点火用；火钎 2 把（ϕ18mm，$L=3000$mm）；火眼钩 4 把（ϕ10mm）；斗车 3 台（推煤、出渣等用）；应急灯 4 个；砖坯 KP1 20 万块；火把 3 个；铁锹 14 把；热电偶 1 支（0～1200℃）；保温棉 $1m^3$。

3）烘调的步骤　分为两个阶段。

① 低温烘窑阶段：低温烘窑室内温度为 0～600℃，属排水分阶段，首先关闭隧道窑的所有风机闸门，在点火前几分钟把排烟风机开到最大状态，调整前三组闸门为半开状态，将变频器开到理想位置。

从窑进车端 8 车位开始，火点燃后，缓慢推动窑车，对窑体进行小火烘烤，以排除湿气，在排潮风机前段 8 个车位时可延长烘烤时间，烘烤方案为：0～8 车位，时间为 8×12h；9～12 车位为 4×12h；13～23 车位为 20×12h；24 车位至尾端每车位为 8h。

启动排烟风机，使窑内处于微负压状态，风机闸板开启度以不向窑外冒烟为准。火灶车进入每一车位前后 3h 内温度不能太高，控制在 200℃以下，煤和焦炭掺和后使用，严防火灶车结焦。在火灶车的周围与窑墙的间隙用保温棉填塞，全窑最高温度控制在 600℃以内，这样，低温烘窑为一段落。

② 高温烘窑阶段：高温烘窑阶段从投煤孔加煤开始，加煤时必须用风机加以配合来调节窑温。砖坯也开始每隔一段时间进一车，并严格监视窑内烧成情况及按升温曲线来控制窑内升温速度。

当温度达到 700℃时，开启车下风道中的稳压冷却风机，将窑门处鼓冷风机和抽余热风机启动，严格控制窑内压平衡。

当温度达到 800℃时，开始向干燥窑送高温烟气，当坯车进入 30 车位时，向干燥窑送全部热源。

当坯车进入 28 车位时，开始启动窑炉换热系统，即不投煤或少投煤，观察砖坯内燃及进车速度、风量是否合理，并进行合理调节，保证窑炉的正常运转。

当温度达到 1100℃时，烘调窑炉的全部过程即告结束。同时第一车砖也相应出窑，表 2-13-5 为高温烘窑制度表。

表 2-13-5　高温烘窑制度表

序号	温度/℃	时间/h	累计时间/h	升温速度/(℃/h)	班次
1	0～200	1	1	66	3
2	200～300	2	3	18	6
3	300(保温)	1	4	0	3
4	300～350	1	5	18	3
5	350～450	4	9	10	12
6	450～600	1	10	50	3
7	600(保温)	0.5	10.5	0	1.5
8	600～800	2.5	13	27	7.5
9	800(保温)	1	14	0	3
10	800～900	1	15	33.3	3
11	900～1100	3	18	11	9

4）烘窑注意事项 烘窑期间必须做到三防：一防火灾，由于烘窑期间投煤、出渣要在窑内进行，特别是带火的窑车容易引起火灾，因此要严加防范，指定专人看管，设置好灭火工具；二防煤气中毒，由于工人都是第一次参加烘窑，在工作中要加煤、出渣，检查窑内运行情况，容易发生烟气熏人事故；三防机械碰伤，诸多机械配合工作、运转，人流、物流经常交叉，严防碰伤。

严防烘窑期间的技术事故发生，严格按照升温曲线进行升温，防止过快升温，以免造成窑体变形等意外事故。保持恒温时间，防止窑体内出现残留潮气，防止温度过高烧坏窑体。严格检查砖坯窑车情况，砖垛是否稳定、整齐。防止在窑内倒坯或擦碰窑墙。随时检查顶车机、拉引机是否平稳，要避免由于顶车、拉车等事故造成窑内倒坯现象的发生。严格把握进入窑内砖坯水分，水分必须达到合理的要求，千万不能让含水率不合格的砖坯码上窑车。

窑炉点火生产后，操作人员随时检查，根据烧成曲线随时进行调节，主要调节各风道闸板和风机运行频率，以保证窑炉的最佳烧成和干燥室的最佳干燥效果。

四、新型环保旋转式节能窑

（1）基本情况 据介绍，环保旋转式节能窑是近年来开发出来的产品，是以科学理论为依托，技术创新为目标，以节能降耗、环保减排、改善劳动环境、减轻劳动强度、提高产品质量为目的开发研制的项目，是具有当今国内先进的机械化、自动化、数字化、系列化、人性化的高科技焙烧窑炉。

环保旋转式节能窑的诞生，体现了现代工业梭式窑炉与隧道窑、轮窑传动工艺的完美融合。采用钢结构全纤维组合使端面最大化、节能最佳化、排放最小化、质量最优化。该窑炉采用了当今国内最先进的自动化、数字化控制系统，机械化程度高，具备了环保达标、节能效果突出、用工少、劳动环境好、产量高、质量优、产品规格全、市场竞争优势强、符合国家产业政策等突出特点。

① 投资少产量高。如隧道窑需投资3500万元左右，年产标砖7000万块；环保旋转式节能窑投资不超过1000万元，年产标砖在7000万块以上。

② 效果好，余热利用率高。万块标砖煤耗为1t标煤（每块标砖耗热700kcal），比传统窑炉节约40%～50%。

③ 烟气排放符合国家环保要求（比普通砖窑减少50%以上废气排放量）。

④ 用工少，成本低。与传统窑炉相比节省人工费50%以上。

⑤ 劳动强度低，工作环境好。机械化操作系统减轻了工人劳动强度，人性化的工作改善了工人以往高温多尘的工作环境。

⑥ 产品质量符合国家标准。由于全方位采用了机械化操作和自动化数字控制系统，保证了产品质量的稳定性。特别适合生产各型空心砖、多孔砖等新型建筑墙体材料。

⑦ 使用寿命长。该窑炉的使用寿命是原来传统窑炉的两倍以上。

⑧ 原材料广泛。煤矸石、页岩、粉煤灰、建筑垃圾、河底淤泥等。

⑨ 操作简单。数字自动化焙烧技术和机械化运行系统，解决了传统的人为操作造成的失误。

⑩ 便于管理。机械化运行，数字自动化操作，减少了劳动力和劳动强度，生产人员不超过30人。

实践证明：该窑炉技术原理具有可靠的科学性、先进性和实用性。

（2）工作原理和结构 原料制备→细化→混合→输送→陈化→制坯→输坯→码坯→干燥→预热→焙烧→保温→冷却→成品→装车。

该窑体在特定的圆弧状环形轨道上旋转运行，砖坯依次码在环形轨道内，窑体前行运转依次完成：干燥→预热→焙烧→保温→冷却→装车。围绕这一核心技术，可以形成多种多样的工艺布局，适应多种原料（煤矸石、页岩、粉煤灰、河底淤泥、建筑垃圾等）及相关工艺的要求。

环保旋转式节能窑，综合了过去传统的罐窑，一次、二次码烧轮窑，隧道窑的运行原理，并结合工业窑炉梭式窑的工件不动、窑体动的原理和工艺特点，改变了烧结传统工艺，形成了砖坯不动、窑体旋转移动的烧结工艺。

环保旋转式节能窑其合理的工艺流程设计、场地布局和简捷的物流路线也使整个制砖厂的能耗和劳动强度大幅度降低。

（3）窑炉的制造和建设过程　该窑炉具有多项自主知识产权，并获得国家四项专利的全新设计。采用全钢结构制造，机械自动传输，特种保温材料，新型生产工艺进行施工。整个建设过程实行全承包，从开工到投产，建设周期四个月。

（4）安装调试　设备安装简捷、便利、合理，生产调试一步到位，并全程提供管理、技术培训服务。

（5）维护修理　该窑炉钢结构紧凑，使用材料质地好，全纤维炉衬重量轻、结构合理、设计科学、便于维修。全年维修一次，维护时间短，维修费用少。

第十四节　硬齿面齿轮

一、概述

工业机械设备要传递运动和动力，而机械设备传动装置中齿轮传动是最基本的传动形式。齿轮传动具有精度高、传递动力大、平稳可靠、占有体积空间小等优点，在机械设备传动中被广泛地使用。

建材行业因其机械设备传动装置多为低速重载的工作条件，例如水泥生料熟料磨机、原料输送装置及其他建材设备，如砖瓦、玻璃等行业的机械设备传动装置中齿轮传动装置也都占有不可替代的地位。

由于材料、热处理、技术水平和加工水平的限制，到 20 世纪中期一般工业齿轮大都为软齿面齿轮或中硬齿面齿轮，这些齿轮容易制造，但承载能力差。随着工业发展水平的提高，对齿轮传动装置的要求也越来越高，总的趋势是：体积小、扭矩大、高转速、低噪声、寿命长、可靠性高。

硬齿面技术首先在发达国家得到重视，到 20 世纪七八十年代，该技术逐渐趋于成熟。我国从 20 世纪 70 年代开始，进行硬齿面齿轮技术的研制，经过 40 多年的努力，齿轮行业产品已逐渐实现了软齿面向硬齿面的过渡。

所谓硬齿面技术，是指经表面强化处理的齿轮，如表面渗碳淬火处理、表面氮化、表面感应加热淬火等，对于重载齿轮，我们主要说的是合金渗碳钢，经表面渗碳淬火处理，并进行齿面磨削加工的齿轮，其齿面硬度达到 57～62HRC。

软齿面、中硬齿面齿轮一般指中碳钢或中碳合金钢，经退火、正火或调质处理的齿轮，其齿面硬度在 160～320HB。

通常软齿面和中硬齿面齿轮在使用中，齿轮的损伤首先从表面产生，即经过一段时间工作后，齿轮表面往往先产生点状剥落，或是塑性流变和早期磨损，齿轮渐开线齿面会早期损坏，剥落面积不断扩大致使齿轮不能正常工作，在正常设计和工作扭矩下，一般不会出现断齿现象，这一现象表明齿轮的表面强度不足，要解决这一问题，就要增加齿轮表面强度，即制造齿面为硬齿面的齿轮。

齿轮在强度计算和校核时，材料的弯曲疲劳强度 σ_{FP} 和接触疲劳强度 σ_{HP} 是材料强度的重要指标，下面对三种不同齿面的齿轮材料疲劳强度数值做比较（表 2-14-1）。

表 2-14-1 齿轮材料的强度比较

齿面状态	硬度	$\sigma_{FP}/(N/mm^2)$	$\sigma_{HP}/(N/mm^2)$
渗碳淬火	58～62 HRC	450～500	1450～1550
合金钢调质	280～320 HB	250～320	600～700
正火钢	180～220 HB	<240	<560

从表中数据可见，齿轮材料由软齿面到中硬齿面到硬齿面的改变，其齿面接触疲劳强度增加很多，并且硬齿面齿轮在大幅度提高了表面接触疲劳强度的同时也提高了弯曲疲劳强度。

根据研究资料，硬齿面齿轮与中硬齿面齿轮相比较：接触疲劳强度可提高 2～5 倍，一般为 2 倍；弯曲疲劳强度可提高 1.5～2 倍，一般为 1.5 倍；抗胶合能力提高 1.6 倍；抗磨损能力，切线速度为 0.3m/s 时，提高 2.3 倍左右。

分析资料表明：中等规格的齿轮箱，从质量上比较，硬齿面齿轮箱为软齿面齿轮箱的 1/3，中心距为 1/2；从综合承载能力上比较，硬齿面齿轮为软齿面齿轮的 5～6 倍，为调质齿轮的 4 倍。

实际上，中硬齿面齿轮的薄弱环节是表面强度不足，表面强度提高，可使齿轮承载能力大幅度提高。表 2-14-2 为国外资料在不同材料和不同加工方法条件下，对减速机尺寸、重量和价格比产生的效果差异进行研究的对比值。

表 2-14-2 齿轮为不同材料时的比较

大、小齿轮材料	C45	42CrMo4	小齿轮：20MnCr5 大齿轮：42CrMo4	31CrMoV9	34CrMo4	20MnCr5
热处理	正火	调质处理	小齿轮：渗碳硬化 大齿轮：调质处理	气体氮化	齿廓感应硬化	渗碳硬化
加工	滚切	滚切	小齿轮：磨削 大齿轮：滚切	精铣	铣削、研磨	磨削
中心距 a/mm	830	650	585	490	470	390
模数 m	10	10	10	10	10	10
滚动轴承质量/kg	95	95	95	105	105	120
总质量/kg	8505	4860	3465	2620	2390	1581
总质量百分比/%	174	100	71	54	49	33
价格百分比/%	132	100	85	78	66	63
安全系数 S_H	1.3	1.3	1.3	1.3	1.4	1.6
安全系数 S_F	6.1	5.7	3.9	2.3	2.3	2.3

注：1. 表中材料为 DIN 标准材料。

2. 表中减速机参数为：齿轮箱公称扭矩为 21.4kN·m，输入转速为 1500r/min，速比 $i=3$，使用系数 $KA=1.25$，接触安全系数 $S_{Hmin}=1.3$，弯曲安全系数 $S_{Fmin}=2.3$，按单件生产设计。

由此可见，当大小齿轮都由45号钢正火改为42CrMo调质；小齿轮渗碳淬火，大齿轮调质；大小齿轮都气体氮化；大小齿轮表面感应淬火，到大小齿轮都渗碳淬火，减速箱的体积越来越小，中心距由830mm降到390mm，质量由8505kg降到1581kg。实际生产成本也由132%降到63%，降低一半，而且硬齿面齿轮箱的可靠性高，使用维护和备件生产方面成本都大为降低。

我国在车辆行业、冶金、电力、石化、造船、轻工等行业，机械装备中齿轮传动装置都在逐步淘汰落后的软齿面齿轮装置，取而代之的是新型高性能的硬齿面齿轮装置，建材行业正加快结构调整的进程，加快落后产能的淘汰步伐，加快建材行业硬齿面齿轮箱的应用，为淘汰能耗高、污染严重的落后设备，实现新型工业化的目标做出努力。

二、特点及原理

（1）硬齿面齿轮的特点　渗碳淬火硬齿面齿轮适应于重载齿轮，特别是大型齿轮，其工作特性有如下基本特点。

① 渗碳淬火硬齿面齿轮材料　渗碳淬火硬齿面齿轮材料为优质合金渗碳钢，常用的材料根据用途不同可有不同的选择（表2-14-3）。

表2-14-3　渗碳齿轮用钢的选择

齿轮种类	钢号选择
汽车变速箱、分动箱、启动机及驱动桥的各类齿轮	20Cr 20CrMnTi 20CrMnMo 25MnTiB 20MnVB 20CrMo
拖拉机动力传动装置中的各类齿轮	
机床变速箱、龙门铣电动机及立车等中的高速、重载、受冲击的齿轮	
起重、运输、矿山、通用、化工、机车等机械的变速箱中的小齿轮	
化工、冶金、电站、铁路、宇航、海运等设备中的汽轮发电机、工业汽轮机、燃气轮机、高速鼓风机、透平压缩机等的高速齿轮，要求长周期、安全可靠地运行	12Cr2Ni4、 17Cr2Ni2Mo 20Cr2Ni4 20CrNi3 18Cr2Ni4W 20CrNi2Mo 20Cr2Mn2Mo
大型轧钢机减速器齿轮、人字机座轴齿轮，大型皮带运输机传动轴齿轮、锥齿轮，大型挖掘机传动箱主动齿轮，井下采煤机传动齿轮，坦克齿轮等低速重载，并受冲击载荷的传动齿轮	

材料的选择要保证材料有好的渗碳性能，有高的强度和良好的韧性，并保证淬火时有足够的淬透性。

② 齿轮材料均为锻件，锻件应符合JB/T 6396—2006和JB/T 4385.1—1999的要求，保证材料的均匀性、高强度，严格控制材料的冶金锻造缺陷。

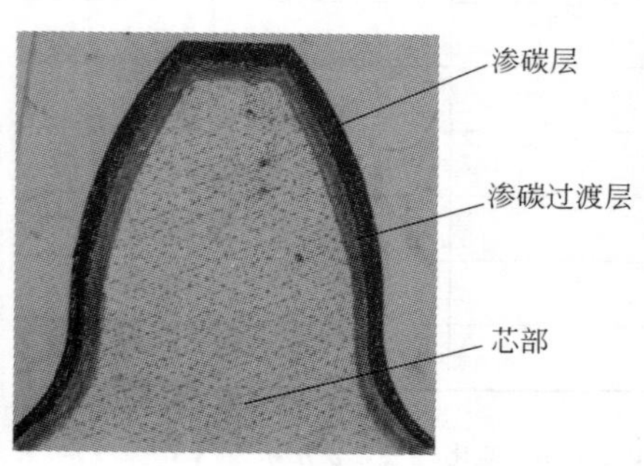

图2-14-1　齿轮渗碳淬火硬化层

③ 热处理为齿面渗碳淬火处理，渗碳层含碳量由基体原0.2%左右提高至0.7%～1.0%范围，淬火后齿面硬度达57～62HRC，其齿面金相组织由隐晶马氏体、碳化物和少量残余奥氏体组成，应符合JB/T 6141.3—1992的要求。齿轮渗碳层见图2-14-1。

这样可保证齿轮齿面的高硬度、高接触疲劳强度、高耐磨性，从而避免齿面在高接触应力下接触疲劳裂纹的产生，同时对齿轮弯曲疲劳强度也起到提高作用。

齿轮齿面渗碳的含碳量要求从表面到一定深度，

由高到低过渡平缓，保证淬火后硬度分布均匀、硬度梯度也较平缓，从而不会产生应力作用下表面脱壳分离的现象。

合金渗碳钢齿轮经渗碳淬火处理，其齿面的接触疲劳许用强度可达 1300～1500N/mm^2，甚至可达 1550～1600N/mm^2，这是软齿面齿轮和中硬齿面齿轮所达不到的。

④ 齿轮渗碳层深度　渗碳工艺中要保证齿面有足够的渗碳层深度，因齿面在工作中要承受表面很大的接触压应力，从而造成接触疲劳损伤。根据赫芝理论，齿轮表面在承受接触压应力时，其最大剪应力应处于接触面以下一定深度，而剪应力是造成齿面剥落裂纹源的重要因素，因而经硬化的表面渗碳层需要有足够的深度，才能保证最大剪应力处于渗碳有效硬化层深度范围内，并且渗层深度还要保留有一定的富余量，否则会出现早期剥落和表面压碎的现象。据理论和实践的经验总结，若以渐开线齿轮法后模数为参考参数，齿轮有效硬化层深度一般为 0.15～0.25mn 的范围（mn 为齿轮法向模数）。对一般模数齿轮，有效硬化层深度在 0.5～2.5mm 范围，对大模数齿轮，要采用深层渗碳技术，例如模数在 16mm 以上，甚至模数达到 30mm 的齿轮，硬化层深度要求达到 3～5mm，有的甚至达 7mm。

⑤ 齿轮轮齿芯部硬度　齿轮材料要选用具有足够淬透性的合金钢材料，以便在齿轮最终热处理淬火后，芯部硬度保证达到 30～45HRC 范围，在齿轮淬火后，其金相组织应该是合金低碳马氏体和少量的铁素体，应符合 JB/T 6141.3—92《重载齿轮　渗碳金相检验》的要求。

在芯部有较高硬度的情况下，使渗碳淬火齿轮既具有较高的弯曲疲劳强度，又有较好的韧性，使齿轮不至于在冲击载荷下产生脆断；另外，较高的芯部硬度还可以保证对齿面有较好的接触压应力支撑作用，从而避免产生齿面压碎的现象。为了保证渗碳淬火齿轮齿部有足够的芯部硬度，在材料选用上，对于较大模数的重载齿轮推荐选用如 20CrNi2Mo、20Cr2Ni4 或 17CrNiMo6 等有较高合金含量、高淬透性的钢材。

重载齿轮除了和中硬度齿面齿轮相比较，在齿轮强度上有突出的优势，与其他齿面硬化处理的方法相比较，也有其不可替代的优点。例如齿面感应淬火和火焰淬火的表面硬化齿轮，其表面硬度范围在 40～55HRC（因其材料一般为中碳钢），其表面接触强度远低于渗碳淬火的强度，并且其齿根部位很难得到与齿面相同的淬透硬化层，因而齿根弯曲强度的提高也受到限制。

对于表面渗氮（氮化）齿轮，虽然氮化层硬度很高，但其深度仅为 0.3～0.5mm，一般材料氮化后表面硬度要求为 550HV（52HRC），纯氮化物的硬度可达 800HV，但脆性很大，这样的硬化层深度仅能适应于模数很小的齿轮，对于大模数齿轮来说，其硬化层深度是远远满足不了要求的。

图 2-14-2 是渗碳淬火钢和火焰或表面感应淬火钢接触强度方框图，由图可见其接触强度 σ_{Hlim} 的差别。由以上分析可见，在诸多的齿轮强化处理的材料及工艺类型中，渗碳淬火硬齿面齿轮是最能适合于现代诸多行业对于重载齿轮传动设备的要求，特别是在建材行业更是如此，它是重载行业高精设备更新换代必不可少、无可替代的齿轮传动装置。

⑥ 齿轮精度　渗碳淬火硬齿面工业齿轮在热处理后都经过磨齿工艺，保证齿轮在工作中能精确啮合。经磨齿后齿轮的精度都在 GB/T 10095.1—2008 和 GB/T 10095.2—2008 中圆柱齿轮精度标准的 6 级或 6 级以上。

有资料表明，6～9 级齿轮精度，每提高一级，其接触精度可提高 8%～10%，很好地改善了齿轮齿面的接触应力状况，相应地也提高了齿轮的承载能力。

⑦ 齿面磨削后表面粗糙度明显改善，一般为 $Ra0.8$ 甚至为 $Ra0.4$，对于齿面早期接触疲劳裂纹源的产生有很好的抑制作用。

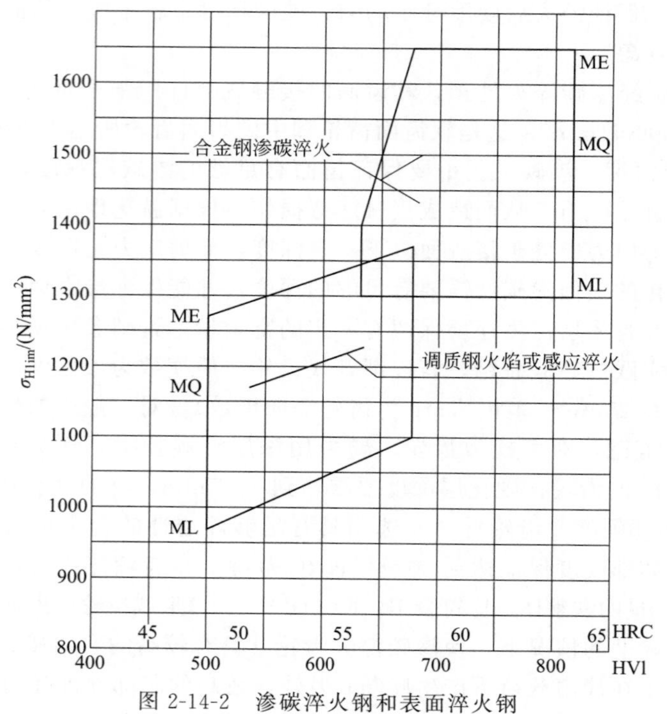

图 2-14-2　渗碳淬火钢和表面淬火钢

（2）硬齿面齿轮承载能力分析　齿轮的主要失效形式有齿面接触疲劳损伤（也称点蚀或齿面剥落）、弯曲疲劳损伤（轮齿折断）、齿面胶合和齿面磨损等。

采用硬齿面后，齿面硬度一般为 57～62HRC，耐磨性得到很大提高是显而易见的。润滑良好的硬齿面齿轮，运行几年仍可能看不出明显的磨损痕迹，磨损已不是硬齿面齿轮的主要失效形式。

齿面胶合可分为冷胶合和热胶合，胶合不属于疲劳性损伤，其产生归咎于齿面润滑失效。冷胶合较少见，多发生于低速低精度的调质齿轮上。热胶合多发生在高速齿轮运行的初期。由于目前所使用的中极压齿轮油的 FZG 抗胶合载荷级已达 11 级以上，所以一般低速重载齿轮发生胶合损伤的已极少见。

因而，齿面点蚀和轮齿折断仍是硬齿面齿轮最常见的失效形式，轮齿抗点蚀的接触疲劳强度和抗折断的齿根弯曲疲劳强度是决定齿轮承载能力的最主要因素，而硬齿面齿轮这两方面都有大幅度的提高。

齿轮接触强度分析：齿轮接触疲劳是由于齿面在循环接触应力作用下，应力超过了材料的接触疲劳极限，在齿面或齿面以下一定深度产生疲劳裂纹，并逐渐扩展，致使齿面产生小块金属剥落，形成剥落小坑的一种失效形式。齿轮经过长时间运作，剥落坑面积会不断扩大，致使齿轮运转振动、噪声增大，导致齿面不能正常啮合运转。

衡量齿轮的表面承载能力往往用表面负荷系数 K 来衡量，K 值反映齿面对接触应力的承载能力，用以下数学关系式表达：

$$K=\frac{F_t}{d_1 b}\times\frac{u+1}{u}\qquad (N/mm^2)$$

式中　F_t——齿轮端面分度圆上的额定圆周力，N；

d_1——小齿轮分度圆直径，mm；

b——齿宽，mm；

u——齿轮轮数比，Z_2/Z_1。

对一般工业齿轮，软齿面齿轮 $K \leqslant 1$，硬齿面齿轮 K 值可大于 5.5 甚至更高，K 值越大，意味着齿轮表面的接触强度越高，齿轮的承载能力越大，重量越轻。

从接触疲劳强度来分析，对 42CrMo 调质齿面，硬度 HV＝280（相当于我国目前中硬齿面的硬度下限），σ_H 的许用值可取 $670N/mm^2$；对于 17CrNiMo6 渗碳淬火，齿面硬度 HV＝740，σ_H 的许用值可取 $1500N/mm^2$，二者可传递功率之比为：

$$\left(\frac{1500}{670}\right)^2 \approx 5$$

即单从许用应力来比，按接触强度计算硬齿面比中硬齿面的承载能力可提高到 5 倍。而中硬齿面比我国过去一般所用的软齿面的承载能力可提高 30%～50%，所以说按接触强度计算硬齿面为软齿面承载能力的 5～6 倍是比较客观的。

从弯曲疲劳强度来分析，轮齿折断主要有过载折断、疲劳折断、端角折断等形式。其中，由于齿根过渡曲线附近的危险截面的交变应力超过其疲劳极限，形成疲劳裂纹并扩展，使轮齿折断的折断形式最为常见。

由于疲劳裂纹首先开始于拉伸侧的齿根圆角处（严格地说，危险截面在和齿根圆弧 30°切线的切点处），而具有合理的渗碳层深度和良好芯部韧性的渗碳淬火齿轮可大幅度提高齿根部弯曲疲劳强度，而且渗碳淬火后会在齿根圆角表层产生很大的残余压应力，此残余压应力在很大程度上抵消和削弱了拉伸侧的拉伸应力，这就是硬齿面齿轮齿根弯曲疲劳强度得到提高的主要原因。

同样对 42CrMo 调质硬度为 HV＝280 的齿轮，其许用弯曲疲劳强度值 σ_F 可取 $280N/mm^2$，而 17CrNiMo6 渗碳淬火 HV＝740 的齿轮 σ_F 可取 $500N/mm^2$，二者可传递功率之比为：

$$\frac{500}{280} \approx 1.8$$

即硬齿面齿轮比中硬齿面齿轮的齿根弯曲疲劳强度承载能力可提高近 1 倍。从数值上看是不如接触强度提高得那么多，但是由于软齿面齿轮的接触强度是薄弱环节，相比之下，弯曲强度富裕量很大，一般弯曲安全系数 S_F 可达 5 左右，但强度发挥不出来，而 S_F 有近2 倍也就够了，在设计合理且制造能够保证达到设计要求的条件下，S_F 高于 2.5 已没有太大意义。而硬齿面齿轮齿根强度就发挥得比较充分，使接触和弯曲两强度的安全系数相接近（$S_H \approx 1$ 时，S_F 为 1.4 左右）。所以，虽然上面算得二者可传递功率之比为近 2 倍，加上挖掘出来的软齿面齿根强度的富裕部分，实际硬齿面齿根强度完全可以承受近 4 倍的中硬齿面传递的功率。

渗碳淬火层齿轮齿根弯曲疲劳强度一般提高不到 2 倍，在齿轮参数的设计中为了弥补硬齿轮弯曲强度提高的程度远没有接触强度提高幅度那么大，硬齿面齿轮一般都采用较大的模数，以增大弯曲强度，更进一步优化齿轮的总体承载能力。

不管是软齿面还是硬齿面齿轮，若 $S_H=1$，点蚀失效概率$\leqslant 1/100$；而同时，S_F 若可达到 1.4～1.5，弯曲折断失效概率就可达到$\leqslant 1/10000$，即此时断齿的失效概率远远小于点蚀的失效概率，点蚀仍会先出现，设计仍需先考虑接触疲劳强度够不够。如果说过去发生过一些硬齿面齿轮没点蚀先断齿的现象的话，那往往都是因为制造达不到设计要求或设计时没考虑意外的冲击造成的。不过，由于断齿造成的损坏往往是破坏性的，损坏更大，是人们不希望发生的，所以一般把弯曲安全系数提得更高一些，如水泥磨机、轧钢机用齿轮，取 $S_H \geqslant$

1.3，$S_F \geqslant 2.5$。$S_F = 2.5$时的失效概率已极小了，一般来说再增大安全系数已无太大必要。

可以说，对设计合理，制造质量确有保证的硬齿面齿轮，是不必担心断齿问题的。

三、设计和选择应用

现代工业硬齿面齿轮装置制造技术的概念已不只是齿轮为硬齿面的制造技术，而是伴随着一系列新概念、新技术、高科技的制造技术理念的应用，硬齿面齿轮装置的制造水平才跃上了一个新的台阶，成就了齿轮传动产品的更新换代。

（一）齿轮

这里所介绍的主要是指齿形为渐开线的渗碳淬火硬齿面工业齿轮。

1. 齿轮的设计

（1）设计方法

1）根据强度设计：齿轮的受力状况和失效情况进行分析计算。

采用标准：圆柱齿轮强度设计直接采用国际先进的设计计算标准。如：GB/T 3480—1997《渐开线圆柱齿轮承载能力计算方法》（等同ISO 6336-1～6336-3：1996）；GB/T 10062《锥齿轮承载能力计算方法》（等同ISO 10300-1～10300-3：2001）。

2）强度计算中各参数选择原则。

几何参数及精度选择，采用国际先进的精度标准。如：GB/T 10095—2008《圆柱齿轮精度》（等同ISO 1328-1～1328-2：1997）；GB 11365—89《锥齿轮和准双曲面齿轮精度》。

3）计算机优选设计

① 运用齿轮强度计算程序确定并优选各齿轮参数。

② 运用计算机优选设计，达到在满足齿轮强度条件和几何参数的结构条件下，得到一系列优选参数，使齿轮装置的承载能力最大、齿轮强度达到最优、体积最小、多级传动齿轮各传动级等强度、齿面滑动条件良好等。

③ 运用齿轮参数计算程序计算优选出齿轮各几何参数及精度数值。

（2）计算机CAD画图　CAD作图速度快、效率高，尺寸比例精确，可以进行模块式操作，改型方便，可操作二维图、三维图，而且可以做出运动中的动态模拟状况。

2. 齿轮的选择应用

齿轮材料采用优质低碳合金钢，锻件需进行超声波探伤，齿面磨齿后要进行磁力探伤，控制齿轮内部夹杂物或表面微裂纹等缺陷。

（1）齿轮热处理　齿轮材料的预处理根据材料不同，可采用正火、调质或退火处理，总之要保证材料预处理的组织均匀性、细密性和接近平衡组织的状态，以便减少最终热处理的变形，达到优良的金相组织状态。

渗碳要在可控气氛井式或多用式渗碳炉中进行，一般都是计算机控制，保证渗碳表面浓度、浓度梯度和渗碳层深度等指标，在淬火—回火后保证齿部表面、芯部硬度和硬度分布金相组织的要求。

（2）齿轮加工　齿轮粗加工一般在滚齿机上进行，要求保证留有热处理变形和磨齿加工余量，关键工序是磨齿，磨齿机精度要保证最终磨齿后齿轮的精度要求。

圆柱齿轮精度要达到6级，重要齿轮的精度要求在5级以上（例如水泥磨中心传动齿轮或高速齿轮）。螺旋伞齿轮进行表面硬刮加工或磨齿加工，精度要求达到6～7级。

（3）齿轮检测　主要是保证检测仪器的精度及其数值可靠性，确保齿轮制造精度，国产有“哈量厂”生产的齿轮检测仪、原马格公司的齿轮检测仪，还有高精度磨齿机自带的检测仪（如 Hotol 磨齿机）等，都能很好地进行齿轮精度检测。

主要检测项目，齿轮各项公差大概分为三组，分别影响着传动的准确度、平稳性和载荷分布均匀性的相关指标，共有十多项。详情参见 GB/T 10095，但对重载齿轮，主要检测精度参数有：齿廓总偏差，螺旋线总偏差；单个齿距极限偏差和齿距累积总偏差，其余各项精度参数根据需要适当选择，但无必要在生产中全部检测。

3. 现代硬齿面齿轮制造中多项先进技术得到应用

除齿面硬度高和齿轮精度高外，还应用有以下诸方面技术。

（1）在齿面进行渗碳淬火的同时，齿轮根部也同样得到渗碳淬火，并具有高强度，必要时还进行齿根喷丸强化处理，造成齿面表面压应力，从而提高齿轮抗弯曲和接触疲劳性能。

（2）齿面多采用渐开线螺旋齿面，在相同齿宽条件下，增加了接触线长度，从而改善了接触应力受力状况。

（3）采用圆弧齿根即滚齿时用全圆弧滚刀，齿根过渡圆角圆滑，改善齿根弯曲应力集中状况。

（4）齿轮啮合顶隙系数为 0.4（圆弧齿根），改善了齿面啮合受力状况，同时也改善了齿轮接触面的润滑状况。

（5）齿轮多采用优选的正变位齿轮，可提高齿轮的弯曲疲劳强度。

（6）齿面根据热弹性变形原理进行齿面修形，从而改善齿面的应力状况。

（7）齿轮做平衡试验，对线速度较高的齿轮做动平衡试验，对于大型齿轮做静平衡试验，从而减小齿轮装置的振动和噪声。

（二）齿轮箱

1. 箱体

材料为铸件或焊接件，在铸造或焊接后都要进行充分的去应力退火，在粗加工后要进行第二次去应力退火，确保齿轮箱在装配后和使用中不产生变形，镗孔要保证满足孔公差及轴平行度公差，这是保证齿轮啮合精度的必备要求。对于大型齿轮箱，不少重要生产厂都已具有三坐标检查仪来检验镗孔精度。

2. 轴类和其他零件

因为硬齿面齿轮箱的中心距和齿轮的尺寸都偏小，所以轴类零件都比原软齿面产品的尺寸要小，在选材上要注意选用较高强度和淬透性较好的中碳合金钢。轴类零件也要选用锻件并进行调质处理，保证具有较高的强度和很好的韧性及综合机械性能。轴类零件还要进行超声波探伤，对材料的非金属夹杂物及其他类型缺陷要进行严格控制。

在轴承的选用上要在保证其计算使用寿命的同时，选择可靠性较高的轴承品牌，滑动轴承要保证轴承的承载能力和动态油膜特性等重要参数的可靠性。

3. 齿轮箱的装配安装与试车调试

齿轮箱的制造水平与装配质量关系很大。

调整齿轮接触斑点：接触斑点状况反映齿轮齿面受力的偏载状况，在齿长和齿廓方向都要进行接触斑点的测量，达到设计要求。齿轮侧隙、轴承运转质量、油隙等，都要在装配中进行认真调整，达到设计要求。

齿轮箱在出厂前均进行空载荷试车或负荷试车试验，空载试车测量振动、噪声、油温、温升、轴承温度、有无异常响声等，并做记录。

4. 齿轮箱润滑与散热

飞溅润滑的齿轮箱要保证轴承、齿轮的润滑，齿轮箱要满足热功率要求。

强制润滑要保证轴承、齿轮的供油，保证供油量、喷油嘴油量分配、油压和油温，使齿轮、轴承等得到充分的润滑和散热。油站要保证供油系统的冷却能力。

5. 齿轮箱动态监控系统

齿轮箱要严格按照说明书进行安装，安装质量的好坏直接影响使用效果。

大型齿轮箱备有振动、噪声的监控系统，对润滑系统的油温、油量、油压、轴承温度的监控系统，可以是人工的，也可以是自动的。为了保证齿轮箱能正常运转，这些监控系统绝不可忽视。齿轮箱各系统要经常按规定进行检查维护（包括齿轮的状况、轴承的状况、润滑油油质及清洁度等），只有精心维护才能保证正常的长时间的运转。

四、齿轮发展的新措施

1. 计算机的应用

三维设计、运动模拟、有限元法计算、动态特性计算、应力状态模拟、齿轮的热弹性变形精确模拟计算等都给齿轮的设计提供了更大的提高和发展空间。

2. 新型的设计及齿轮强化理念在生产中的应用

引人注目的新型设计技术有：功率双分流技术、模块化设计技术、新型行星结构设计、三环齿轮箱设计、双圆弧齿轮、点线啮合齿轮、少齿差齿轮传动等，运用热弹性技术对齿轮进行修形技术，采用齿面喷丸强化工艺，渐开线齿轮采用圆弧齿根等技术的应用都使齿轮传动的性能得到很大提高。

3. 材料及新型热处理设备、工艺

高强度级别的材料已广泛应用，应用较为广泛有 20CrNi2Mo（相当于美国 AISI 标准的 4320 钢）、17CrNiMo6（为引进德国 DIN 标准钢材），其强度级别都在 1000N/mm^2 以上。近年来甚至出现强度级别达到 1800N/mm^2 的高强度级别齿轮材料，该类型材料应用于齿轮行业，使得齿轮的承载能力水平更上一个新台阶。

渗碳炉设备用可控气氛炉，计算机控制渗碳过程，炉温的均匀性、碳势控制的精确性都大大提高；真空淬火炉、真空渗碳炉使齿轮的变形大大减小；国内大型渗碳炉不仅可对直径 2.8m 的齿轮进行渗碳淬火，而且可对直径 4m 的齿轮进行渗碳淬火处理（南京高精齿轮集团有限公司有奥地利艾西林公司产直径 4m 的计算机控制可控气氛井式渗碳炉）；高中频及双频加热淬火、激光淬火，以及其他众多的表面化学热处理等工艺及设备都给硬齿轮的发展创造了广阔的应用空间。

4. 齿轮加工设备

滚齿机：规格可达 10m 直径；高精度滚齿机可加工出符合 GB/T 10095 的 3 级以上的齿轮。

磨齿设备：在 20 世纪马格磨齿机就已经是高精度磨齿设备。如今新型磨齿机不但精度高，效率也有很大提高，如南高齿的 Hofler、Niles 磨齿机，可以磨削直径 2.5m、4m 的齿轮，且精度可以达到 GB/T 10095 的 3 级。该数控齿轮磨齿机可以自动完成齿轮的整个磨削过程，并且可以自动检测和输出检测结果，同时还可以进行齿面修形，自动修正磨削砂轮等多种程序的工作。现在还拥有 6m 高精度进口 Hofler 磨齿机，可对直径 6m 的高精度齿轮进行磨齿加工。

5. 齿轮加工刀具

滚刀采用氮化钛表面涂层滚刀，可做到 AAA 级，加工出 2～3 级滚切加工齿轮。

现在采用性能更好的刀具表面沉积涂层，如氮碳化钛和氮铝化钛纳米涂层，滚刀切削速度可达到 40m/min 以上，刀具寿命大为延长，专利双刃滚刀的切削效率可以提高 5 倍以上。

例如：南京高精齿轮集团有限公司（本文简称“南高齿”）具有多台克林根贝尔格螺旋伞齿轮加工机床，可对渗碳淬火齿轮直径达 1200mm 的硬齿面齿轮进行齿面硬刮削加工，刀具表面为立方氮化硼沉积层，可使硬齿面螺旋伞齿轮加工精度达到 GB/T 11365 的 6 级。

南高齿近年来利用高精度设备、高新技术，通过技术人员的攻关努力，生产了多项具有国际先进水平的齿轮产品。

高精度产品：北京天文台 2.16m 天文望远镜传动齿轮副，其精度达到 GB 10095 的 2 级标准；多套硬齿面齿轮达 3 级精度。

高转速产品：为航空某研究单位生产的齿轮箱最高转速达 67000r/min，线速度最高达 176m/s。

大功率产品：与燃气发电机配套的高速齿轮箱，功率可达 55000kW。

大扭矩产品：南高齿生产的水泥磨机齿轮箱、出口榨糖机齿轮箱最大扭矩达 320t•m；热轧钢板材轧机主齿轮箱扭矩达 670t•m。

大体积产品：与钢厂配套的大型冶金设备齿轮箱单台重量达 150t。

通过几十年的努力，我们的齿轮加工水平，设计能力和技术水平已经同国际接轨。

五、齿轮现状及维护修理

（一）我国齿轮行业发展的几个阶段

1. 车辆齿轮

包括汽车、拖拉机、摩托车等齿轮，我国在合资、引进消化吸收过程中逐渐锻炼培养了一批人才，在吸收发达国家的先进技术同时逐渐走上独立设计的道路，建立了自己品牌的车辆齿轮装置产品。

2. 工业齿轮

和汽车齿轮一样，解放初期基本上也是学习苏联的技术。例如，第一重型机器厂、洛阳矿山机器厂、太原重型机器厂等，后又吸收了欧美国家的技术，通过国内技术人员及企业家的努力，逐渐建立了当今的齿轮制造业。我国的工业齿轮已在冶金、石化、轻工、建材等各个工业部门逐渐形成了自己的齿轮传动装置生产服务行业，建立了较完整的国内齿轮装置生产体系。

南高齿等企业的发展是我国工业齿轮发展的一个缩影。石化、电力行业用的高速齿轮箱，由 20 世纪 80 年代初的机械工业部组织全面引进美国费城齿轮制造公司的技术，其中包括设计、制造标准、规范、设计计算软件等全套高速齿轮的设计制造技术，并且培养了一批骨干技术人才，生产了具有先进水平的高速齿轮箱和系列产品。

如今，建材、冶金、石化、轻工等行业工业设备升级换代转型所需求的各类工业硬齿面齿轮箱，国内都可以制造。

经过几十年的发展，我国齿轮行业的生产已经具有一定的规模，已经有一批具有研发能力的技术队伍，具有一批熟练的齿轮生产管理队伍，具有相当能力的齿轮加工设备，及满足高精度高质量的先进加工设备，这批企业的技术队伍和生产能力都在快速地发展和成熟起来。

（二）建材行业硬齿面齿轮箱产品的发展

国外在20世纪中叶，建材行业中心传动水泥磨齿轮箱，如日本川崎重工、丹麦史密斯等公司的大型齿轮箱都还应用中硬齿面传动的齿轮，但体积庞大，中心传动水泥磨机减速机多在1600kW以下。到20世纪下半叶，国外建材行业都已逐渐采用硬齿面齿轮，如德国弗兰德公司、法国雪铁龙公司、比利时汉森公司等的建材机械用齿轮箱都已采用了先进的硬齿面齿轮技术。齿轮箱的传递功率都已大幅提高，重量大幅度减轻，例如，一台中心传动磨机减速机1400kW，中硬齿面的重达51t；如今一台2800kW硬齿面减速机，重量也仅为52t。经过多年努力，我国建材行业也已逐渐采用硬齿面齿轮箱，国内骨干齿轮企业已完全满足国内建材行业大功率生产线的需求。例如，南高齿、重庆齿轮箱有限公司等都在运用硬齿面齿轮箱制造技术，为国内建材行业制造了高精度、大功率的硬齿面齿轮箱。常用的硬齿面中心传动水泥磨齿轮箱已达2800kW以上，并且已生产出5000kW中心传动水泥磨齿轮箱。

带硬齿面螺旋伞齿轮传动的硬齿面立式磨机齿轮箱功率达2500kW以上，现已有功率为4500kW的立式磨机齿轮箱。

近年来，建材行业已在大力推进硬齿面齿轮装置的应用，在齿轮减速机方面颁布了一系列新的硬齿面齿轮减速机的标准，代替以往落后产能的软齿面和中硬齿面齿轮的减速机。如：《水泥工业用硬齿面减速机　第1部分：中心传动磨机》（JC/T 878.1）；《水泥工业用硬齿面减速机　第2部分：边缘传动减速机》（JC/T 878.2）；《水泥工业用硬齿面减速机　第3部分：窑用减速机》（JC/T 878.3）；《水泥工业用硬齿面减速机　第4部分：立式磨机减速机》（JC/T 878.4）；《水泥工业用硬齿面减速机　第5部分：辊压机用减速机》（JC/T 878.5）。

还有其他建材行业用齿轮传动装置，也都将陆续建立硬齿面齿轮传动标准，如“煤磨用立式传动减速机”等。

新标准规定的水泥工业用硬齿面减速机的整机性能要求已达到了较高的标准。主要是：

（1）在使用寿命方面，减速机在额定负荷下运行可达10年以上（10万～15万小时），而软齿面和中硬齿面减速机在运行一段时间后，一般都会出现早期齿面剥落，需更换备件。硬齿面齿轮一般在良好的润滑条件和正常使用情况下，长期运行不会出现磨损或很少齿面磨损，也不会出现胶合损伤。

因具有较高的齿面和芯部硬度，从而在正常的设计应力和润滑状态下，可以保证在10^9N循环应力下，不出现表面剥落或表面压碎的接触疲劳损伤。

（2）由于硬齿面齿轮都已经过表面磨削处理，建材行业用的硬齿面减速机啮合精度都在6级或6级以上（有的达到5级），关键齿轮还采用齿面修形，因而齿轮啮合运转的平稳性较好，在中低速齿轮中（在2000r/min以下）其运转噪声都在85dB（A）以下。

（3）传动效率高（能耗低），一级平行轴齿轮传动效率达99%，二级传动达98%以上，多级平行轴并有螺旋伞传动（如立磨）效率不低于96%。

（4）制造大功率、高承载能力、小体积的大型高效的设备得以实现。例如中心传动减速机可以做到5000kW以上，可制造4500kW的立式磨减速机，可生产中心距110mm的边缘传动磨机减速机。这些大功率齿轮箱在齿轮软齿面时代是不可想象的，只有在如今掌握硬齿面制造技术和优良制造设备的条件下，这些梦想才得以实现。

（三）推行硬齿面减速机势在必行

最近，业内知名人士不断反映说国际上的硬齿面减速机得到广泛应用，而且，早已替代了软齿面和中硬齿面减速机，我国虽然很早以前就开始推广应用了这种先进技术产品，并已列为新技术产品加以推广，但时至今日仍有误区，个别部门对此冷落，甚至拒绝使用，仍然采用已经被替代了的老产品。因此，加强宣传工作，加大推广力度，广泛采用硬齿面减速机，以改善这种落后现象已是当务之急。为了认识这个问题，我们邀请齿轮制造专家对硬齿面减速机的技术发展过程和应用特点加以阐述，以帮助大家提高认识，更好更快地了解和掌握他的功能与特性，以便加快推广应用的步伐。

近代100多年来，随着生产的发展和科学技术的不断进步和广泛实践，齿轮传动产品不断地向高速、重载、硬齿面、高精度、高性能、低噪声方向发展，特别是硬齿面高精度齿轮传动技术的不断创新，逐步成为世界工业发展的主流，其中渐开线硬齿面高精度齿轮传动装置已占领了主导地位。随着现代工业生产的发展，硬齿面齿轮逐步构成了机械产品的重要组成部分，其技术和性能优势不断地突显出来，尤其是齿轮的制造质量直接影响到机械产品的质量，齿轮技术水平已成为工业化水平的象征，高精度硬齿面减速机以其体积小、承载能力大、抗磨损能力强、使用寿命长、运转平稳、噪声小等突出特征和优势，成了世界工业发达国家机械传动装置中不可替代的重要产品，并取得了首要地位，如今已替代了落后的软齿面和中硬齿面。在这种形势下，我国20世纪70～80年代，开始了推广应用硬齿面减速机产品，并要求各行各业积极采用这种新产品新技术，因此，高精度硬齿面减速机在各个领域得到了广泛应用。例如，建材行业有关部门根据国家的要求曾发出通知："凡采用硬齿面减速机的产品优先进行达标检查，优先确定达标产品"。从此以后，不少企业便积极采用硬齿面减速机，促进了企业技术改造的不断发展。但是，由于对硬齿面制造技术、材料工艺特点和应用效果等多方面重要环节的先进性认识仍有不足，以致也出现一些问题，如在应用中材料选择不到位，热处理工艺不合适，方法不科学，在全面深度应用上更是存在一定的难度。为了进一步帮助大家更多地了解硬齿面技术的应用现状并真正掌握其技术特点，我们对齿轮技术的发展历史做了更为详细的研究。据业内专家介绍：齿轮的发展起源于1890年，此后世界各国特别是工业发达的国家，对齿轮做了精心攻关和研发，使齿轮技术有了长足进步和发展，其过程大致经历了如下五个阶段。

第一阶段：建立了齿轮承载能力计算公式，使渐开线齿轮得到了使用，基本类型有直齿轮、斜齿轮、圆锥齿轮和蜗杆传动。当时，发明了滚齿机、插齿机，并使之得到广泛应用，取得了成功，之后才有了大型齿轮加工以及铸铁研具研磨技术，也具备了较高精度齿轮的加工能力。

第二阶段：对齿廓和螺旋线进行修整，主要是提高齿轮的承载能力与实现运行平稳性，降低了噪声。这个阶段开始使用压力角为20～25°的渐开线齿轮，从而使直齿、斜齿圆柱齿轮承载能力计算公式得到进一步发展。之后又发明了剃齿机。这种剃齿机在加工后的精加工中得到广泛应用，从而摒弃了抛光、研磨方法，同时也发明了带剃齿刀头的插齿机床，使之在快速切齿中得到了应用。而且渐开线、螺旋线以及周节的测量仪相应也获得了很大发展，采用抗胶合极压添加剂的齿轮润滑油、人工合成油也有了长足的发展。

第三阶段：改进了直齿轮和斜齿轮承载能力计算公式，确立了动力传动齿轮中渐开线齿轮的主体地位，并借助齿轮角变位，使螺旋角可以取整数，从而降低滚切难度，角变位齿轮也得到广泛应用并取得了较大的成功。但由于在切齿时容易造成开裂，磨削时容易发生灼伤和磨削裂纹，为避免这些问题，又采用了刮削法来加工比一般齿轮硬度高得多的硬齿面齿轮，并使之发展成为新的齿轮工艺。

第四阶段：进一步考虑齿轮点蚀接触区弹性流体动力润滑油膜厚度问题，以确保这个重要的参变量须在许用范围内。同时即使油膜厚度在许用范围内，点蚀、过度磨损等的损伤也能导致齿轮折断失效，甚至对未损伤的齿轮，在承受点蚀区交变载荷时，也会发生断齿情况，因此，重合度在 2 以上的大重合度齿形的直齿和斜齿轮得到广泛应用，在增强接触强度的同时降低噪声。另外，高冶金质量齿轮钢和新材料的运用，使齿轮具有更高的强度和耐受高温能力，此外刮削法、CBN 切削法精加工砂轮高速磨削工艺以及在线检测技术的应用，使高精度硬齿面齿轮高效率加工成为了可能。最重要的是钢质齿轮的热处理工艺取得了大幅度进步，能满足更为严格的工程技术要求。这样，硬齿面减速机的整机性能达到前所未有的高度，硬齿面减速机在大功率，以及对振动和噪声要求严格的各行业中得到广泛应用的时机已经成熟。

第五阶段：推广应用阶段。国际上率先以硬齿面齿轮取代了软齿面（小于 300HB）和中硬齿面（300～335HB）齿轮。我国也列入了国家技术政策并开始将硬齿面减速机全面应用于各领域。目前，我国不仅具备了这种设备独到的制造技术，掌握了其完备的检测手段，而且还拥有实力雄厚的高技能技术人才队伍，为我国工业提供了多规格优质的硬齿面齿轮及齿轮装置，并在国内外赢得了很高的声誉。但在实际应用中也存在着一些教训，特别是个别用户在采购硬齿面减速机中，由于真假难辨，不慎用了伪劣产品，给企业造成了严重的不良后果。例如，有一家知名度很高的机械生产企业，由于相信了虚假宣传，一次性购置了 18 台廉价的硬齿面减速机，但使用后出现了台台断齿的问题，使企业遭受了极大的损失，信誉和效益滑到了谷底。事后调查发现，该硬齿面减速机断齿的主要原因是用局部淬火齿轮冒充硬齿面齿轮，不符合硬齿面减速机的标准要求。这件事又引发了一些企业不敢再选择硬齿面减速机。为解决硬齿面减速机断齿的困扰，解除大家的疑虑，帮助广大读者正确认识硬齿面减速机，我们特请专家针对上述问题做了全面分析，明了要解决好这一问题，首先必须进一步落实国家技术政策，积极推广和应用先进技术，正确引导广大用户，弄清什么是真正硬齿面减速机，切实掌握其技术特点。其次是如何进行正确选型。国际上已经证明，真正的硬齿面齿轮就是采用优质低碳合金齿轮钢材制造的，并应用多种工艺方法来达到表面硬度 54～62HRC，芯部硬度达到 30～42HRC。齿面经过磨削处理的齿轮叫做硬齿面，但不同的工艺方法所达到的硬化层性能是不同的。制造加工时，要根据需要去选择。目前硬齿面齿轮制造技术工艺，国际上通常采用的方法有以下几种，供大家选择：

1）向齿轮表面渗氮或氮碳共渗，获得表面硬度的齿轮叫氮化齿轮。其硬化层深度较浅，约为 0.55mm，表面硬度 550HV（52HRC）。这种齿轮承载能力小，特别是硬化层局部过载能力很小，虽然齿轮不用淬火，变形小，但氮化工艺成本很高，也难以获得高精度，因此很少采用。

2）中频或高频感应淬火和火焰淬火硬齿面的齿轮，因硬化层和非硬化芯部有显著界面，其硬度梯度很大，表面硬度低，仅为 55HRC，而且齿根淬火硬度困难，所以，其性能和承载能力较差，应用性不理想。

3）向齿轮表面渗碳后再淬火，叫渗碳淬火齿轮，其表面硬度高达到 58～52HRC，齿轮硬化层均匀，由于残余奥氏体的特性，使其表面往内部的硬度梯度很小，并具有最好的抗硬化层剥落能力，因此，这种齿轮具有很高的承载能力与抗冲击能力。目前，高精度渗碳淬火硬齿面齿轮技术在国内外得到了广泛的应用，并代表了现代齿轮技术的发展方向，是今后我们选择的主要硬齿面减速机类型。

当前，渗碳淬火齿轮这种高精度硬齿面齿轮减速机受到世界各国的青睐，成为齿轮产品的首选，世界发达国家所生产的硬齿面机械传动装置，得到了全方位的推广应用，完全具备了现代齿轮新技术融合的特点。此外，这种产品还具备一些独特的功能要求：1）齿轮强度计算要求保证正常的润滑条件，以保障齿面接触应力和齿根弯曲应力的最佳状态；2）齿轮的材料和热处理方法决定齿轮疲劳极限应力值，最终又决定了齿轮的承载能力。例如合金钢调质与合金钢渗碳淬火两种材料对比，其齿面接触疲劳极限应力相差2.5倍以上，高精度硬齿面齿轮制造加工，除需要高精尖设备外，还需要有完备的检测手段。我国从七五以来，硬齿面减速机技术已从各方面有了长足进步和很大的发展，得到了广泛的应用，特别是建材工业用硬齿面减速机制造加工能力大幅度提高。我国建材行业充分吸收了丹麦、德国、美国、瑞士、西班牙、捷克、苏联等先进大型高精度技术设备特点，通过不断地总结国内外先进经验，开发出新一代减速机和传动功率产品，并解决了硬齿面断齿问题，使减速机技术水平有了新的突破。目前，据知名企业介绍，新一代减速机得到广泛应用，不断向大型减速机发展，积极开发6000kW以上功率减速机，当前水泥工业用硬齿面齿轮减速机技术和制造能力已经达到或接近国际先进水平，如有的企业制造的硬齿面齿轮寿命达到了10～15年、齿轮制造精度达到3级并与国际等同，传递功率、齿轮线速度、输出轴转速接近国际先进水平。现在我国的硬齿面减速机生产企业已经形成规模，一批具有现代化规模的高精尖大型企业已浮出水面，如“重齿”、“南高齿”、“金象传动”、“重庆同力”、“巨鲸”等一大批先进企业，为我国建材行业职业技能鉴定工作提供了可靠的技术保障。在国家的支持下，硬齿面减速机技术有了更快的发展并得到了广泛的应用，完全满足我国建材工业大型化发展的需要。在新形势下，有的制造企业还积极开发出特种铬镍钼合金钢和渗碳淬火的热处理先进方法，取得了明显效果，目前，建材工业正在以日新月异的速度不断向前发展，全面落实国家的技术政策，广泛全面采用硬齿面减速机新产品、新工艺和新技术已经水到渠成了。

六、加速与国际水平接轨

纵观我国的齿轮生产企业，跟国际上发达国家相比较还存在差距，主要有以下方面。

1. 技术进步

很多企业的自身研发能力还跟不上发展的需要。国内齿轮行业知名品牌少，有影响的品牌效应差。企业发展不平衡，技术水平、制作水平差距较大，有些企业的产品也称之为硬齿面齿轮，实际上产品的质量差距很大，这些有待于认真贯彻硬齿面齿轮装置的行业标准，使产品达到标准水平，从而提高整个行业产品的水平。

2. 产品规模效应差

国内汽车行业齿轮，各类工业齿轮生产企业仅有少数十多家企业的产值能达二十亿元以上至几十亿元的规模，在规模效应上，和发达国家的先进企业相比还有一定差距。不仅在汽车行业，而且在工业齿轮方面都需要一定量的进口。在工业齿轮方面，如大型电站、石化行业、冶金、建材行业的齿轮箱都是如此。国外Flander、Hansen、Sew等公司在国内都占据了不小的一块市场份额。在出口产品规模上还比较小，国内齿轮行业还需进一步努力。

3. 国内用户的认识方面

国内一些用户对新型硬齿轮箱还处于不断认识和完善阶段，行业发展也不平衡。冶金、石化、建材行业比较好，但有一些企业还认识不足。以上这些都形成竞争力差距，使我国的齿轮产品在一定程度上满足不了全球采购的规则和要求。

随着我国车辆行业的快速发展，以及建材、石化、冶金、船舶、轻工等各行业的快速发展，国内的市场需求不断扩大，硬齿面齿轮的发展前景十分广阔。

第十五节　烧结空心砖装备实操技能鉴定系列模块技术（制造、安装、调试与维修）

（适用于初级工、中级工、高级工、技师、高级技师）

一、概述

1. 职业资格证书制度

（1）职业资格证书制度的建立，是以国家法律为依据的，实行的是靠政府权威力量推行的管理模式，它是我国国家劳动人事制度的组成部分。

（2）职业资格证书制度建立的总体要求是：以落实就业准入政策为切入点，在推行职业技能鉴定社会化管理的过程中大力提升职业资格证书的社会认可程度，促进职业资格证书制度与就业制度、职业培训制度和企业劳动工资制度的相互衔接。

（3）推行职业资格证书制度的方针是面向市场扩大范围，完善制度，提高质量。

培训是基础，鉴定是手段，就业是方向，提高劳动者的素质才是真正的目的。

（4）职业资格证书等级的划分：按国家 1998 年正式确定的职业资格共分 5 级。分别对应的技术等级是：工人技术等级的初级、中级、高级、技师和高级技师。

2. 职业道德（职业守则）

（1）遵守法律、法规和有关规定。

（2）爱岗敬业，具有高度的责任心。

（3）严格执行工作程序、工作规范、工艺文件和安装操作规程。

（4）工作认真负责，团结合作。

（5）爱护设备及工具、夹具、刀具、量具。

（6）着装整洁，符合规定，保持工作环境清洁有序，文明生产。

3. 分数的划分

考核共 125 分。理论部分 100 分。包括解释题 5 题，每题 2 分共 10 分；判断题 5 题，每题 2 分共 10 分；填空题 8 题，共 30 分；选择题 10 题，每题 2 分共 20 分；简答题 3 题，共 30 分；实操题 1 题，共 25 分。

二、真空挤出机

目前国内真空挤出机有单级和双级真空结构，离合器均采用气动离合，采用大扭矩、高强度的减速机。使得挤出机的操作方便安全、运行平稳可靠，使用寿命大大提高。现结合双级真空挤出机为例，从结构原理、安装、调试、故障维修几方面分别讲述。

1. 结构原理

（1）上级搅拌部分（见图 2-15-1）　上级搅拌部分主要由真空缸 A1、切泥刀 A2、搅拌箱 A6、减速机 A7、气动离合器 A8、搅拌轴 A5、搅拌齿 A4、搅拌铰刀 A3、排气管道 A9、真空泵 A10 等组成。

动力由电动机经气动离合器 A8 传入减速机 A7，通过对齿轮的传动使两根搅拌轴相对旋转，将搅拌箱 A6 内的坯料由装在搅拌轴上的搅拌齿 A4、输送铰刀 A3、切泥刀 A2，送入真空缸 A1 抽真空后进入下级机身内。

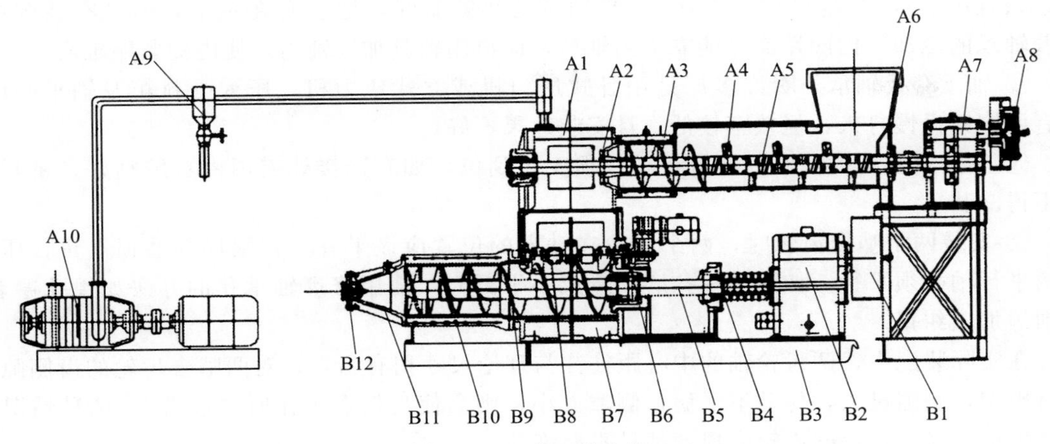

图 2-15-1 真空挤出机

A1—真空缸；A2—切泥刀；A3—搅拌铰刀；A4—搅拌齿；A5—搅拌轴；A6—搅拌箱；A7—减速机；A8—气动离合器；A9—排气管道；A10—真空泵；B1—气动离合器；B2—减速机；B3—底架；B4—机身后轴承室总成；B5—铰刀轴；B6—机身前轴承室总成；B7—下级机身；B8—压料板轴总成；B9—铰刀；B10—剖分泥缸；B11—机头；B12—机口芯架

（2）下级挤出部分 下级挤出部分由气动离合器 B1、减速机 B2、底架 B3、机身后轴承室总成 B4、铰刀轴 B5、机身前轴承室总成 B6、下级机身 B7、剖分泥缸 B10、机头 B11、机口芯架 B12、压料板轴总成 B8、铰刀 B9 等组成。

动力由电动机经离合器 B1 传入减速后带动铰刀轴 B5 旋转，装在铰刀轴上的螺旋铰刀，将上级搅拌部分送来的原料，通过螺旋挤压原理以一定的挤出压力和速度将泥料经下级机身 B7、剖分泥缸 B10、机头 B11 从机口芯架 B12 匀速推出，形成规定断面尺寸的泥条。

2. 挤出机的安装

（1）挤出机的整机装配 挤出机的加工零件检验合格，各种配套件、外协件已齐备，即可进入装配阶段。

1）零件装配的一般要求

① 为保证装配质量，零件在装配前不论是新件还是拆卸时已清洗的旧件，都应进一步加以清洗，加工时留下的毛刺应用细锉修光。

② 在装配前，应对所有零件按技术要求进行检查，以免在装配过程中出现返工现象。

③ 对于不能互换的零件，应按拆卸、修理或之前所做的记号装配，不要混乱。

④ 对运动零件的摩擦面，均应涂润滑油脂。

⑤ 对经过修理或更换而可能改变平衡性能的重要旋转零件，如离合器的大皮带轮、细碎对滚的滚筒等，应进行平衡试验。

⑥ 所有附设的锁紧制动装置，如开口销、弹簧垫圈、止退垫片等必须按机械原理配齐，不得遗漏，垫圈安装的数量不得超过规定，开口销不得重复使用。

⑦ 严格注意轴承的密封处理，有油封槽的轴承盖均需设置垫圈，迷宫式密封装置要注意控制配合间隙不宜太大。

⑧ 装定位销时，不准用铁器强行打入，装轴承及齿轮等零件时，不准用铁器直接打击。

2）受料箱内零件的装配

① 主轴轴承内圈需热套装入。热套法是把轴承放入机油或水中（轴承保持架若是塑料

的，只宜用水），加热到90～100℃，趁轴承受热膨胀时，把它套在轴上，但是在装配中，随着轴承的冷却，内圈端面可能靠不到轴肩，应再用辅具加以锤击，使内圈紧贴轴肩。

② 轴承套及轴承外圈许多厂是用卧式压力机或立式压力机，压入受料箱及轴承壳内，也有用铜锤慢慢打入，但效率较低，且安装效果不好。

③ 主轴上及密封套上各种密封零件须安装到位，如有连接处需用密封胶粘好，密封零件不得漏装。

④ 安装两个啮合齿轮时，两个齿轮在轴向的位置应该平齐，否则局部磨损严重，压泥板两平行轴必须平行。如因轴承孔磨损造成不平行时，需用修理轴承孔的办法如镗孔镶套、刮削等加以纠正。

在实际装配中，两齿轮轴的中心距往往与理论尺寸稍有出入，对两啮合齿轮的齿侧隙大小有影响，侧隙过大，传动不平稳，侧隙太小，则会使齿轮在工作时“咬合”，两种情况都会产生很大噪声，加剧齿轮磨损，都是不允许的。

⑤ 螺旋叶片不论是哪种形式，装入前都有擦缸或间隙过大现象，应事先进行检查。

⑥ 在受料箱中部的盘根处安装油麻盘根时，注意各圈油麻盘根之间要互相错位，防止在接头处漏气。并在各圈油麻盘根之间均匀地涂上一层黄油，主要作用是此处轴套表面能得到充分的润滑，防止缺油工作，以防过早磨损轴套表面（或轴表面）出现漏气，盘根压盖的压紧程度应达到该处无漏气现象就可以了，不必压得太紧，以免增加油麻盘根与轴套（轴）表面不必要的磨损，而且会增加电机的载荷。

⑦ 铰刀轴的轴承前端内、外迷宫槽内应加入少许黄油，以减少内、外迷宫槽的摩擦。

（2）挤出机的基础安装　挤出机的基础安装必须在熟悉该设备人员的指导下进行，安装过程应注意以下事项。

① 按照设备说明书，了解所安装的挤出机的构造组成部分及其相互关系。

② 按照设备出厂清单，检查设备及其附件是否齐全，运输过程中有无碰伤或损坏现象，发现缺件和损坏应立即向制造厂或运输部门提出。

③ 根据厂房条件或工厂施工设计确定挤出机及整个机组的安装位置，真空挤出机还要确定真空泵、空压机、水箱的合理布置。

④ 按照设备基础图浇注混凝土基础，施工中要特别注意基础的标高及地脚螺栓预留孔的位置，养护期一般为15～20d，基础达到规定强度后，必须经过检验合格，方可进行设备安装。

⑤ 设备安装前要准备好标准垫铁，放置在基础上应合理，将设备吊放在垫铁上，装好地脚螺栓，进行找正找平，检查合格后进行二次浇灌。

⑥ 二次浇灌达到规定强度后，对机器进行校正。校正设备的水平及各部位的关系尺寸，使其纵横方向的水平度达到说明书水平。由于真空挤出机是非整体出厂的，须将上一级按预定的布置（一字形或丁字形）安装在下一级上，真空箱与受料箱之间的密封圈要装上，然后分别对上下级的减速机出轴与铰刀轴（或搅拌轴）的浮动联轴器进行校正，使两轴的位移度和倾斜度达到要求。校正窄形三角带传动，使大、小三角带轮的中心面在同一垂直平面内，三角带松紧程度一致。校正真空泵的位置，并连接真空泵至过滤器、真空泵至水箱（水环式真空泵）各管道和阀门。

⑦ 全部校正工作完成后，紧固地脚螺栓，然后对基础进行抹面修饰。

3. 挤出机的调试

（1）未使用的新挤出机安装完毕后调试之前首先应进行检查。

① 检查所有的紧固件是否已经紧固。

② 检查所有的润滑点是否已装有足够的润滑油或润滑脂。

③ 对油齿式减速箱首先应进行清洗，并检查无杂物，金属屑等落入池中或箱中，然后按规定的润滑油牌号或数量注入池中或箱中。

④ 挤出机的传动系统采用油泵进行强制润滑时，应检查油泵的旋转方向是否符合规定要求，油的压力及循环是否良好。

⑤ 检查主电机和真空泵电动机的旋转方向正确与否。

⑥ 检查受料箱、泥缸及真空挤砖机的搅拌槽内有无杂物，如有则清除之。

⑦ 检查各三角皮带的张紧程度是否一致。

⑧ 检查离合器系统开闭及操纵是否灵活。

⑨ 检查水管、气管及真空室的密封情况是否良好，阀门启闭是否灵活可靠。

⑩ 检查整个设备电气接地是否良好。

⑪ 合上离合器，人工拖动三角带，分别使铰刀轴和真空挤出机的搅拌轴转动 1～2 转，如发现不灵活或时紧时松现象，须查明原因，予以消除。

在完成上述检查，确认无问题后，方可进行空车试运转。

(2) 启动机达到正常转速后，合上离合器，使设备进行空转，空车试运转应达到说明书规定的时间（4h)，空车运转过程中，应做的检查如下。

① 检查铰刀轴（真空挤出机还包括搅拌轴）的回转方向是否与说明书的规定相符（或按前述方法检查)，如发现实际转向不对，必须停机，改变电动机的接线。

② 检查铰刀轴为浮动轴时整机不能空车运转。

③ 检查设备运转是否正常，如有异常响声或剧烈震动，应找出原因，予以消除。

④ 检查设备各润滑部位是否正常，发现过热或漏油现象，应采取相应的措施处理。

⑤ 检查各紧固件，消除其松动现象。

⑥ 检查离合器是否结合平稳、分离彻底、灵活可靠。

⑦ 检查轴承温升，轴承温升应不大于 35℃，最高温度不大于 70℃。

(3) 重载试运转　重载试运转须在空载试运转的基础上进行，并应注意以下各项。

① 首先开动电动机，合上离合器，设备运转正常后加料，切忌先加料后启动电动机。

② 原料应符合制砖的工艺要求，即必须经过处理和含水率适当，加料应均匀适宜。

③ 为便于新挤出机的出泥，在加入泥料前，可在加料处倒入适量的水。对于真空挤出机，此刻可将真空室的检查门打开，在不启动真空泵的情况下，开始加入泥料。

④ 泥料到达机头，并开始向外挤出时，打开离合器，停止喂料，然后装上机口，关上真空室检查门。

⑤ 启动真空泵，当真空泵为水环式时，启动真空泵前应先将真空泵的供水打开，并调节至所规定的流量。

⑥ 合上离合器，同时从加料处均匀加入泥料，挤出开始。

⑦ 重载试运转的时间应达到设备说明书的规定。重载试运转过程中，应对机器进行检查和调整的内容是：检查三角带运转的情况，必要时进行适当的调整。检查离合器是否有打滑或脱不开和过热现象。检查设备是否运转正常，减速器、受料箱等各个轴承部位的温升应不大于 45℃，最高温升应不大于 80℃。检查真空度是否在规定范围，如真空度低于规定，须查明漏气部位，消除漏气现象。上级供料量是否适宜，如不适宜，可通过调整搅拌刀倾斜角度的方法加以解决。在重载试车的过程中，测量主电机的电压、电流值，检测电动机功率

是否有超负荷现象。如超负荷，必须分析原因，采取措施予以消除。检查挤出泥条的质量是否合乎要求，根据存在的问题认真分析原因，采取必要措施，直至符合要求为止。

重载试运转结束必须注意以下几点。

① 挤出机需要停机时，首先应停止喂料，关闭真空挤出机搅拌部分的供水、供气阀门，待挤出机的机口不再继续出泥时方可打开离合器，关闭真空泵供水阀门，继而关闭主电机及润滑油泵电机。

② 挤出机需要较长时间停机时，应于停机后立即将泥缸、机头、机口内的泥料清理干净。

③ 调试运转中发现下级主轴向后部窜动在 2mm 以上时，检查双线铰刀前内孔端面是否与主轴前端面接触或铰刀内孔与轴配合是否太紧，如发现应立即检修。

④ 新机器调试时，铰刀、泥缸衬板、机头等零件表面都比较粗糙，摩擦阻力大，此时机器功率增大，泥条挤出速度不能真实反映机器的真正能力，因此开始时供料量不宜太多（在 100h 内应不超过规定产量的 60%），泥料含水率也同样应该适量加大一些，以保证机器有足够的跑合时间。随着零件表面的磨损，逐步增加供料量与减少含水率到工艺要求。

⑤ 拆换下一级铰刀后，在紧固对开泥缸时，首先装上对开泥缸与受料箱结合的上部，左右各一螺钉，并拧紧，在此时前者螺钉也要同时拧紧，在泥缸上端面与受料箱相配合之间间隙为 1～2mm；对开泥缸之间间隙约 1～2mm 时，装上泥缸上全部螺钉，并紧固。

⑥ 上级密封铰刀需要拆卸时，必须把该铰刀结合面垂直向上，把无键槽的半部密封铰刀位于中位，待位于中位的半部密封铰刀卸下后，人工转动搅拌轴 180°后卸下另半部有键槽的密封铰刀。

4. 主要零部件

（1）泥缸　泥缸的直径大小是决定挤出机生产能力的因素之一，在其他条件相同的情况下，泥缸直径越大，生产能力越高。

按泥缸的几何形状可分为：圆锥形泥缸，圆柱形泥缸，圆柱、圆锥组合式泥缸。

圆锥形泥缸的断面积由后向前逐渐缩小，泥料在其内部得到较好的预先挤压，但对泥料的阻力较大，机器的动力消耗也大，因此用得较少。圆柱形泥缸形状简单、制造容易，而且和不等距离铰刀配合使用时，有较好的效果，因此应用较广泛。

真空挤出机泥缸多数采用垂直剖分形式，它的后端除设有法兰外，还设有铰链，有利于拆装和检修，泥缸与受料箱及机头之间利用凸肩定位对中法兰盘连接。

从受料箱前壁到泥缸前端面的长度，叫封闭缸长度，封闭缸长度与铰刀直径的比值叫长径比。

长径比是挤出机的重要参数之一。挤出机的压力是由于泥料在泥缸中被螺旋铰刀推进，通过机头、机口受阻而形成。由于泥料属于塑性物料，铰刀转动时，泥缸中同时存在两种泥流，一股是由铰刀向前推进的泥流，另一股是由于泥料受阻（在反作用力作用下）而产生的向后的泥流，通常叫回流，如果封闭缸过短，回流的路程短，则容易与进料口相通，这样影响挤砖机的挤压力，挤出量随之下降。

对于大机型，压缩比较大，挤出压力高，要求泥缸长些；对于小机型，压缩比较小，挤出压力相对较小，则泥缸可以短些。真空挤出机用于挤出空心制品，由于阻力高，挤出压力高，则要求泥缸长度更长些。

长径比还与铰刀转速有着密切的关系，当挤出压力一定、挤出量一定、铰刀转速高时，泥缸可以短些。由此可见，盲目追求长泥缸或短泥缸都不能取得最佳效果。

泥缸内壁镶有可拆卸的衬套，以防止泥缸的直接磨损，并延长泥缸的使用寿命，衬套上带有沟槽，可防止泥料随铰刀转动。内槽的形式有直线形、方格形和螺旋槽形。螺旋槽的旋向与螺旋铰刀的旋向相反，螺旋槽形应用比较普遍。

泥缸与衬套的材料多为铸铁，也有用钢板焊接成型，衬套磨损严重，属于易损件。真空挤出机的泥缸在距前端 50～100mm 处（双线铰刀与单线铰刀交接处）对称安装一对阻泥棒，以防止空挡的泥环回转。

真空挤出机泥缸与衬套的连接有两种连接方式，一是泥缸不打穿，用键或沉头螺钉（衬套钻通孔），泥缸上攻丝；二是打穿泥缸，在孔的断面加工出凹台放入 O 形密封圈，以保持密封。

泥缸是中开式，在加工前应刨好两合箱面、密封槽、钻孔，用螺栓和销固定后在立车上加工。铰链孔应与机身、机头连接后的钻孔为基准，在镗床上加工。

(2) 机头　机头是挤出机泥缸与机口之间的连接部分，机头的作用如下。

① 对泥料进行进一步挤压，由于机口的锥度不大，机头的锥度较大，经过泥缸不等距铰刀或锥度缸挤压的泥料在机头内进行进一步挤压，消除了其脱离铰刀时由于铰刀轮毂所产生的空心，泥料在经过铰刀叶片时，所形成的光滑表面也遭到了相当程度的破坏，减少制品出现“S”形裂纹的趋势，泥料的集合形状得到改变，由脱离铰刀的圆柱形断面变成与制品相似。

② 调整泥料的速度，使其均匀地进出机口。

③ 当生产空心制品时，机头有容纳芯架的作用。

机头的长度可根据泥料的性质来确定，塑性指数高、含水率大、处理均匀的泥料，挤出时机头可以短些，反之则要长些，真空挤出机要求挤压力高，相对要长些，机头的长度一般为 120～250mm。真空挤出机机头一般长度≥200mm。

为了使挤出机能量消耗低、生产效率高、泥条质量好，除了选择适当的机头长度外，还要正确选择机头断面积缩小的比值（泥缸与机头有效面积之比），即缩小系数，这个数值最好介于 1.2～2 之间，生产实心制品取大值，生产空心制品取小值。

在机头大约 100mm 处外表面要钻有装压力表的孔，以测定设备工作时的挤出压力。

机头的材料一般为铸铁或铸钢，也有用铸钢或用钢板焊接。机头一般在立车上加工，加工时应以内壁找正，保证两端内壁对轴心线的对称度，其差值不得大于 2mm。

(3) 机口芯架　普通砖的成型装置可用铸铁或硬质木料制成，也可用钢板焊接；机口上部留两个孔，通过管子向孔内引水进行润滑，机口内壁有顺的和横的沟槽，槽上覆盖铅皮或铁板做成的金属鳞片，机口的四周用镀锌铁皮或马口铁镶上，保证泥条各角光滑，各鳞片的搭接处留有 1～2mm 的缝隙。

空心砖的成型装置是由平板芯架、芯杆、芯头、机口、拉线板和模衬组成。平板通过螺栓与机头联结，模衬由镀锌铁皮制成，磨损后可以更换，泥料通过这样的成型装置便成为四壁有沟槽的空心砖。

在真空挤出机上生产空心砖，机口内壁可以没有锥度，且泥条表面不需要润滑，但要采用较短的机口，长度为 80～95mm。

1) 设计和制作空心砖成型设备应注意以下事项。

① 机口形状应有利于空心砖的成型，特别是四角的成型，如有的砖瓦厂将机口后端面四角扩大，从后面向前面过渡到和制品相同的形状。

② 合理布置空心砖的孔洞，以便形成均匀的泥流。

③ 尽量采用小尺寸的芯架，一般情况下芯架在泥流截面的总面积应小于制品孔洞的总面积，芯架几何形状要合理，以减少阻力。

④ 芯头要有一定的斜度，以减少对泥料的阻力和有利于孔洞的成型，芯头的长度要根据所在位置确定，位于中心部位的芯头要长一些，远离中心部位的芯头长度要一次剪短，而其侧面锥度一次递增，以便各部位的泥料挤出速度一致。

⑤ 芯架到机头前端面的长度通常叫愈合长度，其值不宜太小；否则，泥料通过弧形柄不能很好愈合，制品在干燥和焙烧时就会出现裂纹。

芯具是成型的关键。它起着穿孔撑洞、调节坯料速度的作用，对空心砖能否成型有直接影响。因此，对芯具设计和制作的要求是很严格的。由于各地原料性能、挤泥设备、产品规格以及孔型选择不同，芯具的设计和制造会有一些差异，只有因地制宜，通过实验才能确定。

2）芯架

芯架又称“刀架”、“横担”，它由大、小刀片组合而成。通过刀片座和钢垫板固定在机口后端，用以安设芯架。大刀片的通常做法是将一块条形钢板做成桥形，钢板断面做成流线型，然后按孔洞的排列需要，在其两侧拼焊若干小刀片（有的厂制作 P2 型芯架已取消小刀片，用芯杆直接弯成 45°角后与大刀片焊接，两椭圆芯架之间用相同直径的圆钢焊接成三角形，加工方便，省工、省时，使用情况良好）。大、小刀片可用 20 号或 45 号钢板或弹簧钢板制作，在具有足够刚度以确保芯杆稳定的前提下，尽量做得窄而薄。刀片与芯架是焊接起来的。较细的芯杆可在刀片孔穿过，端头焊牢，也可直接焊在刀片上。在确保焊牢的前提下，焊缝应尽量小而光滑，芯杆要焊正。为了使尺寸准确、间距均匀，一般都应夹夹具固定后制造。

设计芯架时，应注意以下三个问题。

① 坯料二次结合良好，避免坯料通过大刀片被分割后重新愈合不佳，在坯体内留下刀片伤痕，即所谓“芯架裂纹”。这种裂纹十分有害，严重时将刚成型的砖坯在芯架位置轻轻用力掰开即可发现有一种光滑的痕迹；轻微的到干燥过程中才显现；特别轻微的只有当砖坯“回潮”或“受冻”后才可发现，或在烧成后显现。由于“芯架裂纹”难以觉察，而又对成品强度影响巨大，如有发生则数量很多，因此是一个需要警惕的问题。

避免“芯架裂纹”的措施，最重要的是保持大刀片的末端到机口前口有一个合理长度，称为“愈合长度”。这一长度的选择应综合考虑以下因素：出口净出量由砖坯截面及孔洞率而定。小孔、多孔砖芯杆芯头较多，通过芯架而来的坯料，又被许多芯杆、芯头劈乱，对伤痕愈合有利，这一长度可稍短；大孔、少孔砖组应稍长；刀片越厚则应适当加长；黏性差的原料比黏性强的原料需要更大的长度。总之，这一长度应通过实验来确定，一般为 230～270mm，或更长。

其次，可将芯架两端的支座伸出机头后，嵌入其两侧内壁，从而使坯料不通过或很少通过芯架两端的刀片座，对解决二次结合来说，亦有较好作用。目前有的砖厂采用一种四角芯架，对减少芯架裂纹获得了良好效果。这种四角芯架是将原来支撑在机口后口顶面的两个刀片座改为支撑在机口后口四角的四个刀片座。这样改了以后，大刀片的长度缩短，四个支座厚度减薄，从而使通过机头送入机口的坯料不再在砖坯两顶面处被大刀片和刀片座分割，芯架裂纹得以大大减少。

② 生产小孔、多孔、大孔或少孔空心砖，其小刀片的排列应在整个芯架之间分布平衡对称，形成一个比较均匀的出泥通道。这不仅对于出泥均匀有很大作用，又可以分散坯料在

芯架上的阻力。如果芯架阻力过于集中，则坯料难以通过，甚至有损坏机器或挤坏芯架的可能。

③ 在机口后部分，大、小刀片最厚的一端横截面积的总和，不应超过机口前部芯头大头一端截面积之和，否则将影响坯体强度。

3）芯杆

芯杆应具有一定的刚性和弹性，挤出时泥料通过后才不至于使芯杆受泥料的挤压而产生变形或移位。如果芯杆偏斜，就要产生并芯，而使孔洞错位，孔壁距离不均，这将使制品报废或严重影响其强度。因而芯杆多采用冷拔碳素圆钢等材料制作，其直径随孔洞的大小多少而定，小孔、多孔直径小些，大孔、少孔直径大些，一般为 4～12mm，并做成根部粗些、端头细些。端头具有螺纹，以便用螺母与芯心连接。为调节走泥速度平衡，走泥快的部位用较粗较长的芯杆，走泥慢的部位用较细较短的芯杆。据此，为克服坯条在机嘴内四周走泥慢、中心走泥快的问题，芯杆的布置应从四周向中心逐渐加粗加长。有些空心砖的芯具，中部芯杆套有一个阻力管，就是根据这种原理在实验中摸索出来的。这种锥形阻力管随原料情况的不同，有的小头向下，有的小头向上。

4）芯头

制作芯头的材料有木材（外包铁皮）、铸铁、钢和陶瓷等。一般用金属芯头或陶瓷芯头，以陶瓷芯头为好。

芯头有锥度，中心穿芯杆，大头向外，用螺母固牢。芯头的大小数量决定于砖的孔型设计。芯头的长度和锥度，按机嘴内阻力大小和挤出机的机械性能来考虑。一般中间走泥快，中心芯头可适当长些，或小头断面大些；四周摩擦阻力大，走泥速度缓慢，周围芯头可短些，或小头断面小些，以便使出料速度达到平衡。所以一套芯具的芯头往往长短、大小不一。

芯头的外形和断面设计，必须保持芯头表面四周阻力平衡，塑性较高、黏滞性大的原料更应注意，否则孔洞内壁会因芯头四周阻力不均发生节裂（亦称鱼鳞裂）弊病，对此应通过实验确定。

芯头末端有的设计成 3～5mm 无锥度（及平行端头）平面，目的是使形成的孔洞不易变形，但无锥度部分不能过长，否则会因摩擦力太大而使孔壁不光滑。

芯头的排列按均等对称的原则，在纵横中心线两侧的芯头，其长度、锥度都应是均等对称的。当然，有时受到很多因素的影响，这种均等对称的原则并不是绝对的，可通过实验确定。

制作芯头时，尺寸要准确，表面要光滑、平整，穿孔要打正。此外，芯头是易损件、消耗大，一般生产砖坯 20 万～30 万块就需要更换，应有备件。

5）机口

机口的作用在于使从机头中挤出的坯料再挤压密实，具有砖坯所需的横断面形状和尺寸，并使坯条形成光滑平整的表面。制作机嘴的材料有木材、铸铁、钢板等几种。木机嘴比较经济，加工方便，也容易改动。初试时一般可采用木机嘴。

① 机嘴长度及倾斜角度　为了减少坯料在机嘴内的摩擦阻力，在保证坯条紧密的前提下，机嘴短些、倾斜角度小些好，机嘴过长、倾斜角度过大，不仅成型负荷增高，而且机嘴内壁压力增大，水槽易被堵塞，造成坯条周边开裂不能成型。但也不能过短、过小，否则影响坯体强度。由于机嘴强度及倾斜角度的选择与泥缸、机头、螺旋的结构及原料、掺料的性质等有关，只有通过实验才能合理地进行选定。一般来说，机嘴长度为 160～240mm，内壁

倾斜角度为3°～6°。

当坯条四角挤出速度慢时，可以将机嘴后口的四角做成弧形，又称“后耳朵”或“腰子形”，以增加此处坯料的进入量来平衡坯条速度。

② 前口尺寸　机嘴的前口尺寸直接关系着成品的尺寸，它根据成品的规格加坯体干燥和焙烧的总收缩值而定。

为消除坯条滑行、切坯及运输震动产生的大底现象，前口底边长度应比上边长度短1～3mm。

③ 水槽　水槽就是位于机嘴内壁的走水凹槽。每条水槽断面一般做成10mm×10mm，可做成3～5条（随机嘴长度不同而异）与机嘴断面平行的等距环形水槽，并在机嘴上方环形水槽之间开槽相通，使之构成水路网。机嘴上方有孔，以接水管，用阀门控制成型时需要的润滑水。

第一条水槽与前口的距离不超过芯头长，可位于芯头挤压区的中心处，使坯条进入芯头挤压区后保证有水润滑。例如，有的砖厂生产KP2型空心砖芯头长60mm，第一条水槽与前段距离则定为45mm。每条水槽之间的距离一般为25～27mm。

④ 内衬耐磨铁皮　机嘴内壁钉有分层（又称分段）的白铁皮或黑铁皮，这种铁皮又称“鳞片”。它以水槽来分层，顺着泥流方向分层。第一层是连接前口的无水槽一段，其余按水槽分的层次，顺第一条水槽朝后口方向往下数，分别为第二层、第三层，直至最后一层。

“鳞片”可采用0.5～0.75mm的白铁皮制作（也有用锯板制成的，较耐磨）。每层宽度各有不同，第一层为前口到第一条水槽边沿（不包括第一条水槽）的距离（既无水槽段），从第二层起为水槽宽度加水槽间距，再盖过水槽15～17mm，最后一层除盖过水槽15～17mm外，另加适当宽度，使之能卷入机嘴后口，进行装钉。

鳞片下面装有梳齿皮（又称“水梳”），它起着扩散润滑水的作用。为使坯料成型减少阻力、增加润滑水量，梳齿皮可采用0.3～1mm几种厚度不同的白铁皮或黑铁皮制作，从前口往后口逐层增大，以确保润滑水前小后大。梳齿皮的宽度比鳞片稍窄，齿的长度比梳齿皮的宽度稍短，齿宽和两齿的间距一般均为6～8mm。

梳齿皮与鳞片相重叠的四角放有用白铁皮做成的“小角铁”。小角铁呈等边直角。第一层小角铁两边宽10mm、长15mm；第二层到最后层的小角铁两边宽17.5mm、长35mm。小角铁的尾端剪成45°的箭尾形。

（4）机身　挤出机的受料箱是接受已处理好的泥料的装置，在受料箱与铰刀接近位置（3～5mm）安装一对平行于铰刀轴线的压泥装置，当压泥装置和螺旋铰刀相对旋转时，落下的泥料被夹在中间，随即被推进泥缸。

对料口长度通常为铰刀直径的1.2～1.4倍。进料口一般为正方形，这样上下口既可以平行装置，又可以“T”字形布置。

为了延长受料箱的寿命，其内腔下部的半圆形部分，带镶有半边衬套，衬套的结构及安装形式与泥缸内衬套相同，属于易损件。

真空挤出机的受料箱，除了担负接受泥料的任务外，还和真空箱一道组成了一个密闭空间，泥料的真空处理就是在这个空间里进行的，因此，受料箱的结构和质量，必须满足“真空”的需要。因此除安装其他零件部位及进料口外，其余为完全封闭的。

真空挤出机的受料箱一般为铸铁或铸钢，也有用钢板焊接。它是真空挤出机铰刀轴、压泥板轴的支撑体，承受很大的载荷。加工前应时效处理，刨底面和合箱面，合箱后在镗床上一次将轴承孔镗成。

(5) 铰刀　铰刀的材料通常为铸铁、铸钢或焊接结构件，铸铁铰刀磨损快、不易修复、使用寿命短，一般已不用，目前，铸钢及焊接结构铰刀应用较为广泛。

圆柱形和圆柱、圆锥组合形铰刀应用较为广泛。特别是不等螺距的圆柱形铰刀，具有容积逐渐减小的特点，且容易制造，越来越被人们所重视。

一组铰刀由受料段、中间段和挤压段三部分组成，由于各段铰刀所处的位置和担负的任务不同，他们的结构也有所不同。

① 受料段：位于进料箱进料口长度范围内的铰刀称为受料段铰刀，其任务是接受泥料并把泥料输送给中间段铰刀。

当采用不等螺距铰刀时，在整组铰刀中，受料段螺距最大，而在全长为圆锥形的一组铰刀中，受料段的直径最大，因此，它们的受料和输送效果较好。

受料段最后一节铰刀的前端，考虑到与相邻铰刀的连接，制成轮毂端面与叶片厚度中心线平齐的，但将叶片超出轮毂端面的部分去掉。

② 中间段：位于受料段与挤压段之间，其主要作用是输送泥料，还有对泥料进行搅拌、匀化和一定程度的挤压作用。中间段铰刀两端都有相邻铰刀，因此，都为连接型。

③ 挤压段：位于整组铰刀的最前端。它的作用是对泥料进行最后的挤压，使泥料通过机头、机口而成型。

挤压段铰刀为双线螺旋，它可以起到下列作用：均匀地压缩泥料，减小坯条中的内应力，进而减少制品在干燥、焙烧中的变形和裂纹。使铰刀轴上的轴向载荷均匀，进而增强机器的稳定性。为了适应机头内壁的倾斜，减少动力消耗，更有效地压实泥料，挤压段铰刀叶片向前倾斜为好，倾斜角度一般在5°左右。

在铰刀轴转速和铰刀螺距一定的情况下，总圈数少，机器产量高，但总圈数太少，泥料容易产生回流，进而降低挤出压力和挤出机的产量。对于真空挤出机，由于泥料搅拌、匀化过程短，制品质量也不能保证，总圈数太多，铰刀轴过长，动力消耗也大。

铰刀总圈数一般不少于3圈，大致为3～6.5圈。非真空挤出机挤压力要求较低，总圈数大致为3～4.5圈；真空挤出机要求搅拌时间长，挤压力较高，总圈数大致为4～5.5圈。泥料塑性较高时，总圈数可少些，反之总圈数可多些。

铰刀的失效形式是：叶片外圈的严重磨损。铰刀的磨损是很快的，其磨损速度除了和铰刀轴转速有关外，还和挤压力及土质有关。挤压力大、土质差（如含沙量高、杂质多等），铰刀磨损速度快。一般情况下，铰刀直径400mm的挤出机，一副铰刀生产50万～100万块普通砖就要修复。

频繁的修复或更换铰刀，给砖瓦厂带来了很大麻烦，增加了维修工人的劳动强度，有时甚至影响生产的正常进行。因此，提高铰刀的耐磨性，延长其使用寿命，是砖瓦厂的迫切希望。

(6) 铰刀轴　真空挤出机的下主轴及非真空挤出机的主轴都是铰刀轴。

铰刀轴的回转方向，必须根据铰刀的螺纹方向来确定。制定铰刀螺旋方向的方法是沿着泥料前进的方向看，在垂直于铰刀轴线的平面内，右旋铰刀的回转方向应为逆时针，左旋铰刀的回转方向应为顺时针，可以归纳为一个法则：即右旋左转，左旋右转。

铰刀轴的前轴承与受料箱内腔之间是需要严格密封的。对于真空挤出机来说，此处的密封更为重要，它还起到防止外界空气经轴承室进入受料箱内腔的作用。

从保证铰刀轴运转平稳的角度来说，铰刀轴前后轴承的中心距离自然越大越好，但该距离太大，机器的外形尺寸和重量随之增加，很不经济。两轴承中心距太小，则悬臂段长，挠度大，会使铰刀轴运转不平稳，挤出机产生摇头现象，如果“摇头”过大或超过一定界限，必然会影响整机性能，损坏零部件，甚至造成停工停产。

若铰刀轴前轴承中心至铰刀前端的距离为 L_1，铰刀轴前、后轴承中心距为 L_2，则当 $L_1/L_2 \geqslant 0.7$ 时，铰刀轴能保持平稳运行。

铰刀轴在工作时承受很大的扭矩，容易出现断轴现象。铰刀轴材料的综合性能必须不低于45钢，且有冶金部门的出厂合格证和材质单。对于45钢，一般直径大于 ϕ120mm，可以用正火代替调质。加工时，除尺寸精度保证外，形位公差也很重要。形位公差超差，将使轴产生偏摆、震动，增加很大的附加载荷，甚至引起断轴。铰刀轴的制造，不仅从原材料要保证，加工方法也要严格按以下工艺执行：

45锻钢→校直→车端面打中心孔→粗车→调质→校直→精车→铣键→磨外圆。

(7) 压料装置　坯料靠自重落下进入受料铰刀的叶片之间，由受料段铰刀输送给中间段铰刀，即进入泥缸。但由于受料段铰刀上半边是敞开的，在铰刀的回转作用下，一部分泥料沿着上半边铰刀各点的切线方向被抛开，黏附在受料箱的内壁上。泥料的塑性越大，黏附现象越严重，黏附的泥料越积越多，直至发展到在受料铰刀上方搭起泥棚，使泥料无法进入受料铰刀的叶片之间。对双级真空挤出机来说，上一级的泥料不停进入真空箱，致使真空箱堵塞，真空挤出机停止工作。

压泥装置正是为了消除上述现象而设置的。压泥装置的另一个作用是在它的回转范围内把泥料强制压下，以加快泥料进入受料铰刀的速度。

压泥装置按几何形状分为压泥板、压泥滚、压泥爪。

压泥板部分是由压泥板、压泥板轴、轴承等零件组成。两压泥板轴的回转方向完全由铰刀轴的回转方向所决定。

还有一种分散布置的压泥板，它把整体压泥板分为四块，块与块之间在圆周方向相错90°，用螺栓固定在轴上。这种压泥板的优点是容易制作、阻力小、安全。真空挤砖机大都采用这种结构。

① 转径：同轴上的两压泥板外侧边缘的距离叫转径。通常取铰刀直径的0.5～0.7倍。

② 转速：压泥板轴的转速，通常为铰刀轴转速的1.5倍左右。采用双压泥板时，与铰刀轴回转方向相同的压泥板轴，因为齿轮传动的需要其转速略高一些。

③ α 角：压泥板轴心、铰刀轴心连线与铰刀轴水平中心线之间的夹角，否则压泥板的作用不能充分发挥，α 角在40°～50°范围内效果较好。

④ 长度：压泥板的长度略小于受料箱进料口的长度，两端与受料箱内壁的间隙应不超过5mm。

(8) 搅拌轴　双级真空挤出机上一级主轴称搅拌轴。搅拌轴的后轴承装在齿轮箱后端轴承室内，为了装配、拆卸和维修方便，切泥刀、倒锥套、锥度缸、泥缸及密封铰刀都制成对开的，密封铰刀用键和螺栓固定在搅拌轴上。

搅拌刀实际上是非连续铰刀，通常每四个搅拌刀形成一个组合螺距，其组合螺旋的旋向须和密封铰刀的螺旋方向一致，所有搅拌刀与轴向的倾斜角度应一致，角度大小应适当才能实现对泥料均匀而有规律的搅拌和输送。搅拌轴各轴承的受力情况及其回转方向的判断方法都与铰刀轴相同。

双轴搅拌的两根搅拌轴必须按照一定的条件进行组合才能正常运转，这些条件是：两根搅拌轴上的密封铰刀的螺距相等，螺旋方向相反。往轴上装配时，必须保证两螺旋的起点位置相同。两轴的转速相等、转向相反，且两密封铰刀的可见螺旋线均向两轴的对称中心转动。在双轴搅拌中，每根搅拌轴的回转方向是根据它在搅拌缸内的位置确定的，是不能改变的。密封铰刀的螺旋方向是根据搅拌轴的回转方向决定的。沿着泥料的前进方向看，右边的搅拌轴应逆时针转动，即采用右旋见到，左边的搅拌轴应顺时针转动，即采用左旋见到。搅拌刀的组合螺旋方向同所在轴上的密封铰刀的螺旋方向一致。两轴的搅拌刀组合螺距相等。

由于搅拌轴在工作时承受很大的扭矩和轴向载荷，同时轴表面受到原料的磨损，容易出现断轴现象。搅拌轴材料的综合性能必须不低于 45 钢，且有冶金部门的出厂合格证和材质单。对于 45 钢，一般直径大于 ϕ120mm，可以用正火代替调质。加工时，除尺寸精度保证外，形位公差也很重要。形位公差超差，将使轴产生偏摆、震动，增加很大的附加载荷，甚至引起断轴。搅拌轴的制造，不仅从原材料要保证，加工方法也要严格按以下工艺执行：

45 锻钢→校直→车端面打中心孔→粗车→调质→校直→精车→画线→钻孔→铣键→磨外圆。

(9) 内外锥套　在密封对开铰刀的前端，装有内外锥套，内锥套和搅拌轴用键及螺栓连接，并随搅拌轴一起旋转，外锥套则与压泥板一起固定在真空室的壳体上，为了安装拆卸方便，内外锥套都是对开式的。

内外锥套的组合使得从螺旋铰刀输送来的泥料，在内外锥套间逐渐压缩成环状，随着泥料不断向前输送而被挤实的环状泥条有足够的密封性，以防抽取空气时，空气进入真空室。

为了保证被挤实的环状泥条有足够的密实性，以防止环状泥条漏气和因两端的压力差将泥条自动吸入真空室，要求内外锥套有一定的长度和压缩比，一般内外锥套的长度不应小于 230mm，压缩比不应低于 3.5，但不能太长和太大，否则将使动力消耗增加。

(10) 切泥装置　从内外锥套挤出的环状泥条在进入真空室时，被安装在前面的切泥刀切成碎片，然后自由下落至受料箱中。切成碎片的目的是增大泥料的表面积，有利于泥料中空气的抽出。

切泥刀又叫密封刀，也是对开式，其对开方向与内锥套相错 90°，固定在搅拌轴上并和搅拌轴一同旋转。

刀齿的数量越多，泥料被切得越细，越有利于泥料的真空，但刀齿数太多，对泥料进入真空箱的阻力太大，不仅增加机器的动力消耗，而且会使上级的供泥速度减慢，当上级的供泥速度偏高时，刀齿数可多些，反之则少些。

有的真空挤出机采用篦板的办法，将篦板安装在泥缸前端的真空室箱壁上，并与密封铰刀保持一段距离。由（密封）铰刀输送来的泥料，在密封铰刀与篦板之间的空间进行挤压，使泥料密实并形成一定的压力，依靠这个挤压力将泥料从篦板中挤入真空室，真空室的密封则是由篦板和被密实在篦孔中的泥料以及篦板与密封铰刀之间的泥环来实现。

(11) 真空表　真空挤出机的真空度是制坯的重要参数之一，它能直接反映砖机的制坯质量。

真空表是装在真空箱上方，直接反映砖机在工作时真空度的大小，它的显示值一般是 −0.1～0MPa，数值越接近 −0.1，则真空度越好，制造出的砖坯密实度越高，因此，真空度也是提高空心砖质量的关键所在。

(12) 真空泵　真空挤出机的真空系统是由真空泵空气滤清器、消声器、压力调节阀和真空表所组成的。泵的选择是真空系统重要的一环，它直接影响真空挤出机，目前国内多采用往复式真空泵、水环式真空泵、油环式真空泵，各种泵都有自己的优缺点，各个砖厂的地理位置、工艺条件、经济条件不同，可以选用不同的真空泵。

5. 挤出机的使用和维修

（1）使用　进行空、重载荷试车或正在使用的挤出机，应按如下程序操作。

① 启动主电机前，应对需要添加润滑油的部位添加润滑油，并检查紧固件的紧固情况是否良好，离合器是否脱开。

② 将原存于机口前端已经趋于干涸的泥料清理干净。

③ 首先启动主电机，当主电机转速达到正常时，方可合上离合器。对采用油泵强制润滑的挤出机，启动主电机前，应首先启动油泵电机，然后才可启动主电机。喂料速度以不使真空室堵泥为限，严禁带负荷启动。

④ 挤出机机口尚未挤出泥条前，应将挤出机以后的设备分别启动待命。

⑤ 挤出机的机口开始挤出泥条时，打开水环式真空泵的供水阀门，启动真空泵，挤出开始，根据需要开启或调节真空挤砖机搅拌部分的供水、供气（汽）阀门。

⑥ 停机时，首先停止供应泥料，关闭真空挤出机的供水供气阀门。待挤出机口不再向外挤出泥条时，方可打开离合器，关闭真空泵、真空泵供水阀门、主电机及润滑油泵电机。

⑦ 挤出机需要较长时间停机时，应于停机后立即将泥缸、机头、机口内的泥料清理干净，对短期停机的应保护好机口前端的泥料，不使泥料水分过分散发变硬。

⑧ 供料均匀，含水率不得有太大的波动，原材料严禁夹有铁块、钢丝及其他杂物。

⑨ 离合器应结合到位、分离彻底，不得有打滑现象。

⑩ 生产过程中，工作人员应配合协调，避免设备频繁停车，防止损坏离合器及其他机件。

⑪ 定期检查和更换真空室两压泥板轴及主轴密封盒内的石棉密封条，以防密封条磨损后引起真空度下降，影响坯条质量（一般两个月更换一次）。

⑫ 应特别注意装在大皮带轮内的轴承及离合器活动压盘的轴承，应经常处于良好的润滑状态，若发现其有发热等异常现象时，应及时检查润滑油路是否畅通，以免损坏轴承。

⑬ 应经常检查上、下级减速箱的运转及润滑情况，如发现异常应立即停机检查排除。

⑭ 操作过程中的注意事项如下。

a. 严禁在未打开离合器的情况下启动主电机。

b. 严禁在未打开润滑油泵电机时启动主电机。

c. 离合器的闭合应平稳、无冲击、严禁离合器在打滑状态下做较长时间的运转。

d. 严禁人体接触任何运转中的零件，严禁在机器运转时用手、脚或其他工具在泥料入口处捣弄泥料。

e. 对水环式真空泵，在运转过程中应保证水有一定的流量通过真空泵，并使水温不超过15℃。

（2）维修

1）日常维修

① 按照说明书的规定，按时向各润滑点加润滑油（脂）。

② 铰刀和泥缸衬套、搅拌刀和搅拌槽的间隙不大于10mm时，就应进行补焊。根据挤出机的工作条件，摸清铰刀、搅拌刀的磨损规律，定期补焊，使铰刀与泥缸衬套之间、搅拌刀与搅拌槽之间保证正常的间隙。

③ 经常检查紧固件，及时消除其松动现象。

④ 定期清洗真空挤出机的过滤器，使抽气系统保持畅通。

⑤ 对于机械离合器由于接合过程中摩擦片的磨损，应及时进行调整，以保证摩擦离合

器接合力的要求。

⑥ 定期调整压泥板和铰刀的间隙。

⑦ 三角带应始终保持正常的张紧程度，当三角带使用到一定期限后，应进行更换，且必须全组进行更换。

⑧ 由意外事故造成零件损坏或易损件已经磨损，应予以更换。

2）中修的内容

① 检查铰刀轴前轴承、平面止推轴承的磨损情况，磨损严重时予以更换。

② 检查搅拌轴的平面止推轴承的磨损情况，磨损严重时予以更换。

③ 检查压泥板轴承磨损情况，磨损严重时予以更换。

④ 如主轴、压泥板轴采用盘根密封，则应在中修时予以更换。

⑤ 采用双压泥板时，更换中间齿轮滑动轴承。

⑥ 清除摩擦离合器内的石棉屑及灰尘。

⑦ 更换齿轮箱、减速器的润滑油。

⑧ 更换铰刀、搅拌刀、压泥板。

3）大修的内容　设备全部解体，对所有零件进行检查、清洗、鉴定，更换不能继续使用的零件，重新组装和试运转。

一般情况下，大修时应更换下列零件：铰刀、离合器摩擦片、压泥板、受料箱衬套、泥缸衬套（或泥缸）、密封盘根及密封毡圈，采用双压泥板时的中间齿轮衬套、搅拌刀、搅拌轴护套、密封铰刀、倒锥套、密封刀。其他磨损零件视其磨损程度而定。有些零件，大修时虽然还能坚持使用一段时间，但由于拆卸装配困难，大修时也应更换，如铰刀轴、轴承等。大修中更换下来的零件，能修复再用的应进行修复。

大修装配时，应注意以下事项。

① 装铰刀轴及搅拌轴时，应注意各轴承的作用，必须保证轴的载荷由平面止推轴承承受，平面止推轴承的松紧圈切不可装错位置。

② 装搅拌刀时，应保证其组合螺旋方向和所在轴的密封铰刀的螺旋方向一致。上一级为双轴搅拌时，首先根据各搅拌轴的回转方向，选择并装好密封铰刀，然后根据密封铰刀的螺旋方向装配搅拌刀。

③ 正确装配压泥板。

④ 保证铰刀泥缸圆周方向间隙一致。

铰刀、搅拌刀、离合器的外摩擦盘件等磨损后可修复再用。修复的方法主要为：铰刀磨损后，通常在其叶片外圆焊一适当规格（等于或稍大于叶片厚度）的圆钢，焊好后，将铰刀外径车至所要求的尺寸。搅拌刀的端部磨损严重时，修复方法：一是补焊端面；二是将端面割掉一部分，然后焊上一块新的，对接处一定要焊牢，避免重新使用时脱焊而造成机械事故。钢或铸钢密封刀磨损后，可将原刀片割掉，再焊上新的刀片。离合器处摩擦盘组件的修理，包括更换摩擦片和修理。

（3）常见故障　见表 2-15-1。

表 2-15-1　常见故障

序号	故障	原因分析	排除方法
1	离合器发热	轴向压力不够，摩擦片打滑，产生高温，严重时会烧坏摩擦片	调节调整圈或调整螺母，使离合器有足够压力

续表

序号	故障	原因分析	排除方法
2	离合器脱不开	① 外摩擦盘与大三角皮带轮内孔、内摩擦盘与内压盘配合间隙小，且有污物； ② 上述间隙较大及分离弹簧压力不一致； ③ 导向键和键槽位置不合适	① 加大配合间隙，清除污物； ② 更换内外摩擦盘，选配弹簧； ③ 修锉键槽，使导向键无阻碍
3	离合器自动脱开	离合器调得太紧，结合爪或铰链板没有在自锁位置	调节到自锁位置
4	离合器部分震动大	离合器转动部分不平衡	进行平衡
5	减速器轴承齿轮有异响	① 轴承间隙太大； ② 轴承摩擦严重或已损坏	① 调节调整螺钉，使轴承间隙正常； ② 更换轴承
6	减速器齿轮有周期性响声	新机或更换齿轮时出现，原因是齿圈径向跳动超差	严重时需更换不合格齿轮
7	减速器过热	① 轴承过紧； ② 轴承缺润滑脂； ③ 油池油面过低或过高	① 调整轴承间隙； ② 注入润油脂； ③ 使油池油面高度合适
8	减速器震动	① 输入轴与离合器轴不同心； ② 输出轴与铰刀轴不同心	调整减速器高度使其同心
9	铰刀前轴承过热	① 密封不良，前端进泥； ② 缺润滑脂； ③ 轴承损坏	① 调整盘根或者换密封件； ② 注入润油脂； ③ 更换轴承
10	铰刀轴突然转不动	① 铰刀与泥缸衬套之间被金属等硬物卡住； ② 试车时，平面止推轴承松紧圈装反，轴承紧圈和轴颈烧死	① 清除硬物，并对铰刀轴、减速器齿轮进行检查； ② 更换平面止推轴承，修理损坏的轴颈或更换铰刀轴
11	真空箱、受料箱蓬料	① 喂料量太大； ② 泥料水分不均匀； ③ 操作失误	① 控制喂料量； ② 采取措施使水分均匀； ③ 按操作程序工作
12	泥缸内腔有异响	① 铰刀轴弯曲或轴承磨损严重，使铰刀与泥缸衬套摩擦； ② 泥缸衬套沟槽卡住异物	① 校正铰刀轴或更换轴承，清除摩擦现象； ② 清除异物
13	泥缸、机头摇动	① 铰刀轴弯曲或轴承磨损； ② 铰刀与泥缸衬套不同心； ③ 双线铰刀叶片不对称； ④ 机头与泥缸不同心； ⑤ 泥缸刚度较差	① 校正铰刀轴或更换其轴承； ② 调整铰刀使其与泥缸衬套同心； ③ 校正或重换叶片； ④ 校正机头与泥缸同心； ⑤ 增强泥缸的刚度
14	产量低，负荷大	机头长，泥缸螺距大，转速高，成型含水率低	调整各参数
15	机器负荷急剧增强	① 进料太多； ② 含水率太低； ③ 铰刀与泥缸衬套摩擦； ④ 泥缸内有硬物卡铰刀； ⑤ 真空度太高	① 调整进料量； ② 控制含水率合适程度； ③ 清除摩擦； ④ 清除硬物； ⑤ 适当掌握真空度
16	泥条出现空间	铰刀轴尖直径大，压缩比太小	铰刀轴毂做成锥形减小轴套直径
17	真空度低	① 过滤器堵塞； ② 真空泵抽气量小； ③ 密封铰刀磨损； ④ 密封泥缸短； ⑤ 密封盘根或其他密封部位漏气	① 清洗过滤器； ② 检修真空泵； ③ 修补或更换密封铰刀； ④ 加长锥度套； ⑤ 调整或更换密封铰刀，消除漏气

续表

序号	故障	原因分析	排除方法
18	上级密封泥缸发热	密封铰刀螺距较大，挤出面积小；泥缸密封段太长，密封刀齿多	调整各参数
19	坯条四周开裂，分两半向外翻；	机口水路不通；机口锥度不够；成型水分过高，中间出泥过快	疏通水路，加大四周锥度，调节成型水分
20	湿坯强度低	① 成型含水率太高；② 机头太短	① 适当降低含水率；② 加长机头
21	泥条四周不密实，有充水现象	① 机头形状不对；② 机头四周不光滑，鱼鳞板间隙大	① 改变机头形状；② 减小鱼鳞板四周间隙
22	泥条四周充水	① 泥条四周不密实；② 机口四周鱼鳞板间隙大	① 改变机头形状；② 减小鱼鳞板四周间隙
23	泥缸返泥	铰刀与泥缸衬套间隙大，机口机头过长，成型含水率低，铰刀螺距大，转速高	修复铰刀和泥缸衬套，调整机头机口长度，调整成型含水率及各参数
24	“S”形裂纹和螺旋纹	泥料塑性和成型含水率高，铰刀与泥缸衬套间隙大，挤压段铰刀叶片过于光滑，铰刀转速较高	在泥料中掺入粗颗粒瘠化料，降低其塑性，降低成型水分和铰刀转速，缩小铰刀与泥缸衬套间隙，增加铰刀叶面的粗糙度；在泥缸和机头间安装中间环或插棒
25	真空挤砖机搅拌轴突然不转，轴端盖发热	新机试重车时，则有可能是平面止推轴承松，紧钢圈装反，使轴承紧钢圈和轴颈烧死	① 更换轴承；② 修整损坏的轴颈
26	坯条中间开花，像喇叭口一样四周卷起	中间走泥快、四周走泥慢，坯条挤出时呈凸字形	中部芯头加长，小头断面加大；机嘴后口做成腰子形，以加大四周
27	上一级供料不足	① 密封铰刀和密封缸衬套磨损；② 搅拌刀磨损；③ 转速低	① 修补、更换密封铰刀和衬板；② 适当增加转速
28	大面中间凹下	中间走泥快、四周走泥慢，坯条挤出时呈凹字形	中间芯头改短，小头断面减小；调整芯杆布置减小中部阻力；缩小机嘴后口腰子形的四周
29	坯条烂角 ① 裂口尖端向后卷（即齿尖卷向机嘴）； ② 突然烂角，或者局部坯条不完整或松散	邻近烂角处的芯头可能缩进，或者前伸，与其他角的芯头不一致，该部位芯架和芯杆间有硬块	调整芯头，使四周不一致，拆下机嘴，清除杂物
30	孔洞内壁节裂（鱼鳞裂） ① 内壁全部节裂； ② 内壁个别节裂（鱼鳞裂）	芯头设计不当，四周表面阻力不平衡；芯架被杂物严重堵塞，原料土过硬；该部位的芯头缩进和前伸，坯条走速与其他芯头不平衡；芯架位移，轴线偏心；芯头被杂物卡塞	改进芯头设计使四周阻力平衡；清除堵塞杂物，软化原料土；将该部位的芯头调出或调进检查和纠正芯杆；清除杂物
31	坯条弯曲 ① 坯条刚离机嘴就向一侧弯曲，外壁一边厚一边薄； ② 坯条向一侧弯曲，外壁厚度未变； ③ 坯条呈波浪式弯曲，凹下处有时被拉烂	机嘴和芯具偏离中心线，与螺旋轴中心未对正； 输坯床一边高，一边低； 螺旋主叶和副叶顶端不齐，出料不均匀	校正机嘴和芯具中心线，与螺旋轴中心对正； 校平输坯床； 保持螺旋副叶和主叶顶端成直线，使出料均匀

续表

序号	故障	原因分析	排除方法
32	砖坯产生纵向劈裂（即“芯架裂纹”）	大刀片形状不佳，坯料通过后二次结合不良； 大刀片离机嘴端太近，愈合长度不够，二次结合时间短； 坯料干湿不均匀	改革刀片形状，减小刀片和刀片座的厚度和宽度； 加长芯杆，改进芯架形状，使其深入机头，增加泥料二次结合时间； 调整成型水分和泥料供给速度
33	孔洞变形 ① 孔洞缩小； ② 孔洞偏斜； ③ 孔洞下降	芯头磨损过大，或者机头缩进过多； 芯头挤偏移位； 坯料成型水分过大	更换芯头，或者调出芯头纠正芯头； 调整成型水分
34	坯体变形	坯料成型水分过大； 坯料挤出不密实； 输坯床辊筒高低不平； 切坯、码坯操作不当	调整成型水分； 加长机嘴或机头，或者改进螺旋机构； 调整辊筒； 改进操作
35	泥缸、坯条发热	机嘴、机头过长； 螺旋机构不适合； 泥缸与螺旋间隙过大； 坯料成型水分过小	调整成型水分； 改短机嘴、机头长度，修改螺旋机构； 调整泥缸与螺旋间隙
36	坯条横向折断	输坯床上个别泥辊高出其他泥辊，或者坯料干，成型水分太低	检查所有泥辊是否在同一水平线上，降低高出的泥辊或者增加成型水分

（4）典型零部件维修

1）真空挤出机的密封系统　真空挤出机的真空度高低是衡量该设备的关键技术性能指标之一，它直接影响到对各种原料的适应性和砖坯内部与外观的质量好坏。见表 2-15-2。

表 2-15-2　真空度技术性能指标与外观质量好坏

真空度/MPa	砖坯质量情况
−0.04	砖坯有“锯齿”裂纹，缺棱、掉角，表面粗糙
−0.050	折角现象减少，砖坯柔软
−0.060	无折角现象，砖坯变硬，表面粗糙程度减轻
−0.07～−0.080	砖坯表面光滑，砖坯密实
<−0.090～−0.095	砖坯表面光滑，棱角整齐，砖坯坚固，砖坯站人不变形

国内大多数砖瓦厂使用的真空挤出机，刚开始使用时设备的真空度往往能达到设计指标，但使用一段时间，真空度只能维持在−0.07～−0.05MPa 之间，其主要原因有：真空及装机设备系统的密封性不好。搅拌部分泥料密封的影响。真空泵冷却条件对真空度的影响。气体进真空泵的净化处理及其对真空度的影响。

① 静止件配合面之间的密封　挤出机设备系统对真空度有影响的部位是：真空箱、上下主机与真空箱的连接处、主轴轴承座、空气过滤器、管道和阀门处，这些部位密封状况的好坏对真空度的影响极大，因为在运转中，整个系统处于负压状态，真空度越高，负压越大，极易产生漏气现象。

解决的措施：对于真空箱与密封缸、真空箱与受料箱、受料箱与泥缸之间及相关的零部件均提出足够的热处理及加工精度要求，配合面之间加工 O 形槽，采用橡胶 O 形密封圈代替过去的纸垫、橡胶板等简易的密封方法，螺栓孔采用盲孔，如结构上确需螺孔打穿时，在孔的端面加工凹台，放入O形密封圈（O形密封圈的材料最好采用耐油真空橡胶）。

各管道、阀门、真空箱等零件连接，除加O形密封圈，还需涂以密封胶。

② 相对运动件之间的密封　相对运动件之间的密封部位主要有：搅拌轴两端、压泥板轴两端和下级铰刀轴安装轴承的部位。前两者只要采用V形、O形密封圈，骨架油封组合的方式，就可以完全解决密封问题。关键是铰刀轴安装轴承部位的密封，既要封气封泥，又要封油，这是真空挤出机关键的密封安装部位，它安装得好坏直接影响主机轴承的使用寿命。现在均采用组合密封：外部用迷宫密封，里面用O形密封圈，而且采用几道密封。通过实践证明，可完全有效对铰刀轴轴承部位进行密封。

③ 搅拌部分的密封　所谓搅拌部分“放炮”，就是指搅拌部分压缩段泥料在较高的真空度时被击穿，是真空度突然下降到零位的现象。由于“放炮”现象的产生，突然失去真空抽气的作用，造成真空箱泥料严重返泥而无法成型。

在运转中，可以发现真空表指针在600mmHg（80kPa）以上时，经常出现放炮现象，而且真空度越高，“放炮”次数越多。“放炮”以后，真空表指针很快跌落到零位，不仅要出几块烂泥条，无法成型，而且造成真空箱内泥料严重堵塞，影响主机的正常运行，因此，如何消除成型过程中的“放炮”现象，是保证连续生产的重要条件。

关于“放炮”现象的发生，主要有以下三方面的原因。

a. 原料进料不均匀，造成搅拌部分压缩段密封料变短而被击穿。

b. 泥料在搅拌混合时加水过多，泥料含水率过高，被压缩的密封泥料强度较差，较易被真空抽离击穿。

c. 搅拌部分锥形空腔压缩比较小，造成密封泥料被压缩的密度较小，在较高的真空度时被击穿。

针对这三方面的问题，要求运转中随时保证泥料进料的均匀性，水分波动不能太大。规定在整个成型过程中，成型含水率不得高于18%（湿基）。搅拌部分锥形空腔的压缩比λ做了相应增大，在$2\leqslant\lambda\leqslant2.6$的范围内优选。制定行之有效的操作制度，调整搅拌部分锥形空腔的压缩比，即可基本上消除成型过程中的“放炮”现象。

2）减速机　减速机是真空挤出机关键的动力输入设备，目前国内很多生产厂家对砖机减速机的配置不同，有自制的专用减速机、行星减速机、专业减速机。自主开发的ZLY型砖机专用减速机，均采用硬齿面，大大提高了砖机的使用寿命。它具有以下特点。

a. 减速范围宽。

b. 机械传动效率高，双级达0.94。

c. 运转平稳，噪声低。

d. 易于拆检，易于安装。

e. 使用寿命长，承载能力高。

① 结构（见图2-15-2）　主要由箱座1、中箱2、上箱3、箱盖4、压泥板对齿轮5、压泥板轴承盒6、压泥板主动齿轮7、输出轴轴承盖8、输出轴9、输入轴轴承盒10、压泥板传动轴11、压泥板被动齿轮12、输入轴13、输入轴齿轮14、中间轴轴承盒15、中间轴16、调整丝杆17、调隙板18、中间被动齿轮19、输出被动齿轮20、通气阀21、齿轮油泵B1、轴承B2、骨架油封B3、圆锥销B4、气动离合器B5等组成。

② 安装和拆卸　安装时，按图2-15-2进行。

a. 将输入轴轴承盒10、输入轴齿轮14、轴承B2、骨架油封B3、调整丝杆17、调隙板18安装在输入轴13上。

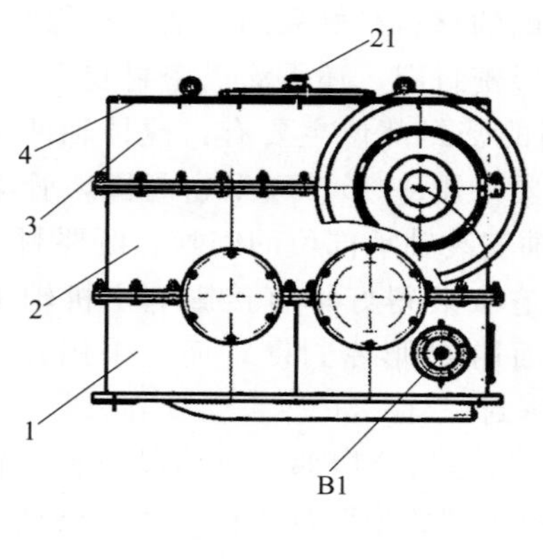

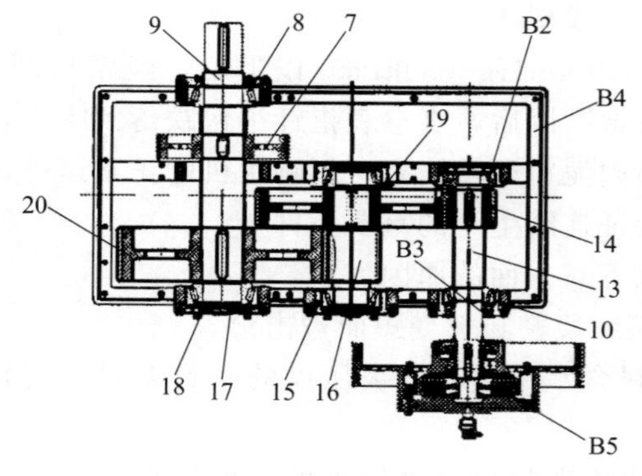

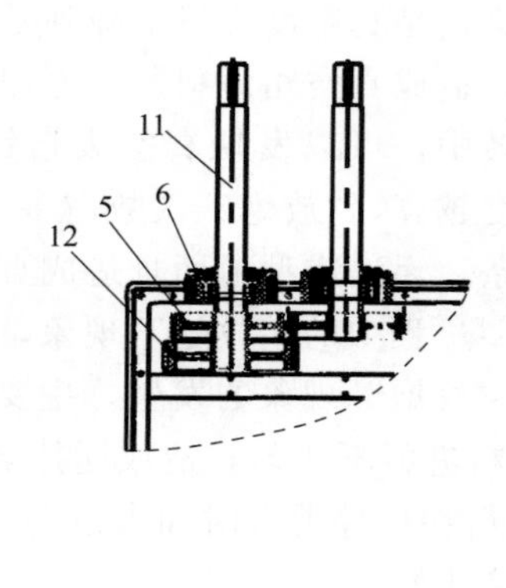

图 2-15-2 减速机

1—箱座；2—中箱；3—上箱；4—箱盖；5—压泥板对齿轮；6—压泥板轴承盒；7—压泥板主动齿轮；8—输出轴轴承盖；9—输出轴；10—输入轴轴承盒；11—压泥板传动轴；12—压泥板被动齿轮；13—输入轴；14—输入轴齿轮；15—中间轴轴承盒；16—中间轴；17—调整丝杆；18—调隙板；19—中间被动齿轮；20—输出被动齿轮；21—通气阀；B1—齿轮油泵；B2—轴承；B3—骨架油封；B4—圆锥销；B5—气动离合器

b. 将中间轴轴承盒 15、中间被动齿轮 19、轴承 B2、骨架油封 B3、调整丝杆 17、调隙板 18 安装在中间轴 16 上。

c. 将输出轴轴承盖 8、输出被动齿轮 20、压泥板主动齿轮 7、压泥板轴承盒 6、轴承 B2、骨架油封 B3、调整丝杆 17、调隙板 18 安装在输出轴 9 上。

d. 将压泥板被动齿轮 12、压泥板对齿轮 5、压泥板轴承盒 6、轴承 B2、骨架油封 B3 安装在压泥板传动轴 11 上。

e. 分别将箱座 1、中箱 2、上箱 3、箱盖 4 合箱，将以上安装好的轴安装在箱体上，注意合箱面应加橡胶绳和密封胶。再将齿轮油泵 B1、通气阀 21、气动离合器 B5 安装到箱体上，接好油管，用圆锥销 B4、螺栓依次紧固，完成安装。

f. 拆卸过程与安装相反。

③ 使用注意事项

a. 减速机工作一段时间后，应对所有螺栓进行紧固。

b. 减速箱齿轮箱内的润滑油第一次使用 3 个月内更换，以后应保证使用 6 个月内更换一次，当发现低于上油线接近下油线时，应及时加油（注意不要加得过多，以油线为准）。当发现润滑油已变质，应即时更换。

c. 由于采用油泵润滑，尽量选用黏度较小的柴基润滑油。

d. 注意轴承部位的温度，温升不大于35℃，最高不超过70℃。

e. 由于砖机主轴轴向载荷大，当轴承温度高或减速机噪声大时，应及时通过调整丝杆对轴承轴向间隙进行调整，防止打齿轮和损坏轴承。

3）气动离合器　气动离合器由于结构简单，能实现自动化操作和远距离控制，近几年在砖瓦行业得到广泛的应用，在真空挤出机内使用更广泛，主要有径向气动离合器和轴向气动离合器。目前采用LHQ型系列轴向气动离合器，对于大负荷带载启动的设备，可减小主电动机的功率和电动机瞬间启动的电流；减小对电网的影响；并对机件有过载保护作用。它结构紧凑、重量轻，能自动调整磨损间隙，接合平稳、分离彻底、灵活可靠。三台离合器只需配一台Z-0.10/6型空压机，并且可在电气控制台上集中操纵，实现遥控，也便于自控。

① 主要技术参数（表2-15-3）。

表2-15-3　离合器主要技术参数

离合器型号	LHQ-8500	LHQ-5900	LHQ-2900
最大传递扭矩/N·m	8500	5900	2900
额定空气工作压力/MPa	0.6	0.6	0.6
结合时间/s	<2.5	<2.5	<2.5
摩擦片数量/片	2	2	1

② 结构（见图2-15-3）。

a. LHQ型轴向气动离合器由三个部分组成，即主动部分、被动部分和气室。主动部分由大带轮1、内齿轮座5、气动输入轴4等零件组成。主动部分通过电动机带动带轮而旋转。

b. 气室是由旋转接头13、端盖12、气膜外压盖10、气膜9等零件组成。气室是气动离合器的关键部件，是使摩擦副获得轴向力的机构，它的密封性能及气膜的耐用度直接影响整个离合器的使用效果和寿命。

c. 被动部分是由摩擦片6、中摩擦盘8、内压盘7、气膜内压盖11、弹簧14等零件组成。内压盘7、轴承套3通过平键与减速机输入轴联结，当气室内获得足够的压缩空气时，被动部分才能工作。

d. 管路系统由电器开关、二位三通电磁阀、气动三联件、管道及其所需管接头、旋转气接头组合成，见气动路线图。如图2-15-4所示。

③ 工作原理（见图2-15-4）

a. 接通电磁阀电源，由气源而来的压缩空气，从管道经电磁阀及旋转气接头进入离合器气室，使气膜膨胀，推动内齿活动盘，使摩擦片和内齿盘、内摩擦盘压紧，获得摩擦力矩，从而使主动部分和被动部分接合，达到离合器接合的目的。

b. 离合器的分离：切断电磁阀电源（停止供气），气室中的压缩空气经电磁阀排放到大气中，内齿活动盘、摩擦片和内齿盘在弹簧力的作用下快速复位，达到彻底分离。

④ 安装和拆卸

a. 安装时，按附图将大带轮1、内齿轮座5、轴承套3、轴承2、轴承压盖组装在一起；将内压盘7、中摩擦盘8、摩擦片6按图示位置装配在输入轴4上；将端盖12、气膜外压盖10、气膜内压盖11、气膜9、弹簧14、销轴组装在一起；再在轴上装上平键，把大带轮1等装到轴上，接着将内压盘7等装到轴上，然后将挡板用12-M12紧固，最后将端盖12等用螺栓紧固到大带轮1上。将旋转接头13装上离合器，紧固各个螺钉，接好气管，完成安装。

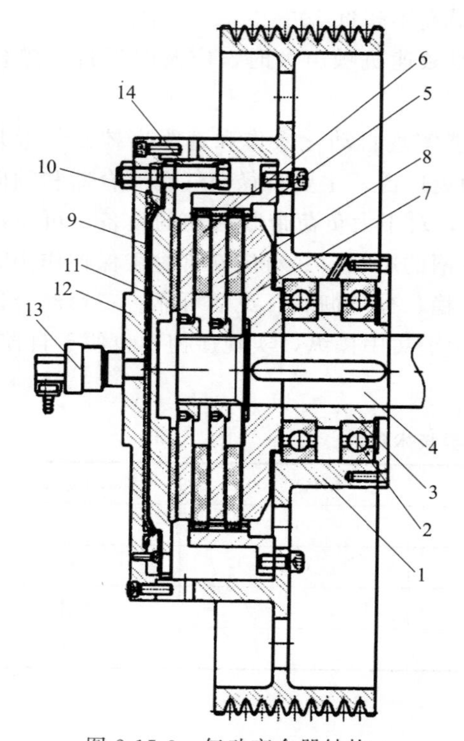

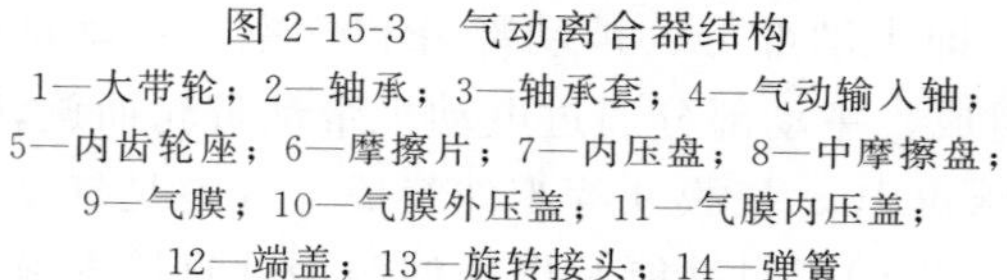
图 2-15-3　气动离合器结构

1—大带轮；2—轴承；3—轴承套；4—气动输入轴；5—内齿轮座；6—摩擦片；7—内压盘；8—中摩擦盘；9—气膜；10—气膜外压盖；11—气膜内压盖；12—端盖；13—旋转接头；14—弹簧

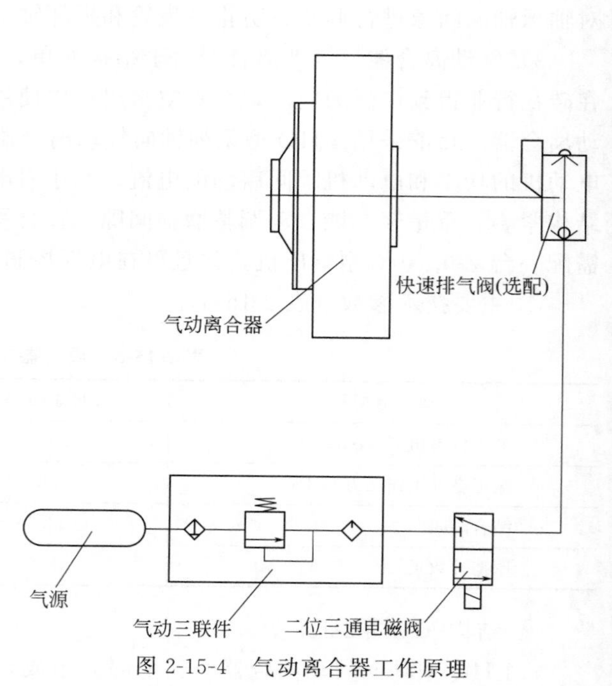

图 2-15-4　气动离合器工作原理

b. 拆卸时，先拆卸气管和旋转接头，接着拆下 12-M12 螺栓、端盖等零件，这时就可以更换气膜；拆下挡板就可以取出中摩擦盘等零件，这时就可以更换摩擦片、轴承。

⑤ 使用注意事项

a. 大小三角带轮安装后，轮宽对称平面相对位移不大于中心距的 2/1000，轴线平行度应不大于 6/1000。

b. 气路管道系统中的接头部分均不能漏气，应保证管道系统的密封性能。

c. 空压机输出压力应在 0.5～0.7MPa 范围内，开车前，必须先启动空压机，待压力表指针升到 0.5MPa 以上时，才能开启电磁阀启动离合器，否则会引起摩擦片打滑甚至烧坏。

d. 使用过程中，应保持电磁阀的清洁，不得沾有污垢、灰尘，确保其使用性能。

e. 摩擦片应保持清洁，不得沾有油类及其他腐蚀性物质，以免影响离合器性能。

f. 离合器使用一段时间后，应检查紧固件是否松动，如有松动应及时紧固，否则会损坏离合器零件。

4）液压传动　液压传动是建材机械特别是砖瓦机械、墙板、砌块机械中经常用到的。由液压传动的原理可知液压传动装置的主要组成部分包括油泵、油缸、阀类和管道类等。

① 油泵的种类大体上有：齿轮泵、叶片泵、柱塞泵和螺杆泵。齿轮泵用在压力不高的情况下，但随着工艺水平和材料性能的不断提高都有一定的性能提高。比如，低压一般指 16MPa 以下，但齿轮泵超过这个压力的也有，叶片泵也是同样的情况。低压、中压、高压，

分别指 16MPa、25MPa、31.5MPa。

② 阀类元件的种类：阀类元件有压力阀、速度阀和方向阀几大类。压力阀有溢流阀、减压阀、调压阀等。节流阀有单向、双向之分。节流阀可以控制流量，起到调速的作用，但不能完全代替调速阀。换向阀是改变油缸运动方向的，有电磁换向阀、机械换向阀、手动换向阀、液压换向阀等多种形式。

③ 液压传动系统的工作压力取决于负载的大小。执行元件所受到的总负载，包括工作负载、执行元件自重和机械操作所产生的摩擦阻力，以及油流在管路中流动时产生的流程阻力和局部阻力等。由于负载使流液受到阻碍而产生一定的压力，负载越大，油压越高，但是最高的工作压力必须有一定的限制。为使系统保持一定的工作压力，或在一定的压力范围内工作，需要调整和控制整个系统的压力。液压元件管路的允许使用压力都必须高于系统的最高使用压力，以保证运行安全。

图 2-15-5 中，溢流阀 2 与液压泵 1 并联组成了调压回路，根据负载需要，通过调节溢流阀，从而限制了系统的最高工作压力。图中的手动三位四通阀 3 调整油流的方向，以达到控制油缸 4 的运动方向。在三位四通阀的中位时油缸处于静止状态，而液压油通过回路直接回油箱，最大限度地减小了液压泵的负担，增加其使用寿命。

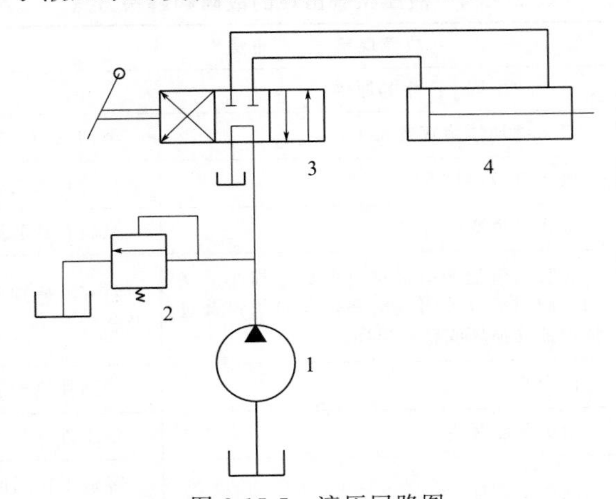

图 2-15-5　液压回路图

1—液压泵；2—溢流阀；3—手动三位四通阀；4—油缸

④ 液压故障的简单诊断技术，具体做法如下。

一看：看液压系统工作的实际情况，一般有六项。看速度。指执行机构运动速度有无变化和异常现象。看压力。指液压系统中各测压点的压力值大小，压力有无波动现象。看油液，观察油液是否清洁，是否变质，油量是否在规定的油标线范围内，油液黏度是否符合要求等。看泄露。指液压管道各接头、阀板结合处、液压缸端盖、液压泵轴端是否有泄漏、滴漏现象。看震动。指液压缸活塞杆或工作台等运动部件工作时有无震动、跳动等。看产品。根据液压机床加工出来的产品质量，判断运动机构的工作状态、系统工作压力和流量的稳定性。

二听：用听觉判断液压系统工作是否正常，一般有四项。听噪声。听液压泵和液压系统工作时的噪声是否过大，溢流阀、顺序阀等元件是否有尖叫声。听冲击声。指工作台液压缸换向时冲击声是否过大，液压缸活塞是否有撞击缸底的声音，换向阀换向时有无撞击端盖的现象。听气蚀与困油的异常声。检查液压泵是否吸进空气，或是否存在严重困油现象。听敲打声。指液压设备工作时是否有因为损坏引起的敲打声。

三摸：用手摸运动部件的工作状态，一般有四项。摸温升。用手摸液压泵、油箱和阀类元件外表的壳体表面上的温度。若接触 2s 感到烫手，就应该检查温升的原因。摸震动。用手摸运动件的震动情况，若有高频震动应检查产生的原因。摸爬行。当工作台在轻载低速运动时用手摸工作台有无爬行现象。摸松紧程度。用手拧一下挡铁开关和紧固螺钉等的松紧程度。

四闻：用嗅觉器官判断油液里是否有发臭变质，橡胶件是否因为过热发出特殊的气味等。

五阅：查阅设备技术档案中的有关故障分析和修理记录，查阅交接班记录和维护保养情况的记录。

六问：访问技术操作者，了解设备运行情况，一般有六项。问液压系统工作是否正常，液压泵有无异常现象。问液压油更换的时间，滤网是否清洁。问发生事故前压力调节阀或速度阀是否调节过，有哪些不正常现象。问发生事故前对密封件或液压件是否更换过。问发生问题前后液压系统出现哪些不正常现象。问液压系统容易出现的故障和解决方法。见表 2-15-4。

表 2-15-4 液压系统出现的故障和解决方法

故障现象 1：严重噪声		
故障	产生的原因	消除办法
油泵吸空	吸入滤油器堵塞或太小	清洁或换新的滤油器
	吸入管道内径太小	换装较大内径的管子
	吸入管道弯曲过多	换新管或装用内径较大的管子
	在吸入管道中有局部（截面）缩小。例如，阀门部分关闭或堵塞，单向阀弹簧过强，油管损坏或软管损坏	打开、修理或更换油阀，修复或换油管及软管
	油太冷	把油加热到适当的温度
	油的黏度过高	使用推荐黏度的液压油
	油产生蒸气	降低工作温度到适当温度（规定温度），加油或更换适当的油
	补给油泵供油不足	修理或更换补给油泵
	油泵转速较高	降低油泵转速到规定转速
	油箱不透气	加装通气用的空气过滤器
油生泡沫	油箱内油面过低	加油到正确位置
	油箱安装（位置）错误	改进系统结构
	回油（到油箱）在油面以上	把回油位置放在油面以下
	用油错误	换适宜的油
	油泵轴的密封漏气	更换密封环
	吸入管道中的接头漏气	紧接头或换新接头
	吸入软管漏气	换新软管
	排除空气不良	整个设备排除空气
机械震动	传动中心线不正或联轴器松动	对正中心或紧固螺钉

续表

故障现象1：严重噪声		
故障	产生的原因	消除办法
液压油泵	磨损或损坏	修理或换新的油泵
	型号不适当	换装较适当的型号
原动机	磨损或损坏	修理或换新
	型号不适当	换装较适当的型号
溢流阀或安全阀	不稳定	换较适当的阀
故障现象2：压力不足或完全压力		
故障	产生的原因	消除办法
油泵转向不对	油管吸入空气	改正油泵旋转方向
油泵过度发热	油泵磨损或损坏	修理或换新
	油的黏度过低	使用推荐黏度的液压油
	冷却不足或冷却中断	改进或调整冷却系统，使冷却水畅通
油泵转速过低或动力功率低	皮带打滑，联轴器或原动机有故障	消除故障
从高压侧到回油侧的漏损	压力调整错误	调整正确
补给油泵供油不足	安全阀不关闭，存在脏东西或零件磨损	清洗/确定损坏部分，修理或换新
	操纵阀或任一个阀开启；存在脏东西或损坏零件；电气故障	确定机器故障，调整清洗，修理或换新
	油缸内壁/活塞杆或活塞密封损坏	修理或将损坏元件换新
	活塞密封环材料和液压油不相适应，或密封装置不合理	更换密封环材料或改进密封装置
	油泵损坏，压力不足，油的黏度不适当等	见故障1
故障现象3：压力失常或液流波动和震动		
故障	产生的原因	消除办法
油泵吸气	参看故障1	参看故障1
油生泡沫	参看故障1	参看故障1
机械震动	参看故障1	参看故障1
溢流阀或安全阀跳动	参看故障1	参看故障1
	阀座磨损	修理或换新
	阀的缓冲不足或没有	装配较合适的机构
阀零件黏着	油不清洁	放出油，清洗设备及零件，加清洁的油
油泵输油不均匀	油泵式或油泵结构不适于达到预期目的	和设备或油泵的制造厂商议后用较合适的泵代替
设备内混有空气	设备内没有完全除去油内空气	设备除气，检查接头和放气孔

续表

故障现象4：流量太小或完全不流油		
故障	生产的原因	消除办法
油泵吸空	参看故障1	参看故障1
油生泡沫	参看故障1	参看故障1
油泵磨损	参看故障1	参看故障1
油泵转速过低或动力功率太小	参看故障2	参看故障2
从高压侧到低压侧的漏损	参看故障2	参看故障2
油泵旋转方向错误	电气接线错误	改正接线
故障现象5：油温过高		
故障	产生的原因	消除办法
从高压侧到低压侧的漏损	安全压力调整得太高	调整正确
	安全阀性能不好	用合适结构代替
	阀的工作不好，密封错误或损坏	参看故障2
	油的黏度过低	放出油，使用制造厂推荐的油
当系统不需要压力油时，而油仍在溢流阀的设定压力下溢回油箱	卸荷回路的动作不良	检查电气回路、电磁阀、先导回路和卸荷阀的动作是否正常
	由于污染或零件缺陷产生通气系统	清洁或必要时修理
	安全压力调整得太低	调整正确
冷却不足	冷却水供应失灵或风扇失灵	消除故障
	冷却水管道中有沉淀物	清洁管道
散热不足	油箱的散热面积不足	改装冷却系统和（或）加大油箱容量及散热面积
油泵过热	由于磨损造成的功率损失	修理或换新
	用黏度过低或过高的油工作	用制造厂推荐的油
	油箱中液面太低	加油到推荐的位置
油的阻力过大	管道的内径和需要的流量不相适应或者由于阀门的内径不够大	装置适宜尺寸的管道和阀门或降低功率

（5）真空挤出机的改造和新技术　挤出机最常用的传动是带传动和齿轮传动。

1）带传动　它是依靠传动带与带轮之间的摩擦力来传递运动和动力的，与齿轮传递相比，带传动具有工作平稳、噪声小、结构简单、制造容易，以及过载打滑时能起到安全保护的作用，能适应两轴中心距较大的传动的优点，因此获得广泛的应用。但其传动比不准确，传动效率低，带的寿命短，又是它的不足之处。

按带的断面形状不同，传动带可分为：圆皮带、V角带、平型带、齿型带。V角带是以其侧面与轮槽摩擦，其传动能力是平型带传动力的3倍左右，因此V角带传动比平型带传动更广泛。而目前的窄V带的传动性能更大大优于普通V带，将是V带传动中最有前途的型式之一。

① 窄V带的结构特点

a. 窄V带的相对高度比普通V带大。

b. 顶面呈弓形，可使带心在受力后仍保持整齐。

c. 侧面为内凹曲线，当胶带在带轮上弯曲时，侧面变直，完全填满带槽，并均匀地楔紧在带轮槽内。

d. 胶带底面有较大的圆角过渡，可避免胶带先期磨损。

e. 强力层材料为高强度的涤纶绳芯，排放位置稍高于标准型，使中性层上移，压缩层高度也相应加大。

② 性能特点

a. 传递功率大，比普通V带大0.2～1.8倍。

b. 设备结构紧凑，传动空间小。由于单根胶带传递能力增加，可以减少所需胶带根数，再加上窄V带本身尺寸小，所以传递空间显著减小。

c. 使用寿命长，由于窄V带在运转中有较好的挠曲性能，两侧面的内凹型结构可减少两侧的摩擦损失，从而提高了使用寿命（寿命可达10000～20000h）。

d. 经济效果好，由于窄V带结构紧凑，占用空间小，使用寿命长，能使传动机构的总费用降低20%～40%。

e. 提高传动效率，节约能源消耗。窄V带传动相对普通V带，传动效率可提高3%～5%。

③ 安装要求

a. 带轮在轴上应没有歪斜和跳动。

b. 两轮之间平面应重合，轮宽对称平面的相对位移不大于中心距的2/1000，轴线平行度不大于6/1000。

c. 带轮表面粗糙度不应过高或过低。过高了容易打滑，过低了容易发热，并加大磨损。

d. 带在带轮上的包角不能小于120°。

e. 带的张紧力要适当，一般是在皮带中部用大拇指能按下一个皮带厚度。

f. 传动带不宜在阳光下曝晒，特别要防止酸碱、油与皮带接触以免变质。

2）齿轮传动　齿轮传动是各种机械中最常用的传动方式之一。齿轮传动可用来传递运动和扭矩，可以改变速度的大小和方向，还可把转动变为移动，能保证一定的瞬时转动比。具有传动准确可靠、传递的功率和速度范围大、传递效率高、使用寿命长，以及结构紧凑、体积小等特点。目前砖机上常用直齿圆柱齿轮、斜齿圆柱齿轮。它也有一定的缺点，如传动不平稳、噪声大、使用寿命有限。随着砖机使用环境的提高，有些厂家的减速机采用了圆弧齿轮，它和渐开线齿轮相比，具有以下特点。

a. 弯曲强度高。在几何参数相同的条件下，同时参加工作的接触点数量增加一倍，相应的每个接触点分担的载荷理论上只有一半。因此，圆弧齿轮的弯曲强度比较高。齿形设计合理，其弯曲强度承载能力较渐开线齿轮可提高30%。

b. 接触强度高。圆弧齿轮在理论上为点接触，实际经跑合后，在齿廓法线上呈线接触。压力角为28°、螺旋角在10°～30°范围内，圆弧齿轮的当量曲率半径比尺寸相同的渐开线的当量曲率半径大20～200倍，因此虽然圆弧齿轮接触线长度很短，但其齿面接触强度远比渐开线齿轮高，承载能力一般比渐开线齿轮高1～1.5倍。

c. 在齿面上，两接触线沿齿长方向的滚动速度很大，有利油膜的形成，因此摩擦损失小，效率高（可达0.99～0.995），齿面磨损小。

d. 齿面间沿齿高方向各点的相对滑动速度相等，因此齿面磨损均匀，齿面容易跑合，具有良好的跑合性能。

e. 双圆弧齿轮传动较平稳，震动、噪声均比单圆弧齿轮小。

3）铰刀的制作（图 2-15-6） 由于铰刀的结构是由空间螺旋曲面和轮毂组成，对于焊接式铰刀，它的制作工艺方法如下：

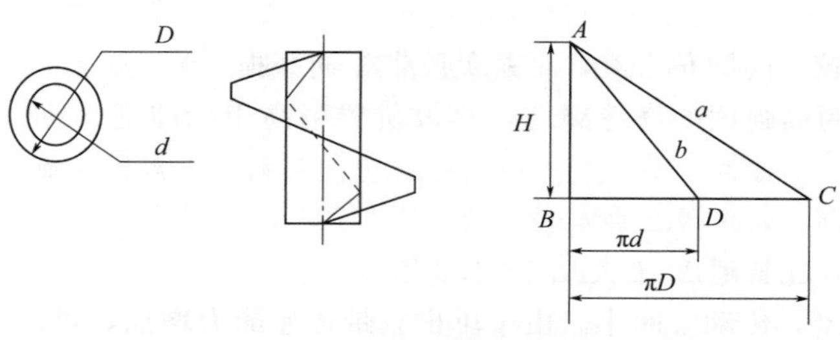

图 2-15-6 真空挤出机铰刀叶片下料图

放样及下料。已知铰刀螺旋面的外径 D、内径 d、螺距 S，可按下列公式计算其展开长度。

$$r=\frac{bc}{a-b}，R=r+c，\alpha=\frac{2\alpha R-\alpha}{2\pi R}$$

式中 a——螺旋外圆展开长，mm；$a=\sqrt{(\pi D)^2+H^2}$；

b——螺旋内圆展开长，mm；$b=\sqrt{(\pi d)^2+H^2}$；

c——螺旋节宽度，mm，$c=\frac{D-d}{2}$；

D——铰刀外圆直径，mm；

d——铰刀内圆直径，mm；

r——铰刀叶片展开内圆半径，mm；

R——铰刀叶片展开外圆半径，mm；

H——铰刀螺距，mm；

α——切角。

三、双轴搅拌机

双轴搅拌机是烧结砖瓦原料处理过程中将原料和水进行混合，均化和改善原料成型的设备。

1. 结构原理（见图 2-15-7）

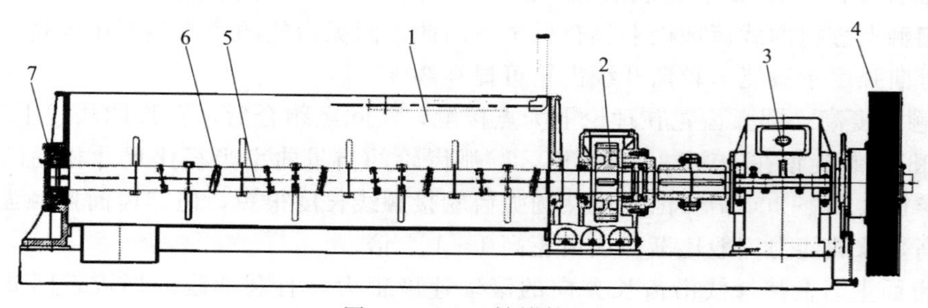

图 2-15-7 双轴搅拌机

1—搅拌箱；2—对齿轮箱；3—减速机；4—气动离合器；5—搅拌轴；6—搅拌齿；7—搅拌箱后轴承支座

双轴搅拌机主要由搅拌箱1、对齿轮箱2、减速机3、气动离合器4、搅拌轴5、搅拌齿6、搅拌箱后轴承支座7等组成。

双轴搅拌机的搅拌轴上安装了数十把搅拌刀，这些刀彼此相互交错，且在搅拌轴上呈螺旋排列。当两搅拌轴由搅拌箱内壁向中心做相对转动时，将泥料连续搅动翻转，同时将泥料推向搅拌箱出料口。根据泥料的含水率要求，还可以在进料口加入适量水分，经过搅拌后泥料湿化均匀。

按泥料在搅拌箱中推进方向的不同，可分为并流式和逆流式搅拌，目前双轴搅拌机一般都采用并流式。并流式搅拌是：两根搅拌轴旋转方向相反，搅拌轴上的搅拌刀分别是左旋和右旋，搅拌轴旋转时，泥料同时从进料口向出料口方向并流推进。逆流式搅拌是：两根搅拌轴旋转方向相反，搅拌轴上的搅拌刀是相同的螺旋方向，搅拌轴旋转时，一根搅拌轴泥料从进料口向出料口方向推进，另一根搅拌轴泥料从出料口向进料口方向推进，泥料在搅拌箱中来回移动，影响产量。

2. 双轴搅拌机的安装

(1) 双轴搅拌机整机装配　双轴搅拌机的加工零件检验合格、外购件已齐备，即可进入装配阶段。

1) 零件装配的一般要求（参照真空挤出机）。

2) 搅拌轴零件的装配

① 轴承内圈需热套装入。热套法是把轴承放入机油或水中（轴承保持架若是塑料的，只宜用水），加热到90～100℃，趁轴承受热膨胀时，把它套在轴上，但是在装配中，随着轴承的冷却，内圈端面可能靠不到轴肩，应再用辅具加以锤击，使内圈紧贴轴肩。

② 轴承套及轴承外圈，许多厂是用卧式压力机或立式压力机压入轴承盒内，也有用铜锤慢慢打入，但效率较低，且安装效果不好。

③ 对齿轮箱上的密封零件须安装到位，箱体分型面最好用密封胶粘好，密封绳不得漏装，防止工作时漏油。

④ 安装对齿轮时，两个齿轮在轴向的位置应该平行、对齐，否则局部磨损严重。如因轴承孔磨损造成不平行时，需用修理轴承孔的办法和镗孔镶套、刮削等加以纠正。

⑤ 将搅拌刀按搅拌轴上的位置依次安装好（搅拌刀一般与搅拌轴横截面成18°～25°夹角），并用螺母紧固，将两轴搅拌刀位置相互错90°。

⑥ 在搅拌箱的两侧，应用填料或用骨架油封，防止漏水或尘土损坏轴承。

(2) 双轴搅拌机的基础安装　双轴搅拌机的基础安装必须在熟悉该设备人员的指导下进行，安装过程应注意以下事项。

① 按照设备基础图浇注混凝土基础，施工中要特别注意基础的标高及地脚螺栓预留孔的位置，养护期一般为15～20d。基础达到规定强度后，必须经过检验合格，方可进行设备安装。

② 当二次浇灌的基础干硬以后，可精确调整设备水平，最后紧固地脚螺栓。由于双轴搅拌机底架较长、刚性差，吊装时要按说明书的要求进行，以防止机器变形。对于分体式减速器，安装后要检查对齿轮齿面的接触精度。虽然该项精度在制造厂装配时已调整好，由于运输、起吊以后可能发生变化，必要时在安装后仍要做一些调整。电机皮带轮和大皮带轮（有的大皮带轮和气动离合器在一起），按JC/T 346标准的规定，两皮带轮轮宽对称平面的相对位移不大于中心距的2/1000，轴线平行度不大于6/1000。如采用5V强力三角带，这项要求尤为重要。三角带还要有适当的初拉力，一般是在中部用大拇指能按下一个皮带厚度

即可。负载试车时，如果皮带打滑（可闻到橡胶气味，或有橡胶碎屑落下），就再调紧一些；如果皮带发热，初拉力过大，就要调松一些。检查大、小三角带轮的端面相对位移，可用直尺或者拉线检查，必要时可以移动电机滑轮，使两皮带轮的端面保持在同一平面内。皮带轮和三角带如果调整不当，将会影响三角带的寿命和降低传动效率。

3. 双轴搅拌机的调试

双轴搅拌机安装完毕后，即可进入调试阶段，其调试步骤如下。

（1）试车前的检查

① 部位的螺栓是否紧固。

② 三角带的松紧是否适当。

③ 检查减速器齿轮箱油池，确认已按油位指示装置加足润滑油。

④ 所有轴承座内是否加足润滑油。如机器存放时间过久，润滑脂干涸老化，还应重新更换新脂。

⑤ 按电器原理图复核接线是否有误，并对所有电器进行全面安全检查。

⑥ 用手盘转机器，检查有无金属撞击声和碰撞现象。

⑦ 检查气动离合器的操纵气压是否达到 0.5MPa 以上。

⑧ 检查搅拌刀的安装角度是否正确。

（2）空载试车　空载试车时间应不超过 2h，试车时要检查下列项目。

① 检听轴承处有无杂音，轴承温度是否正常，最高温升不得超过 45℃。

② 机器运转时有无扭摆和震动。

③ 各轴承处有无杂音。

④ 齿轮是否有严重噪声、发热等异常现象，油箱是否漏油。

⑤ 气动离合器离合是否灵活可靠。

⑥ 记录空载运行的电流值。

（3）负载试车　空载试车正常后，可进行负载试车。负载试车不应少于 4h，试车时要检查下列项目。

① 检听轴承处有无杂音，轴承温度是否正常，最高温升不得超过 45℃。

② 减速箱中油温不得超过 45℃。

③ 检查离合器有无打滑或过热现象。

④ 检查齿轮箱有无噪声，运转是否平稳。

⑤ 记录电机电流值，是否超过额定值。

⑥ 检测单位时间内搅拌的物料体积，是否达到 JC/T 346 标准规定的生产能力，必要时进行调整。如产量过大、搅拌效果差，可调小搅拌刀角度，减少供土量；产量过小时，可调大搅拌刀角度，并保持适当供土量。

（4）双轴搅拌机操作注意事项

① 要注意观测仪表，监控设备的工作状态。观测双轴搅拌机的电流表，可以判定设备是否超负荷工作，有些双轴搅拌机没有自动检测含水率的装置，一般是通过挤泥机的电机负荷来判断泥料的含水率是否恰当。因为在其他参数不变的情况下，泥料的含水率高，电机负荷就小；泥料含水率低，电机负荷就大。所以有的砖厂把挤泥机电机的电流表装到双轴搅拌机上，就是为了掌握好泥料的含水率。操作人员要随时观测挤泥机电机的电流变化，来掌握泥料的加水量。还要注意气动离合器气源的压力表，如果低于 0.5MPa，就要予以调整，否则是很容易损坏的。

② 要把好原料的进料关。一是要控制原料的质量，按工艺要求配好料。不要把干的废坯和含有杂质的大块土倒入搅拌槽内，造成设备超载甚至短轴停机。二是要采用正确的进料方式。不能用推土机直接向搅拌槽推料，这样进料不但搅拌效果差，还可能使设备变形或损坏，正确的应该是通过箱式供料机和胶带输送机进料。三是要做到均匀供料。原料过多时要停止进料，搅拌槽内的泥料正好能露出搅拌刀尖为好。

③ 要使全部搅拌刀经常处于最佳工作状态。有的操作者以为只要搅拌轴在转动，搅拌机的工作就是正常的。实际上只有搅拌刀的安装角度适当，才能发挥最佳效益。由于搅拌刀的角度在工作时可能转动，所以操作人员要经常检查。另外，搅拌刀是易损件，操作人员要随时更换或修复已经磨损的搅拌刀，保持搅拌刀合理的工作间隙。

④ 要合理加水。合理加水就是给泥料均匀补充水分，使泥料的含水率始终均匀一致，不能有时干、有时湿，影响坯体质量。另外，加水一定要均匀喷洒，最好能在泥料落入搅拌槽的过程喷水，要做到细化雾化，才能湿化均匀。经常检测出料口的泥料含水率，才能控制泥料含水率的波动范围。

⑤ 要有严格的规范。双轴搅拌机在下班前要排净搅拌槽的泥料，以免下次开机时搅拌轴被干泥料裹紧而扭坏。停机时间长了，一定要清理搅拌槽内壁，要经常清除搅拌槽内的杂质，以免增加负荷，这些都要当成操作规范认真执行，才能用好双轴搅拌机。

在下班停机以前，要将搅拌槽内的泥料排净，防止干泥料包紧搅拌轴而损坏零件。要经常清理搅拌槽内的草根、石块、废钢丝等杂质，以免增大负荷甚至发生断轴。

⑥ 搅拌刀是易损件，当与搅拌槽的间隙达到 20mm 以上时，搅拌质量将显著下降。当间隙过大时，基本上只起到输送泥料的作用。因此，要及时修复或更换已经磨损的搅拌刀叶片，使搅拌刀与搅拌槽的间隙＜10mm。

4. 主要零件

(1) 搅拌轴　由于搅拌轴在工作时承受很大的扭矩和轴向载荷，同时轴表面受到原料的磨损，容易出现断轴现象。搅拌轴材料的综合性能必须不低于 45 钢，且有冶金部门的出厂合格证和材质单。对于 45 钢，一般直径大于 ϕ120mm，可以用正火代替调质。而采用 40Cr 等合金钢，进行调质后强度比 45 钢高许多。加工时，除尺寸精度保证外，形位公差也很重要。形位公差超差，将使轴产生偏摆、震动，增加很大的附加载荷，甚至引起断轴。搅拌轴的制造，不仅从原材料要保证，加工方法也要严格按以下工艺执行：

40Cr 锻钢→校直→车端面打中心孔→粗车→调质→校直→精车→画线→钻孔→铣键→磨外圆。

(2) 搅拌刀　最常用的是由搅拌刀杆和搅拌刀片组成。在搅拌过程中，刀杆承受较大的扭转力矩，刀片不断与原料接触，磨损也很严重。因此搅拌刀的材料很关键，一般刀杆选用 45 钢锻造，调质处理；刀片选用 65Mn 精密铸造，经淬火后硬度大于 HRC50，这样搅拌刀工作可靠、寿命长、维修方便。

(3) 对齿轮箱　对齿轮箱主要安装轴承和对齿轮，承受很大的轴向推力和扭矩，箱体应具有较好的抗拉强度。一般选用 HT200 或 ZG270-500 铸造，经过时效处理，消除内应力。通过一次镗孔，保证了两轴的平行度，也保证了两轴的中心距，从制造保证安装精度，对齿轮装配好以后，可以通过在齿面上涂色来检查齿轮箱的精度。

(4) 对齿轮　对齿轮承受很大的扭矩，应具有较好的机械性能，一般选用 ZG310-570 铸造，经过时效处理，粗车、调质、精车、滚齿、插键、齿轮精度不低于 8 级。

① 装配后转动应平稳、灵活，无阻滞现象。空转 2h 后，轴承温升不超过 35℃。

② 将装配好的对齿轮，在轻微制动运转后，检查齿面上的接触痕迹，齿高方向不小于40%，齿长方向不小于50%。

5. 双轴搅拌机日常的维护和保养

（1）润滑　双轴搅拌机负荷重、工作环境差，如果润滑不好，会使双轴搅拌机故障频繁、零件寿命短。制造厂家的说明书中对双轴搅拌机的润滑都做了明确的说明。但是由于长期沿用习惯的润滑方式，其润滑效果较差。如有的双轴搅拌机的对齿轮箱，由于密封差，其结构相当于开式传动齿轮。说明书上规定用50号机械油，由于50号机械油黏度低，极易流失。外界的灰尘、泥土又能进入齿轮箱，使对齿轮副很容易处于干摩擦状态，磨损加剧。如果选用黏度很高的开式齿轮油（$V_{40}=460mm^2/s$），就不易流失溢出，能够使齿轮处于便捷润滑状态，延长了使用寿命。或者采用ZG-4钙基润滑脂，同样也可避免流失，对外界的尘土也有一定的防护作用，还有良好的抗水性。即使是安装在露天，也有较好的润滑性能，减速器的润滑也是如此。由于双轴搅拌机的负荷重，齿轮线速度低（一般约1m/1s），如选用N150中极压齿轮油，其润滑效果要好得多。轴承座只要按时注入润滑脂就可以。

（2）搅拌轴的维护　有的双轴搅拌机的底座没有经过加工，在生产中会引起变化。如安装螺栓松动，将使搅拌轴运转不正常。要定期检查搅拌轴的运转状况，发现异常及时排除。有的搅拌轴是带护瓦的，当护瓦磨损以后，要及时更换，以免搅拌轴因磨损而导致强度降低，产生断轴。

（3）搅拌刀的维护　搅拌刀的工作表面磨损较快，安装角度也会变化，有时还会发生折断或打弯。因此，要经常检查，保持搅拌刀的良好工况，才能使双轴搅拌机安全、高效运转。

（4）搅拌轴的常见故障及解决方法　常用故障原因及解决方法见表2-15-5。

表 2-15-5　搅拌轴常见故障及解决方法

故障原因	解决方法
供土不均，负荷波动大	做到均匀供土
加水不当，负荷变化大	均匀合理加水
轴两端支承不等高	调整支承并紧固
轴的强度、刚度不足	增大轴的强度、刚度
搅拌刀转动，负荷加重	调整好安装角度并紧固
轴承损坏或缺油	检查、更换并加油
对齿轮啮合不正常	检查修复对齿轮或相关件
轴的护瓦损坏，轴磨损	及时更换护瓦，保护轴
石头等异物进入或被干泥裹紧	及时清除杂质，清理干泥料

6. 双轴搅拌机的改造和新技术

由于搅拌机在使用过程中经常容易出问题的就是减速机，对齿轮箱和搅拌轴、搅拌刀，任何一个零件的损坏，都直接影响生产。而且现在原料的多样性，对搅拌机的使用环境要求更加苛刻。许多生产厂家已经对搅拌机进行了技术改造，如减速机和对齿轮箱的齿轮采用硬齿面，加工精度也大大提高；搅拌轴进行热处理，采用夹壳式护套，不在搅拌轴上钻孔，提高了搅拌轴的刚度和强度；由于夹壳护套的保护，搅拌轴表面无磨损，提高了搅拌轴的使用寿命；搅拌刀采用高硬度合金材料，用螺钉安装在夹壳式护套上，磨损后可以及时更换；搅拌箱内衬条选用耐磨钢板。以上改造均提高了搅拌机的使用寿命。

四、高速辊式细碎机

高速辊式细碎机是砖瓦生产中最普遍的原料处理设备，具有破碎、挤压、剪切、揉搓等多种处理泥料的功能，且生产效率高、破碎效果好、操作简单方便，是砖瓦厂的一种理想的破碎设备。

生产高质量的空心砖，原料处理是关键。原料要经过粗碎—中碎—细碎三道工序，使原料细化，易于成形和提高产品强度，因此关键是控制辊子间隙。根据产品不同，对辊的间隙应为：实心砖≤3mm，多孔砖≤2～3mm，空心砖≤1.5～2mm，楼板砖、劈离砖、屋面砖≤1mm。

高速辊式细碎机辊子的线速度一般大于15m/s，辊子间隙一般为0.7～2mm。当高速辊式细碎机作为粗碎对辊机使用时，辊子间隙可调至3mm。高速辊式细碎机一般采用较大的辊径，能获得较大的破碎比，辊径在1000mm左右的高速辊式细碎机，破碎比可以达到1∶8～1∶12，而辊径较小的对辊机，破碎比仅为1∶4，因此高速辊式细碎机在砖瓦行业得到越来越广泛的应用。

1. 结构原理（见图2-15-8）

高速辊式细碎机主要由机架1、辊子2和3、调整机构4、辊子刮板机构5、辊子轴承支座6、机体8、磨削机构7组成。

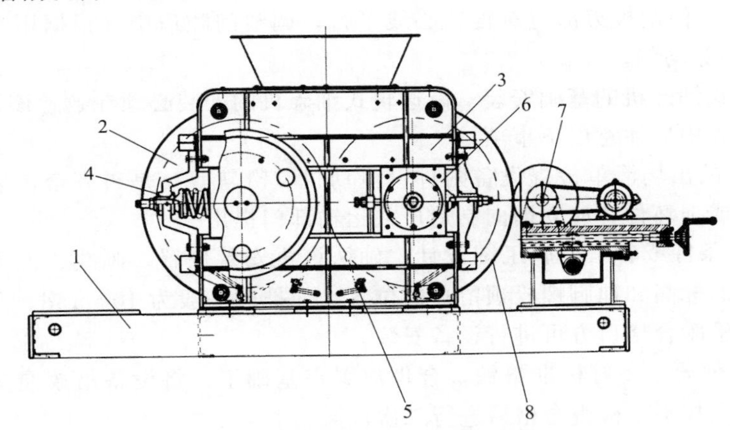

图2-15-8　高速辊式细碎机

1—机架；2,3—辊子；4—调整机构；5—辊子刮板机构；6—辊子轴承支座；7—磨削机构；8—机体

通过调整机构将辊子间隙调到合适位置，工作时原料通过布料机构，均匀地进入两个高速相对旋转的辊子，通过辊子的挤压、剪切，将原料破碎。

两个辊子的转速也不同，最常用的是差速对辊。差速对辊对原料有挤压破碎外，还有剪切和碾炼作用，更能有效地破碎原料。一般两个辊子的速差控制在15％～30％范围内。

高速辊式细碎机工作时，要严格控制进料粒度。粒度过大，高速辊式细碎机辊子线速度大，间隙小，使物料不易被破碎而沿辊面滑动或上下跳动，堆积过多，堵塞辊筒间隙，影响生产率。一般进料粒度控制在≤5mm为好。

2. 高速辊式细碎机的安装

（1）高速辊式细碎机的装配

1）装配的一般要求

① 在装配前应对所有零件按技术要求进行检查，以免在装配过程中出现返工现象。

② 为了保证装配质量，零件在装配前无论是新件还是拆卸过的旧件都要进行清洗，毛刺应锉光。

③ 加工零件不得相互碰撞，应按安装顺序排列，不能互换的零件应做记号。

④ 在运动零件的摩擦面，均应涂以润滑油脂。

2）高速辊式细碎机的装配

① 装配之前要检查大皮带轮、辊筒的静平衡。方法是将皮带轮套在固定心轴上，拨动大皮带轮、辊筒，看其是否平衡。辊筒的平衡需要在加工中予以保证，加工完后不下车床进行检查。

② 皮带轮、辊子的平衡，有两种方法：在重量较大处钻孔，钻孔前需进行计算，确定需要减轻多少重量。在重量较小处加配重。

③ 在辊筒轴上依次装配辊芯、辊筒、轴承、大皮带轮，调整辊筒锥套及皮带轮锥套，使辊筒位置适中。

④ 在静平衡架上将组件做静平衡实验，如仍有不平衡现象，需再在大皮带轮上做平衡处理。

⑤ 将组件装在机架的轴承座上，再装上固定架总成。

⑥ 调整安全带总成，使轴承座滑轨滑动自如，根据用户的泥料性质，调整弹簧松紧适中，安全销能起过载保护作用。

⑦ 调整刮板，使刮板刃部与对辊轴心线平行，调整间隙适中（根据用户要求及生产需要），且全长上间隙均匀。

（2）高速辊式细碎机的基础安装　高速辊式细碎机的安装必须在熟悉该设备人员的指导下进行，安装过程中应注意以下事项。

① 按照设备的出场清单检查设备附件（电动机、滑轨等）是否齐全，运输过程中有无损坏，发现缺件或损坏件，应立即向制造厂或运输部门提出。

② 根据厂房条件或者工厂施工图设计，确认该机安装位置，画线、挖土、浇灌混凝土基础。注意基础的标高和地脚螺栓预留孔的位置，养护期一般为 10～15d。基础达到规定强度后，必须通过检验合格后方可进行设备安装。

③ 设备安装前要准备好标准垫铁，合理放置在基础上，将设备吊放在垫铁上，装好地脚螺栓，进行找正找平，检查合格后进行二次浇灌。

④ 二次浇灌达到规定强度后，对机器进行校正，校正设备各部位的关系尺寸，调整电机位置，检查整个设备的不平度及垂直度。

⑤ 在皮带机上装置磁铁，清除泥料中的铁物质，以免铁件落入机内拉坏辊圈，甚至发生重大事故。

⑥ 皮带轮的头轮轴线应与对辊机辊筒轴线平行，使泥料能较理想地分布于辊套整个长度上，避免集中进料、集中磨损，从而延长辊套的寿命，方便修理，省时省工。

⑦ 将皮带调紧，增大初拉力，因为包角较小、张力过小皮带要打滑。

⑧ 全部校正工作完成后，紧固地脚螺栓，然后对基础进行抹面修饰。

3. 高速辊式细碎机的调试与使用

（1）高速辊式细碎机安装后的试车顺序

① 打开机壳，用手盘动皮带轮，检查辊子的转动、辊套表面的清洁。

② 各润滑部位加上油或油脂，并检查油路是否畅通。

③ 通过调整调节机构，将辊间隙调至所需宽度。

④ 开动电机运转半小时后检查。检查电动机转动的方向是否正确。设备有无震动，并检查其原因，特别要防止震动的产生。检查安全机构是否良好，而且是否运行良好。检查刮板与辊套的接触是否严密，采用气体刮板时，还要检查空气压力是否符合要求。

⑤ 检查轴承是否发热，如发热，检查油路是否畅通、轴承是否对中。

⑥ 检查转动皮带的张紧程度是否处于正常状态。

⑦ 加土进行重载试车，检查破碎是否正常，如出料颗粒不合要求，仍需调整辊筒间隙。

(2) 高速辊式细碎机的使用　在对辊机启动之前，为了排除由上一班遗留在物料漏斗中的待破碎物料块，首先应当检查一下装料漏斗，为了不在破碎机中遗留下没有破碎的物料块，必须在下班前 2～3min 停止破碎机的给料。

检查破碎机时，必须注意工作轴的轴承及侧盖的固定情况，检查固定辊的拉紧装置以及将活动辊保持在所需位置弹簧的松紧程度。当弹簧松弛时，活动辊子将要不断地快速来回移动（“撞击”），这不仅能引起导轨和轴承体过早的磨损，而且还能使比较大的物料块排出。

在机器运转时，需要注意连续而均匀地喂料，不允许料斗装得太满。均匀地喂料可以使辊圈在整个工作长度上达到比较均匀的磨损，并可以保证稳定的产量。辊圈磨损后，可在表面电焊或堆焊耐磨金属。如磨损值较小，堆焊层不如焊接层牢固，需要更换辊圈的平均磨损值在 10mm（小型辊子）到 25mm（大型辊子）内变动。当辊圈的磨损超过上述值时，应及时更换。

严格控制进料粒径，这直接关系到质量和产量的问题，入料粒径过大时，机器容易出现卡死现象。因此每一种规格的对辊机都有一定的入料粒度限制，以防止钳角过大，料块浮在辊面上。钳角 α 的大小，是由辊筒直径 D 和进料粒径 d_m 决定的，因此对一定直径的辊筒而言，其处理的物料最大粒径 d_m 也是有限的。

应特别指出的是，用于中碎，尤其是细碎的对辊机，要特别注意控制进料粒径，否则将会经常出现卡住机器所导致的停机现象，使产量下降。要解决这一问题，辊式细碎机前需要有粗碎、中碎和搅拌设备。

4. 主要零件

(1) 机架　机架是辊子、辊子轴承座以及其他所有附件的主要支承构件。多数对辊机的机架包括边支座、底板、堵头、套管、螺杆及拉杆。对辊的性能主要取决于机架的稳定性，在运转过程中，机架必须承受各种压力，使辊子不出现任何明显的偏移，并要有好的刚性和抗震性能。

机架由两侧支架（边支架）与底架组成。侧支架设计成铸钢箱形结构，犹如两道墙板，四个螺杆将其连接起来，有较强的抗震性和稳定性。两辊子破碎力通过长拉杆相互平衡，侧机架不受拉力，底架由型钢焊接而成坚固的框架，用地脚螺栓安装固定在基础上。

(2) 辊子和轴承　对辊破碎作用发生在两个相互运转的辊子之间，当物料落入两个辊子之间时，靠摩擦力把物料拉进辊子之间，受到挤压破碎后卸出。当两个辊子做相对差速运转时，物料除了受到辊子的挤压，还同时受到碾揉和研磨作用，大大提高了对物料的破碎效果。

辊子是直接承受破碎负荷的零部件，又处在高速回转状态下，受负荷极大，辊线压力通常在 500～1000N/mm，所以辊子的结构和辊圈材料是确保对辊机质量的关键。

辊子的结构形式有下列几种。

① 辊套和衬套都带有一定的锥度，优点是简单，缺点是会出现轴向位移。这种位移会使辊套相互失去对中，并给侧封造成困难。采用这种安装方式的对辊机必须配有调整装置，

以防止失去对中。

② 将辊套和衬套做成两个方向相反的锥度，使辊套不会滑离衬套。这种结构的特点：有较大的锥度，拆卸方便，辊套与衬套的接触面较宽，使用最可靠，但对辊套会产生相当大的预加应力。

③ 制造时将接触面制成精确的圆柱形。这种结构的优点：加工辊子不需加工锥度，因而在装配辊套时不会产生外加的应力。

④ 采用胀圈连接，辊圈内孔为直孔，除加工容易外，连接更牢固，拆卸也方便，对辊面的轴向调整和辊圈磨损后的更换都带来了方便。

还有其他不同的结构，但基本原理不外乎以上四种。只是局部结构有些差异。

轴承通常采用双列调心滚子轴承，它允许辊轴出现一定的倾斜，因而能起到一种过载保护作用。

（3）调整结构　对辊机使用一段时间后，辊圈磨损、辊隙加大，需要调整。普通对辊机，作为粗、中碎设备，间隙调整机构都较简单，调整精度也低。高速细碎对辊机就不同了。辊隙控制越小，要求调整精度越高。设备辊隙的调整采用螺杆机构。机构中设置了刻度盘，调整间隙精度为0.2mm。

近年来，国外进一步发展了辊隙调整控制机构，以适应生产中对高速辊式细碎机辊隙越来越小的要求。新的形式有斜块式、偏心式、液压系统以及悬挂式辊子机构等，这些机构使支承辊子的轴承座在调整时能微量同步平行移动，调整精度较高，操作更方便，深受用户的欢迎。

由于辊圈磨损不均匀，给辊圈的修正和辊隙的调整都带来麻烦。国内对辊机的辊圈常磨成中间凹形，这主要是向对辊机送料的槽形胶带输送机在胶带中央堆料多造成的。最简单的解决方法是槽形胶带输送机到头部改成平带段，增加简单的平料装置和侧挡板，就可改变这种状况。

（4）安全装置　为防止破碎物料中夹有硬质杂物或其他外来物进入破碎区后引起设备的损坏，大部分对辊机（包括高速对辊）均采用安全块形式的安全装置。

安全块是一种非弹性的保护装置，安全块呈“凹”字形，中间有一槽，硬杂物进入破碎区时，辊子受载荷增加，当通过轴承座传给安全块的载荷超过许用力时，安全块断裂。安全块处装有报警装置，安全块破坏后即自动报警，同时切断驱动电机和上下料输送机的电源，以便人工清理杂质。

这种装置的缺点是更换安全块时需要停机，但结构简单、维修方便。

弹簧过载保护机构。这种机构是基于达到预定的辊压力时，借助弹簧可使辊子出现位移。弹簧的弹力和压缩程度可以通过多层弹簧予以精确地控制，以获得最适宜的弹力特性。对弹簧应施加一定的预加载荷力，这样当对辊机超载时，就可根据辊子尺寸和辊子出现的压力大小来确定辊子间隙的增大程度。如采用准确尺寸的柱形弹簧过载保护系统，则能保持辊子间隙的相对稳定。采用这种机构还能使设备不出现停机，而且当设备过载时，只有少量未被处理的物料通过辊子间隙，如采用特殊的信号系统，便能把这部分物料排除，使其不再进入下道工序。

对于大辊径的高速辊式细碎机，为了保证其辊轴的相互平行和克服因过载而引起的较高的冲击力，可以采用液压式过载保护系统。在气缸的一端装有高压氮气，另一端与油缸连通，中间以带帘子线的橡胶板相隔。对辊机正常工作时，作用在活塞上的压力小于引起活塞压缩的额定压力（此压力可根据辊子的额定压力确定）。当坚硬物料通过辊子间隙时，必引起辊子的移动，通过活塞的移动造成橡胶板的变形，此变形会使气缸内的氮气压力增高。当坚硬物料通过后，靠气体的压力又可使辊子恢复原位。若与弹簧过载保护机构相比较，可以明显看出，这种系统的优点是有较大的应急偏移量和对偏移辊子的阻尼作用，但这种系统结构复杂，成本和维修费用都较高。

（5）刮板机构　置于辊子下面的刮板是用来清理辊面上的黏性物料的。对于高速细碎对辊机来说，即使薄薄的一层黏性物料粘在辊面上，也会导致辊子的堵塞。被破碎物料本身的性质、含水量、体积流量、辊子间隙、辊子表面条件以及辊子的圆周速度都是影响物料黏结于辊子表面的因素。

一般来说，每个辊子用一个刮板已经够了，叫单刮板。确定刮板工作是否正常的标准是刮板与辊套接触的准确程度、所刮下物料的情况、刮板对辊子的压力以及刮板与辊套的夹角。刮板一般采用优质耐磨钢，它被紧固在一块金属板上以便更换。

对于较窄的棍子间隙，每个辊子需要两块刮板，叫双刮板。通过双刮板的连续作用就能满足刮料的要求。双刮板是由一个连续摇杆支撑的，每个刮板都有一个有限的运动轨迹。双刮板有效操作的必要条件是两个刮板间的准确的间隔，摇杆的轴销能使每个刮板进行单独的调节。这种刮板能达到和辊面紧密接触的效果。

刮板的连杆都固定在机架上。刮板对辊面的压力可用配重块调整，由于配重刮板是自身调节的，因而配重的压力可保持相对的稳定。

目前，国外生产的大辊径高速辊式细碎机的刮板多采用气动调节系统控制。当对辊机空转时，靠自控系统可使刮板脱离辊面。只有当对辊机进行破碎作业时，刮板才与辊面接触。因此，这种结构具有减少对辊机的启动阻力、降低辊套和刮板的不必要磨损以及减少对辊机空转噪声等优点。

刮板材质常用耐磨钢，一般可用锰钢板制成，其硬度不得大于或等于辊面硬度，通常比辊面低 HRC5～HRC8。

（6）辊面磨削装置　要使高速辊式细碎机正常工作，就必须严格保持辊子间的距离在所要求的范围之内。尽管在高速细碎对辊机上通常布置一台较宽的胶带给料机来保证喂料的均匀性，但仍不可避免地会造成辊面的不均匀磨损。为了保证对辊机工作性能的稳定，就必须定期对辊面进行磨削修整。辊面磨削机构就是用来完成这一工作的。磨削作业的频率取决于黏土的类型、产量和辊子的工作间隙。

辊面磨削机构由床面、纵向和横向承载器、磨削轮及驱动电机组成。

每台对辊机配一个磨削机构，两个辊子可轮换使用。若每个辊子都固定地配置一套磨削机构，使用就更方便些。应当注意的是，进行辊面磨削作业时，一定要使辊子的转速降低至15～29r/min。修整一个辊子约需 2h，随着车削硬质材质技术的发展，国外已普遍用车削代替磨削，车削修整一个辊子约 0.5h，除了节省磨削时间外，还降低了维修费用，且节省了专用磨削装置。

5. 高速辊式细碎机的维修

（1）日常维护

① 辊子轴承处应每周注黄油一次，每次磨削辊面之前用油润滑导轨，以保证磨削作业顺利进行。

② 调整辊子间隙。使用一定时期的对辊机，辊筒间隙可能增大，或者不均匀，调整辊子间隙要在辊子的两侧同时进行，辊子间隙沿辊面长度方向应不变。根据产品的要求，随时注意调整。

③ 注意各部位螺栓由于震动是否松动，应及时加以紧固。

④ 三角带应始终保持正常的紧张程度，当三角带使用到一定期限后应进行更换，如是窄三角带则必须全组进行更换。

（2）维修的内容

① 更换刮板。当对辊机工作了一定时数之后（这取决于辊子工作间隙和原料性质），刮板就因磨损而必须更换。一般来说，当刮板磨损其高度的三分之二时就要更换。

② 更换剪切板、剪切销。当物料中夹杂的外来物，如坚硬的石块或铁件，通过对辊而造成剪切板破碎时，就必须更换剪切板，以避免辊套、轴承和轴等的破损和弯曲。

③ 调整或更换锥度套。对辊机使用一个阶段后，辊筒内锥套及大皮带轮锥套会不断磨损，磨损过大，锥套与轴之间、锥套与辊筒及皮带轮之间会打滑，因此需定期调整。磨损过大需要更换。

④ 辊面磨损。尽管辊面很硬，由于物料长期接触和与刮板的磨损，其磨损还是明显的，一般辊面的磨损是不规则的，辊子中部的磨损要比两边严重些，因而辊子中部的间隙比两端更大。

辊圈究竟多长时间修理一次合适，这要根据各单位的实际情况而定，根据辊圈磨损深度决定修磨。但一般认为辊圈磨损的最大深度达到 1.5mm 时就应进行修磨。其理由是外圆磨削的进给深度一般为 0.002～0.05mm，粗磨一般也不超过 1.5mm，否则不但费工费时，且最深处的磨损势必加剧，最后导致不能修理而报废。辊式细碎机的维修是一个很重要的工作，必须作为一项制度固定下来，认真执行。

（3）高速辊式细碎机的常见故障及解决方法　见表 2-15-6。

表 2-15-6　高速辊式细碎机常见故障及解决方法

序号	故障的表现	产生原因	排除方法
1	设备在运转中产生剧烈的震动	1. 转子不平衡； 2. 辊筒轴不同心或弯曲； 3. 机架的脚螺栓或轴承座连接螺栓松动； 4. 滚动轴承外圈与轴承座配合太松	1. 重新配平辊筒及大皮带轮； 2. 更换或校直辊筒轴； 3. 拧紧松动螺栓； 4. 更换轴承座
2	设备启动不起来	1. 电压或降压启动器有问题； 2. 转子有摩擦、卡阻碰撞等现象； 3. 三角带过松打滑； 4. 锥套未调紧	1. 检查或更换电机、降压启动器； 2. 检查处理转子中有摩擦、卡阻、碰撞的部位； 3. 调整电机位置，加大与主轴的中心距离，拉紧三角带； 4. 调紧锥套
3	轴承温度超过 70℃	1. 轴颈内圈与轴颈配合太松，有相对运动，摩擦生热； 2. 轴颈外圈与轴承座配合太紧，使轴承外圈变形，增加阻力，轴承滚动不灵活，造成轴承发热； 3. 润滑油脂不足或不干净； 4. 主轴弯曲，使轴承受力不均匀	1. 修理轴颈达到图纸要求的尺寸公差和粗糙度； 2. 修理轴承座孔达到图纸要求的尺寸公差和光洁度；轴承盖上的紧固螺母不要拧得太紧； 3. 清洗轴承，更换新油； 4. 更换或调直主轴
4	下料口喂不进料	1. 辊筒间隙过小； 2. 泥料过于集中； 3. 入料粒度过大	1. 调整间隙； 2. 铲动泥料，使分布均匀； 3. 检查中粗碎设备，控制粒度
5	电源不稳定，忽高忽低	喂料量不均匀，时多时少、时断时续	调整喂料设置，使其均匀连续

续表

序号	故障的表现	产生原因	排除方法
6	电源逐渐升高，隔一段时间要停一会喂料	喂料量稍多	适当减少喂料量，使其电源稳定
7	机壳内有异常声响	有铁块或不可碎物质进入机壳内	立即停车，打开检查门，取出铁块或不可碎物质，并检查除铁装置是否灵敏可靠
8	产量低，电流大	1. 物料含水率太高； 2. 刮板和辊筒间间隙过大	1. 降低含水率； 2. 调整刮板，使其能起刮泥作用
9	电机突然跳闸	1. 轴承损坏； 2. 喂料量突然增加太多	1. 更换新轴承套； 2. 检查喂料设置是否失调，并调整好喂料量
10	电机轴承发热	1. 三角带过紧，轴承受力过大； 2. 轴承内润滑油脂不足或轴承磨损严重	1. 调整电机顶丝，使三角带松紧合适； 2. 打开轴承端盖加足润滑油脂或更换新轴承
11	三角带断裂	1. 各条三角带受力不均； 2. 三角带疲劳，老化； 3. 两个带轮轴线不平行	1. 选配三角带内圈周长一样； 2. 更换新三角带； 3. 将带轮轴线调整平行
12	活动辊窜动过大	1. 弹簧过于松弛； 2. 有硬块进入机壳； 3. 入料粒度较大的过多	1. 调整弹簧； 2. 消除硬块； 3. 控制入料粒度

6. 高速辊式细碎机的改造和新技术

辊子是在高速状态下对物料进行挤压和剪切，因此辊子外圈磨损极快。辊圈的材质一直是大家所关注的。根据磨损机理，当金属材料硬度比物料硬度低得多时，金属被急剧磨损，当金属材料硬度接近或超过物料硬度的 0.8 时，金属的耐磨性能迅速提高。砖瓦厂的原料复杂，通常辊圈表面的硬度在 HRC50 左右时具有良好的耐磨性能。

国外辊圈的常用材料见表 2-15-7。

表 2-15-7　国外辊圈的常用材料

名称	普通冷模铸铁	合金冷模铸铁	合金冷模球铁	贝氏体合金球铁	镍硬铸铁	耐磨钢
代号	GH530	GH580	GHG480	G-X300	Ni-Hardiv	Chromesteel800
硬度/HV HRC	480～580 49～54	530～630 51～56	420～540 46～52	350～450 36～45	630～730 56～60	610～750 55～62
主要合金元素		1.5%～3.2% Ni		Ni、Mo、Mg	5%～6% Ni 8%～9%Cr、Mo	Cr、Mo、V
辊隙/mm	≥1.2	≥1	≥0.5	≥0.4	≥1	≥0.8
最大线速度/(m/s)	12.5	15	20	25	20	20
抗冲击	一般	较好	好	好	较好	好
耐磨比较系数	1.1	1.3～1.5	1.1	1	2～3	2.5

国内各生产厂家也对辊圈材质做了探讨，积累不少经验，有的辊圈使用寿命可与国外相媲美，有以下几种。

（1）低碳合金耐磨球墨铸铁　通过对球铁适当热处理，获得很高的硬度及耐磨性，接近高铬铸铁，硬度 HRC47～HRC53，冲击值 $a_k=8\sim10\text{J/cm}^2$。

（2）马氏体耐磨球墨铸铁　利用冲天炉熔炼及箱式电炉热处理，严格遵守工艺操作规程，可批量生产马氏体耐磨球墨铸铁，机械性能可达到：HRC52～HRC58，$\sigma_b=500\sim600MPa$，$a_k=8\sim10J/cm^2$。

（3）低碳耐磨白口铸铁　低碳耐磨白口铸铁需工频感应电炉或冲天炉，工频感应圈炉衬应为石英砂打结的酸性炉衬，材质不需要任何热处理，即获得HRC35～HRC42，$\sigma_b=350\sim400MPa$，$\sigma_{db}\geqslant350MPa$。国外都在积极研究白口铸铁和合金耐磨钢，并且在一些领域已取代了高锰钢。

（4）中锰奥氏体钢　中锰奥氏体钢是中锰钢，成本低、工艺简单，但必须使用电弧炉或碱性工频炉和箱式电阻炉各一台，用独特的变质处理方法，获得良好的综合机械性能（$\sigma_b\geqslant600MPa$，$a_k\geqslant50J/cm^2$）。在强烈冲击条件下表面加工硬化，并产生马氏体组织，HRC45～HRC55。

（5）新型贝氏体耐磨球铁　新型贝氏体耐磨球铁，成本低、工艺简单，可用冲天炉熔炼，其耐磨性、冲击韧性、抗疲劳性均高于中锰球铁，可用于冲击载荷较大的辊圈，与一般奥氏体-贝氏体球铁相比，不用等温淬火，充分利用余热特种介质进行热处理，节约能源，为中锰球铁的6%，平均硬度HRC55，冲击值$a_k=11.1J/cm^2$，为中锰球铁的8倍，优于高铬铸铁。

热处理工艺的关键在于淬火加热温度与回火温度的确定。热处理使材料由珠光体变成马氏体，就是把铸态耐磨球铁加热到完全奥氏体化温度再淬火，由于结晶过程可得到细针状马氏体组织，同时碳化物的尖角因熔解而变钝，性能得到提高，可通过淬火温度和保温时间及回火温度、保温时间进行控制。

淬火介质采用油或水玻璃溶液。

淬火后应及时回火处理，以消除淬火应力，使淬火马氏体转变为回火马氏体。由于马氏体耐磨铸铁含合金元素，抗回火稳定性差，回火温度宜选择在250℃左右。

由于辊圈直径大，内外圆均加工，一般在立车上加工。为保证辊圈的静平衡和动平衡，内外径必须同心，加工必须在一次装夹中完成。如确需调头，必须有专用的加工胎具。外圆加工时应选用细硬性较好的硬质合金刀具如YG8或YW，硬度在HRC55以上时，应采用陶瓷刀具。

五、锤式破碎机

锤式破碎机是将页岩、煤矸石等制砖原料经过机械细碎后达到制砖粒度要求的设备，其结构简单、操作方便、密闭性好、粉尘浓度小、噪声低，是砖瓦生产过程中重要的配套设备。

1. 结构原理（见图2-15-9）

锤式破碎机主要由上机体1、下机体2、主轴部件3、锤头4、筛板5、衬板6、飞轮7、主轴轴承支座8、皮带轮9等组成。

电动机通过三角带传动主轴旋转，物料自料斗自由下落到上机体时，受到连续高速转动锤头的猛烈打击，反弹碰撞到机体内的衬板上，又继续反弹、继续打击，由此物料在机体内受到反复打击和撞击，由大块变成小块，由小块变成颗粒，最后经过筛板从出料口卸出。

锤式破碎机能充分发挥冲击破碎作用，使物料受到高速、反复多次的打击，破碎效率高，动力充分应用，适应性强，破碎比大，一般为10左右。工作时机体封闭，粉尘也不易外逸，噪声也低。

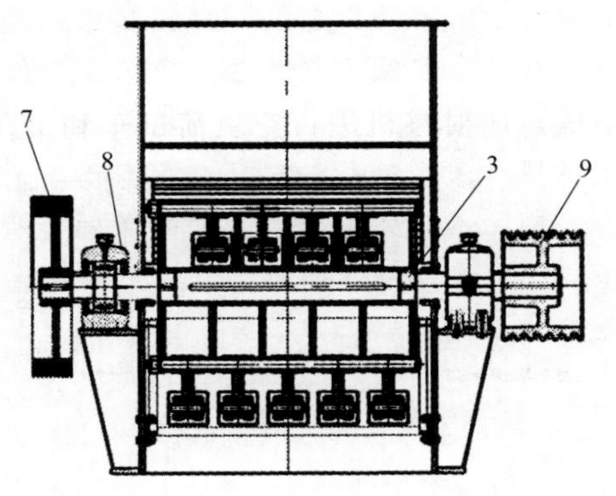

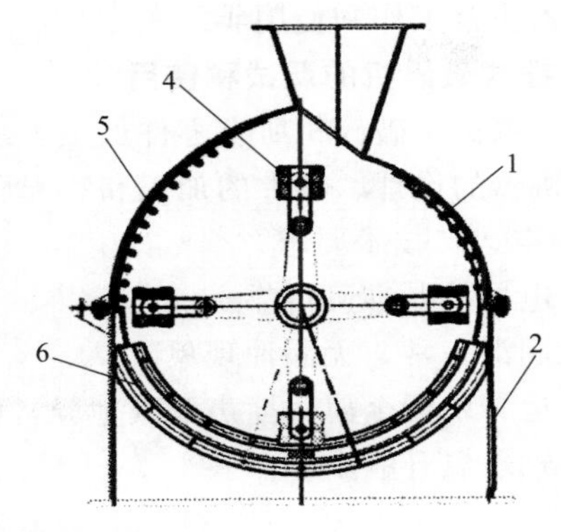

图 2-15-9 锤式破碎机

1—上机体；2—下机体；3—主轴部件；4—锤头；5—筛板；
6—衬板；7—飞轮；8—主轴轴承支座；9—皮带轮

2. 锤式破碎机的安装

破碎机的结构虽然较为简单，但由于工作时做高速旋转，在装配时必须严格遵守下列技术要求。

（1）锤式破碎机整机装配 锤式破碎机的加工零件检验合格、外购件已齐备，即可进入装配阶段。整机装配的技术要求如下。

① 主轴轴承装配后，轴承的轴向间隙应保持在0.15～0.25mm。规定一定的轴向间隙，主要是为了避免工作时因温度升高，主轴轴向伸长而引起不必要的附加应力，造成机器的损坏。

② 筛板、衬套不允许用火焰切割。这是为了避免零件产生不应有的变形。

③ 锤头应称重，同一排的锤头的重量差值不得大于0.2kg。且在装配时，应将重量差值最小的一对，成对对称装入同一排中，锤头装配后应转动灵活。

上述规定主要是为确保主轴运转平稳，努力减小机器运转时的震动。实践证明，当同一排打击锤重量差值不大于0.2kg，能达到机器震动小和运转平稳的要求。

④ 电动机皮带轮上端面应与主轴皮带轮上端面在同一平面内，其偏移误差不得大于两皮带轮中心距的2/1000。

上述要求保证了主轴和电机轴心线的平行，使皮带受力均匀，减少对主轴的附加应力。

⑤ 在外观质量方面，所有零件结合部便于应整齐匀称，不应有明显的错位，机器外表面要求光滑、美观。

（2）锤式破碎机的基础安装 破碎机的基础安装的要求，总的来说：能承受机器的重量而不沉陷；在运转时，各部位间的相互位置保持不变；并能承受机器运转时的震动。根据经验，混凝土基础的重量应大于机组重量的1.5～2.5倍。基础的大小与厚度一般要求比机组高度大500～700mm，高出地面100～150mm，其面积应比机组底座每边大出100～150mm。

浇注混凝土的方法，多采用二次浇注法。

浇注基础前，要先挖好地基坑，基础底部用灰土夯实，然后浇注碎石混凝土。在浇注时，应按照破碎机底座螺孔位置留出160mm×160mm的长方形孔。等基础干固后，再按照机器底座螺栓孔位置，将地脚螺栓浇注到长方形孔中区，与基础固定在一起。

基础平面应仔细校平，以免破碎机安装后发生倾斜或在紧固地脚螺栓时引起底座变形，影响机器正常工作和使用年限。

3. 锤式破碎机的调试和使用

（1）调试　破碎机所有零件加工、组装完毕后，应对整机进行空负荷试车和负荷试车，以检验机器的设计、零件的加工和装配质量。

1）空运转技术要求

① 电器控制准确可靠。

② 润滑正常，无漏油现象。

③ 运转中无金属碰撞声及其他异常响声。

④ 轴承温升应小于30℃。

⑤ 噪声应小于80dB（A）。

⑥ 上盖处的径向振幅不大于0.5mm。

2）负荷运转要求

① 运转中轴承温升应小于50℃。

② 噪声应小于80dB（A）。

③ 上盖处的径向振幅不大于0.5mm。

④ 给料粒度、排料粒度和生产能力应符合相应机型的性能参数。

3）空运转试验方法

① 新装配或大修后的破碎机，需先进行空负荷试验。试验前，需要做好下列准备工作。

a. 新装配的破碎机，应置于一专用平台或固定在金属框架上进行试验。金属框架的重量不得大于立轴破碎机重量的1/3，且金属框架不得固定在基础上。

b. 检查并清除干净机器内的各种杂物。

c. 检查各部位连接螺栓是否牢靠。

d. 检查上下进油管道是否畅通，并按规定加油。

e. 检查传动皮带的松紧程度是否适当。

f. 检查电气线路的安装是否正确。

g. 上述事项检查完毕无误后，先用手盘车，观察主轴运转是否灵活自由、有无卡滞现象和异常响声，如有，应立即排除。

② 为了检验破碎机的各项性能是否达到空运转技术要求，要对机器进行测试，正确的方法如下。

a. 测量轴承温度时，应将温度计插入机器的油管中，每隔20min测一次。这样测出的轴承温度较准确，也较安全。规定20min测一次，是基于这阶段是跑合阶段，轴承温度上升较快，经常测量能及时发现和消除因轴衬温度上升过高所反映出来的加工、装配质量问题。

b. 测量振幅时，应将测量机器安装在与机体不相上下的独立机架上，这样测出的振幅比较真实。

c. 测量噪声，应按GB/T 3768的规定进行。

d. 空运转的时间不得少于2h。

4）负荷运转试验方法。破碎机经过空运转试车，各项指标达到空运转技术要求后，证明机器设计、加工和装配没有什么问题，可以进行负荷试车。

① 进行负荷试车，应具备下列三个条件。

a. 机器空运转试验合格，如不合格，就要重新修改、调整，使之合格。

b. 试验用的物料粒度不能大于标准规定的最大给料粒度。

c. 试验用的物料，其硬度为中等硬度（<200MPa）。

② 负载试车的程序应为：先半负荷试车 2h，再满负荷试车 4h。负荷试车的测量方法如下。

a. 测量轴承温度，每隔 30min 测一次，方法同空负荷试验一样。

b. 测量机器振幅、噪声，方法也同空负荷试验相同。

c. 测定生产能力时，应在给料粒度符合规定、满负荷运行以及加料均匀的条件下进行。

d. 排料粒度筛析，应在上述规定的前提条件下进行，同时，要求取样应具有代表性。

5）锤式破碎机的检验规则

① 出厂检验　破碎机出厂检验时，首先要对各零部件进行检验，检验项目有零件的材质、加工精度、表面粗糙度和装配精度等。其次，检查外购件、外协件是否符合有关标准规定和有无产品质量合格证。只有各个检验项目都经检验合格后，才能签发产品合格证书，产品方能出厂。

② 型式检验　如果在产品试验鉴定时，或者工艺、材料有较大变化有可能影响到整机性能时；或者正常生产满一年时；或者停产时间超过一年以上时，则必须进行型式检验。

对锤式破碎机进行型式检验时，要按国家行业标准的规定对全部项目进行检验，以便全面考核产品的各项性能指标。

型式检验的样机，如遇批量生产时，应在批量中随机抽取一台。另外，型式检验的样机，在试验过程中因故停机时，在排除故障后，可以继续进行试验。但是，要按照标准的规定加时 50%。如果通过加时试验，达到了规定要求，仍为合格品。否则应判该批为不合格品。

（2）使用　锤式破碎机是一种高速回转的破碎机械，为确保其正常运行，操作人员必须预先熟读产品使用说明书，掌握正确的使用方法，严格按照规程操作。在使用过程中，应着重注意以下几点。

① 开机前，应与有关岗位取得联系，未经取得联系，不得随便开车或停车，以防堵塞或其他意外事故的发生。

② 机器启动后，待电机及破碎机运转平稳后，方可加料。

③ 要严格遵守空车启动、卸空停车的原则，严禁带负荷启动。

④ 生产过程中，排料口不得有堵塞现象，以免影响排料。

⑤ 喂料要均匀，防止喂入过硬的物料或铁件，以免损坏机器。

⑥ 当发现主轴运转速度降低、破碎声异常时，应立即停止加料并停车，待查出原因并排除故障后方可开车。

⑦ 经常检查、紧固地脚螺栓和衬板螺栓，防止松动。

⑧ 停机时，应开门检查锤头、衬板、上圆盘及销轴等易损零件的磨损情况，发现问题应及时处理。在开门时要先拧紧承重螺母，把门稍稍顶起，以使开门时灵活、省力。当机器正常工作时，应将承重螺母松开至不受力状态。

⑨ 用高压黄油枪经常对上、下轴承加注润滑脂，以保证轴承具有良好的润滑。

⑩ 经常检查轴承温度，一般应保持在 70℃以下，最高不得超过 80℃。如发现超过温度时，应立即停车检查，待排除故障后，方可重新开车。

⑪ 经常检查卸料粒度，如发现不符合要求时，应停车检查锤头与衬板的磨损情况和皮带的张紧情况。如发现锤头、衬板磨损严重，则应调整打击锤与衬板间的间隙，或者更换锤头、衬板。

4. 主要零件

(1) 主轴

1) 主轴材料　主轴是承受扭、弯、压应力的主要零件，处于各种负荷下工作，受力情况比较复杂，要求其应具有良好的综合机械性能，保证有足够的抗扭、抗弯、抗疲劳、耐冲击等能力。因此，要求主轴必须用45钢。45钢的综合机械性能比较好，材料来源广，成本较低廉，又具有良好的热处理性能，所以是制造破碎机主轴的主要材料。

为保证主轴能长期安全运行，主轴在精加工后应进行探伤检查，不允许有夹渣、裂纹等影响质量的缺陷。

2) 主轴热处理要求　为进一步提高主轴的韧性和机械强度，延长使用寿命，要求主轴必须经过调质处理，表面硬度不得低于HB217～HB255。

3) 主轴精度　在破碎机的主轴上安装有数排打击锤，两端装轴承，顶端装皮带轮，它们都随主轴高速旋转。因此，严格规定主轴各段轴径的精度具有十分重要的意义，是保证机器运转平稳的首要条件。

在行业标准中，规定主轴各配合轴径应符合下列条件。

① 各段轴径的同轴度公差为8级，这是根据在不影响产品使用性能的条件下，选择较低精度的原则确定的。由于主轴较长，如果同轴度要求过高，将给加工制造带来困难，大大增加制作成本。但是，如果同轴度要求过低，又会影响机器的使用性能，使主轴运行不平稳、机器震动过大等。长期的实际使用证明，主轴同轴度公差规定为8级是合适的，能满足实际使用的要求。

② 与轴承配合处的表面粗糙度 Ra 的最大允许值为1.6μm，与密封件配合处的表面粗糙度 Ra 的最大允许值为3.2μm。这两处的表面粗糙度规定，是与主轴相应轴径的公差等级相适应的。

③ 与轴承配合处的轴颈圆柱度公差为8级。要保证轴颈与轴承配合良好、接触可靠，同时考虑易于加工、降低成本，且从实际使用来看，规定轴颈的圆柱度公差为8级较为合理和经济。

(2) 轴承座　轴承座一般用铸钢ZG270-500制造，材料性能不能低于JC/T 401.2中ZG270-500的有关规定。铸件不允许有裂纹、气孔等影响使用性能的缺陷。

轴承座是分别安装主轴轴承的。要求与轴承配合处的表面粗糙度 Ra 最大允许值为3.2μm。为保证主轴顺利安装，要求上盖止口、下轴承座止口与轴承配合处的同轴度公差为10级。

(3) 锤头、衬板和筛板　锤头、衬板和筛板是破碎机的主要易损零件，要求具有良好的耐磨性能，一般用高锰钢或高铬铸铁来制造。考虑到成本等方面的原因，目前许多中小型企业仍乐于采用高锰钢锤头和衬板。而新型的耐磨材料高铬铸铁，耐磨性能比高锰钢要优越得多，现已逐步得到应用。

为保证锤头的铸造质量，方便级配，要求铸造厂家生产的锤头重量差不得超过0.5kg。衬板是紧贴在机体内壁上的。为贴合紧密，利于装配，保证衬板与锤头之间的间隙符合技术要求，一般都是要求衬板和筛板装配面不允许有拔模斜度，并要求应光洁规整。

5. 锤式破碎机的维护和保养

破碎机的使用性与工作可靠性取决于许多因素，如结构、材料、制造质量及保养使用状况等，即使这些条件基本上都得到满足，破碎机在使用中偶尔还是要发生一些故障的。当故障出现后，能及时发现并找出原因，采取有效措施并加以排除，对充分发挥破碎机的效能，使之长期可靠地工作是十分重要的。否则，会由于小毛病得不到及时处理而造成重大事故。

对于使用者来说，困难往往不在于采取什么措施排除故障（无非是调整、修复和更换零件等），而在于能否及时发现故障，通过正确的分析判断找出产生故障的真正原因，分析故障的能力在很大程度上依靠实践经验的积累，而不能机械地照搬条文。

当故障出现后，要结合破碎机的结构及工作原理、使用情况，根据故障的特征进行具体的分析，由简到繁、由表及里地找出原因，切忌盲目乱拆乱卸。分析故障时可以采取下列措施。

① 观察：察看仪表读数，机器运动状况，进、排料情况及润滑油泄漏情况等。

② 触摸：用手检查机体与轴承部位的温度、零件的固定和机器的震动情况等。

③ 听诊：倾听机器运动声音的变化，有无敲击声或其他异常声音。

应该指出，合理的使用、及时维护保养是减少和防止故障，延长破碎机使用寿命的重要因素，必须按规定认真执行。

一台破碎机是由许多零件有机地结合在一起所构成的，若其中一个或部分零件工作受阻，丧失原来的工作能力，甚至损坏而不能正常工作；或有关零部件间工作不协调时，破碎机便产生不正常工作现象，即通常所说的故障。

（1）违章操作、使用不当。常犯的操作错误如下。

① 新破碎机或刚更换过轴承等的破碎机，不经过充分的磨合而直接带高负荷使用，造成零件严重磨损。

② 直接带负荷启动，造成零件严重磨损，而引起一系列故障。

③ 润滑油量不足，使润滑条件恶化，造成轴承发热、烧损。

④ 长期超负荷运行，造成零件严重磨损或损坏。

⑤ 带负荷停车，受热零件因冷却过快引起骤冷裂纹。

（2）维护保养不良

① 不及时添加润滑油和定期更换润滑油，造成润滑油量不足，或润滑油污染、变质而丧失润滑性能，造成轴承发热而磨损。

② 不经常检查和疏通加油管道，造成堵塞，使润滑油条件恶化，引起轴承发热磨损。

③ 不按期检查和调整主轴轴承的轴向间隙，造成因间隙过小，主轴受热伸长而轴承座磨损加剧或轴承盖顶裂。

④ 不经常检查衬板紧固螺栓和销轴的磨损情况，造成因衬板松动，锤头与衬板碰撞的严重事故。

（3）装配和调整错误

① 主轴轴承间隙不符合规定，间隙过小或无间隙，引起轴承座严重磨损。

② 锤头与衬板间隙过小，或因衬板受火焰切割而变形，引起锤头与衬板撞击事故。

③ 装配锤头不按重量进行级配，引起机器剧烈震动。

（4）零件不合格　由于零件的材质、加工精度不符合设计要求，使用时没有进行严格的检查而装配，或由于零件内部缺陷，检查时难以发现，而在使用过程中暴露出来，造成故障。常见问题如下。

① 主要铸件（如锤头、衬板、轴承座等）存在着缩松、砂眼、细小裂纹等铸造缺陷，这些问题往往在检查时不易发现，装在破碎机上初期也不容易暴露，而经过一个时期的使用，上述缺陷铸件扩大，造成零件损坏。

② 零件在加工制造时，没有很好地消除内应力，引起零件变形，丧失原来的加工精度和配合关系，如衬板、上盖翘曲变形。

③ 零件加工精度不合格，如主轴各段轴径的同轴度公差不符合标准规定，工作时产生剧烈跳动，造成机器震动过大等。

（5）锤式破碎机的常见故障及解决方法　常用故障原因及解决方法见表2-15-8。

表 2-15-8　锤式破碎机的常用故障原因及解决方法

故障现象	产生原因	排除方法
震动量增加	1. 装配或更换锤头时，对称锤头重量差值太大； 2. 锤头材质差异大，磨损不均匀； 3. 地脚螺栓松动	1. 卸下锤头，按重量重新进行级配； 2. 更换锤头，重新安装； 3. 拧紧地脚螺栓
轴承发热，超过允许温度	1. 润滑油不足，油路堵塞； 2. 润滑油脏污； 3. 轴承安装误差太大； 4. 工作超载； 5. 轴承损坏	1. 加入适量润滑油，保持油路畅通； 2. 清洗轴承，更换润滑油； 3. 检查轴承，调整安装的轴承； 4. 调整喂料量，使给料均匀； 5. 更换轴承
主轴转速降低	1. 进料粒度过大； 2. 卡料； 3. 过载	1. 控制进料粒度，防止特大块料喂入； 2. 停止给料，停车检查； 3. 调整给料量，使给料均匀
机内产生敲击声	1. 喂入料中有金属块或不能破碎的物料； 2. 衬板螺栓松动，锤头与衬板撞击； 3. 锤头或其他零件断裂	1. 停机清理破碎腔；安装电磁滚筒或电磁铁； 2. 检查衬板紧固情况和锤头与衬板之间的间隙； 3. 更换断裂零件
排料口堵塞，排料量不正常	1. 破碎物料黏度大，含水分偏高； 2. 衬板内附着物过多，使锤头与衬板间间隙过小	1. 控制物料含水量，破碎前，物料应烘干； 2. 清除附着物，使锤头与衬板保持一定间隙
排料粒度增加	打击锤与衬板磨损严重	1. 机器反转使用； 2. 用偏心销轴调整打击锤，使之径向位移，缩小锤头与衬板间间隙； 3. 更换锤头和衬板

6. 锤式破碎机的改造和新技术

由于破碎机在使用过程中，锤头和衬板反复和物料撞击、摩擦，产生磨损、损坏的概率很大。对于锤头和衬板，材料是关键。根据工作环境，要求锤头和衬板具有高的抗冲击、高强度、高耐磨性。一般用高锰钢或高铬铸铁来铸造，考虑成本问题，许多厂家仍选用高锰钢。由于原料的复杂，对破碎机锤头的要求更高。高铬铸铁在耐磨方面更优于高锰钢，使用寿命也大大提高，应更多应用到锤头和衬板上。

六、切坯机

切坯机就是将挤出机挤出的泥条，按砖坯的尺寸进行分割的设备。

1. 结构原理（见图2-15-10）

切坯机主要由机架1、钢丝架3、推头4、推坯滚床2、滑动导轨部件5、曲柄推杆6、减速机7、刹车装置8、电气定位控制系统9等组成。

工作时，经过切条机后，推坯滚床将泥条定位在推坯台面上，触动接触开关，刹车机构脱离，减速机转动，再经过减速机上传感器的控制，减速机输出轴每转动一圈后停止，使减速机偏心盘推动滑动导轨部件在机架上带动推头做直线往复运动，将泥条推进钢丝架，由固定好的钢丝将泥条切成规格的砖坯。

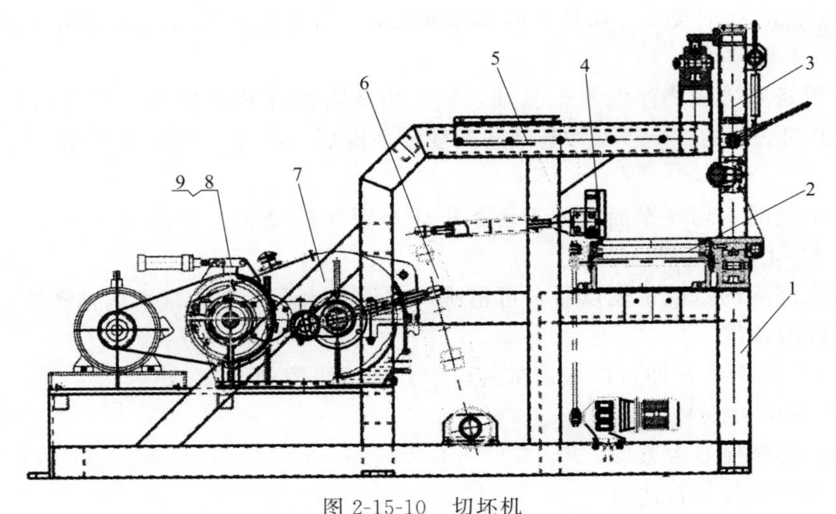

图 2-15-10 切坯机

1—机架；2—推坯滚床；3—钢丝架；4—推头；5—滑动导轨部件；
6—曲柄推杆；7—减速机；8—刹车装置；9—电气定位控制系统

在以上工作过程中，电气控制及刹车的性能直接影响切坯机的正常工作。

2. 切坯机的安装

（1）切坯机整机装配　切坯机的加工零件检验合格、外购件已齐备，即可进入装配阶段。

1）零件装配的一般要求

① 在装配前应对所有零件按技术要求进行检查，以免在装配过程中出现返工现象。

② 为了保证装配质量，零件在装配前无论是新件还是拆卸过的旧件都要进行清洗，毛刺应锉光。

③ 加工零件不得相互碰撞，应按安装顺序排列，不能互换的零件应做记号。

④ 在运动零件的摩擦面，均应涂以润滑油脂。

2）切坯机的装配

① 轴承内圈需热套装入。热套法是把轴承放入机油或水中（轴承保持架若是塑料的，只宜用水），加热到 90～100℃，趁轴承受热膨胀时，把它套在轴上，但是在装配中，随着轴承的冷却，内圈端面可能靠不到轴肩，应再用辅具加以锤击，使内圈紧贴轴肩。

② 轴承套及轴承外圈，许多厂是用卧式压力机或立式压力机，压入轴承盒内，也有用铜锤慢慢打入，但效率较低，且安装效果不好。

③ 减速机上的密封零件须安装到位，箱体分型面最好用密封胶粘好，密封绳不得漏装，防止工作时漏油。

④ 导轨副部件组装；钢丝架部件组装；运坯滚床组装。

⑤ 刹车机构组装，电气控制元件的安装。

⑥ 将以上组件装在机架上固定，分别从以下方面调整。

a. 调整切坯机行程。

b. 调整滚床与导轨副的垂直度。

c. 调整刹车的松紧程度。

d. 调整推头的初始位置。

（2）切坯机的基础安装　切坯机的基础安装必须在熟悉该设备人员的指导下进行，安装过程应注意以下事项。

① 按照设备基础图浇注混凝土基础，施工中要特别注意基础的标高及地脚螺栓预留孔的位置，养护期一般为15～20d。基础达到规定强度后，必须经过检验合格，方可进行设备安装。

② 总体组装时，切坯平面应低于切条机输送泥条传动辊上平面3～6mm。切坯辊床中心必须与机口中心保持一致。

③ 当二次浇灌的基础干硬以后，可精确调整设备水平，最后紧固地脚螺栓。

3. 切坯机的调试

切坯机安装完毕后，即可进入调试阶段，其调试步骤如下。

（1）试车前的检查

① 各部位的螺栓是否紧固。

② 同步带的松紧是否适当。

③ 检查减速器齿轮箱油池，确认已按油位指示装置加足润滑油。

④ 所有轴承座内是否加足润滑油。如机器存放时间过久，润滑脂干涸老化，还应重新更换新脂。

⑤ 按电器原理图复核接线是否有误，并对所有电器进行全面安全检查。

⑥ 检查各行程开关位置是否准确。

（2）空载试车　空载试车时间应不超过2h，试车时要检查下列项目。

① 检听轴承处有无杂音，轴承温度是否正常，最高温升不得超过45℃。

② 导轨运动时有无扭摆和震动。

③ 各轴承处有无杂音。

④ 减速机是否有严重噪声、发热等异常现象，油箱是否漏油。

⑤ 刹车机构离合是否灵活可靠。

⑥ 推头是否能准确停在初始位置。

⑦ 钢丝是否和推头上的槽完全吻合。

（3）负载试车　切坯机经过空运转试车，各项指标达到空运转技术要求后，证明机器设计、加工和装配没有什么问题，可以进行负荷试车。先半负荷试车2h，再满负荷试车4h。负荷试车的测量方法如下。

① 测量减速和刹车的温度，每隔30min一次，方法同空负荷试验一样。

② 测量机器振幅、噪声，方法也同空负荷试验相同。

③ 测定生产能力时，应在最大切条条数下进行。

④ 检查所切砖坯的外形尺寸和形状。

4. 主要零件

（1）推头　推头是将泥条推入钢丝架的零件，一般用HT200铸造。它表面有按规定尺寸切割的槽，方便切坯时，钢丝能完全切断泥条。切割时与钢丝间隙很小，因此推头要求变形很小，加工前毛坯应时效处理，切槽时应按画线进行。安装时推坯表面应与台面垂直。

（2）导轨　燕尾导轨是将减速机的回转运动变为直线运动的传动元件。由于既受力，又在连续滑动，一般用铸钢或圆钢锻造。切条时需要平稳，就需要导轨副有较高的加工精度。导轨的加工工艺一般是：毛坯（时效处理）→铣→淬火→磨→定性处理→研磨。

（3）机架　在切坯过程中，推头承受很大的推力，都要由机架承受。随着成型压力的提高，切坯力也越大，机架就需要很好的刚性。一般用型钢焊接，在设计时应注意结构的合理性。

（4）钢丝架轴　钢丝架轴用于悬挂切割钢丝，同时使钢丝钩能沿轴向滑动，可方便调整切坯尺寸，也需要很好的刚性，一般用45圆钢制造。

（5）曲柄连杆　通过曲柄连杆的摆动，将减速机的回转动变成向前向后的直线运动。在工作中承受很大的推动力及摆动力矩，而且保证推头的同步，需要很好的加工尺寸精度。一般用45#钢板制作铰链孔用镗床加工。

5. 切坯机的维护和保养

（1）操作过程中要注意安全，合理应用一切劳动保护措施，开机前消除一切不安全因素，确保安全生产。

（2）机械运转部位，人体不得靠近，特别是推头与钢丝架之间检修时必须切断电源，严禁违章操作。

（3）使用厂家现场组装时应按电气要求搭接地线，检修时电气系统要挂牌明示，下班后要关闭上锁。

（4）经常检查确保切坯离合器始终处于良好状态，不得带故障操作。并配备一定数量的磨损件，以确保正常生产。

（5）较长时间停机停产时要对设备进行维护保养，特别是推坯器面和燕尾滑轨面要涂抹润滑脂以防锈蚀，给再次开机创造良好条件。

（6）每天上班应给转动部位轴承、导轨面加润滑油，保证良好的润滑。

（7）切坯机应用的电气元件较多，应定时检查，必要时及时更换。

（8）切坯机工作时，严禁闲人靠近，以防发生危险。

（9）所用电气元件多，平时应注意打扫卫生，防止灰尘或泥料遮挡，造成控制失灵。

（10）切坯机的常见故障及解决方法见表2-15-9。

表2-15-9　切坯机的常见故障及解决方法

序号	故障现象	产生故障原因分析	排除解决方法
1	离合器分离不彻底	1. 刹车内摩擦片磨损严重； 2. 传感器损坏； 3. 电器控制元件损坏	1. 修复或更换摩擦片； 2. 更换传感器； 3. 更换电器元件
2	推头停不到位	1. 刹车摩擦片磨损； 2. 行程限位开关未安装到位或损坏	1. 更换摩擦片； 2. 调整或更换行程开关
3	切坯不正	1. 摆杠销轴、轴套磨损严重或摆杠受损变形驱动不正； 2. 减速机紧固螺栓松动移位或运行导轨磨损产生间隙	1. 更换销轴、轴套，修复摆杠； 2. 找正后紧固减速机螺栓； 3. 通过顶紧丝杆调整导轨间隙达到最佳状态，或更换导轨
4	钢丝断损严重	1. 推坯器往复位置不重合，或上下定位板位置不正； 2. 推坯器进入钢丝处堵塞受阻	1. 调整推坯器达到往复重合； 2. 调整上下定位板达到一致； 3. 清理修复推坯器，使其畅通无阻
备注		1. 维修检查时必须统一调整； 2. 凡成对配件应同时更换	

6. 切坯机的改造和新技术

由于切条机在工作中频繁分离、啮合，这主要靠传感器控制，刹车机构准确分离来保证。目前切坯机最容易在这方面出现问题，不是打连发，就是推坯位置不稳定，推头停不到初始位置，而让用户束手无策。现在很多生产厂家对切坯机都做了改进，采用耐用、可靠的电气元件。刹车采用多重辅助刹车机构（如用气动刹车、电机用带刹车），从硬件上使切坯机的使用寿命大大提高。

七、码坯机

自动码坯机是一种能替代人工，将切成一定形状、数量的砖坯，经过翻转、分坯、编组形成一种适合窑炉烧结特性的组合形状，然后由码坯车的几组夹头夹持，运至窑车上端，逐层码放到一定高度，进窑焙烧的组合型机械设备。

1. 结构原理（见图 2-15-11）

码坯机组由分条部分 1、运坯滚床部分 2、垒坯部分 3、翻坯部分 4、分坯部分 5、编组部分 6、夹头部分 7、跑车部分 8、大架部分 9、控制系统 10 组成。

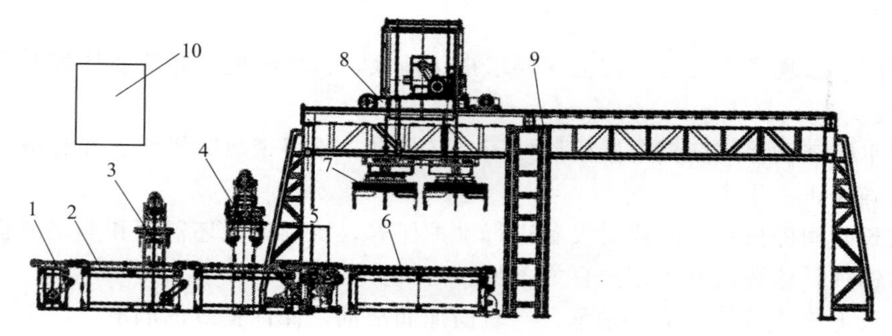

图 2-15-11 码坯机

1—分条部分；2—运坯滚床部分；3—垒坯部分；4—翻坯部分；5—分坯部分；6—编组部分；7—夹头部分；8—跑车部分；9—大架部分；10—控制系统

按功能列为：分条—垒坯—翻坯—分坯—编组—码坯六个模块，各模块具备独立、完善的机械构造及控制系统，连接端子可靠明了，组合过程简便易行。

大型生产线（A 型）组合形式如下：

切坯—分条—垒坯—翻坯—分坯—编组—码坯。

中小型生产线（B 型）组合形式：

切坯—分条—编组—码坯。

根据砖坯在窑车上的摆布方式，编制好码坯程序。经过分条部分后，砖坯按等距离间歇式移动到垒坯部分，按照程序将砖坯垒起，再经过运坯滚床部分将砖坯间歇式移动到翻坯部分，将砖坯翻转 90°后放到运坯滚床上。继续间歇式向前移动到分坯部分，将砖坯沿横向等分成三组或两组，且每组砖坯距离相等。继续间歇式向前移动到编组滚床上，编组滚床按设定好的间隔向前移动，形成横向和纵向等距的砖坯方阵，摆布够一夹头数量时，夹头部分将编组滚床上的砖坯夹紧，提起，通过跑车部分，在编组滚床和窑车之间来回循环移动，将砖坯摆放到窑车上，并在窑车上一层一层（相互错 90°）垒起，直到要求的高度。

整个码坯机组，还具有以下三个特点。

① 机械传动普遍采用目前国内外的新技术、新材料、新工艺制作，特别是对长期重要旋转支点镶入滚针轴承，保证运动灵活可靠。夹坯运动采用独特的高可靠性的单坯夹头，保证夹坯可靠，经久耐用。

② 控制系统采用 PLC 程控器，容量大，自诊断纠错能力强，取代了传统的继电器控制等模式，动作无误差。操作界面采用可触摸液晶屏，方便可靠、灵敏度高。传感器全部采用

国际品牌，使系统可靠性大为提高。

③ 重要的运动系统采用变频调速控制，运转平稳，调速范围大。各个机构都有独立的控制机构，整个系统之间采用信息联络，独立性强，相互牵制小。

2. 码坯机的安装

（1）码坯机组的整机装配　码坯机组的加工零件检验合格、外购件已齐备，即可进入装配组装阶段。

1）零件装配的一般要求

① 在装配前应对所有零件按技术要求进行检查，以免在装配过程中出现返工现象。

② 为了保证装配质量，零件在装配前无论是新件还是拆卸过的旧件都要进行清洗，毛刺应锉光。

③ 加工零件不得相互碰撞，应按安装顺序排列，不能互换的零件应做记号。

④ 在运动零件的摩擦面，均应涂以润滑油脂。

⑤ 轴承内圈需热套装入。热套法是把轴承放入机油或水中（轴承保持架若是塑料的，只宜用水），加热到90～100℃，趁轴承受热膨胀时，把它套在轴上，但是在装配中，随着轴承的冷却，内圈端面可能靠不到轴肩，应再用辅具加以锤击，使内圈紧贴轴肩。

⑥ 轴承套及轴承外圈，许多厂是用卧式压力机或立式压力机，压入轴承盒内，也有用铜锤慢慢打入，但效率较低，且安装效果不好。

⑦ 对于配钻和配装的零件，应在组装准确后再完成。

2）码坯机组的装配

① 分条部分、运坯滚床部分、垒坯部分、翻坯部分、分坯部分、编组部分、夹头部分、跑车部分、大架部分各组件的安装。

② 按设备工艺流程将以上各部分设备进行摆放并连接。

③ 行程开关、光电开关等定位元器件的安装。

④ 跑车导轨、同步带的安装。

⑤ 控制线及电源线的合理摆布。

⑥ 气动管路和气动控制元件的安装。

⑦ 电气控制柜内电气元件、显示屏、PLC的安装。

在以上安装过程中，应注意几点问题。

a. 跑车导轨安装的水平直线度不超过1mm/m。

b. 同步带应固定在合适位置，应带预紧可调机构。

c. 电线及控制线应布置到隐蔽的部位，远离运动部位。对所有线应进行标记，并配线管。

d. 设备有旋转、移动的部位，对人容易造成伤害的应设置防护设施。

（2）码坯机的基础安装　码坯机的基础安装必须在熟悉该设备人员的指导下进行，安装过程应注意以下事项。

① 按照设备基础图浇注混凝土基础，施工中要特别注意基础的标高及地脚螺栓预留孔的位置，养护期一般为15～20d。基础达到规定强度后，必须经过检验合格，方可进行设备安装。

② 总体组装时，各滚床平面尽量保证前高后低，误差不超过3mm。切坯滚床中心必须与切坯机推出中心保持一致。

③ 当二次浇灌的基础干硬以后，可精确调整设备水平，最后紧固地脚螺栓。

3. 码坯机的调试

码机安装完毕后，即可进入调试阶段，其调试步骤如下。

（1）试车前的检查

① 各部位的螺栓是否紧固。

② 输送带和同步带的松紧是否适当。

③ 检查各减速器齿轮箱油池，确认已按油位指示装置加足润滑油。

④ 所有轴承座内是否加足润滑油。

⑤ 按电器原理图复核接线是否有误，并对所有电器进行全面安全检查。

⑥ 检查各行程开关位置是否准确。

⑦ 检查气动管路是否正确。

（2）空载试车　空载试车时间应不超过 2h，试车时要检查下列项目。

① 检听轴承处有无杂音，轴承温度是否正常，最高温升不得超过 45℃。

② 导轨运动时有无扭摆和震动。

③ 各电动机的转向是否正确。

④ 减速机是否有严重噪声、发热等异常现象，油箱是否漏油。

⑤ 电磁制动刹车机构离合是否灵活可靠。

⑥ 气动管路是否有漏气。

⑦ 气缸工作是否正常。

⑧ 将各配套设备独立试运行，检查定位装置，光电开关，传感器是否准确。

⑨ 检查跑车初始位置是否与码坯位置一致。

⑩ 以上工作完成后，人工模拟（在工作台上摆放砖坯）给码坯系统信号，让码坯系统空运行，检查控制程序是否准确，各部分设备是否能准确运行，砖坯是否停在预定的位置，跑车是否能停在初始位置。

（3）负载试车　码坯机经过空运转试车，各项指标达到空运转技术要求后，证明机器设计、加工和装配没有什么问题，可以进行负荷试车。先半负荷试车 2h，再满负荷试车 4h。负荷试车的测量方法如下。

① 测量减速和刹车的温度，每隔 30min 测一次，方法同空负荷试验一样。

② 测量机器振动、噪声，方法也同空负荷试验相同。

③ 测量各部分设备的电流。

④ 检查砖坯在各部分设备上运行的时间。

⑤ 测定砖坯从分条部分到窑车（砖坯码到规定的层数）一个周期所用的时间。

⑥ 检查窑车上码坯的外形摆放尺寸，是否符合砖坯码放工艺图。

⑦ 测算生产能力时，应在挤出机最大出条数下进行，应连续测定 5 次以上，最后取平均值，从而计算出码坯机组的生产能力。

4. 主要零部件

（1）分条　分条机位于切坯机之后、垒坯机之前，其作用是将切坯机切出的坯条及时运走，同时按后道工序要求。将坯条按所需数量排列，达到一定数量后送至下道工序。

按功能和组合形式，分为 a、b 两种，a 型只完成输送及编组工作，b 型除上述功能外，还要起到推动下道工序中坯条的运动，以适合 B 型编组模块的要求。具体结构如下。

a 型：由机架、主动辊筒、随动辊筒、托辊、环形输送带、传动链轮、减速机、YEJ 电机及光电传成器组成。工作原理：当坯条进入输送带后，阻挡设在输送带两侧光电传感器，通过控制系统，驱动输送带向前运动一段距离，等待下一个坯条到来后再做同样的运动。直至完成编组数量后，由输送带快速送至下道工序。

b型：由机架、主动辊筒、随动辊筒、托辊、环形输送带、直线导轨、刮板架、刮板、传动链轮、链条、减速机、YEJ电机及光电传成器等组成。除具备a型编组输送功能外，当编组完成输送开始时，刮板落下，同时推动坯条向前运动，在后道模块无输送的情况下，直接将坯条送到所需位置。

输送带采用高强度树脂带，除寿命长外，还克服了以往辊筒传送接触面少，摩擦力不足，在坯条黏性大时，容易被坯条机坯条黏粘连，出现抽条现象。采用刮板结构，能与输送带同步地将编组完成坯条，整齐排列在下道编组模块上；采用针轮减速机，运转平稳，噪声小于60dB；采用YEJ电机，能保证电机刹车反应快，停止位置准确。

（2）垒坯机　垒坯机位于分条机之后、翻坯机之前，主要功能是将分条机送来的坯条每两组重叠，然后送至翻坯机。

该模块结构主要由机架、主动辊筒、随动滚筒、托辊、环形输送带、传动链轮、链轮、针轮减速机、YEJ电机、升降机腿、梁、配重链轮、链条、升降减速机、同步轴、升降架、导轨、夹板、气缸、同步器等组成。输送辊、托辊、输送带安装在机架上，传动系统安装在机架底部，升降机腿安装在机架两侧，传动系统安装在梁上，配重系统安装在机腿空腔内，升降机滑动于机腿之间，在下端固定导轨、夹头、气缸、同步器。当坯条进入输送带后，传成器触发传动系统驱动，输送带将坯运至夹板下方停止，传成器触发升降系统下降，夹板合拢，提起坯条待位，当下组坯条进入时，夹头落下分开，两组坯条重叠，然后输送带转动送至下道工序。

利用涡轮减速机的十字结构传动特性与自锁功能，轻而易举地解决了两端配重的传送及悬挂的繁杂机构，两减速机用同步轴连接，保证了升降的一致性。采取配重形式，使夹板升降平稳，动力消耗少，机械磨损降低，寿命延长。

（3）翻坯机　翻坯机位于垒坯机之后、分坯机之前，其功能是将重叠在一起的四组坯块提升、拉开、翻转90°，以使在焙烧时砖块肋筋上下垂直，不容易受压变形。

翻坯机主要由机架、辊筒、托辊、输送带、传动链轮、链条、传动减速机、YEJ电机、升降机腿、梁、配重及链轮链条、升降减速机、电机、同步轴、升降架、横向导轨、纵向导轨、间距分配器、夹臂、旋转夹头、同步器、横拉气缸、纵拉气缸、旋转气缸等组成。在机架上面装有辊筒、链轮输送带，下方装有电机减速机。两侧减速机、电机连接升降机腿，上部装配横梁，横梁两端装配升降架，减速机两端输出轴安装链轮，一端悬挂配重，一端悬挂升降架机，升降架下面装配横向直线导轨，下端连接九个分气包。分气包之间用间距分配器连接，端部装配横拉气缸，分气包下端安装纵向导轨，导轨下连接前后夹臂，夹臂上安装纵拉气缸、旋转气缸和旋转夹头，两夹臂上同时安装同步器。

当经过重叠的四组坯块行进至翻坯机时，触发输送光电传感器，输送带运转，将坯块送至夹头下，同时触发升降机电传感器，升降电动机运转，升降架下降，纵向气缸收缩，夹持坯块，上升时，横向气缸伸展，将坯块拉开一定距离，旋转气缸伸展，将翻转后的坯条合拢，然后下降、松开、上升待位，同时输送带旋转，将坯块送走。

输送及升降机构，除具备上述两方面所有特点外，所有纵横移动部位全部选用滚球直线导轨，其运行精度±0.04mm，容许静力矩＜0.64kN/m，实现了高效、长寿。分气包既用于储蓄气流，使气缸运行准确有力，又是连接夹臂的基座，有效节省空间。独特的间距分配器，科学采用四连杆原理，九个夹臂相互铰连，一动俱动，一停俱停，动作连贯、轻柔、迅速、准确。横向拉开及夹头旋转，使用气缸驱动，排除了耗能、噪声大、故障率高等缺陷。

（4）分坯机　分坯机位于翻坯机之后、编组之前，主要功能是将上道工序送来的坯块按窑炉焙烧工艺要求分开一定的间距，然后送到下道编组工序。

主要结构分为底架、左中右装配板连接管、升降摆轴、升降气缸、升降滑块、升降架、横向滑块、横拉减速机、输送辊棒、分坯板等。三块装配板分左、中、右固定在底架上，底架装有升降气缸，三块装配板之间装有升降摆臂，摆臂通过升降滑块连接升降架，升降架两侧装配横拉直线导轨，导轨连接横向滑块，滑块由小丝杆相互连接，滑块上装配四组分坯板，分坯板穿插在输送辊棒中间，辊棒装配在三块装配板上，通过链轮链条，由固定在左右装配板上的输送减速机驱动。横向滑块经过同步带，由装配在左右装配板上的分坯减速机驱动。当坯块进入时触发光电传成器，输送辊棒转动，将坯块拉入分坯位置，触发分配传成器，气缸推动摆轴，将升降架抬起，由分坯板托住坯块，分坯减速机拖动同步带，将分坯滑块拉向一定位置，然后气缸收缩落下，输送辊棒转动将坯块送至下道工序。分坯模块下配备轨道滚轮，可左右移动。更换砖型时，可方便将其托出，更换与砖型相对应的分坯薄板，调整拉开小丝杆即可。在控制数据和传动环节上不需改动，分坯滑轨采用直线导轨，运行平稳、牵动力矩小，砖坯不容易翻倒倾斜。耐油橡胶辊棒可平稳将砖坯送出。

（5）编组　编组位于分坯机之后、码坯机夹头之下。主要功能是将分成一定间距的坯块，按码坯机夹头方向及位置编成相应的坯组，以便夹头夹持。按模块组合的不同形式，编组模块分为 a、b 两种机型，其结构及功能分别是：

a 型：由机架、主动辊筒、随动辊筒、托辊、传送带、链轮、链条及减速机、电机组成。在机架上面装配有主动、随动辊及传送带，传送带下面有托辊支撑。机架下部装配减速机及伺服电机，经过传动链条驱动输送带前进。当坯块触发进入端光电传成器后，控制系统输出一组数据信息，伺服电机转动一定角度，第一组砖坯前进一定距离，第二组坯块出现时，重复上述动作，直至达到编组要求后，前端坯块触发尾端传成器，编组结束，由码坯夹将坯块夹走。

由于夹头的主次夹板及相邻夹头的间距各不相同，所以各组输出数据也不相同，通过操控台上的人机界面，设定相同数据，可准确地实现编组间距。采用伺服电机，其庞大的逻辑功能，可以在丝米级精度上运作，其扭矩大、刹车稳的硬性机械特性，完全适应编组要求。

b 型：由机架、横向导轨、分坯板、编组板、编组导轨、编组拉杆、分坯同步带、带轮轮轴、减速机、电机、编组同步带、带轮、轴、减速机等组成。在机架上部两个模块上装配横向直线导轨，直线导轨上固定分坯板，分坯板下端相互间由定距丝杆牵连，在最外侧左右两个分坯板下固定拉座，拉座由分坯同步带驱动，在分坯机上端卡装编组板，编组板由小链条相互牵动，最前端由编组拉杆贯穿，拉杆两端固定在编组导轨上，导轨滑块由编组同步带驱动。当坯块进入编组机后，触发尾端传感器，分坯与编组电机同时启动，首先分坯同步带牵动左右两个分坯板向外滑动，其余分坯板由定距丝杆牵动向外移动一段距离，形成横向间距。同时，编组同步带牵动编组拉杆，由拉杆带动编组滑块向前移动，编组滑块之间在小链条牵动下，拉开一定距离，形成了与码坯机几组夹头对应的坯组，由控制系统驱动夹头下降夹持，这个过程时序周期为 10s，符合系统流量。

b 型机的最大优点是将分坯编组合为一体，可直接与分条机连接，缩短时序，缩短空间尺寸，降低投资规模。分坯、编组全部采用直线导轨，平稳、可靠、故障率低、维修润滑方便，分坯采用双涡轮驱动，动作一致，同步轴传动，前后两端不会摇摆。编组减速机采用双轴输出，保证了拉动过程完全一致。拉杆与分坯板的连接采用镶嵌轴承的小滚轮，以保证在双向移动过程中实现滚动摩擦，将力矩损耗降至最低，避免了运动过程中的卡滞现象。

(6) 码坯　码坯机横跨于编组模块与轨道窑车之上，其主要功能是将编组的坯块逐层码放在窑车上，然后进窑焙烧。根据窑型及投资规模分为A、B两种。

A型：结构主要由大架、升降架、夹头等组成。大梁横跨编组机与窑车轨道上，安装轻型道轨，行走同步带，一侧安装拖链架，拖链架上铺设ABS拖链，链中铺设电气管道线缆。道轨上架设跑车。跑车上安装有行走轮，驱动同步带轮，行走减速机、电机。上面两侧安装升降架，架上装配主链轴、链轮、链条，配重导轨配重，中部安装升降减速机、伺服电机等。前端安装导柱座，导柱下端连接升降架（由动架、定架组成），上端由总架及滚轴连接，由气缸驱动分合，由同步器保证同步。动、定架上分别安装六组可旋转夹头，中间各有一个可以穿过电气管路的空心轴，上端安装扇形涡轮，由旋转减速机驱动，可旋转夹头下安装直线导轨，连接左右两组主夹板，中间安装副夹板，两夹板间由气缸连接。

当编组结束后，系统控制升降减速机转动，从而驱动升降链条将升降架下降至编组台面，同时夹板气缸收缩，带动夹板将坯块夹持，然后上升。同时，分合气缸推动架分开，旋转减速机驱动扇形涡轮，夹头各自旋转90°，同时行走电机，减速机驱动行走同步带轮，沿同步带及道轨方向前进。当行至窑车上方自动停止，升降架下降，夹头夹板松开，将坯块逐层码放在窑车上。

升降机构采用配重配平，使得升降平稳自如，驱动力矩减小，配以伺服电机驱动，其层间误差缩小到2mm以内，同时电流损耗减少，机构动作速度提升，反应敏捷。行走采用伺服驱动码车，使在编组机及窑车上方定位误差缩小至3mm以内，速度提升至1.2m/s。独特的扇形涡轮使旋转角度精确到0°，夹头配以直线导轨，夹持可靠性提高至100%，夹头两端以同步带作同步器，达到轻巧、实用的效果。

B型：其结构原理与A型相同，但构造更加轻巧、灵活。四个夹头矩形排列，由一只伺服电机驱动旋转。独特的同步器采用连杆铰链的不等距特性，能将前后夹持分配一个合理的移动距离，满足夹坯时的坯块间距分配。整个升降机构减少一半重量，动力消耗及运动惯性同步降低，造价同时下降，特别适合3000万块（折标）/年的生产线使用。

(7) 控制系统　强有力的控制方式，是设备可靠运行的首要条件。控制系统采取中央集中控制，各模块分部执行的形式，针对使用对象在专业知识方面的缺陷，力求简练、可靠、便于操作。主要由信息采集系统、操控台、传输系统、执行系统组成，控制方式见图2-15-12。

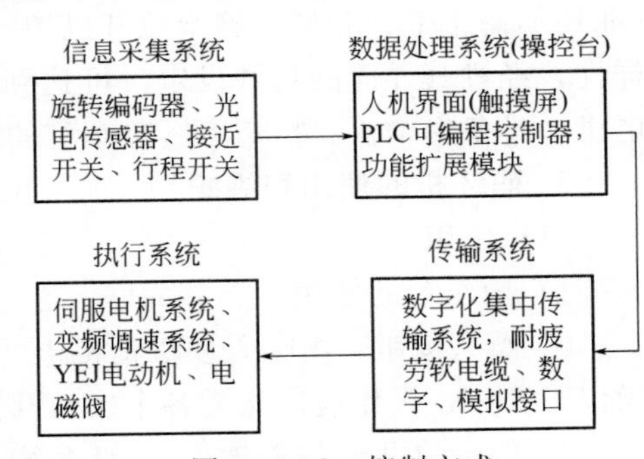

图2-15-12　控制方式

信息采集系统分布于各功能模块的采集对象之间，将收集的信息以数字量、开关量或模拟量的形式，通过输入通道进入数据处理系统。其中光电传感器主要用于检测砖坯运动的姿态、距离、尺寸等，要安装在被检测物两侧，一侧发射红外光束，另一侧接收光束。当有物体从其中间通过时阻断了光束，其接收端立即输出一个开关信号。光电传感器所产生的红外线是经过编码处理的数据串，除本身可识别外，其他杂乱光线不会影响其动作。本设备在分条、垒坯、翻坯、分坯编组等环节均采用光传感器，将位置信号采集输出。接近开关是以电磁波的形式感知物体的存在，安装在要运动的金属体之间，当金属构件接近时改变了电磁波的频率，其本体同时输出一个开关量。本套设备在行走、升降、夹头旋转等运动构件上均安装接近开关，用于检测运动的起始点。其无接触、无碰撞、非金属无干扰的特性十分可靠。在旋转物体上（电机、轮盘）安装旋转偏移器，可精确记录旋转的圈数和角度，用于精确控制运动量。本设备用于输送的电机，用于升降、行走的电机，均采用2000线以上的编码器，电机每旋转一周便产生2000个脉冲信号，精确地反映物体的位置信息，经过数据处理，控制执行机构运作。

数据处理系统全部集中在监控平台上，包括人机界面、PLC及扩展模块。本设备的人机界面采用十七寸大屏幕彩色触摸屏，安装于平台上端，设备全部系统的运作行为均以量化方式，用按钮、键盘的形式，出现在屏幕上，具备多种文字显示功能。各模块的输入修改，经过按钮及键盘输入，各模块运作状态以数据图形显示。经过翻页，可及时进入所需界面。在此屏幕上，可方便地设定分坯编组的尺寸位置、不同砖坯的层高、层数夹头旋转的次序、码车行走的位置等，并可将最终的结果以数据的形式显示出来。数据处理系统以中规模可编程序控制器为核心，具备200多个输入输出端口，分为开关量、数字量、模拟量等形式，在庞大的高速处理器内进行逻辑化运算，将各执行机构的行为以开关、数字信号形式输出。本处理器以梯形图形式进行编程，用手提电脑输出输入，省略了机器语言，使编程过程更为方便、直观。其中具备的防盗、死机等功能，可更有效地制止一些不良行为。

传输系统是将数据采集的信息和处理器输出的执行命令，安全实施传递，是检测、处理、执行之间的桥梁。本设备采用目前国际最新科技成果——数字化集中传输系统。几百道检测信号及执行命令，由设在两端的专业模块进行集中、压缩、编频、分时，最终在几条线路上进行传输，从而有效地解决了传输线路庞大、接头多、故障多的问题。对运动物体（码车、升降架等）的传输，使用电梯专用扁平软电缆及专用工程塑料拖链，其耐折数大于10万次，并且采取并联使用，使安全性、可靠性大为提高。

执行系统是控制的最终目标，各种控制信号经过执行系统的正确运作，达到设备的正常运转。本设备的执行系统分为伺服电机系统、高频调速系统、普通电机及气动电磁阀。要求精度最高的环节（如码坯行走、升降、夹头旋转等）均采用伺服电机，伺服系统内部具备完整的采集及处理器，并构成闭环状态，对于控制中心给出的命令能忠实地执行。对于由于机械惯量及摩擦系数造成的误差，能自我纠正，完全具备智能化功能。对于精度要求较高的（如环形输送带、分坯、编组拉开机构等）均采用变频调速电机。利用变频器输出特性的多样性，经过其界面的巧妙设定，可达到预期的目标。普通电机一般采用YEJ型带电磁刹车电机，具备启动快、扭矩大、停车稳的特性，能满足定位要求。

5. 码坯机的使用和维护

（1）使用

1）操作台的使用

① 操纵按钮　由于码坯机是机电一体化很强的设备，因此必须由具有专业电气知识的操作工操作，操作前应熟悉各个按钮开关的控制用途。

② 程序的设定与修改　一般系统运作程序在出厂前按KP1砖（240mm×115mm×90mm）的外形尺寸设定，用户生产同等外形砖坯时，可直接使用。如用户需要改变产品，必须与生产厂家联系或由专业人员编制修改程序。

③ 码坯位置、层数的设定　码垛总高度（层数）及位置顺序需根据工艺条件，由专业人员在PLC梯形图中设定。

④ 当前设定　当每次开机后，或出现码坯失误时，操作人员应根据码车位置，设置当前位置。当前设定操作如下。

当前位置：在触摸屏中调出位置设定界面，按动相关按钮至所需位置。

当前层数：在触摸屏中调出层数设定界面，按动相关按钮至所需层数。

⑤ 手动操作　在调整及试车时，夹坯器及码坯器均可手动操作。具体操作：在触摸屏中调出手动操作界面，按动相应按钮即可。

⑥ 显示屏控制参数的修改　根据程序的运行，发现码坯系统的动作未达到最佳状态，可根据显示屏上的原有控制数据，对程序设定参数进行修改，注意必须对原参数进行存底，修改后应保存。具体更改数据的幅度，应使码坯机能达到最佳运行。

⑦ 数据清零　在码坯过程中，如果电气元件遇到故障，无法回到初始位置，应将控制柜后面的总电源断开，系统断电后重新启动，就可使系统自动恢复到设定的位置。

⑧ 平时注意操作台的卫生，不能有灰尘，更不允许淋水。特别是控制柜，里面有变频器、PLC、继电器等电气元件，注意干燥、通风，散热要好。

2）信号元件的使用

① 码坯系统有很多动作信号，就需要有专用的信号发射和接收元件，比如接近开关、旋转编码器、光电传感器、行程开关等，这些元件经常工作，不能选用可靠性低的。

② 平时应经常检查这些元件，防止损坏，及时清除上面的灰尘和泥土。

③ 对于有光电开关的工位，不允许有人靠近，或由于人工捡砖时给光电开关误信号，应及时通知操作台，让程序停止。

④ 不允许闲人或监视人员随意靠近设备，防止不安全事故的发生。

（2）维护

1）每天维护项目

① 清除气路中各除水杯中的积水。

② 给气路中油雾器油杯中添加机油。

③ 紧固气动部件的连接螺栓。

④ 清理各运动部件夹缝中的杂物。

⑤ 紧固各配重及辊轮连接件。

2）每周维护项目

① 各链条润滑。

② 各气动运动件的润滑。

③ 步进减速机油盒中的油位。

④ 各链条的张紧调整。

⑤ 各气动运动件的动作、位置调整。

⑥ 各分气包及总气包的积水清除。

⑦ 各传感器的紧固。

⑧ 各定位尺杆的紧固。

3）每月维护项目

① 各减速机油箱油位置（开始使用一月后放掉脏油）。

② 各大梁、架子的紧固件。

③ 各轴承座、连接架的紧固件。

④ 各电缆快速插接头。

⑤ 输送带、同步带的调整和张紧。

⑥ 码坯机常见故障及解决方法见表 2-15-10。

表 2-15-10　码坯机常见故障及解决方法

故障现象	故障原因	排除方法
气动件动作缓慢	1. 气压低； 2. 气路漏气； 3. 气路堵塞； 4. 负载过重； 5. 负载偏斜； 6. 气缸磨损	1. 检查总压，逐步检查气管气阀、连接件； 2. 检查负载的安装位置及润滑，要求灵活准确； 3. 更换活塞、活塞杆磨损的气缸
气动件冲击性大	1. 气压过高； 2. 缓冲开得过大； 3. 传感器动作延迟	1. 调整气压，必要时加装节流阀； 2. 正确调整缓冲器； 3. 调整传感器距离
运动部件定位不准	1. 传感器定位不准； 2. 气动件动作不一致； 3. 运动部件自身不灵活； 4. 气缸缓冲器没有打开； 5. 链条过松或过紧； 6. 变频器的减速停车时间设置不当	1. 反复调整传感器位置； 2. 调整气动件； 3. 检查、调整运动件的润滑、配合间隙，相互错位； 4. 按规范调整链条； 5. 在不产生冲击的情况下，尽量缩短减速时间
砖坯矩阵不齐	1. 输送带松紧不一致； 2. 带槽不一致； 3. 停坯杆升降不平稳； 4. 气缸工作不同步	1. 要求环形三条带长度误差＜10mm； 2. 修整带槽； 3. 检查升降部位有无卡滞现象，并及时润滑各卡口； 4. 各气缸保证有充足气源

6. 码坯机的改造和新技术

目前我国烧结砖墙体材料的生产企业有 10 万多家，且绝大多数是中小型乡镇企业，生产工艺简单，设备落后。仅有一部分企业在码坯上采用机械码坯，其余均为人工码坯。采用人工码坯，摆放不规则，且砖坯易变形，造成烧结成品率低。在搬放过程中劳动强度大，随着人工价值的升高，人员极不稳定，严重影响了生产。而机械码坯代替人工码坯，把人从繁重的工作环境中解脱出来，是当前砖瓦企业发展的趋势。

自动码坯机作为一种能替代人工，将切成一定形状、数量的砖坯，经过翻转、分坯、编组形成一种适合窑炉烧结特性的组合形状，然后由码坯车的几组夹头夹持，运至窑车上端，逐层码放到一定高度，进窑焙烧的组合型机械设备，以其安全、可靠、便于维修、造价适中等优点，已逐步被用户接受。合理地使用，对于提高产量、产品质量及人类劳动的文明程度有着重要作用。为此，科学地设计、严密地制造、细致地调试，将是该设备形成的关键手段。国内有不少生产厂生产码坯设备，生产的码坯设备技术水平并不一致。目前从码坯设备技术改造和新技术使用，有以下几点。

（1）垒坯、翻坯、分坯、编组、码坯各设备，已经标准化生产，可以适应各种生产线及场地的平面布置。

（2）各设备采用独立的 PLC 控制系统，可快速实现各种砖型的转换，智能化大大提高。

（3）各设备关键驱动元件采用伺服电机，传动元件采用同步带和精密直线导轨、气缸。

（4）引进国外先进的机器人码坯系统。

八、培训

对于新入厂的职工，按照砖机生产工艺要求，应进行砖机操作技能和安全的培训。

（1）理论知识的培训：内容包含砖机的技术参数、基本结构、工作原理、安装、维护、故障分析、安全操作等。

（2）实际操作培训：内容包含砖机的正确安装，工具的正确使用，铰刀、芯架等关键零件的制作。

（3）能按以上内容，编制培训计划和培训大纲，对职工进行培训。

（4）能按初级、中级、高级工要求，指导职工实际操作。

九、管理

（1）产品管理

1）制砖原料的控制

① 原料的基本性能（表 2-15-11）。

表 2-15-11　原料的基本性能

基本性能		要求程度	要求范围		
名称	项目		普通砖	承重空心砖	平瓦
颗粒组成	≤5μm 颗粒/%	适宜 允许	15～30 10～50	15～30 10～50	>30 >20
	5～50μm 颗粒/%	适宜 允许	45～60 40～80	45～60 40～80	30～70 30～70
	≥50μm 颗粒/%	适宜 允许	5～25 2～28	5～25 2～28	<10 <20
可塑性	塑性指数	适宜 允许	9～13 7～17	9～13 7～17	15～17 13～27
收缩率	干燥线收缩率/% 烧成线收缩率/%	允许 允许	3～8 2～5	3～8 2～5	5～12 4～8
干燥敏感性	敏感系数	适宜 允许	<1 <2	<1 <2	<1.5 <2
烧结性	烧成温度/℃ 烧结温度范围/℃	适宜 适宜	950～1050 >50	950～1050 >50	950～1050 >50
硬度	普氏硬度	适宜	≯4	≯4	≯4
化学成分	SiO_2/%	适宜 允许	55～70 50～80	55～70 50～80	55～70 50～80
	Fe_2O_3/%	适宜 允许	2～10 3～15	2～10 3～15	2～10 3～15
	Al_2O_3/%	适宜 允许	10～20 5～25	10～20 5～25	10～20 5～25
	CaO/% MgO/% SO_3/%	允许 允许 允许	0～15 0～5 0～3	0～15 0～5 0～3	0～10 0～5 0～3

② 控制方法　成立原理化验机构，设置具有化验经验的专职人员，对于每批次的原料参照以上数据进行化验。

a. 对原料进行成分、收缩性、烧结等测试，按照生产工艺要求，合理控制原料配比、砖坯尺寸，并做记录。

b. 每班对粉碎原料的颗粒度进行检测，并做记录。

2）原料含水率的控制

① 含水率：依原料的特性、成型设备的挤出压力，可分为软塑成型（含水率 19%～

23%)、半硬塑成型（含水率16%～19%）、硬塑成型（含水率<16%）。

② 控制方法：每班次应到搅拌机取料，采用称重法测量原料的含水率，并做记录。

3）砖坯的质量控制

① 砖坯强度（表2-15-12）。

表 2-15-12　砖坯强度

强度等级	抗压强度/MPa			密度等级范围/(kg/m³)
	抗压强度平均值 f_k≥	变异系数 δ≤0.21	变异系数 δ>0.21	
		强度标准值 f_k≥	单块最小抗压强度值 f≥	
MU10.0	10.0	7.0	8.0	≤1100
MU7.5	7.5	5.0	5.8	
MU5.0	5.0	3.5	4.0	
MU3.5	3.5	2.5	2.8	
MU2.5	2.5	1.6	1.8	≤800

② 外形尺寸（表2-15-13）。

表 2-15-13　外形尺寸

mm

尺寸	优等品		一等品		合格品	
	样本平均偏差	样本极差≤	样本平均偏差	样本极差≤	样本平均偏差	样本极差≤
>300	±2.5	6.0	±3.0	7.0	±3.5	8.0
200～300	±2.0	5.0	±2.5	6.0	±3.0	7.0
100～200	±4.5	4.0	±2.0	5.0	±2.5	6.0
<100	±4.5	3.0	±4.7	4.0	±2.0	5.0

③ 外观质量（表2-15-14）。

表 2-15-14　外观质量

项目		优等品	一等品	合格品
弯曲	≤	3	4	5
缺棱掉角的三个尺寸	不得同时>	15	30	40
垂直度差	≤	3	4	5
未贯穿裂纹长度 a. 大面宽度方向及延伸到条面的长度 b. 大面长度方向及条面上水平面方向的长度	≤	 不允许 不允许	 100 120	 120 140
贯穿裂纹长度 a. 大面宽度方向及延伸到条面的长度 b. 壁、筋沿长度方向、宽度方向及水平方向的长度	≤	 不允许 不允许	 40 40	 60 60
壁、筋内残缺长度	≤	不允许	40	60
完整面	不少于	一条面和一大面	一条面和一大面	
凡有以下缺陷之一者，不能称为完整面： a. 缺损在大面、条面上造成的破坏面尺寸同时大于20mm×30mm； b. 大面、条面上裂纹宽度大于1mm，其长度超过70mm； c. 压陷、粘底、焦花在大面、条面上的凹陷或凸出超过2mm，区域尺寸同时大于20mm×30mm				

④ 控制方法：对于每窑烧成的砖坯，采用随机抽样法，在每一检验批的产品垛中抽取，应按以上要求进行检验。对于强度可用压力试验，硬度可用硬度计进行测量，并做好记录。

（2）设备管理

1）砖机的小修，中修

① 小修。按小修的内容，对砖机各个部位的零件应制定保养方法和要求。

② 中修。按中修的内容，对砖机各个部位的零件应制定保养方法和要求。

③ 制定设备操作规程，编制砖机易损件，按小修和中修分类，记录易损件相关信息，预测易损件的使用寿命及更换周期。

④ 根据易损件的使用周期，编制易损件采购计划。

2）突发事故

① 应根据砖机的使用时间，结合小、中修过程中易损件的使用寿命进行分析，预测砖机容易出现突发事故的周期。

② 制定处理突发事故的程序，保障企业生产的持续进行。

③ 对已出现的突发事故，应及时解决，并要详细记录突发事故的原因、时间、解决办法。

（3）安全生产管理

1）人员管理

① 入厂安全教育　对新入厂或调动工作的员工，在没有分配到工作地点之前，必须进行初步的安全生产教育。主要包括：a. 本企业安全生产的形势，介绍企业安全生产方面的一般情况，学习有关文件，讲解安全生产的重大意义。b. 介绍企业内特殊危险地点。c. 一般的电气和机械安全知识教育。d. 一般的安全知识和伤亡事故发生的主要原因和事故教训，从正反方面来讲解安全生产的重要性。

② 车间安全教育　对新入厂或调动工作的员工，经入厂教育合格分到车间后，由车间主任负责教育。主要包括：a. 车间的概况、生产性质、生产任务、工艺流程、主要设备的特点、安全生产管理组织形式、安全生产规程。b. 车间的危险区域，以及必须遵守的安全事项。

③ 岗位教育（技能培训）　新入厂或调动工作的员工到固定岗位后，工作开始前的安全教育。主要包括：a. 本岗位的生产性质、任务，将要从事的生产岗位的性质、生产责任。b. 将要使用的设备、工具的特点，安全装置，防护设施性能、作用和维护方法。c. 本工种安全操作规程和应遵守的纪律、制度。d. 保持工作场地整洁的重要性、必要性及应注意的事项。e. 个人劳动防护用品的正确使用和保管。f. 本班组的安全生产情况、预防事故的措施及发生事故后应采取的紧急措施、事故案例及教训。

④ 特种岗位教育　对操作者、他人和周围设施的安全有重大危害因素的作业，称为特种作业。主要包含电工作业、锅炉司炉、压力容器、起重作业、爆破作业，金属焊接等。

对从事特种作业人员，要进行专门的安全技术和操作知识的教育和训练，经过国家有关部门考核合格后，发给特种作业人员操作证。特种作业人员在进行作业时，必须随身携带特种作业人员操作证。

2）安全检查　安全检查是搞好安全管理、促进安全生产的一种手段，目的是消除隐患、克服不安全因素，达到安全生产的要求。

① 安全检查的内容　a. 现场检查隐患。b. 检查操作者的思想认识。c. 检查管理制度。d. 检查事故处理。

② 安全检查的方法　a. 定期检查。b. 突击检查。c. 特殊检查。

参考性附录

示例一　JKY60/55-4.0 真空挤出机

一、用途

JKY60/55-4.0 真空挤出机是为适应多种原料而设计的多功能型挤出机，主要用于砖瓦厂进行实心、空心坯条的挤出成型。挤出压力与原料性质和含水率有关，最大挤出压力为 4.0MPa。

二、主要技术参数

1. 生产能力

承重和非承重砖坯：10000～18000 块/h（折合标准砖）。

2. 下级挤出部分

（1）铰刀直径：600mm、550mm。

（2）铰刀转速：21r/min（23r/min、25r/min）。

（3）最大挤出压力：4.0MPa。

（4）极限真空度：－0.092MPa。

（5）减速器：

型号：ZSSR1710 双圆弧圆柱齿轮减速机。

速比：23.6。

（6）电动机：

型号：Y2-355M-4。

功率：250kW。

转速：1480r/min。

3. 双轮搅拌机部分

（1）搅拌刀转径：500mm。

（2）搅拌刀转速：29.3r/min。

（3）搅拌刀螺距：440mm。

（4）铰刀直径：500mm。

（5）电动机：

型号：Y280S-4。

功率：75kW。

转速：1480r/min。

（6）减速机：

型号：ZQ75-20-IIZ（改硬齿面）。

速比：20.49。

（7）真空泵：

型号：MH-2/150。

抽空速率：150L/s。

极限真空速度：1.33Pa·L·s^{-1}。

配用功率：7.5kW。

4. 气路系统

空气压缩机：

型号：V-0.36/7-C。

排气量：0.36m^3/min。

额定压力：0.7MPa。

功率：3kW。

5. 外形尺寸

一字形：6860mm×4000mm×2860mm。

T字形：5000mm×5675mm×2860mm。

6. 质量

38000kg。

三、结构与工作原理

本设备由双轴搅拌挤出部分（上级）和挤出成型（下级）两大部分组成，并配有抽真空系统，上下两级分别由电动机经气动离合器、减速机、联轴器所驱动。上级有真空箱、抽空过滤器、切泥刀、锥套、搅拌轴、铰刀和搅拌刀，其中搅拌轴上装有搅拌刀、铰刀、锥套、切泥刀等处理泥料和密封真空用。下级挤出成型部分由受料箱、泥缸、机头、出口等组成。当经上级搅拌挤出、切碎并抽出空气的泥料，落入受料箱后，由压泥板压入下级螺旋铰刀，再经螺旋铰刀的输送和挤压，经由机头和出口挤出，最后挤成具有一定形状的实心和空心坯条。

四、安装说明

（1）安装前应对机件进行清理、去污和必要的涂料，并检查零部件的完整性。

（2）本机必须安装在预制好的混凝土基础上，安装时可用垫铁找平，然后二次浇注地脚螺栓，拧紧地脚螺栓应在混凝土达到规定强度的75%后进行。

（3）上、下底架的安装应水平，其水平度小于1/1000。

（4）两气动离合器及气路系统安装后，要运转灵活、动作可靠。

（5）十字滑块联轴器的安装：两中心线的径向位移不大于轴径的2%，倾斜度不大于300°。夹壳联轴器的安装：两中心线的径向位移不大于ϕ0.5mm，在试车前，夹壳联轴器的螺栓不能拧得太紧，重车运行后，拧紧螺栓，使主轴轴承承受挤出时的轴向力。

五、试车与使用

（1）试车前应检查各零部件是否位置安装正确，各紧固件是否拧紧，润滑点是否有足够的润滑脂，气温低于0℃时，减速机油必须加温到0℃以上。

（2）用手盘动上、下级的传动带轮，使搅拌轴和挤出铰刀轴旋转一周，确认无碰撞后，方可开车。

（3）试车时间：上级空车试车连续2h，下级因主轴采用的是浮动轴，不宜空车运转，重车试车连续4h。

（4）试车中与停车后应检查事项

① 设备在运行中是否有异常声响和碰撞现象。

② 气动离合器是否灵活可靠。

③ 真空度是否达到－0.092MPa以上，各密封点有无漏气现象。

④ 停车后应检查各紧固件是否松动。

⑤ 滚动轴承最高温度不超过70℃。

（5）注意事项

① 本机上、下级均采用气动离合器驱动，启动前应将空气压缩机的工作压力打至0.4～0.7MPa之间。

② 启动上、下级电机时，必须将离合器处于分离状态。

③ 启动上、下级（运转时）应时常注意空气压缩机的工作压力，不允许低于0.4MPa时运转。

④ 开机时，待电动机达到额定转速后，闭合离合器，然后再开动真空泵。

⑤ 停机时应先停真空泵，然后分离离合器，停止电动机。

⑥ 若停机时间较长，应将泥缸、受料箱、大锥套和搅拌槽内的泥料全部排出后才停机。

⑦ 铰刀与泥料缸套内壁的间隙应小于4.5mm。

⑧ 过滤器应常清理，以免堵塞。

六、润滑

减速器、对齿箱油池内的油面保持规定深度（为大齿轮的2～3个齿高）。齿轮磨合期1个月后必须更换油，以后视情况6个月左右更换一次，始终保持规定深度（见表2-15-15）。

表2-15-15 润滑油及部位

润滑部分	润滑油名称	标准号
搅拌及压泥板前两轴承	2号钙基润滑脂	GB/T 491—2008
压泥板后两轴承及主轴承	2号钙基润滑脂	GB/T 491—2008
上、下级传动部分轴承座	2号钙基润滑脂	GB. /T 491—2008
十字滑块联轴器	机械油N68	
离合器大三角带轮轴承	2号钙基润滑脂	GB/T 491—2008
减速器	L-CKC齿轮油	GB 5903—2011
搅拌对齿轮及压泥板齿轮	L-CKC齿轮油	GB 5903—2011

七、维护与检修

1. 正常维护

（1）本机必须经常进行维护，如对各啮合、摩擦部位及各润滑点，要经常检查清理，加入润滑油、脂，以保证机器正常良好地工作。

（2）经常检查各运动部件是否正常。

（3）经常检查紧固件是否有摇动现象，并及时拧紧。

（4）定期检查过滤器，发现阻塞及时清理。

（5）经常检查各润滑处的温升，发现异常应停机检查。

2. 设备检修

（1）用户应根据工作制度，建立定期的大、中、小检查制度。

（2）检查易损件磨损工作的情况，及时给予修理和更换。

示例二　JKY80/80真空挤出机（非标）

一、JKY80/80真空挤出机的应用现状及发展前景

（一）JKY80/80真空挤出机的应用现状

（1）JKY80/80真空挤出机的主要技术参数

①生产能力（万标块/h）：2.3～3.0；②铰刀直径（mm）：800/800；③真空度（MPa）：≤−0.092；④含水率（%）：12～15；⑤许用挤出压力（MPa）：4.0；⑥外形尺寸（m）：7.2×6.5×3.0。

（2）生产原料主要为煤矸石、页岩、粉煤灰、工业尾矿、江河淤泥等（生产空心薄壁制品时，要求原料颗粒度不得大于2.5mm，且颗粒级配合理）。

（3）生产的主要制品为烧结保温砌块、空心砖、实心砖（根据用户的要求实现上下或左右排列的双泥条）。

（4）耐磨铰刀更换周期：1600万标块；焊接铰刀修补周期：100万标块；机头的更换周期：1000万标块。

（二）JKY80/80真空挤出机的发展前景

1. JKY80/80真空挤出机适应了砖瓦行业产业结构调整的要求

“十一五”期间，全国砖瓦企业由“十五”期末的近9万家调整到“十一五”期末的7万家左右。其中，年产6000万块以上的大型企业占1%，增加了一倍；年产5000万～6000万块的企业占3%，增加了1.5倍；年产3000万～5000万块的中型企业占30%，增加了21%；年产1000万～3000万块的中小型企业占21%，下降了9%；年产1000万块以下的小型企业占45%，下降了25%。年产5000万块以上的中大型企业逐年增加，年产3000万块以下的小型企业关停和改造力度加快。

2. JKY80/80真空挤出机可利用工业固体废弃物生产烧结制品

据环境保护部、国家统计局、农业部联合发布的《第一次全国污染源普查公报》，2010年全国工业固体废物产生总量38.52亿吨，综合利用量18.04亿吨，处置量4.41亿吨，本年储存量15.99亿吨，砖瓦行业综合利用工业固体废弃物近3亿吨。全煤矸石烧结砖、高掺量粉煤灰烧结砖、工业尾矿烧结砖、江河和湖泊淤泥烧结砖等具有很大的发展空间。

3. JKY80/80真空挤出机能够满足生产烧结保温砌块的需要

我国既有建筑95%以上均不是节能建筑。烧结保温砌块在导热、防火、隔声、抗干裂、吸潮、透气等方面都具有其他材料不可替代的特性，防火性能等超过了钢材和混凝土；新型烧结保温砌块可做到单一产品满足国家住建部建筑节能50%～65%的强制要求，发展烧结保温砌块有着巨大的节能效应。

4. JKY80/80真空挤出机已销往国际市场

随着国际先进技术的不断引进、消化吸收，砖瓦装备制造水平不断提高，产品出口范围不断扩大。目前，中非、西非、东南亚、中东、中亚等地区市场前景广阔，JKY80/80真空挤出机已销往塔吉克斯坦和俄罗斯等。

总之，随着砖瓦行业结构调整的不断加快，节能环保产品的要求不断推进综合利用工业废弃物烧结砖，以及产品出口的不断扩大，JKY80/80真空挤出机具有较好的市场前景。

二、JKY80/80真空挤出机的结构特点及工作原理

（一）JKY80/80真空挤出机的结构特点

JKY80/80真空挤出机由上级双轴搅拌挤出机部分、下级强力挤出成型部分、真空系统

和空气压缩系统组成。

上级双轴搅拌挤出机部分由真空箱、搅拌槽、搅拌轴、碎泥刀、内锥套、外锥套、铰刀、搅拌叶、夹壳、减速机、气动离合器、电动机等组成。

下级强力挤出成型部分由机口、机头、开启泥缸、受料箱、铰刀、主轴、轴承座、双列调心滚子轴承、推力调心滚子轴承、夹壳、减速机、气动离合器、电动机等组成。

真空系统包括真空泵总成、真空管道、过滤器、单向阀、真空表等。

空气压缩系统包括空气压缩机、压缩空气管道、截止式换向阀等。

（二）JKY80/80 真空挤出机的工作原理

JKY80/80 真空挤出机的启动顺序是：空气压缩机、真空泵、上级电动机、下级电动机。

（1）启动空气压缩机并确认其供气压力不小于 0.5MPa 后，闭合上级气动离合器，这时电机皮带轮带动气动离合器旋转，通过减速机、联轴器将动力传递到上级搅拌挤出机轴上，开始工作。通过皮带输送机输送过来的制备好的原料送入上级入口（按工艺要求可以适当加水到合格的含水率），经搅拌叶充分搅拌、混合、均化后，原料进入封闭的螺旋铰刀挤出段，再经螺旋铰刀挤压、揉炼，及内外锥套挤压和碎泥刀切碎后送到真空箱。在此过程中，内外锥套对真空箱和搅拌挤出机连接处实现动密封；末端的碎泥刀将挤出的原料削成碎片，增大泥料的表面积，以便真空泵将原料颗粒间的空气抽出，下级挤出成型时，增加原料颗粒之间结合的密实度。

（2）当有原料在真空箱中落入下级受料箱内的螺旋铰刀内时，闭合下级气动离合器，电动机皮带轮带动离合器旋转，经减速机、联轴器将动力传递到主轴上。通过变距螺旋铰刀的输送、挤压，同时，由于真空系统内空气不断被真空泵吸走，保持真空箱内的真空度，使原料间结构密实；再次经过机头和泥口的挤压密实后，成型为规定断面尺寸的光洁坯条。

在螺旋铰刀上方的两侧设有两根旋转的压泥轴，将上机挤出的原料落入真空箱下部，防止真空箱蓬料。

真空箱上部两侧和顶部各设有两个观察窗口，随时可以观察真空箱中的料位和运行状况。

三、JKY80/80 真空挤出机制造过程工艺特点

（一）JKY80/80 真空挤出机的制造工艺流程（见图 2-15-13）

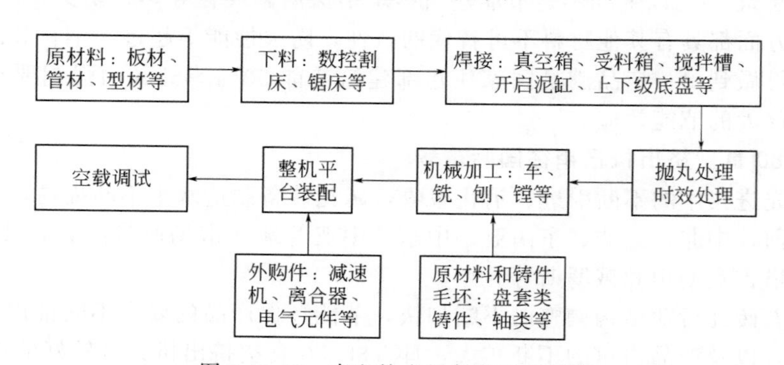

图 2-15-13　真空挤出机制造工艺流程

（二）制造过程工艺特点

（1）真空箱、受料箱、搅拌槽等零部件采用优质钢材焊接结构，数控割床下料，在专用

工装上焊接，焊后经抛丸、时效处理加工，消除了焊接应力，变形小。

(2) 采用数控镗床、铣床加工箱体、底座等，保证了箱体与底座、箱体各结合面的加工精度，有效地保证了装配精度。

(3) 数控车床、铣床、磨床加工各轴、套、盘类零件，加工精度高，设备运行平稳，使用寿命长。

(4) 采用专用硬齿面齿轮减速机，并设有喷淋润滑结构，维修方便，安全可靠，噪声小、无渗漏。

(5) 铰刀、搅拌叶、衬套、内锥套、外锥套等均采用耐磨材料，维修简单、寿命长，运行成本低。

(6) 清洗轴承后，采用热装法装配，提高了轴承使用寿命。

(7) 各轴承座安装处均采用多级密封，设备各结合面均涂有密封胶，保证了设备运行的真空度要求。

(8) 设有真空箱观察口、观察门、观察灯，受料箱设有维修门，主轴承座设有观察窗、加放油孔等，利于观察运行情况，维修方便。

(9) 装有液压泵润滑系统，可润滑主轴、压泥轴、搅拌轴等部位轴承，提高了轴承使用寿命。

(10) 压泥轴与减速机滚子链连接处装有安全销，真空箱观察灯电压为36V，真空箱采用磁吸式结构，装有真空箱料位报警器，有效地保证了操作人员和设备安全。

(11) 减速机、真空泵、电动机、轴承等配套设备均选用通过ISO 9001质量认证、具有质量保证能力的名优品牌产品。

(12) 经过空载运转调试后方可出厂，出厂时配套铰刀、衬板等随机备件，保证设备的运行。

四、安装调试方法

(一) 安装

1. 设备安装工程应按设计要求施工

2. 设备基础

(1) 设备基础的位置应符合设计要求，基础施工时应埋设中心标板及基准点。

(2) 设备安装前，应对设备基础位置和安装尺寸进行复检。

(3) 清除干净设备基础表面和地脚螺栓预留孔中的油污、碎石和积水等，放置垫铁的部位应凿平。

3. 放线

(1) 未埋设基础中心板时，按施工图及相关建筑物（通常是厂房中心线）进行放线；埋设挤出中心板时，按中心板放线。

(2) 安装工程施工前，应对设备及其部件进行检查，确认其完整性和完好性。

(3) 机器底座、减速机等部件设有吊环，起吊时必须使用吊环。

(4) 真空挤出机安装程序。

a. 将真空挤出机下级主体放置到位。

b. 将真空挤出机上级支架放置到位。

c. 将真空挤出机上级主体放置到位。

d. 校正和调平真空挤出机主体。

安放到位真空挤出机主体后，应按划定的安装基准线进行校正，按基准点进行调平，校正和调平设备用的垫铁应符合现行国家标准的规定和设计要求。

校正和调平真空挤出机主体后，主轴中心线位置应与设计安装基准线重合，其偏差不应大于2mm；搅拌挤出部分中心线应与安装基准线重合，其偏差不应大于2mm；真空挤出机底座、搅拌挤出部分均应水平，其水平偏差不应大于2/1000；设备的标高应调整到比设计标高高1～2mm。

(5) 地脚螺栓孔灌浆　校正、调平设备后，即可进行地脚螺栓孔灌浆，一般采用细碎石混凝土，其强度等级至少应比基础混凝土强度等级高一级，且不应低于C15，确保地脚螺栓垂直无倾斜，灌浆应捣实且连续进行。

灌浆结束后，养护时间至少7d（注意：冬季保温、夏季保湿），并清理施工现场。

(6) 设备精平　灌浆混凝土强度达到设计强度70%以上时，方可进行设备精平。设备精平后应满足以下要求。

a. 真空挤出机主轴轴线实际位置与设计安装基准线偏差不大于2mm。

b. 搅拌机中心线实际位置与设计安装基准线偏差不大于2mm。

c. 真空挤出机底座、搅拌挤出机底座水平度偏差不大于1/1000。

d. 真空挤出机（基座底面）实际标高与设计标高偏差不大于2mm。

设备精平后，按规定扭矩均匀紧固地脚螺栓，必要时进行复查，并将设备底座与基础表面间的空隙用砂浆灌满（将垫铁埋在里面），然后压实、抹平基础表面。

4. 安装动力电机

安装真空挤出机、搅拌挤出机电机应符合下列规定。

(1) 电机V带轮V形槽对称平面与离合器V带轮V形槽对称平面在同一平面内，其偏差不得大于1mm。

(2) 电机轴应与减速机输入轴平行，两轴线平行度不大于0.5/1000。

5. 安装辅助系统

(1) 真空泵系统　该机型真空系统采用水环式真空泵，其安装调试应符合水环式真空泵使用说明书的规定，水环式真空泵轴线标高与水箱溢流孔下缘标高一致。

(2) 安装其他随机部件　其余随机部件如：标准件、真空表、压力表等可在分系统调试前或设备运转前按相关规定适时安装。

6. 安装电气控制系统

该机动力电源为380V交流电源，主电机采用降压启动（或自耦降压启动），系统应有短路保护和过电流保护装置。

(二) 试运转

1. 试运转设备应满足的条件

(1) 设备及其附属装置（电气、润滑、水冷却、管路）等均已安装完毕，并检验合格，满足试运转要求。

(2) 参加试运转培训的人员，已基本掌握设备构造、性能、安全规程和试运转操作要求。

(3) 设备及其周围环境应清理干净。

2. 设备试运转包括的内容和步骤

(1) 电气（仪器）操作控制系统的检查和调整试验。

a. 按电气原理图和安装接线图检查设备动力线路及控制线路接线，各低压配电柜、控制柜、仪表柜的接线均应正确、规范。

b. 按电源的类型等级和容量，检验调试断流容量、过载（电压和电流）保护装置等，经检验符合规定要求。

c. 检验操作按钮、联锁装置，满足功能灵敏、可靠的要求。

(2) 设备各系统联合调整试验 设备及其润滑、真空、冷却、水、电气及控制等系统均应调试、检验，并满足其功能要求。

按照从部件到整机的操作程序进行联合调试，并应符合下列要求。

a. 设备各紧固件扭矩满足要求。

b. 设备各润滑部位均已按规定定时、定量加注润滑油或润滑脂。

c. 设备各转动、移动部件应灵活，无卡滞现象。

d. 安全装置、急停和制动装置等经试验灵敏、可靠。

e. 各操作装置手柄、按钮、控制显示信号与实际动作、运动方向一致，仪表指示灵敏、准确。

3. 空载运转

(1) 在设备各系统调试合格后方可进行空载运转。

(2) 安全警告。禁止真空挤出机在安装铰刀、浮动轴的状态下进行空载试运转；如已安装，需拆下后进行空载试运转。

(3) 空载试运行应满足下列要求。

a. 设备运转时，无异常响声与振动。

b. 传动带张紧适度，无打滑或过紧磨损现象。

c. 离合器结合平稳，分离彻底，灵敏可靠。

d. 空载试运行时，设备润滑、冷却、电气（仪器）控制等辅助系统和装置性能可靠，无异常。

e. 滚动轴承温升不应大于35℃，最高温度不应大于70℃。

f. 空载状态下，设备连续试运转时间不少于4h。

(4) 空载试运行后，应做如下工作。

a. 切断电源和其他动力源。

b. 按规范检验安装精度、紧固件扭矩，并进行必要的调整。

c. 检查润滑剂的清洁程度，清洗过滤器，必要时更换润滑油。

d. 清理空载试运转现场，整理空载试运转记录。

4. 负载试运转

(1) 空载试运转合格后方可进行负载试运转。

(2) 检验、安装、调试空载试运转后安装的部件（如铰刀、浮动轴等）、辅助系统（如真空泵等），并确保合格。

(3) 注意事项如下。

a. 真空挤出机上级空载试运转正常后方可投料。

b. 真空挤出机下级泥缸加入适量泥料后方可投入运转。

c. 待挤出部分泥料进到机头并开始向外挤出时，应关闭搅拌部分和挤出部分的离合器，停止喂料，装上机口，并启动真空泵系统。

(4) 负载试运转应符合下列要求。

a. 负载试运转时间不得少于4h。

b. 负载试运转时不得有异常响声和振动。

c. 离合器结合平稳，分离彻底，灵敏可靠。

d. 传动带张紧适度，无打滑或过紧磨损现象。

e. 滚动轴承温升不大于40℃，最高温度不应大于80℃。

f. 设备润滑、冷却、电气（仪器）控制等辅助系统和装置性能可靠，无异常。

g. 挤出压力、真空度满足泥料成型要求，并在规定的范围内。

五、使用、维护与修理

（一）使用与操作

1. 设备经试运转合格，并办理竣工验收后，方可移交生产使用

2. 开机程序

（1）启动搅拌机至空载运转状态。

（2）启动供料设备向搅拌机内供料。

（3）当搅拌挤出部分的泥料满足挤出成型部分负载运转的最低需要时，实时启动挤出成型部分，并使其进入负载运转状态。

（4）启动真空泵系统。

（5）调整加水量和供料量，使双级真空挤出机处于负荷运行状态，投入生产使用。

3. 监控运行

设备运行中应保持供料稳定，原材料含水率均匀，应监控电机电流、挤出压力、真空度、压缩空气压力等参数。

4. 正常停机程序

（1）停搅拌机供料系统。

（2）搅拌槽内泥料基本输送到下级真空挤出机后，停搅拌机。

（3）真空挤出机内泥料挤出机口，泥条不再前进时，停挤出机。

（4）停真空泵系统。

（5）切断主电源、其他动力源等。

（二）维护与保养

1. 日常保养与维护

（1）按照说明书的规定，按时向各润滑点加注润滑油或润滑脂。

（2）经常检查紧固件扭矩，不能满足扭矩时，重新紧固。

（3）定期清洗真空挤出机过滤器，使抽真空系统气路畅通。

（4）保持传动带适宜的张紧程度。

（5）更换由于意外事故造成的损坏件、磨损件。

注意：铰刀、搅拌刀等采用合金铸钢件，磨损后不能满足使用要求时应予以更换，不允许进行焊接处理（焊接极易使零件断裂而报废）。

2. 中修

（1）拆卸需要检修的部分，依据磨损程度，适时更换主轴轴承、搅拌轴轴承、压泥轴轴承等。

（2）清除离合器内的灰尘。

（3）更换搅拌刀、铰刀、压泥板等。

3. 大修

（1）将设备拆解，对所有零部件进行检查、清洗、保养、更换，并按照工艺要求装配，

使其达到相应的性能要求。

(2) 一般情况下，大修应更换下列零部件。

a. 搅拌刀、泥封铰刀、衬套、搅拌槽衬板等。

b. 挤出机铰刀、受料箱衬板、泥缸衬套、压泥板、切料棒等。

(3) 大修装配时应注意的事项。

a. 根据回转轴的方向，将铰刀装配到位，然后依据泥封铰刀的方向将搅拌刀装配到位。

b. 正确安装压泥板。

c. 装配后，铰刀和泥缸衬套之间的间隙一致。

示例三 JKY75/75-4.0 真空挤出机优化生产线

一、概述

在贯彻禁实、节土、节能、利废、保护环境等国家产业政策背景下，JKY75/75-4.0 真空挤出机优化生产线以成熟的经验技术，稳定的产品质量，合理的价位，简单、方便的操作维修深受客户的认可和喜爱。

JKY75/75-4.0 真空挤出机优化生产线适用于以黏土、页岩、煤矸石、粉煤灰为原料，经过原料处理、挤出、切断成一定规格的砖坯并将砖坯进行码垛的生产线，组成主要有 XGD-100 箱式给料机、辊式破碎机、GS100×80 辊式细碎机、SJ360×40 搅拌机、SJJ3000 搅拌挤出机、JKY75/75-4.0 真空挤出机、双泥条自动切条机、双泥条自动切坯机、机器人码坯系统。

二、工作原理与结构

JKY75/75-4.0 真空挤出机优化生产线的第一道工序设备是箱式给料机，它是通过皮带进行传送和通过调节闸板实现定量给料的设备。

除石机或滚动筛（不同的物料所选用处理设备不同），可以除去物料中的大粒石子等具有一定粒度的杂质，对辊破碎机可以将 70mm 以下颗粒物料破碎到 10mm 以下。

高速细碎对辊机由挤压辊、架体、磨削装置、驱动等部分组成。由两个电动机经三角皮带，分别拖动两个转速不同的辊做相对方向的转动，以达到对硬土块破碎搓碾的目的。设有磨削装置，以保证辊皮的几何精度。当辊筒表面出现明显沟痕时，应用磨削装置将辊筒表面修磨平整并将两辊间隙调至要求。本机放滑块处设有破碎板式安全保险装置，该装置可对设备起保护作用。当对辊挤压力超载时，破碎板被剪切破坏，碎板经孔槽落下，重新开车前应将新的破碎板换上。可以把物料颗粒破碎到 5～3mm 及以下。

双轴搅拌机由搅拌装置和驱动装置组成。当电动机启动后，动力经三角带使离合器大槽轮空转，离合器接合后，动力经标准减速器使两搅拌轴做相反方向旋转，泥料通过搅拌刀的作用进行搅拌并逐渐被推向出料口。在砖厂成型车间，对原料做加水、加气、拌合，用以改善和提高泥料的成型性能。

搅拌挤出机由驱动部分与工作部分（搅拌挤出部分）组成。驱动电机通过气动离合器、减速机、十字联轴器和对齿轮箱将动力传给双轴工作部分。双轴的后半部分配有对称布置的，构成的搅拌叶，泥料进入搅拌槽内，经搅拌叶的搅拌、均化，向前输送进入泥缸。泥缸是由上下开合的泥缸盖和泥缸座组成，由于双轴铰刀的作用，泥料受到挤压，并继续向前输送至机头压缩段。由于内外锥套直径的变化，形成一定的压缩比，泥料又受到挤压，形成泥环，经机头出口被挤出，再由旋转的切泥刀将泥环切成碎片。泥料落入挤砖机。搅拌挤出机可以把多种物料搅拌混合均化和加水，借以改善原料，提高产品质量。

JKY75/75-4.0 真空挤出机由双轴搅拌（上级）和挤出成型（下级）两大部分组成，并配有真空系统和气动系统。上级采用了液压缸筛板结构，使上级物料能均匀、细致地落入下级进料箱内，增加了它的真空度。上、下级分别由电动机、气动离合器和减速机将动力传递给搅拌轴和铰刀轴。上级由搅拌轴、搅拌箱、真空箱、蒸汽加热管道、筛板、顶筛板液压缸、筛板滑道等部分组成，搅拌轴上装有搅拌刀和铰刀。下级包括铰刀轴、进料箱、对开泥缸和机头。当原料进入搅拌箱后，经搅拌刀对其连续的切割、揉搓。并逐渐将原料前推经螺旋铰刀挤压，经过筛板形成均匀的泥料，碎块在真空箱内经真空处理后落入下级进料箱，泥料在泥缸和机头经螺旋铰刀的输送及挤压而形成一定断面形状和强度泥条。真空挤出机抽出泥料中的空气，空气在泥料中被水封闭以气泡形式存在，降低了水分扩散速率，延缓水对黏土的湿润作用和纾解作用，妨碍泥料的均匀和实心。挤砖机挤出的泥条一离开机口即产生膨胀，易导致坯体产生裂纹，真空处理提高了成品的密度和力学强度。

切条机的工作过程是泥条行进到龙门架上的挡辊，推动滑车，使感应开关反应，汽缸活塞杆顶出，带动钢丝架上干死切泥，当切割完毕，龙门架上的挡辊被安装在机身两侧的撞块撞开，龙门架打开，泥条由快辊快速送走，此时，滑车由配重块拉回原位，等待下次工作。

切坯机的工作过程由切坯台部分和驱动部分组成。由减速机通过脚踏控制的牙嵌式离合器驱动曲柄摆臂机构，带动推坯头做往复直线运动，当泥条由切条机送上辊道切坯台后，被推坯头推过钢丝完成切坯。

机械手码坯系统是目前国内外应用非常广泛的码坯方式，也是自动化程度较高的码坯方式。其原理就是设定好程序，坯体通过翻坯机机组形成所要求的码坯方阵，由机械手夹取坯体，码放到窑车上，周而复始，直到码完一台窑车。整个动作过程（包括码坯机运转、机械手旋转升降、夹具夹取）全部是在机械传动程控机的控制下自动进行。使用机械手码坯机具有以下优点。

（1）机械手码坯系统的最大优点之一，就是工作平稳、速度快、精度高。由于机械手采用了定性与柔性的完美结合，站在生产线附近，只能看到智能机械手高效地往复运动，听不到设备工作时的噪声；而且速度快，码坯周期基本上都是 15s 左右，单台智能机械手可达到年产量 8000 万块（折标砖）。

（2）机械手码坯系统的另一个优点是使用寿命长、维修量小。一般来说，机械手可以保证平均工作 10 万小时不出现故障。也就是说，除了注油等日常保养，智能机械手可以连续工作几年不出现问题（一年内出现问题，厂家免费维修，更换配件）。

（3）近年来，建筑业对砖的质量要求越来越高，不但要求砖的强度高，而且对外观质量也有要求，即使是砌在里面的砖面也希望没有黑斑等缺陷，这就要求放在窑车上的坯体方阵在干燥、焙烧时能够保持良好的通风，而采用顺码方式是解决这一难题的好方法。机械手码坯系统通过对编组设备进行调整，就能够实现顺码的要求，这样不但提高了坯体的质量，而且加快了烧成速度，达到了提高产量的目的。

机械手码坯系统的控制部分：线控采用德国西门子 PLC 控制系统；生产线检测开关（光电开关、接近开关、磁性开关）采用德国倍加福、日本 SMC；气动元件（气缸、电磁阀、过滤器）采用日本 SMC。

抓具采用航空级铝材、日本米苏米直线轴承。线控软件考虑了手动调试、自动运转两种模式。在正常生产时控制软件按照时序节拍为机械手提供整齐的砖坯，在生产现场有显示屏监控生产状况。人工示教是通过机械手操作盘教会机械手如何进行码垛。自动码垛是在完成人工示教后由机械手系统自动进行码垛。提供工厂局域网统计监视功能。西门子控制系统仅需一根以太网线就可以方便接入工厂的调度室、经理室，方便管理人员实时查看生产情况。系统同时提供远程互联网接口，用户提供 ADSL 宽带接口，可以进行远程维护。

三、制造工艺与安装

本机组箱体构件采用全钢焊接结构，搅拌轴、铰刀轴等轴类零件采用 45 号钢以上材质，并经过调质处理以保证其强度，对辊皮采用耐磨合金钢保证其耐磨性和物理强度，铰刀采用冷压制造，铰刀螺距随物料不同而不同，浮动轴铰刀结构充分利用了砖机本身特性并易于安装拆卸。切坯机和自动切条采用 PLC 控制系统，实现了全自动垂直切割。

(1) 安装设备之前必须对基础的预留孔进行检查，经查合格后方可进行安装。安装时应先根据装箱单检查各部位零件是否完整，有无损坏。对于外露的加工面应进行清理。

(2) 设备安装完毕后，应对基础进行养护，待其性能稳定后，方可将地脚螺栓拧紧。

四、维护修理

JKY75/75-4.0 真空挤出机优化生产线设备较多，又时常在高负荷下连续运转，工作环境也较差，零件磨损比较快，冲击震动而产生的松动变形在所难免，这种状况必然要危及设备的正常使用，甚至人身安全，设备维修和保养的目的就是将运转设备的易损件进行修复或更换，使其恢复到原来的设计水平。

一套经过生产厂家和砖厂共同精心打造的砖机生产线安装调试之后已进行到正常生产运行阶段，为保持正常生产，设备的维修和保养就显得尤为重要。

因此，要建立必要的检修制度。包括日常维护和定期检修。

1. 日常维护

① 本机组应进行经常维护保养，特别是对各旋转部位及润滑点要经常检查清理，润滑部位应不漏油，加入适量润滑以保证正常良好的工作。

② 经常检查各运动部位是否正常工作，设备在运转中有无异常声响和震动。

③ 经常检查各紧固件是否有松动现象，密封处有无漏气现象。

④ 注意调整辊筒、刮泥板、挡板的间隙，搅拌刀、铰刀及其他机件磨损后应适时更换和修理。

⑤ 注意调整三角带的张紧程度。

⑥ 当负载超过允许值时，通过热继电器断开电机电源，实现挤出机过载保护。

⑦ 气动离合器及气路是否灵活可靠。

2. 定期检修

① 应根据工作制度建立切实可行的检修制度。

② 定期检查轴承及易损件的磨损情况，达不到要求者应及时修复或更换，并做到有一定数量备件的储存。

③ 滚动轴承最高温度不超过 70℃，温升不超过 35℃。

④ 减速器内油池温度不超过 55～60℃。

⑤ 本机使用 12000h 为第一大修期。

⑥ 齿轮箱内机油更换时间，第一次两个月，以后每六个月更换一次，并经常检查油池内油面位置。

总之，JKY75/75-4.0 真空挤出机优化生产线是一条智能化比较高、性能稳定、产能合理的生产线，用户满意率很高。

第三章 陶瓷墙地砖技术装备

第一节 陶瓷墙地砖自动液压机

一、概述

目前，我国的建筑卫生陶瓷工业已有了很大发展，特别是建筑陶瓷墙地砖产品质量达到了国际先进水平，其规格品种也有数千种，使我国的建筑卫生陶瓷市场地位空前提高，出口量大幅度增加，经济效益显著增加。随着我国工业的发展，科学技术水平大幅提高，陶瓷砖装备大型化有了空前发展，装备现代化水平突现出来，特别是对我国引进的国际7000t最大吨位的全自动压砖机进行了研究，通过消化吸收实现国产化。在国内科技人员的攻关研制下，相继开发出7800t高于国际最高水平的压砖机及其配套设备，通过实际应用，取得了明显的效果，达到了很高水平，促进了陶瓷砖工业生产企业迅速发展，许多装备制造企业应运而生，目前已形成规模，并形成制造加工能力，据悉生产企业已达数千家，相应配套设备生产企业也得到迅速发展，使科技人才队伍不断发展状大，掌握了现代化装备先进技术。目前，已具备了设计、制造、安装、调试、故障诊断与排除，以及维修等方面一条龙服务的能力。为了提高陶瓷墙地砖装备职业技能水平，促进技术进步，更好地指导生产，提高产品质量，广东佛陶集团股份有限公司等单位，制订了陶瓷砖自动液压机国家行业标准，实施后发挥了重要作用，推动了陶瓷压砖机生产的飞速发展。目前，他们的研发正在向8000～10000t压砖机水平发展，相应配套的生产企业也在日益增加，并形成新的陶瓷压砖机先进工业体系，为我国建筑卫生陶瓷墙地砖生产和装备工业的持续发展打下坚实的基础，使我国的陶瓷工业与国际接轨。

二、结构及原理

（一）工作原理

各类型陶瓷砖液压机液压原理有很多相同之处，下面介绍经简化了的陶瓷砖液压机液压传动系统。图3-1-1是一个闭环控制下的陶瓷砖液压机液压系统工作原理图。由图可见：液压系统由主泵1，主油缸2，蓄能器3、4，插装阀5、6、7、8、9，电磁阀10，电磁比例换向阀 11、12，充液阀 13，顶出缸 14，单向阀 17-1、17-2，滤油器 15，传感器 16，油箱 18 组成。主泵 1 由电机带动，从油箱 18 中吸油，经管路和单向阀 17-1 进入主缸控制系统。当插装阀 5、8、9 与比例阀 11 同时开启，同时，液压油经电磁阀 10，关闭充液阀 13，主缸上腔进油，压机动梁下降并加压。当插装阀 5、8，比例阀 11，充液阀 13 开启，插装阀 9 与压机油箱连通，液压油进入主缸下腔，主活塞在压力油的作用下带动动梁上升。传感器 16 用以检测动梁位置尺寸，把检测信号反馈给液压机控制系统，并给比例阀 11 提供信号，控制比例阀芯开启大小，以控制主油缸进出油速度来保证动梁的运动速度。从以上简化的陶瓷砖液压机闭环液压系统可以看到以下几点。

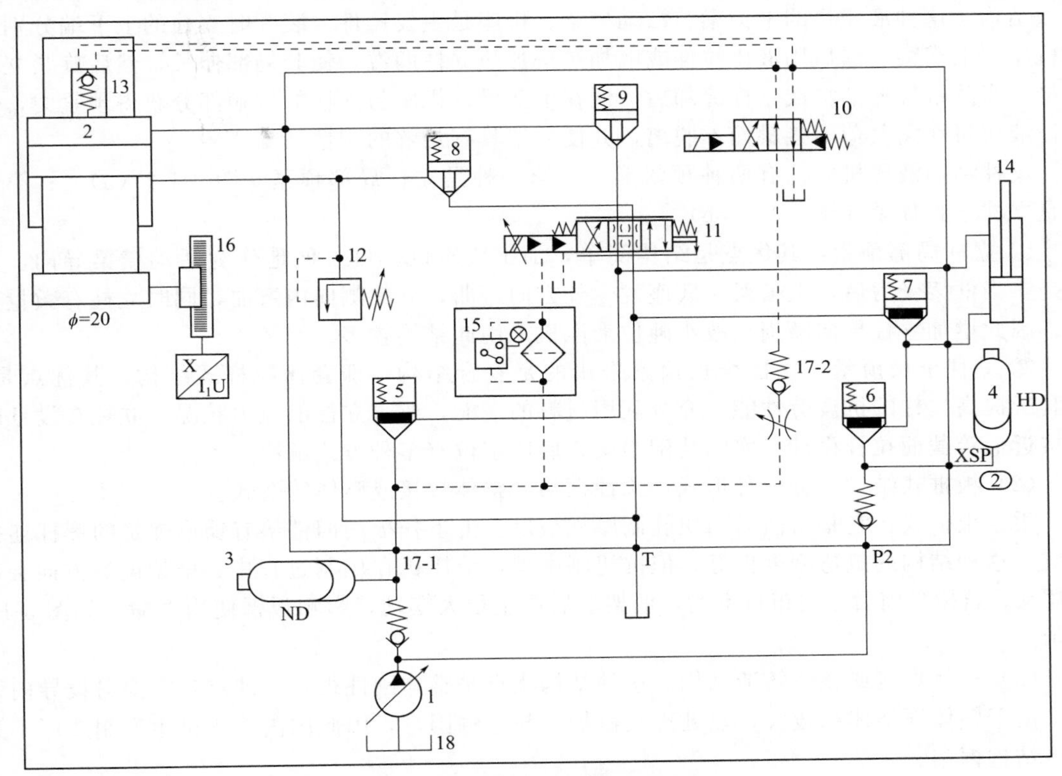

图 3-1-1　闭环控制的陶瓷砖液压机

1—主泵；2—主油缸；3,4—蓄能器；5～9—插装阀；10—电磁阀；11,12—电磁比例换向阀；13—充液阀；14—顶出缸；15—滤油器；16—传感器；17-1,17-2—单向阀；18—油箱

① 陶瓷砖液压机是靠液压油的压力传递能量。

② 陶瓷砖液压机液压系统由泵、阀、缸等元器件组成。

③ 液压系统各元器件由电气控制系统控制。

④ 陶瓷砖液压机液压系统必须满足驱动液压机各运动部件在力和速度上的要求。

（二）液压系统的组成

（1）能源装置　它是把机械能转换成液压能的装置，最常见的形式就是液压泵，它给液压系统提供压力油，使整个系统能够运转起来。

（2）控制调节装置　它是控制液压系统液压油的压力、方向和流量的装置。

（3）执行装置　它是把压力油的液压能转换成机械能的装置。如油缸、油发动机。

（4）辅助装置　它们是除以上三项以外的其他装置，如油箱、滤油器、冷却器等。它们对保证液压系统可靠、稳定、持久地工作有重大作用。

（三）陶瓷砖液压机主体结构类型

主体是陶瓷砖液压机的重要组成部分之一。它包括主体框架、压制油缸、布料系统、砖坯顶出器、安全防护装置。

1. 主体框架

主体框架按机架结构特点分四类：梁柱结构、板框式结构、整体铸造式、预应力钢丝缠绕式。

（1）梁柱结构（图 3-1-2） 又称三梁四柱式，国内生产的中小吨位陶瓷砖液压机大多采用该结构。这种液压机的上横梁、活动横梁、机座是主要铸件。装配时立柱的上下端分别插入机座、上横梁。然后用液压拉伸或电加热法加热立柱两端，使其局部伸长，然后旋紧立柱螺母。当放松拉伸油缸或立柱冷却后，便在上横梁、机座与立柱的接触部分获得预紧力，以保证液压机在满负荷下接触面不脱离，并使框架具有足够的刚性。

梁柱结构液压机立柱有两种预紧形式：第一种是立柱局部预紧［图 3-1-2（a）］；第二种是立柱全长预紧［图 3-1-2（b）］。

① 立柱局部预紧：其优点是结构简单，加工成本低，可方便地作为活动横梁导向。缺点是：当框架受力后，上横梁、底座发生外方向弯曲，立柱侧向内弯曲，同时立柱有微量伸长，因此增加立柱导向磨损。故小吨位液压机采用此结构较多。

② 立柱全长预紧：立柱全长预紧采用的是复合结构，即套筒拉杆式结构。其优点是：有利于提高立柱的抗疲劳性能，充分利用材料的潜能，改善立柱的应力状况。立柱在设计时可按近似等截面拉杆设计。实际装配横梁，底座定位有多种方式解决。

（2）板框式结构 分三种形式，柔性框架、整体焊接或整体铸造式。

柔性板框式：它是由前后两块轧制厚钢板以及上下托板用四件垫有蝶形弹簧的螺杆连接而成。这种结构的抗弯刚度良好，但抗扭刚度差，液压机在压制过程中，框架前后方向会产生摆动；若模具前后方向布料不均，框架前后产生很大摆动，影响板框使用寿命。如图 3-1-3 所示。

（3）整体焊接或整体铸造结构 这种结构优点是整体刚性很好，缺点是需要另设导向装置。由于整体框架体积较大，热处理及机加工与运输困难，因此国内液压机生产制造厂不采用该结构框架。

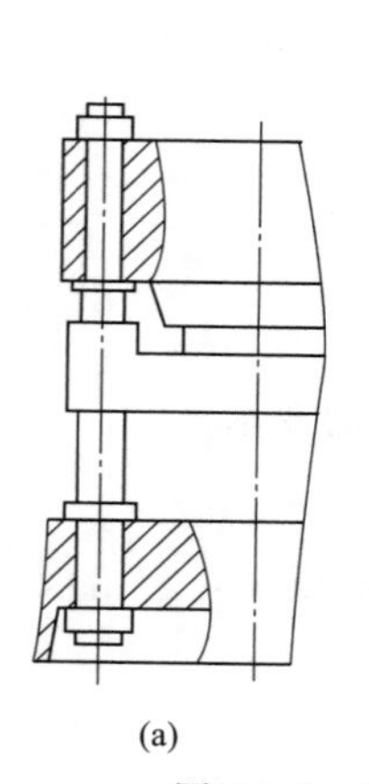

(a)

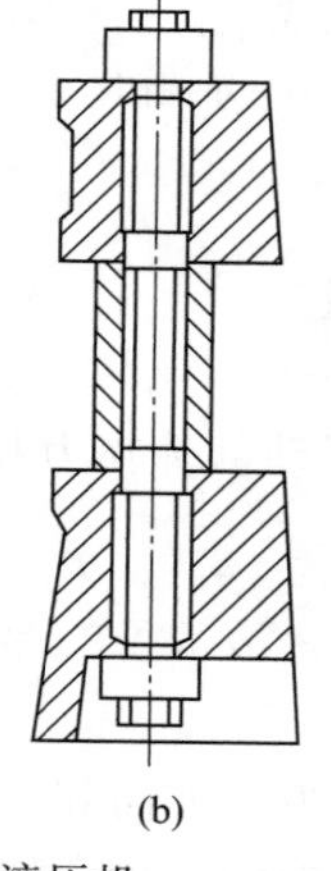

(b)

图 3-1-2 梁柱结构液压机

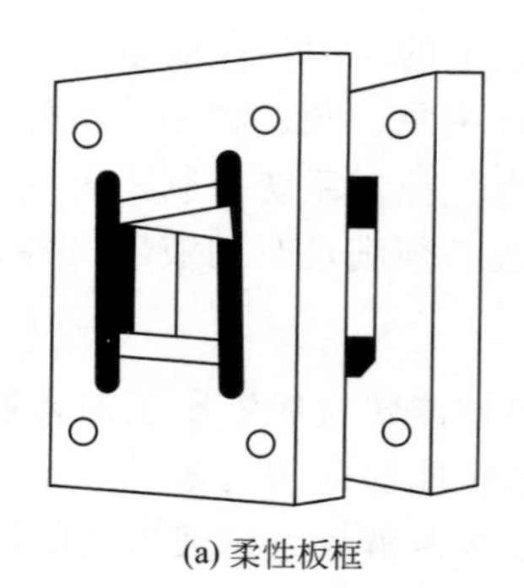

(a) 柔性板框

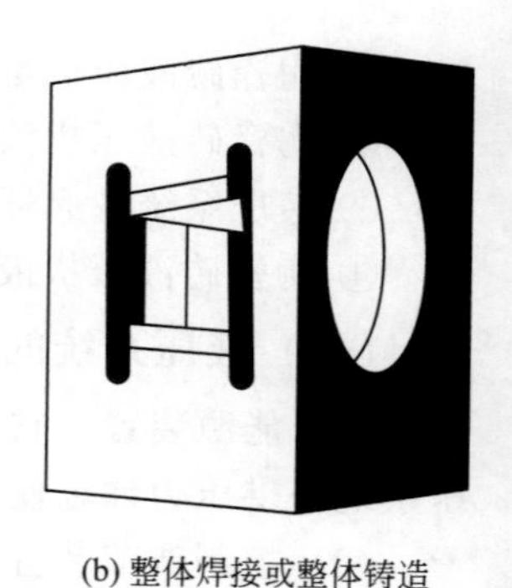

(b) 整体焊接或整体铸造

图 3-1-3 板框式结构

（4）预应力钢丝缠绕式　钢丝（钢带）缠绕预应力机架具有结构紧凑、重量轻、刚度大、抗疲劳能力较好等特点。因此，这种机架在工程中的应用日趋广泛。预应力机架是用钢丝（或钢带）将立柱和横梁缠绕成为一个整体结构，使框架建立预压应力，而钢带上建立预拉应力。

预应力钢丝缠绕机架一般均采用变张力缠绕。其优点是各层钢丝的应力趋于一致，钢丝层的设计接近等强度设计。目前KD3800t以上液压机、YP5000t以上液压机均采用此结构。如图 3-1-4 所示。

图 3-1-4　预应力钢丝缠绕机架

2. **压制油缸**

陶瓷砖液压机压制油缸是一个执行元件，它是把液压能转换成机械能的能量转换装置。在陶瓷砖液压机中一般使用两种结构形式的液压缸，即活塞缸和柱塞缸。其实是往复直线运动，输出速度和推力。

（1）活塞缸　陶瓷砖液压机活塞缸是活塞一端只有 1 个活塞杆的单杆液压缸，活塞缸上下两个腔的有效面积不相等。因此，这种活塞上下的推力也不相等。

这种缸在陶瓷砖液压机也有缸套固定式和活塞固定式两种，如：YP1000t～3200t，HP600t～3780t，KD1300t～3200t，ZF1200t～3600t，NF1100t～2800t 是缸套固定式，YP5000t～7200t，KD3800t～7800t 属活塞固定式。如图 3-1-5（a）、（b）所示。

（2）柱塞缸　陶瓷砖液压机柱塞式油缸是一种单作用油缸，缸筒和柱塞没有配合要求，缸筒内不需要精加工，因此大大简化了缸筒的加工工艺，降低加工成本。它也有缸筒固定式和柱塞固定式两种。如：NF1400t～NF1800t 是柱塞固定式，莱斯 3000t 属于缸筒固定式。如图 3-1-5（c）、（d）所示。

液压油进入陶瓷砖液压机柱塞缸，只能实现一个方向运动与加压，反方向运动要依靠回程缸。

不论是活塞缸还是柱塞缸，在结构上也存在缸梁合一，即油缸是梁，梁也是油缸。如莱斯 3000t、萨克米 3500t 是上横梁油缸合一，南方 1800t 液压机是动梁油缸合一。

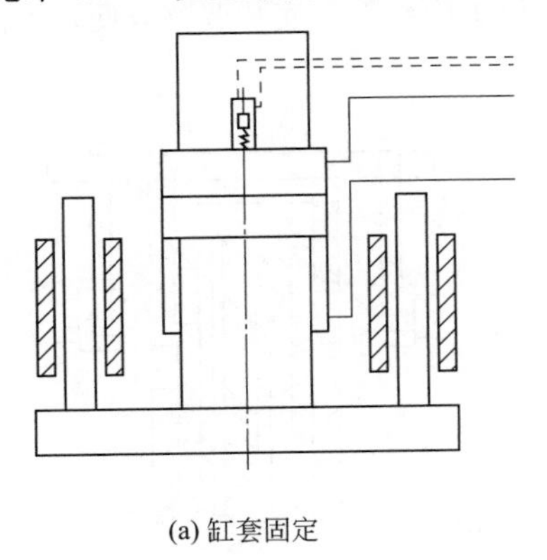
(a) 缸套固定

(b) 活塞固定

活塞缸

图 3-1-5

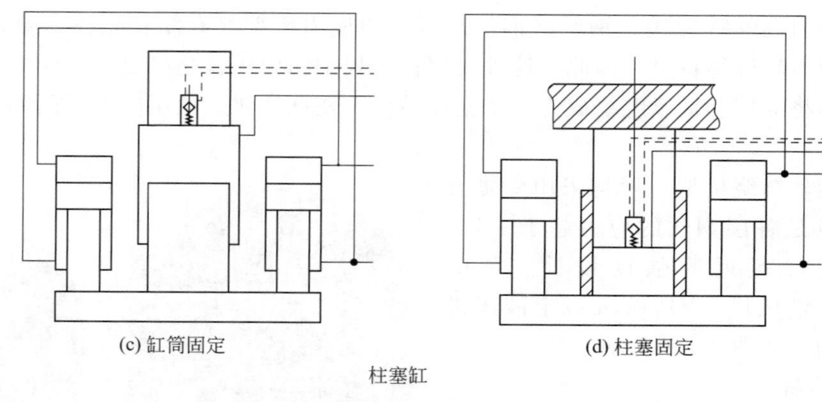

(c) 缸筒固定　　(d) 柱塞固定

柱塞缸

图 3-1-5　压制油缸

3. 布料系统

随着科技的发展和市场的需求，陶瓷砖液压机布料系统除传统油发动机拐臂布料小车，变频电机拐臂布料小车外，液压机生产厂又开发出线性多管布料系统，同时也出现专业生产各种布料系统的生产厂，以满足市场不同需求。

4. 砖坯顶出器

顶出器有三种形式，接力缸顶出器、伺服顶出器、SMU 顶出系统。

(1) 接力缸顶出器　有两个油缸叠加，形成落料缸和墩料缸，如图 3-1-6 (a) 所示。

当左旋或右旋调节螺杆 3 时，调节齿轮 4 上升或下降，从而限制墩料缸 2 的上升行程，当墩料缸 2 升起后，落料缸下落后被墩料缸 2 限位，以此来保证落料缸的行程。国产中小吨位液压机大多采用该结构。

(2) 伺服顶出器　如图 3-1-6 (b) 所示，伺服顶出器只有一个油缸，它是通过线性传感器检测顶出缸 1 的运动位置并把检测信号传输给比例阀控制系统，由控制系统给比例阀提供阀芯开启大小或关闭指令，以控制顶出缸升降位置，从而形成一个闭环系统。其优点是：顶出缸结构简单，落料位置精确，可以满足多次落料。

(3) SMU 顶出系统　如图 3-1-6 (c) 所示。在加料过程，顶出缸上腔进油，下腔回油，下模板下降，下降行程由墩料缸的活塞位置限定。加料完毕墩料缸回油，下模板二次下降。当下模连接板落到液压机机座上后，即可开始压制。压制完毕顶出缸下腔进油，上腔回油，从而推动下模板顶出砖坯坯体。其优点是 SMU 安装在液压机工作台上，安装调整方便，不需要地坑。

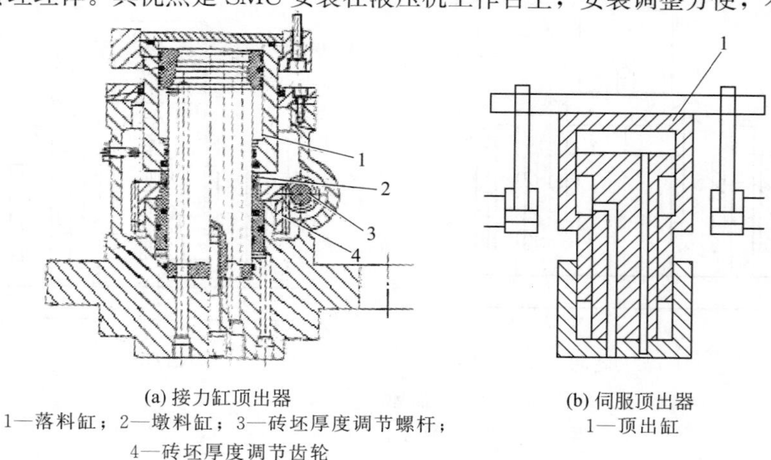

(a) 接力缸顶出器
1—落料缸；2—墩料缸；3—砖坯厚度调节螺杆；
4—砖坯厚度调节齿轮

(b) 伺服顶出器
1—顶出缸

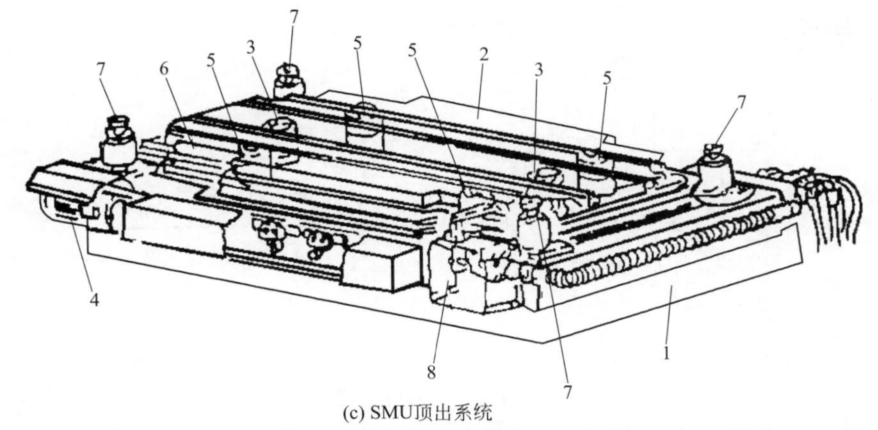

(c) SMU顶出系统

1—底座；2—下模板；3—顶出缸；4—电机；5—墩料缸；6—限位器；7—模具升降缸；8—接线盒

图 3-1-6　接力缸顶出器

三、制造加工

1. 立柱

在梁柱结构中，局部预紧的立柱可把两端看作是螺栓，全长预紧立柱可看作螺柱如图3-1-7所示。立柱预紧有两种方式：液压拉伸预紧和电加热预紧。预紧的目的是增强机架连接的刚性，提高立柱的抗疲劳能力。

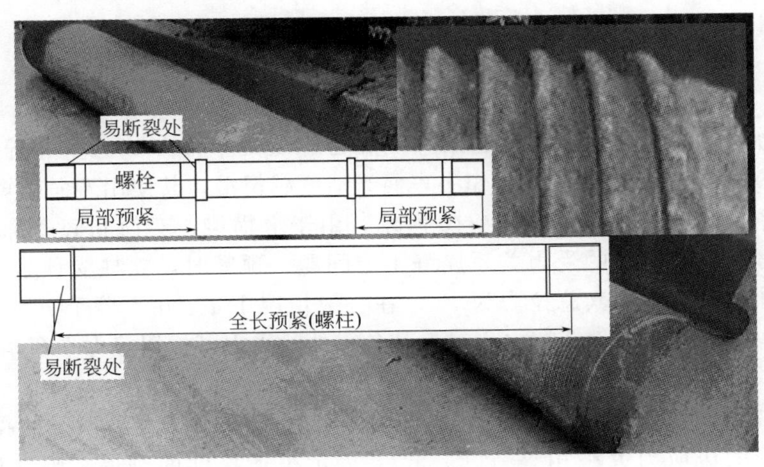

图 3-1-7　螺柱

立柱的设计、加工、预紧立柱每一个环节都影响其使用寿命；在陶瓷砖液压机使用过程中，由于液压机长期在低、中、中-高压交变载荷下工作（图 3-1-8），当液压机立柱加工、装配或预紧任何一个环节未满足设计要求都可能降低其使用寿命。出现的立柱断裂基本有一个共性，即在螺纹处或轴肩处，如图 3-1-7 所示。

国产液压机立柱螺纹有两种形式，一种是米制细牙圆柱螺纹，一种是锯齿圆柱螺纹。米制三角螺纹牙形为600mm，因牙形斜角较大，故摩擦系数也较大，自锁性能好，主要用于连接；螺纹分粗牙和细牙之分，公称直径相同时，细牙螺纹螺距小，自锁能力强，常用于切制粗牙，对强度影响较大，有振动或变载荷的连接。力泰、科达梁柱结构压机立柱采用此种螺纹连接，如图 3-1-9（a）所示。

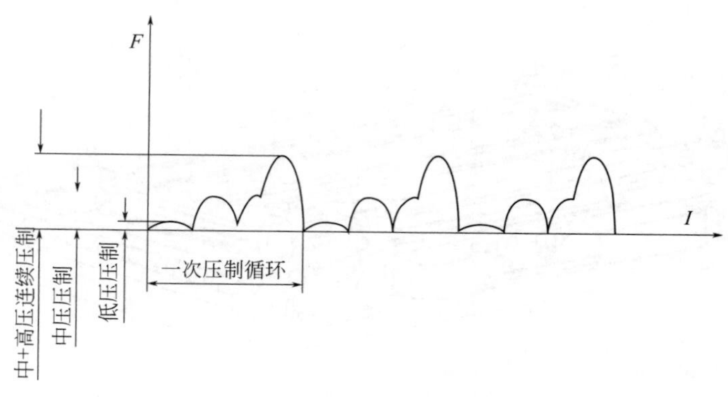

图 3-1-8　变载荷曲线

锯齿形螺纹工作边的牙形斜角为 30°，另一边为 300mm，用于承受单向轴向力。液压机立柱采用的是此种螺纹连接［图 3-1-9（b）］。

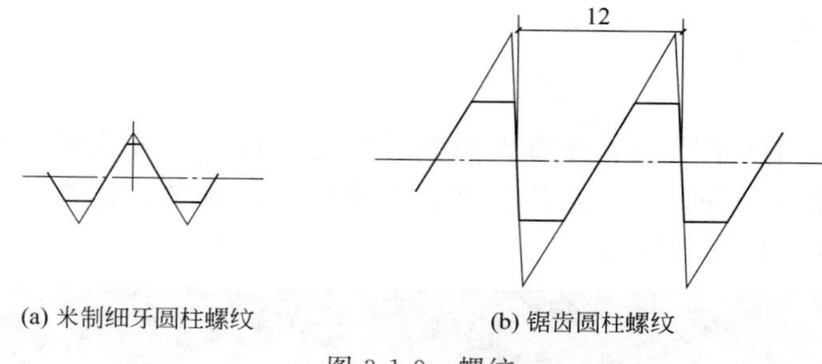

(a) 米制细牙圆柱螺纹　　(b) 锯齿圆柱螺纹

图 3-1-9　螺纹

立柱疲劳断裂多发生在从传力算起第一圈旋合螺纹处，其占 65%；光杆与螺纹连接处 20%；轴肩断裂占 15%、当立柱在制作中表面光洁度越粗糙，其使用寿命越短。

立柱的预紧力和工作载荷如图 3-1-10 所示，由于上横梁、套筒和底座都是弹性体，因此，在预紧过程中各连接件的受力关系属静不定问题。预紧时，立柱受预紧力为 F'，压机工作时受到工作载荷 F，但其总拉力为 F_0，在一般情况下 F_0 并不等于 $F'+F$。当压机立柱、上横梁、底座应变在弹性范围之内时，其各零件的受力可根据静力平衡条件和变形协调条件进行分析。

由图 3-1-11 得知，在立柱全长预紧中，根据静力平衡条件，立柱所受的拉应力与横梁、套筒、底座所受的压应力大小相等。以 c_1、c_2 表示被连接件的刚度，则立柱拉伸伸长量 $\delta_1=F'/c_1$，被连接的上横梁、套筒、底座的压缩量 $\delta_2=F'/c_2$（$\delta_2=\delta_{2梁}+\delta_{2套}+\delta_{2底}$）。图 3-1-11（a）为立柱预紧时立柱与上横梁、套筒、底座形成的机架变形关系图，将两图合并得到图 3-1-11（b）。图 3-1-11（c）是立柱受工作载荷时的状况，这时立柱的总拉力为 F_0，拉力的增量为 F_0-F'，伸长增量 $\Delta\delta_1$；在工作载荷 F 的作用下，横梁、套筒、底座等被连接件随之放松，其压力减小为剩余预紧力 F''，压力减小量为 $F'-F''$，缩短减少量 $\Delta\delta_2$。根据静力平衡条件 $F_0=F+F''$，即立柱总拉力为工作载荷与被连接的上横梁、套筒、底座给予立柱的剩余预紧力之和。当预紧力不足或负载过大时，将出现图 3-1-11（d）间隙现象，这种情况是不允许的，显然，F''应大于零，以保证连接件的刚性和稳定性。压机长期在高频次、高负载变载工况下运行，因此，为保证连接件在工作中的紧密贴合，F''应选择等于 $(0.6-1)F$。

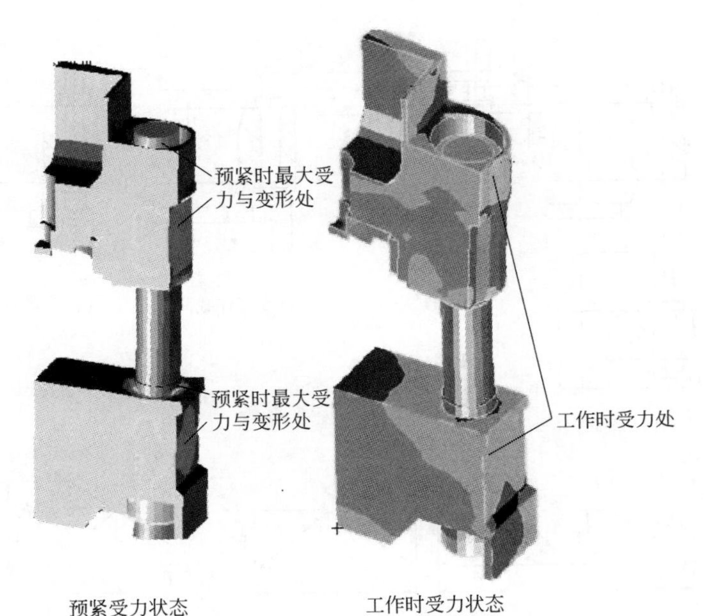

图 3-1-10 立柱的预紧力和工作载荷

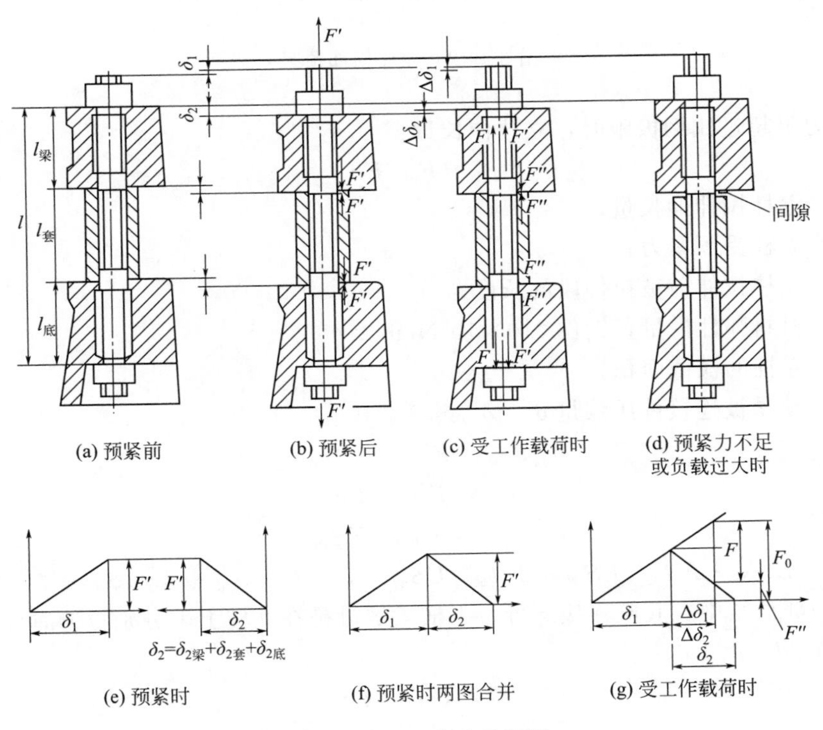

图 3-1-11 立柱全长预紧

图 3-1-12 是立柱局部预紧，由图可以看出立柱与横梁之间、立柱与底座之间分别预紧。其预紧要求与全长预紧相同。

立柱预紧伸长量计算如下。

立柱拉伸伸长量为 δ_1，被连接件压缩量为 δ_2，螺母旋合长度 $\Delta l=\delta_1+\delta_2$

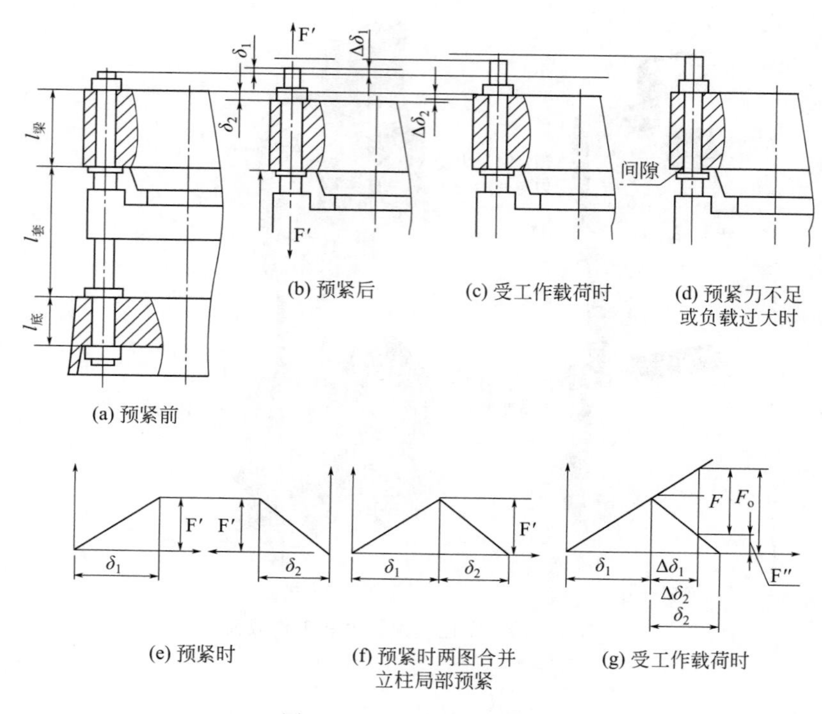

图 3-1-12　立柱局部预紧

当预紧力不超过比例极限时，立柱伸长量：

$$\delta_1 = F'l/ES_{柱}$$

式中　δ_1——立柱拉伸伸长量；

F'——立柱受预紧力；

l——立柱拉伸前被拉伸段的长度；

E——材料弹性模量，钢件 $210\times10^6\mathrm{N/m^2}$；

$S_{柱}$——立柱的横截面积。

立柱全长预紧被连接件压缩量 $\delta_2 = \delta_{2梁} + \delta_{2套} + \delta_{2底}$

其中：

$$\delta_{2梁} = F' l_{梁} /ES_{梁}$$

$$\delta_{2套} = F'l_{套} /ES_{套}$$

$$\delta_{2底} = F'l_{底} /ES_{底}$$

$$\delta_2 = F'l_{梁} /ES_{梁} + F'l_{套} /ES_{套} + F'l_{底} /ES_{底} = F'(l_{梁} /S_{梁} + l_{套} /S_{套} + l_{底} /S_{底})/E$$

在立柱局部预紧中，底座连接螺母、上横梁螺母是在立柱上下分别拉伸时旋合，上横梁螺母旋合长度 $\Delta l = \delta_1 + \delta_2$

$$\delta_1 = F'l_{梁} /ES$$

$$\delta_2 = F'l_{梁} /ES_{梁}$$

$$\Delta l = F'l_{梁} /ES + F'l_{梁} /ES_{梁} = F'l_{梁}(1/S + 1/S_{梁})/E$$

影响立柱使用寿命的因素有很多，材料、结构、尺寸参数、制造和装配工艺等。立柱螺纹处断裂多属于疲劳断裂，当立柱受拉时，螺纹受拉，螺距增大；螺母受压，螺距减小。这种螺距变化差主要靠旋合各圈螺纹牙的变形来补偿；从传力算起，第一圈变形最大，因而受力也最大，以后各圈递减；旋合圈数越多，受力不均匀程度也越明显，到第 8 圈至第 10 圈以后，螺纹牙几乎不受力，因此立柱螺纹断裂处大多在旋合的第 1 圈至第 3 圈之间。采用加高的螺母以增加旋合长度来提高立柱强度几乎没有多大作用。为了使螺纹受力均匀，使立柱与螺母变形一致，提高立柱使用寿命可采用以下方法减小螺纹的变化差：

① 立柱采用等强度设计与制作；

② 螺母采用悬置设计与制作；

③ 选择塑性较好、弹性模量较低的材料制作螺母或制作螺母缓冲垫片；

④ 提高立柱表面光洁度和硬度，增大螺纹根部圆弧半径 r。

2. 油缸

陶瓷砖液压机主油缸按安装方式分：缸套内置式和外置式两种。按结构分：缸-底一体式油缸和缸-底分离式油缸。按缸壁尺寸分为：薄壁缸和厚壁缸。薄壁缸安装在液压机横梁内部；厚壁缸可安装在横梁内或横梁外。如图 3-1-13 所示。

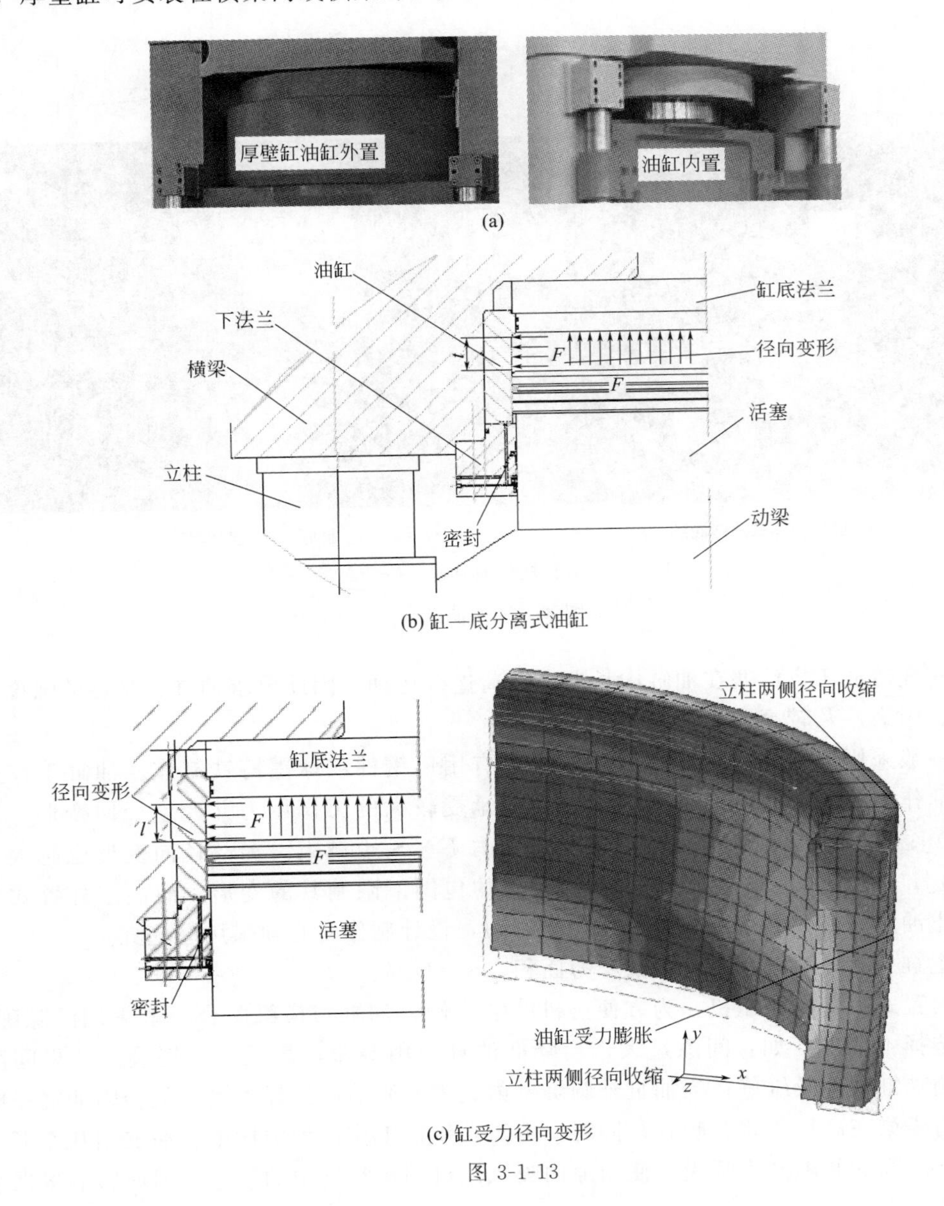

(b) 缸—底分离式油缸

(c) 缸受力径向变形

图 3-1-13

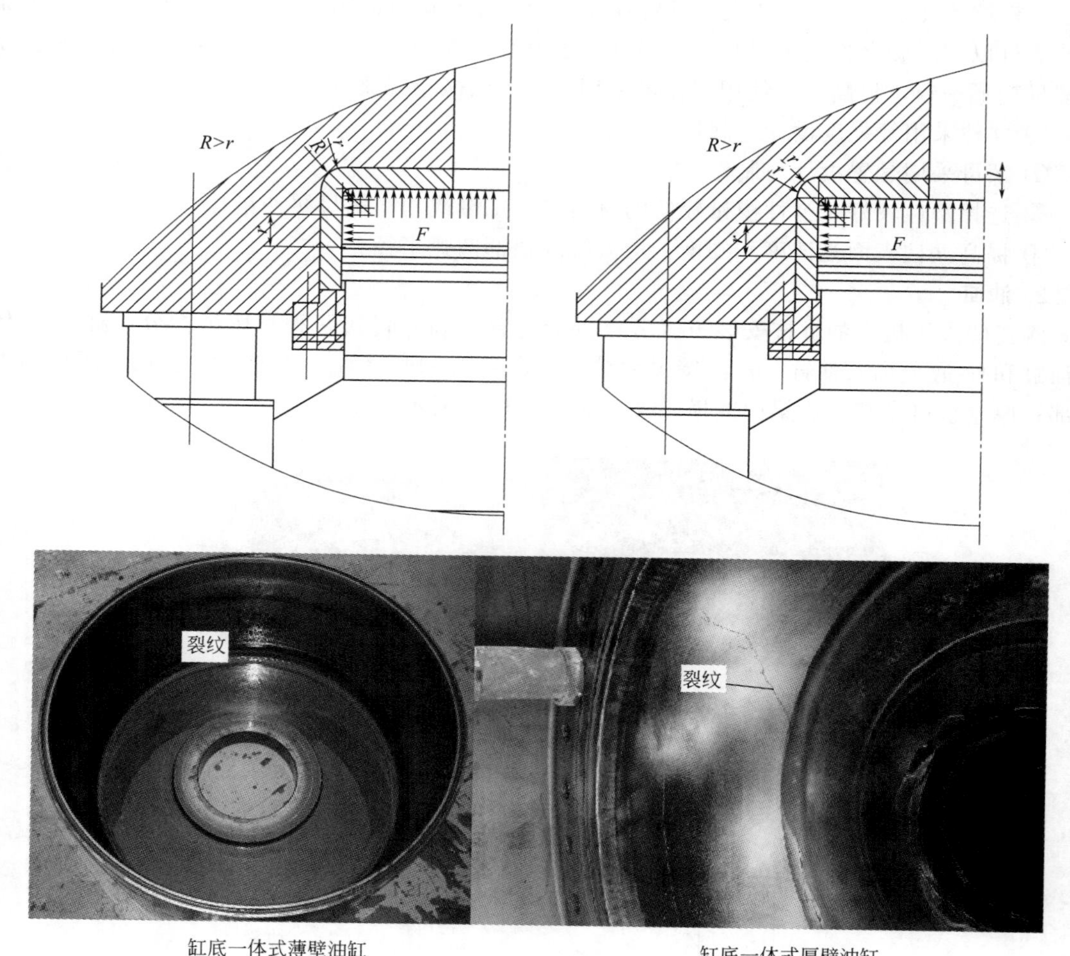

缸底一体式薄壁油缸　　缸底一体式厚壁油缸

(d) 缸底一体油缸

图 3-1-13　油缸

由于陶瓷砖液压机活塞在油缸内长期高负荷连续运动，因此要求油缸有足够的强度、刚度、塑性、耐磨性及较高的光洁度。

油缸一般采用锻件调质料，少数液压机也有用铸钢件或球墨铸铁制作。油缸工作过程中，高压油作用下在油缸缸壁上，使油缸径向承受较大的工作压力并产生径向变形［见图 3-1-13（b）］；当活塞行程 l 越大，油缸径向受力 $F\times S$ 也越大，局部径向变形也越大［图 3-1-13（c）］；因此，缸套内置使油缸在横梁孔的包围下限制其的变形；而油缸外置式是液压机因防止油缸有较大的变形，影响压机压制力，设计制作时必须采用厚壁缸。

F 为主缸压力，MPa；S 为主缸受力面积，$S=D\pi l$。

油缸内置式陶瓷砖液压机，为方便压机的缸维修，油缸与横梁配合一般采用间隙配合，但如间隙选择不合理，如：间隙过大，会降低油缸使用寿命，甚至缸壁爆裂。如果间隙过小，将影响油缸装配及维修；当油缸外圆缸壁内孔表面光洁度选择不当，就会因油缸径向变形使油缸与横梁在高压处相互咬合；同时，由于在压机工作过程中横梁、油缸相互变形，使油缸与横梁之间的间隙产生呼吸，使间隙内吸入压机周边空气中的粉尘，因而影响将来油缸的拆卸及维修。

带缸底油缸的制作应注意缸底与缸壁之间的交接处的内外圆弧表面光洁度及油缸外圆弧与横梁缸孔圆弧配合，当横梁圆弧加工完毕后，若油缸配合圆弧过小，则缸底与横梁缸孔顶部会产生装配间隙，当油缸工作时，油缸缸底与缸壁产生较大的变形，使油缸圆弧产生较大的应力集中和较大的变形，因此，降低油缸的使用寿命，该裂纹都是首先由圆弧处产生裂纹后扩展到缸壁与缸底。当油缸 R 大于横梁 r 时，缸底将会与横梁顶面良好接触；当油缸 R 小于横梁 r 时，油缸顶部将会与横梁接触面有间隙 l。当压机工作时，缸底会有较大的变形，油缸 R 处因严重的应力集中会加速损坏，从而影响压机使用寿命。如图 3-1-13（d）缸底一体油缸中所示的缸底裂纹。

油缸材料的选择：一般要求具有强度较高、塑性和抗冲击韧性好、耐磨的材料。

制作：锻→粗加工→超声波探伤→调质→超声波探伤→机械加工到成品。

由于油缸长期与活塞相对运动，油缸与密封相互摩擦，为保证密封的使用寿命，油缸缸孔表面光洁度一般应在 0.2～0.4。为了提高缸孔耐磨，缸孔表面应做表面强化处理。

油缸内孔表面强化处理一般采用高平淬火或强化滚压；高频淬火需专用设备、工装及专业人员完成，陶瓷砖液压机主油缸尺寸较大，所需高频淬火设备功率较大、工装复杂、淬火工艺掌握较难，容易产生局部硬度不足及细小裂纹，从而影响油缸使用寿命。为去除油缸内表面细小裂纹，同时提高表面光洁度，油缸需要大型专业内圆磨床，因此大多数国产陶瓷砖液压机生产厂都未采用该工艺方法。

表面强化滚压在机械加工中是常用的方法，其工艺简单，掌握容易，硬化层有较高厚度且硬度均匀，表面光洁度好，利用普通机床即可完成油缸表面硬化处理，因此，被广泛应用于油缸、活塞表面硬化处理。

3. 活塞

活塞一般选用锻件调质料，表面镀硬铬。活塞杆镀硬铬前表面常做强化处理，强化处理方法与油缸强化处理相同。

活塞在使用中常出现杆部失效［图 3-1-14（a）］，其产生的原因主要有以下几点。

（1）表面镀层光洁度不够，活塞在运动过程中，镀层表面因负载作用，使铬层表面细小铬粒脱落镶嵌在导向带之上，在活塞的运动中，铬颗粒与活塞铬层相互摩擦，使活塞铬层表面划出细小沟槽；随着时间流逝，脱落的细小铬颗粒增多，磨损加剧，活塞上产生沟槽加深、加大，从而使活塞失效。

（2）活塞电镀前表面强化处理未达到要求，即活塞基材硬度不够。由于镀层厚度一般为 0.05～0.15mm，当活塞基材硬度不够时，镀层相当于一个薄薄的蛋壳；当活塞工作时，活塞杆部膨胀，活塞杆密封加大压迫活塞；受到密封压迫，密封处活塞基体收缩，由于基体硬度不足，造成基体收缩变形较大，而硬铬层较脆，因此，铬层在基体的变形中产生微小裂纹并脱落；脱落的铬颗粒镶嵌在导向带或密封圈表面，在活塞的运动中造成铬颗粒与活塞表面铬层之间相互摩擦，从而使活塞表面铬层逐渐产生沟槽，从而使活塞失效。这种现象叫做蛋壳效应［图 3-1-14（b）］。

（3）气蚀。所谓的气蚀是液压系统油液中气泡的爆裂。在大气压下，油液中可溶解 9% 的空气。在高压下，油液可溶解更多的空气或气体，当压力降低时，气体逸出。陶瓷砖液压机油箱是低压压力油箱，油箱内充＜0.2MPa 气压，在主缸油液卸荷返回油箱内时，使油液容易混入更多的气泡。当油液通过压机充液阀再次充入主缸时，这些气泡随着油液进入主缸，当主缸加压时，油液中的气泡被快速压缩；当其经过密封间隙时，将以相当的能量在低

(a) 杆部失效

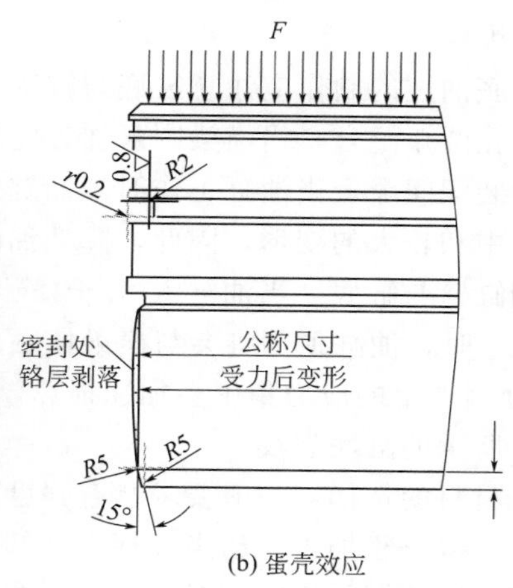

(b) 蛋壳效应

图 3-1-14　活塞

压侧产生膨胀（即喷射效应）；气泡在高速膨胀过程中将产生高温，烧蚀活塞表面，使其产生凹点或划痕；一旦活塞杆表面出现凹点或划伤，液压油或气泡就会以很高的速度和极大的加速度流经凹点或划痕，从而加速磨损。表面产生这种磨损时，粗看起来，会误认为是研磨磨损的缘故。这个过程是由振动的油液、气爆、高压和真空所引起。

（4）研磨磨损。当密封件和配合表面没有足够的润滑时，接触的表面会产生干摩擦。由于活塞运动速度较快，干摩擦会产生高温，高温会逐渐降低表面铬层的硬度，同时会产生烧蚀现象；如果活塞表面粗糙度不满足要求，则烧蚀或粗糙的表面掉落的颗粒会嵌在密封件上，在活塞的运动中，渐渐研磨活塞镀层表面，切开活塞表面铬层，从而造成研磨磨损。

造成活塞表面受损的原因还有很多，因此在活塞设计和制作过程中应保证基材有足够的硬度、表面镀层的附着力及镀层的硬度，镀层硬度一般大于 HV900。

4. 横梁、动梁与机座

横梁、动梁与机座是由铸钢件制作，从图 3-1-15（a）、（b）可以看出，动梁在立柱的导向下，由活塞带动上下运动，为保证动梁上下运行平稳，活塞中心轴线应与油缸中心轴线是相互重合，同时与立柱中心线保持相互平行。因此在加工横梁油缸孔、立柱连接孔时应保持其相互平行度与位置度，并保证立柱安装孔对称分布于缸孔中心。

压机在压制过程中，横梁呈向上弯曲趋势，缸孔底部靠立柱两侧向呈向中心挤压收缩，使缸孔呈椭圆变形趋势［图 3-1-15（c）］。在变形过程中，如果横梁整体刚性或局部刚性不足造成变形过大，使油缸、活塞受径向挤压［图 3-1-13（c）］，从而影响活塞与动梁向下运行，同时因挤压力过大，造成密封因挤压变形过大而失效。

横梁变形过大，还会造成其他零件的破坏［图 3-1-15（e）］，当油缸受挤压变形时，缸底法兰同样受油缸挤压，由于缸底法兰密封沟槽较深，沟槽根部 r 制作较小，法兰被挤压时 r 处产生应力集中，如果此处结构较弱时，此处易断裂（YP1280、YP1800、YP2080、YP3200t 此处都易出现裂纹）。

陶瓷砖液压机主缸装配在横梁内，由下法兰通过螺钉固定［图 3-1-15（b）］，当横梁向上弯曲时，缸底法兰也随之向上拱起，法兰边缘向下挤压油缸，并通过下法兰把力传递给固定螺钉，当压机长期在交变载荷状况下工作时，固定螺钉使用寿命与横梁的变形大小密不可分；横梁所受的负载大，其变形量大，传递给固定螺钉的力和形变也变大，从而螺钉的使用寿命降低。

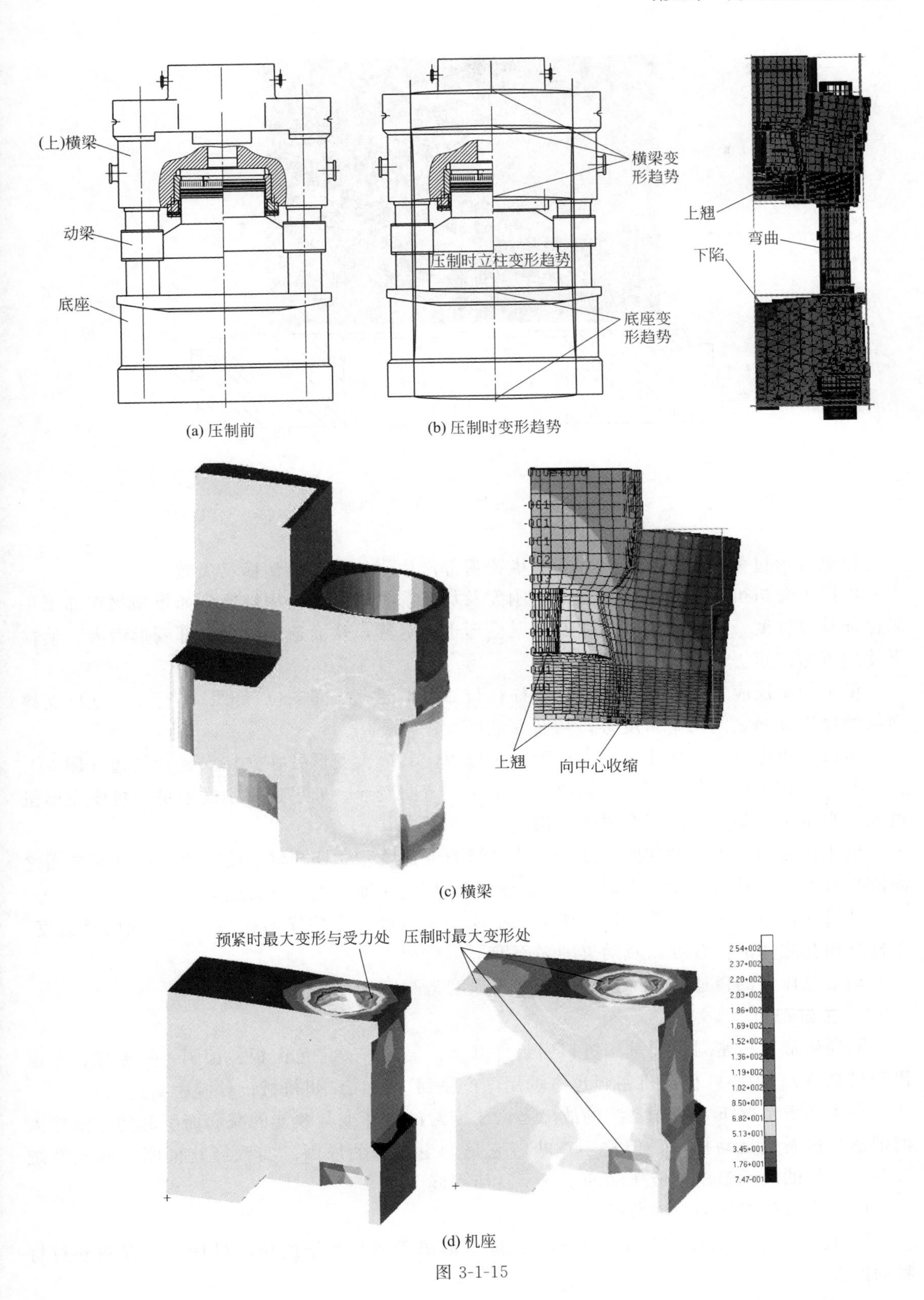

(a) 压制前　(b) 压制时变形趋势

(c) 横梁

(d) 机座

图 3-1-15

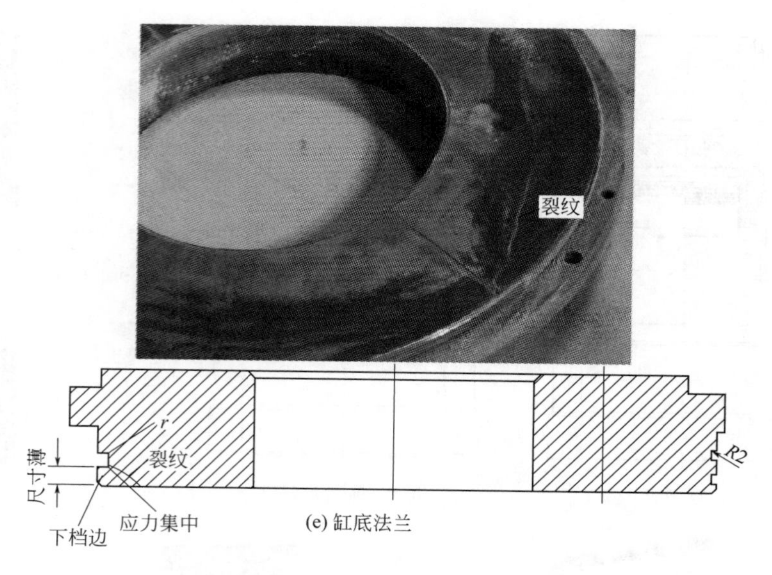

图 3-1-15　横梁、动梁、机座

横梁变形过大还可造成横梁前后、横梁肩部产生裂纹，从而使横梁失效。

由以上分析可知，压机横梁强度、刚度及加工都影响压机使用性能。如果横梁在加工中未保证其对称度，则压机在使用中其横梁变形也不对称，从而造成横梁局部变形增大，使横梁使用寿命缩短。

横梁加工还应保证立柱孔之间、立柱孔与油缸安装孔之间的位置度、平行度；立柱支撑面与螺母连接面之间的平行度等，从而保证横梁正常使用。

压机机座也可称为底座；在立柱预紧过程中，其最大变形处在立柱安装孔周边［图 3-1-15（d）］；在压机压制过程中，机座将发生向下弯曲变形。如果机座刚度不足，机座变形量过大，则压机压制的产品将会厚薄不均。

机座机械加工中，同样要保证立柱孔之间的位置度、立柱孔轴心线与机座模具安装面之间的垂直度、模具安装面的平面度、螺母锁紧面与立柱轴心线的垂直度等。

动梁在机械加工中主要保证动梁上下平面的平行度、立柱导向孔与上下平面的垂直度、立柱导向孔之间的位置度以及动梁的平面度。

动梁是压力的传递件，因此应有足够的强度与刚度。

5. 主缸密封

陶瓷砖液压机密封主要选用进口密封件（如：美国——宝色霞板、德国——麦克、弗洛伊登贝克等）。中小吨位压机密封也有选用国产密封（如：广州机械设计院密封所）。

在大多数情况下，液压系统的故障是由于密封的损坏或其效能的减弱而引起的。虽然人们把密封件看作是易损件，但这不意味着它是产生故障的原因。实践经验证明，液压系统70%～80%的故障是由于液压油的工况不良所引起。

（1）密封件损坏的原因分析

① 设计　系统的可靠工作，在很大程度上取决于密封系统的精心设计、选择和密封材料的匹配。

在陶瓷砖液压机使用过程中，往往会出现密封件被挤入间隙，其原因是密封间隙太大；

橡胶和热塑性密封材料在压力的作用下会产生流动，和压力不匹配的过大间隙会使密封件挤入到间隙中去。如图 3-1-16 所示。

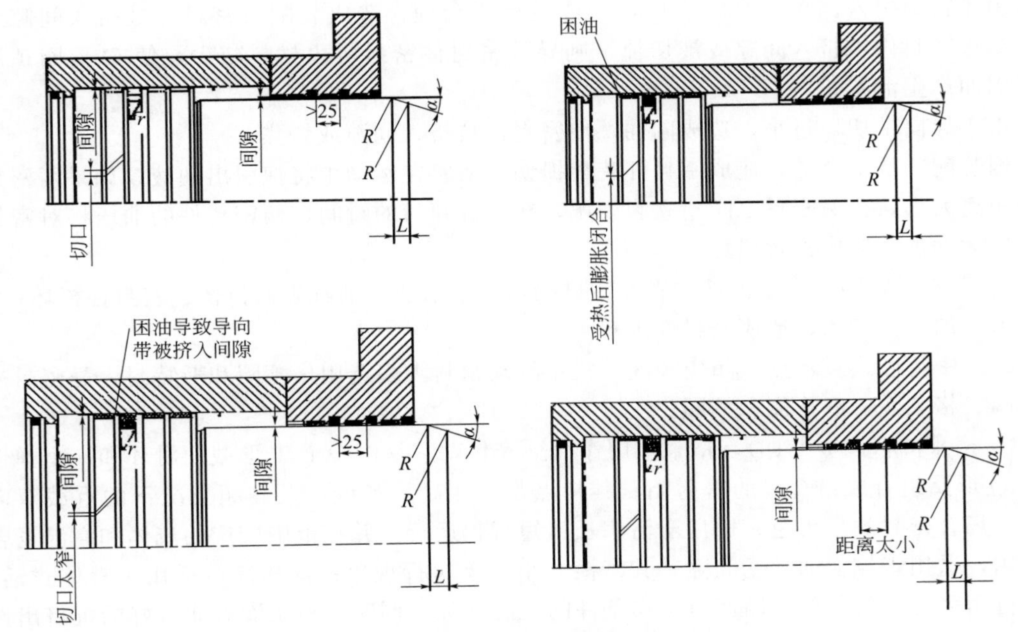

图 3-1-16　主缸密封件损坏原因分析

由于设计安装尺寸、公差及表面光洁度选择不正确，造成摩擦过大、预压过小、泄漏、困油（也可称为背压）。

由于设计沟槽存在不允许的倒角，造成密封件被挤入间隙。

由于导向带切口过小，使油液流速太快或困油，造成密封件的腐蚀磨损、气蚀。

由于设计表面粗糙度过低，造成配合表面的材料和工作条件、适用场合和密封材料不相匹配，表面过于粗糙或硬度不够都会使密封件和接触表面产生由于研磨和粘着磨损而引起密封件过早磨损；研磨损坏发生在彼此有相对运动的零件之间，当在密封和配合表面没有足够的润滑时，接触的表面结构就会有较大的接触面积，由于加工表面多少存在微小的磨损颗粒，细小颗粒逐渐镶嵌在密封件上，在活塞的运动过程中研磨活塞与密封件。

由于密封槽太大，造成射流磨损。

由于密封槽太浅，使密封件装配太紧。

由于密封件选择不合理，造成橡胶发脆、塑胶融化或结疤、胀大、收缩、变硬；当所选择的密封件太软时，密封件被挤入间隙；当材料或密封形式不合适时，造成动梁爬行。

② 加工　密封件的工作可靠性和使用寿命，在很大程度上取决于被密封配合的表面光洁度，这也是往复运动密封失效的重要因素。

划痕、刮伤、气孔、集中的螺旋状的加工痕迹都是不允许的。运动配合的表面粗糙度要高于静配合的表面粗糙度。图 3-1-17 是广泛应

表面剖面形状	Ra	Rz	R_{max}
	0.1	1.0	70%
	0.2	1.0	15%

图 3-1-17　表面剖面形状

用于表征表面微观质量特征的 Ra、Rz。

③ 安装　由于装配 O 形圈时发生扭转，造成 O 形圈使用过程中断裂；

由于密封引入倒角 α 及尺寸 L 过小或设计不合理，造成装配时密封件被挤入间隙或被切；如果密封件被挤入间隙或被切掉，则导致密封件密封唇边材料减少，使 O 形圈预压减弱，因而产生泄漏；

由于导向带切口过小，造成困油，使密封件被挤入间隙或烧焦；

因装配工具不合适，造成密封件装配损伤。活塞在运动中将拽引出油液，如果两密封之间的距离太小，在两密封之间建立起油压，在主缸卸荷的瞬间，两密封件的油压将对密封件产生巨大冲击，造成密封损坏。

④ 系统污染物　由于油液中颗粒污染物，造成活塞、油缸表面拉伤、密封件损坏；

由于油液中有水，造成密封件水解。

(2) 密封形式及特点　陶瓷砖液压机主缸动密封大多选用格莱圈和斯特封，静密封采用 O 形圈、格莱圈、O 形圈＋挡圈。

① 格莱圈（图 3-1-18）　格莱圈用作油缸密封，它是由一个 T 形截面滑环和一个弹性元件的 O 形圈组合成组合式的密封圈。其特点是：在高压和低压及高频工况下的重载双向活塞密封场合密封效果出色。适用于活塞长、短行程运行。并在范围较广的流体和高温场合得到应用，适用于较大的活塞间隙。其摩擦力小，无爬行现象；沟槽简单适用于整体式活塞；由于可用多种材料制作，因此对工作条件的适应性强；同时，格莱圈有非常好的抗挤出性和耐磨性。

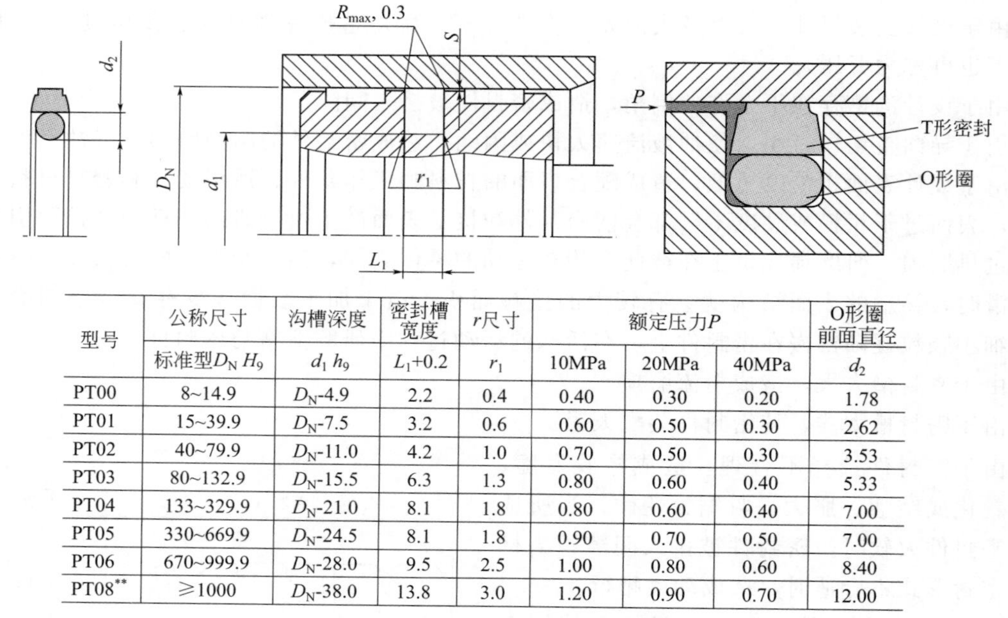

型号	公称尺寸	沟槽深度	密封槽宽度	r尺寸	额定压力P			O形圈前面直径
	标准型D_N H_9	d_1 h_9	L_1+0.2	r_1	10MPa	20MPa	40MPa	d_2
PT00	8~14.9	D_N-4.9	2.2	0.4	0.40	0.30	0.20	1.78
PT01	15~39.9	D_N-7.5	3.2	0.6	0.60	0.50	0.30	2.62
PT02	40~79.9	D_N-11.0	4.2	1.0	0.70	0.50	0.30	3.53
PT03	80~132.9	D_N-15.5	6.3	1.3	0.80	0.60	0.40	5.33
PT04	133~329.9	D_N-21.0	8.1	1.8	0.80	0.60	0.40	7.00
PT05	330~669.9	D_N-24.5	8.1	1.8	0.90	0.70	0.50	7.00
PT06	670~999.9	D_N-28.0	9.5	2.5	1.00	0.80	0.60	8.40
PT08**	≥1000	D_N-38.0	13.8	3.0	1.20	0.90	0.70	12.00

图 3-1-18　格莱圈

格莱圈的应用范围：线速度＜15m/s；压力＜40MPa；

温度：－40～200℃；

工作介质：以矿物油为基质的液压油、生物油、水和其他，其取决于密封圈的材质。

与格莱圈配合表面的表面粗糙度应满足往复运动表面粗糙度要求，见表 3-1-1。

表 3-1-1　表面粗糙度　　μm

表面特征值	配合表面		沟槽
	聚四氟乙烯材料	橡胶和聚氨酯	
R_{max}	0.63～2.50	1.00～4.00	<16.0
$R_{z_{DIN}}$	0.40～1.60	0.63～2.50	<10.0
R_a	0.05～0.20	0.10～0.40	<1.6

格莱圈的缺陷：不具备泄露油液的回吸能力，因此存在微小泄漏。

② 斯特封（又称：阶梯封）　如图 3-1-19 所示。

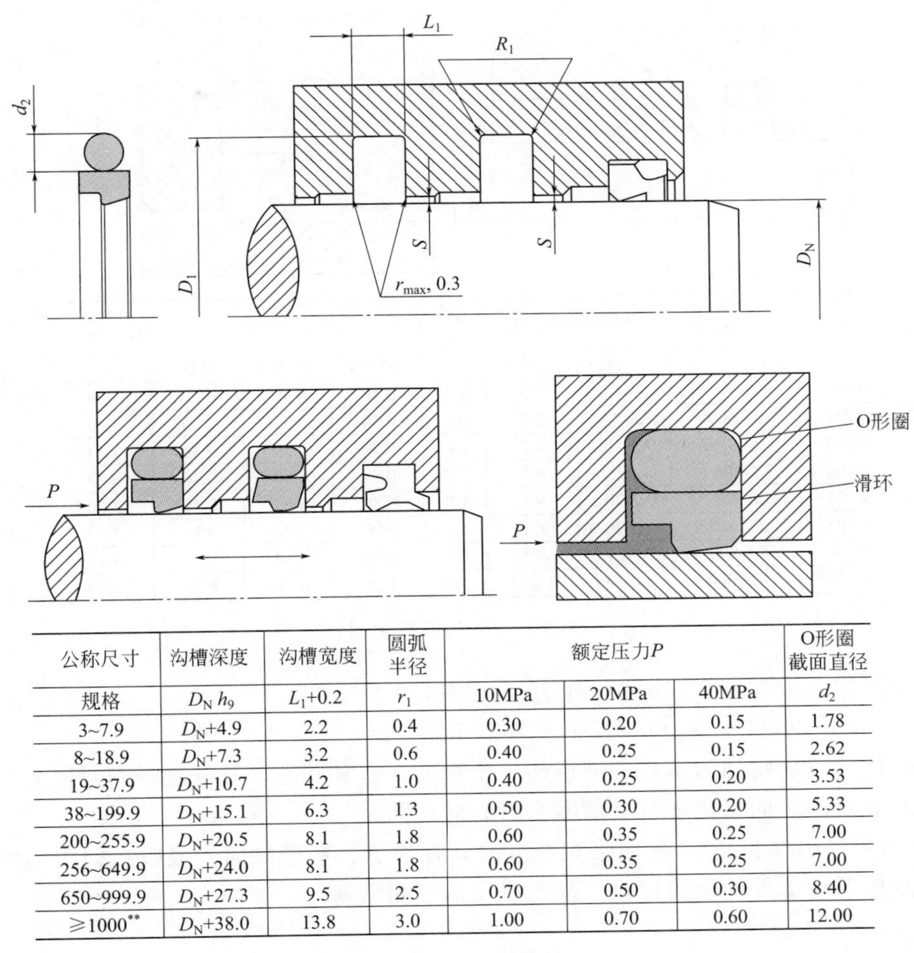

公称尺寸	沟槽深度	沟槽宽度	圆弧半径	额定压力P			O形圈截面直径
规格	D_N h_9	L_1+0.2	r_1	10MPa	20MPa	40MPa	d_2
3~7.9	D_N+4.9	2.2	0.4	0.30	0.20	0.15	1.78
8~18.9	D_N+7.3	3.2	0.6	0.40	0.25	0.15	2.62
19~37.9	D_N+10.7	4.2	1.0	0.40	0.25	0.20	3.53
38~199.9	D_N+15.1	6.3	1.3	0.50	0.30	0.20	5.33
200~255.9	D_N+20.5	8.1	1.8	0.60	0.35	0.25	7.00
256~649.9	D_N+24.0	8.1	1.8	0.60	0.35	0.25	7.00
650~999.9	D_N+27.3	9.5	2.5	0.70	0.50	0.30	8.40
≥1000**	D_N+38.0	13.8	3.0	1.00	0.70	0.60	12.00

图 3-1-19　斯特封

斯特封是由一个不对称截面的滑环和一个 O 形圈组成的组合式密封元件。主要适用于液压缸活塞杆密封系统的密封，它的特点是在压力负荷下具有非常高的耐压性能和抗压稳定性；具有良好的导热性能、抗挤出性能；耐磨性高；低摩擦力，不会造成液压系统爬行现象；具有良好的回吸能力。

其适用范围：线速度<15m/s，压力<40MPa；

温度：－30～200℃（视 O 形圈的材料而定）；

工作介质：以矿物油为基质的液压油、生物油、水和其他，其取决于密封圈的材质。

其密封表面的表面粗糙度与格莱圈相同。

③ 反向格莱圈（又称：杆用格莱圈） 反向格莱圈是由一个对称截面的滑环和一个O形圈组成的组合式密封元件。主要适用于液压缸活塞杆密封系统的密封，它的特点是在压力负荷下具有非常高的耐压性能和抗压稳定性；具有良好的导热性能、抗挤出性能；耐磨性高；低摩擦力，不会造成液压系统爬行现象；具有良好的回吸能力。

在实际应用中，反向格莱圈在密封高压油液系统中，使用寿命明显优于斯特封。因此，往往采用反向格莱圈和斯特封配合使用（图3-1-20）。

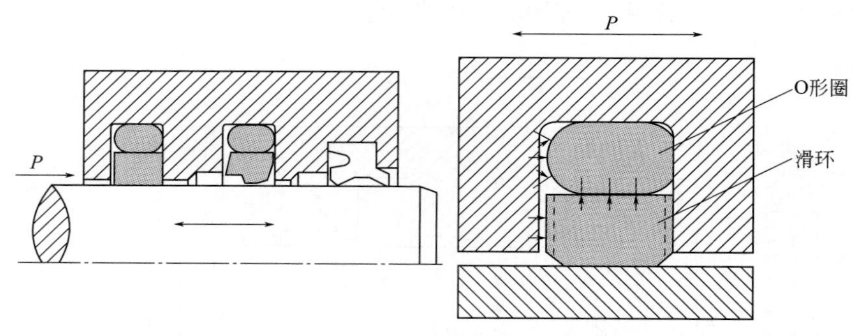

型号	公称尺寸 D_N f8/h9	沟槽深度	沟槽宽度	圆弧半径	额定压力P			O形圈截面直径
		D_1 H_9	L_1+0.2	r_1	10MPa	20MPa	40MPa	d_2
RT00	—	D_N+4.9	2.2	0.4	0.40	0.30	0.20	1.78
RT01	8~18.9	D_N+7.3	3.2	0.6	0.60	0.50	0.30	2.62
RT02	19~37.9	D_N+10.7	4.2	1.0	0.70	0.50	0.30	3.53
RT03	38~199.9	D_N+15.1	6.3	1.3	0.80	0.60	0.40	5.33
RT04	200~255.9	D_N+20.5	8.1	1.8	0.80	0.60	0.40	7.00
RT05	256~649.9	D_N+24.0	8.1	1.8	0.90	0.70	0.50	7.00
RT06	650~999.9	D_N+27.3	9.5	2.5	1.00	0.80	0.60	8.40
RT08***	≥1000	D_N+38.0	13.8	3.0	1.20	0.90	0.70	12.00

图3-1-20 反向格莱圈

其适用范围：线速度＜15m/s，压力＜40MPa；

温度：－40～200℃（视O形圈的材料而定）；

工作介质：以矿物油为基质的液压油、生物油、水和其他，其取决于密封圈的材质。

其密封表面的表面粗糙度与格莱圈密封表面相同。

④ 导向带（图3-1-21） 导向带在油缸内具有耐磨、精确导向、吸收径向力的作用。同时，防止缸内滑动部件的金属接触，避免拉伤油缸和活塞。

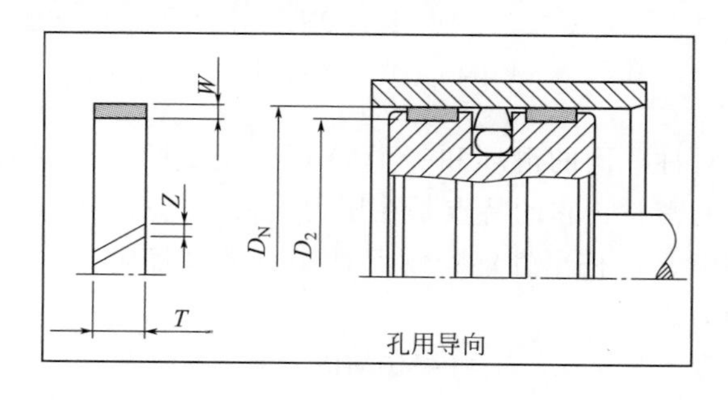

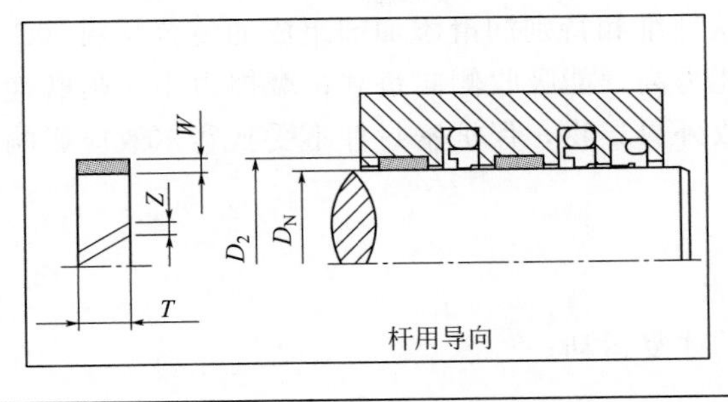

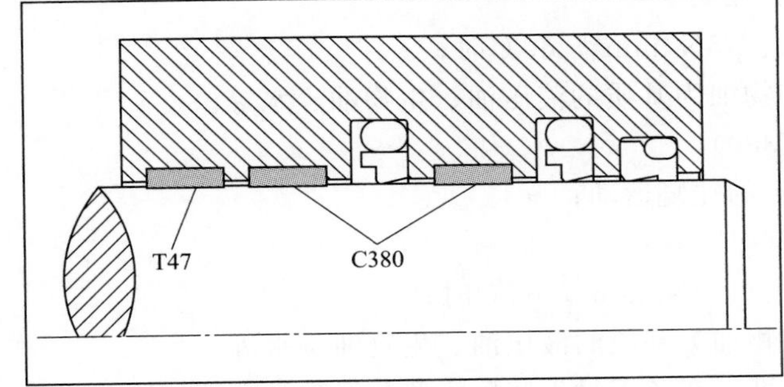

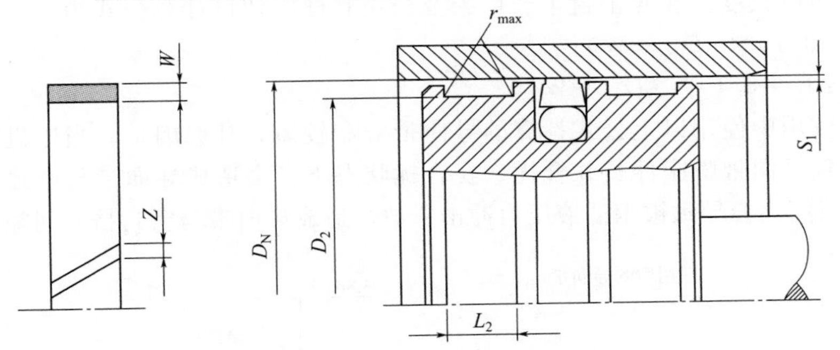

品种系列表 单位：mm

型号	孔径	沟槽直径	沟槽宽度	厚度	切口宽度
	D_N H_9	d_2 h_8	L_2+0.2	W	Z
GP41	8~20.0	D_N-3.10	2.50	1.55	1~2
GP43	10~50.0	D_N-3.10	4.00	1.55	1~3
GP65	16~140.0	D_N-5.00	5.60	2.50	1~6
GP69	60~200.0	D_N-5.00	9.70	2.50	3~8
GP73	130~400.0	D_N-5.00	15.00	2.50	5~14
GP75	280~999.9	D_N-5.00	25.00	2.50	10~33
GP75X	1000~4200.0	D_N-5.00	25.00	2.50	33~134
GP98	280~999.9	D_N-8.00	25.00	4.00	10~33
GP98X	1000~2200.0	D_N-8.00	25.00	4.00	33~70
GP99[4)]	100~999.9	D_N-8.00	9.70	4.00	4~33

孔径D_N/mm	S_{1min}/mm	S_{1max}/mm
8~20	0.20	0.30
20~100	0.25	0.40
101~250	0.30	0.60
251~500	0.40	0.80
501~1000	0.50	1.10
>1001	0.60	1.20

图 3-1-21 导向带

导向带材料：陶瓷砖液压机主缸使用的导向带主要有填充铜粉聚四氟乙烯（T47）、特殊热固性聚合树脂及网状纤维和特别润滑添加剂组成的复合材料（C380）。

T47 的特点：承载能力高，能吸收侧向负载；摩擦力小，耐磨性好，寿命长；具有一定的防尘能力，能嵌入吸收外界异物，保护密封件不受狄赛尔效应影响；沟槽结构简单，安装方便、维护费用低。

适用范围如下。

a. 聚四氟乙烯（T47）

线速度：≤15m/s 的往复运动；

工作温度：−60～200℃；

动密封压缩应力：$15N/mm^2$，60℃时；

适用介质：以矿物油为基质的液压油、生物油、水等。

b. 树脂纤维（C380）

线速度：≤1m/s 的往复运动；

工作温度：−60～130℃；

动密封压缩应力：$100N/mm^2$，60℃时；

适用介质：以矿物油为基质的液压油、生物油、水等。

导向带的切口长度：在各密封生产厂家及公司其样本切口计算公式为：

孔用：$L=3.10\times(D_N-W)$；

活塞杆用：$L=3.10\times(D_N+W)$。

但在实际应用中使用以上公式计算的导向带寿命较短，其原因是，当压机在连续工作时油温上升，导致导向带膨胀伸长并合拢，在合拢状态下，会造成导向带与密封之间困油，在工作压力释放瞬间，会导致被困油液压力冲击释放，造成导向带与密封挤入间隙（图 3-1-22）。

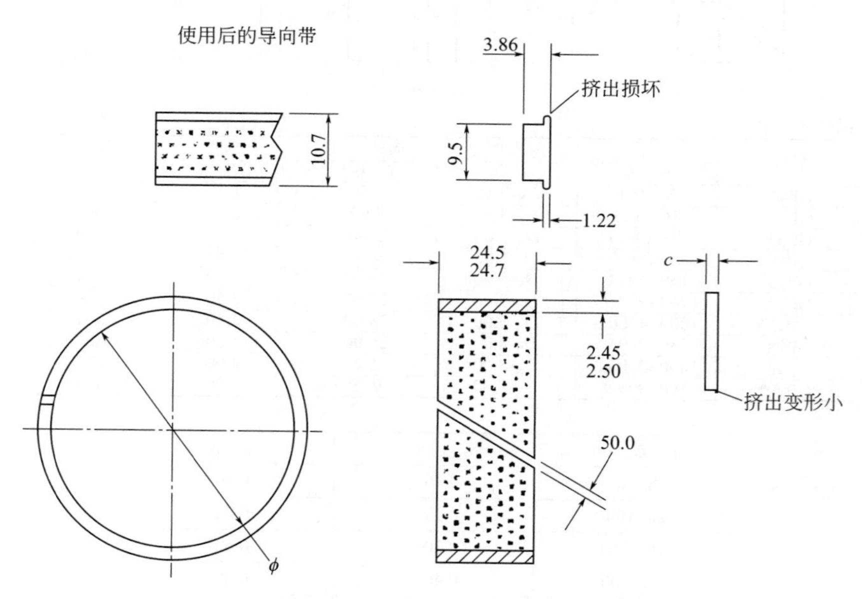

图 3-1-22　导向带切口问题

以上公式是基础公式，活塞越大，在此基础上导向带实际长度越短。

推荐宝色霞板计算公式如下。

孔用：$L=3.10\times(D_N-W)-k$；

活塞杆用：$L=3.10\times(D_N+W)-k$；

式中，k 为修正量。

6. 预应力钢丝缠绕机架

预应力钢丝缠绕：机架由两个半圆的上梁、下梁和支撑在上、下梁之间的两个立柱组成，外面用高强度钢丝带缠绕，使之成为一体。

预应力技术是一种先进的机械结构技术，在制造中对结构施加预紧载荷，使其特定部位产生预应力，这种应力与工作载荷引起的应力相反，可以抵消大部分或全部工作应力，从而大大提高结构的承载能力。而采用预伸长钢丝预紧的则称为钢丝预应力结构。具体有以下几个优点。

(1) 疲劳强度好　这是由于预紧件载荷波动小而获得高疲劳强度抗力，如钢丝预应力缠绕的油缸和机架，均有 15 年以上寿命。

(2) 承载能力提高　预应力结构是一种多元结构，在整体结构的压力集中部位将其剖分，然后再预紧为一个整体。由钢丝受力代替结构中应力集中部位受力，因而就更具有较高的可靠性，因此预应力缠绕结构和传统结构相比，重量大大减轻，从而降低了成本。

用预应力缠绕框架代替梁柱型框架和板式框架，可使得原本在框板内四角的压力集中得以消除，而由预紧的钢丝来承受，从而极大地提高其承载能力，无论从重量或是外形尺寸都有很大的降低，特别是这种钢丝预紧结构框架寿命都很长，至少 15 年。

7. 装配注意问题

机架装配应注意以下几点。

① 立柱吊装到机座后，应检测其有足够的接触面积，并用 0.05 塞尺检测其塞入深度及塞入长度，保证塞入深度不应超过检测深度的 20%，塞入部分的累计长度不大于检测长度的 10%。

② 横梁吊装到机架上后，应检测每个调节垫与横梁接触面的接触状况，接触状况与底座相同。

③ 当立柱预紧后应重复检查各接触面。

④ 立柱预紧完毕后，应配装动梁导向瓦。动梁导向瓦有两种结构，一种是铜瓦；另一种是钢背轴承。导向瓦装配后应检测动梁上下滑动是否自如，应保证其滑动并无卡阻现象。

⑤ 用吊杆螺栓连接动梁与活塞，用千斤顶把动梁顶至高位，放千斤顶，动梁与活塞通过自重下滑，检测动梁有无卡阻现象；同时用百分表及角度尺进行反复检测动梁下滑时，活塞运行轨迹与底座 A 面的垂直度是否满足设计技术要求。

⑥ 反复检测动梁在不同下落位置时，其底平面与机座工作台面的平行度。

⑦ 以上所有检测值都应符合 JC/T 910—2013 标准（图 3-1-23）。

四、安装调试

（一）陶瓷砖液压机的安装基础

陶瓷砖液压机的安装基础也称为安装地基或基坑，它是在地面上挖出的坑，利用建筑材料修建的地下部分。

由于陶瓷砖液压机安装底面有效面积较小，其与基础接触面单位面积受力大，压机工作时存在振动；因此，为保证压机安装后能长期正常运行，基础必须稳定而不发生沉陷变形。要达到以上要求，基础符合下列条件。

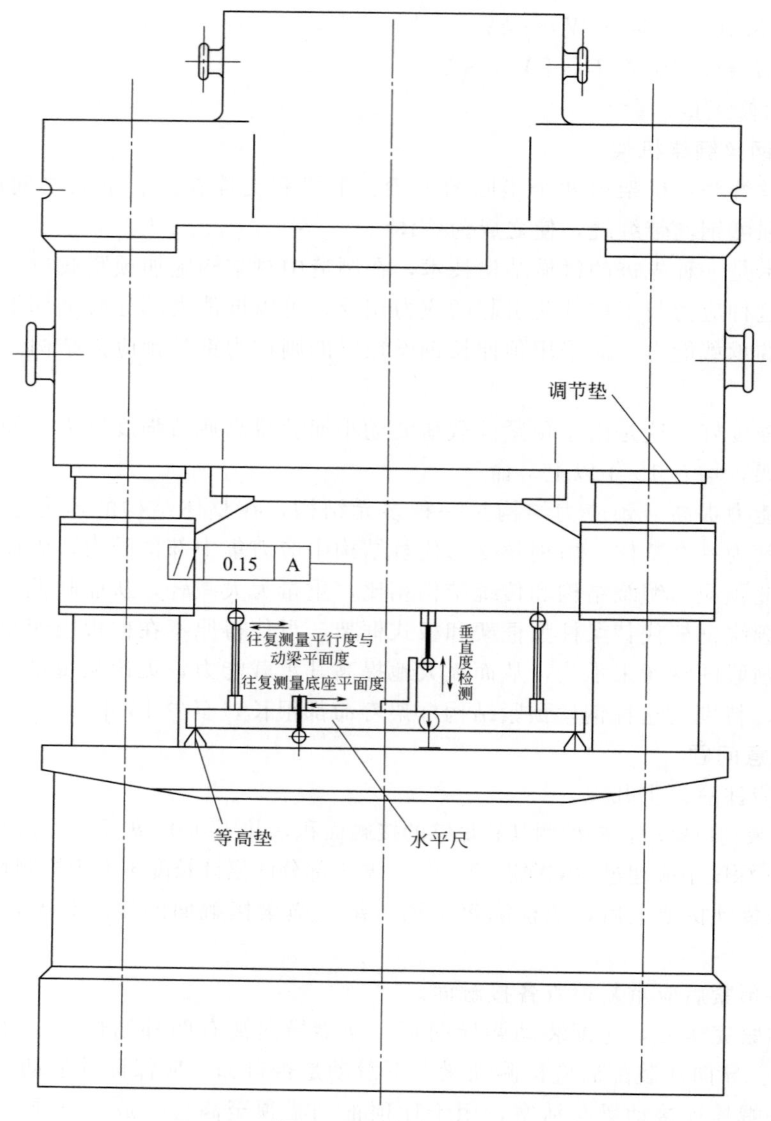

图 3-1-23　机架装配

① 基础具有足够的强度、刚度和稳定性，能够承受液压机的重量和基础自身的重量，并能承受压机工作时的惯性力和振动的影响，并能将各种力与振动均匀地传递到土壤中去。

② 能吸收或隔离因动力产生的振动，防止产生共振。

③ 保证基础底部土壤不发生塌陷。

④ 能排除地下水、流砂、松散土壤的不良影响。

⑤ 在保证上述条件下，最大限度地节省材料与施工费用。

为了达到以上要求，任何机械设备的基础所使用的基坑都必须进行加固处理，加固处理主要有以下方法。

① 填土法。

② 机械加固法。

③ 用桩加固法。

④ 水泥灌浆法。

⑤ 化学加固法。

填土法是将天然弱土壤挖去，用新的、具有能够承受较高耐压力的砂土代替，并将新砂土分层填实，洒水夯实，直到达到设计图纸规定的要求。

机械加固法是指在基坑范围内，对土壤外表面进行夯实工作，通过反复多次的夯实，使一定深度范围内的土壤密实、牢固、结合，从而提高基坑土壤的强度。

用桩加固法是一种常用的方法，它是用钢管、钢筋混凝土、石料、木材等强力打入基坑土壤中，靠这些材料的摩擦、挤压、夯实使基础土壤密实，使其和这些材料一起提高基坑土壤的强度。用桩加固基坑土壤时，其桩间的距离可以根据土壤的性质确定。用来加固的桩料可有柱承式桩和摩擦式桩两种（图 3-1-24）。

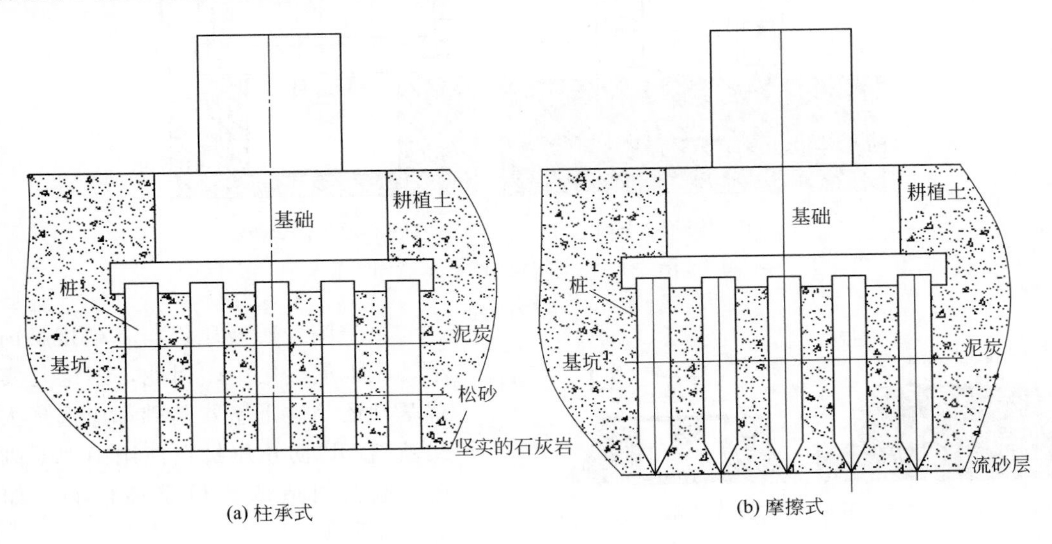

图 3-1-24　用桩加固法

水泥灌浆法是在基坑土壤内灌注水泥砂浆，灌注水泥砂浆时应保持一定的压力，使水泥砂浆在压力的作用下连续排出土壤中的气体而充满粗粒土壤中的孔隙，从而提高基坑中天然土壤的强度。基坑土壤注入水泥砂浆后，可以变成像混凝土一样坚硬的材料。

水泥灌浆法不适应于中粒砂土内，在这种土壤内，压力灌注水泥砂浆没有明显的效果。只有砾石或粗粒砂土，用含有细砂的水泥浆来灌注才会有好的效果。这种土壤的透水性和孔隙的大小都适合灌注含细砂的水泥砂浆。

化学加固法也称为水玻璃加固法。这种方法的原理是：水玻璃溶液和氯化钙溶液进行化学反应，可以生成硅酸的水凝胶体。这种胶体可以把基坑中的土壤胶合成像岩石一样硬的材料。这种加固方法大约 10 天左右可以完成，但是加固成本高，因此，在陶瓷砖液压机基坑加固时很少使用；在北方地区严寒气候下，为缩短工期，可采用化学加固法。

陶瓷砖液压机基础主要有单体实体式基础和单体地下室式基础。

实体式基础又称为单块式基础。它是按照工艺要求单独建成，不与其他基础或厂房建筑基础相连接，基础标高按工艺要求来确定。

单体实体式基础是安装顶出器不在机座底部的陶瓷砖液压机［图 3-1-25（a）］。而地下室式基础是安装顶出器在机座底部的陶瓷砖液压机［图 3-1-25（b）］。

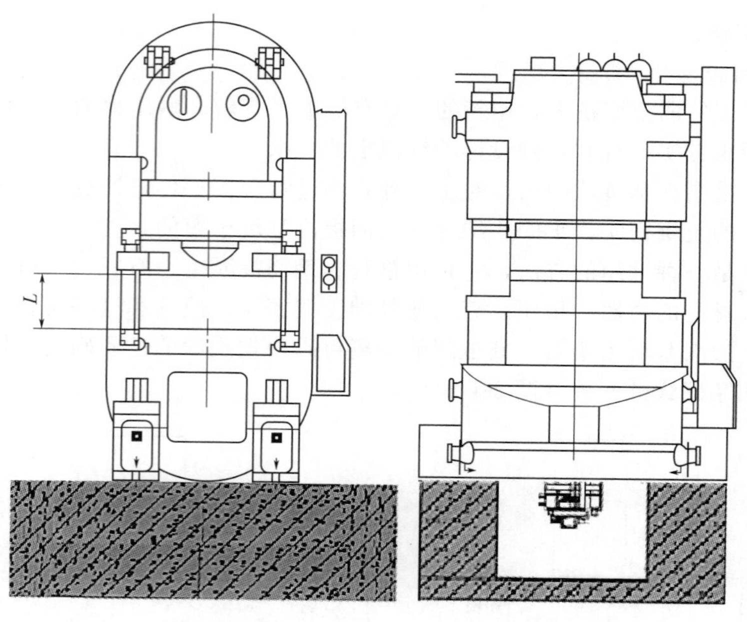

(a) 单体实体式基础　　(b) 单体地下室式基础

图 3-1-25　单体式基础示意图

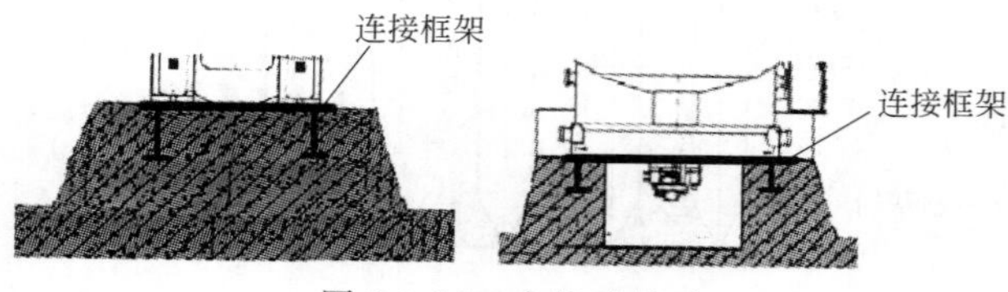

图 3-1-26　大块式基础

由于陶瓷砖液压机与基础接触面积小，压机重量集中，因此，不论是实体式基础还是地下室式基础都应选择大块式基础，以防止压机在使用中因基础下沉、倾斜而造成压机整体倾斜。如图3-1-26所示。

压机基础机座是和压机相接触的，因此，压机底座的形状和尺寸决定了基础的形状和尺寸，机座的面积大小还与所使用混凝土基础的压力有关。考虑基础面积时还应考虑压机底座面积。结合所选用混凝土的标号标出基础机座的面积。有时，为加大压机与基础的接触面积，减小基础单位面积受力状况，在基础机座制作时，在基础机座表面预埋一大于压机底座面积的金属承重框架（图 3-1-26），使压机安装在金属框架上，同时便于压机安装时水平的调整。

由于陶瓷砖液压机在工作中会产生一定的振动，其振动通过基础与基坑土壤的传递，影响其他设备的工作，因此，压机基础机座应考虑其减振性能（即在压机底座下采用弹性隔离衬垫，用来隔离压机的振动）。

基础的施工与验收如下。

基础施工是由土建工程部门来完成，但作为使用单位必须了解基础施工的整个过程，以便对基础建造过程进行技术监督和基础完工后进行验收工作。

基础的施工包括下列过程：挖基坑并加固基坑土壤，装设模板、安装钢筋、安装地脚螺栓和预留孔模板或含压机固定螺母安装垫板、浇灌混凝土、洒水维护和保养以及拆除模板、用河砂或碳渣填实基础与基坑间隙。

为了确保压机在基础上正常工作，避免压机在工作过程中惯性力的影响，造成压机基础发生沉降、倾斜的现象，一般应在压机安装前对基础进行预压试验，预压时间在 70～120h。加在基础上的预压压力应为压机的 1.5～1.7 倍。

为了使基础混凝土达到预定的强度，基础浇筑完毕后不允许立即安装压机，而应该保证至少养护 7～14d，当压机在基础上就位后，应至少经过 15～20d 之后才能进行压机的试运行。

（二）安装与调试

陶瓷砖液压机的安装调试一般有以下三种方式。

① 由压机生产厂商派技术人员到现场负责安装调试。

② 由压机使用单位指派安装单位负责安装，压机生产厂负责调试。

③ 由压机使用单位自行安装调试。

陶瓷砖液压机在就位前应准备好垫铁、地脚螺栓。

1. 垫铁的用途

（1）可以通过对垫铁的厚度调整，对压机进行水平调整。

（2）增加压机在基础上的稳定性。

（3）使基础能均匀的承受压机的重量及工作过程中的惯性力。

（4）便于二次灌浆。

垫铁按材料分：钢制垫铁和铸铁垫铁。

按形状分：平垫铁、斜垫铁、开口垫铁和调整垫铁。

① 平垫铁（图 3-1-27）。

平垫铁规格　mm

编号	*L*	*W*	*H*
1	110	20	3, 6, 9, 12, 15, 25, 40
2	135	30	3, 6, 9, 12, 15, 25, 40
3	150	190	3, 6, 6, 12, 15, 25, 40

图 3-1-27　平垫铁

② 斜垫铁（图 3-1-28）。

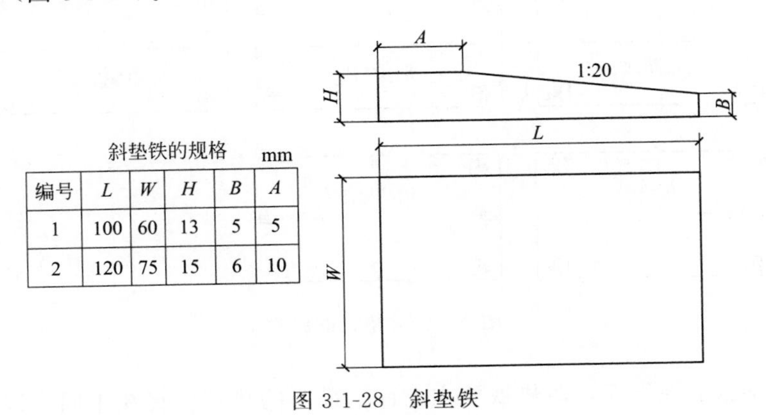
斜垫铁的规格　mm

编号	*L*	*W*	*H*	*B*	*A*
1	100	60	13	5	5
2	120	75	15	6	10

图 3-1-28　斜垫铁

调整垫铁与开口垫铁在陶瓷砖液压机安装较少使用，因此在此不做介绍。

垫铁面积的计算和安置垫铁的原则如下。

每一块垫铁的面积应能满足承受作用在其上的压力。垫铁表面面积计算公式：

$$S=(G+Pn_1)/17Kn_2\times P_1$$

式中 S——一块垫铁表面面积，m^2；

G——压机重量，kg；

P——地脚螺栓轴向拉力，N；

P_1——混凝土许用载荷，kg/mm^2；

n_1——地脚螺栓数量；

n_2——垫铁组数；

K——系数，表示垫铁与基础铁盒程度，一般取0.6。

垫铁的放置原则如下。

① 一个地脚螺栓附近至少安放一组垫铁。

② 相邻两组垫铁的距离，一般应保持在500～1000mm。

③ 每一组垫铁内，斜垫铁放在最上面，单块斜垫铁下面应垫有平垫铁。

④ 不承受主要负荷的垫铁组不应使用成对斜垫铁，只使用平垫铁和一块斜垫铁。

⑤ 承受主要负荷的垫铁组，应使用成对斜垫铁，把两块斜度相同而斜向相反的垫铁沿斜面贴合在一起，在压机找平后，用电焊焊死。

⑥ 承受主要负荷并在压机运行时产生较强连续振动的垫铁组不应采用斜垫铁，而只能采用平垫铁。

⑦ 每组垫铁总数不应超过三块，如果垫铁厚度不够而必须超过三块时，应尽量减少块数和少用薄垫铁，并将垫铁焊牢固。

⑧ 每组垫铁应放置整齐平稳，保证接触良好，压机找平后每组垫铁都应被压紧，可用0.25kg的铁锤逐组敲击听音检查。

⑨ 压机找平后垫铁应露出压机底座底面外缘，平垫铁应露出25～30mm，斜垫铁露出25～50mm，平垫铁伸入压机底座的长度应超过地脚螺栓的中心。

⑩ 安放垫铁时，可按标准垫法、井字垫法、单侧垫法、三角垫法和辅助垫法放置（图3-1-29）。

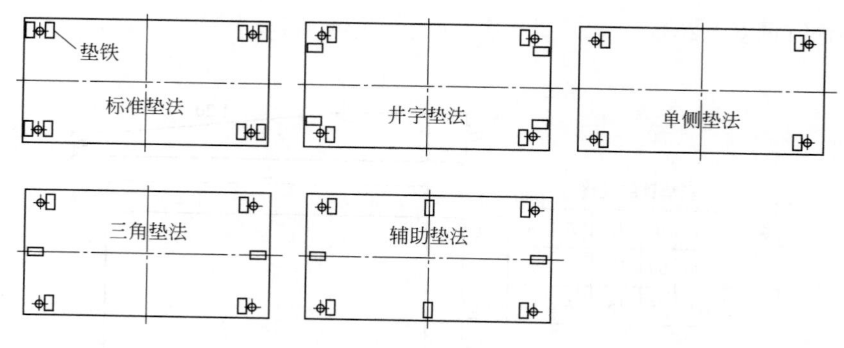

图3-1-29 垫铁的放置

⑪ 应将厚垫铁放在下面，薄垫铁放在上面，最薄的垫铁应夹在中间，以免发生弯曲变形。同一组垫铁几何尺寸要相同。

2. 地脚螺栓

地脚螺栓的作用是将压机牢固地固定在压机基础上，防止压机工作时发生位移、振动和倾覆。地脚螺栓、螺母和垫圈通常随压机配套供应，并在压机说明书中有明确的规定。通常情况下，每个地脚螺栓根据标准应配置一个螺母和一个垫圈，但由于压机振动，有时可配置锁紧螺母或双螺母。如图 3-1-30 所示。

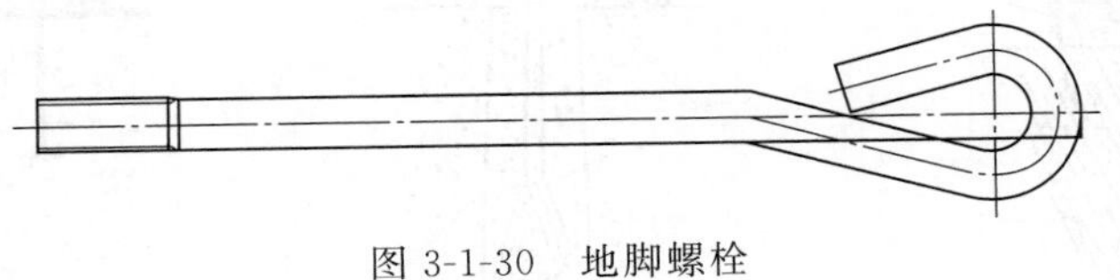

图 3-1-30　地脚螺栓

3. 安装准备

陶瓷砖液压机主体在吊装到基础后，应严格按技术规范和压机标准进行科学高效率的安装和调整，确保压机各项指标符合设计要求和国家标准。

（1）压机在地脚螺栓锁紧前，应用水平仪、等高垫及平尺对压机机座工作面进行水平调整（图 3-1-31）。

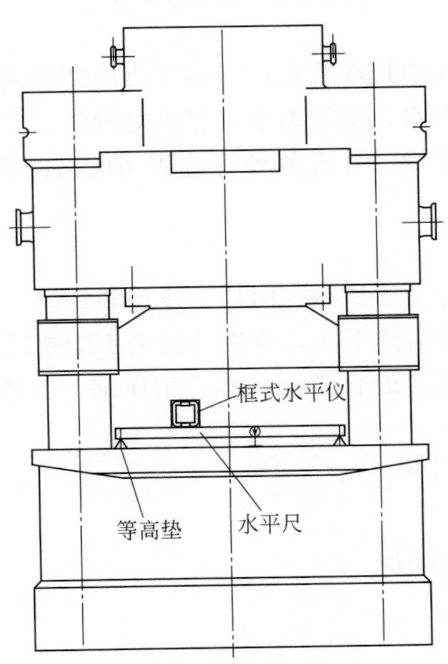

图 3-1-31　水平调整

（2）当机座工作平面水平调整满足设计技术要求后，锁紧地脚螺母。当采用全部预埋地脚螺栓时，锁紧螺母后，点焊垫铁与螺栓［图 3-1-32（a）］。

当地脚螺栓采用二次灌浆浇灌基础时，在机座水平调整好后，用混凝土或水泥砂浆把地脚螺栓浇灌死［图 3-1-32（b）］。

当采用连接框架基础时，连接框架在基础浇筑时就预埋在基础上，压机机座连接螺母在框架制作时已按框架设计要求焊接在框架上。在压机水平调整好后，锁紧螺母，把垫铁与连接框架点焊连接［图 3-1-32（c）］。

（3）陶瓷砖液压机主体在基础上安装调整完毕后，将准备装配配套零部件；在零部件装配前需做大量的清洗工作。

压机制造部门，为防止因材料自身、大气、加工过程的影响而产生锈腐，通常采用油封防锈、可剥性塑料防锈和封套包装防锈。

1）清洗前的准备工作如下。

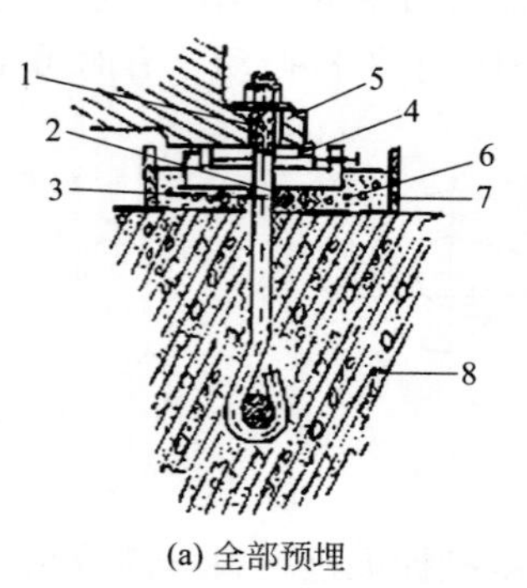

(a) 全部预埋

1—地脚螺栓；2—焊接点位；3—支撑圆钢；
4—调整垫铁；5—机座；6—灌浆层；
7—内模板；8—基础

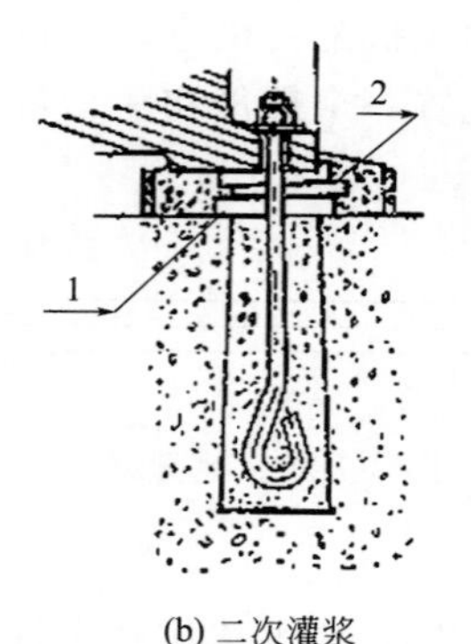

(b) 二次灌浆

1—平垫；2—斜垫板

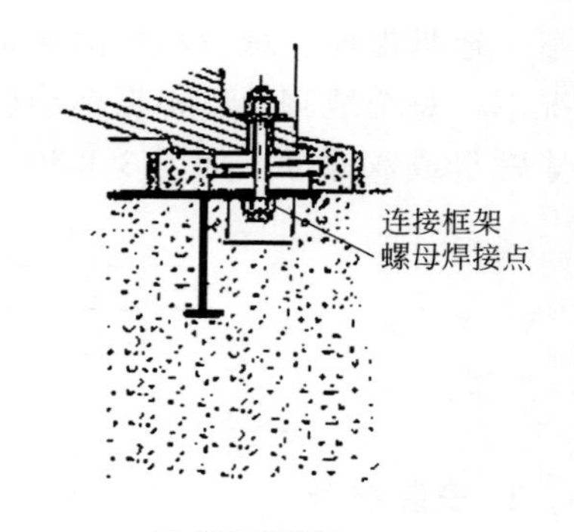

(c) 预埋连接框

图 3-1-32　地脚螺栓连接

① 熟悉压机的图纸和相关的技术要求，了解压机的性能结构。

② 准备清洗现场所需的供水、供压缩空气和供电设施，并检查预防事故的措施。

③ 清洗现场保持清洁、干燥。并有各种清洗所用的清洗剂、油、工具及放置零件的箱体、摆放架和垫木。

2）清洗步骤如下。

① 初洗：主要清洗零部件上的油污、旧油、漆迹和锈斑。

② 细洗：用清洗油将脏污清洗干净，清洗油温度不能超过闪点，以防燃烧。

③ 精洗：采用清洁的清洗油最后清洗，然后用压缩空气吹一下后再洗一次，精洗主要针对液压元件、油管。

3）装配中常用的清洗剂如下。

① 碱性清洗剂。

② 含非离子型表面活性清洗剂。

③ 石油溶剂。

④ 清洗气相防腐溶剂。

但在陶瓷砖液压机装配中大多采用煤油或柴油清洗。

4. 调试

陶瓷砖液压机安装完毕后必须试压。试压的目的是：检测管路、阀块、密封和连接部分有无泄漏。试压应逐渐经低压、中压、高压，每个过程经 30min 连续试压。

试压过程同时可以检验压机控制线路连接状况的正确性、压制程序及压机整体安装状况。如出现异常应及时处理，防止事故发生。

调试过程的系统压力调整，应严格按压机使用说明书要求执行。

5. 重要螺栓的预紧

下法兰、增压器、充液阀的安装螺栓应具有结构简单、连接可靠、拆卸方便，强度高、塑性好。螺栓为了达到可靠的紧固目的必须保证螺纹具有一定的摩擦力矩，此力矩是由连接时施加的拧紧力矩获得。

螺栓连接预紧力的大小是由零件的材料及螺纹直径决定，其预紧力的大小数值可用下列公式计算：

$$M_t = KdP_0 \times 10^{-6}(\text{kgf} \cdot \text{m}) = GKdP_0 \times 10^{-3}(\text{kN} \cdot \text{m})$$

式中　M_t——扭紧力矩；

d——螺栓直径；

P_0——预紧力；

G——1kgf·m=9.8N·m；

K——扭力系数（有润滑情况，$K=0.13\sim0.15$；无润滑时，$K=0.18\sim0.21$）。

预紧力的控制方法如下。

① 利用扭矩扳手、风动扳手、电动扳手、液压扳手。

② 测量螺纹伸长量。

③ 扭角法：此法是在计算螺母原始位置再拧一个角度的大小。

螺栓安装要点如下。

① 螺栓与被紧固零件贴合面要光滑、平整；

② 按一定的顺序，逐步分次拧紧；

③ 严格控制拧紧力矩，过大的拧紧力矩会使螺栓折断或机体变形。

6. 压机安装位置上的检测

压机在安装位置上检测是压机安装最重要的工作之一，要想使压机工作可靠，运转正常，并达到设计要求，必须严格地按技术要求及国家标准，使用先进的量具、仪表及工装对压机进行检测，确保压机各项技术指标符合要求。

压机在安装位置上的检测内容如下。

① 机座工作上平面的水平。

② 机座工作上平面与动梁下平面的平行度。

③ 动梁运行轨迹与机座工作上平面的垂直度。

④ 顶出缸各顶杆顶出高度等高。

⑤ 主活塞及各液压件的泄漏。

7. 压机安装误差方向的确定原则

在压机安装工程中，误差方向对安装质量有一定的影响，这种影响不会在压机运行初期显现出来，但经过一段工作时间后会暴露出来，因此，需考虑压机在动态和热态状态下所需要一定数量的精度储备，将误差方向加以控制，使得误差能相互抵消一部分压机动态和热态运转时的不良影响。

考虑安装误差的原则如下。

① 有利于抵消压机附件安装后重量的影响；

② 有利于抵消压机压制过程作用力的影响；

③ 有利于抵消压机运行过程中温度场分布不均匀引起各部分热变形的影响；

④ 有利于抵消零件磨损的影响；

⑤ 有利于抵消摩擦面油膜的影响。

安装误差方向的确定是一项复杂的、技术性极强的工作，它涉及一系列的力学、热力学的理论知识，而且往往是相互影响，相互渗透。对于一种误差的方向，往往要考虑多种因素，抓住主要因素，以此来确定零部件安装误差的方向。

压机螺栓的装配工艺如下。

螺栓连接是一种可拆的固定连接，它具有结构简单、连接可靠、拆卸方便等优点。

（1）螺栓连接的放松　螺栓连接的自锁性，在工作温度不变化、承受静载荷的情况下是可靠的；但在冲击、振动和交变载荷的作用下，自锁性会受到破坏，因此必须有放松装置。

螺栓的放松装置有很多种，按其工作原理可分为机械放松装置与摩擦放松装置。

机械放松装置有开口销与带槽螺母、制动垫圈和串联钢丝。

摩擦放松装置有锁紧螺母和弹簧大腔垫圈。

此外，螺栓连接也可以用铆焊法放松和粘接法放松。

（2）螺母、螺钉的安装要点

① 螺母或螺钉与零件贴合面要光洁、平整，贴合表面要加工，保证螺纹受力方向与贴合面垂直。

② 拧紧组成螺母、螺栓时，要按一定的顺序进行，逐步分次拧紧，否则会使螺栓和机体受力不均产生形变；拧紧圆形的组成螺母、螺栓时，必须对称拧紧。

③ 严格控制拧紧力矩，过大的拧紧力矩会使螺栓或螺钉拉长甚至折断或引起机体变形，这样常常造成破坏性事故。拧紧力矩不足时，会使连接件松动，影响工作的可靠性和正确性。

压机管道的安装工艺如下。

（1）管道的作用　陶瓷砖液压机管道主要有油液输送管路、冷却水管和压缩空气输送管。油液输送管主要输送压力油和回油。

（2）管道的分类　按管道的工作压力分低压管、中压管和高压管。按管道的材料分钢管、胶管。

（3）管道的热变形、热应力及热补偿　管道是在室温下安装的，但在压机工作时，油液温度升高会使管道产生热变形。管道受热伸长量可用下列公式计算：

$$\Delta L = \alpha L \Delta t$$

式中　ΔL——管道长度受热伸长量，m；

α——管材的膨胀系数，m/m·℃；

L——管材的原有长度，m；

Δt——管道温度变化量，℃。

管道安装后两端固定，当管道受热后要伸长，从而使管道受两端固定点的压力，同时管道也把压力传给两端固定点；两端固定点对管道的阻力很大，使管道产生很大的轴向热应力，从而使管道发生轴向弯曲。

为了保护管道，避免热应力过大造成管道破坏，必须使管道在受热后有自由移动的可能性，热补偿就是解决膨胀的一种方法。

（4）管道的安装　管道的安装包含管道的连接、阀门的安装和管道的试压。

管道的连接有以下方式。

① 法兰连接：这种连接方式在管道连接应用中极为普遍，其优点是结合强度高、装拆方便，适用于各种工作状况，可根据各种管子的通径和公称压力进行选择。

高压管道的法兰连接：不论是钢制油管还是高压胶管都可采用法兰连接。法兰端面密封有两种形式，平面密封和锥面密封；不论哪种密封，在装配前应严格检查配合面的质量，防止因法兰质量问题引起泄漏。

中低压管道法兰连接：其要求与高压基本相同。

② 螺纹连接：利用管接头与盖形螺母连接；其密封面有平面密封、锥面密封和球头密封。不论哪种密封，在装配前应严格检查配合面的质量，防止因密封面质量问题引起泄漏。

五、液压系统与故障分析

（一）陶瓷砖液压机液压系统的分析比较与故障分析

陶瓷砖液压机故障75%来自于液压系统，因此，在本节内主要对国产压机液压系统做详细比较及故障分析和故障处理。

1. 系列压机液压系统对比

（1）YP1280压机与YP1800压机对比　图3-1-33（a）是YP1280液压原理图；图3-1-33（b）是YP1280三次压制自动循环压制曲线；图3-1-33（c）是YP1800液压原理图；图3-1-33（d）是YP1800三次压制自动循环压制曲线。

1）液压系统压力设置对比　YP1280压机主泵由定量泵5D为系统供油。系统压力设置有溢流阀19、16设定；溢流阀19由电磁换向阀YV206控制；溢流阀16由电磁方向阀YV205控制。当电磁换向阀YV206上电时，溢流阀18处于卸荷状态；YP1280压机主泵启动时，该电磁换向阀处于上电状态，主泵卸荷启动；当主泵电机经液压系统卸荷启动使其转速平稳后，电磁换向阀YV205失电，系统建压。当压机低压压制时，电磁方向阀YV205控

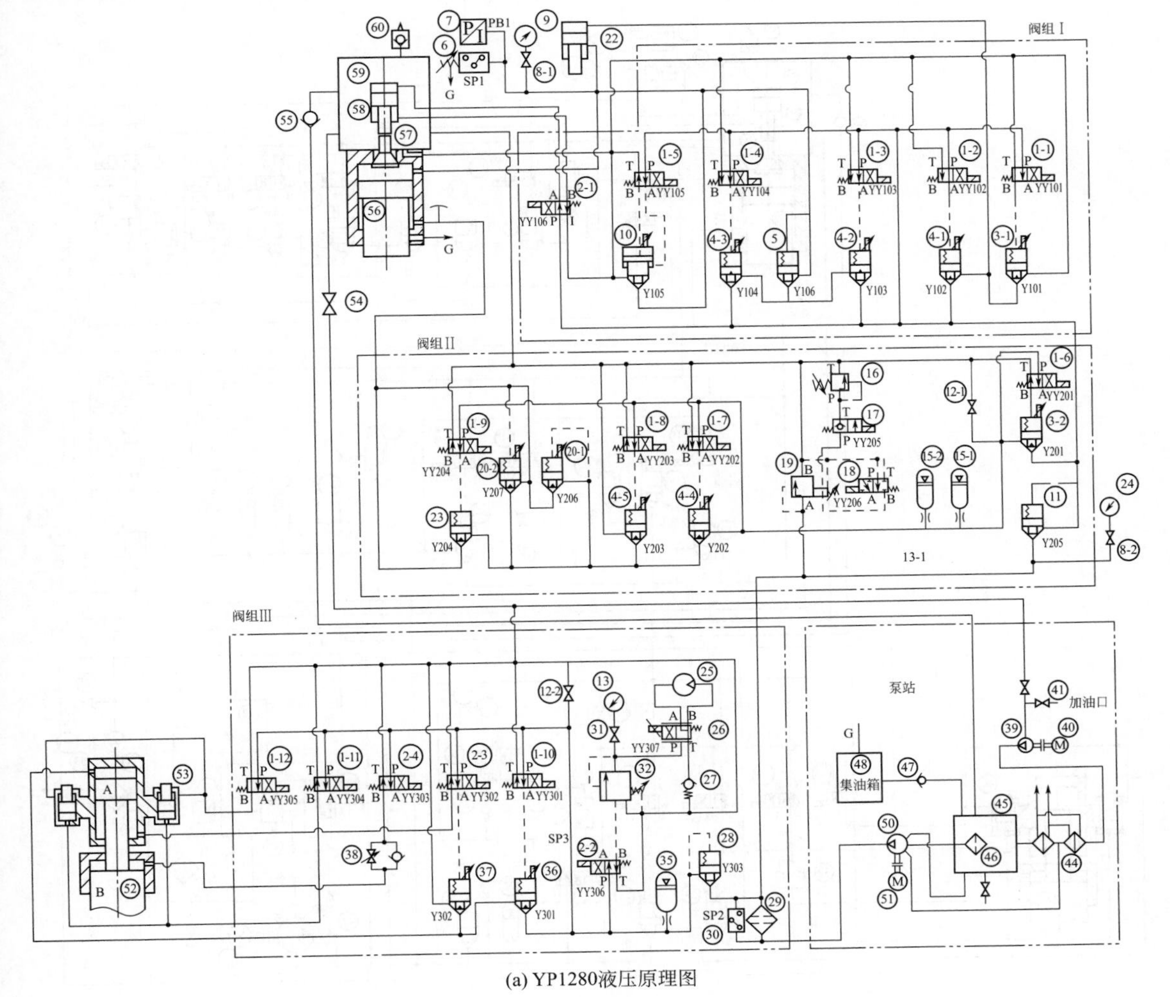

(a) YP1280液压原理图

图 3-1-33

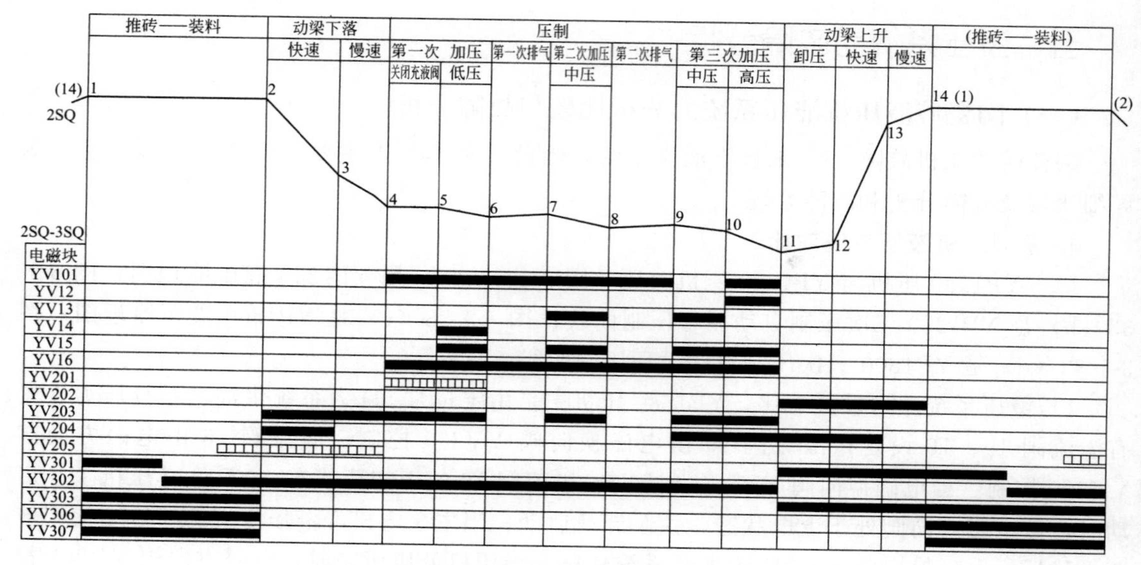

(b) YP1280三次压制自动循环压制曲线

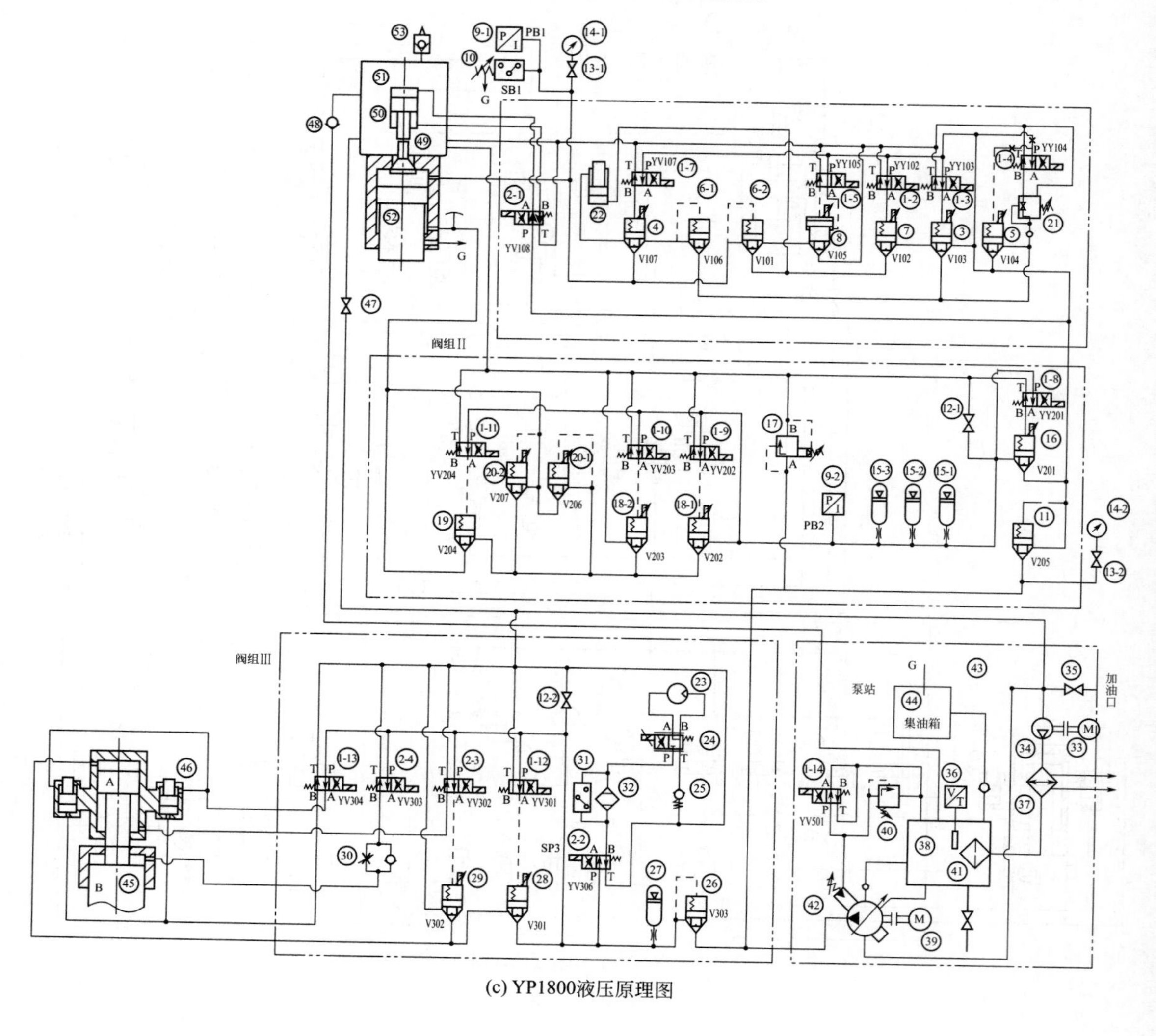

(c) YP1800液压原理图

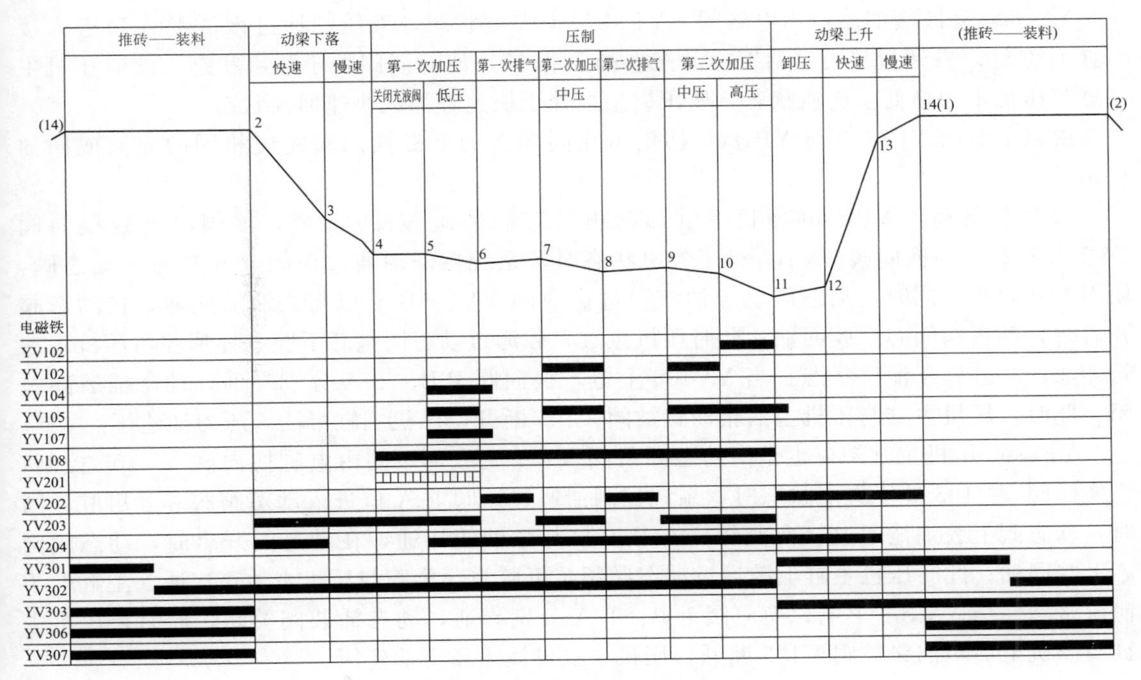

(d) YP1800三次压制自动循环压制曲线

图 3-1-33　YP1280 压机与 YP1800 压机对比

制得电，溢流阀 16 工作，系统压力由溢流阀 16 设定压力决定。YP1280 低压压制力也可不经溢流阀 16 设定；其压力可通过压力传感器 PB1 或压制时间，经控制单元来设置。

YP1800 压机主泵由变量泵 42 为系统供油；系统压力由溢流阀 40 设定，并通过电磁换向阀 YV501 控制来系统建压与卸荷。主泵卸荷启动时，电磁换向阀 YV501 处于失电状态；当电器控制系统经过一定延时后，主泵电机转速达到正常，电磁换向阀 YV501 上电，压机液压系统建立压力。

在液压系统安全保护方面，两者对比如下。

YP1280 压机：当压机液压系统在工作中超压时，溢流阀 18 泄压，从而保护压机。

YP1800 压机：当压机液压系统在工作中超压时，溢流阀 17 泄压，从而保护压机。

2）阀组Ⅰ　阀组Ⅰ主要控制主缸上腔加压、卸荷、增压器增压、卸荷；充液阀充补油液及主缸上腔快速回油。

YP1280 压机液压系统油液经过单向阀 V205 后分两路分别进入阀组Ⅰ和阀组Ⅱ；油液进入阀组Ⅰ可分别通过电磁阀 YV106、插装阀 V102、V103、V104 完成压机主油缸压制程序。

YP1800 压机液压系统油液经过单向阀 V205 后分两路分别进入阀组Ⅰ和阀组Ⅱ；油液进入阀组Ⅰ可分别通过电磁阀 YV108、插装阀 V102、V103、V104 完成压机主油缸压制程序。

① 充液阀油路比较。

YP1280 充液阀油路：当电磁阀 YV106 处于失电状态，液压油通过该阀 P-A 口进入接力缸上腔 59，并通过接力缸活塞推动充液阀阀芯 57，使充液阀处于开启状态，此时压机主油缸与压机主油箱处于连通状态，使压机主缸处于快速补油或快速回油状态。

YP1800 充液阀油路：当电磁阀 YV108 处于失电状态，液压油通过该法 P-A 口进入接力缸上腔 59，并通过接力缸活塞推动充液阀阀芯 57，使充液阀处于开启状态，此时压机主油缸与压机主油箱处于连通状态，使压机主缸处于快速补油或快速回油状态。

由以上看出 YP1280 与 YP1800 都是由相同功能的电磁换向阀完成相同的充液或回油程序。

② 主缸卸荷　YP1280 压机主缸卸荷由动态插装阀 V105 完成，该阀由电磁换向阀 YV105 控制，当换向阀 YV105 处于失电状态时，系统控制油通过该阀 P-A 口进入动态阀，使阀芯开启腔；同时，动态阀上腔油液通过换向阀 YV105B-T 口与主油箱连通，在动态阀开启时，动态阀阀芯上腔回油；此时压机主缸上腔通过动态阀阀芯下腔和环形腔与压机主油箱连通，主缸处于泄压状态。当 YV105 上电，换向阀 P-B、T-A 分别导通，动态插装阀关闭，此时，压机主缸与压机主油箱油路被阀 V105 断开，压机主缸可注入压力油建压。

YP1800 压机主缸卸荷也是由动态插装阀 V105 完成，该阀由电磁换向阀 YV105 控制，当换向阀 YV105 处于失电状态时，系统控制油通过该阀 P-A 口进入动态阀阀芯开启腔；同时，动态阀上腔油液通过换向阀 YV105B-T 口与主油箱连通，在动态阀开启时，动态阀阀芯上腔回油；此时压机主缸上腔通过动态阀阀芯下腔与环形腔与压机主油箱连通，主缸处于泄压状态。当 YV105 上电，换向阀 P-B、T-A 分别导通，动态插装阀关闭，此时，压机主缸与压机上油箱油路被阀 V105 断开，压机主缸可注入压力油建压。

由以上看出 YP1280 与 YP1800 压机主缸卸荷方式相同，甚至相同功能的阀，代号都相同。

③ 低压压制油路　从 YP1280 液压原理图［图 3-1-33（a）］阀组Ⅰ油路中可以看出，插装阀 V103、V104 成并联连接，油液都可以同时通过 V103、V104 经单向阀 V106 进入主缸，完成低压压制或中压压制。通过图 3-1-33（b）可以看出，YP1280 低压压制是由 V104 来完成；其开启与关闭由电磁换向阀 YV104 来控制，当 YV104 处于失电状态，液压控制油液经阀 YV104P-A 口进入插装阀 V104 上腔，在插装阀弹簧力与油液压力的作用下，使插装阀 V104 关闭；当电磁阀 YV104 上电时，电磁阀 P-A 口关闭，T-A 口导通，插装阀 V104 上腔油路与主油箱导通，插装阀上腔泄压，此时，插装阀 V104 阀芯在下腔油液压力的作用下，克服上腔弹簧的作用力把阀芯打开，油液经插装阀 V104 环形腔、单向阀 V106 下腔进入主缸，从而进行低压压制，低压压制压力由 YV205 决定。

从 YP1800 液压原理图［图 3-1-33（c）］阀组Ⅰ油路中可以看出，插装阀 V103、V104 成并联连接，油液都可以同时通过 V103、V104 经单向阀 V106、增压器环形腔推动增压器活塞，使增压器大腔的油液通过液控单向阀 V101 进入主缸，完成低压压制或中压压制。通过图 3-1-33（d）可以看出，YP1800 低压压制是由 V104 与 V107 配合来完成以上工作；V104 开启与关闭是由电磁换向阀 YV104 来控制，当 YV104 处于失电状态，液压控制油液经阀 YV104P-A 口进入插装阀 V104 上腔，在插装阀弹簧力与油液压力的作用下，插装阀 V104 关闭；当电磁阀 YV104 上电时，电磁阀 P-B 口通，插装阀 V104 上腔油路与电磁换向阀 YV104 及减压阀 21、单向阀 5 并经插装阀 V107 与增压器环形腔连通；此时，由于主缸无压或存在较低压力，因此，插装阀 V104 上腔压力下降，系统压力油推动插装阀 V104 阀芯下腔向上开启并克服插装阀上腔弹簧的作用力。低压压制过程中，电磁换向阀 YV107 上电时，V107 关闭。

由以上看出 YP1280 与 YP1800 压机主缸低压压制及插装阀控制基本相同。不同之处是利用增压器增压比及增压器大腔油液向主缸快速补油以实现低压压制。

④ 中压压制　YP1280 压机中压压制是由插装阀 V103 执行，当其控制阀 YV103 处于失电状态时，该插装阀阀芯关闭，液压油不能通过插装阀；当电磁换向阀 YV103 处于上电状态，插装阀阀芯上腔控制油液通过换向阀 YV103 的 A-T 口，与压机主油箱连通，使插装阀上腔卸荷。此时，插装阀下腔压力油克服阀芯弹簧力，推动阀芯，使油液通过环形通道进入主缸，实现中压压制。

YP1800 压机中压压制也是由插装阀 V103 执行，当其控制阀 YV103 处于失电状态时，该插装阀阀芯关闭，液压油不能通过插装阀；当电磁换向阀 YV103 处于上电状态，插装阀阀芯上腔控制油液通过换向阀 YV103 的 A-T 口，与压机主油箱连通，使插装阀上腔卸荷。此时，插装阀环形腔压力油克服阀芯弹簧力，推动阀芯，使油液通过下腔通道及插装阀 V107 进入主缸，实现中压压制。此时，电磁换向阀 YV107 失电，使插装阀 V107 开启。

⑤ 高压压制　YP1280 高压压制是由插装阀 V102 及其控制阀 YV102、电磁换向阀、插装阀 V101 及其控制阀 YV101 共同来完成。当控制阀 YV102 与 YV101 同时上电，则插装阀 V102 开启、插装阀 V101 关闭，压力油推开 V102 阀芯并经其环形腔进入增压器大腔，同时推动增压器大端活塞向增压器小腔运动，增压器小腔油液被压入主缸，从而形成主缸高压。当主缸高压压制完成后，电磁换向阀 YV102、YV101 同时失电，增压器大端的油路经插装阀 V101 与压机主油箱连通，增压器大腔卸荷；电磁换向阀 YV105 失电，动态插装阀 V105 开启，主缸卸荷。

YP1800 压机高压压制是由插装阀 V102 及其控制阀 YV102 的电磁换向阀及增压器 22 共同完成。当控制阀 YV102 上电，则插装阀 V102 开启，系统液压油经插装阀 V102 环形腔、插装阀 V102 阀芯底端进入增压器大腔并推动增压器活塞向有杆腔运动，使环形腔油液被压出并注入主缸，为主缸增压。

YP1280 压机与 YP1800 压机增压油路不同之处如下。

YP1208 是利用活塞杆腔油液增压；并利用 V101 进行增压器卸荷、阀 V105 给主缸卸荷。

YP1800 是利用活塞杆环形腔增压；增压器卸荷与主缸卸荷都是通过动态阀 V105 完成。

3）阀组Ⅱ　YP1280 压机阀组Ⅱ：主要安装了蓄能器及其控制阀、系统压力调节阀及安全油路、主活塞上下控制油路。

YP1800 压机阀组Ⅱ：主要安装了蓄能器及其控制阀、安全阀 17、主活塞上下控制油路。

① YP1280 蓄能器及其控制油路　主要由蓄能器和电磁换向阀 YV201、插装阀 V201 组成。其主要作用是吸收压机在工作过程中的系统压力冲击、储存能量并在压机低压与中压压制时，快速向主缸补油。从图 3-1-33（b）可以看出，电磁换向阀 YV201 长期处于失电状态；即不论压机在低、中、高压压制过程还是其他状态，只要系统建压，蓄能器与阀组Ⅰ导通并处于随时吸收能量和释放能量的状态。该阀的开关与何时开关由压机的工作程序决定。

YP1800 蓄能器及其控制油路主要由蓄能器 15-1、15-2、15-3 和电磁换向阀 YV201、插装阀 V201 组成。其主要作用是吸收压机在工作过程中的系统压力冲击、储存能量并在压机低压与中压压制时，快速向主缸补油。从图 3-1-33（d）可以看出，电磁换向阀 YV201 长期处于失电状态；即不论压机在低、中、高压压制过程还是其他状态，只要是系统建压，蓄能器与阀组Ⅰ导通并处于随时吸收能量和释放能量的状态。该阀的开关由压机的工作程序决定。

YP1280 压机与 YP1800 压机由于主缸大小不同，所需求的补油量不同，为保证主缸补油速度，因此 YP1800 增加了一个蓄能器 15-3。

② 主活塞控制油路　YV1280 压机主活塞快、慢速上下是由该油路控制；当活塞快速上行时电磁换向阀 YV203 处于失电状态，YV202、YV204 同时上电，插装阀 V202、V204 阀芯上腔处于卸荷状态，阀芯在系统压力油作用下，克服阀芯弹簧力作用，使油液通过 V202、V204 及插装式单向阀 V207 进入主活塞有杆腔，活塞快速上行；当活塞上行到减速信号位置时，减速信号工作，电磁换向阀 YV204 失电，插装阀 V204 关闭，系统液压油经插装阀 V202、减速插装阀式单向阀 V207 进入主缸活塞杆腔，活塞减速运动。V207 是一个小通径的插装阀。

当活塞快速下行时，电磁换向阀 YV202 处于失电状态，YV203、YV204 上电、主活塞下腔与压机主油箱通过阀 V204、V203 导通，活塞下腔油液在活塞自重与油箱充气压力的作用下，通过 V204、V203 及单向阀 V206 返回油箱。当活塞下行到减速位置时，电磁换向阀 YV204 失电，插装阀 V204 关闭，活塞下腔油液通过减速插装阀式单向阀 V206 底部，经其环形腔并通过插装阀 V203 返回油箱。

不论是减速还是快速上下，该油路采用旁路节流方式进行减速。

YP1800 压机主活塞快、慢速上下原理与 YP1280 压机相同。

4）阀组Ⅲ　阀组Ⅲ主要控制压机顶出系统与布料系统。

① 顶出系统　包含液压锁模缸与顶出油缸。

锁模：YP1280 压机液压锁模缸由电磁阀 YV304、YV305 控制。当电磁换向阀 YV304、YV305 同时处于失电状态，锁模缸停止工作；当 YV304 上电、YV305 失电，系统油液经 YV304P-B 口，进入锁模缸 53 下腔，锁模缸上腔油液经电磁换向阀 YV305B-T 口返回油箱，锁模杆顶出。当 YV304 失电、YV305 上电，系统油液经阀 YV305P-B 口进入锁模缸 53 上腔，锁模缸下腔油液，经阀 YV304B-T 口返回油箱，完成模具锁紧。

YP1800 压机液压锁模缸由电磁阀 YV304 完成，当阀 YV304 处于上电状态，系统压力油通过该阀 P-B 口，进入锁模缸 46 底部（无杆腔），此时锁模活塞杆被顶出；此时，模具处于未锁状态。当阀 YV304 处于失电状态，系统压力油经该阀 P-A 口进入锁模缸上腔（有杆腔），锁模缸下腔油液在上腔油液压力的作用下经阀 YV304B-T 口返回油箱，锁模活塞向下运动，模具锁紧。

YP1800 利用一个电磁阀完成 YV1280 压机两个电磁阀完成的工作。

顶出系统：顶出缸由落料缸 A 与墩料缸 B 组成。

YP1280 压机：当模具处于顶出状态时，电磁阀 YV301、YV303 同时上电，YV302 失电；系统压力油通过插装阀 V301 进入落料缸上腔；系统压力油经过电磁换向阀 YV303P-B 口进入墩料缸。当砖坯被推出后落料缸下降，此时电磁换向阀 YV302、YV303 上电，YV301 失电；落料缸下腔油液通过 YV302P-B 口进入，落料缸下落至墩料缸顶部并被限位。当模具料腔被填满刮平后，电磁换向阀 YV303 失电，YV302 继续上电，墩料缸在落料缸下腔油液的作用下下落并敦实模腔内的粉料，模具顶出底板落实到压机基座上，从而完成整个顶出循环。墩料缸的顶出速度由单向节流阀 38 调节。

YP1800 压机顶出系统液压原理与 YP1280 相同，各相同代号阀及其功用相同。

② 布料系统　YP1280 压机布料液压系统由电磁阀 YV306、减压阀 32、电磁比例阀 YV307、液压发动机、单向阀 27 组成。当电磁阀 YV306 在失电状态，阀芯 P-A 口导通，系统油液被关闭。当阀 YV306、YV307 同时上电，系统油液通过该阀 P-B 口，经减压阀 32、比例阀 P-B 口进入油发动机，使油发动机旋转，料车完成布料工作；油液经过发动机出

油口、比例阀 A-T 口、单向阀 27 回油箱。单向阀 27 在料车油路中起背压作用。减压阀的作用是在保证油发动机输出扭矩足够推动料车的前提下，降低输入油压，从而减少对油发动机及其相关元件的冲击。

YP1800 压机布料系统由电磁阀 YV306、高压滤油器 32、电磁比例阀 YV307、液压发动机、单向阀 25 组成。高压滤油器 32 是保证进入比例阀的油液能满足比例阀的使用要求，降低比例阀和油发动机的磨损速度，从而提高比例阀和油发动机的使用寿命及工作可靠性。比例阀所使用的滤油器过滤精度一般在 5u。其他阀的作用与 YP1280 相同。

YP1280 压机，其阀组Ⅲ配置蓄能器 35 与单向阀 V303；Y1800 压机，其阀组Ⅲ均配置蓄能器 29 与单向阀 V303；其作用是保证阀组Ⅲ在系统无论建压还是泄压状态，蓄能器油压处于关闭单向阀 V303 状态；当阀组Ⅲ内的压力高于系统压力时，V303 关闭；当阀组Ⅲ内的压力小于系统压力时，V303 开启。顶出缸泄压是通过阀 12-2 来手动完成。

从以上 YP1280 与 YP1800 压机液压系统的对比中，可以看出其基本相同。

(2) YP1800 压机与 YP3280 压机对比　图 3-1-34 (a) 是 YP3280 液压系统原理图。从泵站及阀组Ⅲ来看，YP1800 与 YP3280 液压原理完全一致，因此，在此不必做对比。

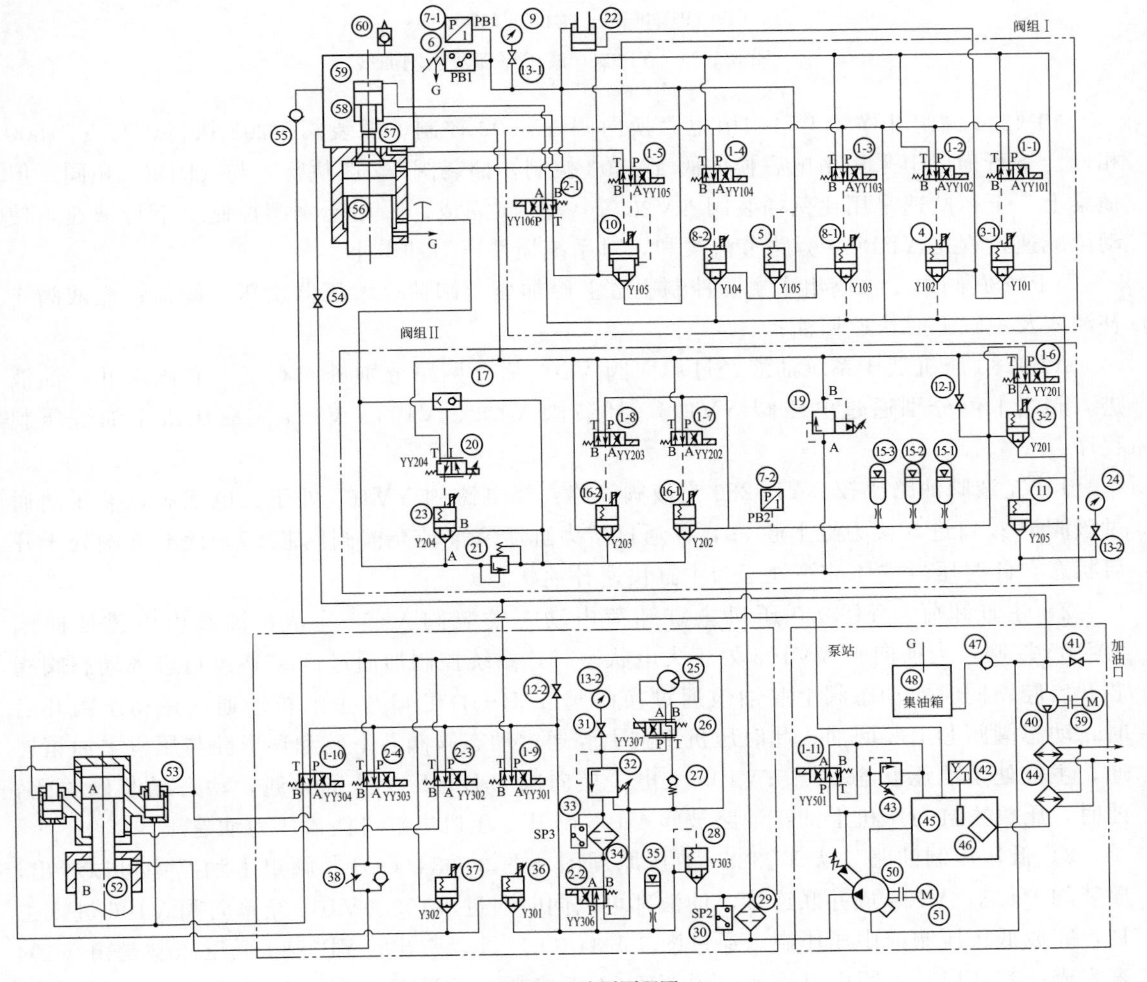

(a) YP3280液压原理图

图 3-1-34

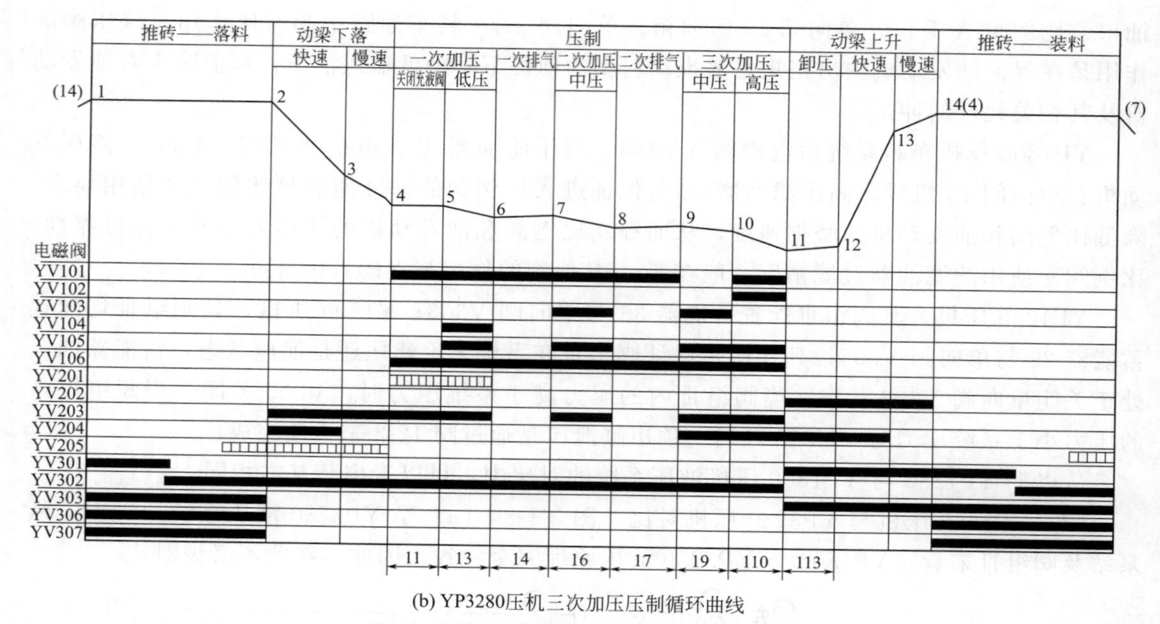

(b) YP3280压机三次加压压制循环曲线

图 3-1-34 YP3280 液压原理及压制曲线

YP3280 阀组Ⅱ横梁上采用由电磁换向阀 YV202 控制，插装阀 V202 执行，与 YP1800 相同。下行横梁上采用由电磁换向阀 YV203 控制，插装阀 V203 执行，与 YP1800 相同。但横梁上、下行减速采用比例插装阀 YV204、VV204 完成；采用比例阀控制上下行减速，使动梁减速过程比 YP1800 旁路节流柔和，对系统惯性压力冲击小。

YP3280 阀组Ⅰ：阀组Ⅰ主要控制主缸上腔加压、卸荷、增压器增压、卸荷；充液阀充补油液及主缸上腔快速回油；

YP3280 压机液压系统油液经过单向阀 V205 后分两路分别进入阀组Ⅰ和阀组Ⅱ；油液进入阀组Ⅰ可分别通过电磁阀 YV106、插装阀 V102、V103、V104 完成压机主油缸压制程序。

1）充液阀油路比较 YP3280 充液阀油路：当电磁阀 YV106 处于失电状态，液压油通过该阀 P-A 口进入接力缸上腔 59，并通过接力缸活塞推动充液阀阀芯 57，使充液阀处于开启状态，此时压机主体油箱处于为主缸快速补油状态。

2）主缸卸荷 YP3280 压机主缸卸荷由动态插装阀 V105 完成，该阀由电磁换向阀 YV105 控制，当换向阀 YV105 处于失电状态时，系统控制油通过该阀 P-A 口进入动态阀阀芯开启腔；同时，动态阀上腔油液通过换向阀 YV105B-T 口与主油箱连通，在动态阀开启时，动态阀阀芯上腔回油；此时压机主缸上腔通过动态阀阀芯下腔和环形腔与压机主油箱连通，主缸处于泄压状态。当 YV105 上电，换向阀 P-B、T-A 分别导通，动态插装阀关闭，此时，压机主缸与压机上油箱油路被阀 V105 断开，压机主缸可注入压力油建压。

3）低压压制油路 从 YP3280 液压原理图［图 3-1-34（a）］阀组Ⅰ油路中可以看出，插装阀 V103、V104 成并联连接，油液都可以同时通过 V103、V104 经单向阀 V106 进入主缸，完成低压压制或中压压制。通过图 3-1-34（b）可以看出，YP3280 低压压制是由 V104 来完成；其开启与关闭由电磁换向阀 YV104 来控制，当 YV104 处于失电状态，液压控制油液经阀 YV104P-A 口进入插装阀 V104 上腔，在插装阀弹簧力与油液压力的作用下，插装阀

V104 关闭；当电磁阀 YV104 上电时，电磁阀 P-A 口关闭，T-A 口导通，插装阀 V104 上腔油路与主油箱导通，插装阀上腔泄压，此时，插装阀 V104 阀芯在下腔油液压力的作用下，克服上腔弹簧的作用力把阀芯打开，油液经插装阀 V104 环形腔、单向阀 V106 下腔进入主缸，从而进行低压压制，低压压制压力由 YV205 决定。

4）中压压制 YP3280 压机中压压制是由插装阀 V103 执行，当其控制阀 YV103 处于失电状态时，该插装阀阀芯关闭，液压油不能通过；当电磁换向阀 YV103 处于上电状态，插装阀阀芯上腔控制油液通过换向阀 YV103 的 A-T 口，与压机主油箱连通时，插装阀上腔卸荷。此时，插装阀下腔压力油克服阀芯弹簧力，推动阀芯，使油液通过环形通道进入主缸，实现中压压制。

5）高压压制 YP3280 高压压制是由插装阀 V102 及其控制阀 YV102、电磁换向阀、插装阀 V101 及其控制阀 YV101 共同来完成。当阀 YV102 与 YV101 同时上电，则插装阀 V102 开启、插装阀 V101 关闭，压力油推开 V102 阀芯并经其环形腔进入增压器大腔，同时推动增压器大端活塞向增压器小腔运动，增压器小腔油液被压入主缸，从而形成主缸高压。当主缸高压压制完成后，电磁换向阀 YV102、YV101 同时失电，增压器大端的油路经插装阀 V101 与压机主油箱连通，增压器大腔卸荷；电磁换向阀 YV105 失电，动态插装阀 V105 开启，主缸卸荷。

从 YP3280 阀组Ⅰ液压原理与 YP1280 压机液压系统的对比中，可以看出其完全相同，因此，YP3280 压机液压系统阀组Ⅰ与 YP1800 压机阀组Ⅰ的对比就是 YP1280 与 YP1800 阀组Ⅰ的系统对比。

从以上对比中看出，YP1280、YP1800、YP3280 液压原理基本相同。因此，在以后故障分析与判断中，相同的故障判断、检查与处理方法也基本相同。

（3）YP3280 压机与 YP7200 压机液压系统对比 图 3-1-35 是 YP7200 压机液压系统原理图。从图中可以看出与 YP3280 不同，该系统只有阀组Ⅰ和阀组Ⅲ两块阀组。在以下的比较中可以看出，实际上是把 YP3280 压机阀组Ⅱ的各种功能，分别拆分到阀组Ⅰ和阀组Ⅲ上。

① 泵站 泵站同样采用变量泵，系统压力设置同样采用电磁换向阀 YV501 与溢流阀 27。与 YP3280 相同。冷却方式、回油过滤方式都相同。

② 阀组Ⅲ 泵站输出油液进入阀组Ⅲ后分两路，一路进入单向阀 V303、一路流向溢流阀 25。溢流阀 25 在此起安全阀作用，当系统出现超压状况时，溢流阀开启，系统卸压并返回正常工作压力。

进入单向阀 V303 油液分三路，分别进入插装阀 V300、V301、单向阀 V306。

YP7200 压机单向阀 V303 的作用与 YP1280、YP1800、YP3280、YP4200 压机单向阀 V205 相同，其是防止压机主泵卸荷时，系统压力油或蓄能器压力油返回冲击主泵。

YP7200 压机插装阀 V300 由电磁换向阀 YV300 控制，其功能与 YP1280、YP1800、YP3280、YP4200 等压机插装阀 V201 相同。

YP7200 压机中，进入单向阀 V306 压力油主要用于通过阀组Ⅰ各电磁阀，控制阀组Ⅰ各插装阀。当主泵处于泄压状态或停电状态时，蓄能器 23 内压力油通过控制油路进入插装阀 V306 上腔，使该插装阀关闭，从而通过蓄能器 23 内压力油进入阀组Ⅰ，保证阀组Ⅰ控制油路不失压，防止事故发生。

在 YP7200 压机中，电磁换向阀 YV304 功能与 YP3280 压机电磁换向阀 YV304 相同，用于锁模。

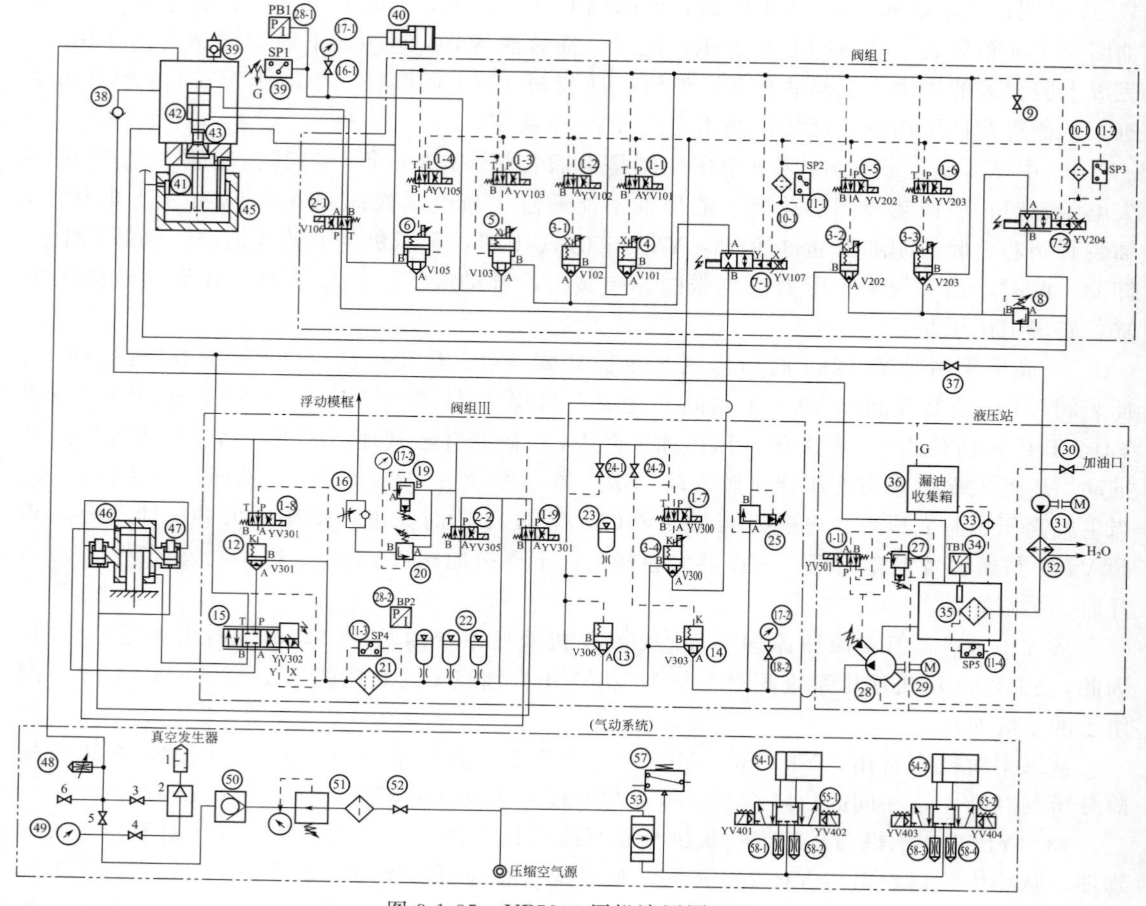

图 3-1-35　YP7200 压机液压原理图

YP7200 压机顶出缸采用伺服系统，进入插装阀 V301 由电磁换向阀 YV301 控制，当电磁换向阀 YV301 处于失电状态时，压力油通过电磁阀 P-A 口进入插装阀腔，插装阀被关闭。当电磁换向阀 YV301 处于上电状态时，压力油被关闭电磁换向阀 A-T 口连通，插装阀控制腔通过电磁阀 A-T 口及其管路与压机油箱连通，使插装阀上腔处于泄压状态。系统压力油通过插装阀 V301 环形腔，进入伺服阀 YV302。伺服阀通过电器控制系统，可做到精确控制阀口开启大小，从而控制顶出缸的上、下运动速度及上、下位置，从而做到精确填料深度和提供多次布料所需的深度。YP7200 伺服顶出系统比 YP1280、YP3280 等顶出系统较为先进，但制作成本较高。

③ 阀组Ⅰ　从 YP7200 压机阀组Ⅰ液压原理图可以看出，进入阀组Ⅰ的油液分三路流入。一路进入电磁换向阀 YV106，通过该阀的得电、失电，使压力油进出接力缸，从而关闭或开启充液阀。其功能与 YP1280、YP1800、YP3280 等压机充液阀开、关相同。

进入比例阀 YV107 油液通过阀 B-A 口进入插装阀 V102、V103。比例阀 YV107 用于控制进入插装阀 V102、V103 的油液流量。插装阀 V102 用于增压器增压；YP3280、YP1280、YP1800、YP4280 压机插装阀 V102 作用相同。YP7200 压机插装阀 V103 主要用于低压压制与中压压制。而 YP3280 压机插装阀 V103 只用于中压压制；低压压制由 V104 完成。

YP7200 压机主缸卸荷与 YP3280 相同，由动态阀 YV105 完成。

YP7200 压机插装阀 V202 由电磁阀 YV202 控制，其功能与 YP3280 压机插装阀 V202 相同，控制压机动梁上行。电磁换向阀 YV303 控制插装阀 V203；其作用是控制压机动梁下降。压机动梁上下行快速与减速与 YP3280 压机有所不同，是由比例阀 YV204 独立完成。

在压机液压系统的比较中可以看出，系统原理大同小异，只有较少部分有所区别。

2. KD 压机液压系统对比

(1) KD1300 压机　图 3-1-36 (a) 是 KD1300 压机液压原理图，其主泵采用定量泵，系统压力设置与调节由溢流阀与电磁换向阀 YV20 完成。当主泵启动时，电磁换向阀 YV20 处于失电状态，溢流阀控制油经电磁换向阀 P-B 口与压机油箱连通，溢流阀处于卸荷状态。当主泵启动运行平稳后，电磁换向阀 YV20 上电，溢流阀控制油 P-A 口通，A 口被断开，溢流阀建压，系统可正常工作。

从以上看，KD1300 压机泵站及调压系统与 YP1280 有较大相同之处。不同之处是 KD1300 压机启动时，控制溢流阀的电磁换向阀处于失电启动，带电建压。而 YP1280 压机启动时，控制溢流阀的电磁换向阀是上电卸荷启动，失电建压。其优点是在压机正常工作时，该电磁阀不长期带电，防止线圈过热而烧蚀及推杆卡死，提高线圈使用寿命；线圈不长时间带电可起到节能作用。

系统油液进入阀组Ⅲ后分成两路；一路通过阀组Ⅲ进入阀组Ⅱ；一路经过插装式液控单向阀 25 进入顶出系统和布料系统。插装阀 25 的作用是防止泵站突然失压或停电时，顶出系统因失压自动下落而发生事故。其作用与 YP 系列压机相应插装阀 V303 作用相同。

液压油通过插装阀 25 后，可分别流入电磁换向阀 YV18、YV17、YV16、YV15、YV14。当电磁换向阀 YV14 处于失电状态，阀 YV14 内单向阀关闭，此阀油路不通；当 YV14 处于上电状态，电磁阀导通，压力油通过 YV14 和单向阀 7-1 与压机主油箱导通，顶出缸、布料系统卸荷。插装阀 25 主要用于压机停机后，顶出、布料系统泄压。

油液进入电磁阀 YV15 时，当该电磁阀处于失电状态时，电磁阀 B-T 口油液通过单向阀 7-1 与压机主油箱导通，P-A 口与油发动机连接油路被断开，布料系统油发动机处于停止状态；当电磁阀 YV15 上电时，系统压力油通过电磁阀 P-B 口，流入减压阀 53 和比例阀 55，此时比例阀 55 上电，压力油通过其 P-B 口，回油通过 A-T 口，因此压力油推动油发动机 56 旋转完成布料任务。此油路与 YP1280 布料系统液压原理基本相同。

电磁换向阀 YV16 和液压锁 17 组成锁模缸的控制油路，其原理与 YP1280 基本相同。不同之处是增加了液压锁 11。液压锁实际上是一对相互控制的液控单向阀，当 YV16 处于失电状态，压力油通过 YV16 的 P-A 口和液压锁 17 右侧单向阀，进入锁模缸上腔，此时模具被锁紧。锁模缸下腔的油液通过管路到达液压锁左侧液控单向阀；左侧单向阀阀芯被右侧的压力油推开，锁模缸下腔油液顺利通过该阀芯，并经电磁换向阀 B-T 口和单向阀 7-1 回到压机主油箱。反之，锁模缸松开时，油缸下腔进油，上腔回油；上腔油液通过液压锁右侧的液控单向阀返回油箱。

YP1280、YP1800、YP3280、YP4280 压机顶出系统的电磁阀控制插装阀开启、关闭来完成落料与墩料。而 KD1300 采用大通径电磁换向阀 YV17、YV18 和单向节流阀 15、18 来完成。

从图 3-1-36 (a) 阀组Ⅲ的顶出系统液压原理来看，在换向阀 YV17、YV18 不带电的状态下，系统压力油经电磁换向阀 YV17 的 P-B 口进入落料缸的下腔，落料缸上腔油液在下腔压力的作用下，经双单向节流阀 15 右侧的节流阀与电磁阀 YV17 的 A-T 口返回到压机油箱。同时，落料缸下落到墩料缸的上端面，并下压墩料缸，使墩料缸内的油液在落料缸的挤压下，通过单向节流阀 18 与电磁阀 YV18 的 B-T 口返回油箱。当砖坯被顶出时，电磁阀 YV17、YV18 同时上电，压力油经电磁阀 YV17 的 P-A 口进入落料缸上腔；压力油经电磁换向阀 YV18 的 P-B 口进入墩料缸，使落料缸、墩料缸同时被顶出。当模腔装料时，电磁阀 YV17 失电、YV18 继续带电，此时，落料缸下落到墩料缸上，使模具形成装料腔，当模腔被料车装满料并刮平后，电磁阀 YV18 失电，墩料缸下落，完成一个装料循环。

双单向节流阀 15、节流阀 18 是分别调节落料缸、墩料缸上下行速度的。从阀的功能可以看出，至系统中其出口节流。

电磁阀 YV14 在系统中起泄压作用。当需卸掉蓄能器 13 的油压时，电磁阀 YV15 上电，蓄能器 13 内的压力油经 YV15 返回油箱。其作用于 YP1280 的阀 12-2 作用相同。阀 12-2 是手动操作，而 YV14 是电控。

从以上分析，KD1300 与 YP1280、YP1800、YP3280 顶出系统工作原理大同小异。

压力油通过液控单向插装阀 24-1 进入阀组Ⅱ后分两路，一路进入阀组Ⅰ，另一路分别进入插装阀 27-2、58-2 和 27-3。

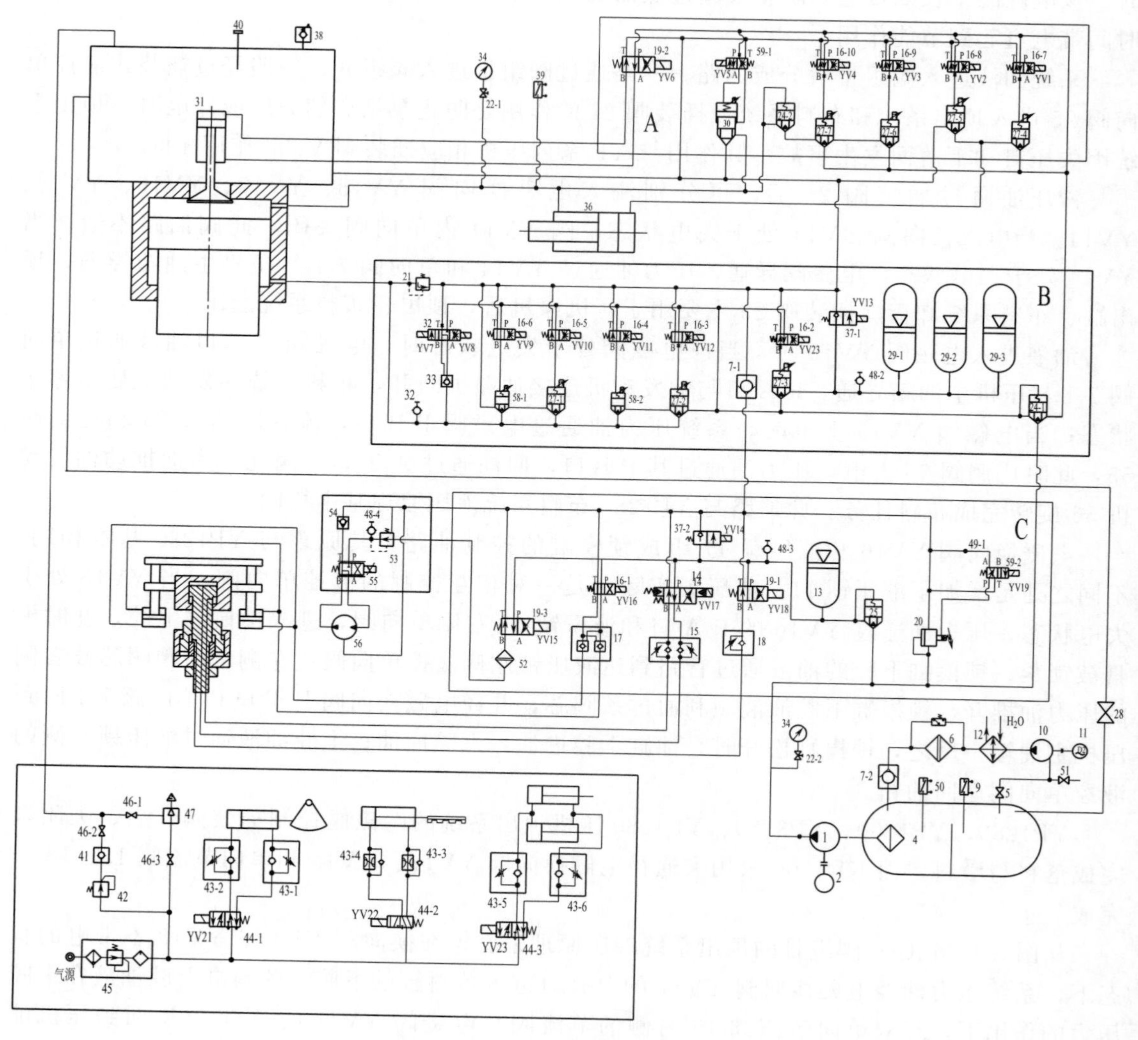

(a) KD1300压机液压原理图

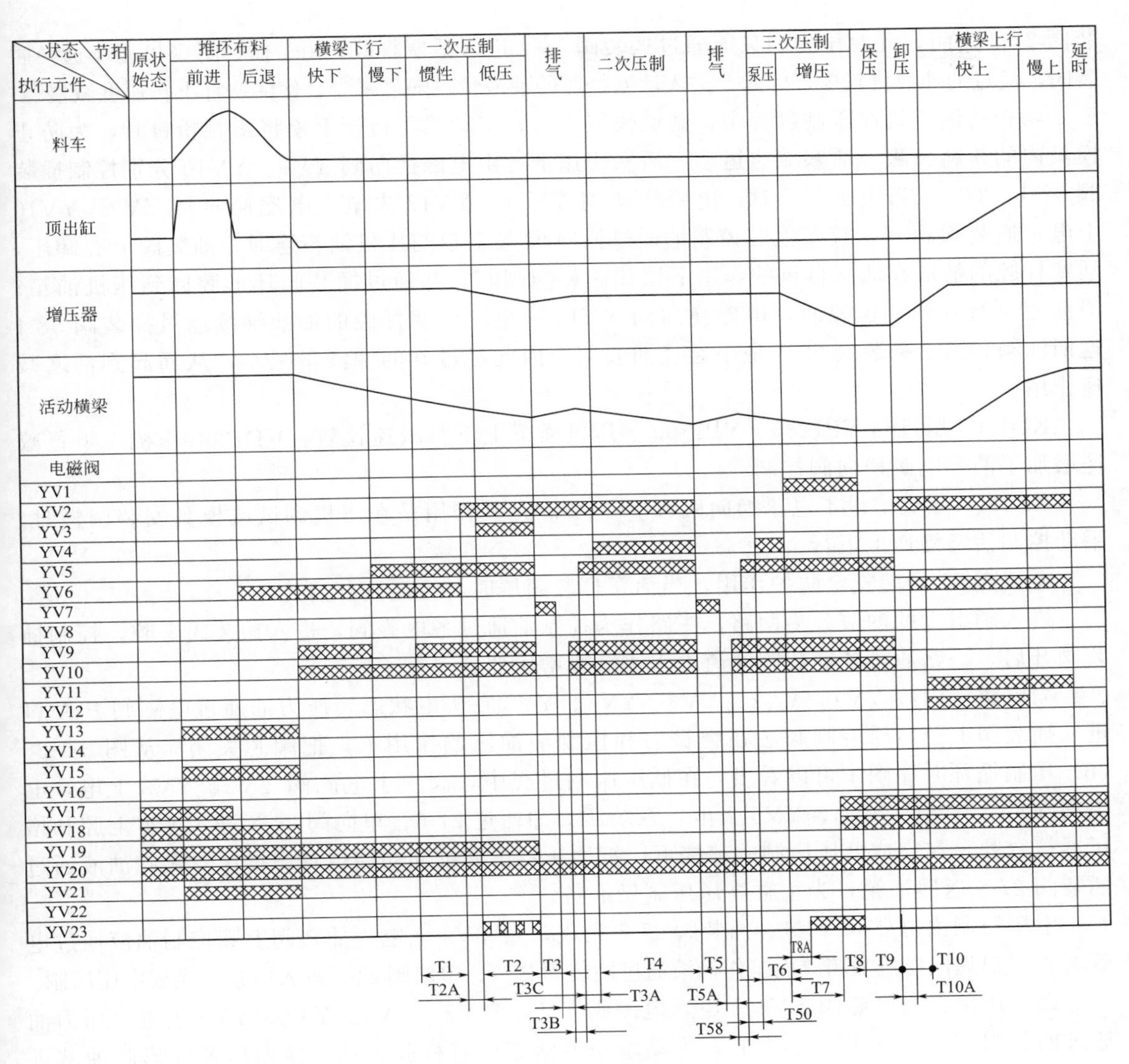

(b) KD1300压制循环时序图

图 3-1-36　KD1300 压机液压原理图与压制循环时序图

插装阀 27-3 由电磁换向阀 YV23 控制，其功能与 YP1280、YP3280 的插装阀 V201、电磁阀 YV201 作用相同。在控制程序，KD 压机的电磁换向阀 YV23 与 YP 压机有所不同，在低压压制与高压压制时上电关闭。其优点是，在低压压制时，蓄能器油液被关闭，以保证中压压制时，蓄能器油液快速向油缸补油时系统压降较小；高压压制时，保证主泵单独向增压器快速供油。防止在低压压制时，蓄能器向主缸供油后压力下降，使主泵在中压压制和高压压制时既向主泵供油，又向蓄能器供油，从而影响压机的压制速度。

插装阀 27-2、58-2 分别由电磁换向阀 YV12、YV11 控制，当这两个电磁阀处于失电状态时，控制压力油经电磁阀 P-A 口，进入插装阀控制上腔，其插装阀在油压力和弹簧力的作用下关闭阀芯，油液停止向活塞杆腔供油。当两个电磁阀同时上电时，插装阀上腔卸压，环形腔油液压力克服弹簧力的作用，使阀芯开启，压力油通过插装阀 27-2、58-2，快速进入主缸活塞杆腔，使活塞快速上行；此时，电磁阀 YV6 上电，充液阀接力缸控制油经电磁阀 P-B 口，进入接力缸上腔；充液阀开启。当活塞上行至减速位置时，电磁阀 YV12 失电，插装阀 27-2 关闭，此时压力油只能通过插装阀 58-2 进入活塞杆腔，由于插装阀 58-2 是小通径插装阀，流过的油液量较少，因此，进入活塞杆腔的油液量也随之减少，使活塞杆上行速度减慢。

陶瓷砖液压机在压制过程中，动梁快速下行，当动梁下行至上模将接触粉料时，为防止模具内的粉料飞溅，活塞减速运动。活塞快速下行由电磁换向阀 YV9、YV10 分别控制插装阀 58-1、27-1。当快速下行时，电磁换向阀 YV11、YV12 失电，电磁换向阀 YV9、YV10 上电；插装阀 58-1、27-1 上腔控制油通过换向阀 A-T 口与压机油箱连通，插装阀上腔卸压，活塞杆腔的油液在活塞自重的作用下顶开插装阀阀芯，并通过插装阀环形腔回到压机油箱；当活塞下行到减速位置时，电磁换向阀 YV10 失电，活塞杆腔的油液继续通过插装阀 58-1 返回油箱，由于插装阀 58-1 是小通径插装阀，因此经过其的油液量减小，从而起到活塞减速作用。

KD1300 压机与 YP1280、YP1800 等压机横梁上下行减速比较，KD1300 压机上下行减速增加了两个电磁换向阀控制。

KD1300 压机增设了电磁换向阀 YV7、YV8；其作用是在压机调试或模具安装调整时，手动控制活塞慢速上下行。

溢流阀 21 是起安全防护作用，当活塞杆腔超压时，溢流阀开启。

进入阀组 Ⅰ 的油液分为两路，一路作为控制油通过各电磁阀，进入插装阀上腔，控制插装阀开启，一路通过各插装阀油道进入主缸或增压器。

当电磁换向阀 YV1、YV2、YV3、YV4、YV5 在失电状态，压力油通过电磁阀 P-A 口进入插装阀上腔，插装阀阀芯在弹簧力和控制油油压的作用下，把阀芯关闭。从图 3-1-36 (b) 压制循环时序图中可以看出，在低压压制过程中，阀组 Ⅰ 电磁阀 YV2、YV3 上电，电磁阀 YV1、YV4、YV5、YV6 失电，系统压力油通过 27-6、单向阀 24-2 进入主缸上腔和增压器柱塞腔，在完成低压压制的前提下，把增压器活塞推回初始位置，增压器大腔油液通过插装阀 27-5 返回油箱，为主缸高压压制做准备。

中压压制由电磁阀 YV4、插装阀 27-7 完成，当 YV4 上电，插装阀上腔控制油液通过电磁阀 A-T 口返回压机油箱。而工作油液通过插装阀 27-7、单向阀 24-2 进入主缸，完成中压压制。

高压压制：当电磁阀 YV1 上电，电磁阀 YV2、YV3、YV4、YV5、YV6 失电，压力油通过插装阀 27-4 进入增压器大腔，推动增压器活塞向有杆腔运动，使增压器环形腔油液进入主缸，从而完成压机增压过程。当增压完成，电磁阀 YV1 失电、YV2 上电，增压器大腔油液通过插装阀 27-5 卸压。

电磁阀 YV5 控制动态插装阀 30，在电磁换向阀 YV5 处于失电状态时，插装阀 30 的阀芯关闭；当电磁阀 YV5 上电，控制压力油通过电磁阀 P-A 口进入动态阀阀芯开启控制油口，动态阀阀芯开启。压机在低压压制、中压压制、高压压制中，动态阀起主缸卸荷作用。

从以上分析可以看出，KD1300 与 YP1280、YP1800、YP3280 阀组 Ⅰ 油路基本相同。

(2) KD3200 压机液压系统　图 3-1-37 是 KD3200 外置增压器压机液压原理图，泵站采用变量泵，油液采用主泵出口高压过滤及回油局部流量循环过滤；YP3280 有所不同，其采用回油全流量过滤及主泵出口高压过滤。KD3200 压机系统压力由溢流阀 20-1 调节、泵体阀 21-2 起安全作用、溢流阀 21-1 是低压压制时系统压力。主泵启动时，电磁换向阀 YV17 处于失电状态，主泵控制油通过电磁阀 YV17 的 P-B 口回到油箱，主泵卸荷启动。当主泵电机旋转稳定后，电磁换向阀 YV17 上电，系统建压。当低压压制时，电磁阀 YV13 上电，溢流阀 20-1 控制油通过电磁阀 YV13 的 P-A 口及溢流阀 21-1 返回油箱。当中压压制时，电磁换向阀 YX13 失电，溢流阀 20-1 控制油经 P-A 口被断开，此时溢流阀工作压力为其设置压力。

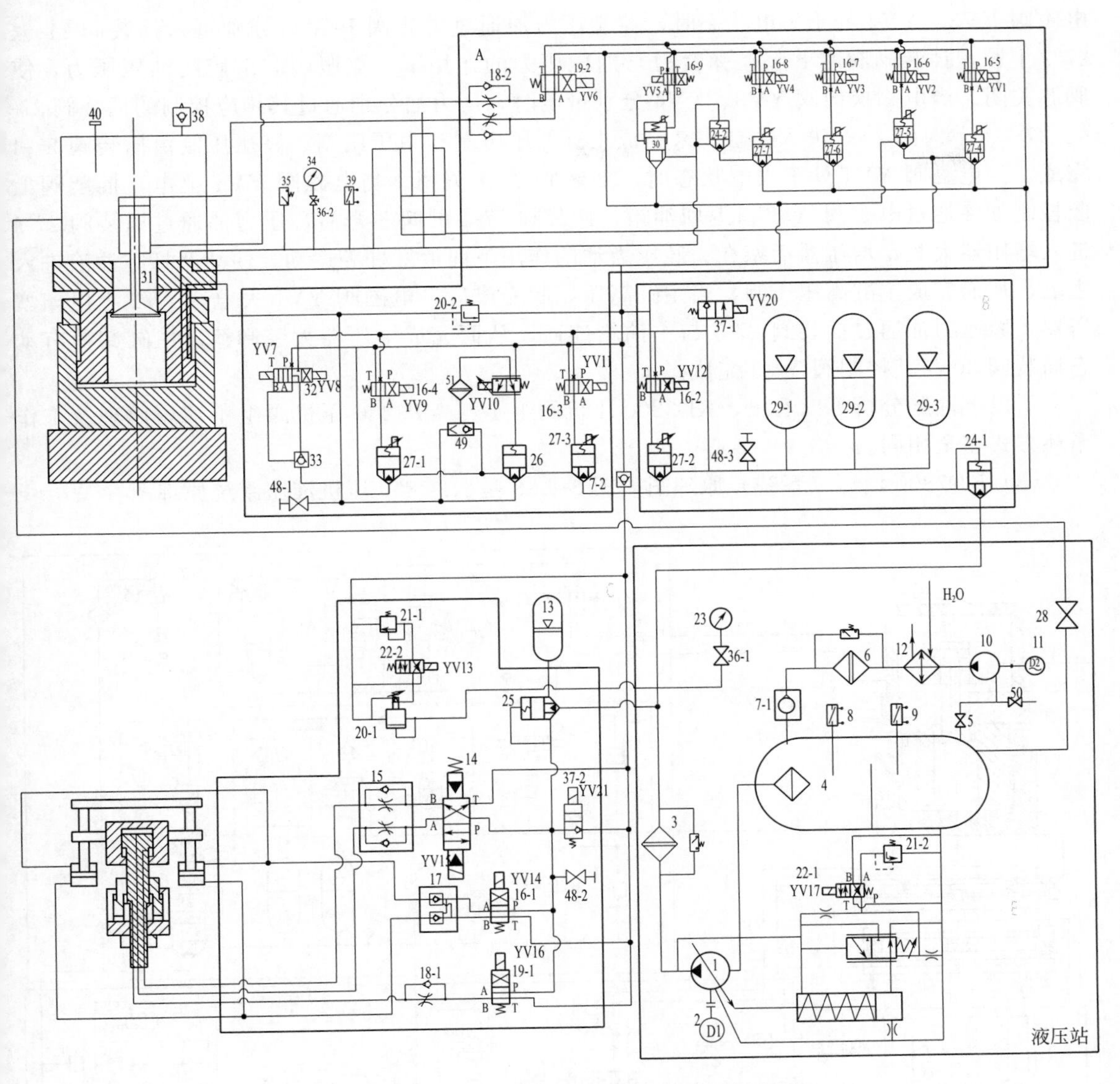

图 3-1-37　KD3200 外置增压器压机液压原理图

KD3200 阀组Ⅲ电磁阀 YV14 和液压锁 17，其作用与 KD1300 压机阀组Ⅲ电磁阀 YV17 和液压锁 17 相同，起锁模作用。KD3200 电磁换向阀 YV15、双单向节流阀 15 与 KD1300 电磁换向阀 YV17、双单向节流阀 15 作用相同；KD3200 电磁换向阀 YV16、单向节流阀 18-1 与 KD1300 电磁换向阀 YV16、单向节流阀 18 功能相同。

在 KD3200 阀组Ⅱ中，横梁上下行减速与 KD1300 不同，KD3200 是由电磁比例阀 YV10 完成；而 KD1300 是通过插装阀旁路节流减速。但与 YP3280 压机横梁上下减速电磁比例阀 YV204 功能相同。

阀组Ⅰ油路：压机充液阀开启是由电磁阀 YV6、双单向节流阀 18-2、18-3 控制；充液阀采用回流节流，其优点是：在保证充液阀开启速度的前提下，减小接力缸和充液阀的冲击及工作噪声。

液压油进入阀组Ⅰ后，分三路分别可进入插装阀 27-4、27-6、27-7 和一路控制油路。当电磁阀 YV3、YV4 处于失电状态时，控制压力油通过电磁阀 P-A 口分别进入插装阀 27-6、27-7 上腔，插装阀阀芯上腔在弹簧力与油压压力的作用下，克服阀芯下腔的油压压力，使阀芯关闭。当电磁换向阀 YV3、YV4 分别带电时，压力油分别通过其相应控制的插装阀 27-6、27-7、单向阀 24-2 进入主缸，来完成主缸低压压制和中压压制。高压压制由插装阀 27-4 完成。当电磁阀 YV1 处于失电状态时，插装阀 27-4 关闭。当电磁阀 YV1 上电，插装阀上腔控制油液通过电磁阀 A-T 口返回油箱，插装阀 27-4 的阀芯开启，压力油通过插装阀 27-4 进入增压器大腔，增压器活塞在大腔压力油的作用下向活塞杆腔运动，使活塞杆腔油液进入主缸，从而完成主缸高压压制。当主缸高压压制完成后，电磁阀 YV1 失电，YV2 上电，增压器大腔压力油通过插装阀 27-5 与主油箱连通，从而完成增压器大腔卸荷。主缸卸荷有动态插装阀 30 与其控制阀 YV5 完成。

从以上油路分析可以看出，KD3200 压机阀组Ⅰ与 YP3280 压机阀组Ⅰ液压原理及工作循环方式完全相同。

（3）KD7800 液压（系统）原理图　图 3-1-38 是 KD7800 压机液压系统原理图。

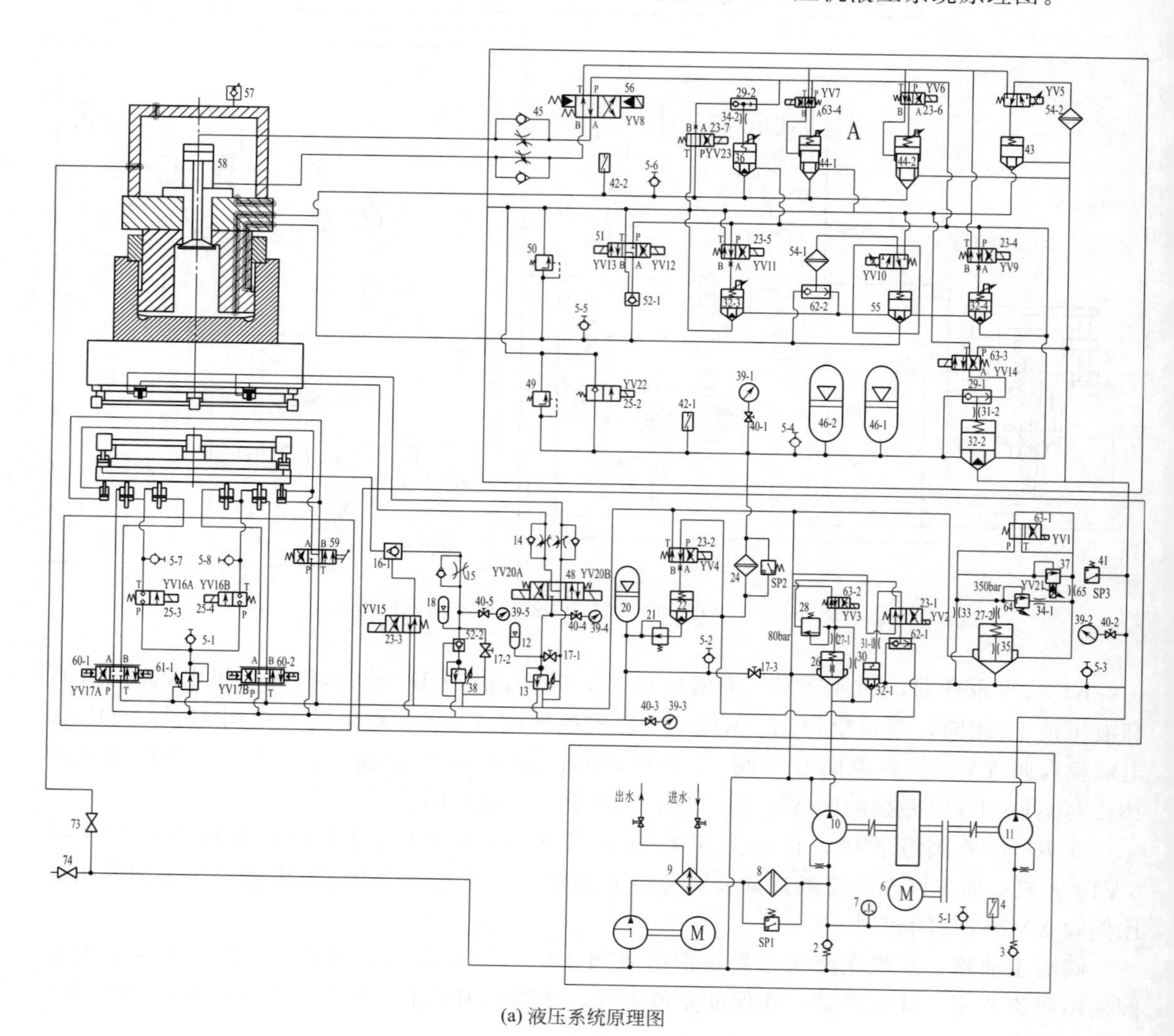

(a) 液压系统原理图

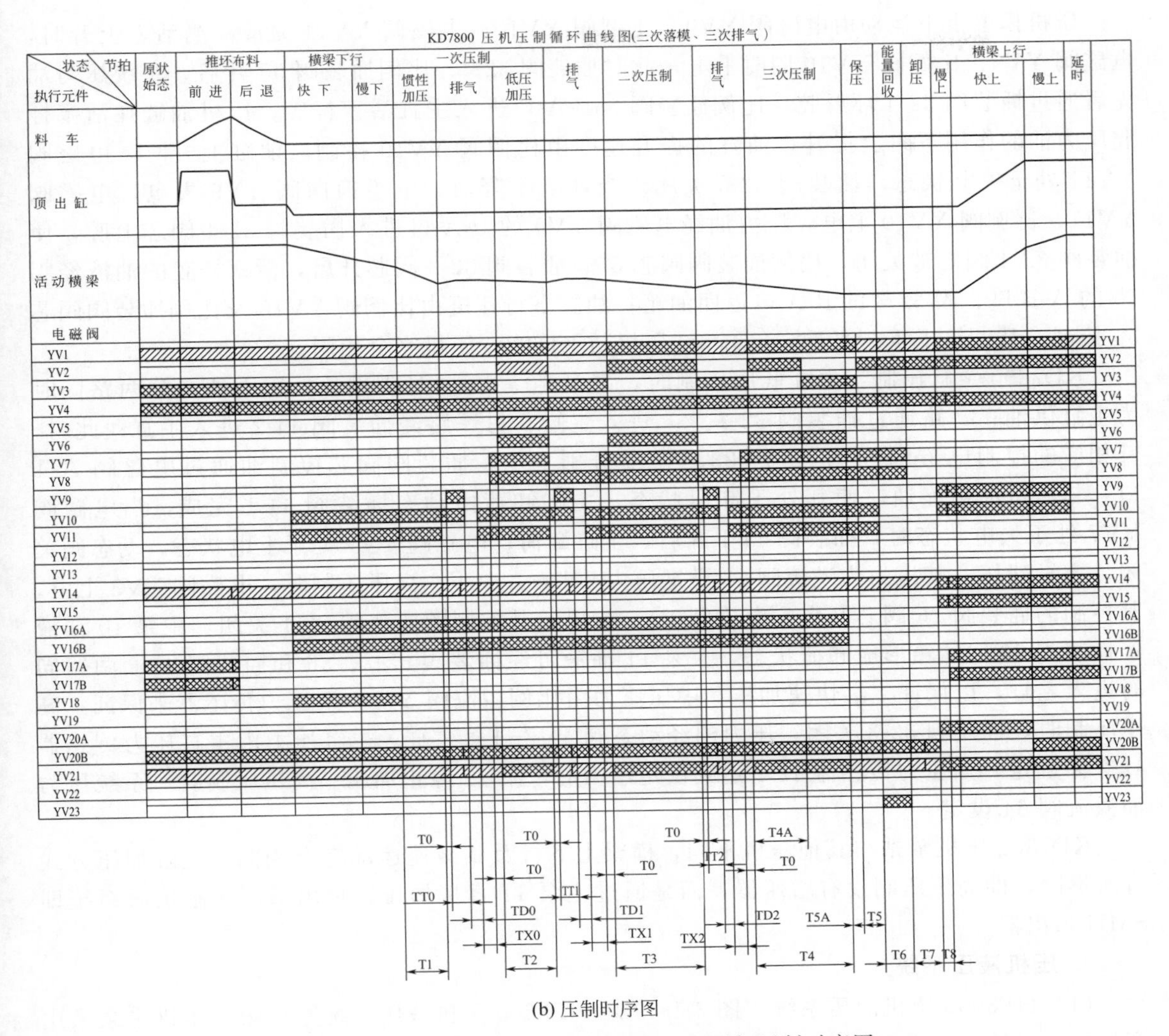

(b) 压制时序图

图 3-1-38　KD7800 压机液压系统原理图与压制时序图

泵站：KD7800 泵站与 YP1200 至 YP7200 压机、KD4800 以下都不同。压机泵站由主泵 10 与 11 为系统供油。当系统需要大量油液时，泵 10 与 11 同时供油。主泵 10 与 11 由电机 6 带动。主泵 10 处于卸荷状态时，阀组Ⅱ电磁阀 YV3 上电，插装阀 26 阀芯上腔控制油经电磁阀 YV3 的 A-T 口返回油箱。当低压压制时，电磁换向阀 YV3 失电，其控制的溢流阀设定压力即是系统工作压力；此时，电磁阀 YV2 上电；插装阀 32-1 的阀芯上腔控制油经电磁阀 A-T 口返回油箱；插装阀 32-1 的阀芯开启，压力油经插装阀 32-1 环形腔、动态插装阀 44-2 进入主缸，实现低压压制。中压压制和高压压制由油泵 11 及相应控制阀完成。电磁换向阀 YV1 处于失电状态时，系统压力油通过 YV1 电磁换向阀 P-A 口及插装阀 35 环形腔与压机油箱连通，使插装阀上腔处于卸荷状态；此时，高压泵 11 也处于卸荷状态。当 YV11 上电，电磁阀 P-A 口关闭，插装阀 35 阀芯在控制压力油作用下关闭，溢流阀 64、37 工作。溢流阀 37 是比例溢流阀，其工作压力由电气控制系统设定完成。溢流阀 64 设定压力为 350bar。当系统需要高压小流量时，主电机 5 除为泵 11 提供能量外，同时还为飞轮 A 提供能量。

压机横梁上下运动由电磁阀YV9、比例阀YV10、电磁阀YV11完成。当活塞上升时，电磁阀YV9、比例阀YV10同时上电，此时插装阀32-4、比例插装阀55开启，系统压力油先后通过插装阀32-4环形腔、比例插装阀55B-A口进入主缸活塞杆腔；压机油缸在活塞杆腔压力油的作用下向上提升；油缸的提升速度由比例阀YV10控制。油缸上升时，电磁阀YV11处于失电状态，插装阀32-3关闭。当油缸下降时，电磁换向阀YV9失电，电磁阀YV11、比例阀YV10上电，压力油经电磁阀YV9的P-A口进入插装阀32-4阀芯上腔，使插装阀32-4阀芯被关闭，比例插装阀阀芯55、插装阀32-3阀芯开启，活塞杆腔的油液经阀55的A-B口、阀32-3的B-A口返回油箱；油缸下行速度由比例阀YV10及比例插装阀阀芯55控制。从油缸上下行来看，KD7800压机与KD3200压机完全相同。

KD7800主缸压制：主缸低压压制时，主泵10、11同时为供油，压力油可分两路同时为主缸供油；一路通过插装阀32-2、36进入主缸，另一路经插装阀44-2进入主缸；此时，其相应的控制电磁阀YV14、YV23、YV6分别上电，插装阀阀芯控制油通过电磁阀A-T口，与压机油箱连通，使其处于卸压状态。主缸卸荷由动态插装阀44-1完成，当电磁阀YV7处于失电状态时，插装阀44-1开启，主缸卸荷；电磁阀YV7处于上电状态，动态阀关闭，主缸建压，其压力为溢流阀28设定压力80bar。中压、高压压制时，电磁阀YV3上电，其控制的插装阀26阀芯开启；电磁阀YV3失电，其控制的插装阀32-1关闭，主泵10油液经插装阀26回油箱形成卸荷状态。主泵11油液可经插装阀32-2、36和插装阀44-2两路同时进入主缸，以保证主缸快速加压。中压压力由比例溢流阀YV21及压力传感器来保证。高压压制时，插装阀32-3关闭，压力油经动态阀44-2进入主缸。主缸压力由主缸压力传感器42-2来确定，当压力传感器42-2达到设定压力时，泵11停止加压。高压压制时，系统压力油溢流阀64设定。

KD7800压机泵站与其他压机不同，横梁上下行及其减速运动完全相同；主缸加压方式有所不同，即高压压制没有增压器，而是通过主泵11直接加压。顶出采用多缸伺服系统即SMU顶出器。

3. 压机液压系统

(1) HP3600压机液压系统　图3-1-39是HP3600压机液压系统原理图，压机主泵采用变量泵、系统压力由溢流阀50、51设定，电磁换向阀50控制。主泵启动时，电磁换向阀50处于失电状态，换向阀阀芯在中位，变量泵控制油通过电磁阀P-T口与油箱连通，使泵处于卸荷启动。当电磁阀50的DT1上电时，变量泵的控制油与电磁阀P-B口与溢流阀52连通，电磁阀A-T口与溢流阀51及回油油路连通；此时，溢流阀52工作。主泵输出压力为52设定压力70bar。该系统压力为压机低压压制设置压力。

当电磁阀50的电磁铁DT2上电时，变量泵的控制油与电磁阀P-A口及溢流阀51连通，电磁阀B-T口与溢流阀52及回油油路连通；此时溢流阀51工作，52处于卸荷状态，主泵输出压力为溢流阀51设定压力160bar。该压力为压机中压压制力。

HP3600压机泵站冷却与过滤采用局部流量循环冷却过滤，与KD压机大多数方式相同。

从以上分析来看海源HP3600压机系统压力设置与YP、KD系列压机系统压力设置大同小异。

HP3600压机顶出系统采用传统的由电磁阀控制，节流阀调节、顶出缸执行的方式。顶出力的大小由减压阀47设定与调节。当电磁换向阀55-1、55-2同时失电时，压力油通过电磁阀55-1的P-A口进入回程缸，而墩料缸57与落料缸58内的油液通过电磁阀55-1、55-2

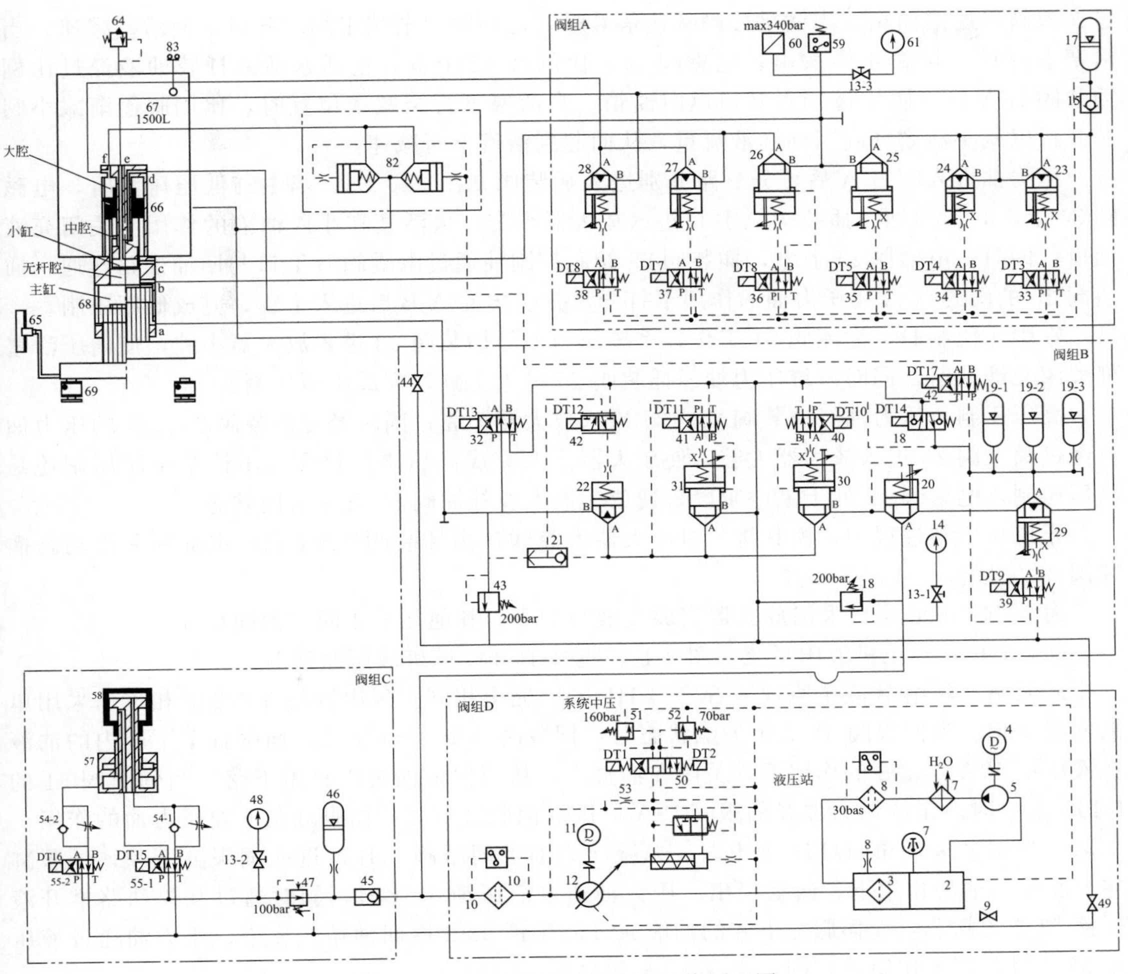

图 3-1-39　HP3600 压机液压系统原理图

的 B-T 口与回油油路连通，因此，在回程缸压力油的作用下，墩料缸下落到底，落料缸下落到墩料缸限位面。当电磁阀 55-1、55-2 同时上电时，系统压力油通过电磁阀的 P-B 口及单向节流阀 54-1、54-2，分别进入落料缸 58 上腔、墩料缸 57，使墩料缸与落料缸同时上升，从而完成顶出动作。当顶出任务完成后，电磁阀 55-1 失电，55-1 继续上电，落料缸在回程缸的作用下下落到墩料缸限位面，使之连接到压机模具形成容料腔，当压机布料系统将模具容料腔布满粉料后，电磁阀 55-2 失电，使墩料缸与落料缸继续快速下落，完成墩料过程。为了防止砖坯在顶出模具时速度过快，造成砖坯损伤，可通过节流阀 54-1、54-2 调节顶出速度。单向节流阀 54-1、54-2 为顶出节流。

HP3600 压机阀组 B 的作用与 YP3280 压机阀组Ⅱ相同。阀组 B 设置了溢流阀 16；其作用是，当系统出现超压时，溢流阀 16 卸荷，并起安全作用（安全阀）；该阀的设置压力应高于系统压力设置溢流阀（阀 51）10～20bar。

主活塞快慢上、下由电磁阀 40、41、比例插装阀 42 及相应的插装阀 30、31 完成。当活塞快速上行时，电磁阀 40、比例阀 42 上电，电磁阀 41 失电，系统压力油经单向阀 20A-B 口、插装阀 30B-A 口及比例插装阀 A-B 口进入主活塞杆腔，同时压力油经过电磁阀 32P-A 口进入放大器 66 中腔，使增压器大活塞向上运动，从而使充液阀口打开；主缸上腔油液通过充液阀口返回油箱。当横梁接触减速信号时，比例阀逐渐减小阀芯开口，使活塞减速。当活塞下行时，电磁阀 40 失电，电磁阀 41、比例阀 42 上电，主活塞活塞杆腔油液经过比例插装阀 B-A 口、插装阀 31A-B 口返回油箱。当活塞下行至减速位置时，比例阀逐渐减小阀芯开口以减小活塞杆腔回油油液流量，从而起到活塞下行减速。

压力油进入阀组 A 后，分三路分别进入插装阀 23、24、25。当主缸低压压制时，电磁阀 34 上电，压力油经插装阀 A-B 口进入放大器小腔，大活塞在小腔油液的作用下关闭充液油口；同时，电磁阀 35 上电，插装阀 25 阀芯控制油通过电磁阀 B-T 口与回油油路连通；插装阀 25 的阀芯在 A 口压力油的作用下打开，并经阀的 A-B 口进入主缸，完成低压压制。

在中压压制时，溢流阀 51 工作，系统压力油经插装阀 23 进入放大器小腔，使增压活塞杆关闭充液油路，同时系统压力油经插装阀 25 进入主缸，完成中压压制。

高压压制：压力油经插装阀 23、24 进入放大器小腔；同时经过插装阀 23、24 的压力油也经过插装阀 28 进入放大器大腔，使放大器活塞完成高压增压过程。不论是中压压制还是高压压制，电磁阀 42 处于上电阶段，使放大器大腔补油阀 82 处于关闭状态。

压机在压制过程中，模具排气时放大器大腔卸荷由插装阀 27 完成；主缸卸荷由动态插装阀 25 完成。

海源 HP3600 压机采用放大器完成充液与增压。其他几乎相同，大同小异。

(2) HP5000 压机液压系统　图 3-1-40 是 HP5000 压机液压原理图。

从泵站、阀组 B 液压原理来看，与 HP3600 完全相同。顶出缸与 YP7200 相近；采用单缸伺服系统。当伺服阀 51 处于失电状态时，伺服阀 A-B-T 口互联，伺服缸上下腔内的油液在液压锁 52-1、52-2 的作用下，关闭在油缸内，从而保证油缸因自重下落。当伺服阀 51 的 DT15 上电时，系统压力油经伺服阀 P-A 口进入伺服缸下腔，伺服缸在下腔压力油的作用下下落。当伺服阀 51 的 DT16 上电时，系统压力油经伺服阀 P-B 口进入伺服缸上腔，伺服缸在上腔压力油的作用下，向上顶出。压力油通过液压锁 52-1 时，同时通过互锁油路推开液压锁 52-2 的阀芯，使伺服缸下腔的油液通过液压锁 52-2 返回油箱。反之，压力油通过液压锁 52-2 时，其工作原理相同。

从 HP3600 阀组 B 与 HP5000 阀组 B 的液压原理图来看，基本相同。

HP5000 压机增压器，充液阀分离，与压机相同。增压器采用外置式。阀组 A 与其他压机功能相同，主要控制压机主缸压制与主缸卸荷。压力油进入阀组 A 后分成四路；一路通过电磁阀 44 控制充液阀 56 的开启与关闭；一路作为各电磁阀的控制油；另两路分别进入插装阀 23 和动态插装阀 24。当电磁阀 33、35 同时上电时，系统压力油经插装阀 23 的 A-K 口进入增压器有杆腔，增压器活塞在其有杆腔（环形腔）压力油的作用下，向大腔运动；同时把大腔内的油液，通过动态阀 25 的 A-B 口压入主缸，从而实现与压机主油箱同时为主缸快速补油。当压机低压、中压压制时，电磁阀 44、33、38 同时上电；此时，充液阀 56 关闭，系统压力油经插装阀 23 的 A-B 口和插装阀 28 的 B-A 口，进入主缸，实现低、中压压制。

高压压制：当电磁阀 34、28、36 上电时；此时，电磁阀控制油经电磁阀 36 的 P-B 口进入动态插装阀 26 的阀芯上腔，使动态阀 26 关闭。压力油经插装阀 24 的 A-B 口，进入增压器大腔；增压器活塞在增压器大腔压力油的作用下向活塞杆腔运动，使活塞杆腔的油液通过插装阀 28 的 B-A 口流入主缸，从而实现主缸高压压制。当压机高压压制完成后，电磁阀 37 上电；其控制的动态插装阀 27 的阀芯开启，增压器大腔的压力油经动态阀 27 的 A-B 口与压机油箱连通，使增压器卸荷。

主缸低、中、高压压制完成后，电磁阀 36 失电，是主缸卸荷。

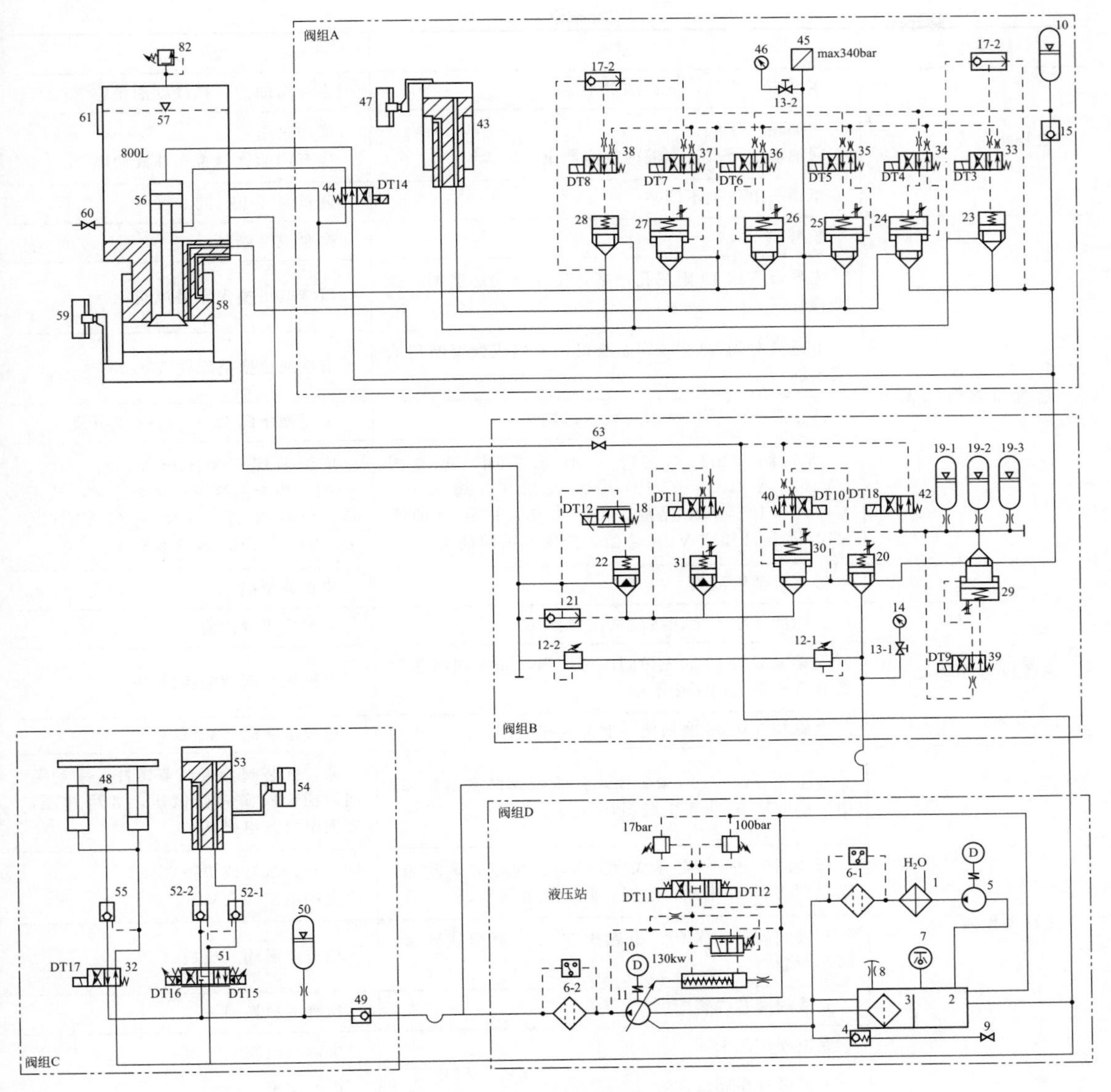

图 3-1-40　HP5000 压机液压原理图

每一种压机都有其自身的优点，又有其共同之处，但大多数液压原理基本相同，因此，在系统相互比较后可举一反三。国产压机如此，进口压机也如此。

4. 国产陶瓷砖液压机液压系统常见故障快速分析对照表

陶瓷砖液压机液压系统常见故障分析与排除见表 3-1-2～表 3-1-6。

表 3-1-2　YP1280 压机液压系统常见故障分析及排除

故障现象	原因	排除方法
主泵不供油或供油不足	电机转向错误	更换电机相线
	泵损坏	更换泵 50
	吸油阻力过大，油液黏度过大或滤芯 46 堵塞	换油、换滤芯

续表

故障现象	原因	排除方法
泵噪声过大	主泵吸入空气，油箱油量不足	主油箱加油，释放副油箱空气
	主油箱气压低； 回油涡流严重，油液内气泡严重	增加气压； 检查回油管是否在油液面以下
	泵轴与电机轴不同心	调整泵与电机同心度
系统压力低或无压力	泵磨损	换泵或维修泵
	先导溢流阀 19 阻尼孔被堵，先导阀阀芯磨损，弹簧损坏	清洗或更换先导溢流阀 19
	电磁换向阀 YV206 阀芯磨损，卡死或弹簧断裂造成泄漏	清洗或更换电磁阀 YV206
	截止阀 12-1、12-2 未关死或已损坏	关死截止阀 12-1、12-2 或更换
	插装阀 V102、V103、V104 未关闭，电磁阀 YV102、YV103、YV104 泄漏或损坏，阀 V102、V103、V104 弹簧断裂，阀芯损坏，使压力油经 V101 返回油箱或 V106 主缸、充液阀返回油箱	用调节螺杆关闭阀 V102、V103、V104，检查系统压力是否正常，若正常，更换弹簧，换电磁阀 YV102、YV103、YV104 或插装阀
	接力缸油管泄露	检查或更换
系统压力波动大	蓄能器气压不足或蓄能器皮囊损坏	充气或更换皮囊
	先导溢流阀 16 的先导阀阀芯磨损，先导阀阀芯弹簧软造成溢流阀工作不稳定	更换先导阀或溢流阀 16
	电磁阀 YV208 磨损使其泄漏或相应慢	更换电磁阀 YV208
主缸无压力	动态插装阀 V105 未关闭，插装阀阀芯密封损坏，电磁阀 YV105 未上电或损坏	通过插装阀盖板调节螺杆，手动关闭，插装阀阀芯后试压，如可建压，更换密封或电磁阀
	插装阀 V102 阀芯未关闭，V102 阀芯弹簧断裂，电磁阀 YV102 卡死、磨损、阀芯或弹簧断裂	检查、维修或更换 V102； 更换电磁阀 YV102
	充液阀阀芯未关闭，电磁阀 YV106 磨损或弹簧、阀芯断裂	检查电磁阀或更换
	充液阀阀芯弹簧断裂	检查或更换弹簧
	充液阀阀芯卡死	维修充液阀
	主缸密封损坏	更换密封
主缸压力低	动态阀 V105 阀芯开口量过大	通过调节螺杆调节动态阀阀芯开口量
	动态插装阀 V105 泄漏大，电磁阀 YV105 磨损，动态阀阀芯密封罐磨损	更换电磁阀、更换密封
	插装阀 V102 阀芯泄漏量大	检查、维修或更换 V102； 更换电磁阀 YV102
	充液阀未关严	检查充液阀关闭油路
	主缸密封泄露量增大	更换主密封
	增压器密封件磨损或损坏	更换增压器密封
主缸无高压	插装阀 V101 阀芯未关闭，插装阀 V101 弹簧或插装阀阀体、阀芯损坏	检查或更换电磁阀 YV101；检查或更换插装阀 V101
	插装阀 V105、充液阀关闭不严	检查相应油路
	增压器密封损坏	更换密封

续表

故障现象	原因	排除方法
动梁不能上行或上行缓慢	当动梁上行时，若系统出现掉压现象，则是插装阀V203泄露	检查插装阀V203及相应的控制阀YV203
	插装阀V202、V204未开启或完全开启	检查电磁阀YV202、YV204控制电路，检查电磁阀YV202、YV204
	充液阀未打开或开度不够，电磁阀YV106油路不通或接力缸油管泄漏	检查电磁阀控制线路、清洗或更换电磁阀YV106； 检查接力缸油管
动梁不能下行或下行缓慢	插装阀阀芯V203、V204未开启或开启度过小	检查其相应控制电磁阀电路，检查电磁阀YV203、YV204是否开启到位；检查插装阀V202、V204阀芯是否卡死
	充液阀阀芯未打开卡死	检修充液阀
动梁上下行无减速	插装阀V204未关闭；电磁阀YV204未失电或阀芯卡死；插装阀V204未关闭	检查电路；更换电磁阀YV204；检查维修或更换插装阀204
料车不进退	减压阀32调节压力过低	升高料车发动机驱动压力
	电磁阀YV306失电或阀芯卡死	检查更换电磁阀YV306
	比例阀YV307阀芯泄漏或卡死	清洗比例阀YV304或更换
料车不变速	比例阀放大板或线路接触不良；或放大板损坏，控制信号故障	检查线路，更换放大板；更换编码器
无顶出动作或顶出速度慢	电磁阀YV301、YV303失电，压力油未通过插装阀V301和电磁阀YV303	检查电气控制线路，检查V301、YV303油路
	插装阀V301及单向节流阀38阀口调节太小	调节其阀口
无装料动作	插装阀V302未打开	检查电磁阀YV302及插装阀V302
无墩料动作	电磁阀YV303B-T口不通	检查YV303
	其他故障	
砖坯厚薄不均	布料不均、粉料水分重，流动性差造成落料慢	改善粉料状况
	砖坯前后厚薄不均，料车布料不到位	调整料车行程，保证模腔落料均匀
	料车速度太快，落料不充分	适当调整料车速度
砖坯起层	惯性加压和低压压制速度太快、压制力偏高	减速、降压
	粉料湿度大	调整粉料湿度、减慢压制速度、增加排气时间、适当调整压制力
	排气过程不好	调整排气时间
砖坯顶出时出现裂纹	顶出时模芯不到位	调整模芯
	压制力不够	调整压制力
	粉料太干、配方有问题	检测粉料
	模具温度不均匀	检查模具

表 3-1-3　YP3280 压机液压系统常见故障分析及排除

故障现象	原因	排除方法
泵噪声过大	主泵吸入空气，油箱油量不足	主油箱加油，释放副油箱空气
	主油箱气压低； 回油涡流严重，油液内气泡严重	增加气压； 检查回油管是否在油液面以下
	泵轴与电机轴不同心	调整泵与电机同心度
系统压力低或无压力	泵磨损	换泵或维修泵
	先导溢流阀 43 阻尼孔被堵、先导阀阀芯磨损、弹簧损坏	清洗或更换先导溢流阀 43
	电磁换向阀 YV501 阀芯磨损、卡死或弹簧断裂造成泄漏	清洗或更换电磁阀 YV501
	截止阀 12-1、12-2 未关死或已损坏	关死截止阀 12-1、12-2 或更换
	安全阀 19 阻尼孔被堵、先导阀阀芯磨损、弹簧损坏	清洗或更换先导溢流阀 19
	插装阀 V102、V103、V104 未关闭，电磁阀 YV102、YV103、YV104 泄漏或损坏，阀 V102、V103、V104 弹簧断裂、阀芯损坏，使压力油经 V101 返回油箱或 V106 主缸、充液阀返回油箱	用调节螺杆关闭阀 V102、V103、V104，检查系统压力是否正常，若正常，更换弹簧、换电磁阀 YV102、YV103、YV104 或插装阀
	接力缸油管泄露	检查或更换
系统压力波动大	蓄能器气压不足或蓄能器皮囊损坏	充气或更换皮囊
	先导溢流阀 43 或安全阀 19 的先导阀阀芯磨损、先导阀阀芯弹簧软造成溢流阀工作不稳定	更换先导阀或溢流阀 43 和安全阀 19
	电磁阀 YV501 磨损使其泄漏或相应慢	更换电磁阀 YV501
主缸无压力	动态插装阀 V105 未关闭，插装阀阀芯密封损坏、电磁阀 YV105 未上电或损坏	通过插装阀盖板调节螺杆，手动关闭插装阀阀芯后试压，如可建压，更换密封或电磁阀
	插装阀 V102 阀芯未关闭，V102 阀芯弹簧断裂，电磁阀 YV102 卡死、磨损、阀芯或弹簧断裂	检查、维修或更换 V102； 更换电磁阀 YV102
	充液阀阀芯未关闭，电磁阀 YV106 磨损或弹簧、阀芯断裂	检查电磁阀或更换
	充液阀阀芯弹簧断裂	检查或更换弹簧
	充液阀阀芯卡死	维修充液阀
	主缸密封损坏	更换密封
主缸压力低	动态阀 V105 阀芯开口量过大	通过调节螺杆调节动态阀阀芯开口量
	动态插装阀 V105 泄漏大，电磁阀 YV105 磨损；动态阀阀芯密封罐磨损	更换电磁阀、更换密封
	插装阀 V102 阀芯泄漏量大	检查、维修或更换 V102； 更换电磁阀 YV102
	充液阀未关严	检查充液阀关闭油路
	主缸密封泄露量增大	更换主密封
	增压器密封件磨损或损坏	更换增压器密封

续表

故障现象	原因	排除方法
主缸无高压	插装阀V101阀芯未关闭，插装阀V101弹簧或插装阀阀体、阀芯损坏	检查或更换电磁阀YV101；检查或更换插装阀V101
	插装阀V105、充液阀关闭不严	检查相应油路
	增压器密封损坏	更换密封
动梁不能上行或上行缓慢	当动梁上行时，若系统出现掉压现象，则是插装阀V203泄露	检查插装阀V203及相应的控制阀YV203
	插装阀V202、V204未开启或完全开启	检查电磁阀YV202、YV204控制电路；检修电磁阀YV202、YV204
	充液阀未打开或开度不够，电磁阀YV106油路不通或接力缸油管泄漏	检查电磁阀控制线路、清洗或更换电磁阀YV106； 检查接力缸油管
动梁不能下行或下行缓慢	插装阀阀芯V203、V204未开启或开启度过小	检查其相应控制电磁阀电路，检查电磁阀YV203、YV204是否开启到位，检查插装阀V202、V204阀芯是否卡死
	充液阀阀芯未打开卡死	检修充液阀
动梁上下行无减速	插装阀V204未关闭，比例电磁阀YV204未失电或阀芯卡死；插装阀V204未关闭	检查电路；更换比例电磁阀YV204；检查维修或更换插装阀204
料车不进退	减压阀32调节压力过低	升高料车发动机驱动压力
	电磁阀YV306失电或阀芯卡死	检查更换电磁阀YV306
	比例阀YV307阀芯泄漏或卡死	清洗比例阀YV304或更换
料车不变速	比例阀放大板或线路接触不良；或放大板损坏，控制信号故障	检查线路，更换放大板；更换编码器
无顶出动作或顶出速度慢	电磁阀YV301、YV303失电，压力油未通过插装阀V301和电磁阀YV303	检查电气控制线路，检查V301、YV303油路
	插装阀V301及单向节流阀38阀口调节太小	调节其阀口
无装料动作	插装阀V302未打开	检查电磁阀YV302及插装阀V302
无墩料动作	电磁阀YV303B-T口不通	检查YV303
其他故障		
砖坯厚薄不均	布料不均、粉料水分重，流动性差造成落料慢	改善粉料状况
	砖坯前后厚薄不均，料车布料不到位	调整料车行程，保证模腔落料均匀
	料车速度太快，落料不充分	适当调整料车速度
砖坯起层	惯性加压和低压压制速度太快、压制力偏高	减速、降压
	粉料湿度大	调整粉料湿度、减慢压制速度、增加排气时间、适当调整压制力
	排气过程不好	调整排气时间
砖坯顶出时出现裂纹	顶出时模芯不到位	调整模芯
	压制力不够	调整压制力
	粉料太干、配方有问题	检测粉料
	模具温度不均匀	检查模具

表 3-1-4　KD3200 压机液压系统常见故障分析及排除

故障现象	原因	排除方法
主泵不供油或供油不足	电机转向错误	更换电机相线
	泵损坏	更换泵 2
	吸油阻力过大，油液黏度过大或滤芯 3 堵塞	换油、换滤芯 3
泵噪声过大	主泵吸入空气，油箱油量不足	主油箱加油，释放副油箱空气
	主油箱气压低； 回油涡流严重，油液内气泡严重	增加气压； 检查回油管是否在油液面以下
	泵轴与电机轴不同心	调整泵与电机同心度
系统压力低或无压力	泵磨损	换泵或维修泵
	先导溢流阀 21-2、20-1、21-1 阻尼孔被堵，先导阀阀芯磨损、弹簧损坏	清洗或更换先导溢流阀 21-2、20-1、21-1
	电磁换向阀 YV17、YV13 阀芯磨损、卡死或弹簧断裂造成泄漏	清洗或更换电磁阀 YV17、YV13
	截止阀 48-2 未关死或已损坏	关死截止阀 48-2 或更换
	插装阀 27-4、27-6、27-7 未关闭，电磁阀 YV1、YV3、YV4 泄漏或损坏，阀 27-4、27-6、27-7 弹簧断裂、阀芯损坏，使压力油经 30、27-5 返回油箱或经 27-5、27-7 主缸、充液阀返回油箱	用调节螺杆关闭阀 27-4、27-6、27-7，检查系统压力是否正常，若正常，更换弹簧、换电磁阀 YV1、YV2、YV3、YV4、YV5 或插装阀
	接力缸油管泄露	检查或更换
系统压力波动大	蓄能器气压不足或蓄能器皮囊损坏	充气或更换皮囊
	先导溢流阀 21-2、21-1、20-1 的先导阀阀芯磨损、先导阀阀芯弹簧软造成溢流阀工作不稳定	更换先导阀或溢流阀
	电磁阀 YV12、YV13 磨损使其泄漏或相应慢	更换电磁阀 YV12、YV13
主缸无压力	动态插装阀 30 未关闭，插装阀阀芯密封损坏、电磁阀 YV5 未上电或损坏	通过插装阀盖板调节螺杆，手动关闭插装阀阀芯后试压，如可建压，更换密封或电磁阀
	插装阀 27-5 阀芯未关闭，27-5 阀芯弹簧断裂、电磁阀 YV2 卡死、磨损、阀芯或弹簧断裂	检查、维修或更换 27-5； 更换电磁阀 YV2
	充液阀阀芯未关闭，电磁阀 YV6 磨损或弹簧、阀芯断裂	检查电磁阀或更换
	充液阀阀芯弹簧断裂	检查或更换弹簧
	充液阀阀芯卡死	维修充液阀
	主缸密封损坏	更换密封
主缸压力低	动态阀 30 阀芯开口量过大	通过调节螺杆调节动态阀阀芯开口量
	动态插装阀 30 泄漏大，电磁阀 YV5 磨损；动态阀阀芯密封罐磨损	更换电磁阀、更换密封
	插装阀 27-5 阀芯泄漏量大	检查、维修或更换 27-5； 更换电磁阀 YV2
	充液阀未关严	检查充液阀关闭油路
	主缸密封泄露量增大	更换主密封
	增压器密封件磨损或损坏	更换增压器密封

续表

故障现象	原因	排除方法
主缸无高压	插装阀27-5阀芯未关闭，插装阀27-5弹簧或插装阀阀体、阀芯损坏	检查或更换电磁阀YV2； 检查或更换插装阀27-5
	动态插装阀30、充液阀关闭不严	检查相应油路
	增压器密封损坏	更换密封
动梁不能上行或上行缓慢	当动梁上行时，若系统出现掉压现象，则是插装阀27-1泄漏	检查插装阀27-1及相应的控制阀YV9
	插装阀26、27-3未开启或完全开启	检查比例电磁阀YV10、YV11控制电路；检查电磁阀YV11、电磁比例阀YV10
	充液阀未打开或开度不够，电磁阀YV6油路不通或接力缸油管泄漏	检查电磁阀控制线路、清洗或更换电磁阀YV6； 检查接力缸油管
动梁不能下行或下行缓慢	插装阀阀芯27-1、26未开启或开启度过小	检查其相应控制电磁阀电路，检查电磁阀YV9、比例电磁阀YV10是否开启到位；检查插装阀27-1、26阀芯是否卡死
	充液阀阀芯未打开卡死	检修充液阀
动梁上下行无减速	比例电磁阀YV10阀芯卡死；插装阀26未关闭	检查电路；更换电磁阀YV10；检查维修或更换插装阀26
料车不变速	比例阀放大板或线路接触不良；或放大板损坏，控制信号故障	检查线路，更换放大板；更换编码器
无顶出动作或顶出速度慢	电磁阀YV15、YV16上电后，压力油未通过单向节流阀15和18-1	检查YV15、YV16或更换YV15、YV16电磁阀
	单向节流阀15、18-1阀口调节太小	调节其阀口
无装料动作	电磁换向阀YV15阀芯卡死	检查清洗电磁阀YV15或更换
无墩料动作	电磁阀YV16的A-T口不通； YV15失电后压力油未进入回程缸	检查YV16； 清洗或更换电磁阀YV15
其他故障		
砖坯厚薄不均	布料不均、粉料水分重，流动性差造成落料慢	改善粉料状况
	砖坯前后厚薄不均，料车布料不到位	调整料车行程，保证模腔落料均匀
	料车速度太快，落料不充分	适当调整料车速度
砖坯起层	惯性加压和低压压制速度太快、压制力偏高	减速、降压
	粉料湿度大	调整粉料湿度、减慢压制速度、增加排气时间、适当调整压制力
	排气过程不好	调整排气时间
砖坯顶出时出现裂纹	顶出时模芯不到位	调整模芯
	压制力不够	调整压制力
	粉料太干、配方有问题	检测粉料
	模具温度不均匀	检查模具

表 3-1-5　KD7800 压机液压系统常见故障分析及排除

故障现象	原因	排除方法
主泵不供油或供油不足	电机转向错误	更换电机相线
	泵损坏	更换泵 10 或 11
	吸油阻力过大，油液黏度过大或滤芯 5 堵塞	换油、换滤芯 4
泵噪声过大	主泵吸入空气，油箱油量不足	主油箱加油，释放副油箱空气
	主油箱气压低； 回油涡流严重，油液内气泡严重	增加气压； 检查回油管是否在油液面以下
	泵轴与电机轴不同心	调整泵与电机同心度
系统压力低或无压力	泵磨损	换泵或维修泵
	先导溢流阀 28、64、比例溢流阀 37 阻尼孔被堵、先导阀阀芯磨损、弹簧损坏	清洗或更换先导溢流阀 28、64、37
	电磁换向阀 YV3、YV1 阀芯磨损、卡死或弹簧断裂造成泄漏	清洗或更换电磁阀 YV3、YV1
	比例插装阀 43 阀芯未关闭、比例阀 YV5 泄漏或损坏；插装阀阀芯 43 卡死，使压力油经阀 A-B 口返回油箱	维修或更换比例插装阀
	接力缸油管泄露	检查或更换
系统压力波动大	蓄能器气压不足或蓄能器皮囊损坏	充气或更换皮囊
	先导溢流阀 28、54、37 的先导阀阀芯磨损、先导阀阀芯弹簧软造成溢流阀工作不稳定	更换先导阀或溢流阀
	电磁阀 YV1、YV3 磨损使其泄漏或相应慢	更换电磁阀 YV1、YV3
主缸无压力	动态插装阀 44-1 未关闭，插装阀阀芯密封损坏、电磁阀 YV7 未上电或泄漏	通过插装阀盖板调节螺杆，手动关闭插装阀阀芯后试压，如可建压，更换密封或电磁阀
	充液阀阀芯未关闭，电磁阀 YV8 磨损或弹簧、阀芯断裂	检查电磁阀或更换
	充液阀阀芯弹簧断裂	检查或更换弹簧
	充液阀阀芯卡死	维修充液阀
	主缸密封损坏	更换密封
主缸压力低	动态阀 44-1 阀芯开口量过大	通过调节螺杆调节动态阀阀芯开口量
	动态插装阀 44-1 泄漏大，电磁阀 YV7 磨损；动态阀阀芯密封罐磨损	更换电磁阀、更换密封
	比例插装阀 43 阀芯泄漏量大	检查、维修或更换 43
	充液阀未关严	检查充液阀关闭油路
	主缸密封泄露量增大	更换主密封
	泵 11 内泄	换泵 11
主缸无高压	动态插装阀 44-1 阀芯未关闭	检查或更换电磁阀 YV7；检查或更换插装阀 44-1
	充液阀关闭不严	检查相应油路
	比例插装阀 YV5 阀芯泄漏	检查与维修比例插装阀
	高压泵 11 内泄	维修或更换泵

续表

故障现象	原因	排除方法
动梁不能上行或上行缓慢	当动梁上行时，若系统出现掉压现象，则是插装阀 32-3 泄漏	检查插装阀 32-3 及相应的控制阀 YV11
	插装阀 32-4、比例插装阀 55 未开启或完全开启	检查比例电磁阀 YV9、YV10 控制电路；检查电磁阀 YV9、电磁比例阀 YV10 及插装阀阀芯 32-1、55
	充液阀未打开或开度不够，电磁阀 YV8 油路不通或接力缸油管泄漏	检查电磁阀控制线路、清洗或更换电磁阀 YV8； 检查接力缸油管
	安全阀 50 泄漏	更换溢流阀 50
动梁不能下行或下行缓慢	插装阀阀芯 32-3、比例插装阀 55 阀芯未开启或开启度过小	检查其相应控制电路，检查电磁阀 YV11、比例电磁阀 YV10 是否开启到位；检查插装阀 32-3、55 阀芯是否卡死
	充液阀阀芯未打开卡死	检修充液阀
动梁上下行无减速	比例插装阀阀芯 55 未关小，比例电磁阀 YV10 阀芯卡死；插装阀 55 未关闭	检查电路；检查维修或更换比例插装阀

表 3-1-6 HP3600 压机液压系统常见故障分析及排除

故障现象	原因	排除方法
泵噪声过大	主泵吸入空气，油箱油量不足	主油箱加油，释放副油箱空气
	主油箱气压低； 回油涡流严重，油液内气泡严重	增加气压； 检查回油管是否在油液面以下
	泵轴与电机轴不同心	调整泵与电机同心度
系统压力低或无压力	泵磨损	换泵或维修泵
	先导溢流阀 51 阻尼孔被堵、先导阀阀芯磨损、弹簧损坏	清洗或更换先导溢流阀 51
	电磁换向阀 DT50 阀芯磨损、卡死或弹簧断裂造成泄漏	清洗或更换电磁阀 DT50
	安全阀 16 阻尼孔被堵、先导阀阀芯磨损、弹簧损坏	清洗或更换先导溢流阀 16
	插装阀 25 未关闭，电磁阀 DT5 泄漏或损坏、动态插装阀 25 弹簧断裂、阀芯损坏，使压力油经主缸、放大器返回油箱	用调节螺杆关闭阀 25 检查系统压力是否正常，若正常，更换弹簧、换电磁阀 DT5 或插装阀
	接力缸油管泄漏	检查或更换
	先导溢流阀 51、52 或安全阀 16 的先导阀阀芯磨损、先导阀阀芯弹簧软造成溢流阀工作不稳定	更换先导阀或溢流阀 51、52 和安全阀 16
	电磁阀 50 磨损使其泄漏或相应慢	更换电磁阀 50
主缸无压力	动态插装阀 26 未关闭，插装阀阀芯密封损坏、电磁阀 DT36 未上电或损坏	通过插装阀盖板调节螺杆，手动关闭插装阀阀芯后试压，如可建压，更换密封或电磁阀
	放大器未关闭	检查电磁阀 DT4、插装阀 23 及放大器油路
	主缸密封损坏	更换密封

续表

故障现象	原因	排除方法
主缸压力低	动态阀 26 阀芯开口量过大	通过调节螺杆调节动态阀阀芯开口量
	放大器泄漏	检查放大器关闭油路
	主缸密封泄露量增大	更换主密封
	放大器密封件磨损或损坏	更换放大器密封
主缸无高压	插装阀 27 阀芯未关闭、电磁阀 DT17 未上电或阀芯卡死，使液控单向阀 62 未关闭；液控单向插装阀 62 弹簧断裂	检查或更换电磁阀 DT37 及插装阀 27；检查或更换电磁阀 17、更换液控单向阀 62 的弹簧
	放大器 66 密封损坏	更换密封
动梁不能上行或上行缓慢	当动梁上行时，若系统出现掉压现象，则是动态插装阀 31 泄漏	检查插装阀 31 及相应的控制阀 DT11
	比例插装阀 22 的阀芯开启量不足	检查比例电磁阀 DT12 控制电路及油路，维修或更换
	充液阀未打开或开度不够，电磁阀 DT13 油路不通或放大器 66 油管泄漏	检查电磁阀控制线路、清洗或更换电磁阀 DT13； 检查接力缸油管
动梁不能下行或下行缓慢	插装阀阀芯 31 未开启或开启度过小；比例插装阀 22 阀芯卡死或控制电路问题	检查其相应控制电路，检查电磁阀 DT11 及插装阀 31 是否开启到位；检查比例插装阀 224 阀芯是否卡死
	放大器未回程、增压大活塞卡死	检修放大器与相应控制油路
动梁上下行无减速	比例插装阀 22 的阀芯不可调	检查电路、更换比例电磁阀 DT12
料车不进退	减压阀 32 调节压力过低	升高料车发动机驱动压力
	电池阀 YV306 失电或阀芯卡死	检查更换电磁阀 YV306
	比例阀 YV307 阀芯泄漏或卡死	清洗比例阀 YV304 或更换
无顶出动作或顶出速度慢	电磁阀 DT16、DT15 为上电或电磁阀阀芯卡死	检查电气控制线路，检查或更换电磁阀 DT15、DT16
	减压阀调节压力过低	提高顶出压力
无装料动作	落料模未下落，电磁换向阀 DT15 失电状态油路不通	检查电磁阀 DT15 及单向节流阀 54-1
	顶出密封损坏	更换密封
无墩料动作	电磁阀 DT16 的 P-B 口不通	检查 DT16
	电磁换向阀 DT15 失电状态油路不通	检查电磁阀 DT15 及单向节流阀 54-1
	顶出密封损坏	更换密封

压机单一故障容易判断，但综合故障需经验积累；但所有压机液压原理基本相通，因此故障判断与处理也基本相同。

（二）国产陶瓷砖液压机常遇机械故障及维修

陶瓷砖液压机在使用中常发生的故障有：活塞磨损，油缸拉伤；横梁、立柱、法兰、螺栓断裂；密封损坏。

1. 活塞的维修

压机主活塞磨损机理在本节（活塞）中已做了分析，因此，当活塞表面磨损失效后，必须对活塞表面进行维修处理。活塞表面维修处理有以下方法。

镀硬铬处理：活塞镀层硬度一般要求达到 HV900 以上，其摩擦系数小，耐磨性好，且具有较好的耐温性和耐腐蚀性。镀层的厚度按活塞的磨损大小，一般可取 0.02～0.25mm。但其性能脆，不能承受冲击和弯曲。在活塞表面维修处理过程中，需磨去已损坏旧铬层，重新镀硬铬。在清除旧铬层时，不可避免会处理掉部分机体材料，使机体尺寸减小；为了恢复基本尺寸，新镀铬层厚度将增加；铬层厚度越厚，镀层的硬度越低，镀层缺陷越多，维修成本越高。由于反复电镀，新镀层容易氢脆，使铬层与机体的附着力降低；因此，再次电镀之后，应对活塞做去氢处理，以降低硬铬和机体的脆性。

（1）表面热喷涂处理（图 3-1-41）　表面热喷涂是利用热源将耐磨金属粉料通过高温加热至半融化状态，并以一定的速度速喷射沉积到经过处理的待修复的活塞表面并形成涂层的方法。选择不同性能的涂层材料和不同的工艺方法，可以得到不同的减磨耐磨、耐腐蚀等不同功能的涂层。涂层材料几乎涉及所有固态工程材料，包括金属、金属合金、陶瓷、金属陶瓷、塑料、金属塑料等。

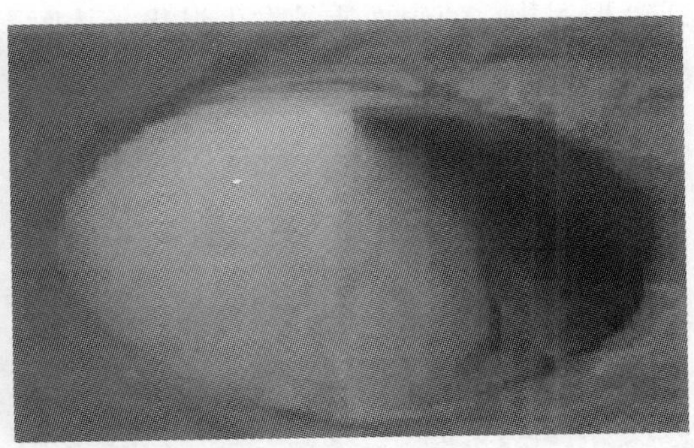

图 3-1-41　热喷漆

热喷涂的工艺方法很多，无论哪种工艺方法，喷涂过程形成涂层的原理和结构基本一致。喷涂形成涂层分四个阶段：热融化阶段、雾化阶段、飞行阶段、碰撞沉积阶段。利用喷涂工艺修复，其喷涂涂层结构与基体材料的组织结构有明显差异，涂层的自身结合强度高于涂层与机体的结合强度，同时由于涂层材料和基体材料之间组织结构的不同，涂层会留下残余应力，涂层越厚，残余应力愈大，它将影响使用性能；因此，应限制涂层厚度，并在工艺上采取措施消除或减少应力。

喷涂涂层的性能取决于喷涂材料的性能和喷涂设备、喷涂工艺方法；同一种喷涂材料采用不同的工艺与设备喷涂时，涂层性能会存在很大的差异，因此，要获得满足使用要求的涂层，首先要对活塞的使用工况进行准确的分析，为选择涂层材料种类和工艺提供依据。

压机活塞的失效主要是磨损、疲劳和形变；压机在长期运行中，活塞在连续往复运动中承受交变、摩擦、接触载荷的作用，其受力状态包括压缩、表面弯曲等，因此，在喷涂材料、喷涂工艺选择时，应根据基体的性质及以上受力状况来完成。基体的性质包括力学和热学，抗氧化能力、零件大小以及形状和表面处理质量。

表面预处理是整个喷涂过程的一个重要环节，涂层与基体的结合质量和基体的清洁度、粗糙度有直接关系，要获得良好的涂层质量，必须采用正确的表面处理方法，在处理时要考虑两个因素：第一个因素是基体材料；第二个因素是喷涂材料。

（2）表面预处理

表面净化处理：去除表面的油渍、油漆、氧化皮等污垢。

表面机械加工：一般采用车削或磨削来完成，使涂层与基体之间的结合面增加30%左右，同时能提高涂层的抗剪切能力。表面机械加工以后还必须采用表面粗化处理，从而进一步提高涂层与基体之间的结合强度。

表面遮蔽处理：为了避免粗化过程对非粗化表面的影响以及在喷涂过程中保护非喷涂表面，便于喷涂后对非喷涂表面进行清理。

表面粗化：由于存在以下原因，对待喷涂活塞表面的粗化处理，可使涂层与涂层以及涂层与基体之间的结合得到强化。

使表面处于压应力状态；

使变形粒子之间形成相互镶嵌连锁的叠层结构；

增大结合面积；

净化被喷涂表面；

粗化后处理：粗化处理后所暴露处的新表面极易受到外界的污染，要避免表面因吸附潮湿或凝聚污物，使表面质量发生退化，从而影响喷涂质量。

表面预热处理如图3-1-42所示。

(a) 拉伤的油缸

(b) 油缸拉伤

(c) 螺钉断裂

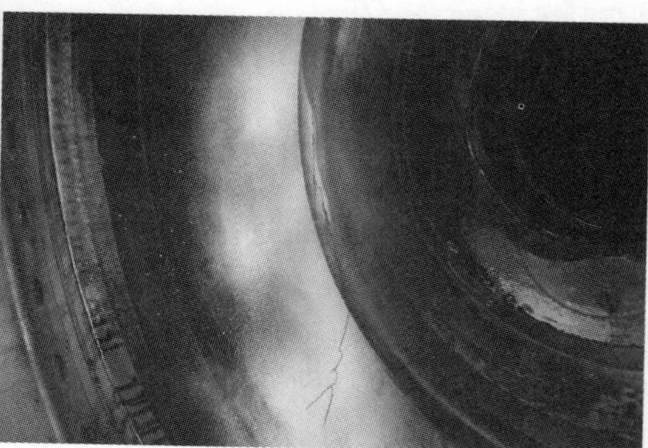

(d) 横梁裂纹

(e) 立柱断裂

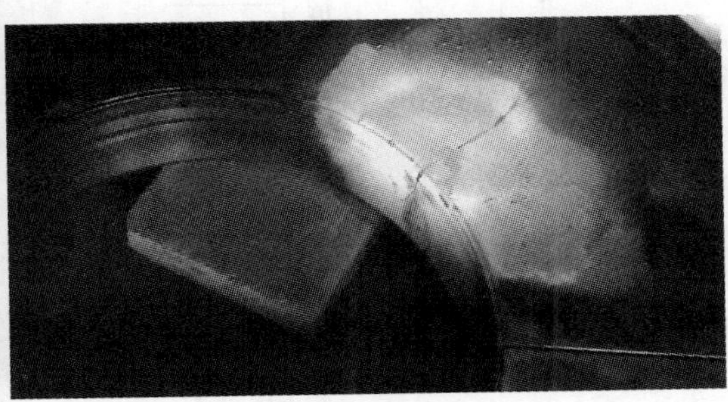

(f) 缸底法兰断裂

图 3-1-42　表面预热处理

2. 下法兰螺钉断裂问题（图 3-1-43）

① 下法兰螺钉断裂分析。

② 陶瓷砖液压机下法兰螺钉断裂。

③ 压机上阀板，放大器螺栓断裂分析。

④ 陶瓷砖液压机缸底法兰常见裂纹分析。

⑤ 压机下法兰、主油缸常见裂纹。

⑥ 活塞维修应注意的问题。

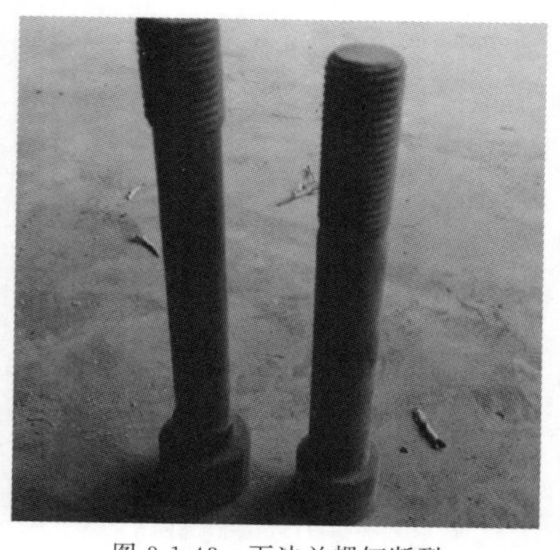

图 3-1-43　下法兰螺钉断裂

3. 油缸

陶瓷砖液压机在使用中常发生的故障有：活塞磨损，油缸拉伤；横梁、立柱、法兰、螺栓断裂；密封损坏（见图 3-1-44）。

（1）螺钉断裂问题分析

1）下法兰螺钉断裂

下法兰螺钉断裂是压机常见问题，不论是 YP、KD 压机还是 HP、NF、ZF 压机等，都存在某些机型不同程度的下法兰螺钉断裂问题。

图 3-1-44（a）是压机下法兰螺钉预紧时，下法兰、油缸及缸底法兰受力状况；当螺钉预紧时每一颗螺钉预紧力 F 都通过下法兰作用在油缸、缸底法兰和上横梁缸底法兰贴合面上。当压机在压制时，压机横梁在主缸压力 P 的作用下，通过缸底法兰使横梁产生弯曲变形，同时缸底法兰自身也随横梁一起产生变形［见图 3-1-44（b）］，横梁变形量为 L_2 等于缸底 L_1（即 $L_2=L_1$）。当缸底法兰变形时，法兰中心向上弯曲变形的同时，边缘向下运动并对油缸向下作用，边缘下移量为 L。另外，横梁在变形过程中同时产生径向变形并挤压油缸，使立柱两侧径向收缩，前后向外扩张［见图 3-1-44（c）］，使螺钉产生弯曲变形。

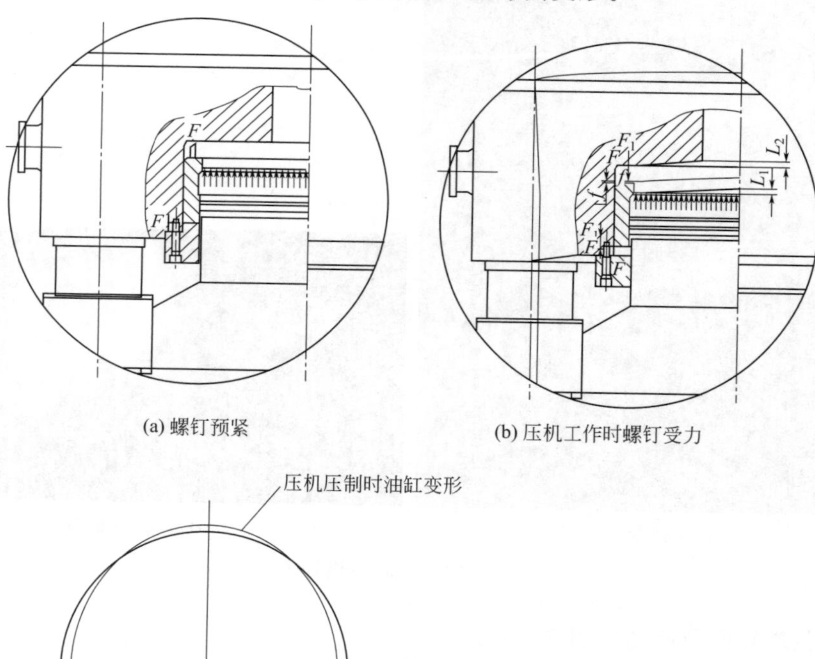

(a) 螺钉预紧

(b) 压机工作时螺钉受力

(c) 压机油缸变形趋势

图 3-1-44　下法兰螺钉受力分析图

缸底法兰向下作用在油缸上的力为 $F'=\sum F_1$，并通过油缸、下法兰传递给下法兰固定螺钉，该力作用在每一颗螺钉上 F_1，因此，压机在工作中每颗螺钉的受力分别为螺钉预紧力 F、横梁变形作用到每颗螺钉上的反作用力 F_1 及作用在螺钉上的附加弯曲应力，弯曲应力对螺钉断裂起关键作用。反作用力 F_1 随着压机主缸压力的变化而变化。

当压机使用数年后，压机机架刚性下降，压机下法兰螺钉断裂现象更为突出，这是因为上横梁变形加大，造成油缸下座变形与径向变形加大，使下法兰螺钉承受轴向变载荷及径向剪切力加大，从而使螺钉平凡断裂。

当下法兰与横梁结合面间隙 l_a 过大时（见图 3-1-45），螺钉断裂更加容易产生断裂现象；造成这一原因是压机在压制时，下法兰螺钉径向变形加大并承受的剪切力加大。

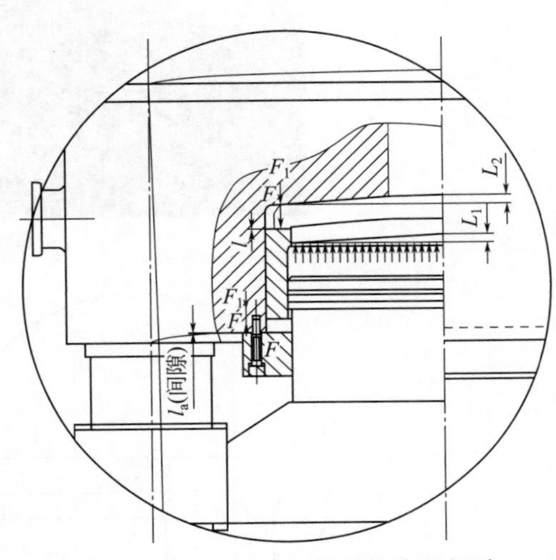

图 3-1-45　下法兰与横梁结合面间隙

螺钉断裂处大多在螺纹旋合的 1～3 牙处和螺钉头部，这是因为螺纹的牙根和收尾、螺钉的头部与螺杆的交接处都有应力集中，其本身就是产生断裂的危险部位；特别是旋合螺纹的牙根处由于螺杆的拉伸与螺纹受弯剪，且受力不均。

压机在工作时下法兰螺钉最大的工作应力基本相同，为提高螺钉的抗疲劳强度，一般采用减小螺钉的刚度，提高连接部分的刚度从而减小压制过程中的应力幅，从而减小螺钉的断裂频率。减小螺钉的刚度方法有，增长螺钉非旋合部位的长度，减小非旋合部位的直径（见图 3-1-45），使其小于螺纹底径；在螺钉头部增加一定厚度的吸能垫片。为提高法兰与横梁的连接刚度，应减小间隙 l_a，l_a 越小越好，但由于为保证法兰凸台端面与油缸之间的密封可靠性，间隙 l_a 不可能为零。但法兰预紧后其值一般≤0.15 左右即可。

减小螺钉刚度和增大法兰与横梁的连接刚度都必须适当增大螺钉的预紧力，以充分发挥其抗疲劳能力。

2）DK 压机主缸上法兰螺钉断裂

KD2100—3280 在使用中，机架整体刚性逐渐减弱，造成压机在压制时框架整体变形加大。其受力变形趋势与图 3-1-44 相同［见图 3-1-46（c）］，在压机压制过程中，由于阀板弯曲变形，造成阀板与活塞连接螺钉产生附加拉应力和弯剪力，从而降低螺钉使用寿命。

实践证明，通过如图 3-1-46（a）的改造，可提高螺钉的使用寿命 3～5 倍。

3）放大器螺钉断裂

图 3-1-47（a）是放大器大活塞杆端部堵头，当堵头装配到大活塞并预紧后，用定位螺钉定位。由于放大器装配在主油箱内，当压机在压制过程中，如果出现堵头脱落，会使堵头掉入主缸，从而影响压机压制。为防止堵头脱落，在堵头上安装止退定位螺钉。

当放大器小活塞腔长期连续进出压力油时，堵头在冲击载荷的作用下，螺纹受剪切力，并会出现松动使堵头后退；为防止堵头退出，因此设置了止退定位螺钉。止退定位螺钉不允许用于堵头锁紧，如果锁紧螺钉头部端面与堵头螺钉孔端面接触，在压机压制过程中，螺钉因堵头轴向变形被拉断。

(a) KD压机主缸

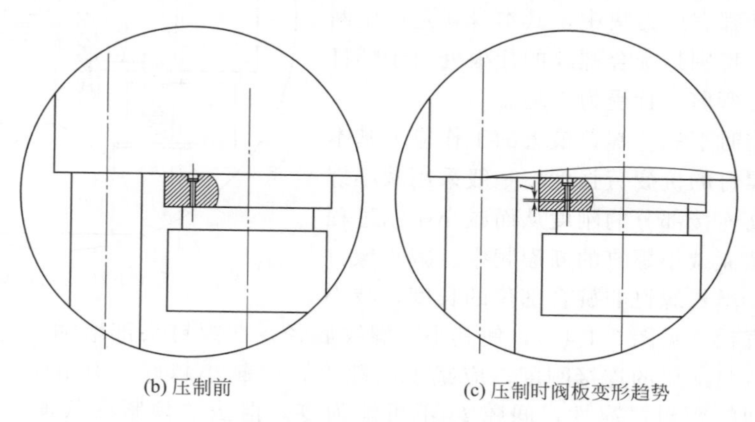

(b) 压制前　　(c) 压制时阀板变形趋势

图 3-1-46　上阀板螺钉改造

(a) 放大器小油缸堵头

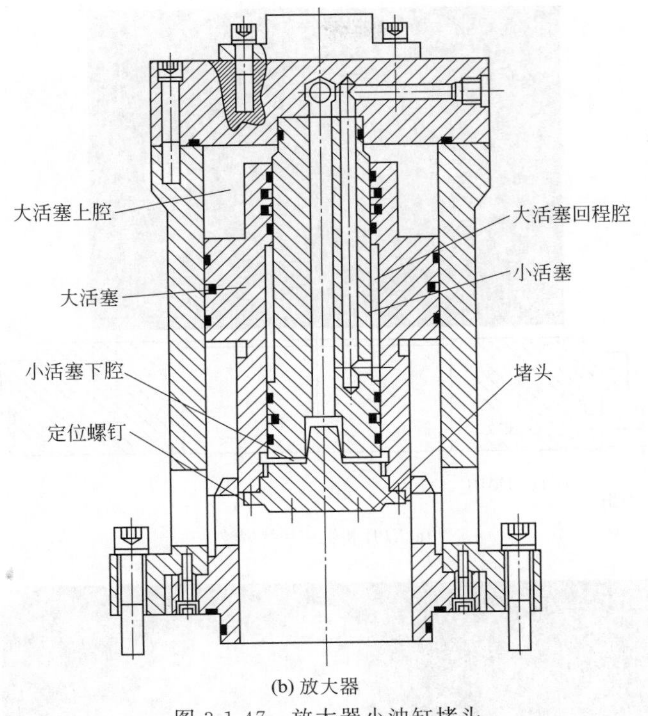

(b) 放大器

图 3-1-47 放大器小油缸堵头

另外，堵头螺纹在机械加工中因尺寸误差、形位误差、光洁度等因素，在加载后会产生塑性变形，加速螺纹的松动，因此，在装配堵头时应利用液压专用螺纹密封锁固剂来消除加工误差并锁紧堵头螺纹，防止堵头后退（见图 3-1-48）。

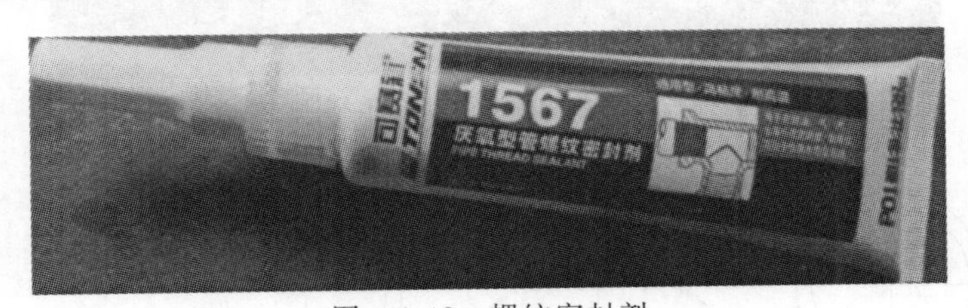

图 3-1-48 螺纹密封剂

（2）YP 陶瓷砖液压机缸底法兰裂纹分析

图 3-1-49（a）、（b）是 YP 压机 1280t 与 3280t 缸底法兰，缸底法兰产生裂纹大多由密封沟槽开始，并且在压机主体上具有方向性。

由图 3-1-49（c）可以看出压机在压制时缸底法兰受油缸变形挤压趋势。由于缸底法兰密封采用格莱圈，其密封沟槽较深，密封下当变较薄，因此在油缸挤压变形中因法兰沟槽根部应力集中，造成从沟槽根部产生裂纹及滑移。

为减小缸底法兰下档边受挤压，可采取减小下档边尺寸，同时加大下档边厚度尺寸，以提高其强度。通过以上改进，可防止缸底法兰密封圈下档边引起的裂纹，从而提高缸底法兰的使用寿命。

（3）活塞维修

压机主活塞磨损机理在前面已做了分析，因此，当活塞表面磨损失效后，必须对活塞表面进行维修处理。活塞表面维修处理有两种方法。

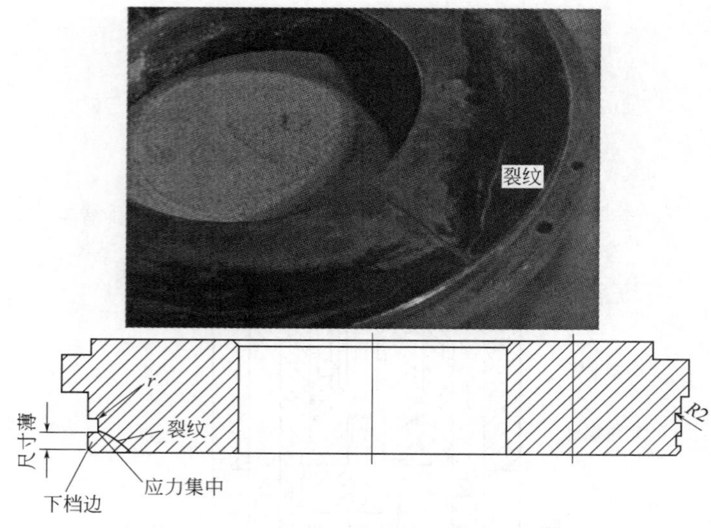

(a) YP压机缸底法兰裂纹

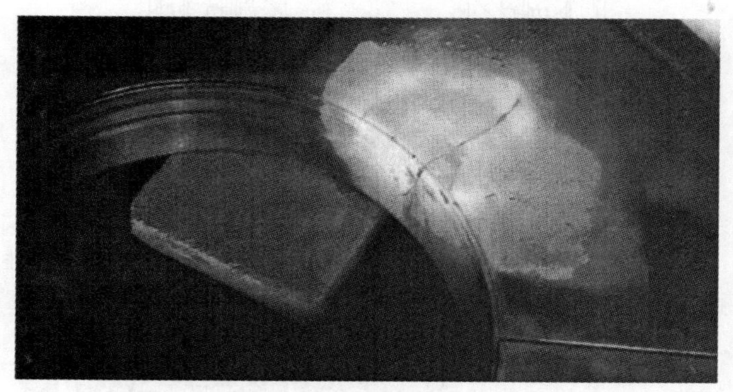

(b) 缸底法兰断裂

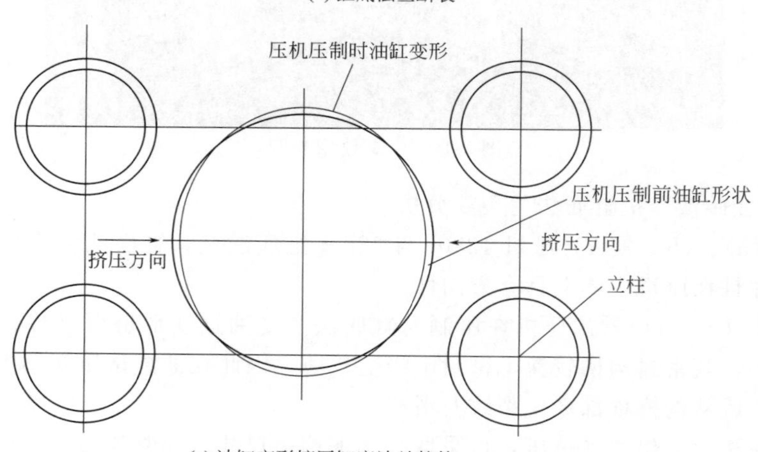

(c) 油缸变形挤压缸底法兰趋势

图 3-1-49　缸底法兰

1）镀硬铬处理　活塞镀层硬度一般要求达到 HV900 以上，其摩擦系数小，耐磨性好，且具有较好的耐温性和耐腐蚀性。镀层的厚度按活塞的磨损大小，一般可取 0.02～0.25mm。但其性能脆，不能承受冲击和弯曲。在活塞表面维修处理过程中，需磨去已损坏旧铬层，重新镀硬铬。在清除旧铬层时，不可避免会处理掉部分机体材料，使机体尺寸减小；为了恢复基本尺寸，新镀铬层厚度将增加；铬层厚度越厚，镀层的硬度越低，镀层缺陷越多，维修成本越高。由于反复电镀，新镀层容易氢脆，使铬层与机体的附着力降低；因此，再次电镀之前，应对活塞做去氢处理，以降低硬铬和机体的氢脆性。

2）表面热喷涂处理（图 3-1-50） 表面热喷涂是利用热源将耐磨金属粉料通过高温加热至半融化状态，并以一定的速度速喷射沉积到经过处理的待修复的活塞表面并形成涂层的方法。选择不同性能的涂层材料和不同的工艺方法，可以得到不同的减磨耐磨、耐腐蚀等不同功能的涂层。涂层材料几乎涉及所有固态工程材料，包括金属、金属合金、陶瓷、金属陶瓷、塑料、金属塑料等。

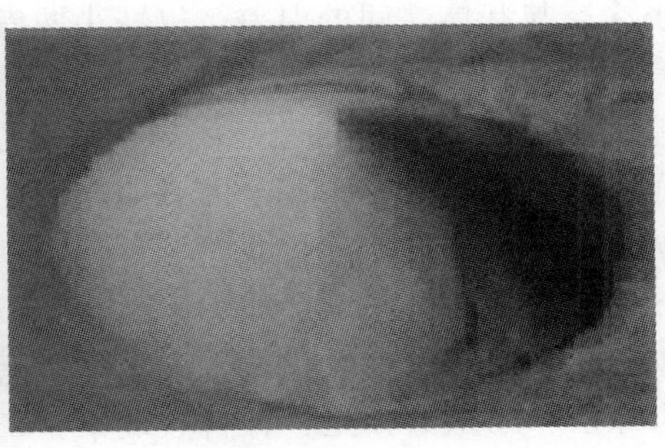

图 3-1-50 喷涂

热喷涂的工艺方法很多，无论哪种工艺方法，喷涂过程形成涂层的原理和结构基本一致。喷涂形成涂层分四个阶段：热融化阶段、雾化阶段、飞行阶段、碰撞沉积阶段。利用喷涂工艺修复，其喷涂涂层结构与基体材料的组织结构有明显差异，涂层的自身结合强度高于涂层与机体的结合强度，同时由于涂层材料和基体材料之间组织结构的不同，涂层会留下残余应力，涂层越厚，残余应力愈大，它将影响使用性能；因此，应限制涂层厚度，并在工艺上采取措施消除或减少应力。

喷涂涂层的性能取决于喷涂材料的性能和喷涂设备、喷涂工艺方法；同一种喷涂材料采用不同的工艺与设备喷涂时，涂层性能会存在很大的差异，因此，要获得满足使用要求的涂层，首先要对活塞的使用工况进行准确的分析，为选择涂层材料种类和工艺提供依据。

压机活塞的失效主要是磨损、疲劳和形变；压机在长期运行中，活塞在连续往复运动中承受交变、摩擦、接触载荷的作用，其受力状态包括压缩、表面弯曲等，因此，在喷涂材料、喷涂工艺选择时，应根据基体的性质及以上受力状况来完成。基体的性质包括力学和热学，抗氧化能力、零件大小以及形状和表面处理质量。

表面预处理是整个喷涂过程的一个重要环节，涂层与基体的结合质量和基体的清洁度、粗糙度有直接关系，要获得良好的涂层质量，必须采用正确的表面处理方法。在处理时要考虑两个因素：第一个因素是基体材料；第二个因素是喷涂材料。表面预处理包含以下几点。

表面净化处理：去除表面的油渍、油漆、氧化皮等污垢。

表面机械加工：一般采用车削或磨削来完成，使涂层与基体之间的结合面增加 30%左右，同时能提高涂层的抗剪切能力。表面机械加工以后还必须采用表面粗化处理，从而进一步提高涂层与基体之间的结合强度。

表面遮蔽处理：为了避免粗化过程对非粗化表面的影响以及在喷涂过程中保护非喷涂表面，便于喷涂后对非喷涂表面进行清理。

表面粗化：由于存在以下原因，对待喷涂活塞表面的粗化处理，可使涂层与涂层以及涂层与基体之间的结合得到强化：

① 使表面处于压应力状态；

② 使变形粒子之间形成相互镶嵌连锁的叠层结构；

③ 增大结合面；

④ 净化被喷涂表面。

粗化后处理：粗化处理后所暴露处的新表面极易受到外界的污染，要避免表面因吸附潮湿或凝聚污物，使表面质量发生退化，从而影响喷涂质量。

表面预热处理：表面预热处理的目的是：去除工作表面的湿气和冷凝物；提高基体温度，减小涂层与基体之间的温差，以减小两者之间的热胀冷缩差别，从而减少两者之间的热应力，有效防止图层的剥落或裂纹产生。表面预热有助于喷涂表面“热活化”，增加喷涂粒子与基体间的接触温度，促进基体表面和涂层之间的物理化学作用，提高喷涂粒子的沉积率。表面预热还可降低喷涂粒子的冷却速度，不仅有利于喷涂微粒的变形，减小微粒的收缩应力，从而减少涂层的应力积累。

预热的方法有：高频预热、炉内预热和喷枪焰流预热。不论哪种预热方法，工件表面不允许产生骤热现象和过度氧化，否则会降低涂层与基体的结合强度并产生较大的热应力。

耐磨涂层：摩擦磨损是一种自然现象。摩擦是两个配合表面之间由于接触而产生的分子间的相互作用所引起的阻碍其运动的现象；而磨损是指两个配合表面的物质由于相对运动而不断损失的现象。只要存在运动，必然存在摩擦；有摩擦就伴随着磨损。

耐磨涂层取决于涂层与基体的力学匹配性、化学匹配性、施加载荷的方向和大小以及涂层本身的性能。涂层的硬度、化学稳定性、抗裂纹生核与长大等因素都影响涂层的耐磨性。对于耐磨涂层的首要要求是确保涂层与基体有足够的结合强度。基体应有足够的硬度和屈服强度，以支撑涂层不发生形变，保证涂层用于高负荷工况。涂层与基体的弹性模量应匹配；在弹性应变状态下，如果涂层与基体的弹性模量不匹配，在涂层表面负载时，涂层与基体之间的界面处产生陡变式的应力。当涂层的刚性大于基体，涂层的应力就会增大。随着载荷和涂层与基体的弹性模量差别的增大，应力增大。

要使硬质耐磨涂层具有较长的使用寿命，涂层与基体材料的刚性应有合理的匹配。如果在刚性小的基材上沉积刚性高的涂层，在负载的作用下，涂层中的拉应力增大，导致涂层形成裂纹并波及基体，从而引发涂层早期破坏。

热膨胀系数的匹配，涂层与基体相比是很薄的，基体的热膨胀基本上不受涂层热膨胀的影响，而涂层的热膨胀则强烈的受到基体热膨胀的影响。涂层与基体膨胀系数差别越大，涂层的应力就会越大，涂层产生裂纹或剥落的倾向性越大。

综上所述，耐磨涂层的成功应用既取决于涂层本身的耐磨摩擦磨损特性，还取决于涂层与基体之间性能的合理匹配。

（4）油缸的维修

其是被拉伤的油缸。油缸拉伤主要是由于压机其他液压元器件损坏进入主缸，由于未及时清除，使其在缸孔内随活塞的运动逐渐内拉伤缸壁［见图 3-1-51（a）］。

油缸在长期使用中，因受力变形使缸孔变形失圆。当油缸拉伤面积较小时可采用冷焊修补［见图 3-1-51（b）］。当缸孔拉伤面积大时，可采用机械加工方法去除拉伤，通过电镀镀铁恢复尺寸后镀硬铬处理。不能采用电焊或热喷涂修补，因为，高温修补会造成油缸变形加大，当油缸冷却后缸套整体缩小，使缸套外径与横梁间隙加大，油缸在加载后变形加大并易产生裂纹，从而降低油缸使用寿命。另外，焊接修补易使油缸基材产生焊接应力并造成小裂纹，在使用中裂纹逐渐扩展直至油缸裂穿报废。

(a) 拉伤的油缸

(b) 油缸拉伤

图 3-1-51　油缸

(5) 陶瓷砖液压机主密封安装应注意的问题

在很多情况下，压机液压系统的故障主要由于密封件的损坏和效能的减弱而引起。

1) O 形密封圈失效

图 3-1-52 (a) 是已失效的压机端面 O 形密封圈，从其破坏形式来看，其原因是密封端面未完全贴合，油缸与法兰接触面之间存在间隙，造成密封圈在压力油的油压作用下挤入面与面之间的径向间隙中。

另外，端面密封沟槽，密封圈支撑面不允许有倒角；如果存在倒角，O 形密封圈压力油的作用下，会在沟槽内转动，同时倒角把 O 形圈切割成片状小条［见图 3-1-52 (b)］。

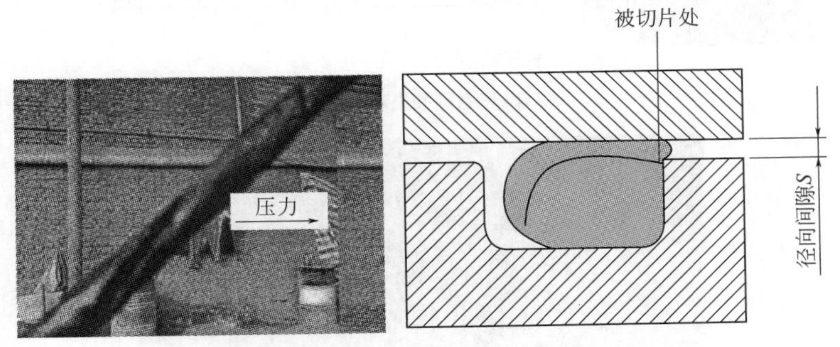

(a) 轴向密封时法兰与油缸端面间隙过大

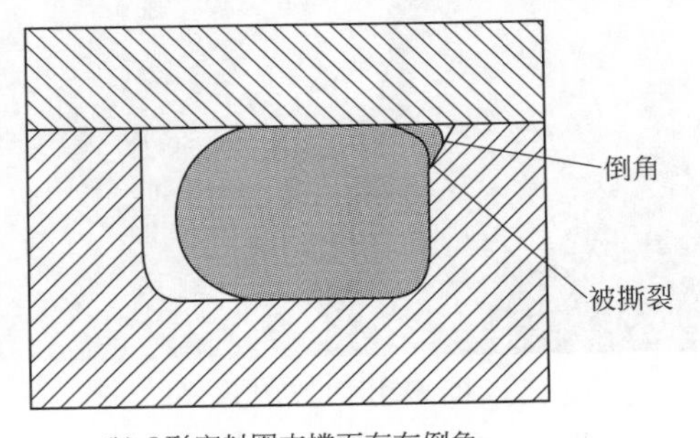

(b) O形密封圈支撑面存在倒角

图 3-1-52　O 形圈失效

2）主缸密封的失效

图 3-1-53（b）是主缸密封中，格莱圈出现密封面产生上下飞边，造成密封失效。飞边形成的原因是“困油”。在陶瓷砖液压机使用过程中，当导向带在安装过程中切口偏小时，会造成导向带切口因高温、挤压等因素逐渐合拢［见图 3-1-53（a）］。当压机压制时，导向带与格莱圈之间压力油因卸压油道被堵，在压机主缸卸压瞬间，被困油液对密封圈和导向带形成压力冲击，造成密封圈与导向带逐渐被挤入间隙，形成图 3-1-53（b）状况。如果困油现象严重，密封圈通过缝隙被剪切成图 3-1-53（c）状态。

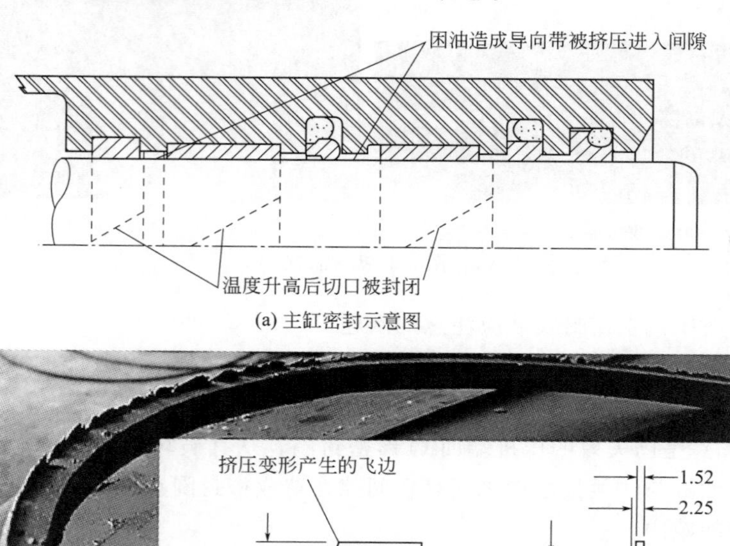

(a) 主缸密封示意图

(b) 密封困油失效

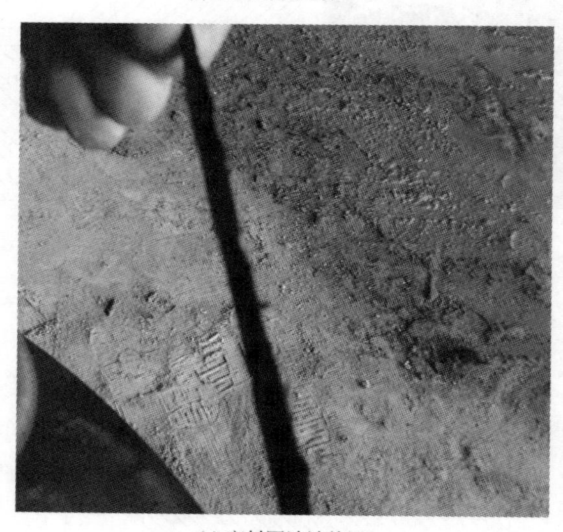

(c) 密封困油被剪切

图 3-1-53　格莱圈、导向带失效

3）主缸、活塞维修过程中密封装配导向引起的密封失效

在活塞或油缸的维修中，往往出现把密封装配导向角覆盖，造成密封圈装配时，因倒角偏小，而损坏密封（见图 3-1-54）。

由于装配导向角偏小，在密封圈装配过程中对密封圈不能起导向作用，并可能切损密封，因此导向角是密封装配的重要环节，必须按图加工。

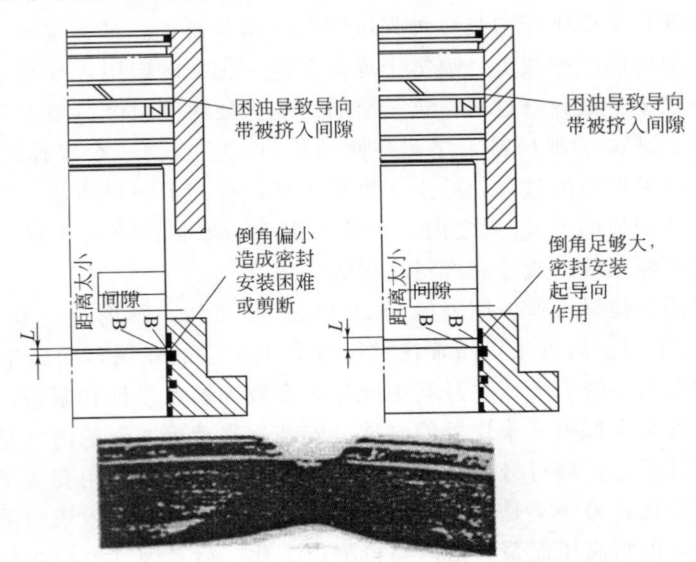

图 3-1-54　活塞密封安装倒角偏小造成密封圈装配失效

表 3-1-7 为压力对照表。

表 3-1-7　压力对照表

项目	牛顿/米²（帕斯卡）（N/m²）（Pa）	千克力/米²（kgf/m²）	千克力/厘米²（kgf/cm²）	巴（bar）	标准大气压（atm）	毫米水柱 4℃（mmH₂O）	毫米汞柱 0℃（mmHg）	磅/英寸²（lb/in²，psi）
牛顿/米²（帕斯卡）（N/m²）（Pa）	1	0.101972	10.1972×10^{-6}	1×10^{-5}	0.986923×10^{-5}	0.101972	7.50062×10^{-3}	145.038×10^{-6}
千克力/米²（kgf/m²）	9.80665	1	1×10^{-4}	9.80665×10^{-5}	9.67841×10^{-5}	1×10^{-8}	0.0735559	0.00142233
千克力/厘米²（kgf/cm²）	98.0665×10^{3}	1×10^{4}	1	0.980665	0.967841	10×10^{3}	735.559	14.2233
巴（bar）	1×10^{5}	10197.2	1.01972	1	0.986923	10.1972×10^{3}	750.061	14.5038
标准大气压（atm）	1.01325×10^{5}	10332.3	1.03323	1.01325	1	10.3323×10^{3}	760	14.6959
毫米水柱 4℃（mmH₂O）	0.101972	1×10^{-8}	1×10^{-4}	9.80665×10^{-5}	9.67841×10^{-5}	1	73.5559×10^{-3}	1.42233×10^{-3}
毫米汞柱 0℃（mmHg）	133.322	13.5951	0.00135951	0.00133322	0.00131579	13.5951	1	0.0193368
磅/英寸²（lb/in²，psi）	6.89476×10^{3}	703.072	0.0703072	0.0689476	0.068462	703.072	51.7151	1

第二节 喷雾干燥器

一、概述

喷雾干燥器在现代工业生产中是一种先进的粉料制备设备。对于建材工业而言，该设备主要应用在陶瓷墙地砖的生产线上。喷雾干燥器在这一领域的应用，改变了传统粉料制备工艺（料浆→压滤→烘干→破碎→过筛）这一落后面貌。使料浆只经过喷雾干燥和筛选后就成了可供压砖的粉料。减少了制粉料工序，并使制粉料工艺成为一个操作过程自动化、连续化、粉料各参数随时可调整的过程，减少了操作人员，提高了粉料质量。特别是粉料的含水率可精确地保证在期望值的±0.3%之内，且粉料为空心球状，流动性好，这是传统工艺所不可企及的，对提高墙地砖的质量和产量有极大的意义。

喷雾干燥器应用于建材行业，国外始于20世纪50年代，国内应用虽然较晚，但20世纪80年代已普遍被采用。而近几年随着建材行业突飞猛进的发展，面砖生产厂家的制粉设备已成了喷雾干燥器的一统天下，并且其中统计大多数为国内设计和制造。对于建筑陶瓷行业的人员来说，了解和掌握喷雾干燥器的制造、安装、修理等方面的内容是必要的。

喷雾干燥器按其雾化原理可分为三类。一类是离心式雾化；即用安装于塔顶中心高速旋转的离心盘将泥浆雾化；另一类是用压缩空气将泥浆吹成雾状并带入塔内的气流式雾化；第三类为压力式雾化，即将高压泥浆经塔内喷枪喷出雾化。后者因其产品颗粒适中、可不停产换喷枪及喷枪价格便宜等优点而被建筑陶瓷行业广泛采用。若按干燥塔中干燥介质和浆雾的运动方向不同，干燥塔又可分为数种类型，而混流式干燥应用最普遍。下面仅就国内建筑陶瓷墙地砖生产普遍使用的压力式喷雾干燥器设备做介绍。

二、工作原理

压力式喷雾干燥器成套装备系统（燃重油）如图3-2-1所示，其工作原理和流程如下。

燃料被油烧嘴4喷入热风炉5的炉膛中燃烧成高温焰气，在进入热风管道6之前与来自并受控于配温风阀的冷空气相遇，混合成适当温度的热风。因排风机9的抽吸，干燥塔7和热风管道6内为负压状态，热风迅速流入干燥塔7。由于塔顶分风器的作用及负压的作用，热风以小于1m/s的速度由塔顶旋转而下，流向下部的排风管。同时，泥浆泵1将来自泵前地下浆池或高位浆罐中的泥浆加压至1.5～2MPa，经泥浆管道送至均布于干燥塔7内的若干支喷枪8。泥浆在压力和喷头的作用下，高速旋转着由喷枪头中喷出，在塔的筒体内形成若干个向上运动的锥状浆雾分布区。这些具有极大比表面积的雾状浆滴一出现，即与向下运动的干燥热风发生迅速的热交换，在其运动到最高点时，已蒸发掉所含的大部分水分，在缓慢向下运动的过程中成了散布于塔内整个空间的中空球形颗粒。在重力及热风的作用下，这些颗粒落向塔底，并同时以较慢的速度蒸发着剩余的水分，直至聚于干燥塔下部锥体的出料口被排出，成为压型粉料。

混有少量微粉料的尾气由排风管进入一级除尘设备——旋风收尘器14，在收尘器内，尾气所含的大部分粉料被分离出来，收集于下部的集料斗中，由排灰阀15徐徐排出。被除去了大部分固体物质的尾气被送至二级除尘装置——湿法除尘器13，在其中，残存的微粉尘再次被分离出尾气，随洗涤水流入沉淀池11，清洁的尾气由烟囱排入空中。

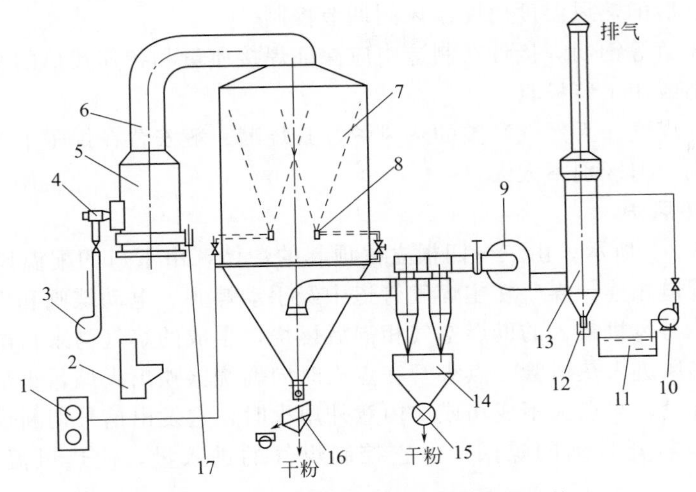

图 3-2-1 压力式喷雾干燥器成套装备系统

1—泥浆泵；2—电控柜；3—雾化风机；4—油烧嘴；5—热风炉；6—热风管道；7—干燥塔；8—喷枪；9—排风机；10—水泵；11—沉淀池；12—水封桶；13—湿法除尘器；14—旋风除尘器；15—排灰阀；16—振动筛；17—配温风阀

三、制造过程

（一）热风炉

热风炉是为喷雾干燥制粉提供热源的关键设备，其性能对粉料的质量和产量有直接的影响。按所用燃料不同可分为油气类热风炉和燃煤热风炉两大类型。燃煤热风炉又分为燃煤链排热风炉、水煤浆热风炉、煤粉热风炉等。同一类型炉中又因燃料的黏度、热值、压力、理化性能上的差异及适用的烧嘴几何尺寸不一，所以炉的结构及尺寸上略有不同，并配备不同的相应附属设备。例如重油炉需配备加温设备及蒸汽管道，而轻油炉则不必配备；煤气炉和液化气炉的烧嘴不同，且液化气炉必用调压阀。按操作方式又有手控炉和自控炉之别。因炉型有多种，各有其特殊性，现就应用较多的手控重油热风炉、自控煤气热风炉及燃煤链排热风炉做介绍，其他燃料的炉型可参考了解。

1. 手控重油热风炉

其结构如图 3-2-2 所示。内砌耐火保温材料的钢板外壳 6，连接并支承着其上的热风管路 1。外壳 6 内由黏土耐火砖砌成的炉膛 7 能耐受 1700℃的高温，保证了燃烧区能在高温条件下安全运行。炉膛与外壳间为冷空气的通道，进入此处的冷风是来自环形风道 8 并由配温风阀 9 控制着流量。油烧嘴 4 为低压空气雾化比例调节式，它分别与重油管路和高压离心风机相连。工作时加热到 90～110℃的重油由烧嘴喷出后即被高压风（约 500mmH_2O柱）吹入炉膛，充分燃烧后在炉口与

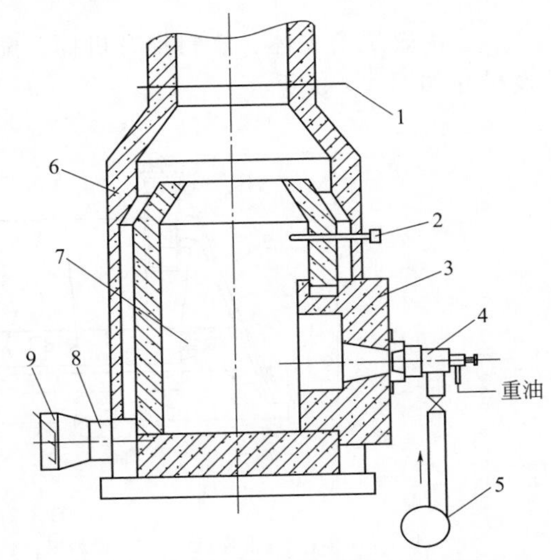

图 3-2-2 手控重油热风炉示意图

1—热风管路；2—热电偶；3—烧嘴砖；4—油烧嘴；5—风机；6—外壳；7—炉膛；8—环形风道；9—配温风阀

冷空气相混，混合后的热风温度由配温风阀调节控制。

炉壳和环形风道等钢制焊接件在制造中应保证焊接质量和各连接口的平整及螺孔的位置公差，钻孔应配钻或用工装模具。

如果是燃气（煤气、天然气）类的热风炉，其烧嘴一般安置在炉子下中部。燃气炉结构与燃油炉还有区别，但区别不太大。

2. 自控煤气热风炉

其结构如图 3-2-3 所示。由三～四根立柱顶起的炉体，由下口的配温风阀调节冷风进入量，上口与热风管道相连。煤气在主煤气管道中经手动蝶阀、电动蝶阀和电动调节阀等调控元件进入燃烧器，与风机鼓入的助燃空气相混后燃烧，生成的焰气与来自配温风阀的冷风相混成适当温度的热风进入热风管。点火管在点火时向燃烧器喷出火焰，火焰监控器是为保证热风炉安全工作所设，当点火不成功或炉内意外熄火时，它发出信号切断煤气的供应。电动调节阀为一电动执行器带动的蝶阀，由它控制煤气的进入量，使热风温度自动稳定于设定值。

因煤气是有毒易爆气体，该系统中各阀组件及电气元件在选用时应严格依据相关规范、安装各单位要具备相关资质，操作人员必须培训合格。应严格按照焊接规程施工，并需做泄漏试验合格后方可验收。

3. 燃煤链排热风炉

燃煤链排热风炉目前国际上最先进的直接利用烟道气的供热装置，它是以煤为燃料，通过自动推煤机构将燃料推入一次燃烧室并迅速起燃燃烧。在负压作用下，旋转型二次燃烧室将一次燃烧室的火焰和燃气吸入，并沿其壁面急速旋转进一步强化燃烧。设置在二次燃烧室中的独特高温除尘装置使大部分尘埃从烟气中分离。通过夹层配入的干净空气稀释了热烟气，并使其温度控制在需要值，直接输出应用。

该燃烧炉具有点火容易、升温快，封火性能好；供热稳定，热效率高；输出介质温度调节范围广；含尘浓度低，有害成分少；燃料适应性强；操作简便，运行安全，使用寿命长等特点。

它由燃烧炉主体、燃料提升机构、配风回烟装置和电器控制柜四部分组成，其外部结构及尺寸如图 3-2-3 所示。

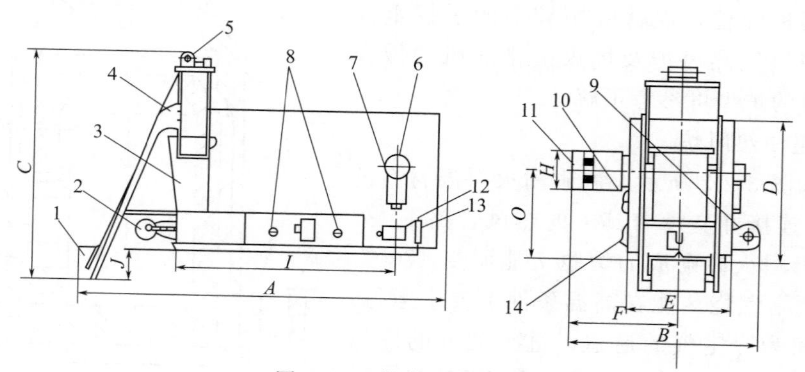

图 3-2-3 燃烧炉外形图

1—煤斗车；2—推煤机构；3—燃料箱；4—导轨架；5—提升减速器；6—调风手轮；7—集尘箱；8—观察孔；9—鼓风机；10—拨火门；11—配风套；12—集灰箱；13—出渣门；14—清渣门

燃烧炉主体由炉排总成、一次燃烧室、二次燃烧室和集尘箱构成。炉排采用链条炉排或水平往复推动炉排，炉排下方设分置式风室，通过手轮可调节各风室的供风量；炉排尾端设灰室，灰室的后端装有手工出渣门。对于大于 502×10^4 kJ/h（120×10^4 kcal/h）的燃料炉，在灰室下方设灰坑，并配以机械出渣机。料箱内装有闸板用来控制煤层厚度。推煤机构的变速电机、减速器和塔形皮带轮可调节供煤速度。燃烧室内腔由耐火混凝土预制而成，一次燃烧室左右两侧各开一个拨火门，二次燃烧室设拦火圈、除灰通道和观察孔。集尘箱装在出烟口的另一侧同轴线位置，并与观察孔套管相连。

燃料提升机构位于燃烧炉主体前方，由煤斗车、导轨架、支承平台、提升电机和减速箱构成。

配风回烟装置设在二次燃烧室烟气出口处，根据不同的供热温度精度要求，分别安装自动和手动配风套或回烟管口。

电器控制装有电源开关、电压表、电流表、时间继电器控制推煤、提升、出渣、鼓风及引风的按钮。

除以上热风炉外，还有天然气炉、煤粉炉、水煤浆炉，从环保角度看天然气炉最环保。

（二）干燥塔

干燥塔是成套系统的核心，泥浆与热风的热交换及由泥浆料变为颗粒球状料的过程全部完成于其中，所以干燥塔的性能在很大程度上决定着粉料的质量、产量和能耗。又因其为整个系统中体积最大、用材料最多、安装最困难的设备，所以其部件结构的合理性和制造精度将直接影响设备的成本和安装的费用。

干燥塔结构如图 3-2-4 所示。热风由进风帽 10 经分风器 7 进入由顶锥 9、圆筒体 6 和下锥 2 组成的空间内，与供浆系统喷入的浆雾相混进行热交换。粉料聚于下料口 14，经下料器 15 流出，尾气由排风管 13 排走。

为了制造、运输和安装的便利，干燥塔的顶锥、圆筒体、下锥、圈梁、平台等大尺寸部件都是被分解成若干等分来制作的，在使用现场再组合拼焊成一体。

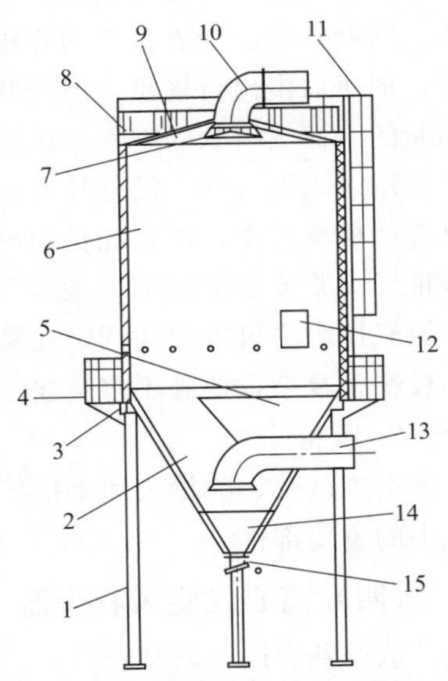

图 3-2-4 干燥塔结构示意图

1—立柱；2—下锥；3—圈梁；4—平台；5—挡料板；6—圆筒体；7—分风器；8—顶栏杆；9—顶锥；10—进风帽；11—梯子；12—人孔门；13—排风管；14—下料口；15—下料器

与热风和浆雾接触的部件进风帽、顶锥、筒体和下锥均为三层组成，其内层因工作于高温高湿的环境，均采用 1.5～3mm 的不锈钢板制成，中层是保温材料层，均采用岩棉、矿渣棉或硅酸铝纤维等无机保温材料。硅酸铝纤维（也称陶瓷棉）的保温性、耐热性好，且不会顺孔缝泄漏，所以在高温区部件如进风帽、顶锥和一些塔的热风管道中多用此保温。筒体和下锥部分可采用价格较廉的岩棉、矿渣棉等保温。保温层的厚度一般为 100～200mm，高温区可厚些，筒体、下锥等处可薄一些，而温度已降至 100℃ 以下的下锥口部分不加保温层也不影响塔的性能，故多采用不锈钢单层锥形结构。保温层外的外壁板除了有保护保温材料和减少对流形式的热损失外，还有美化外观的意义。

为使进塔的热风在塔内各处流速一致且旋转而下，故在进风帽下设一分风器。其锥形挡板把热风均匀分向四周，焊于锥形挡板上的若干片螺旋板使热风获得切向运动的速度，产生旋转的热风。因它工作于高温区，其材料为必须耐高温，一般选了 321 板或 309～

310S板。

作为尾气排出通道的排风管横插于下锥上，其入口位于塔的中心，所以其根部的支承和焊接应有强度上的保证。焊于其上的角形挡料板是为了避免排风管上集料增加负荷而设，这两部件多采用1Cr13、304料制作。

立柱和圈梁是塔体的承重支撑部件，保证了塔体能稳定于所需的空间位置，与周围配套设备合理连接。因此圈梁、立柱及柱间斜支撑的焊接应牢固可靠，确保整体的刚性。平台为操作人员的工作区，更换喷枪清洗塔壁和各种检修工作均在其上进行，其焊接的强度是首先要考虑的。有些厂家在厂房设计时将放置热风炉的二层水泥平台延至塔周，取代了钢平台，则操作更方便，安全性也更好，只是投资较高。

（三）供浆系统

供浆系统由柱塞泥浆泵、过滤器、管道、阀门和喷枪组成。该系统控制着粉料的颗粒度，并影响着粉料的产量。

1. 柱塞泥浆泵

它是泥浆流动和在塔内雾化的动力源。

现在广泛采用的是液压传动双缸陶瓷柱塞泥浆泵，其外形见图3-2-5，其原理为液压站中高压齿轮泵将压力油经手控溢流阀调压和机动换向阀定向后，反复充入油缸的上下腔，使其中的活塞做上下往复运动。活塞杆相应带动陶瓷柱塞，在位于油缸下的泵体中做相同的运动，周期性地改变着泵腔的容积。泵腔两侧的出入浆口各有一单向阀，使泥浆脉动地吸入泵腔，加压后由出口输出。由于两个柱塞做着相反的运动，所以泵的出口的输出泥浆是近似不间断的。而出口处的空气稳压罐，靠空气的弹性使泥浆压力的脉动减小到允许的范围，保证了使用。该设备的关键件柱塞，为内有钢轴的陶瓷筒结构，具有极好的耐磨性、抗锈蚀性和足够的机械强度，所以能长期可靠地运行于具有高磨蚀性的高压泥浆介质中。液压动力系统保证了泥浆流量波动时，泥浆压力仍能稳定于调定值，使该泵在流量上有足够的“柔性”，且泥浆压力亦可方便地调定在额定压力下的任意值。泥浆柱塞泵为一独立的机器，其结构上亦较精密复杂，此处不多赘述，详见其他专业资料。

2. 喷枪

由喷枪管、喷枪头和手把等部件组成的喷枪是泥浆的雾化器，影响着粉料的特性，是系统中的重要部件。

（四）离心式旋风收尘器

该设备为回收较细粉料，属排风管路中一级收尘。由此回收的粉料量因排风机开度、粉料的平均粒度等因素不同而有所差异，其范围为总产量的5%～8%。这部分粉料的回收对提高设备效率的意义重大，并为尾气达标排放奠定了基础。

图3-2-6为收尘器结构示意图，一般均根据尾气量的不同，采用一筒、二筒、四筒或六筒等的组合结构。由进风口2切向进入旋风筒3的含尘尾气，在筒壁作用下发生旋转，所含固体物质因比重大，在惯性力的作用下被抛回筒壁处，沉降至筒底后进入集灰斗4，然后由排灰阀排出。同时得到净化的尾气由位于旋风筒中心的排气管1排出。排灰阀的作用除控制粉料的排出外，其中的旋转叶片还阻止了外界空气的进入，保证了系统的工作条件。为防止锈蚀和粉料被污染，该设备中除立柱外，均采用不锈钢或耐磨碳钢、内涂环氧树脂防锈层制成。

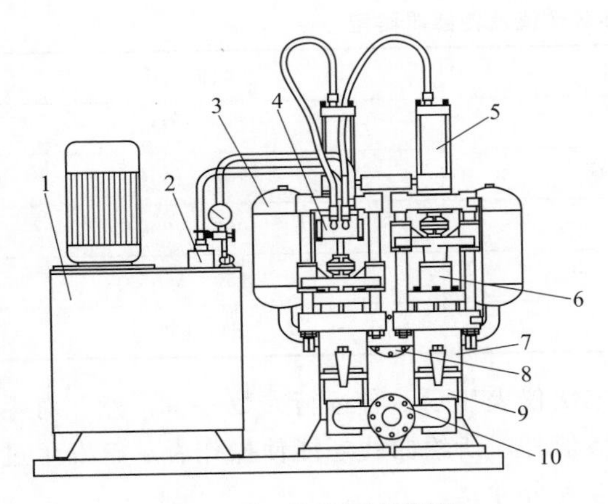

图 3-2-5 柱塞泵外形图

1—液压站；2—调压阀；3—稳压罐；4—机动换向阀；5—油缸；6—陶瓷柱塞；7—泵体；8—出浆口；9—泥浆单向阀；10—注浆口

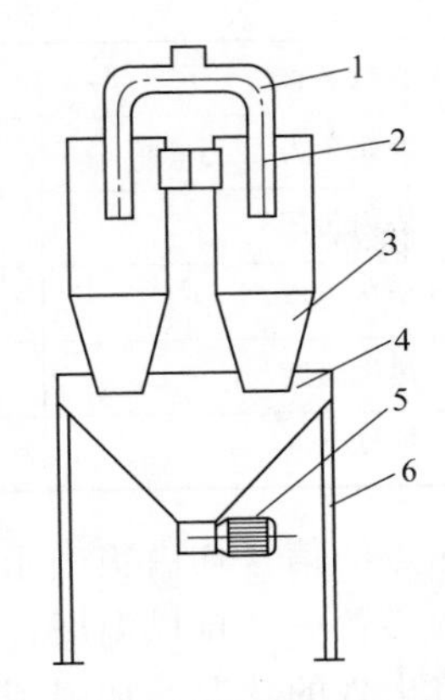

图 3-2-6 收尘器结构示意图

1—排气管；2—进风口；3—旋风筒；4—集灰斗；5—排灰阀；6—立柱

（五）湿法除尘器

尾气的二次除尘设备是湿法除尘器。湿法除尘有多种结构形式，最终目的是将尾气中的微粉尘及其他含硫、含氟等物质除下来。

燃料中所含的一些有害元素（特别是硫）的氧化物，随尾气进入除尘器，使喷淋水呈弱酸性，腐蚀性较强，所以除尘器和烟囱必须用不锈钢或内涂环氧树脂防锈层的碳钢制作。各连接部位均须用橡胶板或石棉绳等垫填材料密封，防止滴漏。

还有一种除尘方式是利用脉冲布袋除尘器代替湿法除尘器，这种方式的优点是除尘效率高，但运行成本高，易损坏，国内采用这种方法的陶瓷企业有但很少。

（六）检测控制系统

该系统由一个集中控制柜和分布于各测量点的传感器、执行器组成，各处的电机控制钮也集中在控制柜上。各传感器的安装位置如图 3-2-7 所示，各点的检测参数数值范围和传感器类型见表 3-2-1。

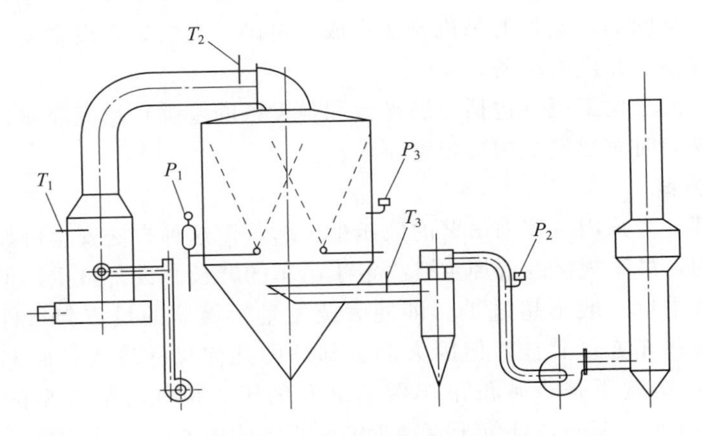

图 3-2-7 检测点位置图

表 3-2-1 检测参数数值及传感器类型

参数名称	代号	数值范围
泥浆压力	P_1	1.5～2.5MPa
塔内负压	P_3	100～400Pa
炉风温度	T_1	1000～1200℃
热风温度	T_2	450～650℃
排风温度	T_3	80～100℃

各检测点的信号均由集中于控制柜上的二次仪表显示，各运行参数一目了然。对生产状况最敏感的参数——排风温度，除显示即时数值外，所绘曲线还能使操作者了解发生过的情况和预测将出现的状况，加强了调整的方向性和分寸感。

检测控制系统的可靠性是干燥器正常运行的保障，如其有误，轻则运转受阻，重则可能发生设备和人身重大事故。所以每台仪表和元件在安装前必须检查校核，安装时仔细认真，安装后调校测试，以保证显示准确无误，动作正确可靠。

四、成套设备的现场安装

干燥器成套设备由热风炉、干燥塔、收尘器、除尘器和柱塞泵五大设备，经热风管路、浆系统、排风系统和检控电气系统有机地连为一体，才得以实现其生产功能。所以除各单件的制造质量外，安装质量也直接影响着设备的使用寿命和整体性能。而且其设备重、体积大、位置高和较多部件有气密性或承压性要求等特点，给安装工作带来了一定的困难，所以对现场安装工作应充分重视。

（一）准备工作

1. 准备

干燥器是室内大型设备，其安装工作必然受到厂房结构、工艺布置及通道位置的制约，所以在厂房设计和工艺布置时，就应对安装时的各种需要给予考虑和安排。例如各部件的运输通道，起重机的进出通道和工作空间，卷扬机和手动葫芦的悬挂点等。厂房的净空高度层以设备的最大高度加上必要的起吊高度来决定。厂房内若因场地过于狭小，可考虑在适当部位的墙上留出一定空间等，室外的吊机操作完成后再砌。总之，在设备安装之前就应对设备的安装有明确的方案和相应的准备。

安装前，厂房的土建工程（包括二层平台和各设备的基础）均应完成，其水泥构件应达到养护期，满足安装时对建筑结构的强度要求。

2. 确定起重方案

方案有二，其一为采用有伸缩吊臂的液压吊车起重。这种方法安全可靠，用人少，速度快，因此常为应用，吊车规格的选择主要决定于吊车的臂长。设备虽重，但均由若干小件拼装而成，实际起重重量一般不超过 1t。即使大蒸发量干燥器的最重起重件——旋风除尘器也仅为 5t，小吨位吊车亦可胜任。但因大部分部件的几何尺寸较大，底部的就位高度又大多在 7～8m 以上，这就不是小吨位吊车臂所能及的了。例如 TY32 型的进风帽，虽仅重 400kg，但其就位高度为 17m，且位于直径近 8m 的塔体中心，即使用臂长达 20 多米的 16t 吊车，还需要用手动葫芦辅助方可就位。所以平台以上部件用 16t 以上吊车装，平台以下部件则用 8t 车。该方法的缺点是厂房内须有足够的空间和通道、吊车使用费较高。所以在以上条件不具备的现场，均采用另一方案，即人工手动葫芦缓慢爬杆起吊。此法速度较慢，所用人员较多且需有一定的起重经验，但因其对场地适应性强、灵活价廉，所以在某些特殊条件下仍是一种可行的方法。其吊装工具准备如下。

钢丝绳 ϕ12.5，400m；ϕ9.3，300m；钢管 ϕ159×10，14m；卷扬机：1t，2 台；滑轮组：3 轮 5t，4 个；2 轮 3t，4 个；单滑轮：2t，边开门 5 个；U 形卡环：3t，5 个；手动葫芦：2t，2 个。

3. 配备人员及工具

除起重运输人员外，安装工程需配备下述专业人员。

①电焊工 3～4 人；②钳工、铆工 6 人；③筑炉工 2～3 人；④电工 2 人；⑤仪表技术人员 1 人；⑥油漆工、架子工若干。

另需配备下述安装工具。

①电焊机 3～4 台；②气割工具 1 套；③手动葫芦 1t、3t 各 1 个；④手电钻 13mm，1 把；⑤大锤 12 磅，1 把；⑥手锤 4 把；⑦扳手、钳子、螺丝刀等 1 套；⑧水平仪、水平尺各 1 件；⑨棕绳 ϕ14，15m；⑩脚手杆若干。

（二）安装工程

1. 安装施工前工作

安装施工前 10 天，应将干燥塔立柱的地脚螺栓浇固于基础孔中（或直接将立柱焊在预埋板中），同时将地脚板紧固其上。地脚板应定位准确，水平高度一致。

2. 干燥塔的安装

① 利用已紧固在地面的地脚板为基准平面，对接、找圆、拼焊圈梁，完成后再将平台分别与圈梁焊为一体。然后吊走该件，可放于套着 2～3 个地脚板的位置（场地狭小时）。

② 套柱头，焊连接塔板后，树立柱于地脚板中心，用系于立柱上部的三根棕绳和铅垂线或水平尺，调整垂直，并转动立柱调整搭板方向后方可焊接。立柱焊毕，吊圈梁平台置于柱头上。然后在立柱外搭环形脚手架，注意此架不可和立柱连接。以圈梁为基准找正立柱，并焊固。最后安装焊接立柱间斜撑。

③ 吊下锥口放于塔中地面备用，然后拼装下锥。首先吊装开有排风管孔的锥扇，将孔对正旋风除尘器中心线。利用对面上方绳拉和下方外侧柱顶的办法，使锥扇上口法兰平贴于圈梁上，锥扇中心线与水平面成 60°角。依次吊装其余锥扇，并分别及时用螺栓连接，直到成为一锥形筒体。吊起下锥口，与锥筒下口焊接。最后将排风管和挡料角板就位点固后，焊接内壁不锈钢板。为装保温材料和外壁板，锥下搭脚手架。为安装筒体部分，锥内距上口 0.5m 处搭一脚手架平台。

④ 吊开有入孔门的筒体扇，对正后立于圈梁和下锥上法兰上，并用电焊点固其下端，上端用棕绳在塔内外两方向斜向拴固。其余筒扇如此依次就位，扇间分别用螺栓连接，直至成为一圆筒体。焊下锥与筒体间的连接壁——下塔圈。最后在筒体内外搭脚手架，其高度不超过筒体上口，筒内在距上口 1m 处需搭一通径的平分，为安装塔顶和焊接顶内壁之用。

⑤ 在筒体中心的脚手架上接一托架，其上固定分风器于设计位置。依次吊塔顶上扇，在筒体上口和分风器上摆放对接，焊为一体。然后以此顶锥下口外圆为基准，找圆筒体并连接焊固。最后吊装进风帽，将其进口对正热风炉方向后，与顶锥焊接。

⑥ 焊接不锈钢内壁的所有接缝，装填保温层，安装或焊接外壁板，最后安装拉杆、梯子、入孔门和喷枪架等部件。

3. 安装热风炉和热风管路

燃油热风炉：吊热风炉底座和下壳体，在二层平台找正方位后用螺栓连接。砌下壳体内壁保温砖后吊圆筒体、上壳体和配温风阀到位安装。在地面连接三段热风管为一体后，吊至热风炉上，其两端分别与热风炉口和进风帽连接。吊助燃风管插于平台预留孔中。

随后由筑炉工按图砌筑炉体和热风管中耐火材料。砌筑泥浆为细粒黏土质耐火泥与水调和而成，泥水体积比为5∶3。耐火砖应砌筑紧密，砖缝小于2mm，且砌筑过程中不得用水浸润。砌筑完成后，砌筑体表面必须涂一层密封涂料，涂料的调制应在使用前半小时内进行，以免干硬后无法使用。

燃煤热风炉：根据各说明书安装。

4. 其余部件按以下顺序就位安装

旋风收尘器→排风机→湿法除尘器→排风管路→柱塞泵→泥浆管路系统→水配管→雾化风机及风管（自控炉无此项和后一项）→烧嘴→供燃料系统→电控柜→电气配线网检控仪表、配线配管→表面刷扫、涂漆。

为保证系统的气密性，各通风管道连接处应加垫紧固，燃气管道连接后必须做气密性保压试验。泥浆管路系统的焊接应由有压力容器操作资格的人员操作。

五、设备调试

（一）调试前的准备

干燥器的运行是受多方面的因素，如泥浆浓度、压力、雾化情况、进风温度和风量等制约的。而各个设备的工作状态直接影响着以上因素。所以调试前应首先进行如下工作。

① 冲洗塔内壁，检查下料口、旋风收电器的集料斗和湿法除尘器的出水口有无异物堵塞。

② 手控热风炉应预先低温（用木柴）烘烤2～3天，以保证耐火材料的干燥。燃料系统应检查有无泄漏、堵塞，所供燃料的压力密封等是否正常，有问题应及时解决。

③ 备足泥浆并测量其浓度和黏度。这两个参数对粉料的产量和粒度有很大影响，所以应在达到黏度要求的情况下，尽可能降低其含水率，含水率一般取35%～40%。

④ 检查电气仪表控制系统，该系统能准确完成各种工艺检测和应有的动作，无不当的振动和噪声等异常现象。

⑤ 逐个检查各机器，液压系统加足油，给润滑点注油。进行单机试运转，注意各电机的旋向是否正确（柱塞泵应接通冷却冲洗水后才允许启动）。各单机要连续运行至确认能可靠完成其功能，且运动部件无异常发热、振动和噪声时为止。

⑥ 泥浆管路系统通水做压力试验，在4MPa的压力下应无渗漏。之后在2MPa的水压下，逐一检查喷枪的雾化情况，并保证除喷孔中喷出合格的雾外别无滴漏。

（二）调试运行

① 开排风机及其风阀运行10分钟，清除设备中可能泄漏的可燃气体（对燃气炉尤为必要）。

② 点燃燃嘴，以每小时400℃的速度增温。全开配温风阀，降低进塔风温。

③ 当排风温度达到150℃时，启动柱塞泵打水，开喷枪喷水雾，降低排风温度，以免烧坏塔后系统的面漆和内壁涂层。

④ 当炉温升至900～1000℃左右时，调节配温风阀和排风机风阀，使进塔风温在

350℃，排风负压在1100Pa左右，塔内负压为250Pa左右，即可进行油耗量和水分蒸发量的测定工作。

⑤ 通过喷水试验并确认各检测参数均正常稳定后，打开湿法除尘器水阀门、启动排灰阀和塔下振动筛。柱塞泵入口由水切换成供浆。

⑥ 此时排风温度会上升，适当增加塔内喷枪数，稳定排风温度在80～110℃之间。待粉料水分测定后，再调整工作喷枪数目，使水分达到工艺要求。

⑦ 喷孔板的孔径取1.8～3mm，泥浆浓度、压力、风温、风压等参数取前述数值时，粉料的粒度级配、容量一般均能达到生产面砖的要求。如果对粒度级配有较严格或特殊的要求，此时可试用不同孔径的喷孔板和不同厚度的涡旋板，改用不同压力、浓度、粒度的泥浆进行试验，直到取得合适的配合为止。此时可进行最大产量的测定。

粒度级配涉及的因素较多，不试验无法确定，但试验方向是确定的，即提高泥浆浓度和粒度，降低其压力，增加涡旋板厚度和喷孔板的孔径，均会增加粉料的平均粒度；反之，则使平均粒度减小。

⑧ 一点说明：调节塔内泥浆喷出量时，切不可采用增减供浆系统中阀门的开度来实现，浆阀只允许工作于全开或全关两种状态，不然将造成柱塞泵工作异常和阀门因泥浆磨蚀而在短时间内损坏的后果。应采用的方法是增减塔内的工作喷枪。改变喷孔板孔径和泥浆的压力等方法，虽也可改变泥浆喷出量，但会改变粉料的粒度级配，应慎用。

六、操作与维修

1. 准备工作

与调试的准备工作相同。

2. 开车顺序

热风炉为手控炉的干燥器，按表3-2-2进行。

表3-2-2　手控炉的干燥器

序号	操作项目	操作内容	备注
1	开排风机和配温风阀	① 关闭排风阀后启动排风机； ② 风机达额定转速后，排风阀全开启； ③ 配温风阀全开启	排风机启动后10min内热风炉不得点火
2	开仪表	开所有显示仪表	
3	开雾化（助燃）风机		启动前全关蝶阀
4	点火	① 关闭排风机风阀； ② 开烧嘴前的风阀（煤气炉可不开）和燃料阀； ③ 用引燃的沾油棉纱点火； ④ 逐渐加大风量和燃料量	燃料和助燃量反应缓慢增加，防止熄火或爆炸；若点火失败，应速关燃料阀，待炉内燃气排净后重点
5	烘塔	调节排风机阀和配温风阀的开度，使塔内负压为200～300Pa	
6	升温喷水	① 排风温度达到150℃时，开泵前供水阀和冷却水阀后启动柱塞泵，调出口压力为2MPa； ② 插入并开启3支喷枪； ③ 酌加喷枪喷水，保持排风温度为75℃左右，直到进风温度达到500℃	泵前供浆阀应关严；暂时停车后开车可不喷水
7	喷浆准备	开排灰阀、振动筛和湿法除尘器水阀	

续表

序号	操作项目	操作内容	备注
8	喷浆	① 将柱塞泵入口由供水切换成供浆； ② 塔下有粉料落出时，启动输粉设备； ③ 增加工作喷枪，测粉料含水率	切换应迅速，水阀应关死
9	调整	调整烧嘴和各风阀，使各显示数值达额定值和粉料含水率合格	
10	运行	① 定时检查各设备运行和泥浆雾化情况； ② 记录各工艺参数； ③ 定时测定泥浆参数和粉料含水率； ④ 发现异常情况立即处理	

热风炉为自控炉的干燥器，其操作顺序除表 3-2-2 序号 3、4 两项与手控炉有异外，其余均相同。不同处具体如下。

① 开助燃风机不必关进口阀。

② 点火前不关排风机风阀。

③ 燃气供给由电动阀自控，故只需操作者打开气源手动蝶阀。

④ 点火只需按动电控柜上的按钮。

3. 停车顺序

停车顺序按表 3-2-3 进行。

表 3-2-3　停车顺序

序号	操作项目	操作内容	备注
1	切换喷水	① 泵入口由供浆切换为供水； ② 停粉料输送设备，移开振动筛； ③ 交替关开各喷枪，清洗之	迅速切换，浆阀关死
2	停炉	① 关燃料阀，停燃油泵（油炉）； ② 稍候，关雾化（助燃）风机	
3	停浆清洗	① 停泵； ② 开排放阀，放出高压浆管中的水和残浆； ③ 开过滤器的排污阀、进水阀，冲洗片刻后关闭	
4	停排风机		停炉 10 分钟后进行
5	停排灰阀		
6	关总电源	关闭各仪表后，关总电源	

4. 故障原因分析及处理方法

故障运行中发生故障按表 3-2-4 查找原因，并立即处理。

表 3-2-4　故障原因分析及处理方法

序号	故障种类	原因分析及处理方法
1	进风温度过高	① 燃料压力过高； ② 燃料阀开度过大或失灵； ③ 排风阀配温风阀开度过小
2	进风温度过低	① 燃料压力过低； ② 燃料阀开度过小或失灵； ③ 重油温度过低； ④ 助燃风量不足； ⑤ 排风阀或配温风阀开度过大

续表

序号	故障种类	原因分析及处理方法
3	排风温度高	① 喷枪数量少或有堵塞； ② 泥浆压力过低； ③ 进风温度过高
4	排风温度过低	① 进风温度过低； ② 泥浆压力过高； ③ 喷枪数量多或无堵塞； ④ 入孔门未关或喷孔未堵有冷风进入
5	粉料含水率高	① 进风温度低； ② 喷枪数量多，喷孔片孔径太大； ③ 泥浆含水率过高； ④ 泵进浆口有自来水混入； ⑤ 排风阀开度小，热风量不足
6	粉料过干	与前项①、②、⑤相反
7	粉料中混有大湿颗粒甚至泥团块	① 喷头未装配好，有漏喷； ② 喷孔磨损过度直径过大或不圆； ③ 喷枪未装好，有斜喷或不喷的枪； ④ 喷枪有裂缝孔洞或有其他未经雾化的泥浆进入塔内
8	意外停电	① 迅速关闭燃料阀； ② 打开高压浆管的排放阀，放尽管路中泥浆； ③ 找出停电原因，恢复供电后，按前述顺序启动各设备； ④ 确定需长时间停电时应抽出所有喷枪清洗
9	自控炉点火受阻	① 见控制柜发光管指标的故障； ② 监控器窗口不清洁
10	设备的机械故障	按设备的使用说明书检查并排除

5. 维修

在操作开始与操作期间按表 3-2-5 进行日常检查。

表 3-2-5　日常检查

序号	设备	检查部位	检查内容
1	柱塞泵	① 密封环； ② 柱塞； ③ 泥浆阀板； ④ 液压件管； ⑤ 压力冲程数	① 漏浆则压紧，磨损过多则更换； ② 磨损过量或开裂则更换； ③ 每班冲洗并观察胶垫磨损情况； ④ 漏油则拧紧或更换油封； ⑤ 有无异常
2	风机	运动部件	① 轴承处是否过热是否缺油和冷却水； ② 有无不正常振动、噪声
3	手控热风炉	① 烧嘴砖； ② 炉内砖	① 有结渣时清除之； ② 有无掉砖或烧损砖
4	油烧嘴		雾化正常否，有无结焦堵塞
5	自控热风炉	① 燃气阀； ② 电控部件； ③ 火焰监控器	① 动作是否灵活可靠有否泄漏； ② 动作是否及时可靠； ③ 定期擦拭其窗口玻璃
6	排灰阀		① 转动是否灵活稳定，叶片是否过度磨损； ② 有无发热异声
7	泥浆系统	① 喷枪； ② 过滤器； ③ 管道阀门	① 雾化情况，有无滴漏、堵塞； ② 有无堵塞定时清洗； ③ 有无泄漏、失效

续表

序号	设备	检查部位	检查内容
8	振动筛	① 电机； ② 筛体	① 是否过热和有异声； ② 紧固件是否松动筛网有无漏孔
9	干燥塔	① 下料器； ② 塔体	① 有无堵塞、卡死、必要时用木棍捅开或清洗塔内壁； ② 有无开裂，漏风及保温材料
10	控制柜	仪表电气元件	工作是否正常

6. 定期检查

为保障设备运行的可靠性，减少突发事故应择适当时机对设备做定期检查，定期检查项目见表 3-2-6。燃煤热风炉有多种形式，其操作时依各热风炉说明书严格操作。

表 3-2-6 定期检查

序号	设备	检查部位	周期	内容
1	电气及仪表	① 电机； ② 接触器、开关、继电器； ③ 指示仪表； ④ 记录仪； ⑤ 火焰监控器； ⑥ 电动执行器； ⑦ 38℃和 220V 电路； ⑧ 接地	2 年 1 年 1 年 1 年 1 年 半年 1 年 1 年	① 拆卸、清洗、更换润滑脂，作绝缘试验（1000V 兆欧表测量应大于 10mΩ）； ② 研磨或更换烧蚀的触点； ③ 校正； ④ 注油清洁内部和校正； ⑤ 紫外光敏管灵敏度过低则应更换； ⑥ 更换润滑油； ⑦ 绝缘试验（火地间电阻应大于 10mΩ）； ⑧ 接地电阻；仪表盘小于 50Ω，其他设备小于 100Ω
2	泥浆泵		3～6 个月	运行 2500 小时更换液压油及各运动磨损件和磨损的运动密封件
3	风机	全部	1 年	修复或更换磨损的叶轮换润滑油脂或换轴承
4	手控热电炉	① 砌筑体； ② 烧嘴	1 年	① 检查更换脱落烧蚀的耐火砖； ② 拆卸清洗检查更换密封件
5	自控热电炉		半年	检查管路密封烧嘴部件是否烧蚀
6	排灰阀		半年	换减速器油检查轴承和叶轮必要时更换
7	整套设备		1 年	除上述检查外，整套设备每年要有一次以上对各设备的保温面漆和风、油、水浆系统的管路有无特殊故障（变形、开裂、磨穿、锈蚀等）进行检查并做适当处理

第三节 辊道窑和双层干燥窑

一、概述

（一）辊道窑的特点及在建陶生产中的地位和作用

辊道窑是陶瓷墙地砖生产中的烧成设备，陶瓷原料经粉碎、细磨、制粉、压机压出坯体经干燥上釉后进入辊道窑烧制成砖。坯体在窑内高温状态下，发生一系列物理化学变化而烧结。从 20 世纪 30 年代开始，西方国家即开始研制辊道窑，到 20 世纪 80 年代，辊道窑才逐渐进入我国。目前，我国已从国外引进了近百条自动化程度高的辊道窑，国内也有多家生产自动化程度不同的辊道窑。新上项目中，传统的隧道窑已不被选用，不仅墙地砖生产，连盘碗类日用瓷和外形复杂的卫生瓷也逐步使用辊道窑烧成。

辊道窑与隧道窑相比有如下特点。

(1) 辊道窑热利用率高，能耗低　因为辊道窑为单层生产通过，可以提高速度，又可缩小窑的截面，最重要的是它不像隧道窑那样需大量的匣钵和窑车，从而使热耗大大降低，一般隧道窑热耗在 12500kJ/kg 制品，而辊道窑仅需 2100～3344kJ/kg 制品。

(2) 产品质量高　因为辊道窑截面小，从而使截面内温差小；又采用自动化控制，从而使烧成带温度可控制在±2℃内；因单层产品受热均匀，以上三点避免了因温度问题造成的产品缺陷，从而保证了产品质量。

(3) 辊道窑适用于自动化　因为辊道窑主要靠辊子带动砖坯运行，所以它和窑炉的附属设备，如进出窑机施釉线等联动达到自动化控制，从而达到生产线的自动化。

(二) 产品的分类和发展概况

我国自 1989 年引进意大利的辊道窑以来，国内的技术研发也同步跟进，并在大约五六年的时间内完成了引进产品的消化、吸收，以及创新发展工作，尤其在 2000 年之后，窑炉的宽断面化、长度加长化，使得我国的辊道窑设计和产能都达到国际的先进水平。据统计，窑炉的断面宽度我国最大尺寸为 3.5m，长度已经达到 450m，在建的有超过 500m 的长度。

我国辊道窑技术的发展和窑炉设备的国际领先得益于窑炉制造的成熟、标准化以及市场需求。目前，我国的墙地砖产量已经占世界需求的 60%，2012 年统计的产量为 80 多亿平方米。10 年前，窑炉的宽度只有 1.3～2.4m，现在最宽的窑炉已经达到 3.5m，单条窑炉的日产量也同时由 3000～4000m^2 发展到日产超过 20000～30000m^2，折合后的年产量接近 1000 万平方米。所以，虽然年总产量已经有了飞跃的发展，但窑炉的数量并没有成比例提高。

辊道窑的标准化主要体现在标准模块，即按照热工工艺的要求可以将窑炉的结构分为 2～3 种，部分由于增加了窑尾的强制冷却，增加了一种结构，使得结构模块增加到 3～4 种。一般的，窑炉的结构分为预热带、烧成带、冷却带，现在的大型窑炉增加了强制冷却带、预热带。所以，无论窑炉的长度、宽度如何变化，结构形式都是类似的。另外一个标准化主要体现在驱动系统的标准化。目前辊道窑的驱动系统基本都采用斜齿轮驱动，完全不同于早期的链条驱动，这也是窑炉长度可以大幅提高的一个保障条件。另外，斜齿轮驱动考虑到烧成过程中坯体的尺寸变化，又增加了差速斜齿轮系列。其他的技术配套还包括了高速烧嘴、预混式节能烧嘴、变频驱动、风机的变频调节等。

(三) 辊道窑主要结构及技术参数

1. 辊道窑主要技术参数

见表 3-3-1。

表 3-3-1　辊道窑主要技术参数

序号	KF(GDY)2.30	单位	指标数据	备注
1	窑长	m	260	不含转弯辊台
2	窑炉内墙间宽	mm	2300	
3	有效工作宽度	mm	2000	
4	有效工作高度	mm	900	2150mm/91 节,1840mm/30 节

续表

序号	KF(GDY)2.30	单位	指标数据	备注
	窑体单元	节	121+1	2150mm/91节,1840mm/30节转弯辊台1套
5	辊棒间距	mm	80 80	2160mm/27支棒 1840mm/23支棒
6	低温瓷棒	ϕ60mm×3500mm	支	低箱
7	中温瓷棒	ϕ60mm×3090mm	支	低箱
8	中温瓷棒	ϕ60mm×3580mm	支	高箱
9	高温瓷棒	ϕ60mm×3580mm	支	高箱
10	代表产品	mm	800mm×800mm	微粉砖
11	产品收缩率	mm	～9%	
12	烧成周期	min	45～65	可调
13	单位制品能耗	kcal/kg(瓷)	≤650	
14	燃料热值	kcal/kg	1250(8500)	水煤气(天然气)
15	工作温度	℃	≤1250	
16	最高使用温度	℃	1250	
17	生产能力	m^2/d	～9000	
18	烧嘴数量	套	304+12	
19	烧成产品合格率	%	≥97	
20	温度调节回路	组	38	用智能PID控制
21	窑炉横断面温差	℃	≤±5	
22	窑炉表面温度	℃	≤60	用红外线测温枪实测温度减去环境温度等于所求温度

注：1kcal/kg=4.1868×10^3J/kg。

本节仅针对KF（GDY）2.30辊道窑附带双层干燥窑做介绍，其他形式的辊道窑可以举一反三。

该辊道窑是引进国外先进的辊道窑技术，结合我国具体国情而优化设计制造的，是具有当代国际先进水准的标准辊道窑。标准辊道窑在制造上采用分段模数预制、现场组装的方法，从而保证了制造的精度，缩短了安装时间，使项目从立项到投产的周期大大地缩短，是现代窑炉的发展趋势，是陶瓷厂家现代的扩大再生产和技术改造的首选窑炉。标准辊道窑使用煤气、天然气、轻柴油或LPG明焰烧成，既提高了产品的质量和档次，又节约了能源。标准辊道窑具有自动化水平高，在控制台上装有显示全窑运行情况的模拟板，全部风机和传动系统以及温控系统的运行情况，均一览无遗地显示在模拟板上。监控器可以存储几十条烧成曲线，操作者可任意选择。温度调节器为集散型单回路控制，操作简单，控制点的温度和自控阀的开度均可在温度调节器上显示，它可以用三种方式调温，即遥控（接受监控器指挥）、本身自动和手动。报警系统完善，一旦影响窑炉运行的十几个关键处发生故障，立即发出声光报警，并可在控制台上指出故障内容。记录仪可将各控制点的实际温度打印下来，供工艺人员追踪烧成情况。传动系统备有应急电机，一旦遇停电故障，以蓄电池为电源的直流电机自动投入运行，将烧成带砖坯送出。安全保护系统可以避免因故障引起设备的损坏和保证人身安全，一旦发生意外，即可自动切断燃气供应。砖坯的入、出窑均采用全自动操作方法，大大地提高了生产效率。在传动方式上，均采用45°斜齿轮差速分段传动，由摆线针轮减速机变频调速，具有简单、方便和平稳的优良特点。

在吸收外国先进技术同时，结合中国国情进行优化设计制造，具有如下特点。

① 采用明焰裸烧工艺，燃烧产物与被燃烧制品直接接触，热交换率高，制品受热均匀，可以实现快速烧成。

② 耐火保温材料全部采用高热阻低轻质隔热材料，其中吊顶砖灰缝为迷宫式，因而，升温降温速度快、保温性能好、窑外表面温度低、散热小等优点。

③ 工作系统灵活，调整余地大，通过调节各温度控制点，可以灵活地改变速装配而成，实现一条窑烧制不同产品之目的。

④ 窑炉装配化程度高，施工周期短，可在工厂内制造标准单元，运到现场快速装配而成。

⑤ 传动采用45°斜齿轮差速转动，具有自动校直辊棒的功能，延长辊棒的更换周期，减少辊棒的打磨次数等优点，从而降低了辊棒的损耗和提高了产品质量。

⑥ 供气系统设有稳压、放散、吹扫、过滤等功能，并与控制部分联系，通过电动阀能按窑温、窑压要求供气，调节灵敏，安全可靠。

⑦ 喷枪采用预混式节能喷枪，具有喷出速度高、射程合理、混合扩散、燃烧完全、节能效果好等的优点。每支枪燃气支管和助燃风支管配两个带刻度的球阀。一个用于调节，一个用于开关。燃气支管上的主通总阀和旁通总阀用带刻度的球阀（不使用螺旋球阀）。

⑧ 采用的辊棒具有优良的抗弯性能，能在更高温度下工作。电控部分、执行器等主要元件采用进口产品，变频器用进口三菱，智能仪表用日本RKC，PLC用进口西门子。温度控制由智能仪表自动控制、自动调节温度。从而提高了控制精度，减少了断面温差，提高了产品质量。

⑨ 为了保证砖坯高温下无色差无变形，该窑在预热段、高温段特殊设计了高密度燃烧器布置。

2. 以KF(GDY)2.30辊道窑窑炉耐火材料为例

(1) 窑炉各段耐火保温材料配置说明（见表3-3-2）。

表3-3-2 窑炉各段耐火保温材料

位置		厚/mm	结构和材料		
排烟段	窑顶	210	150mm	20mm	40mm
			轻质高铝砖	硅纤毯	珍珠岩
	窑底	134	67mm	67mm	
			轻质黏土砖	轻质黏土砖	
	窑墙	215	115mm	50mm	25+25mm
			轻质黏土砖	硅纤毡	硅纤毡+硅纤板
预热段	窑顶	290	230mm	(2×20)mm	30mm
			轻质高铝砖	硅纤毯	珍珠岩
	窑底	335	67mm	67mm	(3×67)mm
			轻质高铝砖	轻质黏土砖	轻质黏土砖
	窑墙	400	230mm	100mm	(20+25+25)mm
			轻质高铝砖	硅纤毡	硅纤毯+硅纤毡+硅纤板

续表

位置		厚/mm	结构和材料		
氧化段	窑顶	300	250mm	(2×20)mm	30mm
			轻质高铝砖	硅纤毯	珍珠岩
	窑底	335	67mm+67mm	67mm	(2×67)mm
			轻质高铝砖	轻质黏土砖	轻质黏土砖
	窑墙	450	230mm	150mm	(20+25+25)mm
			轻质高铝砖	硅纤毡	硅纤毯+硅纤毡+硅纤板
烧成段	窑顶	350	270mm	(20+20)mm	40mm
			莫来石(JM26)	高铝毯+硅纤毯	珍珠岩
	窑底	335	67mm	67mm	(3×67)mm
			莫来石(JM26)	轻质高铝砖	轻质黏土砖
	窑墙	460	115mm	(115+5+75)mm	(30+50+20+25+25)mm
			莫来石(JM26)	(JM23)保温砖+陶瓷高温纸+(JM23)保温砖	含锆毯+高纯板+标准毯+硅纤毡+硅纤板
急冷段	窑顶	310	250mm	20mm	40mm
			轻质高铝砖	硅纤毯	珍珠岩
	窑底	335	67mm+67mm	67mm	(2×67)mm
			轻质高铝砖	轻质黏土砖	轻质黏土砖
	窑墙	450	230mm	150mm	(20+50)mm
			轻质高铝砖	硅纤毡	硅纤毯+硅纤毡
缓冷段	窑顶	190	150mm	20mm	20mm
			轻质高铝砖	硅纤毡	珍珠岩
	窑底	134	67mm	67mm	—
			轻质黏土砖	轻质黏土砖	—
	窑墙	215	115mm	50mm	(25+25)mm
			轻质黏土砖	硅纤毡	硅纤毡+硅纤板
终冷段	窑顶	—	—	—	—
			—	—	—
	窑底	67	67mm	—	—
			轻质黏土砖	—	—
	窑墙	—	—	—	—

(2) 各段截面图

① 低箱排烟低温区（图 3-3-1）。

② 高箱过渡区（图 3-3-2）。

③ 下枪烧成区（图 3-3-3）。

④ 上下枪烧成区（图 3-3-4）。

⑤ 急冷区（图 3-3-5）。

⑥ 低箱缓冷区（图 3-3-6）。

⑦ 终冷区（图 3-3-7）。

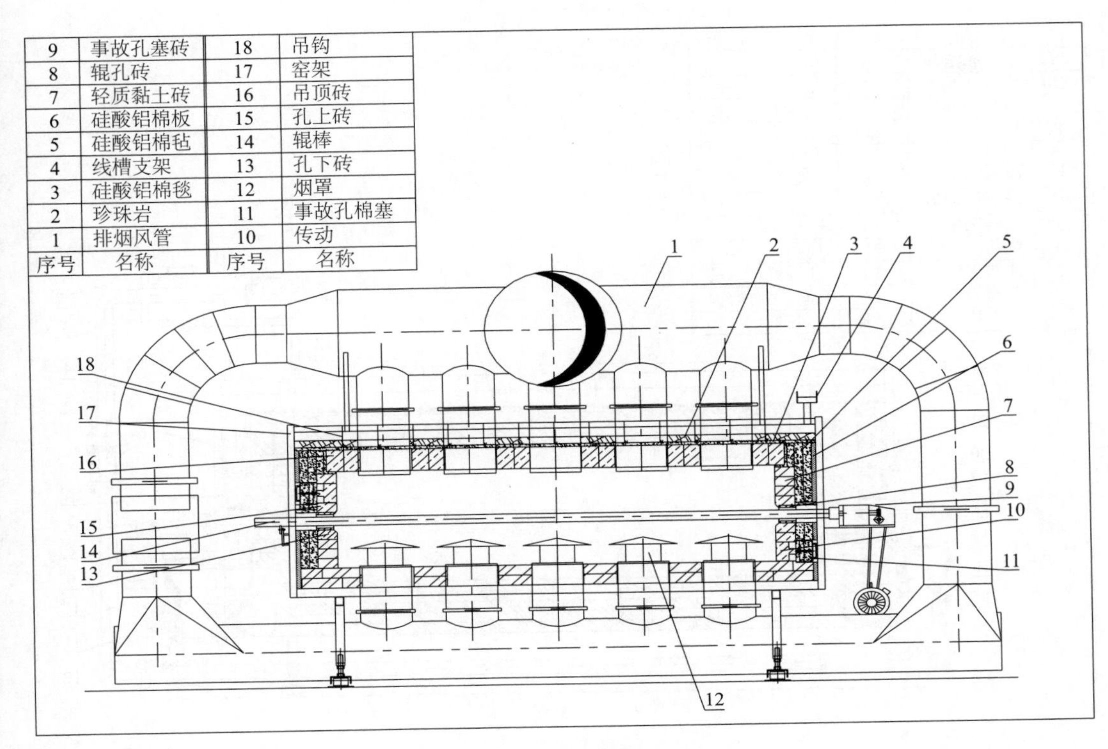

序号	名称	序号	名称
9	事故孔塞砖	18	吊钩
8	辊孔砖	17	窑架
7	轻质黏土砖	16	吊顶砖
6	硅酸铝棉板	15	孔上砖
5	硅酸铝棉毡	14	辊棒
4	线槽支架	13	孔下砖
3	硅酸铝棉毯	12	烟罩
2	珍珠岩	11	事故孔棉塞
1	排烟风管	10	传动

图 3-3-1　低箱排烟低温区

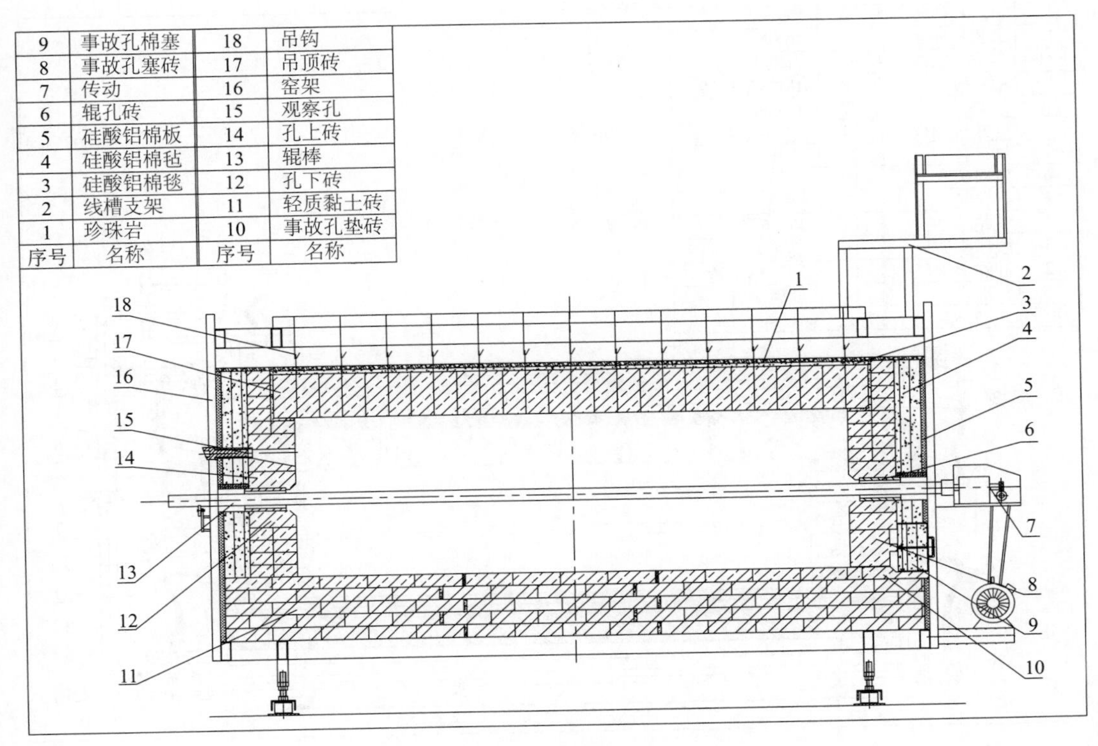

序号	名称	序号	名称
9	事故孔棉塞	18	吊钩
8	事故孔塞砖	17	吊顶砖
7	传动	16	窑架
6	辊孔砖	15	观察孔
5	硅酸铝棉板	14	孔上砖
4	硅酸铝棉毡	13	辊棒
3	硅酸铝棉毯	12	孔下砖
2	线槽支架	11	轻质黏土砖
1	珍珠岩	10	事故孔垫砖

图 3-3-2　高箱过渡区

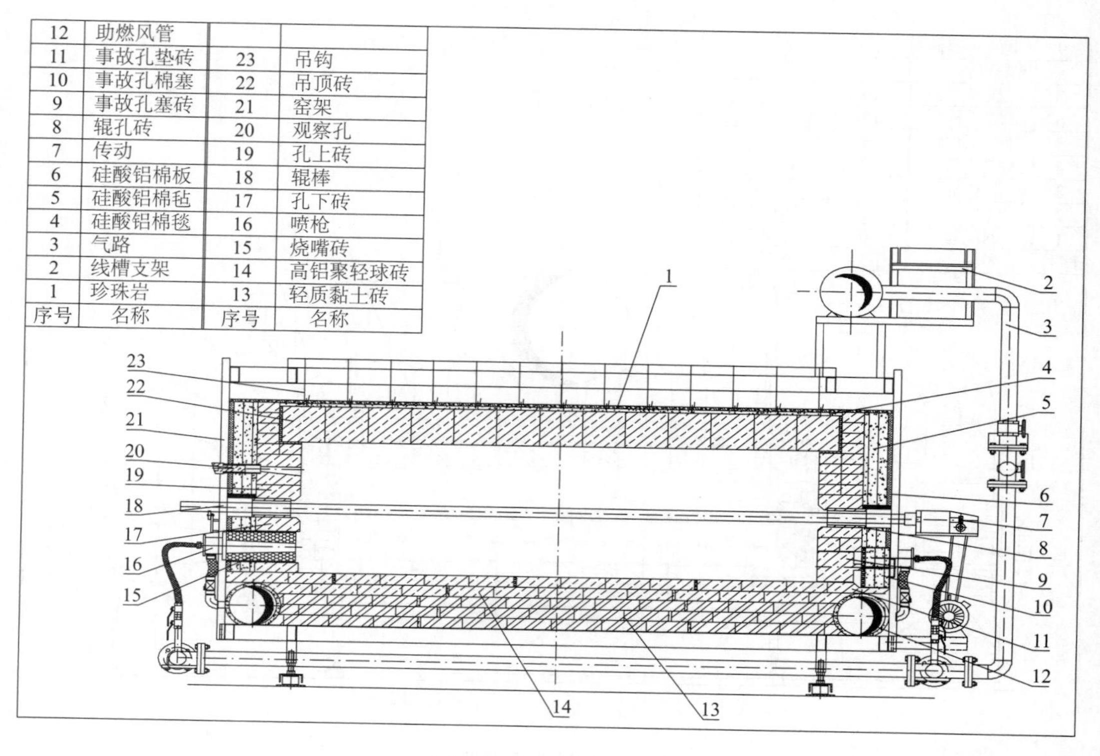

图 3-3-3　下枪烧成区

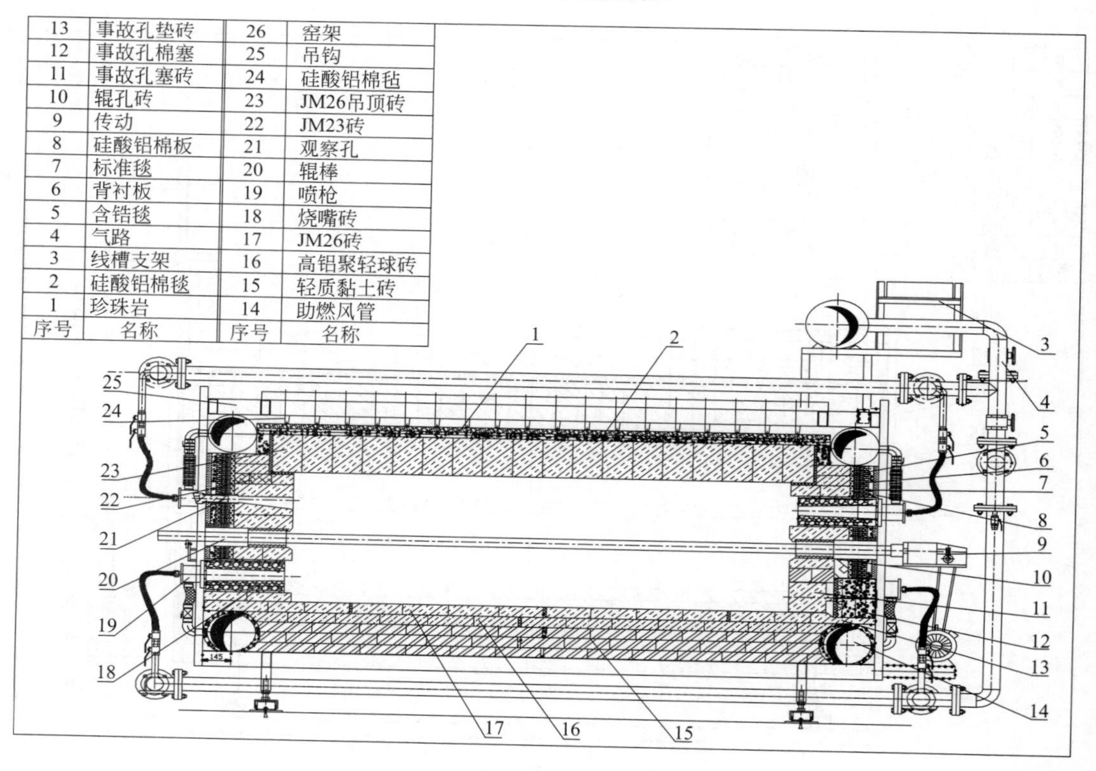

图 3-3-4　上下枪烧成区

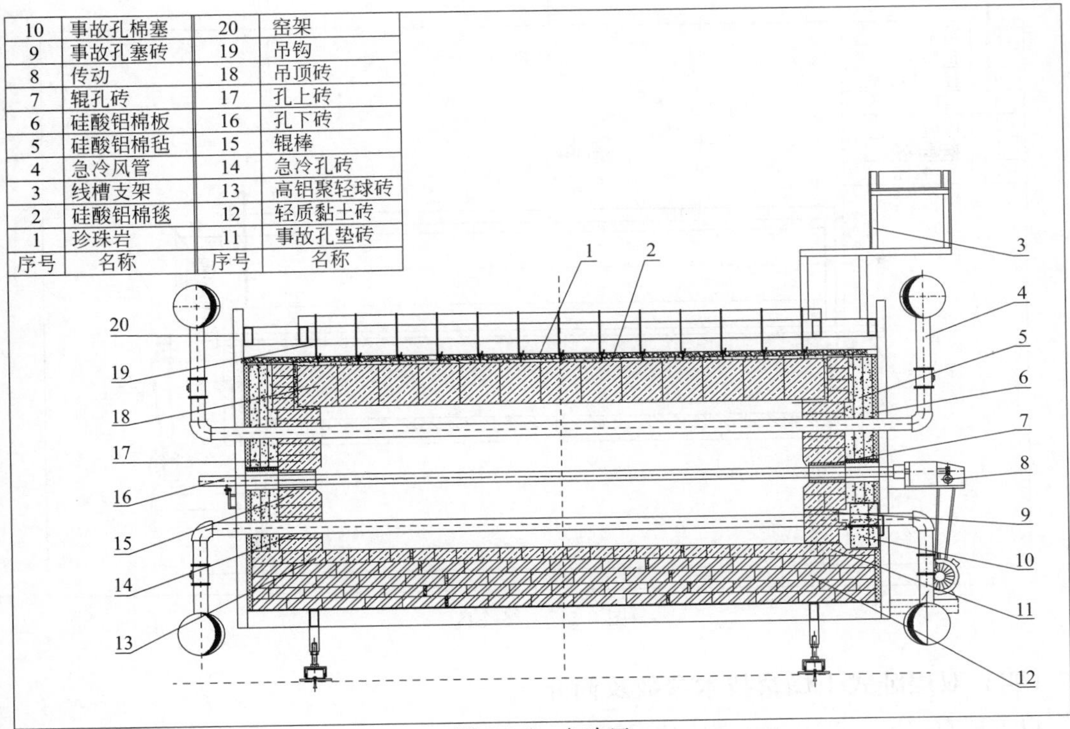

序号	名称	序号	名称
10	事故孔棉塞	20	窑架
9	事故孔塞砖	19	吊钩
8	传动	18	吊顶砖
7	辊孔砖	17	孔上砖
6	硅酸铝棉板	16	孔下砖
5	硅酸铝棉毡	15	辊棒
4	急冷风管	14	急冷孔砖
3	线槽支架	13	高铝聚轻球砖
2	硅酸铝棉毯	12	轻质黏土砖
1	珍珠岩	11	事故孔垫砖

图 3-3-5　急冷区

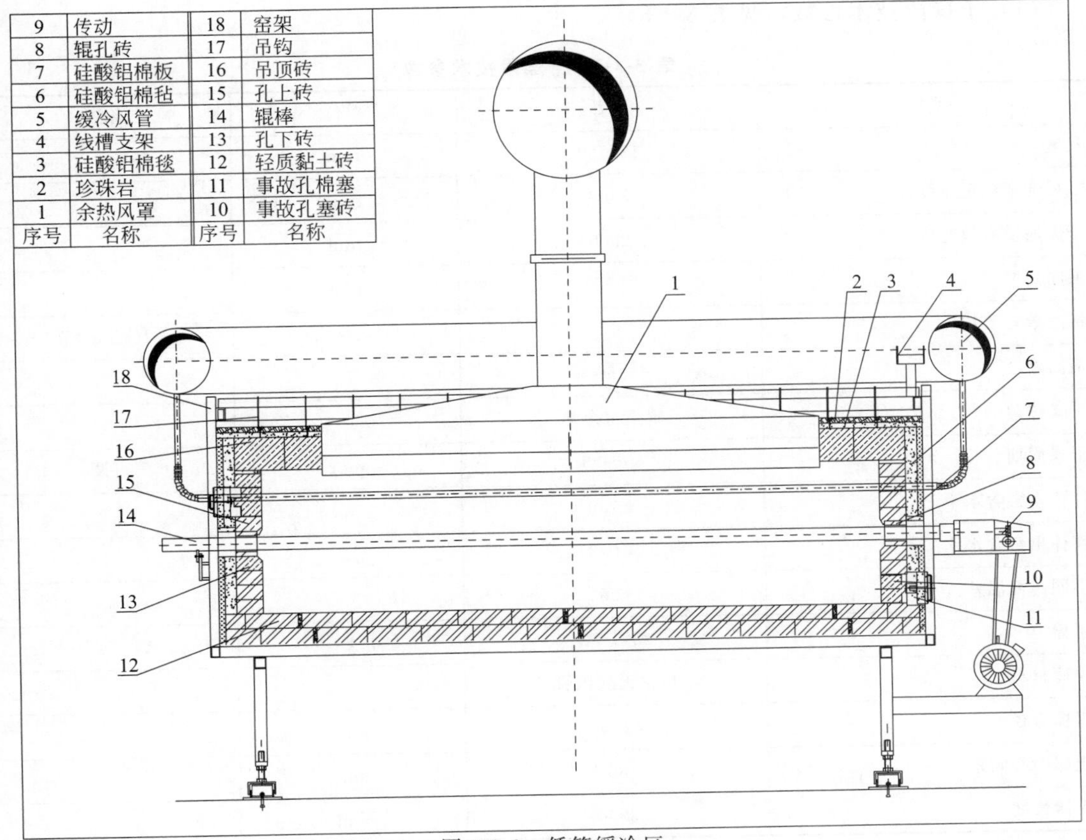

序号	名称	序号	名称
9	传动	18	窑架
8	辊孔砖	17	吊钩
7	硅酸铝棉板	16	吊顶砖
6	硅酸铝棉毡	15	孔上砖
5	缓冷风管	14	辊棒
4	线槽支架	13	孔下砖
3	硅酸铝棉毯	12	轻质黏土砖
2	珍珠岩	11	事故孔棉塞
1	余热风罩	10	事故孔塞砖

图 3-3-6　低箱缓冷区

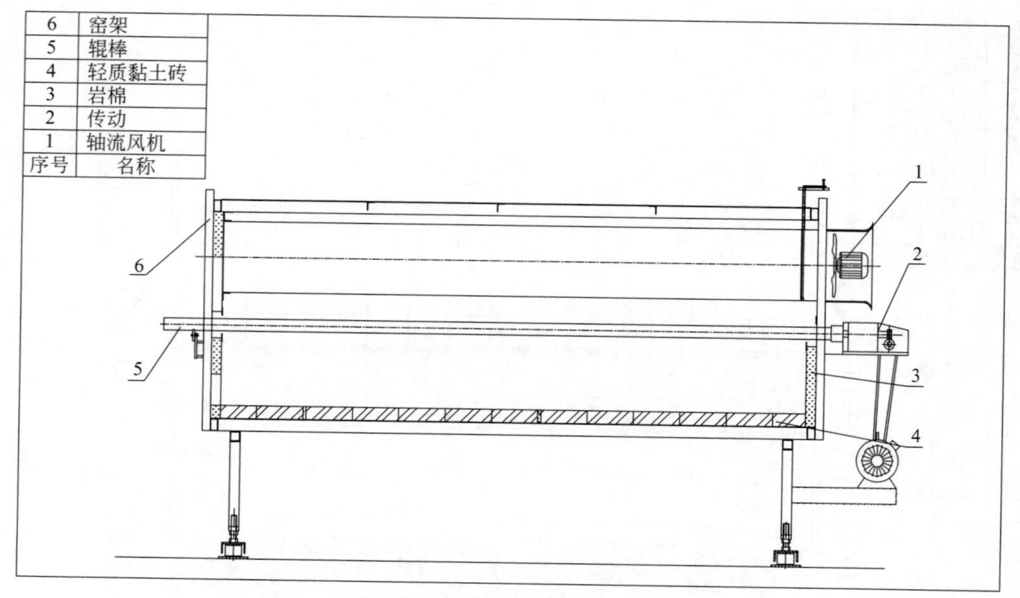

图 3-3-7 终冷区

(四) 双层卧式干燥窑技术参数及简介

以 KF（GZY）/W3300mm/L131760mm 为例。

(1) 干燥段技术参数（见表 3-3-3）

表 3-3-3 干燥段技术参数

项目	参数	单位	备注
长度	131760	mm	
干燥通道额定宽度	3300	mm	
干燥通道有效宽度	2900	mm	
层间高度	900	mm	
标准单元节数	61	节	2160mm/节
最高温度	250	℃	
干燥热源	辊道窑余热		
干燥周期	60～85	min	可调
坯体入窑含水率	≤7.0	%	
坯体出窑含水率	≤0.3	%	
不同砖面温差	≤5	℃	
辊棒	3294＋2	支	54 支/节
辊棒材料	精密无缝钢管		
辊棒直径	ϕ60	mm	
辊棒中心间距	80	mm	
辊棒长度	3990	mm	

(2) 干燥窑功能简介 该干燥窑可使陶瓷产品在很宽的干燥周期范围内实现快速干燥(视整个工艺参数的均一性和条件的稳定性)。

该干燥窑由辊台式箱体组成，每段窑体分布辊棒，组成两层连续的运输通道。砖坯在通过干燥通道的过程中得到合理的干燥。

为了便于调节窑内温度，控制热风供给量，在供热风总管上装有调节阀，可以通过调节阀开度调节热风量的大小。

该干燥窑分为以下几个段：窑前排湿段、加热干燥阶段、等速干燥阶段、降速干燥阶段、平衡干燥阶段。

在窑前排湿段：坯体表面的水分受热蒸发，通过安装在窑体上的风机直接抽出窑外。

在加热干燥阶段：随着干燥过程的推进，一定时间内热空气传给坯体的热量大于表面水分蒸发所消耗的热量，受此热坯体表面的温度逐渐升高，此时坯体排出部分水分。

在等速干燥阶段：随着温度的升高，坯体进行自由水的蒸发，在表面水分蒸发的同时，内部水分在浓度差的作用下渗透到坯体表面。由于坯体内部水分渗透到坯体表面的速度等于坯体表面水分蒸发的速度，因此叫做等速干燥。此阶段排出大量水分。

在降速干燥阶段：随着坯体水分的排出，当到达一定的时候，坯体内部水分渗透到坯体表面的速度小于坯体表面水分蒸发的速度，干燥速度逐渐降低。

在平衡干燥阶段：当坯体所含水分与窑内饱和湿气达到平衡时，在单位时间内坯体表面蒸发的水分量与饱和湿气在单位时间内回落到坯体的水分量相同。此时坯体的水分不再随时间变化，干燥速度为零。

在温度调节阶段：当坯体运行出箱体后进入到冷却辊台上，通过自然风或轴流风机进行温度调节，使坯体符合进入釉线的工艺温度。

坯体通过上述几个阶段后，其含水率一般为 0.3% 以下，能为快速烧成提供合格的干燥坯体。

该干燥窑的干燥热源利用窑炉排烟及余热，由于该干燥窑采用辊台箱体式结构，特别是辊棒处采用特殊结构，使整个干燥窑的密封性非常良好，这又为用户提供了良好的节能机会。

该窑传动采用传统的 45°斜齿传动，齿轮浸于油槽中，使传动系统处于良好的润滑状态中，从而最大限度地保证传动的平衡性，全窑上下层各利用一台变频器来进行调速，使该干燥窑能适应不同产品，干燥周期具有很大的调节范围。

该窑风机合理地配制，风管巧妙地布置，使窑内的湿气快速而有效地排出体外，不受当地季节、大气而变化，干燥效率极其高。

全窑经过精心设计，美观大方。

(3) 干燥窑组成

1) 内外衬板及保温材料 干燥器前 20 箱侧墙采用 115 漂珠砖砌筑，20 箱后侧墙采用内侧板加 100mm 岩棉保温，除干燥器前 20 节上下层采用 304 不锈钢板吊顶和采用 A3 钢板铺底，上下层采用 100mm 岩棉保温，中间层采用 50mm 岩棉保温。保温效果好、防腐并经久耐用。

2) 框架 立柱采用 80mm×40mm×3mm 方管，顶横梁用 80mm×40mm×3mm 方管和底横梁用 100mm×50mm×3mm 方管。外侧板采用烤漆而成。

3) 传动 45°斜齿分段传动，每三节单元使用一台传动电机(电机功率为 1.1kW)，采用摆线针变频调速传动。传动电机转速由进口变频器控制，要求设置正反转。每台电机所带的传动轴上装一套传动检测电磁接近开关，用于报警防止链条脱落等情况。

全窑传动整体水平误差不超过5mm，局部水平用2000mm直尺检测，每根辊棒必须靠近直尺，直尺不翘动。辊棒不震动不跳动，辊棒不圆度不超过0.1mm。

4）热量来源及供热　全部利用窑炉烟气及余热分点供入干燥器内，上下层供热管道完全分开，干燥器内采用分风器均匀供热。

5）控制系统　风机采用三菱变频器控制，传动采用三菱变频器调速。整窑设置多个温度点，前20节箱体的两侧每两个侧抽的中间位置装热电偶及仪表现场显示温度，20节箱体后采用双金属温度计现场显示。

6）风机系统　排湿风机45kW风机3台（二开一备）：采用侧抽，将干燥器内的湿空气不断地排出窑外，上下层抽湿管道完全分开。

7）管路系统　ϕ700（不含ϕ700）以下风管采用σ=2.0mm A3钢板卷折而成，ϕ700以上风管采用σ=2.5mm A3钢板卷折而成，侧抽采用σ=2.0mm A3钢板，供热风管外用20mm纤维毯及抛光铝板包裹。前20节箱体主供热风管、分风器风管、主抽热风管、分抽热风管需安装清灰口。主供热风管和主抽湿风管直径≥650mm。抽湿风机主风管设计安装时需克服常用风机和备用风机抽力不一致的问题。

计算依据如下。

① 代表产品：800mm×800mm。

② 收缩率：约9%。

③ 干燥周期：60～85min，按平均85min计算。

④ 干燥热源：辊道窑余热。

⑤ 工作时间：330d/年，23h/天。

⑥ 产量理论计算：

生坯砖尺寸为880mm×880mm；

窑横向排3块，单层纵向排146块；

则合格产量为2层×3块×146块×0.64m^2/块×23h×60min÷85min×99%≈9011m^2/d。

二、制作及安装

辊道窑的安装包含窑体的安装、管路的安装和传动系统的安装，其中窑体安装是后两项的基础，尤其是传动系统的安装，如果窑体安装精度没控制住的话，就会造成传动安装进行不下去，更谈不到以后的运行平稳问题，所以窑体安装严格控制各方面的精度是必要的。

（一）窑体钢结构制作加工及工艺要求

由于辊道窑窑体结构为分段模数组装式，焊接时框架的热应力变形是难免的。而这段工序窑炉框架质量的好坏将直接影响到下面一系列工序，甚至影响到将来的窑炉能否使用及使用寿命长短。因此必须严格控制各个技术参数，保证各焊接结构尺寸严格按图纸进行。所以要严格控制如下技术参数。

保证立柱间距（即立柱辊孔中心距）：≤±1.0mm；

保证立柱辊孔中心水平误差：≤±0.5mm；

保证立柱辊孔对角线：≤±2.0mm；

保证立柱辊孔尺寸：上下≤±1.0mm、左右≤±0.5mm；

保证窑体框架模数尺寸误差：≤±2.0mm；

保证窑架整体下调结余量为：≤±15mm。

1. 钢架制作焊接工艺要求

焊接生产装配工艺过程中要保障达到技术参数，就必须利用工装、定位器、压夹装置将加工好的零件（或已制成的部件）按图纸要求连接成部件或整体结构，装配是制造焊接金属构件的重要工序。装配质量会直接影响焊接工艺和产品质量，例如装配焊接顺序不当，会使焊接质量和效率有很大影响，又如装配间隙大小不均，会使焊缝金属填充量不均而引起意外的收缩变形等。因为窑段既要保证本身的质量，还必须保证全条窑 250 多米长装配后的质量，所以为保证窑体质量共制作了三套大型工装，即整体组装工装、立柱纵梁组装工装和上侧板组装工装，为保证套体组装精度又制造了三十多套小型工夹具，如图 3-3-8 的定位器、图 3-3-9的托架、图 3-3-10 的压夹器等。

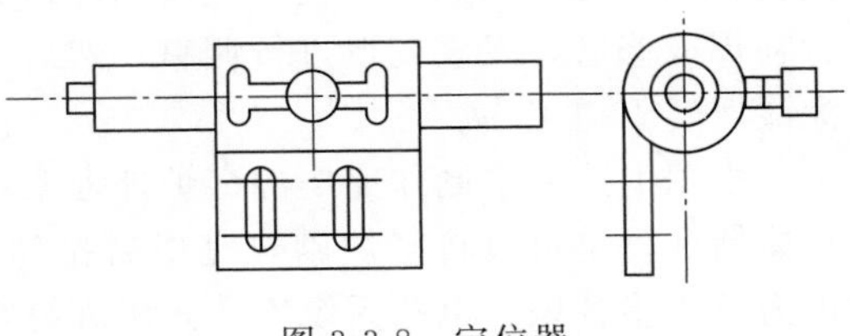

图 3-3-8 定位器

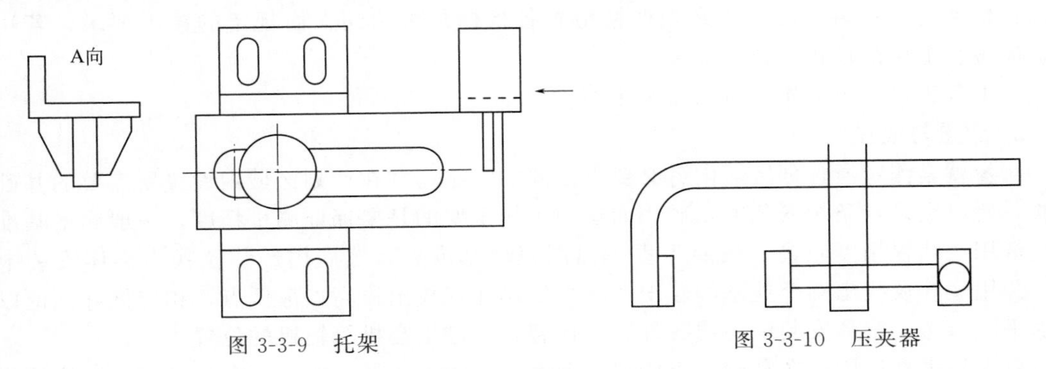

图 3-3-9 托架

图 3-3-10 压夹器

定位器可作为一个单独的工装，也是整体组装工装中的一个基本组件，它的作用是确定所装配的零部件的正确位置，如窑体是由窑段组成，但窑体装配时连接螺孔必须一致不能错位，它不仅保证窑体连接螺孔不位移，又保证窑体本身的垂直度和平行度，所以它起到了保证定位基准，保证尺寸精度的作用。

托架本身和整体组装工装装在一起，窑体本身是由若干个部件所组成，例如上窑墙框架，它的下部空间是装配孔砖的空间，辊子由这里穿过，所以尺寸要求较严格，如果用人工划线点固，既效率低又不能保证尺寸精度，用了托架后，既能保证窑体空间的尺寸精度，又能减轻工人的劳动强度，所以这个工装作用很重要。

焊接结构在装配中不仅要注意定位，而且要考虑用什么方法夹紧，定位和夹紧两者缺一不可。组焊时，好多部位需夹紧，窑底浇注模板的夹紧，窑顶吊砖砌筑时定位的夹紧等都用到夹紧器，所以采用夹紧器灵活多用，长短调节自由，比过去的螺栓夹紧增加了灵活性，提高了效率。

2. 整体组装焊接工艺要求

整个窑段是由若干个部件拼焊而成，这些部件的组焊精度，必须控制在一定的范围内，除了上节讲的用一定的工装夹具保证外还要提出一些精度要求，这样才能使整个构件变形小。具体要求如下。

① 装配点固时，所选用的焊接电流，要比以后焊接采用的电流适当小一些，以免损伤母材。

② 装配点固焊的点固距离应尽量做到均匀、对称，点固焊焊缝的长度应尽量做到一致。

③ 装配点固时，起弧和吸弧尽量不在母材上进行，以免影响焊接质量和外形美观。

④ 严格保证尺寸精度，长度及宽度上允许有 0.5/1000mm 的误差，矩形对角线最大允许 1/1000mm 的误差。

各部件在整体胎夹具上组焊时的顺序为：上下横梁立柱—底板—下侧板冲上窑墙框架。按顺序用夹固定在工装上组焊。影响焊接质量的因素很多，如金属的可焊性、焊接工艺、焊接设备以及焊工的熟练程度等，所以在检验以前操作者应自己检查一遍，发现焊接缺陷应进行补焊或修磨，发现变形进行调整，然后由专职检查员进行检验，检验合格后方能进行除锈涂漆，转下道工序。

根据上述要求制作完毕的窑炉外框架运到施工现场后，便进入到框架安装阶段（或根据具体情况，也可以将窑炉砌筑完毕后拉到施工工地对接安装）。这是窑架制作工序的延伸，也为下一步各风、电路系统安装和耐火材料砌筑做准备工作。在安装前，必须先检查窑炉基础是否合理，包括：承受荷载能力，水平面误差应控制在±10.0mm 范围内，再进入施工阶段，在框架进入到组装前，还必须严格检查各指标是否达到上面规定的技术要求，若达不到，应进行框架的校正工作。

以上各工序检查完毕，进入安装工序。

3. 测量与放线

测量就是测定所计划区域内各必要点之间的关系，并在计划区域内设置所需要的基础位置线，所以它是整条炉安装的基础，而这项工作重要的是要保证测量精度，一般测量基准点和线选用经纬仪精度较高。按照工程平面图找出基准点，然后用经纬仪找出窑体安装中心线，并用经纬仪找出整个地基的若干点的高低尺寸，找出最高点最低点，相应做好标记以备找水平时参考。窑体安装中心线找好后，接着找出进出窑机等辅机的位置线。

首先将水准仪固定在窑侧适当位置（考虑一天的工作量，在一天内尽量使水准仪的位置不变），根据地平面前后水平相差的数值确定所安装的第一段窑地脚调节螺栓的高度，将第一节窑的中心线对准所放的窑体中心线、前后均需用线坠找正。然后将钢板尺立在下墙钢结构上表面，用水平仪找出基准，测量窑段四角的水平，边测边调整地脚螺栓的高度，直到四角水平为止（允差 0.2mm）。

摆第二段窑时，将第一段窑的窑体接合面贴厚 10mm 的高温陶瓷纤维毯，第二段窑的调平找正方法同第一段一样，注意两段窑之间应贴紧，还要保证两段窑的总体尺寸，每安装一段窑后都要量一下总体尺寸，防止产生累积误差而产生传动安装的误差。

以后窑段的安装以此类推，直到安装好所有窑段，全条窑中心线与地面所放的中心线相对应，整条窑炉高度一致。

值得注意的是，因为整条窑炉不可能一天安装完，所以安装窑段时，每天收工前必须将水准仪的基准点返到下一个固定基准上，以备第二天安装时水准仪挪到下个适当位置找基准，校核准确无误后方可继续工作。

误差：≤±1.0mm。

4. 窑体钢结构零件的制作

具体如下面各段结构图。

（1）图 3-3-11 为预热段窑段结构图

（2）图 3-3-12 为烧成段窑段结构图

（3）图 3-3-13 为冷却段窑段结构图

（4）图 3-3-14 为窑炉终冷段结构图

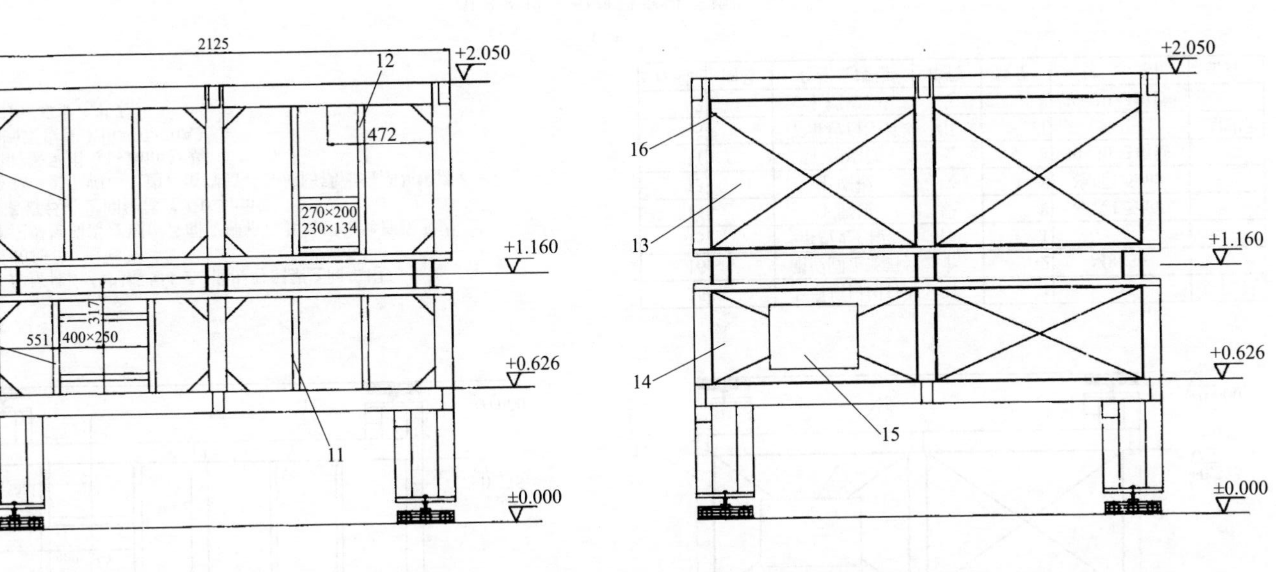

技术要求：
1.此钢架为焊接件，其焊缝为4 ∠，钢板与钢架之间采用 3∠200/100。
2.各焊接件在焊接前需校直，各面应规整，其对应角允许误差为1~2mm，各螺丝孔之间位移允差0.5mm。
3.焊后需整形，去毛刺，飞边，清焊碴，并涂防锈漆后刮灰喷漆。
4.材料下料时需采用负1~2mm公差。
5.所有侧板固定板均采用>70×70A3板。
6.本图为本1~15节，共15节。

序号	图号	名称及规格	单位	数量	材料	备注
16		侧板固定螺钉	个	32	M8×30	
15		事故处门盖	件	1		
14		下侧板	块	8	1.5mm冷板	
13		上侧板	块	8	1.5mm冷板	
11		下挡棉铁	支	8	30×30×3角铁	
5		下事故处门组件	组	1		见图纸
2		上挡棉铁	支	8	30×30×3角铁	

（a）

图 3-3-11

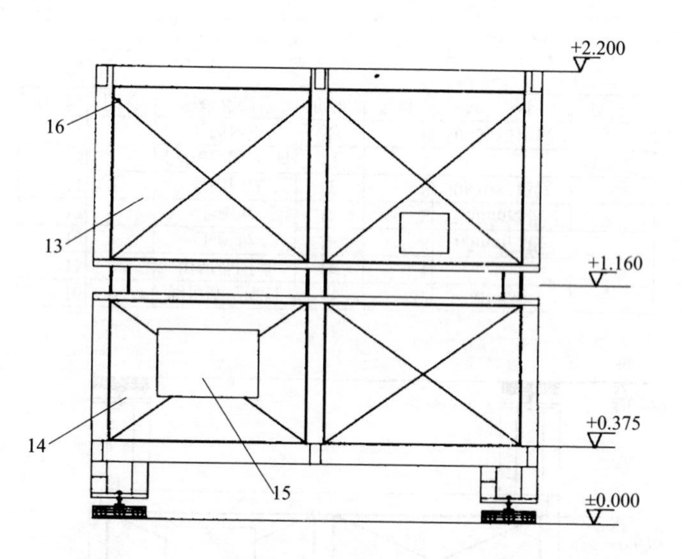

技术要求：

1.此钢架为焊接件，其焊缝为4 ∠，钢板与钢架之间采用 3∠200/100。

2.各焊接件在焊接前需校直，各面应规整，其对应角允许误差为 1~2mm，各螺丝孔之间位移允差0.5mm。

3.焊后需整形，去毛刺，飞边，清焊碴，并涂防锈漆后刮灰喷漆。

4.材料下料时需采用负1~2mm公差。

5.所有侧板固定板均采用>70×70A3板。

6.本图为本16~22节，共7节。

26		上事故口组件	组	1		见图纸
16		侧板固定螺钉	个	32	M8×30	
15		事故处门盖	件	1		
14		下侧板	块	8	冷板1.5mm	
13		上侧板	块	8	冷板1.5mm	
11		下挡棉铁	支	8	30×30×3角铁	
5		下事故口组件	组	1		见图纸
2		上挡棉铁	支	8	30×30×3角铁	
序号	图号	名称及规格	单位	数量	材　　料	备注

(b)

图 3-3-11　预热段窑段结构图

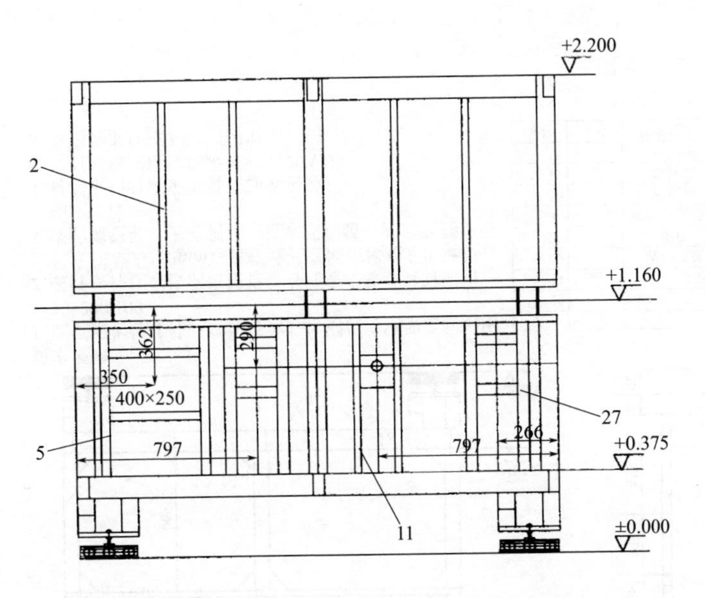

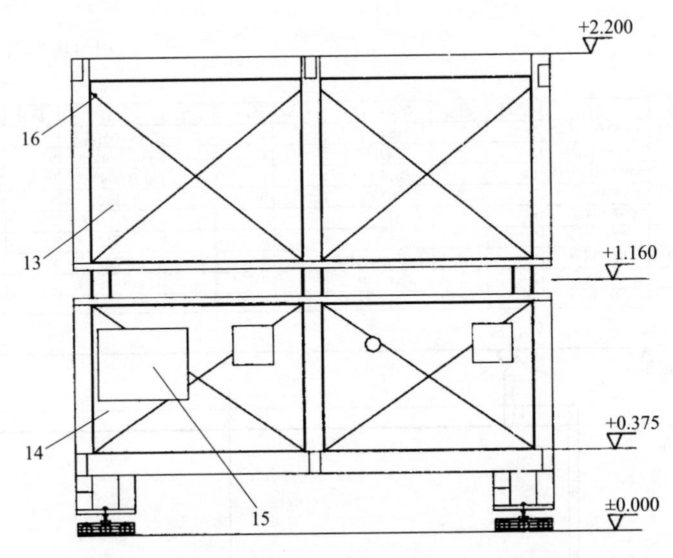

技术要求：

1.此钢架为焊接件，其焊缝为4∠，钢板与钢架之间采用3∠200/100。

2.各焊接件在焊接前需校直，各面应规整，其对应角允许误差为1~2mm，各螺丝孔之间位移允差为0.5mm。

3.焊后需整形，去毛刺，飞边，清焊碴，并涂防锈漆后刮灰喷漆。

4.材料下料时需采用负1~2mm公差。

5.所有侧板固定板均采用>70×70A3板。

6.本图为本23~44节，共22节。

27		喷枪组件	组	8		见图纸
16		侧板固定螺钉	个	32	M8×30	
15		事故处门盖	件	1		
14		下侧板	块	8	冷板1.5mm	
13		上侧板	块	8	冷板1.5mm	
11		观火孔组件	组	8		见图纸
5		下事故处门组件	组	1		见图纸
2		上挡棉铁	支	8	30×30×3角铁	
序号	图号	名称及规格	单位	数量	材 料	备注

(a)

图 3-3-12

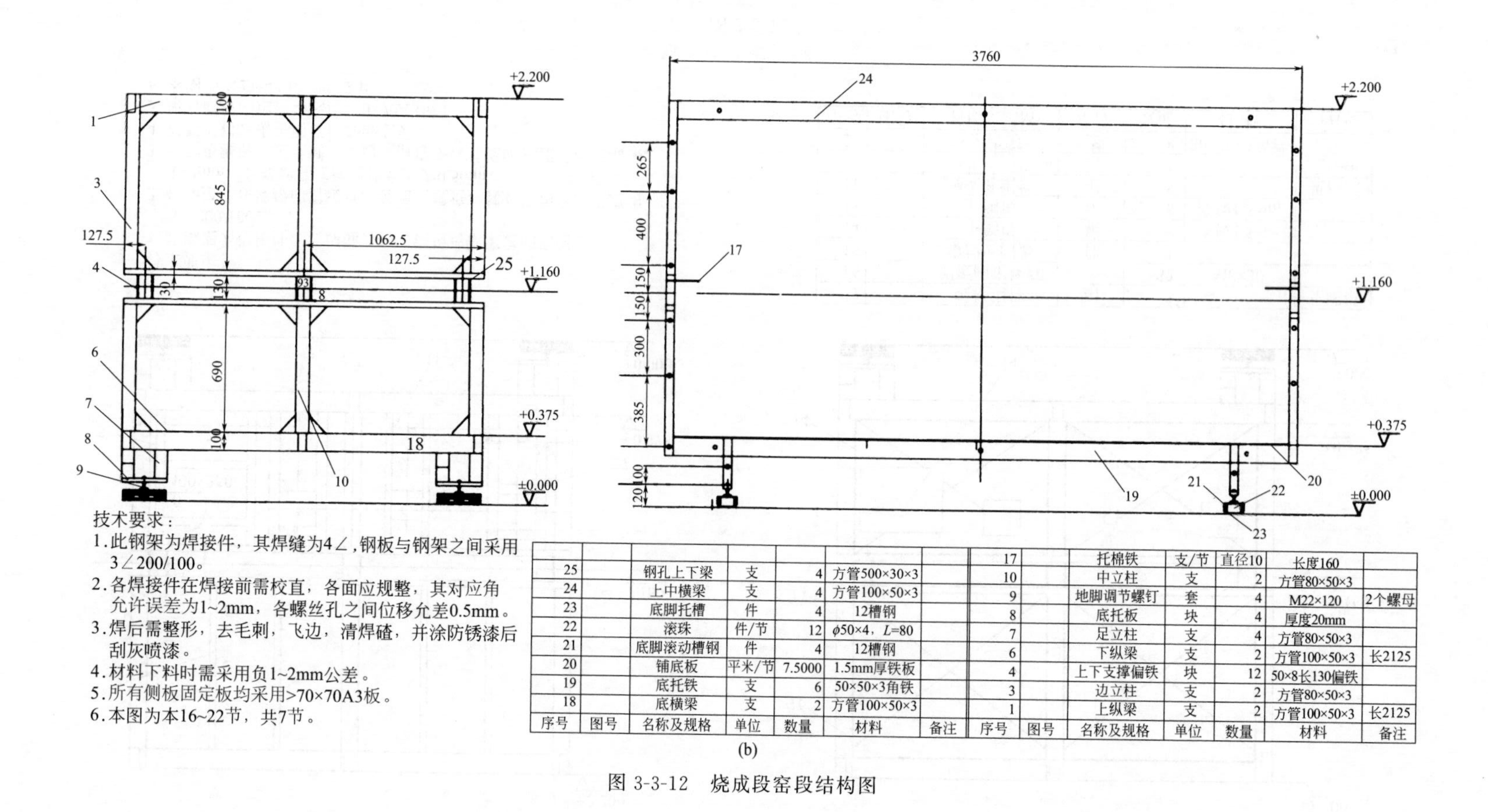

技术要求：

1. 此钢架为焊接件，其焊缝为4∠，钢板与钢架之间采用3∠200/100。
2. 各焊接件在焊接前需校直，各面应规整，其对应角允许误差为1~2mm，各螺丝孔之间位移允差0.5mm。
3. 焊后需整形，去毛刺，飞边，清焊碴，并涂防锈漆后刮灰喷漆。
4. 材料下料时需采用负1~2mm公差。
5. 所有侧板固定板均采用>70×70A3板。
6. 本图为本16~22节，共7节。

序号	图号	名称及规格	单位	数量	材料	备注	序号	图号	名称及规格	单位	数量	材料	备注
							17		托棉铁	支/节	直径10	长度160	
25		钢孔上下梁	支	4	方管500×30×3		10		中立柱	支	2	方管80×50×3	
24		上中横梁	支	4	方管100×50×3		9		地脚调节螺钉	套	4	M22×120	2个螺母
23		底脚托槽	件	4	12槽钢		8		底托板	块	4	厚度20mm	
22		滚珠	件/节	12	ϕ50×4，L=80		7		足立柱	支	4	方管80×50×3	
21		底脚滚动槽钢	件	4	12槽钢		6		下纵梁	支	2	方管100×50×3	长2125
20		铺底板	平米/节	7.5000	1.5mm厚铁板		4		上下支撑偏铁	块	12	50×8长130偏铁	
19		底托铁	支	6	50×50×3角铁		3		边立柱	支	2	方管80×50×3	
18		底横梁	支	2	方管100×50×3		1		上纵梁	支	2	方管100×50×3	长2125

(b)

图 3-3-12　烧成段窑段结构图

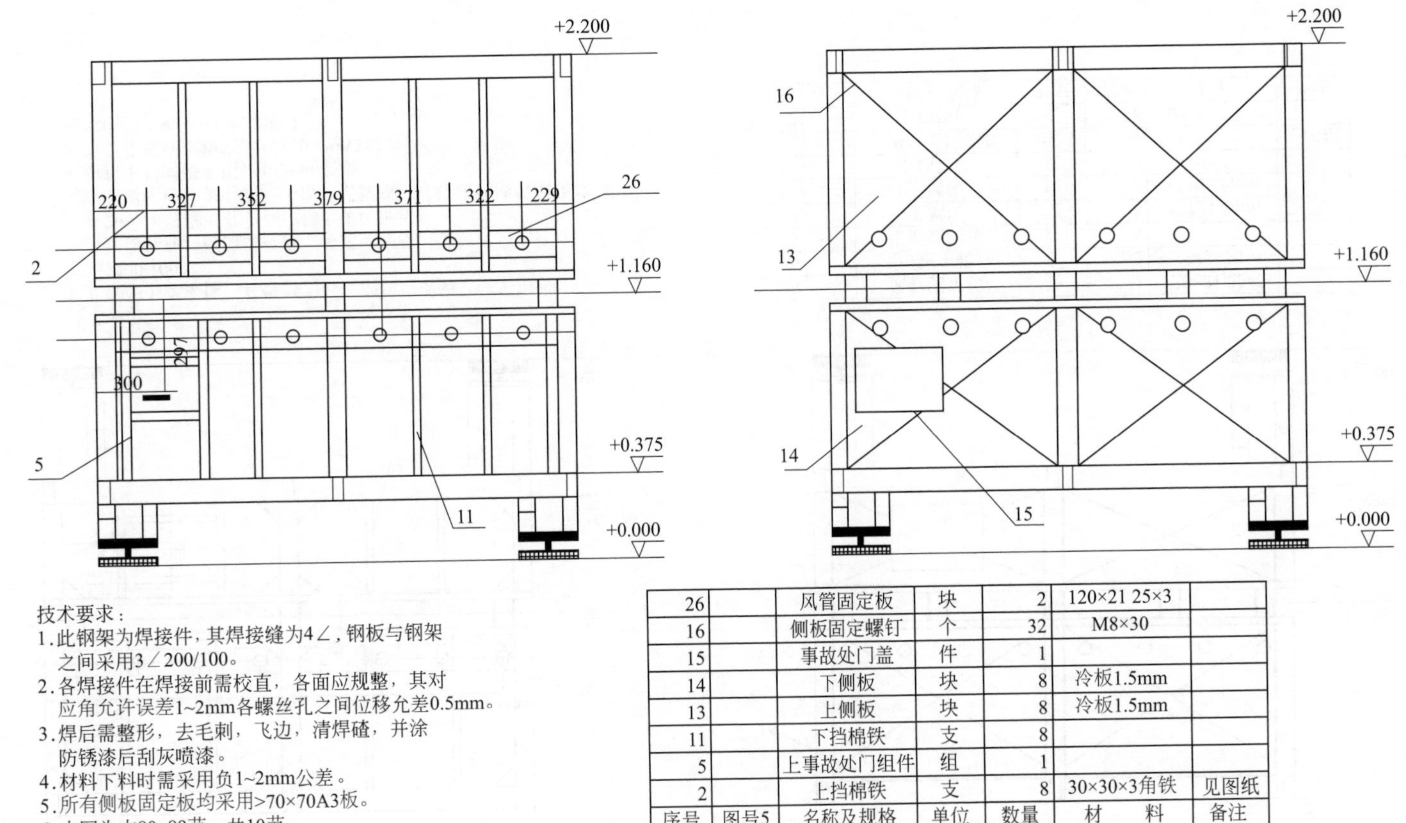

技术要求：
1.此钢架为焊接件，其焊接缝为4∠，钢板与钢架之间采用3∠200/100。
2.各焊接件在焊接前需校直，各面应规整，其对应角允许误差1~2mm各螺丝孔之间位移允差0.5mm。
3.焊后需整形，去毛刺，飞边，清焊碴，并涂防锈漆后刮灰喷漆。
4.材料下料时需采用负1~2mm公差。
5.所有侧板固定板均采用>70×70A3板。
6.本图为本80~89节，共10节。

序号	图号5	名称及规格	单位	数量	材　料	备注
26		风管固定板	块	2	120×21 25×3	
16		侧板固定螺钉	个	32	M8×30	
15		事故处门盖	件	1		
14		下侧板	块	8	冷板1.5mm	
13		上侧板	块	8	冷板1.5mm	
11		下挡棉铁	支	8		
5		上事故处门组件	组	1		
2		上挡棉铁	支	8	30×30×3角铁	见图纸

(a)

图 3-3-13

技术要求：

1. 此钢架为焊接件，其焊缝为4∠，钢板与钢架之间采用3∠200/100。
2. 各焊接件在焊接前需校直，各面应规整，其对应角允许误差为1~2mm，各螺丝孔之间位移允差0.5mm。
3. 焊后需整形，去毛刺，飞边，清焊碴，并涂防锈漆后刮灰喷漆。
4. 材料下料时需采用负1~2mm公差。
5. 所有侧板固定板均采用>70×70A3板。
6. 本图为本90~103节，共14节。

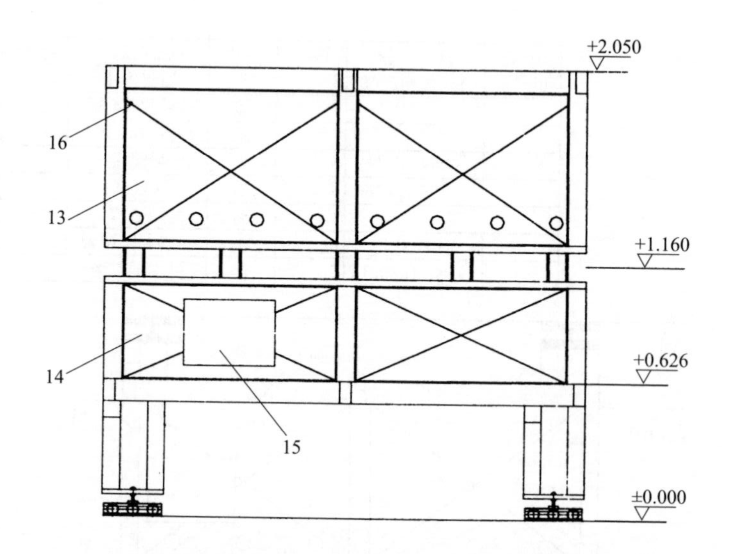

序号	图号	名称及规格	单位	数量	材 料	备注
26		风管固定板	块	2	120×21 25×3	
16		侧板固定螺钉	个	32	M8×30	
15		事故处门盖	件	1		
14		下侧板	块	8	冷板1.5mm	
13		上侧板	块	8	冷板1.5mm	
11		下挡棉铁	支	8		
5		下事故处门组件	组	1		见图纸
2		上挡棉铁	支	8	30×30×3角铁	

（b）

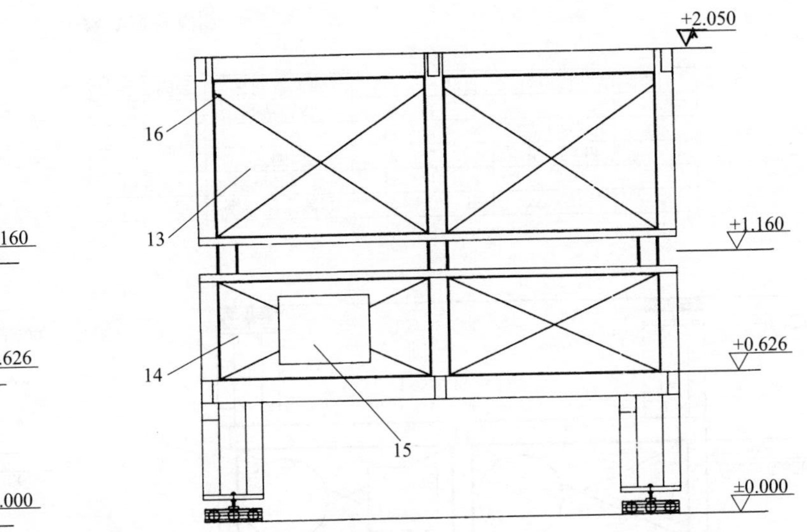

技术要求：

1.此钢架为焊接件，其焊缝为4∠，钢板与钢架之间采用3∠200/100。

2.各焊接件在焊接前需校直，各面应规整，其对应角允许误差为1~2mm，各螺丝孔之间位移允差0.5mm。

3.焊后需整形，去毛刺，飞边，清焊碴，并涂防锈漆后刮灰喷漆。

4.材料下料时需采用负1~2mm公差。

5.所有侧板固定板均采用>70×70A3板。

6.本图为本104~115节，共12节。

序号	图号	名称及规格	单位	数量	材料	备注
16		侧板固定螺钉	个	32	M8×30	
15		事故处门盖	件	1		
14		下侧板	块	8	冷板1.5mm	
13		上侧板	块	8	冷板1.5mm	
5		下事故处门组件	组	1		见图纸
2		上挡棉铁	支	8	30×30×3角铁	

（c）

图 3-3-13　冷却段窑段结构图

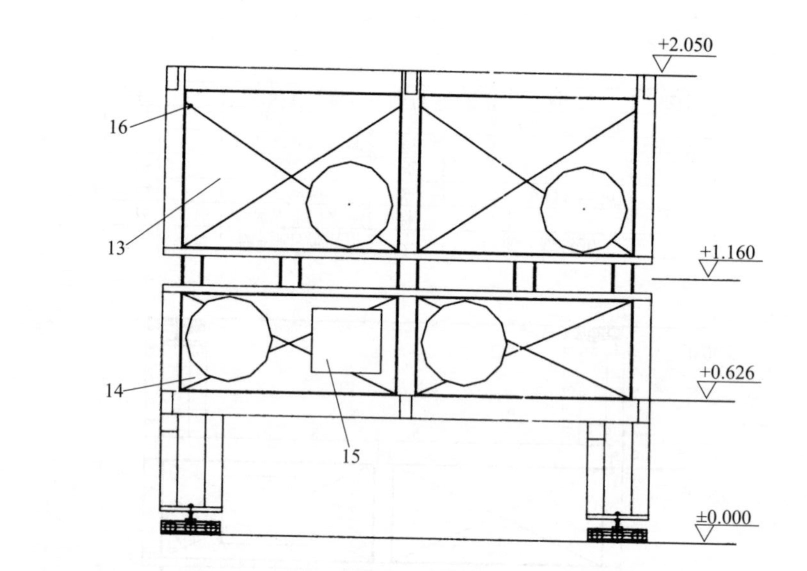

技术要求：

1. 此钢架为焊接件，其焊缝为4∠，钢板与钢架之间采用3∠200/100。
2. 各焊接件在焊接前需校直，各面应规整，其对应角允许误差为1~2mm，各螺丝孔之间位移允差0.5mm。
3. 焊后需整形，去毛刺，飞边，清焊碴，并涂防锈漆后刮灰喷漆。
4. 材料下料时需采用负1~2mm公差。
5. 所有侧板固定板均采用>70×70A3板。
6. 本图为本116~121节，共5节。

16		侧板固定螺钉	个	32	M8×30	
15		事故处门盖	件	1		
14		下侧板	块	8	冷板1.5mm	
13		上侧板	块	8	冷板1.5mm	
2		轴流风机	台	8		
序号	图号	名称及规格	单位	数量	材 料	备注

图 3-3-14　窑炉终冷段结构图

5. 下料弯曲成型工艺及设备

(1) 划线和号料　划线与号料的工作质量对最后加工出来的半成品或成品是否符合产品的技术条件有很大关系，而划线也是能否合理地利用金属材料的关键工序。

表 3-3-4　划线及号料公差

名称	公差/mm	名称	公差/mm
长度及宽度	±1.0	孔心位移	±0.5
板边相邻孔中心距	±0.5	矩形对角线	±2.0

表 3-3-5　放样及样板制造公差

名称	公差/mm	名称	公差/mm
样板长度	−1.0	孔心位移	−0.5
样板宽度	−1.0	矩形对角线	−1.0
上下最外孔中心距	−0.5		

划线号料必须保证精度，虽然窑体的构件尺寸较大，但相对于精度要求还是较高的，所以在生产中制定了划线及号料公差，见表 3-3-4，放样及样板制造公差表，见表 3-3-5。

放样划线号料常用量具工具有：3.5m 盒尺、角尺、1～2m 钢板尺、量角器、地规、划规、划针、冲子、手锤、内外卡钳、粉线、剪刀等；辅助材料有：薄铁板（厚度 0.2～1.0mm）、样板纸板、汇号笔及油漆等。

(2) 下料及调直　将零件从金属材料上按号料标记切割下来的工序称为下料。下料方法可以分为两大类，一是机械切割（剪床、锯床等），二是热切割（氧-乙炔、等离子）。机械切割允许偏差如表 3-3-6 的规定。

表 3-3-6　机械切割允许偏差

零件的长度和宽度/mm	板厚/mm					
	1～2	3～5	6～8	10～12	14～16	18～20
≤100	0.1	0.6	0.8	1.0	1.2	1.5
>100～250	0.6	0.8	1.0	1.2	1.5	1.8
>250～650	0.8	1.0	1.2	1.5	1.8	2.0
>650～1000	1.0	1.2	1.6	1.8	2.0	2.3
>1000～2000	1.2	1.5	1.8	2.0	2.3	2.6
>2000～3000	1.5	1.8	2.0	2.3	2.6	3.0

角钢、方管钢端部边缘与纵方向的垂直度从端部测量不大于 1.5mm，如图 3-3-15 所示。

气割下料时允许偏差如下。

① 用手工切割时不超过±1.5mm。

② 自动、半自动切割时不超过±1.4mm。

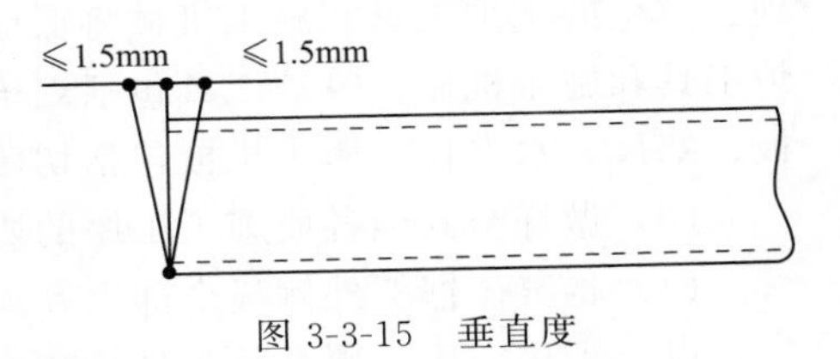

图 3-3-15　垂直度

金属材料表面存在凹凸不平、弯曲、扭曲、波浪等缺陷，特别是截面积小的型钢，产生的原因是各种各样的，这些变形将会影响生产过程正常进行并降低产品质量，所以偏差不得超过表 3-3-7 的规定，如超过则应校正。

对于小于6mm以下的板和型钢采用机械切割方法，对大于6mm铁板及不锈钢采用热切割方法。

机械切割和热切割设备主要有：Q11-4×2000剪板机、Q12Y-12×3200剪板机、Q21-5冲型剪切机、G4025金属带锯、氧-乙炔割锯、BGJ-150半自动割机、CG2～150仿型切割机、LGK-40空气等离子切割机等。

表3-3-7 偏差允许值

偏差名称	简图	允许值
钢板、扁钢的局部挠度	f δ 1000	$\delta \geqslant 14mm$，$f \leqslant 1mm/m$ $\delta < 14mm$，$f \leqslant 1.5mm/m$
角钢、槽钢、工字钢、管钢的不直度	f L	$f \leqslant \frac{1.5}{1000}L$
角钢两肢的不垂直度	Δ b	$\Delta \leqslant \frac{1}{100} \cdot b$

6. 成型及设备

窑体构件中有相当大部分材料需要弯曲折边，例如窑体下板框等，型钢弯曲除了型钢冷弯外，还使用手工火焰热弯。板料弯曲使用WB67～100/3200A型数显板料折弯机，能够弯曲各种形状板料，并能精确保证尺寸。

（二）窑炉砌筑总体工序和技术要求

窑炉的总体砌筑是将耐火保温材料按设计要求砌筑在窑炉框架之内，形成一个隔热、保温和烧成空间，保证在温度、压力、气氛制度下烧制出合格完美的产品。

1. 在窑炉砌筑前，必须完成以下工作

（1）耐火材料的抽样检测。根据陶瓷辊道窑的特性，耐火材料的检测指标主要有以下几点。

① 外观尺寸。

② Al_2O_3、Fe_2O_3的含量。

③ 重烧线变化。

④ 热导率。

⑤ 热稳定性。

（2）检查各种施工工具是否准备齐全。俗话说："工欲善其事，必先利其器"。因此，合理、齐全的筑炉工具和施工机械将保证筑炉的质量和工效。一般必须准备的工具有两类，筑炉工具和施工机械，筑炉工具包括煸子、橡皮槌、泥浆桶、小型手锯、水平尺、线坠、托线板、塞尺、水准仪，施工机械包括切砖机、磨砖机、搅拌机、运输小推车等。

（3）做好与其他各段施工工序的协调工作，包括进度控制、管路及传动设备的安装等。

（4）将窑体框架外侧板全部上齐。

以上工作完毕，便可开工进行窑炉总体砌筑。

2. 砌筑技术要求

① 耐火泥浸泡时间在24h以上，并搅拌均匀。

② 砌体泥浆饱满度：>90%。

③ 按国家标准二类砌体进行砌筑，即灰缝：≤2.0mm。

④ 宽度方向膨胀缝要求：5mm；长度方向膨胀缝要求：10mm。所有墙体相邻各层砖错位砌筑。高温带每1～1.2m留一道膨胀缝，中温带每1.5m留一道，低温区每2m留一道。底墙在中间处同一横截面统一留10mm膨胀缝，侧墙各层错位留缝。所有膨胀缝根据各温度带塞满相应规格的耐火纤维棉以防火焰外溢。

⑤ 砌筑施工严格按图纸中要求的耐火保温材料规格、品种、尺寸进行。

⑥ 吊顶砖、顶侧砖、顶保温棉、窑顶膨胀缝及端面膨胀缝的保温纤维毡，按图纸在现场进行砌筑施工。

⑦ 窑体所有开孔尺寸按窑炉外框结构所有开孔尺寸相对应砌筑。开孔尺寸包括事故处理孔、烧嘴孔、观察孔、热电偶孔、急冷风管孔等。

⑧ 该塞耐火保温棉的地方一定要塞满。

⑨ 窑炉内宽通道尺寸要求：≤±2.0mm。

⑩ 窑壁垂直方向垂直度要求：≤2mm/m。

⑪ 窑壁水平方向直线度要求：≤5mm/100m。

⑫ 孔砖中心水平面应与外框架结构辊孔中心水平面在同一平面，偏差≤±1.5mm。

⑬ 事故处理孔砌筑面保持平整、美观。

⑭ 如砖的厚度偏差较大，应修磨后再砌筑；如需半头砖，必须用锯切割，严禁用瓦刀砍。

3. 窑体耐火料材砌筑工艺

（1）窑底砌筑　砌筑窑底时首先要保证第一层在整窑炉水平面一致且不能出现高低现象，在砌上面一层时采用交错方法，保证层与层之间耐火材料错位、预留的膨胀缝错位。

（2）上下窑墙砌筑　在砌筑窑墙前必须找平，如有差距，需用砂轮片将凸出地方磨平，然后按施工图放线，先放出纵向中心线，然后以中心线为基准向两侧放墙身线，如窑内宽1.5m，向两侧各量取750mm放线，即为侧墙内边线。

砌筑时，窑墙应严格保证平整，各层泥口应小（2mm以下）而均匀，超出标准的缺边掉角砖和有明显裂纹等外观缺陷的砖不能使用，这些都会影响到窑炉的寿命。

施工中要严格保证一组若干个窑段两侧窑墙的水平，下墙最上层砖的上面要摆孔砖，所以除保证各组的这层砖上表面水平尺寸一致外，还要求上表面不许有凹凸现象，不允许有黏结高温胶泥泥块现象，以保证孔砖的高度方向尺寸的准确。

（3）砌筑孔砖　辊上窑墙直接砌筑在孔砖上，孔砖砌死在窑体中，其优点是窑墙的气密性好且结构简单、省材料，从而也降低了建窑成本。但这种结构的孔砖在窑墙砌筑好后就不能再移动，因而对孔砖的尺寸和孔砖的砌筑要求都更严格。孔砖是辊道窑窑墙的特殊部件，由于加热后随着温度的变化辊子与孔砖会发生相对位移，要保证辊子的正常调位，必须重视孔砖结构形式的设计与砌筑。孔砖厚度一般略小于窑墙的砖体部分厚度，约为115～150mm，以便在窑墙剩余空缺部分用陶瓷棉填充，保证窑墙的密封性。孔砖长度一般应保证每块孔砖不小于3孔。孔砖的孔径一般比辊棒外径大10mm，且做成腰子形，以便于运转时辊子的上下调整。每块孔砖两端还要预留热膨胀与砌筑灰缝的位置，如图3-3-16所示。

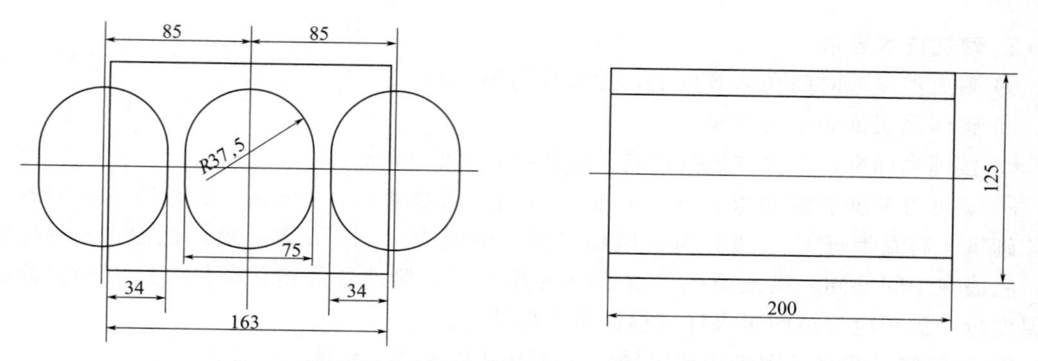

注：1. 砖面应平整光滑，不得有扭曲、变形、大小头等缺陷。
2. 各部尺寸偏差小于 0.5mm。

图 3-3-16 孔砖

（4）吊顶砖砌筑 吊顶结构是在窑顶横梁上焊接吊挂件，吊钩钩住每排砖的穿杆上，上部用螺母固定在吊挂件上。每排砖有 4 个吊钩，排与排之间约 10mm 的间隙用高温陶瓷棉毡压实。如图 3-3-17 所示。

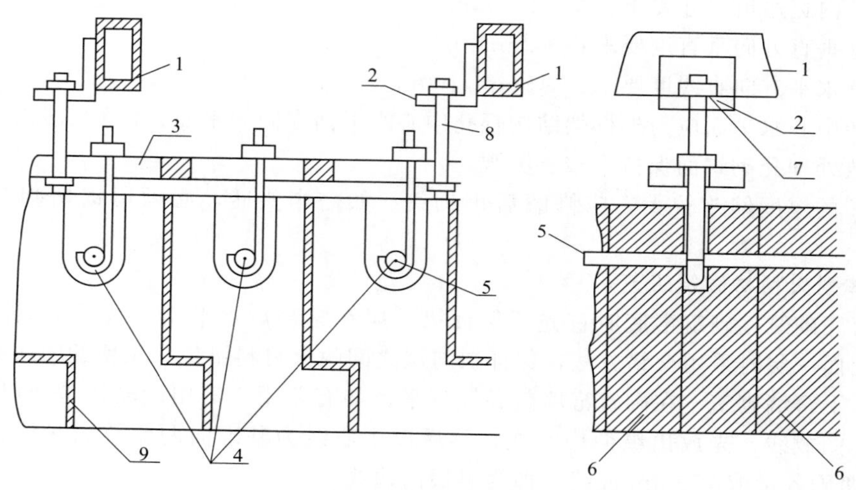

图 3-3-17 吊顶结构图

1—横梁；2—吊挂件；3—吊梁；4—吊钩（穿杆上）；5—穿杆；6—吊顶砖；7—螺母；8—承重螺柱；9—高温陶瓷棉毡

吊顶砖的关键是窑顶内表面应是一个平面不应有凹凸现象，为此，必须设计一套工装来保证砌筑精度。每个吊钩的螺母松紧程度应一致，以免工装撤掉后，在吊砖之间产生内应力而产生裂纹。

4. 吊顶砖砌筑工艺过程

（1）将吊顶砖砌筑工装按尺寸固定好，上面为预防黏结剂流出，支撑上铺一层塑料布。此时横向工装较重要，因为第一排砖是基础，每段窑有十排吊顶砖，如第一排不齐的话，以后九排就无法砌整齐，所以一定把好第一道关。

（2）吊顶砖砌筑工装固定好后，即可开始砌筑。砌筑时因为吊顶砖尺寸较大，如果全面抹泥的话，更不易砌好，如将四周框形涂泥，中间再涂一道较好，实践证明，这样既保证了气密性，又保证砖能砌实。

（3）一排砖砌好后，这排与下排接合面铺一层高温陶瓷纤维毡或毯，选择此处的陶瓷纤维毯一定要注意质量，选择长期使用温度级别一定要与窑炉额定工作温度相适应，如窑炉额定工作温度是1250℃，那么选择高温毯的长期工作温度也应是1250℃或更高，而绝不能选择极限工作温度1250℃的高温毯，这种毯长期工作温度仅为1000℃，这里一定要注意，不能因小失大。

(4) 做好上述工作后，开始砌第二排，第一排的每块吊砖都要与前排贴紧，以保证第一排与前一排贴紧，防止热气外溢。这里再强调的是，铺高温毯时厚度上一定要均匀，才能保证后一排砖砌后整齐，以此类推直至砌完一段窑。

(5) 每一窑段砌好后，将用耐热不锈钢制成的穿杆穿入吊顶砖。这里要注意的是，每排吊砖的穿孔因为在生产砖时钻孔产生位置误差而造成在每排21块砖中有孔错位的现象，吊杆就不易穿入，这时千万不要用锤砸，要找出原因进行修正；然后再穿吊杆，穿吊杆力的大小掌握在能用手锤轻轻敲入即可。吊杆材料的选择应与窑的使用温度一致。在吊杆穿入前，先将吊钩放入吊砖的孔内。穿好穿杆后，将吊钩固定在吊梁上，固定吊钩的螺母松紧程度应一致。

(6) 待砖缝牢固后，拆下砌筑工装即可。

在顶砖砌好后，应防止人到窑顶上直接踩砖，工人在上作业时应站在钢结构横梁上或站在铺好的木板上，防止因顶砖受力过大产生裂纹，影响窑炉寿命。

(三) 机械传动系统安装及要求

传动系统包括辊棒及传动装置。传动系统为斜齿轮传动，该系统包括驱动电机、减速装置、斜齿轮支承座、油槽和辊棒等。

当窑炉孔砖砌好后，可进行传动系统的安装。当然，只要能保证孔砖中心孔水平面和传动辊棒中心水平面误差≤±1.0mm，也可以独立于窑炉砌筑工段。但无论如何，可以事先安装窑炉立柱上的主、从动支承方管，因为最终主、从动支承块和支承板与固定支撑方管之间可以上下调节，以保证传动的水平。安装好支撑方管，进行主动端支承块和支承板及斜齿的安装，然后再是从动端的支承块、支承板和辊棒从动轮的安装。接下来安装主动端的油槽和油盖，然后是驱动电机的机座，上电机、连接传动链轮、链条。再接下来是穿上前后的钢辊棒和中间带的陶瓷辊棒。在安装陶瓷辊棒前必须在辊棒上涂上一层硅酸盐无机保护涂层或Al_2O_3粉。

辊道窑的传动系统是保证将来在高温状态下，经过一系列化学物理变化，能将陶瓷制品从一端平稳地输送到另一端，达到烧结的目的。而在实际使用过程中，容易出事故、经济损失较大的部位也是传动系统。因此，传动系统在辊道窑安装过程中是最重要的关键工段。必须保证下列技术要求。

① 传动中心水平面要求：≤±2mm/100mm。

② 辊棒中心与孔砖中心偏差：≤±1.5mm。

③ 陶瓷辊棒长度要求：≤±3mm。

④ 陶瓷辊棒直径要求：$\phi40$，≤±0.5mm（根据不同窑炉设计有不同的辊径及精度要求）。

⑤ 保证辊棒直径大小头偏差：≤±0.1mm（且大小头方向不一致性）。

⑥ 保证辊棒与辊套配套，不出现辊棒塞不进辊套的现象。

⑦ 另外其他陶瓷辊棒的物化指标也得合格。

所以这些参数都是保证将来制品能平稳垂直地从一端输送到另一端的前提条件。

1. 辊棒的选择

辊棒的材质有两种：一是金属质，也就是我们所说的钢棒；二是陶瓷质，也就是所说的瓷棒，瓷棒又分为高温棒、中温棒和低温棒。根据使用温度选用不同的辊棒，过去窑头、窑尾一般用钢棒，目前采用钢棒的极为少数，大多数都采用瓷棒，本窑就是采用低温瓷棒（因窑前段高温高湿，钢棒容易粘泥粉对产品影响较大，特别是水煤气窑更为明显）；对辊棒一般有以下要求：好的抗热震性能、好的高温抗氧化性能、高的荷重软化温度、小的蠕变性（高温体积稳定性）和好的去污性。对于辊棒的选择如下：在低温段（40～400℃）采用无缝钢管或莫来石辊棒；在中温段（400～700℃）采用莫来石辊棒；而高温段（700～1250℃）采用莫来石-刚玉质陶瓷棍棒。

2. 传动装置

目前窑炉的传动方式有链传动、摩擦传动、螺旋齿轮传动、圆锥齿轮传动和直齿轮传动。链传动结构简单，造价低，早期的辊道窑大多采用链传动，但链传动不够平稳，链条较长时易发生爬行现象。摩擦传动比较平稳，但可靠性稍差。齿轮传动具有明显的可靠性和平稳性，不过，由于齿与齿之间为点接触，容易磨损，对安装和润滑要求较高。用得较多的是螺旋齿轮传动。

电机带动传动装置也有两种形式：一是长轴传动，其特点是一台电机带动一根与窑长差不多的长轴，通过二级减速将动力分配若干组，长轴上装有离合器；二是多电机传动，特点是将窑分成若干组，几个模数段为一组，每组由一台电机传动，采用变频调速，所有电机可同时运行，每台亦可单独运行。本窑采用螺旋齿轮传动与多电机传动，并且使用差速传动（对裸烧产品、调整变形有好处）。差速传动就是相邻辊棒速度有微小差异，通过配置不同尺数的齿轮比来实现，一般使用15∶22和17∶25。窑头第1节、第2节采用单一个电机控制，其余预热带都是两节使用一个电机。其中电机一般为0.75kW，速比为1∶59。

3. 辊棒的连接形式

主动端采用弹簧夹紧式，而从动端使用的是托轮摩擦式连接，这种连接方式对更换辊子非常方便。托轮摩擦式连接是将辊棒自由地放在间距相等的托轮上，利用辊子的摩擦力带动辊子转动。

传动过程：电机→减速器→主动链轮→滚子链→从动链轮→主动螺旋齿轮→从动螺旋齿轮→辊棒传动轴→辊子。

4. 托辊支架及辊子的安装

托辊支架是传动的重要部分，所以安装时一定要注意。方法是对窑炉中心在窑全长上拉一根钢丝，一定要绷紧，用线坠对中心，然后按传动侧到中心所需尺寸返到传动侧，找好传动侧托辊支架的位置，并使整条窑的托辊支架与钢丝平行。

将水准仪固定在要调整的托辊支架一侧的合适位置，按托辊支架所需高度将整条窑托辊支架找好水平，然后将托辊支架与窑体紧固在一起。

非传动侧的托辊支架和传动侧一样安装，并同时用水准仪将传动侧和非传动侧托辊支架高度校核一遍，保证两者平行，误差最大不超1mm。

找出两根瓷辊，在两根瓷辊的长度方向上的中心做好标记，并从中心往两侧各返二分之一窑内宽的尺寸，做好标记。然后将瓷辊摆在每段窑的前端和后端托辊支架上，并用线坠使辊子中心与窑中心线对正，然后测量矩形对角线，两条对角线长相比允差≤2mm，如超差时可微量调整非传动侧托辊支架前后位置，使之符合要求。此时这段窑托辊支架已调完，然后将第一根辊子拿下，放在第二段窑末尾外，如图3-3-18所示，将这根辊子中心和窑体中心对正后，再测矩形对角线，重复第一段窑托辊支架的调整方法，用上述方法将全条窑的托辊支架全部调整一遍。

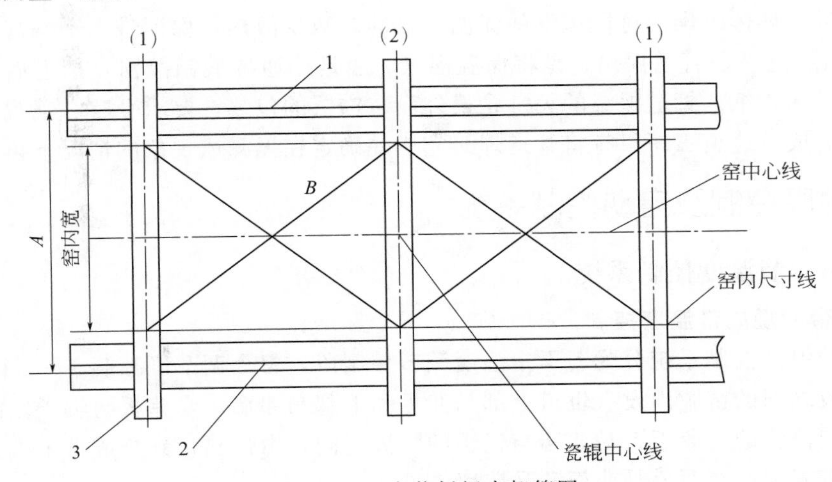

图 3-3-18 安装托辊支架简图

1—传动侧托辊架；2—非传动侧托辊架；3—瓷辊

将所有辊子从两端塞入陶瓷棉，塞入深度约200mm，然后上好两端的耐磨弹簧和顶片。将全部辊子摆放在托辊支架上。

(四) 其他附属设备、管道安装及要求

附属设备包括前后两平台、各型号风机。管道包括各风管、油管、气管、水管等。窑炉框架定位后，可进行平台焊接，各种管道焊接安装，可与耐火材料砌筑交叉安装。此道工序应先从平台焊接开始实施。因为平台是各风机的基础，上面既承受静载荷，又得承受将来各风机的动载荷。因此，安装焊接平台时，应确保地基牢固平稳，保证设计尺寸准确，保证平台平稳，焊接点美观。接下来便是各风管的对位焊接安装，各风管主要包括窑头排烟、排湿和循环风管，烧成带、急冷带处各助燃风管、雾化风管、抽排热烟风管、急冷风管等。风管安装顺序一般为从主风管到支风管。风管的焊接要求不漏风，严格按图纸设计尺寸进行。然后吊装各风机，此时要注意各风机的型号，之后与各风管管道连接完毕。所有风管安装并与风机联通后，安装连接相应风机上的冷却水管，冷却水管尺寸位置依现场情况并结合图纸进行安装。当然，根据现场实际情况，以上各步骤可灵活掌握。

所有附属设备及管道安装的技术要求如下。

(1) 焊接时严格保证不漏风、不漏水。

(2) 各风机质量严格把关，风机主风管设计安装时克服常用风机和备用风机抽力不一致的难题。

(3) 气路、燃烧系统安装及要求。

气路各管路系统应包括在燃烧系统里，而这里所指燃烧系统仅是指烧嘴方面而言。从人工制造煤气的煤气站加压产生一定的压力供应到窑炉主调压站，经过调压后控制在窑炉使用压力范围再到供给烧嘴这段管路所提及的气路。当设有烧嘴部位的耐火材料砌筑完毕后，可以安装烧嘴，烧嘴前各支气管、助燃风管也可进行安装。燃烧系统在窑炉各系统中是最要注意安全的一个系统，所以在连接安装各气、风管及各阀门时，务必保证不漏气、不漏风，这对将来的安全才能起到保证作用。

（4）窑炉管道保温。

窑炉的砌筑还包括各风管的保温工程。管道保温主要是指预热带和冷却带抽排热风、烟气到干燥器进行坯体干燥的这段风管的保温，目的是减少散热，保证进入干燥窑的气体温度在300℃左右。这一段管道保温，是将保温棉（一般是普通硅酸铝散棉）捆上后，在外层包裹一层铝皮或锡铂纸。管道保温的关键是最外面装饰层的包装，要求平整、美观，需要熟练的工人操作完成。这道工序只有将管道焊接完毕并确定在无漏风现象的情况下再进行。

三、温度控制及自动控制系统

（一）第一节温度控制系统

1. 预热带和烧成带温度控制

这部分的温度控制系统分为若干个温度调节控制段，每个调节段控制1～2个窑段不等，在温度调节段之间的窑膛内设有辊道上部马弗板和下部马弗墙，马弗板与辊子之间的间距可调，一般不同位置的马弗板、马弗墙与瓷辊的距离不同，由预热带到烧成带末端其距离逐渐缩小，烧成带末端设有两道马弗板和马弗墙。

每个温度调节段又分为辊道上下两个温度调节单元，每个单元由一块温度调节器、一个电动执行器和煤气调节阀、一支热电偶及若干个烧嘴组成。烧嘴主要由煤气喷嘴和煤气孔板、助燃风喷嘴、燃烧室组成，每个烧嘴设置一个煤气喷口和6个助燃风喷口，煤气喷嘴设置在中间，6个助燃空气喷嘴设置在其周围。烧嘴上还设有煤气和助燃空气测压嘴，供随时测压用，以便检查烧嘴的工作状态。

辊道窑上的烧嘴均采用同一型号，根据烧嘴的不同热功率配以不同直径助燃空气喷嘴和煤气孔板。烧嘴热功率分大、中、小三种，根据实际需要在窑上配置不同热功率的烧嘴，烧嘴的烟气喷出速度为5～10m/s。

为了保证窑内温度和气氛均匀，在烧成带每段窑的两侧以辊子中心线为界上下交错布置8个烧嘴，在预热带每段窑布置4个烧嘴，通过烧嘴的交错排列，在宏观上提供了均匀的热源。水平安装的烧嘴的横向射流，使窑内气体循环达到充分搅动混合达到均一的目的。辊道窑采用窑头集中排烟，即排烟口设在前窑8节窑段上，从烧成带预热带来的烟气，在排烟风机的抽力下，与待烧产品逆向而行，通过窑头排烟口排走。只有使窑内气流充分搅动混合才能使温度和气氛均匀，在每个温度调节单元中，温度测点放在中间，同一单元的温度应均匀一致。每个单元两端的马弗挡墙对气流起着阻挡作用，使气流在纵向上产生强烈的回旋，达到充分的搅动混合，最终达到温度气氛均匀的目的。

由于辊道窑排烟口集中设在前窑，烧成带产生的烟气在通过预热带和前窑时，使坯体干燥和预热，有效地利用了烟气余热，降低了能耗，排烟温度一般小于180℃。

在预热带设置的烧嘴有下述作用：当烟气温度不能满足烧成曲线温度要求时，可有选择地点燃该部分的烧嘴，以提高预热带温度，而当预热带温度在不点燃烧嘴情况下还偏高时，可仅打开烧嘴的助燃风，降低窑温。喷冷风还可达到搅动气流，均匀温度和气氛的目的。

在辊道窑上，每个温度调节单元大小的划分和每个单元中烧嘴数量及热功率大小的配置是根据不同坯釉配方特有的理化特性设计的，相对独立的温度调节单元，为窑内温度的调节提供了最大的灵活性。合理设置的烧嘴数量和严格的烧嘴热功率的分配，可以满足坯釉在烧成过程中不同阶段的理化反应对热量的不同需求，通过控制排烟风机的抽吸量和调整各道马弗板的高度，可有效地调节烧成曲线。

助燃空气部分由助燃风机和管道组成，供给烧嘴的助燃空气压力是恒定的，恒定的助燃空气量可保持窑内压力稳定，有利于温度和气氛均匀，有利于温度控制。

燃气部分的主管道包含燃气稳压装置和安全保护装置，主燃气管路稳压后的压力要求，如为人工煤气则压力要求为10kPa(1±5%)。

2. 冷却带温度控制

辊道窑的冷却带分为急冷区、缓冷区和低温区三部分。急冷区包含有两节窑段，每节窑段为一独立的调节单元，温度调节装置可根据窑内砖量大小，即温度的高低，自动调节冷却风量，从而有效地控制窑温。由急冷区升温后热空气由缓冷区通过，抽吸风机将热空气从缓冷区分段排出，根据需要调整各段管路阀板，以控制抽吸量，这样可有效地控制缓冷风的长短和温度分配，实现合理的冷却温度曲线。

通过抽吸风机从冷却带排出的洁净的热气掺入冷空气后温度达190℃，这部分热气被送往干燥器，作为干燥器的热源。

（二）自动控制系统

1. 系统组成

辊道窑的自动控制系统由下列几部分组成。

① 各风机、传动电机的主回路和控制回路；

② 安全运行保护系统；

③ 温度调节系统，包括温度调节器、执行器和监控器；

④ 故障报警和温度记录仪；

⑤ 各调节系统的仪表和电源。

在此，仅就辊道窑自动控制系统的安全运行保护系统部分和主要仪表进行介绍。

2. 安全运行自动保护系统

为了使辊道窑安全运行，保证产品质量稳定，在烧嘴点火时和窑炉正常生产情况下，必须确保各系统正常工作。为此，在辊道窑自动控制系统中设有自动联锁保护回路。

在正常情况下，烧嘴点火必须满足下述条件：排烟风机和助燃风机运行并且出口风压达到一定要求。两风机出口管道上分别设有一个压力开关，根据其要求给定其设定值，以监测出口风压。

辊道窑安全运行自动保护联锁图如图3-3-19所示。图3-3-19的各条件均为“与”关系，如果其中一条不满足，安全阀将自动切断燃气供应，使烧嘴熄灭。

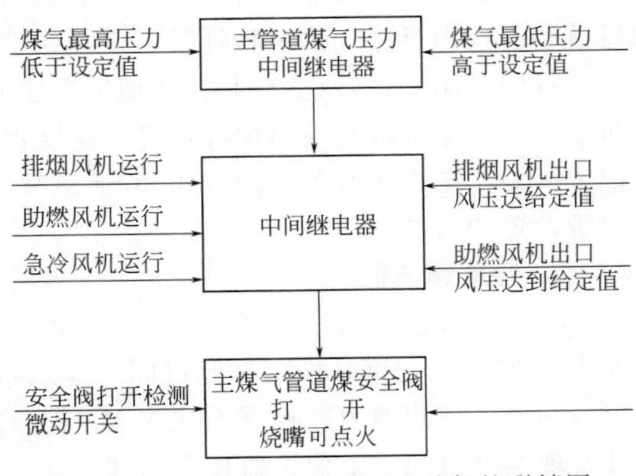

图3-3-19　辊道窑安全运行自动保护联锁图

3. 故障报警

为了使辊道窑安全正常运行，保证产品质量，对窑炉的关键运行部位和运行参数设有监测和故障报警系统，监测和报警内容如下。

“00”激光，在窑头和窑尾设有一对对射的激光发射、接收管，用于监视窑内砖坯运行安全阀打开检测情况。在窑内砖坯运行正常时，激光发射管发出的光束穿过窑膛，到达激光接收管。花窑内发生砖坯叠砌时，光束被遮断，报警仪显示“00”报警。

“01”——瓷辊传动系统停止。

“02”——排烟压力低于设定值。

“03”——助燃空气压力低于设定值。

“04”——主管道燃气压力超出要求范围。

“05”——主管道燃气自动切断。

“06”——某测点温度超过最高设定值。

“07”——某测点温度低于最低设定值。

“08”——设定点比较，在调节器接受监控器遥控状态下，个别调节器的温度设定点偏离了监控器给定值或脱离了监控状态。

“09”——控制回路，辅助回路电源不正常。

“10”——执行器电源工作不正常。

“11”——瓷辊直流应急传动部分工作不正常或没有处于预备工作状态。

“12”——风机和主传动电机控制回路中的某一空气开关跳闸。

当上述某一项故障发生时，报警仪将显示其代号和内容。

4. 温度记录仪

辊道窑上设有一台微机控制，数字显示的30通道记录仪，记录仪具有参数设置、显示和打印三种功能。

参数设置包括以下几项。

（1）时钟：设置修改日期，时间。

（2）量程：量程的输入需要设置通道点，输入类型，满刻度量程范围。

（3）报警：各温度调节单元和温度测点的热电偶与记录仪的30通道联接，根据不同的烧成温度曲线，可分别给各通道设置最高和最低报警温度。

（4）走纸速度：走纸速度可在10～30mm/h范围内任意选择。

记录仪正常运转显示时钟和温度。时钟包括月份、日期、小时和分钟。温度显示为30通道温度巡回显示，每三秒钟跳一道，在手动状态下，可显示任意选择通道的测量温度。

打印时用六种颜色分别对30通道温度曲线进行连续打印，并在每条曲线上打印其对应通道点。在记录纸右空边用红色打印温度报警通道点、最高或最低温度报警和报警时间。在记录纸的左空边用蓝色自动打印30通道某一刻的测量值和开始打印时间。还可根据指令打印所设置的参数。

5. 温度调节器

温度调节器以微处理器为基础，性能可靠，人机对话简单，具有串行通信接口，控制精度为0.25%满刻度，数字显示可同时显示过程度量偏差和阀位。根据指令可显示和修改设定值和各个控制参数。控制方式为P、PI、PID和带积分功能的最佳参数选择和修改功能，可实现本身自动、上位机监控自动和手动三种工作状态无扰动切换。

例如监控器。监控器在辊道窑中控制系统起着重要作用，作为上位机与所有温度调节器串联，向各调节器给定温度设定值，对各调节器进行监督控制。年产70万平方米的辊道窑所使用的监控器可存储四十多条温度曲线，根据所监控调节器的数量多少，存储的温度曲线条数不同。根据操作指令，可使所监控的调节器按存储在其中的任何一条温度曲线工作。

监控器的控制功能强，性能可靠，操作方便，具有下述八种功能。

（1）监控，在某一工作温度曲线下，监督控制各调节器的温度设定值，当某块调节器的设定值偏离工作曲线对应点的给定值时或脱开监控状态时，报警显示。

（2）监控测量温度值，对任何一块调节器的测量温度值进行显示监控。

（3）监控温度设定值，在某一特定工作温度曲线下，对任何一块调节器的温度给定值进行监控。

（4）工作温度曲线输出，向调节器串行输出一条工作温度曲线，使调节器的工作温度设定值与工作曲线相应点的给定值一一对应。

（5）工作温度曲线输入，将各调节器的温度设定值串行输入到某一曲线段下，存储建立一条新的温度曲线。

（6）键盘编程，通过键盘操作，存储修改建立新的温度曲线。

（7）键盘组态，为了使监控器正常运行和与温度调节器的通讯正常，要预先设置一些参数，也叫系统设置。

（8）报警分析，设定点比较。发生报警时，用本功能检查报警的具体地址，即在哪块调节器上。

四、调试

（一）辊道窑的冷调试

辊道窑冷调试的任务是传动部分试运转，保证传动各部分运转灵活，将故障尽量暴露在点火前。保证砖坯从入窑到出窑偏离中心的尺寸小于标准要求。

1. 传动部分的试运转

在开启传动系统前，应有专人将传动系统彻底从头至尾检查一遍，检查各部位是否按标准安装的，检查链条张紧是否合适，电机旋向是否正确，超越离合器方向是否正确，确认无误后，派专员确保每个单独段传动系统是关闭状况后，再启动一个单独段传动系统，使其低速运转，一旦发现某个部位有问题，立即停车检查出原因，解决后再运转。其他单独段传动系统按前操作办法类推。经过若干次调整，没问题后，连续运转 24h，这段时间，应有人巡视传动系统，以便发生问题及时解决。

2. 砖坯运行跑偏的调整

传动系统运行 24h 无误后，将准备生产的规格尺寸的砖坯按设计要求的每排块数，整齐码放在窑头，按烧成周期的速度运行传动系统，仔细观察砖坯在窑内的运行情况，测试砖坯经过每段窑的偏离中心尺寸，做好记录，直到砖坯出窑。哪段窑内砖坯跑偏超标，调整哪段的托辊支架，直到合适为止，一般砖坯在窑内运行时任何部位跑偏尺寸不能超过 30mm。

具体调整方法如下：首先看砖坯往哪个方向偏移和偏移多少，一般从开始偏移的段调起，参考记录，根据偏移量确定调整量。如果向左偏（站在窑头，面向窑尾，分左右，假设传动侧在右边），就将左边托辊支架向前调，见图 3-3-20，如果砖坯运行方向向右偏移，就将左侧托辊支架向后调，一般情况下传动侧不动，仅调非传动侧。按记录的偏移量累加值，计算出每段窑内的实际偏移量进行调节，每调节一遍走一次砖，反复进行三次即能达标。

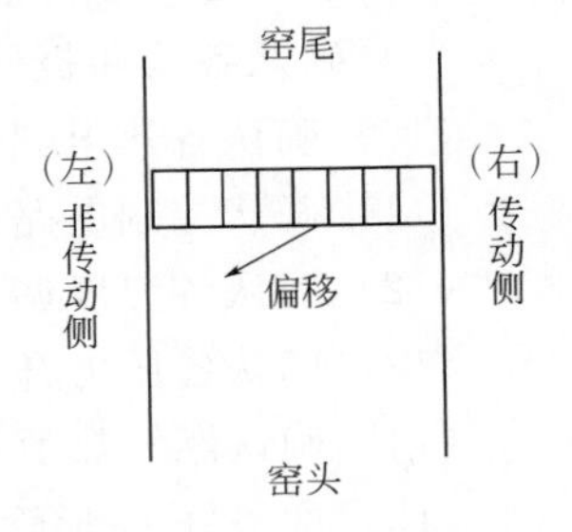

图 3-3-20　砖坯运行跑偏的调整

传动系统调整完毕后，将瓷辊全部抽出，在辊子上均匀刷涂一层氧化铝涂料。安孔砖时要和辊子配合安装，每安一块孔砖穿两根辊子，调整孔砖左右高低位置，使辊子处于孔的中心偏下 3mm 的位置，因为下凹墙在高温状态下发生膨胀要上升 3mm 左右。这样才能保证在高温下辊子不蹭孔砖，防止发生辊子不转而产生叠砖的故障。

注意：每将一块孔砖位置找好，就要用高温棉或毡将其固定住，防止以后塞棉时碰动孔砖，便于孔砖移动。将全窑孔砖定好位后，将涂过涂料的瓷辊全部插入窑内放在托辊架上，使其运行，运行时仔细观察辊子与孔砖孔缘是否有卡滞现象。如有应进行调整，如调整不好，就要用锉刀修孔，一直到合适为止。

3. 入出窑机、入出坯机的冷调

(1) 将所有辊子上表面调平，允差1mm。

(2) 入窑机末尾辊子与窑炉第一根辊子互相平行，允差0.4mm。

(3) 各机构运行灵活，行程可靠。

(4) 检查各单机程序，是否与设计要求相符，调整各光电管和接近开关位置，使其达到要求。

(5) 用砖坯进行模仿正常生产情况，看每个动作是否可靠，程序是否连贯。调节各时间继电器的时间设定值，使其符合产品规格的要求。

(6) 用气动装置使皮带升降和使挡板升降（如出坯机）的机构，要调整好缓冲装置，避免冲击过大，过早使气缸损坏。

(二) 辊道窑的热调试

1. 点火烘窑前的准备

辊道窑经安装和冷调试之后，接着便是热调试，热调试的任务是点火烘窑，使窑炉的温度气氛达到生产工艺要求，并保证设备在高温下运转正常。热调试是否顺利，在很大程度上依赖于安装和冷调试是否达到了精度要求，所以在热调试前，应在安装和冷调试工作进行全面确认之后，方可点火。热调试前，应做好如下准备工作。

(1) 确认燃气和空气管路已经过吹扫。

(2) 确认燃气和空气管路已试过压，不漏气。

(3) 各风机空运转24小时无问题，传动系统运行48h无问题。

(4) 各润滑点已按要求加好润滑剂，并保证各减速箱不漏油。

(5) 各空气和燃气管路的阀门有明显的开关标记、动作灵活，点火前各阀门应处于关闭状态，根据实际需要再打开。

(6) 确认窑炉耐火材料砌筑问题，膨胀缝用陶瓷棉毡填实，烧嘴燃烧室外部四周已用高温陶瓷棉填实，孔砖外已用高温陶瓷棉填实。

(7) 确认孔砖位置正确、不擦辊子。

(8) 确认冷调试砖坯运行从进窑到出窑偏出中心不超30mm。

(9) 确认各马弗板位置正确、插入尺寸合适。

(10) 确认各热电偶安装位置正确。

(11) 确认控制电路接线正确，零线接地。

(12) 确认各温度调节器处于手动控制状态。

(13) 确认各压力开关和压力计取压点位置正确，各压力表指针对零。

(14) 确认燃气热值和压力在合同要求范围内，焦油和灰尘等杂质含量不超标。

(15) 准备好U形管压力计等测压工具，以备点火时测烧嘴前压力。

以上的马弗板安装和孔砖外侧陶瓷纤维棉填塞最后在热调试人员的监督下进行，这样可避免因马弗板插入深度不准而影响调温和避免因填塞陶瓷碰动孔砖而使孔砖移位，导致升温后辊子不转而叠砖。

燃气压力要求，这里指的是燃气总管稳压器前后的压力要求，如使用的是人工煤气，稳压器前要求2000～2500mmH_2O，稳压器后1000mmH_2O，如使用的燃气是天然气或液化石油气，稳压器前压力要求1000～3000mmH_2O，稳压器后压力要求为500mmH_2O，窑前的稳压系统一般由制造厂配套。

根据温度调节器说明书，要对所使用的各温度调节器预先设定一些参数，这些参数在说明书上都有一定的范围，而在辊道窑上使用就需根据辊道窑的调节特点和实践中不断摸索，来选择说明书所列参数范围内的一个最佳值，输入温度调节器内。

这些参数的内容是：

(1) 比例带；(2) 微分时间；(3) 积分时间；(4) 校正；(5) 低近似；(6) 高近似；(7) 上限温度；(8) 下限温度；(9) 行程时间；(10) 调节器序号。

上述参数设定后，对执行器内的最大限位凸轮和最小限位凸轮位置进行调整，使其对应温度调节器所显示的自控阀开度为99%和0%，连好自控阀与执行器之间的连杆，使阀的实际开度位置也与上述的99%和0%相对应。值得注意的是，辊道窑烘窑时，自控阀开度显示为零的时候，应有少量的燃气通过，以保证此时烧嘴不熄灭，这要通过调节执行器与阀之间的连杆来完成，而不要再动执行器凸轮，这个量到底多大合适，应视实际情况能保证烧嘴不熄灭即可；注意不能过大，过大时则使所控制的温度偏离设定点太多，造成失控。

各压力开关的调整：

(1) 燃气最大压力开关整定值：人工煤气13000Pa，天然气和液化石油气7000Pa。

(2) 燃气最小压力开关整定值：人工煤气6000Pa，天然气和液化石油气4000Pa。

(3) 助燃空气压力开关整定值：5000Pa。

(4) 窑排烟压力开关整定值：－20Pa。

(5) 干燥器排湿压力开关整定值：－30Pa。

以上整定值为参考数，可视实际情况改变整定值的大小。

对各报警系统和各项保护系统均需进行模拟试验，以保证准确无误。

对停电应急驱动进行模拟试验。

对记录仪根据使用说明书进行参数预置。

对监控器根据使用说明书进行参数预置和调整，将升温曲线输入监控器，并检查监控器和温度调节器的通讯是否正常。

检查主传动和备用减速机的调速器是否正常、调整是否准确。

检查烧成周期显示仪，调节调速器时，周期显示仪是否反应迅速、显示准确，核实显示仪显示的周期与实际烧成周期是否相符。

2. 煤气管路内空气的置换

窑炉点火前，要用燃气将煤气管路内的空气置换出去，方法是首先将窑上燃气总管尾部的放散阀门打开，然后微启主管路进气阀门，用燃气将空气慢慢顶出约10min后，从窑上主煤气管路尾部取样分析，如氧气含量小于0.5%，即可认为置换完毕。在燃气与空气混合阶段，严格防止管内有铁屑冲击管壁发生火星，这样有可能造成爆炸事故，所以这时气流速度不能太快，严格控制在5m/s以下。

3. 点火

经化验，置换后的燃气氧含量小于0.5%后，即可点火。点火前，先打开排烟风机35min后，打开助燃风机，两风机正常运转后，应确认窑内没有泄漏的燃气，否则再稍迟一会儿，使部分泄漏燃气排尽。点火时，首先从烧成带尾部点左右各一个嘴，点火方法是，先将嘴前助燃空气球阀顶开一点，然后将点燃的火把对准点火孔，微启嘴前燃气球阀，这时火焰应马上点燃，如短时内未能点燃，应立即关闭燃气球阀，过几分钟后再重复上述过程，点燃后，再依次将燃气球阀和助燃风球阀开足。因为首次点燃的烧嘴很少，所以煤气压力很高，这时可先采用手动控制，根据温度调定燃气和助燃风压力。根据实际温度从预热带再点燃一对烧嘴。以后根据升温曲线和窑内实际温度逐步点燃其他烧嘴，达到一定温度，点燃一部分烧嘴后，即可投入自动运行。

设定烘窑曲线时，烘窑周期应定在16～20d，不能操之过急，因为烘窑的目的，不仅仅在于排除耐火材料内部的水分，耐火材料本身的急冷急热性能也要求升温不能太快，太快会造成吊顶砖断落和墙砖裂缝，使窑炉寿命大大缩短。一般情况下700℃以前慢一些，700℃以后可以快一些。升温过程中，可将升温曲线输入监控器，使监控器控制温度调节器，这样可使控制的温度更准确，防止超温。调整燃气和助燃风压力时，应注意该烧嘴的设计是基于助燃风和燃气压力一致情况下，即可达到理论空气需要量。在烘窑，助燃风压力可稍高于燃气压力。两者嘴前压力达300mmH_2O时，烧嘴即可达额定热功率。欲将某组烧嘴投入自控，必须对助燃风和燃气压力进行调整，匹配后方可投入运行，调整方法是先将自控阀开度打到99%，然后测量嘴前燃气压力，根据此时的燃气压力定助燃风压力，助燃风压力可以与燃气压力相同或稍高。完成后，再将自控阀开度打到5%，此时烧嘴应有小火燃烧，决不能熄灭，否则应调整自控阀与执行器之间的连杆，使之有一定的开度，使小火正常燃烧即可，这样可防止小火熄灭而窑炉升温时大量燃气进入窑内引起事故。

烘窑期间，操作工要不断巡视，密切注意各烧嘴燃烧情况，发现烧嘴熄灭，立即关闭嘴前燃气球阀，查找原因，问题解决后再点燃；要密切注意燃气总管压力，如因燃气压力和燃气质量问题升不上去温度时，要及时与煤气站联系解决；要密切注意在温度逐渐升高情况下，传动系统的运行情况，发现问题，及时解决，尤其瓷辊，随着温度的升高，会逐渐膨胀伸长，注意调整辊子挡板位置，留出间隙，防止卡住不转。刚开始点火时，传动系统就应运转起来，以便尽早将问题暴露出来；密切注意随着温度的升高，窑炉耐火材料和钢结构的膨胀情况，发现问题，及时处理。排烟风机和抽热风机的冷却系统，在两风机启动后即应投入，要经常检查冷却水情况。窑温达700℃时，如燃烧正常，烧嘴内火焰应为橘红色或白色，整个燃烧室红白通亮，此时点燃烧嘴，不需火把，打开球阀即可自动点燃。当燃气压力较稳定后，气动安全阀一定要投入使用，压缩空气压力0.4～0.5MPa，要保证长期供应。

窑温达850℃时，应开动急冷风机和抽热风机，适当调节两风机闸板，使部分热量进入冷却带。

4. 热调

窑温达850℃时，打开干燥器的阀门，使进入干燥器的热风温度在150℃左右，此时打开干燥器排湿风机。当窑温达950℃时，可进一些砖坯试运转，如发现出砖排列超出冷调时偏离中心的量，应进行调整。当窑温达1000℃时，再升温可按工艺人员提供的烧成曲线进行，进入产品试烧，根据出砖的烧成情况，增减温度，逐步调整使出砖质量达到要求。到达烧成温度后，应对所有点燃烧嘴的助燃风和燃气压力进行一遍统调，达到燃气和助燃风压力匹配，并按点火烤窑时的方法找出燃气最大最小压力。根据出砖情况，增减预热带的进风量，一般预热带烧嘴并不全部点燃，这时未点燃的烧嘴，可根据需要仅往窑内通助燃风，以增加氧化气氛。急冷风的调节，可视出急冷带的砖是否炸裂而定，一般第一段温度设定在700～800℃即可。当烧成曲线已建立，窑炉工作稳定后，这时调节排烟风机闸，使烧成带末端达到微正压不超0.3～0.5mmH_2O。这里值得注意的是，窑内正压不能太高，因为窑外是钢结构和传动系统，如正压太高，大量热气外溢，这不仅浪费了燃料，还会使钢结构和传动系统在高温下变形，而影响窑炉正常运行。各控制组之间的温度和压力梯度的微调均可通过升降马弗板的方法进行调节。如果由于维修或其他原因，辊道窑经过一段时间的正常运行后停窑，短期内再次点火从室温开始升温，这时要比第一次烘窑升温速度快一些，一般七天左右就够了。

五、管理与维修

（一）传动系统的维修和保养

陶瓷的烧成是陶瓷工艺过程的重要环节，实质上是陶瓷原料在高温下的物理化学变化过程，窑炉又是完成这一过程的物质条件，所以对窑炉进行科学的管理和维修保养是十分重要的，它直接关系到工厂的经济效益。

1. 传动系统在工作中可能出现的故障和建议采取的办法见表3-3-8。

表3-3-8 传动系统出现的故障和采取的处理办法

项目	故障和原因	处理办法
噪声大	1. 各链条不在一条直线上 2. 链条太松和太紧 3. 润滑不当 4. 罩或轴承支架承载力不够 5. 链条或链轮磨损	1. 检查直线度，并校正 2. 校正各链轮中心距或链条的张紧程度 3. 采取适当的润滑，保证润滑良好 4. 适当锁紧螺栓 5. 更换链条或链轮
链条内侧板和链轮齿面磨损	各链轮不在一条直线上	拆下链条校正链轮和轴的定位
链条跃过链轮齿	1. 链条或链轮磨损 2. 链条过松 3. 链轮齿部堆积了杂质	1. 更换链条或链轮 2. 张紧链条 3. 清除杂质
链条有盘上轮齿的倾向	1. 安装错误或链轮齿磨损 2. 润滑剂是黏性或胶质的 3. 轮齿底部堆积杂质	1. 更换链条或链轮 2. 清洁传动装置使用合适润滑油 3. 除去堆积杂质
链条断链	1. 链条太松 2. 脉动荷载严重 3. 一个或多个链条连接部受阻	1. 张紧链条 2. 如有可能，减小载荷 3. 更换受阻链节或调节链节内外间隙
链条有卡住倾向	1. 链轮没校正 2. 润滑不当 3. 腐蚀 4. 超载过度 5. 铰接处堆积杂物 6. 在各链板上擦行	1. 检查链轮与链条是否在一条直线上 2. 拆除链条，清洁后再安装、保证润滑 3. 防止腐蚀 4. 减少过载 5. 用防尘罩防尘，经常润滑链条 6. 检查链条是否摩擦障碍物
链轮齿破损	1. 阻塞或罩里有杂质 2. 过载大	1. 清除障碍 2. 减少过载

2. 传动系统各部位的润滑

（1）减速器润滑：40＃～50＃机油，1～2个月加一次油。

（2）超越离合器润滑：30＃机油或2＃钙基脂每半月加一次油。

（3）各种传动链润滑：40＃～50＃机油，每半月加一次油。

（4）长轴轴承润滑：3＃或4＃钙基脂，每1～2个月加一次油。

(5) 窑炉摩擦轮轴承：锤基脂或极压锤基脂每1～2月加一次油。

(6) 非传动侧大间隙轴承不用润滑剂。

3. 陶瓷辊棒的使用和维护

(1) 陶瓷辊棒在使用前应进行质量检查，主要从以下几个方面检查。

① 辊棒直线度误差≤1%，辊棒外径允许偏差在±0.02mm。

② 辊棒长度偏差不应超过4～5mm。

③ 辊棒内在质量是，敲击辊棒，声音清脆者为好棒；声音嘶哑、沉闷者为差棒。

(2) 辊棒在使用前在两头距端部约100～150mm左右，还要塞上陶瓷纤维棉，主要是为了防止窑内热量往外扩散和防止两端因热扩散影响轴承的正常转动。两端安上摩擦弹簧和顶片。在辊棒的工作表面上涂一层高铝泥浆，防止滴釉造成砖坯与辊子粘接，从而保护辊子延长其寿命。

(3) 辊棒的使用程序

① 好辊棒检查分级，质量好的用于高温带，次的用于低温带或不用。

② 在窑炉运行需要更换辊棒时，应先将辊棒预热，否则如有将冷态辊子插入高温带时，会造成辊棒断裂。

4. 辊棒的冷却

辊棒从窑内抽出后应放在瓷辊冷却机上，使之保持转动，防止弯曲变形，绝对不允许辊棒完全不转动，否则辊棒会变形太大而报废。如无冷却机可将辊子放于铺在地上的陶瓷纤维毡上，人工来回转动。

(二) 管路系统维修和保养

1. 煤气管路

用于陶瓷墙地砖烧成的燃料，多以人工煤气为主，而产生炉煤气一般较脏，含有较多的焦油和灰尘，这些杂质极易堵塞过滤器，使煤气总管内压力变化频繁，另外这些杂质也容易堵积煤气自控阀门，使自控阀轴转动困难，这些杂质还堵住孔板，使窑炉温度控制性能变差，影响产品质量。所以煤气供应系统应备有除尘除焦油等附属设备，供给窑炉清洁的煤气，提高产品质量，降低维修次数。

2. 风机

窑炉上各风机应经常检查，如果任一风机出现故障，都会导致窑内压力、温度及气氛制度发生变化，影响产品质量，甚至导致窑炉停止工作。所以要经常检查风机的冷却水是否流通、电机电流是否正常、热风温度是否在允许使用温度范围内，如出现异常及时处理。风机启动前，应先关闭进口阀门，等风机正常运转后，再逐渐将阀开到需要的开度。

3. 辊道窑易出现的故障及处理办法

(1) 烧成带叠砖时处理办法　窑内叠砖事故是较易发生的事故，如处理不好，会损坏大量瓷辊，给生产带来损失，所以操作工必须具备迅速判断叠砖到底发生在哪一段的能力，并能以最短的时间处理完毕，尽量使损失降低。如果判断叠砖事故发生在烧成带，应遵循下述步骤处理。

① 迅速判断事故发生所在窑段。

② 迅速打开主轴离合器。停止入坯。

③ 将叠砖处的前边几根辊子抽掉，防止前边的砖坯继续集结到叠砖处。

④ 如果叠砖较多，应降温处理事故，可迅速将低火焰曲线按钮按下，使窑炉运行在

900℃曲线上。

⑤ 烧成带辊子必须保持运转。

⑥ 抽掉叠砖处辊子，使砖坯掉在窑底上，通过事故处理孔，在尽可能短的时间内将掉在窑底上的砖坯处理掉。

⑦ 将辊子放回原位，合上离合器，继续正常运行。

（2）当出现以下任何一种故障，燃气安全阀半自动切断燃气供应

① 燃气主管道压力超出允许压力范围。

② 助燃风所提供的助燃风压力不足或风机停机。

③ 窑炉排烟风机抽力不足或停机。

④ 急冷风机停机。

⑤ 停电或停气。

如发现上述任何一种故障，应采取以下措施：

① 迅速关闭燃气旁路系统的所有手动蝶阀。

② 同时关闭所有燃嘴前的燃气球阀和助燃风球阀。

③ 查出故障原因，及时处理。

④ 故障处理完后，重新按操作程序点火。

短期停火再次点火按以下操作程序：

① 开动排烟风机。

② 开动助燃风机。

③ 开动急冷风机。

④ 开动抽热风机。

⑤ 开动干燥器排湿风机。

开动风机时请注意，必须等上一台风机正常运转，模拟板指示灯亮后才能开动下台风机，绝对不许连续启动两台以上风机，否则瞬时负载过大，会发生跳闸现象。

窑炉的工作制度包括压力制度、温度制度和气氛制度，这三种制度又是互相联系的，对窑炉工作制度控制的好坏，直接影响到产品质量和窑炉的寿命。

窑炉内的压力是由燃烧系统产生的烟气和排烟风机、抽热风机和急冷风机等共同建立起来的，以上几个因素任意一个有了变动都会影响到窑炉的压力，所以调窑时不要单从一点考虑而忽略了其他，每动一个阀门都要考虑到会发生哪些连锁反应，能尽可能少地发生误调。尤其是预热带和烧成带的压力，对产品质量和窑炉使用寿命影响最大，如果窑内负压大，由窑的不严密处尤其是孔砖处漏入窑内冷空气过多，会造成窑断面温度不均，后果是产品产生色差和尺寸不一。如正压太大，又会使热气外溢，使钢结构和传动系统处于高温，因变形而使窑炉损坏，传动性能变坏。正确的操作是预热带负压，烧成带微正压操作，正压不能超0.5mmH_2O。

为了减少热气外溢和冷风进入窑内，影响窑内工作制度的控制，孔砖外的陶瓷棉必须填实，但注意也不能挤住辊子，添加量应掌握在耐热钢条外露80mm左右。在高温状态下，陶瓷棉会逐渐收缩变硬，应根据情况，及时填塞陶瓷棉，定期更换，因为陶瓷棉变硬后保温性能变差，造成窑外温度升高。使用陶瓷棉时一定要注意，高低温级别不要弄错，在烧成带必须使用在长期使用时能耐1250℃以上温度的陶瓷棉，如果使用了低温棉，很快就收缩变硬。

第四节　抛光技术装备

一、概述

陶瓷墙地砖的抛光是一种在中、高档瓷质砖上的再加工，以求达到镜面效果的目的。现阶段主要有普通抛光地砖、抛釉砖。他是采用特制的抛光机和金刚石、碳化硅等组合来完成整个装饰过程。同时起到修正瓷砖平整度、边直度和统一尺寸的作用。

为了达到抛光装饰效果，要求瓷砖的吸水率在0.5%以下，同时砖坯不能生烧和过烧。否则会造成抛后变形和上光效果不能达到要求。

二、抛光设备

抛光设备由以下部分组成。

1. 上砖机（或人工上砖，见图3-4-1）

其是将窑炉烧好的、堆码整齐在砖架上的砖坯转移到抛光机的传输线架上，并且一片一片分布，以便进入前磨边机。

图3-4-1　上砖机

2. 前磨边机

其是将砖坯的四边进行初步的修正并倒角。因为窑炉烧成的砖坯（特别是砖坯规格大、窑炉宽、多台压机供一条窑炉）很多情况下会出现凸边、凹边，四边尺寸不一致。经过磨边后，两个对边的尺寸基本一致，边直度也得到校正，砖坯进入抛光机就不会跑偏，也减轻了后磨边的切削压力，利于磨边缺陷的控制。同时有倒角，砖坯进入抛光机后不易烂边，减少对磨块的划伤，也即减少砖坯表面的磨花。它们由两台磨边机和中间的转向机构（见图3-4-3）组成。转向机构一般由两边线速度不同的三角带和高于水平输送带的弧线支架构成，砖坯向前移动，经过弧线支架和三角带，转向90°后再次进入水平输送带到后一台磨边机，加工另外两条对边。

最早的磨边机为单边磨边，很快就被对磨机（双边磨）取代。对磨磨边机有单压带、压轮、双压带（见图3-4-4）等，现绝大部分使用双压带式。随着瓷砖单线生产量的提高，磨边机磨头不断增加，所以压带宽度也随之加宽。以下以双压带磨边机为例。

该设备由机架、宽度调整装置、压梁、对中机构（见图 3-4-5）、推砖装置（或挡砖装置，见图 3-4-2）、主传动同步带、气动系统、电器系统、磨边头、转向机构、给水系统等组成。

图 3-4-2　推砖装置

图 3-4-3　转向机构

图 3-4-4　双压带磨边机

图 3-4-5　对中机构

3. 刮平机

也即刮平定厚机（见图 3-4-6）。它是将不同厚度（偏差不大）和平整度不够的砖坯，利用高速旋转的金刚石刮刀刮到一致的厚度和平整，以便进行抛光（见图 3-4-8）。它们由几台机组组成，每台机组可装 4～8 把刮刀。机组与机组之间原则上应配一套转向机构，一条抛光线在此至少配置 3 套，这样有利于生产调整。

该设备由滚刀传动系统、滚刀上下调节系统、给水系统、主传动系统、进砖规正机构（见图 3-4-7）、气动系统、电器系统等组成。

图 3-4-6　刮平机

图 3-4-7　规正机构

4. 抛光机

其是利用几十个抛光磨头上装的六个磨块进行碾磨上光。每个磨头由轴带动下面的六个磨块公转，同时六个磨块相互摆动（相邻的磨块对摆）。相邻的磨头转动是相反的。每个磨头中间设置有出水口，生产时不停地让水冲洗砖坯，达到降温和清除砖屑、磨块屑的目的。每台抛光机横梁，带动下面的所有磨头作与砖坯移动方向垂直水平摆动，摆动幅度要让磨头上的磨块最边端超过砖坯边缘 4～6cm。一条抛光线由 3～4 台抛光机组成，每台配置多少个磨头，由抛光机（见图 3-4-9）生产厂家根据使用砖厂需求制定，没有统一标准。相邻的抛光机之间原则上应当配置一台转向机构。

图 3-4-8　刮平头

图 3-4-9　抛光机

该设备由主传动系统、横梁及摆动系统、给水系统、抛光头、气动系统、电器系统、防叠砖装置、压缩空气供给系统等组成。

5. 后磨边机

其是将抛光好的砖坯进行定尺和细倒角。如 800mm 砖，后磨完成后就应当在 799.7mm 到 800.3mm 之间，同时同片砖的两条对角线相差应当控制在 0.5mm 之内。倒细角是用树脂倒角轮（也有用金刚石倒角轮）将瓷砖正面的四边按水平的 45°角磨掉 0.5mm。这样可减少后续加工、包装、搬运、铺贴等的损伤，又可以消除磨边时产生的轻微崩面。其组成与前磨边机相同，但磨边头个数配置应当不低于前磨边机。

三、安装与调试

（一）磨边机的安装

1. 工作流程

砖坯由进砖机（或人工）→输送线架→挡砖分片→（前磨边机）对中机构→压梁→磨头切削→倒角切削→90°转向→（后磨边机）对中机构→推砖装置（或挡砖装置）→压梁→磨头切削→倒角切削→下工序。

2. 安装前的准备

（1）按设备生产商提供的基础图打好基础，水平精度符合要求。

（2）备好水平仪、千斤顶、吊车、手提打磨机、冲击钻、常用机械工具、常用电器工具。

（3）检查设备各供给系统（供水、供气、供电）安装位置，确保靠近主机，并且接口尺寸一致。

（4）按主机方向在基础上确定安装位置，并将主机运至该基础附近。

（5）定出设备安装中心线（该中心线必须与这条线的中心线重合）。

3. 安装

（1）设备吊装到位。

(2) 确定设备中心线与整线中心线重合。

(3) 校正设备水平。要求整线各台设备水平基本一致。用螺栓固定整台设备。

(4) 连接各台设备，保证砖坯平稳输送。

(5) 连接设备电源，控制电柜与总电源连接。

(6) 连接设备水管，并与总供水管接通。

(7) 连接压缩气源，接通总气源。

(8) 安装磨边轮。

(9) 安装倒角轮。

(10) 后磨边机每台最后1～2对安装金刚精修轮或树脂修边轮，倒角轮装树脂倒角轮或特制的金刚倒角轮。

4. 安全提示

(1) 必须在设备安装完成后才能进行布线。

(2) 布线及检查时必须断开电源。

(二) 磨边机的调试

1. 调试前准备

(1) 确保各润滑点已加足相应的润滑油。

(2) 检查、确保供气、供电、供水正常。

(3) 检查、确保磨边机前后连线平稳，90°转向正确。

(4) 检查、确保各磨边轮装配稳固。

(5) 检查、确保对中正常工作。

(6) 检查、确保推砖（或挡砖）机构正常工作。

(7) 确保磨边轮切削旋转方向与砖坯接触时是向下的，磨边轮切削时应当用后缘。也即砖坯由左向右前进时，磨边轮应当由右缘切削，磨边轮旋转应当为顺时针。

2. 调试

(1) 对中装置调试：偏直线时，调整对中滚轮，使同边的两个滚轮内边连线与设备中心线平行后，固定对中滚轮；偏中心时，调节定位螺钉。

(2) 大梁调试：对于砖坯规格发生变化时，必须对大梁进行调整，以达到调整横梁宽度来满足生产。松开宽度调节连杆上的锁紧螺钉，运行调宽电机或调宽手柄调节横梁到新的工位，锁紧螺钉。要求同步带外缘距离要切削的砖坯边小约50mm。

(3) 推砖（或挡砖）装置调试：移动控制推砖架（或挡砖块）极限位置的光电开关，让推砖架（或挡砖块）保持在适应砖规格的位置，调整推砖爪（或挡砖块）的间距。微调推砖爪（或挡砖块）接触砖边的线与设备中心线垂直，边调节边观察，直到砖坯的对角线达到要求。推砖（或挡砖块）速度由变频电机调节，以适应砖坯移动速度的变化（即生产产量的变化）。

(4) 压梁调试：调整压梁转臂处的调节螺钉，使上压带下限位置与下压带上限位置之间的间距比砖坯厚度小约1mm，并确保该间距在压梁前后一致。

(5) 传动系统调试：调整传动轴的调节螺杆，达到两条下同步带张紧适当，松紧一致。否则生产中会造成对角线偏差过大。

(6) 磨边头调试：两边磨边轮应当以喇叭口的形状迎接砖坯，即磨边轮刀头面与设备中心线有3°～5°的夹角，磨边轮后缘切削。需要调整磨头座固定螺栓来满足。两边磨边轮距离设备中心线误差尽可能小，同时前一组磨边轮比后一组要远离设备中心线1～2mm，每台磨边机的最后两组磨边轮切削量应当是整台机中最小的。金刚倒角轮切削量控制在1mm之内。

（三）刮平机的安装

1. 工作流程

上工序→输送线架→导轨校正→刮平→90°转向（根据砖坯情况也可不转）→导轨校正→刮平（根据刮平机配置重复前两工序）→下工序。

2. 安装前的准备

（1）按设备生产商提供的基础图打好基础，水平精度符合要求。

（2）备好水平仪、千斤顶、吊车、手提打磨机、冲击钻、常用机械工具、常用电器工具。

（3）检查设备各供给系统（供水、供气、供电）安装位置，确保靠近主机，并且接口尺寸一致。

（4）按主机方向在基础上确定安装位置，并将主机运至该基础附近。

（5）定出设备安装中心线（该中心线必须与这条线的中心线重合）。

3. 安装

（1）设备吊装到位。

（2）确定设备中心线与整线中心线重合。

（3）校正设备水平。要求整线各台设备水平基本一致。用螺栓固定整台设备。

（4）连接各台设备，保证砖坯平稳输送。

（5）连接设备电源，控制电柜与总电源连接。

（6）连接设备水管，并与总供水管接通。

（7）连接压缩气源，接通总气源。

（8）安装金刚石滚刀。

4. 安全提示

（1）必须在设备安装完成后才能进行布线。

（2）布线及检查时必须断开电源。

（四）刮平机的调试

1. 调试前准备

（1）检查、确保供气、供电、供水正常。

（2）检查、确保前后连线平稳，90°转向正确。

（3）检查、确保各滚刀装配稳固。

（4）检查、确保导轨校正正确。

（5）检查、确保滚刀旋转方向是与砖坯前进方向相反。

（6）确保各润滑点已加足相应的润滑油。

2. 调试

（1）传动系统调试：调整传动轴的调节螺杆，达到平皮带张紧适当，不跑偏。

（2）调试所用滚刀必须是刀头平整的。

（3）检查滚刀距离皮带的高度，必须大于砖坯的厚度。

（4）将平整的砖坯输送至滚刀正下方，开动该滚刀工作，逐步旋转刮平头下降旋钮到接触砖面。

（5）输出砖坯，停止滚刀工作。检查砖坯刮痕，根据刮痕调整滚刀至同时刮到整个砖面。并确保刮刀工作线处于砖坯中间（即未刮到部分在砖坯两边，尺寸一致）。

（6）停止该刮平头工作，适当向上提升该头。

（7）其他刮平头重复（3）～（6）的操作。

（五）抛光机的安装

1. 工作流程

上工序→输送线架→导（轮）轨校正→防叠砖限位压轮→抛光→90°转向（根据砖坯情况也可不转）→导轨校正→防叠砖限位压轮→抛光（根据抛光机配置重复前四工序）→抛光质量初查→下工序。

2. 安装前的准备

（1）按设备生产商提供的基础图打好基础，水平精度符合要求。

（2）备好水平仪、千斤顶、吊车、手提打磨机、冲击钻、常用机械工具、常用电器工具、电焊机。

（3）检查设备各供给系统（供水、供气、供电）安装位置，确保靠近主机，并且接口尺寸一致。

（4）按主机方向在基础上确定安装位置，并将主机运至该基础附近。

（5）定出设备安装中心线（该中心线必须与这条线的中心线重合）。

（6）拆除机脚上的承重槽钢，装上机脚垫板和固定螺栓。

3. 安装

（1）设备吊装到位。

（2）确定设备中心线与整线中心线重合。

（3）校正设备水平，误差小于0.05mm/m。要求整线各台设备水平基本一致。然后将机脚垫板焊接到基础板上，用螺栓固定整台设备。

（4）连接各台设备，保证砖坯平稳输送。

（5）连接设备电源，控制电柜与总电源连接。

（6）连接设备水管，并与总供水管接通。

（7）连接压缩气源，接通总气源。

（8）安装抛光磨头。垫好垫板，注意保护输送皮带。

4. 安全提示

（1）必须在设备安装完成后才能进行布线。

（2）布线及检查时必须断开电源。

（六）抛光机的调试

1. 调试前准备

（1）检查、确保供气、供电、供水正常。

（2）检查、确保前后连线平稳，90°转向正确。

（3）检查、确保各磨块装配稳固。

（4）检查、确保导（轮）轨校正正确。

（5）检查、确保磨头旋转方向相邻两个相反。

（6）确保各润滑点已加足相应的润滑油。

(7) 确保防叠砖限位装置正常。

(8) 确保各磨头供水、供气正常。

2. 调试

(1) 传动系统调试：调整传动轴的调节螺杆，达到平皮带张紧适当(不能过紧或过松)，不跑偏。

(2) 调整摆动横梁左右的接近开关距离，使磨块的外缘超出砖坯边缘 40～60mm，固定接近开关。

(3) 调整横梁摆动电机极限控制开关，确保横梁不会冲出。

(4) 通过控制面板调整横梁两边的停留时长。

(5) 调整防叠砖装置，确保缺砖和叠砖时报警且自动停机。

(6) 不间断进砖，待砖坯到达第一个磨头时，旋转“停止旋钮”至右侧，开启该磨头电机，确认磨头旋转正常后，待第 4～5 片砖坯处于该磨头中间时，旋转下降旋钮使该磨头工作。

(7) 其余磨头开启以此类推，直至所有磨头全部正常工作。

(8) 调整磨块磨耗的极限开关，确保磨块耗完，但又不至于让磨块座与砖接触。

四、生产与使用

(一) 磨边机的使用

1. 开机前

(1) 砖坯输送线能否平稳运行。

(2) 进砖口挡砖滚轮或角铁开口是否满足加工砖坯的尺寸。

(3) 横梁距离是否达到砖坯尺寸要求。

(4) 磨边轮旋转方向是否正确。

(5) 对中装置工作是否正常。

(6) 上下同步带是否工作正常。

(7) 推砖机构或挡砖机构是否工作正常。

(8) 确定安全传感器和光电开关正常工作。

(9) 90°转向机构运转正常。

(10) 压梁装置是否正常工作。

(11) 接通气源，调整气压到各气缸所规定值。

(12) 盖好磨边头的水罩，接通水源。

2. 开机使用

(1) 依次启动磨边、倒角及风机电机。中途临时停机再次开机时可自动化启动。

(2) 按照从后到前的顺序启动各传动电机。

(3) 打开水源，开始进砖正常工作。

(4) 检查出砖质量是否达标。必要时重新对整机进行调整，直至砖坯符合要求。

(5) 在开机状态下调整各主机变频和输送线上的无级变速器，用以调整砖坯间距和输送速度。

(6) 待砖坯走出设备后，关闭各磨边头、倒角头及风机电机，按下急停按钮，关闭气源、水源总阀，关闭输送线电机。关机。

3. 生产使用特别注意事项

（1）必须按照砖坯规格调整整条线的工作间距，保证生产顺利进行。

（2）生产中有任何异常情况，最短时间按下急停按钮停机。处理异常情况后才可重新开机。

（3）生产使用中要随时观察和闻听设备运转情况及异响声，及时处理。

（4）必须保证设备润滑点的润滑，电机发热要查明原因，及时消除。

（5）同对磨边轮应当是同一制造商、同一外径、同一配方的产品。

（二）刮平机的使用

1. 开机前

（1）砖坯输送线能否平稳运行。

（2）进砖口挡砖滚轮或角铁开口是否满足加工砖坯的尺寸。

（3）滚刀旋转方向是否正确。

（4）砖坯是否处于滚刀正中。

（5）90°转向机构运转正常。

（6）打开气源开关，调整气压到各气缸所规定值。

（7）打开水源开关。

（8）检查滚刀距离平皮带是否有砖坯厚度。

2. 开机使用

（1）从前往后启动各刮平机。中途临时停机再次开机时可自动化启动。

（2）按照从后到前的顺序启动各传动电机。

（3）打开水源，开始进砖正常工作。

（4）从前往后调整各刮平头的进刀量和仪表显示的电流是否合理。

（5）检查出砖质量是否达标。必要时重新对整机进行调整，直至砖坯符合要求。

（6）在开机状态下调整各主机变频和输送线上的无级变速器，用以调整砖坯间距和输送速度。

（7）待砖坯走出设备后，关闭各刮平头电机，按下急停按钮，关闭气源、水源总阀，关闭输送线电机。关机。

3. 生产使用特别注意事项

（1）必须按照砖坯规格调整整条线的工作间距，保证生产顺利进行。

（2）生产中有任何异常情况，最短时间按下急停按钮停机。处理异常情况后才可重新开机。

（3）生产使用中要随时观察和闻听设备运转情况及异响声，及时处理。

（4）必须保证设备润滑点的润滑，电机发热要查明原因，及时消除。

（5）随时检查各刮平头的工作状态，及时更换已用完的滚刀，更换后必须确保滚刀的水平度和正中位置。

（三）抛光机的使用

1. 开机前

（1）砖坯输送线能否平稳运行。

（2）进砖口挡砖滚轮或角铁开口是否满足加工砖坯的尺寸。

（3）启动压缩气源达到规定压力。

（4）检查各磨头是否上升到上限，不能有不升起的异常磨头，否则应维修。

（5）90°转向机构运转正常。

（6）打开各磨头门盖，用手转动，检查转动是否正常灵活，磨块及磨块座是否完好，输送带上的砖渣等要清除干净。

（7）接通气源，调整气压到各气缸所规定值。

（8）接通水源，查看各磨头的水流是否达标。

（9）检查各润滑点的润滑情况，及时补充相应的润滑油（脂）。

（10）检查各接近开关、光电开关等安全保护装置是否正常和稳固。

（11）确定设备危险区域无人，才能开机。

（12）防叠砖装置是否正常。

2. 开机使用

（1）手动启动步骤

① 断开主电源开关。

② 合上各控制电源开关和发动机开关。

③ 调整主传动旋钮至“手动”。

④ 调整各磨头升降旋钮至中间位置。

⑤ 合上主电源开关。

⑥ 启动横梁摆动电机，检查摆动是否满足砖坯尺寸。

⑦ 启动主传动，并输送砖坯。待砖坯到达第一个磨头时，旋转“停止旋钮”至右侧，开启该磨头电机，确认磨头旋转正常后，待第4～5片砖坯处于该磨头中间时，旋转下降旋钮使该磨头工作。

（2）自动运行时操作步骤

① 断开主电源开关。

② 合上各控制电源开关和发动机开关。

③ 将“手动/自动”旋至“自动”。

④ 将“升/降”、“停止”旋钮旋至右侧。

⑤ 合上主电源开关。

⑥ 启动横梁摆动电机，检查摆动是否满足砖坯尺寸。

⑦ 启动主传动，并输送砖坯。待砖坯布满整个输送带时，按下“自动”旋钮开启全部磨头即可自动工作。

3. 生产使用特别注意事项

（1）必须按照砖坯规格调整整条线的工作间距，保证生产顺利进行。

（2）生产中有任何异常情况，最短时间按下急停按钮停机。处理异常情况后才可重新开机。

（3）生产使用中要随时观察和闻听设备运转情况及异响声，及时处理。

（4）必须保证设备润滑点的润滑，电机发热要查明原因，及时消除。

（5）开机前必须关闭各磨头处的安全门，以防炸机时伤人。

（6）该设备必须连续进砖，如有炸机或碎砖，必须停机清理干净并补全砖坯，才能再次开机。

（7）设备运行过程中，要不断巡视，发现问题及时停机处理。

（8）当磨头报警并自动升起时，需要更换磨块。请将该磨头的“升/降”旋钮旋至中间，“停止”旋钮旋至左侧，打开安全门，待磨头停止旋转后，更换对应型号的磨块，完毕关闭安全门，将“停止”旋钮旋至右侧，启动磨头运转正常后，将“升/降”旋钮旋至右侧，逐步调高气压（新换磨块不能正常加压，待磨口开出后，再进行正常加压）。

（9）停机。将磨头“停止”旋钮旋至左侧，关闭水源、电源、气源。

五、维护与保养

1. 磨边机的维护与保养

（1）必须明了机构的构造，所使用工具的规格型号。

（2）维护保养前必须关闭所有电源、水源、气源。

（3）认真清理设备内各空隙处的杂物和烂砖，清理设备上的积垢。

（4）清洁光电开关、微电开关、接近开关等处的积尘，保证这些部件正常工作。

（5）检查各固定螺栓，不能有松动情况出现。

（6）检查传输带、同步带、90°转向带的张紧情况，调整到适中。

（7）检查各润滑点的润滑情况，及时补充或更换润滑油。

（8）按设备制造商的要求，使用一定时间停机大修，更换不良配件等。

2. 刮平机的维护与保养

（1）按设备要求各润滑点定期、按时加注或更换相应的润滑油（脂）。

（2）维修或排除故障时必须停机，该设备不能带病工作。

（3）炸机时，必须停机清干净皮带上的砖渣。

（4）清除机身和机腔内的污物、砖渣等，特别是输送皮带内外。

（5）定期检查各传动软连接（皮带）的张紧是否适当，设备磨损情况。

（6）更换运转不良的轴承，磨损配件的检测、修理及更换。

（7）不良密封件要及时更换。

（8）工作底板（陶瓷、耐磨不锈钢等材质）、输送皮带检测和更换。

（9）每年对工作台面进行一次水平检测和校正。

（10）电器元器件应当每周检查有无过热、接线是否牢固、读数是否正常等。

3. 抛光机的维护与保养

（1）按设备要求各润滑点定期、按时加注或更换相应的润滑油（脂）。

（2）维修或排除故障时必须停机，该设备不能带病工作。

（3）炸机时，必须停机清干净皮带上的砖渣。

（4）清除机身和机腔内的污物、砖渣等，特别是输送皮带内外。

（5）定期检查各传动软连接（皮带）的张紧是否适当，设备磨损情况。

（6）更换运转不良的轴承，磨损配件的检测、修理及更换。

（7）不良密封件要及时更换。

（8）工作底板（陶瓷、耐磨不锈钢等材质）、输送皮带检测和更换。

（9）每年对工作台面进行一次水平检测和校正，以及各磨头的水平度。

（10）电器元器件应当每周检查有无过热、接线是否牢固、读数是否正常等。

六、陶瓷抛光磨具

磨具，自其出现开始，被称为工业的牙齿。是利用它比被加工物更硬的特点，来切削、研磨物体，以使其达到更高精度和光洁度。抛光砖（抛釉砖）即是磨料在陶瓷生产加工中的应用。

（一）陶瓷磨具的分类

按组成分：金刚石类、碳化硅类。

按结合剂分：金属粉末结合金刚石类、树脂结合金刚石类、树脂结合碳化硅类、菱苦土结合碳化硅类等。

按形状和组成分：正切金刚石磨边轮、碟型金刚石磨边轮、碟形树脂磨边轮、金刚石锯片、金刚石滚刀、金属粉末金刚石磨块、树脂金刚石磨块、陶瓷金刚石磨块、碳化硅磨块、树脂碳化硅倒角轮、树脂碳化硅弹性模块等。陶瓷用磨具一般按此分类。正切式目前基本不用。

（二）陶瓷磨具的使用

1. 磨边轮

前磨边因砖坯尺寸不一、要求不太精细，所以，多采用金刚砂偏粗的磨边轮，可以增加切削力。使用时第一、二对进刀量要少一些，先把尺寸过大、砖边不直的初步修整，后几对适当增加切削量，最后两对的切削量应适当减少。然后用金刚石倒角轮倒角，倒角的切削量要根据刮平和抛光来决定，以后面加工不烂边为准。

后磨边因为砖坯已达到相近的尺寸，同时对精度要求高，所以，一般采用金刚砂较细的磨边轮。操作时，从前往后，各磨边轮的切削量要逐步减少，最后两到三对要采用精修轮（金刚石修边轮或树脂修边轮或混合使用），以减少锯齿边而达到光边的效果。切忌把修边轮当磨边轮使用。然后进入树脂倒角，倒角量不超过 1mm，可以减少微崩面和划伤人员的危险。

2. 滚刀

滚刀根据金刚石的粒度的不同，分成若干号数。同时，又根据不同的使用要求，做成空心和实心或其他形式。还根据砖坯大小做成 600mm、800mm 等。在使用时，金刚石粒度越粗，号数越小，粗的排前，逐步排细。

为适应大线生产，减少抛光磨块的耗用，降低磨具消耗成本，最后 4～12 把滚刀大量使用摆动刮平。这种滚刀的刀线要比固定的长 30～40mm。

根据砖坯的平整度不同，要及时更换不同的滚刀。如，砖坯中间凸时，换几把实心刀，可减少砖坯的破损，还可减少整刀的变形（刀线不平）。反之，用空心刀。

更换滚刀时，要确保滚刀的水平，避免一头高，一头矮。否则，会给后面的刮平带来压力，也会让滚刀不能用尽，造成浪费。也要及时将用尽的滚刀换下。

滚刀使用原理是：后面一把滚刀刮去前面一把滚刀的刮痕，直到把砖面刮平。所以，实际操作中，每把刀的切削量应当基本一致（粗刀切削量大，中刀次之，细刀再次之），不能一把刮得深，一把刮得浅；更不能深浅交错操作。

3. 金刚石磨块

金刚石磨块也是根据金刚砂的粒度不同，分成若干号数。它的使用，大大提高了瓷砖抛光的效率和降低了抛光的成本。

使用时，号数越小的排前面，逐步排细。目前金刚石磨块的细度还不能完全满足抛光砖的要求，所以，它要和碳化硅磨块或弹性磨块搭配使用。每次更换新的金刚石磨块上机时，因为它的切削面还不能完全和砖面贴合，所以，前 0.5～1h 不能正常给磨头加压，待开好口后，再行正常加压。

4. 碳化硅磨块

其是由菱苦土、氧化镁等将人造碳化硅颗粒均匀分散胶结而成。也根据碳化硅的粒度大小，分成若干号数，号数越小，碳化硅颗粒越粗。

生产使用时，根据抛光机的配置和产品要求，以及磨块的性能，从低号向高号排列，同一号数可以同时使用几组。若与金刚石磨块搭配使用时，在没有摆动刮平的情况下，一般要在抛光机的前一到二个头装粗号的碳化硅磨块，然后用金刚石磨块，再用相对高号的碳化硅磨块，直到最高号碳化硅磨块（一般到1500号）。现在抛光线基本上都配置有摆动刮平，所以，前面可不用碳化硅磨块。在金刚石磨块和碳化硅磨块交接时，所用的第一组碳化硅磨块号数要比金刚石磨块低一到二个号数。新换的碳化硅磨块，不能马上正常加压，要等使用5～10min，待磨削面与砖坯完全贴合时，才能加压到规定值。

磨块使用时的排列，要根据砖坯情况不同，做出适当的调整，同时，还要调整磨头的压力，才能抛出合格的产品。

5. 弹性磨块

它是用于抛釉砖的一种，近三年出现的磨块新成员。其是用树脂结合碳化硅，然后粘贴到具有弹性的基座上。它能适应不平整的釉面，切削力较普通的碳化硅磨块要小。同样分成不同的粒度号数，使用原则同普通碳化硅磨块。

七、抛光缺陷分析

抛光，是一道通过由金刚石工具和碳化硅磨具组合进行砖面加工的工序，加工出来的产品称之为抛光砖。主要子工序依次分为：磨边、刮平 、抛光 、磨边。抛光的主要缺陷也是与以上三道工序密切相关联。

（一）刮平缺陷

刮平是设备通过安装金刚石工具（简称：滚刀或者刮刀）处理砖面的平整度 、厚度，方便下一工序处理砖面的抛光及镜面效果。在刮平出来以后，砖面的痕迹要粗细均匀，质感较好。在生产过程中存在以下几方面的问题。

1. 漏抛

漏抛就是砖坯的表面还剩余小部分没有加工到位。砖坯的变形大小不一，要根据砖坯变形的大小，调整刮刀的下刀量。刮刀分为粗、中、细，粗刀切削量最大，中刀次之，细刀的切削量最小。在砖面出现漏抛的情况下，通过对刮刀的下刀量的调整，以达到下一工序需求的最佳砖面效果。

2. 刀线

刀线是指金刚石在高速旋转过程中，在砖面留下的痕迹，而下一工序无法消除的线条。产生刀线的原因分为以下几种。

① 砖坯变形过大，砖面低的地方粗 、中刀可以刮到，但是细刀无法修复粗、中刀留下的痕迹，而留下刀线，造成返工。通过调整刮刀的下刀量来调整砖面的平整度，方便细刀能够修复到粗、中刀的刀线。

② 粗、中、细三个号段的刀在操作过程中下刀量深浅不一致，造成的刀线。检查和重新调整各号段、各把刮刀的下刀量，保持同号段每把刮刀的下刀量基本一致。

③ 检查每把刮刀的水平是否在同一水平面上，不合适的重新调整。需用一片抛过光的砖进行校正，把砖通过传动皮带传送到需要校正的刮刀下面，停下传动，启动刮刀电源，慢慢地下降刮刀，在刮刀碰到砖面时，再慢慢地下一点点，让转动的刮刀在砖面刮上5s左右，再将刮刀升起离开砖面，停止刮刀，启动传动，将砖移动出刮平机，再检查刮刀在砖面上留下的痕迹，判定刮刀的水平是否合适，从而进行调整。

④ 刮刀是否存在变形过大。由于砖坯表面的平整度原因，把刮刀连带变形，换成变形不一致的砖坯时，会呈现不同程度的刀线。查明原因，更换主要引起刀线的刮刀，或者通过

调整刮刀的下刀量进行调整。

⑤ 检查刮刀是否存在金刚石夹杂情况。如确定有这类现象，只有更换刮刀。

3. 破砖过多

破砖过多，需检查破砖的原因。

① 如是窑炉造成的，裂纹或者底裂引起，是属于窑炉干燥区或烧成区的问题，及时与部门负责人沟通和反馈。

② 检查刮刀是否用完。把刮刀升起离开砖面，然后停止刮刀转动，待刮刀完全停止转动以后，伸手去摸一下就可以知道此刮刀是否该换。

③ 检查每把刮刀的进刀量是否合适。可参考电流表在工作时的电流大小和冷却水的浑浊情况来判定。

④ 检查刮刀总成是否完好。如刮刀总成震动过大，引起刮刀在工作时也同样会有不同程度的震动而引起烂砖。

（二）抛光缺陷

抛光是通过金刚石磨块、树脂磨块及碳化硅磨块相结合对砖面进行上光和镜面效果处理的工序。分为粗、中、细三道小工序，粗抛是处理刮平留在上面的痕迹使砖面效果比较细腻化，中抛是处理粗抛在研磨过程中留下较粗的磨痕，从而砖面更加细腻化，细抛则是处理砖面的镜面效果和光泽度。在生产过程中会有以下几种问题。

1. 漏磨

漏磨是指抛光加工完之后，砖面还有刮平留在上面的痕迹。主要检查以下几方面。

① 粗抛每个磨盘的工作气压是否合适？一般情况下磨盘的工作气压为2.5～4kg，具体气压视生产的实际情况而定。可以在气压参考值范围内适当调大磨盘工作气压。

② 粗号磨块的排列是否合适？在不影响产品质量的前提下，适当增加切削力大的磨块组数来满足生产需要。

③ 摆动的速度 、摆幅及两边的延时是否合适。摆动的速度和延时要和传动速度的相配合，保证每个粒度号的磨块至少在每片砖上磨过一次，不要留下抛光盲区。摆幅的大小得根据出现漏抛的位置而定。

④ 刮平出来的砖是否达标。检查刮平过后的砖，去掉砖面的水分，眼观砖面的粗细均匀情况，视砖面粗细均匀情况，适当调整刮刀下刀量。

⑤ 磨块本身的切削力有无问题。通过冷却水的浑浊程度和火花来判定。

2. 磨花

磨花是指砖面上光之后，砖面上还存在一道一道带弧形的划痕。

① 检查每个磨盘的气压是否合适（可参考漏磨-①）。

② 磨块的排列是否合理。根据磨花的粗细，来判定需要增加哪些粒度号段的磨块。

③ 磨块有无混装。逐个去检查每个粒度号每个磨块是否安装在相应的位置。

④ 磨块本身有无磨料夹杂现象。根据磨花的粗细，检查抛光机里某个号段的磨块质量情况，如果是磨料夹杂，则眼观可以看出。

⑤ 检查每个磨盘的供水是否正常。磨盘的供水是起冷却和冲污的作用，如果大面积的缺水，就可能引起磨花的出现。

⑥ 水质是否干净。水中如果含有比较粗而多的硬性杂质，同样也会引起磨花。

⑦ 砖坯是否存在砖边分层情况。如果砖边有分层的情况，磨块在摆动的横向移动力和

高速自转力的运转过程中，把砖边分层的余沫渣带入冷却水里，造成磨花，同时也会刮伤磨块，也会增加磨花出现的概率。

3. 光泽度

一般体现在光泽度不够。

① 检查中抛、细抛的磨块排列是否合理。在不影响质量的情况下，可以适当增加中号或者细号磨块的排列组数。

② 检查抛光机的摆动速度、摆幅是否合适。

③ 检查磨块本身是否存在质量问题。中号和细号存在切削力和上光速度不达标，不能满足生产需要。

④ 检查砖面的毛气孔是不是偏多，不利于整体上光效果。砖面的毛细孔密度过大，砖面就会很粗糙致密度不好，这种砖面就很难有很好的镜面效果，光泽度难以达到理想效果。

4. 烂砖

① 检查每个磨盘的工作气压是否有过大的现象。磨盘工作气压过大有可能会压烂砖坯。

② 检查每个磨盘是否完好。检查磨盘的磨脚有没有卡死，磨盘的震动是否过大。定位卡是否完好。

③ 检查磨盘总成有无问题。总成的轴承或易损件如有问题，得停止其工作，拆掉磨盘，吊出并更换总成，换上总成以后，需校正总成的平面水平以后才可以投入使用。

④ 检查底板是否磨损、变形过大。底板磨损过大，磨盘压在砖面上进行加工时，等于就是在一个不平整的工作台上加工，会引起烂砖或炸机。

⑤ 检查皮带是否磨损、有无砖渣。皮带磨损过大同样也形成一个不平整的工作平台，虽有一定弹性，当弹性不能弥补这一缺点时，也会引起烂砖。砖渣是指在炸机时镶进皮带里面的碎砖颗粒，如有就用工具把砖渣挑出来。

(三) 磨边缺陷

磨边分为前磨和后磨。磨边的整道工序由两台磨边机组成。前磨主要是控制砖坯到后磨的尺码，协助后磨加工。后磨是很主要的一道工序，因为后磨出来的砖没办法返工，直接影响到产品的优等率。它的加工工具是由磨边轮、金刚修边轮、树脂修边轮及树脂倒角轮组成。在生产过程中经常出现以下几个问题。

1. 缺边、角

磨边出来的砖要求是四条边、四个角必须完好，如果缺得过大、过多，就直接做降级处理了，影响成品的优等率。需检查以下几个方面。

① 磨边轮的切削量是否合适。磨边轮的切削量超过磨轮自身的切削量所承受的范围值时，就会引起烂边或缺角。

② 固定磨边轮的螺丝是否有松动或与磨头轴非紧密贴合。固定磨边轮的螺丝松动后，磨轮在高速旋转时，就会作不规则的旋转轨迹，会造成烂边和缺角。

③ 磨边轮的锋利度有无质量问题。磨边轮自身的锋利度在正常的操作情况下，不能满足生产需要，也会造成这些问题。需更换锋利度更好的磨边轮。

④ 磨边总成的摆角是否合适。磨边总成跟砖边需保持一种合适的角度，才有利于磨边。角度过小，则磨边轮无法正常开刃，磨轮无法开刃，就无法正常磨砖，当稍微多磨一点时就会造成缺角。角度过大，会造成磨轮开刃过长，磨轮的刀头刃口过长，会造成阻力增加，也会造成缺角。

⑤ 磨边总成两边的对磨是否在同一水平直线上。对磨是指磨边机两侧同一位置的两个磨边总成。两边必须在同一直线上，不然它们接触砖边的工作时间不同，一前一后，就会引起缺角。

⑥ 磨边总成是否完好。磨边总成的轴承和连接件如有损坏，同样也会引起缺边、缺角。

⑦ 磨边轮是否用完。打开防水盖，眼观就可以看出。

2. 对角线

对角线是指同一块砖的两个对角的长度。对角线如有误差，会导致砖形状产生变化，影响铺贴效果。原则上来说，两个对角的长度要一致，但是在现实的生产中会允许很小的偏差，精确到毫米以下（一般允许在0.5mm以内）。出现对角线时需检查以下几个方面。

① 磨边机的推砖或者挡砖和对中有无误差。推砖件或挡砖件的两个触头，是否在合适的位置上，位置不合适就会直接引起对角线，需调整到合适的位置上去。

② 上压梁的4个助压气缸是否正常工作。如果四个助压气缸没有正常工作的话，就会引起两边压梁的受力不一样，一边重一边轻，或者一头重一头轻，就会引起砖在移动过程中的平衡不一样，可能会引起对角线。

③ 两根压梁的受力是否一样。两根压梁在助压气缸的下方，有个顶位螺母，需调至同一位置，否则砖在进压带的一瞬间受力不一样，会产生微小的移位，会导致对角线的出现。

④ 上、下压带是否同步。检测压带是否同步，用一块砖对中过后，用记号笔在砖边靠近压带的位置做一个记号，然后把砖移开，启动皮带传动，转几圈后，再看看两个记号是否还是在同一直线上。如果不在就证明不同步，就会引起对角线。需检查同步带、同步轮、同步轴和涡箱里面的齿轮是否损坏。

⑤ 传动涡箱有无异常。听涡箱里有没有异响，如有，就拆开检查维修或者更换。

⑥ 对磨的两个磨边轮切削量是否对等（可参考缺边、角-E）。

⑦ 前磨出来的对角线是否误差过大。前磨出来的对角线相差太大，导致后磨无法修正。

⑧ 后磨第一台磨边机磨出来的砖是否对角线相差较大（一边允许在5mm以内）。如果相差太大，会直接导致后磨两个对边的切削量相差太大，从而导致出现对角线误差偏大。

⑨ 检查同步皮带及底板是否磨损过大。同步带和底板的磨损过大，会给压梁压砖的力度造成一定的影响，同样有可能引起对角线。

3. 边直度

边直度指的是砖坯磨边以后，两片砖同一条边拼在一起时，没有缝隙，就没问题，反之，则不行。边直度出现问题需检查以下几个方面。

① 每个磨边轮的切削量是否均匀。磨轮的切削量调节不均匀，会影响加工的砖在里面有轻微无规则移动，就会影响边直度。

② 每组对磨磨边轮的切削量是否一致（可参考缺边、角-E）。

③ 两边压梁压在砖面的受力情况是否一致。砖在压梁的受力不一致，会形成轻微不规则的晃动，对边直度有一定影响。

④ 皮带槽是否磨损过大，造成皮带晃动，导致皮带上面的砖也跟着晃动，从而影响边直度。

4. 边光滑度

边光滑度是指砖坯在边磨出来之后，有无锯齿的现象，要求手感光滑。检查最后一组磨头的金刚石修边轮或者树脂修边轮是否磨到位，到位边就会光滑。再一个就是金刚石修边轮或者树脂修边轮在修边的时候，把接触面磨出层次感，需用比较细腻的物件把修边轮的接触边稍加打磨一下就可以了。

5. **倒角**

倒角主要是用于修复磨边轮磨过之后边上的小锯齿，防止在搬运的过程中玻化面伤到手。一般要求大小在 1mm 左右，通过气压大小来控制，由感应电眼控制其上和下。

（四）全抛釉缺陷

全抛釉砖是近几年陶瓷厂研发出来的一种新型产品。它集抛光砖和釉面砖于一体的高档砖，比抛光砖多了色彩花样的优点，花样色彩更加有立体感和细腻感。比普通的釉面砖多了砖面的平整度和光泽度的直观感。

全抛釉面砖主要的加工设备是抛光机和磨边机，比抛光砖少了刮平这道工序。其调试原理，跟抛光砖是异曲同工。它的主要加工辅助工具是弹性磨块，因为这种砖它没有经过刮平这道工序，所以要求磨具要具备一定的弹性，才能把砖面抛完整。

该砖经常会出现过抛或漏抛的问题。过抛时，检查砖坯的平整度，调整磨块的排列，尽量排细一点，适当降低磨头的压力，可消除轻微的过抛；漏抛时，与前方法相反。关于这一问题，控制砖坯平整度是立竿见影的。

第五节　颚式破碎机

一、概述

颚式破碎机在陶瓷工业中广泛应用，是原料的粗碎设备，他具有构造简单、坚固耐用、操作维修方便、适应性强等。

二、工作原理及结构特点

其原理是利用活动颚板和固定颚板作周期性往复运动，从而将两块颚板之间的物料破碎，应有保护装置，当非破碎物混入破碎腔内时，产品主要零部件不被损坏。目前，已成系列颚式破碎机。给料粒度大，排料口调整范围大，处理能力强。调整装置操作灵活。

三、主要零部件要求

（1）主要零部件材料的力学性能，应不低于表 3-5-1 所列材料要求。

表 3-5-1　力学性能

名称	材料
动颚	ZG 270—500(GB/T 11352—1989)
连杆	40(GB/T 699—1999)
弹簧	60Si2Mn(JB/T 6399—1992)

（2）肘板与肘板垫应接触均匀，其间隙不应大于 1.5mm/1000mm。

（3）颚板与支承面应接触均匀，其间隙以颚板最大边长计，不大于 3.0mm/1000mm。

（4）外购件应不低于相关的国家、行业标准，并具有合格证。

四、制造工艺及技术参数

（1）切削加工件未注尺寸和角度公差、形位公差均应符合 JB/T 5000.9—2007 的规定。

（2）焊接件应符合 JC/T532 有关规定。

五、安装要求

由于颚式破碎机运行时产生很大的惯性力，不可避免产生震动，因此，应安在坚固的基础上，基础不要与厂房基础相连，要远离成形、烧成车间。

六、调试与维修

颚式破碎机要在空载时启动，各运动部位运转应正常，无明显跳动，可靠、无异常响声；检查轴承温度，应符合温升不应超过 30℃，对于电机功率大于等于 100kW 的破碎机，跳动量不大于 3mm，应有可靠的温度监测设备。各处润滑、无渗漏。空负荷试车时的噪声值不应大于 85dB（A)。电机功率大于等于 100kW 不应低于 12000h。应是先开机后加料，先停料后停机的顺序。颚式破碎机工作时会产生粉尘，在出料口要增加收尘设备。并且严禁进行任何维修工作。

第六节　全自动施釉线

一、概述

近年来随着我国工业化、城市化的飞速发展，在基础建设和房地产拉动下，陶瓷釉面砖越来越受到市场的青睐，导致国内许多单位不断开发研制不同规格的多种干法施釉装备，根据有关资料介绍。其中如：釉粉及熔块分配机，它主要是通过该装备斗提及软管进入一存釉箱并从存釉箱落入布料器，然后通过筛网落在砖上，实现施釉工作；又如：干釉粉分配机及斗提机，它主要是让干釉通过斗牛提与软管掉在旋转钟罩，通过钟罩在圆桶内之间间隙，使干釉落下均匀撒在砖坯上；还如：干釉料机，它是自动向砖上施干釉，主要是通过间歇式的电子抽气泵自动进料自动循环，装有程序逻辑控制柜，它主要是通过铝制 V 形刮刀在丝网上前后运动，使干釉通过丝网的图案在砖上形成干釉图案；再如：干粒机，它主要用于固体颗粒均匀分布陶瓷砖面表面上，而获得特殊的艺术效果；最后如：立式二次下料机，它是二次将干粉下料在砖坯上的机器，它主要是用驱动系统上的标准机器，再通过一系列的特殊功能设施和工艺同步运动在砖坯上。

二、主要设备

目前，多功能全自动施釉线主要是由带式输送机和安装在带式输送机上的双辊清扫机、供料装置、施釉机、转向装置、补偿器、丝网印花机组成。由于施釉线是墙地砖生产线的主要装备之一，所以，作为装饰材料，陶瓷墙地砖表面的釉彩饰是整个生产过程中的重要一环。现将其所使用的装备介绍如下。

（1）带式输送机　由多台输送机组合而成，每台输送机由各自的电动机驱动，速度可调，以满足不同的施釉工艺要求。但由于这种装备易出现输送带线速度不一、高度不一、两轴承不在同一水平面、带轮轴线与输送方向不垂直的问题，所以，安装时一定要准确度高，可靠性好，注意找正，以确保设备使用性能，特别是操作时随时保养和维修，排除速度、高度、水平及垂直方面的问题，是十分重要的，以保证装备正常运转。

（2）供料装置　其作用是将坯体定时、定量、定向输送到加工工位上。还可改变坯体之间的间距。

（3）转弯机构　施釉线上常用的转弯机构有锥形滚子弯道、链板弯道和带式弯道。

（4）双辊清扫机　又称毛刷清扫机，用于清扫坯体表面的灰尘和杂质。

（5）施釉设备分类　按施釉方式不同，常用的施釉机有喷釉机、钟罩淋釉机、扁平式淋釉机和甩釉机，印花机等。

（6）其他装置　主要有擦边机、转向机、补偿器等。

三、注意事项

以上装置安装、调试、维护与修理时，一定要按操作规程进行操作，使用装置要日常维护检修，随时处理运行中所出现的问题，安全检查，要定期检查各元件，装置加料和放釉对位。满足使用性要求，确保产品质量和生产效率。

第七节　RFQ 环保节能型混合常压燃气发生器

一、概述

随着国家对环境保护的重视，越来越多的燃煤、燃气、燃油锅炉及建陶企业、化工企业对保护环境及降本增效有了新的认识，迫切需要对本企业内部工作环境加以改善，降低工人劳动强度，同时降低耗能。RFQ 环保节能型混合常压燃气发生器在企业用热单元能满足各种需求。

对加热窑炉而言，用户只需要对窑炉做节能改造，把燃气发生器安装在加热炉边，在原窑炉加煤孔安放燃烧器烧嘴，连接好燃气管道、控制阀及电器控制系统，即可点火产气，为窑炉提供源源不断的洁净燃气，使企业的烟筒从此见不到滚滚黑烟。

RFQ 环保节能型混合常压燃气发生器在建筑陶瓷行业单层煤烧辊道窑的改造中，可作为煤烧辊道窑煤转气的专用设备。该设备自动化程度好，产气率高，燃烧充分，节煤，使用成本低，设备价格低廉，适合连续性生产（见图 3-7-1）。

图 3-7-1　陶瓷墙地砖辊道窑

对工业锅炉而言，锅炉按燃料划分有燃煤、燃油、燃气锅炉等类型。目前，燃煤锅炉以其占地面积大，煤灰粉尘、噪声、污水严重等缺点，在一些城市正逐步被燃气锅炉所取代。在燃气化改造过程中，用户只需对锅炉燃烧系统做保温处理并在燃煤锅炉的煤斗等位置放置燃气燃烧器、炉膛的炉篦和活动链条去掉后改成燃气双回程加热装置，安装 RFQ 燃气发生器即可；若需燃气发生器与锅炉控制系统通过 PC 进行连锁、显示单元设置和监控，使锅炉

图 3-7-2　2t燃煤锅炉燃气化改造

水位自动联锁保护，以及锅炉火焰、蒸汽压力、风量等自动联锁保护。在自动化控制程度方面燃气锅炉要远远高于燃煤锅炉（见图 3-7-2）。

RFQ燃气发生器与传统煤气发生炉相比，具有投资少、运行成本低、见效快、安装方便、技改时间短、不产生酚水等污染、煤炭利用率高且节煤、劳动强度低等优点。

RFQ燃气发生器主要由反应体（炉体）、上煤机、除渣机、布煤器、除尘器、炉底风机、燃气阀门和助燃阀门、燃烧器、安全控制装置、电器控制系统及输送管路等组成（见图 3-7-3）。

（一）设备性能及技术参数

执行标准：QJ 2295；

出口燃气温度：380～500℃；

出口燃气压力：<1.47kPa；

鼓风饱和温度：60～80℃；

最高鼓风压力：2.94kPa；

燃气热效率：>80%；

燃烧室燃气燃烧温度：1250℃（与煤质有关）。

图 3-7-3　燃气发生器

（二）煤质要求

使用燃料：（五二气化煤）气化烟煤、无烟煤、褐煤；

煤块粒度：13～25mm，俗称“二五块”；38～50mm；

煤块热值：6200～6500kJ（褐煤 3800～4200kcal）；

挥发分：30%～33%；

固定碳：58%～60%；

灰分：3%～5%；

内水分：≤3％；

全水分：＜10％；

全硫：≤0.5％。

二、燃气发生器

(一) 炉体

燃气发生器炉体内胆采用锅炉钢板。水套压力小于2.94kPa即炉底风压，为保证水套内压力不超过设计要求，水套内设置了双重卸压溢流管，从而保证水满可靠自溢。为保证水套板在长期工作中不发生形变，水套夹层设置加强筋（见图3-7-4）。

图3-7-4　炉体制作

炉体焊接应符合GB/T12467.1～12467.4金属材料熔焊技术要求。并作24h渗水试验。

(二) 除渣机

除渣机有炉栅式除渣机、摆动剪切式除渣机和鼠笼挤压式除渣机三种。

1. 炉栅式除渣机

主要由炉栅、除渣轴、除渣片、除渣箱、轴承座进风管、传动装置等组成（见图3-7-5）。

(a)

图3-7-5

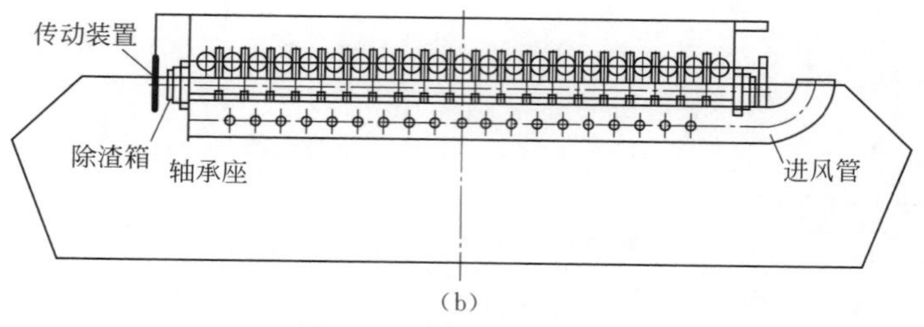

图 3-7-5　炉栅式除渣机

炉栅式除渣机的燃料重量由炉栅承受，除渣轴转动时，除渣片搅动渣层底部，以达到除渣的目的。栅条的间距决定使用煤块的大小。但当渣层结焦时不易清除，甚至需停炉清除大的渣块。

2. **摆动剪切式除渣机**

其除渣轴既作为炉篦支撑炉内燃料，又作为除渣机构清除炉内渣层（见图 3-7-6）。清除渣粒的大小尺寸可根据除渣轴旋转角度的大小来调节，并通过除渣片之间的相互剪切把大块的结焦渣粒剪切成小颗粒排出。由于燃料及渣层的重量由摆动轴及除渣片支撑，为防止除渣轴的弯曲，除渣轴需较粗的材料制成；同时除渣轴轴承座需采用高温轴承。该类除渣机一般用于中、小型燃气发生器。

图 3-7-6　摆动剪切式除渣机

3. **鼠笼挤压式除渣机**（见图 3-7-7）

其是由传动装置、除渣笼、箱体、轴承座等组成。除渣笼由中心轴、鼠笼组成。其抗弯能力强，除渣效率高，可通过相对转动挤压破碎各类大小的渣块。轴承座采用耐高温轴承。主要用于 2～3m 的燃气发生器。其渣箱焊接应符合 GB/T 12467.1～12467.4 金属材料熔焊技术要求，箱体做渗水试验。

图 3-7-7　鼠笼挤压式除渣机

4. 安全控制装置

其是由排空阀、管路、自动点火装置等组成。当停止向加热窑炉供气后，排空阀开启并自动点火燃烧，以达到安全排放。点火装置安装位置需安全可靠。

5. 蒸汽分配器

其是由蒸汽阀、蒸汽管路、温度表和混合器等组成。主要用于保证炉底蒸汽与助燃风混合均匀从而保证氧化层反应均匀。

三、安装与调试

（一）安装

（1）根据窑炉窑口把燃气发生器位置定好，以反应体与除渣机连接板为基准，用水平管调整燃气发生器水平，并用垫铁垫实除渣机地面。

（2）从燃气发生器出气口把除尘器、管路、阀门按顺序依次用螺栓接至燃气燃烧器。管路连接法兰处要用石棉密封垫密封，防止漏气。

（3）连接助燃风管路：从风机到每一个燃烧器用管路、流量控制阀连接。

（4）安装上煤机：先用螺栓把布煤器和燃气发生器进料口连接，连接处用石棉垫密封，固定上煤机小车轨道并安放上煤机小车。

（5）安放电控箱，并用电缆线连接上料机、除渣机、风机、热电偶。

（6）通电检测电机正反转，检查上煤机、风机、除渣机运行正常否。

（7）连接进水管：水套内连接软化水水管，除渣机及各水封连接自来水管。

以上一切正常后就可准备点火。

（二）调试

（1）设备安装完成后，进入调试阶段。调试前，首先准备炉渣 200～300kg，柴油 5kg，木柴 200kg。

（2）检查上煤机、除渣器、风机，空载运行是否正常。

（3）给炉内自动加水器加水，当溢流口有水流出后，加水完成。

（4）用备好的炉渣从人工口加入，当炉渣在煤气发生器内加入厚度 150～200mm 之间时，加入木柴。

（5）检查燃烧器燃气阀门是否关闭，打开助燃风阀门，开启助燃风机，保证在燃气发生器点火期间，燃烧器点燃之前连续吹扫窑炉燃烧室，防止因燃气阀存在泄漏，使窑炉燃烧室有燃气聚集。

（6）打开布煤器阀门及利用上煤机小车顶开布煤器水封盖；打开排空安全阀门。

（7）在以上工作完成后，通过变频器启动燃气发生器炉底风机（一次风风机），使其低速旋转；用蘸有柴油的棉纱点燃燃气发生器内的木柴，当确认木柴点燃并充分燃烧后，可通过人工点火口，用铁锹逐渐均匀的向燃烧的木柴上加少量的煤炭，并把人工点火口封死。当人工点火口封死后，关闭布煤器阀门及布煤器水封盖。

（8）当燃气发生器内热电偶显示器温度升高到 300℃左右时，用上煤机向发生器内加入 1/3 煤车的煤炭；燃料加入后发生器内温度下降；当发生器内温度回升到 300℃左右时，继续用上煤机向发生器内加入 1/2 煤车的煤炭；连续循环以上工作 3～4 个循环后，可用上煤机向发生器内加入 1 煤车的煤炭；之后，根据发生器内的温度加煤。一般情况下，发生器内加料温度 380～420℃。在整个过程中，应根据实际情况逐渐增加炉底风。

(9) 在燃气发生器点燃40min左右，关闭或调小一个燃气燃烧器助燃阀门，在其前面用点火枪点燃明火后，逐渐打开燃气阀门，点燃燃烧器。燃烧器需一个一个的点燃。如果燃烧器不能点燃或火焰不稳定，应关闭燃气阀门、打开助燃风阀门吹扫窑炉，等待一段时间再次点火。一个燃烧器点燃后，关闭排空阀门，辊道窑开始升温，逐渐达到工作温度。

四、安全操作

(一) 点火前准备

(1) 各运动部件冷态实验正常。

① 检查各减速机内和其他应润滑部位是否加油。

② 检查除渣机旋转是否正常。

③ 风机启动、停止正常；转向是否正确。

④ 自动上煤系统：料斗加料、上升、落料、下降正常。

⑤ 检查各部位螺栓是否拧紧，系统无泄漏。

⑥ 检查加料仓密封是否合格。

⑦ 检查各阀门开关灵活、无故障。

(2) 仪表显示正常。

(3) 布煤器水封水位正常；水套注满水，进水时球阀工作正常。

(4) 铺炉

用粒度为13～25mm的炉渣铺炉至炉渣高出炉篦150～200mm左右，并摊平。

(二) 点火

(1) 点火：加入木柴，木柴量以确保引燃煤层为准。木柴应均匀分布于整个炉膛，点燃木柴并使其全部燃旺，点火时应打开排空阀，放下布煤气锥阀、并用上料小车顶开煤仓盖。

(2) 待木柴燃旺后，可少量加煤燃烧，启动风机，以小量风助燃，如有局部未燃烧时，关小风量或停风，并用探扦适当拨动，使全炉膛均匀着火，如果还不能均匀着火，应重新点燃。停风观察炉膛是否均匀着火，如着火情况良好，点火过程即完成。

(3) 逐步加煤待煤层达到一定高度时即可正常产生燃气。

(4) 待燃气产生正常后，转入供气程序。

(三) 供气

(1) 加热炉点火前必须先打开燃烧器（烧嘴）上的助燃风阀，将加窑炉炉膛吹扫三分钟，清除加热炉内和烟道中可能残存的燃气。

(2) 关小燃烧器（烧嘴）助燃风阀。

(3) 点火棒放在燃烧器（烧嘴）处，慢慢打开燃气阀，即可点燃燃气。注意一定要火等燃气，切忌炉内聚集烟气过多，引起爆燃。

(4) 点火时人不能正对炉门，炉门及各孔洞处严禁站人。

(5) 燃烧器（烧嘴）点燃后，观察燃烧情况，逐步加大助燃风量，调整各烧嘴配风阀门，使各燃烧器（烧嘴）稳定燃烧。

(6) 如燃烧器（烧嘴）不着火，说明燃气质量不佳或燃气量不足，应当立即关闭燃气阀门，加大助燃风，将炉内残气吹净，稍停5min后再按上述步骤进行第二次送气点火。

(7) 加热炉炉膛温度在500℃以下时应时刻注意加热炉内是否断火，如果断火，应立即打开排空口阀门，并关闭燃烧器（烧嘴）燃气阀，打开加热炉门，再重新按程序点火。

(8) 必须给水套内自动加水器加入经软化水处理装置处理过的软化水，任何时间各水封部位和水套内严禁缺水。每小时必须检查一次自动加水器工作是否正常。

(9) 运行中应时常注意电气控制箱上温控仪表读数，燃气出口温度应显示煤质控制在350～400℃之间及时加煤。

(10) 工作期间如发现水封冒水应减小一次风量，同时通过探扦检查发生器内灰渣层厚度，及时除渣。

(11) 要保持煤层厚度在150～300mm，煤层过薄影响煤气质量和产量，严重时会点不着火。

(12) 窑炉燃烧温度与燃气量、助燃风量、烟囱抽力有关，生产中应及时调整烟道闸门和各阀门大小。

(13) 煤质粒度应符合要求，以免影响产气量，煤块粒度过大或过小或易结渣都会影响燃气生产，严重时会点不着火。

(14) 各减速机、转动部位严禁缺油。

(15) 操作工必须经过专业培训上岗，严禁非工作人员操作开关、阀门。

(16) 非工作人员不得进入工作现场。

(17) 严禁在燃气发生器运行状态下进行维修，燃气发生炉2m范围内严禁火焰。

(四) 停炉

停炉可分为以下几种情况：①根据用户需要停炉；②大修停炉；③突然停电、停炉。后一种作为停电事故处理。

对热燃气系统停炉简述如下。

(1) 正常工作停炉前应先检查煤层高度，然后逐渐减小一次风量降低炉内反应温度，并使炉底保持正压；打开排空口放散阀，关闭烧嘴燃气阀门，隔断燃气发生器与加热炉之间的联系，再依次关闭一次风阀门、停下一次风（炉底风）风机，打开蒸汽阀门，最后关闭电器控制柜总电源。

(2) 检修停炉：当计划检修燃气发生器时，可在停炉前1～2h停止加煤，停炉时逐渐减小风量，打开放散阀，关闭加热窑炉燃气阀门，隔断燃气发生器与加热炉之间的联系，然后关闭一次风风机。停炉后8h内不得扒炉，以防空气进入炉内造成爆燃事故。

(3) 突然停电、停炉：工作时，遇到突然停电，迅速打开排空阀，关闭燃烧器（烧嘴）燃气阀门，使燃气发生器内保持正压，隔断燃气发生器与加热窑炉间的联系。同时将加热炉炉门打开或打开烟道闸板，用助燃风吹扫加热炉。

(五) 特别情况

连续工作的燃气发生器可省去铺炉和木柴引火步骤。

警告：加热炉内空气烟尘浑浊时不能点火，一定要用助燃风吹扫炉膛，直至炉膛视线清楚无浑浊气体时才可以供气点火。

五、常见故障处理

常见故障处理其见表3-7-1。

表 3-7-1 常见故障处理

故障	原因	处理方法
点火困难	助燃风过大	关小助燃风阀
燃气气量不足	炉内缺煤，煤层过低； 煤层偏斜，局部未燃	加煤； 注意点火均匀
发生器内加不进料	发生器内加料过多	减少加料
不出碴	发生器内温度过高，结碴； 发生器底渣堵塞	更换煤种、降低加煤温度、增加炉底风饱和温度
加热窑关门后灭火	助燃风不足； 火焰未稳定燃烧； 烟囱抽力过大或过小	加大助燃风； 稳定燃烧后再关炉门； 调整烟囱抽力
火焰易断火	燃气质量不稳定； 燃烧器或管道有异物堵塞	加煤或加大一次风（炉底风）； 疏通燃烧器或管道
煤层偏斜	局部未燃	扒炉重新点火，注意点火均匀
火焰中有红火星	燃料或介质中有杂质	筛除煤粉
加煤时炉膛爆燃	煤层偏低	加高煤层后可避免
没有蒸汽	停水，自动加水器未加水，输水管堵塞	检查加水器，处理堵塞管道
窑内温度异常	燃气管路，燃烧器堵塞	清理燃气管路
煤渣中黑煤较多	煤气出口温度低； 卸渣过量； 燃料粒度过大或粒度大小悬殊	提高煤气出口； 减小卸渣次数； 更换均匀煤种
温升过快或过慢	发生器内助燃风过大或过小	调整助燃风风量
炉盖掀起，下水封冒水	炉底风过量； 加热炉内压力过大	减小炉底风量； 疏通管道、加大燃气阀门开度； 调整加热炉烟囱抽力
	燃料粒度过大； 煤块粒度过小或煤粉太多； 煤炭结渣或黏结	更换合适粒度煤种； 更换合适粒度煤种； 更换煤种、降加煤温度、提高炉底风饱和温度

六、注意事项

（1）点火前一定要吹扫加热窑炉内和烟道中可能残存的燃气。启动风机将空气鼓入加热炉炉膛，使停炉时可能残存炉膛内的燃气吹净，风机吹扫 3～5min 后方可送气点火。切忌聚集烟气过多，禁止采用爆炸法点火。

（2）送气及加热炉点火　点燃点火棒放在点火孔旁，让火等燃气，此时燃气送入加热炉应被点燃，燃烧器喷出火焰。如喷嘴不着火，说明燃气不足或煤气质量不佳，立即关闭燃气阀门，调整燃气发生器操作，并用二次风（助燃风）将加热窑炉内残气吹净，方可进行第二次送气点火，当烧嘴点燃后逐渐调节二次风阀，使燃烧稳定。

（3）运行

① 注意电器控制柜上仪表读数，煤气出口温度应≤400℃，如发现炉内结渣，蒸汽调节阀应开大一些，调高一次风温度，一次风量根据燃气用量调整，如燃烧器火力不足或燃气出口温度过低，应调大一次风量。

② 保持煤层高度在 150～300mm。

③ 燃气出口温度接近400℃时必须加煤，运行中燃气量不足时必须加煤。

④ 出渣；灰渣层达到一定厚度时即可出渣，如果灰分过多，要勤出渣，但应保留渣层不得少于150mm，以免火层烧坏炉篦。

⑤ 蒸汽系统：保持水位高度，水套中严禁缺水。

⑥ 各水封部位要保持一定水位，及时清除落入水封的异物。

⑦ 各机械传动部分定期加油，保持良好润滑。

⑧ 焦油凝结会堵塞烧嘴和管道。如发现烧嘴喷火不畅应及时检查和清除管路、燃烧器和阀门中的焦油，管道应定期疏通，设备应安排定期检查。

⑨ 燃气发生器热状态或冷状态运行都会使煤气质量下降。所谓热状态是指燃气出口温度超过400℃时，冷状态是指燃气出口温度低于150℃。

⑩ 除渣时应注意电机、减速机是否正常运转，如炉内有异物或煤结渣会导致渣卡死，此时不得强行转动卸渣。

(4) 停炉及交班　停炉时必须将燃气发生器与加热炉管道隔离，以防回火。交接班时，所有发生的事情及存在的问题、现在的状态，一定要交换清楚，做好交接班记录。

特别提示如下。

① 燃气发生器的水套内必须使用软化水，应按照有关锅炉标准规定，及时清理水垢。

② 任何时间水套内严禁缺水。

③ 保持渣层厚度，以免炉篦烧坏。

④ 停炉8h内，严禁打开燃气发生器。

⑤ 燃气发生器底部渣池内要及时清理，不得使渣池堵塞，否则影响卸渣和损坏除渣器传动系统。

⑥ 燃气发生器传动部分（如轴承、滚轮、销轴等部位）不得缺油。

第八节　陶瓷墙地砖装备实操技能鉴定系列模块技术(制造、安装、调试与维修)

一、概述

陶瓷墙地砖是建筑物饰面、构件和卫生设施的制品（陶瓷砖、卫生陶瓷、烧结瓦、建筑琉璃等制品），主要是用黏土或其他无机非金属原料，经过破碎、粉碎（细碎）成形、烧结等工艺处理而成，也称陶瓷饰面砖。主要包括墙面、地面、板块陶瓷制品，现就陶瓷墙地砖生产技术装备（制造、安装、调试、维护修理及运转保养、故障诊断与排除等方面）加以阐述。由于陶瓷砖的质量好坏，直接与技术装备的水平分不开，装备的先进技术是产品高质量的重要保证，所以，陶瓷压砖机是复合型装备，它具有特殊优异特性，只有发挥复合型的先进功能，才能够实现陶瓷砖生产高起步、高定位、高质量、高发展。

目前，随着我国经济的大发展和科学技术的进步，陶瓷技术装备向大型化发展，由于密切引进国外先进技术装备，并通过消化吸收实现国产化，特别是在国内科技人员的攻关研发下，开发出世界最大的陶瓷砖全自动液压机7800吨级，及其配套设备，大大超过了世界规格，实现了自主创新，形成自主知识产权，达到了国际先进水平。目前，正向8000～10000吨级发展，已成为世界生产量最大的陶瓷砖装备强国。早在十多年前我国的建筑卫生陶瓷工业已有了很大发展，产量已达到世界第一的水平，特别是建筑陶瓷墙地砖产品产量和质量达到了国际先进水平，其规格品种也有数千种，使我国的建筑卫生陶瓷市场地位空前提高，出口量大幅度增加，经济效益显著提高。陶瓷砖生产装备大型化有了空前发展并早已成定局，装备现代化水平突现出来，特别是我国曾引进国际7000吨最大吨位的全自动压砖机，通过实际应用，已取得了明显的效果，达到了最高水平，促进了陶瓷砖专业生产企业持续发展。许多装备制造企业应运而生并形成了规模，形成制造加工能力，据悉陶瓷墙地砖生产企业已达数千家，相应配套设备生产企业也相应迅速得到发展。同时，一大批科技人才队伍相继培养出来，不断发展壮大，逐步掌握了现代化陶瓷墙地砖装备先进技术。目前，不仅已开发出世界最大吨位的压砖机，而且同时具备了一条龙服务的能力。

二、基础知识

（一）液压油和液压流体力学基础知识

陶瓷砖液压机液压系统使用的工作介质是液压油，其有如下功能：①用作能量传递的介质；②润滑系统的内部运动部件。

液压油的物理、化学性质对液压系统能否正常工作影响很大，但影响更大的是工作介质的力学性质。研究液体力学性质的科学，叫做液力学或流体力学。

1. 液压油

凡是液体，都具有流动的特性；液体不能保持其自身的形状，在任何微小的外力作用下都会发生很大的变形。

从分子物理学的观点来看，液体是由一个个不断作不规则运动的分子组成；分子间存在着间隙，因此它们是不连续的。但是从工程技术的观点来看，分子间的间隙是极其微小的，完全可以把液体看作是有无限多个微小质点的连续介质，把液体的状态参数（如：密度、速度、压力等）看作是空间坐标的连续函数。

（1）液压油的一般特性

① 密度和重度　液体中某点处微小质量 Δm 与其体积 ΔV 之比的极限值，称为该点液体的密度。

$$\rho=\lim\Delta m/\Delta V=\mathrm{d}m/\mathrm{d}V$$

液体中某点处微小重量 ΔF_G 与其体积 ΔV 之比的极限值，称为该点液体的重度。

$$\gamma=\lim\Delta F_G/\Delta V=\mathrm{d}F_G/\mathrm{d}V$$

对于均匀的液体来说，它的密度和重度分别为：

$$\rho=m/V$$

$$\gamma=F_G/V$$

式中　γ——液体重度；

ρ——液体密度；

m——液体的质量；

F_G——液体的重量；

V——液体的体积。

在国际单位制（SI制）中，体积的密度单位使用 kg/m^3，重度单位使用 N/m^3。

由于 $F_G=mg$，所以液体的密度和重度之间存在如下关系：

$$\gamma=pg$$

重力加速度 $g=9.8m/s^2$。

液体的密度和重度都随压力和温度而变化，在一般情况下，它们随压力增加而加大，随温度升高而减小。

② 可压缩性　液体具有可压缩性，即液体受压后体积会缩小。液体可压缩性的大小是用体积压缩系数 k 来表示，其定义是液体体积在单位压力变化下的变化量，即

$$k=-\Delta V/\Delta pV$$

式中　ΔV——液体受压力后体积的变化值；

Δp——液体压力的变化值；

V——液体的初始体积压力增大时，液体体积减小，反之则增大。

为了使 k 为正值，故在上式右面加上一个负号。液体体积压缩系数的倒数，称为液体的体积弹性模量，简称体积模量，即

$$K=1/k=-V\Delta p/\Delta V$$

式中　K——液体体积模量。

液压油的体积模量为 $1.4\times10^{9}\sim2.0\times10^{9}\mathrm{N/m^2}$，而钢的弹性模量为 $2.06\times10^{11}\mathrm{N/m^2}$，可见前者与后者相比，压缩性大 100～150 倍。

液压油的体积弹性模量 K 值与压缩过程、温度、压力等因素有关；温度升高时，K 值下降，在液压油正常工作的温度范围内，K 值会有 5%～25%的变化。压力加大时，K 值加大，其变化不呈线性关系，当 $p\geqslant30\times10\mathrm{Pa}$ 时，K 值基本上不再加大。

液压油的可压缩性使它在压力变动下的作用情况极像一个弹簧，即压力升高，油液体积减小；压力降低，油液体积增大。

③ 热学特性

a. 体积膨胀系数　液压油在压力不变的条件下，每升高一个单位温度所发生的体积相对变化量，称为体积膨胀系数，即

$$\beta_t=\Delta V/\Delta TV$$

式中　ΔT——液体的温度变化量。

b. 比热容　使单位重量的液体每升高一个单位的温度所需的热量，叫做液体的比热容。液体的比热容与其温度变化时所经历的过程，有定压比热容和定容比热容两种。对于矿物油系的液压油来说，两者相差无几，一般在常温下它的数值为 $c=1.7\times10^{3}-2.1\times10^{3}\mathrm{J/(kg\cdot K)}$。

c. 热导率　液体在内部沿其温度降低方向传递热量时，它在单位时间内通过单位法向面积使单位递送距离降落单位温差时所导出的热量，叫做液体的热导率。即

$$\lambda=H/(A\Delta Tt/\Delta l)$$

式中　λ——液体的热导率；

H——液体传导热量；

A——与传导方向垂直的法向面积；

ΔT——温度差；

Δl——递送距离；

t——经历时间。

矿物油系的液压油在常温下的热导率 $\lambda=0.12\sim0.15\mathrm{W/(m\cdot K)}$。

④ 黏度　液体在外力作用下流动时，液体分子间的内聚力为了阻碍分子间的相对运动而产生一种内摩擦力，这种现象叫做液体的黏性。液体只有在流动时才会出现黏性，静止液体是不呈现黏性。黏性只能阻碍、延缓液体间的相对滑动，但不能消除这种滑动。液体黏性

的大小用它的黏度来表示。

所谓液体的黏度，是指它在单位速度梯度下流动时单位面积上产生的内摩擦力，用μ表示。黏度是衡量液体黏性的指标，它是液体的一项重要物理特性。这里的黏度μ又叫绝对黏度或动力黏度，它在国际单位SI制中采用Pa•s(帕•秒)

$$1Pa \cdot s = 1N \cdot s/m^2 = 10P = 10^3 cP \qquad cP（厘泊）$$

液体的动力黏度与其密度比值，称为运动黏度。

$$v = \mu/\rho$$

v是一个在液压分析和计算中经常遇到的物理量。在SI单位制以m^2/s为单位。$1m^2/s = 10^4 St = 10^6 cSt$　　cSt（厘斯）

就物理意义来说，v不是一个黏度的量，但习惯上它却被用来标志液体黏度。例如液压油的牌号就是这种油在55℃时的运动黏度v的平均值。

⑤ 其他特性

a. 介电性　油液的电气绝缘性能，称为介电性。介电性高的液压油能允许电气元件浸泡在其中而不引起电解腐蚀或短路。

b. 流动点、凝固点、闪点和燃点　油液保持其良好流动性的最低温度叫油液的流动点；油液完全失去其流动性的最高温度叫做油液的凝固点。

油液加热到液面上能在火焰靠近时出现一闪一闪断续性燃烧的温度，叫做油液的闪点。闪点高的油液挥发性小。

油液加热到能自行燃烧的温度叫做油液的燃点。燃点高的油液难于着火燃烧。

c. 酸值和腐蚀性　矿物油系液压油中常含有少量的环烷酸，它对金属有腐蚀作用。中和1g油液内环烷酸所需要的氢氧化钾mg量，称为油液的酸值。

油液中含有活性硫化物或游离硫对金属有腐蚀（特别是有色金属）。这项腐蚀性以3h内不使一规定铜片在100℃的热油中着色为合格。

d. 含气量、空气分离压和蒸汽压　油液中所含空气的体积百分数叫含气量。空气在油液中有两种存在形式；溶解和混合；前者以分子状态均匀的混合在油中，混合量与油液的绝对压力成正比，矿物油系的液压油在一个大气压下含有5%～10%的溶解空气；后者以细小泡沫状悬浮于油中，混入量与油液性质及空气接触和搅拌情况有关。溶解的空气对油液的体积模量不发生影响，混入的空气则对油液的体积模量发生影响。当压力加大时，一部分混入在油液中的空气将溶解入油液中。

当一定温度下的油液压力低于某个值时，油液中溶解得过饱和的空气将突然迅速从油中分离出来，产生大量气泡。这个压力称为该油液在该温度下的空气分离压。

当一定温度下的油液压力低于另一值时，油液迅速汽化，产生大量气泡，此压力称为该油液在该温度下的饱和蒸汽压。一般说来，油液的空气分离压高于其饱和蒸汽压。油液的这两个压力值对液压系统中的空穴现象有重大影响。

e. 水分、灰分和机械杂质含量　液压油中含水的质量分数叫做水分。水在油中使油“水解”。低温时又会凝结成冰粒，划伤液压元件的表面，因此油中不希望含有水分。

油液充分燃烧后所得残留物的重量百分数叫做灰分。悬浮在油液中的外来物质（如：金属屑、尘埃等）的重量百分数叫做机械杂质含量。两者在油中数量越少越好。

（2）油液的使用特性

① 稳定性

a. 热稳定性　油液抵抗其受热时发生化学变化的能力叫做它的热稳定性。热稳定性差的油液在温度升高时容易使油分子裂化或聚合，产生树脂状沥青、焦油等物质。由于这种化学反应的速度随着温度的上升而加快，所以一般把液压油的工作温度限制在65℃以下。

b. 氧化稳定性 油液抵抗其与空气中的氧或其他含有氧化物质发生化学反应的能力叫做它的氧化稳定性。油液氧化后生成酸性化合物，能腐蚀金属、阻塞液压管道。

c. 水解稳定性 油液抵抗其遇水分解变质的能力叫做它的水解稳定性。水解变质后油液会降低黏度，增加腐蚀性。

d. 剪切稳定性 油液抵抗其在机械剪切作用下（如通过小孔、缝隙等）改变化学结构的能力叫做它的剪切稳定性，机械剪切作用使油的化学结构发生变化，减小其黏度，油液黏度在剪切作用去除后使其无法恢复原值的。

② 抗泡沫性和抗乳化性 抗泡沫性是指油液释放空气而不至形成乳浊液的能力。抗乳化性指油液中混入水分后的油水分离能力。

③ 防锈性和润滑性 防锈性是指油液对金属遭受油中水分的保护能力。润滑性是指油液在金属表面上形成牢固油膜的能力。

④ 相容性 相容性是指油液与各种材料起作用的程度（如：密封件，软管，涂料等）；不起作用或少起作用叫相容性好，反之则差。相容性差的油液会使密封件溶解，使液压系统密封失效，同时溶解后的胶状生成物又污染系统。

（3）陶瓷液压机液压油的工作范围、要求、品种和分类及选用

① 液压油的工作范围 对于液压系统，液压油是良好的能量传递介质和润滑介质，但有一个黏度范围。如果油液黏度太低，它的油膜就像水一样太薄；如果黏度太高，轴承和元件缝隙就不能流入足够量的油液，从而元器件不能得到充分的润滑。

液压泵、液压发动机及旋转类元件生产制造厂都规定了他们生产的元件工作时所适用的黏度范围，那么按这一信息连同系统的工作范围就决定了须使用某一特定液压油。如果此类元件得到充分的润滑，就意味着系统其他部分也已得到充分的润滑。

② 要求 为了很好地传递运动和动力，液压机上使用的液压油具备如下性能：

黏度合适（v 即 32cSt～46cSt），黏度随温度变化小，以便在预期的液压系统工作温度保持足够的密封性和润滑性。

足够的抗磨损保护。

质地纯净，杂质含量少。

对热、氧化、水解和剪切都有良好的稳定性、使用寿命长。

抗泡沫性、抗乳化性良好；腐蚀性小、防锈性好。

有良好的相容性。

体积膨胀系数低、比热和热导率高，流动点和凝固点低，闪点和燃点高。

体积模量大，比重小，介电性好，色泽明亮，无毒性。

③ 液压油的品种和分类 国际标准化组织把液压油用 H 来表示，分为易燃的烃类油、抗燃液压油两大类。我国液压油参照 ISO6743-4-1999，把液压油分为矿物型和合成烃型、耐燃型、制动液航空、舰船和液力传动等用途。现将液压系统每种油的代号，组成做介绍：HH 型是无抗氧剂的精制矿物油；HL 是精制矿物油，并改善其防锈及抗氧化性；HM 型是比 HL 型的抗磨性好；HR 型是比 HL 型黏性好，HV 型是比 HL 低温性能好；HS 是无特定难燃性的合成液，具有特殊性能；HG 型具有黏滑性，主要应用在液压和滑动轴承导轨润滑系统合用的机床；另外，还有难燃液压油类，HFAE 水包油乳化液、HFAS 水的化学溶液，HFB 油包水乳化液等。以上所有型号液压油都是在高载荷部件的一般液压系统和船用

设备应用。只是根据设备要求和 工作状况不同进行选用。

液压油的分类采用国际标准用 40 度的中心值为黏度牌号，共分为 10、15、22、32、46、68、100、150 八个黏度等级。

④ 选用　陶瓷液压机常选用矿物油，选用时首先依据液压系统的工作环境、工况条件及液压油的特性，选择合适的液压油。

根据液压系统的环境和工况条件选择液压油：

压力范围：7.0MPa 以下、7.0～14.0MPa、14.0MPa；

使用温度：50℃以下、50～80℃、80～100℃；

分别使用：HL、HL 或 HM、HM；

液压设备露天、严寒使用：HR、HV 或 HS；

高温热源：HFAE、HFAS、HFB、HFC、HFDR；

或明火附近：HFDR。

根据液压泵的类型选油，一般而言，齿轮泵对抗磨要求比叶片泵、柱塞泵低，因此齿轮泵可选用 HL 或 HM 油；而叶片泵、柱塞泵一般选用 HM 油。

在选择完品种后，需要确定使用黏度级别。考虑油液黏度，因为黏度既影响系统泄漏，又影响功率损失。当系统温度较高、工作压力较高或工作部件运动速度较慢时，为减少泄漏，宜采用黏度高的液压油。反之，当工作压力较低，环境温度较低，为减少功率损失，宜采用黏度较低的液压油。因此必须针对系统、环境选择适宜的黏度，是系统在容积效率和机械效率间求的最佳平衡。

一般中、低压室内固定液压系统的工作温度比环境温度高 30～40℃。在此温度下，液压油应具有较好的黏度，黏度过低会加大磨损。而在户外高压机械中，系统大于 20MPa，工作温度要比环境温度高 50～60℃，为减少渗漏，工作速度最好在 $25mm^2/s$ 内。同时，考虑到室外温差变化大，因此要求液压油油液有较好的黏温性能，黏度指数一般在 130 以上。为防止泵的磨损，还需要限制最低黏度。在环境温度低于－150℃或环境温度变化较大的地区，在室外工作温度的设备要使用倾点低，低温黏度小，温度指数高的液压油。否则，液压油的黏度就会增加至很大，以致失去流动性，使液压设备难以启动。低温液压油具备了抗磨液压油的性能外，在低温方面更加优越。HV 是矿物油液型液压油，HS 是合成烃型液压油，两者区别在于基础油液不同。

⑤ 液压油的使用维护及故障处理　液压系统在使用中，要注意颗粒污染物及水、空气等有害物质混入。液压系统应保持密封清洁，并根据换油指标及时更换新油，在换油时要全部更换并清洗液压系统，不能新旧混用。

HL 液压油的换油指标包括：从外观看，当油液不透明或浑浊时，则应该更换。

从指标上看，运动黏度变化率大于±10%，色度变化率达到或超过 3%；

酸值超过 0.3；

水分大于 0.1；

机械杂质大于 0.1；

铜片腐蚀（100℃，3h）等于或大于 2a；

当任何一项指标达到换油指标要求时，都应该及时换油。

HN 抗磨液压油的换油指标包括：运动黏度变化率大于±15%或－10%；

水分大于 0.1；

色度增加大于 2；

酸值降低大于35%或增加超过0.4%；

正戊烷不熔物大于0.1；

铜片腐蚀（100℃，3h）大于2a；

任何一项指标达到时都应该换油。

由于液压系统的形式比较复杂多样，故障也比较复杂，经常出现的问题主要是黏度不适宜或防锈性较差、抗乳化性能不良。当发现液压系统工作不正常，就应该进行检修，防止问题完全暴露时造成设备损坏。

2. 静止液体力学

（1）液体的压力

① 液体压力及其性质　作用在液体上的力，有两种类型：一种是质量力，另一种是表面力；质量力作用在液体的所有质点上，如：重力，惯性力等；后者作用在液体的表面上。表面力可以是其他物体作用在液体上的力，也可以是一部分液体作用在另一部分液体上的力。对液体整体来说，前一种情况表面力是外力，但后一种情况下它却是内力。

液体内某点处单位面积上所受的法向力，叫做它的压力。

液体静止时的压力叫做液体的静压力。静压力有两项重要性质。

a. 液体的静压力垂直于其作用面，其方向和该面的内法线方向一致。

b. 静止液体内任一点处的静压力在各方向相同。

② 重力作用下静止液体中的压力分布　在重力作用下的静止液体，其受力状况如图3-8-1所示，除了液体重力、液面上的外加压力，还有容器壁面作用在液体上的反压力。如果要寻找液体内点1处的所有压力，可以从液体内取出一个底面通过该点的垂直小液柱，设液柱的底面积ΔA，高为h，则由于液柱处于平衡状态，在垂直方向上各力之间存在着如下关系：

$$p\Delta A = p_0\Delta A + F_G$$

式中，F_G为液柱重量，其值为$F_G=\gamma h\Delta A$，

因此

$$p = p_0 + \gamma h \quad (3\text{-}8\text{-}1)$$

p为离液面深度h处的液体压力；p_0为液面压力。

由上式可知：

a. 静止液体内一点处的压力有两部分组成：一部分是液面上的压力p_0，另一部分是液体重度γ与该点离液面深度h的乘积。

b. 静止液体内压力沿深度呈直线规律分布。

c. 离液面深度相同处各点的压力相等。

③ 压力的表示方法　液体压力的表示方法有绝对压力和相对压力两种。用式（3-8-1）来表示，叫绝对压力；其值以绝对真空度为基准来进行度量。

超过大气压的那部分压力叫做相对压力，其值以大气压为基准来进行度量，用$p=\gamma h$来表示。绝大多数仪表指示压力都是相对压力。

现在采用SI制单位Pa

$$1\text{Pa}=1\text{N/m}^2$$

$$1\text{MPa}=1\times10^6\text{Pa}=10.2\text{kg/cm}^2$$

（2）静止液体液力传动　帕斯卡定律：在密闭容器内的平衡液体中，任意一点的压力如有变化，该压力变化值将传递给液体中的所有各点，且其值不变。

通常由外力产生的压力要比液体本身重量引起的压力大得多，因此可把式（3-8-1）中

γh 项忽略不计，而认为静止液体中的压力到处相等。

图 3-8-2 所示是运用帕斯卡定律寻找推力和负载间的关系的实例。

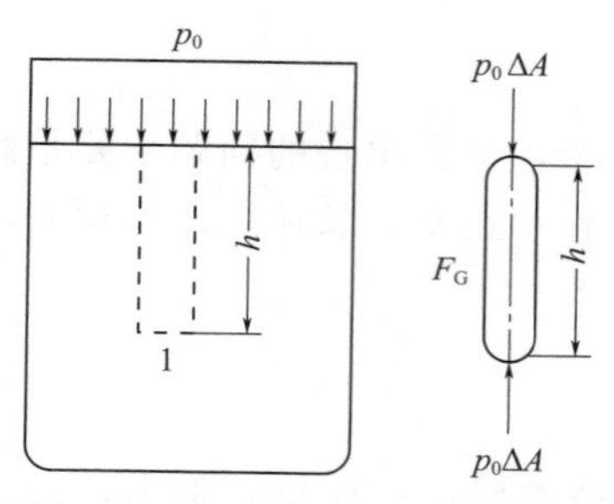

图 3-8-1　重力作用下的静止液体

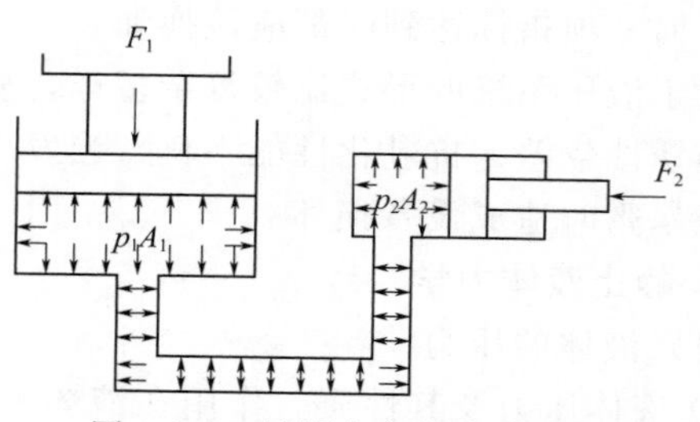

图 3-8-2　帕斯卡定律应用实例

图中垂直液压缸的截面积为 A_1，其活塞上作用着一个负载 F_1，缸内液体压力为 $p_1=F_1/A_1$，水平液压缸的截面积为 A_2，其活塞上作用着一个推力 F_2，缸内液体压力为 $p_2=F_2/A_2$。由于两缸互相连通，构成一个密闭容器，因此按帕斯卡定律有

$$p_1=p_2，或 F_2=F_1A_2/A_1 \tag{3-8-2}$$

如果垂直液压缸活塞上没有负载，并且活塞重量及其他阻力不计时，则不论怎样推动水平液压缸的活塞，也不能在液体中形成压力，这说明液压系统中的压力由外在负载决定的。

帕斯卡定律是液压传动的一个基本定律。

（3）液体静压力作用在容器壁面上的力　容器和静止液体相接触时，容器壁面各点在某一方向上所受静压作用力的总和，便是液体在该方向上作用于容器壁面上的力。

当容器表面为一平面时，平面各点处的静压力大小相等，方向平行，作用在容器壁面上的力等于静压力与承压面积的乘积，其方向垂直于承压面。

图 3-8-2 中垂直液压缸的内径为 D_1，则其向上的推力

$$F=p_1A_1=D_1^2p_1\pi/4$$

例题：陶瓷液压机活塞直径 820mm，主缸额定压力 34MPa，求该压机最高压制力。

解：$F=pA=D^2p\pi/4=820^2\times3.14\times34/4=17946.356\text{kN}$

当容器表面是一曲面时，曲面上的各点静压力是不平行但相等的。曲面上液压作用力在某一方向上的分力等于压力和曲面在该方向的垂直向内投影面的乘积。

3. 流动液体力学

液体流动时，由于重力，惯性力，黏性摩擦力等影响，其内部各处质点的运动状态是各不相同的。这些运动状态除了对液体能量损耗有所影响外，并无其他现实意义。此外，流动液体的状态还与液体的温度、黏度等参数有关。

液体流动中的一些基本概念

（1）理想液体和实际液体，恒定流动和一维流动

既无黏性也不可压缩的假想液体称为理想液体，既有黏性又可压缩的液体称为实际液体。

液体流动时，液体中任何一点处压力、速度和密度都不随时间变化，就称为液体恒流动。

液体整个地做线性流动时，称为一维流动。动作平面或空间流动时，称为二维或三维流动。

(2) 迹线、流线、流束和通流截面

迹线是指某液体质点在其流动过程中的轨迹。

流线则是某一瞬时液流中一条条标志其各处质点运动状态的曲线。

通过某一面积上所有流线的集合就称之为流束。

流束中与所有流线正交的那个面叫流通截面。

(3) 流量和平均流速

单位时间内流过流束同流截面的液体体积叫做流量。

在液压系统中，通过管路任何一个通流截面各点液体流速是不相同的，但可以采用一种不问流速在截面各点处的差异如何而改用假想的平均流速代替的办法来求流量，只要按平均流速流动所通过的流量等于实际通过的流量就可以，即：

$$Q = uA \tag{3-8-3}$$

式中　u——液体平均流速；

Q——流量；

A——通流截面。

(4) 液体的动压力

液体流动时的压力叫做液体的动压力。液体的动压力与其静压力不同，是要受到流动时的惯性力和黏性阻力影响的；但当惯性力小时可以向重力那样忽略不计，理想液体的动压力就和静压力完全相同。

4. 液体在管道中的流动

为了建立和维持压力，液压系统中的液体必须在封闭的容器中流动。

(1) 液体的流动状态

① 层流和紊流　十九世纪末，雷诺首先发现液体有两种运动状态：层流和紊流。层流运动中，液体质点互不干扰。当流速增至某一值时，层流运动被破坏，流体运动已趋于紊乱。当流速继续增大，液体运动杂乱无章，这种运动称之为紊流。由层流过渡到紊流的中间阶段叫变流。变流是一种不稳定流态，一般按紊流处理。层流是液体黏性力起主导作用，液体质点受黏性的约束，不能随意运动；紊流时惯性起主导作用，液体质点在高速流动时黏性不再能约束他。液体流动时是层流还是紊流，需用雷诺数来判断。

图 3-8-3 (a) 为雷诺实验装置的示意图，图中容器 6 和 3 分别装满了水和相对密度与水相同的红色染液，容器 6 中的液面由阀 2 及壁 1 维持恒定。阀 8 用于调节玻璃管 7 中水的流速。当阀 8 开启，水从管 7 中流出，当开启阀 4，红色的染液也从小管 5 中流出。当流速较低时，染液的流动是一条与管轴心线平行的直线 [图 3-8-3 (b)]。若将小管 5 的出口上下移动，则红色细线也随之上下移动，这种流动状态就是层流状态。在层流运动中，液体质点互不干扰。当流速增至某一值时，染色曲线开始曲折 [图 3-8-3 (b)]，表示层流开始破坏。当流速继续增大，红线将上下波动并出现断裂 [图 3-8-3 (d)]，表示液体运动出现紊乱。若流速继续增大，红线消失 [图 3-8-3 (e)]，这说明管 7 中的液体质点的运动杂乱无章，这种运动称为稳流。由层流过渡到紊流的中间状态 [图 3-8-3 (c)] 叫变流。

② 雷诺数　液体在圆管内的流动状态不仅与管子内的平均流速 u 有关，还和管径 d、液体的运动黏度有关。但是真正决定液流状态的，却是这三个因素所组成的一个叫作雷诺数 Re 的无量纲常数。也就是说，液体的雷诺数相同，它的雷诺数也相同。对于管径相同、液体黏度相同的情况来说，液体的平均流速是改变其雷诺数的唯一因素，因而也是改变其流动状态的唯一因素。

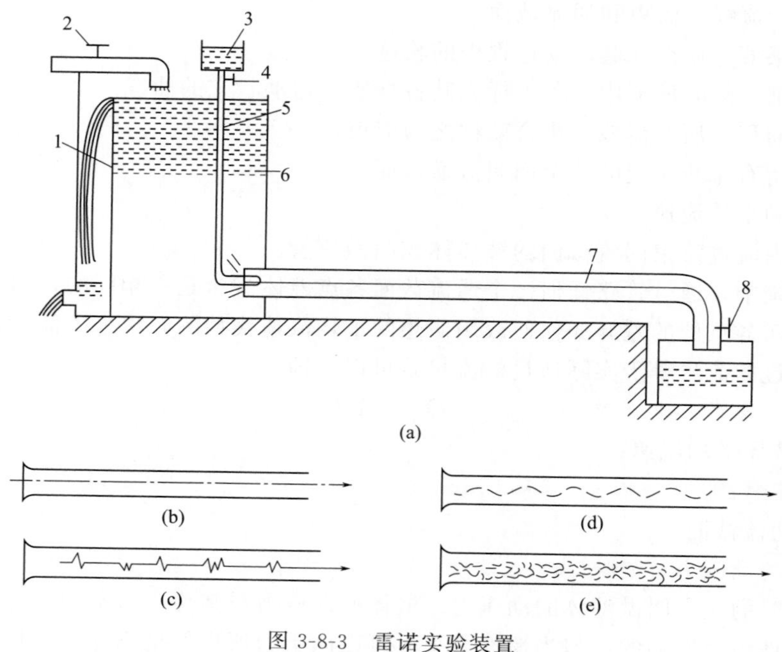

图 3-8-3　雷诺实验装置
1—壁；2,4,8—阀；3,6—容器；5—小管；7—玻璃管

$$Re = ud/v \tag{3-8-4}$$

当流速达到其临界值时，雷诺数叫做临界雷诺数，记作 Re_{cr}，

$$Re_{cr} = u_{cr}d/\text{v} \tag{3-8-5}$$

很明显是判断液流状态的依据：当液体的雷诺数小于其临界雷诺数时，即 $Re < Re_{cr}$时，液流为层流；反之，当 $Re > Re_{cr}$时，液流为紊流。

③ 液体在圆管中的层流流动　液体在圆管内的层流流动是液压系统最常见的现象。在液压系统的设计时就希望管道中的液流保持层流状态。在层流流动中，液流的流量与管径的四次方成正比，压差（压力损失）与管径的四次方成反比，所以管径对流量或压力损失的影响是很大的。

④ 液体在圆管中的紊流流动　液体在紊流时，其空间某点流速大小和方向都随时间变化，并始终围绕某个“平均值”上下脉动。

局部能量损失：液体流过阀口、弯头、突然变化的截面等处时，由于流速的大小或方向急剧变化要损失一部分能量，这些局部地区损失的能量叫局部能量损失。

液体进入突然扩大的截面处全部动能会因液流扰动而全面损失掉，变为热能，如果压力能有效地得到恢复，必须采用截面逐步扩大的导管。

当液体碰到突然收缩的截面时，它将产生一个收缩的喉部，由于入口处压力能转换为动能的效率较高，因此局部损失大多消耗在液体从喉部流出时产生的扰动上。

当液流通过管道弯曲部位时，由于液体的惯性使其脱离管道内壁的引导而形成一个现收缩后扩大的流束，并且还要叠加一个和主流相垂直的二次流，因此弯管的能量损失比直管大。

总之：在液压系统中，管路的总能量损失等于所有直管沿程能量损失之和与局部能量损失之和的叠加。

(2) 液压冲击和空穴现象

① 液压冲击　在液压技术中，管路内流动的液体常常会因阀门的突然关闭使流动的液体骤然停止流动而在管路内产生压力峰值，这种现象叫做压力冲击。压力冲击常常伴随着巨大的噪声和振动，使液压系统产生温升，压力峰值有时足以使一些液压元器件损坏。

在图 3-8-4 中，设活塞及负载质量为 M，运动速度为 u，如在某一瞬间突然关闭通道，油液被封闭在液压缸的两腔和管道中。由于活塞和油液的惯性，活塞运动不能立刻停止，因此封闭的下腔液压油受到压缩，压力急剧升高并达到峰值。而活塞上腔则因上腔体积增大压力降低，密度减小，有可能出现空穴现象。

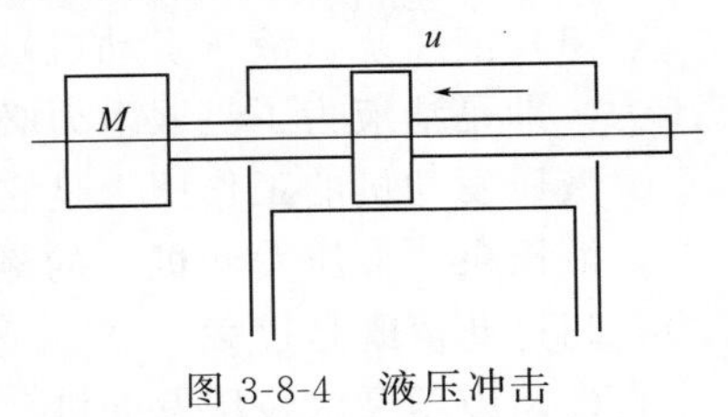

图 3-8-4　液压冲击

② 空穴现象　在液流流动中，因流速变化引起压降而使气泡产生的现象叫作空穴。空穴现象会使液压装置产生噪声和振动，并使金属表面受到腐蚀。

(二) 液压泵和液压发动机

1. 液压泵和发动机的工作原理

液压泵是一种能量转换装置，它是把驱动它的原动机的机械能转换成油液的液压工作能的机械装置，供液压系统使用，它是液压系统的能源。

液压系统使用的液压泵都是容积泵，容积泵的工作原理可用图 3-8-5 所示的简单例子来说明。图中柱塞 2 依靠弹簧 3 紧压在凸轮 1 上；凸轮 1 的旋转使柱塞 2 作往复运动。柱塞 2 在弹簧作用下向右运动时油腔 4 容积由小变大产生真空，大气压迫使油箱中的油通过吸油管推开单向阀 5 进入油腔 4，这就是吸油过程。当柱塞 2 向右运动时，油腔 4 容积减小，其中的油液顶开单向阀 6 流进系统，这就是压油过程。凸轮不停旋转，泵就不停吸油压油。

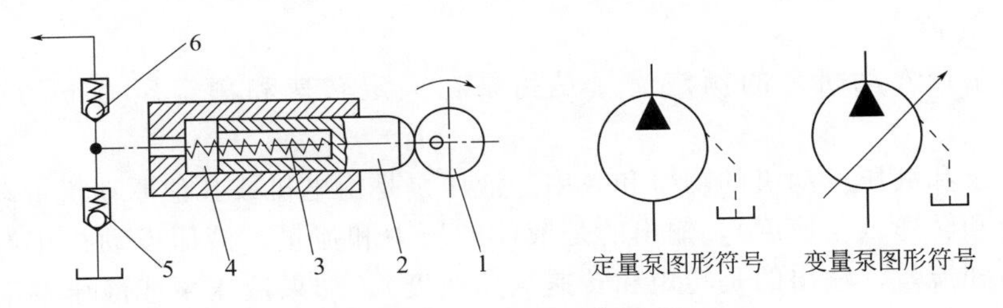

图 3-8-5　容积泵工作原理

1—凸轮；2—柱塞；3—弹簧；4—油腔；5,6—单向阀

由上例可知容积泵的特点：它必须有若干个密封的工作腔，它在工作中工作腔必须连续由大变小，由小变大进行吸油和压油。这种泵的输油能力是由工作腔的数目，容积大小和容积变化速率决定的，所以叫作容积泵。

液压发动机也是一种能量转换装置，它把油液的压力能转换成机械能。液压发动机是一个执行元件。容积式发动机的工作原理原则上讲是把容积式泵倒过来使用；输入压力油，输出转速和扭矩。这就是说，容积式液压泵和液压发动机的作用是互逆的，大部分的液压泵可作为液压发动机使用，反之亦然。当然它们在结构上还是有差异的。

2. 液压泵和液压发动机的分类

液压泵（液压发动机）按其在单位时间内输出（输入）油液体积能否调节而分成定量泵（定量发动机）和变量泵（变量发动机）两类。前者在单位时间内输出（输入）的体积不可调节，后者可调。液压泵（液压发动机）按其结构形式又可分为齿轮泵、叶片泵和柱塞泵三大类，每类又分很多形式；如：齿轮泵有外啮合式和内啮合式之分、叶片泵有单作用式和双作用式；柱塞泵有径向式和轴向式之分。

3. 液压泵和液压发动机的工作压力、排量和额定压力

（1）液压泵（液压发动机）的工作压力、排量和流量　液压泵的工作压力是指它的输出压力，即是油液为了克服阻力必须建立起来的压力。液压泵的工作压力由其外加负载决定。

液压发动机的工作压力是它的输入压力。

液压泵（液压发动机）的额定压力是指泵（发动机）在使用中允许达到的最大工作压力，超过此值既是过载。

（2）液压泵（液压发动机）的排量和流量　液压泵的排量是指在没有泄露的情况下，泵轴转一整圈所排出的油液体积。

液压发动机的排量是指在没有泄露的情况下，发动机轴转一圈所吞入的油液的体积。

泵与发动机的排量与转速无关，排量的大小只决定于泵和发动机中密封工作腔的几何尺寸。

$$q_p = AL$$

式中　q_p——排量；

A——柱塞截面积；

L——柱塞工作行程。

液压泵的理论流量是指泵没有泄漏的情况下，单位时间内输出的油液体积，它等于泵的排量大小与其转速的乘积。

$$Q_p = q_p n_p$$

式中　Q_p——理论流量；

n_p——转速。

液压泵（液压发动机）的额定流量是指泵在额定转速和额定压力下的输出（输入）流量。

（3）液压泵和液压发动机的功率和效率　液压泵是由电机或其他原动机带动旋转，它的输入量是转矩和转速（角速度），输出的是液体的压力和流量。液压发动机正好相反，输入的是液体压力和流量，输出的是转矩和转速（角速度）。如果液压泵或液压发动机在能量转换过程中没有能量损失，即输入功率等于输出功率，则液压泵或液压发动机理论功率 $P_{(th)p}$、$P_{(th)M}$分别为

$$P_{(th)p} = p_p Q_{(th)p} = p_p q_p n_p = T_{(th)p} \Omega_p = 2T_{(th)p} n_p$$

$$P_{(th)M} = p_M Q_{(th)M} = p_M q_M n_M = T_{(th)M} \Omega_M = 2T_{(th)M} n_M$$

式中　p_p——液压泵的输出压力；

p_M——液压发动机的输入压力；

$Q_{(th)p}$——液压泵的理论流量；

$Q_{(th)M}$——液压发动机的理论流量；

q_p——液压泵的排量；

q_M——液压发动机的排量；

$T_{(th)p}$——液压泵的转矩；

$T_{(th)M}$——液压发动机的转矩；

n_p——液压泵的转速；

n_M——液压发动机的转速；

Ω_p——液压泵的角速度；

Ω_M——液压发动机的角速度。

在实际工作中，液压泵和液压发动机在能量转换中是有各种能量损失的，因此输出功率小于输入功率。

① 泵的功率和效率　液压泵的功率损失由容积损失和机械损失两部分。容积损失是指流量上的损失。液压泵的实际流量总是小于理论流量的。产生容积损失的原因主要如下。

a. 泵内高压部分有少量的液压油通过间隙泄露到低压部分。油液的黏度越低，内压越高，其泄漏量越大。

b. 泵在吸油的过程中由于吸油阻力大，油液的黏度大或泵轴转速高等原因，油液未能及时充满全部工作腔。

在正确使用液压泵的情况下，以上第二种原因不是主要原因，所以液压泵的容积损失可近似看作由于泵的内部泄漏而造成。

液压泵的输出流量随其压力的增高而减小。

由于泵内机件之间的间隙较小，油液流过间隙的流速较低，因此泄漏油液的流动状态可以看作是层流，泄漏量可以看作与泵的输出压力成正比。

泵的输出压力愈高，泄漏系数愈大，泵的排量愈小，转速愈低，则容积效率也愈低。

机械损失是指液压泵在转矩上的损失。产生机械损失的原因主要如下。

a. 油液在泵内流动时液体的黏性引起摩擦转矩损失，这一损失与油液黏度、泵轴的转速有关；油液愈黏，泵的转速愈快，这部分转矩损失愈大。

b. 泵内机件相对运动时机械摩擦引起摩擦转矩损失，这一损失与泵的输出压力有关，输出压力愈高，这一部分转矩损失就愈大。

② 液压发动机的功率和效率　液压发动机的功率损失同样也有容积损失和机械损失；造成这两种损失的原因也与液压泵的相同。

(4) 叶片泵　叶片泵有单作用叶片泵和双作用叶片泵两大类。前者是变量泵，后者是定量泵。叶片泵输出流量均匀，脉动小，噪声小，但结构复杂，吸油特性不好，对油液中的污染也较为敏感。

叶片泵的工作原理如下。

叶片泵的转子内装有叶片（图 3-8-6），转子由与原动机连接的传动轴进行驱动，随着转子的转动，叶片在离心力的作用下被甩出，并沿着定子内曲线表面运动。由于叶片保持与定子内表面接触，在叶片顶端和定子之间形成可靠的密封。

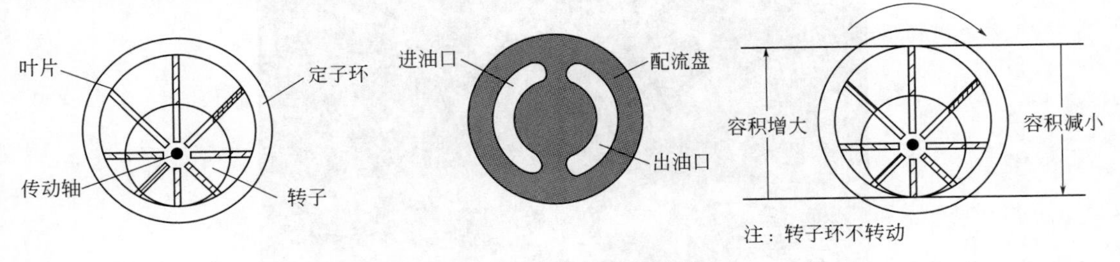

图 3-8-6　单作用式叶片泵

转子和定子偏心安装，当转子转动时，在定子内形成容积大小变化。因为定子中没有油口，使用配油盘把进油腔和出油腔分开，配油盘装在定子、转子和叶片组件侧面，吸油口位于容积增大部位，出油口位于容积减小部位，所有油液通过配油盘进出。

① 单作用式叶片泵：这种泵的转子每转一圈泵上的密封工作腔完成吸油和压油动作各一次，所以叫它单作用式叶片泵。这种泵由于转子上受到的液压力是不平衡的，所以又叫作非平衡式叶片泵。

② 双作用式叶片泵：工作原理如图 3-8-7 所示，它的结构和单作用式叶片泵相似，不同之处在于定子内表面不是圆，它是由两段半圆长弧，两端短半径圆弧和四段过渡曲线八个部分拼合而成。定子和转子同心安装，转子在顺时针方向旋转时，左上角和右下角处密封工作腔的容积增大，为吸油；左下角和右上角处的密封工作腔的容积减小，为压油区。吸油区和压油区之间有一段封油区隔开，这种泵的转子每转一转，泵上的每一个工作腔完成吸油和压油动作各两次，所以叫做双作用式叶片泵。

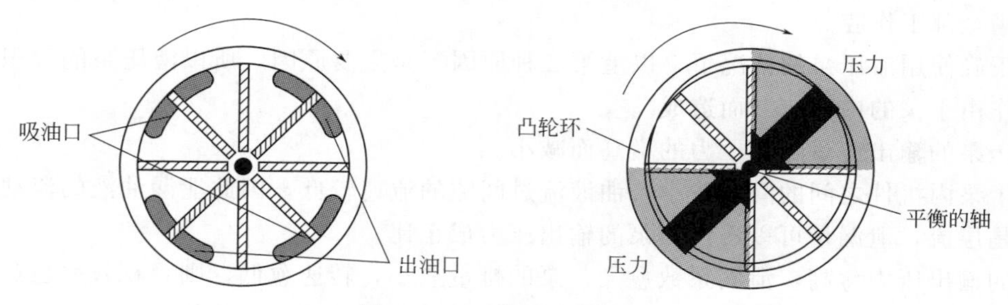

图 3-8-7 双作用式叶片泵

双作用式叶片泵两个吸油区和两个压油区是径向对称分布，作用在转子上的液压力径向平衡，所以又叫作平衡型叶片泵。

叶片泵的泵油机构通常采用泵芯组件单元总成。泵芯组件总成包括：叶片，转子、配油盘，定子（见图 3-8-8）。

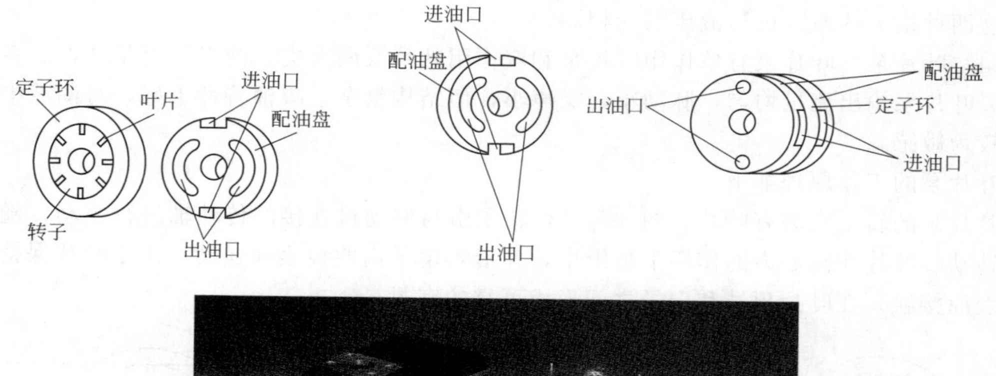

图 3-8-8 泵芯组件总成

使用泵芯组件总成的优点是便于油泵维护，在使用一段时间后，油泵部件会自然磨损，因此，只要拆下磨损的泵芯组件总成，更换新泵芯组件总成即可。

(5) 柱塞泵　柱塞泵是依靠柱塞在缸体内往复运动，其密封工作腔的容积变化来实现吸油和压油。由于柱塞与缸体内孔均为圆柱表面。在机械加工过程中容易得到高精度的配合尺寸，所以这类泵的特点是泄漏小，容积效率高，可以在高压下工作。

柱塞泵按其柱塞排列方式分为径向柱塞泵和轴向柱塞泵。

径向柱塞泵的加工精度要求不太高，但径向尺寸大、结构复杂、自吸能力差；配油轴收到不平衡液压力的作用，易于磨损，因此限制了它的转速和压力的提高。在此不作深入介绍。陶瓷砖液压机常用的柱塞泵为轴向柱塞泵。

柱塞泵的结构：柱塞泵主要由斜盘、柱塞、配油盘、缸体、回程盘、回程盘偏置弹簧，滑靴板等零件组成。见图 3-8-9。

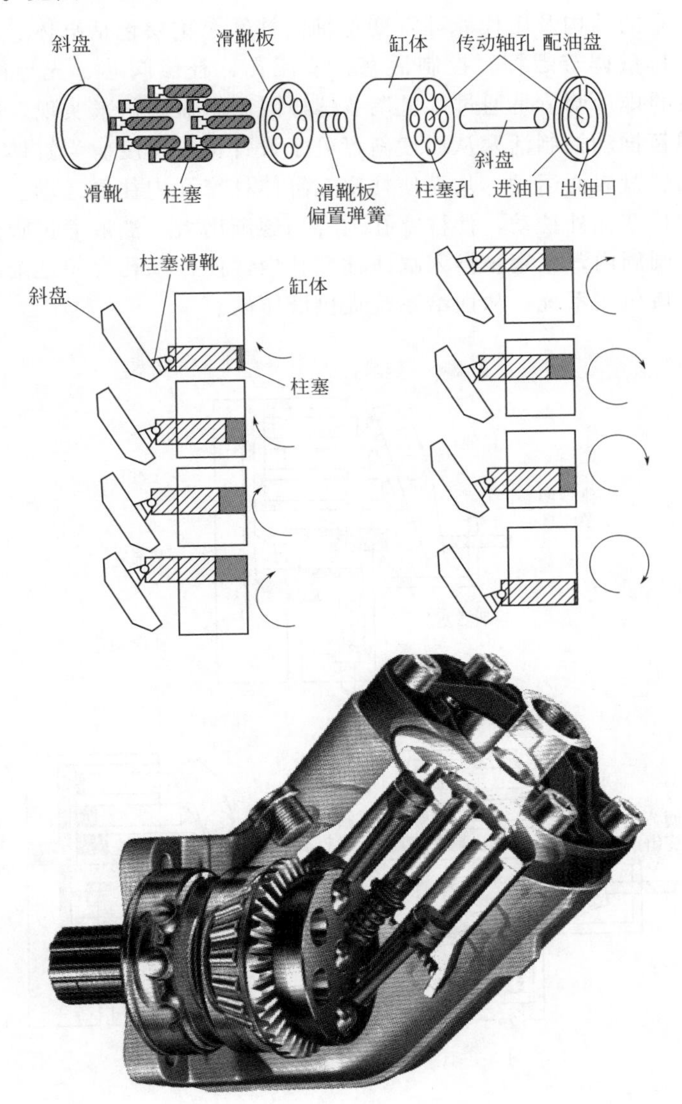

图 3-8-9　轴向柱塞泵

柱塞泵的工作原理：如图 3-8-9 所示，缸体上均匀布置数个轴向排列的柱塞孔，柱塞可在其中自由滑动。斜盘和配油盘固定不动；斜盘与缸体成角度安装。当转动轴带动缸体旋转时，柱塞随缸体一起转动，同时由于斜盘与缸体有一定的倾角，使柱塞在转动同时在缸体内做往复直线运动。如图 3-8-9 所示，在旋转的半个周期内，柱塞伸出缸体，缸体孔内密封工作容积不断增加，使缸孔局部产生真空，将油液经配油盘上的进油口吸入缸体柱塞孔内。缸体在旋转后半周期内，柱塞逐渐被推回缸体，使缸孔容积不断减小，油液从配油盘出油口向外压出。缸体每旋转一圈，每一个柱塞往复运动一次，完成一次吸油和压油动作。改变斜盘的倾角，可以改变柱塞往复运动形成的大小，因而也改变了泵的排量。

变量柱塞泵：变量轴向柱塞泵的排量是由柱塞的截面积与柱塞的行程决定的，其中柱塞的截面积是不可改变的。但是通过改变斜盘倾角可以改变柱塞行程，从而改变泵的输出排量。

变量轴向柱塞泵的结构及工作原理：变量轴向柱塞泵主要包括缸体、配油盘、柱塞、可调斜盘、回程盘、排量调节螺杆、控制活塞、节流孔、补偿阀芯、先导阀和各种偏置弹簧（见图 3-8-10）。泵的排量调节是通过排量调节螺杆限制斜盘倾角来实现。如果将调节螺杆完全旋出，则偏置弹簧推动控制活塞从而使斜盘处于设计极限角度。当缸体在电机带动下旋转时，柱塞滑靴紧贴斜盘表面运动，从而使柱塞在缸体柱塞孔内往复运动。每一个柱塞在其前半周期内，柱塞向柱塞孔外拉动，使柱塞孔内容积逐渐增大，油液通过吸油口充入增大的容积内。而在另半个圆周内，柱塞被推入缸体柱塞孔内，使柱塞孔容积逐渐减小，同时孔内油液被柱塞通过压油口压入系统，从而给系统提供液压能。

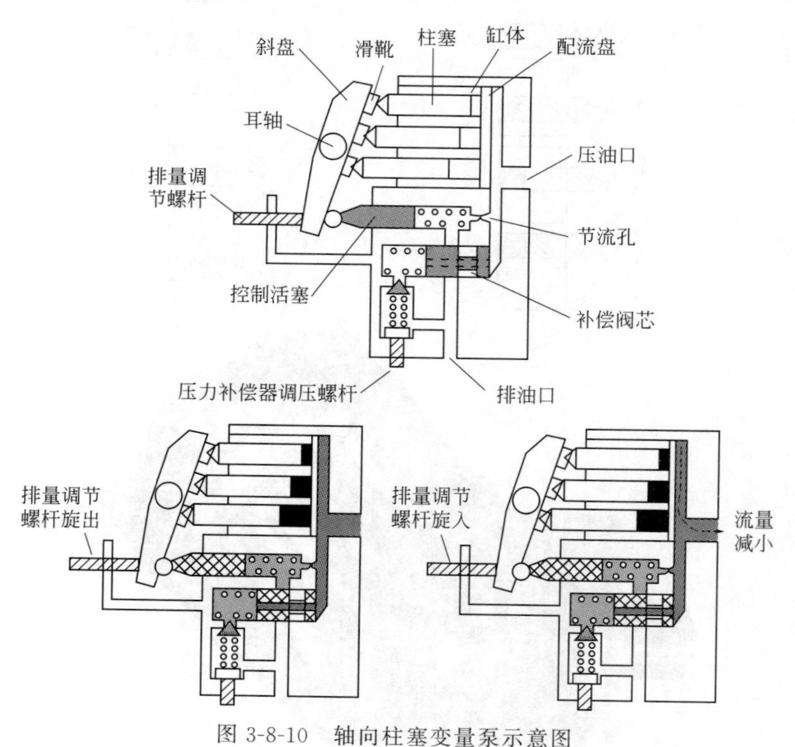

图 3-8-10　轴向柱塞变量泵示意图

当斜盘处于极限位置时，油泵输出最大流量。如果将排量调节螺杆旋入，斜盘倾角、柱塞行程减小，缸体柱塞孔容积变化量也随之减小，因此进入系统的油液也减少。流量调节螺杆旋入量越大，泵的输出流量就越小。

轴向柱塞变量泵压力补偿是利用弹簧力和液压力来实现。

当压力补偿的轴向柱塞变量泵工作时，系统压力作用于泵的柱塞底部，由于斜盘耳轴的中心线偏离缸体的中心线，因此，受压柱塞试图将斜盘推到竖直位置，这个力非常大，且直接由作用在控制活塞上的弹簧和油液压力来平衡。

压力补偿器包括控制活塞、补偿阀芯、可调先导阀及偏置弹簧。当油泵压力、油口压力升高到足以克服先导阀和偏置弹簧的设定压力时，斜盘被受压柱塞推到竖直位置。一旦斜盘的倾角变为零，斜盘就停止摆动。斜盘不可能越过中心线，进入到另一侧，否则，泵油机构的高压侧容积将增大而变成吸油侧。

可调先导阀、补偿阀芯及偏置弹簧的工作原理与先导溢流阀非常相似。补偿阀芯内的节流孔敏感泵的出口压力。泵的出口压力作用在阀芯的弹簧腔；弹簧腔的最大压力由先导阀控制。当补偿阀芯另一端的压力足以克服先导阀的设定压力和偏置弹簧力时，补偿阀芯开始移动，控制活塞弹簧腔与油箱相通。

假设补偿阀芯的弹簧压力为7bar，先导阀将弹簧压力设置为48bar［见图3-8-11（a）］。当系统压力为35bar，这35bar的压力试图将补偿阀芯推至左侧；同时，该压力油经节流孔作用于弹簧腔，由于阀芯两端的作用面积相等，实际上只有7bar的弹簧力作用于补偿阀芯，35bar压力试图将补偿阀芯推至左侧，但先导阀弹簧腔的先导设置压力48bar＞系统压力35bar，先导阀芯仍在关闭状态，因此，补偿阀芯仍保持原来位置。

当系统压力升高至48bar，先导阀芯将开启，此时补偿阀芯最大偏置力等于先导阀设置压力加偏置弹簧压力，即48bar＋7bar＝55bar［见图3-8-11（b）］。

当泵出口压力高于55bar，补偿阀芯向左移动，控制活塞的油腔与系统油箱连通，控制活塞油腔压力开始下降，活塞底部油液推力减小，斜盘在柱塞油液推动下倾角减小，从而无法使斜盘保持在全排量位置，油泵输出流量减小。随着泵的压力继续升高，补偿阀芯继续向左移动，泵的流量也随之继续减小。假设系统压力升高至55bar＋7bar，则偏置弹簧完全被补偿阀芯左移压缩，使控制活塞与油箱之间的流道完全打开。此时，油泵被完全补偿［见图3-8-11（c）］。

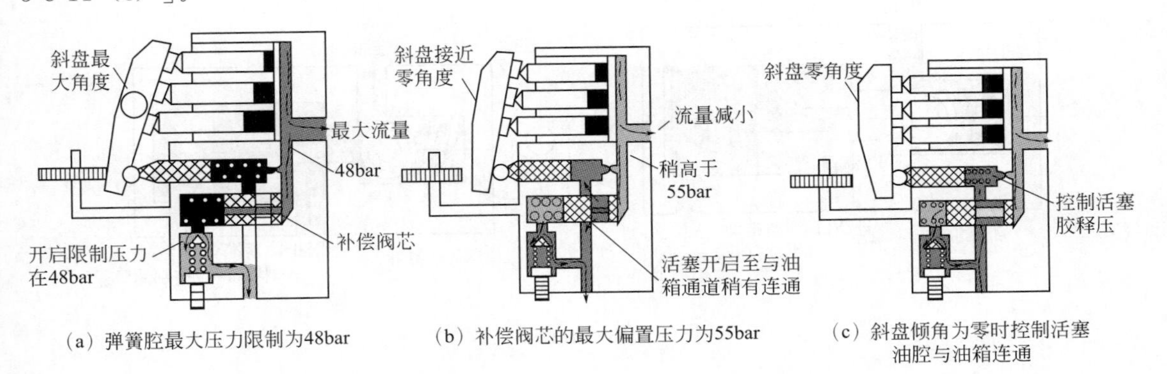

（a）弹簧腔最大压力限制为48bar　（b）补偿阀芯的最大偏置压力为55bar　（c）斜盘倾角为零时控制活塞油腔与油箱连通

图3-8-11　轴向柱塞变量泵压力补偿示意图

当油泵出口压力下降时，补偿阀芯逐渐切断控制油腔与油箱之间的通道，泵油机构又重新输出流量。

压力补偿先导阀调节螺杆旋入量越大，在开始对油泵的补偿之前，补偿阀芯的偏置液压力也越大。

（三）陶瓷液压机常用液压阀

液压阀是用来控制和调节液压系统中油液流动方向，油液压力或流量的。根据用途，液压阀可分为：方向控制阀，压力控制阀，流量控制阀。

液压阀在液压系统中，应具备如下要求：

① 动作灵敏，作用可靠，工作时冲击和振动小；

② 油液流过时压力损失小；

③ 密封性好；

④ 结构紧凑，安装，调整维护方便，通用性大。

1. 方向控制阀

用来控制油液流动方向，以实现执行机构变换运动方向，如单向阀，换向阀等。

方向控制阀是由带内部通道的阀体与一个称之为阀芯的可移动零件构成，阀芯至少有两个工作位置，即两个端部位置，可将内部通道连接或关断。

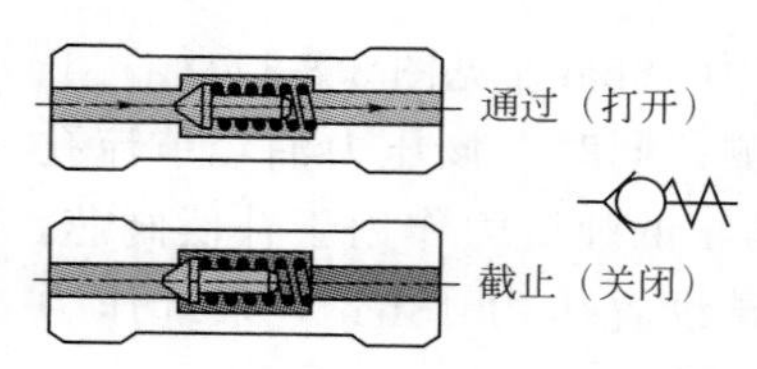

图 3-8-12　普通单向阀

（1）单向阀　单向阀分普通单向阀和液控单向阀（见图 3-8-12）。

① 普通单向阀主要有一个带有进、出油的阀体和由弹簧偏置的可移动零件组成，液压油只能单方向通过单向阀。当单向阀进油口处的系统压力高到足以克服偏置阀芯的弹簧力时，阀芯推离它的阀座，允许油液通过；当油液从出油口流入时，阀芯推回它的阀座，将油道封闭，从而阻止液流通过（见图 3-8-12）。

普通单向阀通油方向的油液阻尼应尽可能小，而不通油方向应有良好的密封。

② 液控单向阀是由一个普通单向阀和一个小型控制液压缸组成。液控单向阀和普通单向阀一样，允许油液从进油口到出油口自由流动，见图 3-8-13（a）。

当从出油口流向进油口油液时，如果压力油通过控制油口推动活塞打开钢球，则油液可逆向流动。如果控制油口无压力油进入并推动活塞，则油液不能逆向流动。控制油口油液控制压力最小需为主油路压力的 30%～50%。见图 3-8-13（b）。

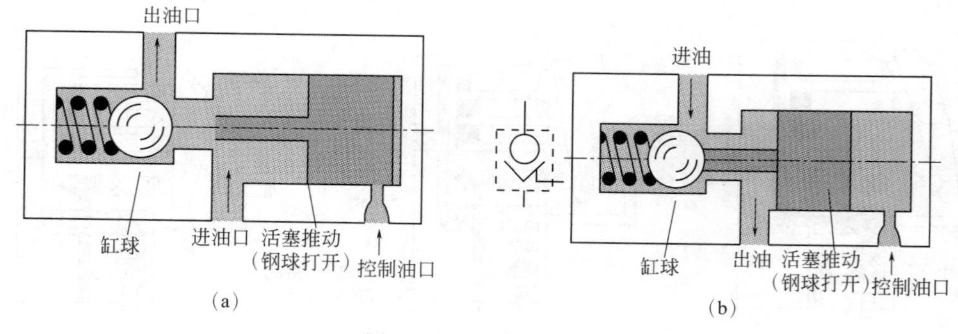

图 3-8-13　液控单向阀

（2）换向阀　换向阀的种类有很多，按阀芯结构形式分，转阀和滑阀两种；按操作方式分：手动、机动、电动、液动、电液动等多种方式；按阀芯工作时在阀体内所处的位置分：二位和三位两种；按换向阀的通口分：二通、三通、四通、五通四种。上述这些规格化，系列化，标准化了的换向阀由专业厂家生产。同一规格，同一机能的换向阀可相互互换（见图 3-8-14）。

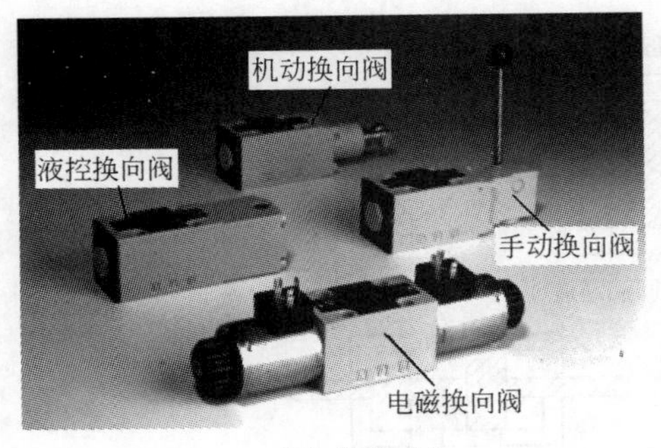

(a) 按操作方式分

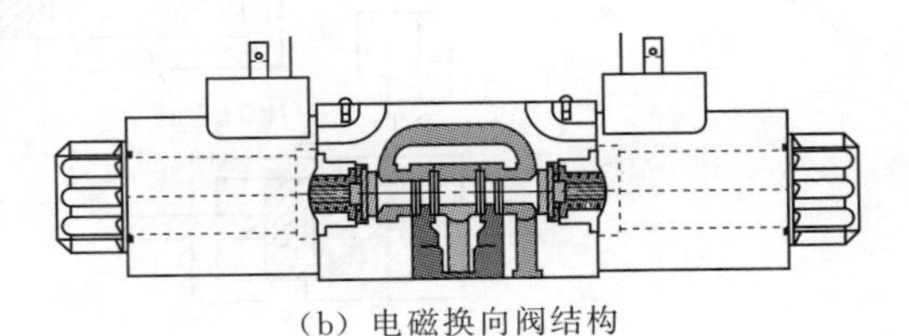

(b) 电磁换向阀结构

图 3-8-14　换向阀

陶瓷砖液压机常用的换向阀主要有：滑阀式电磁换向阀，电液换向阀，少数压机使用少量的手动换向阀。这里主要介绍滑阀式电磁换向阀，电液换向阀。

换向阀的结构：换向阀是由带有内部通道的阀体与一个称之为阀芯的可移动零件构成。阀芯可将内部通道接通与关断。大多数工业标准液压阀，阀芯是圆柱形的，这类形式的换向阀简称为滑阀。换向阀的图形符号分别用两个独立的方框来表示，每个方框中，用箭头来描述阀芯处在该位置时，是如何连接阀体内部通道的。用一个图形来表示一个方向阀时，两个方框应连接在一起。放在回路上时，必须有一个，而且只有一个方框连接在回路中。采用这种方法，执行元件在某一个方向动作时，换向阀的内部流通状况就表示的很清楚。如果要说明执行机构反向运动工况时，则只要把图形符号的另一个方框滑入回路相应连接点中即可。

在阀体内只有两个端部位置的换向阀叫二位换向阀。

阀体和滑动式阀芯是滑阀式换向阀的主体，阀体上开有多个通口，阀芯通过移动可以安排在不同的工作位置上。下列是滑阀式换向阀主体部分的结构形式。

① 二位二通阀　二通换向阀只有两个通道，当阀芯处于一个端位时，通过阀的流道被打开；而处于另一个端位时，则流道被关闭。因此被称为二位二通阀。

二位二通阀在回路上起到开关作用。这个功能在许多系统中作为安全锁，或用来隔离接通系统的各种元件（见图 3-8-15）。

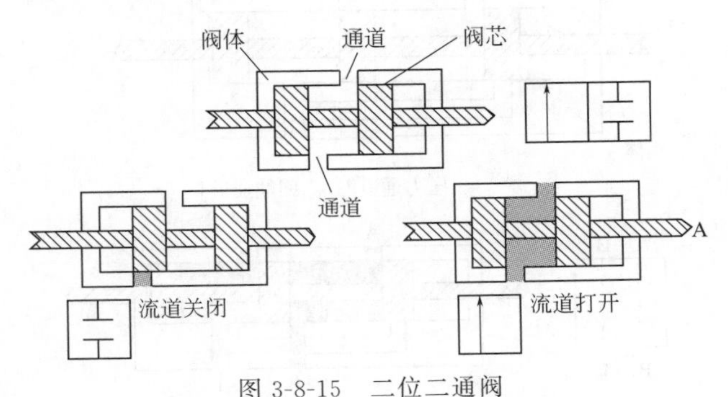

图 3-8-15　二位二通阀

② 二位三通阀　三通阀是阀体内有三个通道：压力通道，回油通道和工作通道（见图 3-8-16）。

三通换向阀的功能是：当阀芯处于一个端位时，压力通道给工作通道输送压力油；而在另一个端位时，压力通道被关闭，工作通道与回油通道接通，工作通道卸压。换言之，三通阀可以实现对一个工作油口进行施压和卸压的切换。因为是在两个端位转换，因此，被称为

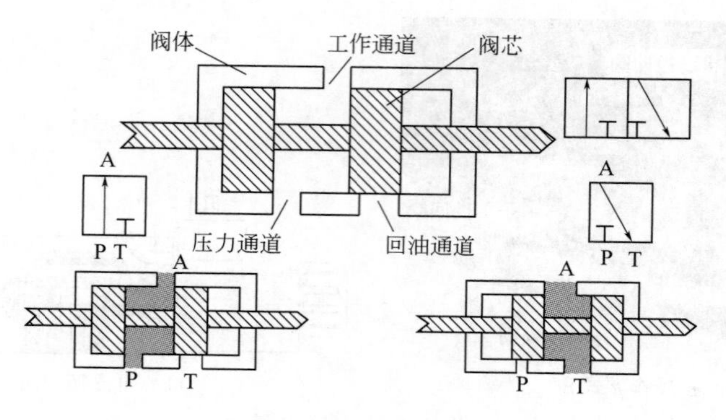

图 3-8-16　二位三通阀

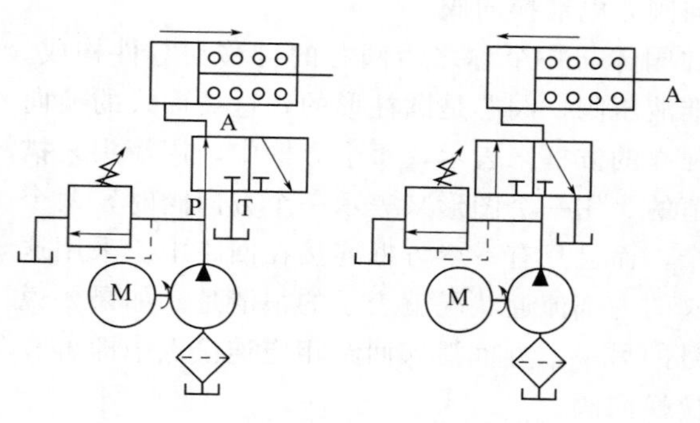

图 3-8-17　二位三通换向阀

二位三通换向阀。

二位三通换向阀可用于控制单作用执行机构，见图 3-8-17。

图 3-8-17 是一个弹簧复位液压油缸，二位三通换向阀左端将压力油引入无杆腔，并推动活塞向有杆腔方向运动；当滑阀换到右端后，进入油缸的压力油被隔断，油缸油液通过阀体回油通道与油箱链接，活塞杆依靠弹簧复位。

在工业液压系统中，二位三通阀可用二位四通阀，通过封堵一个工作孔来替代。

③ 二位四通阀　四通换向阀是具有一个压力通道，一个回油通道和两个工作通道的方向阀。阀体内具有四个不同的通道即为四通阀（见图 3-8-18）。

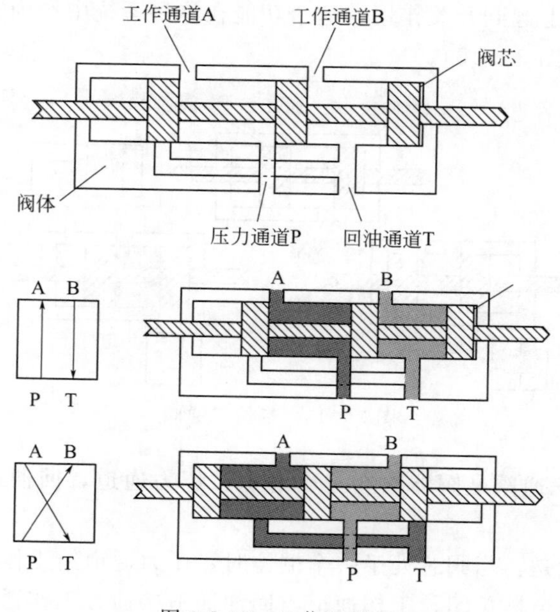

图 3-8-18　二位四通阀

四通换向阀的功能是控制执行元件换向，即当其阀芯处于一个端部位置时，它将压力油通过压力通道和一个工作通道引入执行机构的一个工作腔，同时将执行机构的另一个工作腔内的液压油，通过另一个工作通道和回油通道而排放回油箱（见图 3-8-19）。

④ 换向阀的操作定位装置　操作定位装置用以推动滑阀阀芯、并使其正确而可靠的保持在工作位置上，常见的有以下几种（见图 3-8-20）。

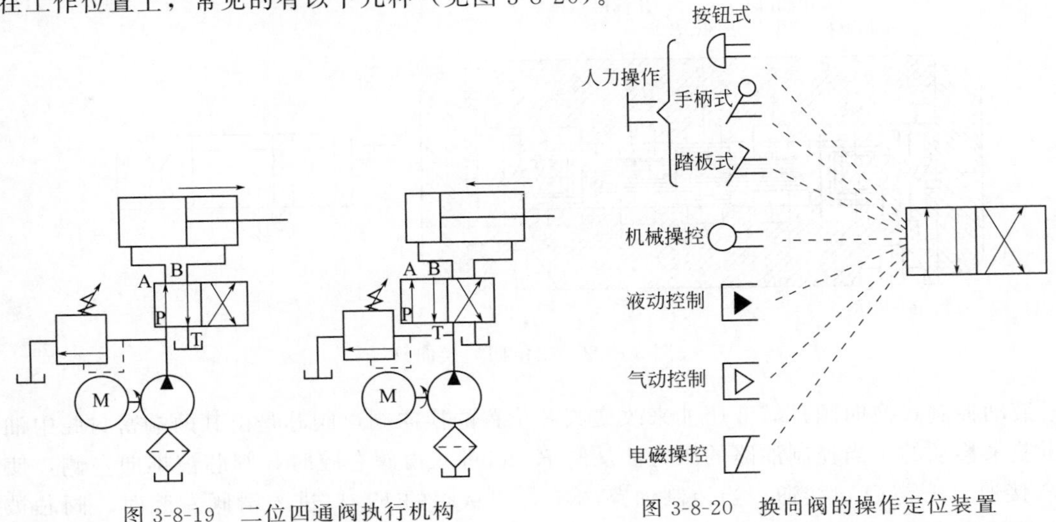

图 3-8-19　二位四通阀执行机构　　图 3-8-20　换向阀的操作定位装置

a. 人力操作换向阀适用于徒手操作的场合（见图 3-8-21）。

图 3-8-21 是芭比利 VIS1200-VIS1500 陶瓷砖液压机液压原理图，手柄式换向阀 VSQ 起系统卸荷作用。当系统停止工作，为防止蓄能器 Q2 有残余压力，通过 VSQ 手动换向卸荷。

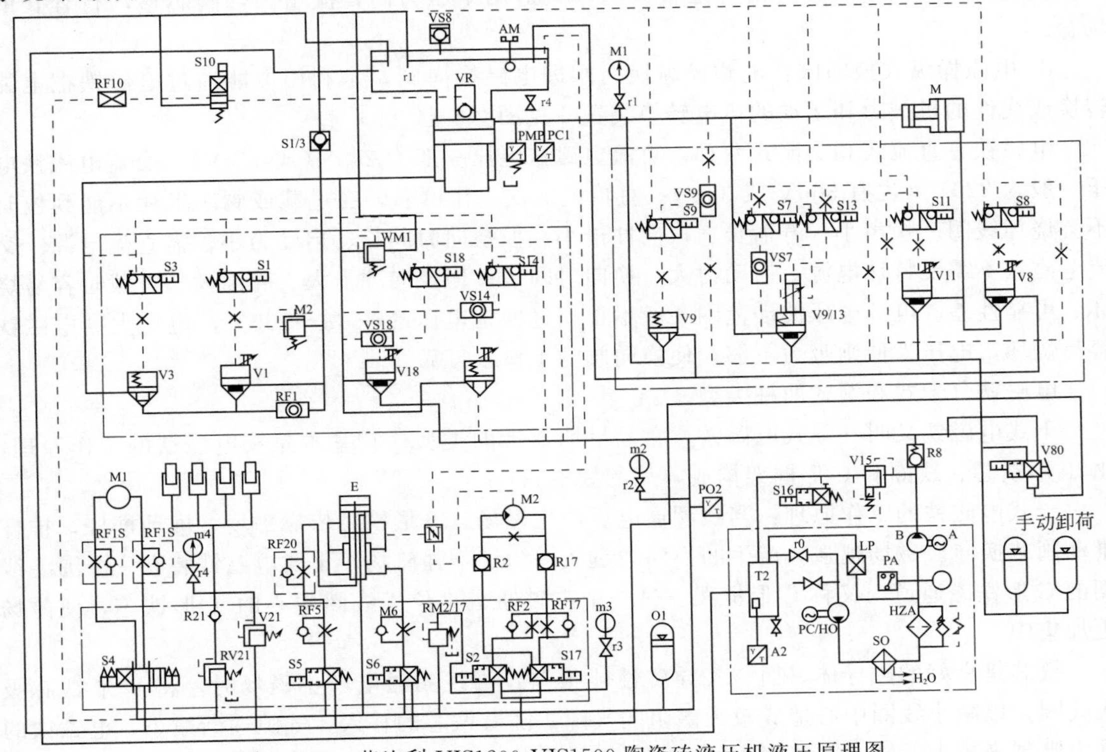

图 3-8-21　芭比利 VIS1200-VIS1500 陶瓷砖液压机液压原理图

b. 机动操控换向阀：机动换向阀也叫行程阀，它使用挡铁或凸轮使阀芯移动来控制油液方向的。机动换向阀通常是二位的，有二通，三通，四通，五通几种。二位二通的分常开或常闭两种。

c. 液动控制换向阀：图 3-8-22 所示是一种三位四通换向阀，其剖视图见图 3-8-22。

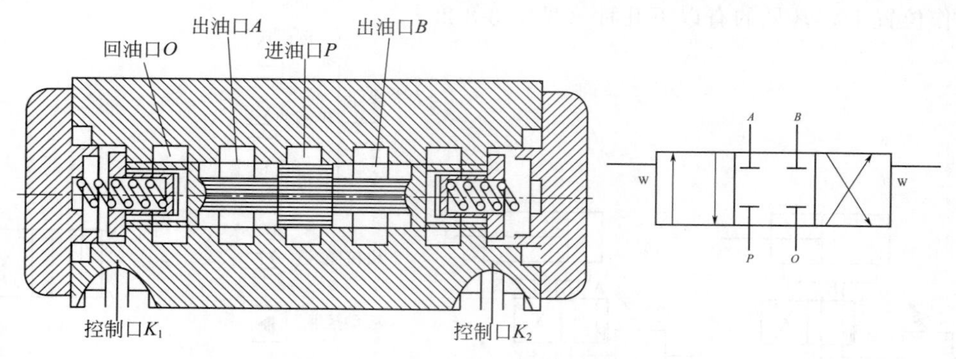

图 3-8-22 三位四通换向阀

液动控制式换向阀是靠液压油来改变阀芯位置的换向阀，阀芯是由其两端密封腔中油液的压差来移动的，当控制油路的压力油从阀 K_2 口进入滑阀右腔时，阀芯被推向左侧，使 B 与 P 接通、A 与 O 口接通。当控制油路的压力油从阀的 K_1 口进入滑阀左腔时，阀芯被推向右侧，实现油路换向。当 K_1，K_2 两个控制压力油都不通时，阀芯在两端弹簧的作用下，回复到中位，当对液动换向阀的性能要求较高时，液动换向阀的两端可装单向节流阀来调节阀芯的移动速度。

液动式操纵给予阀芯的推力是很大的，其适用于压力高，流量大，阀芯移动行程长的场合。

d. 电磁操纵式换向阀：电磁操纵换向阀即电磁换向阀，是利用电能通过电磁铁把电能转换成线性的机械力和运动的机电转换装置［见图 3-8-14（b）］。

电磁铁有直流式和交流式两种。直流电磁铁电压一般为 24V（或 110V)；交流电磁铁电压一般为 220V（也有 360V 或 36V)。直流电磁铁工作可靠，在过载或阀芯卡死不能到位时不会烧坏线圈。噪声小、寿命长、换向冲击小、但换向时间长、启动力小、需直流电源。交流电磁铁不需要特殊电源，启动力大、换向时间短；但换向冲击大、噪声大、过载时容易烧坏、可靠性差。电源电压波动范围一般不得超过额定电压的 85%～105%，电压太高电磁铁容易烧坏，电压太低则吸力不够，使换向阀的工作不可靠。

电磁铁分干式和湿式两种类型。

干式电磁铁又叫气隙式电磁铁，它是早期设计的类型；它基本是按电磁铁的工作原理，由 T 形铁芯、线圈和 C 形框架构成（见图 3-8-23)。

干式电磁铁的工作原理：当线圈通电后产生磁场，T 形铁芯依靠磁场，推动推杆，推杆推动阀芯换向。磁场越强，产生的换向力越大。为了增强磁场，干式电磁铁装有一个围绕线圈的 C 形铁磁通道，又称 C 形框架。另一个铁磁通道是位于线圈中心的 T 形铁芯，使磁场更加集中。

铁芯是良好的磁导体，而空气导磁性能很差，当线圈通电产生磁场时，将 T 形铁芯吸入线圈，以减小线圈中心造成较大磁阻的气隙。随着铁芯的移入，气隙逐渐减小，电磁铁的推力则越来越大。铁芯在线圈内的磁力大于线圈外的磁力。

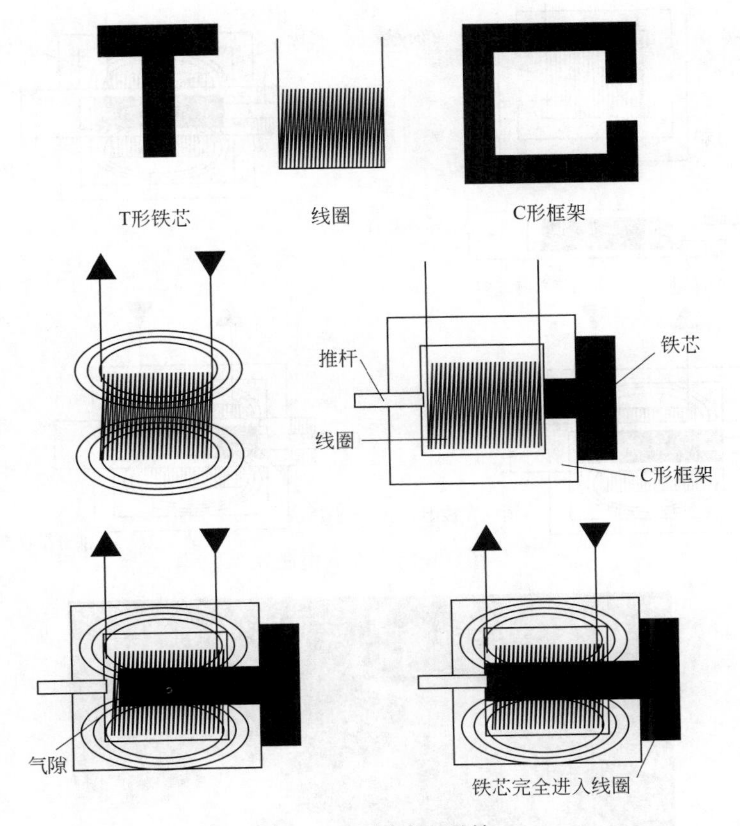

图 3-8-23　干式电磁铁

湿式电磁铁：陶瓷砖液压机所使用的电磁阀都是采用 24V 湿式电磁铁。湿式电磁铁与干式电磁铁相比，湿式衔铁设计的优点在于散热性好，取消了干式电磁铁中易造成泄漏的推杆密封。连续工作时电磁铁保持通电而不发生过热。

湿式电磁铁组成有线圈、矩形框架、推杆、衔铁和导磁套管。线圈安装在矩形框架内，并采用塑料封装。该封装有一个贯穿线圈中心的通孔，用以套在导磁套管上。导磁套管内装有衔铁，并通过螺纹连接在换向阀阀体上。导磁套管内腔与换向阀回油通道相通，故衔铁浸润在油液中，因此称此为湿式电磁铁（见图 3-8-24）。

当湿式电磁铁线圈通电时，线圈周围产生磁场，磁场通过围绕线圈的矩形铁磁通道和线圈中心的衔铁而加强。同时在通电的瞬间，在磁场的作用下，衔铁被吸入并通过推杆推动阀芯，使阀芯换向。

电磁铁的卡堵与失效的主要原因是由于换向阀阀芯阻碍电磁铁铁芯或衔铁完全到位，造成电磁铁持续通过很大的启动电流，电磁铁无法消散由此产生的大量热量，最终将线圈烧毁。换向阀阀芯的卡堵主要是各种污染物引起。

e. 电液换向阀（见图 3-8-25）：它是由电磁阀和液动阀组成的复合阀。电磁阀操纵控制油液流动的方向，改变液动阀的位置，起“先导”的控制作用。液动阀以其阀芯位置的改变变化主油路的油液流动方向，起着“放大”的控制作用。

电液换向阀有多种规格，油口尺寸有：1/4in（6.35mm），2.24/6in（9.5mm），1/2in（12.7mm），3/4in（19.05mm），1in（25.4mm），以及 11/4in（31.75mm）。

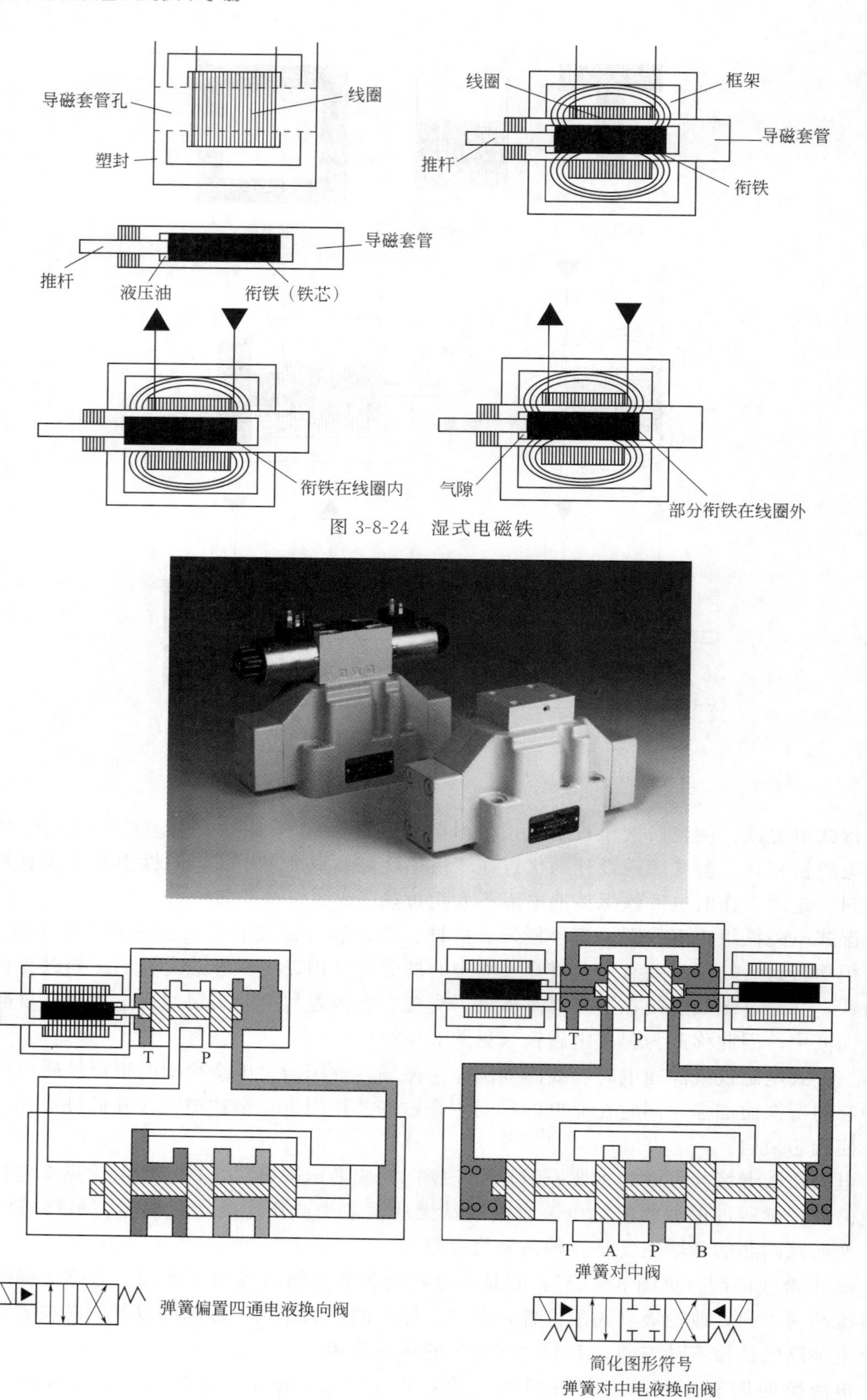

图 3-8-24　湿式电磁铁

图 3-8-25　电液换向阀

在大规格的阀中，使阀芯换向所需的力是相当大的，具有如此大推力的电磁铁将会非常之大，因此这类换向阀常以背装的方式把 1/4″或 3/8″的小型电磁换向阀安装在主阀的顶部。

电液换向阀主阀芯换向时，迫使大流量改变方向，因此会产生较大的冲击，起“先导”作用的电磁换向阀节流控制可减缓主阀芯的换向运动，从而减小冲击。先导节流控制器是一个叠加阀，安装在电液换向阀主阀与先导阀之间，由两个带旁通单向阀的针阀组成，设置该叠加阀使阀芯换向时，一个方向的针阀相对应地控制弹簧腔流出的流量进行节流，而另一个方向的针阀被旁通。反向换向时，则另一个方向的针阀对另一控制弹簧腔流出的流量进行节流。针阀旋入得越多，对控制流量的节流就越大，主阀芯的换向就越慢。

先导节流不能消除阀芯换向时的冲击，只能减小冲击。如果大规格的换向阀每次换向均产生严重冲击，则采用先导节流控制可将严重冲击减小为不严重冲击；如果冲击不严重，则先导节流能够将不严重冲击减小为一般冲击；如果是一般冲击，则先导节流能将一般冲击减小为微弱冲击。

电液换向阀阀芯对中：三位换向阀必须具有阀芯保持在中间位置的能力，这是通过对中弹簧和流体压力的作用来实现的。弹簧对中是换向阀对中最常用的方法，弹簧对中阀的阀芯两端各安装一个弹簧。换向时阀芯从中间状态压缩弹簧移动到一个端部位置。对浮动中位的液控阀，在其对中时，阀芯两端控制腔均释压，由对中弹簧将阀芯推回到中位。

⑤ 换向阀的中位机能　国产陶瓷砖液压机使用的电磁换向阀大多是二位阀，谈及二位换向阀的可能的流向通道时，仅考虑阀芯处于任意一个端部时的情况。但工业液压四通换向阀常常是三位的，即由两个端部位置和一个中部位置组成。两个端部位置直接关系到执行机构的运动，他们是阀的动力位置，是分别控制执行机构两个方向的运动。

换向阀的中间位置设计用于某种逻辑功能，或满足某种要求的系统工况。基于这个原因，换向阀的中间位置通常称之为换向阀的中位机能。

换向阀有各种各样的机能，最常见的中位机能有常开（H 型），常闭（O 型），串联型（M 型），以及浮动型（Y 型）等。这些机能可以简单地通过在相同的阀体中配装相应的阀体即可实现。

带 H 型阀芯的方向阀有 P、T、A 和 B 四个油口，在中位时所有油口相互连通（见图 3-8-26）。

该换向阀常用在单个执行回路中，在这种回路中，当执行机构完成其工作循环后，换向阀阀芯回到中位，油泵输出的流量在低压状态下返回油箱，同时，执行机构处于自由状态。

图 3-8-26（b）为 HP5000 陶瓷砖液压机泵站液压原理图，在 HP5000 液压原理中，阀组 D 中电磁换向阀在电磁铁 DT1 和 DT2 都失电的状态下，处于中位，系统处于卸荷状态。当电磁铁 DT1 带电，换向阀阀芯向右移动，溢流阀 1 工作，系统处于 100bar 的压力工作状态。当电磁铁 DT2 带电，DT1 失电，换向阀阀芯向左移动，溢流阀 2 工作，阀 1 与油箱连通，此时系统压力为阀 2 调定压力 170bar。

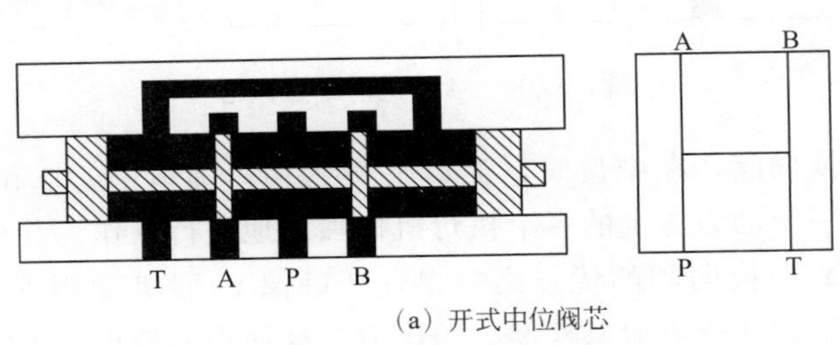

(a) 开式中位阀芯

图 3-8-26

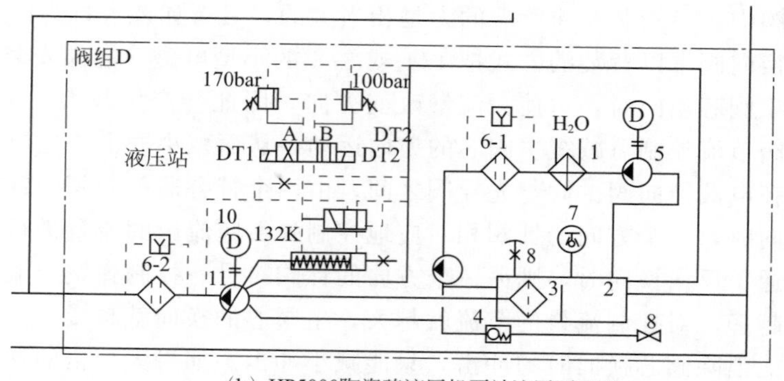

(b) HP5000陶瓷砖液压机泵站液压原理图

图 3-8-26　开式中位阀芯

O 型机能的电磁阀阀芯有 P、T、A、B 四个油口，阀芯在中位时所有的油口均封闭（见图 3-8-27）。

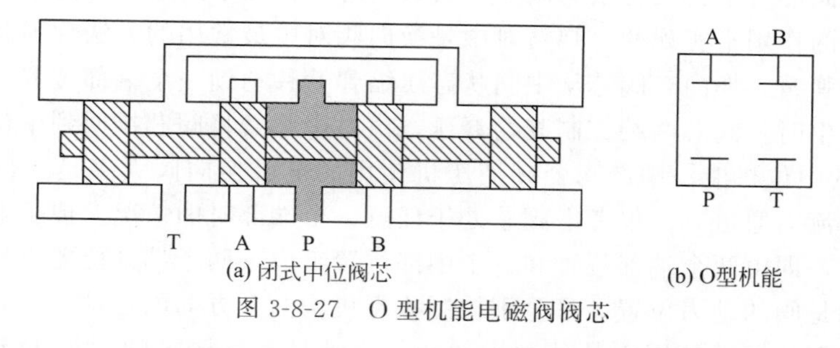

(a) 闭式中位阀芯　　(b) O型机能

图 3-8-27　O 型机能电磁阀阀芯

O 型机能换向阀有一些缺点，其中之一，在执行机构不工作期间，液压泵输出的流量不能通过换向阀卸荷回油箱，但只可通过先导溢流阀来实现。O 型机能换向阀另一个缺点是，任何一种滑阀均会有阀芯泄漏。这就意味着，如果阀芯有某种原因承受系统压力超过几分钟，在工作油路 A 和 B 中均将建立起压力。

O 型机能换向阀在中位时，通过阀芯存在内泄露，泄漏油液从 P 口通过阀芯的台肩进入 A 口。因为油液无法流出 A 口，泄漏的油液便继续通过另一台肩进入回油口 T。

M 型中位机能的换向阀，在中位时，油口 P 和油口 T 连通，油口 A 和 B 被封堵。该方向阀在系统不工作时，执行机构停止动作，但是允许液压泵的流量返回油箱（见图 3-8-28）。

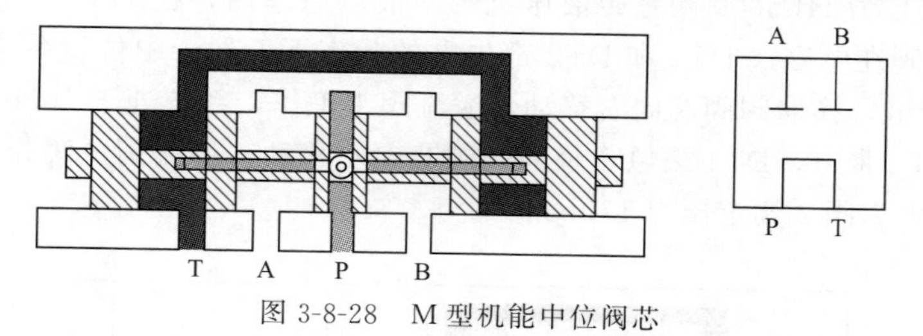

图 3-8-28　M 型机能中位阀芯

Y 型中位机能的换向阀，在中位时，油口 P 被封堵，油口 A、B 和 T 相连通。该机能换向阀允许连接的同一个动力源上的多个执行机构独立地进行操作。并允许各个执行机构自由运动，互不干扰。Y 型换向阀的优点之一是，P 口像 O 型机能阀那样，在中位被封堵，而工作管路内，却并不建立造成活塞杆漂移的压力。这种阀的缺点是未能将负载停住或锁住在停止位置上（见图 3-8-29Y 型机能中位阀芯）。

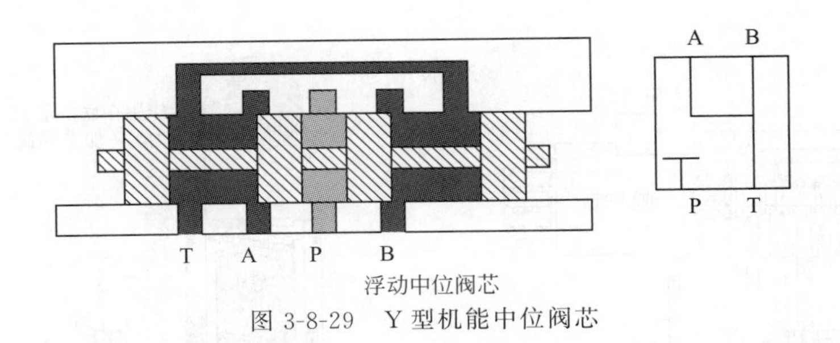

浮动中位阀芯

图 3-8-29　Y 型机能中位阀芯

换向阀中位机能不仅在换向阀阀芯处于中位时对液压系统的工作状态有影响，而且在换向阀阀芯切换时对液压系统的性能亦有影响。在分析和选择阀芯的中位机能时，应考虑以下几个问题。

系统保压问题：当通向液压泵的压力油口 P 口被堵塞时，系统保压；当压力油口与回油口 T 接通但又未全通时，系统能保持一定的压力，该压力在工业液压控制系统可作为控制油路使用，但在陶瓷砖液压机液压系统中不可使用。

(3) 插装阀　方向控制阀可以设计成插装阀，安装在阀块内或者通过螺纹拧入一个带油口的独立阀体内用于管式安装（见图 3-8-30 插装阀）。

插装阀可用电磁铁或电磁换向阀控制，通过弹簧复位，阀的机能可以是开/关，也可以是比例阀。单电磁铁结构一般是二位二通，二位三通和二位四通；而双电磁铁结构则是三位三通和三位四通。插装阀常用规格有 NG16，NG25，NG32，NG40，NG50，NG63。在陶瓷砖液压机中用 NG16，NG25，NG32，NG40。国产插装阀压力等级分为 6.3MPa，16MPa，25MPa，31.5MPa。而国产陶瓷砖液压机主缸最高设计额定压力为 35.3MPa，系统设计工作压力 20MPa，因此国产插装阀在陶瓷液压机系统中不能可靠、稳定的工作；建议有选择性的使用工作压力 35MPa 的进口插装阀。

图 3-8-30

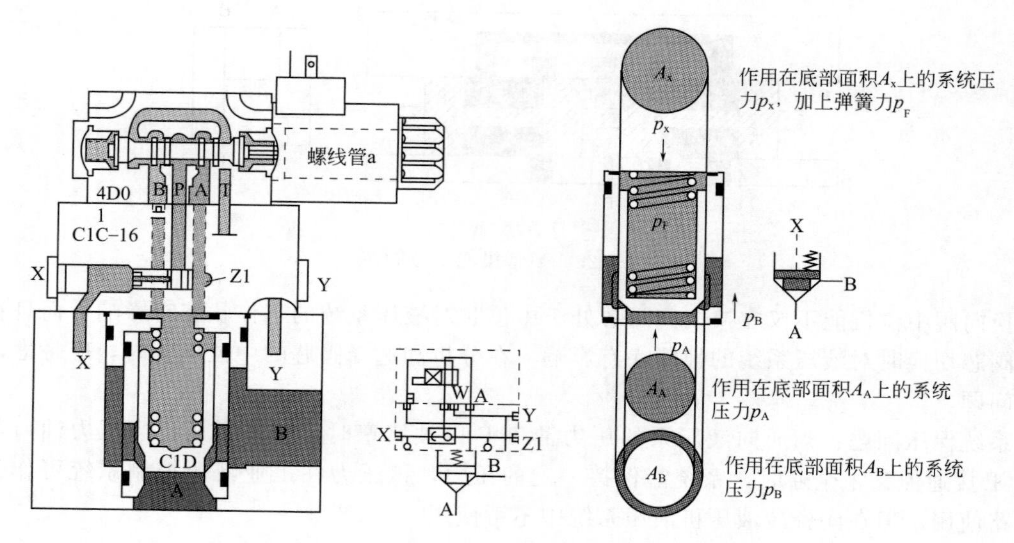

图 3-8-30　插装阀

标准插装阀在压力为 350bar 时的最大流量：

NG16　$Q=200$L/min

NG25　$Q=450$L/min

NG32　$Q=750$L/min

NG40　$Q=1250$L/min

NG50　$Q=2000$L/min

NG63　$Q=3000$L/min

插装阀的工作原理：

P_A　阀芯底部油口 A_A 处的压力；

P_B　阀芯侧面油口 A_B 处的压力；

P_X　阀芯控制油口 A_X 处的压力加上弹簧力 P_F；

P_F　弹簧力；

A_A　阀芯底部油口 A 处的承压面积；

A_B　阀芯侧面油口 B 处的承压面积；

A_X　阀芯控制腔油口 X 处的承压面积；

F_H　阀口液动力等；

$$P_A+P_B=P_X=F_H$$

$$合力：\sum F=0$$

以 KD3200 陶瓷液压机阀组 A 为例：见图 3-8-31。

插装阀 27-4、27-5、27-6、27-7 分别由电磁换向阀 16-5、16-6、16-7、16-8 作为先导阀控制，当电磁换向阀 16-5、16-6、16-7、16-8 按程序分别失电时，压力油通过控制管路并经过相应的换向阀进入插装阀控制油口，使插装阀关闭；当电磁换向阀 16-5、16-6、16-7、16-8 按程序分别带电时，相应的插装阀控制腔油口将与油箱连通，插装阀按程序分别开启，压力油将从阀芯底部 A_A 油口通过阀芯侧面 A_B 油口。就此时刻，二通插装阀组件具有二位二通放向阀的功能。

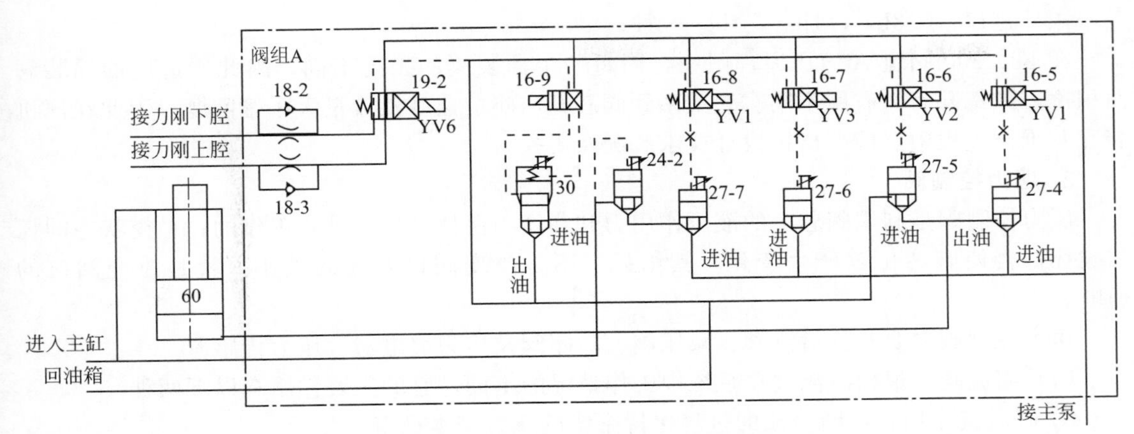

图 3-8-31 KD3200 阀组 A 液压原理图

插装阀按其阀芯的结构形式可分为：标准型（无尾部），带锥形缓冲阻尼尾部，带双节流窗口尾部，减压阀型，带四节流窗口尾部，弹簧倒置型；在以上基础上又衍生出单向阀用侧向钻孔型，带底部阻尼孔及 O 形圈密封型，带 O 形圈密封型，带 O 形圈密封型及侧向钻孔型，带底部阻尼孔型（见图 3-8-32）。

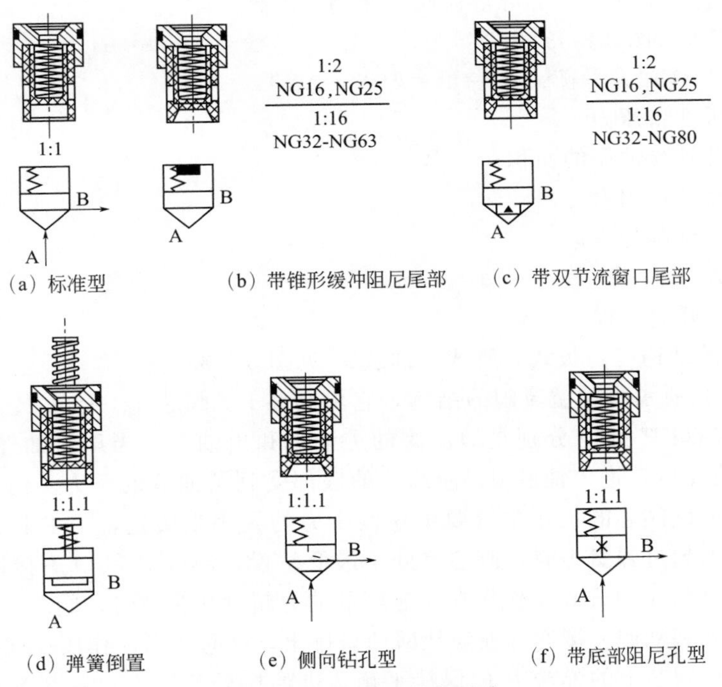

图 3-8-32 插装阀结构形式

插装阀的应用应按工况适当选择，在满足压力及流量的前提下，面积比是一重要参数，方向控制的插装阀面积比有四种，国产插装阀面积比为 1∶2、1∶1.5、1∶1.1、1∶1。进口插装阀面积比（阿托斯，力士乐）为 1∶2、1∶1.6、1∶1.1、1∶1 四种。

面积比 $\alpha_A = A_A : A_X$

插装阀阀芯开启力一般有：

国产插装阀：0.5bar，1bar，2bar，3bar，4bar；

国外进口：0.3bar，1bar，4bar 三种。

在 KD3200 阀组 A 液压原理图中，因每一个插装阀的工况不同，因此所选用的插装阀面积比，弹簧开启力有所不同。它关系到阀芯开启响应速度及流量大小等问题。因此在压机装配及维修过程中，应严格按设计要求装配及更换。

2. 压力控制阀

压力控制阀是利用阀芯上的液压作用力和弹簧力保持平衡来进行工作的；平衡状态的任何破坏都会使阀芯位置产生变化，其结果，不是改变阀口开度的大小，就是改变阀口的通断。

压力控制阀主要有：溢流阀、减压阀、顺序阀及压力继电器、压力传感器。

（1）溢流阀　根据溢流阀在系统中工作情况的不同，它的主要作用有以下两种。

① 起溢流作用：不断溢流的过程保持系统的压力基本稳定。

② 过载时溢流：主要起安全保护作用，一般称安全阀。

对溢流阀的性能主要要求是：①当溢流阀的流量变化时，系统中的压力变化要小，这属于溢流阀的静态特性；②灵敏度高，当系统中换向阀突然关闭或液压缸停止运动不需要液压油时，溢流阀要迅速打开，以防止液压冲击；③工作平稳，没有振动和噪声；④当阀关闭时泄漏量要小。

溢流阀有：直动溢流阀，先导溢流阀，比例溢流阀。

① 直动溢流阀（图 3-8-33）

图中液压力与弹簧力平衡：$pA=F=k(X+\Delta X)$

式中　p——是进油口压力；

A——阀芯承受油压的面积；

F——弹簧的作用力；

X——弹簧预调行程；

k——系数；

ΔX——阀芯开启行程。

直动溢流阀的结构有：板式，管式和插装式 见图 3-8-33（a）。

图 3-8-33（b）所示直动溢流阀的结构，它由阀体 5、阀芯 4、上盖 3、弹簧 2 和螺帽 1 等主要件组成。油口 P 和 O 分别是溢流阀的进油口和出油口，当压力油经 P 口进入 c 腔、径向孔 e、阻尼孔 f 后，进入油腔 d，使阀芯的底部受到了油液的压力。由于阀芯顶部作用着一个弹簧力，因此阀芯的工作位置要由这两个力的大小来决定，当 P 口压力不足以使作用在阀芯底部的力超过弹簧力时，阀芯将处于最低位置，油口 P 和 O 不接通，回油口 O 无液压油流出；当 P 口压力升高至作用在阀芯底部的力超过弹簧力时，阀芯 4 上升，阀口处于某一开度，油腔 b 和油腔 c 接通，油液从回油口排出，这时压力油作用在阀芯上的力 pA 就和此开度下作用在阀芯上的弹簧力 F 保持平衡，进油口处的压力也就基本稳定在某一数值上。这就是直动溢流阀的工作原理。

上述状态的实现要经历一段过程，当 $pA>F$ 时，阀芯上升，阀口打开，部分油液由溢流阀排出。由于惯性作用，阀芯的运动不能立即停止下来，以至阀口开得过大，使压力 p 值下降，出现了 $pA<F$ 的现象，接着阀芯下降，阀口关的较小，排除的油液减少，使压力 p 值再次加大，阀芯再度升高。如此几经变化幅度一次比一次小，经数次振荡之后才能达到平衡状态。

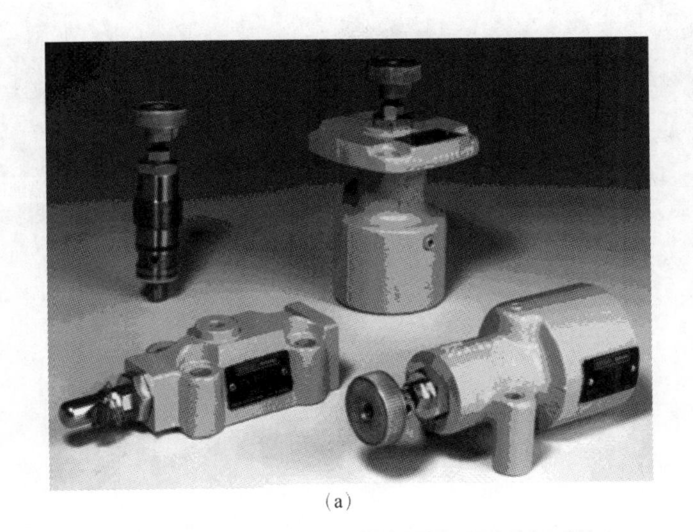

(a)

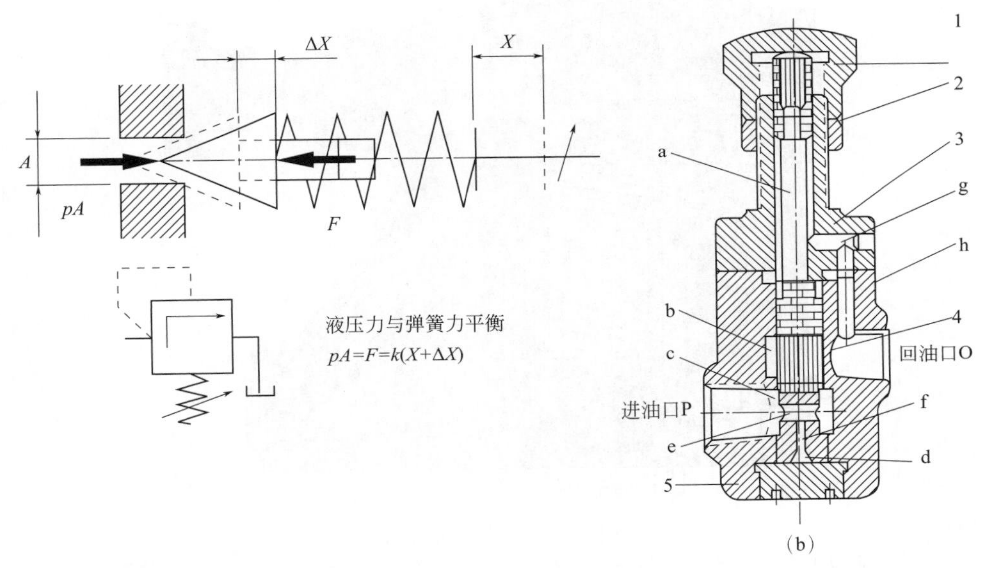

(b)

图 3-8-33　直动溢流阀

1—螺帽；2—弹簧；3—上盖；4—阀芯；5—阀体

阀芯上的阻尼孔 f 对阀芯的振荡起着阻尼作用，以提高阀的工作稳定性。

② 先导溢流阀（见图 3-8-34）　直动溢流阀在通过流量大或压力高的油液时，阀芯直径及滑阀底部的液压作用力都将增大，需要很大很强的弹簧来和它匹配，这使阀的结构很庞大；此外，溢流量变化时溢流压力的波动也将增大。因此在中高压、大流量的情况下使用直动溢流阀是不合适的，要采用先导溢流阀。

图 3-8-34 是标准型板式安装先导溢流阀。它由主阀体 8、主阀芯 7、主阀弹簧 6、先导阀阀体 5、阀座 4、先导阀芯 3、调节弹簧 2 和调节手柄 1 等主要件组成。f 是进油口；P、d 是回油口。阀座 4 右边的油腔经孔 h 与回油腔相通。压力油进入溢流阀后，压力油通过油腔 f 作用在主阀芯 7 底面；同时，压力油经过阻尼孔 e、孔 b 作用在主阀芯 7 上腔和先导阀芯 3 上。

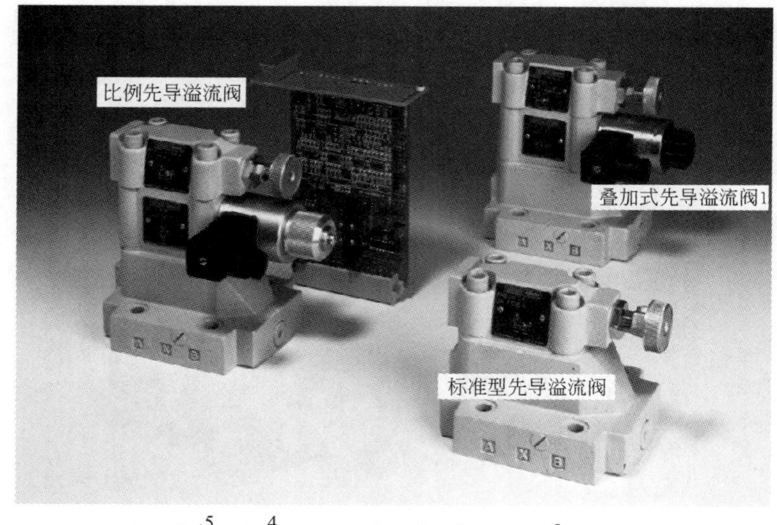

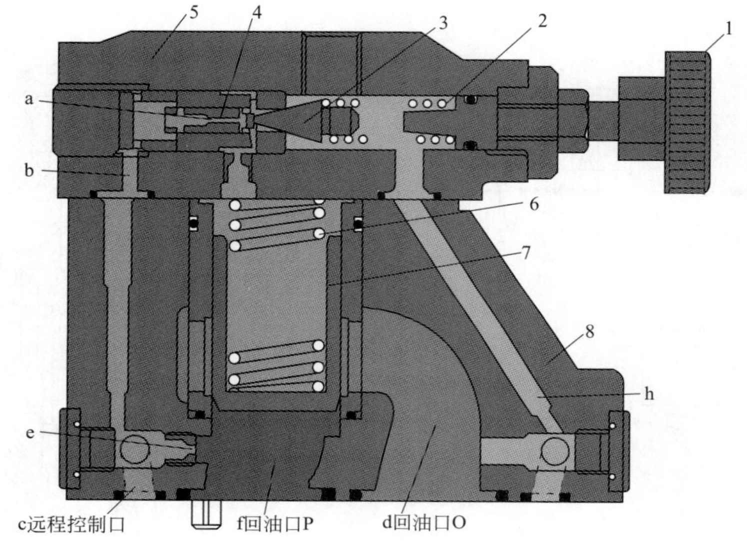

图 3-8-34 先导溢流阀

1—调节手柄；2—调节弹簧；3—先导阀芯；4—阀座；5—先导阀阀体；6—主阀弹簧；7—主阀芯（常闭）；8—主阀体（板式安装）

当压力油口的压力较低时，先导阀芯 3 上的液压作用力不足以克服阀芯右边弹簧力时，先导阀处于关闭状态，没有液压油通过阻尼孔 e、孔 b 和 a。这时，主阀芯 7 两端的压力相等，阀芯在主阀弹簧 6 的作用下处在最下端的位置，没有油液从进油口流向回油口。

当进油口压力升高到先导阀芯 3 上的液压作用力超过弹簧力时，阀芯向右移动，阀口打开，压力油通过阻尼孔 e、孔 b、a、先导阀芯 3 的阀口、孔 h 流向回油口。油液流经阻尼孔时产生压降，使主阀芯 7 顶部油液压力小于阀芯底部的压力。当这个压差作用在阀芯上的力大于主阀弹簧 6 的力、摩擦力和阀芯自重时，阀芯上升，油腔 f 和油腔 d 接通，压力油便从回油口排出，实现溢流作用。

先导溢流阀和直动溢流阀一样，进口处的压力在达到平衡之前需经历一段过渡过程：即进油口的压力上升主阀芯开始溢流时，主阀芯的运动并不能立即停止下来，仍然是阀口开得过大使进油口压力下降，于是先导阀芯 3 关小，作用在主阀芯上的力失去平衡，并使主阀芯向下移动，接着主阀芯阀口关得过小，溢流流量减小，进口处的压力又复增大，先导阀芯再次开大，主阀芯又向上移，溢流量又加大，这样几经反复，逐次接近平衡状态，直到最后平衡下来。

阻尼孔 e 起着提高溢流阀的工作平稳性的作用。

远控口 c 通过孔 b、a 与主阀芯上腔连通，通过管路及相应控制可实现溢流阀远程控制。当远程控制口接通油箱时，主阀芯顶部压力下降并接近零值，阀芯抬起，进油口 P 的压力在卸荷状态下通过回油口 O，回到油箱。

当溢流阀开始溢流时，进口处的压力叫做溢流压力。当溢流流量增大时，阀芯上升，阀口开度加大。当溢流阀通过额定流量时，主阀芯上升到最高位置，这时进口处的压力叫做溢流阀的调定压力或全流压力。全流压力与开启压力之差，称为静态调压偏差。而开启压力与全流量压力值比叫开启比。溢流阀的开启比越大，它的静态调压偏差就越小，他所控制的压力变化越稳定，理想溢流阀的开启比最好能达到 100%，但实际上是不可能的。

溢流阀在陶瓷砖液压机的液压系统中有如下功能。

a. 保持系统压力基本稳定：液压系统中，主泵输出的压力油只有部分进入系统，多余的部分通过溢流阀流回油箱。

b. 防止系统过载：当系统压力低于溢流阀调定压力时，主泵提供的油液全部进入系统，没有油液从溢流阀流出；当系统超载，系统的压力超过调定值时，溢流阀打开，让油液流回油箱。

c. 造成背压：在液压系统的回油油路上设置溢流阀，就是为了加上一个可以调节的液压阻力，造成一个回油压力，以改善执行元件的运动平稳性，这就是背压。

d. 使系统卸荷：利用远程控制，通过换向阀实现主泵的卸荷启动或系统卸荷。

（2）减压阀　当系统某一部分需要获得一个比液压泵提供的油液压力低的稳定压力时，就要使用减压阀，减压阀的主要组成与先导溢流阀基本相同只有如下三点不同之处：

① 阀芯结构是三节的，而不是两节；

② 高压油自进口处进入，而低压油自出口处流出；

③ 先导阀右边的油腔与卸油口 c 之间有单独的孔道相连（见图 3-8-35）。

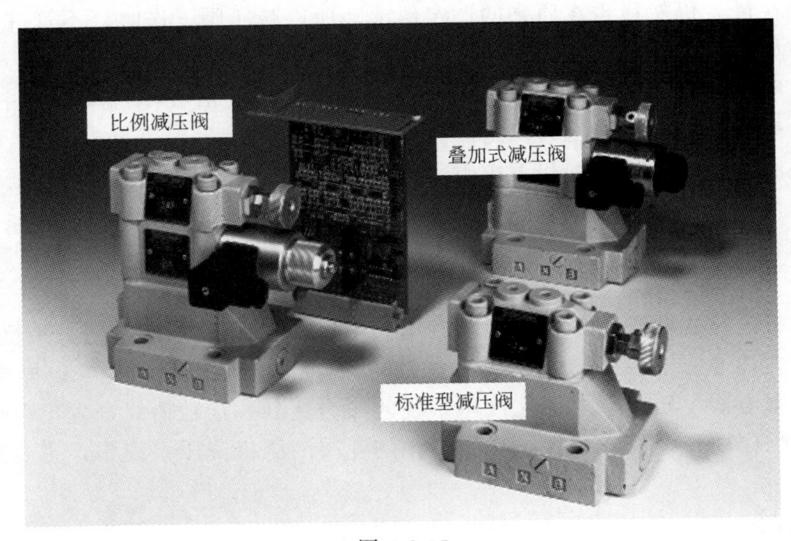

图 3-8-35

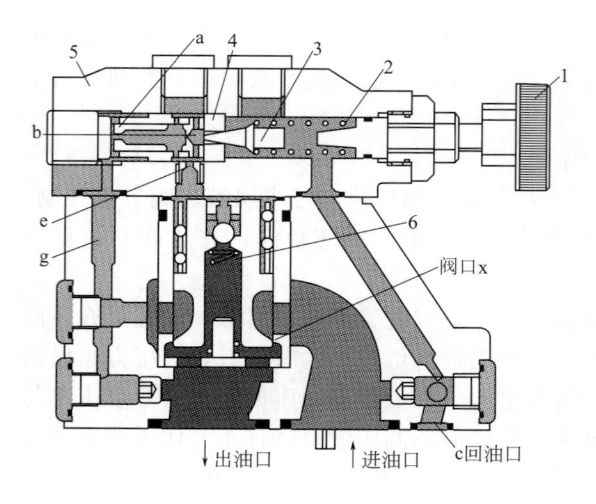

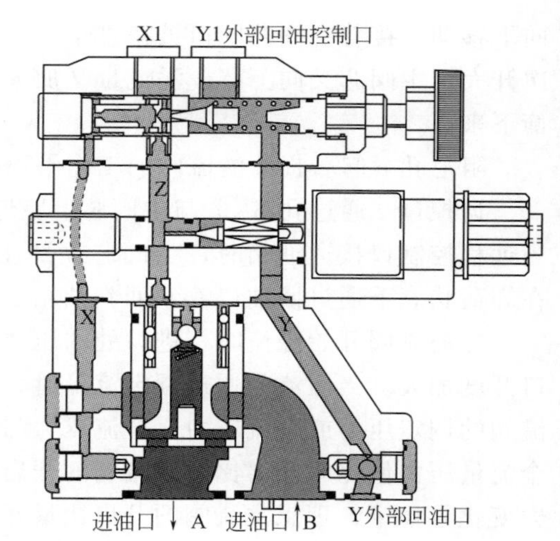

图 3-8-35　减压阀

1—调节手柄；2—调节弹簧；3—先导阀；4—阀座；5—先导阀阀体；6—弹簧

减压阀的工作原理：进入减压阀的高压油是在通过阀口 x 后才减压成低压油的。低压油除了从出油腔输出之外，还通过小孔 g 和阻尼口 e 流到主阀芯的顶上，并通过孔道 b，作用在先导阀 3 上。当出油处压力小于调整压力时，先导阀关闭，进口处压力油经孔 g、e 作用在主阀芯上端面，使主阀芯处于最下端位置，阀口全部打开，使油液流经阀口 x 时的压降很小，这时减压阀处于非工作状态，主阀阀芯上下两端油液压力相等。当出口处的油液压力到达减压阀的调整压力时，先导阀打开，进口处的液压油可以通过阻尼孔 e，经主阀上腔，孔道 b、a 、先导阀 3 再经孔口 c 流回油箱，由于阻尼孔 e 的作用，主阀阀芯上部的油液压力小于下部的油液压力，当这项压差在阀芯上引起的作用力小于弹簧 6 的作用力时，阀芯上移，阀口减小，压力油流过阀口时的压降加大，出口处的压力保持在调定值上，这时减压阀处于工作状态。如果由于某种原因进口处的压力增大，在阀芯还未作出相应的反应时，出口压力也有瞬时增大，这时通过小孔 e、b、a 使流经先导阀的流量增大，主阀芯下端和上端的压差也增大，使它从原来的平衡位置处上移，阀口减小，油液流经阀口的压降加大，出口处压力下降，并在最后仍然稳定在原来的调定值上。所以减压阀工作时，不管进口压力如何变化，出口压力始终保持在调定压力上。

从以上说明可以看到，减压阀是利用出口压力作为控制信号，自动调整主阀阀口开度，改变油液阻力来保证出油口处压力恒定的。

（3）顺序阀　顺序阀的结构和工作原理与溢流阀完全相同，唯一的差异是顺序阀出口处不接通油箱，而是接通某个执行元件。

顺序阀和溢流阀一样，有直动式和先导式之分，前者用于低、中压，后者用于高压系统。

顺序阀又有内控式和外控式之分，前者用阀的进口压力作为控制压力来操纵阀的启闭，后者把外来压力油通入油腔 d［见图 3-8-33（b），这时需将阻尼孔堵死］以操纵阀的启闭。

（4）压力继电器　压力继电器在液压系统的压力达到一定数值时，发出电信号操纵电气元件，以实现顺序动作或其安全保护作用。在陶瓷砖液压机液压系统中，主要起主缸防超压安全保护作用。

（四）液压缸

液压缸在任何应用场合，液压工作能在做有用功前必须先转换成机械能。液压缸一般用于实现直线往复运动或旋转往复运动。

液压缸根据它的结构特点可分为三大类：活塞缸式、柱塞式和回转式。陶瓷砖液压机主要使用活塞缸或柱塞缸。

液压缸的结构基本上可以分为缸体组件、活塞组件、密封装置、缓冲装置和排气装置。

当活塞杆来回运动时，它由活塞杆密封、活塞杆支撑环或导向环支撑。

活塞缸根据工作需要又分为双杆式、单杆式和无杆式。

1. 双杆式活塞缸（见图 3-8-36）

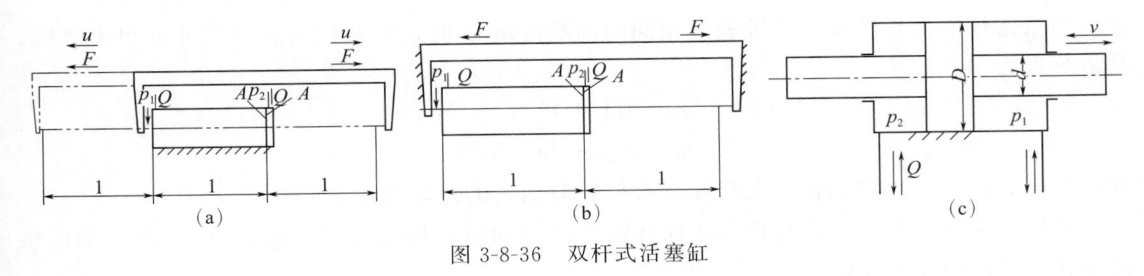

图 3-8-36　双杆式活塞缸

双杆式活塞缸是两端都带有活塞杆的液压缸。它有两种不同的安装形式；一种是油缸固定式；另一种是活塞杆固定式。

双作用活塞缸的两个活塞杆直径相等。当分别流入油缸两腔中的流量相同时，活塞往复运动的速度也相等。

在油缸固定安装形式中［见图 3-8-36（a）］，工作台移动的范围是活塞有效行程的三倍；在活塞杆固定的安装形式中，工作台的移动范围约等于有效行程的两倍［见图 3-8-36（b）］。

由于双作用活塞缸左右两腔有效面积相等，因此，两端在系统压力相同的状态下，这种活塞左右两个方向的推力相等［见图 3-8-36（c）］。

如果高压腔和回油腔压力分别是 p_1 和 p_2，则其推力为

$$F = A(p_1 - p_2) = \pi(D^2 - d^2)(p_1 - p_2)/4$$

式中　A——活塞的有效面积；

D、d——分别为活塞、活塞杆的直径。

同样，分别向液压缸两端油腔输入相同的油液流量时。油缸往复运动的速度也相等，其值为：$u = 4Q/\pi(D^2 - d^2)$

式中，Q 为输入油缸的油液流量。

2. 单杆式活塞缸

单杆式活塞缸是活塞一端带活塞杆的液压缸，活塞杆穿过的一端称为“有杆腔”，无活塞杆的另一端称“无杆腔”（见图 3-8-37）。

单杆活塞缸也有缸筒固定式和活塞固定式两种，它们的工作行程相同。

单杆活塞缸大小腔的工作面积不相等，因此两个方向的推力也不相同，如大小腔的压力分别是 p_1、p_2，则其推力分别为：

$$F_1 = p_1A_1 - p_2A_2 = \pi[D^2\ p_1 - (D^2 - d^2)\ p_2]/4$$

$$F_2 = p_1A_2 - p_2A_1 = \pi[(D^2 - d^2)\ p_1 - D^2\ p_2]/4$$

式中　F_1——压力油进入有杆腔时的活塞推力；

F_2——压力油进入无杆腔时活塞的推力；

A_1、A_2——分别为无杆腔、有杆腔的有效工作面积。

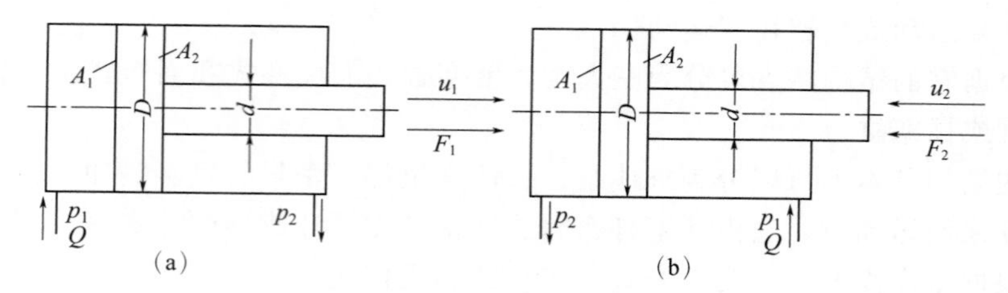

图 3-8-37 单杆式活塞缸

当活塞杆的无杆腔或有杆腔输入相同的油液流量 Q 时，活塞往复运动的速度也不相同，其值分别为

$$u_1=4Q/\pi D^2$$

$$u_2=4Q/\pi(D^2-d^2)$$

式中 u_1、u_2——压力油输入无杆腔、有杆腔时活塞的运动速度。

单杆活塞缸在其左右两腔相互接通并输入压力油时，称之为“差动连接”，作差动连接的单杆活塞缸叫做差动缸。

(1) 柱塞缸 柱塞缸和活塞缸一样，也有缸筒固定和柱塞固定两种形式。

柱塞缸的缸套与柱塞没有配合要求，缸套内孔不需要精加工，仅柱塞与缸盖导向孔有配合要求，这样简化了钢套的加工工艺，因此特别适用行程较长的场合。

(2) 增压缸 见图 3-8-38。

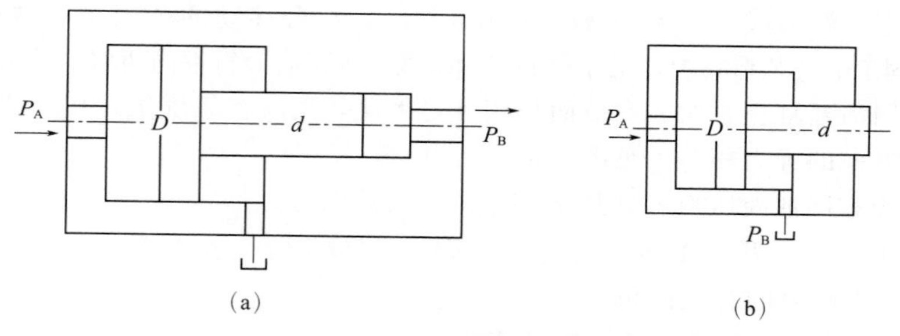

图 3-8-38 增压缸

大多数陶瓷砖液压机的液压系统中都设置了增压器，增压器就是一种活塞缸和柱塞缸的组合。用以使液压系统中的局部区域获得高压。图 3-8-38 (a) 是活塞杆增压器；活塞缸中的有效工作面积大于柱塞的有效工作面积，所以向活塞无杆腔输入压力油时可以在柱塞缸得到高于无杆腔压力的高压油。他们的关系为

$$P_B=P_A(D^2/d^2)$$

式中 P_A、P_B——分别为增压器的输入压力、输出压力；

D、d——分别为活塞、柱塞直径。

图 3-8-38 (b) 是活塞有杆环形腔增压；活塞缸中的有效工作面积大于柱塞端环形腔的有效工作面积，所以向活塞无杆腔输入压力油时可以在柱塞端环形腔得到高于无杆腔压力的高压油。他们的关系为：

$$P_B=P_A[D^2/(D^2-d^2)]$$

式中 P_A、P_B——分别为增压器的输入压力、输出压力；

D、d——分别为活塞、柱塞直径。

增压比：$i = P_B/P_A$

在液压系统中由于元器件泄漏、系统压力波动等原因，在极短时间增压时，主泵不能及时提供大量油液，造成系统压力下降，因此实际增压比 $i_{实际}=Ki$。一般 K 值取 1.1～1.2 左右，即人为的增大增压缸大腔面积 K 倍。

（五）陶瓷砖液压机液压系统辅助装置

液压系统辅助装置，包括滤油器、蓄能器、冷却器、油管、接头、油箱、密封等。

1. 滤油器

所有的液压油液都在某种程度上含有污染物，但是系统中安装滤油器常常不被认可，因为增加这种特殊的原件，并没有使机器明显增加动作，只有清楚地指出液压系统中的污染物会导致液压系统的损坏，才能引起维修人员的重视。大多数液压原件和系统的故障是由于颗粒污染物造成的。液压油有以下四个功能。

（1）作为能量传递的介质。

（2）润滑液压原件的内部运动零件。

（3）作为热量传递的介质。

（4）密封精密配合的运动零件之间的间隙。

污染物可影响以上四种功能中的三种，由于污染物堵塞了液压原件中的小节流孔而影响能量的传递，在这种情况下，压力很难通入阀芯的另一侧，不仅阀芯的动作无法产生和预料，而且不安全。

由于油液黏度、摩擦和流动方向的改变，在系统工作期间液压油会发热，在油液返回到油箱时，将把热量传到油箱的箱壁散发，而污染颗粒会在油箱内形成沉积层，使热量难以传送到油箱的箱壁而影响油液的冷却。另外，颗粒污染物会擦伤运动零件、破坏润滑油膜。尺寸较大的颗粒污染物会积聚在间隙的进口处，阻断运动零件之间的油液流动而影响润滑。缺少润滑将造成运动零件过度磨损、响应慢、误动作、电磁铁烧毁以及其他类型的元件早期故障；因此，保持液压油清洁是液压系统正常工作的必要条件。

滤油器的功能是去除液压油液中的颗粒污染物，将污染物阻挡在滤芯上。

滤油器滤芯可分为纵深型和表面型两类。

纵深型滤芯：纵深型滤芯采用具有一定厚度的多层滤材制作，油液流过时必须经过弯曲的路径，从而将污染物截留。纵深型滤芯由多孔过滤纸张或合成纤维制作。由于结构的原因，纵深型滤芯有许多不同尺寸的孔隙，因此，根据平均孔隙尺寸确定过滤精度。

表面型滤芯：由于表面型滤芯流过油液的流道是直通的，且只有一层滤材，污染物被截留在面向液流的滤芯表面。表面型滤芯常用金属丝布和多孔金属板制作。

过滤形式的划分如下。

（1）按流量划分：包括部分流量过滤和全流量过滤。

（2）按系统位置划分：包括油箱粗过滤、吸油过滤、压力过滤、回油过滤。

部分流量过滤：抗污染的第一步措施是在系统中安装滤油器，使液压泵的部分流量得到过滤，方法可以是在系统中设置一个滤油器，使液压泵的部分流量被旁通并流过该滤油器。

全流量过滤：在系统中设置滤油器使液压泵的所有流量全部流过该滤油器进行过滤。全流量过滤是大多数现代液压系统所使用的过滤形式。

滤油器是用于保护液压元件的。理想的情况是系统中的每一个元件都装有自己的滤油器，但是大多数情况下，在经济上是不可行的，要得到最好的结果，通常的方法是在系统中的关键位置安装滤油器。在多数场合，油箱是系统的一个大污染源；由于液压泵是系统的心脏，是系统中最昂贵的元件之一，也是系统中运动得最快的元件之一，因此，滤油器最好的安装位置在油箱和液压泵之间。初过滤通常是安装在油箱上，拧在液压泵吸油管路的端头。其优点是：①保护液压泵，避免油箱内的脏污进入；②价格低廉。缺点：①由于位于液面以下，较难清洗，特别是在油液发热的情况下；②没有污染指标装置，无法知道油箱滤网是否肮脏及堵塞；③如果油箱滤网规格不正确或者维护不当，可能会阻塞液流并造成液压泵缺油，严重时损坏液压泵；④油箱滤网不能保护液压泵下游的元器件，避免液压泵产生的污染颗粒的影响。

吸油滤油器：吸油滤油器安装在油箱出口侧的吸油管路上，通常吸油管路滤油器的过滤范围为 25～238μm。吸油过滤的优点是：提供液压泵的保护，避免油箱中的污染物进入液压泵。由于吸油滤油器安装在油箱的外侧，可以安装指示滤芯污染程度的指示器。可在不拆卸吸油管道或者油箱的情况下更换滤芯。缺点与油箱滤油器相同。

压力滤油器：压力滤油器设置在液压泵和其他系统元件之间的回路中，过滤精度范围通常为 3～40μm。压力滤油器也可安装在系统元件之间，如果系统元件之间的流量可在两个方向流动时，滤油器必须是可双向流动的。双向压力滤油器常用于比例阀和伺服阀的下游侧，以及闭式静液传动回路中。其优点是：过滤精度高，能过滤非常细小的颗粒污染物，能保护特殊的原件，避免上游元件的磨损产生的颗粒造成的伤害。缺点是：压力滤油器的壳体必须能耐高压，因此，滤油器的价格昂贵。如果压差和流速足够大，颗粒污染物能被推过滤芯，当颗粒污染物太大时，会撕裂或压溃滤芯。

回油滤油器：回油滤油器安装在油箱之前的回路中，通常回油滤油器的过滤精度范围是 5～40μm。优点是：①颗粒污染物在油液进入油箱之前被收集；②回油滤油器不是在系统高压状态下工作，因此比压力滤油器价格便宜；③油液可以被过滤的非常精细，因为回油压力可把油液推过滤芯。缺点是：①不是直接保护回路中的液压元件；②对全流量过滤的回油滤油器，在确定规格时，必须考虑来自液压缸、执行机构和蓄能器等的输出流量脉动；③有些原件的功能可能会受到回油管路中的过滤器所产生的背压影响。

滤油器的选择：液压系统产生的压力可能很高，常用的工作压力在 350bar。由于陶瓷砖液压机工作环境恶劣，因此，对液压系统过滤器的安装及选择有较高的要求，既要满足液压系统元器件过滤精度，又要降低滤油器的维修和滤芯更换成本。综上所述滤油器的选择应考虑以下因素。

（1）确定系统关键回路所需的油液清洁度：重点考虑关键元件，即对污染敏感的元件及更换费用最高的元件所在的回路。

（2）确定滤油器的安装位置。

① 油泵的保护：油泵是液压系统价格最高的元件，同时，油泵也是对污染非常敏感的元件，因此，为防止污染物从油箱进入油泵，造成油泵损毁，应考虑安装回油和吸油过滤器。

② 高压元件：油泵出口以及很多元件出口的下游都作用着系统压力，一般地说，压力越高，机械负载就越大，磨损速度也加快。对于这些元件，应该在其上游安装一个压力管道滤油器进行保护。

（3）选择滤油器的类型和滤材

除了选择滤油器的安装位置，还必须考虑下列问题：

油液与滤材、密封件和零件之间的相容性；

滤芯的结构是否适用于系统的工况；

滤油器壳体的额定压力。

① 油液的相容性：滤芯材料、密封件、壳体和零件必须与基础油液及其添加剂相容。而且，这些材料必须能够在整个工作压力和温度范围内与油液相容。

② 一般滤材褶折于滤芯中，以达到最大表面和纳污能力。然而，当流量过大，且存在流量突变或者周向流动时，这些滤材会被挤压在一起。这样会减小滤芯的有效面积，缩短滤芯的使用寿命。

③ 如果滤油器不含旁通阀，那么滤芯必须承受系统的全压，当滤芯一旦被污染物堵塞，则滤芯两端压力会越升越高，随着压力升高最终导致滤芯支架结构断裂或者污染物穿透滤芯滤材。因此滤油器壳体必须能承受额定压力，防止壳体爆裂产生安全事故。

综上所述，滤油器的选择：

① 满足系统额定压力的要求；

② 满足回路流量的要求；

③ 满足系统元件所需油液精度的要求；

④ 满足安装方式的要求。

2. 蓄能器

蓄能器是一种利用气体的可压缩性来储存压力油的装置，在液压系统中它主要用途有以下几方面。

① 短期供油　当系统短时间需要大量压力油时，就可采用蓄能器配合主泵联合供油。当系统不需要大量供油，蓄能器可以把主泵输出的多余油液储存起来。

② 维持系统压力　有的系统要保持一定的压力，当实现保压时，主泵卸荷，由蓄能器维持系统压力并补偿泄漏，以便节省传动功率，降低系统升温。此外，蓄能器还可作为应急油源，在一段时间内维持系统压力。

吸收冲击压力或脉动压力 用于系统压力波动大的场合。当液压缸突然停止或突然运动，液压阀突然换向或关闭，液压系统中要出现液压冲击，使用蓄能器可以吸收这种冲击。

（1） 蓄能器的分类　蓄能器的类型主要有重力式、弹簧式和气体加载式三种。气体加载式蓄能器又分为气瓶式、活塞式和气囊式等多种形式。由于在陶瓷砖液压机液压系统中主要使用气囊式蓄能器，因此，只介绍气囊式蓄能器。

气囊式蓄能器见图 3-8-39。

这种蓄能器以氮气作为可压缩介质工作的，它主要有壳体、皮囊、进油阀和充气阀等组成。皮囊内贮放惰性气体，允许工作压力为 $35\times10^5\sim320\times10^6$Pa，壳体下端的进油阀是一个用弹簧加载的菌形阀，它能使油液通过油口进入蓄能器而又防止皮囊经油口被挤出。充气阀只在蓄能器工作前用来为皮囊充气，在蓄能器工作时是始终关闭的。气囊式蓄能器的特点是皮囊惯性小、反应灵敏、结构尺寸小、重量轻、安装方便，维护容易，因此适用于吸收冲击压力和吸收泵的输油压力脉动。

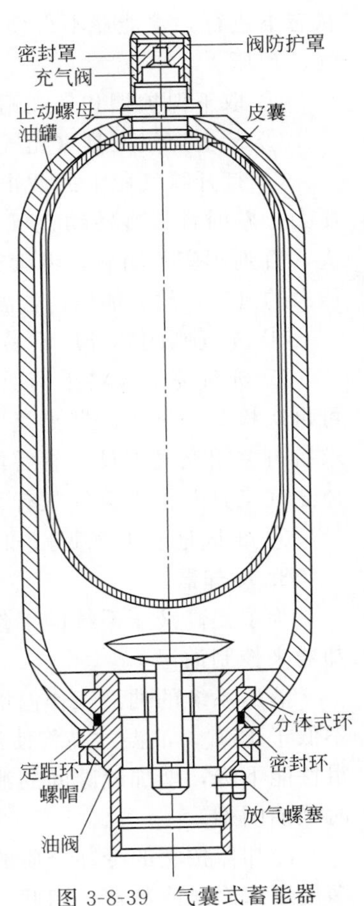

图 3-8-39　气囊式蓄能器

（2）蓄能器的使用和安装原则　蓄能器在液压系统中安放的位置随其功用的不同而不同。

① 气囊式蓄能器原则上应垂直安装，并在周围有一定的空间，以便于充气，检查和维护。

② 吸收冲击压力和脉动压力的蓄能器应尽可能装在振源附近。

③ 蓄能器与管路之间应设置操作简单的安全截止阀，以便超压保护，或在充气、检修及长时间停机时使用。蓄能器与泵之间应安装单向阀，防止液压泵停车时蓄能器内贮存的压力油倒流。

④ 蓄能器安装一般用托架支撑，再用抱箍固定，容量小的蓄能器可以不用托架，但必须固定牢固。不得在壳体上进行焊、钻及其他一切可能改变蓄能器机械性能的操作。

⑤ 与蓄能器油口连接的管接头的内径应为通常标准管接头内径，如过小，会接触座阀尾部使座阀始终处于停开状态，从而损坏胶囊。

（3）蓄能器充气压力的原则

① 冲击缓冲：以蓄能器设置点的最大工作压力的60%～65%作为充气压力。

② 脉动阻尼：以脉动的平均压力60%作为冲击压力。

③ 能量储存：充气压力应低于最低工作压力的90%，但高于最高工作压力的25%。

④ 热膨胀补偿：以液压系统封闭回路中最低压力或稍低一点的压力作为充气压力。

（4）充气操作　充氮气在蓄能器安装前后都可以进行，但必须在蓄能器油口处于无压的状态下进行，蓄能器不得使用氧气和其他易燃气体，蓄能器在工作之前按下例方法预先充气、预压。

① 取下保护帽和气阀帽。

② 装上充气工具（充气工具应处于关闭状态）。

③ 打开氮气瓶上的截止阀，调节氮气减压器，把氮气瓶的压力由减压器减压到较低的压力，顺时针慢慢转动充气工具手柄，使充气阀顶杆顶开充气阀阀芯，使氮气缓缓充入气囊，直到阀座关闭后，继续充入所需压力的干燥氮气。如果充气压力较高时，应先充入较低压力的氮气，然后加压；若需要的充气压力大于氮气瓶压力，应采用增压装置（如充氮小车）。

④ 充气阀阀芯开度不易过大，以免充气气流太急而损坏气囊。

⑤ 充气完毕应将手柄逆时针退到头，关闭充气工具，在关闭截止阀和减压阀后，一般可再次检验一下蓄能器充氮压力，必要时可增补或放除一些氮气，使蓄能器氮气压力符合要求后再关闭充气工具。然后再打开充气工具上的排气螺塞，放掉管路上的残余气体，然后拆掉充气工具并检查氮气瓶有无泄漏。

⑥ 牢固地装上气阀帽和保护帽。

3. 冷却器

为了提高液压系统的工作稳定性，使系统在适宜的温度下工作，并保持热平衡，采用冷却器来控制油温。

液压系统的油液工作温度一般希望保持在30℃～50℃范围内，最高不超过60℃，最低不低于15℃。油温过高将使油液变质，加速其污染，引起节流孔堵塞，并使油液黏性和润滑性能下降，增加缝隙间的泄漏，缩短液压元件及密封的使用寿命。温度过低，则泵在启动时吸油困难。

冷却器按它的冷却介质的不同可分为风冷式、水冷式、氨冷式等多种。陶瓷砖液压机大多使用水冷式冷却器，因此，在此只讨论水冷式冷却器。

水冷式冷却器也有多种形式，最简单的是蛇形管冷却器，他直接安装在油箱内。冷却水从蛇形管中通过，把油液中的热量带走。这种冷却器效率低，耗水量大、对水质要求高，冷却管清洗困难，运转成本高。

液压系统中多管式冷却器采用的较多。它是一种强制对流式冷却器（见图 3-8-40）。液压油从右侧上部 c 口进入，经过多根冷却水管外部从左侧油口 b 流出；冷却水从右侧端盖中部 d 孔进入，经过多根冷却水管内部从左侧端盖 a 孔流出。在油液从水管外部流过时，三块隔板增加了油液的冷却循环路线长度，从而改善了冷却效果。这种冷却器冷却水管清洗较为困难。

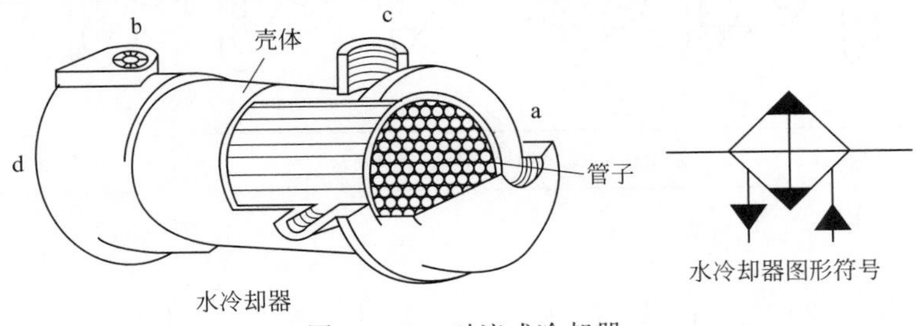

图 3-8-40　对流式冷却器

板式冷却器在陶瓷砖液压机已大量应用（见图 3-8-41）；在早期陶瓷砖液压机液压系统的改造中，较多的企业已用板式冷却器替换了多管式冷却器。其优点是换热面积大，利于清洗，维修成本低。

板式冷却器主要有密封垫，冷却板片、固定压紧板、活动压紧板、上导杆、下导杆、夹紧螺柱、法兰等组成［见图 3-8-41（a）］。

密封垫起密封作用，防止介质泄漏与混合，并使之在不同板片分配。冷却板片提供介质流道和换热表面。固定压紧板用夹紧螺栓固定冷却板片，保证冷却板片之间相互密封。活动压紧板与固定夹紧板配对使用，可在上下导杆上滑动。上、下导杆起导向定位作用，冷却板片及活动夹紧板可在其上面滑动。夹紧螺柱起冷却板片和活、固定板夹紧固定作用，使冷却器组装成整体并压紧密封垫，保证流体介质不泄漏、不混合。法兰为流体介质提供进出口。

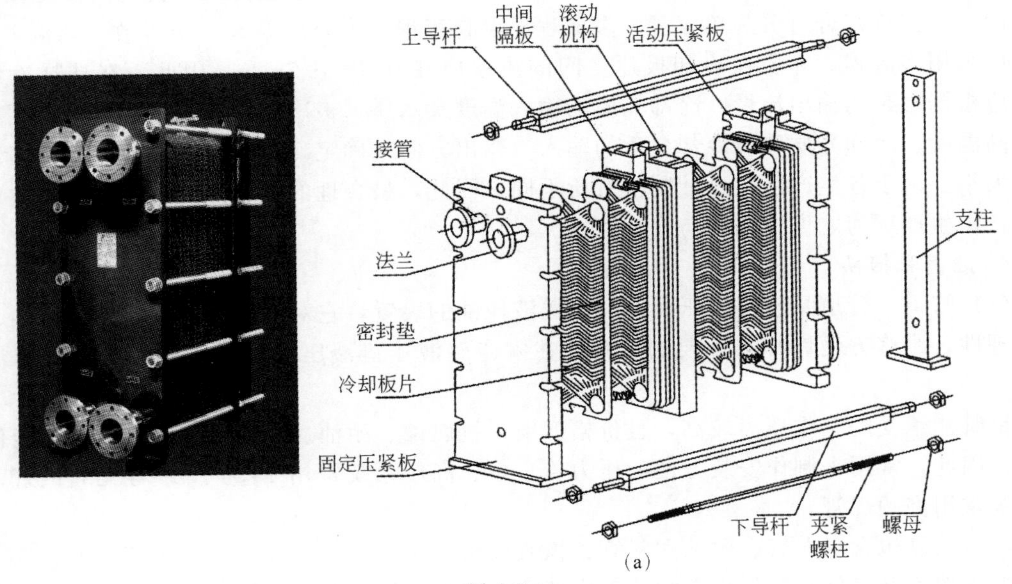

(a)

图 3-8-41

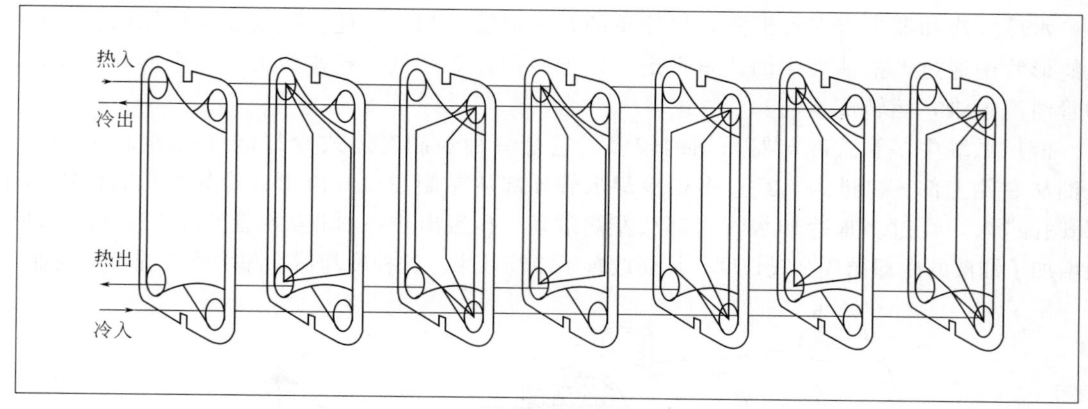

共联流程组合图

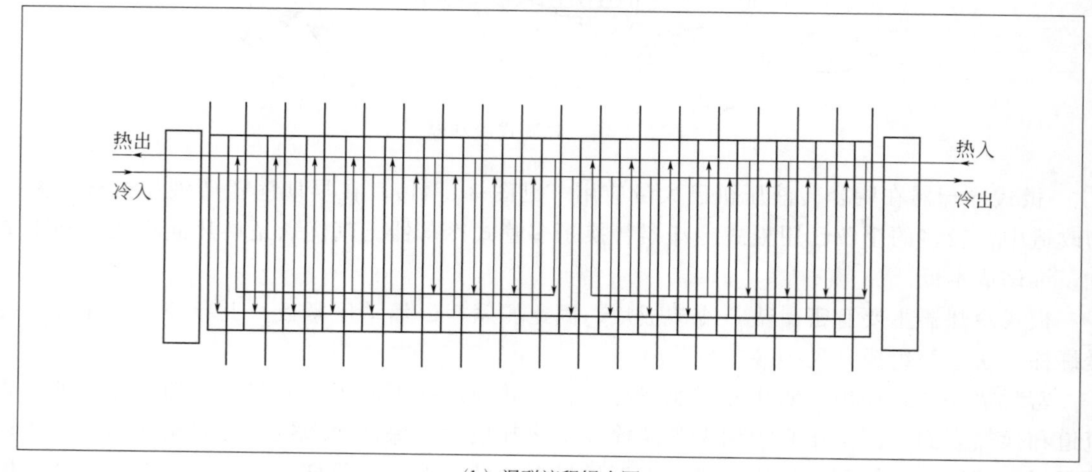

(b) 混联流程组合图

图 3-8-41　板式冷却器

板式冷却器流程形式很多，都是采用不同冷却板片和不同组装方式来实现的［见图 3-8-41（b）］。流程组合可分为单流程、多流程、混合流程。当介质温差大于对数平均温差 1.8 倍，应采用多流程。介质在冷却板片之间的流速应在 0.3～0.5m/s。因此，在选择冷却器时，应根据主泵的输出流量、冷却介质的输入温度及水质、被冷却介质输出的需求温度、输入最高温度、冷却介质和被冷却介质的输入、输出方向来确定冷却器的流程形式和冷却器的面积大小。由于各生产厂在设计制作有所不同，因此，最合理的方式是向生产厂家提供以上要求，由生产厂为之设计流程与冷却面积。

4. 油管和接头

(1) 管道　管道是连接液压元件、输送液压油的装置，它对液压系统的工作可靠性、安装合理性，维修方便性都有重要的影响。在陶瓷砖液压机液压系统中主要使用钢管和液压软管。

钢管能承受的工作压力较高，且价格低廉，抗腐蚀、耐油、刚性好，但装配时不能任意弯曲；因此，常用来制作安装方便的压力管。中、高压系统常用 15 号、20 号无缝钢管，低压系统常用高频焊管。

液压软管包含尼龙管、耐油塑料管、橡胶软管。

液压软管及其软管附件根据它的工作环境决定其使用寿命，当软管及其组件的工作环境恶劣时，也会缩短它的使用寿命。如果错误的选择、安装和维护，都会导致软管失效，造成对人体的伤害和财物的损坏。

每一种软管都有一个最大工作压力，液压系统的系统压力确定后，选择的软管最大工作压力必须等于或大于系统压力。所有的液压系统都会有压力波动，必须考虑最高工作压力的高峰压力，它会影响系统元件和软管的使用寿命。用于吸油回油管路的软管，必须保证在系统负压时不被吸扁。

软管在使用中工作温度和环境温度都不允许超过软管许用温度范围。

为了减少软管在使用中出现问题，必须安排最适宜的路线，如果需要，可用固定架保护和引导软管，使软管减少过分弯曲、振动或摩擦。

（2）油管的内径确定　油管的内径 d 可根据通过的流量和允许流速来计算

$$d=4.6\sqrt{Q}/v(\mathrm{mm})$$

式中　Q——通过油管的流量；

v——油管中允许流速，对吸油管可取为 0.5～1.5m/s；流量大时可取大值；对压力油管，可取 2.5～5m/s，当系统压力高、流量大、管道短时可取较大值。

由于陶瓷砖液压机压力转换频率高，冲击大，在选择高压油管时，系统最高工作压力应不高于油管的额定工作压力的 2/3。

钢管壁厚 δ 计算：$\delta=pd/2[\sigma]$

式中　p——管内工作压力；

$[\sigma]$——材料许用应力；$[\sigma]=\sigma_b/n$，σ_b 是材料的抗拉强度；n 是安全系数，当 $p<70\times10^5\mathrm{Pa}$，取 $n=8$；$p<175\times10^5\mathrm{Pa}$ 时，取 $n=6$；当 $p>175\times10^5\mathrm{Pa}$ 时，取 $n=4$。

（3）管接头　管接头是油管和液压元件之间的可拆式连接件，它应该连接可靠，密封牢固，通油能力强，压降小，拆卸方便，工艺性好。

管接头的种类很多（图 3-8-42），按接头的通路可分为：直通、角通、三通、四通等形式。按油管和接头的连接方式分：卡套式、扣压式、焊管式、管端扩口式；按接头与阀体连接方式分为：螺纹式、法兰式等形式。

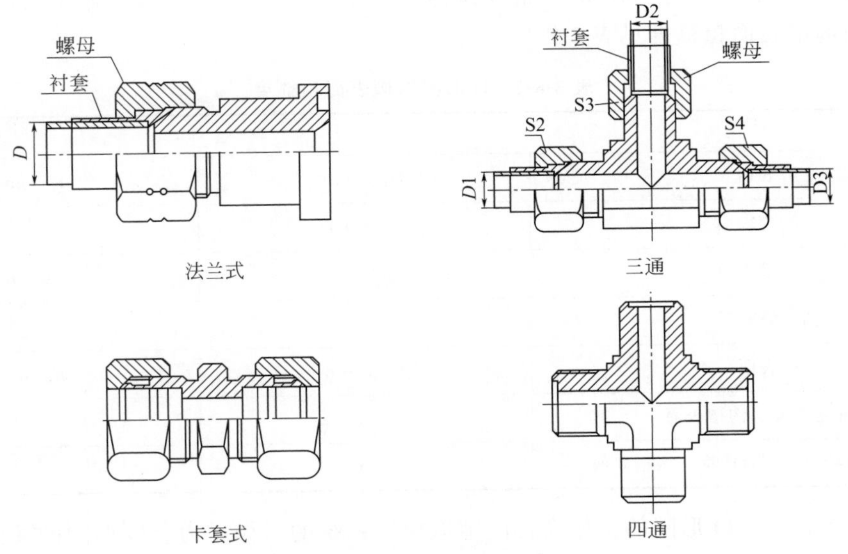

图 3-8-42　管接头

5. 油箱

油箱的作用是保证给系统提供充分的油液，使渗入油液中的空气逸出、沉淀油液中的污物、储存和冷却油液的作用；陶瓷砖液压机的油箱还有一个重要作用，既为主缸快速充液。

陶瓷砖液压机的油箱为分离式结构，主油箱在压机顶部，副油箱在泵站上。

油箱在使用中应注意以下几个问题。

(1) 为防止压机回程时，油液从油箱顶部安全阀溢出，油箱中的油面不能太高，即往油箱加油时注意油面的高度，一般不超过油箱高度的80%。

(2) 当活塞在底部时，油面不能低于主回油口50mm。防止空气进入副油箱。

(3) 每次更换液压油时，应彻底清洗主、副油箱，清除油箱底部沉淀渣质，防止污染新注入的油液。

6. 密封

液压元件中的压力油内、外泄漏直接影响液压系统的性能和效率，严重时整个系统无法工作。在各液压元件有可能泄漏的地方，都存在密封，因此，对密封结构，密封性能、密封件的材料和质量都有相对要求：密封件在一定的压力、温度范围内具有良好的密封性。当系统压力不同，选择的密封材质与硬度不同。运动零件之间因密封件所引起的摩擦力要小，摩擦系数小，磨损后在一定程度上要能够自动补偿，工作寿命长、结构简单，拆装方便。

O形密封圈：根据密封介质不同，O形密封圈选用的材料也不同。耐高温O形圈，耐高压O形圈，耐腐蚀O形圈，耐磨损O形圈。

在陶瓷砖液压机液压系统中，因各元件所承受的压力不同，O形密封件硬度也有所不同。硬度低，安装方便，但容易出现剥落、安装损伤、挤出甚至压力爆炸。硬度过高，安装不方便。

在静密封使用时，当系统压力<5MPa时，O形圈可在无挡圈状态下使用。当系统压力>5～40MPa时，O形圈应加挡圈使用；当压力>40～200MPa，应加特殊挡圈。

压力与硬度的挤出图（见图3-8-43）表明没有挡圈时的最大工作压力。

O形圈的压缩率与拉伸率：O形圈受拉伸后紧贴在沟槽底面，内径大于50mm的，最大拉伸率为6%；内径小于50mm的最大拉伸率为6%。

O形圈沟槽表面粗糙度见表3-8-1。

表3-8-1　O形圈沟槽表面粗糙度

径向动密封		
表面	$R_{max}/\mu m$	$Ra/\mu m$
配合表面	1.0～4.0	0.1～0.4
沟槽表面	≤16	≤1.6
径向静密封、轴向静密封		
表面	$R_{max}/\mu m$	$Ra/\mu m$
配合表面、沟槽表面	≤16	≤1.5
压力脉动场合时配合表面、沟槽表面	≤10	≤0.8

在径向密封中，O形圈的工作允许间隙取决于系统的工作压力、O形圈的硬度大小和O形圈的横截面积，数值见表3-8-2。

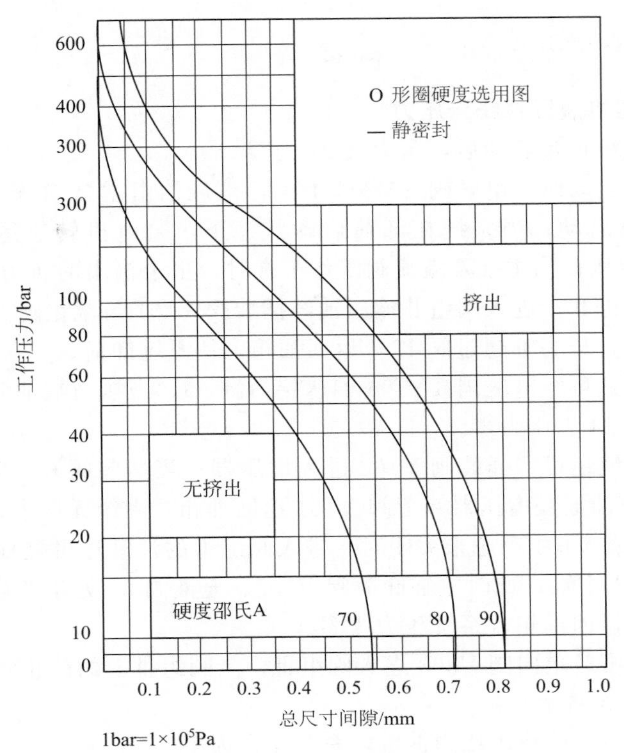

图 3-8-43 压力与硬度的挤出图

表 3-8-2 O 形圈配合间隙

硬度为邵氏 70 度和 O 形圈：

截径 d_2	≤2	2～3	3～5	5～7	>7
压力/MPa	径向间隙/mm				
≤3.50	0.08	0.09	0.10	0.13	0.15
≤7.00	0.05	0.07	0.08	0.09	0.10
≤10.50	0.03	0.04	0.05	0.07	0.08

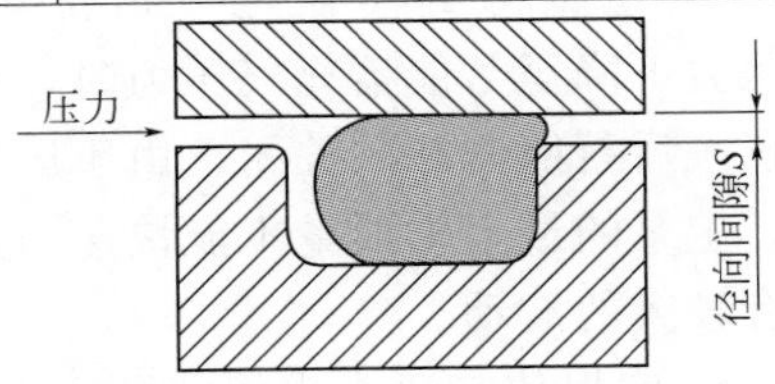

硬度为邵氏 90 度的 O 形圈：

截径 d_2	≤2	2～3	3～5	5～7	>7
压力/MPa	径向间隙/mm				
≤3.50	0.13	0.15	0.20	0.23	0.25
≤7.00	0.10	0.13	0.15	0.18	0.20
≤10.50	0.07	0.09	0.10	0.13	0.15
≤14.00	0.05	0.07	0.08	0.09	0.10
≤17.50	0.04	0.05	0.07	0.08	0.09
≤21.00	0.03	0.04	0.05	0.07	0.08
≤35.00	0.02	0.03	0.03	0.04	0.04

三、压机故障举例分析

例 1　YP1280 压机液压系统无压力

现象：在液压系统正常启动后，压力表 24 为零。

分析：液压系统启动时，电磁阀 YV206 上电，液压油由主泵 50 输出，经溢流阀 19 返回油箱，即系统卸荷启动；当系统在卸荷启动状态下，主电机转速达到正常后，电磁阀 YV206 失电，系统建压；当主泵及溢流阀工作正常时，主泵输出的压力油液经单向阀 V205 分别进入阀组Ⅰ和阀组Ⅱ；进入阀组Ⅱ液压油经插装阀 V201 与截止阀 12-1 连通，当截止阀 12-1 处于开启状态下，压力油通过阀 12-1 返回油箱，使系统卸荷。

进入阀组Ⅰ的油液可经电磁阀 TY106 到达接力缸 56，当接力缸油管泄漏量较大时，系统泄压，系统压力表 24 表压为零。

进入阀组Ⅰ的油液还可经插装阀 V102 进入增压器；当插装阀 V102 弹簧断裂或电磁阀 YV102 损坏时，压力油液经增压器卸荷阀 V101 返回油箱；系统无压力，表 24 压力为零。

当插装阀 V103 或 V104 阀芯未关闭时，进入阀组Ⅰ的油液还可经插装阀 V103、V104，通过单向阀 V106 进入主缸。此时主缸卸荷阀 V105、充液阀 57 处于开启状态，系统油液可经 V105、充液阀 57 返回油箱，系统压力为零。

主泵输出油液还可经单向阀 V303 进入阀组Ⅲ。当阀组Ⅲ上的截止阀 12-2 未关闭时，油液经 12-2 返回油箱，系统泄压。

当主泵失效，完全不能输出压力油液，系统压力为零。

检查与判断：关闭截止阀 12-1、12-2；用调节螺杆关闭阀组Ⅱ插装阀 V201、阀组Ⅰ插装阀 V102、V103、V104、V105 阀芯。当系统此时建压，则以上关闭的阀有泄漏处，逐渐开启各插装阀，查找引起泄压的故障点。如果关闭以上阀门系统仍无压力，手动关闭电磁换向阀 YV106、YV206；如仍无压力，则检查溢流阀 19 主阀芯；如溢流阀无损坏，则主泵坏；反之，溢流阀损坏。

例 2　YP1800 压机液压压制时系统压力波动大

现象：压机在压制循环过程中，系统压力表 14-2 压力波动大。

分析：1）压机在压制过程中，电磁阀 YV8 上电，充液阀 49 关闭；主泵和蓄能器同时向主缸快速供油；当蓄能器内压力下降至蓄能器充气压力时，蓄能器球阀关闭；当蓄能器气压压力不足时，系统压力下降较大后蓄能器球阀关闭；由于压机压制速度较快，主泵向主缸供油的同时也要向蓄能器补油，主泵的最大供油量不能快速满足恢复系统压力，同时补充蓄能器油液，从而造成系统压力有较大的波动。

2）电磁阀 YV501、溢流阀 40 磨损使其泄漏或相应慢造成压力波动。

3）起安全作用的先导溢流阀 17 的先导阀阀芯磨损、先导阀阀芯弹簧软造成溢流阀工作不稳定。

4）在压制过程中，主缸卸荷插装阀 V105 或增压器卸荷溢流阀 21 阀芯磨损等造成系统压力波动。

检查与判断：1）关闭主泵，系统泄压后，检查蓄能器 15-1、15-2、15-3 压力；蓄能器充气压力一般为系统设定压力的 70%～75%；如果其中的蓄能器压力为零，则蓄能器皮囊已损坏，更换该皮囊。如果皮囊充气压力低于 70%，应补充氮气。

2）当蓄能器气压满足要求时，应在压机压制时观察系统压力在何时波动最明显，同时观察每一循环波动幅度，从而判断泄漏点。如当横梁上升时压力波动较大，则横梁下行插装阀 V203 未关闭严实，应检查插装阀 V203 及其控制阀 YV203。

例 3　YP3280 压机液压系统压力低

现象：压机开机后，系统压力表 24，表压小于系统设定压力。

分析：YP3280 压机采用变量泵为系统提供油液，系统压力由溢流阀 43 设定，1-2MPa。系统中有两个截止阀 12-1、12-2，起作用是分别在压机停机后卸掉阀组Ⅱ、Ⅲ蓄能器及阀组上的剩余压力。

当截止阀 12-1 或 12-2 有泄漏时，系统压力会降低；当其全部打开时，系统压力为零。

在截止阀 12-1 或 12-2 关闭状态下系统压力低，可通过逐个关闭插装阀 V202、V102、V103、V104 观察系统压力变化，如果压力恢复正常，则说明插装阀有泄漏；在检查插装阀时，同时应检查接力缸油管及电磁阀 YV106，防止其泄漏。

当在以上插装阀关闭状态下，系统压力未得到恢复，则可确定溢流阀 43 及其控制阀 YV501 或溢流阀 19、主泵 50，其中有问题，可采用逐个更换排除故障。

例 4　KD7800 压机主缸无压力

现象：1）系统压力正常，压机压制时主缸无压力；

2）系统压力正常，压机压制时系统掉压，主缸无压力。

分析：第一种现象：主缸下行时，油缸内油液不足，插装阀 44-2 开启过小，压机主泵油液通过插装阀 44-2 进入主缸油液量不足以使主缸建压。或充液阀未关闭，插装阀 44-2 开启过小，压机主泵油液通过插装阀 44-2 进入主缸后返回油箱，系统有点掉压波动。

第二种现象：插装阀开启量正常，充液阀未关闭或主缸卸荷插装阀 44-1 未关闭。

检查与判断：检查油箱充气压力是否满足要求，开的插装阀 44-2，调小插装阀 44-1 开口量；若压制时系统掉压，主缸仍无压力，则压机充液阀未关闭；如果主缸建压，但压力不足，则可能油箱油液不足，应补油。

总之，压机的故障多种多样，往往是复合型故障，要做到准确判断需对液压系统深入的了解与研究。在处理故障前应做到：一听、二看、三判断，然后才能现场设计处理方案并加以实施。

四、国产陶瓷砖液压机常遇机械故障

陶瓷砖液压机在使用中常发生的故障有：活塞磨损，油缸拉伤，横梁、立柱、法兰、螺栓断裂，密封损坏，见图 3-8-44。

(a) 活塞磨损

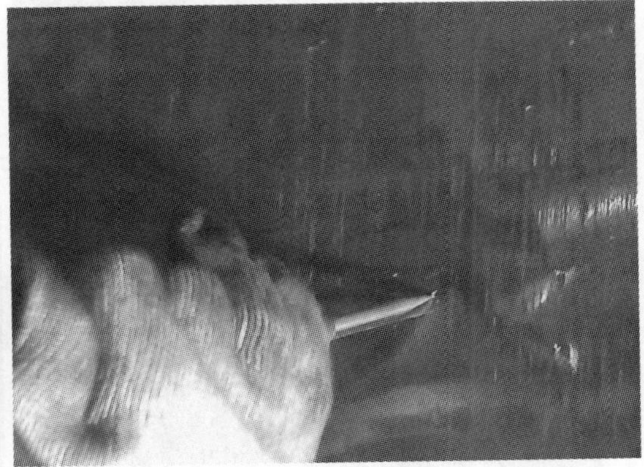

(b) 油缸拉伤

图 3-8-44

(c) 螺钉断裂

(d) 横梁裂纹

(e) 螺栓断裂

(f) 立柱断裂

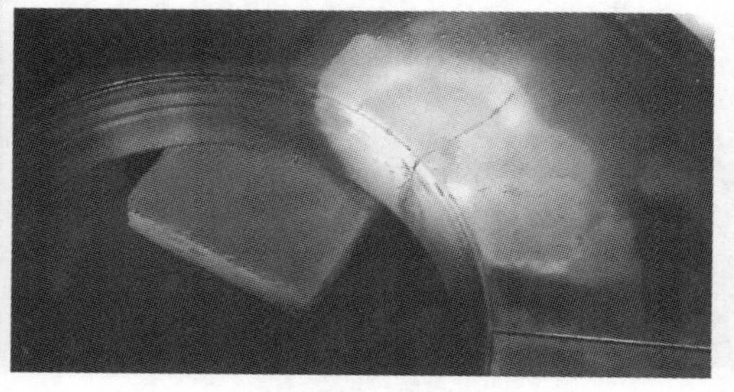

(g) 缸底法兰断裂

图 3-8-44　压机常遇机械故障

活塞的维修

压机主活塞磨损机理在前面已做了分析，因此，当活塞表面磨损失效后，必须对活塞表面进行维修处理。活塞表面维修处理有两种方法。

（1）镀硬铬处理　活塞镀层硬度一般要求达到 HV900 以上，其摩擦系数小，耐磨性好，且具有较好的耐温性和耐腐蚀性。镀层的厚度按活塞的磨损大小，一般可取 0.02～0.25mm。但其性能脆，不能承受冲击和弯曲。在活塞表面维修处理过程中，需磨去已损坏旧铬层，重新镀硬铬。在清除旧铬层时，不可避免会处理掉部分机体材料，使机体尺寸减小；为了恢复基本尺寸，新镀铬层厚度将增加；铬层厚度越厚，镀层的硬度越低，镀层缺陷越多，维修成本越高。由于反复电镀，新镀层容易氢脆，使铬层与机体的附着力降低；因此，再次电镀之后，应对活塞做去氢处理，以降低硬铬和机体的脆性。

（2）表面热喷涂处理（图 3-8-45）　表面热喷涂是利用热源将耐磨金属粉料通过高温加热至半融化状态，并以一定的速度速喷射沉积到经过处理的待修复的活塞表面并形成涂层的方法。选择不同性能的涂层材料和不同的工艺方法，可以得到不同的减磨耐磨、耐腐蚀等不同功能的涂层。涂层材料几乎涉及所有固态工程材料，包括金属、金属合金、陶瓷、金属陶瓷、塑料、金属塑料等。

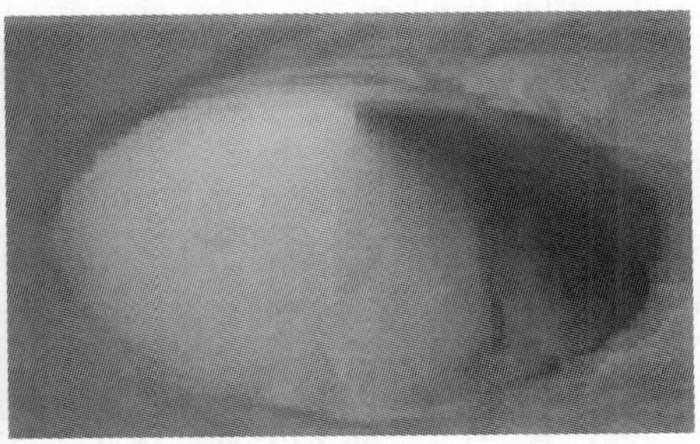

图 3-8-45　热喷涂

热喷涂的工艺方法很多，无论哪种工艺方法，喷涂过程形成涂层的原理和结构基本一致。喷涂形成涂层分四个阶段：热融化阶段、雾化阶段、飞行阶段、碰撞沉积阶段。利用喷涂工艺修复，其喷涂涂层结构与基体材料的组织结构有明显差异，涂层的自身结合强度高于涂层与机体的结合强度，同时由于涂层材料和基体材料之间组织结构的不同，涂层会留下残余应力，涂层越厚，残余应力愈大，它将影响使用性能；因此，应限制涂层厚度，并在工艺上采取措施消除或减少应力。

喷涂涂层的性能取决于喷涂材料的性能和喷涂设备、喷涂工艺方法；同一种喷涂材料采用不同的工艺与设备喷涂时，涂层性能会存在很大的差异，因此，要获得满足使用要求的涂层，首先要对活塞的使用工况进行准确的分析，为选择涂层材料种类和工艺提供依据。

压机活塞的失效主要是磨损、疲劳和形变；压机在长期运行中，活塞在连续往复运动中承受交变、摩擦、接触载荷的作用，其受力状态包括压缩、表面弯曲等，因此，在喷涂材料、喷涂工艺选择时，应根据基体的性质及以上受力状况来完成。基体的性质包括力学和热学，抗氧化能力、零件大小以及形状和表面处理质量。

表面预处理是整个喷涂过程的一个重要环节，涂层与基体的结合质量和基体的清洁度、粗糙度有直接关系，要获得良好的涂层质量，必须采用正确的表面处理方法，在处理时要考虑两个因素：第一个因素是基体材料；第二个因素是喷涂材料。

表面预处理包含以下几种。

表面净化处理：去除表面的油渍、油漆、氧化皮等污垢。

表面机械加工：一般采用车削或磨削来完成，使涂层与基体之间的结合面增加30%左右，同时能提高涂层的抗剪切能力。表面机械加工以后还必须采用表面粗化处理，从而进一步提高涂层与基体之间的结合强度。

表面遮蔽处理：为了避免粗化过程对非粗化表面的影响以及在喷涂过程中保护非喷涂表面，便于喷涂后对非喷涂表面进行清理。

表面粗化：由于存在以下原因，对待喷涂活塞表面的粗化处理，可使涂层与涂层以及涂层与基体之间的结合得到强化：

（1）使表面处于压应力状态；

（2）使变形粒子之间形成相互镶嵌连锁的叠层结构；

（3）增大结合面；

（4）净化被喷涂表面。

粗化后处理：粗化处理后所暴露处的新表面极易受到外界的污染，要避免表面因吸附潮湿或凝聚污物，使表面质量发生退化，从而影响喷涂质量。

故进行表面预热处理。

五、陶瓷砖液压机主密封安装应注意的问题

在很多情况下，压机液压系统的故障主要由于密封件的损坏和效能的减弱而引起。

液压机单一故障容易判断，但综合故障需经验积累；但所有液压机液压原理基本相通，因此故障判断与处理也基本相同。

第九节　陶瓷模具实操技能鉴定系列模块技术（制造、安装、调试与维修）

一、概述

（一）陶瓷的概念和分类

1. 陶瓷的概念

陶瓷是陶器和瓷器的总称，由黏土以及非黏土天然矿物或人工合成的原料等无机非金属物质为原料，经混练、成型和高温烧制而成的各种制品。从最粗糙的土器到最精细的精陶和瓷器都属于它的范围。它所使用的主要原料取自于自然界的硅酸盐矿物（黏土、石英、长石等），与玻璃、水泥、耐火材料等工业，同属于硅酸盐工业。

随着时代进步以及科学技术的发展，出现了许多新型的陶瓷品种，它们已不再使用或很少使用黏土、石英、长石等传统陶瓷原料，而是使用其他特殊原料，扩大到非硅酸盐、非氧化物的范围，并采用许多新的工艺方法制成。陶瓷的概念远远超出传统概念范围。目前统称为无机非金属固体材料。

目前，陶瓷的概念可概括为：陶瓷是用铝硅酸盐矿物或某些氧化物等为主要原料，按照人们的设计意图，通过特定的化学工艺方法，在一定的温度和气氛下制成的具有一定形式的

工艺岩石。它是一种集功能、形式、寓意、色彩和体积感于一身的物质制品。

2. 陶瓷的分类

陶瓷制品的种类繁多，它们之间的化学成分、矿物组成、物理性质，以及制造方法，常常相互接近交错，无明显的界限，而在应用上却有很大的差别。从分类上没有统一的方法。

从大的方面分类，或者说从使用的原料不同分类，可笼统地分为传统陶瓷和新型陶瓷。传统陶瓷主要利用天然硅酸盐矿物（黏土、石英、长石等）为原料制成的陶瓷，又称普通陶瓷；新型陶瓷是采用高纯度的人工合成原料制成的具有各种独特的力学、物理或化学性能的陶瓷，又称现代陶瓷或特种陶瓷。从功能上分类，可分为审美型陶瓷、实用型陶瓷和赏用结合型陶瓷。

下面介绍两种常见的陶瓷分类方法。

（1）按陶瓷制品的用途不同分类　可分为日用陶瓷、艺术陶瓷和工业陶瓷三类。

① 日用陶瓷：生活中每天使用的餐具、茶具、咖啡具、坛、罐等。

② 艺术陶瓷：欣赏和装饰用的花瓶、雕塑品、陈设品等。

③ 工业陶瓷：指应用于各种工业用的陶瓷制品，细分为：

a. 建筑卫生陶瓷：砖瓦、排水管、墙地砖、卫生洁具等；

b. 化工陶瓷：用于各种化学工业用的耐酸容器、管道、耐酸砖等；

c. 化学瓷：用于化学实验室的瓷坩埚、蒸发皿、研钵等；

d. 电瓷：用于电力工业高低压输电线路上的绝缘子、低压电器、电讯无线电用绝缘子等；

e. 耐火材料：用于各种高温工业窑炉的耐高温材料；

f. 特种陶瓷：用于各种现代工业和尖端科学技术的特殊陶瓷制品。如氧化物陶瓷、氮化物陶瓷、碳化物陶瓷、金属陶瓷等。

（2）按陶瓷制品精细致密程度分类　可大致分为陶器、炻器、瓷器。

① 陶器：可分为粗陶、普通陶器和精陶器。粗陶是一种最原始最低级的陶器，又称土器。使用一种含铁量高易熔的黏土为原料制成，不带釉，烧成温度低，致密度差，吸水率大（大于15%），多呈黄色或红色，常见于砖、瓦等。普通陶器使用一种或几种黏土为原料，配料中加入瘠性料，以减少收缩，还有的加入长石。其致密度和内在性能比粗陶大为提高，吸水率一般小于12%，多呈浅黄色或白色，常见于缸、罐、砂锅等。精陶器呈白色，吸水率一般在15%～22%，如釉面砖等。

② 炻器：是介于陶器与瓷器之间的一种陶瓷制品。其坯体瓷化，吸水率一般在3%～7%，常见于青瓷、微波炉瓷、一些卫生瓷、墙砖等。

③ 瓷器：用料考究，做工精细，烧成温度高。白色，吸水率一般在0.5%以下，内在质量好，常见于日用细瓷、卫生瓷、玻化砖等。

（二）造型与模具

陶瓷制品是科学和艺术相结合的产物，是科学与技术的统一。它是物质产品，具有使用价值和经济价值，能给人们以物质和精神的享受。而陶瓷造型是指从陶瓷工艺美术的角度出发，根据生活的各种需求，利用不同的陶瓷工艺材料，采取相应的工艺技术制作和成型的有一定审美价值的赏用结合型的陶瓷形体。它包括使用功能、工艺材料和工艺技术、艺术处理三个方面的构成因素。使用功能是第一位的，它决定着陶瓷造型的基本形式；工艺材料和工艺技术是保证陶瓷造型付诸实现的物质条件。它们是使用功能和艺术处理的具体体现；陶瓷造型的艺术处理决定着形式的美观。三个因素形成相互依存、相互作用的关系。造型结构决定了模具的形状和结构，模具是为造型服务的。模具是陶瓷造型的实现形式和物质载体。

（三）模具在卫生陶瓷生产中的重要作用

卫生陶瓷采用注浆成型，是借助于石膏模具和泥浆，在一定的温度和湿度条件下，利用石膏模具吸水的特性和坯体模内脱水硬化功能，用石膏模具内型吸浆形成坯体的外形和结构。可见，石膏模具的质量（包括石膏的质量、模型的设计以及制造工艺）在卫生陶瓷生产中有很重要的作用。

如上所述，石膏模具在生产中主要有两个方面的作用：一个是其有自然吸浆能力；二是可塑成产品的外形。具体而言，其一，它应有一定的气孔率和适宜的吸浆能力（通过膏水比例等控制），形成一定的坯体厚度，吸浆速度过快过慢都不好。过快时，工人来不及操作，坯体易开裂；过慢时，坯体易坍塌或变形。其二，通过合理的设计和模具吸浆，形成一定的外形和结构，承受住高温烧结不变形，确保实物质量，满足人们预期的尺寸和功能要求。

二、石膏

在陶瓷成型生产中，需要大量的石膏模具，而石膏是生产陶瓷模具的主要原料，它是一种非金属矿物。

我国石膏资源丰富、分布广泛。主要产地有甘肃景泰、湖北应城、荆门、山西曲沃、山东平邑、河南等地。以石膏为材料生产陶瓷模具，取用方便，成本低；其与水混合后流动性能好，可以在制模过程中做出各种形状；另外其有无可比拟的凝结性能、吸水性能。所以，目前国内外大多数陶瓷厂仍将其作为制作模具的主要材料。而且可以断言，以石膏为材料制作石膏模具，在今后一段时间内仍会大量使用。

（一）石膏的分类

石膏的主要成分是硫酸钙（$CaSO_4$），按其中结晶水的多少又分为二水石膏（$CaSO_4 \cdot 2H_2O$）和无水石膏（$CaSO_4$）。常见的石膏为天然石膏，除天然石膏外，还有人工合成石膏，如磷石膏、硫胺石膏、芒硝石膏等，陶瓷工业用的石膏一般是天然石膏。

按石膏的产出形状，石膏可分为以下几类。

（1）透明石膏：通常无色透明，有时略带淡红色，呈玻璃光泽。

（2）纤维石膏：纤维状集合体，顺着同一方向形成束状，呈乳白色，有时略带蜡黄色和淡红色，绢丝状光泽。

（3）雪花石膏：又称结晶石膏，细粒状集合块体，呈白色、半透明。

（4）普通石膏：致密块状集合体，玻璃光泽，常不纯净。

（5）土状石膏：又称黏土质石膏或泥质石膏，不纯净。土状光泽，呈土状、层状、团块状，呈灰黑色、灰色等。不适用制造石膏模。

（二）生石膏（二水石膏）物理性质和结构

天然石膏是含有两个结晶水的硫酸钙矿物 $CaSO_4 \cdot 2H_2O$。纯净的石膏无色透明，不纯净的呈青灰色、灰黑色、浅黄、淡红色及褐色等，其理论化学成分为：CaO_3 2.56%、SO_3

46.51%、H_2O20.93%，其莫氏硬度在1.5～2，用指甲可划痕，相对密度在2.2～2.4g/cm^3，稍微有滑腻感，抗压强度为20～60kg/cm^2。石膏中常夹杂有黏土、砂、碳酸钙、黄铁矿等杂质，使石膏着色，并降低其胶结性能和模具的质量。天然石膏为块状固体，常用的有纤维石膏和雪花石膏两种。纤维石膏例如湖北应城石膏等，雪花石膏例如山西石膏等。其中质量以湖北应城石膏为最好。

石膏属于单斜晶系，具有（010）极完全解理单晶常呈板状，集合体常呈纤维状、片状或粒状。

石膏略溶于水，在水中的溶解度比较小。在20℃时，溶解度为2.05g/L，在32～41℃时，溶解度最大，为2.11g/L。

石膏溶于盐酸（不起泡），在稀盐酸、硝酸及多种盐类溶液中的溶解度比在水中大。

石膏是热的不良导体，石膏还有良好的隔音、吸音、吸湿、隔热、防火等性能。在陶瓷行业中，所使用的石膏是经过煅烧后形成的半水石膏（$CaSO_4 \cdot 1/2H_2O$）。这种石膏同水泥一样，具有胶凝性能。其与水按一定比例混合后，发生物理化学反应，形成需要的气孔，具有自然吸浆的能力。

根据差热分析理论，天然二水石膏在低温阶段有两个吸热反应。当温度为140℃左右时，其结晶水开始排出。在150～170℃，很快分解为半水石膏，此阶段为第一个吸热反应。当温度继续升高到225℃时，则失去全部结晶水，变成无水石膏。在石膏粉炒制时要掌握其特点。

（三）熟石膏（半水石膏）

陶瓷生产中使用的石膏粉是半水石膏（也称熟石膏）。它是由二水石膏在一定的煅烧温度、压力和工艺设备条件下煅烧而成。将块状的天然石膏粉碎，在大气中或在有水蒸气的条件下160～180℃焙烧，结晶水变为水蒸气，失去3/4结晶水，变为半水石膏。其化学反应方程式如下：

$$CaSO_4 \cdot 2H_2O \xrightarrow{\text{加热}} CaSO_4 \cdot 0.5H_2O + 1.5H_2O - Q$$

此反应是吸热反应。半水石膏粉根据加工炒制工艺和产品晶型结构的不同可分为两大类，即普通石膏粉（也叫β石膏粉）和高强石膏粉（也叫α石膏粉）。两种石膏的性能对比见表3-9-1。

表3-9-1　两种晶型（β和α）石膏的性能对比

项目	β半水石膏	α半水石膏
结晶形状	不规则碎屑	针状晶体，面整齐
相对密度/(g/cm^3)	2.67～2.68	2.72～2.73
标准稠度(膏水比)	100∶(70～80)	100∶(45～55)
初凝时间(不小于)/min	8	10
终凝时间(不大于)/min	25	30
吸浆速度(5min坯厚)	2.6mm	2.5mm
脱水温度/℃	180～190	200～210
线膨胀率/%	0.16	0.28

续表

项目	β半水石膏	α半水石膏
表面硬度/MPa	2.15	3.47
标准稠度下吸水率	45%～55%	35%～40%
抗折强度(2h)/MPa	1.47	2.94
抗拉强度	0.784MPa(3d) 1.568MPa(7d)	1.76～3.23MPa(3d) 2.45～4.9MPa(7d)

β石膏粉晶型结构是规则的片状晶体，晶粒的孔隙和裂纹较多，比表面积大，标准稠度需水量大（约比α石膏粉多一倍），其与水混合后水化反应能力强，初凝时间短，模型的气孔率、吸水率高，模型的强度低；而α石膏粉晶型结构是整齐的针状晶体，比表面积小，标准稠度需水量小，模型的气孔率、吸水率小，石膏粉与水混合后水化反应能力差，石膏浆体的流动性好，初凝时间长，模型的强度高。生产实践经验表明，用α石膏粉调制的石膏浆流动性能较好，初凝时间长，便于真空搅拌操作，同时也为提高膏水比例、提高模型强度创造了条件。另外，α石膏粉其抗折强度随着石膏与水比例的增加而显著地提高。例如，当石膏与水的比例由1.5：1增加到1.8：1时，其抗折强度从3.75MPa提高到5.21MPa。

在陶瓷生产中，根据两种晶型半水石膏的特点，通常用β石膏制作注浆成型用模型，用α石膏制作日用瓷滚压成型用模型。但是，随着卫生陶瓷组合浇注机械化成型工艺的发展，目前一般利用α和β石膏各自的特点，采用它们的混合石膏粉（α+β）制造模型。模型的强度及其他性能指标都比较优良，实际使用效果良好，在实际生产中已得到证实。有的厂家也单独使用α石膏制造卫生陶瓷模型，使用情况也较好。但需要注意的是，在生产中使用α石膏时，必须提高其膏水比例，这样才能提高模型的强度，才能体现出α石膏在强度方面的优越性。否则，若按β石膏的比例使用α石膏，则凝固时间长，影响正常生产，注出的模型上面易浮水，模型的强度并不比β石膏做出的模型强度高多少（见表3-9-2），有时甚至比β石膏模型还低，而且这种模型在生产使用中易变形，明显降低其寿命。

表3-9-2　低水膏比下α石膏和β石膏强度指标对比

石膏种类	水膏比	凝结时间/min		气孔率/%	吸水率/%	干抗压强度/MPa
		初凝	终凝			
β石膏	1：1.2	16.5	25.3	35.1	40.08	5.68
α石膏	1：1.2	20.2	29.5	43.21	56.32	6.54

用半水石膏粉制作石膏模型，其主要性能是吸水。石膏与水按一定的比例混合后，具有一定的流动性。按器型结构浇注后，经过初凝和终凝，硬化成具有一定形状的物体。理论上半水石膏变为二水石膏需要水18.6%，但实际中加水量一般为70%～80%，远远超过理论需水量。加入过量水的目的，就是在模型干燥后形成生产中所需要的气孔，满足其陶瓷成形生产中的吸水性能。加水量与模型的强度和吸水率密切相关。加入多余的水越多，干燥后形成的气孔越多，模型的强度越低，吸水率越高。在卫生陶瓷生产实际中，石膏与水比例的确定根据石膏的种类和不同的成型方法而定。使用α石膏时，石膏与水比例一般在（1.4～1.5）：1。使用β石膏时，石膏与水比例一般在（1.16～1.2）：1。若采用两种石膏的混合

粉，石膏与水比例一般在（1.35～1.4）∶1。地摊成形模型使用的膏水比例低些，而机械化组合浇注立式成形模型使用的膏水比例高些。

1. 半水石膏的制备

（1）β-半水石膏的制备　β石膏粉是在干燥大气中、常压下，在平底或凸底炒锅、回转炒炉内160～180℃煅烧天然石膏粉料，炒制3～4h而得。

具体方法：首先将天然石膏粉碎（用雷蒙机），细度控制在90目筛全通过。然后将粉碎后的天然石膏置于凸底炒锅内炒制。炒制最高温度一般在180～190℃（炒制温度控制在上限以防出现生货）。要严格控制炒制温度（火候）和炒制时间，并不断地搅拌，以防出现炒制温度过高（过烧）或温度不够（生货）现象，影响半水石膏的胶凝性能。在炒制时锅内石膏不再沸腾、不再逸出气泡即为炒熟。如炒制旧石膏粉，其温度的控制与新石膏相似，但炒制时间宜适当延长。

有的企业为控制石膏的炒制质量，安装了自动打点温度记录仪，用于显示炒制温度和时间，监控炒制全过程，比较科学合理。判定石膏粉是否炒熟常用的一种简易方法，是用一支玻璃棒插入石膏粉内，约30s迅速取出，若玻璃棒上不粘有石膏粉，则证明石膏粉已炒熟。

鉴别石膏粉炒制得是否适宜，一般观察其调水后的凝固情况。若石膏粉炒制温度过高，注制的模型机械强度低，耐磨性不好。若石膏粉炒制温度低，其凝固速度快，不便于注模操作。炒制温度适宜的石膏粉，调水达到正常稠度，其初凝时间在6min以上，终凝时间在25min以内。硬化后的石膏块用小刀切断，其断面光滑且无气泡。

（2）α-半水石膏的制备　α石膏粉是在水蒸气存在的条件下加热加压脱水制得的。制备过程：先将块状石膏进行拣选、洗涤、粗碎，装入带网格的小车上，然后推入密闭的蒸压釜内，通入蒸汽，在130℃及1.5～3个大气压下蒸压3～5h。在蒸压阶段，使1.5分子结晶水脱离二水石膏晶格，变为独立于二水石膏晶格之外的游离结晶水。而原来的$CaSO_4$晶格随着溶解和再结晶作用形成针状或粒状α-半水石膏晶体。蒸压后再在150～170℃的干燥室内干燥，使游离结晶水气化脱出。最后将其粉碎，细度用过100目筛控制。

制备α-半水石膏时，石膏纯度越高，则熟石膏中α-半水石膏的含量越高。通常模具用石膏矿石的纯度最好在95%以上。蒸压时的块度以2～5cm为宜，块度太大，会延长蒸压时间；块度太小，透气性差，脱水反应不均匀，影响半水石膏质量。

影响α-半水石膏质量的主要因素是蒸汽压力、蒸压时间、蒸压温度、干燥时间和温度。而蒸汽压力、蒸压时间是制备α-半水石膏的主要条件。提高蒸汽压力，可相应缩短蒸压时间，但压力大于294kPa时，脱水反应速度便没有明显的变化。适宜的蒸压时间是5h，时间再延长，反而降低石膏的强度。蒸压后的干燥温度过高，会产生部分硬石膏，从而延缓凝结时间，导致强度的下降。

2. 半水石膏的性能指标

（1）标准稠度　也叫标稠用水量。是指100份半水石膏粉，使它获得标准流动性所需要的加水量，用百分数表示。它是描述半水石膏粉性能的一项很重要的指标，是对比石膏粉质量、描述半水石膏粉其他性能指标的基础。但此指标不是大生产中倒模型的混水量，实际情况比它大。它的含义是：在规定的实验条件和一定石膏量（300±1）g和预定稠度水量下，按一定的实验方法，石膏料浆自由扩展直径达220mm±5mm时，加水量占石膏量的百分数。此指标在检验中需经过几次摸索（调整水量）方能确定。前面已提及，α-半水石膏的标准稠度小，一般在（45～55）%，而β-半水石膏标准稠度大，一般在（70～80）%。通过检测半水石膏粉的标准稠度，可初步区分石膏的晶型（种类）以及判断石膏粉的质量。

（2）细度　它也是描述半水石膏粉性能的一项重要的指标。其关系到半水石膏的凝结速度和模型强度。一般情况下，石膏粉的细度越细，其颗粒的比表面积大，与水的接触面积大，在水中的溶解速度也加快，与水结合后反应充分，石膏浆的凝结速度加快，形成的网络结构多，则模型强度高，而吸水率相应降低。但细度达到一定限度时（例如比表面积达到15000cm^2时），由于产生较大结晶应力，模型强度反而下降。β石膏粉的细度粗糙，一般在80目～90目，模型强度较低；而α石膏的细度细，一般在120～180目，模型强度较高。检测石膏粉细度的方法一般用筛分法（单个筛或套筛），检测筛余量。

（3）凝结时间　凝结时间是半水石膏粉很重要的一项性能指标。在生产实际中与注模操作密切相关。凝结时间包括初凝时间和终凝时间。初凝时间是在标稠用水量下，从石膏粉撒入水中至石膏浆失去流动性开始变稠时所经过的时间；终凝时间是在标稠用水量下，从石膏粉撒入水中到石膏浆体固化时所经过的时间。石膏粉凝结时间的标准是：在标准稠度下，一般初凝时间不小于6min，终凝时间不大于25min。适宜的凝结时间是石膏粉在生产中正常使用的必要条件。在实际生产中希望初凝时间长一点，终凝时间短一点为好。初凝时间过短或终凝时间过长都不好。如果在使用中初凝时间太短，小于6min，则证明石膏粉没有炒熟夹生，或新炒制没有陈腐期，或石膏粉受潮，影响注模操作；若终凝时间太长，远大于25min，则说明石膏在炒制时过烧，里面含有过烧石膏，表现为石膏浆太稀，注模时易漏浆，甚至石膏浆不凝固，影响生产。所以，通过测定半水石膏粉的凝固时间，可初步确定石膏粉质量的优劣，以及生产中能否使用。

测定半水石膏粉凝结时间的方法有两种：划痕-捺撒法和维卡仪法（方法较繁琐）。

（4）抗折强度　模型的机械强度是关系到其使用寿命的重要性能指标。模型的强度指标有抗折强度、抗压强度和抗拉强度。抗折强度是描述模型强度常用的主要指标。一般检测抗折强度，有2h湿抗折强度和40℃干燥抗折强度。在生产实际中，在保证模型良好吸浆性能的前提下，应尽量提高其强度，以延长其使用寿命。

2h湿抗折强度，是石膏粉从放入水中算起，2h后在抗折仪上测试的强度；40℃干燥抗折强度，是试样在40℃±4℃电热鼓风干燥箱中干燥至恒重后测试的抗折强度。β石膏粉的湿抗折强度一般2.7MPa以上，干燥抗折强度一般5MPa以上；α石膏粉的湿抗折强度一般4MPa以上，干燥抗折强度一般6MPa以上。

（5）结晶水含量　石膏粉是一种结晶混合物，由于炒制工艺的不同，其内会含有生石膏（$CaSO_4 \cdot 2H_2O$）、半水石膏（$CaSO_4 \cdot 0.5H_2O$）和无水石膏（$CaSO_4$，过烧石膏）。在炒制过程中欠火发嫩有生石膏，或者火大、炒制时间过长造成过烧有无水石膏，这都影响石膏的凝结时间，影响生产正常使用。有时由于石膏粉放置时间过长受潮，也影响正常使用。通过测定结晶水的含量，可判断石膏粉质量的优劣。一般合格的石膏粉结晶水的含量在5.2%～6.2%。若石膏粉的结晶水含量远低于此标准值，则说明石膏粉过烧，注模时凝结时间太长甚至不凝固；若石膏粉的结晶水含量远高于此标准值，则说明石膏粉欠火或者受潮，注模时凝结时间短。

天然石膏中的结晶水（一般为18.5%）与硫酸钙结合比较疏松，一般情况下，结晶水在温度约180℃基本排出，质纯而结晶良好的石膏排出结晶水的温度略高，故结晶水的测定在230℃左右进行。取试样在此温度下反复灼烧，至恒重。结晶水含量用百分数表示。

（6）表面硬度　石膏模的表面硬度直接影响到其使用寿命和坯件的质量。因为模型在使用中不断地挤压、擦模、泥浆侵蚀，会使工作面磨损，出现麻面，导致模型报废。测量模型表面硬度的方法有划痕硬度法和耐磨耗性法两种。划痕硬度是在测量尺寸稳定性后，用划痕硬度试验机，测定荷重 50g 时被划起伤痕的幅度，数值愈小，表示材料的表面硬度愈高。耐磨耗性是在测量尺寸稳定性后，将其试体表面往复平磨 30 次，测定其重量减少率，数值愈小，说明试样的表面硬度愈高。一般石膏模在标准稠度下的划痕硬度在 0.21mm 左右，耐磨耗性在 13.4%左右。

（7）吸水率　吸水率是石膏模型的一项很重要的性能参数。它是模型吃浆能力的反映。吸水率是石膏模吸收水的重量与干石膏模重量之比，用百分数表示。吸水率指标主要与混水量（膏水比）有直接的关系。石膏粉的混水量愈大，则模型干燥后形成的气孔愈多，吸水率愈大。卫生瓷注浆模型的吸水率一般在 40%～48%。模型的气孔种类有开口气孔和封闭气孔。模型的吸水率主要与模型的开口气孔率有关，成正比关系。研究模型的开口气孔率和吸水率问题，对于寻找新型模型材料有很重要的作用。目前先进的高压注浆成型用树脂模具就是利用了其开口气孔的滤水性能。

（8）扩散系数　石膏模型的开口气孔率只能说明模型的吸水量，与成坯速度没有直接的关系。扩散系数是表示在单位时间内泥浆中的水在模型中扩散的面积，用 D_g 表示。注浆过程中成坯重量与模型的扩散系数有一定的函数关系。模型的扩散系数大，成坯重量反而降低；模型的扩散系数小，反而形成较厚的坯体。这是因为扩散系数很大时，在模型的内表面很快形成一层致密的坯层，减缓泥浆中的水继续迁移脱水成坯；而扩散系数小一些时，此脱水过程进行的不强烈，坯体表面一直保持其多孔性，不影响内层水的渗透和成坯。石膏模型的扩散系数影响坯体最外层的透水能力，从而影响坯体的成坯速度。

影响石膏模扩散系数的因素很多，主要有石膏的种类、细度、膏水比、搅拌时间等。但最重要的两个因素是膏水比例和搅拌时间。此两个参数在生产中较易控制，控制好这两个参数，可以获得稳定、适宜的扩散系数，从而使石膏模成坯速度适宜、获得质量较好的坯件。

（9）膨胀率　膨胀率也是石膏粉（石膏模）的一个很重要的控制参数。石膏的膨胀在生产中是有害的因素。严重时会影响注模生产，损坏母模胎型，造成模型变形。过去，因利用地摊注浆成型，产品器型简单，对石膏模型质量要求不严，没有对膨胀率参数引起重视。随着成型工艺技术发展，产品体积越来越大，器型结构越来越复杂，模型的活块越来越多，对模型质量的要求越来越严格，才对膨胀率参数引起重视。因石膏模型的膨胀造成的模型变形、跑浆甚至模型报废影响生产的现象时有发生。理论上认为，石膏粉产生膨胀是由于其内含有无水石膏所致。由于二水石膏加热脱水的温度控制不严，特别是炒制加工时的搅拌不均匀，有部分二水石膏因温度过高继续脱水变成了无水石膏（也叫过烧石膏或硬石膏）。这些无水石膏活性大，在水化时很快由斜方晶系转化为单斜晶系，产生微量的体积膨胀。一般质量较好的注浆模型用石膏粉膨胀率在 0.2%以下，而原模母模用石膏粉膨胀率 0.06%以下。测定石膏粉膨胀率的方法是采用仪器“汞池测试仪”（此仪器可自制）。

3. 影响石膏模型性能的因素

（1）石膏粉的质量和种类　目前注模使用的石膏粉有三种，即高强 α 石膏粉和普通 β 石膏粉，以及它们的混合石膏粉。其各有其特点。过去由于成型工艺对石膏模型强度要求不高，均采用普通石膏粉，膏水比例低，模型使用次数低。高强石膏粉的应用是随着组合立浇成型机械化生产线的发展而发展。普通石膏粉细度糙，注模需水量大，强度低，适合于以地摊、单面吸浆的产品；而高强石膏粉细度细，注模需水量小，强度高，使用次数多，适合于机械化立浇成型生产模型。无论使用哪种石膏粉，采购进厂时都应确保质量，保证初终凝时间的稳定，这是注模生产的先决条件。假如石膏粉质量不稳定，注模时会造成搅拌时间不一，或长或短，则模型内在质量、强度会受到影响，直接影响到成型吸浆和模型的强度乃至其使用寿命。另外，若石膏粉生产时原矿品位差（$CaSO_4 \cdot 2H_2O$ 含量小于 90%），内含有石英、石灰石、黄铁矿等杂质，将明显降低模型的强度。同时石膏粉中含有过多的杂质，在浇注模型时，这些杂质会沉积在模型的表面（模型的使用面）。在模型使用到一定时间后，这些杂质会在模型的内表面显露出来，严重影响坯体的质量，同时缩短模型的使用次数。

（2）膏水比例　模型的膏水比例，直接影响到其他性能参数。如凝结时间、气孔率、吸水率、强度等。合理的膏水比例，不仅确保模型的强度乃至寿命，而且影响到其吸浆性能。但膏水比过大，则注模时凝结速度快，模型的硬度大、强度高，俗称瓷实。虽然强度高对提高模型使用寿命有利，但由于其气孔率低，会使模型吸浆性能变差，成型不成活、坍活严重。若膏水比过小，模型强度低，硬度小，俗称糠，使用中易变形断裂损坏，同时吸浆过快，易产生坯裂，严重降低模型的使用寿命。故膏水比例过大过小都不好，卫生瓷模型合理的膏水比范围应在（1.35～1.45）：1。

（3）水温　水的温度对石膏的凝结时间和模型的强度等性能指标有较大的影响。水温高，搅拌时间短，凝结时间加快，容易出现气泡，模型的强度下降，模型的膨胀率增加。采用较低的水温对模型的性能有益。如卫生瓷模型制造中采用 8～10℃的低温水，可降低半水石膏在水中的溶解速率，延长石膏在水中的溶解和晶核形成时间，即延缓石膏与水的反应速度，从而可延长搅拌时间，也使浆体中的气泡顺利逸出，石膏和水充分接触反应，形成均匀的微晶结构，有利于提高模型的强度，降低膨胀率。

（4）搅拌时间　搅拌时间是影响模型性能的一个重要因素。搅拌时间过短（如低于 1min），则石膏与水混合不均匀，气孔分布不均匀，模型内部有许多细小气泡，影响模型强度和耐磨性，对半成品质量不利，也影响到模型使用寿命；若搅拌时间过长，则模型内表面会出现大气泡，外表面也粗糙。一般搅拌时间在 2～4min 为宜。

（5）搅拌速度　搅拌速度也是影响模型性能的一个很重要的因素。搅拌速度过快过慢都不好。搅拌速度过慢时，不利于提高模型的强度。原因是石膏粉和水不能很好地混合反应。生产中可以通过适当提高搅拌机的转速来提高模型的强度，但转速的提高也有一个限度，生产中一般控制在每分钟 300 转左右为好。当转速过快时，反而会降低模型的强度。原因：一是石膏浆有其理论的凝结固化时间和过程，按石膏凝结固化理论，在石膏与水的混合及搅拌过程中，石膏的晶核也在逐步地形成，并不断地连生发育长大。当搅拌速度过快时，破坏了石膏晶核的正常生长和网络的结构，导致石膏晶体结构松散，强度下降；二是转速快时，会带入石膏浆体中过多的气泡，尤其浆体稠化时更为严重，模型中含有大量的气泡会降低其强度。

（6）干燥程度　确保模型合理干燥是成型正常使用的先决条件。干燥的模型可使其形成毛细孔，具有良好的吸浆能力，并可延长模型的使用寿命。但在实际生产中，模型干燥往往控制得不好，带来一系列生产质量问题，严重影响到模型的使用寿命。既有模型本身干燥质量缺陷影响其寿命问题，也有因模型干燥程度差，影响其寿命问题。其一，在模型干燥过程中，由于干燥温度过高（超过 60℃）且干燥时间过长，或者由于模型码放不整齐，会使模型产生裂纹、粉化、变形等缺陷，严重影响成型使用；其二，由于生产急需，模型做出后没有经过完全干燥即上线投入成型使用；或者在使用过程中不注意成型室内温湿度的调节，温度得不到保证，使模型始终在低温、潮湿状态下工作，模型长期含水率高，不但会使其强度低、粉化、受压易变形，而且更为重要的是由于泥浆中电解质的作用，使模型内部毛细孔结构发生变化，造成吃浆不良。

4. 石膏粉的存储

石膏粉的存储在生产中应引起足够的重视。刚炒熟的石膏粉反应能力较强，在密封干燥的料仓内放置至少2～8d（陈腐），最好半个月后再使用为好。由于熟石膏粉极易吸水受潮，所以在夏季潮湿阴雨的季节，尤其是一年四季阴雨潮湿的南方，应妥善存放和保管。最好存放在通风、干燥的室内，下面悬空垫起防受潮，上面最好用塑料布苫盖好。根据生产使用情况有合理的储备量，不宜存放过多、存放时间过长（不应超两个月）。若石膏粉存放时间过长或在露天存放时受潮，其吸湿转变为二水石膏硬块，失去半水石膏的胶凝性能，会给企业造成不必要的损失。

（四）提高石膏模质量的措施

1. 采用高质量的石膏粉

石膏粉生产厂家所用原矿的品位、晶相结构不同，生产加工工艺水平、设备水平和质量控制水平不同使石膏粉的质量有所不同（见表3-9-3）。石膏原矿品位好、矿源充足、工艺设备先进、生产量较大、质量控制稳定、检测手段完备的厂家石膏粉质量好，也比较稳定。这种厂家的石膏粉杂质少，石膏粉纯度高，可确保模型的强度和表面光洁度，确保生产正常使用。应优选采购这种厂家的石膏粉使用。

表3-9-3　一些厂家石膏粉强度指标对比

生产厂家	水膏比	初凝时间/min	终凝时间/min	干抗折强度/MPa	吸水率/%
河北A厂	1∶1.6	9.2	17	6.12	30.2
河北B厂	1∶1.6	7.5	14	5.186	32.31
河北C厂	1∶1.6	7.5	23	5.11	31.14
山东A厂	1∶1.6	9.5	14.5	4.413	30.98
山东B厂	1∶1.6	10	20	4.852	33.7
甘肃A厂	1∶1.6	9	13.7	6.04	32.31
甘肃B厂	1∶1.6	7	12	5.642	32.66

2. 使用α高强石膏粉

在模型制造中采用高强度石膏粉（即α石膏粉）是一种行之有效的方法。α石膏粉细度细、强度高，可使模型表面光洁。α石膏粉标准稠度需水量低（一般为45%～55%），也即膏水比例大，所以模型强度高；而普通的β粉标准稠度需水量大（一般为70%～80%），也即膏水比例小，所以模型强度低。卫生瓷注浆成型生产中往往利用各自的特点，一般采用混合石膏粉（30%α+70%β或者50%α+50%β）制造模型。这种混合石膏粉制出的模型强度高，各项性能指标优良（见表3-9-4）。在生产中单独使用α石膏时，必须提高其膏水比例，这样才能提高模型的强度，才能体现出α石膏在提高模型强度方面的优越性（见表3-9-5）。

表 3-9-4　α 石膏和 β 石膏的混合粉对模型性能的影响

α、β的比例/%	水膏比例	凝结时间/min		气孔率/%	吸水率/%	干抗压强度/MPa
		初凝	终凝			
α50 β50	1∶1.2	9.2	12.8	37.31	46.47	6.996
α40 β60	1∶1.2	8.2	11.3	38.53	50.84	6.002
α30 β70	1∶1.2	8.1	11.5	35.07	45.27	6.707

表 3-9-5　标准稠度下 α 石膏和 β 石膏的强度指标对比

石膏种类	标准稠度/%	水膏比	初凝时间/min	终凝时间/min	抗折强度/MPa
普通 β 石膏	70	1∶1.43	7.5	10.7	3.7
高强 α 石膏	45	1∶2.22	6.5	13.5	11.5

3. 尽可能提高膏水比例

石膏和水的比例是模型制造中最主要的工艺技术指标。它对模型的强度、吸水率等主要指标起着决定性的作用。模型的强度和膏水比例成正比例关系，提高模型的膏水比例是提高模型强度最直接、最有效的方法（见表 3-9-6）。模型强度提高，才能在使用中延长其使用寿命，降低生产成本。但是，随着膏水比例的增大、模型强度的提高，其吸水率会降低，两者是一对矛盾。在生产实际中，应找出性能最佳时的膏水比例。卫生陶瓷全部是注浆成型生产，过去地摊成型时，对强度要求不高，生产中使用的石膏粉主要是普通的 β 粉，膏水比例较低，一般为（1.16～1.2）∶1。而随着机械化立式组合浇注工艺的发展，模型的体积也变大，对模型强度要求的更高，使用高强度 α 石膏粉或混合粉，模型的膏水比例也往大的方向发展，比例提高到（1.35～1.46）∶1，模型也可正常使用，效果良好。

表 3-9-6　水膏比对模型强度的影响

水膏比	搅拌时间/min	凝结时间/min		吸水率/%	抗折强度/MPa
		初凝	终凝		
1∶1.4	2	9.5	14.0	39.26	4.32
1∶1.6	2	9.0	13.7	32.31	6.04
1∶1.8	2	8.7	13.3	27.79	6.81
1∶2.0	2	7.5	10.5	22.88	7.75

4. 采用高质量的母模胎型

母模胎型在模型制造中尤为关键。高质量的母模胎型可提高模型的质量，延长其使用寿命。应优先采用表面光滑的玻璃钢或树脂胎型。这种胎型倒出的模型表面光洁，模型对口缝小。使用中不易漏浆，坯体表面光滑。最主要的是延长模型的使用次数，减少模型的更换次数，降低生产成本。

5. 使用外加剂

外加剂的种类较多，既有有机的又有无机的。常用的外加剂有焦磷酸钠、腐植酸钠、硼砂、AST剂、桃胶等。这些外加剂除了有一定的增强效果外，主要的是具有缓凝作用，可提高膏水比例，延长搅拌时间，采用真空搅拌脱气工艺，为进一步提高模型强度创造了条件。

6. 采用低温水

在卫生瓷模型制造中采用低温冷冻水，将水温控制在8～10℃，其目的是降低半水石膏在水中的溶解速率，延长石膏在水中的溶解和晶核形成时间，即延缓石膏与水的反应速度，从而可延长搅拌时间，也使浆体中的气泡顺利逸出，石膏和水充分接触反应，形成均匀的微晶结构，有利于提高模型的强度，改善模型的质量（见表3-9-7）。

表3-9-7　水温对模型强度的影响

水温/℃	水膏比	凝结时间/min		干抗压强度/MPa
		初凝	终凝	
10	1∶1.67	13	34	14.2
15	1∶1.67	12.5	32	13.0
20	1∶1.67	12.2	30	12.7
25	1∶1.67	12	30	12.5

7. 采用真空搅拌、脱气工艺

模型在混料、搅拌过程中，会带入许多气泡。气泡致因：①石膏倒入水中时，由石膏粉带入；②石膏与水反应时产生；③搅拌时，由于搅拌产生的旋涡而裹入，而且转速越大，则带入浆体中的气泡越多。石膏浆体黏稠时，气泡不易逸出。浆体中含有气泡，对其强度有很大的影响。注模中采用真空脱泡搅拌工艺是一种行之有效的方法。进行真空脱泡处理，可使模型结构变得致密，会明显提高模型的强度（见表3-9-8）。

表3-9-8　真空搅拌对模型强度的影响

水膏比	吸水率/%		干抗折强度/MPa	
	未脱泡	脱泡	未脱泡	脱泡
1∶1.43	35.1	33.7	6.94	8.61
1∶1.25	42.6	40.0	5.69	6.62
1∶1.1	48.4	45.9	4.20	4.55

8. 合理操作程序

石膏粉倒入水中后，应有0.5～1min的浸泡时间，确保石膏粉润湿与水充分接触。但也不要过长，否则会硬化。搅拌速度应使用在300r/min左右，适当延长搅拌时间，搅拌时间应在2～4min。这样可使石膏粉与水的充分接触和反应，有利于石膏浆体中气泡的排出，有利于提高模型的强度（见表3-9-9）。石膏浆缓缓注入，振动胎型，用手或专用工具赶走浆体中的气泡等，所有这些措施对减少气泡提高模型强度起到一定的作用。脱模时间应合理掌握，在终凝时间模型硬化发热时起模。不能过早或过晚，过早时，还未到终凝，模型强度低易掉块；过晚时，由于模型放热和膨胀，造成脱模困难，还会损坏胎型。

表 3-9-9 搅拌时间与模型强度的关系

水膏比	搅拌时间/min	吸水率/%	抗折强度/MPa
1∶1.2	1	43	3.66
1∶1.2	2	42.7	3.72
1∶1.2	3	42.5	3.81
1∶1.2	4	42.5	3.87
1∶1.2	5	42	3.91

9. 模型合理设计

在模型设计时应做到各部位厚度合理、均匀一致。这样在使用中能承受住挤压和磕碰。卫生陶瓷模型体积大，在生产中易损坏，造成使用次数低，主要的原因是因模型断裂和变形引起。通过在模型内部放入 ϕ12mm 左右的增强钢筋，可解决以上问题，将明显提高其抗折强度，延长模型使用次数。同时还确保操作者的人身生命安全。

10. 确保模型干燥

干燥是模型生产和成型使用的一个很重要的环节。模型是否干燥对其强度和使用寿命有很大的影响。模型经干燥可明显提高其强度，约提高 2～2.5 倍。为了确保模型的强度，一是干燥温度不要超过 60℃，二是干燥时要注意空气的流动，三是模型脱模倒出后应在常温下保持 24h，再推入干燥室干燥，不要马上送入干燥室。四是确保干燥的模型上线使用，同时在模型使用中也要保持干燥。这既可保证成型正常生产，又可提高模型的强度和耐磨性能，确保坯体尺寸和质量的稳定，防止模型发生变形，最终延长模型的使用次数。

（五）注浆成形对模型的要求

（1）模型的设计应合理。坯体各部位的厚度要合理。坯体的收缩、脱模、排浆应顺利；各种孔眼（注浆孔、放浆孔、微压孔等）位置设计应合理、尺寸大小适宜。

（2）模型要有适宜的气孔率和足够的机械强度，既要保证有良好的吸水性，又要有良好的耐用性能。模型的气孔率应在 38%～45%，主要由水膏比例确定，水膏比例一般控制在 1∶(1.3～1.5)。模型的抗压强度 7MPa 以上，抗折强度 3MPa 以上。模型不能过干和过湿，过干会导致坯体开裂，过湿造成不成活。模型使用时须保持 5%～13%的含水率。

（3）模型的工作内表面要平整、光滑，无油腻、杂质和污物；对于大件模型，内部应放置钢筋等物增强加固。

三、模型制造的基础知识

在卫生陶瓷生产中，石膏模型（也称石膏模具）是重要的辅助生产工具。模型的质量，包括设计制作质量对卫生陶瓷的正常生产起到很重要的作用。其质量的如何，对卫生陶瓷生产能否正常进行，对卫生陶瓷的外形和尺寸，对成活率、外观实物质量、便器的排污功能等有直接的影响。

卫生陶瓷石膏模型的制作是一项技术性强的工作。它不同于对金属模具的加工。金属模具是把几个金属块经过切割加工后，组装而成。它要求在整个金属块的内表面加工出相对应的产品外形，而对金属块规格和定位都应按严格的尺寸加工，才能严密地组装在一起。若没有图纸则无从着手。而卫生陶瓷石膏模型的制作则不同，它是使用胶凝性材料，按图纸制作出原型的基础上进行翻制的。只要在产品原型上浇注石膏浆就能得到产品的外形，在模块之间的接合处，只要把其中一块结合面处理光洁并刻出定位槽，在浇注的另一个石膏块上就能得出与前者相同光洁度和同定位槽相吻合的定位卡。用这样的方法，如此连续制作，整套模型就翻制出来了。可见，卫生陶瓷石膏模型的制作，没有图纸也能进行。

同其他行业产品和其他陶瓷制品相比，卫生陶瓷产品有其特殊性：体积大，结构复杂；既要求外型尺寸又要求口眼和组合尺寸，同时又要求排污功能；又要考虑成型工艺收缩和原料的性能；产品经过高温烧成有很大的烧成体积收缩与结构形状的变化，这决定了其模型制作工艺的复杂性和特殊性。

模型制造的工艺流程如下：

原型→模种→母模→工作模

(一) 常用名词

模型制造的一些技术术语，由于我国各瓷区对模型的习惯叫法不尽相同，各地区有其习惯的叫法，不能过分强求一致。下面分别简述。

原型：也称型，原胎，原始模种。它是按照产品设计图纸或制品实物加上放尺和为解决制品在制作过程中变形而增加的预留尺寸而制作的产品造型。原型要保证其制品与产品设计图纸的一致性。

模种：也称老老模，标准模，凹胎。它是在原型基础上翻制出来的原始工作模，该模的严密性、正规性及光洁度都优于工作模，是制作母模用的。

母模：也称老模，母型，胎模，凸胎。它是由模种翻制出来用于浇注工作模的模型。

工作模：俗称模子，子模，也叫模型，其就是大生产成型中常用的模型。它是用于注浆成型生产工艺制作半成品使用的模型，其形体与结构均同于模种。它是由母模浇注而来。

阴模：简单而言是指使用吸浆面凹进的模块。用模型内形决定器型外形的工作模。

阳模：简单而言是指使用吸浆面凸起的模块。用模型外形决定器型内形的工作模。

底模：在制模工艺中，为了操作上的方便，一般将形面同有阶梯的器物连在一起成一整体，称此整体叫底模。

模围：在制模工艺中，为了便于翻制工作模，在工作模外浇注一层石膏围子，称这层围子叫模围。

外围：在模围外还要浇注一层围子，用它和工作模及底模组合来复制模围，这层围子称外围。

关于模型制造方面的一些主要术语，目前主要有两种叫法。一种是比较通俗的叫法“原胎、凹胎、凸胎、模型”；另一种是比较正规的叫法“原型、模种（标准模）、母模（胎模）、工作模”。

(二) 条件与工艺选择

卫生陶瓷种类繁多，体积大，器型复杂，既要考虑到单件外型尺寸和口眼尺寸，又要考虑到组合连接尺寸，还要考虑到用水量和排污功能，考虑到与其他器件的匹配吻合。一件产品可以有不同的成型方法制作，多种产品也可以用同一种成型方法制作。

当制作者接到图纸或样品后，按客户的要求，首先要考虑采用什么方法成型，选择什么工艺，才能保证制品的技术性能要求，达到最佳的质量和产量。器型设计与成型工艺方法密不可分。根据器型的特点，在产品成型工艺方式上，要考虑是采用整体一次成型还是分块成型然后粘接，由几块粘接？是地摊手工成型还是机械化立浇一次成型？是单面吸浆还是双面吸浆？这些问题必须弄清楚。这决定了以后模型的结构和制模工艺。若工艺选择不当，器型设计再好，模型结构再完整，生产出的产品要么是质量差，要么就是工效低。所以，工艺选择要保证产品质量，选择最简单的工艺，要考虑到劳动强度和经济效果，尽可能采用新技术、新工艺。同时还要考虑到企业的泥釉料配方的特点，例如干燥收缩、烧成收缩、生坯强度、泥料的性能等。要考虑到企业的工艺技术装备水平，是地摊成型多还是机械化立浇线多。要考虑到企业的技术力量和操作习惯等。

四、原型

卫生陶瓷原型的制作是一项技术性很强的工作，需要有专业技能和相关的专业知识才行。原型的制作是根据产品的结构图或产品实物样品，精确测量核实各部位的尺寸，对各部位尺寸进行繁琐的放尺计算，制作使用一些的样板，在石膏浆固体上精细制作而成。可见，原型的制作有两种途径：从原始图纸开始和从实物样品（仿制）开始。但不论哪种途径，制作出的原型并不是最终合格的原型，还需经过制作实验模型，经过反复的成型试验、样品烧制、尺寸测量、功能检测，反复地修改原型，使成活率达标、满足各种尺寸以及排污功能（达到客户标准或国标要求）后方能确定。

（一）放尺

放尺是原型制作中常见的工作，是获得数据、制作样板的基础。因为卫生陶瓷成型后的湿坯（其形状、尺寸与原型相同），需经过总收缩（干燥收缩和烧成收缩）后才能得到成品。

故，成品尺寸＝原型尺寸-原型尺寸×总收缩＝原型尺寸×(1－总收缩)

一般卫生陶瓷的总收缩约为12％，则

成品尺寸＝原型尺寸×(1－12％)＝原型尺寸×0.88

故，原型尺寸＝成品尺寸÷0.88

这是原型制作中放尺常用的计算公式。

（二）操作方法与技术

在制作原型之前，首先要考虑产品的成型工艺方法：是整体一次成型还是分块成型然后粘接，由几块粘接，是地摊手工成型还是机械化立浇一次成型，是单面吸浆（见图3-9-1），还是双面吸浆（见图3-9-2），还是单、双面混合吸浆（见图3-9-3），产品烧成时有无架支（例如洗面器）等？这些问题必须弄清楚，才能进行原型制作以及后面的模种制作及分块。一般坐便器分为圈、锅、水道、档、底盘等几个部分来做。在制作原型之前，先画各部位的大样。大样是制作原型的样板，它是在成品实物的基础上放尺而来。一般坐便器的上圈画两个样板：一个是外形，一个是内形（都具有对称性，做一面中线处展开）。大底胎体（俗称锅）画五个样板：锅内两个（长短轴各一），外形前后各一个，外形左右用一个。管道画一个断面样板。在做原型时要把放尺后的外型整体尺寸确定好，先定高度，再定长和宽。画好中线，画大样和原型制作时都离不开中线。有了中线，上下前后左右才能定位，才能画弧、找点，做出的产品才能规整对称，方能达到设计制作目的要求。

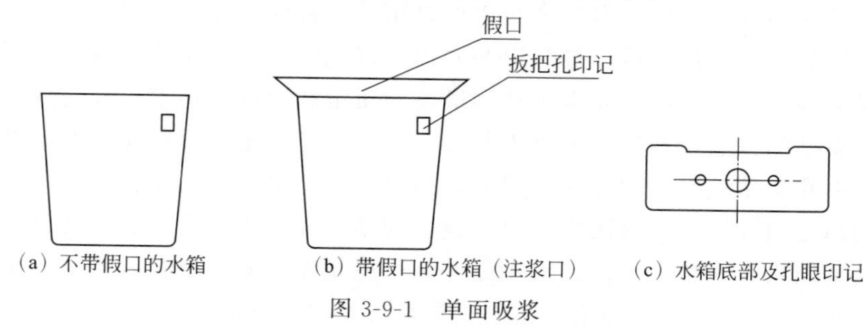

图3-9-1　单面吸浆

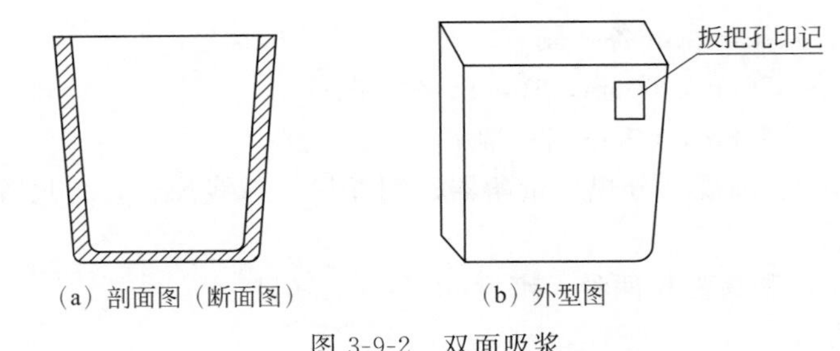

(a) 剖面图（断面图）　(b) 外型图

图 3-9-2　双面吸浆

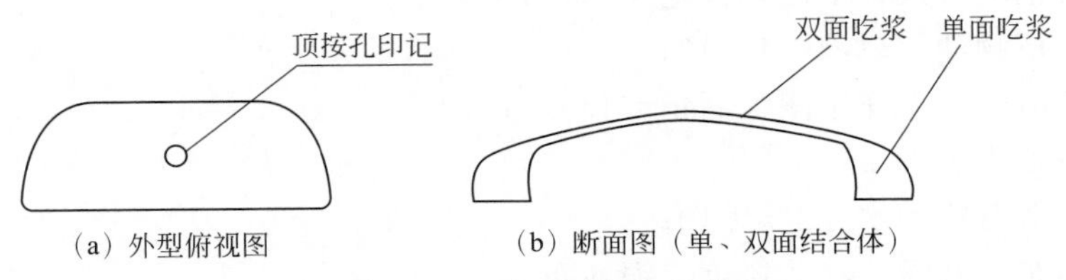

(a) 外型俯视图　(b) 断面图（单、双面结合体）

图 3-9-3　单双面混合吸浆

在画样板进行放尺时，要注意不同方向、不同部位应区别对待，同时还要考虑预变形量(如面具的纵向、坐便器的上圈面)。一般情况下，产品的横向与纵向收缩不同。纵向由于重力作用，一般比横向收缩大 1.5％～3％。另外，周围或上下部位有筋的地方收缩小，空腔部位收缩大，受压部位与非受压部位不一样，有支撑和悬空的部位不一样。这些在放尺、原型制作时都要具体分析、通盘考虑。精确的放尺，目的是使设计制作出的产品与图纸或实物原样尽可能相符，以减少返工。

在原型制作过程中，为防止模内湿坯收缩开裂，对产品的棱角、坑凹要处理成圆滑的曲面，以保证模内湿坯的顺利收缩。外形要做出合理的斜度，保证模型和坯体两个阶段的顺利脱模。另外，单双面交界处的夹角不宜过小（不小于45°），以避免存浆造成产品在干燥收缩和烧成时的开裂。对于坐便器、洗面器等产品，要做出合理的预变形。还有，从图纸到原型即是由平面变成立体，视觉效果会有很大的出入，局部须进行修改和调整。

1. 常用工具和材料

(1) 设备　石膏搅拌机——转速在 360r/min；

手枪电钻——转速在 700r/min；

车削机（镟铲机）——转速最大为 500r/min，且可调节转速。稳定性好，开关灵活；

钳工平台——1200mm×800mm，1800mm×1000mm；

空气压缩机——最大提供 0.6MPa 的高压气。

(2) 刀具　模型工多年来根据开发实际经验，以及自己操作使用的方便，通常用锋钢锯条自制或从市场上购买各种用途的刀具。主要有：

三角刀——车削模种结构件用的刀具。分粗车刀、精车刀和异形刀。

弯刀——将不同形状钢制刀片焊接在长形铁板的弯头上，通常有圆形、方形、三角形等。

另外还有铲刀、刮刀、挠钩等。

(3) 工具及辅助用具　常用的工具及辅助工具有：木槌、胶锤、铁锤、斧头、钳子、手电钻、刀锯、钢筋钳、划线台、水平仪、剪刀、不同形状厚度的刮板、厚度计、探针、型尺、粗细平锉、半圆钻、三角钻、大小锯条、大小台称、浆桶、毛刷、扒钩子、粗细纱纸、牛皮硬纸等。

(4) 量具　常用的量具有：

内外卡——6in，12in，22in 各一副；

钢板尺——15cm，30cm，60cm，100cm 各一把；

三角板——10cm，30cm，50cm 各一副；

大分规（400mm）、圆规、分规、量角器、钢卷尺、弧线尺、直角尺等。

（5）材料及辅料

石膏粉——普通粉和高强粉两种，细度 80 目、120 目；

水泥——高标号 $525^{\#}$；

脱模剂——钠皂液或钾皂液，钾皂：水＝1：5；

油皂液——植物油：皂液＝1：10；

洋干漆酒精溶液——洋干漆：酒精＝1.5：10；

酒精——浓度为 85％；

隔离剂——滑石粉：水＝2.5：10；

油毛毡、纱布、麻绳、红蓝铅笔、铜纱布。

2. 原型的制作方法

在卫生陶瓷原型制作过程中，无论是洗面器，还是坐便器和妇洗器等，都需制作锅盆。锅盆是产品双面吸浆部位，是产品的主要部位。做锅盆在原型制作过程中经常遇到，是模型翻胎工最基本的操作技能之一。锅盆的做法各厂有各厂习惯的制作方法，也各有其特点和技巧。下面介绍几种方法。

（1）方法一：雕刻法　根据产品放尺后的最大外形尺寸，留出余量做一个石膏疙瘩，像雕刻一样去掉多余部分，按样板要求或设计尺寸找薄厚。这种方法废工、废时、废料，做出的原型也不精细规整。现已很少采用。

（2）方法二：糊制法（见图 3-9-4）　先根据锅盆内型放尺后的样板，做一个石膏内芯疙瘩（见图 3-9-5），表面修整光滑。外刷 3～4 遍漆片液，刷匀。晾干后，涂上脱模剂，在疙瘩曲面上每隔 15～20mm 摁上小铁钉（铁钉长度一般在 20mm），小钉留出的高度应一致且比双面吸浆厚度 11～12mm 稍大些。在整个曲面上糊涂上石膏浆，糊涂均匀，将小铁钉稍盖住。对表面进行修整，露出小铁钉，将小铁钉逐个取出。脱模取出石膏疙瘩，剩下需要的石膏瓢。将石膏瓢上的钉子眼用石膏浆堵平。对整个曲面再进行精细修整，用手枪钻随机打眼，用厚度计测量厚度，以使各部位达到设计厚度要求为目的。此种方法生产实际中经常用到。

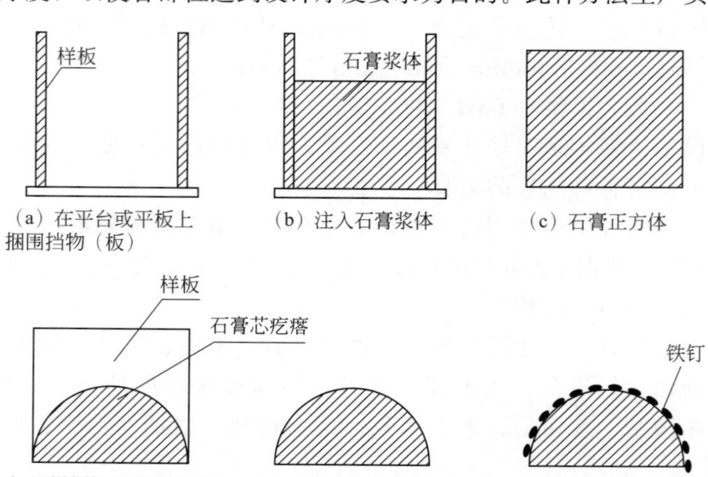

（a）在平台或平板上捆围挡物（板）　（b）注入石膏浆体　（c）石膏正方体

（d）用样板接石膏内芯疙瘩　（e）做好石膏内芯疙瘩　（f）刷染、摁上铁钉

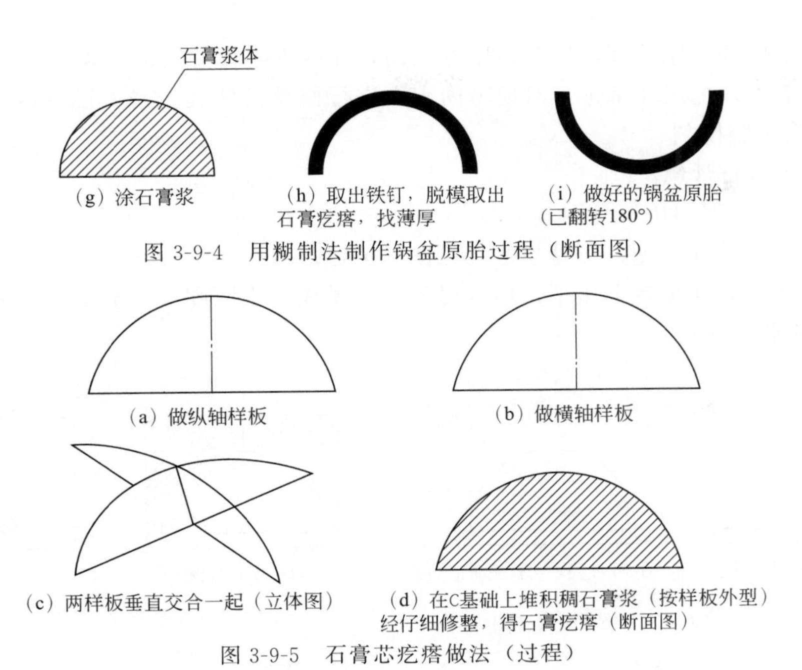

图 3-9-4　用糊制法制作锅盆原胎过程（断面图）

图 3-9-5　石膏芯疙瘩做法（过程）

（3）方法三：浇注法（见图 3-9-6）

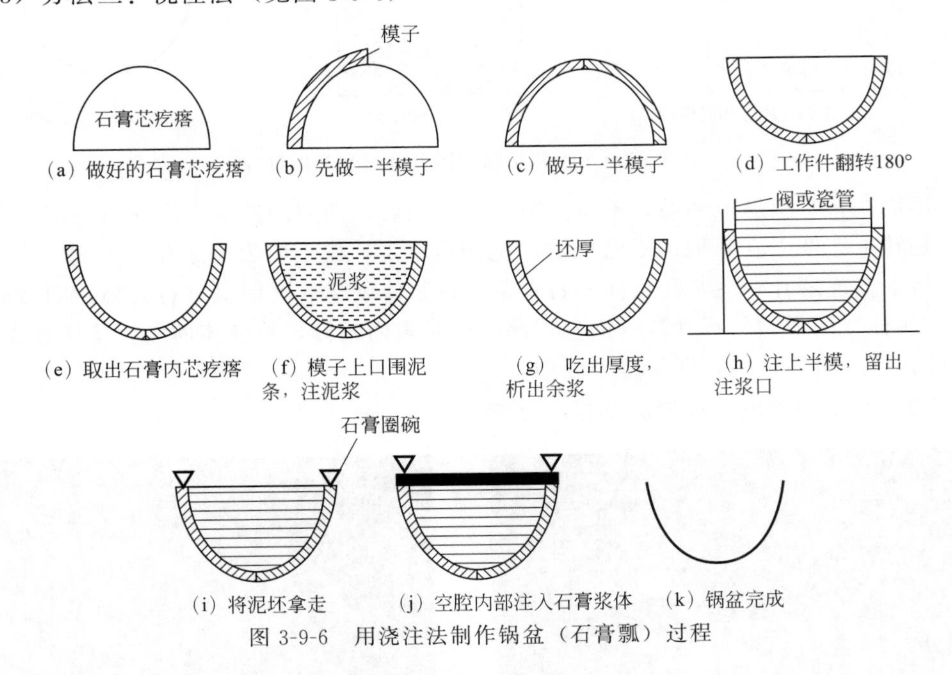

图 3-9-6　用浇注法制作锅盆（石膏瓢）过程

① 按设计图加上放尺画出俯视图样，样板画在硬纸上；

② 把盆心部分用剪刀煎下，注一个石膏块，按样板做一个盆心疙瘩（见图 3-9-4）；

③ 疙瘩做好后刷漆，干后刷脱模剂；

④ 扣着围挡板倒模子，分两段注模子；

⑤ 把注好的模子翻过来，口朝上，取出石膏疙瘩，将模子进行干燥；

⑥ 模型口边围一圈泥条，注上成型用的泥浆，待坯体吃够厚度（一般 13mm）即把余浆折出放掉（注意不要有泥缕），把口修平；

⑦ 坯体干后刷好脱模剂，用挡板围好四周，注好上半模并留出注浆口；

⑧ 揭开上模，把泥坯拿走。对模型内表面进行修整，使其光滑。模型内表面刷漆 3～4 遍。漆干后涂擦脱模剂；

⑨ 注石膏得石膏瓢。

(4) 方法四：泥塑法（见图 3-9-7）

1）按放尺后的样板做一石膏疙瘩（见图 3-9-4）；

2）取软泥，放在平台上压平，用线弓刮平，做成一定厚度（一般 12～13mm）的泥饼。将泥饼分割成若干等份；

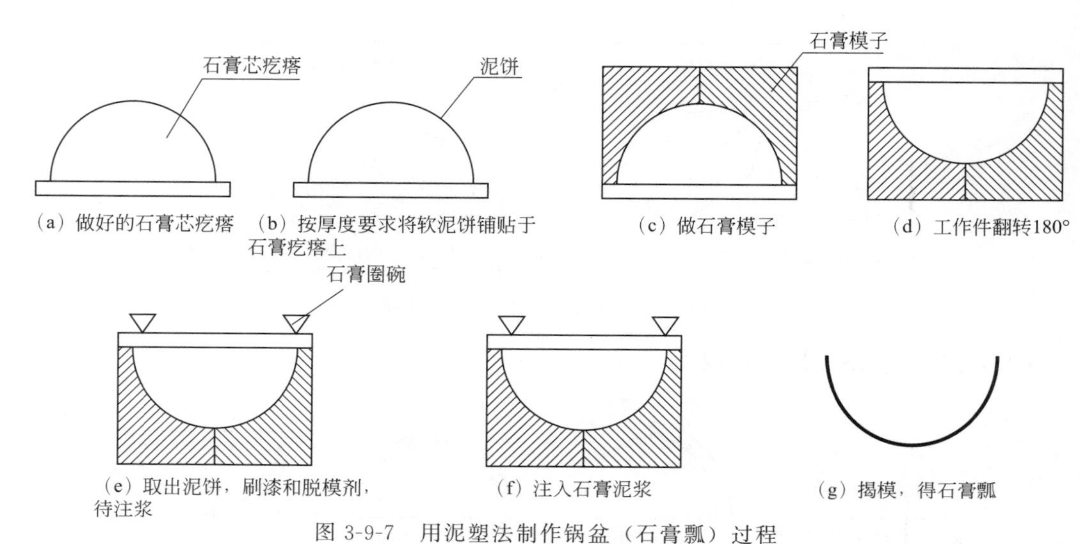

图 3-9-7 用泥塑法制作锅盆（石膏瓢）过程

3）逐块往石膏疙瘩上铺贴，不留间隙。铺贴完后，四周围挡板，浇注石膏浆；

4）翻转工作件 180°，取出石膏疙瘩，把泥饼拿走，模子内表刷漆和脱模剂；

5）将上盖疙瘩开一注浆孔，注入石膏浆，待浆体硬化后，锅盆（石膏瓢）即做成。

以上几种方法中做的石膏瓢（锅盆）都必须对表面精修，找坯体薄厚。按样板要求做出其余部件，然后组装粘接，即得整个原型。

图 3-9-8 是坐便器的样品原胎制作示意图。

1. 依据配件尺寸及客户要求策划制作思路

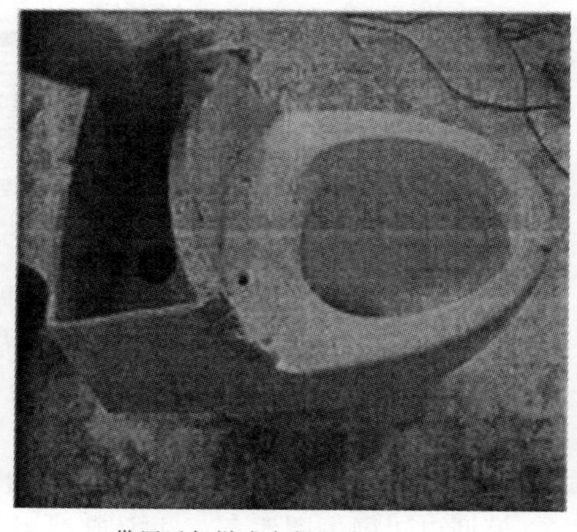

2. 借用近似样或自行塑造

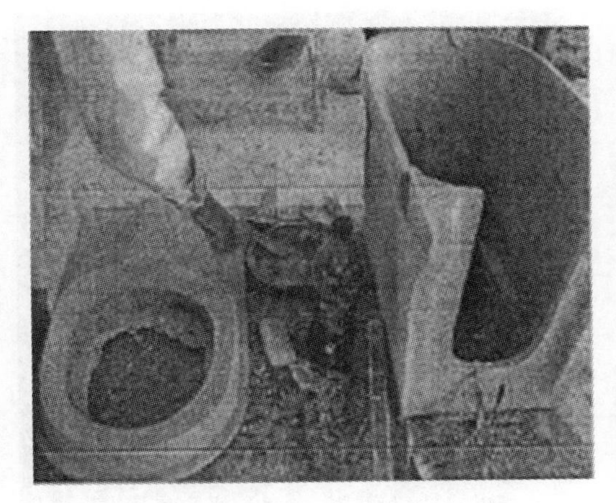

3. 制作面板及围边

4. 制作管道

5. 安装好管道并制作脚圈

6. 制作水箱和水箱盖（1）

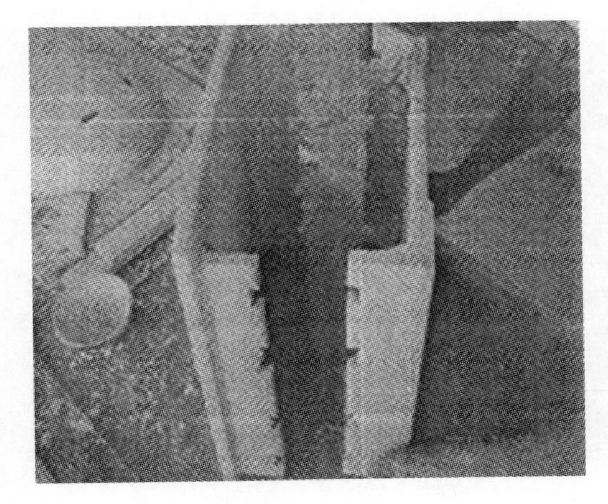

7. 制作水箱和水箱盖（2）

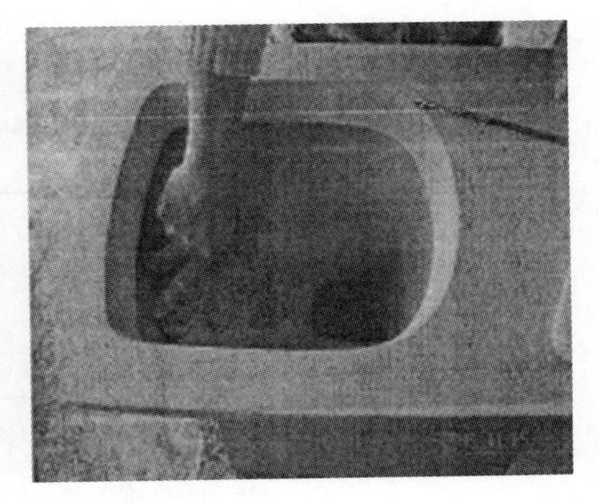

8. 精修外观

图 3-9-8

9. 修洗胎面

10. 原胎检测校验

图 3-9-8　坐便器的样品原胎制作示意图

在原型制作过程中，单面吃浆的产品（或部位）的原型是实心体（地摊低水箱），应仔细制作其外形；双面吃浆产品（或部位）的原型是一定厚度的胎体，应仔细校对各部位的厚度，做到均匀度一致，切不可有遗漏之处。要充分利用软泥塑成产品的外形，再糊制石膏浆，再按设计样板的要求进行各部位严格修整，这样制作原型既省工又省料。另外，不能一次做出整体的原型，各部位部件单独细做，按设计尺寸粘接起来，粘好后再精确测量各部位的尺寸，再进行整体仔细修整。

下面再简单介绍实心体（地摊低水箱）原胎的制作过程（见图 3-9-9）。

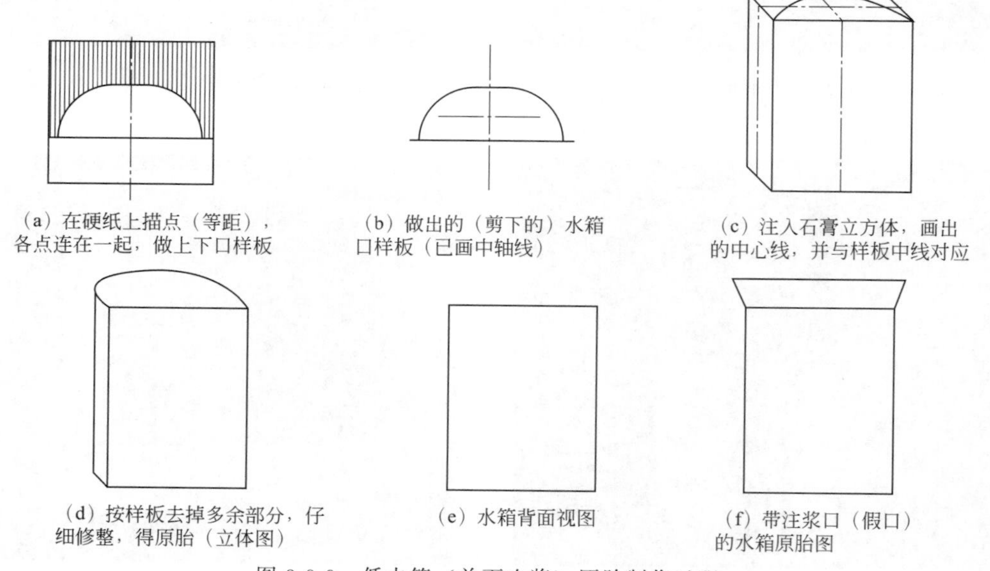

(a) 在硬纸上描点（等距），各点连在一起，做上下口样板

(b) 做出的（剪下的）水箱口样板（已画中轴线）

(c) 注入石膏立方体，画出的中心线，并与样板中线对应

(d) 按样板去掉多余部分，仔细修整，得原胎（立体图）

(e) 水箱背面视图

(f) 带注浆口（假口）的水箱原胎图

图 3-9-9　低水箱（单面吃浆）原胎制作过程

（1）精确测量低水箱的外形尺寸和口眼尺寸，每个尺寸做好记录。

（2）按 12％对各个尺寸进行放尺计算，在牛皮硬纸上画出十字中心线，根据放尺后的尺寸画大样，制作上口和底部两个大样。用曲线板仔细画四周弧度。水箱高度尺寸按12%放尺后再加量2%（考虑到纵向收缩大），并将此数值记录。

（3）将大样对折，找对称，细修样板，用红蓝铅笔标识十字中心线。

（4）根据放尺后的尺寸，留出一定余量，在平台上浇注方型石膏疙瘩。

（5）石膏凝固后，对此石膏疙瘩进行粗修，用直角尺找垂直、找水平，定高度（按上面放尺后的高度尺寸），并上下左右画出十字中心线。

（6）按上下两个样板的十字中心线与石膏疙瘩的十字中心线对齐，分别按样板的外沿在石膏疙瘩的上下两个面上画线。按线细修，将多余的石膏去掉。

（7）原型做完后，将口眼尺寸画好，刷漆待用。

3. 原型修复技巧

通常情况下，原型做出模种使用一次即碎成几瓣或许多碎片（例如有双面吸浆的洗面盆、坐便器等）。再次做模种时还要使用原型。另外，对产品的结构进行工艺改进或新产品试验时，也需要使用原型。故必须对原型进行修复。原型修复是胎型制作中常见的艰苦、细致、专业性很强的工作。修复的方法是仔细查找各部件，将各瓣吹扫干净，用胶将各块粘接起来。粘好后用麻绳或橡皮筋、木楔固定。粘好后的整体按设计尺寸对外形尺寸、坯体厚度进行仔细修整、核实。合格后刷漆待用。原型太碎不能修复时，可用模种或工作模注原型。一般而言，用模种注出的原型质量要好于工作模注出的原型。用模种或工作模注原型的方法是：把模型的内表面刷好漆，晾干后擦好油（脱模剂）。在模型的最高点处挖一注浆口（约60mm×60mm），用搅拌好的石膏浆（有的厂加少量的水泥增加强度）趁稀时缓缓注入模型内。待石膏浆完全硬化放置半天后，拆除石膏模型，取出原型注件，放置在工作平台上。对原型注件严格精心修整，找薄厚，与原型图纸相比对，标识好孔眼尺寸与位置。修整好后刷漆，放置在工作平台上待用。

五、模种

模种与工作模（模型）在结构和形状上是一样的。故下面的叙述中模种与工作模（模型）是一致的。在卫生陶瓷模种制作中，合理的模种设计和结构制作，不但给模型生产带来方便，更主要的是有利于成型生产和产品的质量。因为模型结构是为生产工艺服务的，而生产工艺又是为产品服务的。因此，对原型个别不利于制模或不利于成型工艺的部位要修整。故模种设计是应该在生产工艺确定的前提下进行。模种设计制作工应熟悉注浆成型工艺，懂得陶瓷相关知识，懂得产品标准。确保制作的模型工艺可行，保证成型生产和产品质量。

（一）模种的结构及设计原则

在前面叙述的原型设计中，对模种的结构及设计已确定了思路。从某种意义上说，原型的结构基本上就决定了模种的结构和成型工艺方法。模种设计应遵循以下原则：

（1）模种的设计制作应根据原型的结构进行；

（2）模种结构要适应成型和制模工艺；

（3）模种结构要在保证使用的基础上求面、求省、求美。

模种结构设计应有利于半成品成型效率和模型质量。故模种结构设计必须了解模型和半成品的制作工艺，掌握它们的操作方法和程序。也就是说，模种结构设计就要按工艺要求进行，是手工注浆还是机械化注浆，是压力注浆还是自然注浆，是单面吸浆还是双面吸浆。有无微压气巩固，脱模是否气动，还要考虑是整体一次成型还是分块粘接，坐便器的排污管道是粘接的还是一次成型整体吃出的，低水箱是否需要留假口；另一方面，要检查原型上上凸和下凹部位及棱角处是否留有适当的坡度，以利于模型制造和成型坯体的收缩。在产品整体造型上是否留有坡度，以利于模型和坯体脱模。在多块模种制作中，对模型分块、结合部位安排及注浆孔、排浆孔、排气孔的设置应能保证坯件的外观质量。对双面吸浆部位还要检查坯体的厚度是否符合标准要求并均匀一致（当然此工作主要是在原型阶段去做）。模型的注浆孔、排浆孔、排气孔的尺寸和位置在模种制作阶段就必须确定和做好。在管道注浆成型操作中，注浆孔和排浆孔一般都用同一个眼，其位置应设置在模型正常注浆状态时的最低点，以确保不存浆为目的。注浆孔和排气孔有时很多品种也用同一个眼，其位置应设置在模型正常注浆状态时的最高点，不过此时孔的尺寸应大些，以防止带入气泡。模型上这些孔眼的位置应注意选择在与产品安装眼相对应的位置上，这样可以减少注浆成型操作补坯的麻烦。由此看来，模种的设计、分块极为关键，它决定了返胎方法、模型的质量以及成型生产工艺方式。

（二）模种的分类

如前所述，模种与工作模在结构和形状上是一样的。故模种的结构和分类即是工作模的结构和分类。

（1）按其结构，可分为整体模和分块模两类。分块模又细分为双合模、多合模、多块复合模、多块组合模和串联模。

整体模由单一整体石膏注件构成。适于制作口大底小形状简单的产品（如地摊水箱等）。分块模用于形状较复杂，整体模无法脱型的制品。双合模是由二块模组成的模型（如立浇水箱、面盆、水箱盖等）。多合模是由多块模组成的模型（如坐便器等）。多块复合模则是应用于形状更复杂，是用多合模也无法成型而需要粘接的制品（如地摊联体坐便器等）。多块组合模是指模芯带有许多组合模块的模型（如一次成型坐便器等）。串联模则是为节约制模材料和节省作业场面积，把简单制品的阴阳模合成在一块石膏模上，注浆时把同一注件串联起来使用（如坐便器的大档等）。

（2）按模型的吸浆方式，可将模种分为单面吸浆模、双面吸浆模和复合吸浆模。单面吸浆模是用模型的内表面吸出产品的外形，排出余浆得其内形，也称“空心注浆”（例如地摊水箱等）。双面吸浆模是用外模吸出产品外形，用内模吸出产品内形，无余浆排出，也称“实心注浆”（例如立浇水箱）。复合吸浆模即在同一模型内既有单面吸浆部位，也有双面吸浆部位，是双重吸浆方式的模型（例如面盆、坐便器等产品）。这种模型在目前生产上最常见，品种也最多。

1. 整体模

在卫生陶瓷生产中不多见。仅有口大底小的单面吸浆的低水箱等（见图 3-9-10）。在制作时，要检查原型的整体斜度是否有利于脱模。要制作出注浆口（俗称假口），用于补充泥浆和取坯之用。一般留出 80～100mm 的高度。该部位的斜度应比原型整体斜度大 3°～5°。模型的厚度设计制作遵循：一要保证在搬运中承受住磕碰、挤压和注浆中压力，确保模型的使用寿命；二是因为单面吃浆，要确保足够的吸浆能力和一定的水分容量。一般模型侧面的帮厚 60～65mm，底部厚 65～70mm，且不同部位做到厚度均匀一致。在模种适当的位置应设计出抠手，其位置、深度和斜度有利于制模操作和搬运，一般在模种前后两面对应位置相应做出四个。若在外部受力部位做出加强筋，可考虑解决搬运抠手问题，同时可把模型的壁厚减薄为 40～50mm，节约石膏和利于模型的干燥。底部注浆口（回浆口）的位置，应设置在水箱下水口的位置，这样简便操作，有利于产品质量。注浆成型方式一般采用管道注浆下注下回式。另外，还要设计出坯体割口样板和打孔管具。

2. 双合模

双合模（两扇模）在卫生陶瓷生产中最为常见。如洗面器、立浇水箱（见图 3-9-11）、水箱盖、洗涤槽、坐便器圈模等。

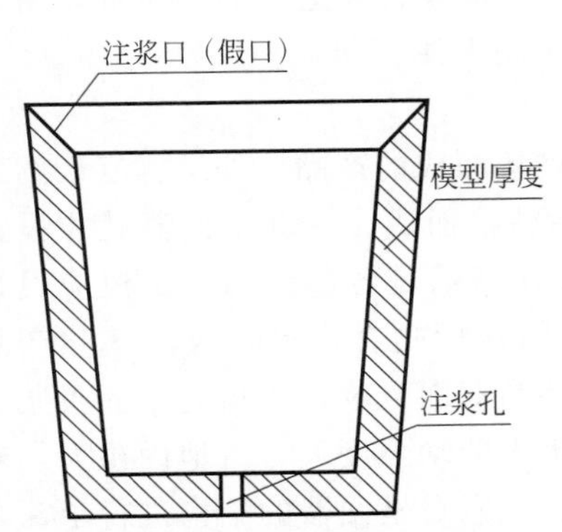

图 3-9-10 地锥水箱模种外形断面图

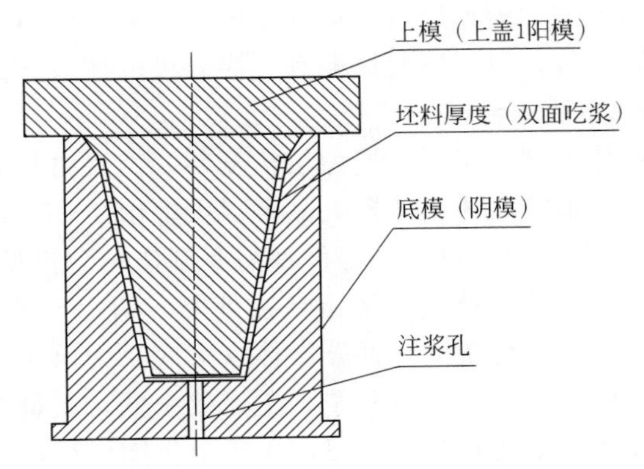

图 3-9-11 立浇水箱外形断面图

双合模的开模（分瓣）位置应设计在原型转角处下方圆角线上或原型的边缘线上。注排浆孔和风巩固孔应设计在产品的隐蔽面，以确保产品的外观质量。模型厚度的设计应根据成型工艺和所承受的压力确定。如果是组合浇注机械化生产，还要设计制作出加强筋以及与立浇线联结、模型间连接的外型。一般模型的厚度设计为 55～65mm。模型块的接合面采用定位槽或定位销固定。需要注意的是：模型口要做出斜度。采用定位槽时，其宽度应为模型厚度的一半，其长度根据接合面的长度而定，一般为 80～100mm，深度为 5～8mm，刻出带坡度的梯形状。较长的接合面刻出两个定位槽。实际应用中采用定位销效果较好。定位销的数量根据产品种类及接合面形状而定。面具类一般放三对定位销，曲面顶端一对，两个侧立面各一对，三点定面具有牢固性。洗涤槽、立浇水箱等截面为长方形的模种，一般下有四对定位销，每个角上各一对。定位销的子销一般用在阳模上，母销一般用在阴模上。由于成型工艺方法的不同，同一品种产品的模种的外型会有很大的不同。立浇模种一般做出一些棱角和沟槽，以便于连接安装及与立浇线小车吻合。设计扣手的位置，应根据注模起模和注浆成型开合模的操作方法与方便性，同时也要注意扣手的牢固性。

在设计坐便器上圈的模种时，应注意便盖孔与水箱安装孔的成型方法。若该孔是单面吃浆用石膏撅吃出的，则翻制石膏撅用的金属棒要小于母模用的金属棒 0.3mm，否则在成型时出现石膏撅插不到家的问题。双合模的注浆孔在下部最低点或上部最高点。根据成型工艺方法的不同有下注下回或上注下回式，模型上应留有通气眼孔。

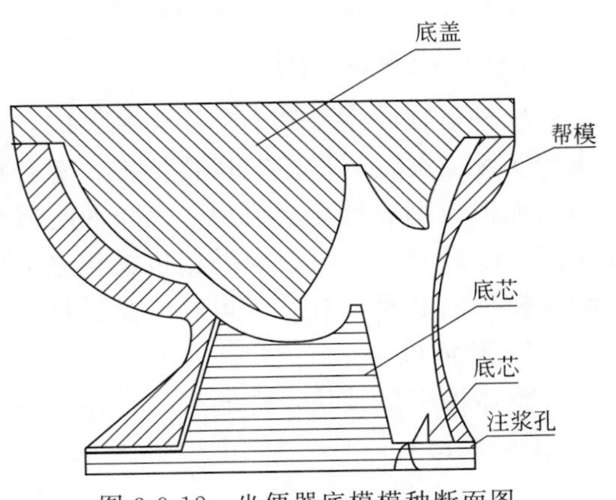

图 3-9-12 坐便器底模模种断面图

3. 多合模

在卫生陶瓷生产中也较常见。例如造型结构复杂的水箱、坐便器（见图 3-9-12）和妇洗器的主体及面具柱等。常见的有三合模、四合模、五合模。设计多合模模种要充分考虑成型工艺方式，同时还要考虑制模工艺，这样才有利于制模和成型工艺操作。多合模的分块非常重要，它涉及生产能否正常进行以及产品的质量。同时定位销和定位卡的使用也非常关键，使用不当会给成型生产带来很多麻烦，有时无法操作。生产中根据先撤底还是先撤两帮来决定定位卡的使用方法。多合模的模型厚度根据原型大小、吸浆方式等而定。在关键受力部位应使用加强筋，模型厚度一般为 60mm。多合模的开模位置也应设计在造型的转角处，对开模在中线部位，以保证脱模顺利。多合模的注浆方式一般采用下注下回式。

4. **多块复合模**

这种模型用于制作造型结构复杂，需要由几块部件粘接而成的产品，如结构复杂的地摊坐便器、地摊联体坐便器等品种。大多由 4～5 块半成品粘接而成。一套坐便器就应设计翻制 4～5 套模型。每一个部件都需要制作一套模型。需要注意的是各部件粘接部位应设计合理，粘接处（大挡板、水箱粘接处等）留出台阶以便于粘接后吻合，提高成活率和产品质量。在过去，传统的坐便器胎体（大底）为单面吸浆，档为双面吸浆，水道为单面吸浆，几件连接而成。产品结构复杂，生产效率低，质量率低，工人劳动强度大，占地面积大，对工人的技术水平要求严格。目前由于卫生陶瓷行业的发展，人们对坐便器的结构进行了深入细致的研究，并取得重大进步。坐便器的结构和成型生产方式向简单化发展，不用粘接或粘接块数大为减少。胎体主要为双面吸浆，并吃出部分管道，仅粘接一块挡片即形成完整的管道，大大简化了生产工艺，提高了工效和产品质量，减少了占地，对工人的操作技术水平要求也不太苛刻。

5. **多块组合模**

这种模型主要是指一次成型的立浇坐便器等产品。一套模型中一般有 8～11 块模块组成。这种模型设计制作要求非常严格，既要注意各模块间的吻合精度，又要注意设计好外型尺寸和相应的沟槽，以便于模型间连接以及模型与立浇线小车的吻合。在制作这种模种时，应注意各模块间吻合面处做出预留量，例如圈与两帮接合面每面应去掉各 1.5mm 左右，以防止在浇注工作模型时圈模的热膨胀造成模型对口不严，使用时跑浆。为适应成型组合立浇线的连接，在模型上下各四个角处设计制作出棱角。

6. **串联模**

该模多用于粘接件中的挡板。该模型的设计要考虑成型注浆方式，是立注还是卧注。要设计出注浆槽、注浆道，保证泥浆不断地流进每套模型中，使坯体吃实。模型的厚度一般在 50mm 左右。要做出定位槽和抠手。

（三）模种的制作

模种是在原型基础上用手工翻制的。在制作模种之前，要仔细分析原型的结构，并根据生产实际情况，以确定是按整体模、双合模、多合模还是多块复合模进行制作；同时确定是采用地摊成型还是立浇成型，是单面吃浆还是双面吃浆，是多块粘接还是一次性成型。根据生产实际经验，尽可能地采用机械化立浇生产、采用双面吃浆法、采用一次性成型工艺，可减少模种的数量，有利于提高产品质量。

1. **整体模**

整体模中最具代表性的产品是低水箱。下面以低水箱为例来介绍整体模模种的制作过程（见图 3-9-13）。

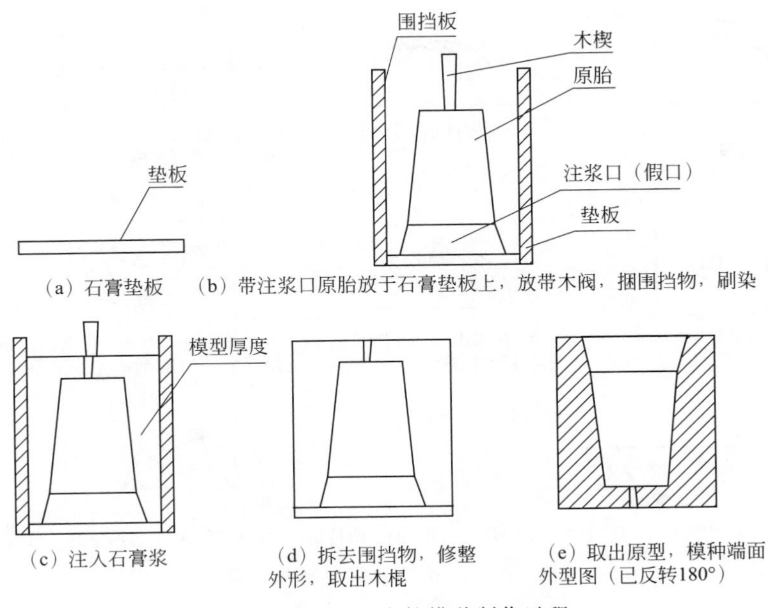

图 3-9-13　地锥水箱模种制作过程

（1）制作注浆口，其高度一般为 120mm，坡度一般为 60°。画出中间线（有的厂习惯在原型阶段就已做出）。

（2）制作石膏垫板（厚度 40mm 左右），其形状如同注浆口，画出中间线，在其四周加出模帮设计的厚度。

（3）制作堵排浆孔用的带梢木橛（长度 150mm，直径 20mm），此孔也是高压气进风孔。

（4）把注浆口倒放在石膏垫板上，把中线对正，再把水箱原型倒立放在注浆口上。

（5）检查原型标记（扳把孔、排水口和安装孔）是否清晰，位置是否正确。

（6）捆围挡物（内层是油毡，外层用硬纸板或石膏板或木板）。用麻绳捆紧。用石膏浆把四角、底边的缝隙堵严实。

（7）刷脱模剂（用皂液或高分子油脂液，刷 3～4 遍）。

（8）把堵排浆孔的木橛插在水箱排水口的中间位置。

（9）注入石膏浆。

（10）石膏浆初凝后拆去围挡物，修整外形，保证模种厚度与设计相同，均匀一致。

（11）挖刻脱模抠手。

（12）从排浆孔打入高压空气，取出原型。

（13）对模种进行修整。对使用面和外表面的气泡、破损、裂痕等进行修补，对使用面精修使其光洁。

（14）用探针测量不同部位的模型厚度，不合乎设计要求时进行补救处理。

（15）在模种外表面显著位置，清晰标刻好产品的名称。

2. 双合模

双合模多见于双面吃浆的低水箱、水箱盖、洗面器、坐便器圈等。现以洗面器模种制作为例，介绍制作步骤（见图 3-9-14）。

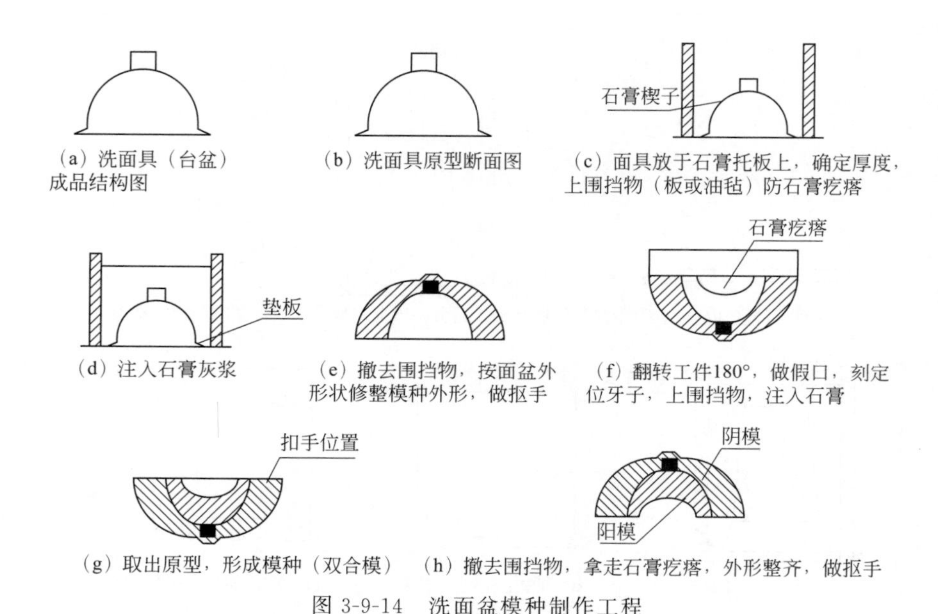

图 3-9-14 洗面盆模种制作工程

(1) 按图纸核对原型规格、安装尺寸和孔眼规格。对原型不利于制模的部位，要做适当修整处理。

(2) 制作石膏托板(厚度 40mm)，其形状同洗面器外型相同。画出中间线，在其四周加出模种设计的厚度。

(3) 把原型扣放在石膏托板上(若有以前做原型时用的托板，则更好)，校对托板四周尺寸是否同模种厚度相一致。

(4) 画出开模线，在开模线下溜一条泥，以便在修整模种接合面时，容易找到开模线。

(5) 按石膏托板的外型挡上围板，固牢(方法同前)。刷脱模剂(方法同前)。

(6) 在原型排水口中心立一标记，确定排出口的中心位置和模底厚度。

(7) 石膏浆注入原型圈的厚度，再用稠石膏浆堆大包和排水口部位的圆台。

(8) 将下扇面模种连同石膏托板一起翻过来，去掉石膏板。

(9) 按设计要求修整模种接合面的模帮厚度，把模口按开模线修平、修光滑，刻出定位槽。

(10) 档上围板，固牢，刷脱模剂(操作方法同前)。

(11) 在图板上标出模种的设计厚度。

(12) 石膏浆注入。石膏稍凝后挖出洗面器凹进部位的多余石膏。石膏浆初凝后去掉图板，用刮板修整。在设计部位刻出抠手。

(13) 用胶锤敲打或用高压气吹风开模，取出原型。用探针检查模种厚度并进行修整，以达到设计要求。修整外型并对内部工作面精细处理、打磨光滑。

(14) 在模种外表面显著位置，清晰标刻好产品的名称。

3. 多合模

多合模常见于造型结构复杂的低水箱，坐便器、妇洗器主体的模种。下面以坐便器的主体为例，介绍多合模模种的制作过程。

(1) 按图纸检查原型的外型尺寸、安装尺寸以及排污口是否正确。

(2) 对不适应生产的部位要做适当修整。

(3) 刷脱模剂。

(4) 在中心线的一侧堆积黏稠的石膏浆，把原型分块结构牢固在一起。

(5) 以堆石膏一侧为底把原型放倒，按中心线把原型放平，垫牢。

(6) 在原型四周用软泥或石膏堆至中心线，其宽度同模种模帮的设计厚度，将堆积面依中心线修整光滑，不可越过中线。

(7) 在原型上口和底垂直面立石膏板，在两侧曲面围油毡，将其捆牢固，用软泥堵上边缘的漏缝。

(8) 在围板上划出模种帮的厚度。

(9) 刷脱模剂。

(10) 石膏浆注入，黏稠时堆出大包的厚度。

(11) 初凝后撤去围挡物，按设计要求进行修整。

(12) 将原型连同模种翻转过来，以制出的石膏帮为底。按中线找平、垫稳。把模种的接合面修整光滑，在已设计的部位做出定位槽。

(13) 按上述同样的方法做出模种的第二块帮。

(14) 翻转工作件，把上口修平，按模帮设计厚度找正，在设计部位刻出定位槽。

(15) 用油毡纸围好，划出模盖厚度。刷脱模剂。

(16) 石膏浆注入，待稍凝固挖出盖中心多余的石膏。

(17) 石膏浆初凝后，撤去模围，用刮板修正，在模种设计部位挖出抠手。

(18) 翻转工作件，以上盖为底。用同样的方法制底。

(19) 用探针检查模块的厚度，使其符合设计要求。

(20) 修补，打光工作面和修正外表面。

(21) 标出注、排浆孔和排气孔的位置，重描安装孔眼标记。

(22) 在模种外表面显著位置（一般在底上），清晰标刻好产品的名称。

六、母模设计与制作

母模是大量浇注生产成型注浆用工作模的模型（胎型）。母模的规整度、表面光洁度和使用周期直接影响到工作模的质量水平。目前母模的种类主要有石膏母模、硫黄母模、水泥母模、玻璃钢母模、树脂母模等。各种母模都有其优缺点，企业应根据实际情况，从产量、方便、快捷、寿命、成本、模型质量等各方面综合考虑而定。不同的母模设计制作步骤基本相同。无论哪种结构的模种，只要有一块模种就必须翻制一套母模。故母模的数量与模种的数量是一致的。

（一）母模设计

母模的制作以模种的模块为依据。无论是整体模、多合模还是多块复合模，从模种模块形状上分类，都可归属划分为阴模、阳模和阴阳复合模。它们翻制母模从操作上有很大的不同。掌握了阴模母模、阳模母模的设计与制作方法，则基本上掌握了所有卫生瓷品种的设计制作方法。下面主要介绍阴模母模、阳模母模的设计要求。

1. 阴模母模设计

阴模母模的翻制是指吸浆面带有凹进部位模种模块的翻制。因为在浇注石膏浆倒模型过程中产生的微膨胀有利于起模，故阴模母模的模底应做成整体的，其厚度一般在95～100mm。为了减轻重量，节约材料，中间部位可挖空。一般这种母模起模可不用气动脱模。

为了搬运方便，在底模四周或两侧做出沟槽，或不做沟槽将胎型放在事先做好的角铁架上。模帮（套）分块应以方便脱模和操作为原则。为增加模帮（套）强度和防止变形，模帮（套）中注入事先围好的钢筋，模帮（套）厚度一般为60mm。定位槽和扣手的制作应方便操作和母模的拆合。注浆孔和排气孔位置的设计和制作，应保证石膏浆能流入到各个角落，同时有利于空气的排出，防止模型中出现气泡。同时模套上要做出套管和穿钉眼，以便浇注模型时下放注浆管和穿钉。

2. 阳模母模设计

阳模母模的制作中模底的设计是关键。虽然模种中的阳模在翻制时从原型上已带出一定的坡度，但由于石膏浆在固化过程中产生的微膨胀，使阳模反作用力的作用受挤压而不能脱模。故对阳模模底必须进行分块设计，以利于脱模操作和紧急问题的处理。传统分割方法是：洗面器阳模母模的模底分三块，洗涤槽阳模母模的模底分四块，其他产品的模底模块参照此而定。在每块底模上要做出定位卡。随着当前新材料以及模型胎型翻制工艺技术的发展，阳模母模的模底不再分块了，可整体浇注出（如浇注树脂胎和尿脘树脂胎）。模帮（套）的设计制作和要求与阴模母模相同，但要注意的是上部顶端使用石膏芯子，以减轻模型的重量和减少石膏的消耗。无论是整体模底还是分瓣模底，都要在模底适当位置上下气眼，借助于高压气来顺利起模。

（二）母模的制作

下面介绍的母模制作，是以石膏母模的制作为基础。

1. 整体模母模的制作

以低水箱母模制作（即阴模母模）为例来介绍整体模母模的翻制过程（见图 3-9-15）。

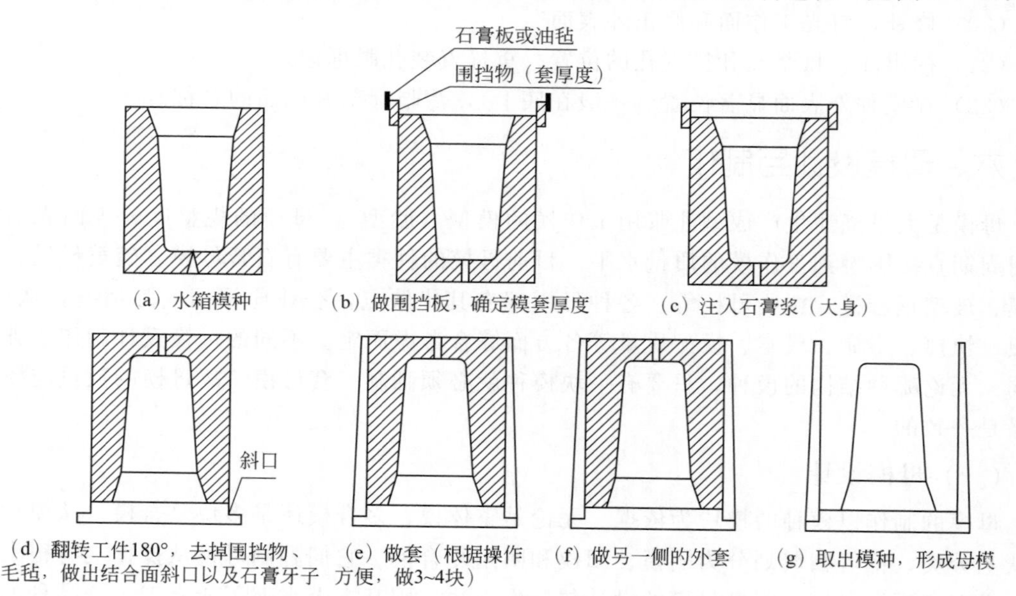

（a）水箱模种　（b）做围挡板，确定模套厚度　（c）注入石膏浆（大身）

（d）翻转工件180°，去掉围挡物、毛毡，做出结合面斜口以及石膏牙子　（e）做套（根据操作方便，做3~4块）　（f）做另一侧的外套　（g）取出模种，形成母模

图 3-9-15　水箱母模板制作过程

（1）按图纸核对尺寸并检查模种的质量，对出现的问题进行修正。

（2）在模种内外表面涂刷脱模剂。

（3）在模口四周按模帮的设计厚度做出假口。

（4）上围板，紧固，在围板内侧划出模底的设计厚度。

(5) 混合搅拌石膏灰浆并注入，按规定放入加强筋。

(6) 石膏灰浆初凝后撤围板，用刮板修整。在四周或两侧挖出抠手。

(7) 翻转工作件，修整模口接合面，按设计位置刻出定位槽。

(8) 刷脱模剂。

(9) 用隔形法在模种设计的分割部位制模帮。

(10) 在模帮上挖出抠手。

(11) 取出模种，修整母模，固牢，送去干燥。或刷洋干漆待用。

2. 分块模母模的制作

(1) 双合模母模的制作　双合模多见于有双面吃浆的低水箱、水箱盖、洗面器、便器圈等。双合模有阴模和阳模。阴模母模制作过程如同上面介绍的低水箱母模制作，在此不再介绍。阳模母模的翻制需制作出凹型模底，其技术关键在于模底的分块。主要目的是消除石膏的膨胀，解决石膏膨胀不能脱模的问题。下面以洗面器的阳模为例介绍阳模母模的翻制过程(见图 3-9-16)。

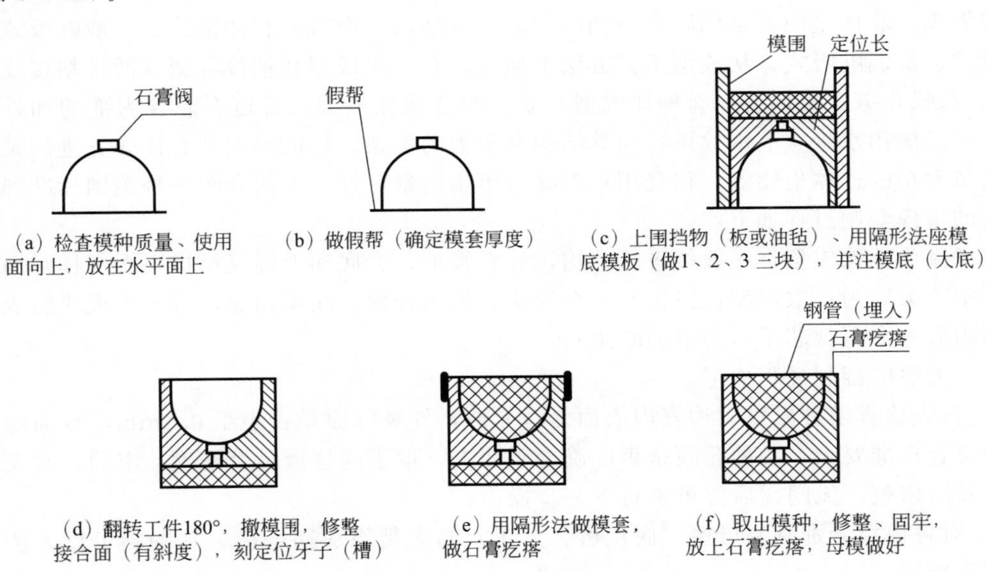

图 3-9-16　洗面器阳模母模制作过程

① 首先检查模种质量。检查内表面是否光滑，各种孔眼尺寸及安装尺寸是否准确，是否符合图纸要求。

② 将模种使用面朝上放在平面上，找水平、垫稳。

③ 刷脱模剂。

④ 按制作母模设计方案规定做假帮。

⑤ 用隔形法制作母模模底的模块，做到不胀型为依据。在模底接合面刻出定位槽，通常制作三块，在每块模上方外侧做出定位卡。

⑥ 用卡具或扒钩子紧围模块。

⑦ 上模围，在模围内侧标出模底边的厚度。

⑧ 刷脱模剂。

⑨ 石膏灰浆注入。待初凝后即可撤模围，用刮板修平整，外边挖出抠手。

⑩ 翻转工作件，修整接合面，刻出定位槽。

⑪ 用隔形法制作模套 4 块。在两侧模套上刻出定位槽。放入事先做好的增强钢筋，用石膏灰浆注模套。模套高度与模种一致。

⑫ 在浇注母模里芯疙瘩时，外围用软泥围好。

⑬ 石膏灰浆注入，修正。

⑭ 展开母模，取出模种，修整。将分块模底夹紧，打上铁腰木楔，送去干燥或刷漆直接投入使用。

(2) 多合模母模的制作　多合模有代表性的品种是坐便器的大底。两帮可看作是阴模（参见低水箱母模翻制过程，图 3-9-15），上盖和底疙瘩可看作是阳模（参见洗面具阳模母模翻制过程，图 3-9-16），阴模母模和阳模母模的翻制方法上面已介绍。关于多合模坐便器大底母模的制作方法将在下面多块复合模（联体坐便器）中介绍，此略。

(3) 多块复合模母模的制作　以联体坐便器为例介绍多块复合模母模的翻制。联体坐便器的母模与一次成型坐便器的母模一样，模块较多，是复杂的多块复合模。其母模的制作过程也很繁琐。联体坐便器是国际上高档次产品。从结构上而言，有冲落式、一般虹吸式、喷射虹吸式、旋涡虹吸式；从成型工艺方法上而言，有一次成型和粘接成型（两件粘接或多件粘接）；从操作方式上而言，有地摊成型和立式组合浇注成型。管道有隐含内部的和外露管道的。产品的用水量（节水效果）与其结构有很大的关系。目前国内外有许多先进厂家开发生产出节水型的连体坐便器，很受用户青睐，市场前景良好。下面介绍一种美国标准牌联体坐便器的母模翻制过程如下。

该产品为地摊成型，一般虹吸式结构，外露管道，大底和上圈仅粘接一次，排污用水量为 6 升水。大底为一次成型，模种有 4 个模块，为四合模。圈箱相连，有 6 个模块组成（其中水箱内有一个石膏芯子，为双面吃浆）。

——大底的翻制过程如下。

1）首先检查模种质量。检查内表面是否光滑，外观缝隙是否小于 0.2mm，双面吃浆厚度是否符合标准要求，各种孔眼是否准确合乎要求，抠手的位置是否正确、牢固，对发现的问题要及时修整，无问题后方可进行下一步操作。

2）对各模块分别翻制母模。底疙瘩、上盖及两大帮组成四合模，其翻制母模方法同一般坐便器相同。

3）底疙瘩和上盖都为阳模，其翻制母模的过程同一般阳模类似（参见洗面具阳模母模翻制过程，图 3-9-16），其方法如下。

① 把模种使用面朝上放在平面上，找水平、垫稳。

② 刷脱模剂。

③ 按制作母模设计方案做假帮（一般为 80mm）。

④ 下好气眼管件，按设计方案的分割部位，用隔形法制作母模模底的模块（一般为 3～4 块），做到不胀型为依据。在模底接合面刻出定位槽，通常制作三块，在每块模上方外侧做出定位卡。

⑤ 用卡具或扒钩子紧围模块。

⑥ 上模围（用石膏板或油毡），在模围内侧标出模底边的厚度。

⑦ 刷脱模剂。

⑧ 石膏灰浆注入。等初凝后即可撤模围，用刮刀修平整，外边挖出抠手。

⑨ 翻转工作件，修整接合面，刻出定位槽，方向有利于操作。

⑩ 按设计出的分割部位，用隔形法制作模套 3～4 块，以不胀为依据。放入事先做好的增强钢筋件，用石膏灰浆注模套。模套高度与模种一致。

⑪ 浇注母模里的芯疙瘩时，外围用软泥围好，放入两个适宜长度的钢管（附带钢筋）。

⑫ 展开母模，取出模种，修整。将分块模底夹紧，打上铁腰木楔，送去干燥或刷漆直接投入使用。

4）两帮似阴模，其母模翻制方法同一般阴模类似，其翻制过程如下。

① 检查模种内外表面质量，对发现的问题及时修整。查看注浆管的位置是否正确，是否牢固。

② 将内表面平放朝上，放平、垫稳。

③ 在模口四周按模套的设计厚度做出假口。

④ 上模板、紧固。在围板内侧划出模底的设计厚度。石膏灰浆注入设定高度。将铁活螺纹轴下入围板内以注入大身。

⑤ 石膏灰浆初凝后撤围板，用刮刀修整平面，在四周挖出抠手。

⑥ 翻转工作件，修整模口接合面，按设计位置刻出定位槽。

⑦ 刷脱模剂。

⑧ 用隔形法配套。在前后堵头两块模套中放入事先准备好的一定形状的 ϕ6mm 的钢筋增强件。螺纹轴上套上事先做好的铁活固定件。分块做模帮，并能防胀模，模帮对接处要做出定位槽。

⑨ 在模帮上挖出抠手。

⑩ 修整模套高度与模种高度一致，并随弯就弯，并在上面做出定位牙子。

⑪ 在模帮外面围上围挡物、固牢，放入合适的钢筋增强件。注入石膏灰浆，用手做出与模种外形近似曲面形状的上盖，上盖厚度约为 50～60mm，注意薄厚一致。在外套上盖适当位置做出抠手。

⑫ 撤下外套，取出模种，修整打磨，固牢，送去干燥。或刷漆直接使用。

圈模母模的翻制过程：由于圈模的圈与箱相连，有 6 个模块组成（其中水箱内有一个石膏芯子，为双面吃浆），要按阳模母模和阴模母模的翻制方法进行。尤其需注意的是石膏芯子阳模母模翻制时，要进行模块分割，在翻制时留出气眼，以防止注模时胀胎，并事先做好石膏疙瘩芯子。

整个母模翻完后，将模种的各个模块组合在一起，固牢，垫稳，以利于下次翻制再用。

（4）多块组合模母模的制作　多块组合模最具代表性的品种是一次成型立浇坐便器。立浇坐便器是 20 世纪 90 年代初期开始出现并在以后迅速发展起来的成型新工艺。它实现了坐便器一次成型，组合浇注半机械化生产，大大提高了劳动生产率，改善了操作者的工作环境，节省了占地面积，显著提高了产品质量。立浇坐便器双面吸浆部位多，模型结构复杂（既考虑内部结构又考虑外部结构），模型块数多，一般由 11 个模块组成（4 大块，7～8 个小块）。坐便器锅盆内有许多小活块与大胎模型接合吻合。模型外形设计独特，既有利于与立浇线小车吻合，又有利于模型间相互连接固定。故对模型的质量和精度要求的很严格。该模型已在各个企业普及使用，其母模制作很有代表性。现以立浇坐便器为例介绍多合模母模的制作。

1）首先检查模种的质量。检查大胎和模块是否吻合，内表面是否光滑，双面吃浆厚度是否符合标准要求，外观缝隙是否小于 0.2mm，各种孔眼是否准确合乎要求，对发现的问题及时修整。

2）对各模块分别翻制母模。除了活块，底盘、上盖及两大帮组成四合模，其翻制母模方法同一般坐便器相同。

3）底盘（圈）和上盖都为阳模，其翻制母模过程同一般阳模类似，其方法如下。

① 把模种使用面朝上放在平面上，找水平、垫稳。

② 刷脱模剂。

③ 按制作母模设计方案做假帮。

④ 下好气眼管件，按设计方案的分割部位，用隔形法制作母模模底的模块（一般为3～4块），做到不胀型为依据。在模底接合面刻出定位槽，通常制作三块，在每块模上方外侧做出定位卡。

⑤ 用扒钩子紧围模块。

⑥ 上模围（用石膏板或油毡），在模围内侧标出模底边的厚度。

⑦ 刷脱模剂。

⑧ 石膏灰浆注入。等初凝后即可撤模围，用刮刀修整，外边挖出抠手。

⑨ 翻转工作件，修整接合面，刻出定位槽，方向有利于操作。

⑩ 按设计出的分割部位，用隔形法制作模套2～3块，以不胀为依据。放入事先做好的增强钢筋件，用石膏灰浆注模套。圈模模套高度与模种一致，并在上面做出沟槽。再在母模外围围上围挡物，浇注上盖，仔细修整与外套修齐。

⑪ 打开母模，取出模种，修整。将分块模底卡紧，送去干燥或刷漆直接投入使用。

4）两帮似阴模，其母模翻制过程如下。

① 检查模种内外表面质量，对发现的问题及时修整。查看注浆管的位置是否正确，是否牢固。

② 将内表面平放朝上，放平、垫稳。

③ 在模口四周按模套的设计厚度做出假口。

④ 上模板、紧固。在围板内侧划出模底的设计厚度。石膏灰浆注入设定高度。将铁活螺纹轴下入围板内以注入大身。

⑤ 石膏灰浆初凝后撤围板，用刮刀修整平面，在四周挖出抠手。

⑥ 翻转工作件，修整模口接合面，按设计位置刻出定位槽。

⑦ 刷脱模剂。

⑧ 用隔形法配套。在前后堵头两块模套中放入事先准备好的一定形状的Φ6mm的钢筋增强件。螺纹轴上套上事先做好的铁活固定件。分块做模帮，并能防胀模，模帮对接处要做出定位槽。

⑨ 在模帮上挖出抠手。

⑩ 修整模套高度与模种高度一致，随弯就弯，并在上面做出定位牙子。

⑪ 在模帮外面围上围挡物、固牢，放入合适的钢筋增强件。注入石膏灰浆，用手做出与模种外形近似曲面形状的上盖，上盖厚度约为50～60mm，注意薄厚一致。在外套上盖上适当位置做出抠手。

⑫ 撤下外套，取出模种，修整打磨，送去干燥待用或刷漆直接使用。

5）活块母模的翻制类似于小件。翻制时把相同的模型活块放在一个母模上。且注浆口放在隐蔽面，翻制时留出气眼，具体方法略。

6）整个母模翻完后，将模种的各个模块组合在一起，固牢，垫稳，以利于下次翻制再用。

立浇坐便器母模的翻制是一项很复杂的工作。大多数模块母模为封闭浇注，以得到所需的外型和保证模型的精度。在生产实际中，在有母模外套的情况下，会给母模的翻制带来很大的方便，有利于加快翻制速度。

七、母模种类及翻制方法

目前母模的种类主要有石膏母模、硫黄母模、水泥母模、玻璃钢母模、树脂母模等。各种母模都有其优缺点，企业应根据实际情况，从产量、方便、快捷、寿命、成本、模型质量等各方面综合考虑而定。下面对一些常用的母模及翻制方法进行介绍。

（一）石膏母模

石膏母模是卫生陶瓷生产常用的母模，俗称石膏胎。它具有材料经济、制作简便、制作快捷等优点。但寿命短、使用次数低（一般只有50～60次）。故一般常用于小批量生产的未定型的产品或试验产品。它是在石膏粉中掺加500＃水泥20%（形成灰料）。加入水泥的目的：一是增加石膏母模的强度；二是克服石膏膨胀（具有减胀的作用）。模种的灰水比例一般为1.5：1，母模的灰水比例一般为1.7：1。上述各种母模胎型的翻制都是以这种石膏水泥灰料为基料制作的。

（二）水泥母模

水泥母模是目前卫生陶瓷生产常用的母模，俗称水泥胎。它具有材料经济、制作简便的优点。其使用次数比石膏灰胎明显延长，可达1500次以上。故一般常用于生产量大定型的产品。它使用的材料是500＃水泥和120目细硅砂以及水磨石。

（1）制备脱模剂，聚乙烯醇：水：酒精＝1：7：10。方法是聚乙烯醇与水用水溶法加热溶化后再逐渐加入酒精，搅拌均匀。

（2）检查模种质量。包括对口缝隙、双面吃浆厚度、内表面光滑平整度等，出现问题及时处理，合格后投入使用。

（3）将模种按石膏母模的制作方法用围挡物围好、固牢，涂擦洋干漆，晾干。然后刷一层脱模剂。

（4）水泥和细硅砂的比例为1：1混合，加入适量的水（水灰比为0.5：1），用铁锹混合均匀（如同和泥）。

（5）将混合均匀后的水泥砂浆用铁锹放入围好的胎模围挡内。

（6）用振捣棒振动，使浆体流到胎模的各个角落。水磨石根据实际情况适当加入。

（7）浇注振动完后，在上面围出挡水堰，加水养护。并在上面盖好塑料布（保证湿度）。

（8）要有人看护，不能缺水，确保正常养护，提高水泥强度。

（9）养护10～15d后，180°翻转工作件，修正接茬面，用与石膏母模同样的制作方法配模帮、注上盖。

（10）取出模种。撕去脱模剂薄膜，用稀水泥浆等堵平表面的气泡，用水砂纸蘸水修磨母模表面，使其平整、光滑。

（11）胎型晾干后，使用面喷漆3～4遍。晾干后待用。

（三）玻璃钢母模

石膏水泥灰胎或水泥胎虽然翻制容易、成本低，但其有明显的缺点，即是强度低，表面粗糙，使用寿命短，注出的模型质量也不理想，生产中需要频繁地翻制，工作量很大，废时废料。玻璃钢胎母模是用糊制法做成，其表面光滑，使用寿命长，注出的工作模型质量高，是卫生陶瓷生产中较理想的胎型。这种胎型适用于定型生产量大的品种。

1. 使用的材料

① 不饱和聚酯树脂。它是制作玻璃钢胎的主要原料，它和玻璃纤维布黏合在一起形成坚硬的复合材料，它具有耐酸碱、强度大、重量轻的特点。

② 过氧化环己酮、环烷酸钴。前者为催化剂，后者为凝固剂。树脂中加入这两种原料后能够较快硬化。

③ 玻璃纤维布。在树脂中起骨架作用，以利于增加强度。一般内表面使用 0.1mm 的，其他各层使用 0.5mm 的。

④ 聚乙烯醇。是脱模剂，它与酒精和水按一定的比例制成脱模剂。制胎时，在模种表面涂上一层脱模剂，形成一层塑料薄膜便于脱模。

⑤ 丙酮。是一种溶解剂，可以溶解树脂，用它来洗刷工具。

⑥ 铁架。为受力部位增强筋，支承重量和防止胎型变形。

2. 工艺制作流程

石膏模种

↓

干燥（水分 1%）

↓

整理模刷漆

配制聚酯树脂溶液：

聚酯树脂 100

过氧化环己酮 2～4

环烷酸钴 1～4

（方法是前两种搅拌均匀后再加第三种并充分搅拌）

↓

刷脱模剂←制备脱模剂，聚乙烯醇：水：酒精＝1：7：10

（方法是聚乙烯醇与水是用水溶法加热溶化后再逐渐加入酒精，搅拌均匀）

↓

干燥 24h

↓

涂贴第一层树脂溶液和玻璃布：

① 涂贴时先以玻璃布丝把棱角缠好、粘好。

② 玻璃布按模型分块剪，接头不能露出空隙，搭接长度不超过 20mm。

③ 注意刷匀粘实，避免气泡。

④ 粘布时，树脂溶液不要刷得过多。

↓

干燥 24h

↓

涂贴第二层及以后各层←按模型的结构事先准备好适当的铁架

共 5～6 层，到第 4 或 5 层时放入铁架。

↓

固化

↓

糊制外表

↓

充分固化

↓

修掉毛边

↓

脱模

3. 翻胎顺序及技术要求

（1）模种的准备

按方法制作模种或选用质量优良的工作模型，严格检查核对尺寸，修整内外表面，做到内外表面光滑平整无气泡，对口缝隙小于0.2mm。在分次糊制的拼合处，要事先用石膏做好边框托架，以便于糊制边框法兰。模种（型）应做到干燥（水分小于1%），表面进行抛光处理，再用软刷均匀涂刷一层脱模剂。

（2）翻胎操作

① 配制聚酯树脂溶液（方法见工艺制作流程）。

② 制作开始时，在涂有脱模剂并干燥后的模种上用毛刷均匀涂刷一薄层配好的树脂液作表层。

③ 待表层树脂基本固化（用手接触稍感发黏，但不黏手时），再涂一层树脂液。同时把已剪好的小块薄玻璃布小心铺贴一层，用刷子压实紧贴模种表面，以使树脂沿玻璃布浸透上来。玻璃布搭接处不能落空和存在气泡。

④ 第一层布贴完后，稍硬（约2h左右），再按上述程序继续涂刷树脂，铺贴2～6层玻璃布（采用较厚的），每一层应注意铺实，不堆有气泡。

⑤ 在铺贴最后1～2层时放入铁架。为防止变形，在受力部位涂刷加有填料（石渣、瓷粉）的树脂，然后放入铁架，铺贴玻璃布包住铁架。

⑥ 放置1～2d待基本固化后，小心翻转，去掉法兰框的石膏架，用同样的方法糊制外表面。

⑦ 脱模与修边。放置7～10d充分固化后脱模。脱模时用钢锯把法兰边四周的毛边锯掉，然后用木制工具小心脱模。用酒精擦洗表面脱模剂。

在制作玻璃钢胎时，还可以采用环氧树脂。其制作工艺同聚酯树脂，配制方法为

环氧树脂：二丁酯：乙二胺＝100：20：20

其中，二丁酯为稀释剂，乙二胺为固化剂，操作时将树脂按配比与二丁酯搅拌均匀后再加入乙二胺，将其搅拌均匀即可使用。脱模剂为乙烯：甲苯＝15：100。

由于玻璃钢胎制作中所使用的材料环已酮、丙酮、胺类都有一定的毒性，给操作者带来不便。目前有些厂家寻找无毒性的固化剂已取得效果（见后）。使玻璃钢胎的制作工艺大为改善。由于玻璃钢胎在使用过程中要承受石膏工作模的全部重量，因此在制作中除在底部受力面预先用扁铁焊制支柱铁架外，还要在制品薄弱部位糊出骨架或采用局部加强筋的办法来弥补。

另外，由于树脂及其调制树脂使用的化工原料和玻璃布细屑对人体有害，为保证操作者的身体健康，制作玻璃钢胎应有专用的通风作业室，且配有排尘设备，同时操作工在制作中要穿工作服、带胶皮手套及防尘口罩等。

（四）树脂母模

以聚酯树脂、过氧化环乙酮（催化剂）、环烷酸钴（凝固剂）及玻璃纤维布糊制的玻璃钢胎模，比石膏加水泥制作的胎模和水泥胎模轻便的多，也比较规整，但因糊制的厚度较薄，所以这种胎模在使用中有一个最大的弱点——易变形，使用寿命也不太理想。一旦玻璃钢胎模变形，用它浇注的模型缝隙大，注浆的模型易跑浆，不但影响到产品的质量，同时也

缩短了模型的使用寿命。另外，就是制胎时毒气味太大，劳动环境恶劣。为改进上述玻璃钢胎模糊制制作工艺，克服其缺点，进一步提高胎模的使用寿命，保证模型的生产和质量，改善制胎的恶劣工作条件，下面介绍一种无毒无味、无收缩树脂胎模，用浇注法成型。树脂胎模的特点是：制作用的材料无毒无味，尺寸规矩，坚固耐磨，光洁度好，经久耐用而且永不变形，越使用表面越光滑。这种浇注的树脂胎模比传统糊制的玻璃钢胎模大幅度提高寿命，可以说是长效永久性胎模。如果不用重物碰击它是不会损坏的。一旦损坏，用环氧树脂、聚酰胺树脂混合后把损坏处粘上，仍可使用。所以，浇注制作的树脂胎模是目前最理想的胎模，其用浇注法做成，其表面光滑，使用寿命长，注出的工作模型质量高。这种胎型适用于定型生产量大的品种。其制作工艺技术如下。

1. 原料的选用

传统的玻璃钢胎模使用聚酯树脂、过氧化环乙酮、环烷酸钴等原料。在使用过程中放出大量难闻刺鼻的毒气，对操作者的身体健康危害极大；同时，它的凝固速度缓慢，而固化后收缩很大，易变形。如果用这些材料来浇注 50mm 厚的树脂胎模显然是不适用的。用来浇注树脂胎模的化工原料必须具备固化速度快、收缩小、不易变形、硬度大的特点：以优质环氧树脂为基本原料，以聚酰胺树脂为固化剂，以丙酮为稀释剂，以石英砂为主要骨架原料。所用原料技术要求见表 3-9-10。

表 3-9-10 浇注玻璃钢胎模所用原料

原料名称	型号	规格
环氧树脂	E-44	6101
聚酰胺树脂	650	200±20
石英砂	白色	颗粒过 20 目筛
丙酮		分析纯
广告色	绿色、黄色	细粉状

这些材料在使用中，无毒，气味小，是浇注玻璃钢胎模的理想材料。

2. 配方

材料的配比参数见表 3-9-11。

表 3-9-11 玻璃钢胎模配方最佳配比

材料名称	配比量/%	作用	质量要求
环氧树脂	70	基本黏结剂	低收缩
聚酰胺树脂	30	固化剂	低收缩、固化快
丙酮	0.1	稀释剂	分析纯
石英砂	200	主要骨架原料	20 目筛，颗粒状
色剂	0.1	装饰色剂	干细粉

3. 制作工艺流程

① 模种准备　将要用的模种刷匀脱模剂。脱模剂要刷的均匀而平滑，待脱模剂干后，将模种扣好，外围紧固，待浇注玻璃钢复合胶液。

② 复合玻璃钢胶液混合与胎模浇注　首先将环氧树脂按比例称好放置于容器中，同时在电热水浴锅上慢慢加温，不断搅动，并将称好的丙酮溶液倒入环氧树脂中，使环氧树脂充

分稀释。此时将称好的聚酰胺树脂倒入环氧树脂中的稀释溶液中，并不停搅动。同时加入色剂，待环氧树脂稀释液和聚酰胺树脂及色剂混合均匀后，按比例慢慢加入石英砂，并搅拌均匀后，迅速将制好的复合胶液浇注于准备好的原胎中。如一次不能浇注满，可再混合一次，分两次或三次浇注也可。原胎浇注满后，进行表面修整。然后在25℃以上室温中放置12h固化。固化后再巩固12h即可拆去外胎围，再次进行修整工作。

③ 经巩固24h后，玻璃钢胎模完全固化，成为一个坚固的复合物固化体——玻璃钢胎模。此时，要按时去掉外胎围，从中取出模种。用100号水泥纸细磨内部，去掉粘在上面的脱模剂和黏结的石膏碎渣。用水冲洗光滑，然后再配置一个高度合适的角铁底坐架，以便在生产模型时操作便利。

4. 脱模剂的配制

所用脱模剂是一种聚乙烯醇溶液，把它刷在原胎上，冷却后出现一层光滑的薄膜。它不但起到便于脱模的作用，而且能使浇注的胎模保持光滑的表面。脱模剂的配比见表3-9-12。

表3-9-12　脱模剂的配比

材料名称	加入量/g
聚乙烯醇	1
酒精	12
水	7

制作脱模剂的过程如下：

先称取一定量的温水放于容器中，并把放入温水的容器放于电热水浴锅上不断加温。然后按比例再称取一定量的聚乙烯醇慢慢放入温水中，不断搅动，并在电热水浴锅上不断加温。待聚乙烯醇溶于热水中后，再把称好的酒精（经加热后）慢慢倒入聚乙烯醇水溶液中，并且不断搅动和加温。在蒸制过程中不停搅动，不允许在溶液中出现沉淀物质（一旦出现沉淀物，此溶液报废，应重新蒸制）。配好的溶液应是无色透明，无沉淀物。制好后，可立即使用。使用剩余的溶液，应把容器盖封严保存，以备再用。

目前一些厂家为了方便，已不再制作、使用这种脱模剂，而是用黄油替代涂擦模种表面，使用效果良好。

（五）硫黄母模

1. 硫黄的性质

硫黄是比较适合制胎模的材料。常用于模种形体小、规格尺寸要求严的产品。硫黄母模具有强度高、硬度大、光洁度好、使用寿命长和可回收的特点。但有气味，污染环境。

硫黄是淡黄色晶体，比重2左右，硬度介于2～3。其在114.5℃时熔化为淡黄色的液体，150～159℃时流动性最好。当温度下降至常温，硫黄又恢复为固态。但硫黄在晶型转变时，存在体积变化，造成母模尺寸稳定性差，容易变形，热稳定性不好和脆性大等。

2. 硫黄母模的设计

硫黄母模的结构与石膏母模相比较复杂。常用于模种形体小、规格尺寸要求严的产品。一般将底模和模围分别制成模种浇注，然后配合。

（1）阴模硫黄母模　硫黄母模设计主要指底模和模围的壁厚设计。模种型芯和工作模结构与石膏母模相同。底模和模围的接合面一般取5mm×10mm。台阶处留空隙5mm，以便浇注工作模脱模时撬围。底模的壁厚要考虑强度及浇注硫黄时脱模方便。要注意控制模壁厚度，壁厚不均，硫黄在晶形转化时，容易产生不均匀收缩应力而导致铸件开裂。壁厚根据器型大小的不同而定。

模围的壁厚设计除与底模要求相同外，一般模围应厚一些，还要注意厚度与重量的关系。既要考虑操作简便、劳动强度，又要注意浇注石膏模时浮起跑浆。

（2）阳模硫黄母模　阳模母模设计基本上同阴模要求相同，只是阳模底模受石膏的膨胀力作用，厚度应加厚一些。数值要求同模围相近。

3. 填料

通常，用硫黄做母模时必须添加无机材料，以改善硫黄母模的性能。常用的填料有：石墨、滑石、河沙（硅砂）等。

① 石墨　石墨色泽银灰，具有金属光泽。质软，硬度为1，比重2.2～2.3，有滑腻感。其热膨胀系数低，具有良好的热稳定性，用石墨做填料，能改善母模抗急冷热性能，在温度急剧变化时不易开裂和变形。石墨具有良好的吸热性与导热性。所以鳞片状石墨加入硫黄内，能增加母模的强度，改善耐温性能，延长母模的使用寿命。用石墨作为填料时，其细度应控制在80～100目，加入量控制在15%～20%。用石墨填料的另一个优点是能获得高的流动性。

② 滑石　滑石是一种白色或粉红色的矿物。属单斜晶系，常为片状、鳞片状集合体或致密状块体。硬度为1，比重2.7～2.8，有滑腻感，耐高温。用滑石作为填料加入硫黄母模内，能减少收缩，减少变形，提高母模机械强度，同时在浇注操作中能获得较好的流动性。滑石细度一般控制在100目～120目，添加比例为15%～30%。

4. 硫黄母模的浇注

（1）原料配比：硫黄80%，石墨20%。

或：硫黄85%，滑石（或河沙）15%。

（2）工艺方法：用浇注法制作。先将以上料按比例混合均匀，放入铁锅内加热至170～180℃，使其熔化成糖浆状态。将锅移开热源，冷却至流动性良好时，立即注入预先吸饱水并涂擦薄肥皂液的石膏模型内冷却。凝结后，随即可开模将胎取出。用刀修整和细沙摩擦，以使其光滑平整。

（3）效果：

① 胎质经久耐用，易脱模，比石膏胎提高使用次数约5倍；

② 不发胀，不变形；

③ 用坏的胎可重新熔化使用。

（4）注意事项：

① 熔化硫黄和石墨时，火不宜过大，且应在避风的地方进行，以免硫黄燃烧；

② 若料不纯，熔化物上面有泡沫，应除去；

③ 原料要保持纯洁，防混入杂质，影响质量；

④ 用熔化物浇注时，应掌握适宜的温度（约180℃），不宜过冷过热；

⑤ 在浇注中应注意严格控制硫黄、石墨的比例以及新旧硫黄的比例；

⑥ 浇注温度应控制在150～159℃内；

⑦ 浇注之前要把模种浸水至饱和，擦干水珠刷脱模剂，将硫黄石墨液慢慢注入；

⑧ 脱取内芯模要迅速，过迟则硫黄收缩难以脱模；

⑨ 浇注好的硫黄石墨母模底模和模帮，必须放置于平的石膏板上，防止硫黄变形；

⑩ 翻制胎型时，要使用煤油擦胎。应严格控制浇注时间和脱模时间，以保证尺寸精度。

（六）卫生陶瓷胎模的发展趋势

母模是浇注生产工作模的基础，母模的规整度、表面光洁度和使用寿命直接影响工作模的质量。提高母模质量在目前各企业尤为重视和重要。

从我国母模的发展历程看，母模的材质一般经历了三个阶段：即20世纪50～70年代石膏水泥母模（浇注的），20世纪70～80年代玻璃钢母模（糊制的），20世纪90年代开始的树脂母模（浇注的）。水泥母模是在树脂母模基础上派生出来的。各种母模因各有其特点，故至今仍同时并用。其对比情况见表3-9-13。

表3-9-13　母模对比情况

项目	石膏水泥母模	水泥母模	玻璃钢母模	树脂母模
使用次数	80～100次	1500次左右	4000～5000次	10000次以上
重量(低水箱)	200kg	300kg	26kg	300kg
分块(洗槽母模)	4块	1块	1块	1块
表面粗糙度	粗糙	粗糙	光滑	最光滑
材料费用(20in面具)	260元	300元	1800元	4000元

石膏水泥母模的优点是制作简单、快捷、成本低、容易修改。其缺点是表面粗糙，使用次数太低，只能用于生产小批量的工作模，以及新产品的小批量生产。

水泥母模的优点是成本低，制作较简单，使用次数较多，可用于定型生产量大的模型。其缺点是表面粗糙，制作周期较长。

玻璃钢母模具有表面光滑、分块少、重量轻和使用次数多的优点。其主要的缺点是易变形，浇注生产的模型对口缝稍大。

树脂母模是20世纪80年代末期由国外引进消化的新技术，在我国20世纪90年代开始盛行。其优点是表面非常光滑，胎体不变形，使用寿命长，故浇注生产的模型很光洁，对口缝隙很小（0.3mm以下），整体模型质量好，最适用于生产立浇双面吸浆、有活块或有多块模的复合模型，以及定型生产量大的质量要求很高的模型。其缺点是制作周期较长，成本高；脆性大、易磕碰掉块，损坏后不易修复。有的企业为了降低制造成本，研制成功了一种水泥树脂复合模，也是采用浇注法成型，就是用水泥做模底大身，内表面挂一层树脂，大大降低了制造成本。

在当前树脂母模中，有一种先进的树脂母模（日本东陶技术）。其综合采用了我们所使用的玻璃钢母模（重量轻）和树脂母模（表面光洁）的优点，克服了我们使用的胎型母模的缺点，即：玻璃钢母模的易变形以及树脂母模的笨重、易磕碰掉块。并在母模的工作面上做成一种如同橡胶的弹性材料，厚度约为10～15mm，其目的是使形状复杂的模型顺利脱模，从而达到减少分块利于生产质量的目的。它使用胶合板材料作为母模胎体和外套的骨架，并糊制玻璃纤维布，增加了强度、克服了变形，同时母模重量轻，是目前最先进的母模胎型。目前仅有很少厂家使用和掌握了此项技术。是卫生陶瓷母模胎型的发展方向。

目前还有一种制作母模的材料是用树脂母模石膏直接翻胎，水灰比为1∶(2～2.5)，其特点是强度高、膨胀小，制成的母模有石质感。这种材料是在石膏粉内部组成有树脂和防膨胀剂，浆体流动性好，但由于其价格高，这种材料在国内少数厂家使用。

八、工作模

工作模是大生产中大批量使用的模型。它是由母模胎型定型而成。

（一）工作模的浇注

工作模的制作即是把熟石膏粉（半水石膏）与水按一定比例的混合、搅拌，把浆体注入母模胎型内，石膏粉与水发生化学反应（反应方程式见下），经过一定的时间（一般为4～8min），经过初凝和终凝，石膏浆体开始硬化，并伴有大量热量的放出，然后揭模、修整，经过一定时间的干燥后得到所需要的模型。石膏硬化说明半水石膏又变成二水石膏。

$$\underset{\text{半水石膏}}{CaSO_4 \cdot 0.5H_2O} + 1.5H_2O \longrightarrow \underset{\text{二水石膏}}{CaSO_4 \cdot 2H_2O} + Q$$

理论上，由半水石膏变为二水石膏需水约19%，而实际中加入的水远远超过此比例（通常100份半水石膏粉中加水70～90份）。加入大量水的目的，一是使半水石膏粉充分水化，得到尽可能多的强度矿物，得到流动性良好的石膏浆，浆体流到胎型的各个角落，使模型表面光滑。同时凝固也不致太快，便于操作；二是多加的水处于游离状态，将针状石膏晶体及其碎屑分隔开来，干燥过程中水分蒸发留下许多小孔，使模型具有一定的吸水性。可见，加水量与模型的吸水性能密切相关。如果加水量过多，则会提高模型的吸水率及气孔的平均尺寸，而强度反而低；反之，吸水率低，强度反高。

水与石膏的比例是模型浇注中最重要的工艺指标，它决定了模型的许多性能，故生产中要严格地控制。生产中具体水与石膏的比例随石膏的种类及模型的用途不同而异。卫生瓷注浆模型的水与石膏的比例一般在（70～80）：100，即1：（1.1～1.43）。

1. 准备工作

在浇注模型前，要检查各种机器设备运转是否正常，工器具是否齐全，所用的原料、材料、辅料、各种管件是否具备，人员是否到位。检查母模胎型是否完好。确认以上无问题后进入下一步工作。

根据胎型种类大小和生产实际经验，经过粗略的计算，按通常的水膏比例定出所用的石膏粉量和水量。新胎使用前至少刷漆4遍，凉干后方可使用（初次使用的胎型可首先试注一套模型，俗称验胎）。把母模中的杂物清理干净，并用高压气吹一下。在主模和模套的工作面上均匀涂上一层润滑剂（即我们通常说的脱模剂），以利于脱模和浆体流到各个角落。需要注意的是，涂刷脱模剂要薄而均匀，以防倒出的模型表面油迹过大影响吸浆性能。另外，把胎型用铁腰子和木楔等打牢、固紧，以防跑浆。

水膏比是注模中重要的工艺参数。因水膏比过大或过小均影响到模型的质量和使用寿命。若水膏比过大，倒出的模型凝固慢，模型发糠、强度低，寿命短；若水膏比过小，搅拌过程中石膏浆固化快，倒出的模型瓷实、强度高，模型吸浆差，不易成活，影响生产。通常卫生瓷注浆模型的水膏比一般使用在1：1.4。

2. 搅拌

无论是机械搅拌还是人工搅拌都必须先给水后给料（石膏粉）。否则石膏浆易结块、不易搅拌。另外，石膏粉倒入水中应静止一定的时间（一般30～60s），然后进行搅拌2min。在搅拌中要严格按工艺规程执行，不要搅拌时间过长或过短。因为搅拌时间过短，石膏浆中气泡多，倒出的模型强度低；搅拌时间过长，浆体易稠化，带入气泡，模型粗糙，严重时注桶，影响生产。

在不注水的前提下，适当地延长搅拌时间可以保证石膏与水混合均匀，使气泡分布均匀，对于提高模型强度和吃浆性能都有很大的作用。目前，石膏模型的最佳性能还没有完全发挥出来，故许多厂家力图以延长凝结时间来提高模型的性能。一是采用真空搅拌脱气法；二是加入水溶性外加剂，以延长凝结时间，进一步提高模型强度和改善其性能。

3. 浇注过程

浇注时均匀操作，缓缓灌入。完浆后用手或工具把石膏浆往胎型的棱角处赶一下，以使浆体充实到胎型的各个角落，同时减少模型中的气泡。在规定位置处下放好橛子、瓷管，注出模型中的各种孔眼。经过一定时间（从搅拌开始约 25min 左右），感到模型放热并用大拇手指按压无凹坑时，即可揭模了。但揭模不要过早或过晚，过早时，浆体还没有硬化，易把模型整体或模型的抠手折断；过晚时，模型在胎型内体积膨胀和放热，不易揭模或把胎型内的漆片沾掉（指石膏水泥灰胎）。

4. 修模

揭模后，模型的强度不断增大，所以刚倒出的模型应及早修整。把模型接茬处的毛边去掉，把各种孔眼、管中的石膏捅出，确保通畅。内表面的凹坑、气泡用石膏浆补上，凸出的疙瘩用刀片去掉。用湿毛巾或细铜锣布蘸水擦修内表面。需要在模型上画口眼印记的用样板画上。大面具等将石膏撅子放上，产品大面、底部、活块双面吸浆部位垫上软泥，以防模型走动或下沉变形。模块接合面涂抹上滑石粉或刷上滑石粉水。合上模型，打上拔钩子，用刮刀修整模型外表面，确保表面放圈、碗处平整。用 0.5mm 的刀片检查模型对口缝，各部位必须小于 0.5mm。模型合格后运走干燥。

5. 模型干燥

模型保持合理的干燥程度才能利于成型使用。通过模型干燥，可大幅度地提高其强度，获得成型需要的气孔，使其有良好的吸浆能力。故模型干燥是一个很重要的环节。模型的干燥方式方法很多，有室外的自然室干燥，窑炉旁的余热干燥，专门的快速干燥室、干燥窑等。一般以窑炉余热、废热烟气、热风炉热风等为能源。需要注意的是模型干燥温度不能超过 60℃，适宜的干燥温度在 55℃，在此温度下，石膏结晶、发育良好，强度最高。模型不能长期在 55℃的温度下存放，模型干后及时运走。否则会造成模型粉化报废。在模型快速干燥室中，四周应设置热风机，屋顶设置摇头电扇，加强空气的流动，有利于模型的均匀干燥。模型的干燥周期一般 7～25d，据模型的品种结构不同而异，结构简单敞口的模型（如整体模）干燥时间短，仅 7d 左右；而结构复杂封口的模型（如多合模、多块复合模、多块组合模）干燥时间很长，需 15～25d。在模型干燥过程中，应注意摆放整齐。垛在一起干燥时，底部应垫砖块、垫软泥块等，以防变形。模型干后应及时运走。在冬季往外运模型时应注意：当干燥室内外温差大于 17℃时，切忌往外运模型，否则模型会成批炸裂。应将干燥室的门窗打开，放凉半天后再往外倒运模型。

（二）石膏模的其他方面

1. 石膏模常见缺陷及防止措施

石膏模的常见缺陷有发糠、瓷实、气泡、表面麻点、走形、粗糙、缝隙大、炸裂等。产生这些质量缺陷与石膏粉（品质、种类、加工工艺）、注模工艺（水膏比、搅拌时间等）干燥等都有直接的关系。下面产生缺陷的原因既是改进的措施。

（1）发糠　发糠即是模型强度低、硬度小。用铁钉等硬物很容易划出一道沟痕。这种模型气孔率高，吸浆速度快，使用中易损坏和变形，使用寿命短。

造成原因：

① 石膏粉质量差，内含杂质多。

② 注模生产时计量不准或搅拌中途又加水，使水膏比过大，即加水量过多。

③ 注模生产时搅拌时间过短。

水膏比过大是造成此缺陷的主要原因。生产中使用质量优良的石膏粉，专人看磅，严格校秤和计量，严格执行标准要求的水膏比以及合理的搅拌时间。

(2) 瓷实　瓷实是同发糠相反的缺陷，表现为模型强度高、硬度大。这种模型气孔率低，吸浆速度慢，成型使用时吃浆慢，易坍活、不易成活。

造成原因：

① 石膏粉在炒制时过烧。

② 注模生产时水膏比过小，即石膏加入量过多。

水膏比过小（石膏加入量过多）是造成此缺陷的主要原因。生产中使用质量优良的石膏粉，专人看磅，严格校称和计量，严格执行标准要求的水膏比。

(3) 气泡　气泡表现为模型内表使用面呈现的密集的直径小于2mm的气泡，或者是个别直径大于2mm（一般在5mm～10mm）的大气泡。这些气泡必须进行修补，否则影响坯件的表面质量。

造成原因：

① 注模操作时违反正常操作工艺规定，先放石膏粉，后加水。

② 注模操作时搅拌时间过短，产生密集小气泡。

③ 注模生产时搅拌时间过长或搅拌速度过快。

生产中要严格执行工艺规定，先放水，后加石膏粉；搅拌时间不能过长或过短，应不低于30s，最好在2min左右；采用真空脱气技术。

(4) 表面麻点　麻点表现为模型内表使用面呈现橘皮状的麻点或麻面，会严重影响坯件的表面质量。这种缺陷修补起来很困难，一般模型不能使用，应作废处理。造成原因主要是使用了不合格（表面不光洁）的石膏水泥胎或水泥胎。防止措施：应尽可能地采用寿命长、表面光洁的玻璃钢胎或树脂胎。石膏胎或水泥胎使用到一定的次数、表面不光洁时应作废处理，使用新胎型。

(5) 走形　走形表现为模型外观出现翘曲变形、模块对口缝隙大（一般3mm以上），模型不能使用应报废处理。

造成原因：

① 石膏粉质量不合格，干燥时收缩变形。

② 母模胎型走型。

③ 注模操作时搅拌时间过短，模型强度低。

④ 模型干燥时垫放或摆放不整齐，或受到挤压。

⑤ 模型干燥温度过高（超过60℃），或在此温度下存放时间太长。

预防措施：生产中应使用质量合格优良的石膏粉；严格搅拌时间在2min左右；模型干燥时垫放、摆放整齐，不要受到挤压；模型干燥温度严格控制不超过55℃，模型干后应及时运走。

(6) 粗糙　粗糙表现为模型外观表面不平整，缺边少肉；各种孔眼、管件中堵有石膏等杂物未处理。

造成原因：

① 注模操作时对模型外表未仔细修整，未用专用工具清理孔眼、管件中的石膏等杂物。

② 使用了质量不佳的母模胎型（如石膏胎或水泥胎）。

预防措施：注模操作时用刮刀仔细修整模型外表面，用专用工具清理孔眼、管件中的石膏等杂物。使用质量优良的母模胎型（如玻璃钢胎或树脂胎）。

(7) 缝隙大 缝隙大表现为模型外观模型对口缝隙大于0.5mm，模型使用时跑浆、影响正常生产。

造成原因：

① 石膏粉膨胀率大。

② 模种设计问题，预留缝不合理。

③ 模型组装合模时操作不细致，修整不到位。

④ 母模胎型走型。

预防措施：生产中使用质量合格优良的石膏粉，对每批次石膏进行膨胀率的检测，使膨胀率小于0.2%；使用合格的母模胎型；模种设计时预留缝每侧刮去1.5mm～2mm；模型合模前仔细修整，并用0.5mm的刀片插试自检，以0.5mm刀片插不进为合格。设专人严把模型质量关。

(8) 炸裂 炸裂表现为模型外观出现开放性、延伸性的裂纹。大件、封闭型多合模模型多有此类表现发生。这种模型在搬运、使用中易碎断砸伤操作者，故应严禁使用、报废处理。

造成原因：模型干燥温度过高（超过60℃），或在此温度下存放时间太长。模型温度高，冷却时遇到冷风产生应力而发生炸裂。这种情况主要发生在冬季，因室内外温差大，从干燥室往外倒运模型时。

预防措施：生产中应严格执行工艺标准，严格控制模型的干燥温度和时间，模型干后应及时运走；在冬季往外运模型时应注意：当干燥室内外温差大于17℃时，切忌往外运模型，否则模型会成批炸裂。应将干燥室的门窗打开，放凉半天后再往外倒运模型。

2. 石膏模在使用中的变化

(1) 模型、泥浆、温度是卫生陶瓷成型生产的三要素。确保石膏模型合理的干湿程度、良好的泥浆性能、成型适宜的温湿度是卫生陶瓷成型正常生产的条件。因为石膏模型将含水量约30%的泥浆，变为含水为17%的湿坯，需吸水13%左右。若长期成型室温度低，或模型得不到及时合理有效的干燥，则模型含水量过大，会变形、粉化；另外模型不吸浆，影响成型生产，即便是能成型，则坯体会软化变形。石膏模的吸浆能力取决于气孔率、扩散系数、温度等。卫生陶瓷成型用模型的气孔率一般在40%～45%，扩散系数为$(2\sim4)\times10^{-2}$cm/s，模型的湿度（含水量）为5%～6%。

(2) 模型的吃浆机理（过程）。在模型制造过程中，因加入了多余的水，在模型干燥后形成均匀的毛细孔。这种毛细孔是我们所需要的。它具有自然吸浆力（从泥浆中吸取水分成坯的能力）。当泥浆与模型表面接触时，泥浆中的水分由于毛细管力的作用向模型内部扩散。随着水分的不断扩散，泥浆颗粒就在模型表面一层一层排列起来，形成坯体。泥浆颗粒在形成坯体的同时颗粒之间也形成毛细孔，并与模型内部的毛细孔相通，泥浆中的水分就可以通过坯体的毛细孔进入模型的毛细孔，从而使坯体继续增长，由薄变厚。当坯体达到规定厚度时（生产中一般通过吃浆时间掌握），排出余浆，吃浆过程就结束了。吃浆结束后，坯体的毛细孔与模型的毛细孔仍然相通，靠水的表面张力坯体贴着模型。随着时间的延长，坯体中的水分继续向模型内部扩散，使其水分降低（巩固阶段），并产生收缩，坯体的毛细孔与模型的毛细孔中断，坯体脱离模型，此时可以取坯了。

模型与泥浆间的作用，除了滤水吸水外，还有离子交换反应。在注浆吸浆过程中，与泥浆接触的模型内壁表面，硫酸钙离解成 Ca^{2+} 与 SO_4^{2-}，与黏土中的离子发生交换反应，特别与解胶剂碳酸钠的 Na^+ 离子反应，生成硫酸钠（Na_2SO_4）。这种硫酸钠就是俗称的“碱毛”，依干燥条件不同析出于模型内壁或积聚模型体内。当硫酸钠结晶时吸取结晶水，产生压力使模型膨胀并发生龟裂。石膏模的这种离子交换反应，加快了模型的报废程度，但是由于在注件表面能生成一个坚实的表面，从而有利于注件的离模（脱模）。

（3）石膏晶粒的接触面常呈现微孔和裂纹。在使用过程中，模型不能长期在潮湿状态下工作，否则会降低石膏模的使用次数及坯件的质量。这是由于水及气体不断渗进，在微孔和裂纹中产生尖劈作用，促使晶粒与晶粒滑离，致使石膏的结构变得疏松而降低强度。同时使用潮湿的模型，会造成坯件的针眼缺陷。这是因为模型孔隙充满了水，水妨碍了模型表面空气的渗透至模型孔隙，于是泥浆的压力迫使空气压入坯件，从而形成了针眼缺陷。

（4）卫生陶瓷注浆石膏模型的使用次数低，一般在 70～90 次，超过 90 次以上，则模型强度降低，损坏或表面出现凹坑、麻点，多合模漏浆严重，已无法使用，需更换新模型。具体有以下原因。

① 模型在使用过程中漏浆严重，坯体开裂，影响成型生产正常使用。

② 模型上线时发现有变形、惊裂，或者在使用过程中产生断裂、变形，涉及操作者人身安全及影响成型正常使用。

③ 模型强度高、硬度大，俗称瓷实，使用过程中不吸浆或吸浆慢，造成不成活。

④ 模型上线时由于变形造成坯体厚度差别很大且无法修整；或者在使用过程中磨损老化，坯厚不一，产生崩裂；或者产品造型、线条、尺寸发生很大变化。

⑤ 模型使用中由于泥浆等因素的作用使模型内部结构发生变化，细小黏土颗粒堵塞毛细孔，或者模型太湿，造成吸浆能力差或不吸浆。

⑥ 泥浆中的粗颗粒与模型内表面摩擦，以及解胶剂的作用，使模型表面出现凹坑、麻点。

3. 旧石膏的再生利用

在陶瓷企业成本构成中，石膏模型约占总成本的 15%。陶瓷厂每年排出大量的废石膏，产生白色污染。既然石膏粉的炒制（由二水石膏变为半水石膏）与石膏模型的制作（由半水石膏变为二水石膏）互为可逆反应，长期以来，国内外有许多专家学者对废石膏的再生利用进行了不懈的研究，并取得了一些成绩。但出于成本考虑，也可能是石膏资源多、廉价，故没有大量投入工业化生产。

（1）一种废旧石膏再生利用方法

① 生料粉的加工

a. 废石膏模型的处理　废石膏模型从生产线上拆下后，用水将废模型冲洗一遍，去掉表皮的泥污和碱皮，然后进行风干，准备加工。

b. 配比　将风干的石膏模型粉碎，并过 100 目筛，将筛出的废石膏粉与原矿石膏粉按 30∶70 的比例混合，并存放一周，使废石膏粉以原矿石膏粉为触媒剂充分水化后，再进行炒制。

② 混合石膏粉的炒制　在常压下平锅炒制。炒制时不断搅拌，炒制最高温度为 185～195℃，在此温度下保温 30min。炒制时间为 90～120min。

③ 混合石膏粉性能测试　将炒制好的混合石膏粉放置陈腐 3d，检测其性能与原矿石膏粉的性能对比情况见表 3-9-14。

表 3-9-14 加废石膏的混合石膏粉与原矿石膏粉性能对比

配比量%		水膏比	标准稠度	凝固时间		气孔率/%	吸水率/%	抗压强度/MPa	结晶水/%
原矿	废石膏			初凝	终凝				
70	30	1∶1.2	26.5	10min30s	14min55s	36.78	47.42	6.38	4.44
100	0	1∶1.2	27.5	11min30s	15min14s	36.32	46.36	6.53	5.15

从表中得知，加废石膏的混合石膏粉与原矿石膏粉性能基本差不多。故采用废石膏粉在理论上是可行的。

④ 生产试验 用加废石膏 30%的混合石膏粉与原矿石膏粉分别浇注 20 套坐便器圈模型，在同样的条件（温度、湿度、泥浆等）下生产试验，验证使用寿命。从模型试生产看，原矿石膏粉制作的模型使用寿命为 75 次，而加废石膏 30%的混合石膏粉制作的模型使用寿命也为 75 次。故采用废旧石膏粉在生产实际中也是可行的。

(2) 废旧石膏再生利用其他方法

① 将废旧石膏进行粉碎，过 900 孔/cm^3 筛后，在 0.13MPa 和 160℃的蒸压釜中蒸制，废旧石膏即成为再生石膏。

② 废旧石膏粉中加入稀盐酸，使之吸收后，经热处理即可再生。按 1g 8%盐酸加入 10g 废石膏的比例处理废旧石膏，搅拌后加热至 60℃，冷却后加水调和，即可用于制模。

③ 采用加浓硫酸的方法也能活化废旧石膏。将废石膏粉先在 230～240℃下炒制后，存放 7d，加入含浓硫酸的水中（以 6∶10000 的比例为最好）即可活化。

④ 废旧石膏经过粉碎后，在 350～380℃马弗炉（隔焰炉）中煅烧，也可恢复原来的性能。

用浓硫酸处理废石膏制模时应注意以下问题。

a. 旧石膏的炒制温度比新石膏高，一般控制在 230～240℃，炒制时勤搅拌，使之受热均匀，以免发生局部过火。炒制一锅的时间一般为 50min。石膏接近炒熟时升温很快，因此出锅操作越快越好。

b. 炒好后，石膏存放时间长一些为好，一般为 10d 左右，最低不少于 7d。存放的时间越短，初凝时间越短。

c. 当石膏倒入加有 6∶10000 浓硫酸的水中时，石膏浆的气泡较多，要迅速搅拌，并在注满模型后用木棍等插入再搅拌，有利于气泡从模型的边角处排出。

d. 使用的水膏比以 1∶(1.1～1.2) 为宜。

目前我国一些陶瓷厂一般采用新旧石膏搭配使用浇注石膏板等小件和注浆用模。回收废旧石膏的方法一般为：先将废旧石膏模在水中浸泡，清除坯泥，溶解模具中所析出的硫酸盐，通过加入某种活性剂，经过干燥、粉碎、过筛、加热煅烧等工序，提高了其活性，制得再生石膏。存放在干燥的环境内。使用时与新石膏搭配混合，加入水中调匀浇注模型。浇注注浆模型时，旧石膏加入量为 30%～40%，该混合粉与水的比例为 (1～1.2)∶1；如浇注石膏板等小件，旧石膏加入量可增加到 80%～90%，此时混合粉与水的比例为 0.8∶1。废旧石膏制作非吃浆用的石膏支架、石膏板等小件或辅助件，达到物尽其用的目的。还有的厂在旧石膏利用方面做了以下试验：将 30%的新石膏粉与 70%的旧石膏粉混合，这种混合石膏粉和胶水（掺入 3%液体桃胶的清水）搅拌均匀注模，胶水与混合石膏粉的配比约为 1∶2。实践表明，掺入 70%旧石膏的模型具备新石膏模型的使用特点。

九、新型材料模具

石膏模型是陶瓷成型生产中主要的生产工具。从过去到现在乃至未来，以石膏粉为材料制作的石膏模型，仍会大量使用。主要原因是石膏储量丰富，取用方便，且价格低廉；其与水混合搅拌后的浆体流动性能好，可以在制模过程中做出各种形状；另外，其有无可比拟的凝结性能、吸水性能。但这种模型材料也有其最大的缺点，就是做出的石膏模型强度低，表面耐磨性差，使用次数少（寿命短），一般使用次数55～75次，在生产中需频繁更换模型，消耗量很大，加大了生产制造成本。

多年来，许多专家学者就延长石膏模型的使用寿命进行了持续不断的研究，但进展不大。早在20世纪60年代，人们就认识到：只有能够与模具吸水性无关地进行工作的设备和模具材料方能解决注浆工艺及石膏寿命等方面的许多问题，故开始抛开石膏模研制新型模具材料。随着国内外中高压成型工艺技术的发展，新型树脂模型研制成功并投入大生产使用。如高压注浆成型新工艺使用的树脂模型，用高分子化合物和无机填料制作而成。其模具是多孔的，强度高，使用寿命长（可达上万次）。每20min左右成型一次，一套模型每班成型十几次甚至几十次。模具不用干燥，坯件规整度好，成坯率高。

下面介绍一种多孔模的制作方法：用无机填料（如：石英砂、瓷粉、长石粉、珍珠岩等）和合成树脂（如：酚醛、尿素树脂、环氧树脂、聚酯树脂等）固化剂混合，经冷压成型，加热固化而放出气体，形成毛细管状的结构而获得适宜的气孔。这种模型的特点是既有石膏模型的吸水性能，又有较高的强度（强度比石膏模高100倍），使用次数达2000次。

（1）原料选择　对于无机料，不仅要求材料强度高，而且吸水性好、硬度高、耐磨性好。对于固体树脂，要求有较高的软化点（落球值在100℃以上）和较低的游离酚含量（小于4%）。对于液体树脂，要求所含固体的质量分数不大于5%、游离酚不大于18%，且使用浓度应满足要求。固化剂多采用六亚甲基四胺。

（2）配方　应满足成型工艺的生产要求，通过试验择优选用。其外加合成树脂以20%～25%为宜。配方见表3-9-15。

表3-9-15　无机填料模配方

配方号	无机料/%			外加树脂/%		
	瓷粉	石英粉	碳酸钙	固体酚醛树脂	液体酚醛树脂	六亚甲基四胺
1	30	70	—	15	7	1.5
2	90	—	10	15	9	1.5

（3）颗粒级配　根据模型吸水率的要求和使用的无机料的吸水率不同而异，一般有粗、中、细三种颗粒级配。粗颗粒多为通过100目筛左右，中粗颗粒过100目～150目筛，细颗粒过200目筛。

（4）制作工艺　要求将配好的料混合并充分搅拌，使其均匀，用不少于50MPa的压力缓慢加压。压好后产品应整形，去掉边角，然后放在加热炉内，严格按曲线升温。保证从常温～100℃的第一阶段均匀排出水。第二阶段从120～180℃，热固化树脂分解完全，并固化以提高模型强度。第三阶段从180～220℃，热固化树脂充分固化。固化剂六亚甲基四胺进行分解并破坏部分树脂结构，放出气体，而使模型产生微孔，增加吸水性和透气性。

十、脱模剂

在制作石膏模型时，为了有利于脱模和保护胎型，防止模型与母模的粘接，必须预先在母模表面涂刷上一层脱模剂，从而使模型容易脱离母模。脱模剂是润滑剂的一种，具有减摩、清静、密封的作用，用于保护母模和防止工作模损坏。通常采用的脱模剂有各种植物油（棉籽油、豆油、菜籽油、麻油、花生油等）、矿物油（煤油等）、动物油、凡士林、钾钠皂液、钾肥皂水、石油化工产品的副产物等。目前从成本等各方面考虑，陶瓷厂多使用石油化工产品的副产物做脱模剂。

（一）植物、动物、矿物油脱模剂

各种植物油、动物油、矿物油以及它们的混合物都可作为脱模剂使用。但要考虑使用效果、成本等因素。

目前卫生陶瓷厂一般使用石油加工行业的副产物，主要是因其价格低、使用效果良好。

（二）碱皂液脱模剂

碱皂液脱模剂主要使用在表面光洁的胎型或日用瓷小件胎型上。碱皂液有钾皂液、钠皂液等。

1. 钾皂液的制作方法

配比范围（不含水）：K_2CO_3 27%～30%，块状石灰 13.5%～18%，松香 7.5%～11%，桐油 45%～48.5%。

实际配比：K_2CO_3 12.5%，熟石灰 5.6%，松香 3.7% ，桐油 18.7%，水 59.5%。

方法：

① 先将重量 15 倍于 K_2CO_3的清水盛入锅内烧开，加入块石灰，煮沸 20～30min，再加入 K_2CO_3，继续煮沸 4h。然后出锅沉淀，取出上层清液置于另一容器中。此液俗称头锅水，接着将未溶解的沉淀物，继续加入与前次相同的水量进行溶解，经煮沸 2～3h 后，出锅沉淀去渣，将清液置于另一容器中，此液俗称二锅水，随后将锅洗净。

② 取一次清液和二次清液各 50%放入锅内烧开，加入松香煮沸 15min 后，再加桐油，与此同时将剩下的两次混合液或二锅水徐徐加完继续煮沸 4～6h，直至熬成胶状物以滴水中不散为宜。

③ 使用时视胶状物的浓度，适量加入清水，一般是 500g 胶状物兑 5000g 清水，加热烧开，搅拌均匀，即可使用。

2. 钠皂液的制作方法

配比：烧碱 0.6%，植物油 2.4%，水 97%。

方法：先将植物油盛入锅内，加热至沸腾冒烟。然后将液态烧碱加入锅内，经 15～30min 搅拌，使皂液由稀变浓成团后，再加清水搅匀，即可使用。

3. 软皂液的制作方法

对于表面很光洁的母模胎型，可使用软皂液作为脱模剂。软皂市场上有售。其配制方法如下：

取 0.5kg 的商品软皂放进 9.5kg 的冷水中，然后倒入 5kg 的热开水。待软皂溶解后，再加入 4kg 冷水，用压缩空气伸入桶内吹（近似搅拌均匀），待用，可长久使用（钾皂液的浓度根据实际使用情况依加水量而定）。

十一、胎型结构与产品质量关系

胎型（模型）是卫生陶瓷生产的基础。如果因胎型结构设计不合理，则生产中会出现大批开裂、变形、崩活、坐便器排污功能不佳等质量问题，造成产品降级乃至成为废品。生产实际中这方面的例子不少，现举几例简述。

1. 局部设计不合理，存浆崩活

这种情况表现在单双面吸浆交界处（如坐便器的底部）或放浆管高出模面（如立浇便器和面具）。由于存浆，干燥时，使半成品局部收缩不一致，造成崩活开裂。解决方法是改变设计角度，注浆管下的不能太高（离模型边缘不超过 5mm），使其顺利放浆。

2. 双面吸浆太厚，出夹层

工艺上要求坐便器锅盆双面吸浆厚度一般在 11～12mm，但在设计制作胎型中由于制作不精细以及其他原因，造成双面吸浆部位吃不实或出现夹层，造成烧成时出泡或者脱皮掉块。解决方法是仔细校对厚度，双面吸浆厚度设计在下限 11mm 为宜。

3. 虹吸作用小，排污效果差

坐便器排污功能效果差，虹吸作用小，造成原因很多，必须从管道结构、水封、圈眼三方面查找原因。

(1) 现行国标 GB 6952—2005 要求坐便器的水封不低于 50mm。为了有利于卫生，坐便器当然水封越高越好。对于冲落式坐便器而言，若水封过高（大于 65mm），则由于浮力的作用，污物通过大挡较困难，需要较多的水才行，这实际上费水。造成水封高的原因有两个方面：一是底疙瘩尖太高（既二挡太高）；二是坐便器模型上盖模尖太深。

(2) 在水封一定的条件下，如果圈眼太小，数量、方向不合适，也会造成排污效果不佳。如冲落式、虹吸式坐便器圈前部或后部没有大孔或扁长孔，则排污不佳。

(3) 对于一般虹吸式或喷射虹吸式而言，决定排污功能和虹吸作用好坏，关键在于管道结构。如果管道结构设计不合理，整体过粗（超过 55mm），局部没有阻截处理，管道截面为方形，都会造成虹吸排污不佳。解决方法是对管道结构合理设计，使其近似圆管道，前段管道设计为 60～70mm，后段管道设计为 50～55mm，前后管径之比掌握在 1.2∶1，在不卡球的前提下，后部管道越细越好。另外，在虹吸式坐便器二档下面出水口稍前一点部位，将管道截面积比其他部位处理得更小一点，会大大提高虹吸作用。

4. 卡球

坐便器管道设计中局部过细（小于 50mm），或立浇坐便器中大脚模块不合适，都会造成管道局部过细，造成卡球。解决方法是在不影响虹吸作用情况下，将管道变为 55mm，且管道尽可能做成圆滑管道。

5. 圈面变形

坐便器圈面在原胎设计中未有做出预变形，成瓷后整个圈面下坍变形或局部下凹，产品降级或成为废品。解决方法是根据经验和进行反复的试验，确定产品的预变形，同时使用合理圈板。

6. 裂挡角

目前坐便器成型工艺由地摊多块粘接向成型结构简单化发展，坐便器大底主要采用双面吸浆，粘挡形成管道结构。若挡片和大底粘接面太小，或挡片小，都会造成裂挡角。解决方法是挡片和大底做出合理的粘接面，挡与大底粘实。

十二、最新的模具制作技术

陶瓷工业在我国有着悠久的历史，是我国的传统产业之一。2009 年，我国卫生陶瓷的总产量为 1.6 亿件，位居世界第一，已成为最大的陶瓷生产国和消费国，而且卫生陶瓷产品也开始大量出口到国际市场，增长势头持续看好。

随着生活水平的提高、现代家居装饰的发展和审美观念的不断变化，人们已不满足于卫生陶瓷产品单一的款式和结构，而提出了多样化和个性化的要求。企业为了满足市场需求，提高自身的竞争力，取得良好的经济效益，就必须不断地开发出适销对路的产品，并且缩短新产品的开发周期，提高产品的更新换代速度。

但是，目前国内陶瓷生产企业新产品的开发却还处于传统的手工形式，从产品的外观、结构到质量几乎全部依赖于设计、制造人员的经验和技巧，存在新产品的开发周期长、开发费用高等问题，不利于产品的更新换代和对市场的快速响应，与发达国家相比差距较大。

随着计算机软硬件技术的迅速发展，以 CAD/CAE/CAM/RP 等技术为核心的现代设计方法和先进制造技术，对制造行业产生了重大影响，已在多个领域有广泛成熟的应用，并取得了巨大成就。国内不少高等院校和企业都在努力将这些现代设计方法和先进制造技术，应用到传统陶瓷行业的设计和生产中。解决了卫生陶瓷洁具产品研发过程中“手工制作石膏原胎模”耗时耗资巨大这一瓶颈，为快速制造技术在卫生陶瓷洁具新产品开发中的应用，奠定了坚实的技术基础。

数字技术和快速制造技术在卫生陶瓷洁具的新产品开发应用中，新产品的三维实体造型是基础，也贯穿着从外观形状、结构形式到快速制造整个过程。虽然国内部分卫生陶瓷洁具生产企业已经逐步开始使用二维或三维 CAD 软件，但也主要是制作产品的效果图和安装图，产品的外观形状只求效果不求准确，且产品的内部结构形式也大多没有设计，这样的模型并不能满足陶瓷洁具的现代设计方法和快速制造技术的需求。

陶瓷洁具的种类繁多，如坐便器、蹲便器、小便器、浴缸、洗手盆等。与一般的机械产品相比，陶瓷洁具产品形状结构复杂且外形多变，除了标准的安装尺寸和外部总体尺寸外，其余多为不规则曲面，因此产品的三维建模操作复杂且繁琐，对设计人员的三维 CAD 软件应用水平要求较高。

(一) 模具快速制作技术简介

快速制作模具技术是利用计算机建立坐便器模具 CAD 系统，通过计算机设计实现模具设计的自动化和智能化，由计算机三维设计、卫生陶瓷产品冲水过程的计算机三维模拟、母模的三维造型设计、卫生陶瓷产品母模的快速原型制作、卫生陶瓷产品的石膏模具制作等部分组成。

其工艺过程如下：

三维造型设计→计算机设计→开模仿真→数控加工→注浆→试烧→母模制作

(二) 快速技术的特点

(1) 将先进而成熟的计算机设计、计算机仿真技术应用于卫生瓷的产品开发中，代替原来的手工操作。

(2) 使用这种技术以后，产品开发周期可缩短到半个月，比原手工操作少用一个月至一个半月。

(3) 产品纳入数字化管理，重现性强，无论何时需再生产此产品，均可以高精度再现。

（4）开发新产品的成本降低，一般来说，可以一次试烧均可成功（因为有仿真技术）。

（5）为使卫生瓷模具生产实现机械化、自动化打下了坚实的基础。

第十节　陶瓷砖磨边倒角机实操技能鉴定系列模块技术（制造、安装、调试与维修）

一、概述

陶瓷墙地砖是建筑物饰面、构件和卫生设施的制品（陶瓷砖、卫生陶瓷、烧结瓦、建筑琉璃等制品），主要是用黏土，或其他无机非金属原料，经过破碎、粉碎（细碎）成形、烧结等工艺处理而成，称为陶瓷饰面砖。主要包括墙面、地面、板块陶瓷制品，现就陶瓷墙地砖生产技术装备（制造、安装、调试、维护修理及运转保养、故障诊断与排除等方面）加以阐述。由于陶瓷砖的质量好坏，直接与技术装备的水平分不开的，装备的先进技术是产品高质量的重要保证，所以，陶瓷压砖机是复合型装备，他具有特殊优异特性，只要发挥复合型的先进功能，才能够实现陶瓷砖生产高起步、高定位、高质量、高发展。

KBS 陶瓷墙地砖自动磨边倒角线主要由砖坯进坯机、砖坯前磨边主机、砖坯转坯机、砖坯后磨边主机、砖坯出坯线、吸尘器、气柜及电气控制系统等组成（见图 3-10-1）。

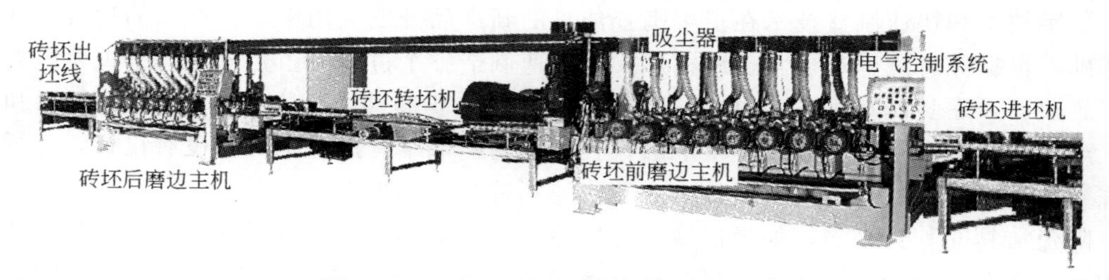

图 3-10-1　KBS 陶瓷墙地砖磨边倒角线

当磨边线工作时，砖坯通过砖坯进坯机的皮带传动系统进入砖坯前磨边主机。砖坯前磨边主机的砖坯对中装置将砖坯对中，使保证砖坯两侧磨削量均等。当砖坯对中后，磨边机压带装置压紧砖坯并将砖坯送入磨边磨头和倒角磨头进行磨边和倒角。前砖坯磨边机把砖坯相对两边磨削完毕后，砖坯被输送到砖坯转坯机，砖坯通过转坯机皮带的速度差进行 90°水平旋转，然后在送入砖坯后磨边主机；后磨边主机对砖坯另一组对应边进行磨削加工。后磨边主机磨削过程与前磨边主机磨削过程相同，但后磨边主机对中装置设置了一套推砖定位装置，其功能是校正前砖坯磨边机磨削后两对边与待磨削边的垂直度。砖坯磨削完毕后，经砖坯出坯线进入分拣区。

工艺流程：

窑炉出坯——输坯线—— 砖坯进坯—— 对中——定位压紧——磨边——倒角——砖坯90°旋转——对中——定位压紧——磨边——倒角——出砖—— 分拣包装

磨边机的各部件功能如下。

1. **磨边磨头**（见图 3-10-2）

电机 7 通过联轴器带动磨头轴 2 旋转，从而带动装在磨头轴前端的蝶形金刚砂磨轮旋转。磨头上装有微调机构，该机构由调节丝杆及蜗轮杆组成，只要通过旋转手轮，便可使磨头砂轮微量进退，从而调整砂轮的磨削量。抱紧装置3是用来在调整前和调整后抱紧支撑座6，从而防止磨头在磨边时产生振动。

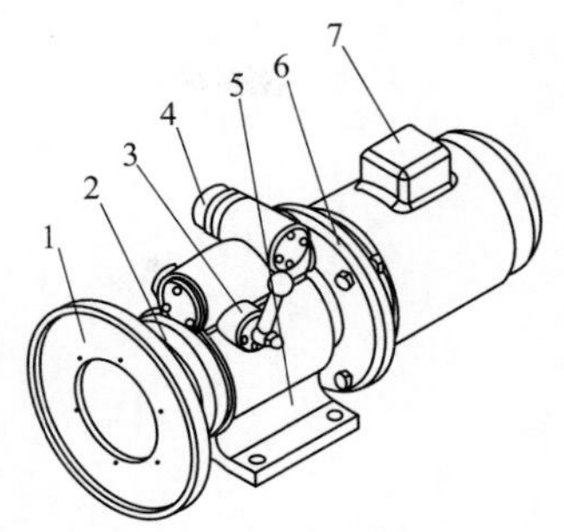

图3-10-2　磨边磨头
1—蝶形金刚砂磨轮；2—磨头轴；3—抱紧装置；4—微调机构；5—磨头座；6—支撑座；7—电机

2. **倒角磨头**

倒角磨头按结构可分气动倒角磨头和固定倒角磨头。

（1）气动倒角磨头（见图3-10-3）　气动倒角磨头由电机4、磨头支座3、底座1、翻板2等组成。在倒角磨头支座及支座座板的装配组合后，应使倒角磨头轴7与水平线倾斜45°，以达到倒角的目的。倒角磨头翻板的设置是便于更换砂轮8。砂轮8安装在磨头轴7上，由气缸5带动做上下往复运动；同时，由电机带动磨头做旋转磨削运动。气动倒角磨头根据定压控制磨块，磨削时会随砖的外形而变化，保证磨削力的稳定。

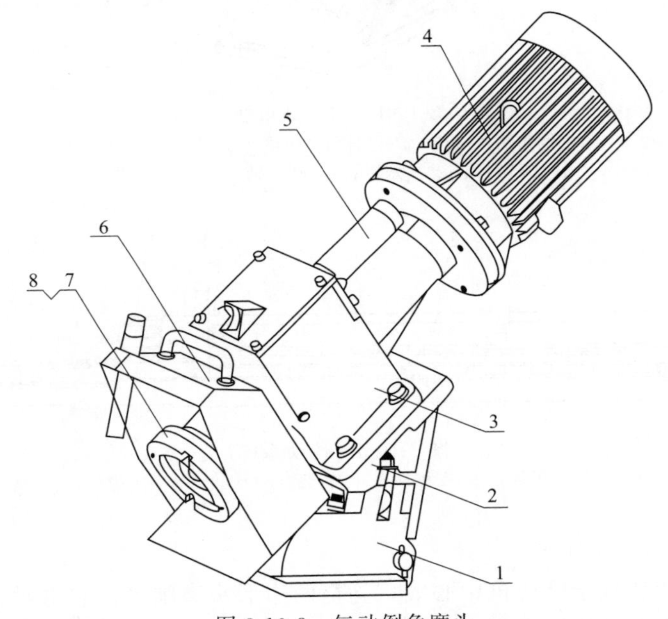

图3-10-3　气动倒角磨头
1—倒角磨头底座；2—翻板；3—磨头支座；4—电机；5—气缸；6—水罩；7—磨头轴；8—树脂砂轮

（2）固定倒角磨头（见图3-10-4）　固定倒角磨头由电机4、磨头支座3、倒角磨头支座1、翻板2等组成。在倒角磨头支座及支座座板的装配组合后，应使倒角磨头轴7与水平线倾斜45°，以达到倒角的目的。倒角磨头翻板的设置是便于更换砂轮8。砂轮8安装在磨头轴7上，由调节手轮5带动做上下位移；同时，由电机带动磨头做旋转磨削运动。固定倒角磨头根据定尺寸控制磨块。保证磨削尺寸一定，磨削时不会随砖坯外形而仿形变化。

3. **传动系统**（见图3-10-5）

传动系统由压梁组件及皮带传输系统组成。压梁组件由气缸、活塞、转臂、压梁、导条等组成。气缸通过活结、转臂带动压梁做上下运动。皮带传输组件由电机减速机、齿轮、传动轴、同步带轮、同步带等组成。上下同步带通过同步带轮做等速运动。砖坯在输送过程中与上下压带相对静止，从而实现砖坯的均匀磨削。上下压带夹持砖坯的压紧力可通过调整气缸的压力来调节。

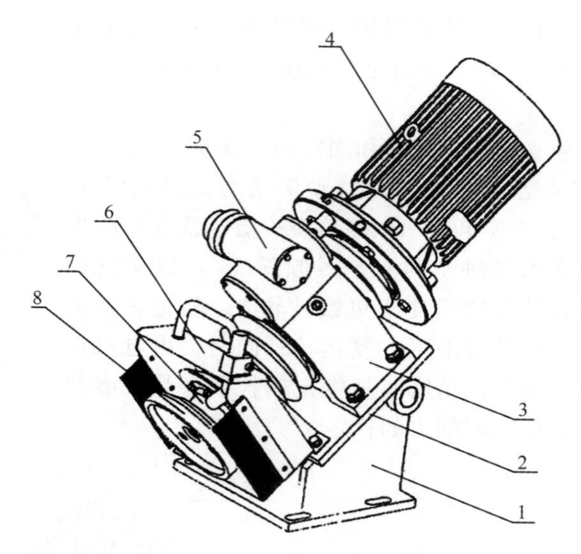

图 3-10-4　固定倒角磨头

1—倒角磨头支座；2—翻板；3—磨头支座；4—电机；
5—调节手轮；6—水罩；7—磨头轴；8—金刚砂轮

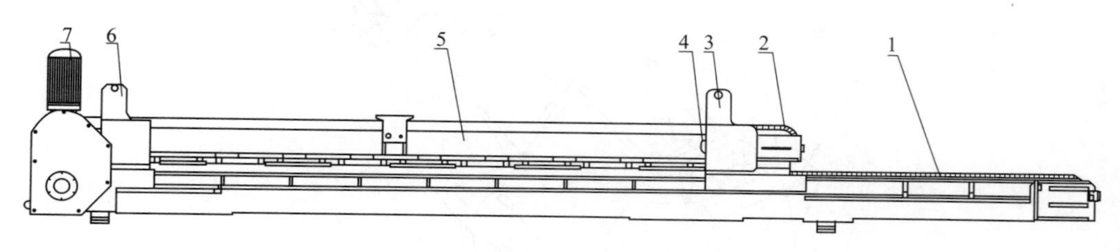

图 3-10-5　传动系统

1—下压带；2—上压带；3—支撑板；4—转臂；5—压梁；6—支撑板；7—减速机

4. 对中装置（见图 3-10-6）

其功能是：使砖坯置于磨边机中心线，均衡两边磨头磨削量。它由对中气缸、导向机构及联动机构组成。联动机构用来保证两边对中活块动作协调一致，完成准确对中。

5. 推砖装置（见图 3-10-7）

推砖装置用于校正砖坯的对角线。变频器控制推砖电机 8 变速后，经同步带 7 带动推砖架 4 在导轴 3 上做往复运动，以达到推砖的目的。推砖的极限位置由装于接近开关架 2 上的接近开关控制。推砖架上设有气缸 6，下端带有推砖爪 5。通过气缸 6，使推砖爪上下运动。推砖爪上装有微调螺钉，用来调整出砖对角线。

6. 调宽装置（见图 3-10-8）

调宽装置导向轴承支座 7 与电机支架连接；导向座 6 与横梁连接；当调宽电机转动时带动蜗轮减速箱 2 转动，同时通过连接轴 3，使另一侧的相同转速比的蜗轮减速机以相同的速度旋转，从而带动两端的调宽螺杆 5 旋转，使与螺杆配合的导向座 6 沿导向轴 4 做相向或相离运动，以实现左右横梁的宽度调节。

7. 气动系统

气动系统是瓷质砖双压带磨边倒角机中一个重要组成部分，它主要由气源、压力表、过滤器、储气罐、减压阀、电磁换向阀、节流阀、气缸等组成。

气动装置主要是用来控制倒角气缸、左右压梁气缸、对中气缸、推砖气缸的运动，从而完成砖坯的磨边与倒角。

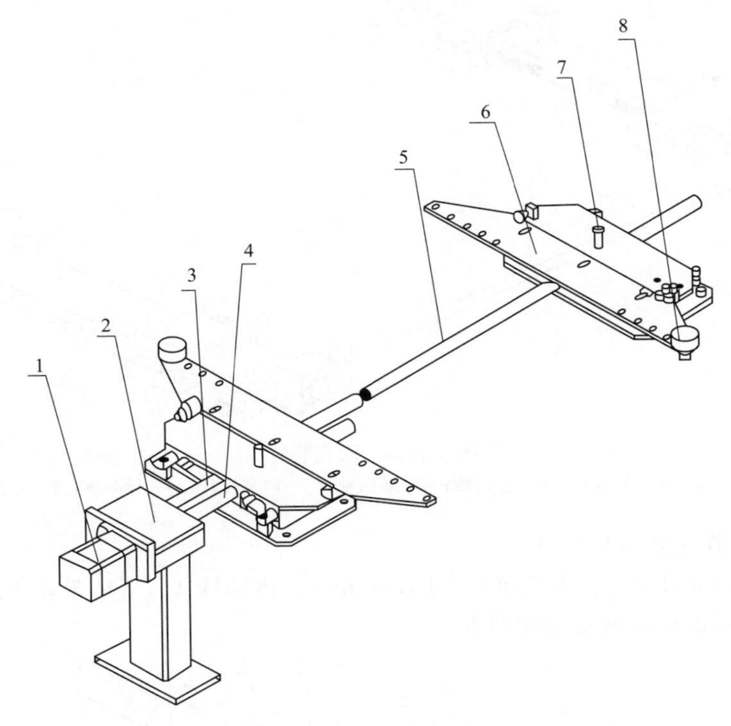

图 3-10-6　对中装置

1—对中气缸；2—对中安装盒；3—齿条轴 1；4—齿条轴 2；
5—连接轴；6—活块；7—限位螺钉；8—对中轮

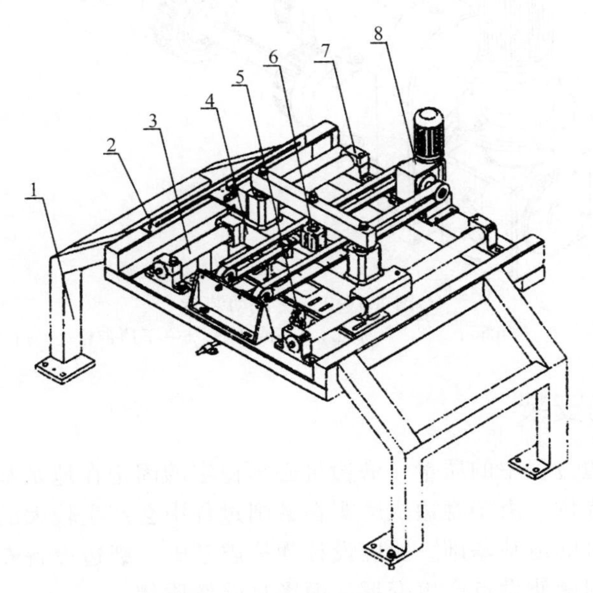

图 3-10-7　推砖装置

1—推砖机架；2—接近开关支架；3—导轴；4—推砖架；
5—推砖爪；6—气缸；7—同步带；8—推砖电机

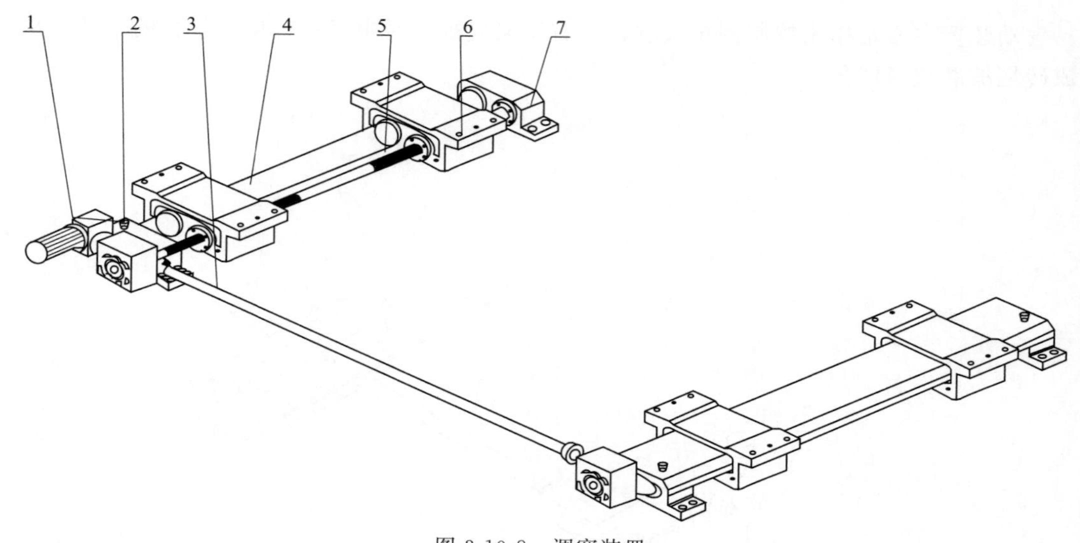

图 3-10-8 调宽装置

1—调宽电机；2—蜗轮减速箱；3—连接轴；4—导向轴；5—调宽螺杆；6—导向座；7—导向轴承支座

8. **主传动装置**（见图 3-10-9）

主传动装置由减速器 1、齿轮箱 2、上压带轮 3、传动轴 4、下压带轮 5、传动支撑座 6 等组成。砖坯输送速度可通过变频调节。

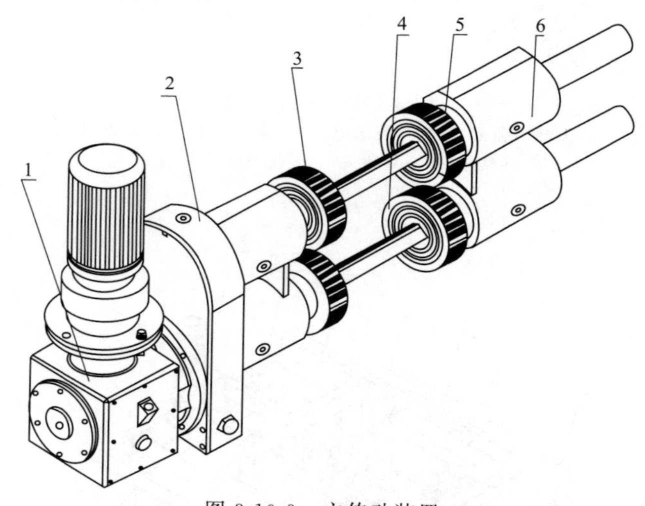

图 3-10-9 主传动装置

1—减速器；2—齿轮箱；3—上压带轮；4—传动轴；5—下压带轮；6—传动支撑座

二、磨边机的安装

为保证砖坯在磨边过程中的质量，磨边机必须稳定的固定在地基基础上。磨边机的地基基础由磨边机生产厂提供。由于磨边机磨头在磨削过程中会产生较大的振动，并影响砖坯磨削质量，因此，磨边机的地基基础一般应设计为抗震基础。磨边设备安装工作后，在长期的运行中不允许因基础问题使设备产生变形从而影响砖坯质量。

一般设备安装基础在浇筑后，经养护五天以上才能安装设备。

设备安装前，应检查设备各部件是否齐全。主机和其他设备就位后，需对设备工作面的水平和整线的中心进行校正，当调整完毕后用地脚螺栓或膨胀螺钉将设备固定在基础上。设备安装完毕后，应再次精校前、后磨边机的工作平面，同时接通水、电、气，为磨边线调试做准备。

三、磨边机的调试

（1）磨边机大梁的调整（见图 3-10-10） 磨边机磨削不同规格的砖坯，要求调整大梁的工作宽度。这项工作主要是通过调宽电机来实现。首先，松开对中连杆上的锁紧螺钉；通过运行调宽电机，将横梁移动到新的工作位置，锁紧对中连杆上的锁紧螺钉即可。一般要求横梁上的同步带外缘距离比所磨砖坯尺寸小约 50mm。

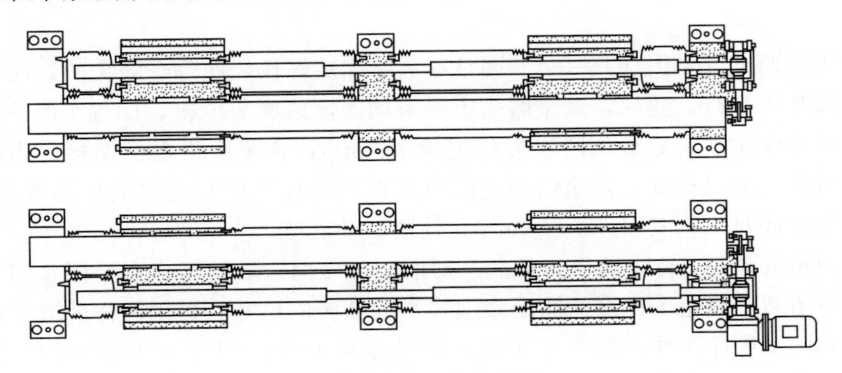

图 3-10-10 磨边机大梁

（2）传动装置的调试（见图 3-10-11） 为使同组同步带轮张进一致，各同步带松紧均匀适宜，应调整各同步带轮的张紧螺钉。同步带在工作过程中，如发生同步带偏移，并离开其托槽，可通过调节同步带张紧轮位置来解决。

在调节同步带时，应注意同步带上的顺序标志，根据标志进行安装调整。

（3）输送皮带速度的调试 输送皮带运行时，按生产要求调节无极变速器或变频器；其中，砖坯进坯机的带速应比前主磨边倒角机慢 0.2m/min，后主磨边倒角机的带速应比前主磨边倒角机的带速快 0.4m/min，砖坯转坯机、砖坯出坯线和后主磨边倒角机带速可保持一致。

（4）对中装置的调试（见图 3-10-12） 偏中心的调整：调节定位螺钉 4，可矫正对中偏置中心。

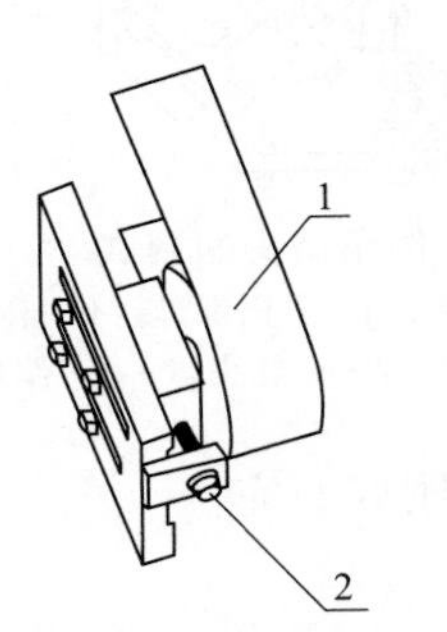

图 3-10-11 传动装置的调试

1—皮带；2—调节螺杆

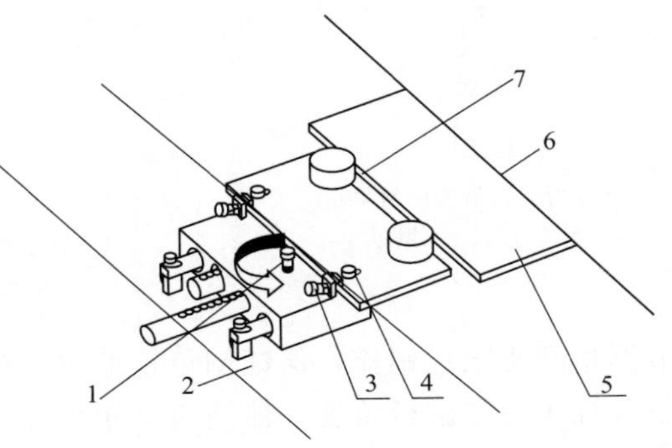

图 3-10-12 对中装置的调试

1—锁紧螺钉；2—横梁；3—调节螺钉；4—定位螺钉；5—砖坯；6—主机中心线；7—滚轮对中线

偏直线的调试：推板前端装有两只滚轮，将两滚轮外圆作直线，使两条直线与主机中心线基本平行，如有偏移可调节推板上的调节螺钉。

（5）推砖装置的调整　首先使定位装置处于工作位置，松开锁紧块螺栓，根据砖坯的规格调整锁紧块，使推砖板的宽度与同步带一致，且每一块推砖板中心正对同步带中心位置，锁紧锁紧块螺栓。

当以上工作完成后，需松开推砖板紧固螺栓，调整推砖板的高度，使推砖板的最低点高于同步带上平面3mm。粗调时，对中中心线（即主机中心线）与推砖板的工作点可通过调整轴承底座使其相互垂直；精调时，用前磨边倒角机磨削砖坯，经定位装置校正后进入后磨边倒角机磨削，通过测量砖坯对角线，直至通过调整轴承底座使对角线误差＜0.06mm即可。

（6）磨头的调试（见图3-10-13）　调整磨头座固定螺栓，使每个磨头的磨轮磨削平面与同步带外边缘基本平行；然后，调整磨头电机滑动底座或磨头电机，使每个磨头的磨轮前沿到同步带的外边缘比磨轮后缘到同步带外边缘小2mm，锁紧磨头电机螺栓。当以上调整完成后，再调整磨头的对称度，两边的磨轮前沿工作点的连线应与大梁的中心线基本上垂直，每对磨头都要保证对称，其误差应＜2mm，锁紧滑动底座。

磨头磨削量的调整：首先调整好最后一对磨头，使两边磨轮工作点至同步带定位边的距离15mm，并使两个磨轮工作点的间距必须等于成品砖的尺寸；再用同样的方法调整好第一对磨头，使其两个磨轮工作点间距等于前砖的尺寸减1mm，从第一对磨头的工作点到最后一对磨头的工作点，两点拉线，调节中间各磨头的工作连线工作点，使各个磨轮的磨削量趋于均等；调整好后，锁紧各磨头的紧定螺栓。

（7）倒角磨头的调试（见图3-10-14）　首先松开倒角磨头的螺栓，使倒角磨头后沿边相对称，并使磨头后沿边到同步带边缘距离与倒角磨头前沿边到同步带距离小3mm。锁紧倒角磨头底座螺栓。

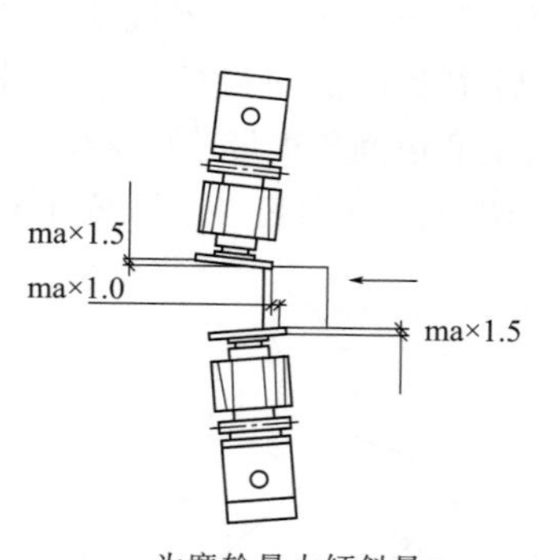

ma为磨轮最大倾斜量。

图3-10-13　磨头

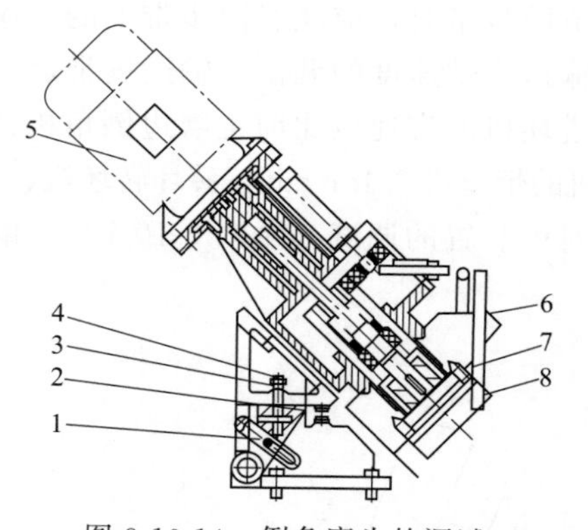

图3-10-14　倒角磨头的调试

1—紧定螺栓；2—调节螺栓；3—紧固螺母；4—卡位螺栓；5—电机；6—倒角头水罩；7—砂轮夹盘；8—倒角砂轮

调节倒角磨头限位螺栓，保证倒角轮工作点在最低时磨料刚好磨完。

调整气缸压力和翻板角度，使倒角尺寸符合要求。

（8）压带装置的调试（见图3-10-15）　调整压梁气缸压力为0.15MPa；调整压紧调节螺栓，使上压带下限位置与下压带的间距比砖坯厚度小约1mm，并确保同一压梁的前后间距尽量一致；调整压梁，保证两边压梁压力均匀、对称。

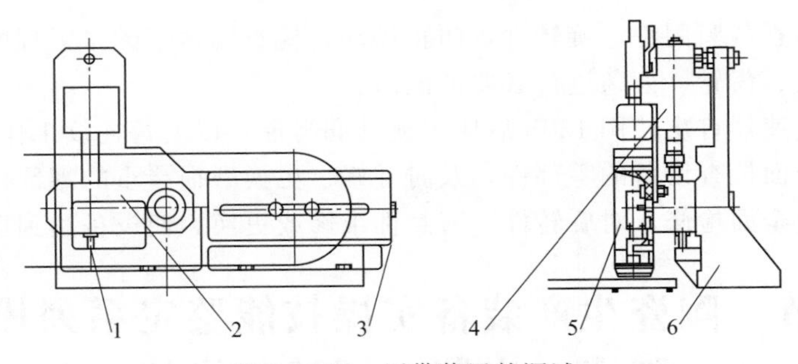

图 3-10-15 压带装置的调试

1—调节螺钉；2—转臂；3—调节螺栓；4—气缸；5—压梁；6—支承板

四、维护与修理

（1）磨边线的常见故障及排除　见表 3-10-1。

表 3-10-1　磨边线的常见故障及排除

序号	存在问题	产生原因	排除方法
1	砖边不直	两边压带力不均匀	调整压带装置，使两边压力一致
		同步带两边松紧不一致	调整同步带的松紧，使两边一致
		磨头磨削量不均匀	调整磨头磨削量，使其基本一致
		传动轴承已坏，同步带跑偏	更换轴承
2	砖对角线超差	推砖板工作点连接与主机中心线不垂直	调整推砖板工作点进线与主机中心垂直
		对中机构对中轮工作点连接与主机中心线不平行	调整时中滑块上的顶块螺钉，使两边对中轮工作点连线与主机中心线平行
		经定位后，进入压带装置时产生位置偏转	调整压带装置；砖进入时压轮同时压紧砖但不能压得太紧
		磨头的磨削量不均匀	调整磨头，使磨轮切削量一致
		同步带不同步	调整同步带松紧或更换同步带
		砖的磨削量过大	调整砖坯尺寸
		带速过快	带速放慢
3	砖边漏磨	对中装置不能将砖推至主机中央位置，造成一边磨削余量少	调整对中装置，使对中轮工作点连接以主机中心对称
		砖的磨削余量过小	增大砖坯尺寸，保证磨削余量
		相对磨头前沿中心与主机中心线位置偏移	调整相对磨头磨轮前沿，使其与主机中心对称
		推砖校器工作点（最低点）不一样高	调整推砖校器与皮带表面一样高
4	瓷砖削角、碎边、碎砖、磨削釉	磨削量过大	减小砖坯尺寸，调整各磨头磨削量
		走砖速度过快	降低同步带速
		磨轮工作面跳动大	修复或更新磨头电机轴承
		砂轮不锋利	更换锋利砂轮

（2）磨边线的保养与维护　由于磨边线工作环境恶劣，在磨削过程中产生大量的粉尘与破碎砖片，因此，磨边机每工作 2h，应清洁各光电传感器及控制面板等。新机在开始使用

后，应注意随时检查各紧固件、旋转件，防止松动；检查输送带的张紧程度是否一致。

每班应对磨头、齿轮、齿条进行必要的润滑。

磨边线无极变速器首次使用150h后应更换其润滑油，以后每连续工作六个月更换一次；同时，每六个月全面检查设备的零部件，及时维修、更换磨损严重的零部件。

每年要对整线全面检修，对旋转件、密封件维修或更换，使设备达到正常使用要求。

第十一节　陶瓷生产装备实操技能鉴定系列模块技术（制造、安装、调试与维修）

一、陶瓷机械设备介绍

（一）粉碎机械

1. 概论

用机械的方法克服固体物料内部凝聚力而将其分裂的操作称为粉碎。

将大块物料分裂成小块的操作称为破碎。

将小块物料变为细粉的操作称为粉磨。

破碎和粉磨统称为粉碎。

按照处理后物料尺寸大小的不同，破碎可分：粗碎、中碎、细碎。

粉磨可分为：粗磨、细磨、超细磨。

粉碎的方法：挤压、碰击、研磨。

2. 颚式破碎机

（1）颚式破碎机

在陶瓷工业中广泛用作原料的粗碎设备。具有构造简单、坚固耐用、操作维修方便、适应性广等特点。

颚式破碎机是利用活动颚板和固定颚板作周期性往复运动，从而将两块颚板之间的物料破碎的机械（见图3-11-1和表3-11-1）。

图3-11-1　颚式破碎机

表3-11-1　颚式破碎机技术参数

PE系列颚式破碎机						
型号规格	进料口尺寸/mm	最大给料粒度/mm	排料口调整范围/mm	处理能力/(t/h)	单机重量/kg	电机功率/kW
PE-250×400	250×400	210	20～60	5～20	2800	15
PE-400×600	400×600	340	40～100	16～55	6500	30
PE-500×750	500×750	425	50～100	30～80	10300	55
PE-600×900	600×900	500	65～160	50～120	15500	55～75
PE-750×1060	750×1060	630	80～140	115～210	28000	110
PE-900×1200	900×1200	750	95～165	140～260	50000	110
PE-1200×1500	1200×1500	1020	150～300	400～800	100900	160

续表

PEX系列颚式破碎机						
型号规格	进料口尺寸/mm	最大给料粒度/mm	排料口调整范围/mm	处理能力/(t/h)	单机重量/kg	电机功率/kW
PEX-150×750	150×750	120	18～48	8～25	3500	15
PEX-250×1000	250×1000	210	25～60	16～50	6500	30～37
PEX-250×1200	250×1200	210	25～60	20～60	7700	37
PEX-300×1300	300×1300	250	20～90	15～105	11000	75

(2) 颚式破碎机的使用和维修

① 颚式破碎机运行时会产生很大的惯性力，不可避免产生震动，因此应安装在坚固的基础上。基础不要与厂房基础相连，要远离成形、烧成车间。

② 颚式破碎机要在空载时启动。按先开机，后加料；先停料，后停机的顺序。

③ 颚式破碎机工作时，会产生粉尘，在出料口要加收尘设备。

④ 颚式破碎机工作时，严禁进行任何维修工作。

3. 对辊式破碎机

(1) 对辊式破碎机

适用于硬质黏土、煅烧过的黏土、白云石、长石和匣钵熟料等中等硬度原料的破碎，一般多用于中碎。

对辊式破碎机的工作构件是两个做相对运动的圆柱形辊子，物料在棍子之间的间隙中主要受到挤压作用而被粉碎（见图 3-11-2 和表 3-11-2）。

图 3-11-2 对辊式破碎机

表 3-11-2 对辊式破碎机技术参数

型号规格	生产能力/(t/h)	给料粒度/mm	出料粒度/mm	电机功率/kW	机重/kg
2PG-400×250	5～10	≤25	2～8	11	1100
2PG-610×400	13～40	≤40	1～20	30	3500
2PGC-450×450	20～55	100～200	25～100	11	3800
2PGC-610×400	60～125	300～600	50～125	22	8340

(2) 对辊式破碎机的使用和维修

① 运转时应定期检查辊子衬套，更换新的辊子衬套。

② 调节出料口宽度时，要使辊子平行移动，防止辊子轴向倾斜。

③ 严格遵守安全操作规程，严防将手卷入辊子，造成人身事故。

④ 设备工作时，会产生粉尘，在出料口要加收尘设备。

4. 锤式粉碎机

(1) 功能介绍

锤式破碎机经高速转动的锤体与物料碰撞破碎物料，它具有结构简单、破碎比大、生产效率高等特点，可作干、湿两种形式破碎，适用于矿山、水泥、煤炭、冶金、建材、公路、燃化等部门对中等硬度及脆性物料进行细碎。锤式破碎机可根据要求调整篦条间隙，改变出料粒度，以满足不同需求（见图 3-11-3）。

图 3-11-3　锤式粉碎机

(2) 锤式粉碎机规格与性能参数

见表 3-11-3。

表 3-11-3　锤式粉碎机规格与性能参数

规格型号	转速(r/min)	进料粒度/mm	出料粒度/mm	产量/(t/h)	重量/kg	功率/kN	外型尺寸/mm
PC-400×300	1450	≤100	10	3～10	0.8	11	812×9827×85
PC-500×350	1250	≤100	15	5～15	1.2	18.5	1200×1114×1114
PC-600×400	1000	≤220	15	5～25	1.5	22	1055×1022×1122
PC-800×600	980	≤350	15	10～50	3.1	55	1360×1330×1020
PC-800×800	980	≤350	15	10～60	3.5	75	1440×1740×1101
PC-1000×800	1000	≤400	13	20～75	7.9	115	3514×2230×1515

5. 轮碾机

(1) 轮碾机

通常用作陶瓷原料的细碎或粗磨，由于其对物料的碾揉拌和作用，能同时实现对物料的粉碎和混合，但工作效率较低。

轮碾机有轮转式和盘转式两大类。碾轮的材料有石轮和铁轮；操作方法有干法和湿法（水碾）。

(2) 典型的轮碾机规格性能

如表 3-11-4 所示。

表 3-11-4　轮碾机技术参数

型号		LN400×100	LN1120×300	SN1700×450	TCLN150
结构特点		盘转式、上部传动	盘转式、上部传动	轮转式、上部传动	轮转式、上部传动
粉碎方式		干式	干式	湿式	湿式
生产能力/(kg/h)		50～80	1000～1700	1800～3000	1000～1500
碾轮	直径×宽/mm	400×100	1120×300	1700×450	1500×400
	材质	燧石、铸铁	燧石、铸铁	燧石	—

续表

型号	LN400×100	LN1120×300	SN1700×450	TCLN150
主轴转速/(r/min)	45	27.7	24	23
电机型号/kW	Y90L-4(1.5)	Y160M-4(11)	$Y200L_2$-4(22)	XLD22-10-43
外形尺寸/mm	1300×790×910	3340×1960×2580	4624×2640×3134	3000×2390×3017
设备重量/kg	700	8000	3100	3100
生产厂	唐山轻机厂	唐山轻机厂	唐山轻机厂	湖南五菱机公司

6. 悬辊式磨机

(1) 悬辊式粉碎机

是一种高效率的干法细碎设备，其占地面积小、成套性强、成品粒度可调节、粒度均匀性好，所需细度的99%能通过相应筛目，这是其他粉碎机做不到的。悬辊式粉碎机习惯上称为雷蒙磨。

雷蒙磨的主要构成部分是固定不动底盘和做旋转运动的磨辊。在底盘的边缘上装有磨环，磨辊绕垂直轴旋转时，由于离心力作用紧压在磨环上，物料在磨辊与磨环之间受到挤压和研磨作用而被粉碎（见图3-11-4）。

图3-11-4　悬辊式粉碎机

（2）典型的悬辊式粉碎机的规格及技术性能

见表 3-11-5。

表 3-11-5　典型的悬辊式粉碎机技术参数

技术参数 \ 型号		3R2714	4R3216	5R4119	4R3216	5R4018
磨环内径/mm		830	970	1270	970	1270
磨辊数目/个		3	4	5	4	5
磨辊尺寸：直径/mm 厚度/mm		270 140	320 160	410 190	320 160	410 190
主轴转速/(r/min)		145	124	95		
最大进料粒度/mm		15	20	20	20	20
产品粒度/mm		0.044～0.125	0.044～0.125	0.044～0.125	0.044～0.125	0.044～0.125
生产能力/(kg/h)		300～1600	1000～3200	2000～6300	1000～3200	2000～6000
分级机叶轮直径/mm		1096	1340	1710	—	—
通风机风量/(m^3/h)		12000	19000	34000	—	—
通风机风压		1.67	2.70	2.70	—	—
电动机功率	磨机/kW	22	28	75	37	75
	分级机/kW	3	5.5	7.5		
	给料机/kW	1.1	1.1	1.1		
	提升机/kW	3	3	5.5		
	通风机/kW	13	30	55		
外型尺寸/mm		8700×5000×7819	8200×5800×10580	10500×6500×13530	—	—
设备重量/kg		9115	14200	14367	—	—
生产厂		上海冶金矿山机械厂	上海冶金矿山机械厂	上海冶金矿山机械厂	青岛矿山设备厂	青岛矿山设备厂

（3）雷蒙磨

采用圈流式粉碎流程，粉碎效率高，单位功耗较低。雷蒙磨常见的故障如下：

① 生产能力较低，其原因是，刮板、磨辊磨损太多，进料尺寸大，圈流式回路不畅。

② 磨机电流大，其原因是，进料太多，出现机械故障如设备某个部位轴承损坏，磨机内有铁块等异物。

③ 磨机响声大，粉尘外逸，其原因是，加料过多或者太少，出现塞车，袋式收尘器堵塞。

7. 球磨机

（1）间歇式球磨机

陶瓷工业广泛使用间歇式球磨机作为细磨设备，其规格按装料量计有 0.2t/次、0.3t/次、0.5t/次、1t/次、1.5t/次、2.5t/次、3t/次、5t/次、8t/次、10t/次、14t/次、15t/次、20t/次、30t/次、40t/次、100t/次；内衬有用石衬、氧化铝衬与橡胶衬；传动方式有中心传动、外齿传动、皮带传动等方式。

间歇式球磨机一般是湿法操作，球磨机内装有球石，物料和水加入磨机，磨机筒体旋转时，研磨体（球石）在离心力的作用下，与筒体一起旋转，被带到一定高度时，由于重力作用而被抛出，并以一定的速度自由落下时，筒体中的物料受到研磨体的碰击和研磨作用而被粉碎（见图 3-11-5）。

图 3-11-5　间歇式球磨机

(2) BM680BE 40T 球磨机组成

为陶瓷原料间歇式湿法细碎设备，主要由筒体、传动装置和电气控制柜组成。

采用皮带轮减速传动，刹车装置用于加料和放浆对位（见表 3-11-6 和表 3-11-7）。

- 筒体容积：68000L
- 装料量约：40t
- 工作转速：11.5r/min
- 辅助转速：0.78r/min
- 电机功率：160＋11kW
- 筒体内腔尺寸：ϕ3600×6700mm

表 3-11-6　BM680BE 40T 球磨机

1	筒体尺寸	ϕ3600×6800mm，加料口 ϕ550mm
2	传动段筒体壁厚	Q235 钢板，壁厚：δ24mm（加工后）
3	其余筒体薄壁	Q235 钢板，壁厚：δ16mm
4	筋板厚	Q235 钢板，壁厚：δ24mm
5	轴头	20＃锻件，直径：ϕ450×838mm，轴承部位直径 ϕ360
6	有效容积（装衬前）	68m^3
7	每磨装料	不少于 40000kg
8	筒体工作转速	11.5r/min
9	筒体对位转速	0.78r/min，可双向转动，涡轮减速机自锁制动
10	主减速机	ZL85-10
11	主传动电机	Y315M-160kW-4 电机
12	对位电机	Y160M-11kW-4 电机
13	对位电机减速机	蜗轮减速机 WD30-210
14	内衬材质	石衬，厚度 150mm（由客户方负责采购和安装） （研磨介质：中铝球石）
15	启动方式	星三角（含控制柜），配计时自动停止器

续表

16	入料孔盖	带有压力卸压阀和加气阀，铁质盖配橡胶垫圈
17	出浆口	铁质盖配橡胶垫圈
18	橡胶塞	配进、出料口的橡胶塞
19	放浆阀	配放浆阀2套/球磨机，该放浆阀由304不锈钢过滤筒（ϕ250×400mm）、镀锌蝶阀、镀锌弯头、镀锌软管接头组成，管径4寸
20	筒体皮带	E型14000，30条
21	主轴承	轴承23272CA
22	拉紧、地脚螺栓	1整套
23	控制柜	主电控箱安装在地面，设有声光报警器，必要的操作按钮，电流表，电压表，热保护和过载保护，带过滤的散热孔及风扇
24	控制元件	电气元器件、空气开关使用天正电器元件。随机配电柜到电机间的，长度按球磨机布置图定（<8m）及全部安装附件

表 3-11-7　湿式球磨机技术参数

规格/t	容量/L	筒体转速/(r/min)	筒体尺寸(直径×长度)/mm	主电机功率/kW	传动形式	结构形式
0.1	330	40.60	700×900(实内694×888)	2.2	三角带传动	整体机架
0.2	680	38.20	700×900(实内694×888)	3	三角带传动	整体机架
0.3	1200	35.00	900×1100(实内894×1084)	4	三角带传动	整体机架
0.5	2000	30.00	1300×1500(实内1290×1480)	5.5	三角带传动	整体机架
1	3500	24.00	1600×1800(实内1588×1776)	11	三角带传动	整体机架
1.5	5000	23.00	1800×2000(实内1788×1972)	15	三角带传动	整体机架
3	7700	19.00	2100×2400(实内2084×2258)	22	三角带传动	整体机架
5	10700	17.50	2400×2600(实内2380×2394)	30	三角带传动	移动式
6	13800	16.20	2600×2800(实内2580×2594)	37	三角带传动	移动式
8	18200	14.46	2800×3200(实内2780×2990)	37	减速机传动	移动式
10	24550	13.70	3000×3800(实内2976×3530)	75	减速机传动	水泥基础
15	34000	13.30	3200×4600(实内3172×4278)	75	三角带传动	水泥基础
20	41200	13.00	3300×5225(实内3272×4908)	110	减速机传动	水泥基础
25	45000	12.80	3300×5800(实内3268×5336)	132	减速机传动	水泥基础
35	58000	12.00	3532×6468(实内3500×6000)	160	减速机传动	水泥基础
40	67000	11.60	3600×7200(实内3564×6700)	160	三角带传动	水泥基础
40	67000	11.60	3600×7200(实内3564×6700)	200	减速机传动	水泥基础
50	85000	11.00	3836×8000(实内3800×7500)	200	减速机传动	水泥基础
60	100000	10.80	4040×8600(实内4000×8000)	200	减速机传动	水泥基础
60	100000	10.80	4040×8600(实内4000×8000)	250	减速机传动	水泥基础
60	100000	10.80	4040×8600(实内4000×8000)	280	减速机传动	水泥基础

（3）球磨机的安装、使用

球磨机虽然是连续旋转的，但由于重量大，运转时会产生振动，故应装在坚实的基础上，基础重量可按机器重量的 3～5 倍考虑。

球磨机的安装次序是先安装筒体，后安装转动设备和电动机。安装时各部分都要找平衡，以防运转时筒体窜动和齿轮啮合不好。

球磨机筒体两端短轴的同轴度很重要，否则会加快轴承和轴颈的磨损。

球磨机常见故障的产生原因：

① 轴承发热：安装不正确，润滑油脂不合格。

② 球磨机振动：安装不正确，齿轮啮合不良，地脚螺栓松动或断裂。

③ 端盖处漏浆：螺栓松动或断裂，密封不良。

（4）球磨机的保养和维修

① 球磨机有多种结构，应按使用说明书进行保养维修。

② 下面仅以 15t 和 20t 球磨机为例，说明球磨机维护的一般原则：

a. 一定要按操作规程进行操作。

b. 内衬：磨机内衬的材料由用户自备和镶砌，可用耐磨橡胶、硅质石衬或瓷衬。

c. 使用橡胶内衬的磨机，筒内料浆温度不能高于 70℃，因此粉磨时间少于 12h 为宜。

d. 18 根（24 根）三角胶带的规格和材质应合乎设计要求，每组长度误差不能大于 40mm（45mm），当使用一段时期失去弹性、变长、需要更换时，要全部一起更换，最好不要个别或一部分更换。

e. 液力混合器应按说明书要求定期定量注油和更换油，采用 20 号透平油，参考油量为 14.5L（18L）。

f. 各滚动轴承的润滑采用 3 号或 4 号钙基润滑脂（代号 ZG-3 或 ZG-4），约每月向各油杯注入一次，大小齿轮减速器采用 20 或 30 号机械油（代号 HT20 或 HT30），从开始运转 200h 后进行第一次换油，到 400h 再换一次，正常运转后可每 3～6 个月换一次，平时注意补充油至油标高度。

g. 每次开机前就拧紧所有紧固件，维持场地和设备的清洁。

h. 当磨机内衬磨损减薄或掉缺后，应及时更换或镶补，以免磨损筒臂或污染料浆。

i. 球磨机电控柜以及电控柜到用电点的线路，用电设备均应按期进行检查维修，具体检修内容和检修周期如下：

ⓐ 日常维护检修：每日数次或根据需要随时处理运行中所出现的问题，更换损坏的元件如指示灯、熔断器等。

ⓑ 安全检查：一月一次检查接地、接零、绝缘情况。

ⓒ 定期清理检查：三月一次清理积尘，添换电动机润滑脂，并检查接线是否松动。

ⓓ 定期大修：一年一次更换不可靠的元件，进行电蚀触头的磨制，弹簧调整，磁铁表面油污的清除和电动机大修。

8. 振动磨

（1）振动磨

振动磨是一种效率较高的超细粉碎设备，其结构简单、外形尺寸比球磨机小，操作方便。处理量较同容量的球磨机大 10 倍以上，可进行干式、湿式、连续式和间歇式粉碎。通过调节振幅、振动频率、介质类型、配比和粒径等可进行细磨和超细磨，生产多种粒度组成的产品。用于超细磨时，入料粒度要求达 60 目，产品平均粒径可达到 1μm，甚至小于 1μm。振动磨有用橡胶衬、聚氨酯塑料衬、陶瓷衬和不锈钢衬。粉碎介质可用氧化铝、锆英石、氧化锆、铸钢、渗碳钢和碳化钨的圆柱体或球。介质充填率30%～80%。达到同样细度时，振动磨的能耗仅为球磨机的1/7左右。

振动磨其结构和运转特征是磨机筒体不做旋转运动，而是做高频率的振动，利用筒体内研磨体对物料的高频碰击和研磨作用将物料粉碎（见图3-11-6和表3-11-8）。

图3-11-6　振动磨

表3-11-8　振动磨技术参数

规格型号		30kg振动磨	200kg振动磨	300kg振动磨	800kg振动磨
筒体总容积/L		30	200	300	800
筒体数/个		3	1	3	2
振幅/mm		3	3	3	7
振动频率/(次/min)		1430	1460	1460	975
钢球直径/mm		8～15	8～18	10～30	10～30
钢球重量/kg	不衬胶	84～110	570～750	800～1150	2230～2920
	衬胶	71～93	550～710	810～1060	2130～2790
其他球类重量依其比重折算					
进料粒度/mm		2	2	2	2
最小出料粒度/μm		1	1	1	1
最大产量/(kg/h)		50	200	600	1500
冷却方式		水冷	水冷	水冷	水冷
电机功率/kW		3	13	17	55
外形尺寸/mm(长×宽×高)		1170×600×780	1980×970×1030	2610×190×1670	1660×1470×2330
机重(不含钢球)/kg		240	870	1780	6000

（2）振动磨部件构成原理

① 振动磨机的组成

振动磨机主要由底架、机体支架、隔音罩、机体、磨筒、激振器、衬板、弹性支撑、磨破介质和驱动电机等几部分组成。

② 各组成部分的作用

a. 底架和机体支架通过弹性支撑把机体弹性托起，并保持驱动电机与振动主体挠性联接距离不变。

b. 隔音罩用来阻隔磨机工作时发出的噪声，以减少噪声对整个工作区的影响。

c. 磨筒是磨机振磨的工作体，用以盛装磨破介质和研磨物。

d. 激振器用以把电机的转动力矩转化为磨机的周期振动。

e. 衬板紧贴于磨筒内壁，用以保护磨筒，在磨筒内振磨物料时，同时对磨筒内壁也有较大磨损，在磨筒内装置易于更换的衬板，可提高整机的使用寿命。

f. 弹性支撑用以使磨机机体处于弹性状态，并基本隔绝机体振动时对底座的振动冲击。

g. 磨破介质是磨机的研磨介质，用以对物料的冲击研磨。

h. 驱动电机，给磨机振磨提供能量。

（二）筛分设备

1. 概论

把固体物料按其尺寸大小不同分为若干级不同级别的操作称为分级。

把物料放在具有一定孔径大小的筛面上进行摇动或振动，将这种分级方法称为筛分。

按筛分原料含水分不同，筛分操作分为湿法筛分和干法筛分。

2. 筛分设备

（1）摇动筛

摇动筛是利用重力、惯性力和物料与筛网之间的摩擦力，在一定条件下，使物料与筛面之间产生不对称的相对运动而进行连续筛分的。

摇动筛按筛面的运动规律不同分为直线摇动筛、平面摇晃筛和差动筛等几种。

（2）振动筛

为了提高筛分效率，除了使筛机本身摇动外，还可以使筛机产生高频率振动，加剧物料与物料之间和物料与筛面之间的相对运动，进而提高了筛分效率。

按产生振动的方法不同，振动筛可分为惯性振动筛、偏心振动筛和电磁振动筛。按振动筛的形状不同，主要有圆形振动筛和方形振动筛。见图 3-11-7。

(a)

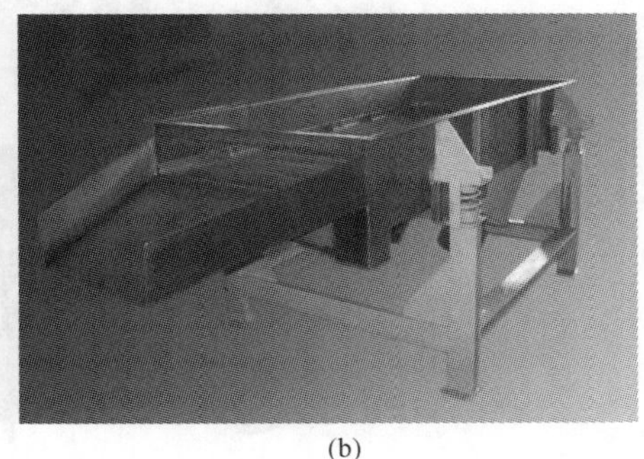
(b)

图 3-11-7 振动筛

圆形振动筛［见图 3-11-7（a）］，其技术性能见表 3-11-9。

表 3-11-9 圆形振动筛技术参数

型号	筛面规格	外形尺寸/mm	振频/(次/min)	筛网有效面积/m^2	产量/(t/h)	电机功率/kW	机重/kg
ϕ1000	ϕ1000、2或3层、120目	ϕ1030×1328	1400	0.6（单层）	10～12	1.5	410
ϕ630	ϕ630、3层、150、180、200目	ϕ815×1175	1400	0.31（单层）	5～7	1.5	350
TCIS/2	ϕ1200 2层	1622×1316×1180	1400～1500	1	—	1.5	535

续表

型号	筛面规格	外形尺寸/mm	振频/(次/min)	筛网有效面积/m²	产量/(t/h)	电机功率/kW	机重/kg
TCIS0.7/2	ϕ1000 2层	1424×1176×1180	1400～1500	0.7	—	1.5	475
TCIS0.5/2	ϕ840 2层	1213×1016×1160	1400～1500	0.5	—	1.5	430
TCIS0.3/2	φ630 2层	1148×966×1290	1400～1500	0.3	—	0.75	370
XZKS-0.4M-3	ϕ400 2层、400目		2800	0.09	—	0.75	
XZKS-0.6M-3	ϕ600 2层、400目		2800	0.23	—	0.75	
XZKS-1M-3	ϕ1000 2层、400目		1500	0.66	—	1.5	
XZKS-1.4M-3	ϕ1400 2层、400目		1500	1.34	—	1.5	
XZKS-1.6M-3	ϕ1600 2层、400目		1500	2.01	—	1.5	
XZKS-1.8M-3	ϕ1800 2层、400目		1500	2.32	—	3	
XZKS-2M-3	ϕ2000 2层、400目		1500	2.9	—	4	

(三) 脱水设备

1. 压滤机

过滤操作是利用具有很多毛细孔的材料作为介质，在压力作用下，使料浆中的水分自毛细管通过，将固体物料留在介质上，从而把料浆中水分除去的操作（见图 3-11-8）。

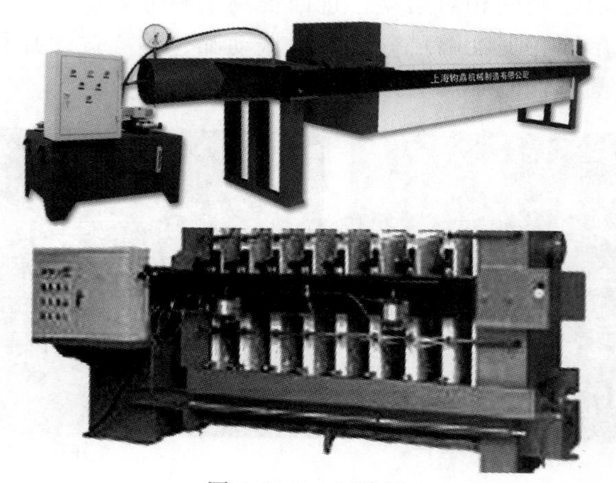

图 3-11-8　压滤机

在过滤操作中，需要过滤的料浆称为滤浆；作为过滤用的多孔材料称为过滤介质；通过滤介质的清水称为滤液；留在过滤介质上含少量水的固体物料称为滤饼；压滤机上使用的过滤介质是各种不同纤维编织的布，称为滤布。

液压压滤机的技术参数见表 3-11-10。

表 3-11-10　液压压滤机的技术参数

型号	滤片			进浆压力/MPa	生产能力/(kg/次)	电机功率/kW	外形尺寸/mm	重量/kg
	材质	数量	直径×厚度/mm					
ϕ800	铸铁	50	800×45	0.98	850～1100	2.2	4580×1260×1000	7500

续表

型号	滤片			进浆压力/MPa	生产能力/(kg/次)	电机功率/kW	外形尺寸/mm	重量/kg
	材质	数量	直径×厚度/mm					
ϕ800A	铝合金	50	800×45	0.98	850～1100	2.2	4580×1260×1000	5100
YL-ϕ800	铸铁	80	800×50	1.96	2000	1.5	7190×1100×1277	10000
ϕ800C	铸铁（铝合金）	59	805×50	1.96	1300	1.5	4800×1260×1000	9000
ϕ800D(E)	铸铁	49	805×50	1.96	1100	1.5	4600×1200×1000	7000
TCYL75-50	铸铁	50	800×50	1.18	1000	2.2	4816×1260×1000	18900
TCYL75-40	铸铁	40	800×50	1.86	800	2.2	4316×1260×1000	16950
TCYL75K	铸铁喷涂	63	820×50	2.45	1300	5.5	5316×1260×1000	10500
TCYL75-60	铸铁	60	800×50	1.18	1200	2.2	5316×1260×1000	10500

2. 喷雾干燥器

喷雾干燥器（见图 3-11-9）按被干燥的泥浆雾化形式可分为离心式、压力式两种。下面主要讲述压力式喷雾干燥器的工作原理、操作使用规程和保养维修事项。

（1）工作原理及说明

① 用途。喷雾干燥器主要供建筑陶瓷工业、日用陶瓷工业和电瓷工业及非金属细粉，压力成型用的坯粉料以及在干粉-泥浆混合法制备塑泥料工艺中制备干粉用。

图 3-11-9

图 3-11-9　喷雾干燥器

② 工作原理。用泥浆泵压送泥浆进入雾化喷嘴，泥浆在干燥塔中喷洒成雾状，具有巨大比表面积的泥浆雾滴与热风炉产生热烟道气相通，在极短时间内干燥，从干燥塔底排出。随热风带出的细粉用旋风收尘器与湿式洗涤器收下，净化后废气排入空气。

③ 设备概述

a. 设备组成。本喷雾干燥器成套设备由热风炉、热风管路系统、干燥器排风收尘系统、供浆雾化系统、检测控制系统和粉料干燥系统（塔体）等六部分组成。

b. 主要设备概述。

(a) 热风炉。燃料种类不同，具有不同结构的热风炉。以燃气为燃料，热风炉系统由供气系统、燃烧系统和热烟道气温度调节系统组成。在炉内混合室与燃烧产物混合成 450～750℃的热烟道气，由热风管道进入干燥塔中。

(b) 干燥塔。干燥过程在塔内进行，热风经塔上部的分风器分配后入塔，供浆雾化系统使泥浆雾化，雾滴与热风逆向相遇，雾滴水分被瞬间蒸发，干粉从塔底排料口排出，废气从排风管排出，塔体设清扫门和喷枪入孔。

(c) 旋风收尘器。作一级收尘器，细粉人工定时排出，此料可根据工艺需要混入塔底粉料中，或返回浆池。

(d) 湿式洗尘器。它作为二级收尘器，内有喷水装置，含尘气体经水浴除尘从洗涤器上部排出。

(e) 排（引）风机。采用锅炉引风机，塔内负压及热风量用装在风机入口端的闸门来调节。

(f) 泥浆泵。采用油压陶瓷柱塞泵。泵的压力可调，两台泵一台使用，一台备用。

(g) 仪表控制。本设备工艺参数在仪表盘上集中检测，关键参数（炉膛温度、塔体温度、排风温度、塔内负压）自动显示，并具有超温报警系统。

(2) 操作规程

① 准备工作。泥浆泵、风机均有操作说明书，应严格细读操作说明，弄懂工作原理及注意事项。

开车前检查各装置的轴承和密封部分联接有无松动、润滑油加油情况是否到位。各阀门是否处于启动所需位置，电源是否正常。

各设备分别启动，观察是否达到技术要求，如运行不正常，立即停车。检查出问题并解决后，方可重新启动。

② 开车顺序

a. 热风炉点火配风。打开引风机，同时可开启助燃风机（风门开到最小位置），用点火器点燃烧嘴，随着炉温升高，可逐渐打开风机风门达到预定负压。各配风门不应关闭，可微量打开配入冷风，当炉温升至800～1000℃时，可依需要将各配风门打开（达到预定的进塔温度及负压）。

b. 洗塔。将泥浆泵供浆系统切换成供水系统，向塔内喷入高压水，清洗塔壁。与此同时，进塔温度及排风温度逐步升高增开喷枪，当排风温度达80℃以上时，准备供浆、喷浆。

c. 泥浆喷雾生产。开启塔底振动筛及筛下皮带机，观察各仪表参数，当达到预定值时，调节泵及浆管线的阀门，增开喷嘴个数至额定值，调节供气量及风机风门，使各温度压力参数在额定值，使生产的粉量达到工艺要求的水分及颗粒级配。

d. 进行检查。定时检查各设备运行情况。定时记录各工况参数。定时记录。定时测定泥浆及干粉的含水量。

③ 停车顺序

a. 停炉。首先关闭向烧嘴供气的气源，让热风炉组缓慢自然降温。

b. 泥浆喷雾转换成水喷雾。关闭供浆管上有关阀门，改吸浆为吸水，交替开关各喷嘴，使浆管、喷嘴洗净。

c. 停泵。打开空气罐下方排污阀将管中水放空。

d. 停风机。停排风机，关排风阀。

e. 停振动筛、停运输机。

f. 关总电源。

④ 运转后的清洁工作。当设备经长期运行，或因操作不慎，使设备内积料，影响正常运行时，需停止工作进行清理、清洗，方法如下。

a. 热风炉。检查是否有耐火砖掉落。

b. 干燥室。喷嘴位置正确时，干燥室柱体及顶锥内壁上的粉料量极少，积料大部分在塔的下锥体内，清扫方法：打开清扫门，用长把扫帚扫除锥底积料；移振动筛，使其出水口对准塔底；用自来水（或用泥浆泵吸水压上塔）冲洗塔内部。

c. 泥浆管道及泥浆泵。拆下喷枪，卸开喷嘴各件进行清洗；打开泥浆泵进排浆阀盖，用水冲洗内部；各部分复原，装好后应不漏。

（3）维修

① 日常检查。在操作开始时与操作期间按表3-11-11进行检查。

表3-11-11　日常检查

序号	设备	检查部分	检查内容
1	柱塞泥浆泵	① 密封环 ② 泥浆阀 ③ 补油阀 、排污阀 ④ 液压件、管 ⑤ 压力、冲程、冲次	① 是否漏浆，有泄漏时稍紧压着，如无效，更换密封环或柱塞 ② 每班冲洗一次，观察有无不正常磨损 ③ 能否正常工作 ④ 有无漏油，磨损时更换
2	风机	所有工作部分	① 轴和轴承是否发热和冷却水 ② 有无振动、噪声，必要时清洗风叶和对风叶做平衡
3	热风炉	① 烧嘴砖 ② 炉内砖墙	① 有无结焦，有结焦时清掉 ② 有无掉砖、衬砖有无烧化

续表

序号	设备	检查部分	检查内容
4			
5	泥浆系统	① 高位罐上泥浆振动筛 ② 管道、阀门 ③ 喷嘴	有无堵塞，定时清洗； 有无破损，必要时更换； 有无泄漏，必要时补焊、更换； 有无堵塞（喷枪发烫、无振动可断定喷嘴堵塞），定期检查和更换喷嘴中易磨损的喷片、盖板、旋埚板
6	振动筛	① 驱动部分 ② 筛网	有无松动、发热； 有无破损，必要时更换
7	各电动机		有无发热、振动、位移
8	干燥塔	① 下料管 ② 全塔	下料是否正常，塔有无堵塞，必要时清扫塔； 有无开裂、漏洞
9	仪表控制屏	仪表	工作是否正常
		电器	工作是否正常

② 定期检查。为了避免突然事故，防止设备出了毛病后修理上的困难，节省修理设备的时间和费用，应改选择有效场合和适当的间隙时间，对设备作定期检查。

定期检查的项目见表 3-11-12。

表 3-11-12　定期检查

序号	设备	检查周期	内容
1	电器	一月一次	安全检查，检查接地、接零、绝缘情况
		三月一次	清理积尘，添换电动机润滑脂，检查接线松动
		一年一次	更换不可靠元件，进行电蚀的触头的清除，弹簧调整，电机大修（换轴承等）
2	仪表	一月一次	清理积尘及加润滑油
		三月一次	检查测量元件接线头有无脱、锈蚀等
		一年一次	请专业单位校验仪表精度
3	泥浆泵	0～6 个月	运行 2500h 后，更换液压油。检查更换磨损件（泥浆阀零件、密封环等）
		6～12 月	检查更换液压系统的磨损的运动封件、油泵等
4	风机	一年	作仔细、彻底检修，若轴承不能再用时需更换，换润滑油，洗冷却管，修复或更换磨损的排风机叶轮等
5	热风炉	一年	进炉检查耐火砖有无损坏、脱落，必要时更换
6			
7	振动筛	6～12 月	检查驱动部分，更换磨损件
8	整套设备	一年	除了上述检查外，整套设备每年要有一次以上的检查。检查各设备的保温、涂漆、供排水系统，风、油、浆系统有无特殊故障（变形开裂、磨穿等），做适当的处理

（4）压力式喷雾干燥器系列产品技术性能

见表 3-11-13。

表 3-11-13 压力式喷雾干燥器系列技术参数

型号	水蒸发量/(kg/h)	热功率/(kcal/h)	装机容量/kW		
			燃油	燃气	燃煤
PD100	100	3.6×10^2	9	8	12.5
PD150	150	5.5×10^2	12	10	14.5
PD400	400	1.46×10^3	16	15	19.5
PD500	500	1.9×10^3	22	20	26.5
PD1000	1000	3.7×10^3	32	28	34
PD1500	1500	5.5×10^3	40	36	44
PD2000	2000	7.4×10^3	47	42	51
PD2500	2500	9.4×10^3	54	49	58
PD3200	3200	1.21×10^4	69	59	83
PD4000	4000	1.46×10^4	89	79	103
PD5000	5000	1.85×10^4	125	120	135
PD8000	8000	2.8×10^4	175	168	
PD10000	10000	3.6×10^4	195	190	
PD12000	12000	4.0×10^4	235	230	

(四) 成形机械

(1) 概论

将泥料成形一定形状和尺寸的坯体以供焙烧用的工艺过程称为成形。

陶瓷工业使用的成形方法主要有可塑法、注浆法和压制法。

① 可塑法。可塑法成形是利用泥料加水后具有可塑性，在外力作用下产生塑性变形而制成一定形状和大小的坯体。可塑成形，以挤坯和旋坯成形为主。

② 注浆法。注浆成形是利用模具具有吸水能力，用泥浆浇注成形的。

③ 压制法。它是将含有一定水分的粉状物料装入刚性模具内，通过施加压力压制成坯体的，压制成形分为干压成形和等静压成形。

(2) 旋坯机、挤压机

① 旋坯是日用陶瓷的主要成形方法（见图 3-11-10）。根据使用的成形工具不同，分为刀压成形和滚压成形两种。

② 挤压成型机组。真空挤出机压力高，可用于半硬塑性泥料的挤制成型，机头机嘴模具耐磨。其技术性能见表 3-11-14。

表 3-11-14 真空挤出机技术参数

型号	PZG25a/16	PZG25a/20	PZG25a/25	PZG35c/30	PZG35c/30	PZG45b/40
筒体直径/mm	100	200	250	300	350	400
挤出压力/bar	45	30	20	50	40	30
通过量/(m^3/h)	1.0	1.5	2.5	8	12	15

图 3-11-10 旋坯机

挤出机后配有动切割机。新型切割机带有数字式的切割长度可调功能，运用动切割原理，将砖逐块切割下来，其端部经增强处理。为了使用平稳，还采用了一个带分开凸轮的新型驱动系统，使切割机每分钟可以切割 80 对砖。

用塑性挤压成型方法，还可制造生产辊棒、电瓷、劈开砖、空心砖等。

坯料经配料、混料、揉和、搅拌、练泥后入真空挤出机。挤出成型砖，挤出时用气缸动作切开，再进入多次辊压成型机。将泥饼越压越薄，排出气体，同时消除内部应力，最后压成厚 3～6mm，宽 1000mm，长 2000mm 左右的泥饼，用钢丝沿纵向，横向将坯切割成所需的尺寸。再经过微波干燥和烧成、磨边等工序，最终产品为 1000mm×2000mm 左右的陶瓷质大板砖。

(3) 注浆成形机

注浆成形是利用模具（石膏材料）具有吸水能力，用泥浆浇注成形。日用陶瓷、卫生陶瓷等形状较复杂的产品，普遍采用注浆成形法。

① 微压组合浇注线。见表 3-11-15。

表 3-11-15 微压组合浇注线技术参数

型号		TC2Z-220	TC2Z-225	TC2Z-235	TC2Z-240	TC2Z-250
模型总数(套)		40	50	70	80	100
注浆次数/(次/d)		1～2	1～2	1～2	1～2	1～2
压缩空气压力/MPa		0.588	0.588	0.588	0.588	0.588
注浆槽底高度/m		1.7	1.7	1.7	1.7	1.7
轨架倾斜角度/(°)		10～15	10～15	10～15	10～15	10～15
外形尺寸/mm	长	11000	11500	15800	17300	20500
	宽	5500	5500	5500	5500	5500
	高	2260	2260	2260	2260	2260
设备重量/kg		1842	2110	2743	3040	3568
生产厂		唐轻机厂	唐轻机厂	唐轻机厂	唐轻机厂	唐轻机厂

② 低压快排水组合浇注线。见表 3-11-16。低压快排水浇注线上使用的石膏模具中埋设微孔管网系统，成型时管中抽真空，这样泥浆在微压和真空的共同作用下形成坯体。脱模后，向微孔管网中吹入压缩空气使模具脱水，这样可实现每班注两次至三次，每天可两班生产。

表 3-11-16　低压快排水组合浇注线技术参数

设备型号	CBP/ R. D. M-L	CBP/ R. D. M-CO	CBP/ R. D. M-B	CBP/ R. D. M-V	CBP/ R. D. M-CAV	CBP/ R. D. M-CAS	CBP/ R. D. M-VT
产品种类	洗面器	洗面器柱	洗涤器	坐便器	带盖水箱 （单面吃浆）	带盖水箱 （双面吃浆）	蹲便器
产品尺寸 （瓷件）宽× 高×深/mm	700×580 ×210	180×620 ×200	350×390 ×560	350×390 ×600	370×380 ×200	450×380 ×180	500×600 ×210
坯件数/每模	1	2	1	1	1	1	1
模具数/每台设备	35	30	20	20	30	26	30
坯件数/每台设备	35	60	20	20	30	26	30
周期数/每班(8h)	2	2	2	2	2	2	2
每天班数	2	2	2	2	2	2	2
坯件数/每班	70	120	40	40	60	52	60
设备操作人员数	1	1	1	1	1	1	1
设备占地/m²	17×4.4 =74.8	74.8	74.8	74.8	74.8	74.8	74.8
泥浆用量/L 注浆 补浆 回浆	21×35=735 1×35=35 7×35=245	11×2×30=660 1×2×30=60 4×2×30=240	22×20=440 2×20=40 8×20=160	27×20=540 3×20=60 13×20=260	24×30=720 2×30=60 16×30=480	11×26=286 1×26=26 0×26=0	12.5×30=375 1×30=30 4×30=120
泥浆容量/(m³/h)	5	5	5	5	5	5	5
最低泥浆温度/℃	28	28	28	28	28	28	28
压缩空气压力/bar	6	6	6	6	6	6	6
安装功率/kW	13	13	13	13	11.7	11.7	11.7
总净重/kg	2600	2600	3000	3000	2700	3000	3000

③ 中、高压注浆机。见表 3-11-17、图 3-11-11。高压注浆机采用微孔塑料模，可以生产洗面器、水箱之类 2 片模成型的产品，也可以生产用 4～5 片模具成型的产品，如坐便器。

表 3-11-17　中、高压注浆机参数性能

型号	DG160	DGS140	BDW80	BDW90	BDWC70	DGS85
产品	洗面器	洗面器	洗面器	洗面器	坐便器	水箱
浇注次数/(次/h)	5～10	5～10	2.9～3.6	3～4	4～6	7～9
坯件最大尺寸/mm	810×660	—	—	—	—	
压机行程/坯体高度/mm	最大 790/300	—	—	—	—	
最大闭模力/kN	1600	1400	900	900	垂直 650 水平 700	850
泥浆最大压力/bar	25	20	15	15	17	15

续表

型号	DG160	DGS140	BDW80	BDW90	BDWC70	DGS85
消耗功率/kW	11	2.5	6	3	15	20
压缩空气 消耗量/(L/min) 6bar 15bar	 最大 200	 最大 200	 250 130	 440 8	 240 100	 240 2
需水量(4bar)/(L/min)	50	50	50	100	100	
净重/kg	14500	8500	7500	7500	22000	10000
模具片数	2	2	2	2	4	2
模具套数/台	1	1	7	8	2	4

图 3-11-11　中、高压注浆机

(4) 干压成形机械　干压成形是将含有一定水分（大约 6%～8%）的粉状物料装入刚性模具内，通过施加压力压制成坯体的，压制成形分为干压成形和等静压成形。

① 摩擦压力机。摩擦压力机具有结构简单，制造费用低，操作简单，调整和维修简便的特点，普遍用于建筑陶瓷，电瓷、耐火材料工业。

② 全自动压力机。全自动液压压砖机是陶瓷墙地砖成形的关键装备，是集机、液、电为一体的现代高技术设备。主要由主机、电气、液压站、控制器组成。目前我国已设计制造出 630～7200 吨的系列压砖机（见图 3-11-12、图 3-11-13）。

③ 压机的保养和维修。全自动液压压砖机是机电一体化的高科技产品，必须严格地按照使用说明书进行压机的安装、调试、使用与维修保养。对于压机良好的维护保养，不仅能提高设备使用寿命，更重要的是对砖坯质量的保证，以下为压机维护保养的一般原则。

a. 清洁。每班需将压机清洁一次，布料装置的料框周围、小车轨道等处的粉料必须清扫干净。

b. 润滑。自动压机的一些部分是依靠人工及时地进行润滑，其润滑位置主要是：

(a) 立柱的滑动部分及动梁内导套；

(b) 布料装置的轴承、链条、减速箱；

(c) 行程制动阀的活动部分；

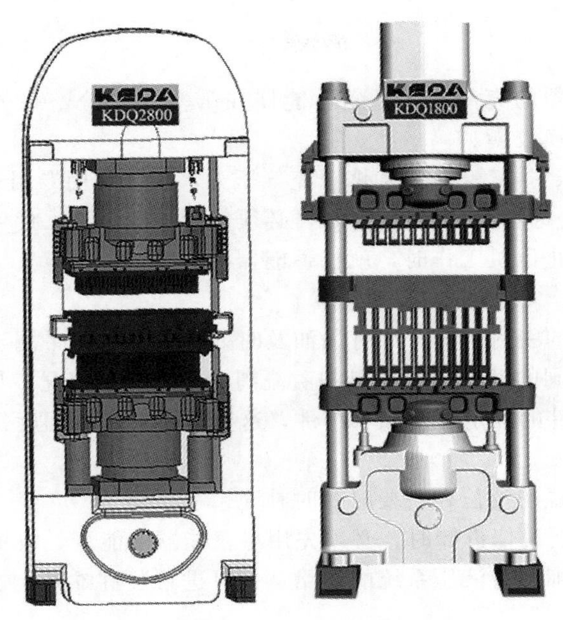

图 3-11-12　630～7200 吨系列压砖机之一

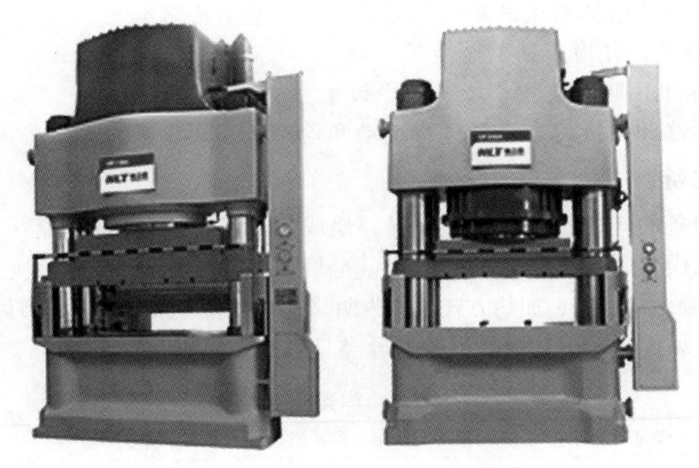

图 3-11-13　630～7200 吨系列压砖机之二

(d) 排气装置的活动撑杆和安全装置的齿轮；

(e) 气动系统的油雾器。

立柱的滑动部分要用干净的布擦干净后，每班加注润滑油不少于两次，其他润滑位置每班都要加油润滑，并注意减速箱的油位是否达到要求。

c. 液压用油

(a) 推荐用 N32 抗磨液压油，N68 抗磨液压油，工作温度为 20～55℃，油温达到 40℃时即应向冷却器供水。

(b) 在第一次加入的油使用 300～400h 后，应及时更换。以后在正常使用 3000h 左右(可视实际污染程度而增减)更换一次，并同时清洗油箱和过滤器。

(c) 注意过滤器的堵塞情况，每隔大约 500h 清洗粗过滤器芯一次，如有报警即应提前清洗或更换器芯。

d. 蓄能器

(a) 定期检查蓄能器的充气压力，新蓄能器在第一周内检查一次，以后每个月检查一次，如有漏气应及时更换胶囊。

(b) 蓄能器的充气、排气、测定和修正充气压力，必须使用专用充气工具。

(c) 蓄能器需维修、拆卸和更换零件时，必须先泄去压力油，使用充气工具放掉胶囊中的高压氮气。当长期停止压机工作时，就将蓄能器油卸掉。

e. 液压系统

(a) 经常检查压机的密封情况，如有漏油及时处理，不允许带漏工作。

(b) 定期检查换向阀的动作灵敏情况和溢流阀的压力稳定情况，如有异常及时处理。

(c) 定期检查液压件的固定螺栓和联结件，这些螺栓均为高强度螺栓，不得以普通螺栓替换。

(d) 经常检查充液罐的油位，必要时及时补充。

(e) 液压系统在需要维修拆卸时，必须先用尽蓄能器的能量，放掉系统的液压油及系统内的压缩空气，并要仔细分析液压系统的油路，方可进行装拆维修。

f. 电器

(a) 定期检查各接近开关的安装及工作情况。

(b) 注意经常清除电器箱内的积尘，必要时用乙醚清洗各触头。

g. 定期清洗模具，并检查其工作情况。

h. 合理安装压机用吸尘装置，检查吸尘效果。

i. 压机每次检修和装拆后，必须进行试动和检验，一切正常后方可正式投入生产。

(五) 烧成设备

经成形工艺制备的坯体，经过窑炉干燥、烧成，最后得到使用的产品。现代陶瓷工业使用的窑炉为适应规模化、连续化的生产形式，窑形多使用隧道式、辊道式、梭式，产品输送方式多为窑车式、辊棒输送式、加热方式也多为明焰式，燃料多采用气体、液体燃料或电能。

陶瓷窑炉照片见图 3-11-14 (a)～(f)，分类见表 3-11-18。

表 3-11-18 陶瓷窑炉分类

按使用燃料（能源）分	煤窑	烟煤，多人工操作，层状燃烧
	油窑	以重油、轻柴油为燃料
	气烧窑	以煤气、天然气、液化气为燃料
	电窑	利用电能转变为热能
按窑内火焰流动方向分	升焰窑	火焰由下向上加热制品，窑顶排烟
	平焰窑	窑内火焰流动方向近似水平
	半倒焰窑	火焰由前方上升再倾斜流向后方下部排出
	倒焰窑	火焰由上向下加热制品，窑底排烟
按火焰是否进入窑内分	明焰窑	火焰进入窑内
	隔焰窑	火焰不进入窑内，而在隔焰道内流动
	半隔焰窑	部分火焰入窑，部分在隔焰道内流动
按形状分	圆窑	窑室为圆形
	方窑	窑室为方形
	隧道窑	窑室为方形

续表

<table>
<tr><td rowspan="3">按烧成过程连续与否分</td><td>间歇式窑</td><td>装、烧、冷、出操作周而复始，生产是间歇、分批进行的</td></tr>
<tr><td>连续式窑</td><td>窑分若干段，装、烧、冷、出操作在各固定段同时进行，各段热工制度稳定，生产连续进行</td></tr>
<tr><td>半连续式窑</td><td>窑分若干段，装、烧、冷、出操作在各段分别进行，具有连续窑的性质；但各段热工制度都随时间而变化，具有间歇窑的性质</td></tr>
<tr><td rowspan="4">按烧成目的分</td><td>素烧窑</td><td>将未施釉的坯体送入窑内进行焙烧，增加其强度，便于进行上釉装饰</td></tr>
<tr><td>釉烧窑</td><td>对已素烧的坯体施釉装饰后，重新入窑烧成</td></tr>
<tr><td>重烧窑</td><td>对未烧熟的坯体或修补后的瓷件重新入窑烧成</td></tr>
<tr><td>烧花窑</td><td>焙烧贴花或彩绘的产品</td></tr>
<tr><td rowspan="3">按装烧方式分</td><td>露（裸）装</td><td>火焰与坯体直接接触烧成</td></tr>
<tr><td>钵装</td><td>坯体放在匣钵内，不直接与焰气接触烧成</td></tr>
<tr><td>棚板装</td><td>坯体码在棚板上，入窑烧成</td></tr>
</table>

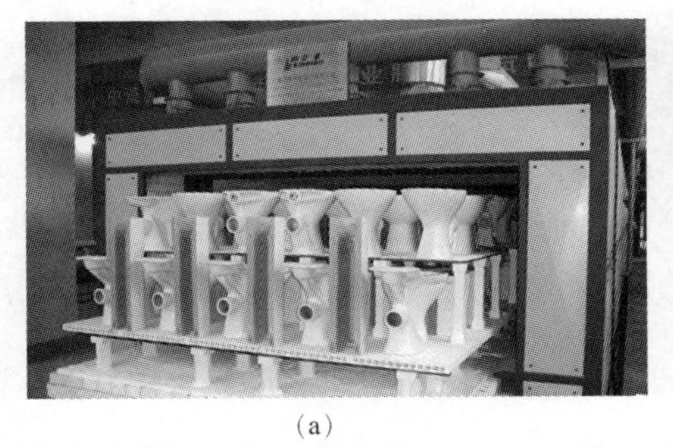

(a)

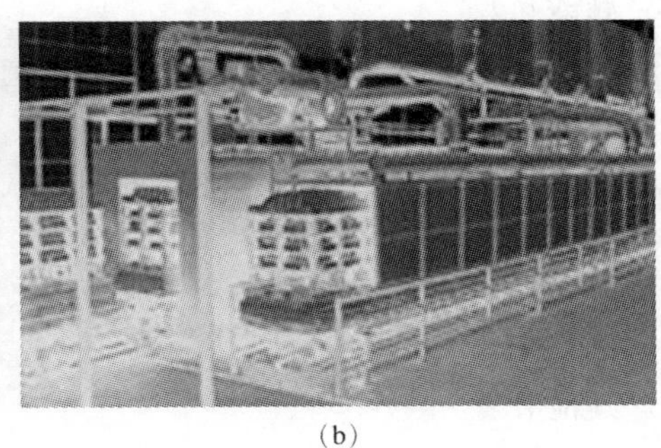

(b)

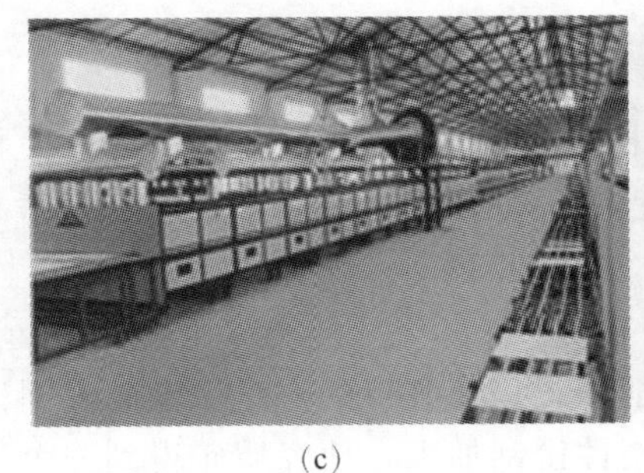

(c)

(d)

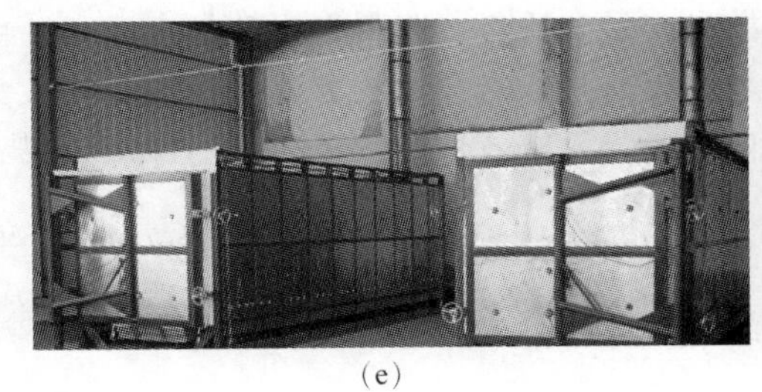

(e)

(f)

图 3-11-14　陶瓷窑炉

(六) 多功能全自动施釉线

多功能全自动施釉线主要由带式输送机和安装在带式输送机上的双辊清扫机、供料装置、施釉机、转向装置、补偿器、丝网印花机等组成。

施釉线是墙地砖生产线的主要设备之一，作为装饰材料，陶瓷墙地砖表面的釉彩饰是整个生产过程中的重要一环。

（1）带式输送机

由多台输送机组合而成，每台输送机由各自的电动机驱动，速度可调，以满足不同的施釉工艺要求。

易出现问题：坯体在带式输送机上易跑偏，其原因是坯体与输送方向不垂直。

① 输送带线速度不一；

② 输送带高度不一；

③ 两轴承不在同一水平面；

④ 带轮轴线与输送方向不垂直。

（2）供料装置

其作用是将坯体定时、定量、定向输送到加工工位上。还可改变坯体之间的间距。

（3）转弯机构

施釉线上常用的转弯机构有锥形滚子弯道、链板弯道和带式弯道。

（4）双辊清扫机

又称毛刷清扫机，用于清扫坯体表面的灰尘和杂质。

（5）施釉机

施釉方式不同，常用的施釉机有喷釉机、钟罩淋釉机、扁平式淋釉机和甩釉机、印花机等。

（6）其他装置

擦边机、转向机、补偿器等。

（七）陶瓷砖的深加工机械

陶瓷砖的深加工机械是全自动抛光生产线，主要由送砖机、铣平机、粗磨磨光机、精磨磨光机、磨边倒角机和干燥分选线。其典型的工艺流程为：分片输送—刮平定厚（粗磨）—磨抛—磨边倒角—转向—调整磨边倒角—烘干擦拭—检验—装箱—入库。

（1）铣平机

采用高速旋转的金刚石圆柱铣刀，对瓷砖进行铣削加工，使其得到一个平整的表面。刮平定厚机采用高速旋转的金刚滚筒对瓷质砖表面进行刚性铣刮加工，使瓷质砖得到一个平整的表面及相同的厚度，从而大大提高瓷质砖的抛光产量和质量，降低抛光砖加工成本。由于滚筒上金刚砂条呈螺旋或人字形布置，金刚刀与砖表面是以点接触的方式进行加工。大大降低了刀具对砖的压力，使砖的破损率减少到最低限度，并有效地改善了刀具的冷却效果。

（2）磨光机

主要由磨头部件、磨头上下部件、传动及支承部件组成。

磨光分粗、中、精磨。磨头部件是磨光机的核心部分。

磨头部件主要有以下几类：

① 转盘式磨头；

② 行星式磨头；

③ 摆动式磨头；

④ 圆柱滚动式和圆锥滚动式磨头。

广东科达机电股份有限公司的精磨抛光机采用国际上先进的摆动式长方磨头结构，在对砖表面进行旋转抛光的同时，六个磨块自选摆动对砖表面进行研磨，大大提高了砖的光洁度。磨头与砖表面为线接触方式，冷却条件好，成品率高，在新换磨头厚度略有差异或砖面不平整时，整个磨头能自动浮动调整，避免机器的振动，减少了砖的破损。

（3）磨边倒角机

用于瓷砖四周侧面的磨削和锐棱的倒角。

磨边倒角机分单边定位磨边倒角机和对磨磨边倒角机两种（见图 3-11-15）。

图 3-11-15　磨边倒角机

二、陶瓷专业设备安装

（一）喂料机

（1）喂料机安装应符合的规定

① 各支承点砂堆垫铁标高允许偏差应为 0.3mm，砂堆垫铁上平面的水平度应为

0.1mm/m。

② 基础上支承工字钢的支撑接触加工面水平度应为 0.2mm/m，总允许偏差应为 1.0mm。

③ 电子秤控制系统安装除应符合产品说明书外，还应符合现行国家标准《自动化仪表工程施工及验收规范》GB 50093 的有关规定。

(2) 喂料机空载试运转应符合本规范有关规定。

(二) 间歇球磨机

1. 主筒体安装应符合下列规定

(1) 基础划线应符合的规定

① 在纵横中心线上，便于安装找正的部位应埋设中心标板。

② 中心标板上所指示的磨机纵向中心线与基准纵向中心线允许偏差应为 2.0mm。

③ 两磨机轴承基础横向中心线距离允许偏差应为 1.0mm，两对角线允许差为 1.5mm。

④ 基准点标高允许偏差应为±0.5mm。

⑤ 磨体中心线与皮带轮传动中心线平行度应为 0.2mm/m。

(2) 筒体安装应符合的规定

① 筒体两端轴承座的铸铁支承底板横向及纵向水平度应为 0.3mm/m。

② 两铸铁支承底板中心线允许偏差应为 1.0mm，水平标高允许偏差应为±2.0mm。

2. 传动装置安装应符合下列规定

(1) 传动装置连接导轨底面的水平度应为 1.0mm/m。

(2) 皮带轮轴线与筒体轴线平行度应为 0.2mm/m，小皮带轮中心截面对筒体连接三角胶带的中心截面的允许偏差应为 1.5mm。

3. 空载试运转应符合下列规定

(1) 空载试运转前各紧固件不得有松动现象。

(2) 减速机与液力偶合器应符合产品说明书要求加足润滑油。

(3) 方向性球衬与球磨机旋转方向应一致。

(4) 空载试运转前传动装置与磨机筒体的皮带连接应脱开，启动主电机带动减速机运行 10min，应无异常声响。

(5) 启动辅助电机，由辅助传动减速机带动减速机运行 10min，应无异常声响。

(6) 空载试运转 1h，各传动部件应运行平稳，无异常声响，不得有明显震动，各轴承温升不得大于 20℃。

(三) 连续球磨机

(1) 主筒体安装应符合下列规定

① 筒体安装应符合 JC/T 612 规范第 2.1 条的规定；

② 两端中空轴轴颈上母线的相对标高允许偏差应为±1.0mm。

(2) 传动部分安装应符合 JC/T 612 规范第 2.2 条的规定。

(3) 空载试运转应符合 JC/T 612 规范第 2.3 条的规定。

(四) 泥浆搅拌机

(1) 平浆搅拌机安装基础应符合的规定

① 搅拌池壁半径的允许偏差应为±8.0mm。

② 池壁的垂直度应为 3.0mm/m。

③ 中枢传动轴基础四周的垂直度应为 10.0mm/m，相对标高应符合设计要求。

④ 中枢轴基础中心与搅拌池中心同心度为 5.0mm/m，最大允许偏差应为 15.0mm。

（2）平浆搅拌机安装应符合的规定。

① 搅拌主轴垂直度应为 0.4mm/m。

② 联轴的两半联轴器之间的间隙应符合设计要求。

③ 安装支撑轴座（见图 3-11-16）时，轴头上的轴套与轴座轴向间隙应为 $\alpha=5.0$mm，径向为 $\delta=1.5$mm。搅拌叶安装方向应正确。同池多台搅拌机的旋转方向应符合产品说明书要求。

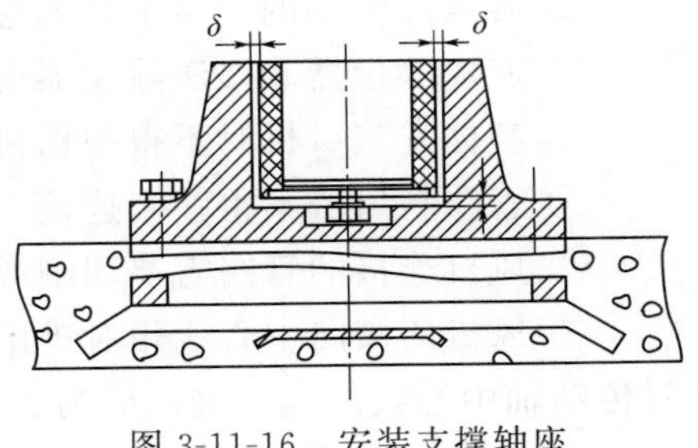

图 3-11-16　安装支撑轴座

（3）螺旋搅拌机安装应符合的规定

① 螺旋桨叶安装方向应正确。

② 搅拌机主轴的轴线应位于搅拌池中心，允许偏差应为 1.5mm。

③ 螺旋桨叶与搅拌池底间距离应符合设计要求。

（4）试运转应符合的规定

① 试运转中轴承和减速机润滑应符合产品说明书要求。

② 搅拌机连续运转不得少于 2h，不得有明显摇摆和异常声响。

③ 运转方向应符合产品说明书要求。

④ 试运转完毕，应将所有螺栓连接再次拧紧。

（五）喷雾干燥器

（1）喷雾干燥器基础安装工程应符合的规定

① 喷雾干燥塔安装应符合产品说明书及设计要求。

② 设备基础的位置尺寸和预埋铁应符合现行国家标准《混凝土结构工程施工及验收规范》GB 50204 的规定。

③ 干燥器基础平面预埋铁的中心线间距允许偏差应为±2.0mm。

④ 以一个预埋铁的中心为标高基准点，其他预埋铁与其标高的允许差应为±1.5mm。

⑤ 应以确定为标高基准点的预埋铁作为安装找正的基准线，并应清晰可见。

（2）主塔体安装应符合的规定

① 主塔体的各立柱中心线与相关基准线间距的允许偏差应为 2.0mm，基础标高的允许偏差应为±1.5mm。

② 圈梁标高允许偏差应为±2mm。

③ 干燥器筒体、骨架安装标高允许偏差应为±2mm，平面位置允许偏差应为 2.0mm。

④ 干燥器塔顶、骨架安装标高允许偏差应为±1.0mm，平面位置允许偏差应为 2.0mm。

（3）热风炉、热风管安装应符合的规定

① 炉壳中心线的垂直度应为 2.0mm/m。炉壳内表面有喷涂层时，喷涂层的厚度允许偏差应为 5.0mm。

② 热风炉上部炉墙间的垂直膨胀的留设，应符合设计要求。

③ 热风炉炉墙高温区砌体的放射缝和环缝处膨胀缝应符合设计要求。膨胀缝的填充材料应符合设计要求。

④ 砌体砖缝内的泥浆应饱满。

⑤ 热风口与水平管的内衬接头处应成直缝，必要时砖应加工。

⑥ 热风管道垂直部分垂直度应为 3.0mm/m，全高允许偏差应为±15.0mm。

(4) 排风管道及风机安装应符合的规定

① 排风管道法兰及排风旋风除尘器的法兰应严密不漏风。

② 旋风除尘器的回转下料器应转动灵活。

③ 旋风除尘器和湿法除尘器安装的垂直度应为 1.0mm/m。

④ 整体安装风机时不得损伤机件表面。

⑤ 管路与风机不得强制连接。

⑥ 风机连接的管路需要切割或焊接时，应在管路与机壳脱开后进行。

⑦ 风机的横向中心线相对进出口管道中心线的允许偏差应为±5.0mm，纵向中心线相对传动轴中心线的允许偏差应为±5.0mm。

⑧ 风机相对传动轴的标高允许偏差应为±10.0mm。

⑨ 风机水平度应为 0.2mm/m。

(5) 柱塞泵及泥浆管道安装应符合的规定

① 泥浆输送管道系统应以 3.0MPa 的压力作水压试验，保压 10min，不得渗漏。

② 泥浆管道弯曲半径应符合设计要求。

(6) 水喷雾试验应符合的规定

① 喷雾干燥器安装后，应进行单机空载试运转和空载联动试运转。

② 试运转时，开车及停车应有信号。

③ 试运转前设备加入润滑油或润滑脂应符合产品说明书要求，泥浆泵应先通水。

④ 设备空载试运转前应先点动试车，不得有异常现象。

⑤ 各设备应先单独连续试运转 1h，轴承应无异常发热及无异常振动和噪声。

⑥ 水管、油管、风管系统应做泄漏试验。

⑦ 热风炉应按操作要求进行烘炉。

⑧ 各设备应在单独连续空载试运转正常后再进行联动空载试运转，联动空载试运转正常后应再进行水喷雾试运转。

⑨ 控制柜仪表显示排风温度达到 100～130℃后，方可开始水喷雾试验。

⑩ 测定耗热量、热风炉炉膛温度及进、排风温度时，测定条件应稳定 30min 后方可记录数据。

⑪ 水喷雾试验应进行 2h 的连续操作，应收集全部资料，设备应正常运转，工艺参数应稳定。

(六) 全自动液压压砖机

(1) 主机安装应符合的规定

① 基础预埋铁四角高度允许偏差应为±1.0mm。

② 主体安装应用垫铁精调水平，主机工作台面水平度应为 0.2mm/m。

③ 紧固地脚螺栓后，应将调整垫铁下部和基础预埋铁焊接成一体，垫铁与垫铁之间应点焊。

④ 主机、泵站基准点标高允许偏差应为±0.5mm。

⑤ 安装主机的现场应清洁无粉尘，安装部件应用煤油清洗干净，并应放在干净的木板

或青壳纸上。

⑥ 泵站的基础应符合设计要求，泵站安装面的水平度应为0.2mm/m。

⑦ 模具左右顶套和左右拉杆的高度允许偏差应为±0.5mm。

⑧ 布料小车与动梁及上模的安全工作间隙应为30mm～35mm。

⑨ 模具、布料装置的安装与调整，应符合产品说明书要求。

(2) 液压系统、润滑系统、气动安装系统应符合的规定

① 液压系统、润滑系统、气动系统的管道要求弯管时，弯管截面变形量不应超过管道直径的5%，弯制后应保持管道的清洁。

② 工作压力等于或大于6.3MPa的管道，其对口焊缝的质量，不得低于现行国家标准《现场设备、工业管道焊接工程施工及验收规范》GB 50236的Ⅱ级焊缝标准；工作压力小于6.3MPa管道，其对口焊缝质量不得低于Ⅲ级焊缝标准。

③ 工作压力为6.3MPa～31.5MPa时，焊缝探伤抽查量为15%；工作压力小于6.3MPa时，焊缝探伤抽查量为5%。

④ 管道坐标位置、标高的允许偏差应为±10.0mm，水平度或垂直度应为2.0mm/m，同一平面上排管的管间距及高低应一致。

⑤ 润滑油系统的回油管道，应向油箱方向向下倾斜，其坡度应为20mm/m～40mm/m。

⑥ 油雾系统管道应沿油雾流动方向向上倾斜，其坡度应大于5.0mm/m，不得有下凹弯。

⑦ 气动系统的支管应从主管的顶部引出，长度超过5.0m的气动支管路，其坡度应大于10.0mm/m。

⑧ 软管长度除应满足弯曲半径和移动行程的要求外，尚应留有4%的余量。

⑨ 液压系统中的伺服系统和带比例阀的控制系统，管道冲洗后的清洁区，应采用颗粒计数法检测。液压伺服系统的清洁度不得低于15/12级；带比例阀的液压控制系统清洁度不得低于17/14级。

(3) 空载试运转应符合的规定

① 电气系统应按产品说明书的调整方法和调试要求，检查其工艺动作、指示、讯号和联锁装置，应正确、灵敏和可靠。

② 润滑系统应按产品说明书要求加入润滑油。

③ 液压系统应按产品说明书要求进行密封性试验，不得有渗漏现象。

④ 安全阀、保压阀、继电器、控制阀、蓄能器和溢流阀等液压元件，应按产品说明书要求进行调整，动作应正确、灵敏可靠。

⑤ 液压系统的横梁、压力驱动装置，在规定的行程和速度范围内，不得有振动、爬行和停滞现象；换向和卸压不得有异常的冲击现象。

⑥ 全自动液压压砖机空载试运转应在电气控制及仪表系统的调整试验，润滑、液压、气动、冷却的检查和调整，机械和各系统联合调整试验工作全部完成后进行。

⑦ 空载试运转结束后应进行必要的排气、排水和排污，对蓄能器和设备内有余压的部分应泄压，对润滑油的清洁度应进行检查并清洗过滤器，试运转的各项记录应及时整理存档。

(七) 卫生陶瓷组合浇注设备

卫生陶瓷组合浇注设备应符合的规定：

① 机组水平度应为0.5mm/m，最大允许偏差应为±1.5mm。

② 导轨平行度应为0.5mm/m，全长平行度应为3.0mm。

③ 泥浆管路用水试压，压力应不低于0.5MPa，保压10min，不得渗漏。

④ 低压真空管路应以0.08MPa的压缩空气进行试压，压缩空气管路应以0.5MPa的压缩空气进行试压，均保压10min。

⑤ 装模车导向轮在导轨上应滚动自如。顶模装置中心和模具中心同轴度应为0.5mm/m，最大允许偏差应为1.5mm。

⑥ 脱坯车脱坯动作应平稳、运转灵活。

⑦ 通风系统安装及验收应符合现行国家标准《通风与空调工程施工质量验收规范》GB 50243的有关规定。

（八）辊道式干燥器及多层干燥器

（1）干燥器金属框架安装应符合的规定。

① 框架加固件的加工安装、金属构件的制作，均应符合设计要求。

② 框架各部分制作精度的允许偏差应符合表3-11-19和表3-11-20的规定。

表3-11-19　干燥器框架件的制作精度允许偏差

项目	立柱垂直度	立柱位移量	水平件标高	水平件局部标高
允许偏差/mm	±2.0	±3.0/1000	±5.0	±1.0/1000

表3-11-20　干燥器框架的制作精度允许偏差

mm

项目	局部平面度	平面度	方形、矩形的对角线长度	孔的中心线直线度
每米允许偏差	—	3.0	2.0	—
最大允许偏差（每段2m～2.2m）	3.0	4.0	3.0	1.0

③ 金属构架焊接应符合现行国家标准《钢结构工程施工质量验收规范》GB 50205的有关规定。

④ 螺栓、铆接、焊接等固定连接应牢固可靠，不得松动。

⑤ 框架安装位置的允许偏差应符合表3-11-21的规定。

表3-11-21　干燥器框架安装位置的允许偏差

mm

项目	直线度	5m以下的立柱、横梁位置	5m～10m的立柱、横梁位置	水平度	垂直度	各种方式连接点中心位置
每米允许偏差	2.0	—	—	2.0	2.0	—
最大允许偏差	8.0	±3.0	±5.0	8.0	3.0	±3.0

⑥ 金属构件在内、外的安装位置和高度均应符合设计要求，应逐件检查做好记录。

⑦ 多层干燥器每层之间的高度允许偏差应为±3.0mm。

（2）传动系统安装应符合的规定

① 辊棒不得扭曲、变形，辊棒的辊面的积瘤、焊钉应进行打磨。

② 两侧传动轴承中心安装高度的允许偏差应为±1.0mm。

③ 装配主动轴与传动轮时，应在配合面上涂一层润滑油。

④ 金属辊棒的直线度应为0.7mm/m，规格尺寸及外径的允许偏差应符合表3-11-22的规定。

表 3-11-22　金属辊棒的主要技术指标　　mm

<table>
<tr><th colspan="3" rowspan="2">种类</th><th rowspan="2">规格(外径)</th><th colspan="2">外径允许偏差</th></tr>
<tr><th>普通级</th><th>高级</th></tr>
<tr><td colspan="3" rowspan="2">铝合金辊</td><td>21～34</td><td>±0.2</td><td>—</td></tr>
<tr><td>36～50</td><td>±0.3</td><td>—</td></tr>
<tr><td rowspan="4">电焊钢管</td><td colspan="2" rowspan="3">21～30</td><td>31～50</td><td>±0.5</td><td>±0.25</td></tr>
<tr><td>31～40</td><td>±0.5</td><td>±0.3</td></tr>
<tr><td>51～63</td><td>±0.5</td><td>±0.35</td></tr>
<tr><td colspan="2">低压液体输送用钢管</td><td>17～48</td><td>±0.5</td><td>—</td></tr>
<tr><td rowspan="3">普通无缝钢管</td><td colspan="2" rowspan="2">冷轧无缝钢管</td><td>≤30</td><td>±0.4</td><td>±0.2</td></tr>
<tr><td>31～50</td><td>±0.45</td><td>±0.3</td></tr>
<tr><td colspan="2">热轧无缝钢管</td><td><159</td><td>±1.25%～±1%</td><td>±1%</td></tr>
<tr><td rowspan="5">耐热合金管</td><td rowspan="3">不锈钢
无缝钢管</td><td rowspan="2">冷轧钢管</td><td>11～30</td><td>±0.4</td><td>±0.2</td></tr>
<tr><td>31～50</td><td>±0.45</td><td>±0.3</td></tr>
<tr><td>热轧钢管</td><td>≤140</td><td>±1.5</td><td>±1.25</td></tr>
<tr><td colspan="2" rowspan="2">耐热钢管</td><td>11～30</td><td>±0.4</td><td>±0.2</td></tr>
<tr><td>31～50</td><td>±0.45</td><td>±0.3</td></tr>
</table>

注：热轧大直径无缝钢管的外径允许偏差采用无缝钢管直径的百分比形式来表示。

⑤ 辊棒应相互平行，相邻两个辊棒传动对角线允许差为 0.5mm，辊面平面度允许偏差应为 1.0mm。两侧墙的辊棒应同心，同轴度应为轴长的 0.2/1000，最大不超过 0.5mm，辊棒中心线的间距应符合设计要求。

⑥ 减速机安装后，应转动灵活、配合良好。不得有异常的噪声、撞击、摇摆和渗油、漏油现象。

⑦ 传动装置的润滑系统油路应畅通，油管固定应可靠，油管不得有凹陷等缺陷。润滑油牌号应符合设计要求。

⑧ 干燥器内的辊棒转动不得有卡阻、振动现象。

⑨ 机械传动部分和辊棒冷态试运转应符合下列规定：

a. 加载状态下应运转平稳，垫板或制品在轨道上运行时不得卡碰干燥器墙；

b. 制品从干燥器头部运行到尾部，偏离干燥器中心轴线的允许偏差应为 30.0mm；长度为 180m 以上的干燥器，偏离干燥器中心轴线的允许偏差应为 50.0mm。

(3) 干燥器保温系统安装应符合的规定

① 保温层用矿物棉保温时应错缝铺设，松紧适度。用保温砖时应符合现行国家标准《工业炉砌筑工程施工及验收规范》GB 50211 的有关规定。

② 窑体内部顶板应平整。

③ 干燥器应密封良好，顶部的金属件不得从干燥器内直通干燥器外。

(4) 干燥器燃烧系统、供排风系统和电气、仪表等设备安装和验收应符合现行国家标准《工业炉砌筑工程施工及验收规范》GB 50211 的有关规定。

(九) 卫生陶瓷与空气干燥器

卫生陶瓷与空气干燥器应符合标准规程规定：

① 设备基础应平整。

② 干燥室内钢结构支柱垂直度应为1.0mm/m，最大允许偏差应为3.0mm，梁水平度应为0.5mm/m，最大允许偏差应为3.0mm。

③ 干燥箱体与地面垂直度应为1.0mm/m，最大允许偏差应为3.0mm，与梁平行度应为0.5mm/m，最大允许偏差应为3.0mm。

④ 干燥器外顶部钢结构安装尺寸允许偏差不得大于±3.0mm。

⑤ 风机与管道安装及验收应符合现行国家标准《通风与空调工程施工质量验收规范》GB 50243的有关规定。

⑥ 设备空载试运转应符合下列规定：

a. 单机运转调试运行应平稳。

b. 整套设备试运行应连续12h无异常现象。

(十) 施釉线及进出砖辊台

(1) 施釉线安装应符合的规定

① 支架垂直度应为2.0mm/m，支架位置度应为1.5mm；水平加固件标高允许偏差应为±5.0mm；加固件局部标高允许偏差应为±1.0mm。

② 支架金属件在焊接前应校直，焊缝应牢固可靠、平整光洁，焊后不得有明显扭曲现象。

③ 支架中心线允许偏差应为5.0mm；支架水平度应为1.0mm/m，总偏差不得超过5.0mm。

④ 张紧后的三角带扭曲变形不得超过0.5mm；皮带连接后应牢固、平整光滑。

⑤ 光电开关安装应牢固、不得因设备振动而出现移动现象。

(2) 进出砖辊台安装应符合的规定

① 压机后的翻转台伸缩架在升起时，辊棒面应与压机模具面在同一水平面上，允许偏差应为±0.3mm。翻坯架辊棒面在工作位置时，应与前后接砖部分的辊棒面平行，平行度应为0.3mm/m，最大允许偏差应为0.3mm。

② 储坯器每层架之间的宽度允许偏差应为±0.5mm。

③ 干燥器进出砖辊台及窑炉进出砖辊台的辊棒面在进砖口及出砖口处，与干燥器和窑炉辊棒面应在同一水平面上，允许偏差应为±1.0mm。进出砖辊台中心线与窑炉及干燥器中心线同轴度应为1.0mm/m，最大允许偏差应为6.0mm。

④ 进砖及出砖辊台升降装置的升降托条在安装前应校直、无扭曲。升降托条在升起时，皮带底应高出辊棒面5.0mm，降落时皮带面应低于辊棒面3.0mm，升降托条与连接线托条接口处的三角带轮平行度应为0.3mm/m，最大允许偏差应为0.5mm。

(十一) 卫生陶瓷施釉柜

卫生陶瓷施釉柜应符合的标准规程规定：

① 柜子底面安装平面度应为1.0mm/m。

② 除尘通风机运行时，柜子不得有明显的振动及噪声，安装及验收符合现行国家标准《通风与空调工程施工质量验收规范》GB 50243的有关规定。

③ 工作台应运转自如，平面度应为1.0mm/m。

④ 施釉机构和回釉机构应符合产品说明书安装及验收的要求。

（十二）印花机

（1）印花机安装应符合的规定

① 印花机长度方向允许偏差应为±5.0mm，宽度方向允许偏差应为±3.0mm，中心线位置偏差不得大于3.0mm。

② 印花机传送带与施釉线传送带应在同一水平高度，允许偏差应为0.5mm，印花机纵横向应处于水平位置。印花机的托砖钢条水平面应比施釉线皮带的水平面高出0.5～1.0mm。

③ 辊筒印花机安装应符合产品说明书要求。

（2）印花机验收应符合的规定

① 印花机应外观干净、无铁锈和污渍。

② 托砖钢条应与夹砖板平行，其允许偏差应为0.25mm。

③ 升网高度的允许偏差应为±10.0mm。

④ 托砖钢条升起后的平面与刮刀架导杆的平行度应为0.25mm/m。

⑤ 刮刀气缸摆动应灵活。

⑥ 皮带托条的平面度应为0.5mm/m；升降台降到最低时，托砖钢条不得低于皮带面3.0mm。

⑦ 印花机的升降动作不得有回转现象，送砖皮带应张紧。

⑧ 托砖钢条升到最高时，挡砖块上平面不得高出砖面。

⑨ 升降网动作应正常。

⑩ 刮刀行程允许偏差应为0.5mm。

⑪ 接近开关与挡砖块之间的中心距允许偏差应为1.5～2.0mm。

⑫ 电磁阀动作应正常，皮带应能以设置的速度正常运转。

⑬ 刮刀前后所停位置应符合产品说明书要求。

⑭ 辊筒印花机验收应符合产品说明书要求。

（十三）窑炉

1. 隧道窑、推板窑及附属设施

（1）窑炉金属框架安装应符合的规定

① 窑框架各部分制作精度的允许偏差应符合表3-11-23和表3-11-24的规定。

表3-11-23　窑框架的制作精度允许偏差（一）

项目	加固立柱相对部位	位置度	水平件标高	水平件局部标高
允许偏差/mm	设计数值	设计数值	±2.0	± 1.0/100

表3-11-24　窑框架的制作精度允许偏差（二）　　mm

项目	局部平面度	平面度	方形、矩形的对角线长度	孔的中心线直线度
每米允许偏差	1.0	设计数值	1.5	设计数值
最大允许偏差（每段2～2.2m）	2.0	设计数值	2.0	设计数值

② 窑架安装位置的允许偏差应符合表3-11-25的规定。

表 3-11-25　窑架安装位置的允许偏差

mm

项目	直线度		平面度	垂直度	各种方式连接点中心位置
	5m 以下的立柱、横梁	5～10m 的立柱、横梁			
每米允许偏差	设计数值	设计数值	2.0	设计数值	设计数值
最大允许偏差	设计数值	设计数值	设计数值	设计数值	设计数值

③ 窑架的其他施工和安装要求应符合本部分相关规定。

（2）窑体砌筑应符合的规定

① 窑墙砌筑应在窑架、砌体内的所有预埋件完工，并检验合格做好记录后进行；无金属窑架的窑炉应在地基和基础完工后进行。

② 砌筑尺寸应符合设计要求，砖缝应横平竖直，泥浆饱满。

③ 砌筑时窑长方向每 1m 左右应留一道膨胀缝，每层砌体的膨胀缝应错开。砌筑多层砖砌体时，上下层砖缝、内外层砖缝应错开。

④ 窑墙砌筑的允许偏差应符合表 3-11-26 的规定。

表 3-11-26　隧道窑窑墙砌筑的允许偏差

序号	项目			允许偏差/mm
1	窑体纵向中心线的直线度	曲封处		±1.0
		其余		±3.0
	窑体断面尺寸	宽度		±3.0
		高度		0～5.0
	窑体内表面与中心线的间距			2.0
	窑墙内各种气道向中心线的平行度			3.0
	两侧墙曲封砖的间距			0～5.0
2	垂直度	内墙	每米	2.0
			全高	6.0
		外墙	每米	3.0
			全高	8.0
3	标高	砖封下墙面		±1.5
		曲封砖顶面		±1.5
		拱脚砖下顶面		±2.0
4	表面平面度	内墙		2.0
		窑墙顶面		2.0
		曲封砖面		2.0

注：表中的表面平整度应用 2m 靠尺检查与砌体之间的间隙。

⑤ 窑体砌筑测量时，高度应以窑车轨面标高作为基准面；宽度应以轨道中心线为基准线；长度应以车位或单元窑架端面为基准。

⑥ 箱体式分单元砌筑时，应先将窑架全部连接在一起砌筑，砌筑完毕后再分开运输。

⑦ 封闭气幕、气氛气幕和急冷气幕等的留设应符合设计要求。狭缝式封闭气幕喷出孔

宽度的允许偏差应为±2.0mm，高度或长度的允许偏差应为±6.0mm。气氛气幕和急冷气幕的定位尺寸允许偏差应为±3.0mm，封闭气幕的定位尺寸允许偏差应为±10.0mm。

⑧ 各种气幕在砌筑后，通道内和进、出风口处不得留有余泥和残渣。

⑨ 窑顶和拱砌筑时，拱脚梁与加固立柱应靠紧。

⑩ 拱脚砖的斜表面应平整，角度应正确。

⑪ 拱脚砖后面不得砌筑比重小于0.8的轻质砖或低强度材料，拱脚砖后面的砌体应与加固件靠紧、砌严。

⑫ 拱体的模板或托板支撑标高允许偏差应为±5.0mm。

⑬ 拱体宜错缝砌筑，其纵向缝应砌筑平直。环砌时砖环表面应平整，并应与窑中心线垂直。

⑭ 拱体砌筑时，应从两拱脚同时向中心对称砌筑，其放射型砖缝应与拱的半径方向吻合。

⑮ 锁砖应按拱的中心线对称均匀分布，且锁砖面不应加工，当拱砖块数为奇数时，应在中心线打入锁砖；当为偶数时，两侧对称的锁砖应同时均匀打入。

⑯ 锁砖应先砌入拱，砌入深度应为砖长的1/2～2/3，然后再逐步打入，同一拱的锁砖砌入深度应一致。锁砖应使用木槌或橡皮锤打入，当使用铁锤时应垫衬木板。

⑰ 拱体砌筑完毕后应清理下拱面残渣剩浆，并逐条勾缝。不得有烂砖、裂砖、陷砖，拱脚砖不得变位、松动。

⑱ 砌筑窑墙内燃烧室的拱时，相邻燃烧室的拱脚应撑紧。在同一段墙的膨胀缝内，燃烧室拱及其他砌体上的连续拱的锁砖应同时打入。

⑲ 吊挂平顶的吊挂砖应预砌并编号，并做好技术记录。砌筑吊挂砖时应从中间向两侧砌筑。吊挂砖砌完后应将吊杆的螺母拧紧。拧紧螺母时吊挂砖不得上升，吊钩应紧靠倒挂砖孔上缘。

⑳ 窑顶和拱的内表面错牙不得大于3.0mm。

㉑ 在窑顶和两侧窑墙中，气体通道的砖缝应严密，其内表面封顶前应清除杂物并勾缝。

㉒ 应在锁砖全部打紧、吊挂砖全部砌完、立柱拉杆和紧固螺母、吊杆螺母拧紧、压紧装置压紧后，拱体模板、吊挂砖托板方可拆除。

㉓ 烟囱砌筑应符合现行国家标准《烟囱工程施工及验收规范》GB 50078的规定。

㉔ 隧道窑附属设备安装时，每根钢轨校直后直线度应为1.0mm/8m。

㉕ 轨道基础的混凝土养护时间不得少于7d，冬季不得少于21d；在强度达到设计强度75%时，方可进行下一步作业。

㉖ 轨道铺设的允许偏差应符合表3-11-27的规定。

表3-11-27　隧道窑、梭式窑轨道铺设的允许偏差

序号	项目		允许偏差/mm
1	轨道、窑体车轮与中心线的对称度		1.5
2	窑外轨道中心线与窑体中心线的平行度		1.5
3	轨道轨枕间距		±5.0
4	托车轨道与窑内、窑外轨道接点处	垂直度	1.5
		高度差	±1.0

续表

序号	项目		允许偏差/mm
5	轨道相接面	间隙	±1.0
		阶差	±2.0
6	轨距		±0.5
7	轨道顶面的标高		±2.0
8	同一轨道的二条钢轨	高度差	±0.5
		每4m长度的水平度	±1.0
9	每米轨道局部直线度		1.0

㉗ 轨道接头宜呈30°～45°斜面相接，轨道内侧的接头和锐角应朝向出车方向。

㉘ 两条平行钢轨的两处接头不得设在同一横断面上。

㉙ 油压推车机推杆的中心线，应与窑内轨道的中心线重合，其允许偏差应为0.5mm。

㉚ 窑车未和轨面接触的车轮轮面最低点距轨道面的间隙不得大于1.0mm。

㉛ 窑车曲封砖与窑墙曲封砖的间隙允许偏差应符合表3-11-28的规定。

表3-11-28 窑车曲封砖与窑墙曲封砖的间隙允许偏差 mm

项目	宽度方向间隙	高度方向间隙
窑车曲封砖与窑墙曲封砖的间隙	15.0～25.0	15.0～20.0
最大允许偏差	3.0～5.0	2.0～5.0

㉜ 窑车与窑车靠紧时，曲封砖与曲封砖之间应留有15～35mm间隙。

㉝ 窑车砌筑时，在长宽方向上应约每米留有一道膨胀缝，长或宽在1m以内的窑车应各留一道。

㉞ 窑车砌筑时支柱下用的砖位置和支柱的实际位置应吻合，支柱承重面平面度应为0.3mm/m，最大允许偏差应为0.5mm。

㉟ 耐火浇注料浇注的窑车应符合设计要求。

㊱ 窑车砌体的长、宽、高的允许偏差应为−3.0mm，车面砌体对角线允许偏差应为±4.0mm。

㊲ 窑车与窑体应留有间隙，不得有摩擦和卡阻现象。

㊳ 驼车四个车轮的轮面应与轨面至少三个车轮接触，且另一个轮与轨面间隙不得大于0.3mm。驼车与窑内、外轨道衔接处，定位应准确、牢固，窑车推上驼车时不得严重晃动。驼车上两导轨轨距的允许偏差应为5.0mm，与窑内、外轨道接头处的轨面水平高度允许偏差应为0.5mm。驼车上轨道与窑内、外轨道的接头间隙允许偏差应为1.0mm。

㊴ 油压推车机的推进器、油压泵和控制元件的安装位置应符合设计要求。油管排列应整齐，管道弯曲部分应圆滑，不得有严重的凹陷和使阻力增大的缺陷，弯管处短、长半径之比应大于0.75；油管敷设应牢固可靠。液压系统安装完毕后，应按现行国家标准《液压系统软管总成实验方法》GB/T 7939和《液压传动系统及其元件的通用规则和安全要求》GB/T 3766进行强度和密封性能试验，管路系统不得有渗油现象。

㊵ 各种仪表的表针应清楚，各种液压元件的铭牌应清晰，标志应与运动方向相符，动作灵活。

㊶ 液压系统工作时，油泵转动响声应轻微、均匀，不得有不规则的冲击声和周期性的噪声；油缸动作应灵活、平衡；不得有渗油、拌动和噪声。

㊷ 回车线步进机电机的安装坑道应符合设计要求。步进机电机应锁紧，推窑车时不得有松动的现象。

2. **辊道窑及其附属设备**

（1）窑体砌筑应符合的规定。

① 辊道窑窑墙砌筑的允许偏差应符合表3-11-29的规定。

表3-11-29　辊道窑窑墙砌筑的允许偏差

序号	项目		允许偏差/mm
1	窑体纵向中心线的直线度		3.0
	窑体断面尺寸	宽度	±6.0
		高度	±5.0
	窑墙内各处气道纵向中心线的直线度		3.0
2	垂直度	侧墙与窑底的垂直度	2.0
3	标高	窑顶	±3.0
		窑底	±3.0
		辊孔砖中心标高	±1.5
		拱脚砖下顶面	±2.0
4	表面平面度	内墙	2.0
		窑墙顶面	3.0
		窑底内表面	3.0

注：表中表面平整度应用2m靠尺检查与砌体之间的间隙。

② 辊孔砖是指砌筑在辊道窑两侧窑墙上，为保证辊棒正常运转、支撑上部窑墙，用以阻挡窑内火焰对辊棒外部构件造成损坏的一种异型耐火砖。

③ 窑体砌筑时，窑顶砖缝不得大于2.0mm，窑墙、窑底的砖缝不得大于3.0mm，耐火砖与陶瓷纤维板、陶瓷纤维板与陶瓷纤维板间的缝隙不得大于4.0mm。

④ 辊道窑砌筑时，每隔1.5～2.0m应留设10～20mm的膨胀缝，并用陶瓷纤维束填充。箱体结构的辊道窑，应在每节箱体中部留设膨胀缝。

⑤ 箱体式分单元砌筑时，宜先将窑架全部连接在一起砌筑，砌筑完毕后再分开运输。

⑥ 两侧下墙砌筑辊孔砖的上表面应在同一水平面上，允许偏差应为0.5mm。

⑦ 两侧的辊孔砖中心线同轴度允许偏差应为0.5mm。

⑧ 隔焰板铺砌应在火道窑墙砌筑完毕后进行。两侧窑墙、窑头、窑尾应在同一标高，允许偏差应为±2.0mm。两搭接的隔焰板接缝应泥浆饱满，不漏火。

⑨ 事故处理孔的过桥砖不得有裂纹、层裂等质量缺陷，其工作面平面度应为1.0mm/m，最大允许偏差应为2.0mm。

⑩ 事故处理孔的底面不得高于窑的底平面。

⑪ 挡火板插入孔留设应符合设计要求，挡火板与插入孔之间应采用相应等级的高温陶瓷纤维棉密封。

（2）窑底砌筑应符合的规定

① 窑底砌筑前，基础应按设计标高找平。窑底表面平面度应为 1.0mm/m，最大允许偏差应为 2.0mm。

② 窑底与窑墙砌筑应符合设计要求。

③ 窑底砌体应错缝砌筑。砌筑多层砖砌体时，上下层砖缝应错开 1/4 砖。

④ 斜坡窑底操作面下部的退台或错台所形成的三角部分，应用相同材质的耐火混凝土或捣打料找平。

⑤ 砌筑活底时，窑底和窑墙交接处膨胀缝应符合设计要求，多层砖窑底应砌成交错式膨胀缝。

（3）辊道窑其他部分安装应符合的规定

① 窑架安装应符合相关的规定。

② 传动系统安装应符合相关的规定。

③ 烟囱砌筑除应符合设计要求外，还应符合现行国家标准《烟囱工程施工及验收规范》GB 50078 的规定。

④ 回板线及进出窑的设备安装应符合有关的规定。

3. 梭式窑及其附属设备

（1）窑体砌筑应符合的规定

① 窑体的砌筑应在窑体钢架结构完工且经检查合格后进行。

② 窑墙的砌筑应由外向里逐层砌筑。全棉结构的窑墙应将每个棉块压紧，不得松动或凹凸。

③ 窑门处窑墙砌体垂直度应为 1.0mm/m，最大允许偏差应为 2.0mm。

④ 排烟口垂直烟道垂直度应为 0.5mm/m，最大允许偏差应为 5.0mm。

⑤ 垂直烟道的出口处耐火砖工作面平面度应为 1.0mm/m，最大允许偏差应为 2.0mm，水平度应为 1.5mm/m，最大允许偏差应为 5.0mm。

⑥ 窑体上的观察孔应避开钢架结构的加强筋。观察孔超出窑体外装饰板的长度不得小于 20mm。

⑦ 窑体内粘贴耐火陶瓷纤维前应点火烘烤。

⑧ 粘贴耐火陶瓷纤维应从下向上逐层粘贴；窑顶陶瓷纤维应从窑顶中心向两侧粘贴。

（2）窑门安装和砌筑应符合的规定

① 窑门安装和砌筑应符合设计要求。窑门框架焊接应牢固、平整，不得有虚焊、漏焊现象，并应符合现行国家标准《现场设备、工业管道焊接工程施工及验收规范》GB 50236 的有关规定。

② 窑门应开关灵活、转动自如。

③ 运动部件与窑体框架和窑门框架应配合良好，不得松动，更换应方便。

④ 框架经检查合格后方可进行砌筑。应先预砌，砌筑应符合 GB 50236 规范第 13.2 条的有关规定。

⑤ 窑门上的耐火砖凸出部分不得超过一砖长的 1/5。

⑥ 窑门上的观火孔、观察孔等应预先留设，不得挖洞补设。

⑦ 窑门两垂直面的垂直度应为 1.0mm/m，最大允许偏差应为 3.0mm。

⑧ 窑门应进行试运转，并检查各承载部位的变形程度，做好记录。

（3）梭式窑其他部分安装应符合的规定

① 窑架安装应符合相关规定。

② 烟囱砌筑应符合相关规定。

（4）梭式窑附属设备安装应符合的规定

① 梭式窑轨道的安装应符合有关规定。

② 梭式窑窑车的安装应符合有关规定。

③ 梭式窑驼车的安装应符合有关规定。

④ 梭式窑油压推车机的安装应符合本规范有关规定。

4. 窑炉通用设备

（1）燃烧系统安装应符合的规定。

① 燃油窑炉的供油管道系统和燃煤气窑炉的供气管道系统的安装及验收应符合现行国家标准《工业金属管道工程施工及验收规范》GB 50235 的有关规定。

② 燃油窑炉贮油罐的安装应符合现行国家标准《立式圆筒形焊接油罐施工及验收规范》GB 50128 的有关规定。

③ 煤气窑炉供气管道系统的试压应符合现行国家标准《工业企业煤气安全规程》GB 6222 的有关规定。

④ 所有燃料管道制作完毕后应进行防漏处理。

⑤ 在现场制作和安装管道系统时，各种闸板和阀门等应便于操作和维修。

（2）供排风系统安装应符合现行国家标准《通风与空调工程施工质量验收规范》GB 50243 的有关规定。

（3）输送气体、煤气和燃油的管道系统应进行气密性检查。

（4）全部信号回路、信号设备与控制柜显示仪表安装完毕后应进行综合显示试验。

（十四）陶瓷砖抛光设备

1. 抛光机安装应符合的规定

（1）水平调整应符合的规定

① 粗调机架水平的水平度应为 0.5mm/m，最大允许偏差应为 1.5mm；

② 中调机架水平的水平度应为 0.1mm/m，最大允许偏差应为 0.3mm；

③ 中调水平 12h 后可进行精调水平。机架全长内的水平度应为 0.5mm。

（2）主传动两联轴器（见图 3-11-17）间隙应为 1.5～2.0mm，同轴度应为 0.2mm/m。

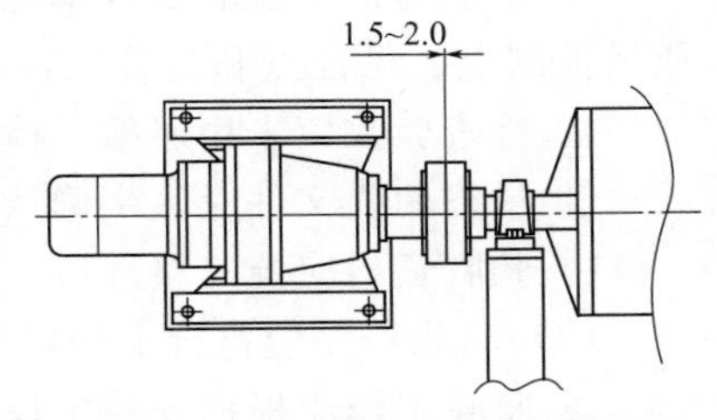

图 3-11-17 主传动两联轴器示意图

（3）磨头横梁孔内固定块与固定筒的间隙应为 0.5mm。

（4）导轨应平直、无变形。

（5）抛光机的调试应符合的规定

① 水、气管连接应牢固可靠、无泄漏，电缆接头应牢固可靠、无虚连；

② 磨头上部多楔皮带预拉力应为工作拉力的 1.5～2 倍；

③ 磨头升降应灵活、可靠，通电运转后不得有异常声响；

④ 输送皮带跑偏量不得大于 30mm；

⑤ 横梁摆动应灵活，摆幅调整应可靠，摆动限位应有效；

⑥ 磨头下压力允许范围应为 0.1 ～0.3MPa。

2. 磨边倒角机的水平调整应符合的规定

（1）导向轴水平度应为 0.1mm/m。

（2）进砖、出砖端高度差不得大于 5.0mm。

3. 磨边倒角机的调试应符合的规定

（1）水、气管连接应牢固可靠、无泄漏，电缆接头应牢固可靠、无虚连。

（2）中气缸压力应调至 0.4MPa。

（3）推砖装置的推砖气缸压力应调至 0.4MPa。

（4）压梁装置的压梁气缸压力应调至 0.15MPa。

（5）传动系统同组同步带应松紧一致。

（6）磨头的调整应符合下列规定：

① 金刚砂轮后缘收缩量应为 1.0～2.0mm；

② 每对金刚砂轮前缘连线相对于主机中心线的垂直度应为 1.0m/m。

（7）磨头转向应正确；主传动运转应无异响、无振动，同步带应无跑偏；推砖动作应灵活。

4. 刮平定厚机安装应符合的规定

（1）机架全长水平度应为 0.1mm/m，最大允许偏差应为 0.2mm。

（2）主传动两联轴器间的间隙应为 1.5～2.0mm，同轴度应为 0.2mm/m（图 3-11-17）。

（3）导轨应平直、无变形。

（4）刮平定厚机调试应符合下列规定：

① 水、气管连接应牢固可靠、无泄漏，电缆接头应牢固可靠、无虚连；

② 滚刀架升降应灵活无卡阻；

③ 全长输送皮带的跑偏量不得大于 20mm。

三、安装工程验收

（1）安装工程验收应覆盖从设备的检查交接开始到单机空载试运转结束的全部工序

（2）验收工作应符合的规定

① 根据建设单位和监理单位签字确认的安装工程施工组织设计，确定质量验收程序和质量控制点、见证点和隐蔽工程。

② 检查验收应采用巡检、检查或旁站监理等方法。

③ 最终验收文件应签字确认，设备移交给建设单位。

④ 验收资料应统一整理后，交建设单位归档。

（3）验收程序应符合下列规定

① 验收工作应根据安装工程的施工顺序依次进行。

② 安装单位完成一个工序的安装工作后，应及时通知相关单位参与工序质量的评定和验收。上一工序未完成验收程序时，不得开始下一工序的作业。

③ 单机空载试运转验收后，应在约定的期限内履行设备安装的最终验收工作。

（4）验收责任人应参加各个工序的验收工作，并依照相应的验收标准和安装工程组织设计的约定，在对安装工作进行检查的基础上，作出安装工程质量是否合格的明确结论，并在验收文件上表述意见、签字确认。

（5）设备安装验收资料可由下列文件组成

① 安装班组人员组成。特种作业工种应注明作业人员的资质。

② 安装作业文件。包括：安装作业设计，安装作业的标准，安装所需的量具、器具，安装所需的安装材料等。

③ 竣工图。

④ 修改设计的设计变更单，洽商单等有关文件。

⑤ 隐蔽工程验收记录。

⑥ 分部工程检查记录和质量鉴定意见。

⑦ 安装工程中的自检记录，安装找正记录，重要设备的安装会检记录。

⑧ 安装过程中出现的土建、安装及设备问题的处理记录。

⑨ 耐火材料的出厂合格证、耐火材料代用证、实验室检验合格证、砌筑记录、泥浆和不定形耐火材料的配制记录。

⑩ 主机设备砂堆和地脚螺栓浇灌所用混凝土的配比记录。

⑪ 主要生产设备的焊接检验报告。

⑫ 设备开箱记录、出厂合格证和检验报告。

⑬ 设备单机空载试运转记录。

⑭ 其他有关材料。

(6) 安装工作质量未达到技术要求，安装单位应提出整改方案，经批准后及时整改或返工，并重新报请验收。

第四章 蒸压加气混凝土制品技术装备

第一节 综 述

蒸压加气混凝土制品的生产在我国已有40多年的历史，我国蒸压加气混凝土技术装备水平也有了很大的提高。改革开放以来，墙体材料有了翻天覆地的变化，各种新型节能保温型的墙体材料不断地被开发、应用，使蒸压加气混凝土工业得到了快速发展，由于其制品重量轻、保温性能好、节能环保、可加工等特点，已广泛地应用在建筑围护结构的填充和保温材料中。生产蒸压加气混凝土制品的设备在我国引进了国外全套技术和设备后，通过消化吸收实现国产化，先后建立了大批量的蒸压加气混凝土制品生产和设备制造厂，经过不断地总结经验，改进技术，生产装备加工的专业技术水平及自动化水平提升很多，促进了产品质量的提高，使之得到了更广泛的应用。与此同时，在我国广大工程技术人员的努力下，所开发出的翻转式切割机组，生产企业像雨后春笋一样茁壮成长，特别是在墙体材料改革力度不断加强的情况下，其装备制造企业发展速度更加迅猛，在全国遍地开花，并形成规模。在引进的先进生产工艺及其装备的带动下，国内的技术装备水平不断提高，通过近年的优胜劣汰，已形成技术先进、装备配套、高自动化水平的新兴工业体系，加之国内技术攻关和研制新技术的研制开发，使先进设备产品不断地呈现出来，设备生产规模逐步形成，更促进了我国环保节能降耗的建筑新材料——蒸压加气混凝土制品的广泛应用。

随着我国经济的不断发展和技术的进步，蒸压加气混凝土制品生产企业也迅速崛起，目前全国已发展起来的有一定规模的加气混凝土制品生产企业近千家，相应装备生产规模企业也应运而生，新产品、新工艺设备不断开发出来，有实力的装备生产企业形成规模，加气混凝土机械设备加工生产企业也已迅速得到发展壮大，到现在已达数百家。随着装备不断地向自动化和系列化、标准化、大规模、多品种的翻转切割机方向发展，彻底摈弃了以前手工切割、半自动化为主要工艺的加工方式，形成了大体积模具定点浇注坯体后采用钢丝分步切割的新方法，实现了由切割机、模具、小车等组成的半成品加工设备——切割机组，由分拣设备、成品包装设备、板材加工设备等组成的成品加工设备——成品机组。目前，我国切割机组已形成多种类型产品，其中翻转式（含空中翻转式和地面翻转式）切割机组已成为我国蒸压加气混凝土工艺装备主机设备的主导产品，其结构简单、操作方便、效率高（切割周期时间短）、运行平稳，这种装备在吸收国外先进技术的基础上自行开发研制的产品，已实现部分主机设备标准化制造。北京建筑设计院和常州天元工程机械有限公司等单位，先后制订了国家建材行业标准《蒸压加气混凝土模具》JC/T1031-2007，《蒸压加气混凝土切割机》JC/T 921-2014。由国家发展和改革委员会批准发布的这些标准达到了国际水平，实施后发挥了对指导生产、控制和提高装备质量和促进装备技术进步发挥了重要作用，为行业大发展作出了重要贡献。由于装备水平的提高，其所生产的制品质量显著上升，规模大，管理水平高的生产企业制品的合格率达到了96%以上，创造了显著经济效益。也对今后实现大规模、多品种、自动化、系列化、标准化生产创造了条件。对实现蒸压加气混凝土行业专业化生产、提高加气行业的水平，推动行业发展实现高起步、大发展，与国际先进水平看齐，占领国内外市场作出重要贡献。

第二节　蒸压加气混凝土产品工艺

一、概述

蒸压加气混凝土制品在我国已有 40 多年的生产历史，在 20 世纪 70 年代初，我国生产蒸压加气混凝土制品的设备主要是从国外引进的，当时尚处于探索阶段。改革开放以来，加气混凝土行业有了新的发展。在 90 年代初我国提出了“加快墙体材料的革新和推广节能建筑的意见”。特别是在 2005 年国务院 33 号文件发布“关于进一步推进墙体材料革新和推广节能建筑的通知”，为保护土地资源不被破坏，要求新建建筑符合建筑节能标准，逐步禁止使用黏土砖，使用节能环保的新型建筑墙体材料——蒸压加气混凝土制品作为保温隔热性能良好的轻型墙体材料是理想的替代产品。

蒸压加气混凝土制品按其主要成分二氧化硅的来源，分为蒸压混凝土砂加气和蒸压混凝土粉煤灰加气等产品；以制品的形状分有板材、砌块。产品的容重级别从 B03 至 B08 不等（详见 GB/T 11968—2008）。同一容重产品又分不同强度级别。

蒸压粉煤灰加气原料是煤电废物——粉煤灰和渣，砂加气中也可掺加大量尾矿砂，这两种蒸压加气混凝土的生产使用的上述原材料，变废为宝，解决了因排放造成的环境污染及大量占用土地问题，是国家大力提倡发展的行业。近年来蒸压加气混凝土制品行业有了长足的发展。目前，全国大约有蒸压加气混凝土制品生产工厂一千家左右，生产规模也从小规模向中大型化发展，生产已经淘汰了纯手工操作，小规模生产，向着机械化、自动化、规模化方向发展。蒸压加气混凝土生产线的主机设备也从原来成套进口发展到主机进口，配套国产，机械装备的质和量的已有了质的飞跃，直至现在，中华人民共和国已有多家企业的设备出口到印度、印尼、俄罗斯、越南、马来西亚、阿根廷等国家。

二、生产工艺流程

图 4-2-1 是生产工艺流程图。

蒸压加气混凝土的主要原材料有硅质材料：粉煤灰，硅砂；钙质材料：石灰粉；其他材料：铝粉（发气剂），水泥，水等；还有部分辅料。这些原、辅料按照一定的比例配制成浆注入模具，经预养护、切割、蒸养过程制成蒸压加气混凝土成品。

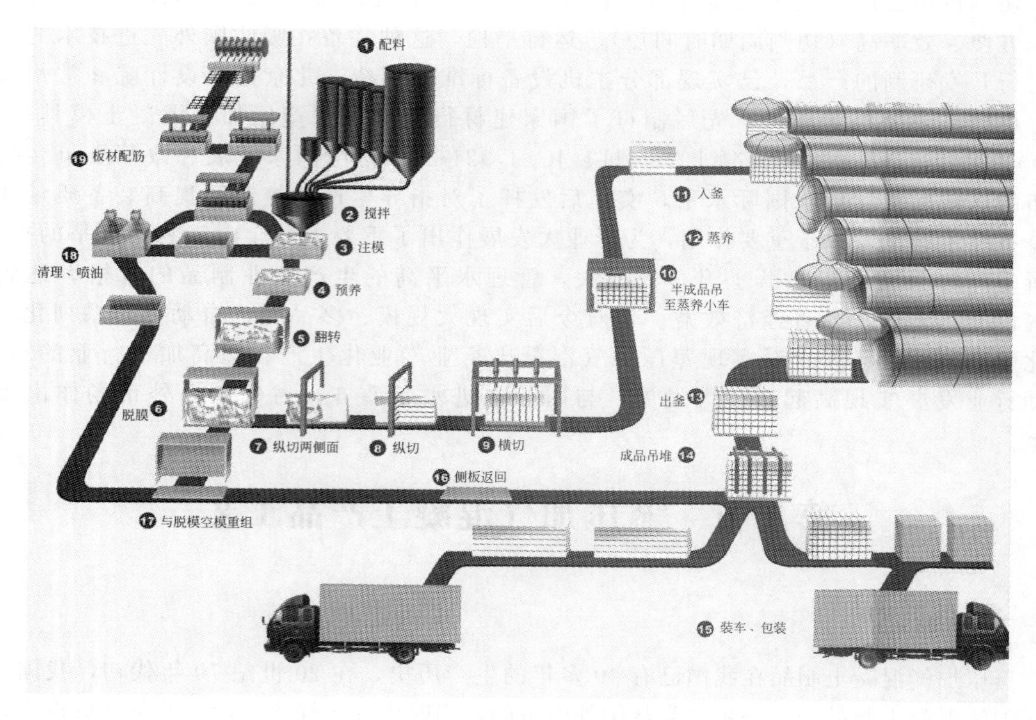

图 4-2-1 工艺流程

生产过程由原材料磨细、储存，配制计量、搅拌、注模、预养、翻转、脱模切割、半成品编组，入釜、蒸养、出釜、成品吊运码放、包装、侧板返回、空模重组、模具清理喷油、板材配筋等工序组成。

(1) 原材料制备：把符合要求的硅、钙质材料，如砂（粉煤灰、矿渣）、石灰等材料用球磨机磨成一定细度要求的粉料或加水湿磨成浆料，分别储存在粉料库和浆料罐中，水泥等购进成品。

(2) 配料混合浇注：把磨好的粉料或浆料按一定配比计量注入搅拌机内，混合搅拌成一定浓度的浆料，再加入发气材料（如铝粉）搅拌均匀后注入模具内，经一定时间和温度的预养护，发气硬化成可以切割的坯体。

(3) 脱模切割：当模具中的坯体达到一定硬度时，用专用的翻转吊具，把坯体连带模具一起吊翻转 90°吊运至切割机的切割小车上，脱去模具，经切割机纵切、横切将坯体切成一定规格要求的半成品。

(4) 编组入釜蒸养：完成切割后的半成品，用半成品吊具吊至蒸养小车上，通常每辆小车放置三模坯体，编组入釜，半成品在蒸压釜中（釜内送入一定压力的饱和蒸汽）经一定时间的蒸压养护，使半成品中的硅钙成分进行水化反应，生成符合国家标准要求蒸压加气混凝土制品。

(5) 出釜包装堆运：出釜后由成品吊具吊至包装线上，进行检验、分类、包装，运出码放，成品运至工地使用。

第三节　蒸压加气混凝土生产设备

一、设备分类

蒸压加气混凝土生产过程中使用的设备可分两大类，一类是通用设备，这类设备除蒸压加气混凝土生产线使用外，其他行业也在使用。如行车、球磨机、破碎机、螺管和带式输送机，斗式提升机、除尘设备、蒸压釜等设备。另一类是专用设备，它仅用于蒸压加气混凝土生产，如打浆机、浇注搅拌机、模具、蒸养小车、切割机、掰板机、专用吊具、包装线等，是根据产量和功能定制的。在专用设备中，蒸压加气混凝土切割机是生产线的关键设备，它直接影响到制品的产量、尺寸精度、成品率。以下介绍部分专用设备及部分通用设备。

二、蒸压加气混凝土切割机组

（一）工作原理

蒸压加气混凝土切割机组是蒸压加气混凝土制品生产线的关键设备，在整条生产线中像心脏一样占重要地位，所以其合理的设计、加工制造水平、安装调整精度以及运行中有效的设备保养对所生产的蒸压加气混凝土制品的质量、成品率、产量都有重要的影响。

目前，以空中翻转坯体的切割线为例，新型切割机组一般按功能分为翻转机构、纵向切割机（含榫槽切割道具，由客户提出要求专门制作）、横向切割机、手持孔切割机（由客户提出要求专门制作）、去底皮机构，这几组机（构）沿坯体长度方向以同一条轴线为中心依次布置在不同的工位上，依次是翻转脱模工位、纵向切割工位（含榫槽切割）、横向切割工位、手持孔切割工位、去底皮工位、卸载工位。而且有两根平行而水平的道轨贯通全部。道轨上四轮切割小车，载着坯体经过纵切机和横切机完成切割后，送至半成品工位，卸载后空车返回到翻转工位，进行周而复始的往返来回，完成一模的坯体切割，实现半成品的加工过程。

当切割小车停在翻转吊机工位时，翻转吊机就把模具连同模中已养护成一定硬度的坯体翻转 90°，吊至切割小车上并脱去模具，使坯体侧立在小车上。然后小车载着侧立的坯体按一定的速度行走通过纵切机组，就把坯体切成宽 600mm（固定规格尺寸）和按各种要求规格切成板状坯体。

切割小车由一套传动电机和变速箱来驱动。按预设控制指令行走、停止、往返在轨道上。小车除了和纵横切有相关的标高要求外，行走要（沿着工位轴线）平直。供切割小车行走的轨道平直度会直接影响小车行走的轨迹，最终反映到切割的制品上，造成制品的尺寸和形状偏差过大。所以道轨的选材制作和安装非常重要。一般道轨是用钢轨或 45＃钢的调质料经刨削加工而成。两条导轨中的一条轨道行走面制成三角形，相应行走在这条导轨上的切割小车轮面也加工成三角形与轨道相吻合，作为小车行走的导向装置。道轨固定在道轨座上（焊制的钢架）。二条道轨座上都安装上齿条，供小车的齿轮啮合行走。道轨座直接安装在混凝土基础上，基础除有足够的承载力外，埋板板顶要位于同一水平线上（误差 0，－20mm），安装时用调整垫铁把导轨座找平直并用螺栓压紧固定；两条轨道对应位置的水平和平行度误差不得大于 0.2mm，其直线度应保持在 0.2‰内，轨道的中心轴线和两吊具、切割机组的轴线要保持平行，切割小车通过传动机构，靠小车上的齿轮转动和道轨上的齿条啮合来稳步行走。编码器根据小车齿轮的转数进行编程，控制切割小车的行走、停止和往返。控制线和信号线的弱电不能和动力强电线有干扰，要采取隔离和屏蔽措施。

纵切机上架着的垂直钢丝，把坯体两侧切去余量，使坯体成为 600mm 宽（±1.5mm）和架设的水平钢丝把坯体高度方向切成各种要求厚度的板状。坯体的水平切割由纵切机完成，水平钢丝横架在每对钢柱上，可用弹簧或气缸把切割钢丝张紧无需额外动力；钢柱为了便于加工和对钢丝没有棱角损害，一般用圆柱形，上面有架钢丝的嵌槽（5mm 进位）。为了切割钢丝直径缝隙不累计集中在同一断面上，而使切出的板状材产生断裂。水平钢丝的架设分成若干组（一般 5 组以上），每组间距 500mm 以上。每对钢柱上至多不超过架设 2 根水平钢丝，这样形成阶梯形切割，使切割缝的沉降得到缓解。另外切割钢丝和切割坯体要有一定的角度（30°左右），切割时钢丝在出坯体时不易蹦角，每组钢柱上前后组钢丝嵌槽要有连贯性，这样才可以把坯体高度方向被水平切成任意要求厚度的尺寸板状。边部切割钢丝架固定在纵切机两侧，每侧为两道，第一道为粗切，第二道为精切（切成 600mm±1.5mm 宽）。

当切割小车载着坯体通过纵切机工位后，水平切割及边部切割就全部完成了。切割小车载着已经纵切好的板状坯体，按电控指令停在横切机组下面，横切机组由机架和水平矩形框架组成，水平框架可沿着机架上的四根导柱作垂直升降，由电机变速箱带动传动轴上传送轮正反旋转，拉动水平框架作垂直升降运动。水平矩形框架的长、宽比坯体宽大，框架在长度方向沿宽度边梁分别固定两根平行转轴，轴上固定偏心轮和与轴通长度的槽弧板，槽弧板上铣有横切钢丝嵌槽（5mm 或 10mm 进位），使横切钢丝根据所需切割的尺寸横布在嵌槽内，这样随着水平框架的降升就可以把板状坯体横向切割（垂直切）成所需的尺寸。由电机变速箱带动偏心轮及轴进行弧形摆动，从而带动横切钢丝在水平方向摆动对坯体进行割锯，以提高切割速度和精度。为了消除切割时引起的坯体晃动现象，相邻两根钢丝的摆动方向相反。为了保证制品切割精度，所有切割钢丝不能飘移，所以每根钢丝都用弹簧钢板或气缸（张力较均匀）张紧。当横切框架下降升起时，坯体就已完成了全部切割，这时坯体已按要求切成了各种规格的半成品。然后切割小车运停至下一个工位，去除底皮后由卸载半成品吊具把半成品连同侧板一起吊走，放到蒸养车上，进行编组入釜蒸养，然后切割小车空车返回到翻转脱模工位，这时一个切割周期完成，周而复始，连续工作。

（二）结构特点

目前，国内使用的蒸压加气混凝土切割机械成套设备是在充分吸纳国外先进技术的基础上，根据我国生产实际研制开发的拥有自主品牌和专利的产品，在制造安装调试等方面有成熟的技术和经验。由于注重设备质量，采取了一系列技改措施，检测设备，提高了蒸压加气混凝土设备的装备水平，保证了产品产量的质量。从原材料进厂到产品出厂，实现了计算机信息化管理，生产过程微机化管理，产品开发，工艺设计标准化、集成化。目前蒸压加气混凝土切割机成套设备应用普遍，市场占有率达 70%以上。

1. 组成

切割机组主要由三部分组成，即机械部分、电器部分、液压部分。机械部分按设计图要求，用型材焊、车、铣、刨生产等加工而成。焊接时按一定的工艺和成型工装焊缝达设计要求，防止开裂扭曲变形走样，焊后要清除应力，表面进行喷沙处理，需要金加工的槽孔等部位都要留足余量。焊接后需要刨、车、铣磨的部件，保证加工精度。轴类零部件要选用 45 ♯以上钢材进行调质。齿轮要热处理，硬度和光洁度达到设计要求，所用标准件，轴承要选用优良产品和品牌产品（见图 4-3-1）。

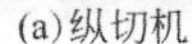

(a)纵切机　　(b)横切机

图 4-3-1 切割机

液压系统部分，油缸元器件和阀类要选用品牌产品。油箱、油管及阀座中的焊渣、铁屑灰尘杂质要清除干净，最好进行酸洗磷化处理。

电器部分，电器分强电和弱电两部分，强电主要是电动机动力电源，弱电是信号光电开关及变频器使用。所用强弱电元件要选择知名品牌产品，强电要安全接地，弱电要防干扰。电器操纵必须有手动和自动切换，必要时操纵台外还可连接中控室集中控制。

2. 切割机的主要结构组件特点

(1) 结构精简实用，安装维修便利。

(2) 纵向切割装置固定，坯体侧立放置使坯体宽度变窄，切割钢丝短，不易拉断、漂移，不产生切不透现象，切割精度高；坯体行走完成纵向切割，切割时间短。

(3) 横切装置采用钢丝做锯状摆动并垂直下切，增强钢丝韧性，减低钢丝工作强度，不易拉断、漂移。

(4) 坯体侧立后可纵向切割完成铣槽，不需另加设备。

(5) 对坯体作六面切割，制品表面质量不受模油及模具变形影响。

(6) 切割过程中（翻、纵、横）分不同工位完成，在纵切（水平切割）作阶梯形切割时，上下层切割钢丝前后距离大，便于钢丝缝隙的沉降，在切割板材时不易断裂，提高了成品率。

该种机型除了生产砌块，还适合生产板材，便于机械包装，切割全过程采用 PLC 控制，自动化程度高。

3. 生产能力

机型规格及其生产能力（立方米/年）：JQF4.2m，产量（10～15）万；

JQF4.8m，产量（20～25）万；JQF6.0mm，产量（30～35）万。

净坯体尺寸分别为（m^3）：4.2×1.2×0.6、4.8×1.2×0.6、6.0×1.2×0.6；

切割精度（长、宽、高/mm）：均为±3、±1、±1；

切割周期（min/模）：分别为不大于 5、6、6。

4. 安装及操作使用要求

(1) 切割机安装　切割机设计制作十分重要，一台设计先进合理，高效优质的切割机制作完成后，安装也非常关键，它是整条生产线的核心部分，直接影响蒸压加气混凝土制品的质量和产量，影响前后工序正常衔接，只有安装调试好，才能使生产过程顺利进行，达到优质高效的目的。首先，设备生产厂要有专业工程技术人员亲自参与指导安装。

安装时，首先要找准轴线，前后翻转吊机和半成品吊具，纵、横切机，垂直切割机的轴线与切割线轴线保持平行；其次是切割小车要对准前后吊具中心线，保证吊运定位准确；切割小车道轨标高符合设计要求，道轨在安装时其平行度、直线度符合《蒸压加气混凝土切割机》JC/T 921-2014 标准要求。

切割机组下的废料槽要有一定坡度，以便冲走废料。道轨上设有挡废料装置、坑槽，切割机周围要设安全防护栏杆，切割机组操作台应选择合适位置，使操作者能看清机组全线。液压站油箱的油管和电线要有专用管沟槽铺设，信号线要防止干扰，电器安全接地良好。安装试车前要检查润滑和加油，然后单机逐步试运转，确认运行平稳、正常，无冲击、振动，无异常噪声和漏油现象，然后整体联动，观察运行适当时间再与生产线接轨使用。试车顺序是，空车单机运行 10h 以上，正常后负载运行，负载能达到连续运行 72h 正常后，进行初步验收，通常试产运行正常达标后，正式验收交付使用。

（2）操作使用要求　如何保证安全正常生产，发挥效力，发挥最大设计能力，提高产品产量和质量职工操作技能均重要。要着重做好以下几点：

① 制定设备操作规程；

② 操作人员须经培训，考试合格上岗；

③ 建立岗位责任制，分工明确，责任清楚；

④ 建立严格的生产记录，巡检设备发现问题及时妥当处置并维修，并查找原因；

⑤ 建立健全安全生产制度，确保安全生产，保障职工人身安全和设备安全。

（3）维护保养　合理地使用切割机、有效地维护保养，才能保证其正常运转延长使用寿命，提高产品产量，保证产品质量，给企业带来更大的经济效益。为了切割机组正常运行，更好地发挥效力，维护保养修理也很重要，应做到以下几点。

① 建立设备维护保养修理台账记录，掌握设备运行和维护修理情况，不得带病运转。

② 建立设备日常检查维修制度，责任到人，做到班前生产过程中和班后全过程监控，发现问题及时解决。

③ 制定切割机修理计划，定期进行大、中、小修，保证设备处 于良好状态。保持齿轮等运转部位的清洁，以保证部件运转精度。

④ 重点维护部位的维护如下：

a. 液压站。新机运行 300h 更换齿轮和液压箱中的油料，更换油料时将残留的污油杂质清理干净，正常运转后每 1500h 左右换油清洗一次。液压油要根据季节温度变化，更换标号。

b. 转动部分。润滑点经常加补润滑油，关键部位随时加油，并将整机清理干净。感应器等敏感部件及时清除污物，以免信号传递中断，造成停机，影响生产。光控开关要经常检查接触间隙是否合适，及时调整。

c. 润滑。机械部分的齿轮连接部位要经常检查是否松动或间隙过大，及时调整轮轴的间隙，保持设备的运行精度。

d. 易损件。易磨损的零部件，按周期定期更换，不得超期使用。

三、其他配套设备

1. 掰板机

其用途是使制造过程中蒸养后的相互粘连的蒸压加气混凝土（砌块或板材）制品相互分开，以便运输和施工（见图 4-3-2）。

2. 翻转台

其用途是坯体在切割后，翻转台把坯体翻转 90°，以去除底部废料，提高废料的利用率，减少成品现场废料的堆积（见图 4-3-3）。

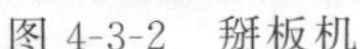

图 4-3-2 掰板机

图 4-3-3 翻转台

3. 翻转吊具

翻转吊具用途如下：

(1) 将浇注养护好的坯体带模框和侧板吊起，翻转 90°（坯体已直立），吊放到切割台进行开模、脱模。吊去模框，坯体即能切割。

(2) 将脱模后的模具与侧板重新组合夹紧，翻转 90°吊至模具返回线上，再次浇注（见图 4-3-4）。

4. 浇注搅拌机

其用途是将配制好的各种物料经过强力搅拌使浆料均匀后注入位于下方的模具中。搅拌叶轴形式主要有涡轮式、叶片式两种（见图 4-3-5）。

图 4-3-4 翻转吊具

图 4-3-5 浇注搅拌机

5. 模具

(1) 用途：其模具与侧板用途是结合后盛装料浆，静置养护发泡固化成坯体，侧板同时又承载坯体至切割机进行切割，并与蒸养小车组码后进入蒸压釜进行蒸养［见图 4-3-6（a），图 4-3-6（b）］。

(2) 模具规格：4.2m×1.2m×0.6m、4.8m×1.2m×0.6m、6.0m×1.2m×0.6m。

(3) 侧板长度：4.2m、4.8m、6.0m。

（a）模具组图

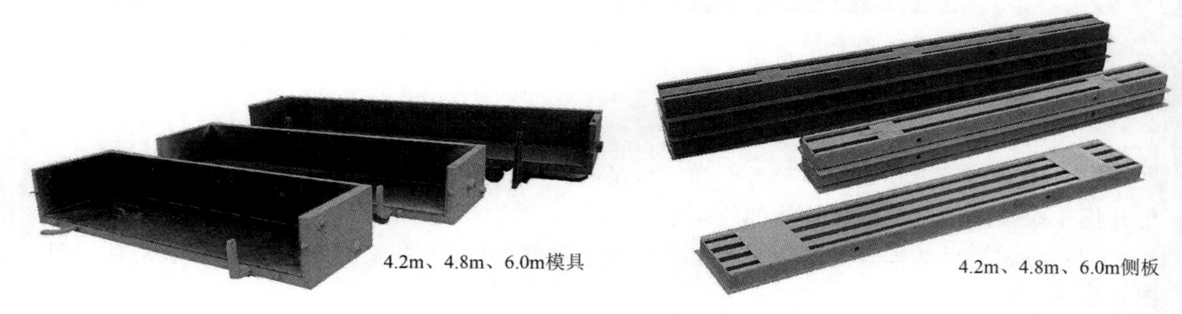

（b）模具分板

图 4-3-6　模具

6. 蒸养小车

蒸养小车是承载侧板连同坯体进出蒸压釜的运载工具（见图 4-3-7）。

图 4-3-7　蒸养小车

第四节　蒸 压 釜

一、概述

我国建材行业用钢制蒸压釜，适用于介质为饱和水蒸气或压缩空气、工作压力不大于2.5MPa、工作温度为0～250℃的场合，属于Ⅰ、Ⅱ类压力容器产品，其特点是技术要求高，制造加工难度大。国家明文规定，蒸压釜设计、制造必须取得相应的压力容器设计许可证和压力容器制造许可证，否则不得进行设计和制造。根据这一规定，建材用的加气混凝土制品蒸压釜和特种玻璃制品蒸压釜产品，早在1997年就制订了建材工业用蒸压釜强制性行业标准，实施后发挥了重要作用。为满足建材工业发展的需要，2007年决定申请立项修订，国家发改委批准后，2008年经修订工作组多次召开协调会，专家协调修改完成了送审稿。新版的蒸压釜标准达到了国际水平，实施后促进了技术进步，提高了产品质量。随着规格型号不断增多，规模不断增大，多年来在建材行业得到广泛应用。目前，专业化生产制造企业得到发展，形成了新的工业体系。由于蒸压釜制造按规程、标准要求执行，在材料选择、成型与加工、组装焊接、机械加工、热处理、无损检测、水压试验以及安装调试等环节都严格把关，各项性能参数、技术指标得到了控制；同时产品还配备了安全联锁装置，确保了产品安全运行。以保证每台产品全部符合技术要求为原则，所有项目经检验全部合格后签发合格证并经监督检验部门认可后方准出厂。产品除具有合格证和质量证明书及监督检验报告外，还应有安装使用说明书。蒸压釜属于快开门式压力容器，在升压或泄压时往往由于误操作而引发事故，导致人员伤亡和财产损失。因此，在操作蒸压釜过程中，应严格执行操作规程中相应的规定。为满足持证上岗的要求，提高职业技能水平，让操作人员更好地掌握蒸压釜性能、特点，了解其功能和操作方法，使蒸压釜发挥综合生产能力和更大作用，早日实现建材行业高起步、高定位、高标准、高发展、更多更快地培养职业技能人才，与国际接轨，占领国际市场。为此，我职业技术鉴定站特组织专家编写加气混凝土制品技术装备职业教育、培训鉴定教材，蒸压釜产品属于其中的装备之一。目的是推广蒸压釜制造、安装、调试、维护与修理等方面先进的职业技能、技术和经验，为国为民创造更大的经济效益，使我国制造的蒸压釜誉满全球。

二、结构与参数

1. 结构概述

（1）按整体结构分为尽端式和贯通式两种。

尽端式蒸压釜：一端为釜盖，另一端为椭圆形封头，装料时，蒸养车从釜盖侧进入；卸料时，蒸养车从釜盖侧退出。

贯通式蒸压釜：两端均为釜盖，装料时，蒸养车从釜的一端进入；卸料时，从釜的另一端盖处推出。

（2）按工作介质或产品类型分为蒸压加气混凝土制品蒸压釜和特种玻璃制品蒸压釜两种。

蒸压加气混凝土制品蒸压釜：用于生产蒸压加气混凝土制品（如蒸压加气混凝土砌块、灰砂砖及管桩等），介质为饱和水蒸气的蒸压釜。

特种玻璃制品蒸压釜：用于生产特种玻璃制品（如夹层玻璃、防弹玻璃等），介质为压缩空气的蒸压釜。

（3）按釜盖的开启方式分为侧开门式蒸压釜和上开门式蒸压釜。

侧开门式蒸压釜：釜盖悬吊在摆动装置上，釜盖绕摆动装置上的立轴回转并绕吊装螺杆转动，实现釜盖开启或关闭的蒸压釜。

上开门式蒸压釜：釜盖安装在带有配重的支承梁上，支承梁以支承架上的支撑轴为中心旋转，带动釜盖开启或关闭蒸压釜。

釜盖上有外齿的釜盖法兰，釜体端部上有内齿的釜体法兰，一对法兰在釜门闭合时，釜盖转动与釜体法兰啮合，锁紧。釜盖开启或关闭的驱动方式包括手动、电动、气动和液压传动。其中手动是指用手摇减速器实现釜盖法兰与釜体法兰啮齿旋转，手拉釜盖实现釜盖开启或关闭；电动是指依靠电机及减速机实现釜盖法兰与釜体法兰啮齿旋转，并采用电机及减速机驱动釜盖沿固定轨迹行走，实现釜盖开启或关闭；而气动或液压传动是依靠汽缸或油缸来实现上述动作。

2. 技术参数

不同用途的蒸压釜，其技术参数也有所不同，以设计图样中给定的技术参数为准，与其他压力容器相比，还应包括釜内载荷、轨距的等参数。通常情况下，蒸压釜的设计使用寿命为 15 年。

下面重点介绍手动开门蒸压釜的制造、安装、检验、维护、修理和使用。

三、主要零部件要求

1. 釜盖

（1）釜盖封头（球冠形封头）的制作应执行《压力容器封头》（GB/T 25198—2010），拼接焊接接头应尽量避开封头中心的开孔位置。

（2）釜盖法兰和釜盖封头（球冠形封头）组焊错边量 b 应不大于 2mm（见图 4-4-1）。

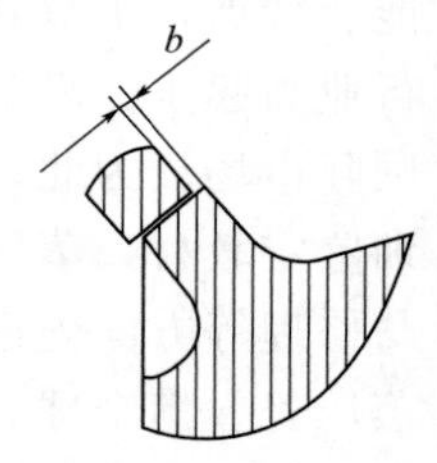

图 4-4-1 釜盖法兰和封头

（3）釜盖法兰牙齿接触面的齿根圆角半径不小于 5mm。

2. 釜体

（1）釜体封头应执行《压力容器封头》（GB/T 25198—2010）。

（2）釜体法兰牙齿接触面的齿根圆角半径不小于 5mm。

（3）釜体纵向焊接接头的对口错边量 b_1（见图 4-4-2），环向焊接接头的对口错边量 b_2（见图 4-4-3），釜体法兰与筒体对接的环向焊接接头的对口错边量 b_3（见图 4-4-4），均应符合表 4-4-1 的要求。

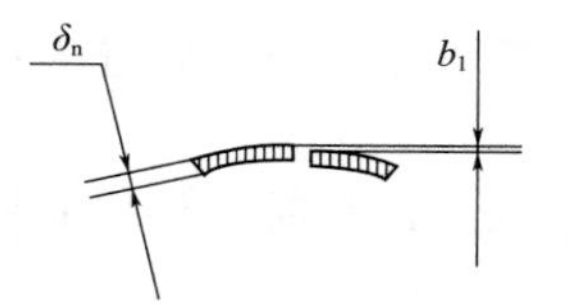

图 4-4-2 纵向焊接接头

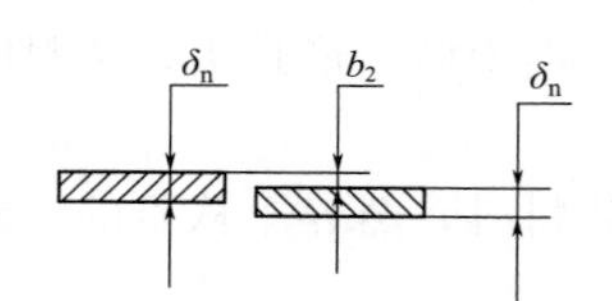

图 4-4-3 环向焊接接头

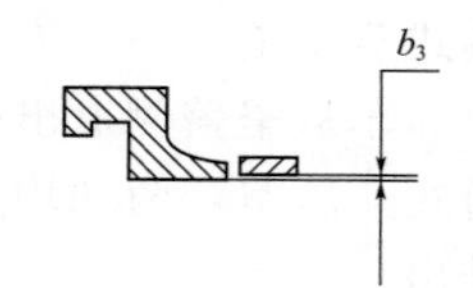

图 4-4-4 釜体法兰与筒体对接

表 4-4-1 釜体焊接接头参数要求 mm

对口名义厚度 δ_n	焊接接头对口错边量		
	b_1	b_2	b_3
$\delta_n \leqslant 12$	2	3	2
$12 < \delta_n \leqslant 26$	3	3.5	3

（4）釜体纵环向焊接接头处形成的棱角度应符合以下规定：

纵向焊接接头处的棱角 E，用弦长等于 1/6 釜体内径，且不小于 300mm 的内样板或外样板检查（见图4-4-5），环向焊接接头的棱角 E 用长度不小于 300mm 的直尺检查（见图 4-4-5），其 E 值应不大于 1/10 名义厚度 δ_n 加 1m，且不大于 3mm。

（5）釜体组装完成后，按要求检查壳体的圆度，壳体同一断面上最大和最小直径之差 e 值（见图 4-4-6）应符合表 4-4-2 规定。

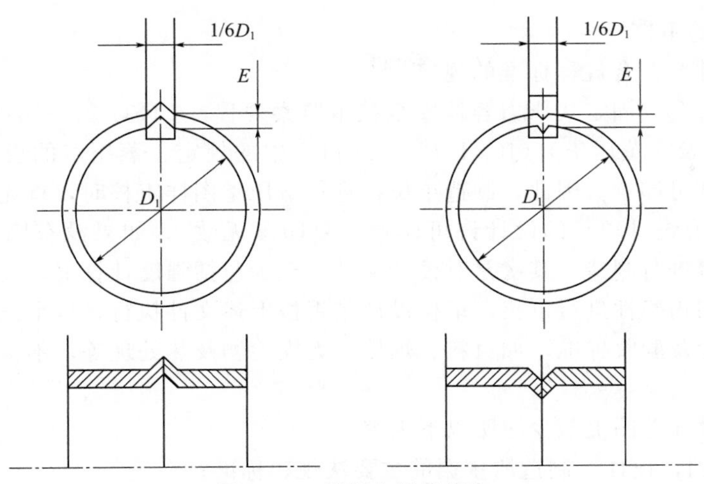

图 4-4-5　纵环向焊接接头

表 4-4-2　釜体内径参数要求　　mm

釜体内径 D_i	$D_i \leqslant \phi 1650$	$\phi 1650 < D_i \leqslant \phi 2500$	$\phi 2500 < D_i \leqslant \phi 3000$	$\phi 3000 < D_i \leqslant \phi 3500$
$e = D_{max} - D_{min}$	≤8	≤12	≤14	≤14

（6）釜体法兰端面与釜体中心线的垂直度 t 值应符合表 4-4-3 的要求。

（7）分段交货的蒸压釜，其分段处的外圆周长偏差 Δe，分段处端面对该段轴线的垂直度 T 均匀符合表 4-4-3 的规定，并保证环焊接接头对口错边量的要求。

表 4-4-3　蒸压釜技术参数　　mm

釜内直径 D_1 / 技术数据	$D_1 \leqslant \phi 2000$	$\phi 2000 < D_1 \leqslant \phi 2500$	$\phi 2500 < D_1 \leqslant \phi 2850$	$\phi 2850 < D_1 \leqslant \phi 3500$
t	2	2.5	3	3
T	1.5	1.8	2	2
Δe	±6	±7	±8	±10

（8）釜体的纵向焊缝不允许布置在釜体上部 90°和下部 80°的范围内（见图 4-4-7）。

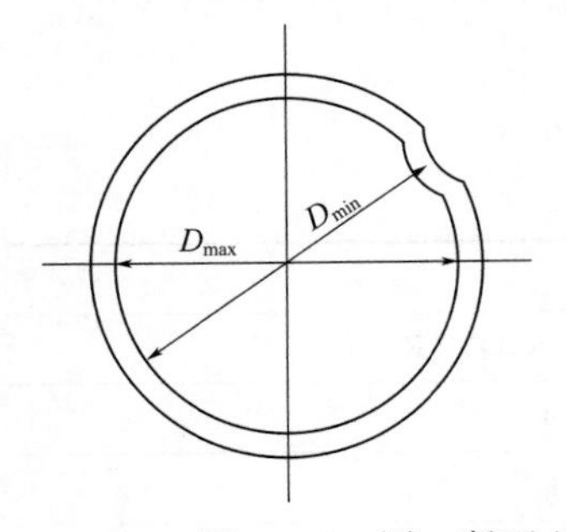

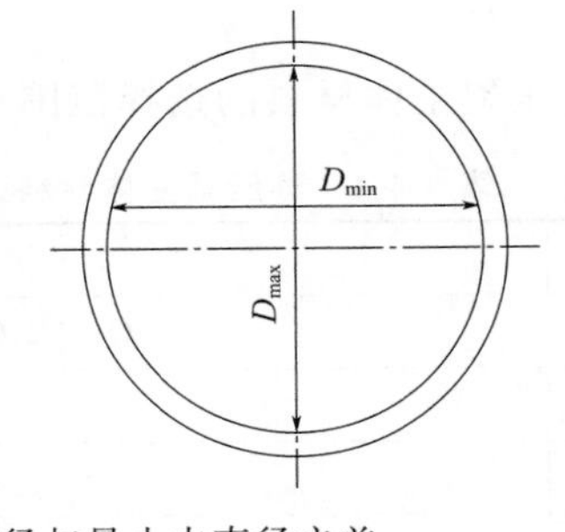

图 4-4-6　同一断面上最大内直径与最小内直径之差

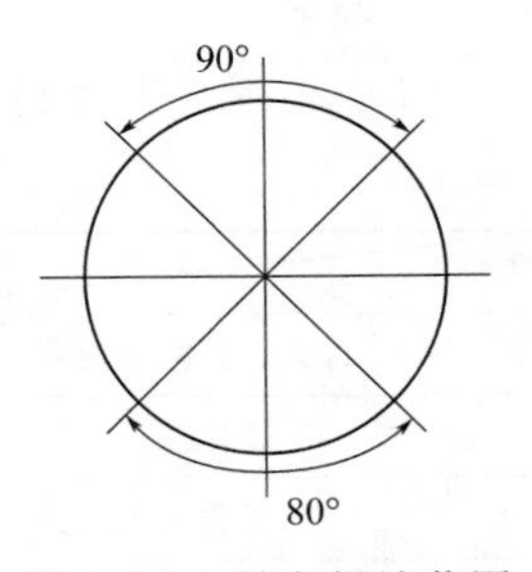

图 4-4-7　纵向焊缝范围

四、制造与检验

蒸压釜制造（含现场组焊）单位应取得特种设备制造许可证，依据有关法规、安全技术规范的要求建立压力容器质量保证体系并且有效运行。

1. **设计图样的审核**

(1) 设计文件要符合规程标准的规定

设计文件应符合《固定式压力容器安全技术监察规程》(TSG 21—2016)、《压力容器》(GB 150—2011) 及《蒸压釜》(JC/T 720—2011) 中的规定。蒸压釜的设计总图上必须盖有压力容器设计许可印章。因此，制造单位在进行蒸压釜图样审核时，首先要审查设计总图(蓝图) 上是否盖有设计单位的设计许可印章 (复印章无效)，如果没有则认为设计是无效的，制造单位不得进行制造。其次是对设计文件 (至少包括强度计算书，设计说明书和设计图样) 的完整性和正确性进行审核，审核设计是否按上述文件执行，技术条件是否采用最新的有关制造、检验及验收标准，如材料、焊接、无损检测及热处理等，不得采用已经被作废的相关标准。

(2) 蒸压釜设计总图上至少注明以下内容：

① 名称、类别，设计、制造所依据的主要法规、标准；

② 工作条件，包括工作压力、工作温度；

③ 设计条件，包括设计温度、设计载荷、介质、腐蚀裕量、焊接接头系数等；

④ 主要受压元件材料牌号与标准；

⑤ 主要特性参数 (如容积、釜内载荷、轨距等)；

⑥ 蒸压釜设计使用年限；

⑦ 特殊制造要求；

⑧ 热处理要求；

⑨ 无损检测要求；

⑩ 水压试验要求；

⑪ 预防腐蚀的要求；

⑫ 安全附件 (安全阀、压力表、液位计等) 的规格和订购特殊要求；

⑬ 蒸压釜铭牌的位置；

⑭ 包装、运输、现场组焊和安装要求。

(3) 设计修改

制造单位对原设计文件的修改，应当取得原设计单位同意修改的书面文件，并且对改动部位作详细记载。

2. **材料**

(1) 蒸压釜主体材料　蒸压釜主体材料的选择范围见表 4-4-4。

表 4-4-4　蒸压釜主体材料范围

类别 \ 范围	材料范围
封头、筒体、加强圈	Q235B、Q235C、Q245R、Q345R
釜体法兰	20Ⅱ、16MnⅡ
釜盖法兰	20Ⅱ、16MnⅡ
接管	20
管法兰	Q235B、Q235C、Q245R、Q345R

当选用 Q235B、Q235C 钢板时，必须满足下列条件：

① 蒸压釜的设计压力小于 1.6MPa；

② 钢板的使用温度：

Q235B 钢板：20～300℃；

Q235C 钢板：0～300℃；

③ 用于蒸压釜壳体（筒体和封头）时钢板厚度：

Q235B 和 Q235C 均不大于 16mm；

④ 用于蒸压釜其他受压元件（管法兰、补强圈等）时的厚度：

Q235B 不大于 30mm；Q235C 不大于 40mm。

（2）蒸压釜主体材料的相应标准

① 蒸压釜主要受压元件用材料的质量、规格与标志，应符合国家相应的标准。

② 材料生产单位应向材料使用单位提供质量证明书，材料质量证明书的内容（化学成分、力学性能）必须填写齐全、清晰，并且盖有材料制造单位质量检验章。

材料应有清晰、牢固的钢印标志或者采用其他方法的标志，实施制造许可的压力容器专用材料，质量证明书和材料上的标志内容还应包括制造许可标志和许可证编号。从非材料制造单位取得压力容器材料时，应当取得材料制造单位提供的质量证明书 原件或者加盖材料供应单位检验公章和经办人章的复印件。

各种材料的化学成分和力学性能应符合相应的下列标准（见表 4-4-5）。

表 4-4-5　材料化学成分和力学性能标准参数

类别	材料	相应标准
钢板	Q235B	GB/T 3274—2017《碳素结构钢和低合金结构钢热轧钢板和钢带》
	Q235C	GB/T 3274—2017《碳素结构钢和低合金结构钢热轧钢板和钢带》
	Q245R	GB 713—2014《锅炉和压力容器用钢板》
	Q345R	GB 713—2014《锅炉和压力容器用钢板》
锻件	20 Ⅱ	NB/T 47008—2017《承压设备用碳素钢和合金钢锻件》
	16Mn Ⅱ	NB/T 47008—2017《承压设备用碳素钢和合金钢锻件》
接管	20	GB/T 8163—2008《输送流体用无缝钢管》
	20	GB 9948—2013《石油裂化用无缝钢管》
焊条	E4303	GB/T 5117—2012《非合金钢及细晶粒钢焊条》
	E5015	GB/T 5118—2012《热强钢焊条》
	E5016	GB/T 5118—2012《热强钢焊条》
焊丝	H08A	GB/T 5293—1999《埋弧焊用碳钢焊丝和焊剂》
	H08MnA	GB/T 5293—1999《埋弧焊用碳钢焊丝和焊剂》
	H10Mn2	GB/T 5293—1999《埋弧焊用碳钢焊丝和焊剂》
焊剂	HJ401-H08A	GB/T 5293—1999《埋弧焊用碳钢焊丝和焊剂》
	HJ401-H10Mn2	GB/T 5293—1999《埋弧焊用碳钢焊丝和焊剂》

（3）材料的复验

① 用于制造蒸压釜筒体、封头的钢板，当采用 Q245R 且厚度大于 30～36mm 时，应逐张进行超声检测，钢板超声检测方法和质量等级按 NB/T 47013.3 的规定，不低于Ⅲ级为合格。

② 用于制造蒸压釜筒体、封头的钢板，当采用 Q345R 且厚度大于 36mm 时，应逐张进行超声检测，钢板超声检测方法和质量等级按 NB/T 47013.3 的规定，不低于Ⅱ级为合格。

（4）材料代用

蒸压釜主要受压元件材料的代用，必须事先征得原设计单位的同意，取得书面证明文件，并且在竣工图上作详细记录。

3. **冷加工成型**

（1）坡口表面要求

① 坡口表面不得有裂纹、分层、夹渣等缺陷。

② 施焊前应将坡口表面的氧化物、油污、熔渣及其他有害杂质清除干净，清除的范围（以距坡口边缘的距离计算）不得少于20mm。

（2）封头成型

① 蒸压釜的封头有两种形式：一种是无折边球形封头；另一种是标准椭圆形封头。一般由两块或三块钢板拼接制成。封头各种不相交的拼接焊缝中心线之间距离至少应为钢材厚度 δ_s 的三倍，且不小于100mm。先拼板后成形的封头，其拼接焊缝的内表面以及影响成形质量的拼接焊缝外表面，在成形前应打磨至与母材齐平。

② 成形后的封头，其最小厚度不得小于封头的计算厚度 δ 与腐蚀裕量 C_2 之和，以满足强度与使用寿命的要求。

③ 用带间隙的全尺寸内样板检查封头内表面的形状偏差（见图4-4-8），缩进尺寸为 $(3\%\sim5\%)D_i$，其最大形状偏差外凸不得大于 $1.25\%D_i$，内凹不得大于 $0.625\%D_i$。且存在偏差部位不应是突变的。先成形后拼接制成的封头，允许样板避开焊缝位置。

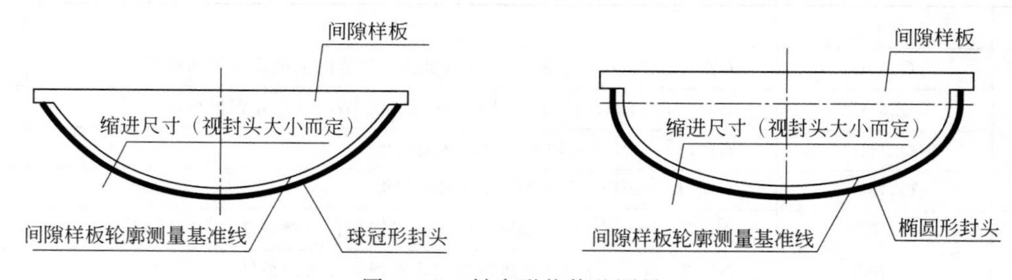

图4-4-8　封头形状偏差测量

④ 封头直边部分不得存在纵向皱折。

（3）筒体成型

① A、B类焊接接头的对口错边量 b（见图4-4-9）应符合表4-4-6的规定。

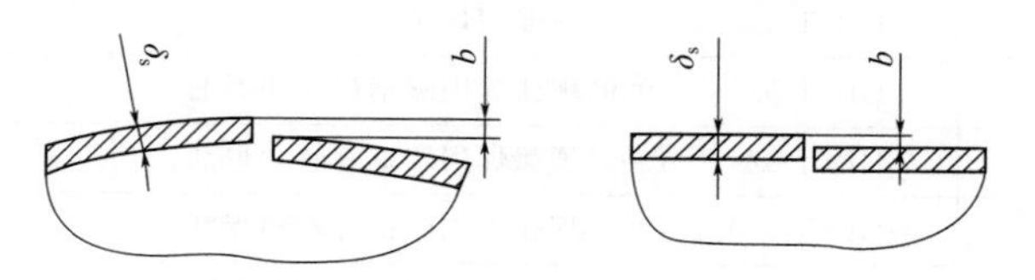

图4-4-9　A、B类焊接接头对口错边量

表4-4-6　A、B类焊接接头参数要求

对口处的名义厚度/mm	对口错边量 b/mm	
	A类焊接接头	B类焊接接头
$\delta_s\leqslant12$	≤2	≤3
$12<\delta_s\leqslant26$	≤3	≤3.5
$26<\delta_s\leqslant40$	≤3	≤4

② 因焊接在环向形成的棱角 E，用弦长等于 $\frac{1}{6}D_i$，且不小于 300mm 的内样板或外样板检查（见图 4-4-10），E 值不得大于 $\frac{\delta_s}{10}+1$mm，且不大于 3mm。

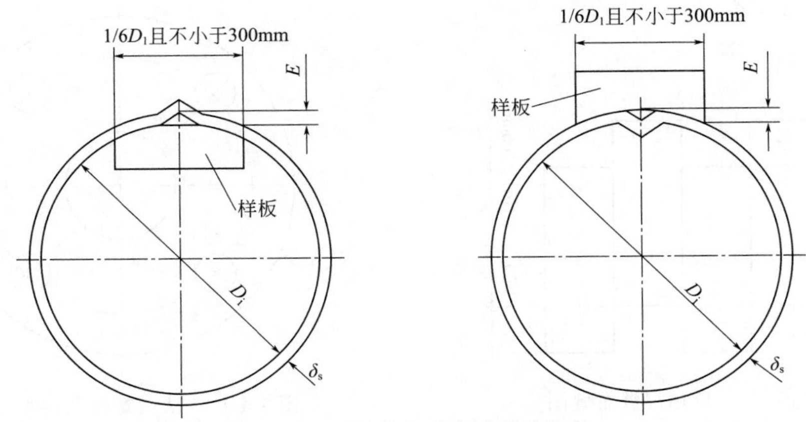

图 4-4-10 焊接在环向形成的棱角

③ 因焊接在轴向形成的棱角 E，用长度不小于 300mm 的直尺检查（见图 4-4-11），其 E 值不得大于$\frac{\delta_s}{10}+1$mm，且不大于 3mm。

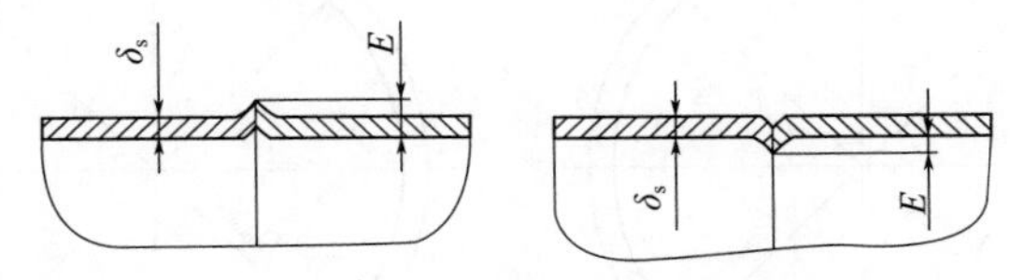

图 4-4-11 焊接接头处的轴向棱角

④ 筒体直线度允差 ΔH

当 $L\leqslant 20$m 时，$\Delta H\leqslant L/1000$mm，且$\leqslant 20$mm；

当 20m$<L\leqslant 30$m 时，$\Delta H\leqslant L/1000$mm，且$\leqslant 25$mm；

当 30m$<L\leqslant 50$m 时，$\Delta H\leqslant 35$mm。

测量时，沿圆周 0°、90°、180°、270°四个部位拉 $\phi 0.5$mm 的细钢线测量，测量位置应距离焊缝 100mm 以上（见图 4-4-12）。

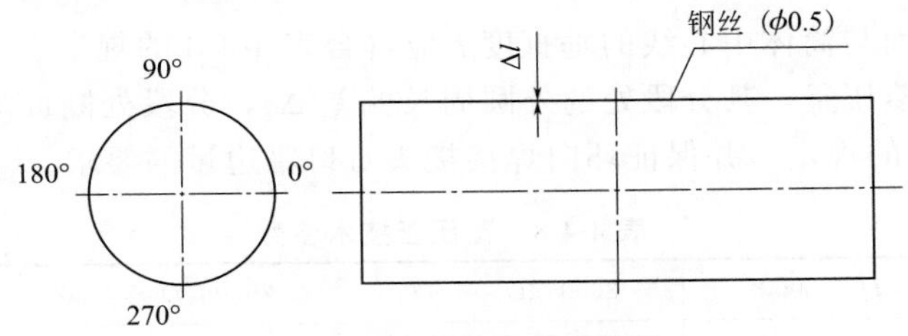

图 4-4-12 筒体直线度测量

⑤ 筒体长度偏差 ΔL

当 $L\leqslant 20$m 时，ΔL 为$^{+15}_{-10}$mm；

当 20m$<L\leqslant 30$m 时，ΔL 为$^{+20}_{-10}$mm；

当 30m$<L\leqslant 50$m 时，ΔL 为$^{+30}_{-10}$mm。

⑥ 组装时，相邻筒节的A类焊接接头的距离或封头A类焊接接头的端点与相邻圆筒A类焊接接头的距离应大于钢材厚度δ_s的3倍，且不小于100mm，见图4-4-13。

⑦ 接管法兰的螺栓通孔应与釜体主轴线或垂线对称布置（见图4-4-14）。

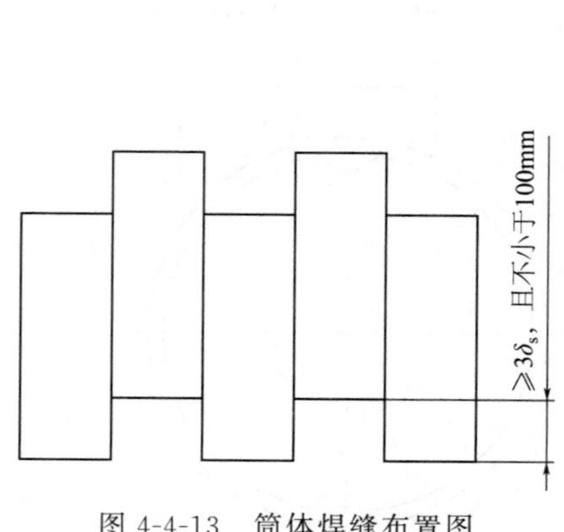

图 4-4-13 筒体焊缝布置图

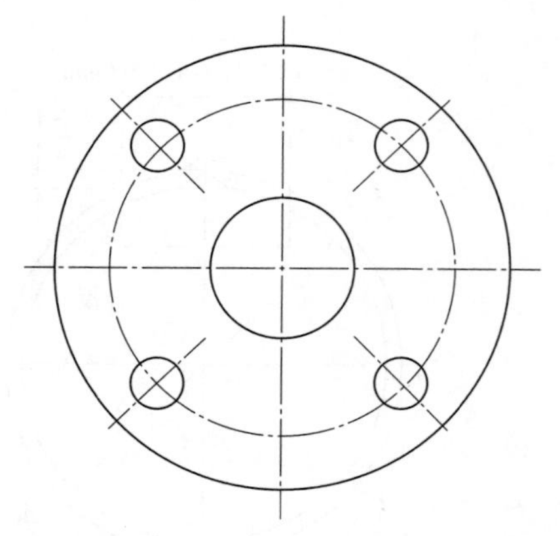

图 4-4-14 法兰螺栓孔的跨中布置

⑧ 筒体同一断面上最大内径与最小内径差e值（见图4-4-15）应符合表4-4-7。

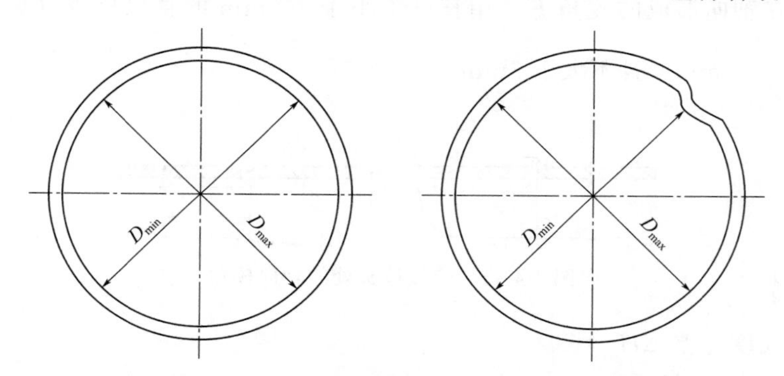

图 4-4-15 同一断面上最大内直径与最小内直径之差

表 4-4-7 釜体内直径参数要求

单位：mm

釜体内直径 D_i	$D_i \leqslant 1650$	$1650 < D_i \leqslant 2500$	$2500 < D_i \leqslant 3000$	$3000 < D_i \leqslant 3500$
$e = D_{max} - D_{min}$	≤8	≤12	≤14	≤14

⑨ 釜体法兰端面与筒体中心线的垂直度t应符合表4-4-3的规定。

⑩ 分段交货的蒸压釜，其分段处的外圆周长偏差Δe，分段处断面对该段轴线的垂直度T均应符合表4-4-8的规定，并保证环向焊接接头对口错边量的要求。

表 4-4-8 蒸压釜技术参数

单位：mm

釜体内直径 D_i	$D_i \leqslant 2000$	$2000 < D_i \leqslant 2500$	$2500 < D_i \leqslant 2850$	$2850 < D_i \leqslant 3500$
t	2	2.5	3	3
T	1.5	1.8	2	2
Δe	±6	±7	±8	±10

（4）机械加工

① 机械加工表面和非机械加工表面的未注公差的极限偏差，分别按《一般公差未注公

差的线性和角度尺寸的公差》GB/T 1804—2000 规定的 m 级和 c 级精度。

② 釜盖法兰和釜体法兰牙齿接触面一侧的齿根圆角半径应不小于 5mm（见图 4-4-16）。

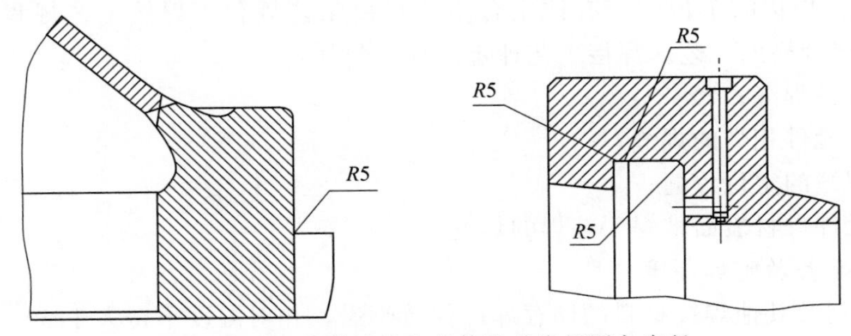

图 4-4-16　釜盖法兰和釜体法兰齿根圆角半径

③ 釜盖法兰与釜盖封头的对口错边量 b 应不大于 2mm（见图 4-4-17）。

④ 釜体法兰与筒体的对口错边量 b 值（见图 4-4-18）应符合表 4-4-9 中的规定。

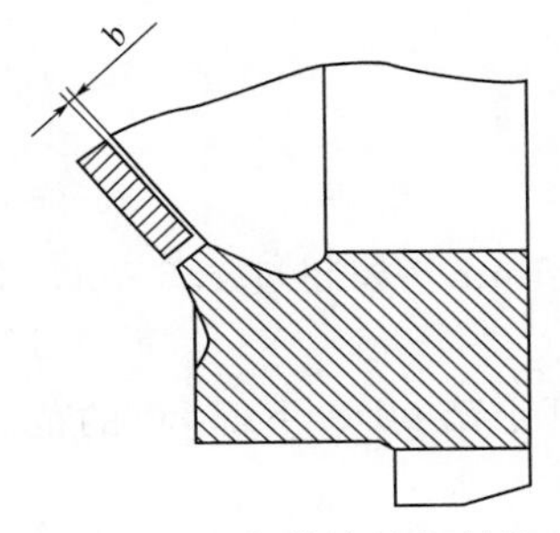

图 4-4-17　釜盖法兰和封头焊接接头对口错边量

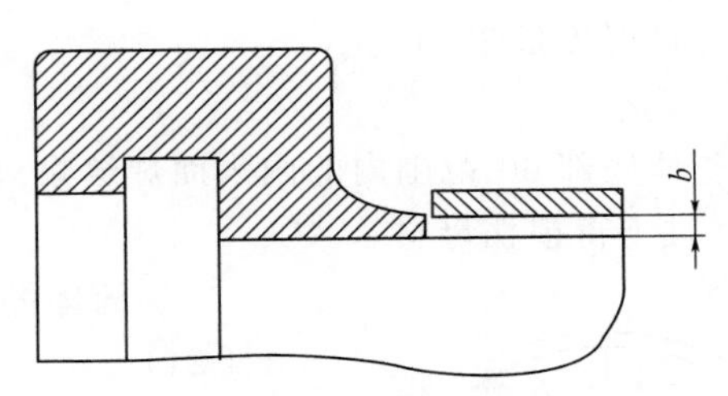

图 4-4-18　釜体法兰和筒体焊接接头对口错边量

表 4-4-9　釜体法兰与筒体焊接接头参数要求　　mm

对口名义厚度 δ_s	釜体法兰与筒体焊接接头对口错边量 b
$\delta_s \leqslant 12$	≤2
$12 < \delta_s \leqslant 26$	≤3
$26 < \delta_s \leqslant 40$	≤3

⑤ 釜体法兰和釜体法兰盖的位置公差应按《形状和位置公差　未注公差值》GB/T 1184—1996 中的 IT8 级精度要求（见图 4-4-19 和图 4-4-20）。

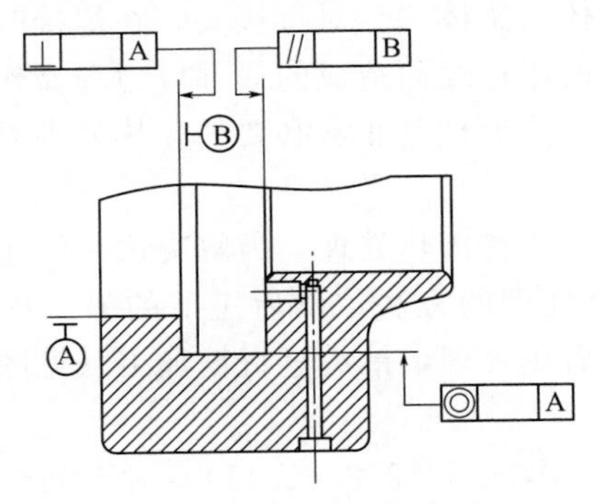

图 4-4-19　釜体法兰形位公差

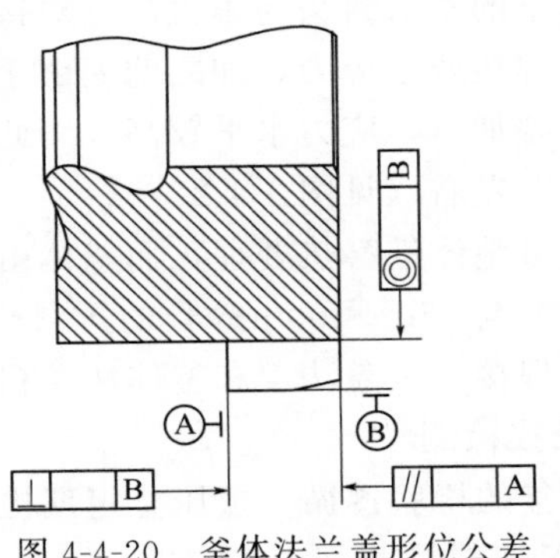

图 4-4-20　釜体法兰盖形位公差

4. 焊接

(1) 焊接工艺

对首次进行焊接的单位，应有评定合格的焊接工艺规程。焊接工艺规程应为按 NB/T 47014 标准评定合格的工艺。焊接工艺评定的焊缝包括：

① 受压元件焊缝；

② 与受压元件相焊的焊缝；

③ 上述焊缝的定位焊缝；

④ 受压元件母材表面堆焊、补焊的焊缝。

(2) 焊前准备及施焊环境

焊条、焊剂及其他焊接材料的储存库应保持干燥，相对湿度不得大于 60%。

当施焊环境出现下列之一情况，且无有效保护措施时，禁止施焊：

① 焊条电弧焊时风速大于 10m/s；

② 气体保护焊时风速大于 2m/s；

③ 相对湿度大于 90%；

④ 雨、雪环境；

⑤ 焊件温度低于-20℃。

(3) 焊接

① 釜体底部 60°范围内的内表面焊缝余高不得大于 2.5mm，如超过 2.5mm，应将其打磨平滑，且不得损伤母材。

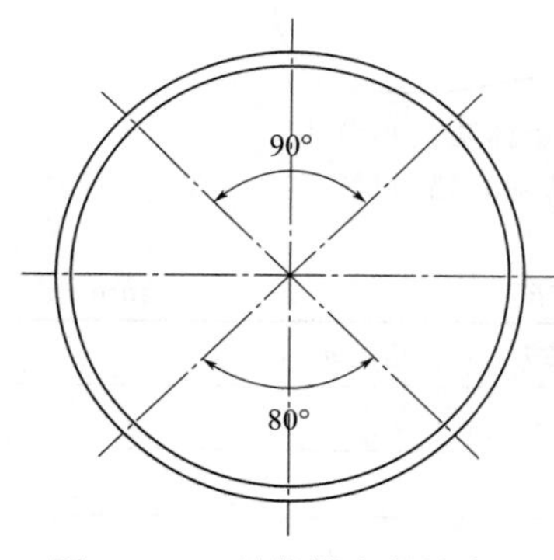

图 4-4-21 筒体纵向焊缝布置

② 筒体的纵焊缝应避开上部 90°、下部 80°的范围（见图 4-4-21）。

③ 釜盖封头与釜盖法兰的对接接头及筒体与釜体法兰的对接接头，焊前预热到 100～150℃。

④ 焊接接头表面不得有裂纹、未焊透、未熔合、表面气孔、弧坑、未填满、夹渣和飞溅物；焊缝与母材应圆滑过渡；角焊缝的外形应凹形圆滑过渡。

⑤ 焊缝表面的咬边深度不得大于 0.5mm，咬边连续长度不大于 100mm，焊缝两侧咬边的总长度不得超过该条焊缝长度的 10%。

⑥ 焊缝尺寸应符合图样、标准及工艺文件的要求。

5. 焊后热处理

蒸压釜的釜盖封头与釜盖法兰对接接头及筒体与釜体法兰对接接头，在焊接时，往往产生很大的焊接残余应力，加之此处由于几何形状的不连续而造成的局部应力和操作状态下的薄膜应力叠加后，应力水平较高。因此，进行焊后热处理是非常必要的。热处理温度一般在 600～640℃左右（见图 4-4-22）。

釜盖可整体进窑热处理，而釜体由于过长而无法整体热处理。为解决这一问题，一般采取釜体法兰与 250～400mm 长的短节焊后进窑热处理的方法，然后短节的另一端再与其他筒节进行焊接。釜盖法兰和釜体法兰粗加工经焊后热处理，最后进行精加工（见图 4-4-23）。

6. 无损检测

蒸压釜的检验遵循《蒸压釜定期检验规程》(DB34/T 1546—2011)，对下列焊缝必须进行 100%X 射线检测：

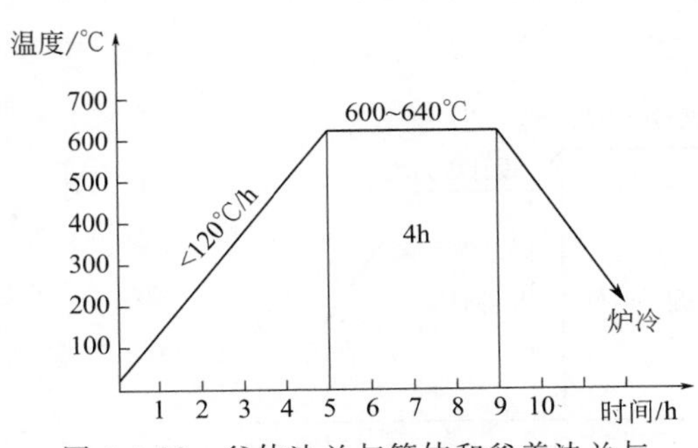

图 4-4-22　釜体法兰与筒体和釜盖法兰与封头对接接头焊后热处理曲线

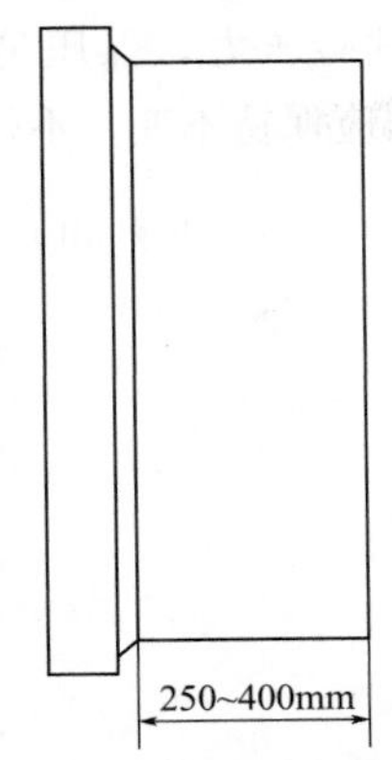

图 4-4-23　釜体法兰与筒体短节

（1）釜盖封头上的拼接接头；

（2）釜盖封头与釜盖法兰的环向焊接接头；

（3）筒体与釜体法兰的环向焊接接头；

（4）现场焊接的筒体环向焊接接头；

（5）釜体可能被支座、补强圈等覆盖的焊接接头；

（6）对满足不另行补强的接管，自开孔中心、沿筒体表面的最短长度等于开孔直径的范围内的焊接接头。

其他焊接接头均做局部 X 射线检测，检测长度应不小于该条焊接接头长度的 20%，且不少于 250mm。

对无损检测发现焊接接头中有不允许的缺陷时，应在该缺陷两端的延伸部位增加检测长度，增加的长度为该焊接接头长度的 10%，且两侧均不小于 250mm，若仍有不允许缺陷时，则应对该条焊接接头全部检测。

X 射线检测的合格标准为：100%检测符合 NB/T 47013.2—2017 中的Ⅱ级；局部检测符合 NB/T 47013.2—2017 中的Ⅲ级。

需做磁粉检测和渗透检测时，按 NB/T 47013.4—2017 和 NB/T 47013.5—2017 的规定进行。

7. 水压试验

（1）水压试验时，应使用两个量程相同、并经检定合格的压力表测量试验压力，压力表的量程应为 1.5～3.0 倍的试验压力，宜为试验压力的 2 倍。压力表的精度不得低于 1.6 级，表盘直径不得小于 100mm。

（2）在水压试验之前，蒸压釜的开孔补强圈，应通入 0.4～0.5MPa 的压缩空气检查焊接接头质量。

（3）水压试验前，蒸压釜各连接部位的紧固件应装配齐全，并紧固妥当；为水压试验而装配的临时受压元件，应采取适当的措施，保证其安全性。

（4）试验用压力表应安装在釜体顶部最高点的位置。

（5）试验时，蒸压釜顶部应留有排气口，充水时，应将釜内的空气排尽。试验过程中，应保持蒸压釜的观察表面干燥。

（6）应采用洁净的水进行试验，试验水温：Q345R 制造的蒸压釜水温不得低于 5℃；Q245R 制造的蒸压釜水温不得低于 15℃。升压时应缓慢升至设计压力，确认无泄漏后继续升到规定的试验压力，保压足够时间，然后降压设计压力下保压进行检查，保压足够时间，检查期间压力应保持不变，不得采用连续加压以维持试验压力不变的做法。升压过程见图 4-4-24。

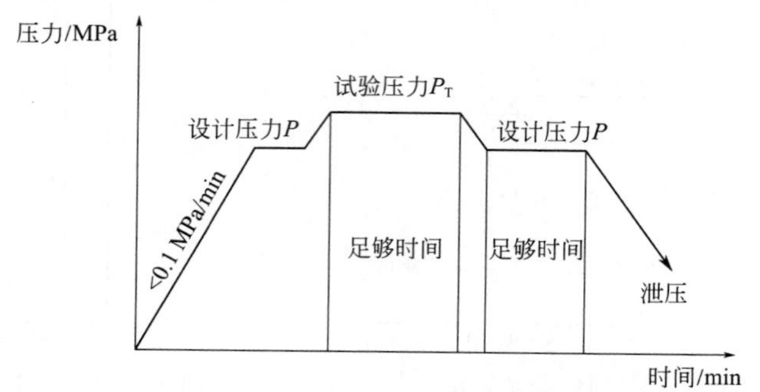

图 4-4-24 蒸压釜水压试验升压—降压曲线

（7）检查结查，以无渗漏、无可见异常变形和无异常响声为合格。

（8）水压试验完毕后，应将釜内残留的水排尽，并用压缩空气将内表面吹干。

五、安装与调试

从事蒸压釜安装的单位应是已取得相应的制造许可证或者安装许可证的单位；蒸压釜在安装前，从事蒸压釜安装的单位应当向压力容器使用登记机关书面告知。

1. 釜体的安装

（1）装设安全阀和压力表

蒸压釜的最高工作压力低于压力源时，在通向蒸压釜进口的管道上必须装设减压阀，在减压阀的低压侧，还必须装设安全阀和压力表（见图 4-4-25）。

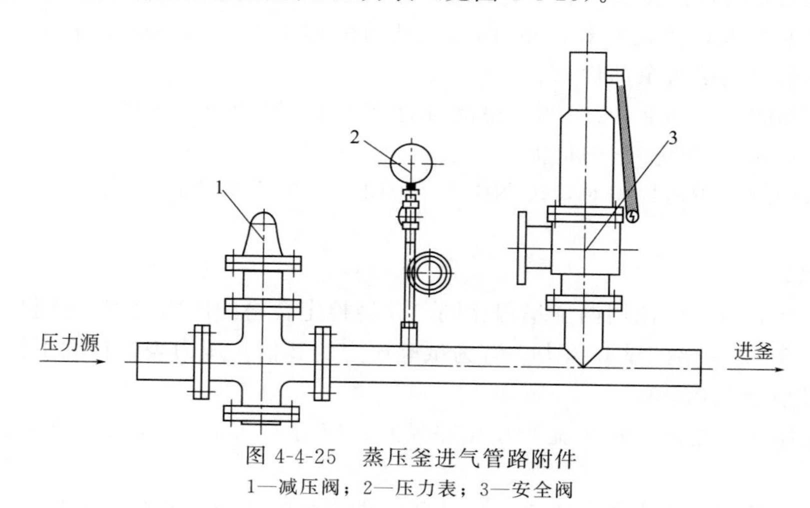

图 4-4-25 蒸压釜进气管路附件

1—减压阀；2—压力表；3—安全阀

（2）吊装

釜体在吊装时不允许焊接临时吊耳等附件。如有起重设备时，应按图示吊装位置进行吊装（见图 4-4-26）。其目的在于吊装时，釜体的吊装应力均匀分布，即等强度的原则。

如现场无起重设备时，也可采用滚动的方法，即将釜体放置于木排上，木排下面用若干钢管放置于轨道上，然后用卷扬机驱动釜体使其向前移动。在移动过程中不得损坏接管、加强圈等附件（见图 4-4-27）。

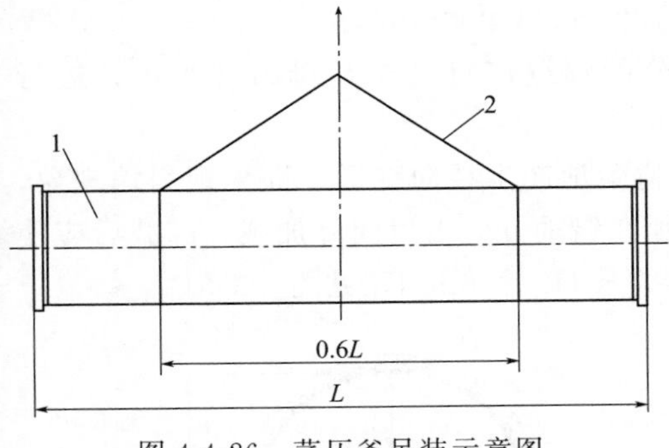

图 4-4-26 蒸压釜吊装示意图
1—釜体；2—钢丝绳

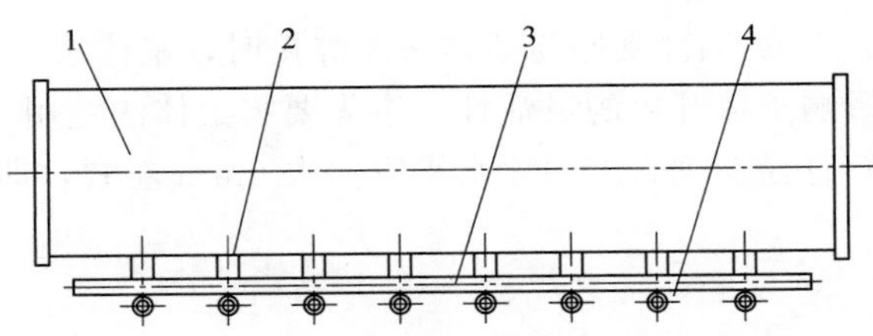

图 4-4-27 蒸压釜现场搬运示意图
1—釜体；2—垫木；3—滑道；4—钢管

（3）现场组装

对分段制造现场焊接的釜体（一般分两段），找正后再组装焊接。焊接时，应由两名焊工在圆周的相对方向同时焊接，以减少焊接变形的不均匀，焊后应进行 100% X 射线检测。

釜体法兰端面应与釜体中心线垂直，其垂直度允差一般为 2～3mm。如垂直度超差时，可采用碳弧气刨方法将釜体法兰与筒体焊接的环焊缝刨开，然后再进行焊接，利用收缩的原理，使垂直度得到调整。焊后应进行 100% X 射线检测，并做有效的局部热处理（见图 4-4-28）。

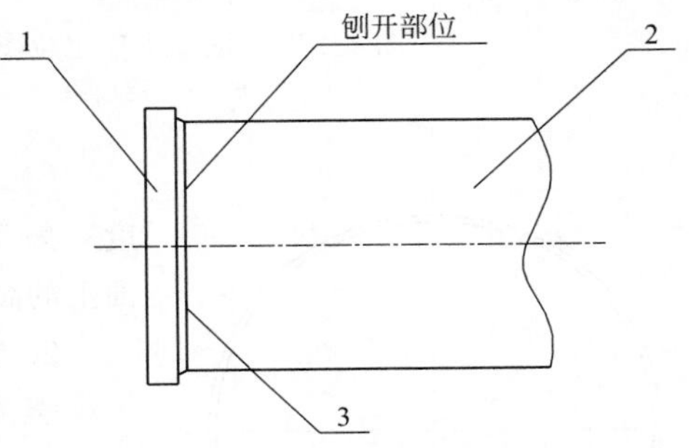

图 4-4-28 釜体法兰端面垂直度调整
1—釜体法兰；2—筒体；
3—釜体法兰与筒体连接环焊缝

（4）支座的安装

① 蒸压釜的基础应按整体设计，以保证蒸压釜在工作时避免由于基础下沉产生的附加弯曲压力。为便于各支座保持在同一水平面上，钢筋混凝土基础应预留 100mm 左右的两次灌浆量。

② 支座安装就位时，其标高应采用拉钢丝的方法进行检测，其偏差不得超过 ±2mm；如超差时，可采取调整底板厚度或加垫的办法来解决（见图 4-4-29）。

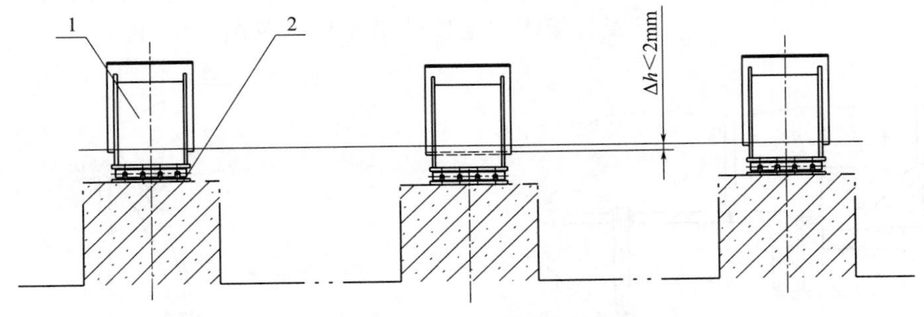

图 4-4-29 支座标高测量
1—支座；2—底板

③ 各支座的托板与釜体外表面应保证紧密贴合，如托板与釜体接合面有间隙，可采用火焰加热法对托板进行校正，不得加塞小面积垫板或斜铁。

④ 活动支座安装时，应调整好挡块与固定圈之间的相对位置，以便釜体在热膨胀时能自由伸缩，$\Delta l \geqslant$釜体热膨胀量，见图 4-4-30。各活动支座与釜体焊接时，应采用小电流进行

焊接，不得损伤釜体，焊接应采用间断焊，一般为100mm或200mm。

⑤ 筒体焊缝如被支座托板覆盖时，被覆盖部分的焊缝应打磨至与母材齐平，并进行100% X射线检测。

⑥ 端部支座与釜体法兰焊接时，釜体法兰不可避免地产生径向变形，即出现扁塌现象，影响釜盖开启的灵活性。事先要将釜体法兰用千斤顶在铅垂方向由里向外加载，卸载后应使其直径在垂直方向比水平方向大6mm左右，即：$D_{max}-D_{min}\approx 6mm$，见图4-4-31。

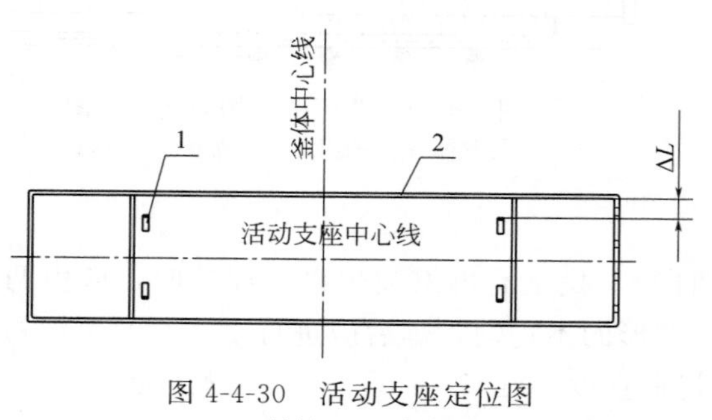

图4-4-30 活动支座定位图

1—挡块；2—定位圈

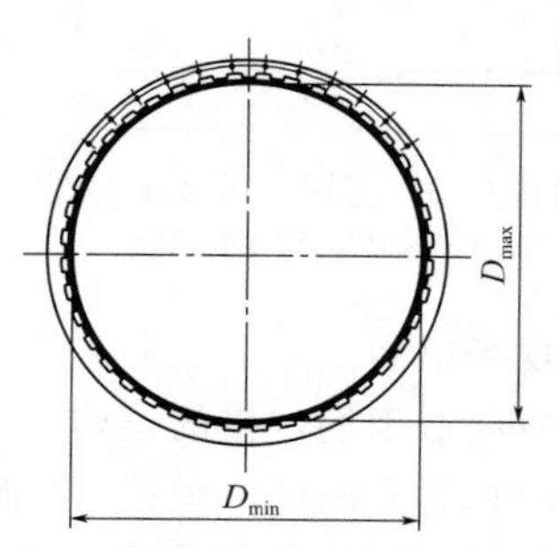

图4-4-31 釜体法兰铅垂方向与水平方向直径差

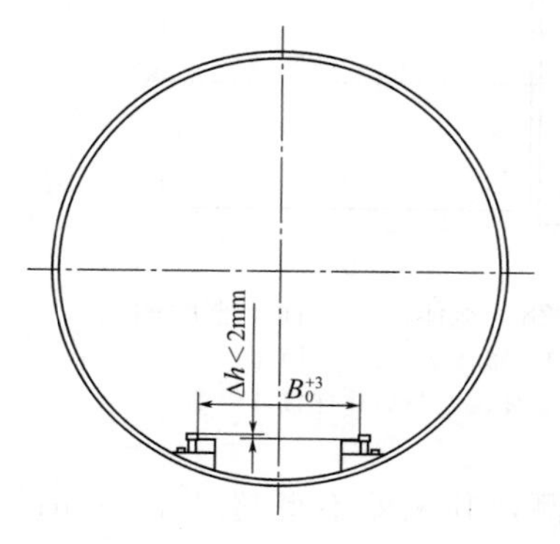

图4-4-32 钢轨轨距与钢轨上平面高度差

⑦ 釜内轨道必须保持水平，轨道沿釜体轴线方向的倾斜度一般不应超过10mm，釜体内两轨道上平面在釜体同一断面上的高度差不大于1mm；轨距允许偏差为B_0^{+3}（见图4-4-32）。

2. 釜盖的安装

釜盖是通过吊板与摆动装置连接的，调整拉杆上的大螺母来保证釜盖与釜体法兰的同心度；调整釜盖上的螺母保证釜盖法兰端面与釜体法兰端面的平行度，人工驱动手摇减速器使釜盖上的凸齿与釜体法兰上的凸齿正常啮合，转动灵活。整个凸齿的接触面积不少于80%，如未达到这一要求时，说明釜盖法兰或釜体法兰有翘曲现象，应采用火焰加热的方法进行校正，直至合格为止，严禁在凸齿上涂抹任何润滑材料。釜盖与釜体的连接见图4-4-33及图4-4-34。

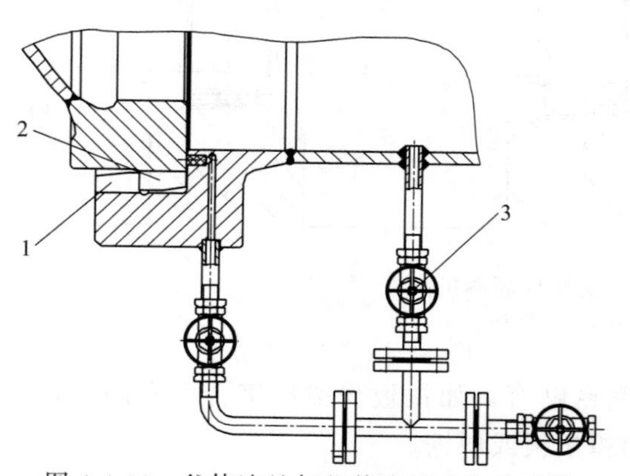

图4-4-33 釜体法兰与釜盖法兰啮合示意图

1—釜体法兰齿；2—釜盖法兰齿；3—截止阀

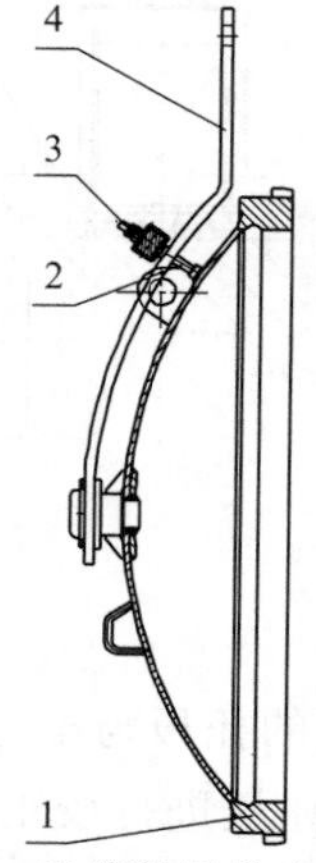

图4-4-34 釜盖装置的安装与调整

1—釜盖法兰；2—螺栓；3—螺母；4—手柄

3. 摆动装置的安装

首先要保证摆动装置立轴的垂直度，以减少立轴与轴承之间产生的摩擦力，使悬臂梁能停止在回转范围内的任意位置上。调整好后再把拉板和支撑板分别焊在筒体和釜体法兰上，拉板与釜体焊接时，不得对筒体有任何损伤。摆动装置与釜体法兰的连接见图 4-4-35。

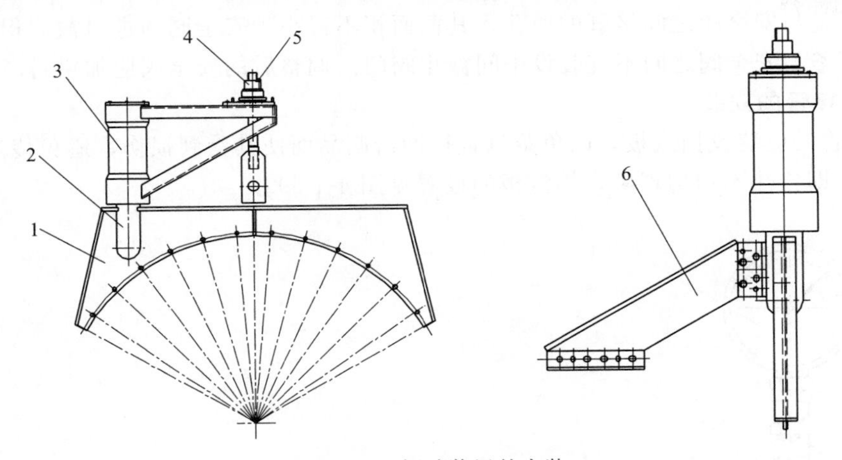

图 4-4-35　摆动装置的安装

1—支承板；2—立轴；3—套筒；4—螺母；5—螺栓；6—拉板

4. 手摇减速器的安装

手摇减速器的伞齿轮箱与支座相连，支座与固定在釜体法兰上的座子相连。

安装时最重要的是保证锥齿轮轴与扇齿板之间的距离。当距离超差（一般是超大）时，可采用加垫钢板的方法进行调整，直至合格为止。釜盖上的扇齿板与手摇减速器的锥齿轮轴啮合情况见图 4-4-36。

5. 安全装置的安装

必须按图样上的要求，正确安装安全盘与球阀开启与关闭的相对位置（见图 4-4-37）。

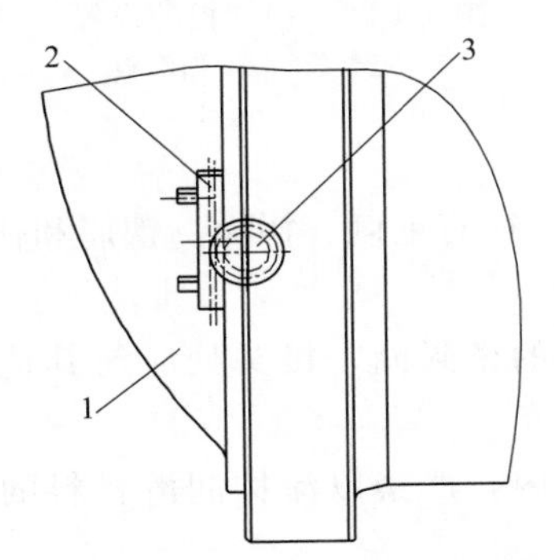

图 4-4-36　手摇减速器与扇齿板的安装

1—釜盖；2—扇齿板；3—圆锥齿轮

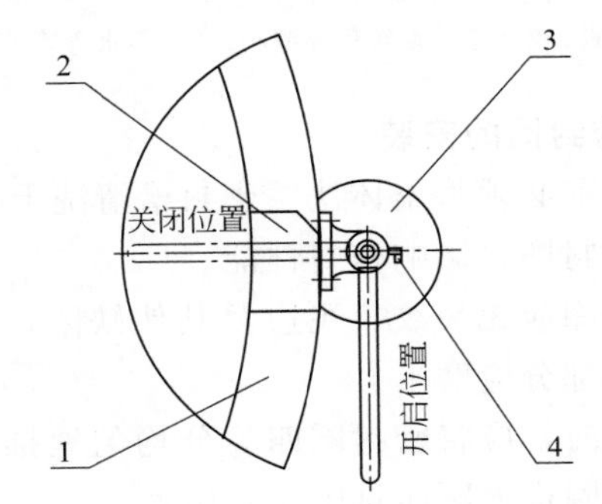

图 4-4-37　安全装置示意图

1—釜体法兰；2—挡板；3—安全装置；4—限位挡块

6. 压力表与安全阀的安装

(1) 压力表的安装

① 压力表的装设位置应便于操作人员观察和清洗，且应避免受到热辐射、冻结或震动的不利影响。

② 压力表与蒸压釜之间应装有三通旋塞和针型阀，三通旋塞和针型阀上应有开启标记

和锁紧装置。压力表与蒸压釜之间不得连接其他用途的配件或连接管。

③ 压力表与蒸压釜之间应装有存水弯管（见图 4-4-38）。

（2）安全阀的安装

① 安全阀应铅直安装，并应装设在蒸压釜筒体最高点的气相空间。

② 蒸压釜与安全阀之间接管的通孔，其截面积不得小于安全阀的进口截面积。

③ 蒸压釜与安全阀之间不宜装设中间截止阀门。调整后的安全阀应加铅封。

7. 进气接管的安装

进气接管处应装设挡汽板，以免蒸汽直接冲击制品而使其受到损伤，避免传热过程中出现“死区”，即传热不均匀现象，挡汽板的设置见图 4-4-39。

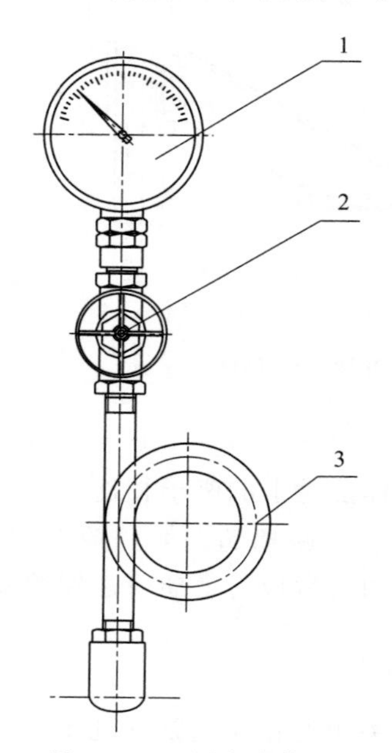

图 4-4-38 压力表装置

1—压力表；2—三通旋塞和针型阀；3—存水弯管

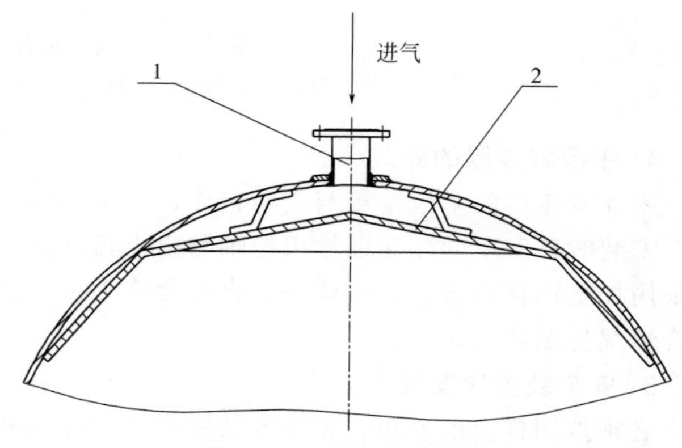

图 4-4-39 挡气板的设置

1—进气管；2—挡汽板

8. 密封圈的安装

安装前必须将釜体法兰密封槽清洗干净，槽内不得有毛刺、污垢、铁屑和任何杂物，以免损伤密封圈，影响密封性能。

密封圈应无裂纹、飞边及其他缺陷，对有接头的密封圈，接头处应与其他部位平滑过渡，超高部分应磨平。

安装时，应将密封圈四等分均匀地推入密封槽内，严禁以涂抹润滑材料的方法进行安装，密封圈推入顺序见图 4-4-40。

9. 冷凝水排放系统的安装

每台蒸压釜必须配备两套冷凝水排放系统。安装时，应保证疏水阀的出水口低于釜体的最低点，以使釜内的冷凝水及时排掉，避免釜体上下产生过大的温差（见图 4-4-41）。

10. 排水保护网罩的安装

在釜体两端最低点处，即冷凝水排放接口处，安装排水保护网罩，防止釜内杂物将疏水阀堵塞，影响冷凝水排放效果，冷凝水排放接管内侧焊缝应与筒体齐平，高出部分磨平。见图 4-4-42。

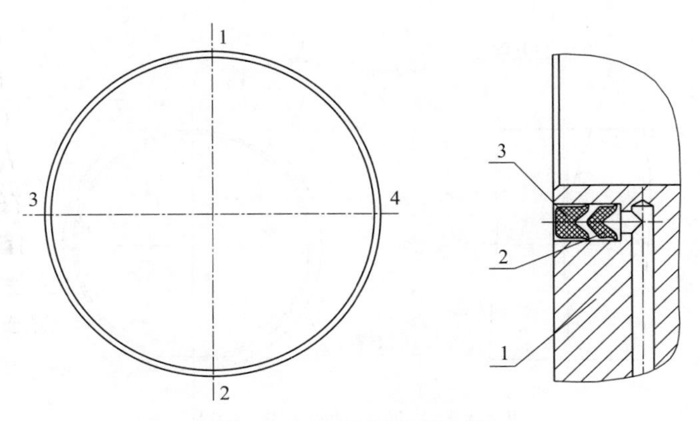

图 4-4-40　密封圈的安装

1—釜体法兰；2—密封圈Ⅰ；3—密封圈Ⅱ

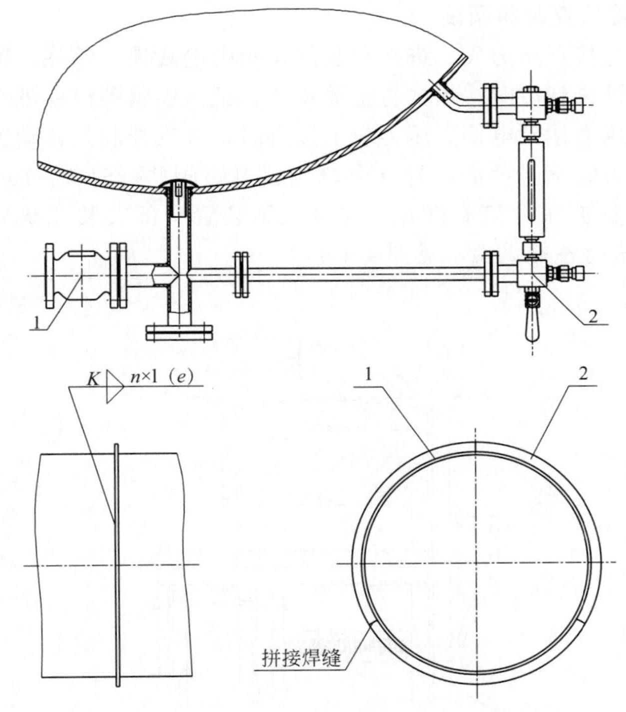

图 4-4-41　釜内水位显示与排水系统

1—疏水阀；2—水位计

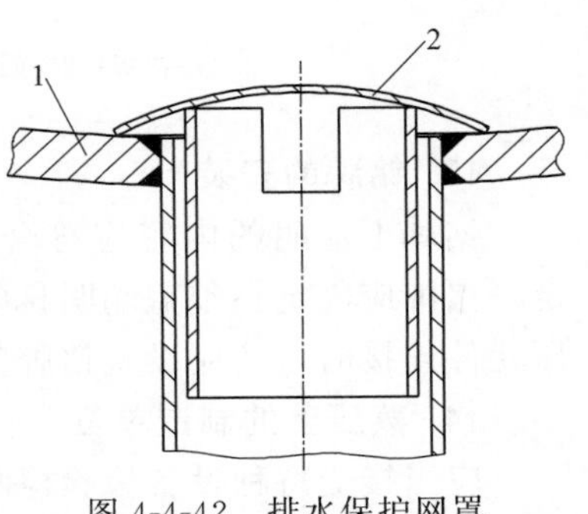

图 4-4-42　排水保护网罩

1—筒体；2—网罩

11. 加强圈的安装

一般情况下，蒸压釜的加强圈为外加强圈。加强圈在安装时，严禁强行组装，如锤击等，以免损伤筒体。为便于安装，加强圈可分段拼接，但拼接焊缝不应超过 3 处，拼接采用全焊透的对接接头。加强圈与筒体的焊接一般采用间断焊，间距 $e \leqslant 8\delta_s$，焊缝长度 $l \geqslant e$，即加强圈每侧间断焊接的总长度不少于筒体外圆周长的$\frac{1}{2}$，见图 4-4-43。

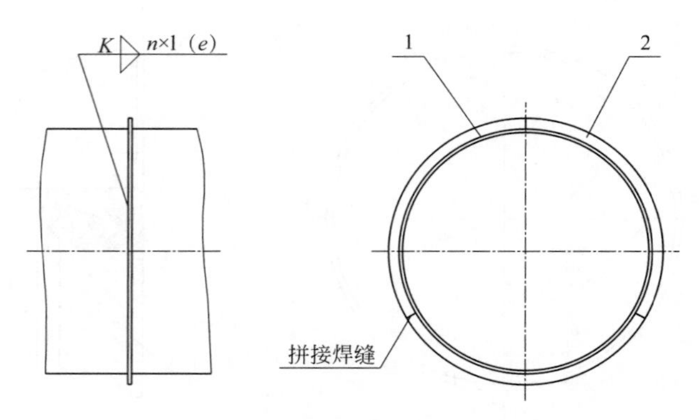

图 4-4-43　加强圈的安装与焊接
1—筒体；2—加强圈

12. **安全联锁装置的安装和调试**

安全联锁装置由电接点压力表、进汽控制阀、牵引电磁铁、销柱、锁板、行程开关、电控箱等组成。当釜盖锁紧到位时，销柱将釜盖锁住，销柱锁紧到位后进汽控制阀才能接通电源允许进汽，当釜内压力达到电接点压力表上接点时，进汽控制阀自动关闭，停止进汽。排汽过程中，当釜内压力完全泄放后，打开余汽排放电磁阀并延时 5～10min，才能驱使销柱打开，此时方可旋转釜盖并将釜盖打开。安全联锁装置全部安装完毕后，釜内通入 0.2～0.3MPa 的压缩空气进行性能试验。见图 4-4-44。

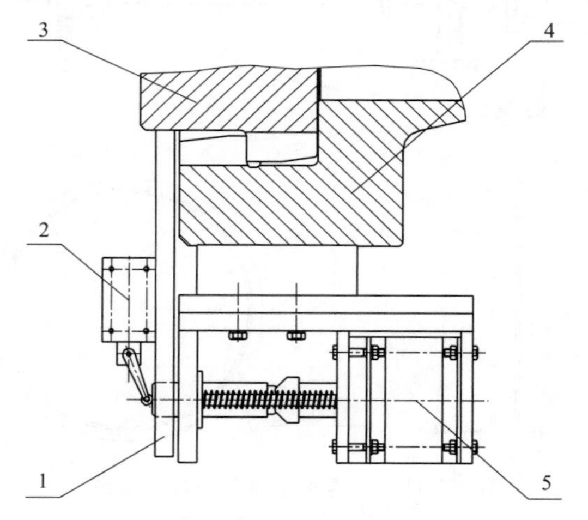

图 4-4-44　安全联锁装置示意图
1—锁板；2—限位开关；3—釜盖法兰；4—釜体法兰；5—安全联锁装置

13. **铭牌的安装**

铭牌上注明的内容应符合《固定式压力容器安全技术监察规程》TSG 21—2016 的规定。铭牌应固定在釜盖端明显的位置上，一般放置在摆动装置支承板的左侧或右侧。当与受压元件连接时，还应设置铭牌座，铭牌座与受压元件焊接，而铭牌铆接在铭牌座上。

14. **蒸压釜的制造单位**

应当接受特种设备检验检测机构对其制造过程的监督检验，并由特种设备检验检测机构出具产品监督检验证书。

15. 产品出厂资料

（1）蒸压釜出厂时，制造单位应当向使用单位至少提供以下技术文件和资料。

① 竣工图样。竣工图样上应当有设计单位许可印章（复印章无效），并且加盖竣工图章（竣工图章标注制造单位名称、制造许可证编号、审核人的签字和“竣工图”字样）；如果制造中发生了材料代用、无损检测方法改变、加工尺寸变更等，制造单位按照设计单位书面批准文件的要求，在竣工图上作出清晰标注，标注处应有修改人的签字及修改日期。

② 蒸压釜产品合格证、产品质量证明文件。包括主要受压元件材质证明书、材料清单、质量计划或者检验计划、结构尺寸检查报告、焊接记录、无损检测报告、热处理报告及自动记录曲线、水压试验报告等和产品铭牌的拓印件或复印件。

③ 特种设备制造监督检验证书。

④ 设计单位提供的蒸压釜设计文件。

（2）现场组焊的蒸压釜竣工、验收后，施工单位除提供上述技术文件和资料外，还应当将组焊和质量检验的技术资料提供给使用单位。

六、维护与修理

1. 密封圈的维护与保养

经常对密封圈进行检查，密封圈不得产生老化现象，唇部不得有任何损伤，以免影响密封性能。对已老化或损伤严重的密封圈，应及时更换。

2. 釜体及釜盖的维护与修理

（1）蒸压釜的工作介质为饱和水蒸气，必须做好锅炉水质管理和监测，没有可靠的水处理措施，蒸压釜不得投入运行。

（2）蒸压釜发生下列异常现象之一时，操作人员应立即采取紧急措施，并按规定的报告程序，及时向有关部门报告：

① 蒸压釜的工作压力、介质温度或筒体壁温超过规定时，采取措施仍不能得到有效控制；

② 蒸压釜的筒体、封头等主要受压元件出现裂纹、鼓包、变形等危及安全的情况；

③ 压力表和安全阀失效；

④ 接管、紧固件损坏，难以保证安全运行；

⑤ 发生火灾直接威胁到蒸压釜的安全运行；

⑥ 蒸压釜底部冷凝水液位失去控制，采取措施无效；

⑦ 蒸压釜与管道发生严重振动，危及安全运行；

⑧ 蒸压釜的安全装置损坏或安全联锁装置动作失灵，不能起保护作用。

（3）蒸压釜的定期检验

① 蒸压釜每年要由专业人员进行一次运行中的在线检查；

② 蒸压釜每隔六年由专业人员进行一次停机的内外部检验；

③ 在通常情况下，蒸压釜每隔十年至少进行一次停机的水压试验；

④ 介质对蒸压釜筒体材料的腐蚀情况不明或介质对材料的腐蚀速率大于0.25mm/年，内外部检验期限应适当缩短；

⑤ 介质对蒸压釜筒体材料的腐蚀速率低于0.1mm/年时，通过一次至二次内外部检验，确认符合原要求的，可适当延长内外部检验的期限，但不得超过十年；

⑥ 对更换主要受压元件（釜体法兰、釜盖法兰、筒体、封头等）或因腐蚀严重（局部

点腐蚀）而采取焊接方法修理的，经内外部检验合格后，还应进行水压试验。

3. 冷凝水排放系统的维护与修理

利用热电偶测定釜体上下表面温差来判断釜内冷凝水的排放情况，要求釜体上下温差小于40℃。如除污罐的出水管发生堵塞现象时，应及时修理。每次停釜时，都应打开除污罐的排污口进行一次清理。

4. 手摇减速器的维护与保养

手摇减速器应保持良好的润滑性能，一年更换一次润滑油。箱体内腔的油面高度应保持在蜗杆中心线附近为宜。

5. 压力表及安全阀的定期校验

安全附件应实行定期检验制度。安全阀一般每年至少校验一次；压力表和测温仪表应按计量部门规定的周期进行检定。

6. 釜体上、下温差的监控

蒸压釜在操作状态下，由于水蒸气的冷凝不可避免地会在釜体底部存积冷凝水，这样就使得釜体上、下表面产生较大的温差，热变形的不一致势必造成筒体产生附加弯曲应力。因此，利用热电偶对釜体上、下温差的监测是非常必要的。

此外，利用水位计对釜体底部的存水情况进行观察。当水位计超过检验周期，玻璃板有裂纹、破损，阀件固死及经常出现假液位等现象时，应停止使用，并及时更换或修理。

7. 安全装置的维护与修理

经常检查安全手柄与球阀耦合闭锁的相对位置。安全手柄因被撞击而引起变形并影响其与球阀耦合闭锁的正确位置时，应及时进行修理，对损坏严重的安全装置，必须更换。

8. 安全联锁装置的维护与修理

经常检查安全联锁装置，特别是蒸压釜在开启或关闭釜盖过程中，安全联锁装置的各种动作是否准确、无误。安全联锁装置中的所有电器元件和机构必须处于完好状态，不得损坏，没有安全联锁装置或安全联锁装置失灵的蒸压釜禁止使用。

第五章 石膏墙板(砌块)技术装备

第一节 概 述

一、石膏的特性

1. 安全性

安全性主要是指其具有优良的耐火性、无毒、无味、无放射性污染。

石膏建材的最终水化产物是二水硫酸钙($CaSO_4 \cdot 2H_2O$),据资料记载,其分子式中两个结晶水的分解温度约在107～170℃之间。当遇到火灾时,只有等其中的两个结晶水全部分解完毕后,温度才能继续上升;而且在其分解过程中产生的大量水蒸气幕还能对火焰的蔓延起着阻隔的作用。根据国外的试验,二水硫酸钙中结晶水的分解速度约为每6mm厚15min。以80mm厚的实心石膏砌块为例,其分解时间约需近4h,为火灾中人员的逃生和救火赢得了宝贵的时间;更可贵的是在其结晶水分解温度下,除火源外的其他室内财物尚未达到燃点,如能在其结晶水的分解温度期间将火扑灭,室内的财物将安然无恙。

2. 舒适

舒适是指它具有"暖性"和"呼吸功能"。

用天然石膏制作石膏建材,其水、膏比一般在0.6～0.8之间,水化硬化后的大量游离水将被蒸发,在制品中留下大量孔隙而形成一个多孔材料,其体积密度小于一,热导率在0.20～0.28W/(m·K)之间,与木材的平均热导率相近。人们之所以喜爱在室内使用木地板、木墙裙、甚至木墙板,就是因为它是一种暖性材料,使人感到温暖舒适。石膏建材也具有与木材相似的性能。1923年,在日本关东发生的一次大地震中,次生的火灾使他们的全木房屋惨遭损失。此后,他们学习美国生产和应用纸面石膏板的经验,在较短的时间内,将木墙板换成了具有暖性又耐火的纸面石膏板。目前,美国和日本房屋的内隔墙几乎全部都是用纸面石膏板,欧、亚和其他地区,纸面石膏板隔墙的应用也较普遍。

石膏建材的"呼吸功能"源于它的多孔性。这些孔隙在室内湿度大时,可将水分吸入;反之,室内湿度小时又可将孔隙中的水分释放出来,自动调节室内的湿度,使人感到舒适。可全面满足人们对室内功能的要求,石膏建材适用于室内的顶、墙、地,通过选用不同的品种和不同的构造组合，可分别满足人们对保温、隔声、防火、防水、室内灵活分隔和装饰的功能要求。

3. 节能

在水泥、石灰、石膏三大胶凝材料的生产过程中，生成最终产物所需的温度分别约为1450℃、800～900℃、170℃，建筑石膏的煅烧能耗最低，约为水泥的1/4，石灰的1/3，可大大节约能源。应用石膏建材节材，以石膏墙体材料为例，普通轻钢龙骨纸面石膏板隔墙，每平方米耗材约30公斤；80mm厚的实心石膏砌块隔墙约72公斤；而120mm厚的实心砖隔墙约为200公斤；现浇100mm厚的混凝土隔墙约为240公斤。

4. 环保

建筑石膏是由二水石膏烧制而成的，水化后又变成二水石膏。废弃的石膏建材，经破碎、再煅烧后又可作为生产石膏建材的原料。因此，石膏建材是一种可循环利用的建材，不产生建筑垃圾。

建筑石膏的烧成过程是将二水硫酸钙（$CaSO_4 \cdot 2H_2O$）脱去四分之三的水，变成半水硫酸钙（$CaSO_4 \cdot 0.5H_2O$），其排放出来的“废气”就是水蒸气；各种石膏建材的生产和应用过程也都不排放废气、废渣、废水和对人体有害的物质，不污染环境。

二、石膏在墙材上的应用

石膏是只能在空气中硬化的气硬性胶凝材料，属无机非金属材料，是一种重要的工业原料，广泛用于建筑、建材、工业模具和艺术模型、化学工业及农业、其他特殊行业等众多应用领域，在国民经济中占有重要的地位。

石膏胶凝材料是一种古老的建材，具有悠久的发展史，早在公元前，中国、埃及、希腊、罗马等国家就已开始利用经煅烧的石膏和石灰作为胶结材料应用，著名的古埃及大金字塔等许多古代宏伟建筑，均采用了石灰石膏作为胶凝材料砌筑而成的。

随着建筑业的发展及石膏基础产业的飞速提升，作为新型内墙体材料主导产品的石膏产制品，将在我国目前的墙体材料改革中起到举足轻重的作用。目前已广泛应用于建筑领域的石膏产制品有：

粉刷石膏：是一种建筑内墙及顶板表面的抹面材料，是传统水泥砂浆或混合砂浆的换代产品，由石膏胶凝材料作为基料配置而成。

自流平地面找平石膏：简称自流平石膏，是一种在混凝土楼板垫层上能自流动摊平，既在自重力作用下形成平滑表面，成为较为理想的地面找平层，是铺设地毯、木地板和各种地面装饰材料的基层材料。

石膏刮墙腻子：是以建筑石膏粉和滑石粉为主要原料，辅以少量石膏改性剂配置而成的粉状料，主要用于喷刷涂料和粘贴壁纸前的墙面找平，也可以直接作为内墙的装饰面层。

石膏嵌缝腻子：是用于石膏墙体材料或板材之间接缝、嵌填、找平、和粘接的通用型接缝腻子。

纸面石膏板：是以建筑石膏为基料、加入少量添加剂与水搅拌后，连续浇注在两层护面纸之间，再经封边、压平、凝固、切断、烘干而成的一种轻质建筑板材。纸面石膏板又分为：普通纸面石膏板、耐水纸面石膏板、耐火纸面石膏板。

纤维石膏板：是由建筑石膏、木质刨花或纸纤维等和少量化学添加剂制成。主要作为建筑内墙体材料，表面可加工或进行装饰处理。

石膏空心条板：是以建筑石膏为原料，辅以珍珠岩、水泥、玻纤布等浇注而成的状似混凝土空心楼板的条形板材，主要用于建筑物内隔墙。

石膏砌块：是以建筑石膏为主要原料，加入各种轻集料、填充料、纤维增强材料、发泡剂等辅助原料，经加水搅拌，浇注成型和干燥而取得的块状轻质建筑制品。石膏砌块有实心、空心和夹心三种类型，空心砌块为单排孔和双排孔，规格有500×333、500×666两种，厚度80mm、100mm、120mm、140mm、180mm五种，主要用于建筑物的内隔墙。

三、石膏墙板（砌块）生产线纳入职业技能鉴定的必要性

石膏是环保产品，其石膏砌块有广泛的应用空间和价值，石膏砌块主要是通过砌块成型机装备完成生产的，砌块成型装备在生产工艺中起决定作用，占有绝对重要的位置。

随着我国经济建设的高速发展对石膏砌块成型装备的技术，质量和数量的要求日益增高，各种形式的石膏成型装备层出不穷，其先进与落后差距较大，粗制滥造的现象也十分严重，调研中在听取了广大企业和专家意见后认为，去粗取精，推陈出新，推动优化生产线装备的任务是当务之急。因此积极推动、加强市场整顿是市场需求，编制国家墙材行业优化生产线装备制造安装维护和修理技术教程，予以规范也势在必行。制定和实施建材装备制造安装维护和修理职业技能标准也是非常需要的，将对石膏砌块砖成型装备的发展和技术进步，以及提高职业技能水平具有重要的指导和推动作用。

四、石膏砌块成型装备发展现状

20世纪50年代国外已有石膏砌块及其工艺装备，起初用平模生产石膏砌块，其效率低质量差，砌筑的墙面需要抹灰找平和粉刷，后来经改进改成立模和顶升法的机器进行生产。这标志着石膏砌块生产技术有了新的发展。到70年代末，我国才开始研制生产砌块装备，并逐步过渡到机械生产，发展速度仍然缓慢。进入到80年代后，国家对石膏砌块及其装备的研制加大了投入力度，我国的科研设计部门才承担了国家科技攻关项目计划：石膏砌块的研究，相继开发研制出我国最早的石膏实心砌块的中试机组，1986年通过了国家建材局主持的部级鉴定，该机组主要采用了“立模成型，液压顶升”原理，类似国外移动式集装箱机组结构，该产品规格及质量要求基本符合德国标准（DIN18163）。90年代末，我国的科研设计单位又推出了新一代石膏空心砌块机组，该机组主要在“立模成型，液压顶升”原理外，在15个模箱中各配置有六根固定式抽空轴，用来实现砌块抽空，但其不足之处是机械化、自动化程度不高，因此很难实现科学化发展。这种机组虽然存在着问题，但是还能发挥一定的作用，因此北京等一些单位首先选用了该机组生产石膏空心砌块，并投放市场，至今还在生产。进入21世纪以来，我国经济建设的高速发展，不断地对新型材料的研制投入注入新的活力，新型建材的市场日新月异，出现了超常发展的态势，吸引了更多的企业家纷至沓来，竞相研究石膏砌块成型装备，以至各种形式的砌块成型装备相继出现，有的是单机，有的是成套机，有的是实心的，有的是空心的，有的是固定式抽空管的，有的是旋转式抽空管的，五花八门各有千秋，就这样，石膏砌块成型装备便步入高速发展的快车道，通过长期的实践验证，精准研制和革新应用，使一批专业人才和企业家有了共识。

（1）打蛋式搅拌是最合理搅拌方式。

① 采用搅拌机高速旋转。其目的在于缩短石膏浆的搅拌时间，利于石膏浆体流动性的充分利用，这样可以不用添加缓凝剂。

② 打蛋式搅拌机能使料浆形成翻浪，有利于提高料浆的均匀度，减少水量，增加了产

品的强度。

③ 搅拌罐底部采用弧形状设计，有效地提高出料后石膏浆残留在搅拌机内，防止了石膏浆的残余留在搅拌机内影响下次搅拌。

④ 搅拌罐上部采用立柱式设计，这样可防止石膏浆在搅拌过程中出现倒爬和外溢，起到水流逆向作用，一方面可保证石膏砌块的产品质量，另一方面也避免了生产原料的浪费，节省了生产成本的支出。

⑤ 翻转卸料，有利于加快卸料速度，使料浆能充分流动，从而确保了产品的质量和精度要求。

（2）旋转抽空是非常理想的成型方法

采用固定抽空生产空心砌块，当然要比实心砌块好，主要表现重量轻，又省料，但砌块孔内壁密实度差，有时还会出现蜂窝状小孔，影响强度。采用旋转式抽空管，在浇注中同时旋转，当料浆凝固定型后即抽出。由于料浆注入模箱后，会出现下列情况：

① 在石膏浆尚未凝结成型之前利用机械芯管进行旋转抽孔，可通过芯管的运转带动石膏浆的流动，使其均匀分布于成型模具的内部空间。即在抽孔的同时，对石膏浆形成二次搅拌，使石膏砌块的原料分配更为均匀合理，以提高砌块的整体强度。

② 通过机械芯管在石膏砌块成型过程中的不断旋转，能排出气孔，增加石膏砌块密度，有效地增强了石膏砌块的抗压、抗折能力，大大提高了石膏砌块的内部强度。

③ 在石膏凝固后使孔道内壁形成一层坚硬的外壳，增加了砌块内应力。

④ 石膏在凝固过程中，抽空轴不断旋转，减少石膏砌块脱模时的附着力，有利于脱模。

（3）采用智能控制节约人力物力大大提高了产品质量和生产效率

实现科学化生产，智能控制是我国工业化道路的有效方法，由于石膏本身的特性所决定，石膏在水化反应过程中，受生产工艺、产地、外界环境（如温度、湿度、水灰比等）因素影响较大，因而反应时间也很难确定，采用普通的方法或人工管理很难控制和实现工业化生产，严重影响了生产的效率和产品的质量。甚至造成了大量人力物力和财力的浪费，并出现了一系列困难。通过对石膏砌块生产过程的实验数据采集，以及科学计算和反复实践研究，对石膏做了充分由液态向固态转化过程，对其本身所具有的物理特性做了进一步研究，研发出了一套智能化控制系统，即以石膏水化反应过程中内在参数的智能化，主要特点就是利用石膏反应的速度来控制机械的运转，这样有效地保障了生产要求。其操作的方法和效果有如下几个方面：

① 技术人员（技能岗位人员）在监控室进行操作指挥生产，生产全过程都要通过微机监控完成。有效减轻了工人劳动强度，改善了操作环境，实现了文明生产。

② 攻克了由于石膏特性而造成的各种因素的不定性而制约了生产的难题。智能化控制就是改变为无制约方法，从而有效地杜绝了各种浪费现象，实现了科学化生产。

③ 解决了低品位石膏和工业副产石膏利用的难题和大量占地问题，使资源的通道实现了绿色环保新材生产，为国家墙材工业的发展开辟了新途径。

具有旋转抽空管的石膏砌块成型装备效果明显，实现了生产的先进性、可靠性、实用性。

五、前景展望

随着社会的进步和行业的发展，我国开发出了石膏优化生产线装备制造安装维护和修理技术，墙体材料必然会出现新的亮点和好的发展势头，会更加有力地促进石膏成型装备技术进步和新发展。更加有力地促进石膏生产和市场兴旺。新型石膏砌块技术装备将会提高生产控制能力和产品质量。从发展方向上看，不断地创新电子计量、智能控制、成套供应乃是全面发展的必然趋势，也是所有制造企业的奋斗目标。

近年来，随着我国建筑业的发展和墙体材料的革新，石膏砌块砖在建筑上使用越来越广泛，与传统的材料相比，石膏砌块的优点，尤其是在环境保护、节省土地及节约能源、绿色环保等方面具有十分突出的特点。石膏砌块的推广应用，无疑给石膏砌块成型装备的发展带来了契机，就目前国内石膏砌块成型装备迅速发展，为提高产品质量和生产效率并满足建材市场对石膏砌块的需求，特制定国家职业技能标准，以调整产业结构，提高职业技能水平，实现产业升级，从而推动了石膏行业的发展和石膏生产及其产品质量的提高，满足新型材料的广泛应用。

随着国内外建筑市场迅速发展，墙材改革不断深入进行，环保节能型墙材得到了大力发展，有力推动了新型石膏空心砌块成型装备的开发，出现了多种成熟技术，如机械程度较高的单机及复合机组的成型装备得到了广泛应用，为了将石膏砌块这一环保可循环利用的绿色产品能生产出高质量的制品，必须提高石膏生产装备技能水平，产品质量水平，来保证石膏生产装备的特有功能，为生产更多更高质量的产品发挥更大作用。

我国石膏砌块生产装备是国内开发研制的新产品，在研制过程中也参考了国外类似设备技术要求，但该机与国外类似设备相比，我国开发的装备是具有自主知识产权的新型高速搅拌技术、机械旋转抽空技术以及自动化智能控制技术，我国的这种设备在国际市场上将具有较强的竞争力。

第二节　石膏空心砌块墙体稳定性能

石膏空心砌块墙体是用石膏空心砌块、构件连接、粘接而成的非承重墙体。组成墙体的砌块外观及力学性能达到并大于 JC/T 698—2010 的要求，其中砌块断裂荷载值大于 1.5kN 时，石膏空心砌块墙体即能满足中华人民共和国建筑工业行业标准《工业废渣混凝土空心隔墙条板》JC 3063—1999、《住宅内隔墙轻质条板》JC/T 3029—1995 的技术要求。

墙体的物理力学性能取决于石膏空心砌块的微观结构特征、构件的选配、粘接技术及施工方法与安装工艺的因素来完成墙体物理稳定性能。

一、微观结构特征

石膏空心砌块作为墙体的砌块是以建筑石膏为基料加水配制而成的，其内部结构由两部分组成：一部分为石膏硬化体中的微孔结构系统，另一部分为轻集料中的微孔结构系统。两大系统形成石膏空心砌块特有的物理力学性能，这些特殊的性能构成了石膏空心砌块墙体的主要技术参数（见表 5-2-1）。

表 5-2-1　石膏空心砌块墙体的主要技术参数

项目	墙厚(100mm)	
	标准值	检测值
单位面积干质量/(kg/m²)	≤70	≤70

续表

项目	墙厚(100mm)	
	标准值	检测值
隔声值/db		≥45
防火等级		F240-A
断裂荷载/MPa	≥1.5	6.7
抗弯破坏荷载/MPa	≥1.5	2.5

上述的物理力学性能技术要求与石膏空心砌块的微观结构及宏观性能有密切关系。

石膏浆体的硬化与石膏空心砌块力学性能的关系是石膏浆体在水化过程中，仅生成水化产物并不能形成具有强度的硬化体。只有当水化产物晶体互相连生，形成结晶结构网时，才能够具有一定结构强度。影响石膏硬化体结构强度发展的基本因素为石膏液相过饱和度。由于过饱和度直接影响石膏水化产物晶核形成的速度、数量以及晶体生长、连生的条件和晶体结晶应力的大小，所以液相过饱和度既是结晶结构形成的因素，又是引起结晶结构破坏的因素。鉴于此，在生产石膏空心砌块的过程中，智能控制所用半水石膏的分散度、水固比、工艺温度和物理减短连生条件等符合要求，方能配制出达到要求的石膏空心砌块。

(1) 石膏分散度与砌块结构强度的关系

半水石膏的分散度直接影响其溶解度，当分散度在一定范围内时，分散度大、溶解度大，相应液相过饱和度增加，硬化后的砌块强度随之提高。但是当分散度超过一定范围后，过饱和度超过一定数量将会产生较大的结晶应力，导致硬化后的砌块产生结构破坏，强度降低。因此，半水石膏的分散度必须控制，配制石膏空心砌块的半水石膏细度，一般在 80 目即可满足要求。

(2) 水固比与砌块结构强度的关系

在半水石膏配合比合理的条件下，水固比则是砌块结构强度的重要参数。

通过微观分析可见：

① 适宜的水固比，石膏浆体液相过饱和度高，形成晶核多、晶粒小，产生的结晶接触点多，容易形成结晶结构网，硬化后砌块强度较高。

② 水固比低于限制值时，石膏浆体液相过饱和度高，当初始结构形成之后，水化产物继续形成，使结构网进一步密实，对已经形成的结构网产生结晶应力，当结晶应力大于此时的结构强度时，硬化后的砌块结构强度受到破坏。

③ 水固比大于限制值时，由于硬化前浆体充水空间加大，浆体饱和度降低，形成的结晶核数量少，结晶接触点也少，难以形成结晶结构网。加之硬化后的浆体内部孔隙率提高，从而导致硬化后的砌块强度低。

有关试验表明：确定水固比必须根据半水石膏的性能，通过浆体的标准稠度用水量来确定。一般水固比为 0.6～0.7 为宜。

二、构件的选配

石膏空心砌块墙体是独立的墙板，在应用中与结构、梁应设置可靠的连接件，连接件材料应不低于镀锌板和 Q235 号钢。

三、粘接技术

石膏空心砌块墙体用石膏空心砌块砌筑，块与块粘接为墙板，抗弯破坏荷载不应小于2.0MPa，墙板破坏后不应在粘接缝开裂，黏结剂的主要技术参数见表5-2-2。

表5-2-2　黏结剂的主要技术参数

项目	标准值	检测值
可操作时间/min	≥30	65
抗折强度/MPa	≥2.0	5.1
抗压强度/MPa	≥6.0	16.4
保水率	≥90	97

四、施工工法

材料：砌块、石膏黏结剂、建筑石膏、金属连接件、水泥钉、涂料中碱玻纤网布、金属护角条、底层石膏。

工具：抹子、开刀、水平尺、线坠、橡皮锤、刨子、塑料桶、卷尺、射钉枪、灰槽、灰铲、手提式电动锯、电钻、扫帚等。

五、安装工艺

1. 安装工艺流程技术

隔墙及门窗口弹定位线→砌筑预制或现浇混凝土墙垫（或条基）→砌筑墙体砌块→设置金属连接件→立门窗口→设过梁或混凝土圈梁→开槽铺设线管→不同材料墙体（柱）与砌块连接处粘贴无纺布带→底层石膏或耐水腻子找平→饰面按工程设计。墙面允许偏差见表5-2-3。

表5-2-3　墙面允许偏差　mm

项目	允许偏差			检查方法
	普通	中等	高级	
表面平整	5	4	2	用2m靠尺或楔形塞尺检查
立面垂直	—	5	3	用2m托线板检查
阴阳角垂直	—	4	2	
阴阳角方正	—	4	2	方尺或楔形塞尺检查

2. 石膏空心砌块墙体优异的物理性能

由于石膏空心砌块体墙物理性能与砌块结构特征的关系，石膏空心砌块微观结构具有特有的结构特征，石膏空心砌块墙体也具有优异的物理性能。

（1）隔声性

均质材料的隔声定律表明，墙体的隔声性能与单位面积质量成正比。按此定律石膏空心砌块墙体难以达到隔声要求。但由于石膏空心砌块中存在的微细裂纹、半封闭与封闭孔隙，能够增加声波传递的阻力，提高吸声能力。另外，在石膏空心砌块砌筑时所用的黏结剂与砌块的榫槽配合，保证了墙体的密实性。加之墙体经过罩面，表面光滑、致密，提高了反射声波的作用。多种因素，使石膏墙体的隔声效果完全能达到建筑要求，并优于建筑内墙其他材料。

（2）防火性

石膏空心砌块墙体具有防火性能与其结构特征有密切关系。砌块成型时，石膏与水拌合，水化反应生成二水石膏产生强度。当砌块墙体受热后二水石膏释放出约20%的结晶水。经测定100mm厚的“特尔”石膏空心砌块墙体遇到火时，每平方米墙体要蒸发15kg的水后，墙体方能进一步升温。另外，墙体所释放出的水在墙面形成水幕，亦可有效地阻止火焰蔓延。

（3）隔热性

石膏空心砌块是由半水石膏及轻集料等组成的微孔复合体。半水石膏凝结时不仅在其体内吸进了微小气泡，而且在晶体间形成了较大的空间。这些特殊的结构使其具有很低的热导率。同时，由于在半水石膏中加入一定量的轻集料，砌块密度降低，也改善了隔热性能。据有关单位测定，10mm的石膏保温层性能相当于30mm的砖层、40mm厚的砂浆抹面和50mm的混凝土层。

（4）“呼吸”功能

硬化干燥后的石膏空心砌块砌筑的墙体，其孔隙率高且孔分布均匀、有较高的透气能力。当室内湿度较高，大于墙体含湿率时，水分将被吸收到墙体的微孔隙中，当室内湿度较低时，水分又被释放出来，从而起到调节室内环境湿度的作用。

（5）强度和变形能力

石膏空心砌块墙体本身具有一定强度和变形能力，在8度设防烈度下不会发生开裂破坏，其本身的企口连接能有效防止发生整墙外闪塌落。

六、结论

由于石膏空心砌块墙体是由以上条件所构成，故具有理想的结构特征：均匀的微孔结构、密度小、质轻，且有一定强度等。这些均赋予石膏空心砌块墙体具有较好的建筑物理力学性能。

石膏空心砌块结构强度的大小，取决于石膏浆体液相过饱和度的高低。因此在石膏空心砌块的生产中必须严格控制其组成材料的质量、配合比以及水固比等。

石膏空心砌块墙体是超越其他墙体的高宽比大墙，它具有板材特性和物理力学性能，高层与超高层、超大墙均可以承受，是建筑中大量推广使用的优质新型墙体材料。

第三节　装备的工作原理及结构特点

一、工作原理

工作原理见图5-3-1。

如：150万平方米石膏板（砌块）智能型生产线是一种石膏墙板（砌块）全自动生产线。它由一套智能控制系统控制，将粉状石膏通过水化反应搅拌成石膏浆，浇注成型。在成型中，自动旋转抽孔，再经翻转、压出等工艺流程制作成所需成品石膏墙板（砌块）。

整个生产线从搅拌、浇注开始到输出成品入库为止，由一条完全按照石膏浆凝固时间而制定的工艺流程，生产节拍，顺向链接输送连线而成。

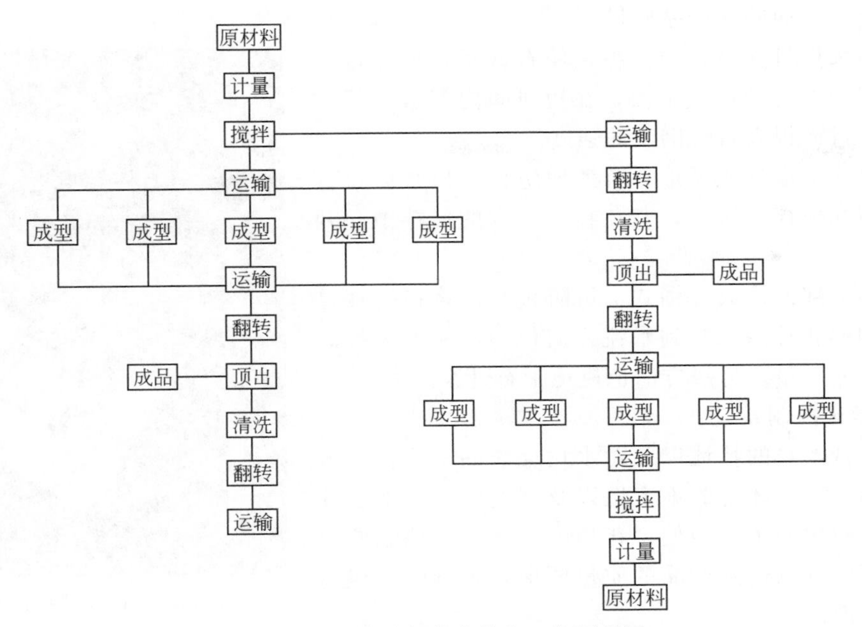

图 5-3-1　石膏墙板技术装备工作原理图

二、主要结构

生产线主要结构效果图见图 5-3-2。

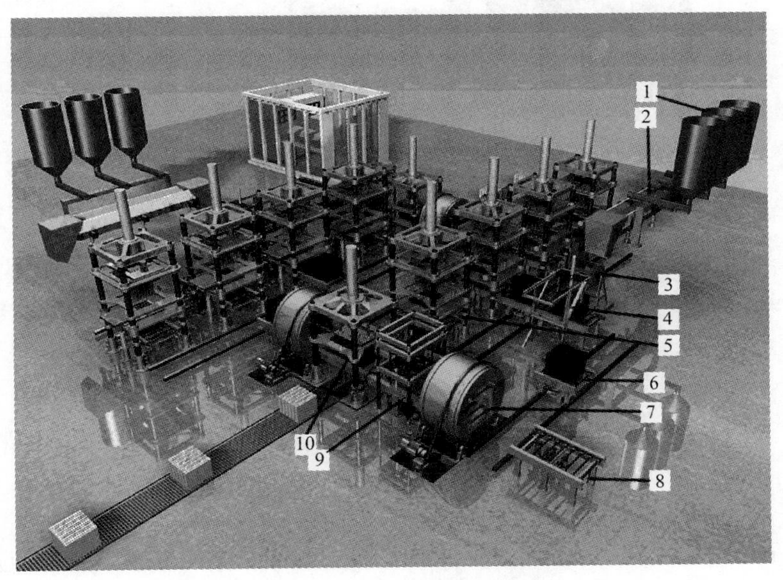

图 5-3-2　生产线主要结构效果图

1—储料罐；2—计量秤；3—高速搅拌机；4—占位机；5—成型机；
6—运输车；7—翻转机；8—辊道；9—洗模机；10—压出机

1. 高速搅拌机

见图 5-3-3。搅拌机采用高速搅拌，高速搅拌缩短了石膏浆的搅拌时间，使石膏浆的流动性得到充分利用，不用添加缓凝剂，有利于快速翻转出浆，成品出模成型好，砌块的外形尺寸精度高，从而确保产品质量。

搅拌时采用打蛋器式搅拌棒，使石膏浆在搅拌过程中随着搅拌棒的转动形成翻浪，在短时间内使石膏浆体搅拌均匀，进而提高石膏砌块的强度。

搅拌罐底部设计成弧形，有效地防止了出浆后石膏浆大量残留在搅拌机罐底，避免在下一次的搅拌中起到副作用。

搅拌罐上部设计成方桶式，可防止石膏浆在搅拌过程中出孔倒爬和外溢，起到水流逆向作用，一方面提高了砌块的产品质量，另一方面也避免了石膏浆的浪费。

图 5-3-3 高速搅拌机效果图

2. 智能化控制系统

由于石膏本身的特性以及对水化反应的不定性，人工管理的不定性，环境的不定性以及其他诸多的不定性因素，在规模化的生产中使得普通电、液、机控制的流水线生产不但难以达到产品的质量要求，更难以形成稳定的流水生产。

该生产线智能控制系统通过对石膏板（砌块）生产线上各生产环节安置的监控探测器所采集数据，经过自动分析和计算，利用石膏由液态向固态转化过程中本身具有的物理特性来控制石膏水化反应的内在参数，进而对整个生产过程进行控制和指挥（见图 5-3-4）。

图 5-3-4 生产线实际控制室

整套系统采用微机监控，由控制中心和分布在全线各环节的检测采集点组成。各采集点感应器采集的数据传输给中心计算机进行数据分析、计算并与石膏反应的内在参数进行比较分析，通过配料系统控制和调节石膏配比，调节模箱内的浆体量，通过 PLC 控制，实现整条生产线的自动化生产。

另外，全线分别在十多个监控点设有监视器，可将生产全过程中的每一生产阶段、每一生产环节、每一工位都详尽如实地反映到监控中心，技术人员可及时清楚地掌控全线生产现场情况，全面掌握、管理整个生产过程。

控制系统中还包括一套自动报警系统，当生产过程中设备运转出现故障及非正常状况时，系统会立即自动发出警报并指示出具体部位，技术人员可根据报警指导，快速而准确地排除故障，及时避免生产事故的发生，保证生产线的正常有效运转。

在智能化系统中还包括了一套微机配料调整系统，可根据石膏浆料变化由微机配料调整系统分析计算并通知配料计量系统及时进行配料调整，进而提高了石膏配比精度。

3. 石膏板（砌块）成型机

见图 5-3-5。该机采用五梁、四柱、一座框架结构，五梁是指上横梁、下横梁、固定横梁、活动横梁、小横梁，一座是指一底座，四柱是指成型机的四根圆柱形立柱。

图 5-3-5　石膏板（砌块）成型机效果图

五梁串套在立柱上，通过紧固件将上梁与底座坚固为一体，从而形成了成型机的框架。框架与普通压力机的四柱作用一样，产生了一定的预应力，这个预应力保证了三个活动梁长期、稳定而可靠地工作。

移动油缸缸体固定在上横梁中部，活塞杆通过专用法兰与小横梁固为一体。由电机带动的减速机固定在活动梁中部，减速机下端有 36 根减速输出轴与 36 根抽空轴联接为一体，小横梁与活动梁联接为一体。

成型机框架下部，四柱之间形成通道，辊道式输送线通过其间，底座中部设计了成型模箱定位装置，模箱按生产节拍输送进入定位装置定位紧固。

固定在小横梁上的油缸活塞杆带动活动横梁作上下移动，由电机带动的减速机输出轴做旋转运动，此时与减速机输出轴相连的 36 根抽空轴分别作旋转和上下移动的复合运动，进入模箱内石膏浆中进行连续旋转形成石膏板（砌块）的空心孔道。

待形成空心孔道的石膏（砌块）完全成型后，整个芯轴在旋转状态下向上退回等待下一次下移抽孔。

该机的特点是改变了传统的石膏板（砌块）抽孔工艺［即待石膏板（砌块）基本成型后再直接插入芯管，形成空心孔道的方法］，采用了在石膏浆进入成型模箱还呈浆体状态时便启动机械抽空轴进行连续旋转抽空的新技术。

在石膏浆料还呈浆体状态时即通过芯管连续不断地旋转和直线运动，搅动石膏浆体，使其均匀分布于成型模箱内部空间，客观上形成了对石膏浆的二次搅拌，使石膏浆料分配更加均匀合理，提高了石膏板（砌块）的整体强度。

通过机械抽空轴在成型过程中连续不断地旋转和直线移动还能起到排出孔气，增加石膏板（砌块）密度等作用，有效地增加了石膏板（砌块）的抗压抗折能力，并在石膏凝固成形后的孔道内壁形成一层坚硬外壳，提高了石膏板（砌块）的内部强度。

4. 翻转机

石膏板（砌块）抽空成型后，松开模箱在成型机中的固定件连同模箱内已成型的石膏板（砌块）一起输送进入翻转机内，定位紧固后作 180°翻转，使模箱底部向上，以便进入压出机内将石膏板（砌块）压出。

翻转机（见图 5-3-6）为一滚筒装置，滚筒安置在滚动机架上，由电机带动链条进而带动滚筒外体上的链轮进行旋转，固定在筒体内的模箱也随之旋转，完成 180°的方位转换。

5. **压出机**（见图 5-3-7）

模箱翻转后，输送进入压出机定位固紧，通过液压压出机构将模箱内的石膏板（砌块）成品压出，压出后的石膏板（砌块）由下部输送装置输送进入库房，而模箱则转运进入清洗工位，清洗、复位后由转运车送返生产线浇注工位。

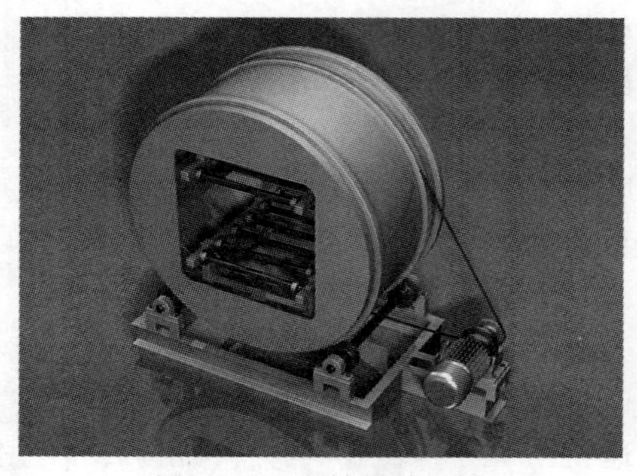

图 5-3-6　翻转机效果图

图 5-3-7　压出机效果图

压出机由机座和机身两部分组成。机座和机身由紧固螺栓固结为一体并形成通过式框架结构。

压出油缸固定在机身上方中部，缸杆下端与推盘连接，推盘与压杆连接，压杆下部装有一自动调节压脚。推盘上装有两根导向杆，机身上设计有导向孔，导向杆与导向孔组成了导向机构。

模箱固定在底座中部，整个压出机通过底座固定在基础钢板上。

模箱定位固紧后，压出油缸启动，缸杆带动压杆由导向机构引导向下运动，压脚接触石膏板（砌块）后推动石膏板（砌块）成品向下运动，将石膏板（砌块）成品压出模箱，进入成品输送线输出。

压脚使用铰链方式与压杆连接，能使压脚全面接触到石膏板（砌块）成品。以免线接触承压后压出线痕或产生局部损坏。

6. **输送机构**

见图 5-3-8、图 5-3-9。整个输送线顺工位方向由运输小车（或称工位传送器具）、运输辊道输送线组成。

图 5-3-8　运输小车效果图

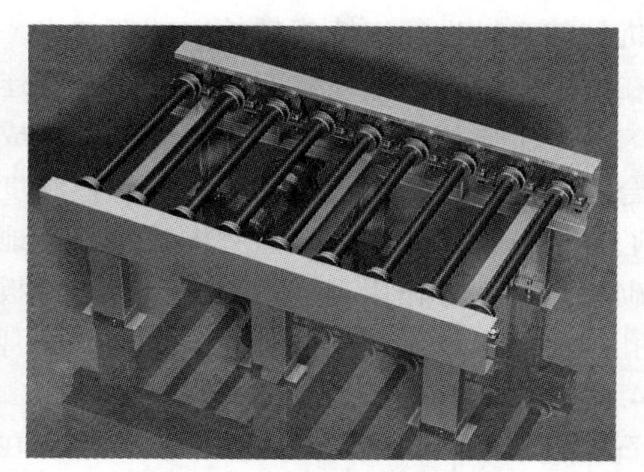

图 5-3-9　运输辊道效果图

整个输送线按设定工位和节拍以步进方式输送。各工位之间留有维修通道。在成型工位和翻转等工位之间通过增加过渡工位，以便在局部故障排除时，不至于全线停止运转。

输送线、转运小车分别由电机带动。成品输出单独成线。

第四节　设备制造过程

主要零部件的加工如下。

（1）成型机立柱制造

成型机的四根立柱是成型机的关键零部件（见图 5-4-1），鉴于立柱要求具有的机械性能及其他使用性能，本机选用铸钢为毛坯材料。

由于立柱不但要承受预应力还要保证活动横梁长期稳定的工作，并起到运动、导向的作用，所以不但有材质的要求而且加工精度要求也较高，为了保证合格的坯料，毛坯经粗加工后，进行了无损探伤检测，不合格的即行淘汰，合格的进入下一道工序进行调质处理，经调质处理后由于还可能出现表面及内部隐性缺陷，必须做第二次无损探伤检测，保证进入后加工工序的立柱为无任何表面及内部隐性缺陷的加工件。

立柱的精确要求较高，同轴度为不低于 0.02mm，尺寸精度为不低于 IT6 级，粗糙度 $Ra \leqslant 0.8\mu m$，立柱上各过渡圆弧的要求也较高，该机立柱采用了高精度数控机床进行加工，从加工设备和工艺上确保立柱质量。

工艺路线为：

立柱毛坯→粗车加工→无损探伤检测→调制→无损探伤检测→精车加工→磨削加工→检验→入库。

（2）成型上、下横梁及活动横梁

这些机件在成形机中将承受相当大的压力，是三个相当重要的零部件，俗称三主梁。

三主梁皆选用铸钢件，铸坯件按常规进行退火处理后进行表面抛丸处理，这样既改善了材料的性能也消除了内应力。经粗加工后必须进行无损探伤检测，不合格即行报废，以保证无内外隐性缺陷的料件进入下一道工序。

三主梁平面度要求为≤0.01mm，平行度为≦0.02mm，加工精度为 IT7 级，立柱孔与平面垂直度为≤0.02mm，平面粗糙度为 $Ra \leqslant 1.6\mu m$。为了保证以上精度要求，采用了专用进口刀具，从加工上保证三主梁的成品质量。

三主梁加工工艺路线为：

铸坯→退火→表面清理及抛丸→粗加工→无损探伤→镗、铣加工→检验→成品入库。

（3）成型机减速箱

见图 5-4-2。箱体的毛坯选用铸铁件，材质不低于 H1，因为铸铁具有较好的耐磨性，减振性以及良好的铸造性能和加工性能。

为了便于制造和装配，箱体采用分离式结构，由底板和箱本体组成。

首先对底板和箱本体分别进行加工，然后对装合成为一个整体，进行整体加工。

第一加工阶段主要完成平面、紧固孔和定位孔加工，为箱体的装合做准备。第二加工阶段为粗、精加工支承孔，在两个阶段间，安排钳工工序，将箱盖和底座装合成一个整体，并用锥销定位，保持其一定的相互位置精度，以保证箱体支承孔的加工精度及拆、装的重复定位精度。

底板与合面的平行度误差不超过 0.5mm/1000mm。对合面的表面粗糙度 $Ra \leqslant 1.6\mu m$，两对合面间隙为≤0.03mm。

图 5-4-1　成型机立柱

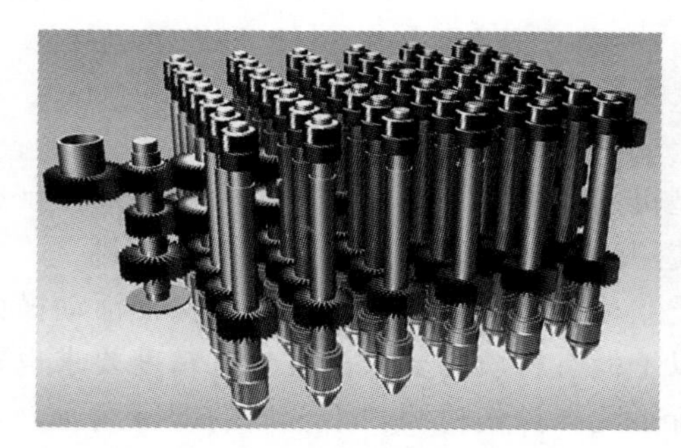

图 5-4-2　减速箱效果图

各支承孔的尺寸精度为IT7，表面粗糙度为$Ra \leqslant 1.6\mu m$，同柱度≤0.012mm，同轴线支承孔的同轴度误差≤0.012mm，各支承孔间的位置误差分别为≤0.03mm。

由于成型机减速箱体一个面就达70多个孔，单支承孔就有42个。因此装合后的箱体选取了数控加工中心进行加工。

装合后的箱体安装好定位销后，使用组合夹具一次装夹定位，完成所有加工工序，保证其精度要求。

第五节　安装与调试

由于生产线是一套由多台不同功能的设备组成的多工位、智能型、全自动大型生产线。在安装前必须组建一个由设计部门牵头的，有制造部门、使用部门及外购设备供应部门参加的设备安装领导小组。组织设计安装施工计划，熟悉图样，了解设备结构及安装要求。根据具体需要准备相应的安装工具设备和材料。在整个安装调试过程中要设置现场总指挥和专门的由经验丰富的人员组成的安全员。以确保施工人员及设备的安全。

设备的安装是一项十分重要的工作。它不仅是保证设备各单机的正常运转而对整个生产线的联动衔接，直到生产出合格的产品产生重大影响的环节，而且安装质量的好坏对生产线的产能和设备的维修率及使用寿命都会产生影响。因此，各环节来不得丝毫的马虎，要做到组织落实分工明确严格按图样、按安装文件要求，精心施工，优质安全地作好这项工作。

一、安装前的准备

（1）基础的验收

基础的验收按有关技术文件进行。包括外观检查、敲击检查、强度测定等。基础不得有裂纹、疏松、空洞等现象。基础上的预埋铁表面平整位置准确并要求水平度误差不大于2‰，标高达到设计要求。利用卷尺、水平尺、经纬仪等测量基础及预埋铁位置、标高等必须符合图样要求。

在浇灌基础前应对预埋钢筋构件和预埋铁下的钢筋规格及焊接进行检查，符合图样要求后方可进行浇灌。对于有二次浇灌部位的要求，要符合有关规定（可参照立轴破碎机有关安装标准要求执行）。对不合格部位要进行修整或返工。

（2）基础的清理及划线

对验收后的基础进行清理，预埋铁表面除掉所有焊瘤、钢筋头、水泥块等。清理二次浇灌坑内的杂物，清扫基础表面。并按图样在基础上画出各设备安装的中心线和基准点。

（3）设备的接收

设备到达现场后，根据图样、说明书及装箱单，对设备的数量进行核对，并检查是否有运输中的丢失、损害或变形。查看有无由雨水造成的锈蚀。液压设备接口处包装是否完好，有无进土或水的现象。零配件的包装是否完整，数量是否正确等。对以上情况要做好验收记录，并要求运输部门签字确认，并记录存档。

对露天存放的设备要求码放整齐、平稳、安全，并留有吊装或运输的操作空间；还要有最基本的防风、防雨、防盗措施；对电器设备、精密、贵重或过小的物品，要求建临时库房，不得露天堆放。

（4）安装前的物资准备

设备安装前各种物资的准备工作是一件细致的工作。常因为考虑不周，施工中因缺少某件物品，跑上百公里去找，造成了停工现象，延长了施工时间，加大了安装成本。所以，安装准备会上要把物资准备作为专项讨论，尽量想全。一般包括以下物品：吊车、叉车、手动葫芦、吊架、梯子、吊钩、吊环、钢丝绳、撬杠、滚杠、千斤顶、枕木、垫铁、斜铁、垫片、经纬仪、水平尺、卷尺、直尺、直角尺、靠尺、百分表、铅坠、线绳、强光电筒、对讲机、电焊、气割设备、冲击钻、手电钻、角磨机 、回弹仪、大锤、钳工工具、电工工具等。材料的准备如各种油料、焊条、油漆、棉纱等。虽说以上物品准备齐，但现场仍会有疏漏，因此交通工具还是要准备的。

（5）设备的清理与划线

按图样及安装文件，根据现场情况制定安装顺序，确定设备的安装方向，并做好标记。在设备底座侧面画出中心点和安装基准点；清理设备表面明显的尘土和油污；检查设备上有无没有固定住的部件及杂物；检查吊装部位是否安全可靠。本环节的目的是为了安装设备时能更方便、准确和安全。

二、设备的安装与质量控制

（1）设备的吊装

按制定好的安装顺序进行。而安装顺序本着方便、快捷、安全、先大后小、先难后易、先主后辅、先里后外的原则制定。吊装时应根据事先作好的方向标记，中心标记和安装基准点，争取一次到位，定位基本准确，以减少微调时的工作量。而主机争取吊装与微调同时进行。通过加减垫铁的厚度，调整工作面的水平度及标高。本生产线各工作输送部分都有调整高度的能力，因此设备工作面的标高调整，各设备都控制在5mm以内，可视为合格。

（2）调整与复查

生产线上各设备吊装，调整后要进行复查。各数值的要求如下：工作面的标高按图样要求，控制在5mm以内，各台设备的中心线与基础安装基准中心线，纵向误差不得大于3mm，横向误差不得大于10mm。

其中水平调整不得大于千分之0.3mm的设备包括（成型机、压出机、复位机及浇铸平台）。输送辊道各连接部位应调整到1mm以下的误差，并修整成小角度或大圆弧等光滑过度。

（3）安装

上述工作完成后，进行正式安装，各分点正确搭焊、定位、防止扭曲、变形，然后正式焊接。有二次浇灌地脚的地方按 GB 175—2007 标准用 42.5 的硅酸盐水泥按 1∶1∶1（水泥∶粗砂∶石子）的比例进行浇灌。在等待水泥凝结硬化的 10～20d 内可进行上料平台的搭建。水、电、油等管线的铺设，输送小车轨道的安装。液压站、电子秤等辅助设施的安装。液压站和电子秤的安装要由专业的生产厂家负责安装。

安装后要进行自检，并用回弹仪测量二次浇灌水泥凝结硬化程度。

（4）单机调试与连线调试

生产线试车前各单机各部位必须进行单独调试。要求能手动的先手动，后点动。检查转动部位的方向，液压系统有无漏油现象，测量电动机的启动和运行电流及各行程定位的准确可靠。各部位要求分别如下：成型机要求抽空轴转动平稳，轴端跳动小于 0.2mm，减速箱转动无杂音和震动。电动机运转平稳电流稳定，温度正常，模箱重复定位精度可靠，抽空轴上下运行平稳，无明显摆动。

压出机，要求模箱定位准确，装卡牢固，增压后机架整体无晃动。液压部分无漏油，压出顶杆上升后自锁可靠，不自行下滑。

复位机，要求复位顶杆高度一致，模箱定位后水平面与顶杆水平面一致，调整成达到产品要求精度，小于 0.5mm。

占位机构的调整，占位块不得与模箱内壁接触，其所占的体积，理论上与抽空轴所占体积相同，按其计算数值调整占位块的深度。

辊道与小车轨道的调整，要求模箱或小车在输送过程中运行平稳，不得有跳动、晃动、打滑、卡住等现象。在输送到位时要求定位准确，工作中不得有位置的移动。

电子秤的调整与标定，在生产厂家协助下进行调整。皮带的线速度调整为每秒 200～300mm 之间，皮带的松紧要适度，不得有跑偏打滑的现象，也不应有明显的震动。按说明书或在厂家技术人员指导下，用标准块对电子秤进行标定，没有标准块时可用称量好重量的沙袋代替，同时应检查电子秤各传感器受力是否均衡，有无零点漂移，其误差值是否在要求以内。以及传感器以上部件要有良好的接地保护。

液压站的安装与调试。液压站由制造单位负责安装，但使用方应派人全程参与，主要对照图样及明细表对所使用各种泵、阀进行检查，看外观是否完整，型号是否符合要求，油管规格是否准确，耐压级别是否符合图样要求。安装前应进行清洗等。调试时要检查以达到：所有元器件安装部位及接头不得漏油；换向阀换向平稳灵活；管路无明显震动；电动机、液压泵声音无异常，转动方向正确，温升在允许范围内，冷却装置与使用条件匹配。

液压油选用耐磨液压油，标号可根据当地环境温度选择。一般选用 N46 号。速度调节阀在单机调节时由低速向高速调整。压力调节阀在调试时由低压向高压调整。在所有使用液压设备都调整后要检查液压站油箱，补充液压油达到要求范围内。

生产线连线调试，在各工位调整合格后要进行整条生产线的连线调试，主要测试各连接部位的运行是否流畅，定位是否准确，自动生产程序是否安全可靠，各探测器反应是否灵敏。在调试时各关键部位都要有专人负责观察，并用对讲机与主控室保持联系，确保试车安全。所有人员须站在安全的位置，并不能影响到监控探头的视线。试车时首先进行无模箱空车模拟试车，人工发出模箱到位信号。主要检查生产线各传感器所发信号是否正确，检查各定位机构动作是否及时可靠，各设备动作是否到位。空车调试完成后可在生产线上进行单模箱运行实验。主要测试小车，辊道运送模箱的能力。检查模箱在运送过程中是否有打滑、卡住的现象，检查模箱在各工位、定位的精确度。单台模箱运行合格后，可逐步增加模箱的数量，进行调试，主要测试连线运行的可靠性，操作程序编制的可行性。并进行自动运行与手工运行的相互切换，以检验程序在突发情况下的可操作性。

三、试运行要求

在以上各项操作完成后，需进行连续 24h 以上的空车全自动运行。以测试连续运行的可靠性，定位精确度的可重复性等。以上试车完成后可投料进行试生产。投料试生产时主要对上料上水的速度和重量进行调整，对占位机构进行调整。对产品的外观、尺寸、强度等进行检验。产品合格后连续生产 48h 无问题安装调试完成。

第六节 维护和检修

生产线一般分日常维护、季度中修及年终大修。

一、日常维护

日常维护通过一听、二看、三摸、四查、五清、六加。可以发现设备运行中的问题，及时解决，减少事故的发生，提高生产率，延长设备使用寿命。

一听是听设备减速箱．减速机液压站运转时声音是否正常，有无杂音，或突然声音加大的现象，油缸运行有无冲击声。一旦发现声音异常应查找原因作出相应处理。

二看是看模箱运行中是否平稳、打滑，定位是否准确，抽空轴工作时，是否摆动，看油管接头有无漏油现象。

三摸是摸电动机、减速机、液压站温升是否正常，油管、滚道有无震动。

四查是检查各部位，螺钉有无松动，链条、皮带的松紧程度，检查安全防护措施是否严实齐全。

五清是及时清理多余的料浆，疏通排水系统。

六加是按要求对需要润滑的部位进行加油；检查液压站油量，发现不足及时补加。

在检查中发现的问题，应与操作人员配合处理，以确保人身与设备的安全。并将发现的问题，及处理方法和结果认真填写维修记录。

二、季度中修

① 更换搅拌机、润滑脂，清理搅拌桶内外积料，检查减速机油，按规定更换。

② 检查链条如需要可部分更换。

③ 检查各管道、阀门，清理生产用水箱或水池，清理沉淀池中石膏和杂物。

④ 检查各定位部位有无松动、变形或磨损，如有应修复或更换；检查、测试各传感器有无松动，反应是否灵敏，清除上面灰尘。

⑤ 检查液压站油质，油量。

⑥ 清扫电器箱及计算机部位除尘（由电工负责）。

三、设备的大修

设备的大修，每年进行一次，一般选择在进入冬季后，因为气温在低于零度后，石膏的水化反应时间将大大延长使得生产效率下降。石膏制品的强度下降。所以一般在进入冬季后，安排设备的大修。设备大修的内容除了上一节设备中修的要求外，还应包括以下内容：

① 查看设备运行维修记录，对经常需要维修的部位，进行重点的检查。找出彻底解决的办法，并加以解决。

② 更换搅拌机的轴承。

③ 清理和排干所有水箱、水池、水管、阀门中的水，以免温度过低，冻坏设备。

④ 更换所有模箱的密封条，并对模箱成型面的划痕进行修补和抛光。

⑤ 分解成型机减速箱，检查齿轮、轴承磨损情况，根据情况更换，检查抽空轴，变形和锈蚀的情况，如有必要须进行整形和电镀。问题解决后重新装配。调整好轴承间隙，上好润滑脂。

⑥ 对各传动部位的轴承进行检查，有损坏和磨损较大的进行更换。

⑦ 调整电子秤下螺杆，消除传感器长期负重的现象（要注意下次生产前，要进行重新标定）。

⑧ 更换减速机油。

所有修整、换件完成后要试车运行。运行合格后，清理设备外表，裸露部位涂防锈油，切断电源完成设备的大修。

第七节　石膏墙板(砌块)技术装备实操技能鉴定系列模块技术

一、钳工基础知识

钳工是工厂中不可缺少的一个工种，工作范围很广。目前，采用机械的方法不太适宜或不能解决的某些工作一般常由钳工来完成。随着工业的发展，钳工工种也向着专业方面分工。有普通钳工、划线钳工、模具钳工、机修钳工、电装钳工、装配钳工等多种，但无论哪一种钳工，要完成本职工作，首先都要掌握好钳工的基本操作。钳工基本操作包括：划线、錾削、锉削、锯割、钻孔、扩孔、锪空、铰孔、攻丝、套扣、矫正、弯曲、铆接、刮削、研磨及测量、识图和简单的热处理等。为了提高劳动生产率和产品质量．不断改进工具和工艺，逐步实现半机械化和机械化也是钳工的重要任务。

（1）划线

根据图样要求在工件上划出加工的界线称为划线。划线分平面划线和立体划线两种。划线的作用不仅能使加工时有明确的尺寸界限，而且能及时地发现和处理不合格的毛坯，避免加工后造成损失。而在毛坯误差不大时往往又可依靠划线的借料的方法，加以补救。使加工件加工后仍能符合要求，由此可见划线工作的重要。划线的工具很多，划线平台、划针、划规、划针盘、高尺度角尺、样冲、V 形铁、方箱、角铁、斜铁、千斤顶等。

（2）錾削

錾子一般用碳素工具钢制作。（T7～T10）錾子的种类一般分为平錾、狭錾、油槽錾。錾削时要注意以下几点：

① 要经常检查刃口是否锋利。

② 要注意头部是否有飞翅。

③ 防止飞屑伤人。

（3）锉削

用锉刀对工件表面进行切削的方法，叫做锉削。锉削加工的工具是锉刀，锉刀是用高碳工具钢厂 T12、T13 制作的硬度达 HRC62～HRC67（HRC 是洛氏硬度的代号）。

① 锉刀的规格。用长度表示（除圆锉刀的规格是用直径表示，方形锉刀是用方形尺寸表示外）有 100mm（4in）、150mm（6in）、200mm（8in）等。

② 锉刀的齿纹。有单齿纹和双齿纹两种，单齿纹一般锉软材料，双齿轮可锉削硬材料。

③ 锉刀的粗细。锉刀的粗细是按锉刀的齿纹的齿距大小来表示的，分为 1～5 号，1 号最粗齿距 2.3～0.83mm，5 号最细齿距 0.2～0.16mm。

④ 锉刀的种类。分普通锉刀、特种锉刀、什锦锉刀三类，当然现在还有金刚石锉刀等。从锉刀断面形状不同又分为平锉（板锉）、方锉、三角锉、半圆锉和圆锉五种。

⑤ 锉削时不可用锉刀锉削毛坯件的硬皮和淬硬的工件，放置时不能与其他锉刀堆放，防止沾水沾油，不能把锉刀当作装拆工具。不能来敲击撬动其他物件。

（4）锯割

锯条的粗细按每 25mm 的齿数来分粗细，一般有 14、18、24、32 齿等几种。加工软材料时选用粗齿，硬材料用细齿，另外，锯条安装的松紧程度也很重要。手锯在回程时不要施加压力。还要提一点，装卡在锯割中是很重要的。很多断锯条是由于装卡不牢，工件晃动造成的。

（5）孔的加工

钳工对孔的加工包括，钻孔、扩孔、锪空和铰孔。

① 钻孔时钻头装在钻床（或其他机床上）依靠钻头与工件的相对运动而钻头（或工件）的旋转运动称为主体运动，而钻头（或工件）直线运动称为进给运动。

② 钻头。麻花钻由柄部、颈部和工作部分组成，柄部是用来夹持的部分，有直柄和锥柄两种。是用来传递扭矩和轴向力的。由于直柄传递扭矩的能力较小，所以一般直径大于 13mm 的钻头都是锥柄的。钻头的材料一般用高速钢，W18G4V 合金工具钢，硬度 HRC62～HRC68，其热硬性可达 550°～600°。锥柄为莫氏锥度。

③ 钻孔机械。有台式钻床、立式钻床、摇臂钻床三类（手电钻，可以靠手动；还有电动工具类）。台式钻床一般用于钻 13mm 以下的孔，由于最低转速较高，所以不适宜用来锪孔和铰孔。

立式钻床一般用来加工中型工件的孔，其最大直径规格有 25mm、35mm、40mm、50mm 几种。这类钻床可以自动进给，它的主轴转速和进给量有较大的变动范围，可以进行钻、扩、锪、铰、攻丝等工作。

摇臂钻床，适用于加工大型工件和多孔的工件，它是靠转动钻床的主轴箱来对准工件上孔的中心的，所以它比立式钻床用来更方便。

④ 钻孔。钻孔时的切削用量是切削速度、进给量和吃刀深度的总称。切削速度是指钻头直径上的一个点的线速度，用 U 来表示，$U=\frac{\pi Dn}{1000}$(m/min)；钻头的进给量，是指钻头每转一圈，向下移动的距离，用 S 表示；吃刀深度是指钻头的半径，用 t 表示，$t=D/2$。

⑤ 铰孔与铰刀。铰孔是对已粗加工的孔进行精加工的一种方法，而铰刀是进行这项工作的关键工具，铰刀分机用铰刀、手用铰刀。这里要说的是，工具厂生产的铰刀一般留有 0.005～0.02mm 的研磨量。出厂的铰刀分 1、2、3 号，未经研磨的铰刀可以直接使用。但精度要求高的孔，最好还是要把铰刀研磨好后再铰。另外介绍一下铰刀的几个小知识，那就

是A铰刀的齿距在圆周上不是均分的，如发现这种现象，不是铰刀本身的质量问题；B铰孔可铰削的余量不能过大，也不能过小。根据孔的直径大小，在0.1～0.5之间。C，铰带键槽的孔，一定要选用螺旋铰刀D，铰孔时一套铰刀是三把，一定要分出粗加工与精加工用的铰刀，才能保证加工质量。

（6）攻丝和套丝（套扣）

① 螺纹的基本知识

a. 螺纹的种类。见螺纹种类图。

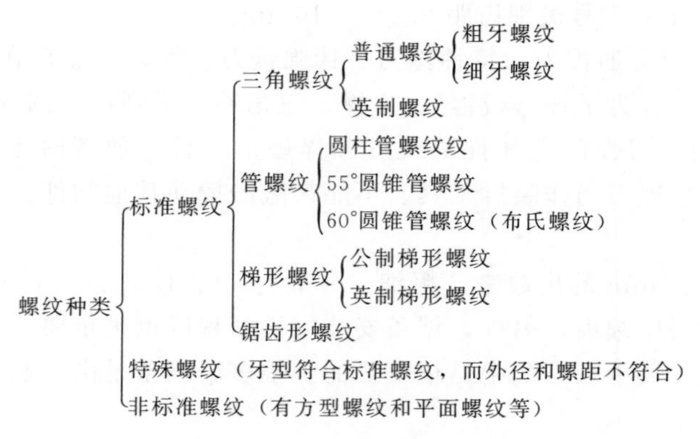

螺纹种类图

b. 螺纹的要素。螺纹由牙型、外径、螺距（或导程）、头数、精度、旋向六个因素组成。

例如：M10：粗牙普通螺纹外径10mm。

M16X1：细牙普通螺纹外径16mm，螺距1mm。

T36X12/2-3左：梯形螺纹外径36mm，导线12mm，头数2，3级精度，左旋。

S70X10：锯齿型螺纹，外径70mm，螺距10mm。

G3/4：圆柱管螺纹，管子内径3/4。

ZG5/8：55°圆锥；管螺纹，管子内径5/8。

② 攻丝。攻丝的工具是丝锥，分机用丝锥和手用丝锥。并分粗牙和细牙两类。粗牙普通螺纹丝锥，只标螺纹代号和公称直径，如直径10mm、螺距1.5mm的单支手用丝锥，标记为M10，M前的数据为一套丝锥的只数。而直径后面的数字为精度等。攻丝前，底孔直径D的确定：$D=d-t$

底孔直径：D。

螺纹外径：d。

螺距：t。

在加工铸铁和塑性较小的材料时，$D=d-(1.05\sim1.1)t$。例如：M8直径6.7；M10直径8.5；M12直径10.2。

要注意以下几点：

攻丝时丝锥应尽量地垂直；

选择合适的冷却液；

每转动1/2～1圈时应倒转1/2圈，以利于排屑和断屑；

要使用绞手（绞杠）不要使用活动扳手等。

③ 套丝（套扣）。套丝的工具是板牙，绞手。由于用板牙在钢料上套丝时其牙尖同攻丝一样要被挤高一些，所以圆杆直径应比螺纹的外径小一些。可用下列公式计算：$D=d-0.13t$。这项工作主要由车工完成。

④ 螺纹的作用。螺纹一般起紧固作用和传递作用。螺钉起到的作用是紧固作用；而车床的丝杠起到的是传递作用，也就是说，它将旋转运动变换为直线运动。其特点是传动精度高，工作平稳，无噪声，易于自锁，能传递较大的动力等，因此也叫做螺旋机构。

（7）其他

矫正，弯曲，抵金的展开图及铆接刮削、研磨等也都是钳工应掌握的。

二、传动机构

（1）带传动

带传动是常用的一种机械传动。它是依靠传动带与带轮之间的摩擦力来传递运动和动力的。与齿轮传递相比，带传动具有工作平稳、噪声小、结构简单、制造容易以及过载打滑起到安全保护作用，能适应两轴中心距较大的传动优点，因此获得广泛的应用；缺点是其传动比不准确，传动效率低，带的寿命短。

按带的断面形状不同传动带可分为圆皮带、三角带、平型带、齿型带等四种。其中三角带是以其侧面与轮槽摩擦，其传动能力是平型带传动力的三倍左右，因此三角带传动比平型带传动更广泛。齿型带传动的特点是传动能力强，不打滑，能保证同步运转，传递准确，但成本高，在机械中的应用却逐渐增多。

带传动的技术的要求：

① 带轮在轴上应没有歪斜和跳动。

② 两轮之间平面应重合，轴向偏移，不应过多。

③ 带轮表面粗糙度不应过高过低。过高了容易打滑，过低了容易发热，并加大磨损。

④ 带在带轮上的包角不能小于120°。

⑤ 带的紧张力要适当。

⑥ 传动带不宜在阳光下暴晒，特别要防止酸碱物质和油与皮带接触以免引起变质。

（2）链传动

链传动是利用可屈伸的链作为传动元件。通过链和链轮的啮合来传递运动和动力的。链按用途不同可分为传动链起重链和牵引链三种，而传动链又分为套筒链、套筒滚子链和齿型链三种。链传动是啮合传动，既能保证准确的平均传动比，又能满足远距离传动要求，特别适合在温度变化大和灰尘较多的地方工作；还可以传递数千瓦的功率，其传动比可达6，中心距可达数米，链速度一般为12～15m/s，在很多行业使用广泛。

链传动的技术要求如下：

① 链轮的两轴线必须平行；否则将加剧链条与链轮的磨损，降低传递平稳性，增加噪声。

② 两轮之间的轴向偏移量必须在要求内。一般在两轮中心距，小于500mm时偏移量为1mm以内，大于500mm时，偏移量为2mm。

③ 链轮的跳动量要控制在要求的范围内，一般以100mm链轮允许0.25mm推算。链轮跳动分径向跳动与轴向跳动，两者都需测量。

④ 链的下垂度要适当，水平 $f=2\%L$，垂直时应小于等于 $0.2\%L$。（f 为下垂度，L 为2轮中心距）。

(3) 齿轮传动

齿轮传动是各种机械中最常用的传动方式之一，可用来传递运动和扭矩。它可改变速度的大小和方向；还可把转动变为移动，能保证一定的瞬时转动比；其传动准确可靠，转递的功率和速度范围大，传递效率高，使用寿命长，以及结构紧凑，体积小等。其缺点是，齿轮传动噪声大，传动不如带传动平稳，不宜用于大距离传动以及它的制造装配要求高。

齿轮种类很多，有直齿圆柱齿轮、斜齿圆柱齿轮、圆锥齿轮、内齿轮等，计算起来也很复杂。如直齿圆柱齿轮，它的两齿轮的传动，齿轮模数必须相同。用小 m 表示其模数，m 的大小实际上是齿的大小，模数愈大齿就愈大．传递的功率也愈大。

公式：$m=d/z$，m 为模数，z 为齿数，d 为节径（分度圆直径）

齿顶高 $h_1=m$　齿根高 $h_2=1.25m$　齿全高 $h=2.25m$

$d=m\times z=D-2m$　（D 为齿轮外径）

两轮中心距 $A=\dfrac{d_1+d_2}{2}=\dfrac{z_1+z_2}{2}m$

(4) 其他传动方式除以上传动形式以外，还有其他的传动方式：如：摩擦传动；螺杆传动等。

三、液压传动

液压传动是建材机械特别是砖瓦机械、墙板、砌块机械中经常用到的。

由液压传动的原理可知液压传动装置的主要组成部分包括油泵、油缸、阀类和管道类等部分。

(1) 油泵的种类

油泵的种类大体上有：齿轮泵、叶片泵、柱塞泵和螺杆泵。齿轮泵用在压力不高的情况下，但随着工艺水平和材料性能的不断提高都有一定的性能提高。比如，低压一般指16MPa以下，但齿轮泵超过这个压力也有，叶片泵也是同样的情况。低压、中压、高压，分别是指16MPa、25MPa、31.5MPa。

(2) 阀类元件的种类

阀类元件有压力阀、速度阀和方向阀几大类。压力阀有溢流阀、减压阀、调压阀等。节流阀有单向、双向之分。节流阀可以控制流量，起到调速的作用，但不能完全代替调速阀。换向阀是改变油缸运动方向的。有电磁换向阀、机械换向阀、手动换向阀、液压换向阀等多种形式。

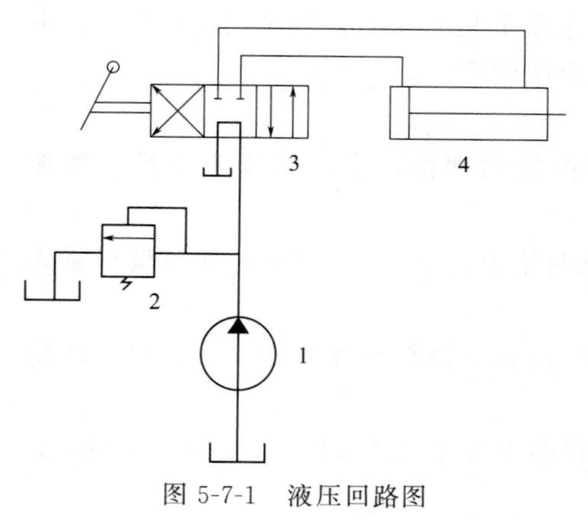

图 5-7-1　液压回路图

(3) 液压传动系统的工作压力取决于负载的大小，执行元件所受到的总负载，包括工作负载，执行元件自重和机械操作所产生的摩擦阻力，以及油流在管路中流动时产生的流程阻力和局部阻力等。由于负载使流液受到阻碍而产生一定的压力。并且负载越大，油压越高，但是最高的工作压力必须有一定的限制。为使系统保持一定的工作压力，或在一定的压力范围内工作，需要调整和控制整个系统的压力。要特别指出的是，所用的液压元件，包括管路的允许使用压力都必须高于系统的最高使用压力，以保证运行安全。液压回路见图 5-7-1。

在这个油路图中，溢流阀 2 与液压泵 1 并联组成了调压回路，根据负载需要通过调节溢流阀，从而限制了系统的最高工作压力。图中的手动三位四通阀 3 调整油流的方向，以达到控制油缸 4 的运动方向。在三位四通阀的中位时油缸处于静止状态，而液压油通过回路直接回油箱。最大限度地减小了液压泵的负担，增加其使用寿命。

（4）液压故障的简单诊断技术

① 看。看液压系统工作的实际情况，一般有“六看”。一看速度，即看执行机构运动速度有无变化和异常现象。二看压力，即看液压系统中各测压点的压力值大小，压力有无波动现象。三看油液观察油液是否清洁，是否变质，油量是否在规定的油标线范围内，油液黏度是否符合要求等。四看泄露，即看液压管道各接头、阀板结合处，液压缸端盖，液压泵轴端是否有泄露滴漏现象。五看震动，即看液压缸活塞杆或工作台等运动部件工作时有无震动，跳动等。六看产品，即根据液压机床加工出来的产品质量，判断运动机构的工作状态，系统工作压力和流量的稳定性。

② 听。用听觉判断液压系统工作是否正常，一般有“四听”。一听噪声，即听液压泵和液压系统工作时的噪声是否过大，溢流阀、顺序阀等元件是否有尖叫声。二听冲击声，即听工作台液压缸换向时冲击声是否过大，液压缸活塞是否有撞击缸底的声音，换向阀换向是时有无撞击端盖的现象。三听气蚀与困油的异常声，检查液压泵是否吸进空气，或是否存在严重困油现象。四听敲打声，即听液压设备工作时是否有因为损坏引起的敲打声。

③ 摸。用手摸运动的部件工作状态，一般有“四摸”。一摸温升，即用手摸液压泵，油箱和阀类元件外表的壳体表面上的温度。若接触 2 秒钟，感到烫手，就应该检查温升的原因。二摸震动，即用手摸运动件的震动情况，若有高频震动应检查产生的原因。三摸爬行，即当工作台在轻载低速运动时用手模工作台有无爬行现象。四摸松紧程度，即用手拧一下挡铁开关和紧固螺钉等，以感觉其松紧程度。

④ 闻。用嗅觉器官判断油液里是否发臭变质，橡胶件是否因为过热发出特殊的气味等。

⑤ 阅。查阅设备技术档案中的有关故障分析和修理记录，查阅交接班记录和维护保养情况的记录。

⑥ 问。访问技术操作者以了解设备运行情况，一般有“六问”。一问液压系统工作是否正常，液压泵有无异常现象。二问液压油更换的时间，滤网是否清洁。三问发生事故前压力调节阀或速度阀是否调节过，有哪些不正常现象。四问发生事故前对密封件或液压件是否更换过。五问发生问题前后液压系统出现的那些不正常现象，六问过去经常出现过那些故障，是怎样排除的。

总之对各种情况必须了解得尽可能清楚。因为每个人的感觉不同，判断能力和实际经验不同，判断结果也会有差别，所以简易判断，只是一个简单的定性分析，但在缺少测试仪器的现场，或比较小的企业，它能迅速判断和排除故障，具有实用性和普及意义。

四、热处理名词解释

（1）淬火

将钢构件加热到临界温度以上，保温一定时间，然后在水或油中，快速冷却的热处理叫淬火。

（2）回火

将淬硬的钢件，加热到临界点以下的温度保持一段时间然后在空气中或油中冷却下来的方法叫回火。

（3）退火

将钢件加热到临界温度以上 30～50℃保温一段时间，然后再缓慢地冷却（一般用炉冷）的方法叫退火。

（4）正火

将钢件加热到临界温度以上，保温一段时间然后用空气冷却，冷却速度比退火为快叫正火。

（5）调质

将淬过火的工件，高温回火叫调质。

（6）渗碳

将碳原子，渗入到钢件表层的过程，一般可用于提高低碳钢的表面硬度。

以上热处理工艺分别可以提高或减少钢件的硬度。提高钢件的韧性，消除内应力，减少变型和提高切削性能。是我们经常遇到的。除以上方法外，还有发蓝、氧化、渗氮等。

五、电气知识和安全用电

常用的电气元件有按钮、空气开关、漏电保护开关、接触器、热继电器、中间继电器、时间继电器、熔断器、变压器、互感器、电压表及电流表等。其中按钮、接触器和中间继电器等为控制电器。热继电器、熔断器、漏电保护开关等为保护电器。

设备在出现故障后，操作者首先要判断，这个故障是机械故障，还是电气故障才能决定是自己解决，还是找维修人员解决？是找维修钳工，还是找维修电工？如果判断它是电气出了问题，一定要找专职的有操作证的维修电工来解决。设备上所用的电气一般由隔离开关或空气开关、接触器、热继电器、中间继电器、漏电保护开关以及按钮等组成。如果发生按下按钮后电器没有动作、电机反转、声音异常、热继电器多次断开或电器箱内有异味时，应立即切断电源找维修电工处理。如果发现有人触电，应在第一时间切断电源，或用绝缘的物体把人与电源分开后才可以抢救。如果发生电器着火，也要第一时间切断电源，在没断电的情况下，是不能用水和泡沫灭火器的。安全电压为 36V 以下，凡是 36V 以上的电压触电后，都有生命危险，为了保障人身的安全，用电设备必须有可靠的保护接地或保护接零。设备维修时必须切断总闸，并挂上“严禁合闸”标志。

六、轴承

轴承一般分滑动轴承和滚动轴承两种，轴承是用来支承轴的部件，有时也用来支承轴上的回转零件，滑动轴承是一种滑动摩擦的轴承。它的主要特点是工作可靠平稳无噪声。润滑油膜，具有吸震能力，故能承受较大的冲击载荷。同时由于液体摩擦润滑，可以大大减少摩擦损失和表面磨损。对于高速运转的机械有着十分重要的意义。滑动轴承的润滑形式有多种，其中比较理想的有动压润滑和静压润滑两种。滑动轴承为了能使润滑油分布在润滑面上，一般要在承载面上开设油槽。

滚动轴承是由外圈、内圈、滚动体和保持器等四部分组成（有的带防尘盖）。工作时滚动体在滚道上滚动，形成滚动摩擦，它具有摩擦小、效率高、轴向尺寸小、拆装方便等优点。是近代机械中的重要部件之一。滚动轴承在选用时要考虑负荷的大小、方向、转速及是否有振动和冲击等。比如一般同时受了轴向力和径向力，应选向心推力轴承。滚动轴承的润滑主要有润滑油、润滑脂和固体润滑剂。滚动轴承装配时松紧程度的一般原则是：转动套圈比固定套圈配合紧一些。负荷愈大转速愈高，冲击和振动愈大时配合愈紧。当轴承旋转精度要求较高时应采用较紧的配合。对于需要经常装拆，或因使用寿命短而需经常更换的轴承，可以取较松的配合以利于装拆和更换。

七、机械制图

图样是工厂中的工业语言，掌握识图和制图的一些知识对于机械加工工人及维修工人是必不可少的。

首先了解机械制图中规定的各种线代表的意义。比如，粗实线一般用来表示零件的轮廓线。细实线是用来表示尺寸线、尺寸界线、螺纹线等。虚线用来表示看不见的线。（有物体挡住的地方）。点画线，用来表示中心线。

为了看懂图样，还要弄懂各视图的关系。一件物体，摆在一个空间，从各方向去看可以得到前、后、上、下、左、右六个视图。

物体前面正对着我们的面的视图叫主视图。从物体的左面向右看，图在主视图右面的叫左视图。而从物体的右面向左看，画在主视图左面的叫右视图。从物体的上面向下看，画在主视图的下面的叫俯视图。从物体的下面向上看，画在主视图上面的叫仰视图。从物体后面向前看，画在左视图右面的视图叫后视图。以上是各视图在图样中的位置关系。

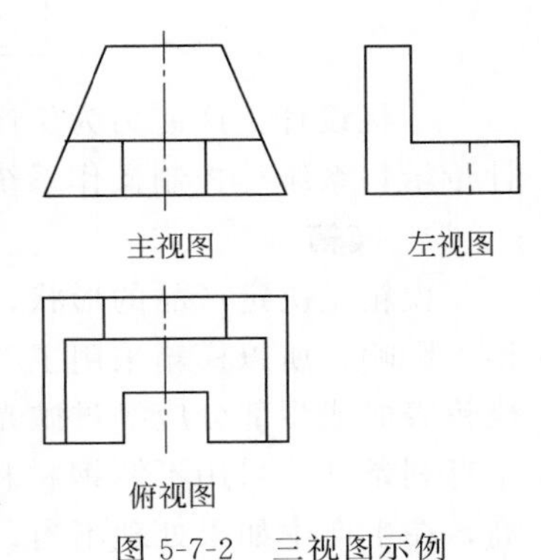

图 5-7-2　三视图示例

一般情况下用主视图、左视图、俯视图，三个视图就可以表达出简单零件了（见图 5-7-2）。只有复杂的零件，三个视图表达不清楚时才会增加视图。特别复杂的零件还有剖视图、斜视图、局部视图等。以上是各视图在图样的位置关系。在制图时还要注意一个原则——长对正、宽相等、高平齐。

八、建筑石膏

石膏也叫硫酸钙（$CaSO_4 \cdot 2H_2O$），是海水蒸发后留下的产物。也有专家认为是碳酸钙，遇到了硫酸类物质而转化后得到的。总之在自然界中存在的，叫它天然石膏。石膏分两种，除了自然界固有的还有化学工业的副产品，如发电厂脱硫所产生的脱硫石膏，磷肥厂生产磷肥排出的磷石膏等，统称为化学石膏。我国的石膏蕴藏量丰富，天然石膏达 600 亿吨。

石膏平时以二水石膏或无水石膏的形式存在着，通过加温或煅烧使二水石膏脱水，变成半水石膏。再经过研磨就成为所使用的石膏粉了。石膏砌块成型机设备就是利用半水石膏加水后，通过水化反应，转变成二水石膏，利用结晶成型的性质，而生产出石膏砌块砖和其他石膏制品。

石膏制品由于本身的性质，能够起到良好的防火、隔音、吸音、保暖的作用，并且能起到调节室内湿度的效果。大量地使用化学石膏不仅可以保护矿产资源又可以解决化工企业大量占用土地，保护了环境，治理了水源污染等。

九、石膏砌块（或墙板）生产线设备

石膏砌块成型机是属于建材机械设备。建材机械设备就是直接生产建筑材料的机械设备，以及相关配套设备。例如：搅拌机、提升机、电子秤等，还有生产水泥的回转窑、磨粉机、石材机械、建材仪器和砖瓦机械等都是属于建材机械设备。而常用的车床，钻床等虽然也会为生产建材服务，但是它属于通用设备。同样铲车、叉车、推土机等也不是建材机械。

石膏砌块成型机目前有很多种，有手工开模式的、有半自动的、有空心的、有实心的、有抽空轴不会转动的等，下面主要讲全自动空心抽空轴会转动的两种机型示例。

（一）DGDKZ 9-100 石膏砌块墙板成型机

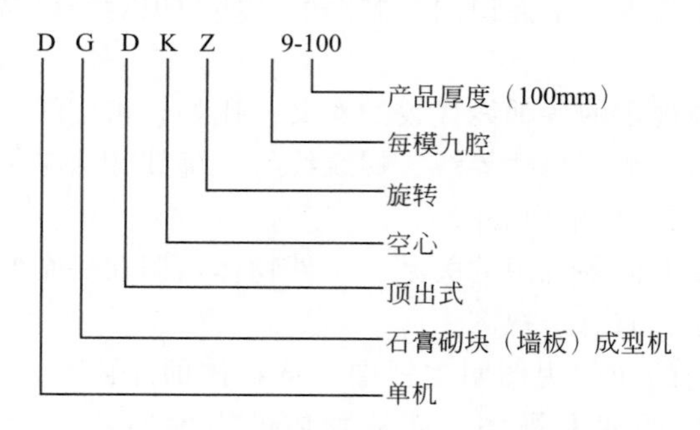

本机设计生产能力为年产十万平方米，最大顶出压力一百吨。由模箱、搅拌机、主机、计量给料系统、控制操作系统组成的，以下分开介绍。

1. 模箱

模箱是决定产品的形状、大小及表面质量的设备。模箱质量好坏直接对产品的质量产生很大影响，所以模箱采用了不锈钢或其他有关材料，经过加工，保证几何形状和高精度，而模箱表面成型部分应经过抛光处理，达到镜面效果，因此提高了产品质量，为砌筑工序提供了有利条件。采用不锈钢材料时，模箱的防锈问题得到了很好的解决。因为不锈钢硬度不高，在生产中如果处理不当，易造成划伤，因此必须十分注意，不要用金属工具等清理模箱内壁，也不要用砂纸纱布打磨。

2. 搅拌机

搅拌机是建材设备中广泛应用的设备之一，因为石膏的特性，必须在最短的时间内，达到最充分的搅拌效果，因此决定了必须采用高速度搅拌，为下一道工序争取更多的时间，如果时间一长，将减少石膏的流动性就有可能影响灌浆时的充实性，严重时会在搅拌箱内凝固。搅拌桶设计成方型，很好地解决了液体在高速搅动下沿桶壁爬升的现象。搅拌轮做成了打蛋器的形状，解决了由于线速度太大，阻力过高的问题。

搅拌机的桶体采用内壁为不锈钢，外壁用热轧钢板的双层结构。节省了材料费，同时又保证了防锈和刚度要求。

3. 主机

石膏砌块成型机的主机有着带动抽空轴转动的装置。由于有了抽空轴的转动，产品质量比起抽空轴不能转的设备加工出的砌块有着更高的抗拆、抗压强度和隔声效果。石膏砌块成型机有卧式的，立式的，流水线式的。抽空轴旋转有齿轮传动、链条传动，还有齿轮链条复合传动。有放在模箱下面的，也有放在模箱上面的。特别要提到的是，把抽空轴放在模箱上方是目前最好的方案之一。因为它最大的好处是避开了，密封问题，不会发生轴承进水生锈的情况，可以大大地提高使用寿命，主机部分的重点之一是液压传动部分。液压设备的故障多发生在设备新安装阶段和设备运行后期。设备的调试阶段要加强观察，不要因为液压系统的问题造成机械设备的损坏。

4. 计量给料系统

本设备的计量，采用了斗式电子秤和皮带电子秤两种。斗式电子秤适用于单台设备，皮带电子秤适用于一组两台设备合用。皮带电子秤，比斗式电子秤更不容易发生故障，可靠性更高。其测量精度一般能达到1%～2%。不用为了再提高精度，而增加成本。水的计量可以用容积式计量和时间计量。为了使用水量计量更准确，也可以容积式计量和时间计量同时应用，还可采用电子秤计量的方法。

5. 控制操作系统

提到控制操作系统，必然会想到一定有控制箱、有操作按钮，这是对的；但这些按钮只是在调试设备或维修设备时用一下，平时生产一般不会用，因为这套设备采用了PLC程序控制系统，计算机操作完全达到了全自动化操作。操作员只是在计算机前点一下鼠标而已。如果采用自动生产程序可以做到上班时点一下，下班时点一下，其余的工作完全交给PLC去做了，手动操作只是操作员多点几下鼠标而已。操作员必须时刻注意生产情况，注意设备运行状况一旦发现异常情况，要按情况作出正确的分析采取相应的措施，在设备比较明显的地方也装有急停按钮，以保证设备的安全和产品的质量。

6. 名词解释

工艺卡片：是指导生产和组织工艺准备的主要文件。生产工人将按卡片上面的指示进行工作。

生产过程：是指包括原材料运输保管、生产准备、毛坯制造、机械加工装配检验、试车、油漆和包装等各过程，即从原材料到成品的全过程。

工艺过程：是指生产过程中改变材料或毛坯的形状尺寸、性能，使之变成成品、半成品的过程。

工艺基准：包括装配基准、定位基准。

装配的方法：有完全互换法、选配法、调整法、修配法。

7. 设备的一级保养

（1）清理机床外表与死角。做到“漆见本色铁见光”。

（2）清理滑动部件及运动面做到油路畅通，清洁，及时更换好润滑油。

（3）检查，液压系统有无漏油、松动，液压油是否变质。油量要在要求范围内，油表、油窗明亮。

（4）清扫电器箱，电动机（断电后进行）。

（5）检查所有当铁、螺钉是否紧固和缺失。防护装置是否有效。

（6）对有循环水或冷却水的设备要检查是否应该更换。

注：如更换液压油，因液压油是根据油的黏度来决定标号的，所以一定要选择好标号。否则由于黏度不同可能影响液压系统的正常工作。

（二）LGDKZ 6-100石膏砌块墙板成型机

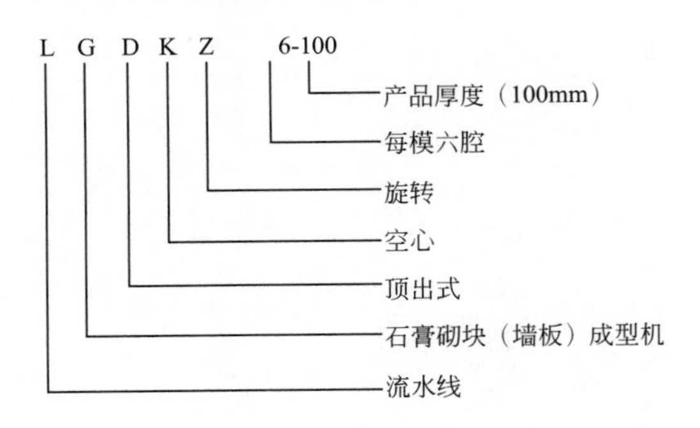

本机为流水线生产，年产一百万平方米。实现了齿轮箱与抽空轴吊装，完全摆脱了水、浆等对轴承的影响，改善了生产环境，提高了设备的使用寿命，减小了维修时间和费用，同时也提高了劳动生产率。生产线的结构是由八台成型机，两台脱模机，两台复位机，四台翻转机，两台占位机，两台搅拌机，六台转运小车，两套电子秤，二十三套模箱和部分辊道组成的，同时还备有水、电、气、液压站、控制室等，基本实现了全自动无人操作。它的生产工艺流程见图 5-7-3。

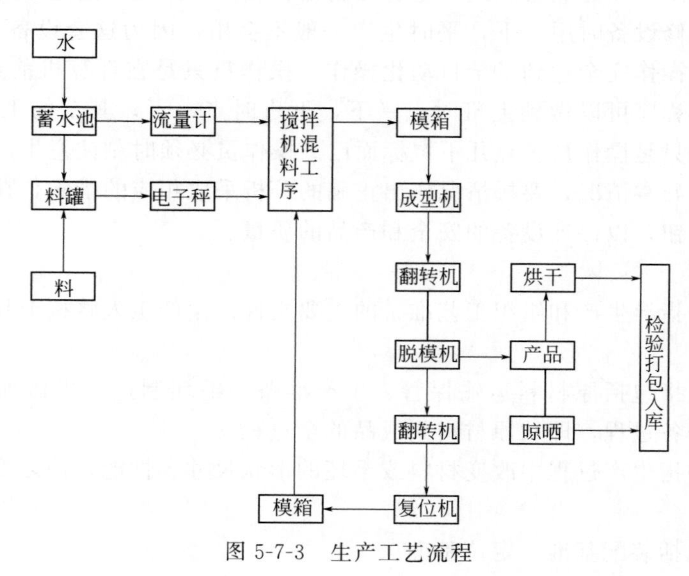

图 5-7-3 生产工艺流程

第六章　混凝土砌块技术装备

第一节　概　　述

随着我国经济的不断发展和科学技术的进步，城市建设中混凝土砌块使用量猛增，各地砌块生产企业像雨后春笋一样茁壮成长，部分企业生产量出现了供不应求的局面，砌块设备市场也大大增加，特别是密切引进国外先进技术装备，消化吸收实现国产化和国内攻关研发，开发出一批新技术、新工艺、新产品，诞生了新的设备生产企业以及配套设备生产企业。经过多年的发展，我国砌块设备早已向自主创新开发为主方向发展，台振、模振机型相继出现，大、中、小型的机型企业争先建成投产，规格品种俱全，其设备运转率、可靠性等都有明显提高。目前，不少装备生产企业采用了自动控制系统，选用了国外先进的零部件，确保整机性能，提高了产品质量和技能水平。目前，混凝土砌块应用，不断从墙体材料向市政、道路、港口、园林和水利工程大量转化，砌块设备生产企业的新装功能也不断地开发出来，实现并满足了多种砌块生产要求。我国混凝土砌块生产装备的水平有了很大提高，不仅满足国内新型墙体材料的需要，而且还有大批量的装备出口创汇，取得了很大的经济效益。目前，我国混凝土砌块装备制造水平，达到和接近达到国际先进水平，但模具使用寿命方面仍需要提高，现在已有了新的改善和突破，液压件和电子元器件也都已得到解决，并有了较高水平，已经实现了高起步、高定位、高发展，已形成新的工业体系，技术装备正在向规模化、大型化、先进化、高职业技能化、标准化、国际化发展。

混凝土砌块装备指的是用于生产混凝土砌块的各种设备和设施，通常包括混凝土配制设备、砌块成型设备、砌块生产过程中的转运、码垛设备和养护设备等。其中，最核心的设备是砌块成型机械。

砌块成型机械是伴随着建筑砌块的大量使用而逐步发展起来的，随着对建筑砌块性能要求的逐步提高以及现代工业技术快速发展的促进，砌块成型机械历经近百年的发展，在产品的规格、品种、性能、自动化水平和技术复杂程度等方面都有长足的进步，已经从初始的小型机械式手动设备，发展为现代的大型机电液一体化全自动成套设备，成为当今建设机械的重要组成部分。

国外砌块成型机械发展历史较长，工业发达国家，从 20 世纪 20 年代就开始大量使用，尤其是第二次世界大战以后得到迅速发展，涌现了一大批专业制造砌块成型机械的厂商，较知名的厂商有美国的贝塞尔（Besser）、哥伦比亚（Columbia）公司，德国的玛莎（Maza）、海斯（Hess）、蔡尼特（Zenith）公司，英国科宝（Cobber）公司，法国阿道尔（Aadler）公司，意大利罗莎科美达（Rosacometta）公司等，其中美国公司的砌块成型机主要是模振成型机，欧洲公司则以台振成型机为主。它们的共同特点是可靠性好，故障率低，自动化程度高，激振力大且分布均匀、生产的砌块强度高且制品质量稳定，成套设备运行效率高。

我国砌块成型机械始于20世纪60年代，当时采用一些简易的振动台，用手工生产实心砌块，砌块的质量和产量均很低。从20世纪70年代起到80年代初国内相继开发生产了多种砌块成型机，但绝大部分都属于简易杠杆式或简易移动式机型，这些设备的自动化程度低，激振力偏小，生产的砌块强度低、质量差，难以满足砌块建筑的发展需求。20世纪80年代我国墙体材料改革进入了新的发展时期，有关砌块和砌块成型机方面的法规逐步颁布，很大程度上促进了我国砌块成型机的提高和发展，国内有关科研院所开始研制固定式砌块成型机及成套设备，并于20世纪80年代中期投产使用。20世纪80年代末期，国内先后引进了欧美近20台（套）砌块生产设备，有关单位引进意大利罗莎科美达公司技术生产的HQC5和QT5-20型砌块生产线也相继投入使用。国外成型机械先进技术的引进和消化大大促进了我国砌块成型机械及其成套设备的发展，进入20世纪90年代后，国内有关科研院所和生产企业共同努力，陆续开发生产了台振、模振等不同振动形式、多种规格型号的砌块生产设备，初步形成了我国砌块成型机械的装备体系，在与进口设备的竞争中占有了一席之地，但这一时期砌块成型机械的技术状况是工作台面小（五块以下机型），激振力小，成型周期长，制品质量不稳定，成套设备以半自动或单机配置为主，生产效率低，与国外同期砌块生产设备尚有明显的差距。

从20世纪90年代末期以来，随着国家墙体材料改革力度的加大，以及各地强制“禁实”等配套政策推行，各地区对高性能砌块生产设备的需求量和投资也日益加大，巨大的市场需求牵引，带动了我国砌块成型机械的快速发展。一大批新兴企业纷纷进入砌块成型机械领域，通过仿制、借鉴、二次开发、合资、合作等各种途径充分吸收国外砌块成型机械的先进技术，相继开发出了一系列拥有自主知识产权的砌块成型机械，其性能水平已逐步接近国际先进水平。到目前砌块成型主机的单机规模已经涵盖了4、5、6、8、9、10、12、15、18块全系列的各种规格的机型，技术性能方面，也有突破性的提高。表现在：①激振力大。骨干机型振动加速度超过15g，且振频、振幅无级可调。②自动化程度高。大多数机型都实现了全自动运行。③制品强度等级高。骨干机型都能稳定生产国家标准mu12.5级以上的承重空心砌块。④设备具有多功能性。骨干机型都配有自动二次布料系统、模头横向清扫装置、自动插苯板装置等国际先进的配备，砌块机除能生产普通的墙体砌块外，还能生产保温砌块、装饰砌块、水利砌块、园林砌块以及各种路面工程用砌块。⑤对原材料适应性强。除普通混凝土外，骨干机型都能利用粉煤灰、炉渣、尾矿渣、建筑垃圾等固体废料生产不同用途的砌块。在成套设备技术方面，已经从小规模单机向大型全自动生产线发展，大多数厂家都能提供中等规模的半自动生产线，骨干企业均已成功推出了全自动运行的成套生产线，并且在国内市场大量使用，终结了大型砌块生产线设备依赖进口的局面。尤其是近几年国内行业领先企业的大型全自动砌块生产线（年产$20\times10^4m^3$以上）已出口到世界上的多个国家和地区，因其较高的性价比，深受国际市场的好评，已经具备了与欧美一线品牌同台竞争的技术和实力。

经近十几年的快速发展，我国砌块成型机械的技术性能有了很大的提高，但整体水平与当代国际先进水平尚有一定的差距，主要体现在以下几方面。

（1）全自动运行可靠性有待提高，小故障频繁，平均无故障工作时间短。

（2）制品质量的稳定性和一致性不足，砌块的几何尺寸、密实度、重量、强度等方面偏差稍大。

（3）电、液控制技术和性能尚需提高，运行速度和平稳性不足，单循环周期长，元器件寿命短。

（4）砌块生产辅助装备或技术配套不够，如快速换模技术、自动锁模技术，水平拉孔技术，异形砌块生产技术（需转模、组合模具等配套装置）、自动码垛和打包等。

第二节　砌块成型工艺装备

小型混凝土砌块成型设备适用的原材料为干硬性混凝土，其制备过程包括原材料预处理、配料、搅拌、输送等环节。

典型的配料、搅拌、输送系统配置如图 6-2-1 所示。

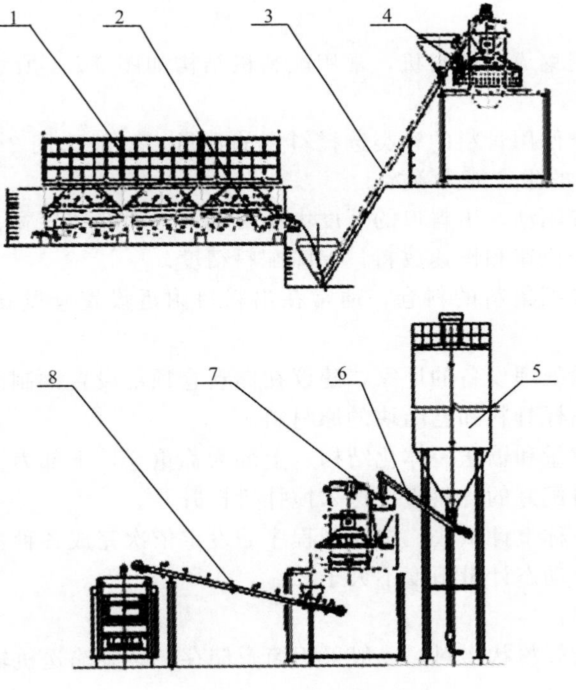

图 6-2-1　配料搅拌系统配置

1—骨料配料仓；2—皮带计量；3—搅拌提升机；4—搅拌机；
5—粉料仓；6—螺旋输送机；7—粉料计量；8—皮带输送机

一、原材料预处理

用于生产小型混凝土砌块的原材料，品质应当符合国家标准的要求。

有条件的地区尽可能选购符合要求的原材料，直接投入生产使用。若进厂原材料达不到标准要求，则必须进行预处理。常见的问题有骨料粒径过大、级配不合理、含泥量过高等，为此需通过破碎、筛分、冲洗等工艺过程进行处理。

① 骨料破碎。大粒径骨料必须破碎后使用，选择破碎机时应根据骨料的材质、需处理的数量综合选用，常用的骨料一般选用锷式破碎机。

② 骨料筛分。大骨料破碎后，须经过筛分装置对骨料分级。如果原料最大粒径未超标，但级配不合理，不符合配方要求，也需经过筛分装置进行骨料分级。

砌块生产用骨料一般分为2～3级，其筛分装置一般选用多级振动筛。

③ 骨料清洗。根据国家标准规定，混凝土骨料中有害杂质含量不得超标，在选购原材料时必须予以控制，一般在砌块生产厂常见的问题是细骨料或砂子中含泥土量超标，为此，通常以水洗法解决。

对于配备有骨料筛分工艺及设备的厂家，水洗可与筛分同步进行，在筛分时直接用水冲洗即可，而对于没有筛分装置的厂家，则需配备专门的水洗设施。

二、配料系统

砌块生产用的配料系统一般包括骨料、粉料、水、外加剂的储存、称量、输送装置，直至将各种物料送入搅拌机。

（1）骨料配料机

骨料配料一般采用集成式配料机，常用配料机结构如图6-2-1所示，主要包括储料仓和称重皮带两部分。

储料仓：根据生产使用骨料的种类选择料仓的数量，一般选用2～4个料仓，单仓容积4～12m^3，依据生产线的生产能力确定。

料仓门一般由气缸驱动，出料口的开度大小可调节。对仓体较宽、容积大的料仓，通常设置双仓门，分别用于快速和慢速放料，保障配料精度。

对用于储存砂子等细集料的料仓，通常在出料口附近设置仓壁振动器，防止集料“起拱”，便于落料。

对于没有原材料预处理设备的厂家，建议在储料仓顶部设置钢制网状格栅，用于剔除原材料中的大块杂物、超标骨料和已结块的原材料。

称重皮带：采用称量和输送一体化结构。上部为称重仓，下部为输送皮带，在完成各种骨料的称重计量后，将配好的骨料直接送入搅拌机提升斗。

骨料配料采用累计称重计量法，按控制程序的设定依次完成各种物料的计量，计量方式为电子式称重传感器，动态计量精度不大于2%。

（2）粉料配料装置

对于水泥、粉煤灰等粉状物料，一般采用筒仓储存、螺旋输送机输送、专门的粉料计量装置称重计量。

水泥（粉煤灰）筒仓：根据使用粉料的种类决定筒仓的数量，筒仓的直径和容积依据生产线的规模和场地条件确定，常用筒仓容量分别为20t、50t、80t、100t、120t。

对筒仓的基本要求是：卸料口设置手动或气动蝶阀，便于设备检修；有可靠的破拱装置，保障卸料顺畅；筒仓顶部要设置收尘装置，且其滤布可方便地清理或更换；配置料位计，一般的能够显示“空仓”和“满仓”信号，高级的配置能够连续显示料位，随时掌握仓内粉料存量。

螺旋输送机：关于螺旋输送机，首先要根据粉体物料的物理特性，选择合适的品种类型；而其性能参数则要依据搅拌周期、粉体物料的使用量、输送角度、输送长度等综合要求计算确定。一般情况下，要求在半个搅拌周期内能够完成粉体物料的输送。

对于颜料等价值较高或对制品品质影响较大的粉状物料，要求的配料精度较高，这种情况下一般选择小直径的螺旋输送机，并且采用变频调速控制。

粉料计量装置：专门用于粉体物料的计量，一般设置于搅拌机上方，完成计量后直接卸料于搅拌机内。如图 6-2-2 所示。

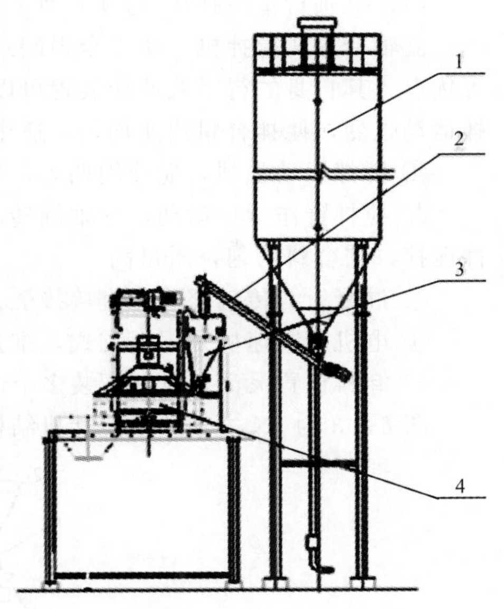

图 6-2-2　粉料计量配置
1—水泥（粉煤灰）筒仓；2—螺旋输送机；3—粉料计量装置；4—搅拌机

粉料计量采用专门的计量斗，由称重传感器计量。卸料口由气动蝶阀实施开闭，仓体上设有仓壁振动器，确保卸料顺畅。

粉料计量的精度一般要求小于 1.5%。

（3）水计量装置

搅拌用水的供给与计量，依据砌块生产线自动化水平和技术风格有各种不同的配置方式，一般情况下，都是用专门的水箱储水，大扬程水泵给水。水的计量，按照不同的计量精度要求，有下列常用的计量方式。

① 时间计量：根据物料干湿情况，通过水泵开启时间来控制给水量，此方法误差较大。

② 流量计控制：根据经验设定搅拌用水量，通过流量计来实现给水控制。此种方式简单、适用，但需要丰富的实践经验。

③ 湿度传感器反馈计量：通过湿度传感器和给水装置联合实现精确的给水控制。此种方法与前述两种方式的根本区别在于它是控制拌合料的含水率，而不是给水量，能够自动适应不同含水量的原材料，在无需人工修正的情况下，使拌合料的干湿度稳定，利于制品成型。

湿度传感器能够连续地适时检测拌合料实际含水率，并与理论含水率比对后控制给水量，直至实际含水率接近理论值，此种方式为目前最精确的给水控制方式。

目前常用的湿度传感器有电感式湿度检测仪和微波湿度探测仪。

（4）外加剂计量装置

常用的外加剂有液体和粉状两种形态，应分别使用不同的计量方式。对于可以泵送的液态外加剂多采用流量计控制加入量，而粉体外加剂更多使用称重计量法。

因外加剂一般加入量很少，且价值较高，精确自动计量涉及的影响因素较多，不易控制，实际应用并不普遍，现实中较多采用定体积容器计量，由人工加入。

三、搅拌机

由于生产混凝土砌块的拌合料为干硬性混凝土，其搅拌工艺一般都采用拌料效果较好的强制式混凝土搅拌机。强制式搅拌机主要靠叶片对拌合料进行强制搅动，形成交叉式复合流动，使拌合料达到快速而均匀的效果。

混凝土砌块生产常用的强制式搅拌机有立轴行星式（JN 系列）和双卧轴强制式（JS 系列）两种类型。

(1) 立轴行星搅拌机 (JN 系列)

立轴行星式搅拌机，属完全强制式搅拌机，具有搅拌效率高，匀质性强、操作维护简便等优点。其自身的行星式搅拌装置可以形成公转加自转的复合运动，所以搅拌轨迹复杂，搅拌运动强烈，使拌合料快速均匀，适用于搅拌高质量混凝土。其主要特点如下。

① 搅拌运动强烈，搅拌周期短，效率高。

② 搅拌臂作行星运动，立轴旋转时对物料进行剪切、挤压和翻转等复合动作进行强制性搅拌，拌合料均匀，质量高。

③ 混凝土与传动部分无直接接触，不存在主轴端磨损及密封问题，彻底解决漏浆问题。

④ 电机和减速机采用上支式，维护，保养及清洗方便。

⑤ 卸料位置灵活，且可配装多个卸料门。

图 6-2-3 为 JN 立轴计量搅拌机结构示意图，表 6-2-1 为立轴行星式搅拌机技术参数表。

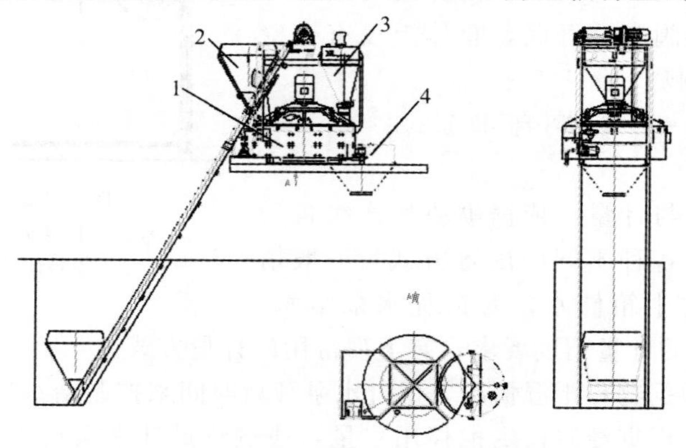

图 6-2-3 JN 立轴计量搅拌机结构示意图

1—立轴行星搅拌机；2—搅拌提升机；3—粉料计量；4—搅拌卸料门

表 6-2-1 立轴行星式搅拌机技术参数

基本参数	型号								
	JN250	JN330	JN500	JN750	JN1000	JN1500	JN2000	JN2500	JN3000
出料容量/L	250	330	500	750	1000	1500	2000	2500	3000
进料容量/L	375	500	750	1125	1500	2250	3000	3750	4500
搅拌筒直径/mm	1300	1540	1900	2192	2496	2796	3100	3400	3400
搅拌额定功率/kW	11	15	18.5	30	37	55	75	90	110
卸料液压功率/kW	2.2	2.2	2.2	2.2	3	3	4	4	4
行星、搅拌叶片/m	1/2	1/2	1/2	1/3	2/4	2/4	3/6	3/6	3/9
侧刮板/m	1	1	1	1	1	1	1	1	1
卸料刮板	—	—	—	1	1	1	2	2	2
搅拌机重量/kg	1200	1700	2000	3500	6000	7000	8500	10500	11000

(2) 双卧轴强制式搅拌机 (JS 系列)

双卧轴强制式搅拌机由两个搅拌主轴上搅拌叶片构成空间间断的螺旋带结构，随着搅拌轴的反向旋转沿径向和轴产生三维搅拌作用，对物料形成推、撮、挤、翻转等综合作用，以达到快速混合均与的效果。其主要特点如下。

① 搅拌机体积小，高 度 低，利于架高摆放。

② 上料、卸料时间短，综合运行效率高。

③ 卧轴搅拌筒直径比同产量立轴式搅拌筒小，运行功率消耗也减少。

④ 主要缺点为轴端密封困难，需多重密封保护；磨损大，叶片和内衬需定期更换。

图 6-2-4 为 JS 双卧轴搅拌机结构示意图，表 6-2-2 为 JS 系列混凝土搅拌机参数。

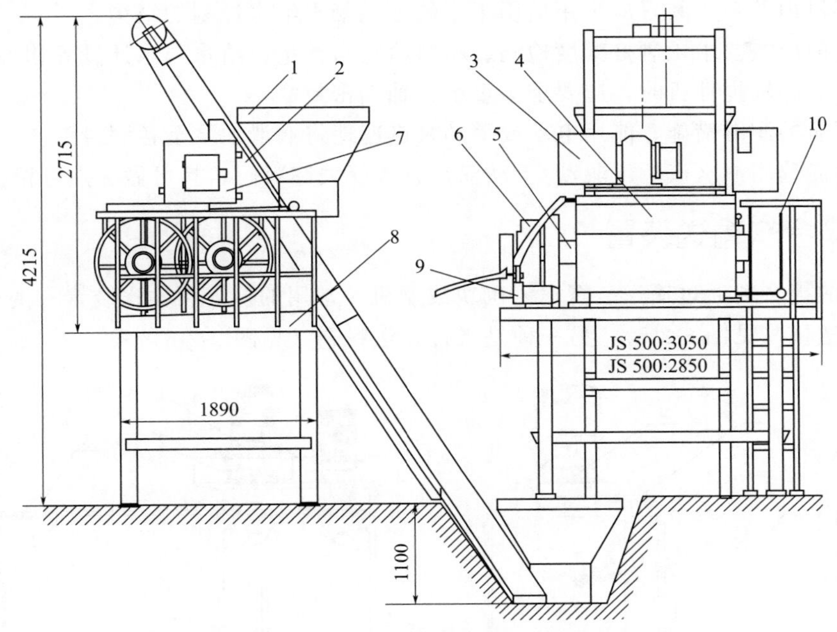

图 6-2-4　JS 双卧轴搅拌机结构示意图

1—上料斗；2—上料架；3—卷扬机构；4—搅拌筒；5—搅拌装置；6—搅拌传动装置；7—电气系统；8—机架；9—供水系统；10—卸料机构

表 6-2-2　JS 系列混凝土搅拌机参数

搅拌机型号	JS350 搅拌机	JS500 搅拌机	JS750 搅拌机	JS1000 搅拌机	JS1500 搅拌机
出料容量/L	350	500	750	1000	1500
进料容量/L	560	800	1200	1600	2400
搅拌时间/s	35～45	35～45	35～45	35～45	65～45
额定生产率/(m³/h)	17.5～21	25～30	37～45	≥50	65～75
主电机功率/kW	15	18.5	30	2×18.5/37	2×30
提升电机功率/kW	4.5	5.5	7.5	18.5	22
不泵电机功率/kW	0.75	1.1	1.1	3	3
骨料最大粒径/mm	60/80	60/80	60/80	60/80	60/80
整机质量/kg	3780	4100	6400	11000	12000

（3）选择搅拌机的有关注意事项

用户选择搅拌机时，除按产量和功能要求选取相匹配的规格型号外，在具体技术环节还应注意下列要求。

① 电机与减速机之间应安装弹性联轴器或液力耦合器，以保障良好的启动性能（选液力耦合器可实现带载启动）。

② 搅拌机进料口应设置活动门，放料完成后自动关闭，防止搅料时产生的灰尘飞溅，达到环保效果。

③ 选配斗式提升时，必须设置提升斗下位和上位的安全保护机构，且要求强制、可靠，一般要求上位双重保护。

④ 搅拌筒体上部的仓门必须有联锁安全保护，确保仓门未闭合时搅拌机不能启动。

⑤ 搅拌机内的喷水装置应采用适用于干硬性混凝土给水控制的结构。

⑥ 交货前应按要求预制好湿度检测、粉料给料与计量、给水与水计量等相关接口。

⑦ 选用双卧轴搅拌机时，应要求多重组合轴端密封。

⑧ 有可靠的润滑措施，能用电动或手动泵迅速地将润滑油泵至各润滑点。

⑨ 尽可能选用油（汽）压驱动/手动双重方式开关卸料门，且可做多点停留。

四、拌合料输送装置

搅拌好的拌合料通过输送装置送入砌块成型机。常用的拌合料输送装置有两种类型，一种是皮带输送机（见图 6-2-5），另一种是飞行式送料仓（见图 6-2-6）。

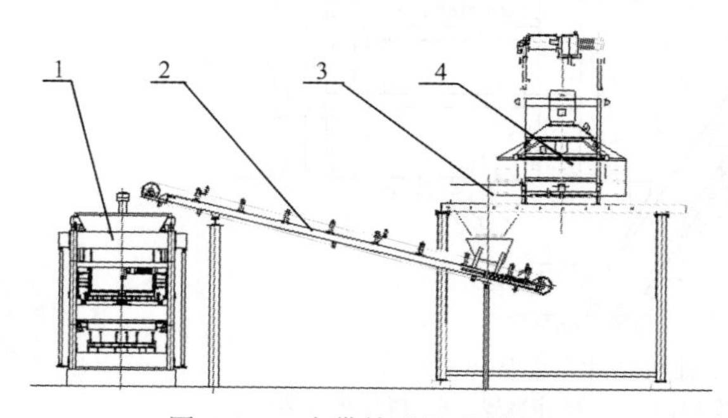

图 6-2-5　皮带输送机送料配置

1—成型主机；2—送料斜皮带；3—搅拌卸料门；4—搅拌机

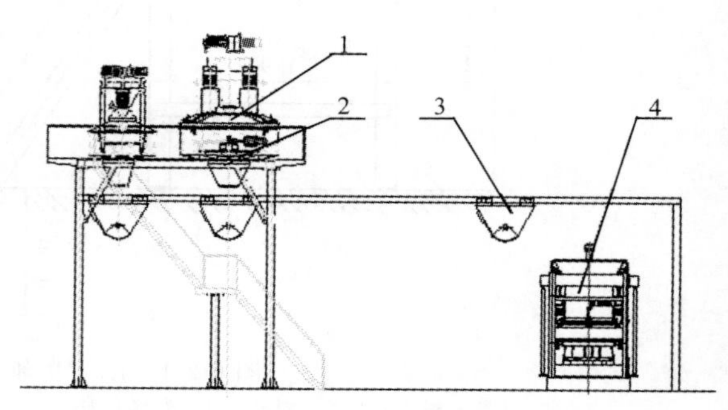

图 6-2-6　飞行式送料仓送料配置

1—搅拌机成型主机；2—搅拌卸料门；3—飞行送料仓；4—成型主机

（1）皮带输送机

如图 6-2-5 所示，皮带机为最常用的送料装置，其结构简单，维护保养方便，造价低。缺点是容易洒落物料，且输送过程中出现骨料分离，影响砌块制品的一致性。选用皮带输送机应注意下列事项。

① 皮带机接料端应设置过渡料仓，其容积应略大于搅拌机一次出料量，过渡料仓下方的皮带托辊应加密设置。

② 皮带机抛料端应设置挡料槽和清扫刮板，保证将物料准确送入成型机料仓，不撒料，不黏结。

③ 皮带机接料端应设有反向输送的放料口，便于清理搅拌机的废料排放。

④ 输送皮带尽可能接近水平放置，最大倾角不超过 15°，否则将加剧骨料分离。

⑤ 应根据物料输送量选择合适的皮带宽度，一般情况下 500L 以下搅拌机选用宽度 500mm，500～1000L 的搅拌机用宽带 650mm，1000L 以上的搅拌机选用带宽 800mm。

（2）飞行式送料仓

如图 6-2-6 所示，飞行式送料仓由储料仓和驱动装置组成。储料仓在搅拌机出料口接取拌合料后，由电机减速机驱动，沿架设于空中的轨道运动至成型式上方，打开仓门将拌合料放入成型机料仓，如此反复。

飞行送料仓架设于空中，有利于车间地面设备布置和通道安排；输送的物料不易洒落和产生骨料分离；搅拌机的维护保养十分方便，是一种较好的送料方式，但其要求搅拌机整体架高，综合造价相对较高。选用飞行料仓应注意下列几项。

① 飞行送料仓的容积

应大于搅拌机一次放料量的1.2倍。

② 驱动装置

应选用带制动的电机或减速机。

③ 料仓门的开闭

料仓门开闭应采用气动或电动。

五、配料搅拌系统的简化配置

图6-2-1所示的是一种全自动型的配料搅拌系统，其自动化程度高，拌合料品质稳定，一般在大型全自动砌块生产线中选用。但在现实中，砌块成型机械的配置的方式有多种多样，除全自动生产线外，还有大量的半自动生产线和单机型生产线，其配套的配料搅拌系统也不可能千篇一律，用户应根据砌块成型机械的自动化程度、生产规模、场地条件、本地资源状况、人力成本以及建厂投资强度等多种因素综合考虑，确定合适的配料搅拌系统配置模式，在骨料、粉料、水等配料装置和搅拌机选取以及相关的控制方式上灵活选择，依据自身条件做到简洁实用，也可以根据资金状况先简后全，逐步配置到位。

现实中简化配置的相关方式如下。

（1）骨料配置

① 不设配料机，粗、细集料堆放在场地，用人力手推车直接送入搅拌机提升斗内。计量方式采用过磅称量，或手推车体积计量。

② 对于大量使用的单一物料设置单仓配料机，而用量较少的辅料则用人力手推车送料。此类单仓配料采用体积计量法，通过配料皮带的运转时间控制料量。

（2）粉料配料

① 没有散装水泥的地区，用袋装水泥人工解包定量投放于搅拌机或搅拌提升斗内。

② 对于湿排灰以及没有罐装运输及储存条件的地区，采用地槽储存，定容器计量，人力送料，直接送入搅拌机或搅拌提升斗中。

（3）水计量

① 对于没有给水装置的简易搅拌机，用人工依经验定量给水。

② 直接使用搅拌机配用的简易给水装置供水，给水量由水泵运转时间控制。

（4）搅拌机配置

① 原料场地与设备场地有自然落差的地区，可以充分利用现场地形，搅拌机不设提升斗，用机械或人力配好的料直接送入搅拌筒内。

② 简易配置的搅拌系统不另配控制单元，直接使用搅拌机原配的控制箱，人工操作完成搅拌工序。

第三节　混凝土砌块成型机

混凝土砌块成型机是专业生产混凝土制品的成型设备，更换不同的模具，可生产各种墙体砌块、路面工程砌块、水利砌块、园林砌块、装饰砌块等小型混凝土预制件；其适用原材料除普通的混凝土原料（水泥、砂子、石子）外，还可大量使用粉煤灰、煤渣、煤矸石、尾矿渣、陶粒、高炉渣、建筑垃圾等固体工业废料。现代的砌块成型机以振动加压成型为主，是一种机电液一体化高效率的全自动设备，是建材机械的重要组成部分。

一、砌块成型机的分类

砌块成型机按照工作状态，可分为移动式、固定式、叠层式、分层布料式等多种。当代国际上使用最普遍的是固定式砌块成型机，而固定式砌块成型机又分为台振固定式和模振固定式两大类。现代的砌块成型机大部分都是多功能机型，即传统的移动式、固定式、叠层式成型机，都可以配装二次布料装置（也称面料机），生产带面层的制品。

砌块成型机型号由组代号、安装形式、布料方式、振动方式、脱模方式和生产能力等标示性代号组成，其型号说明如下：

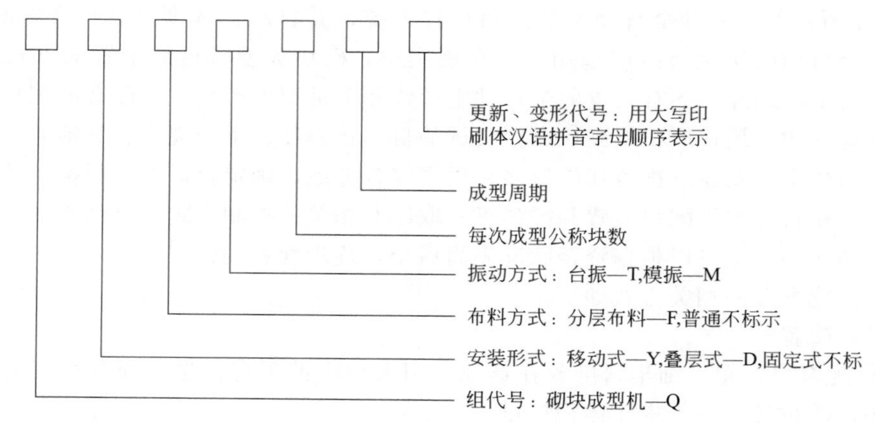

小型砌块成型机标记示例

示例 1：每次成型公称块数 5 块，成型周期 45s 的移动式成型机：

QY5-45　GB/T 8533—2008

示例 2：每次成型公称块数 10 块，成型周期 25s，分层布料的台振固定式成型机：

QFT10-25　GB/T 8533—2008

示例 3：每次成型公称块数 15 块，成型周期 32s，第一次更新的叠层式分层布料成型机：

QDF15-32A　GB/T 8533—2008

公称砌块的外形尺寸为：390mm（长）×190mm（宽）×190mm（高）。

二、移动式成型机

移动式成型机是指在特定的场地（台座地坪）上，生产的砌块不移动，而机器移动的成型机。通常用专门的上料车给料，成型方式为模箱振动，将砌块直接成型在地坪上，无需栈板，产品一般采用自然养护。

这种砌块成型机的特点是构造简单、造价低、维修保养方便。但主要是人工操作，其生产砌块的质量很大程度上取决于操作员的经验，劳动强度比较大，同时也需要较大的湿产品铺放场地。

每完成一个成型周期需整机移动一个模位，成型周期长达 1～2min，生产率低，加之因机体轻，振动器附着在模箱侧壁，振动方向不是垂直上下，所以激振力与压头加载压力都偏小，生产的砌块强度较低，离散性大，产品品种比较单一，适合于小企业或个人投资者生产非承重砌块（主要为墙体材料）。

我国目前生产的移动式砌块成型机多数是小台面的简易机型（见图 6-3-1），而欧洲等发达国家生产的较多是大台面的全自动型移动式砌块成型机。自动化程度较高的移动式成型机采用液压、电器混合控制，制品质量和生产效率显著提高（见图 6-3-2）。

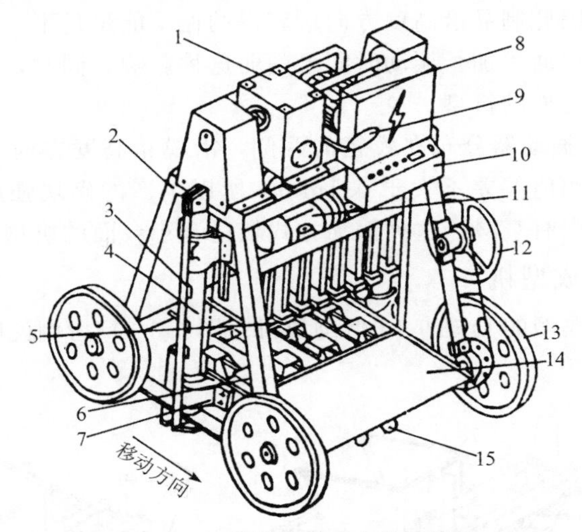

图 6-3-1　简易移动式砌块成型机

1—减速器；2—机架；3—定位卡杆；4—导向杆；5—压头；6—芯模；7—模箱；8—电动机；9—挂钩手柄；10—控制板；11—振动器；12—步进手轮；13—行走轮；14—加料板；15—导向轮

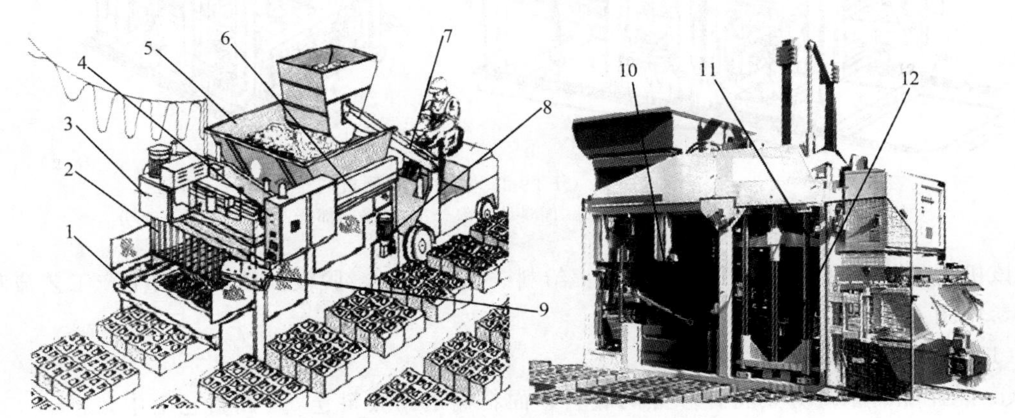

图 6-3-2　自动化较高的移动式砌块成型机

1—模箱；2—模头；3—液压站；4—控制柜；5—储料斗；6—机架；7—上料车；8—行走电机；9—控制面板；10—布料盒；11—导向柱；12—振动器

三、固定式成型机

固定式成型机是指在固定的位置上，生产的制品移动而成型主机不移动的成型机。一般采用振动加压复合成型（振动加速度大于 10g，加压值为 1～1.5kg/cm^2），专用布料车给料，给料与振动同步进行，成型周期短（通用设备 2～6 循环/min），蒸汽养护，产品密实度均匀，强度高，耗灰少，且生产不受季节气候影响，占地面积小，生产率高，适合于规模化生产。但与移动性成型机比，设备投资大、能耗高，对企业的生产经营管理与技术水平要求也较高。

固定式成型机因振源方式不同，又分为台振式和模振式两种，在性能与应用上存在如下差异：

① 台振式成型机的振动器在振动台下方，激振力通过振动台传递给成型模箱，振幅值沿制品高度方向衰减，因此制品沿高度方向所获得的振动能量是不一样的，生产的砌块上下密实度有一定的差别，但通过加长振动时间可削弱这种影响，同时，在整个成型面上能量传递差别较小，适合于大台面的机型。

② 模振式成型机的振动器分布在模箱的两侧，沿模箱高度方向和长度方向的振幅是一致的，实测数据证明振幅值偏差不大于 0.1mm，所以生产的砌块强度离散系数较小，但从两侧向中部的能量传递中有衰减，这种振动方式较适合小台面的机型。

（一）固定台振式成型机

下面以国内某公司典型的 QFT9-15 型砌块机（图 6-3-3）为例说明台振式成型机的主要结构和工作机理。

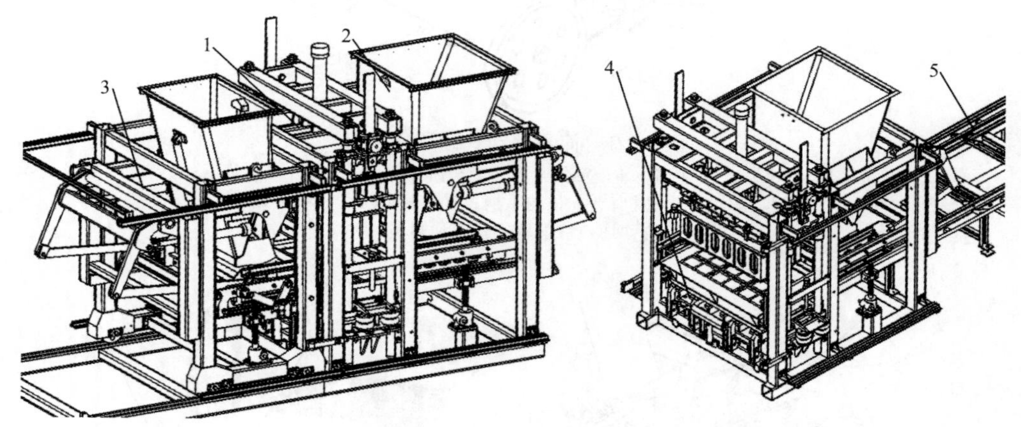

图 6-3-3　QFT9-15 型砌块成型机

1—成型部分；2—底料填料部分；3—面料填料部分；4—振动部分；5—栈板输送部分

该机型的成型过程有三个主要环节：给料、振动加压、脱模。该机型的生产工艺流程如下（参见图 6-3-4）：

（1）开始前准备

① 搅拌配料系统分别将拌和好的底料、面料输送到底料仓 5、面料仓 7 中。

② 栈板输送装置 2 将栈板 3 运送到振动台上方。

③ 模箱 10 在下方压紧栈板，模头 6 处于上方。

④ 底料仓 5、面料仓 7 分别开启各自的料门，将物料放入到底料布料盒 4 和面料布料盒 9 中。

（2）整个动作循环过程

① 底料布料盒 4 在液压缸驱动下前行，同时其内部的布料耙齿旋转，并伴随着布料振动，快速地将物料填充到模箱 10 中。物料填满后，底料布料盒退回到后位。

② 模头 6 在液压缸驱动下下行，将填充到模箱 10 中的物料预压一定的深度后返回到上位。

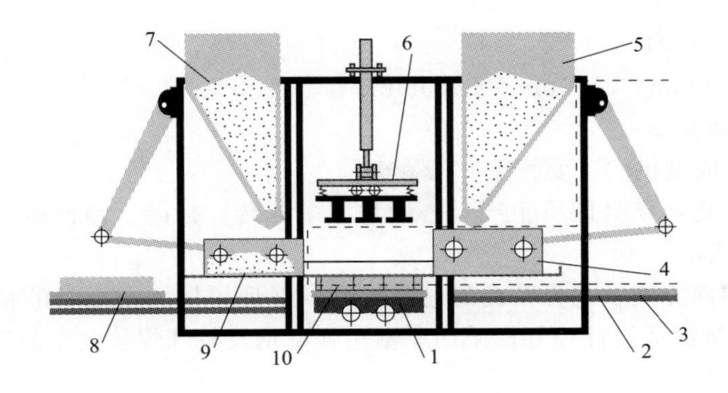

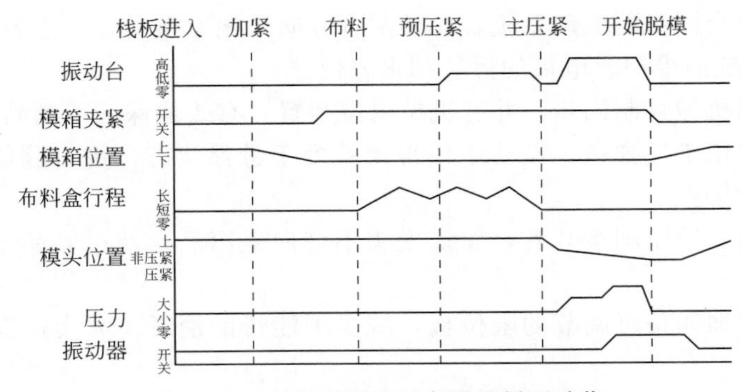

图 6-3-4　砌块成型机示意图及循环动作

1—振动系统；2—栈板输送装置；3—栈板；4—底料布料盒；5—底料仓；
6—模头；7—面料仓；8—成型制品；9—面料布料盒；10—模箱

③ 面料布料盒 9 在液压缸驱动下前行到模箱 10 上方，将面料填充进上一步预压的空腔中，然后返回。

④ 模头 6 再次下行，模头的压脚快接触到物料时，振动系统 1 开始高频主振动。在下行中，边压边振动，直至到产品高度位后，振动结束。在该过程中，底料仓 5、面料仓 7 分别完成向底料布料盒 4 和面料布料盒 9 补充物料。

⑤ 模头 6 停止不动，模箱 10 上行，直至将制品脱离开模箱后，模箱带动模头继续上行到一定高度（让开制品输送通道）。

⑥ 栈板输送装置 2 将成型制品 8 送出，同时向振动台输送一块栈板 3，完成该动作后返回。

⑦ 模头 6 返回到最上位，模箱 10 返回到最下位。

至此，一个完整的循环结束，下一次循环开始，如此往复。

(3) 技术参数

成型块数：9（标准砌块）/板；

成型周期：14～23s（与制品种类有关）；

工作台面：1350mm×700mm；

生产能力：砌块为（10.9～12.5）万立方米/年，标砖为（4320～4800）万块/年；

制品高度：50～300mm；

振动功率：2×7.5kW；

系统功率：48kW；

最大激振力：110kN；

系统压力：6～16MPa；

外形尺寸：8400mm×3100mm×3400mm；

设备重量：8200kg。

（4）QFT9-15成型机的主要特点

① 一机多用，更换模具即可生产空心砌块、多孔砖、标砖、路面砖、护坡、路沿石等多种不同规格的制品。

② 采用四柱导向方式及配合精良的超长导套，保证了压头及模具的精确运行；核心部件精工制造，采用抗疲劳设计；外框采用厚壁超强型钢及特殊焊接技术制造，延长了主机的使用寿命。

③ 采用四轴完全同步的振动系统，保证垂直方向激振力强劲；台面各点振幅一致性好，润滑密封可靠，系统的维护、电机的拆装都很方便。

④ 上下模采用机械强制同步，并有机械限位装置，有效地保证了制品高度的一致性。

⑤ 模箱连接采用空气弹簧，振动中使得模箱处于悬浮状态，更有利物料的密实，减轻振动能量向机架的传递。

⑥ 模头脱模时有液压刹车装置，保证模头不会向上窜动，使得制品不会出现裂纹、粘模掉皮现象。

⑦ 振动平台增加四条可调节的限位板，减少了能量的消耗，大大地提高了激振力和振动效率。

⑧ 采用双油缸加同步机构驱动布料盒，进一步提高了布料速度及布料盒运行的平稳。

⑨ 布料盒采用液压发动机驱动的旋转布料方式，带一定角度的布料耙在转动中快速、均匀地将物料填充进模箱。

⑩ 增加栈板定位装置，保证栈板在振动平台位置准确，防止栈板的漂移而导致制品移出栈板外。

⑪ 布料底板、振动平台采用双层结构，在耐磨板或耐磨条磨损后，很方便进行更换。

⑫ 料仓门的开启采用液压缸驱动，增加了可靠性。

⑬ 根据用户需求可配置换模辅助工具，可快速更换模具；还可配置横向模头刷，便于生产像路沿石等加高、加长制品；也可配置苯板插入装置，可生产夹芯保温砌块系列。

⑭ 液压站采用大排量、双泵，液压件、液压缸采用国外著名品牌，使得成型机各个动作快速、准确、可靠，也大大地提高了成型周期。

⑮ PLC程序控制，可全自动、半自动、手动运行，具备安全保护，故障诊断，生产数据管理等功能。

（二）固定模振式成型机

固定模振式成型机，以美国的贝塞尔、哥伦比亚，日本的虎牌等最为著名（图6-3-5），有近百年的发展历史，其设备性能日臻完善。国内也有许多厂家生产模振机，经过多年的努力，这种机型的性能也有了长足的进步。

下面以国内某公司的QM4-10成型机为例，说明模振机的工作过程。该机型的主要结构组成如图6-3-6所示。

成型开始前，底料仓内上满物料，并将底料布料盒放满。模头在最高位，脱模平台在最低位。

（1）生产工艺过程

① 供板机前行将栈板供板到位（如果连续生产，同时将工作台上成型产品推入下道工

序），完成动作后返回。

图 6-3-5　世界著名品牌机型

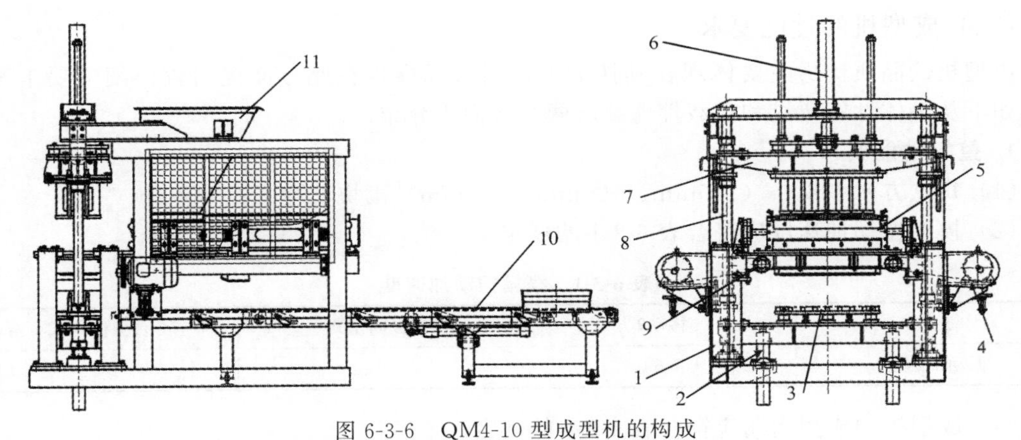

图 6-3-6　QM4-10 型成型机的构成

1—固定机架；2—升降油缸；3—脱模平台；4—振动电机；5—底料布料盒；6—模头油缸；7—模头；8—导向柱；9—模箱与振动器；10—供板机；11—底料仓

② 脱模平台在升降油缸的作用下上升，直至栈板与模箱底部紧紧接触。

③ 底料布料盒前行到模箱上方，布料盒中布料器强制旋转，同时模箱做定向垂直振动，快速地将物料填充到模箱。布料结束后，底料布料盒返回后位。

④ 模头在模头油缸作用下，下行到下位对物料进行加压，同时振动系统使模箱开始高频振动，直到产品高度位置。

⑤ 脱模：模头通过液压互锁装置及联动撞杆带动脱模平台一起下行，直至产品脱出模腔。脱模平台到最下位，模头上行返回到最上位。

供板机在送入下一块空栈板的同时，将成型好的制品推出。脱模平台上升到位，接着继续进行下一轮动作循环。

（2）技术参数

成型块数：4（标准砌块）/板；

成型周期：8～16s（与制品种类有关）；

工作台面：820mm×490mm；

生产能力：砌块（8.1～9.7）万立方米/年，标砖（3744～4492）万块/年；

制品高度：60mm～220mm；

振动功率：2×5.5kW；

系统功率：35kW；

最大激振力：50kN；

系统压力：6～16MPa；

外形尺寸：6400mm×2900mm×3540mm；

设备重量：5800kg。

（3）技术特点

① 经典的模振式成型机，特别适合于生产高强度砌块。

② 前部开放的龙门式机架，很适合模具的更换。维护、保养十分方便。

③ 采用模振机专用振动器，激振力强劲，制品的密实度高。

④ 强制机械定位，制品的高度一致性好。

⑤ 可配装面料装置，生产多面层的制品。

⑥ 复合运动强制布料器，使物料快速、均匀充满模腔，大大缩短了成型周期。

（三）成型机的性能要求

成型机的品质优劣主要体现在其性能上，国家标准也在此方面提出较详细的要求和表述。如下从整体性能要求和负载性能要求两个方面来介绍。

1. 整机性能要求

（1）每立方米主规格（190mm×190mm×390mm）砌块功耗＜2.5kW·h。

（2）模箱振动加速度应符合表 6-3-1 的规定。

表 6-3-1 模箱振动加速度

型式	移动式	模振固定式	台振固定式
振动加速度	≥59g	≥12g	≥8g

（3）成型机的成型周期应符合表 6-3-2 的规定。

表 6-3-2 成型周期 s

每次成型主规格块(块/每模)	1～4	5～7	8～18
移动式	≤35	≤30	≤30
模振固定式	≤15	≤18	—
台振固定式	≤25	≤25	≤30
分层布料式	≤30	≤30	≤35

注：分层布料式指成型同台面 80mm 的地面砖。

（4）成型机成型振动时，模箱各处振幅偏离量应满足以下两个条件：

① 对固定式成型机偏离量不应大于 15%；

② 对移动式成型机偏离量不应大于 25%。

(5) 成型机生产的砌块应符合 GB/T 8239—2014 优等品的要求。

(6) 成型机各部位不得漏油。

(7) 压头与模箱的间隙（单边间歇）应符合表 6-3-3 的规定。

表 6-3-3　压头与模箱的间隙　mm

结构		装配式	焊接式
项目	压头与模箱壁	≤1.2	≤1.5
	压头与模芯	≤1.2	≤1.5

(8) 模具使用寿命应符合表 6-3-4 的规定。

表 6-3-4　模具使用寿命　万次

机型		固定式		移动式	
材料		耐磨材料	普通材料(或整体式)	耐磨材料	普通材料(或整体式)
项目	模箱壁	8	4	10	5
	模芯	8	4	10	5
	压头	8	4	10	5

2. 负载性能要求

(1) 供料斗供料应均匀，没有泼料、撒料现象。

(2) 振动成型部分与机架应有良好的隔振设施，机架振幅应符合表 6-3-5 的规定。

表 6-3-5　机架振幅　mm

加速度	$>8g$	$\leqslant 8g$
机架振幅	$0.1Ap$	$0.25Ap$

(3) 成型机可靠性不应低于 85%。

(4) 振动电机温升不超过 80℃。

(5) 对双轴同步振动系统，模箱各测点最大相位差不大于 15。

(6) 对双轴自同步振动系统，两电动机转轴的转速差应小于额定转速的 0.2%。

(7) 成型机作业时，供料、加压、脱模、移坯（送底板）等动作灵活，定位可靠。对自动或半自动控制的成型机，应设有连锁与互锁功能。

四、叠层式成型机

叠层式成型机是一种无需栈板，成型后直接将湿制品进行叠层堆垛的砌块成型机。该设备的最大特点是将每个周期中成型的制品（生坯）一层一层地堆放在同一托盘上，当码完一垛产品后，再将这一垛产品从成型机中送出。因此，不需要装卸载机、窑车等运送设备及码垛机等，可大大减少投资成本；特别适合中小型用户使用。但在成型脱模中，动作较多，成型周期比固定式成型机较长。

该机型有三种类型。

(1) 固定叠层主机移动式成型机

这种成型机在成型动作结束后，先不脱模，振动台固定在原位置不动，而主机则移动到升降码放台上方进行脱模（见图 6-3-7）。

图 6-3-7 固定叠层主机移动式成型机

(2) 固定叠层振动器移动式成型机

这种形式的成型机在成型过程中，主机固定不动，在脱模前，振动台退回到后方，升降码放台升起后才进行脱模（见图 6-3-8）。

图 6-3-8 固定叠层振动器移动式成型机

(3) 移动叠层式成型机

这种机型的成型机是将移动式成型机与叠层式成型机相结合后，产生的一种机型（见图 6-3-9）。

图 6-3-9 移动叠层式成型机

(4) 案例

下面以国内某公司的 QDF12-30 成型机为例，说明这类机型的结构组成、性能特点和动作过程。

① 主要结构组成。QDF12-30 的主要组成部分有（见图 6-3-10）：a. 成型部分；b. 底料布料装置；c. 振动系统（在内部）；d. 升降码放台；e. 产品输送机；f. 面料布料装置。

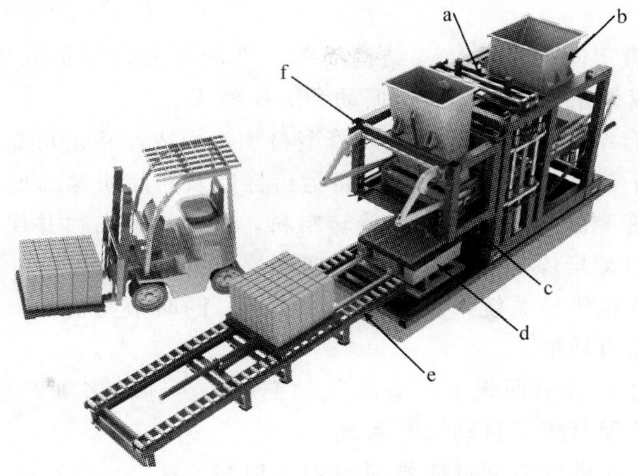

图 6-3-10　QDF12-30 主要组成

② 生产工艺过程。图 6-3-11 流程图表示了该机的整个生产过程。

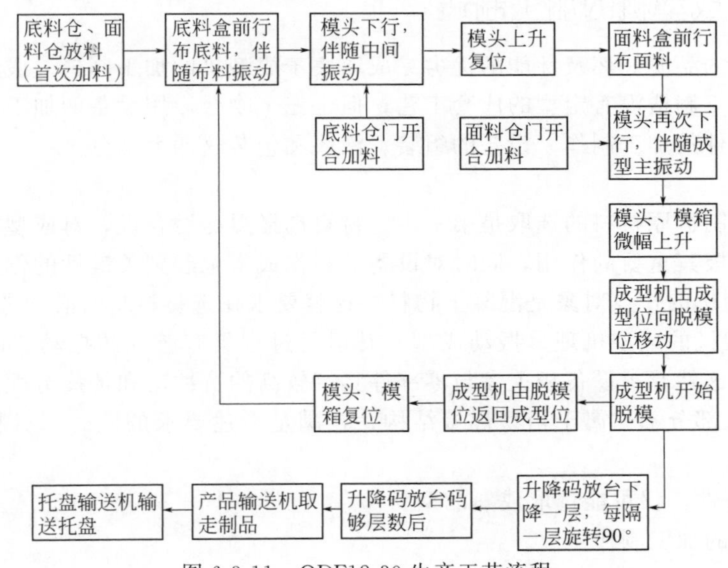

图 6-3-11　QDF12-30 生产工艺流程

③ 技术参数

成型块数：12.5（标准砌块）/板；

成型周期：25～35s（与制品种类有关）；

工作台面：1100mm×1100mm；

制品高度：60～200mm；

振动功率：2×15kW；

系统功率：75kW；

最大激振力：150kN；

生产能力：地砖约 60 万平方米/年；标砖约 4416 万块/年；

系统压力：6～16MPa；

外形尺寸：6500mm×2300mm×3100mm；

设备重量：9500kg。

④ 性能特点

a. 独立的四轴垂直定向振动系统。结构简单，性能可靠，维护方便；主振动系统与成型机架独立分开，自成体系。实现优良的振动和隔振效果。

b. 紧凑的框架组合结构机架，采用优质管型材加工而成，稳定可靠。

c. 独特的上模、下模同步机构，保证设备运行性能及产品质量的提高。

d. 底料布料应用专利技术—动态调速旋转布料，实现快速布料并保证布料均匀一致。

e. 完成湿产品的自动堆垛功能，并按要求实现层位的旋转堆垛。

f. 液压系统采用变量供给系统，实现稳定、快速，同时节约能源。液压回路结构简单，使维修维护工作变得轻而易举。

g. 先进的电控技术，控制面板上带有彩色触摸屏，可存储多种产品的数据，同时具有计算机中央监控功能及配有故障自动诊断系统。

该成型机与国外较先进的机型（如德国的ZENITH、HESS等）同类产品的技术性能基本相同，从性价比上更胜一筹，达到了较高的性能水平。

五、砌块成型机的加工制造

砌块成型机的品质好坏及性能的优劣完成取决于成型机的加工制造。成型机虽然隶属于非标设备，其加工制造没有定型的成套工艺，但也完全吻合通用设备的加工制造。其简单构成为选材、零部件的加工制作、设备的组装、涂漆和包装这四大部分。

(1) 选材

成型机加工制造原材料的选取是第一步。材料选择得是否合理，对成型机的使用性能和可靠性的提高有极其重要的作用，同时对设备的制作成本也起到关键性的作用。

① 砌块成型机的作业对象是混凝土物料，这就要求在选材材料时必须考虑其耐磨性。

② 砌块成型机的成型机理是振动成型，其运行过程具有较强的振动，而且表现为较短时间的周期性，这就要求设备相关参与零部件具有较高的抗冲击和抗疲劳性能。

③ 成型机大部分部件属于箱型焊接结构，在满足上述要求的同时，材料的选择上其焊接性能要好。

④ 考虑经济性，仅可能选取成熟的型材。

(2) 零部件的加工制作

零部件的加工制作是砌块成型机中的关键。如果没有好品质的零部件制作，就不可能做出好的品质成型机。这样就要求零部件制作必须严格执行工艺流程，并实行质量跟踪，杜绝不合格品流入下一道工序。

长周期箱型焊接部件，如振动台、上下模箱结合体、机架等，从原材下料、组焊等必须做到责任到人，层层把关。坯体焊接完成后严格实施自然时效或人工时效，消除焊接应力。坚决杜绝没有经过时效的焊接坯体转入加工区域加工制作，如有发生应视为不合格品。

切削加工零件的加工应完全符合通用设备的通用技术要求。各种铸钢件、铸铁件、有色金属铸件、锻件加工中，如发现有砂眼、缩孔、夹渣、裂纹等缺陷时，在不降低两件强度和使用性能的前提下，可分别按照有关规定修补，经检验合格后方可继续加工。加工后的零部件不允许有毛刺、尖楞和尖角。各种关键工序如材料、热处理工艺及终品检验卡等必须进入产品的技术档案。

（3）设备的组装

砌块成型机中设备的组装也是其设备加工制作的重要环节。由于是非标设备的加工组装，而且组装导轴部分也相当关键，其直接影响到成型的使用性能。为此应建立相对应的工装来保证。

进入装配的零部件（包括外购件、外协件），均必须具有检验部门的合格证方能进行装配。机座、机身等成型机的基础件，装配式应校正水平（或垂直），再借助工装来完成关键件的组装。其他基础件的链接组装应符合设备通用装配技术要求。

设备的配管（包括液压系统、气动系统和部分润滑）也是设备组装的一部分。整体要求在满足设备使用性能的前提下，其配管合理，外观较好。同一机体上排列的各种管子应不得相互干涉，且便于拆装和维护。

（4）涂漆和包装

砌块成型机的涂漆和包装要符合 JC/T 920-2003 的相关规定。所有需要进行涂装的钢铁制件表面在涂漆前，必须完成相关处理后方可进行。机器表面漆色应完全符合客户或公司标准要求。同时在成型机明显的位置固定产品标牌，并标明如下内容：

① 产品标牌；

② 产品型号；

③ 标准号和商标；

④ 主要技术参数；

⑤ 制造日期和出厂编号；

⑥ 制造厂名称和厂址。

（5）砌块成型机的维护、保养注意事项

砌块成型机为机电液一体化、高技术、高精度的现代化设备。如果正确使用和保养、维护，其使用寿命是相当长的，经济效益随之而来；否则将招来烦恼，甚至产生难以预料的后果。因此，必须遵守以下规程：

① 没有经过培训的员工，不得单独操作砌块成型机。

② 操作者必须认真阅读和理解砌块成型机操作手册，对机器的机、电、液原理，以及安装、试车、操作、保养、维修规程有深入了解，并经过现场操作培训和考核，确认其技能水平达到要求，方准操作砌块成型机。

③ 砌块成型机的日常维护应遵照以下规范进行。

机械部分见表 6-3-6。

表 6-3-6　砌块成型机的机械部分日常维护

序号	维护项目	维护内容	所用材料	周期
1	各部分连接螺栓	检查是否松动，对松动的加以紧固		每天
2	模头和振动平台减震垫	检查是否有撕裂现象		每周
3	模头和模箱导套	加注润滑脂	钠基润滑脂 ZN-3	每天
4	各铰节转轴和关节	加注润滑脂	钠基润滑脂 ZN-3	每周
5	布料器传动齿轮箱	加注润滑脂	钙基润滑脂 ZG-2H	每周
6	布料器轴承	加注润滑脂	钠基润滑脂 ZN-3	每周
7	下料门轴承	加注润滑脂	钠基润滑脂 ZN-3	每周
8	模头和模箱限位螺栓	检查其高度是否正确		每天

续表

序号	维护项目	维护内容	所用材料	周期
9	底料和面料底板	检查其与模箱上平面的相对高度		每天
10	底料和面料布料盒导轨	检查两者相对高度及对接情况		每天
11	振动器传动轴及联轴器	加注润滑脂	钠基润滑脂 ZN-3	每周
12	振动器齿轮箱	检查润滑油油位（至油窗 1/2 处），若缺油补充； 听齿轮箱内有无异响； 测量其温度是否过高； 周期性更换润滑油，每 200h 更换一次	40＃机械油	每天
13	振动器轴承	手动检查振动器看转动是否灵活		每周
14	振动器振动块	检查其是否紧固在轴上		每天
15	供板机各推爪及止退爪	检查其活动是否灵活，加油润滑	机械油 N32	每天
16	刹车装置	检查刹车片磨损情况，如磨损严重就更换		每月

液压气动部分见表 6-3-7。

表 6-3-7 砌块成型机的液压气动部分日常维护

序号	维护项目	维护内容	所用材料	周期
1	液压油箱	检查液压油箱的密封、油位及油的品质，若缺油补充，若油明显变质需更换	耐磨液压油 L-HM46	每周
2	液压油泵	检查油泵有无渗漏，听泵有无异响		每天
3	液压站阀组	检查有无渗漏现象		每天
4	液压管路	检查各接头有无松动、渗漏，油管有无破损，若有渗漏紧固接头或更换密封		每天
5	过滤器	清洗		每月
6	液压油缸	检查液压缸有无泄露，如需要更换密封		每月
7	换热器	清洗	弱酸溶液	三个月
8	压力表	检查其指示是否正常，损坏的更换		每月
9	压缩空气管路	检查其有无泄露，破损		每天
10	气源处理三联件	检查其是否有泄露，放掉油水分离器中的水，定期向油雾器中注润滑油(7d)	机械油 N10	每天

电气部分见表 6-3-8。

表 6-3-8 砌块成型机的电气部分日常维护

序号	维护项目	维护内容	所用材料	周期
1	振动器电机及其冷却风机	听电机有无异响，测量其温升是否过高，闻有无异味； 每月断电后打开接线盒紧固端子一次		每天
2	液压站电机	（同上）		每天
3	各接近开关	检查其是否松动，位置是否正确，功能是否完好		每天
4	接触器、继电器等电器元件	紧固螺栓、清理灰尘、检查绝缘		每月
5	现场端子箱(盒)	清理卫生，紧固端子		每周
6	料位探测杆	清理，使其端部保持良好的导电性		每天

第四节　混凝土砌块生产成套设备

砌块成型机为混凝土砌块生产的核心设备，新成型的砌块还需经过转运、停放、养护、码垛等工序才能成为产成品，因此在现代砌块生产中，还需一系列配套设备与砌块成型机组合才能形成完整的砌块生产线。因成型机的类型、生产规模、自动化程度、养护方法等方面的要求不同，砌块生产线的配置模式也是多种多样的。用户可根据拟建厂的产品结构、场地条件、生产规模、人力资源、投资强度等方面因素综合考虑，灵活选择合适的砌块生产线配置模式。此处重点介绍几种常用的砌块生产线典型配置。

注：因对于干硬性混凝土制备的工艺装备前面已有详细的介绍，此处不再赘述，其实对于同一种砌块成型机械配置模式，其配套的配料搅拌系统的选择也是灵活多样的。

一、单机型生产线

这是最简单的砌块生产线方式，见图 6-4-1。包括砌块成型机、供板机、湿产品输送机、产品刷等。刚成型的湿产品（连同栈板，下同）由湿产品输送机送出，然后用人力手推车运抵养护堆场；制品初凝后，人工卸板和码垛。此种生产线的上板、转运、养护、卸板、码垛全部靠人工完成，需用的人员较多，劳动强度大，适合于小规模、投资少且人力成本低的地区。

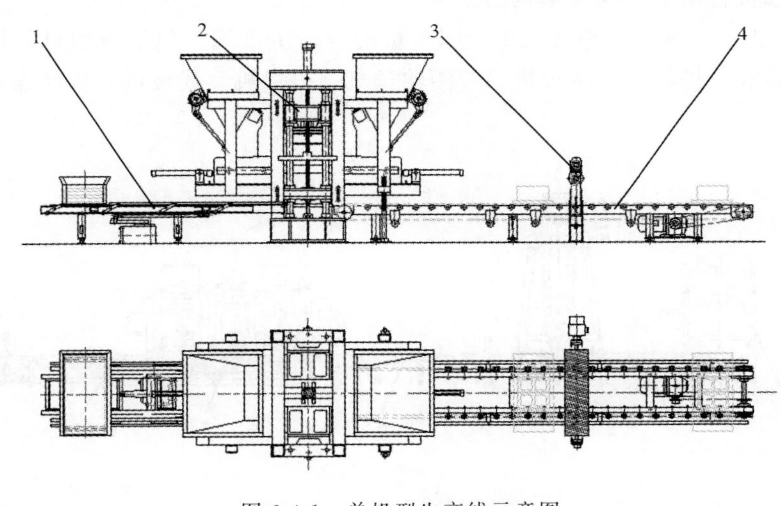

图 6-4-1　单机型生产线示意图

1—供板机；2—成型主机；3—产品刷；4—湿产品输送机

二、带自动叠板的简易型生产线

这是一种目前使用较多的实用型生产线，如图 6-4-2 所示。它是在单机型生产线上增加了自动叠板机，可由单机型生产线升级而成。刚成型的湿产品由湿产品输送机送出，经过产品刷清理表面后到达叠板机下方，然后由叠板机自动完成叠板堆垛，达到设定的堆叠层数后，由叉车或简易人力叉车送至养护场地，后续操作人力完成。相比于单机型生产线，这种生产线对湿产品的转送效率高，人员明显减少，有利于降低生产成本。选用此类生产线，应注意下列事项：

① 因为是板砖相间叠放，要求栈板背面平整光滑，否则会影响制品表面质量；

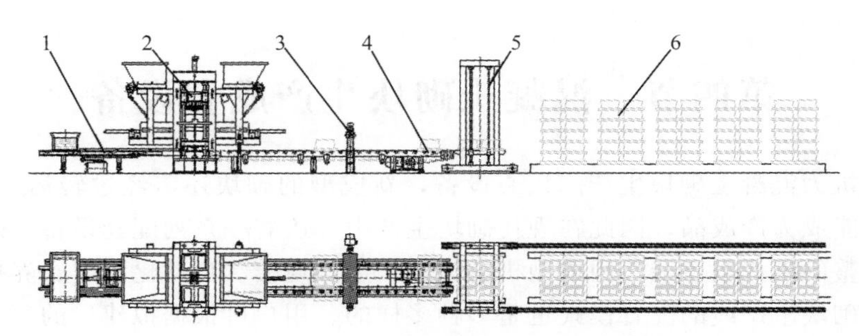

图 6-4-2 带自动叠板的简易生产线示意图

1—供板机；2—成型主机；3—产品刷；4—湿产品输送机；5—自动叠板机；6—产品垛

② 对于空心砌块类薄壁制品，因其湿产品承重能力有限应严格限制堆叠层数，以保证制品质量。或者在每层之间加刚性垫块，使湿产品不承压；

③ 为提高转送效率，叠板每层可以单板、双板甚至三板选择，具体板数取决于栈板宽度及转送机械的负载能力；

④ 为保证叠板效果，要求叠板机速度可调，定位准确。

三、开式自动生产线

（1）带腿栈板自动生产线各单机的作用

如图 6-4-3 所示，这是一种适用于带腿栈板的自动生产线。包括成型机、供板机、湿产品输送机、产品刷、提板机、落板机、节距输送机、码垛机、栈板刷、成品输送机等，各单机的作用如下。

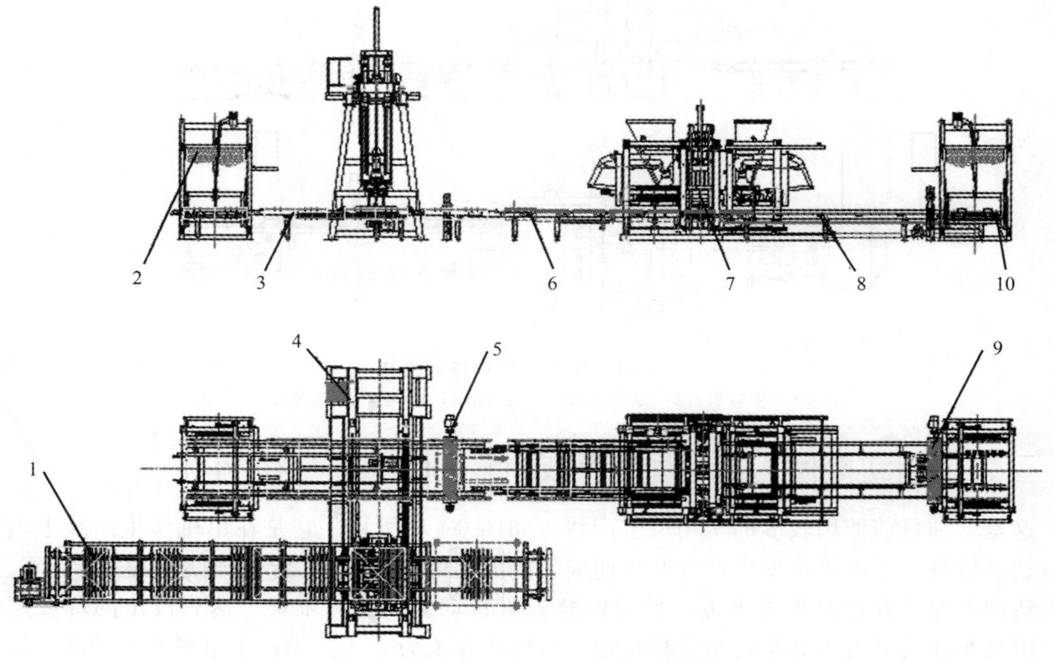

图 6-4-3 开式自动生产线示意图

1—成品输送机；2—落板机；3—节距输送机；4—全自动码垛机；5—栈板刷；6—供板机；7—成型主机；8—湿产品输送机；9—产品刷；10—提板机

① 湿产品输送机：用于将带湿产品的栈板送入提板机内，对于双板提升的生产线，设有末端并板机构。通常都带变频调速。

② 供板机：用于将空栈板送至成型机的振动台，常用节距式结构，单板步进移动。

③ 产品刷：用于清理湿产品表面。

④ 提板机：用于将湿产品输送机送来的带湿产品的栈板（带腿）依次提升叠放，直至达到设定层数，然后由叉车（或窑车）转动至养护窑进行养护。上部设有防冲顶的安全保护装置，依据栈板宽度，每层可放置1～2块栈板。

⑤ 落板机：与提板机结构相同，只是运转方向相反。用于将养护完的栈板垛（带干产品）按层依次放置于节距输送机上，便于下一步码垛。

⑥ 节距输送机：用于接取落板机放下的栈板，并以固定节距送至码垛机的取砖工位。

⑦ 码垛机：将经过养护初凝的制品从节距输送机上的码垛工位夹取起来，转送到位于成品输送机的托盘上面，并堆码成垛。根据不同形状、尺寸制品的码垛需要，可以按设定进行旋转、错位码垛。码垛层数可调节设定，码垛机可以同时进行平移、提升、旋转三维复合运动，码垛的全部动作自动完成。

⑧ 栈板刷：用于清扫栈板表面的残渣。

⑨ 成品输送机：用于输送和暂存码好的产品垛，然后用叉车从此输送机上取出，送至室外产品堆场。对于小块型的制品，为了防止产品垛由叉车转送时倒塌或掉落砖块，常由人工在成品输送机上用打包带对产品垛捆扎加固。

（2）开式自动生产线的特点

① 生产线配置简单、实用。除用叉车替代全自动窑车外，基本具备了全自动生产线的全部功能，增加1、2名生产人员即可达到全自动生产线的效率。

② 设备占用场地少，可结合场地条件灵活布置，提高场地的使用效率。

③ 养护窑结构简单，且整体低矮，大大降低了养护窑建造成本。

④ 因带腿栈板的腿高有限（大多数小于220mm），本生产线一般只适应高度为200mm以下的制品。若要生产更高的制品，则需采取相应的辅助措施。

四、闭式全自动生产线

（1）一种全自动砌块生产线各单机的性能特点

图6-4-4所示的是一种典型的全自动砌块生产线配置模式。

将搅拌系统制备好的干硬性混凝土送入砌块成型机料斗后，本生产线能自动完成砌块成型、转送、入窑养护、出窑卸板、产品码垛、栈板清理与回送等全部生产环节，产出的制品垛可直接送入成品堆场存放。全线由砌块成型机、供板机、湿产品输送机、产品刷、升板机、窑车、降板机、节距输送机、栈板清理装置、翻板机、栈板回送装置、栈板仓、全自动码垛机、托盘仓、成品输送机等设备组成。各单机的功能及性能特点如下：

① 湿产品输送机：用于将带湿产品的栈板送入升板机内，对于双板提升的生产线，设有末端并板机构。为保证制品内在质量，湿产品输送机都有调速措施，达到运动起止平稳、冲击力小。常用结构有节距输送、环形皮带输送、链条输送等。

② 产品刷：用于清理湿产品表面，扫除湿产品表面的残渣和制品“飞边”。常用结构为电机驱动尼龙滚刷做旋转运动，刷头高度可调。

③ 升板机：用于接取湿产品输送机送来的带湿产品的栈板，并按设定的间距和层数立体存放，满板后由窑车转送至养护窑进行养护。依据栈板宽度，升板机每层栈板数为1～3

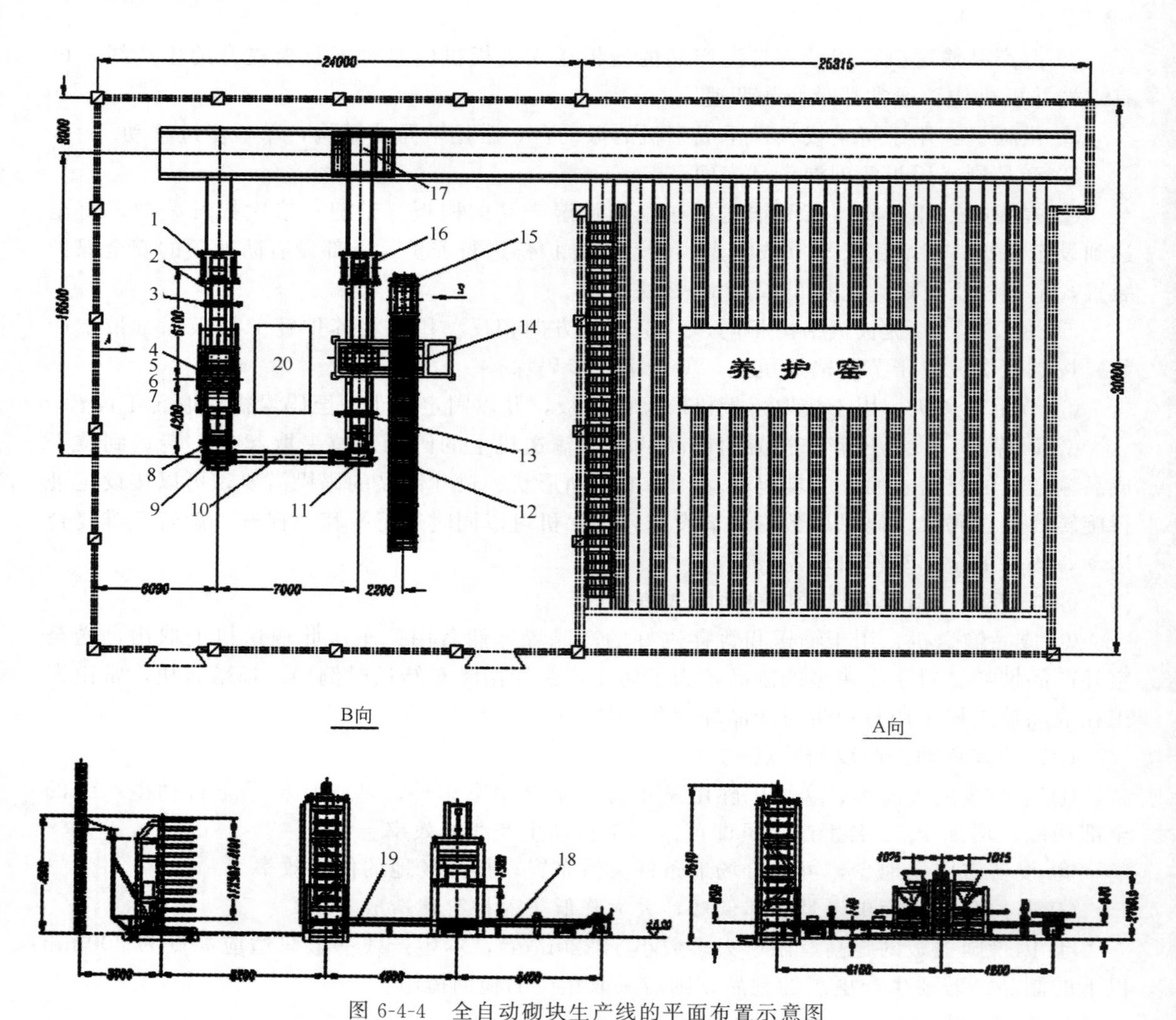

图 6-4-4 全自动砌块生产线的平面布置示意图

1—升板机；2—湿产品输送机；3—产品刷；4—供板机；5—成型机（主机）；6—成型机（底料装置）；
7—成型机（面料装置）；8—栈板涂油装置；9—栈板仓；10—栈板回送装置；11—翻板机；
12—成品输送机；13—栈板清理装置；14—码垛机；15—托盘仓；16—降板机；
17—窑车；18—节距输送机；19—喷水装置；20—PLC 中央控制

块，升板机顶端设有防冲顶的双重安全保护装置。

④ 窑车：全自动的程控窑车，用于从升板机中取出刚生产的湿产品并转送至养护窑的搁架上养护；然后从另一孔养护窑内取出已养护好的干产品，并送入降板机内。窑车由子车和母车两部分组成，子车分别在升板机、降板机、养护窑内完成叉接取放栈板的功能，母车则用来转接子车在升板机、养护窑、降板机之间来回移动。子车和母车均由电机减速机驱动，并带变频调速控制，以保证子车和母车运行平稳、停位准确、启动和停止时无冲击。

为保障子、母车安全可靠地自动运行，需设置一系列安全保护措施，常用的机构包括如下。

a. 母车运行安全保护机构：保证母车运行通道上有人、障碍物和运行异常时能紧急停车。

b. 母车自动定位机构：使母车在升板机、降板机及每个窑口前自动找正位置，并可靠锁定，确保子车轨道精确对接，运行通畅。

c. 设置在母车上的子车锁定和防侧翻机构：保证转接运行时，子、母车是一个整体。

d. 子车运行安全保护机构：保证在窑门关闭、运行通道异常等情况下能自动停止，保护设备及人员安全。

e. 子车“对道器”：强制限定子车运行轨迹，保障运行稳定，尤其是对转运层数多（15层以上）、层间距大的超高子车，能确保取放栈板位置准确，并能防止轨道异常时不出现倾翻等严重事故。

f. 远程操控急停装置：便于在控制室等远离窑车的位置发现异常后能及时操控窑车停止运行。

⑤ 降板机：用于存放窑车送来的养护好的制品，并按层依次放置于节距输送机上，便于后续自动码垛。降板机结构与升板机相同，只是运行方向相反。为保证子车顺利进入，降板机入口处，通常设有栈板引导机构。

⑥ 节距输送机：用于接取降板机送来的带养护好制品的栈板，并按节距依次送入整理工位和码垛工位，最后将清洁后的空栈板依次送入翻板机或栈板回送装置。

⑦ 栈板清理装置：用于清除栈板表面残存的混凝土等杂质。对于木质栈板，常用钢丝与尼龙混编的滚刷，而对钢栈板则用钢丝滚刷、钢刮板或两者结合的结构。

⑧ 翻板机：用于接取节距输送机送来的清洁栈板，并将栈板翻转180°，使栈板的两面交替使用，有利于延长栈板的使用寿命。

⑨ 栈板回送装置：用于接取翻板后的清洁栈板，并将其送入成型机后方的栈板仓内，实现栈板在线循环使用。常用结构为链条输送或节距输送。

⑩ 栈板仓：用于在线暂存空栈板，保障砌块成型机连续自动循环。暂存栈板的数量为5～10块，通常设有空板及满板检测装置。

⑪ 托盘仓：用于存放成品托盘，并按成品输送机的运行节拍，将托盘逐个定间距放置于成品输送机上，满足自动码垛需求。

⑫ 栈板涂油装置：用于在栈板表面涂抹一层薄油膜，既能保护栈板，又有利于码垛时砖板分离。

⑬ 喷水装置：用于在码垛前为制品表面喷水，能防止码垛、栈板清理、翻板时扬尘。

⑭ 全自动码垛机：[见本节三（1）⑦]

⑮ 成品输送机：[见本节三（1）⑨]

上述设备为闭式全自动生产线的基本配置，为提高生产线的整体功能，或者满足特殊制品的生产需求，还可以在闭式生产线中增加一些特定功能的设备。

（2）特定功能设备及其功能

① 废砖清理装置：用于在机器调整、配方调试、成型机工作异常等情况下将整板报废的砖，以及班后清扫机器的余料直接倾倒入回收箱内。能有效地降低操作人员劳动强度，保持现场卫生，提高效率。

② 栈板收集装置：能将成垛的空栈板逐一放置于生产线上，也可将在线循环使用的空栈板从生产线上取出；并自动堆叠成垛。使用此装置，可在生产线运行之初自动上栈板；在运行中随时使栈板离线养护或修理，剔除不合格的栈板；尤其有利于生产安排，可实现生产线“干区”和“湿区”分别运行。

③ 预码垛机：对于成型主机节拍较快的生产线，通过设置预码垛机提前合拢砖缝，必

要时还可预码两层，从而确保主码垛机的运行节拍和码垛质量。

④ 在线冲洗装置：是一种专门用于生产装饰砌块的水洗设备，用于对刚成型的湿产品表面以一定的压力水冲洗，达到预定的表面效果。

⑤ 凿毛机：也是一种用于生产装饰砌块的专用设备，用于对养护好的制品表面进行斧剁和敲击，形成凹凸不平的装饰表面，通过更换剁斧头和相对运动速度，可制得不同饰面形状的凿毛砌块。大多数凿毛都是离线单独配置，也可以在线配置。

⑥ 劈裂机：是一种专门用于生产劈裂装饰砌块的设备，通过一组或两组相向运动的劈刀，强力将砌块劈成两部分，劈开处凹凸不平的表面即可实现劈裂砌块的装饰效果。劈裂机要适应多种规格尺寸产品的生产，一般通过更换不同尺寸的劈刀来完成。参见图 6-4-5。

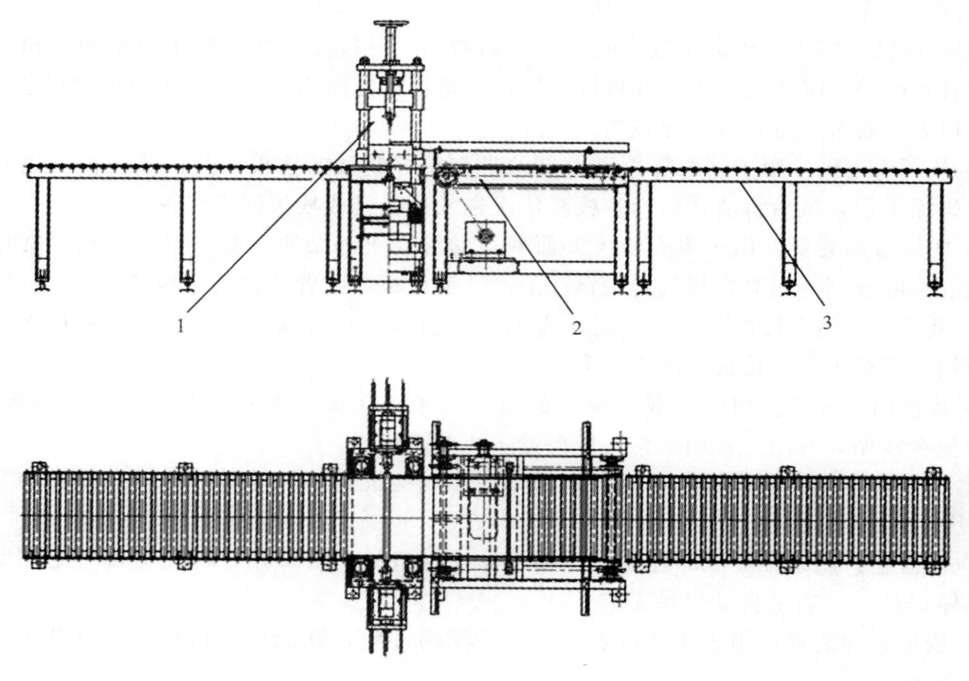

图 6-4-5　劈裂机生产工艺图

1—劈裂机；2—输送机；3—缓冲滚台

五、带架养护自动生产线

这是一种较适合于小台面砌块成型机配套的全自动生产线，模振式砌块成型机通常配套的全自动生产线都采用这种模式。如图 6-4-6 所示。

全线由砌块成型机、供板机、湿产品输送机、装架机、窑车、卸架机、节距输送机、栈板回送装置、换位链条机、板块分离机、排块整理装置、码垛机、成品输送机等主体设备组成。

带架养护自动生产线与前述的闭式全自动生产线的功能相同，能自动完成砌块成型、转运、入窑养护、出窑卸板、产品码垛、栈板回送等全部生产环节。大部分单体设备的功能与前述闭式生产线中同等设备基本相同，只是结构大小方面有差别。

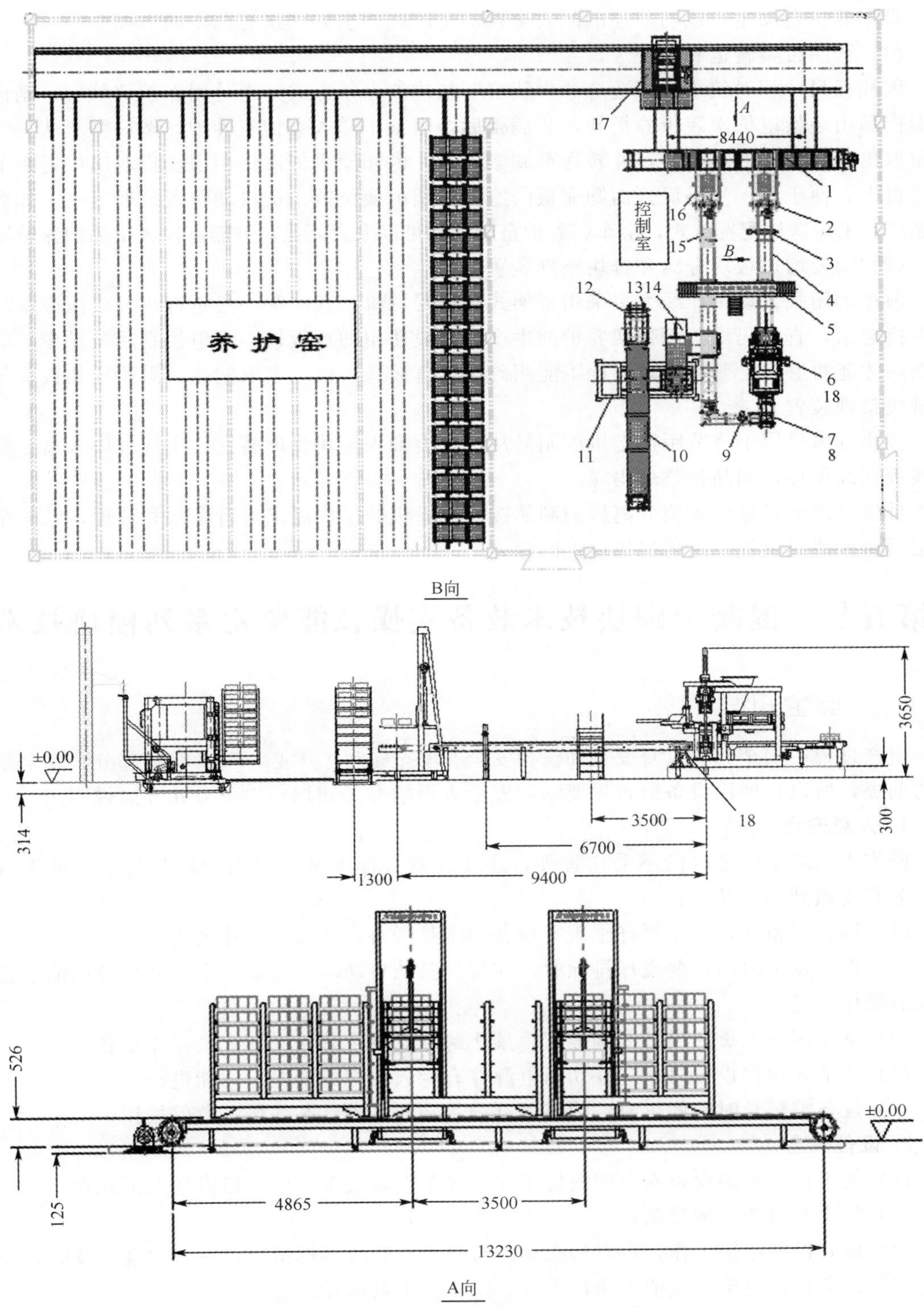

图 6-4-6　带架养护的全自动砌块生产线的平面布置示意图

1—换位链条机；2—装架机；3—产品刷；4—湿产品输送机；5—跨桥；6—成型机；7—供板机；8—栈板仓；9—栈板回送装置；10—成品输送机；11—码垛机；12—托盘仓；13—推块整理装置；14—板块分离机；15—节距输送机；16—卸架机；17—程序窑车；18—机内降板装置

带架养护自动生产线与前述的闭式全自动生产线的主要区别有如下两方面：

（1）产品带架转运和养护

因栈板尺寸相对较小，不适合“牛腿窑”结构的存放方式，而是用养护架替代。刚成型的湿产品由装架机依次装于养护架，装满架后，由窑车送入养护室养护；然后窑车从另一养护室取出已养护好的养护架，并转送至卸架机前，由卸架机依次将架内栈板取出放置于节距输送机上，便于下一步码垛。而卸完板的空养护架由换位链条机自动转入装架工位，如此往复循环。采用这种配置方式，窑车、养护窑的结构可以大大简化，但需制作大量的钢养护架。

（2）需要增加板块分离和排块整理装置

前述的闭式自动生产线大多采用桥架式高位码垛机，其夹头一般是将一板或两板制品整体夹持起来，直接码垛。而带架养护的生产线一般使用的栈板较小，单板制品数量少，需多板制品才能拼够一个码垛层，因此不能用码垛机直接从栈板上夹取制品，需要增加板块分离和排块整理装置。

板块分离机用于将节距输送机的制品从栈板上推入排块整理装置，实现板块分离。此后空栈板在线循环，制品被整理码垛。

排块整理装置是将板块分离后的制品按照码垛机的工作需求进行排列和整理，够一个码垛层后送入待码位置，由码垛机取走码垛。

第五节　混凝土砌块技术装备实操技能鉴定系列模块技术

一、安全知识

生产过程中安全分为人身安全和设备安全。安全是生产中必不可少的一部分，安全是生产的前提，所以在使用设备前首先要学习安全方面的有关知识。以下分几方面说明。

1. 人身安全

操作人员除了保证自己不受伤害外，还要注意其他人员的安全问题。为了保证人身安全，务必要做到以下几点：

（1）操作设备前，一定要仔细观察设备周围是否有人并做出操作警告。

（2）设备发生故障需要现场排除时，应将设备从自动转到手动状态，并由专门的设备操作人员操作下进行。

（3）禁止闲杂人员在设备周围停留；禁止跨越设备；禁止无证人员操作设备。

（4）清洁或检修设备时，应在切断电源并有专人值守的情况下才能进行。

（5）设备需较长时间停机时，须将所有设备转到手动状态并按下急停按钮。

2. 设备安全

良好的工作习惯是设备安全的前提条件，确保设备安全，应严格做到以下几点：

（1）禁止在设备上堆放杂物。

（2）做好保养维护工作，定时检查是否有螺丝松动或开焊情况，一旦发现应及时处理。

（3）设备检修完毕，应清点所用工具，防止将工具落在设备上。

（4）做好设备运行轨道（如布料盒导轨，面料机导轨，码垛平移小车导轨以及子母车运行轨道等）的清洁工作。

（5）定期检查各开关信号检测是否可靠。

（6）接地系统的可靠。

二、设备部件名称、功能及维护

1. 所有零部件名称及功能

（1）主机主要包括部分（见图 6-5-1、图 6-5-2）

a. 主机组件

b. 底料机组件

c. 面料机组件

d. 供板机

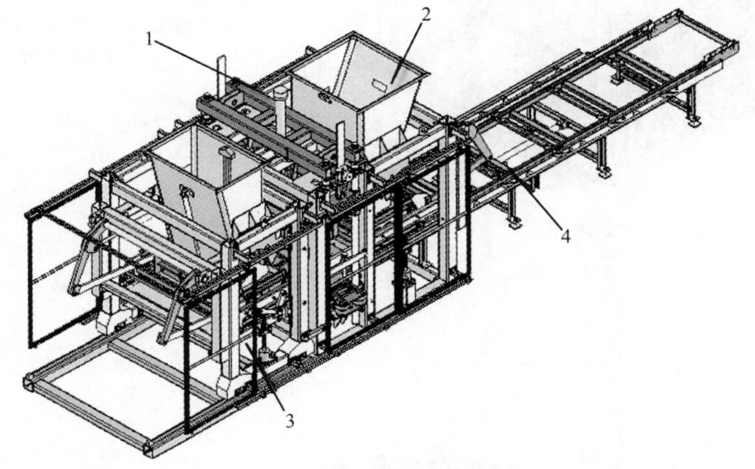

图 6-5-1　成型主机简图

1—主机组件；2—底料机组件；3—面料机组件；4—供板机

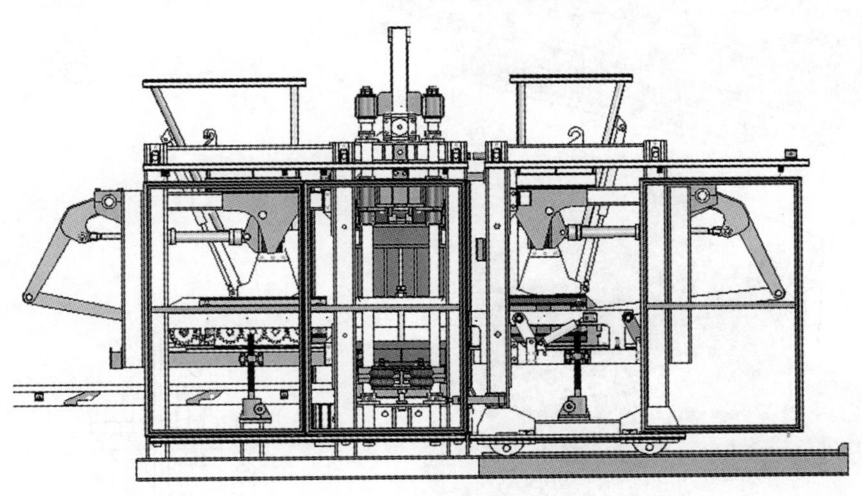

图 6-5-2　RTQT9 型主机

（2）主机组件包括部分（见图 6-5-3～图 6-5-8）

a. 主机架

b. 上提升架（保证模箱同步）

c. 主油缸（提升模头并压制产品）

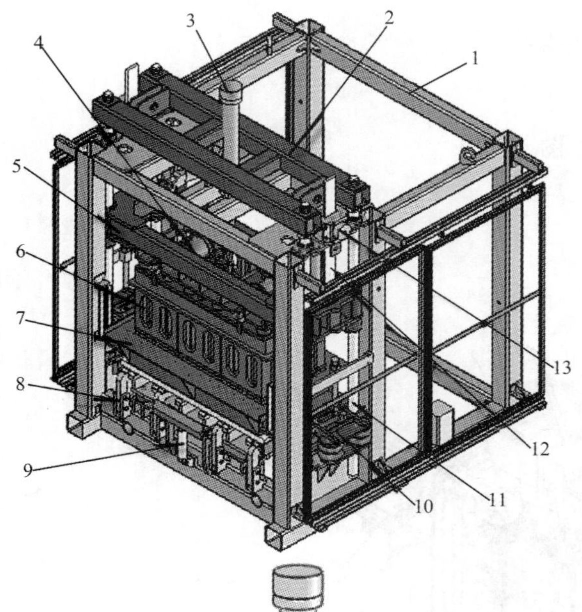

图 6-5-3 成型主机结构图

1—主机架；2—上提升架；3—主油缸；4—上模振动器；5—上模座；6—上模箱；7—下模箱；8—支撑台；9—栈板限位装置；10—下模座；11—导柱；12—刹车板；13—刹车装置

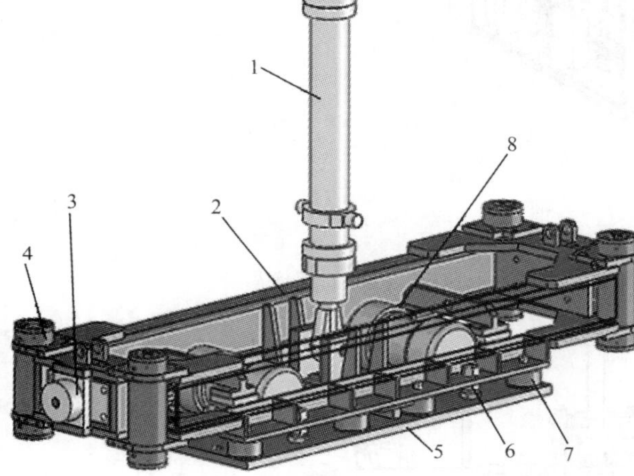

图 6-5-4 上模座的结构图

1—主油缸；2—上模座体；3—刹车装置；4—导向座；5—连接板；6—调节螺栓；7—减振块；8—上模振动器

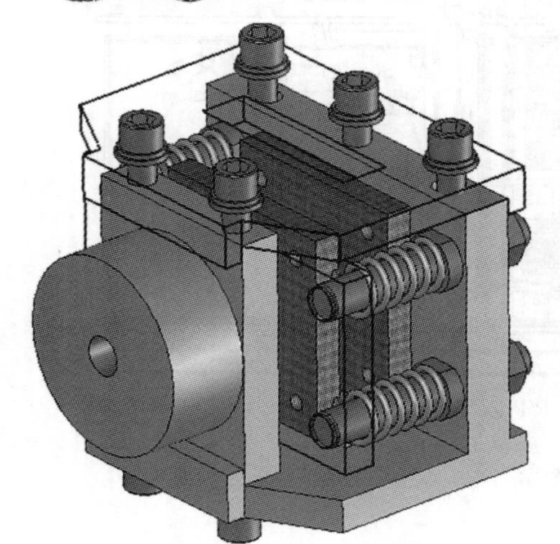

图 6-5-5 模头制动装置

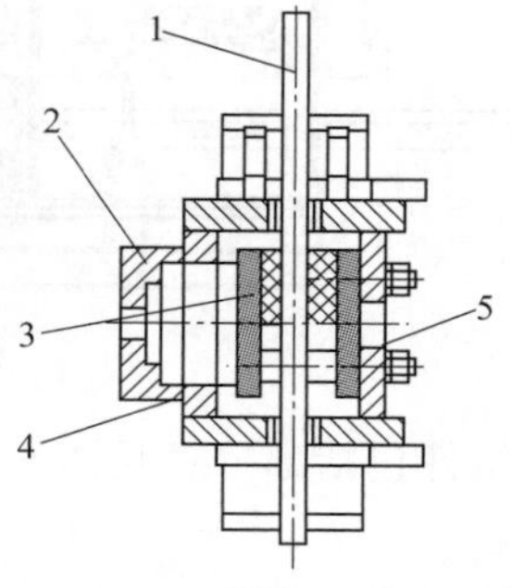

图 6-5-6 模头制动装置结构图

1—刹车板；2—刹车油缸；3—刹车片；4—弹簧；5—弹簧导杆

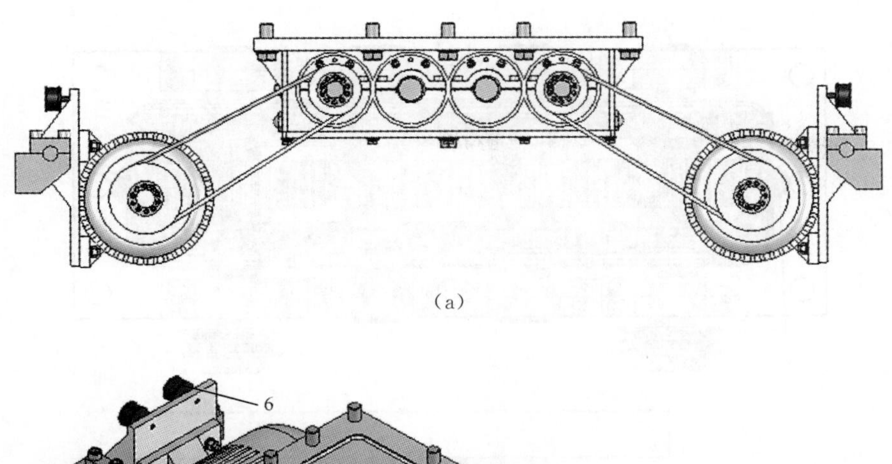

(a)

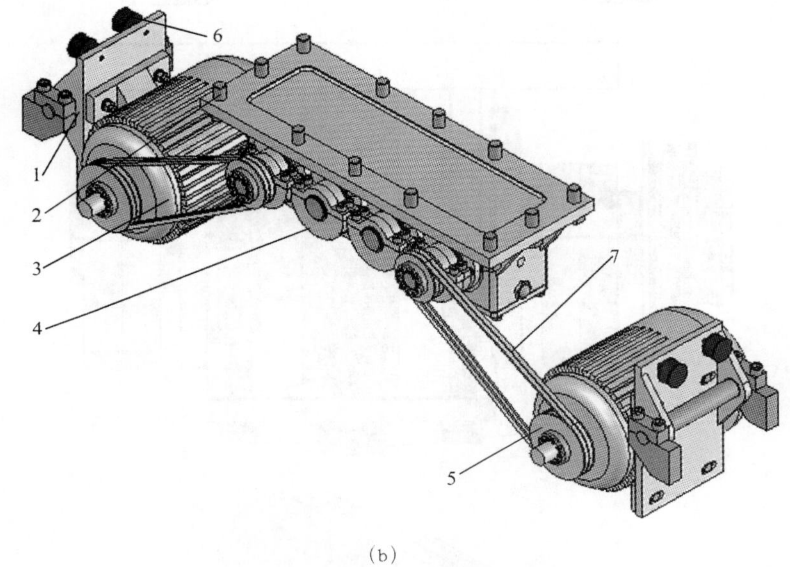

(b)

图 6-5-7 振动系统示意图（安装在振动台下面）

1—电机底；2—固定螺栓；3—振动电机；4—振动器；5—电机带轮；6—减震装置；7—皮带

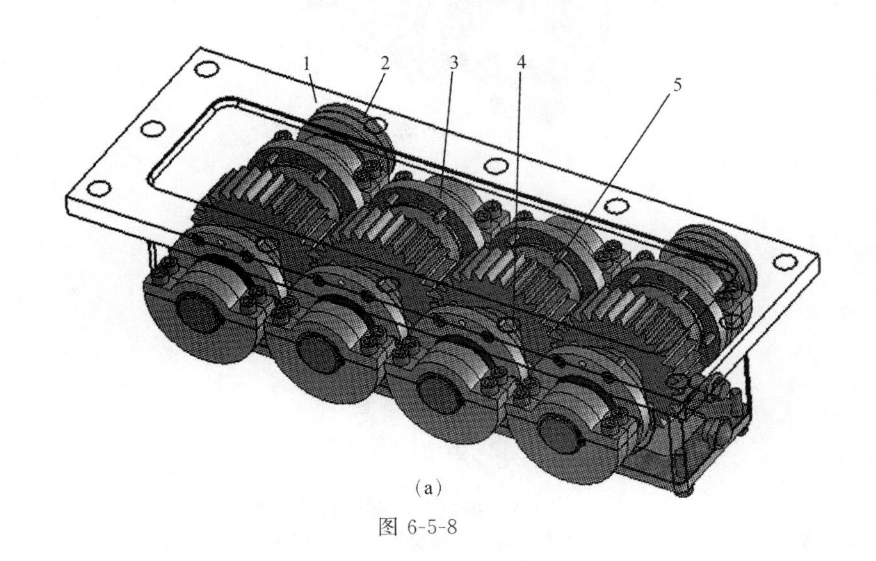

(a)

图 6-5-8

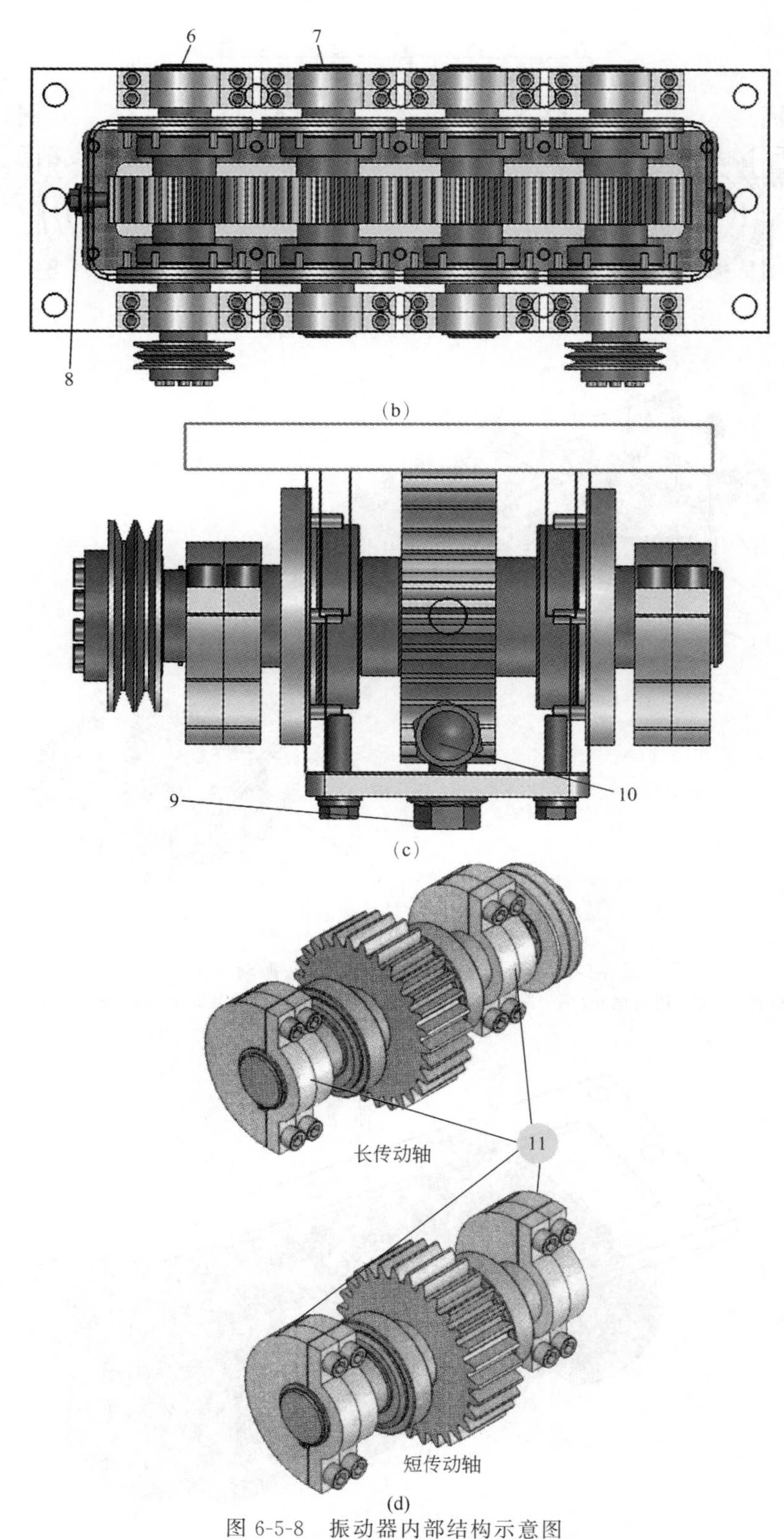

图 6-5-8　振动器内部结构示意图

1—振动器壳体；2—小带轮；3—轴承盖；4—安装螺栓孔；5—同步齿轮；6—长传动轴；7—短传动轴；8—注油及排气螺栓；9—排油螺栓；10—油标；11—偏心块

d. 上模振动器
e. 上模座
f. 上模箱
g. 下模箱
h. 支撑台
i. 栈板限位装置
j. 下模座
k. 导柱
l. 刹车板
m. 刹车装置
(3) 底料机组件
底料机组件包括(见图 6-5-9、图 6-5-10)

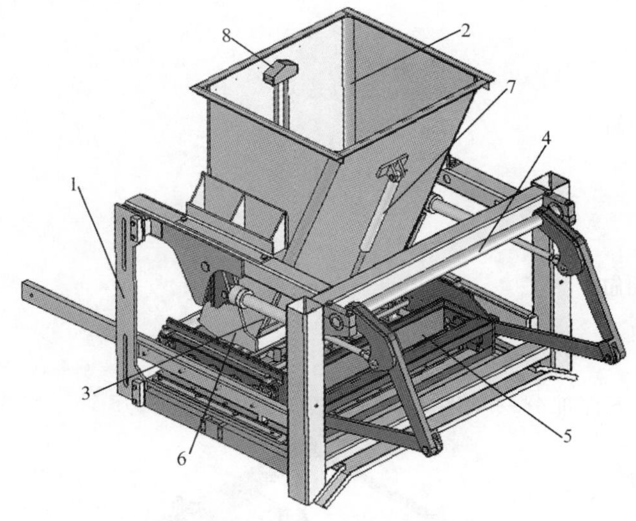

图 6-5-9 成型主机底料部分结构图
1—底料机架;2—底料仓;3—底料盒驱动油缸;4—同步机构;5—底料盒;6—料仓门;7—料仓门开启油缸;8—物料检测装置

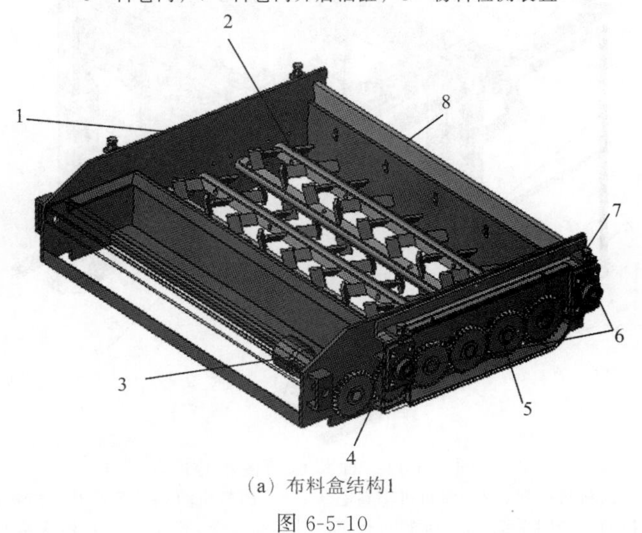

(a) 布料盒结构1
图 6-5-10

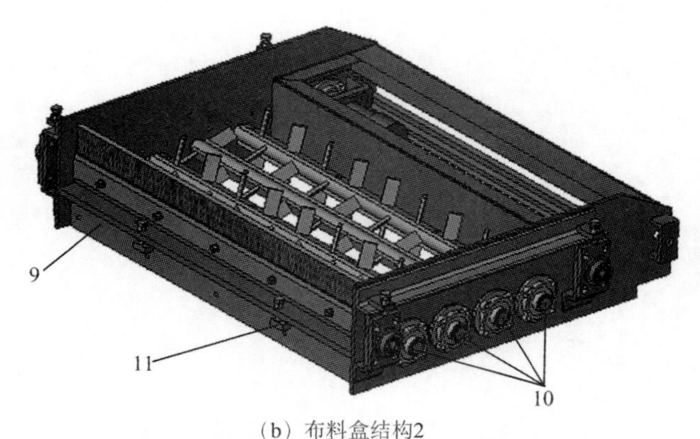

（b）布料盒结构2

图 6-5-10　底料盒示意图

1—底料盒体；2—快速布料耙；3—液压发动机；4—过渡齿轮；5—传动齿轮；6—布料盒滚轮；7—调节螺栓；8—模头刷；9—刮板；10—轴承座；11—刮板调节螺栓

a. 底料机架

b. 底料仓

c. 底料盒驱动油缸

d. 同步机构

e. 底料盒

f. 料仓门

g. 料仓门开启油缸

h. 物料检测装置

（4）面料机组件

面料机组件包括下面部分（见图 6-5-11、图 6-5-12）

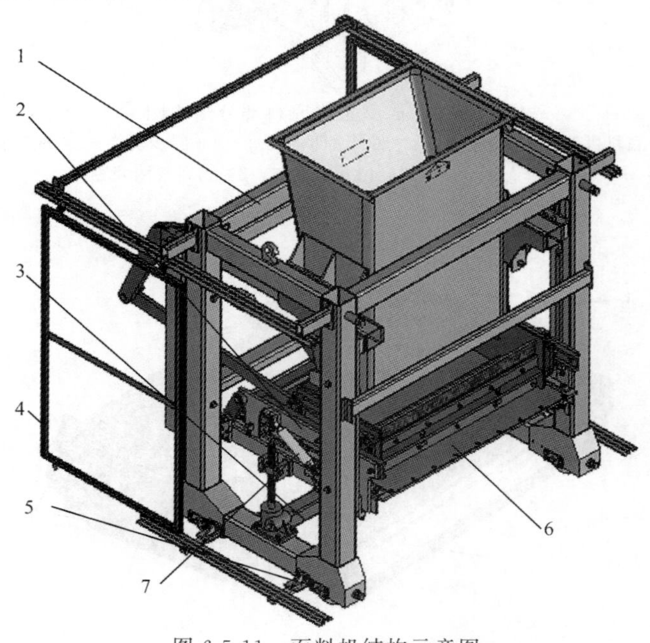

图 6-5-11　面料机结构示意图

1—面料机机架；2—面料机填料系统；3—面料机填料系统的升降机构；4—可推拉的防护网系统；5—面料机行走滚轮；6—面料底板；7—面料底板升降油缸

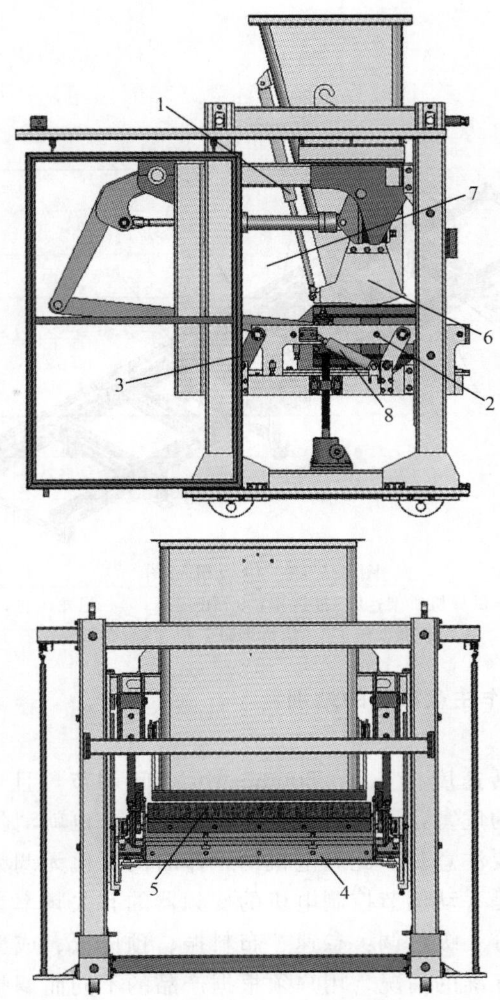

图 6-5-12　面料机填料系统结构图

1—有高度可调的面料填料机架；2—通过四连杆可上下摆动的底板；3—具有高度可调的面料布料盒导轨；4—面料布料盒；5—面料机料仓；6—料仓门；7—开启料仓门的油缸；8—驱动底板摆动的油缸

a. 面料机机架

b. 面料机填料系统

c. 面料机填料系统的升降机构

d. 可推拉的防护网系统

e. 面料机行走滚轮

f. 面料底板

g. 面料底板升降油缸

(5) 供板机包括下面部分（见图 6-5-13）

a. 供板机机架

b. 推板车

c. 止退爪

d. 尼龙滚轮
e. 推板齿
f. 供板油缸
g. 栈板护栏

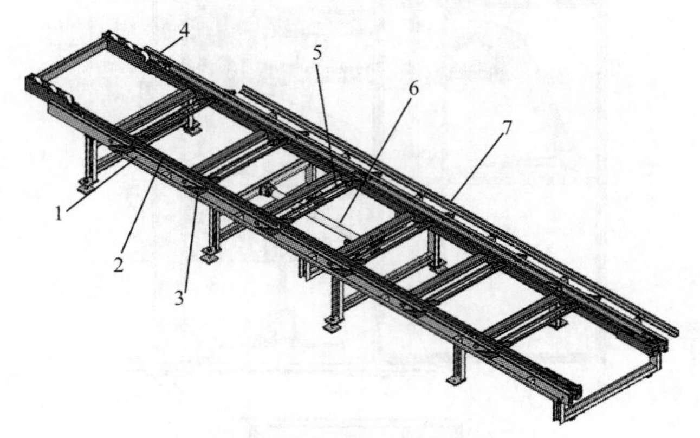

图 6-5-13　供板机简图
1—供板机机架；2—推板车；3—止退爪；4—尼龙滚轮；
5—推板齿；6—供板油缸；7—栈板护栏

2. 主机维护保养及操作注意事项的培训

（1）调频

调频可以使振动器运转速度在 500～5000r/min 之间调节，且可设定振动器连续运转。连续运转消除了频繁启动的危害，及高启动电流被避免了，也就消除了热应力，从而延长了振动电机的使用寿命。但要注意到，此时电机的工作时间要比无调频装置时延长。

振动器的频率的改变是手动调节控制电机的变频器的有关频率参数来实现的。

通常可将振动器速度分 4 级可调：怠速、布料振、预压振、成型振。

以下给出的速度是最标准的情况，用户须根据产品的不同而调整：

(频率指变频器的输出频率，转速指振动器的转速)

* 怠　速　　$n=500\sim600$r/min　$f=5\sim6$Hz
* 布料振　　$n=2500\sim3500$r/min　$f=25\sim35$Hz
* 预压振　　$n=2500\sim3500$r/min　$f=25\sim35$Hz
* 主　振　　$n=4000\sim4500$r/min　$f=40\sim50$Hz

建议对不同的原材料进行多种不同频率值的试验，比较结果，作出选择。

a. 变频器介绍（见图 6-5-14）：

显示窗口：用来显示变频器的输出频率、调整菜单、故障代码等。

上键和下键：用来查找菜单或调整数值的大小。

MODE 键：模式切换，又可作菜单键。

确认键：进入菜单或子菜单数值的确认。

运行键：RUN 指示灯点亮时，按运行键变频器会开始运转。

停止键：RUN 指示灯点亮时，按停止键变频器会停止运转。变频器跳闸时按两次可重启复位。

适用铭牌：适用电机容量。

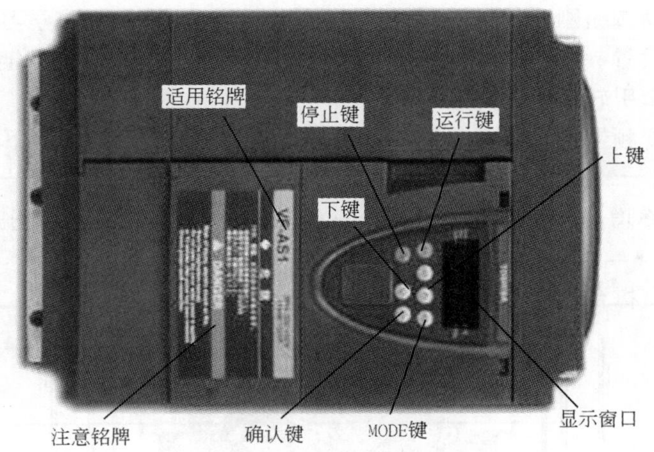

图 6-5-14　变频器操作面板图

注意铭牌：使用时的注意事项。

b. 简单操作方法：按 MODE 键进入菜单，按上下键找到所要调整的子菜单代码，然后按确认键（ENT）进入；通过按上下键调整子菜单数值，然后按 ENT 键确认；参数设置完毕按 MODE 键逐级退出。

c. 常用参数设置：设定 TYP=3 恢复出厂设置，再设为 1，为 50Hz 频率。

（a）基本参数设定。TYP 设为 3，变频器内部参数自动回复出厂设置；设置为 1，为 50Hz 频率标准设置。新变频器设为 1 即可，旧变频器先设为 3，按确认后再设为 1。

CNOD：设为 0，端子输入有效。

FNOD：设为 4，频率设定面板输入有效。

PT：一个变频器在运行时只拖动一个电机时设为 4，同时拖动两电机时设为 3。

ACC：加速时间，一般设为 1.0s 左右。

DEC：减速时间，一般设为 1.0s 左右。

PB：有制动电阻时选为 2，无制动电阻时设为 0。

F605：设为 4，表示输出缺相动作选择。

F627：设为 1，表示输出电压不足跳闸选择。

多段速 Sr1：，Sr2：，Sr3：，Sr4：，Sr5：，Sr6：，Sr7：，根据设备动作所需速度设定数值。

（b）怠速设定：在变频器上电后显示 0：0 后，按住变频器面板上升箭头调至 5.00 后快速按一下变频器面板 ENT，另一个同样设定为 5.00。

（c）电机自学习，依次设定下列参数

UL：根据电机名牌设定基本频率 50Hz；

ULU：根据电机名牌设定基频电压 400V；

F405：根据电机名牌设定电机额定容量；

F406：根据电机名牌设定电机额定电流；

F407：根据电机名牌设定电机额定转速；

F400：先设 4 保存，没有报警，再设为 2。

主机振动变频器都设定好后，主机操作柜旋至手动状态，按下平台振动按钮，要一直按下直至振动电机运转起来一下保持 3s。此时观察变频器有没有报警 Ent1、Ent2、Ent3 发生。没有报警，显示 ATN 说明自学习成功。

注意：平台振动按钮刚开始按下时电机转不起来，这时电机在自学习，不要松手。

(d) 其他参数设置。设定F441：150至200之间，根据振动效果设定，若振动频率上不去则加大设定值（牵引转矩限制）。

电流监视：在变频器上电后显示0：0后，按两下MODE，再按两下上升箭头，进入实时电流监视状态。

F401：滑差频率增益，0～150%，一个变频器拖动两个电机时可通过调节该参数来协调两电机的电流。

(2) 振动台和支撑台的调整（见图6-5-15）

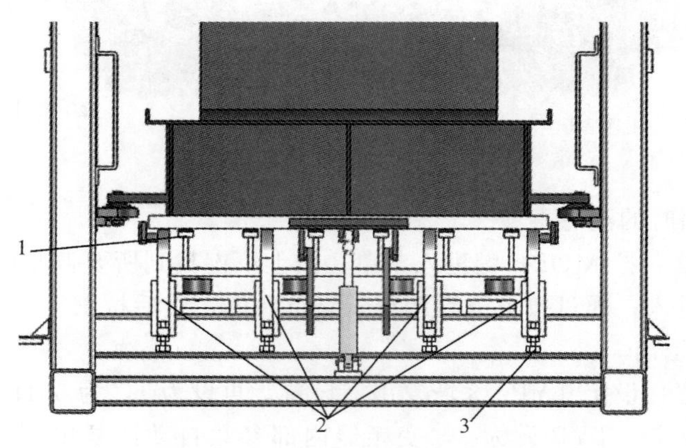

图6-5-15 振动台和支撑台的调整
1—振动台；2—支撑台；3—支撑台调整螺栓

支撑台与振动台之间必须要有一个高度差。支撑台要比振动台低一点，这样振动台的减振垫可获得预应力。

根据不同的产品这个高度差"X"一般在0.5～2mm之间设定。0.5mm用于生产地砖这类实心砌块，2mm用于生产空心砌块这类较轻质产品，这个值要注意经常检查，一旦出现偏差，应马上进行调整。

两个平台的间隙可用塞尺进行检查。二者之间的高度差可通过支撑台上的调整螺栓来调整。振动台和支撑台上的耐磨条经过长时间生产会产生一定的磨损，如磨损严重会直接影响振动台的激振力，需更换。一般更换周期为6～8个月。

(3) 模具更换（见图6-5-16）

更换模具时首先要拆卸原来的模具。

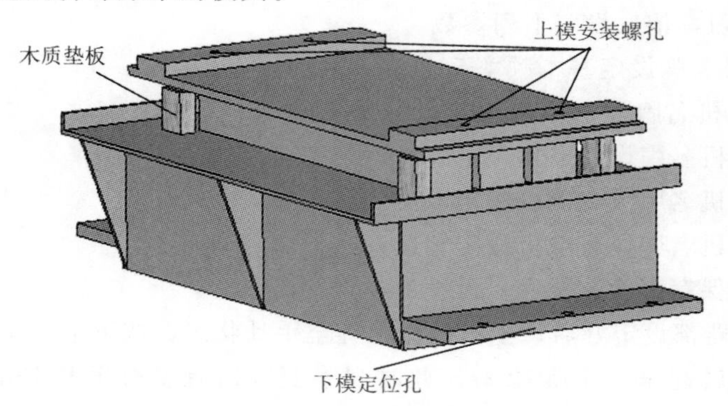

图6-5-16 模具更换示意图

① 拆卸模具的步骤

a. 在手动状态下，将下模座升至最上位。

b. 在下模箱上放置四个木质垫块，其位置正对上模箱四个限位块。放置木质垫块目的是当上模箱沉入到下模箱后，上模箱的压脚不能露出下模箱的下平面，保护压脚不受损伤。

c. 在手动状态下，将模头下降，让上模箱沉入到下模箱中，再让下模箱上升，让上模箱四个限位块与放置的四个木质垫块接触，然后按动“急停”按钮。

d. 操作人员开始拆卸固定上模箱的四个螺栓，及固定下模箱的四个螺栓或放掉空气弹簧中的空气。

e. 螺栓拆卸完后，解除急停，手动操作将模头上升至上限位，然后给下模箱下面垫两根厚约80mm的木条，再将下模座下降至模箱下位，用供板机将模具整个推出至湿产品输送机上，然后用叉车叉走。

② 安装模具的步骤

a. 手动状态下，将下模座降至最下位，手动操作将模头上升直至上模座限位孔与刹车板最上面的孔对准，插上保险销，然后按动“急停”按钮。

b. 在振动台和湿产品输送机上连着放置3～4块栈板，将滚动转运装置（如没有可用几根相同直径的厚壁钢管代替）放在事先铺好的栈板上，用人力将模具推动至振动台正上方，此时下模座上的定位销轴和下模箱上的定位孔对准。

c. 解除急停，在手动状态下，将下模座向上提起至定位销轴完全插入定位孔；然后将上模座向下降落，直到上模座的连接板与上模箱接触，然后按动“急停”按钮。

d. 然后，用螺栓将上模箱与上模座固定，装上下模箱压板，给空气弹簧充气。

e. 撤掉滚动转运装置，解除急停，在手动状态下，将上模座升至模头上位，下模座降至模箱位。

f. 在手动状态下，上下运动上模座、下模座，检查模具配合是否合适。

(4) 填料装置的高度调整（见图6-5-17）

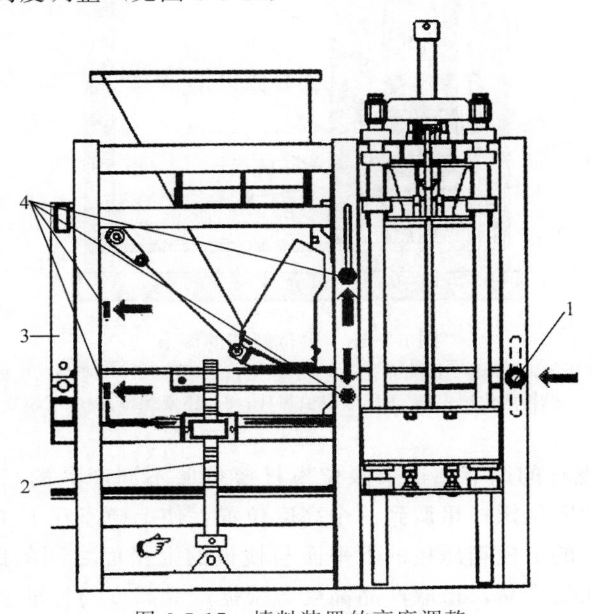

图 6-5-17 填料装置的高度调整

1—导轨夹紧螺栓；2—升降机构；3—活动架；4—活动架夹紧螺栓

更换模具后，布料盒平台的高度也必须要进行调节，保证下模箱在下位时，布料底板与下模箱的上平面处在同一高度。

① 必须准确调整。设备的填料装置作为一个整体单元可以上下升降，并与主机架通过夹紧螺栓固定。为了适合不同的模具高度，通过升降机构来达到准确调整。如果模具高度高了，则升降机构向上调节；如果模具低了，则升降机构向下调节。在进行上述过程之前，夹紧螺栓要松开，待调整完成后再拧紧。

底料和面料填料装置的高度调整，是通过机架左面和右面的每个升降机构手动进行的。

② 调整方法

a. 打开防护网。

b. 松开八个扳手开口度为30的活动架夹紧螺栓，把它们设于机架的左面和右面、边上或里面。

c. 松开导轨的夹紧装置左面和右面，把它们设于机架里面用一个锁紧螺母固定住。

d. 用机架两侧的开口扳手（即上模保险卡销）旋动升降机构来调节填料装置，调节至希望高度后，重新拧紧所有的夹紧螺栓。

e. 当然，还要把轨道锁紧装置的锁紧螺母固定，重新关上防护网。

(5) 限位螺杆的调节（见图6-5-18）

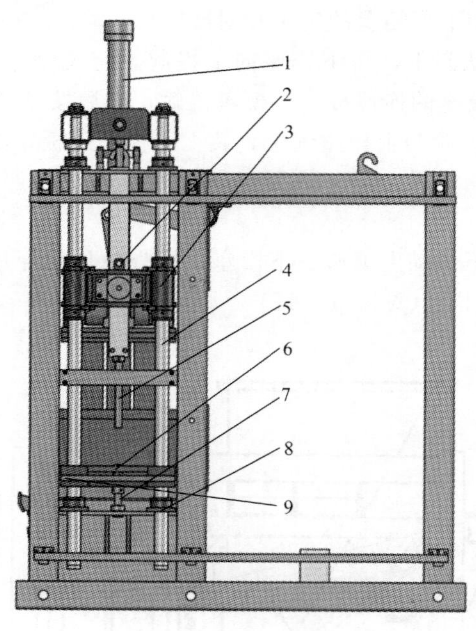

图 6-5-18 限位螺杆的调节

1—上模液压缸；2—上模保险插孔；3—上模座；4—导柱；5—产品高度限位螺杆；6—模箱定位销；7—下模座限位螺杆；8—锁紧螺母；9—下模座

a. 产品高度限位螺杆的调节。这个限位螺杆要按照不同产品的高度进行调节。首先松开锁紧螺母，将两边的限位螺杆粗调到一个高度位置，使上模座在下位时，上模座正好与限位螺杆接触，上模座上的上模箱压板的下平面与栈板的上平面之间的距离和产品高度相同。然后进行细调：生产几板产品，量取产品高度，根据产品高度与标准要求高度的差别再进行调整，直到满意，用锁紧螺母固定调节。

b. 下模最下位的调节。首先松开锁紧螺母，将两边的限位螺杆向下调低；然后将下模座下降，使下模箱压紧栈板；确保蘑菇垫被拉伸3～5mm，或者空气弹簧被压缩，下模座的上平面与模具安装板的下平面有3～5mm的间隙即可。然后向上调节螺杆直到顶紧下模座，锁紧螺母即可。

(6) 生产过程中的注意事项

a. 主机振动器齿轮箱，因高速运转，会将齿轮油摔出一些。所以需每个班在开机前，先将齿轮油加好，否则会因缺油损坏轴承和齿轮。

b. 主机上的轴承、快速布料齿轮、活动销轴和四根导向柱，一定要按照说明书上的要求去加润滑油。

c. 每天每班必须检查各部位螺丝的松紧情况。发现有松动的，必须马上紧好；否则会因螺丝松动损坏部件。

d. 液压站油温最高不能超过50℃，否则会造成密封圈老化；最低不能低于15℃，否则会损坏油泵。

e. 液压站长时间停机后再启动，必须先空转5min后再负载操作。

f. 每天每班，停机后必须将主机里里外外打扫得干干净净。

3. 各接近开关的位置与接线方式（参见图6-5-19）

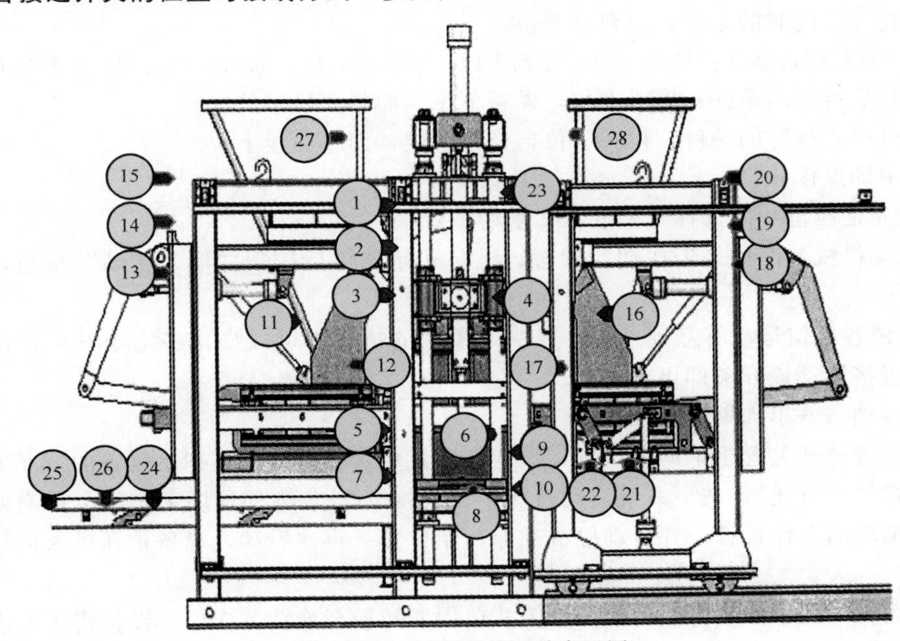

图6-5-19　成型主机开关布置图

1—模头上位；2—主振位；3—模头下位；4—预压深度位；5—下模箱上位；6—脱模位；7—下模箱下位；8—栈板检测；9—栈板加紧位；10—栈板松开位；11—底料仓开门位；12—底料仓关门位；13—底料盒前位；14—底料盒中位；15—底料盒后位；16—面料仓开门位；17—面料仓关门位；18—面料盒前位；19—面料盒中位；20—面料盒后位；21—面料底板上位；22—面料底板下位；23—面料机与主机对接位；24—供板机前位；25—供板机后位；26—供板机减速位；27—底料仓空；28—面料仓空

开关型号：BN-Q3020N-C11P2；

极性：NPN；

接线：棕色（Brown）+24V，蓝色（Blue）0V，黑色（Black）信号；

注：开关⑧、⑨、⑩型号为BB-M3010N-C11P2，接线相同。

4. **自动运行的基本条件**

(1) 压制不带面料时设备的初始位置

安全网放置好，模头上位，模箱下位，底料盒后位，底料仓门关位，供板后位，模箱下有板（有些小机型没有）。

(2) 压制带面料时设备的初始位置

除具备以上条件外还必须满足：面料设备与主设备连接好（即面料机到位开关有信号），面料底板下位，面料仓门开关位，面料盒后位。

以上是满足单周期工作的初始条件，若设备连续工作还需满足栈板仓中有板，料斗中有料。

5. **手动及自动操作方法**

(1) 手动工作时，各部件间的互锁条件

① 底料盒前行的条件：模头上位，模箱下位，面料盒后位，底料仓门关位。

② 底料盒后行时的条件：模头上位，模箱下位。

③ 模头上下行时的条件：底料盒后位，面料盒后位。

模箱上下行时的条件：底料盒后位，面料盒后位。

底料仓开关门时的条件：底料盒后位。

面料仓开关门时的条件：面料盒后位。

面料盒前行时的条件：模头上位，模箱下位，底料盒后位，面料仓门关位，面料底板下位。

面料盒后行时的条件：模头上位，模箱下位，面料底板下位。

供板机前后行时的条件：模头上位，模箱上位，面料底板上位。

(2) 手动操作

① 首先把四位功能选择开关放在“手动”状态。

② 观察机械各部位是否在初始状态，满足初始条件后按下“油泵启动”按钮，液压站开始工作。

③ 机械各部位运动有互锁条件，在满足条件的情况下可以操作各主令开关，比如底料盒前行，直接拨动该开关即可前行。

(3) 自动——单周期

将四位选择开关置于单周期位置，设定好预置数，在满足设备初始位置的情况下（设备的初始位置见下所述）。按下系统启动按钮，设备就按 PLC 内的程序工作一个单周期，完成压制一板砌块的工作过程，并自动停机在原初始位置。再次启动，设备重新投入运行，依此类推。

自动运行过程中如果将四位选择开关从单周期转换至连续工作位，设备将进入连续工作状态。若遇紧急情况需要停机只要按下操作面板上的急停钮，设备立即停止运行，待故障排除后松开急停钮，设备按原程序继续运行。若不需要设备继续运转，可直接将四位选择开关置手动位，通过手动开关进行操作。

(4) 自动——连续

将四位选择开关置连续工作位，设定好预置数，在满足设备初始位置的条件下，按下系统启动按钮，设备将连续不断一板接一板地循环工作下去。当不需要连续工作时，可将四位选择开关转换为单周期工作位，设备运行至本周期结束自动停机在原初始位置。

①“面料仓开/关”和“底料仓开/关”既可以在“手动”状态下使用，也可以在“单周期”或“连续”状态下操作。

② 信号指示灯

a. “电源开/关”在“开”的位置时，“控制电源”指示灯亮，说明控制系统已上电。

b. 按下“急停”钮或系统有故障时，“主机故障”指示灯亮。

“底料空”和“面料空”指示灯亮时，说明底料仓和面料仓内料不足，主机给搅拌站发出信号通知搅拌站上料。

③ 操作说明

a. 第一次开机，需通过手动钮放料，为了工作上的方便，无论四位选择开关在自动位还是手动位，底料仓与面料仓的开关门均可通过手动钮实现放料。

b. 在自动工作中若升板机满板与升板节距机送板到位，开关同时有信号，升板节距机停在后位，供板机停止供板，待窑车取走砌块后升板节距机、供板机恢复工作。

c. 在生产过程中，若托板仓中无板或料斗中无料均不能实现连续循环工作，但不影响单周期工作。

6. 成型主机的各开关名称和参数解释

（1）开关名称解释

① 底料仓空：底料储料仓料空时检测信号。

② 供板机前位：供板机前行到位开关。

③ 供板机减速位：供板机前行时到达减速位开始进行减速。

④ 供板机后位：供板机后行到位开关。

⑤ 底料盒前位：底料盒前行到位开关。

⑥ 底料盒中位：底料盒进行多次布料时，非最后一次布料时后行到位开关。

⑦ 底料盒后位：底料盒后行到位开关。

⑧ 底料仓门开位：底料仓门打开到位信号。

⑨ 底料仓门关位：底料仓门关闭到位信号。

⑩ 模头上位：模头上行到位开关。

⑪ 模头下位：模头下行到位开关。

⑫ 模箱上位：模箱上行到位开关。

⑬ 模箱下位：模箱下行到位开关。

⑭ 模箱下有板：模箱下有板检测信号，当模箱下有板时才可以进行系统启动（钢栈板使用）。

⑮ 脱模位：脱模过程中，模箱到达脱模位时进行模头卸荷，并且停止模头制动。

⑯ 主振位：成型或预压时，模头下降到达主振位后平台开始振动。

⑰ 预压深位：当使用面料时，底料布料完成进行模头预压，模头下降到预压深位后停止下降，转而模头上升。

⑱ 栈板夹紧位：栈板夹紧到位信号。

⑲ 栈板松开位：栈板松开到位信号。

⑳ 面料机到位：面料部分和底料部分连接时检测到位信号。

㉑ 面料仓空：面料储料仓料空时检测信号。

㉒ 面料盒前位：面料盒前行到位开关。

㉓ 面料盒中位：面料盒进行多次布料时，非最后一次布料时后行到位开关。

㉔ 面料盒后位：面料盒后行到位开关。

㉕ 面料仓门开位：面料仓门打开到位信号。

㉖ 面料仓门关位：面料仓门关闭到位信号。

㉗ 面料底板上位：面料底板上升到位信号。

㉘ 面料底板下位：面料底板下降到位信号。

㉙ 面料底板控制：自动运行时，湿产品前行检测到此信号时面料底板下降。

㉚ 安全开关组合：防护网安装到位信号。

（2）参数解释

① 供板机前位停留时间：供板机前行到前位后停留在该时间后转而后行。

② 供板机前行滞后时间：脱膜完成即模箱到达上位后，延时该时间后开始前行供板。

③ 底料盒前位停留时间：底料盒前行到前位时停留该时间后转而后行。

④ 模箱下行滞后时间：供板机开始后行时进行此段时间的计时，当该时间到达，模箱开始下降。

⑤ 底料盒总布料次数：底料盒进行布料时总共前行的次数。

⑥ 面料盒前位停留时间：面料盒前行到前位时停留该时间后转而后行。

⑦ 主振时间：压制成型时平台振动的时间。

⑧ 布料振时间：底料盒快速布料时平台振动的时间。

⑨ 底料仓门开启次数：底料仓门每板放料的次数。

⑩ 布料振启动点：底料盒前行开始，延时此预设时间后平台开始布料振。

⑪ 面料仓门开启周期：生产预设周期后面料仓门开启一次。

⑫ 面料盒布料次数：面料盒进行布料时总共前行的次数。

⑬ 预压振时间：使用面料时，面料布料前，模头下降过程中平台振动的时间。

⑭ 附加振时间：模头主振时间到或者到达下位后平台继续振动的时间。

⑮ 消除余振时间：附加振结束后此时间主要用于消除余振。

⑯ 卸荷滞后时间：附加振结束，持续此时间后开始卸荷。

⑰ 卸荷时间：卸荷滞后时间结束后模头卸荷的时间。

⑱ 脱模振时间：脱膜时可以选择使用脱膜振利于产品脱膜。

⑲ 模头振时间：当模头振被选择时，模头下降主振位后模头振动的时间。

⑳ 快速布料启动点：底料盒开始布料时，持续该时间后快速布料运行。

㉑ 快速布料运行时间：布料耙齿运行的时间。

㉒ 模头单向阀打开时间：液压站装有单向阀时，模头下降需先打开单向阀，此时间为模头下降前打开此阀的时间。

㉓ 栈板夹紧延时：供板机后行延至此时间后，栈板夹紧。

㉔ 底料仓门开位延时：底料仓门开门到位后延至此时间再关闭。

㉕ 喷雾延时：降板节距机前行时开始计时，延时时间到后开始喷雾。

㉖ 喷雾时间：喷雾装置喷水时间。

㉗ 供板机前行慢速时间：供板机启动时先慢速运行靠近栈板。

㉘ 供板机后行减速延时：供板机后退时，先快速运行，到达减速位后再延至此时间后供板机变为慢速。

㉙ 安全销选择：此选项可选择模头上升时是否受到模头上位的限制，Y 为不受限制，N 为受限制。

㉚ 面料选择：此选项可选择是否使用面料机，Y 为使用面料机，N 为不使用面料机。

㉛ 特种砖选择：此选项可选择是否使用特种砖模式（即用料较多的产品）进行生产，Y

为使用，N 为不使用。

㉜ 模头振选择：此选项可选择当模头下降到主振位后是否进行模头的振动，Y 为振动，N 为不振动。

㉝ 栈板夹紧方式选择：此选项可选择在模头下降、振动等过程时是否保持栈板夹紧状态，Y 为栈板夹紧装置保持夹紧，N 为此过程中栈板夹紧装置保持松开。

㉞ 模头运行方式：此选项用于供板结束后，是否模头先上升，Y 为模头先上升，N 为模箱先下降，让后模头再上升。

㉟ 苯板选项：该选项用于是否启用苯板装置。

㊱ 模头刷选项：该选项用于是否启用横向模头刷装置。

㊲ 面料盒选项：该选项用于生产不带面料产品时，可以用面料盒将多余的料推进模箱。

㊳ 快速布料反向运行：该选项用于快速布料耙齿正反向运行旋转。

㊴ 压力、流量：主机的压力、流量设置页面可以通过调节压力以及流量对应数值来改变该动作的压力以及运动速度。

三、液压系统

1. 主机液压站介绍

见图 6-5-20～图 6-5-22。

2. 电磁比例压力流量溢流阀的调整

见图 6-5-23，图 6-5-24。

（1）调整示例

该比例阀在出厂时已经调整好设计压力和设计流量，一般情况下不允许再去调整，只是当液压系统工作不正常怀疑比例阀有问题时可采用手动调整检查。

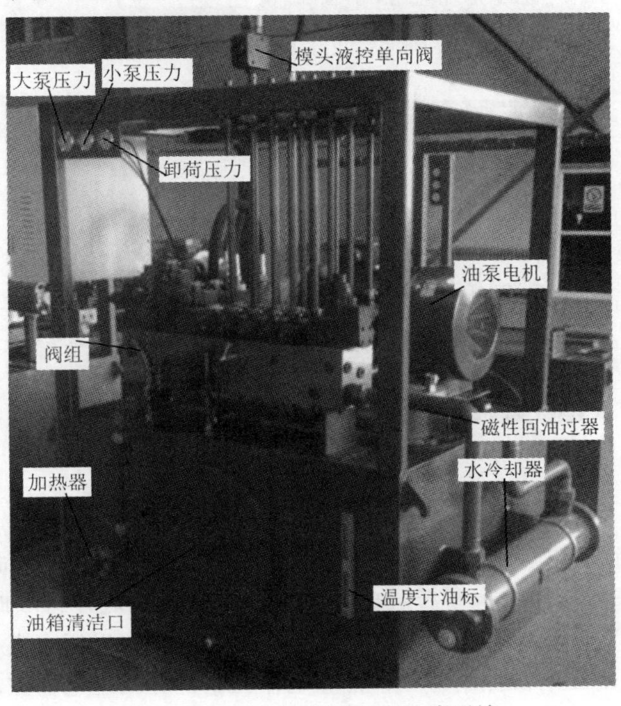

图 6-5-20　RT-9 型成型主机液压站

图 6-5-21　阀组放大图片

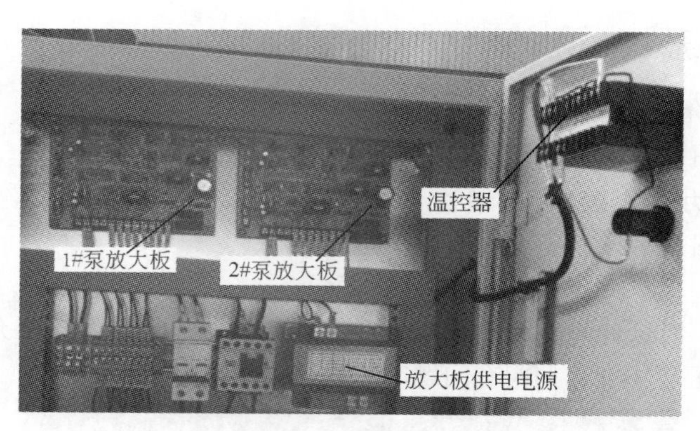

图 6-5-22　比例放大板

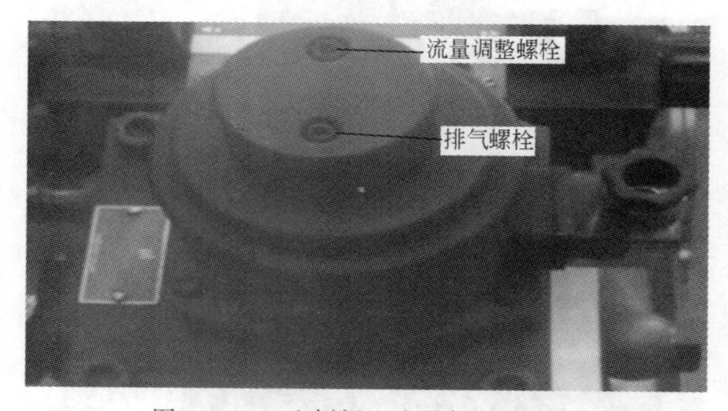

图 6-5-23　比例阀（流量侧）放大图

（2）调整步骤

① 排气：在调整前必须先给阀排气（排气为逆时针操作，流量侧和压力侧均要排气）。

② 把流量调整螺栓顺时针调整行程的四分之三：先调到底，再顺时针操作缓慢调整压力阀的控制旋钮，同时注意观察压力表指针压力显示情况，如果压力表有压力说明液压系统正常，故障原因可能出在电器控制部分，检查电器控制部分处理电器控制故障。

③ 检测完毕，须将调整螺栓复位，再拧紧排气螺栓。

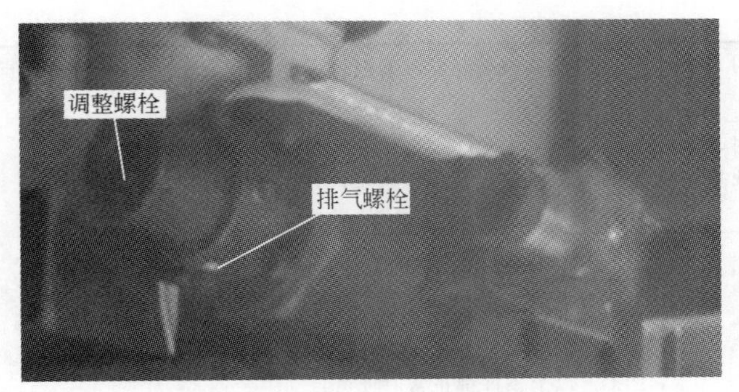

图 6-5-24 比例阀（压力侧）放大图

3. 温控器设置说明（见图 6-5-25）

温控器用来实时掌握液压站油温，给设备进行自动加热或根据现场需要自动开启冷却水循环。可以用 AL1、AL2 输出来控制。现场需要对温控仪进行设定。

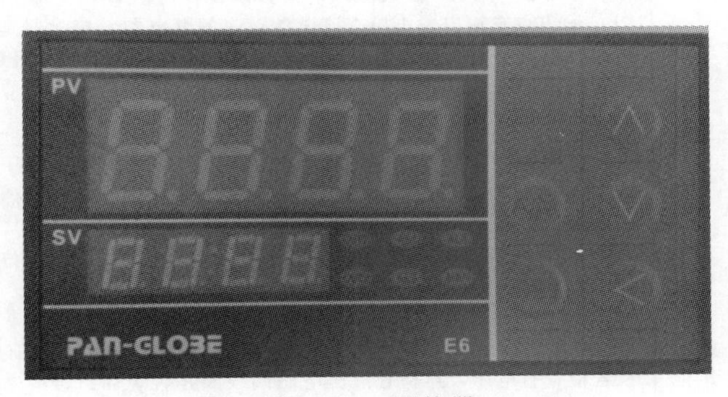

图 6-5-25 温控器

(1) 长按 SET 键 5 秒进入 LEVEL1 界面，可以找到 Ad1，进行模式设定。0—偏差高输出，1—偏差低输出，2—绝对值高输出，3—绝对值低报警，4—区域内报警，5—区域外报警。一般根据需要设定 1 或 2 即可。

(2) 按 SET 键找到 AL1，即对应 Ad1 模式进行设定，一般设定 20～30 之间，当温度低于设定值时进行加热。同理可以设定 AL2，使之温度高于设定值 AL2 时输出 220V 进行冷却水循环。

四、常见故障分析及排除方法

在生产当中，难免会遇到各种各样的故障，以下将一些典型的、经常出现的故障列入表 6-5-1。

表 6-5-1 常见故障分析及排除方法

1	设备自动打不起来原因分析	检查自动启动的各个信号是否有问题，如果传感器都亮，则检查每个传感器对应的 PLC 输入点来排查传感器或线的问题
2	设备自动运行时出现模头刹车不打开现象	应检查脱模位开关是否调得太高，在脱模过程中要保证脱模位先亮，模箱上位后亮
3	模头下降时，模头下降不流畅	此时应检查模头下降单向阀压力是否调得合适，9 块机单向阀为小泵控制，15 块机单向阀为 3 泵控制，可以通过压力表观察单向阀的运行压力

续表

4	设备振动结束时，振动不能立即消除	此时应检查变频器减速时间是否调得合适，如果还是不行，应检查制动电阻是否烧毁
5	设备自动运行时，经常出现运行中断现象原因分析	可以检查急停开关接线是否有虚的情况
6	不能打自动	首先将转换开关转到手动状态，解除急停，查看相应的电源、气源、液压泵是否开启。各动作是否回到原位，如果回到原位，手动操作各动作看是否正常。如果手动动作正常，转换到单周期看是否正常，如果不能正常运行，首先查看四位转换开关的信号是否正常进入 PLC 的输入，然后判断系统启动按钮信号是否正常进入 PLC。以上条件都正常时便可自动生产
7	手动不能动作	检查该设备是否满足与其他设备的连锁、互锁条件；该设备的电源空开是否闭合或跳闸；液压泵是否开启；是否有机械干涉点及卡阻现象；相应设备的急停是否被按下 若以上检查没有问题，再检查对应操作指令是否进入 PLC 输入，若没有进入指令请检查 PLC 输入侧至指令开关之间的线路是否断开或相应的指令开关是否损坏 若指令进入 PLC 输入侧，请检查该设备对应的 PLC 输出点是否有输出，若对应 PLC 输出点有输出，再检查该设备对应的继电器，接触器是否吸合，若是吸合，再检查其对应的电源是否有电压；及对应的电机或电磁阀是否烧坏 若是该设备对应的继电器，接触器没有吸合，请检查对应的线路、继电器，接触器是否烧坏
8	自动时底料盒不前行（可以延伸到设备其他部分的运行）	从原因可能性大小分析依次是： ① 检查是否有料仓空信号，有料仓空信号后主机将自动停止运行，待斜皮带机将底料输送至料仓后，主机将自动运行，底料盒就自动前行了 ② 检查底料盒前行的条件是否满足：模头上位，模箱下位，面料盒后位，底料仓门关位 ③ 检查系统是否有足够的压力，系统升压阀是否得电（220V），若检查没有电压可能此线路不良或对应中间继电器（座）不良，或 PLC 没有输出，检查确认 若检查有电压，再检查液压电磁阀线圈是否烧坏；若电磁阀线圈没有烧坏，可能液压换向阀体内有脏东西，用干净的煤油清洗即可排除故障；或者系统升压阀坏 ④ 检查底料盒行走轨道内是否有物料或其他东西卡住，将其清理干净 ⑤ 检查底料盒前行液压电磁阀是否得电（220V），若检查没有电压可能此线路不良或对应中间继电器（座）不良，检查确认 若检查有电压，再检查液压电磁阀线圈是否烧坏；若电磁阀线圈没有烧坏，可能液压换向阀体内有脏东西，用干净的煤油清洗即可排除故障 ⑥ 确认调速节流阀是否被关死
9	怎样才能使产品的强度均匀一致	① 混凝土搅拌均匀 ② 调整布料次数、布料振动强度和时间 ③ 布料必须均匀，保证每个模腔中的填充的料量相同
10	每板砖高度、强度，前后、左右不均匀的原因	① 检查振动台的支撑条和振动条的高度差 ② 检查减振垫是否损坏或失效 ③ 振动期间下模加紧装置有效地把栈板平稳地压在振动台的固定台上 ④ 混凝土送到主机料仓后前后左右不均匀，一边料多一边料少 ⑤ 布料盒前端的刮料板不水平，一边高一边低，布料后造成一边料多一边料少，中间凹，两边凸；或布料后中间料多两边料少，中间凸，两边凹；布料后中间料少，两边料多 ⑥ 模具结构不均，一侧的砖大，另一侧的砖小 ⑦ 下模与栈板之间有残渣，一侧被架起造成布料不均
11	振动台振幅不均匀	检查两个振动电机是否正常工作；振动器偏心块固定螺栓是否松动；偏心块的偏心质量是否合适；变频器的频率是否合适
12	产品的面层有不规则的裂纹的原因	面砂过细；检查模头压脚的表面；布料少；面料过厚；面料干

续表

13	液压油泵有异常噪声	① 泵的吸入管和滤油器中有杂质，如果有杂质，可以清洗 ② 泵的吸入管线或接头漏气，紧固或者更换密封圈 ③ 泵轴密封垫处漏气，更换密封垫 ④ 泵的安装螺栓松动，进行紧固
14	液压系统压力损失	① 油箱中的油量不足，如果缺油，进行加油 ② 泵的输入管和吸滤器堵塞，清洗或者更换滤芯 ③ 空气从吸入管进入，查看密封，并进行更换 ④ 泵工作年头长，状态恶化，更换新泵
15	气动电磁阀不动作	① 检查输出线路是否有输出。如果没有输出，查找输出问题 ② 如果有输出，依然不动作，检查电磁线圈是否烧坏，烧坏的进行更换 ③ 如果没有烧坏，进行手动操作，分别进行手动换向，如果手动不能动，则阀体卡住或者损坏，进行更换
16	模头自动状态，突然到下位不能上，电控正常，压力正常	液控单向阀问题，可拆卸检查，也可直接更换新阀
17	左右升降不同步	先将导柱上的螺丝松开，在模箱升起，然后再放到振动平台的栈板上，再把导柱上的螺丝拧紧即可
18	模箱成型过程中上升，压不住栈板	① 更换油缸密封或更换油缸 ② 更换新液控单向阀
19	快速布料运行中转动不了	检查布料盒中是否有大块的石头或已凝固的废料 布料器轴承损坏否 液压发动机损坏否
20	变频器报警	如果报警为 OCR1、2、3，拆解电机线，上电故障依旧，可判断变频器自身故障。如果是其他报警，首先检查振动器机械部分有无卡滞、转动是否灵活，然后分别按顺序拆解电机、电缆线来判断变频器外部线路及负载有无故障
21	振动器更换轴承组装完后转不起来或振动器和电机发热	① 检查振动器轴向间隙，调整到 30～50 丝 ② 更换成 12＃、15＃齿轮油
22	快速布料转不动，面料底板升降没劲，上升不动	此故障的发生有三个点，溢流阀（升压阀）、并流阀、油泵（这是老设备，没有比例阀）判断三个点原件好坏的最简单方法是在设备上找到同型号的阀互换检测
23	母车 PLC 多点输出，断电、上电后反复出现	PLC 内部问题，更换 PLC
24	底料盒布料时漏料严重	① 调小刮板的间隙 ② 调小布料盒两边侧板与底板的距离 ③ 校直布料盒底板 ④ 更换布料盒耐磨底板
25	布料过多	① 减少布料次数 ② 减少快速布料时间 ③ 减少布料振时间 ④ 将仓门开启的行程开关调整 ⑤ 减少料仓门开启次数
26	布料不够	① 增加布料次数 ② 增加快速布料时间 ③ 增加布料振时间
27	产品高度不一	① 修理栈板或更换栈板 ② 通过增加调整垫，来调节振动台上平面与上模座的下平面的平行度 ③ 调节上模座的下限位使两边高度一致 ④ 调解支撑台与振动台的间隙一致

续表

28	产品出现裂纹	① 修理栈板或更换栈板 ② 调整底料的水分 ③ 将控制预压深度的行程开关位置向上 ④ 检查振动电机的变频器的参数设置是否合理，制动电阻是否完好
29	产品出现粘模	① 调整底料的水分 ② 调整 Face 的水分 ③ 调整模头上位开关合适高度
30	产品高度偏高	① 调整底料的水分 ② 减少布料次数 ③ 减少布料振时间
31	产品密实度不够	① 增加快速布料时间 ② 增加布料振时间 ③ 增加主振时间 ④ 调高变频器的频率 ⑤ 通过张紧装置将皮带张紧 ⑥ 调整偏心块在一个面上紧固死 ⑦ 检查电机是否损坏 ⑧ 处理变频器报警
32	成型周期过长	① 布料次数多或快速加料时间减少 ② 主振时间减小 ③ 布料振时间减小 ④ 液压的速度加大
33	主机突然不动	① 检查开关是否到位或损坏 ② 清理布料盒 ③ 调整行程开关与感应板的距离